기본 수학의 정석®

미적분

홍성대 지음

동영상 강의 ▶
www.sungji.com

성지출판(주)

머 리 말

고등학교에서 다루는 대부분의 과목은 기억력과 사고력의 조화를 통하여 학습이 이루어진다. 그중에서도 수학 과목의 학습은 논리적인 사고력이 중요시되기 때문에 진지하게 생각하고 따지는 학습 태도가 아니고서는 소기의 목적을 달성할 수가 없다. 그렇기 때문에 학생들이 수학을 딱딱하게 여기는 것은 당연한 일이다. 더욱이 수학은 계단적인 학문이기 때문에 그 기초를 확고히 하지 않고서는 막중한 부담감만 주는 귀찮은 과목이 되기 쉽다.

그래서 이 책은 논리적인 사고력을 기르는 데 힘쓰는 한편, 기초가 없어 수학 과목의 부담을 느끼는 학생들에게 수학의 기본을 튼튼히 해 줌으로써 쉽고도 재미있게, 그러면서도 소기의 목적을 달성할 수 있도록, 내가 할 수 있는 온갖 노력을 다 기울인 책이다.

진지한 마음으로 처음부터 차근차근 읽어 나간다면 수학 과목에 대한 부담감은 단연코 사라질 것이며, 수학 실력을 향상시키는 데 있어서 필요충분한 벗이 되리라 확신한다.

끝으로 이 책을 내는 데 있어서 아낌없는 조언을 해주신 서울대학교 윤옥경 교수님을 비롯한 수학계의 여러분들께 감사드린다.

1966. 8. 31.

지은이 홍 성 대

개정판을 내면서

지금까지 수학 Ⅰ, 수학 Ⅱ, 확률과 통계, 미적분 Ⅰ, 미적분 Ⅱ, 기하와 벡터로 세분되었던 고등학교 수학 과정은 2018학년도 고등학교 입학생부터 개정 교육과정이 적용됨에 따라

수학, 수학 Ⅰ, 수학 Ⅱ, 미적분, 확률과 통계,
기하, 실용 수학, 경제 수학, 수학과제 탐구

로 나뉘게 된다. 이 책은 그러한 새 교육과정에 맞추어 꾸며진 것이다.

특히, 이번 개정판이 마련되기까지는 우선 남진영 선생님과 박재희 선생님의 도움이 무척 컸음을 여기에 밝혀 둔다. 믿음직스럽고 훌륭한 두 분 선생님이 개편 작업에 적극 참여하여 꼼꼼하게 도와준 덕분에 더욱 좋은 책이 되었다고 믿어져 무엇보다도 뿌듯하다.

또한, 개정판을 낼 때마다 항상 세심한 조언을 아끼지 않으신 서울대학교 김성기 명예교수님께는 이 자리를 빌려 특별히 깊은 사의를 표하며, 아울러 편집부 김소희, 송연정, 박지영, 오명희 님께도 감사한 마음을 전한다.

「수학의 정석」은 1966년에 처음으로 세상에 나왔으니 올해로 발행 51주년을 맞이하는 셈이다. 거기다가 이 책은 이제 세대를 뛰어넘은 책이 되었다. 할아버지와 할머니가 고교 시절에 펼쳐 보던 이 책이 아버지와 어머니에게 이어졌다가 지금은 손자와 손녀의 책상 위에 놓여 있다.

이처럼 지난 반세기를 거치는 동안 이 책은 한결같이 학생들의 뜨거운 사랑과 성원을 받아 왔고, 이러한 관심과 격려는 이 책을 더욱 좋은 책으로 다듬는 데 큰 힘이 되었다.

이 책이 학생들에게 두고두고 사랑 받는 좋은 벗이요 길잡이가 되기를 간절히 바라마지 않는다.

2017. 3. 1.

지은이 홍 성 대

차 례

1. 수열의 극한

수열의 수렴과 발산／등비수열의 극한

§1. 수열의 수렴과 발산

1 수열의 수렴과 발산

이를테면 수열 $\left\{\dfrac{1}{n}\right\}$, $\{n^2\}$, $\{-2n\}$, $\{(-1)^n\}$, $\{(-2)^{n-1}\}$에서 n의 값이 한없이 커질 때, 일반항의 값이 어떻게 변하는지 알아보자.

▶ 수열 $\left\{\dfrac{1}{n}\right\}$의 각 항을 차례로 나열해 보면

$$1,\ \frac{1}{2},\ \frac{1}{3},\ \frac{1}{4},\ \frac{1}{5},\ \cdots,\ \frac{1}{n},\ \cdots$$

로 n의 값이 한없이 커질 때 일반항 $\dfrac{1}{n}$의 값은 일정한 값 0에 한없이 가까워짐을 알 수 있다.

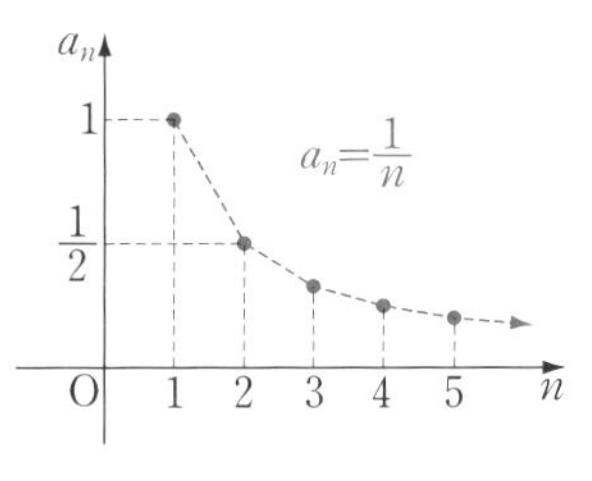

일반적으로 수열 $\{a_n\}$에서 n의 값이 한없이 커질 때 일반항 a_n의 값이 일정한 값 α에 한없이 가까워지면 수열 $\{a_n\}$은 α에 **수렴**한다고 하고, α를 수열 $\{a_n\}$의 **극한** 또는 **극한값**이라고 한다. 이를 기호로는 다음과 같이 나타낸다.

$$\boldsymbol{n \longrightarrow \infty}\text{일 때 } \boldsymbol{a_n \longrightarrow \alpha} \quad \text{또는} \quad \boldsymbol{\lim_{n\to\infty} a_n=\alpha}$$

**Note* 1° $n \longrightarrow \infty$는 n의 값이 한없이 커지는 것을 나타내는 기호이다. 여기에서 ∞(무한대)는 한없이 커지는 상태를 나타내는 기호이며, 수가 아니다.

2° 수열 $\left\{\dfrac{1}{n}\right\}$은 0에 수렴하므로 $\displaystyle\lim_{n\to\infty}\frac{1}{n}=0$과 같이 나타낸다.

3° 수열 $c,\ c,\ c,\ \cdots,\ c,\ \cdots$와 같이 수열의 모든 항이 상수 c인 경우에도 이 수열은 c에 수렴한다고 하고, $\boldsymbol{\lim_{n\to\infty} c=c}$와 같이 나타낸다.

▶ 수열 $\{n^2\}$의 각 항을 차례로 나열해 보면

$$1,\ 4,\ 9,\ 16,\ 25,\ \cdots,\ n^2,\ \cdots$$

으로 n의 값이 한없이 커질 때 일반항 n^2의 값이 한없이 커짐을 알 수 있다.

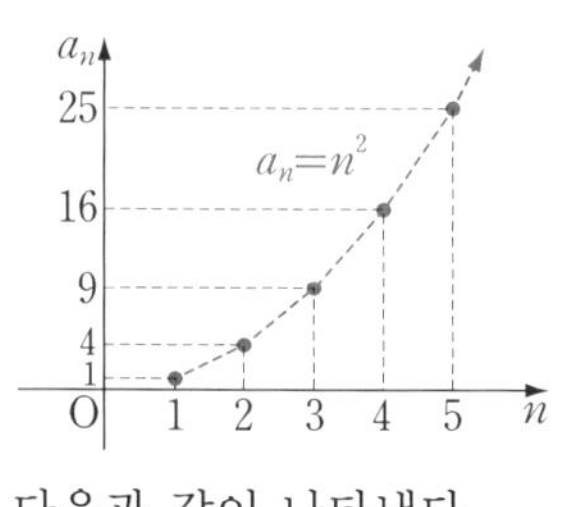

일반적으로 수열 $\{a_n\}$에서 n의 값이 한없이 커질 때 일반항 a_n의 값이 한없이 커지면 수열 $\{a_n\}$은 **양의 무한대로 발산**한다고 하고, 다음과 같이 나타낸다.

$$n \longrightarrow \infty \text{일 때 } a_n \longrightarrow \infty \quad \text{또는} \quad \lim_{n\to\infty} a_n=\infty$$

*Note 1° $\lim_{n\to\infty} a_n=\infty$일 때 극한값이 존재한다고 생각해서는 안 된다. 왜냐하면 ∞는 수가 아니기 때문이다.

2° 수열 $\{n^2\}$은 양의 무한대로 발산하므로 $\lim_{n\to\infty} n^2=\infty$와 같이 나타낸다.

▶ 수열 $\{-2n\}$의 각 항을 차례로 나열해 보면

$$-2,\ -4,\ -6,\ -8,\ -10,\ \cdots,\ -2n,\ \cdots$$

으로 n의 값이 한없이 커질 때 일반항 $-2n$의 값은 음수이면서 그 절댓값이 한없이 커짐을 알 수 있다.

일반적으로 수열 $\{a_n\}$에서 n의 값이 한없이 커질 때 일반항 a_n의 값이 음수이면서 그 절댓값이 한없이 커지면 수열 $\{a_n\}$은 **음의 무한대로 발산**한다고 하고, 다음과 같이 나타낸다.

$$n \longrightarrow \infty \text{일 때 } a_n \longrightarrow -\infty \quad \text{또는} \quad \lim_{n\to\infty} a_n=-\infty$$

*Note 수열 $\{-2n\}$은 음의 무한대로 발산하므로 $\lim_{n\to\infty}(-2n)=-\infty$와 같이 나타낸다.

▶ 수열 $\left\{(-1)^n\right\}$의 각 항을 차례로 나열해 보면

$$-1,\ 1,\ -1,\ 1,\ -1,\ \cdots,\ (-1)^n,\ \cdots$$

으로 n의 값이 한없이 커질 때 일반항 $(-1)^n$의 값은 -1과 1이 교대로 나타남을 알 수 있다.

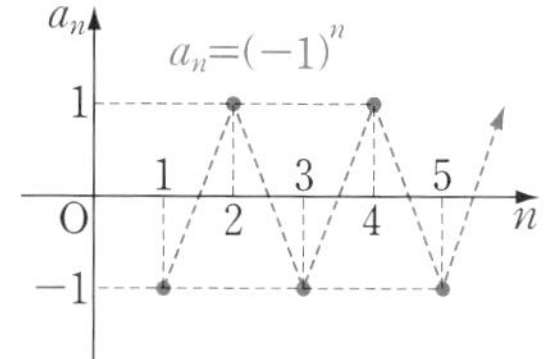

또, 수열 $\left\{(-2)^{n-1}\right\}$의 각 항을 차례로 나열해 보면

$$1,\ -2,\ 4,\ -8,\ 16,\ \cdots,\ (-2)^{n-1},\ \cdots$$

으로 n의 값이 한없이 커질 때 일반항 $(-2)^{n-1}$의 값은 교대로 양수와 음수가 되면서 그 절댓값이 한없이 커짐을 알 수 있다.

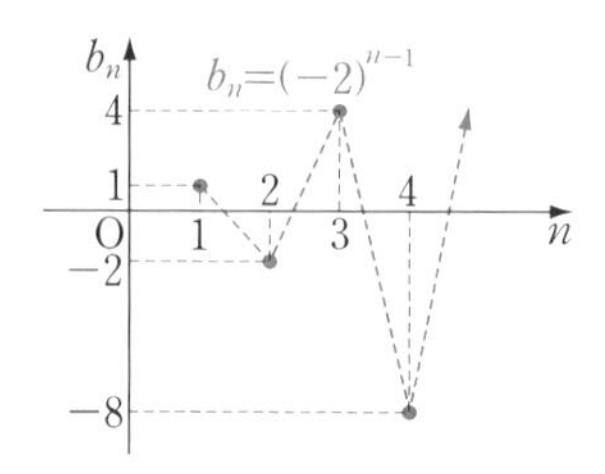

일반적으로 수열 $\{a_n\}$이 수렴하지 않고 양의 무한대나 음의 무한대로 발산하지도 않을 때, 수열 $\{a_n\}$은 진동한다고 한다.

*Note 1° 두 수열 $\{(-1)^n\}$, $\{(-2)^{n-1}\}$은 각각 진동하는 수열이다.

2° 수열 $\{(-1)^n\}$에서 $\lim_{n\to\infty}(-1)^n=\pm1$로 쓰지는 않는다.

수열 $\{a_n\}$이 양의 무한대나 음의 무한대로 발산하거나 진동할 때, 곧 수렴하지 않는 모든 경우를 통틀어 수열 $\{a_n\}$은 발산한다고 한다.

이상을 정리하면 다음과 같다.

기본정석 **수열의 수렴과 발산**

수열 $a_1,\ a_2,\ a_3,\ \cdots,\ a_n,\ \cdots$ 에서

(i) 수렴 : $\lim_{n\to\infty} a_n=\alpha$ (일정) (α에 수렴)

(ii) 발산 :
- $\lim_{n\to\infty} a_n=\infty$ (양의 무한대로 발산)
- $\lim_{n\to\infty} a_n=-\infty$ (음의 무한대로 발산)
- 기타의 경우 (진동)

2 수열의 극한에 관한 기본 성질

이를테면 일반항이 $a_n=3+\dfrac{1}{n}$, $b_n=1-\dfrac{2}{n}$ 인 두 수열 $\{a_n\}$, $\{b_n\}$에서

$$\lim_{n\to\infty} a_n=\lim_{n\to\infty}\left(3+\frac{1}{n}\right)=3,\quad \lim_{n\to\infty} b_n=\lim_{n\to\infty}\left(1-\frac{2}{n}\right)=1 \qquad \cdots\cdots①$$

이다. 한편 $a_n+b_n=4-\dfrac{1}{n}$ 이므로

$$\lim_{n\to\infty}(a_n+b_n)=\lim_{n\to\infty}\left(4-\frac{1}{n}\right)=4 \qquad \cdots\cdots②$$

이다.

①, ②에서 $\lim_{n\to\infty}(a_n+b_n)=\lim_{n\to\infty} a_n+\lim_{n\to\infty} b_n$이 성립함을 알 수 있다.

일반적으로 수렴하는 수열의 극한에 관하여 다음 성질이 성립한다.

기본정석 **수열의 극한에 관한 기본 성질**

수렴하는 수열 $\{a_n\}$, $\{b_n\}$에 대하여 $\lim_{n\to\infty} a_n=\alpha$, $\lim_{n\to\infty} b_n=\beta$이면

(1) $\lim_{n\to\infty} ka_n=k\alpha$ (k는 상수)

(2) $\lim_{n\to\infty}(a_n\pm b_n)=\alpha\pm\beta$ (복부호동순)

(3) $\lim_{n\to\infty} a_nb_n=\alpha\beta$

(4) $\lim_{n\to\infty} \dfrac{a_n}{b_n}=\dfrac{\alpha}{\beta}$ ($b_n\neq0,\ \beta\neq0$)

Advice | 수열의 극한에 관한 기본 성질은 수렴하는 수열에 대해서만 성립한다는 점에 특히 주의해야 한다. 이 성질의 증명은 고등학교 교육과정의 수준을 넘으므로 여기에서는 증명 없이 인정하고 이용하기로 한다.

보기 1 다음 수열 $\{a_n\}$의 수렴, 발산을 조사하여라.

(1) $\frac{5}{1}, \frac{5}{2}, \frac{5}{3}, \frac{5}{4}, \cdots$ (2) $\frac{1+1}{1}, \frac{2+1}{2}, \frac{3+1}{3}, \frac{4+1}{4}, \cdots$

(3) $\frac{1^2}{2}, \frac{2^2}{4}, \frac{3^2}{6}, \frac{4^2}{8}, \cdots$ (4) $-3,\ 9,\ -27,\ 81,\ \cdots$

연구 먼저 일반항 a_n을 구하고,

정석 수열 $\{a_n\}$에 대하여

$$\lim_{n\to\infty} a_n=\alpha\text{(일정)이면 수렴,}\quad \lim_{n\to\infty} a_n\neq\alpha\text{(일정)이면 발산}$$

한다는 것을 이용한다.

이때, $\lim_{n\to\infty}\frac{1}{n}=0$과 수열의 극한에 관한 기본 성질을 이용한다.

(1) $a_n=\frac{5}{n}$이므로 $\lim_{n\to\infty} a_n=\lim_{n\to\infty}\frac{5}{n}=\lim_{n\to\infty}\left(5\times\frac{1}{n}\right)=5\times0=\mathbf{0}$ (수렴)

(2) $a_n=\frac{n+1}{n}$이므로 $\lim_{n\to\infty} a_n=\lim_{n\to\infty}\frac{n+1}{n}=\lim_{n\to\infty}\left(1+\frac{1}{n}\right)=1+0=\mathbf{1}$ (수렴)

(3) $a_n=\frac{n^2}{2n}$이므로 $\lim_{n\to\infty} a_n=\lim_{n\to\infty}\frac{n^2}{2n}=\lim_{n\to\infty}\frac{n}{2}=\infty$ (발산)

(4) $a_n=(-3)^n$에서 n의 값이 한없이 커질 때 $(-3)^n$의 값은 교대로 음수와 양수가 되면서 그 절댓값이 한없이 커지므로 진동 (발산)

3 수열의 극한의 대소 관계

함수의 극한에서와 마찬가지로 수열의 극한에서도 다음과 같은 대소 관계가 성립한다.

기본정석 — 수열의 극한의 대소 관계

수열 $\{a_n\}$, $\{b_n\}$, $\{p_n\}$에 대하여

(1) $a_n\le b_n$이고 $\lim_{n\to\infty} a_n=\alpha$, $\lim_{n\to\infty} b_n=\beta$이면 $\alpha\le\beta$

(2) $a_n\le p_n\le b_n$이고 $\lim_{n\to\infty} a_n=\lim_{n\to\infty} b_n=\alpha$이면 $\lim_{n\to\infty} p_n=\alpha$

Advice | 이 성질의 증명은 고등학교 교육과정의 수준을 넘으므로 여기에서는 증명 없이 인정하고 이용하기로 한다.

기본 문제 1-1 다음 극한을 조사하여라.

(1) $\displaystyle\lim_{n\to\infty}\frac{2n^2-3n}{3n^2+2n-1}$ (2) $\displaystyle\lim_{n\to\infty}\frac{n^2+3n}{2n-1}$

(3) $\displaystyle\lim_{n\to\infty}\frac{n^2+1}{n^3-2n}$ (4) $\displaystyle\lim_{n\to\infty}\{\log(n+2)-\log n\}$

정석연구 $n\longrightarrow\infty$일 때 $\dfrac{\infty}{\infty}$ 꼴이다. 물론 ∞는 수가 아니므로 $\dfrac{\infty}{\infty}=1$이라고 할 수 없다는 것에 주의한다. 이런 경우 분모가 n에 관한 일차식이면 n으로, 이차식이면 n^2으로, ··· 분모, 분자를 나누고 극한을 생각한다.

정석 $\dfrac{\infty}{\infty}$ 꼴의 유리식의 극한은
$\Longrightarrow$ 분모의 최고차항으로 분모, 분자를 나누어라.

이때, $\displaystyle\lim_{n\to\infty}\frac{1}{n}=0,\ \lim_{n\to\infty}\frac{1}{n^2}=0,\ \lim_{n\to\infty}\frac{1}{n^3}=0$ 등이 이용된다.

모범답안 (1) $\displaystyle\lim_{n\to\infty}\frac{2n^2-3n}{3n^2+2n-1}=\lim_{n\to\infty}\frac{2-\frac{3}{n}}{3+\frac{2}{n}-\frac{1}{n^2}}=\mathbf{\frac{2}{3}}$ ← 답 ⇦ n^2으로 나눈다.

(2) $\displaystyle\lim_{n\to\infty}\frac{n^2+3n}{2n-1}=\lim_{n\to\infty}\frac{n+3}{2-\frac{1}{n}}=\boldsymbol{\infty}$ ← 답 ⇦ n으로 나눈다.

(3) $\displaystyle\lim_{n\to\infty}\frac{n^2+1}{n^3-2n}=\lim_{n\to\infty}\frac{\frac{1}{n}+\frac{1}{n^3}}{1-\frac{2}{n^2}}=\mathbf{0}$ ← 답 ⇦ n^3으로 나눈다.

(4) $\displaystyle\lim_{n\to\infty}\{\log(n+2)-\log n\}=\lim_{n\to\infty}\log\frac{n+2}{n}=\lim_{n\to\infty}\log\left(1+\frac{2}{n}\right)$
$=\log 1=\mathbf{0}$ ← 답

*Note $\displaystyle\lim_{n\to\infty}a_n=\alpha\ (\alpha>0)$일 때, $\displaystyle\lim_{n\to\infty}\log_a a_n=\log_a\alpha$

Advice | (1), (4)와 같이 분모, 분자의 차수가 같을 때에는 분모, 분자의 최고차항의 계수만 생각하면 된다는 것을 알 수 있다. 이를테면

$$\lim_{n\to\infty}\frac{n(n+1)(2n+1)}{4n^3+2n}=\frac{2}{4}=\frac{1}{2}$$

유제 **1**-1. 다음 극한을 조사하여라.

(1) $\displaystyle\lim_{n\to\infty}\frac{(n-1)(3n-1)}{(n+1)(2n+1)}$ (2) $\displaystyle\lim_{n\to\infty}\frac{-3n^2-1}{n+1}$ (3) $\displaystyle\lim_{n\to\infty}\frac{2n^2+1}{n^3-2n}$

(4) $\displaystyle\lim_{n\to\infty}\{\log(10n^2-2n)-\log(n^2+1)\}$

답 (1) $\mathbf{\frac{3}{2}}$ (2) $-\boldsymbol{\infty}$ (3) **0** (4) **1**

기본 문제 1-2 다음 극한값을 구하여라.

(1) $\displaystyle\lim_{n\to\infty}\frac{1^2+2^2+3^2+\cdots+n^2}{n^3+2}$

(2) $\displaystyle\lim_{n\to\infty}\frac{1\times2+2\times3+3\times4+\cdots+n(n+1)}{n(1+2+3+\cdots+n)}$

[정석연구] 분모와 분자를

정석 $\displaystyle\sum_{k=1}^{n}k=\frac{1}{2}n(n+1),\quad \sum_{k=1}^{n}k^2=\frac{1}{6}n(n+1)(2n+1)$

을 이용하여 정리한 다음, **기본 문제 1-1**과 같이

$\dfrac{\infty}{\infty}$ 꼴의 극한 ⟹ 분모의 최고차항으로 분모, 분자를 나눈다.

[모범답안] (1) (분자)$=\dfrac{1}{6}n(n+1)(2n+1)$이므로

$$(\text{준 식})=\lim_{n\to\infty}\frac{n(n+1)(2n+1)}{6(n^3+2)}=\lim_{n\to\infty}\frac{2n^3+3n^2+n}{6n^3+12}$$

$$=\lim_{n\to\infty}\frac{2+\dfrac{3}{n}+\dfrac{1}{n^2}}{6+\dfrac{12}{n^3}}=\frac{2}{6}=\mathbf{\frac{1}{3}} \leftarrow \boxed{\text{답}}$$

(2) (분자)$=\displaystyle\sum_{k=1}^{n}k(k+1)=\sum_{k=1}^{n}k^2+\sum_{k=1}^{n}k$

$$=\frac{1}{6}n(n+1)(2n+1)+\frac{1}{2}n(n+1)=\frac{1}{3}n(n+1)(n+2)$$

$$\therefore\ (\text{준 식})=\lim_{n\to\infty}\frac{\dfrac{1}{3}n(n+1)(n+2)}{n\times\dfrac{1}{2}n(n+1)}=\lim_{n\to\infty}\frac{2}{3}\left(1+\frac{2}{n}\right)=\mathbf{\frac{2}{3}} \leftarrow \boxed{\text{답}}$$

[유제] **1**-2. 다음 극한값을 구하여라.

(1) $\displaystyle\lim_{n\to\infty}\frac{1+2+3+\cdots+n}{n^2}$

(2) $\displaystyle\lim_{n\to\infty}\frac{1}{n}\left(\frac{1^2}{n^2}+\frac{2^2}{n^2}+\frac{3^2}{n^2}+\cdots+\frac{n^2}{n^2}\right)$

(3) $\displaystyle\lim_{n\to\infty}\left\{\left(1-\frac{1}{2^2}\right)\left(1-\frac{1}{3^2}\right)\left(1-\frac{1}{4^2}\right)\times\cdots\times\left(1-\frac{1}{n^2}\right)\right\}$

(4) $\displaystyle\lim_{n\to\infty}\left\{\left(1-\frac{1}{2}\right)\left(1-\frac{1}{3}\right)\left(1-\frac{1}{4}\right)\times\cdots\times\left(1-\frac{1}{n}\right)\right\}^2(1+2+3+\cdots+n)$

(5) $\displaystyle\lim_{n\to\infty}\frac{1\times(n-1)+2\times(n-2)+3\times(n-3)+\cdots+(n-2)\times2+(n-1)\times1}{n^2(n-1)}$

[답] (1) $\mathbf{\frac{1}{2}}$ (2) $\mathbf{\frac{1}{3}}$ (3) $\mathbf{\frac{1}{2}}$ (4) $\mathbf{\frac{1}{2}}$ (5) $\mathbf{\frac{1}{6}}$

기본 문제 1-3 다음 극한을 조사하여라.

(1) $\lim_{n\to\infty}\left(\sqrt{n+2}-\sqrt{n}\right)$ (2) $\lim_{n\to\infty}\left(\sqrt{n^2+n}-n\right)$

(3) $\lim_{n\to\infty}\left(2+3n^2-n^3\right)$

정석연구 $n \longrightarrow \infty$일 때 $\infty-\infty$ 꼴이다. 마찬가지로 ∞는 수가 아니므로 $\infty-\infty=0$이라고 할 수 없다는 것에 주의한다.

(1), (2) 분모를 1로 보고, 분자를 유리화한다고 생각한다.

정석 $\infty-\infty$ 꼴의 무리식의 극한은 $\Longrightarrow$ 유리화하여라.

(3) $\infty-\infty$ 꼴의 다항식에서는 최고차항인 n^3으로 묶어 본다.

모범답안 (1) $\lim_{n\to\infty}\left(\sqrt{n+2}-\sqrt{n}\right)=\lim_{n\to\infty}\dfrac{\left(\sqrt{n+2}-\sqrt{n}\right)\left(\sqrt{n+2}+\sqrt{n}\right)}{\sqrt{n+2}+\sqrt{n}}$

$=\lim_{n\to\infty}\dfrac{2}{\sqrt{n+2}+\sqrt{n}}=\mathbf{0}$ ← 답

(2) $\lim_{n\to\infty}\left(\sqrt{n^2+n}-n\right)=\lim_{n\to\infty}\dfrac{\left(\sqrt{n^2+n}-n\right)\left(\sqrt{n^2+n}+n\right)}{\sqrt{n^2+n}+n}$

$=\lim_{n\to\infty}\dfrac{n}{\sqrt{n^2+n}+n}$ ⇦ 분모, 분자를 n으로 나눈다.

$=\lim_{n\to\infty}\dfrac{1}{\dfrac{\sqrt{n^2+n}}{n}+1}=\lim_{n\to\infty}\dfrac{1}{\sqrt{1+\dfrac{1}{n}}+1}=\mathbf{\dfrac{1}{2}}$ ← 답

(3) $\lim_{n\to\infty}\left(2+3n^2-n^3\right)=\lim_{n\to\infty}n^3\left(\dfrac{2}{n^3}+\dfrac{3}{n}-1\right)=-\boldsymbol{\infty}$ ← 답

Advice | (3)은 n^3으로 묶으면 $\infty\times c$ 꼴이다. 일반적으로

정석 수열 $\{a_n\}$, $\{b_n\}$에서 $\lim_{n\to\infty}a_n=c$ (c는 실수), $\lim_{n\to\infty}b_n=\infty$일 때,

$c>0$이면 $\lim_{n\to\infty}a_nb_n=\infty$, $c<0$이면 $\lim_{n\to\infty}a_nb_n=-\infty$

유제 **1**-3. 다음 극한을 조사하여라.

(1) $\lim_{n\to\infty}\left(\sqrt{n+2}-\sqrt{n-2}\right)$ (2) $\lim_{n\to\infty}\dfrac{1}{\sqrt{n+1}-\sqrt{n}}$

(3) $\lim_{n\to\infty}\dfrac{4n}{\sqrt{2+n^2}-5}$ (4) $\lim_{n\to\infty}\left(\sqrt{n^2+3n}-n\right)$ (5) $\lim_{n\to\infty}\left(2n^3-2n^2-3n+1\right)$

답 (1) **0** (2) **∞** (3) **4** (4) $\mathbf{\dfrac{3}{2}}$ (5) **∞**

기본 문제 1-4 수열 $\{a_n\}$이 모든 자연수 n에 대하여 $n<a_n<n+1$을 만족시킨다. $S_n=a_1+a_2+a_3+\cdots+a_n$이라고 할 때, $\lim_{n\to\infty}\frac{S_n}{n^2}$의 값을 구하여라.

정석연구 a_n이 범위로 주어져 있으므로 S_n도 범위만 알 수 있다. 이와 같이 범위만 알 수 있는 수열의 극한은 다음과 같은 수열의 극한의 대소 관계를 이용하여 구한다.

정석 수열 $\{a_n\}$, $\{b_n\}$, $\{p_n\}$에 대하여

$$a_n\le p_n\le b_n \text{이고 } \lim_{n\to\infty}a_n=\lim_{n\to\infty}b_n=\alpha \text{이면} \Longrightarrow \lim_{n\to\infty}p_n=\alpha$$

모범답안 $n<a_n<n+1$이므로 $\sum_{k=1}^{n}k<S_n<\sum_{k=1}^{n}(k+1)$

$$\therefore \frac{n(n+1)}{2}<S_n<\frac{n(n+3)}{2} \qquad \therefore \frac{n(n+1)}{2n^2}<\frac{S_n}{n^2}<\frac{n(n+3)}{2n^2}$$

이때,

$$\lim_{n\to\infty}\frac{n(n+1)}{2n^2}=\lim_{n\to\infty}\frac{1}{2}\left(1+\frac{1}{n}\right)=\frac{1}{2},\quad \lim_{n\to\infty}\frac{n(n+3)}{2n^2}=\lim_{n\to\infty}\frac{1}{2}\left(1+\frac{3}{n}\right)=\frac{1}{2}$$

이므로 $\lim_{n\to\infty}\frac{S_n}{n^2}=\mathbf{\frac{1}{2}}$ ← 답

Advice | 수열의 극한의 대소 관계에 관하여

정석 수열 $\{a_n\}$, $\{b_n\}$에 대하여

$$a_n\le b_n \text{이고 } \lim_{n\to\infty}a_n=\alpha,\ \lim_{n\to\infty}b_n=\beta \text{이면} \Longrightarrow \alpha\le\beta$$

도 성립한다.

여기에서 $a_n<b_n$이지만 $\lim_{n\to\infty}a_n=\lim_{n\to\infty}b_n$인 경우도 있다는 것에 주의해야 한다. 이를테면

$$a_n=1-\frac{1}{n},\quad b_n=1+\frac{1}{n}$$

이라고 하면 $a_n<b_n$이지만 $\lim_{n\to\infty}a_n=\lim_{n\to\infty}b_n=1$이다. 곧,

정석 $a_n<b_n$이고 $\lim_{n\to\infty}a_n=\alpha,\ \lim_{n\to\infty}b_n=\beta$이면 $\Longrightarrow \alpha\le\beta$

유제 **1**-4. 수열 $\{a_n\}$이 모든 자연수 n에 대하여 $3n^2-n<a_n<3n^2+n$을 만족시킨다. $S_n=\sum_{k=1}^{n}a_k$라고 할 때, $\lim_{n\to\infty}\frac{S_n}{n^3}$의 값을 구하여라. 답 1

§2. 등비수열의 극한

1 등비수열의 수렴과 발산

등비수열

$$\boldsymbol{r,\ r^2,\ r^3,\ \cdots,\ r^{n-1},\ r^n,\ \cdots}$$

의 수렴, 발산은 r의 값이 오른쪽 수직선 위의 어느 범위에 속하느냐에 따라 달라진다.

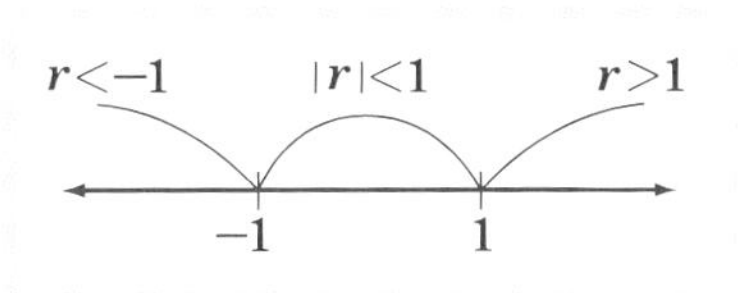

이제 수직선 위의 r의 구체적인 값에 대하여 조사해 보자.

(i) $r>1$일 때 $\lim_{n\to\infty} 2^n=\infty,\quad \lim_{n\to\infty} 3^n=\infty$ (발산)

(ii) $r=1$일 때 $\lim_{n\to\infty} 1^n=\lim_{n\to\infty} 1=1$ (수렴)

(iii) $|r|<1$일 때 $\lim_{n\to\infty}\left(\frac{1}{2}\right)^n=0,\quad \lim_{n\to\infty} 0^n=0,\quad \lim_{n\to\infty}\left(-\frac{1}{2}\right)^n=0$ (수렴)

(iv) $r=-1$일 때 $\left\{(-1)^n\right\}$: $-1,\ 1,\ -1,\ 1,\ \cdots$ (진동) (발산)

(v) $r<-1$일 때 $\left\{(-2)^n\right\}$: $-2,\ 4,\ -8,\ 16,\ \cdots$ (진동) (발산)

이상을 정리하면 다음과 같다.

기본정석 — **등비수열의 수렴과 발산**

(1) 등비수열 $\{\boldsymbol{r^n}\}$의 수렴과 발산

$r>1$일 때 $\lim_{n\to\infty} r^n=\infty$ (발산)

$r=1$일 때 $\lim_{n\to\infty} r^n=1$ (수렴)

$|r|<1$일 때 $\lim_{n\to\infty} r^n=0$ (수렴)

$r\le-1$일 때 $\{r^n\}$은 진동 (발산)

따라서

정석 등비수열 $\{\boldsymbol{r^n}\}$이 수렴할 조건 $\Longrightarrow$ $\boldsymbol{-1<r\le1}$

(2) $\boldsymbol{r^n}$을 포함한 식의 극한

r^n을 포함한 식의 극한은 다음 네 경우로 나누어 조사한다.

$$\boldsymbol{|r|<1,\qquad r=1,\qquad r=-1,\qquad |r|>1}$$

기본 문제 1-5 다음 수열의 수렴과 발산을 조사하고, 수렴하면 극한값을 구하여라.

(1) $\left\{\dfrac{\sqrt{3^n}+2^n}{2^n}\right\}$ (2) $\left\{\dfrac{2^{2n}+3^{n+1}}{5^n+3^n}\right\}$ (3) $\{5^n-6^n\}$

정석연구 (1), (2) 분모의 항 중에서 밑의 절댓값이 가장 큰 항으로 분모, 분자를 나누고, 다음 **정석**을 이용한다.

정석 $|r|<1$일 때 $\displaystyle\lim_{n\to\infty} r^n=0$

(3) $n \longrightarrow \infty$일 때 $\infty-\infty$ 꼴이다. 이런 경우 밑의 절댓값이 가장 큰 항으로 묶은 다음, 위의 **정석**을 이용한다.

모범답안 (1) $a_n=\dfrac{(\sqrt{3})^n+2^n}{2^n}$이라고 하면 ⇦ 2^n으로 분모, 분자를 나눈다.

$$\lim_{n\to\infty} a_n=\lim_{n\to\infty}\left\{\left(\frac{\sqrt{3}}{2}\right)^n+1\right\}=\mathbf{1}\ (\text{수렴}) \longleftarrow \boxed{\text{답}}$$

(2) $a_n=\dfrac{4^n+3\times3^n}{5^n+3^n}$이라고 하면 ⇦ 5^n으로 분모, 분자를 나눈다.

$$\lim_{n\to\infty} a_n=\lim_{n\to\infty}\frac{\left(\frac{4}{5}\right)^n+3\times\left(\frac{3}{5}\right)^n}{1+\left(\frac{3}{5}\right)^n}=\mathbf{0}\ (\text{수렴}) \longleftarrow \boxed{\text{답}}$$

(3) $a_n=5^n-6^n$이라고 하면 $a_n=6^n\left\{\left(\dfrac{5}{6}\right)^n-1\right\}$이고

$$\lim_{n\to\infty} 6^n=\infty,\quad \lim_{n\to\infty}\left\{\left(\frac{5}{6}\right)^n-1\right\}=-1$$

이므로

$$\lim_{n\to\infty} a_n=\lim_{n\to\infty} 6^n\left\{\left(\frac{5}{6}\right)^n-1\right\}=-\infty\ (\text{발산}) \longleftarrow \boxed{\text{답}}$$

유제 **1**-5. 다음 극한을 조사하여라.

(1) $\displaystyle\lim_{n\to\infty}\frac{4^n}{5^n+3^n}$ (2) $\displaystyle\lim_{n\to\infty}\frac{3^n+5^n}{4^n+5^n}$

(3) $\displaystyle\lim_{n\to\infty}\frac{(-2)^n}{3^n-1}$ (4) $\displaystyle\lim_{n\to\infty}\left\{\left(\frac{1}{2}\right)^n+(-2)^n\right\}$

(5) $\displaystyle\lim_{n\to\infty}(3^n-2^n)$ (6) $\displaystyle\lim_{n\to\infty}(2^{3n}-3^{2n})$

답 (1) **0** (2) **1** (3) **0** (4) 진동(발산) (5) $\boldsymbol{\infty}$ (6) $\boldsymbol{-\infty}$

기본 문제 1-6 일반항 a_n이 다음과 같은 수열의 극한값을 구하여라.

(1) $a_n=\dfrac{1}{1+r^n}$ (단, $r\neq-1$) (2) $a_n=\dfrac{r^{n+1}-1}{r^n+1}$ (단, $r\neq-1$)

정석연구 $n \longrightarrow \infty$일 때 r^n의 극한은 r의 값에 따라 수렴하는 경우도 있고, 발산하는 경우도 있다.

일반적으로

정 석 r^n을 포함한 식의 극한은

$|r|<1,\quad r=1,\quad r=-1,\quad |r|>1$

인 경우로 나누어 생각한다.

이 문제에서는 $r\neq-1$이므로 $|r|<1$, $r=1$, $|r|>1$인 경우만 생각하면 된다.

모범답안 (1) $|r|<1$일 때 $\displaystyle\lim_{n\to\infty} r^n=0$ $\quad\therefore \displaystyle\lim_{n\to\infty}\frac{1}{1+r^n}=1$

$r=1$일 때 $\displaystyle\lim_{n\to\infty} r^n=1$ $\quad\therefore \displaystyle\lim_{n\to\infty}\frac{1}{1+r^n}=\frac{1}{2}$

$|r|>1$일 때 $\displaystyle\lim_{n\to\infty}|r^n|=\infty$ $\quad\therefore \displaystyle\lim_{n\to\infty}\frac{1}{1+r^n}=0$

답 $|r|<1$일 때 **1**, $r=1$일 때 $\frac{1}{2}$, $|r|>1$일 때 **0**

(2) $|r|<1$일 때 $\displaystyle\lim_{n\to\infty} r^n=0$, $\displaystyle\lim_{n\to\infty} r^{n+1}=0$ $\quad\therefore \displaystyle\lim_{n\to\infty}\frac{r^{n+1}-1}{r^n+1}=-1$

$r=1$일 때 $\displaystyle\lim_{n\to\infty} r^n=1$, $\displaystyle\lim_{n\to\infty} r^{n+1}=1$ $\quad\therefore \displaystyle\lim_{n\to\infty}\frac{r^{n+1}-1}{r^n+1}=0$

$|r|>1$일 때 $\displaystyle\lim_{n\to\infty}\frac{1}{r^n}=0$

$$\therefore \lim_{n\to\infty}\frac{r^{n+1}-1}{r^n+1}=\lim_{n\to\infty}\frac{r-\frac{1}{r^n}}{1+\frac{1}{r^n}}=r$$

답 $|r|<1$일 때 **−1**, $r=1$일 때 **0**, $|r|>1$일 때 r

* *Note* $r=-1$일 때 n이 홀수이면 a_n은 정의되지 않는다.

유제 **1**-6. 일반항 a_n이 다음과 같은 수열의 극한값을 구하여라.

(1) $a_n=\dfrac{r^n}{1+r^n}$ (단, $r\neq-1$) (2) $a_n=\dfrac{1-r^n}{1+r^n}$ (단, $r\neq-1$)

답 (1) $|r|<1$일 때 **0**, $r=1$일 때 $\frac{1}{2}$, $|r|>1$일 때 **1**

(2) $|r|<1$일 때 **1**, $r=1$일 때 **0**, $|r|>1$일 때 **−1**

기본 문제 1-7 자연수 n에 대하여 직선 $x=2^n$이 곡선 $y=\log_2 x$와 만나는 점을 P_n이라고 하자. 선분 $\mathrm{P}_n\mathrm{P}_{n+1}$의 길이를 a_n, 선분 $\mathrm{P}_n\mathrm{P}_{n+2}$의 길이를 b_n이라고 할 때, 다음 물음에 답하여라.

(1) a_n, b_n을 구하여라. (2) $\displaystyle\lim_{n\to\infty}\left(\frac{a_{n+1}}{b_n}\right)^2$의 값을 구하여라.

정석연구 (1) 세 점 P_n, P_{n+1}, P_{n+2}의 좌표를 각각 구한 다음, 두 점 사이의 거리 공식을 이용하여 a_n, b_n을 구한다.

(2) 분모의 항 중에서 밑의 절댓값이 가장 큰 항으로 분모, 분자를 나눈 다음 극한값을 구한다.

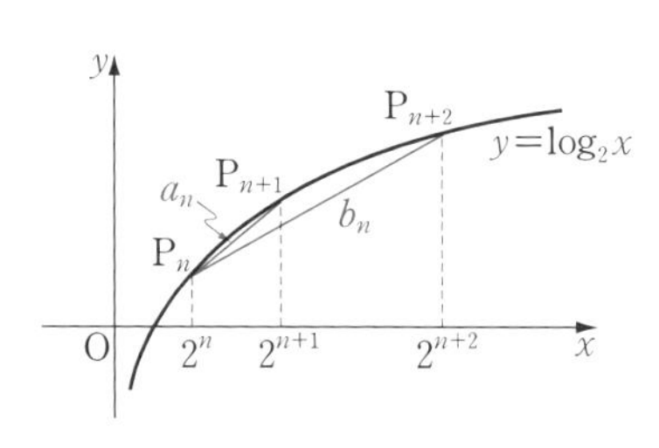

모범답안 (1) 세 점 P_n, P_{n+1}, P_{n+2}의 좌표는

$$\mathrm{P}_n(2^n,\ n),\quad \mathrm{P}_{n+1}(2^{n+1},\ n+1),\quad \mathrm{P}_{n+2}(2^{n+2},\ n+2)$$

이므로

$$a_n=\overline{\mathrm{P}_n\mathrm{P}_{n+1}}=\sqrt{(2^{n+1}-2^n)^2+1^2}=\sqrt{(2^n)^2+1}=\sqrt{4^n+1},$$

$$b_n=\overline{\mathrm{P}_n\mathrm{P}_{n+2}}=\sqrt{(2^{n+2}-2^n)^2+2^2}=\sqrt{(3\times2^n)^2+4}=\sqrt{9\times4^n+4}$$

답 $\boldsymbol{a_n=\sqrt{4^n+1},\ b_n=\sqrt{9\times4^n+4}}$

(2) $$\lim_{n\to\infty}\left(\frac{a_{n+1}}{b_n}\right)^2=\lim_{n\to\infty}\left(\frac{\sqrt{4^{n+1}+1}}{\sqrt{9\times4^n+4}}\right)^2=\lim_{n\to\infty}\frac{4^{n+1}+1}{9\times4^n+4}$$ ⇦ 4^n으로 나눈다.

$$=\lim_{n\to\infty}\frac{4+\left(\frac{1}{4}\right)^n}{9+4\times\left(\frac{1}{4}\right)^n}=\frac{\mathbf{4}}{\mathbf{9}}$$ ← 답

유제 **1**-7. 오른쪽 그림과 같이 한 변의 길이가 2인 정삼각형 ABC와 점 A를 지나고 직선 BC에 평행한 직선 l이 있다. 자연수 n에 대하여 점 A를 중심으로 하고 반지름의 길이가 $\left(\frac{1}{2}\right)^{n-2}$인 원이 선분 AB와 만나는 점을 P_n이라 하고, 점 P_n을 지나고 직선 AC에 수직인 직선이 직선 l과 만나는 점을 Q_n이라고 하자. 삼각형 $\mathrm{CP}_n\mathrm{Q}_n$의 넓이를 a_n이라고 할 때, $\displaystyle\lim_{n\to\infty}2^n a_n$의 값을 구하여라.

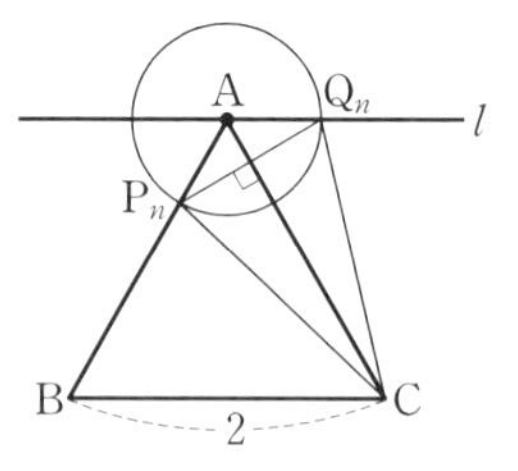

답 $4\sqrt{3}$

기본 문제 1-8 수열 $\{a_n\}$을

$$a_1=1, \quad a_{n+1}=\frac{1}{2}a_n+2 \text{ (단, } n=1, 2, 3, \cdots)$$

와 같이 정의할 때, 다음 물음에 답하여라.

(1) a_n을 구하여라. (2) $\lim_{n\to\infty} a_n$의 값을 구하여라.

정석연구 이와 같은 유형의 점화식에서 일반항을 구하는 것은 고등학교 교육과정에서는 다루지 않지만, 기본 수학 I (p. 230)에서 다음과 같이 공부하였다.

점화식의 양변에서 4를 빼면 $a_{n+1}-4=\frac{1}{2}(a_n-4)$

따라서 수열 $\{a_n-4\}$는 공비가 $\frac{1}{2}$인 등비수열이다. 이를 이용하면 a_n을 구할 수 있다.

정석 $\boldsymbol{a_{n+1}=pa_n+q\ (p\neq0,\ p\neq1,\ q\neq0)}$ 꼴의 점화식은

(i) $\boldsymbol{a_{n+1}-k=p(a_n-k)}$의 꼴로 변형한다.

(ii) 수열 $\boldsymbol{\{a_n-k\}}$는 첫째항이 $\boldsymbol{a_1-k}$, 공비가 $\boldsymbol{p}$인 등비수열!

모범답안 (1) 점화식의 양변에서 4를 빼면 $a_{n+1}-4=\frac{1}{2}(a_n-4)$

따라서 수열 $\{a_n-4\}$는 첫째항이 $a_1-4=1-4=-3$이고 공비가 $\frac{1}{2}$인 등비수열이다.

$\therefore\ a_n-4=(-3)\times\left(\frac{1}{2}\right)^{n-1}$ $\quad\therefore\ \boldsymbol{a_n=(-3)\times\left(\frac{1}{2}\right)^{n-1}+4}$ ← 답

(2) $\lim_{n\to\infty} a_n=\lim_{n\to\infty}\left\{(-3)\times\left(\frac{1}{2}\right)^{n-1}+4\right\}=\boldsymbol{4}$ ← 답

유제 **1**-8. 수열 $\{a_n\}$을

$$a_1=1, \quad 2a_{n+1}-a_n=2 \text{ (단, } n=1, 2, 3, \cdots)$$

와 같이 정의할 때, 다음 물음에 답하여라.

(1) a_n을 구하여라. (2) $\lim_{n\to\infty} a_n$의 값을 구하여라.

답 (1) $\boldsymbol{a_n=2-\left(\frac{1}{2}\right)^{n-1}}$ (2) **2**

유제 **1**-9. 수열 $\{a_n\}$을

$$a_1=1, \quad a_2=3, \quad 2a_{n+2}-3a_{n+1}+a_n=0 \text{ (단, } n=1, 2, 3, \cdots)$$

과 같이 정의할 때, 다음을 구하여라.

(1) $a_{n+1}-a_n$ (2) a_n (3) $\lim_{n\to\infty} a_n$

답 (1) $\boldsymbol{a_{n+1}-a_n=\left(\frac{1}{2}\right)^{n-2}}$ (2) $\boldsymbol{a_n=5-\left(\frac{1}{2}\right)^{n-3}}$ (3) **5**

연습문제 1

1-1 $\lim_{n\to\infty}\frac{1}{n^k}\left\{\left(n+\frac{1}{n}\right)^{10}-\frac{1}{n^{10}}\right\}$의 값이 존재하기 위한 자연수 k의 최솟값을 구하여라.

1-2 자연수 n에 대하여 1부터 $6n$까지의 자연수의 합을 a_n, 1부터 $6n$까지의 3의 배수가 아닌 자연수의 합을 b_n이라고 할 때, $\lim_{n\to\infty}\frac{a_n}{b_n}$의 값을 구하여라.

1-3 자연수 n에 대하여 $\sqrt{n^2+2n+2}$의 정수부분을 a_n, 소수부분을 b_n이라고 할 때, $\lim_{n\to\infty}a_nb_n$의 값을 구하여라.

1-4 자연수 n에 대하여 이차방정식 $x^2-8x+16-n=0$의 두 근이 α_n, β_n일 때, $f(n)=|\alpha_n-\beta_n|$이라고 하자.

$\lim_{n\to\infty}\sqrt{n}\{f(n+1)-f(n)\}$의 값을 구하여라.

1-5 수열 $\{a_n\}$이 $\lim_{n\to\infty}(2n-1)a_n=4$를 만족시킬 때, 다음 극한을 조사하여라.

(1) $\lim_{n\to\infty}a_n$　　(2) $\lim_{n\to\infty}na_n$　　(3) $\lim_{n\to\infty}n^2a_n$

1-6 $\lim_{n\to\infty}\left(\sqrt{an^2+6n}-bn\right)=\frac{3}{8}$을 만족시키는 상수 a, b의 값을 구하여라.

단, $a>0$이다.

1-7 수열 $\{a_n\}$이 모든 자연수 n에 대하여 $\frac{a_n-4}{a_n+3}=\frac{1^2+2^2+3^2+\cdots+n^2}{2n^3+1}$을 만족시킬 때, $\lim_{n\to\infty}a_n$의 값을 구하여라.

1-8 수열 $\{a_n\}$, $\{b_n\}$에 대하여 다음 중 옳은 것은? 단, α, β는 실수이다.

① $\lim_{n\to\infty}a_n=\infty$, $\lim_{n\to\infty}b_n=\infty$이면 $\lim_{n\to\infty}\frac{a_n}{b_n}=1$이다.

② $\lim_{n\to\infty}a_n=\infty$, $\lim_{n\to\infty}b_n=\infty$이면 $\lim_{n\to\infty}(a_n-b_n)=0$이다.

③ $a_n<b_n$, $\lim_{n\to\infty}a_n=\alpha$, $\lim_{n\to\infty}b_n=\beta$이면 $\alpha<\beta$이다.

④ $\lim_{n\to\infty}(a_n-b_n)=0$, $\lim_{n\to\infty}a_n=\alpha$이면 $\lim_{n\to\infty}b_n=\alpha$이다.

⑤ $\lim_{n\to\infty}a_n=\infty$, $\lim_{n\to\infty}b_n=0$이면 $\lim_{n\to\infty}a_nb_n=0$이다.

1-9 수열 $\sqrt{2}$, $\sqrt{2+\sqrt{2}}$, $\sqrt{2+\sqrt{2+\sqrt{2}}}$, $\cdots$는 수렴한다. 이 수열의 극한값은?

① 1　　② $\sqrt{2}$　　③ $\sqrt{3}$　　④ 2　　⑤ $\sqrt{5}$

1-10 자연수 n에 대하여 좌표가 $(4n+1,\ 0)$인 점을 P_n이라 하고, 곡선 $y=\sqrt{\dfrac{x}{n}}$ 위의 점 중 x좌표가 1인 점을 Q_n이라고 하자. 점 $\mathrm{R}(1,\ 0)$에 대하여 삼각형 $\mathrm{P}_n\mathrm{Q}_n\mathrm{R}$의 넓이를 S_n, 선분 $\mathrm{P}_n\mathrm{Q}_n$의 길이를 l_n이라고 할 때, $\lim\limits_{n\to\infty}\dfrac{{\mathrm{S}_n}^2}{l_n}$의 값을 구하여라.

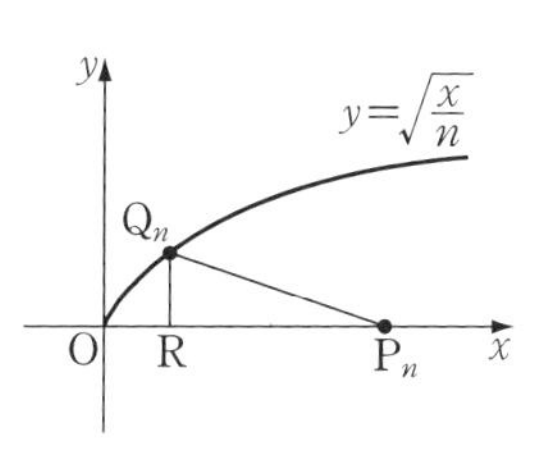

1-11 다음 등비수열이 수렴하도록 x의 값의 범위를 정하여라.

(1) $\{|x|^n\}$ (2) $\{x^n(x-2)^n\}$

1-12 수열 $\{a_n\}$의 일반항이 다음과 같을 때, $\lim\limits_{n\to\infty}\dfrac{1}{n}(a_1+a_2+\cdots+a_n)$의 값이 존재하는 것만을 있는 대로 고른 것은?

ㄱ. $a_n=n$	ㄴ. $a_n=\dfrac{1}{2^n}$	ㄷ. $a_n=(-1)^n$

① ㄱ ② ㄴ ③ ㄷ ④ ㄴ, ㄷ ⑤ ㄱ, ㄴ, ㄷ

1-13 자연수 n에 대하여 10^n의 양의 약수의 총합을 $\mathrm{T}(n)$이라고 하자.
이때, $\lim\limits_{n\to\infty}\dfrac{\mathrm{T}(n)}{10^n}$의 값은?

① $\dfrac{5}{4}$ ② $\dfrac{4}{3}$ ③ $\dfrac{3}{2}$ ④ 2 ⑤ $\dfrac{5}{2}$

1-14 수열 $\{a_n\}$이 모든 자연수 n에 대하여 $a_n>0$, $\dfrac{a_{n+1}}{a_n}\le\dfrac{2019}{2020}$를 만족시킬 때, $\lim\limits_{n\to\infty}\dfrac{3a_n+n-2}{4a_n+3n+1}$의 값을 구하여라.

1-15 10% 소금물 200 g에서 50 g을 따라 버리고 여기에 물 40 g과 소금 10 g을 넣었더니 p_1% 소금물이 되었다. 이와 같이 소금물 50 g을 버리고 물 40 g과 소금 10 g을 다시 넣는 시행을 n회 반복했더니 p_n% 소금물이 되었다고 한다. 이때, $\lim\limits_{n\to\infty}p_n$의 값을 구하여라.

1-16 첫째항이 12, 공비가 $\dfrac{1}{3}$인 등비수열 $\{a_n\}$에 대하여 수열 $\{b_n\}$을 다음과 같이 정의할 때, $\lim\limits_{n\to\infty}b_n$의 값을 구하여라.

(가) $b_1=1$

(나) $n\ge1$일 때, b_{n+1}은 점 $\mathrm{P}_n(-b_n,\ {b_n}^2)$을 지나고 기울기가 a_n인 직선과 포물선 $y=x^2$의 교점 중에서 P_n이 아닌 점의 x좌표이다.

2. 급 수

급수／등비급수／등비급수의 활용

§1. 급 수

1 급수와 부분합

지금까지는 수열

$$a_1, \quad a_2, \quad a_3, \quad \cdots, \quad a_n, \quad \cdots$$

에서 n의 값이 한없이 커짐에 따라 일반항 a_n의 값이 어떻게 변하는가를 알아보았다. 이제 이와 같은 수열의 합을 생각해 보자.

일반적으로 수열 $\{a_n\}$의 각 항을 차례로 기호 $+$로 연결한 식

$$a_1+a_2+a_3+\cdots+a_n+\cdots$$

을 급수 또는 무한급수라 하고, 기호 $\sum$를 사용하여 $\sum_{n=1}^{\infty} a_n$ 또는 $\sum_{k=1}^{\infty} a_k$로 나타낸다.

또, 위의 급수에서 첫째항부터 제 n항까지의 합

$$S_n=\sum_{k=1}^{n} a_k=a_1+a_2+a_3+\cdots+a_n$$

을 이 급수의 제 $\boldsymbol{n}$항까지의 부분합 또는 간단히 부분합이라고 한다.

2 급수의 수렴과 발산

이를테면 급수

$$\sum_{n=1}^{\infty}\left(\frac{1}{2}\right)^n=\frac{1}{2}+\frac{1}{4}+\frac{1}{8}+\cdots+\left(\frac{1}{2}\right)^n+\cdots \qquad \cdots\cdots ①$$

에서 부분합을 S_n이라고 하면 S_n은 등비수열의 합의 공식에 의하여

$$S_n=\frac{(1/2)\{1-(1/2)^n\}}{1-(1/2)}=1-\left(\frac{1}{2}\right)^n$$

따라서 부분합 $S_1, S_2, S_3, \cdots, S_n, \cdots$을 각각 계산하면

$$\begin{array}{cccccc} S_1, & S_2, & S_3, & \cdots, & S_n, & \cdots \\ \frac{1}{2}, & \frac{3}{4}, & \frac{7}{8}, & \cdots, & 1-\left(\frac{1}{2}\right)^n, & \cdots \end{array}$$

이고, $n \longrightarrow \infty$일 때 부분합의 수열 $\{S_n\}$의 극한값은

$$\lim_{n\to\infty} S_n = \lim_{n\to\infty}\left\{1-\left(\frac{1}{2}\right)^n\right\}=1$$

임을 알 수 있다.

이때, 앞면의 급수 ㉮은 1에 수렴한다고 하고, 1을 이 급수의 합이라고 한다.

결국 앞면의 급수의 합을 구할 때에는 제 n항까지의 부분합 S_n을 구하고, $\lim\limits_{n\to\infty} S_n$을 계산하면 된다는 사실을 알 수 있다.

일반적으로 급수 $\sum\limits_{n=1}^{\infty} a_n$에서 부분합의 수열

$$S_1,\ S_2,\ S_3,\ \cdots,\ S_n,\ \cdots$$

이 일정한 값 S에 수렴할 때, 곧 $\lim\limits_{n\to\infty} S_n = S$일 때, 이 급수는 S에 수렴한다고 한다. 이때, S를 **급수의 합**이라고 하고, 다음과 같이 나타낸다.

$$\sum_{n=1}^{\infty} a_n = S \quad \text{또는} \quad a_1+a_2+a_3+\cdots+a_n+\cdots=S$$

한편 급수

$$1+3+5+\cdots+(2n-1)+\cdots$$

에서 제 n항까지의 부분합을 S_n이라고 하면

$$S_n=\sum_{k=1}^{n}(2k-1)=n^2$$

이다. 따라서 부분합의 수열을 생각하면 오른쪽과 같고

$$\begin{array}{cccccc} S_1, & S_2, & S_3, & \cdots, & S_n, & \cdots \\ 1^2, & 2^2, & 3^2, & \cdots, & n^2, & \cdots \end{array}$$

$$\lim_{n\to\infty} S_n = \lim_{n\to\infty} n^2 = \infty \ (\text{발산})$$

이다.

이와 같이 일반적으로 급수 $\sum\limits_{n=1}^{\infty} a_n$에서 부분합의 수열 $\{S_n\}$이 발산할 때, 이 급수는 **발산**한다고 한다(급수의 합은 존재하지 않는다).

이때, $\sum\limits_{n=1}^{\infty} a_n=\infty$, $\sum\limits_{n=1}^{\infty} a_n=-\infty$ 등의 기호를 수열의 극한에서와 같은 의미로 사용한다.

여기에서 급수의 수렴, 발산을 수열의 수렴, 발산과 혼동해서는 안 된다.

다음과 같이 정리하여 기억해 두자.

기본정석 **급수의 수렴과 발산**

수열 $\{a_n\}$의 첫째항부터 제 n항까지의 합을 S_n이라고 할 때,

(i) 수열의 수렴, 발산은 ⟹ $\lim_{n\to\infty} a_n$을 조사!

(ii) 급수의 수렴, 발산은 ⟹ $\lim_{n\to\infty} S_n$을 조사!

$\lim_{n\to\infty} S_n = S$(일정) ⟹ 수렴, $\lim_{n\to\infty} S_n \neq S$(일정) ⟹ 발산

보기 1 다음 급수의 수렴과 발산을 조사하고, 수렴하면 급수의 합을 구하여라.

(1) $0.2+0.2^2+0.2^3+\cdots$ (2) $(1-1)+(1-1)+(1-1)+\cdots$

(3) $1-1+1-1+\cdots$

연구 부분합을 S_n이라고 할 때, (2), (3)은 S_1, S_2, S_3, $\cdots$을 직접 구하여 수열 $\{S_n\}$의 수렴과 발산을 조사해 보는 것이 알기 쉽다.

(1) $S_n=\dfrac{0.2(1-0.2^n)}{1-0.2}=\dfrac{1}{4}\left\{1-\left(\dfrac{1}{5}\right)^n\right\}$ $\quad\therefore \lim_{n\to\infty} S_n=\dfrac{1}{4}$ (수렴)

(2) $\left.\begin{matrix} S_1, & S_2, & S_3, & S_4, & \cdots \\ 0, & 0, & 0, & 0, & \cdots \end{matrix}\right\}$ 이므로 $\lim_{n\to\infty} S_n=\mathbf{0}$ (수렴)

(3) $\left.\begin{matrix} S_1, & S_2, & S_3, & S_4, & \cdots \\ 1, & 0, & 1, & 0, & \cdots \end{matrix}\right\}$ 이므로 수열 $\{S_n\}$은 진동한다. (발산)

3 급수의 수렴, 발산과 수열의 극한

급수 $\sum_{n=1}^{\infty} a_n$과 수열의 극한 $\lim_{n\to\infty} a_n$ 사이의 관계에 대하여 알아보자.

급수 $\sum_{n=1}^{\infty} a_n$이 수렴할 때, 급수의 합을 S, 부분합을 S_n이라고 하면

$$a_n=S_n-S_{n-1}\ (n\geq 2),\quad \lim_{n\to\infty} S_n=S,\quad \lim_{n\to\infty} S_{n-1}=S$$

이므로

$$\lim_{n\to\infty} a_n=\lim_{n\to\infty}(S_n-S_{n-1})=\lim_{n\to\infty} S_n-\lim_{n\to\infty} S_{n-1}=S-S=0$$

따라서 다음이 성립한다.

급수 $\sum_{n=1}^{\infty} a_n$이 수렴하면 $\lim_{n\to\infty} a_n=\mathbf{0}$이다. $\cdots\cdots$㉠

또, ㉠의 대우를 생각하면 다음 성질을 얻는다.

$\lim_{n\to\infty} a_n\neq\mathbf{0}$이면 급수 $\sum_{n=1}^{\infty} a_n$은 발산한다.

이상을 정리하면 다음과 같다.

동영상 강의 소순영 선생님

강의 특징

- 개념을 전체적으로 크게 볼 수 있는 체계적인 강의
- 철저한 사전 준비를 통해 핵심을 짚어 주는 완성된 강의
- 개념 설명, 문제 풀이 중 주요 포인트 강조 · 반복
- 개념과 문제 사이의 연관성을 되짚어 줌

정석 선생님과 함께하는 수학 공부법

체계적이고, 지속적인 학습으로 수학적 개념을 익혀라!

끊임없는 반복 학습과 지속적인 학습을 하라

한 번 이해를 했더라도 그 이해가 계속 유지되는 것은 아니며, 길게는 대학 입시까지 지속적으로 활용해야 하기 때문에 끊임없는 반복 학습과 지속적인 학습이 필요합니다.

철저한 계획 아래, 욕심을 버리고 넓게 학습하라

현실적으로 1일 학습량을 정해 놓고 실천해야 합니다.
또한 처음부터 100 % 자기 것으로 만들겠다는 욕심을 갖기보다는 넓게 보면서 학습하고, 반복 학습하면서 자신만의 학습법을 찾는 것도 필요합니다. 예를 들면 완벽히 이해한 부분, 답을 보고 이해한 부분, 이해가 안 되는 부분 등을 다르게 표시하면서 공부해야 합니다.

수학적 개념을 익혀라

수학은 수학 공통어로 추상적 약속을 기호화하는 것입니다. 전 세계 사람들이 공통으로 이해하고 풀기 위해서는 정확한 개념을 익히고 개념을 설명한 약속을 기호화하는 것이 중요합니다.

다양한 문제를 풀어라

다양한 문제 풀이를 통해 다양한 유형을 접하고, 반복을 통해 내 것으로 만들어야 합니다.

수학의 정석®

www.sungji.com
수학의 정석 동영상 교육 사이트

기본정석 **급수의 수렴, 발산과 수열의 극한**

(1) 급수 $\sum_{n=1}^{\infty} a_n$이 수렴 $\Longrightarrow$ $\lim_{n\to\infty} a_n=0$

(2) $\lim_{n\to\infty} a_n \neq 0$ $\Longrightarrow$ 급수 $\sum_{n=1}^{\infty} a_n$은 발산

Advice | 위의 (1)의 역은 성립하지 않는다. ⇦ 기본 문제 2-1의 (1) 참조

곧, $\lim_{n\to\infty} a_n=0$일 때, 급수 $\sum_{n=1}^{\infty} a_n$은 수렴하는 경우도 있고 발산하는 경우도 있다. 다시 말하면 $\lim_{n\to\infty} a_n=0$은 급수 $\sum_{n=1}^{\infty} a_n$이 수렴하기 위한 필요조건이지만 충분조건은 아니다.

보기 2 급수 $\sum_{n=1}^{\infty} \dfrac{2n}{n+1}$은 발산함을 보여라.

연구 $\lim_{n\to\infty} \dfrac{2n}{n+1}=2\neq 0$이므로 주어진 급수는 발산한다.

보기 3 수열 $\{a_n\}$에 대하여 급수 $\sum_{n=1}^{\infty}\left(a_n-\dfrac{1}{3}\right)$이 수렴할 때, $\lim_{n\to\infty} a_n$의 값을 구하여라.

연구 주어진 급수가 수렴하므로 $\lim_{n\to\infty}\left(a_n-\dfrac{1}{3}\right)=0$

$$\therefore \lim_{n\to\infty} a_n=\lim_{n\to\infty}\left\{\left(a_n-\frac{1}{3}\right)+\frac{1}{3}\right\}=0+\frac{1}{3}=\boldsymbol{\frac{1}{3}}$$

4 급수의 기본 성질

수렴하는 두 급수 $\sum_{n=1}^{\infty} a_n$, $\sum_{n=1}^{\infty} b_n$에 대하여 다음이 성립한다.

$$\sum_{n=1}^{\infty} ca_n=\lim_{n\to\infty}\sum_{k=1}^{n} ca_k=c\lim_{n\to\infty}\sum_{k=1}^{n} a_k=c\sum_{n=1}^{\infty} a_n \text{ (단, } c\text{는 상수)}$$

$$\sum_{n=1}^{\infty}(a_n\pm b_n)=\lim_{n\to\infty}\sum_{k=1}^{n}(a_k\pm b_k)=\lim_{n\to\infty}\left(\sum_{k=1}^{n} a_k\pm\sum_{k=1}^{n} b_k\right)$$

$$=\lim_{n\to\infty}\sum_{k=1}^{n} a_k\pm\lim_{n\to\infty}\sum_{k=1}^{n} b_k=\sum_{n=1}^{\infty} a_n\pm\sum_{n=1}^{\infty} b_n \text{ (복부호동순)}$$

기본정석 **급수의 기본 성질**

급수 $\sum_{n=1}^{\infty} a_n$, $\sum_{n=1}^{\infty} b_n$이 수렴할 때,

(1) $\sum_{n=1}^{\infty} ca_n=c\sum_{n=1}^{\infty} a_n$ (단, c는 상수)

(2) $\sum_{n=1}^{\infty}(a_n\pm b_n)=\sum_{n=1}^{\infty} a_n\pm\sum_{n=1}^{\infty} b_n$ (복부호동순)

기본 문제 2-1 다음 급수의 수렴과 발산을 조사하고, 수렴하면 급수의 합을 구하여라.

(1) $\displaystyle\sum_{n=1}^{\infty}\frac{1}{\sqrt{n+1}+\sqrt{n}}$ (2) $\displaystyle\sum_{n=2}^{\infty}\log\frac{n^2}{n^2-1}$

정석연구 $\displaystyle\sum_{n=1}^{\infty}a_n$의 부분합 S_n에 대하여 $\displaystyle\sum_{n=1}^{\infty}a_n=\lim_{n\to\infty}\sum_{k=1}^{n}a_k=\lim_{n\to\infty}S_n$이다.

정석 급수의 수렴과 발산은 먼저 부분합 $\mathbf{S}_n$을 구하고,

$\displaystyle\lim_{n\to\infty}\mathbf{S}_n=\mathbf{S}$(일정) $\Longrightarrow$ 수렴, $\displaystyle\lim_{n\to\infty}\mathbf{S}_n\neq\mathbf{S}$(일정) $\Longrightarrow$ 발산

모범답안 (1) $\displaystyle S_n=\sum_{k=1}^{n}\frac{1}{\sqrt{k+1}+\sqrt{k}}$이라고 하면

$$\begin{aligned}S_n&=\sum_{k=1}^{n}\left(\sqrt{k+1}-\sqrt{k}\right)\\&=\left(\sqrt{2}-\sqrt{1}\right)+\left(\sqrt{3}-\sqrt{2}\right)+\left(\sqrt{4}-\sqrt{3}\right)+\cdots+\left(\sqrt{n+1}-\sqrt{n}\right)\\&=-1+\sqrt{n+1}\end{aligned}$$

$\displaystyle\therefore\ \sum_{n=1}^{\infty}\frac{1}{\sqrt{n+1}+\sqrt{n}}=\lim_{n\to\infty}S_n=\lim_{n\to\infty}\left(-1+\sqrt{n+1}\right)=\infty$ (발산) ← 답

(2) $\displaystyle S_n=\sum_{k=2}^{n}\log\frac{k^2}{k^2-1}$이라고 하면

$$\begin{aligned}S_n&=\log\frac{2^2}{2^2-1}+\log\frac{3^2}{3^2-1}+\log\frac{4^2}{4^2-1}+\cdots+\log\frac{n^2}{n^2-1}\\&=\log\left\{\left(\frac{2}{1}\times\frac{2}{3}\right)\left(\frac{3}{2}\times\frac{3}{4}\right)\left(\frac{4}{3}\times\frac{4}{5}\right)\times\cdots\times\left(\frac{n}{n-1}\times\frac{n}{n+1}\right)\right\}\\&=\log\frac{2n}{n+1}\end{aligned}$$

$\displaystyle\therefore\ \sum_{n=2}^{\infty}\log\frac{n^2}{n^2-1}=\lim_{n\to\infty}S_n=\lim_{n\to\infty}\log\frac{2n}{n+1}=\mathbf{\log 2}$ (수렴) ← 답

유제 **2**-1. 다음 급수의 수렴과 발산을 조사하고, 수렴하면 급수의 합을 구하여라.

(1) $\displaystyle\sum_{n=1}^{\infty}\left(\sqrt{n+2}-\sqrt{n+1}\right)$ (2) $\displaystyle\sum_{n=1}^{\infty}\frac{1}{n\sqrt{n+1}+(n+1)\sqrt{n}}$

답 (1) ∞ (발산) (2) **1** (수렴)

유제 **2**-2. 다음 급수의 합을 구하여라.

$\displaystyle\log\left(1-\frac{1}{2^2}\right)+\log\left(1-\frac{1}{3^2}\right)+\cdots+\log\left\{1-\frac{1}{(n+1)^2}\right\}+\cdots$ 답 $-\mathbf{\log 2}$

기본 문제 2-2 수열 $\{a_n\}$의 첫째항부터 제 n항까지의 합을 S_n이라 하자.

(1) 수열 $\{a_n\}$이 첫째항이 3, 공차가 2인 등차수열일 때,

$\displaystyle\lim_{n\to\infty}\sum_{k=1}^{n}\frac{1}{S_k}$의 값을 구하여라.

(2) $S_n=n\times 2^n$일 때, $\displaystyle\lim_{n\to\infty}\frac{1}{a_n}\sum_{k=1}^{n}a_k$의 값을 구하여라.

정석연구 (1) 다음 **정석**을 이용하여 먼저 $\displaystyle\sum_{k=1}^{n}\frac{1}{S_k}$을 계산한다.

정석 $\displaystyle\frac{1}{AB}=\frac{1}{B-A}\left(\frac{1}{A}-\frac{1}{B}\right)$

(2) 다음 **정석**을 이용하여 먼저 a_n을 구한다.

정석 $a_1=S_1,\quad a_n=S_n-S_{n-1}\ (n=2,\ 3,\ 4,\ \cdots)$

모범답안 (1) $S_n=\dfrac{n\{2\times3+(n-1)\times2\}}{2}=n(n+2)$이므로

$$\sum_{k=1}^{n}\frac{1}{S_k}=\sum_{k=1}^{n}\frac{1}{k(k+2)}=\sum_{k=1}^{n}\frac{1}{2}\left(\frac{1}{k}-\frac{1}{k+2}\right)$$

$$=\frac{1}{2}\left\{\left(\frac{1}{1}-\frac{1}{3}\right)+\left(\frac{1}{2}-\frac{1}{4}\right)+\left(\frac{1}{3}-\frac{1}{5}\right)+\cdots+\left(\frac{1}{n-1}-\frac{1}{n+1}\right)+\left(\frac{1}{n}-\frac{1}{n+2}\right)\right\}$$

$$=\frac{1}{2}\left(1+\frac{1}{2}-\frac{1}{n+1}-\frac{1}{n+2}\right)$$

$$\therefore\ \lim_{n\to\infty}\sum_{k=1}^{n}\frac{1}{S_k}=\frac{1}{2}\left(1+\frac{1}{2}\right)=\mathbf{\frac{3}{4}}\longleftarrow \boxed{\text{답}}$$

(2) $S_n=n\times2^n$에서 $n\ge2$일 때

$a_n=S_n-S_{n-1}=n\times2^n-(n-1)2^{n-1}=\{2n-(n-1)\}2^{n-1}=(n+1)2^{n-1}$

또, $a_1=S_1=2$이고, 이것은 위의 식을 만족시키므로

$$a_n=(n+1)2^{n-1}\ (n=1,\ 2,\ 3,\ \cdots)$$

$$\therefore\ \lim_{n\to\infty}\frac{1}{a_n}\sum_{k=1}^{n}a_k=\lim_{n\to\infty}\frac{S_n}{a_n}=\lim_{n\to\infty}\frac{n\times2^n}{(n+1)2^{n-1}}=\lim_{n\to\infty}\frac{2n}{n+1}=\mathbf{2}\longleftarrow \boxed{\text{답}}$$

유제 **2**-3. 다음 급수의 합을 구하여라.

(1) $\dfrac{1}{1\times2}+\dfrac{1}{2\times3}+\dfrac{1}{3\times4}+\cdots$　　(2) $1+\dfrac{1}{1+2}+\dfrac{1}{1+2+3}+\cdots$

(3) $\displaystyle\sum_{n=1}^{\infty}\frac{1}{n^2+4n+3}$

답 (1) **1** (2) **2** (3) $\mathbf{\frac{5}{12}}$

유제 **2**-4. 수열 $\{a_n\}$에서 $S_n=\displaystyle\sum_{k=1}^{n}a_k=n^2$일 때, $\displaystyle\sum_{k=1}^{\infty}\frac{1}{a_ka_{k+1}}$의 값을 구하여라.

답 $\mathbf{\frac{1}{2}}$

§2. 등비급수

1 등비급수의 수렴과 발산

이를테면 급수

$$\sum_{n=1}^{\infty}(2\times3^{n-1})=2+2\times3+2\times3^2+2\times3^3+\cdots+2\times3^{n-1}+\cdots$$

은 첫째항이 2, 공비가 3인 등비수열의 각 항을 기호 +로 연결한 식이다.

일반적으로 첫째항이 a, 공비가 r인 등비수열 $\{ar^{n-1}\}$의 각 항을 기호 +로 연결한 식

$$\sum_{n=1}^{\infty}ar^{n-1}=a+ar+ar^2+\cdots+ar^{n-1}+\cdots\ (\text{단, } a\neq0)\qquad\cdots\cdots ㉮$$

을 등비급수 또는 무한등비급수라고 한다.

이제 등비급수 ㉮의 수렴과 발산을 알아보고, 수렴하는 경우에는 그 합을 구해 보자.

등비급수 ㉮에서 부분합을 S_n이라고 하면

$$r\neq1\text{일 때}\quad S_n=\frac{a(1-r^n)}{1-r},\qquad r=1\text{일 때}\quad S_n=na$$

(i) $-1<r<1$일 때 $\lim_{n\to\infty}r^n=0$ $\quad\therefore \lim_{n\to\infty}S_n=\dfrac{a}{1-r}$ $\quad\therefore$ 수렴

(ii) $r=1$일 때 $S_n=na$ $\quad\therefore \lim_{n\to\infty}S_n=\begin{cases}\infty\ (a>0)\\-\infty\ (a<0)\end{cases}$ $\quad\therefore$ 발산

(iii) $r>1$일 때 $\lim_{n\to\infty}r^n=\infty,\ 1-r<0$

$\therefore \lim_{n\to\infty}S_n=\begin{cases}\infty\ (a>0)\\-\infty\ (a<0)\end{cases}$ $\quad\therefore$ 발산

(iv) $r\le-1$일 때 수열 $\{r^n\}$은 진동하므로 수열 $\{S_n\}$은 발산한다.

이상을 정리하면 다음과 같다.

기본정석 — 등비급수의 수렴과 발산

$$\sum_{n=1}^{\infty}ar^{n-1}=a+ar+ar^2+\cdots+ar^{n-1}+\cdots\ (\text{단, } a\neq0)$$

(1) $|r|<1$일 때에만 수렴하고, 합이 존재한다. 합을 S라고 하면

$$|r|<1\text{일 때}\Longrightarrow \sum_{n=1}^{\infty}ar^{n-1}=\frac{a}{1-r}\qquad\text{곧, } S=\frac{a}{1-r}$$

(2) $|r|\ge1$일 때에는 발산한다.

보기 1 다음 등비급수의 합 S를 구하여라.

(1) $20+10+5+2.5+\cdots$ (2) $1+\frac{1}{5}+\frac{1}{5^2}+\frac{1}{5^3}+\cdots$

(3) $1-\frac{1}{\sqrt{2}}+\frac{1}{2}-\frac{1}{2\sqrt{2}}+\cdots$

(4) $(\sqrt{3}+1)+(\sqrt{3}-3)+(9\sqrt{3}-15)+\cdots$

(5) $\sin 30^\circ+\sin^2 30^\circ+\sin^3 30^\circ+\sin^4 30^\circ+\cdots$

(6) $\log_9\sqrt{3}+\log_9\sqrt{\sqrt{3}}+\log_9\sqrt{\sqrt{\sqrt{3}}}+\cdots$

연구 일반적으로 급수의 합은 부분합 S_n을 구한 다음, $\lim_{n\to\infty} S_n$을 계산한다.

그러나 등비급수의 합을 구할 때에는 S_n을 구할 필요 없이 첫째항 a와 공비 r를 구한 다음, $-1<r<1$이면 아래 **정석**을 이용한다.

정석 $-1<r<1$일 때

$$\sum_{n=1}^{\infty} ar^{n-1}=a+ar+ar^2+\cdots+ar^{n-1}+\cdots=\frac{a}{1-r}$$

(1) $a=20,\ r=0.5$이고, $-1<r<1$이므로 $S=\frac{20}{1-0.5}=\mathbf{40}$

(2) $a=1,\ r=\frac{1}{5}$이고, $-1<r<1$이므로 $S=\frac{1}{1-(1/5)}=\mathbf{\frac{5}{4}}$

(3) $a=1,\ r=-\frac{1}{\sqrt{2}}$이고, $-1<r<1$이므로

$$S=\frac{1}{1-(-1/\sqrt{2})}=\frac{\sqrt{2}}{\sqrt{2}+1}=\mathbf{2-\sqrt{2}}$$

(4) $a=\sqrt{3}+1,\ r=\frac{\sqrt{3}-3}{\sqrt{3}+1}=3-2\sqrt{3}$이고, $-1<r<1$이므로

$$S=\frac{\sqrt{3}+1}{1-(3-2\sqrt{3})}=\frac{\sqrt{3}+1}{2\sqrt{3}-2}=\mathbf{\frac{2+\sqrt{3}}{2}}$$

(5) $a=\sin 30^\circ=\frac{1}{2},\ r=\sin 30^\circ=\frac{1}{2}$이고, $-1<r<1$이므로

$$S=\frac{1/2}{1-(1/2)}=\mathbf{1}$$

(6) $S=\frac{1}{2}\log_9 3+\frac{1}{4}\log_9 3+\frac{1}{8}\log_9 3+\cdots$

에서 $a=\frac{1}{2}\log_9 3=\frac{1}{4},\ r=\frac{1}{2}$이고, $-1<r<1$이므로

$$S=\frac{1/4}{1-(1/2)}=\mathbf{\frac{1}{2}}$$

기본 문제 2-3 다음 등비급수의 합을 구하여라.

(1) $\displaystyle\sum_{n=1}^{\infty}3^{n-1}\left(\frac{1}{2}\right)^{2n}$ (2) $\displaystyle\sum_{m=2}^{\infty}\left(\sum_{n=1}^{\infty}\sin^{2n}30°\right)^{m}$

정석연구 (1) $n=1, 2$를 대입하여 첫째항 a_1과 공비 $r=a_2\div a_1$을 구할 수도 있다. 또, 준 식을

$$\sum_{n=1}^{\infty}ar^{n-1}, \quad \sum_{n=1}^{\infty}ar^{n}$$

의 꼴로 변형한 다음

$\displaystyle\sum_{n=1}^{\infty}ar^{n-1}$ ⟹ 첫째항 a, 공비 r, $\displaystyle\sum_{n=1}^{\infty}ar^{n}$ ⟹ 첫째항 ar, 공비 r

임을 이용해도 된다.

(2) 먼저 $\displaystyle\sum_{n=1}^{\infty}\sin^{2n}30°$를 계산한다.

정석 $-1<r<1$일 때

$$\sum_{n=1}^{\infty}ar^{n-1}=a+ar+ar^2+\cdots+ar^{n-1}+\cdots=\frac{a}{1-r}$$

또, $\displaystyle\sum_{m=2}^{\infty}a_m$에서는 첫째항이 a_2임에 주의한다.

모범답안 (1) $\displaystyle\sum_{n=1}^{\infty}3^{n-1}\left(\frac{1}{2}\right)^{2n}=\sum_{n=1}^{\infty}3^{n-1}\left\{\left(\frac{1}{2}\right)^2\right\}^n=\sum_{n=1}^{\infty}3^{n-1}\left(\frac{1}{4}\right)^n$

$\displaystyle=\sum_{n=1}^{\infty}\left\{\frac{1}{4}\times\left(\frac{3}{4}\right)^{n-1}\right\}=\frac{1}{4}\times\frac{1}{1-\frac{3}{4}}=\mathbf{1}$ ← 답

(2) $\displaystyle\sum_{n=1}^{\infty}\sin^{2n}30°=\sum_{n=1}^{\infty}\left(\frac{1}{2}\right)^{2n}=\sum_{n=1}^{\infty}\left\{\left(\frac{1}{2}\right)^2\right\}^n=\sum_{n=1}^{\infty}\left(\frac{1}{4}\right)^n=\frac{\frac{1}{4}}{1-\frac{1}{4}}=\frac{1}{3}$

$\displaystyle\therefore \sum_{m=2}^{\infty}\left(\sum_{n=1}^{\infty}\sin^{2n}30°\right)^m=\sum_{m=2}^{\infty}\left(\frac{1}{3}\right)^m=\frac{\left(\frac{1}{3}\right)^2}{1-\frac{1}{3}}=\mathbf{\frac{1}{6}}$ ← 답

유제 **2**-5. 다음 등비급수의 합을 구하여라.

(1) $\displaystyle\sum_{n=1}^{\infty}\left(\frac{x^2}{1+x^2}\right)^{n-1}$ (단, $x\neq0$)   (2) $\displaystyle\sum_{n=1}^{\infty}\left(\frac{1}{2}\right)^n\left(\frac{4}{3}\right)^{2n}$

(3) $\displaystyle\lim_{m\to\infty}\sum_{x=n}^{n+m}ar^x$ (단, $0<r<1$)   (4) $\displaystyle\sum_{m=1}^{\infty}\left(\sum_{n=1}^{\infty}\tan^{2n}30°\right)^{m-1}$

답 (1) $\mathbf{x^2+1}$ (2) **8** (3) $\displaystyle\frac{ar^n}{1-r}$ (4) **2**

기본 문제 2-4 다음 등비급수의 합을 구하여라.

(1) $\displaystyle\sum_{n=1}^{\infty}\left(\frac{1}{3}\right)^n \cos n\pi$　　(2) $\displaystyle\sum_{n=1}^{\infty}\left(-\frac{1}{2}\right)^n \sin\left(\frac{\pi}{3}+n\pi\right)$

정석연구 첫째항과 공비를 구하면 등비급수의 합을 구할 수 있다.

정석 $-1<r<1$일 때 $\displaystyle\sum_{n=1}^{\infty} ar^{n-1}=\frac{a}{1-r}$

모범답안 (1) (준 식)$\displaystyle=\frac{1}{3}\cos\pi+\left(\frac{1}{3}\right)^2\cos 2\pi+\left(\frac{1}{3}\right)^3\cos 3\pi+\left(\frac{1}{3}\right)^4\cos 4\pi+\cdots$

$\displaystyle=-\frac{1}{3}+\left(\frac{1}{3}\right)^2-\left(\frac{1}{3}\right)^3+\left(\frac{1}{3}\right)^4-\cdots$

$\displaystyle=\frac{-1/3}{1-(-1/3)}=-\frac{1}{4}$ ← 답

(2) (준 식)$\displaystyle=-\frac{1}{2}\sin\left(\frac{\pi}{3}+\pi\right)+\left(-\frac{1}{2}\right)^2\sin\left(\frac{\pi}{3}+2\pi\right)$

$\displaystyle+\left(-\frac{1}{2}\right)^3\sin\left(\frac{\pi}{3}+3\pi\right)+\left(-\frac{1}{2}\right)^4\sin\left(\frac{\pi}{3}+4\pi\right)+\cdots$

$\displaystyle=\frac{1}{2}\sin\frac{\pi}{3}+\left(\frac{1}{2}\right)^2\sin\frac{\pi}{3}+\left(\frac{1}{2}\right)^3\sin\frac{\pi}{3}+\left(\frac{1}{2}\right)^4\sin\frac{\pi}{3}+\cdots$

$\displaystyle=\frac{(1/2)\times(\sqrt{3}/2)}{1-(1/2)}=\frac{\sqrt{3}}{2}$ ← 답

Advice | $\cos n\pi$와 $\sin(\theta+n\pi)$의 n에 1, 2, 3, $\cdots$을 각각 대입하면

$\cos\pi=-1,\ \cos 2\pi=1,\ \cos 3\pi=-1,\ \cdots$

$\Longrightarrow$ $\boldsymbol{\cos n\pi=(-1)^n}$

$\sin(\theta+\pi)=-\sin\theta,\ \sin(\theta+2\pi)=\sin\theta,\ \sin(\theta+3\pi)=-\sin\theta,\ \cdots$

$\Longrightarrow$ $\boldsymbol{\sin(\theta+n\pi)=(-1)^n\sin\theta}$

임을 알 수 있다. 따라서 다음과 같이 풀 수도 있다.

(1) (준 식)$\displaystyle=\sum_{n=1}^{\infty}\left(\frac{1}{3}\right)^n(-1)^n=\sum_{n=1}^{\infty}\left(-\frac{1}{3}\right)^n=\frac{-1/3}{1-(-1/3)}=-\frac{1}{4}$

(2) (준 식)$\displaystyle=\sum_{n=1}^{\infty}\left(-\frac{1}{2}\right)^n(-1)^n\sin\frac{\pi}{3}=\sum_{n=1}^{\infty}\left(\frac{1}{2}\right)^n\frac{\sqrt{3}}{2}=\frac{\sqrt{3}}{2}\times\frac{1/2}{1-(1/2)}=\frac{\sqrt{3}}{2}$

유제 **2**-6. 다음 급수의 합을 구하여라.

(1) $\displaystyle\sum_{n=1}^{\infty}\left(\frac{1}{2}\right)^n\sin\frac{2n-1}{2}\pi$　　(2) $\displaystyle\lim_{n\to\infty}\sum_{k=1}^{n}\left(\frac{1}{2}\right)^k\sin\frac{k}{2}\pi$

(3) $\displaystyle\sum_{n=1}^{\infty}\left(\frac{1}{2}\right)^n\cos\frac{n}{2}\pi$　　(4) $\displaystyle\sum_{n=1}^{\infty}\left(-\frac{1}{\sqrt{2}}\right)^n\cos\left(n\pi+\frac{\pi}{4}\right)$

답 (1) $\frac{1}{3}$　(2) $\frac{2}{5}$　(3) $-\frac{1}{5}$　(4) $\frac{2+\sqrt{2}}{2}$

기본 문제 2-5 다음 급수의 합을 구하여라.

(1) $\displaystyle\sum_{n=1}^{\infty}\frac{2^n+(-3)^n}{4^n}$ (2) $\displaystyle\sum_{n=1}^{\infty}(2^n-1)\left(\frac{1}{3}\right)^{n-1}$

정석연구 기호 $\sum$에서는

$$\sum_{k=1}^{n} ca_k=c\sum_{k=1}^{n} a_k,\quad \sum_{k=1}^{n}(a_k\pm b_k)=\sum_{k=1}^{n} a_k\pm\sum_{k=1}^{n} b_k \text{ (복부호동순)}$$

가 성립한다. 또, 수열의 극한에서는

수열 $\{a_n\}$, $\{b_n\}$이 수렴할 때

$$\lim_{n\to\infty} ca_n=c\lim_{n\to\infty} a_n,\quad \lim_{n\to\infty}(a_n\pm b_n)=\lim_{n\to\infty} a_n\pm\lim_{n\to\infty} b_n \text{ (복부호동순)}$$

이 성립한다.

따라서 급수에서는 다음 성질이 성립한다.

정석 급수 $\displaystyle\sum_{n=1}^{\infty} a_n$, $\displaystyle\sum_{n=1}^{\infty} b_n$이 수렴할 때,

(i) $\displaystyle\sum_{n=1}^{\infty} ca_n=c\sum_{n=1}^{\infty} a_n$ (c는 상수)

(ii) $\displaystyle\sum_{n=1}^{\infty}(a_n\pm b_n)=\sum_{n=1}^{\infty} a_n\pm\sum_{n=1}^{\infty} b_n$ (복부호동순)

모범답안 (1) (준 식)$\displaystyle=\sum_{n=1}^{\infty}\left\{\left(\frac{1}{2}\right)^n+\left(-\frac{3}{4}\right)^n\right\}=\sum_{n=1}^{\infty}\left(\frac{1}{2}\right)^n+\sum_{n=1}^{\infty}\left(-\frac{3}{4}\right)^n$

$$=\frac{\frac{1}{2}}{1-\frac{1}{2}}+\frac{-\frac{3}{4}}{1-\left(-\frac{3}{4}\right)}=1-\frac{3}{7}=\mathbf{\frac{4}{7}} \longleftarrow \text{답}$$

(2) (준 식)$\displaystyle=\sum_{n=1}^{\infty}\left\{2\times\left(\frac{2}{3}\right)^{n-1}-\left(\frac{1}{3}\right)^{n-1}\right\}=2\sum_{n=1}^{\infty}\left(\frac{2}{3}\right)^{n-1}-\sum_{n=1}^{\infty}\left(\frac{1}{3}\right)^{n-1}$

$$=2\times\frac{1}{1-\frac{2}{3}}-\frac{1}{1-\frac{1}{3}}=6-\frac{3}{2}=\mathbf{\frac{9}{2}} \longleftarrow \text{답}$$

유제 **2**-7. 다음 급수의 합을 구하여라.

(1) $\displaystyle\sum_{n=1}^{\infty}\left(\frac{1}{3^n}+\frac{1}{5^n}\right)$ (2) $\displaystyle\sum_{n=1}^{\infty}\left(\frac{2}{5^n}-\frac{1}{4^n}\right)$

(3) $\displaystyle\sum_{n=1}^{\infty}\frac{2^n+(-1)^n}{3^n}$ (4) $\displaystyle\sum_{n=1}^{\infty}(11\times100^{-n}+8\times10^{-n})$

(5) $\displaystyle\frac{2+3}{4}+\frac{2^2+3^2}{4^2}+\frac{2^3+3^3}{4^3}+\cdots$

답 (1) $\mathbf{\frac{3}{4}}$ (2) $\mathbf{\frac{1}{6}}$ (3) $\mathbf{\frac{7}{4}}$ (4) **1** (5) **4**

기본 문제 2-6 다음 급수에 대하여 아래 물음에 답하여라.

$$\frac{x}{3}+\left(\frac{x}{3}\right)^2(x-2)+\left(\frac{x}{3}\right)^3(x-2)^2+\cdots+\left(\frac{x}{3}\right)^n(x-2)^{n-1}+\cdots$$

(1) 이 급수가 수렴하기 위한 x의 값의 범위를 구하여라.

(2) 이 급수의 합이 $\frac{2}{5}$일 때, x의 값을 구하여라.

정석연구 주어진 급수는 등비수열의 합이므로 다음을 이용한다.

정석 $\displaystyle\sum_{n=1}^{\infty} ar^{n-1}=a+ar+ar^2+\cdots+ar^{n-1}+\cdots$에서

(i) 수렴할 조건은 $\Longrightarrow$ $a=0$ 또는 $-1<r<1$

(ii) $-1<r<1$일 때, 급수의 합은 $\Longrightarrow$ $\displaystyle\sum_{n=1}^{\infty} ar^{n-1}=\frac{a}{1-r}$

특히 (1)에서는 첫째항이 0인 경우도 수렴한다는 것에 주의한다. 또, (2)에서는 구한 x의 값이 (1)에서 구한 범위를 만족시키는 값이어야 한다는 것에 주의한다.

모범답안 (1) 첫째항이 $\frac{x}{3}$, 공비가 $\frac{x(x-2)}{3}$이므로 수렴할 조건은

$$\frac{x}{3}=0 \text{ 또는 } -1<\frac{x(x-2)}{3}<1$$

$\frac{x}{3}=0$에서 $x=0$ ……①

$-1<\frac{x(x-2)}{3}$에서 $x^2-2x+3>0$ $\therefore$ x는 모든 실수 ……②

$\frac{x(x-2)}{3}<1$에서 $x^2-2x-3<0$ $\therefore$ $-1<x<3$ ……③

① 또는 (②이고 ③)이므로 $-1<x<3$ ← 답

(2) 급수의 합이 $\frac{2}{5}$이므로 $\dfrac{\frac{x}{3}}{1-\frac{x(x-2)}{3}}=\frac{2}{5}$ $\therefore$ $\dfrac{x}{3-x^2+2x}=\frac{2}{5}$

$\therefore$ $5x=2(3-x^2+2x)$ $\therefore$ $(x+2)(2x-3)=0$

(1)에서 $-1<x<3$이므로 $x=\frac{3}{2}$ ← 답

유제 **2**-8. 급수 $x+x^2(x-2)+x^3(x-2)^2+\cdots+x^n(x-2)^{n-1}+\cdots$에 대하여

(1) 이 급수가 수렴하기 위한 x의 값의 범위를 구하여라.

(2) 이 급수의 합이 $\frac{1}{4}$일 때, x의 값을 구하여라.

답 (1) $1-\sqrt{2}<x<1,\ 1<x<1+\sqrt{2}$ (2) $x=\sqrt{2}-1$

§ 3. 등비급수의 활용

1 도형에의 활용

동일한 모양이 한없이 반복되는 도형의 길이나 넓이의 합을 구하는 문제는 등비급수를 활용하여 해결할 수 있다.

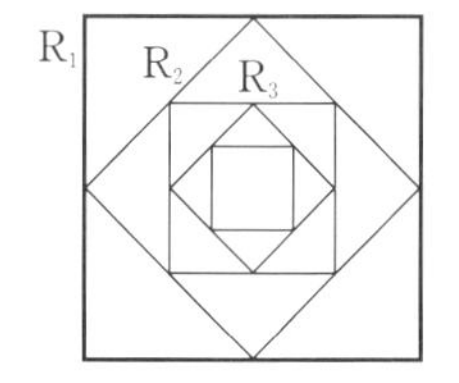

보기 1 오른쪽 그림과 같이 한 변의 길이가 1인 정사각형을 R_1이라 하고, R_1의 네 변의 중점을 이어서 만든 정사각형을 R_2, R_2의 네 변의 중점을 이어서 만든 정사각형을 R_3이라고 하자.

이와 같은 과정을 계속하여 얻은 정사각형 R_n의 넓이를 S_n이라고 할 때, $\sum_{n=1}^{\infty} S_n$의 값을 구하여라.

연구 정사각형 R_n의 한 변의 길이를 a_n이라고 하자.

$a_1=1$이므로 $S_1=1^2=1$

$a_{n+1}=\frac{\sqrt{2}}{2}a_n$이므로 $S_{n+1}=(a_{n+1})^2=\left(\frac{\sqrt{2}}{2}a_n\right)^2=\frac{1}{2}a_n{}^2=\frac{1}{2}S_n$

따라서 수열 $\{S_n\}$은 첫째항이 1, 공비가 $\frac{1}{2}$인 등비수열이다.

$$\therefore \sum_{n=1}^{\infty} S_n=\frac{1}{1-(1/2)}=\mathbf{2}$$

2 순환소수에의 활용

이를테면

$$\frac{1}{2}=0.5, \qquad \frac{2}{5}=0.4, \qquad \frac{3}{20}=0.15$$

와 같이 소수부분이 유한개의 숫자로 된 수를 유한소수라고 한다.

이에 대하여

$$\frac{1}{3}=0.333\cdots, \quad \frac{41}{333}=0.123123123\cdots, \quad \frac{53}{165}=0.3212121\cdots,$$
$$\sqrt{2}=1.414\cdots, \qquad \log 2=0.301\cdots, \qquad \pi=3.141\cdots$$

과 같이 소수부분이 무한히 계속되는 수를 무한소수라고 한다.

그리고 무한소수 중에서 소수부분에 같은 부분이 한없이 반복되는 수를 특히 순환소수라 하고, 반복되는 한 부분을 순환마디라고 한다.

순환소수는 순환마디의 양 끝의 숫자 위에 점을 찍어 다음과 같이 나타낸다.

$$0.333\cdots=0.\dot{3}, \quad 0.123123\cdots=0.\dot{1}2\dot{3}, \quad 0.32121\cdots=0.3\dot{2}\dot{1}$$

Advice | 소수의 분류

소수 { 유한소수, 무한소수 { 순환소수, 순환하지 않는 무한소수 (무리수) } }

▶ 순환소수를 분수로 나타내는 방법 : 모든 순환소수는 등비급수를 활용하여 분수로 나타낼 수 있다.

이를테면 순환소수 $0.\dot{2}$는 순환소수의 정의에 따라

$$0.\dot{2}=0.222\cdots=0.2+0.02+0.002+\cdots$$

이고, 이것은 첫째항이 0.2, 공비가 0.1인 등비급수이므로

$$0.\dot{2}=\frac{0.2}{1-0.1}=\frac{0.2}{0.9}=\frac{2}{9}$$

보기 2 다음 순환소수를 분수로 나타내어라.

(1) $0.\dot{3}$ (2) $0.\dot{1}2\dot{3}$ (3) $0.3\dot{2}\dot{1}$

연구 다음 등비급수의 합의 공식을 이용한다.

정석 $-1<r<1$일 때 $\boldsymbol{a+ar+ar^2+ar^3+\cdots=\frac{a}{1-r}}$

(1) $0.\dot{3}=0.333\cdots=0.3+0.03+0.003+\cdots$ ⇦ 공비가 0.1인 등비급수

$=\frac{0.3}{1-0.1}=\frac{3}{10-1}=\frac{3}{9}=\boldsymbol{\frac{1}{3}}$

(2) $0.\dot{1}2\dot{3}=0.123123123\cdots=0.123+0.000123+0.000000123+\cdots$

$=\frac{0.123}{1-0.001}=\frac{123}{1000-1}=\frac{123}{999}=\boldsymbol{\frac{41}{333}}$

(3) $0.3\dot{2}\dot{1}=0.3212121\cdots=0.3+0.021+0.00021+0.0000021+\cdots$

$=\frac{3}{10}+\frac{0.021}{1-0.01}=\frac{3}{10}+\frac{21}{1000-10}=\frac{3(100-1)+21}{990}=\frac{321-3}{990}=\boldsymbol{\frac{53}{165}}$

Advice | 보기 2에서 초록 숫자를 관찰해 보면 다음을 알 수 있다.

(i) $0.\dot{\alpha}_1\alpha_2\alpha_3\cdots\dot{\alpha}_n=\frac{\alpha_1\alpha_2\alpha_3\cdots\alpha_n}{\underbrace{999\cdots9}_{n\text{개}}}$

(ii) $0.\beta_1\beta_2\cdots\beta_m\dot{\alpha}_1\alpha_2\cdots\dot{\alpha}_n=\frac{(\beta_1\beta_2\cdots\beta_m\alpha_1\alpha_2\cdots\alpha_n)-(\beta_1\beta_2\cdots\beta_m)}{\underbrace{999\cdots9}_{n\text{개}}\underbrace{000\cdots0}_{m\text{개}}}$

보기 3 다음을 분수로 나타내어라.

(1) $0.\dot{9}$ (2) $2.\dot{4}\dot{1}$ (3) $0.0\dot{2}\dot{1}$

연구 (1) $\frac{9}{9}=\boldsymbol{1}$ (2) $2+0.\dot{4}\dot{1}=2+\frac{41}{99}=\boldsymbol{\frac{239}{99}}$ (3) $\frac{21-0}{990}=\boldsymbol{\frac{7}{330}}$

기본 문제 2-7 좌표평면에서 x축의 양의 방향 위의 한 점 A에 대하여 점 P_n(n은 자연수)을

$\overline{OP_1}=1$, $\overline{P_nP_{n+1}}=\left(\dfrac{1}{2}\right)^n$, $\angle AOP_1=30°$,

$\angle OP_1P_2=60°$, $\angle P_nP_{n+1}P_{n+2}=60°$

를 만족시키며 그림과 같이 정해 나갈 때, 점 P_n의 좌표의 극한을 구하여라. 단, O는 원점이다.

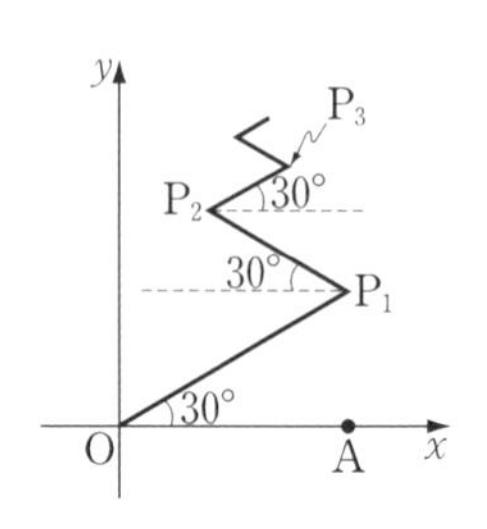

정석연구 $P_n(x_n,\ y_n)$이라 하고, $x_1,\ x_2,\ x_3,\ \cdots$과 $y_1,\ y_2,\ y_3,\ \cdots$을 구해 본다.

정석 좌표의 극한은 ⟹ $\boldsymbol{x}$좌표와 $\boldsymbol{y}$좌표의 극한을 따로 구한다.

모범답안 점 P_n의 좌표를 $(x_n,\ y_n)$이라고 하자.

$x_1=\overline{OP_1}\cos 30°=\cos 30°$,

$x_2=x_1-\overline{P_1P_2}\cos 30°=\cos 30°-\dfrac{1}{2}\cos 30°$,

$x_3=x_2+\overline{P_2P_3}\cos 30°=\cos 30°-\dfrac{1}{2}\cos 30°+\left(\dfrac{1}{2}\right)^2\cos 30°,\ \cdots$

따라서 x_n은 첫째항이 $\cos 30°$, 공비가 $-\dfrac{1}{2}$인 등비수열의 합이다.

$\therefore\ \lim\limits_{n\to\infty} x_n=\sum\limits_{n=1}^{\infty}\left\{\cos 30°\times\left(-\dfrac{1}{2}\right)^{n-1}\right\}=\dfrac{\sqrt{3}/2}{1-(-1/2)}=\dfrac{\sqrt{3}}{3}$

또, $y_1=\overline{OP_1}\sin 30°=\sin 30°$,

$y_2=y_1+\overline{P_1P_2}\sin 30°=\sin 30°+\dfrac{1}{2}\sin 30°$,

$y_3=y_2+\overline{P_2P_3}\sin 30°=\sin 30°+\dfrac{1}{2}\sin 30°+\left(\dfrac{1}{2}\right)^2\sin 30°,\ \cdots$

따라서 y_n은 첫째항이 $\sin 30°$, 공비가 $\dfrac{1}{2}$인 등비수열의 합이다.

$\therefore\ \lim\limits_{n\to\infty} y_n=\sum\limits_{n=1}^{\infty}\left\{\sin 30°\times\left(\dfrac{1}{2}\right)^{n-1}\right\}=\dfrac{1/2}{1-(1/2)}=1$ 답 $\left(\dfrac{\sqrt{3}}{3},\ 1\right)$

유제 **2**-9. 좌표평면 위의 점 A_n(n은 자연수)을

$\overline{OA_1}=1$, $\overline{A_nA_{n+1}}=\left(\dfrac{2}{3}\right)^n$,

$\angle OA_1A_2=90°$, $\angle A_nA_{n+1}A_{n+2}=90°$

를 만족시키며 그림과 같이 정해 나갈 때, 점 A_n의 좌표의 극한을 구하여라. 단, O는 원점이다.

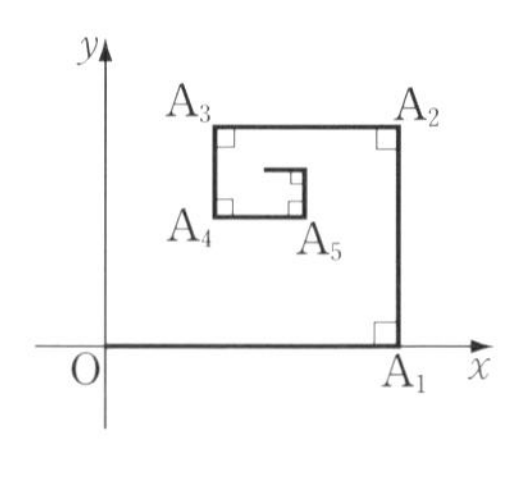

답 $\left(\dfrac{9}{13},\ \dfrac{6}{13}\right)$

기본 문제 2-8 오른쪽 그림과 같이 점 $P_0(1,\ 0)$에 대하여 $\angle OP_0P_1=30°$가 되도록 y축 위에 점 P_1을 잡고, $\angle OP_1P_2=30°$가 되도록 x축 위에 점 P_2를 잡는다.

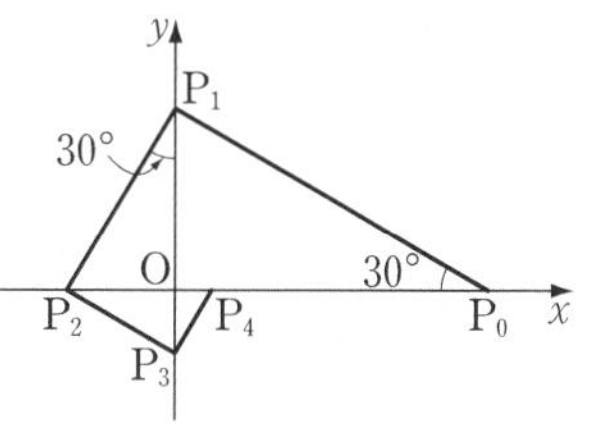

이와 같은 과정을 한없이 계속할 때 생기는 모든 선분의 길이의 합 $\overline{P_0P_1}+\overline{P_1P_2}+\overline{P_2P_3}+\cdots$을 구하여라. 단, O는 원점이다.

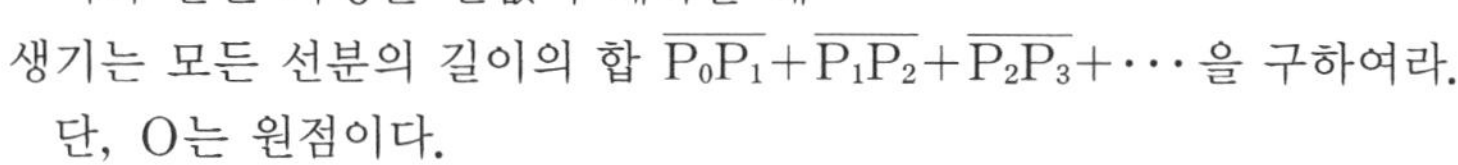

정석연구 $\overline{P_0P_1},\ \overline{P_1P_2},\ \overline{P_2P_3},\ \cdots$을 차례로 구하면 규칙성을 찾을 수 있다.

정석 반복되는 도형 문제 $\Longrightarrow$ 규칙성을 찾아라.

모범답안 $\triangle OP_0P_1$에서 $\dfrac{\overline{OP_0}}{\overline{P_0P_1}}=\cos 30°$

$\overline{OP_0}=1$이므로 $\overline{P_0P_1}=\dfrac{\overline{OP_0}}{\cos 30°}=\dfrac{2}{\sqrt{3}}$

또, $\triangle P_0P_1P_2$에서 $\angle P_0P_1P_2=90°$이므로

$$\overline{P_1P_2}=\overline{P_0P_1}\tan 30°=\frac{2}{\sqrt{3}}\times\frac{1}{\sqrt{3}},$$

$\triangle P_1P_2P_3$에서 $\angle P_1P_2P_3=90°$이므로

$$\overline{P_2P_3}=\overline{P_1P_2}\tan 30°=\frac{2}{\sqrt{3}}\times\frac{1}{\sqrt{3}}\times\frac{1}{\sqrt{3}}=\frac{2}{\sqrt{3}}\times\left(\frac{1}{\sqrt{3}}\right)^2,$$

$\cdots$

$$\therefore\ \overline{P_0P_1}+\overline{P_1P_2}+\overline{P_2P_3}+\cdots=\frac{2}{\sqrt{3}}+\frac{2}{\sqrt{3}}\times\frac{1}{\sqrt{3}}+\frac{2}{\sqrt{3}}\times\left(\frac{1}{\sqrt{3}}\right)^2+\cdots$$

$$=\frac{2}{\sqrt{3}}\times\frac{1}{1-\frac{1}{\sqrt{3}}}=\boldsymbol{\sqrt{3}+1} \longleftarrow \text{답}$$

유제 **2**-10. 오른쪽 그림과 같이 점 $P_1(1,\ 0)$을 잡고, 점 P_1에서 직선 $y=x$에 내린 수선의 발을 P_2, 점 P_2에서 y축에 내린 수선의 발을 P_3, 점 P_3에서 직선 $y=-x$에 내린 수선의 발을 P_4라고 하자.

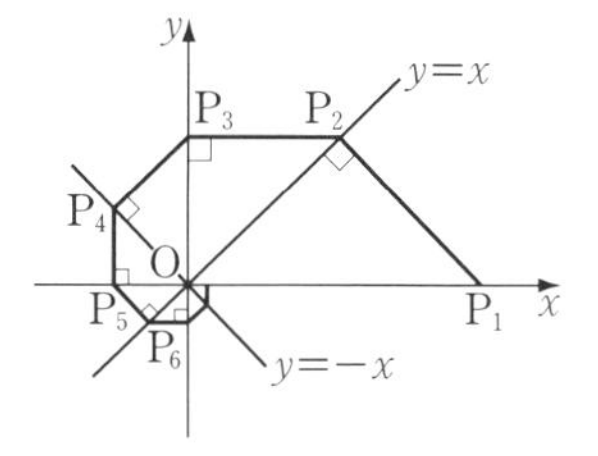

이와 같은 과정을 한없이 계속할 때 생기는 모든 선분의 길이의 합 $\overline{P_1P_2}+\overline{P_2P_3}+\overline{P_3P_4}+\cdots$를 구하여라. 답 $\boldsymbol{\sqrt{2}+1}$

기본 문제 2-9 오른쪽 그림과 같이 한 변의 길이가 4인 정사각형 $A_1B_1C_1D_1$의 네 변을 각각 $1:2$로 내분하는 점을 꼭짓점으로 하는 정사각형 $A_2B_2C_2D_2$를 만든다. 또, 정사각형 $A_2B_2C_2D_2$의 네 변을 각각 $1:2$로 내분하는 점을 꼭짓점으로 하는 정사각형 $A_3B_3C_3D_3$을 만든다.

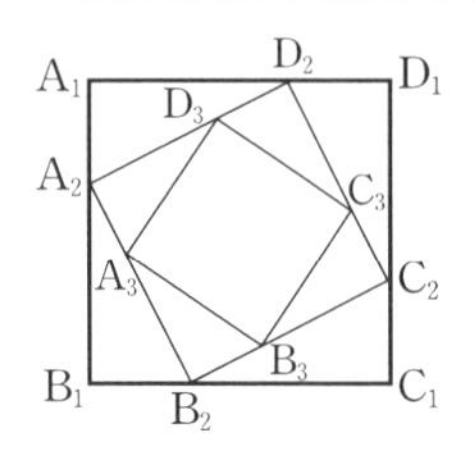

이와 같은 과정을 계속하여 정사각형 $A_nB_nC_nD_n$을 만들고 그 넓이를 S_n이라고 할 때, $\sum_{n=1}^{\infty} S_n$의 값을 구하여라.

정석연구 정사각형 $A_1B_1C_1D_1$은 한 변의 길이가 4이므로

$$S_1=4\times4=16$$

또, $\overline{A_2B_2}=\sqrt{\left(4\times\frac{2}{3}\right)^2+\left(4\times\frac{1}{3}\right)^2}=\frac{4\sqrt{5}}{3}$이므로

$$S_2=\frac{4\sqrt{5}}{3}\times\frac{4\sqrt{5}}{3}=16\times\frac{5}{9}$$

마찬가지 방법으로 계속하면

$$S_1=16,\quad S_2=16\times\frac{5}{9},\quad S_3=16\times\left(\frac{5}{9}\right)^2,\quad S_4=16\times\left(\frac{5}{9}\right)^3,\quad\cdots$$

임을 알 수 있다.

따라서 수열 $\{S_n\}$은 첫째항이 16, 공비가 $\frac{5}{9}$인 등비수열이다.

$$\therefore \sum_{n=1}^{\infty} S_n=\frac{16}{1-(5/9)}=36$$

이와 같이 풀어도 되지만 아래 **모범답안**과 같이 닮음비를 이용하여 규칙성을 점화식으로 나타내어 풀 수도 있다.

정석 반복되는 규칙성은 ⟹ 점화식으로 나타낸다.

모범답안 정사각형 $A_nB_nC_nD_n$의 한 변의 길이를 a_n이라고 하면

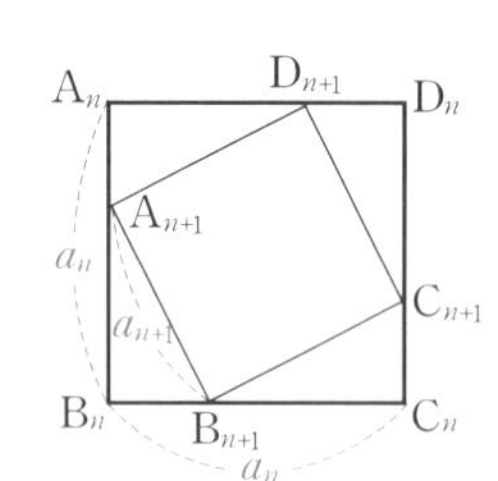

$$(a_{n+1})^2=\left(\frac{2}{3}a_n\right)^2+\left(\frac{1}{3}a_n\right)^2$$

곧, $(a_{n+1})^2=\frac{5}{9}a_n^2 \qquad \therefore S_{n+1}=\frac{5}{9}S_n$

또, $S_1=16$이므로

$$\sum_{n=1}^{\infty} S_n=\frac{16}{1-(5/9)}=\mathbf{36}$$ ← 답

유제 **2**-11. 오른쪽 그림과 같이 넓이가 9인 $\triangle ABC$의 각 변의 중점을 꼭짓점으로 하는 $\triangle A_1B_1C_1$을 만든다. 또, $\triangle A_1B_1C_1$의 각 변의 중점을 꼭짓점으로 하는 $\triangle A_2B_2C_2$를 만든다.

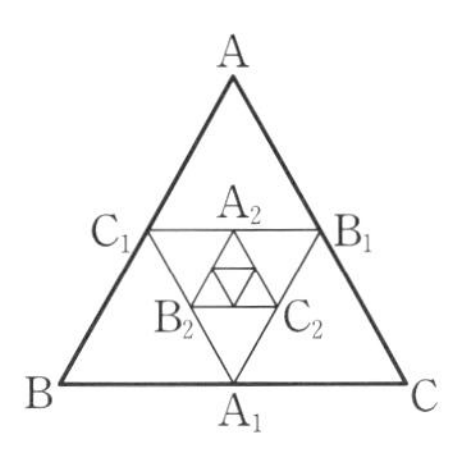

이와 같은 과정을 계속하여 $\triangle A_nB_nC_n$을 만들고 그 넓이를 S_n이라고 할 때, $\sum_{n=1}^{\infty} S_n$의 값을 구하여라. 답 **3**

유제 **2**-12. 오른쪽 그림과 같이 $\angle B_1=90°$, $\overline{AB_1}=3$인 직각이등변삼각형 AB_1C의 각 변의 중점을 A_1, B_2, C_1이라 하고, $\triangle C_1B_2C$의 각 변의 중점을 A_2, B_3, C_2라고 하자.

이와 같은 과정을 계속하여 n번째 얻은 정사각형 $A_nB_nB_{n+1}C_n$의 둘레의 길이를 l_n, 넓이를 S_n이라고 할 때, $\sum_{n=1}^{\infty} l_n$, $\sum_{n=1}^{\infty} S_n$의 값을 구하여라. 답 $\sum_{n=1}^{\infty} l_n=\mathbf{12}$, $\sum_{n=1}^{\infty} S_n=\mathbf{3}$

유제 **2**-13. 오른쪽 그림과 같이 한 변의 길이가 2인 정사각형에 직각이등변삼각형과 정사각형을 번갈아 붙이는 과정을 한없이 계속한다. 정사각형의 넓이를 $S_1, S_2, S_3, \cdots$이라 하고, 직각이등변삼각형의 넓이를 $T_1, T_2, T_3, \cdots$이라고 할 때, $\sum_{n=1}^{\infty}(S_n+T_n)$의 값을 구하여라. 답 **10**

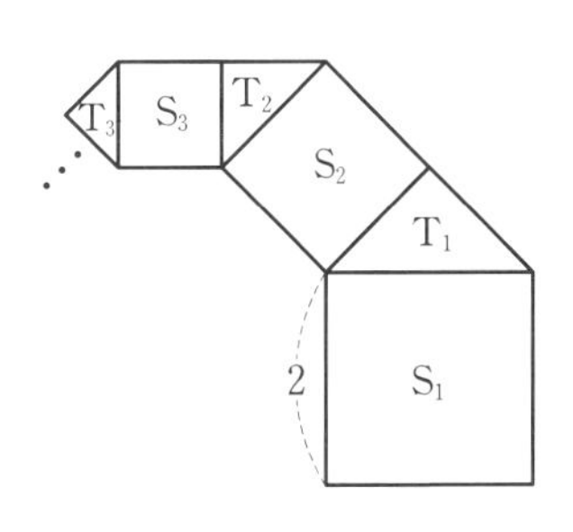

유제 **2**-14. 오른쪽 그림과 같이 $\overline{A_1B_1}=3$, $\overline{A_1D_1}=4$인 직사각형 $A_1B_1C_1D_1$에서 점 A_1을 중심으로 하고 점 B_1을 지나는 원이 선분 A_1D_1과 만나는 점을 P_1이라고 하자. 또, 선분 A_1C_1이 호 B_1P_1과 만나는 점을 A_2, 점 A_2에서 두 선분 B_1C_1, C_1D_1에 내린 수선의 발을 각각 B_2, D_2라 하고, 점 A_2를 중심으로 하고 점 B_2를 지나는 원이 선분 A_2D_2와 만나는 점을 P_2라고 하자.

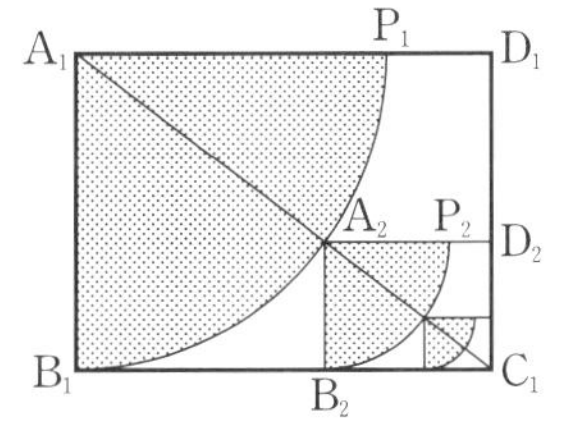

이와 같은 과정을 계속하여 n번째 얻은 부채꼴 $A_nB_nP_n$의 넓이를 S_n이라고 할 때, $\sum_{n=1}^{\infty} S_n$의 값을 구하여라. 답 $\dfrac{75}{28}\pi$

기본 문제 2-10 다음 그림과 같이 반지름의 길이가 $\sqrt{14}$ 인 원에 서로 수직인 두 지름을 그리고, 이웃하지 않은 두 사분원의 내부를 색칠하여 얻은 그림을 R_1이라고 하자.

그림 R_1에서 색칠하지 않은 두 사분원에 각각 내접하는 원을 그리고, 이 2개의 원에서 그림 R_1을 얻은 것과 같은 방법으로 만들어지는 4개의 사분원의 내부를 색칠하여 얻은 그림을 R_2라고 하자.

이와 같은 과정을 계속하여 n번째 얻은 그림 R_n에서 색칠된 부분의 넓이를 S_n이라고 할 때, $\lim_{n\to\infty} S_n$의 값을 구하여라.

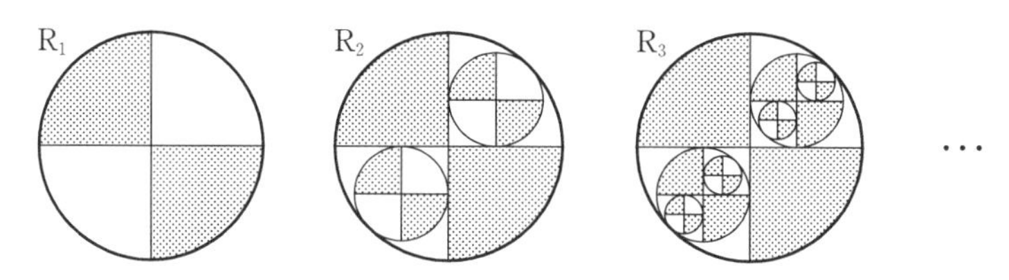

정석연구 이 문제에서도 닮음비를 이용하여 규칙성을 점화식으로 나타내면 된다. 이때, 두 도형의 닮음비가 $m:n$이면 넓이의 비는 $m^2:n^2$임을 이용할 수 있다.

정석 반복되는 도형에 관한 문제

⟹ 닮음비를 이용하여 규칙성을 점화식으로 나타낸다.

그런데 이 문제는 앞의 문제와는 달리 새로 만들어지는 도형의 개수가 2배씩 늘어난다는 것에 주의해야 한다.

모범답안 그림 R_n에서 새로 그린 원의 반지름의 길이를 r_n이라고 하면 오른쪽 그림에서

$$\overline{OP}=\sqrt{2}\,r_{n+1},\ \overline{PQ}=r_{n+1},\ \overline{OQ}=r_n$$

이므로 $\overline{OP}+\overline{PQ}=\overline{OQ}$에서

$$(\sqrt{2}+1)r_{n+1}=r_n \quad \therefore\ r_{n+1}=(\sqrt{2}-1)r_n$$

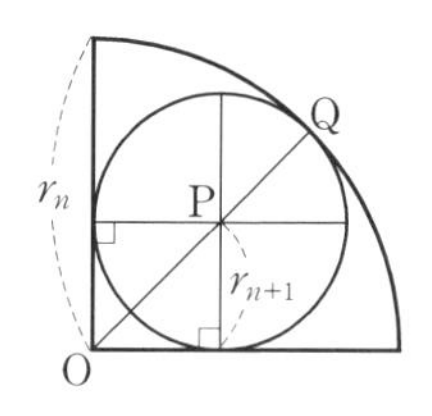

따라서 그림 R_n에서 새로 색칠하는 사분원과 그림 R_{n+1}에서 새로 색칠하는 사분원의 닮음비가 $1:(\sqrt{2}-1)$이므로 넓이의 비는 $1:(\sqrt{2}-1)^2$이다.

또한 색칠하는 사분원의 개수가 2배씩 늘어나므로 그림 R_n에서 새로 색칠하는 모든 사분원의 넓이의 합을 a_n이라고 하면

$$a_{n+1}=2\times(\sqrt{2}-1)^2 a_n=(6-4\sqrt{2})a_n$$

이때, $a_1=\frac{1}{2}\times14\pi=7\pi$ 이므로 수열 $\{a_n\}$은 첫째항이 7π, 공비가 $6-4\sqrt{2}$ 인 등비수열이다.

$$\therefore \lim_{n\to\infty}S_n=\sum_{n=1}^{\infty}a_n=\frac{7\pi}{1-(6-4\sqrt{2})}=(\mathbf{5+4\sqrt{2}})\boldsymbol{\pi} \longleftarrow \boxed{답}$$

***Note** $5<4\sqrt{2}<6$ 에서 $0<6-4\sqrt{2}<1$ 임을 알 수 있다.

유제 **2**-15. 다음 그림과 같이 빗변 BC의 길이가 6인 직각이등변삼각형 ABC에서 변 BC를 삼등분하는 점을 각각 D, E라 하고, 삼각형 ADE의 내부를 색칠하여 얻은 그림을 R_1이라고 하자.

그림 R_1에서 두 선분 BD, EC를 각각 빗변으로 하는 직각이등변삼각형 2개를 그리고, 새로 그린 2개의 직각이등변삼각형에서 그림 R_1을 얻은 것과 같은 방법으로 만들어지는 두 삼각형의 내부를 색칠하여 얻은 그림을 R_2라고 하자.

이와 같은 과정을 계속하여 n번째 얻은 그림 R_n에서 색칠된 부분의 넓이를 S_n이라고 할 때, $\lim_{n\to\infty}S_n$의 값을 구하여라. 답 $\frac{27}{7}$

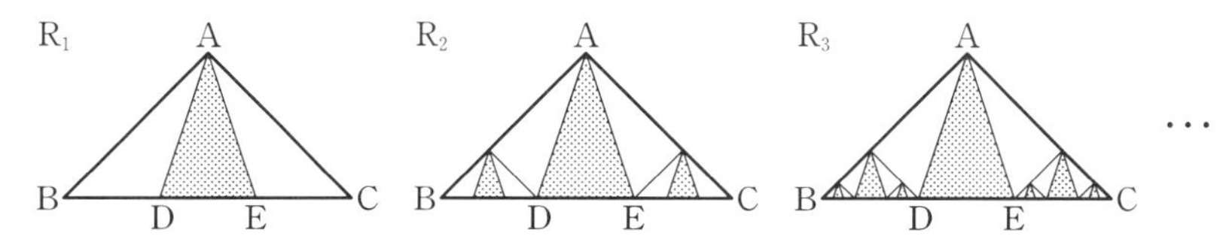

유제 **2**-16. 다음 그림과 같이 한 변의 길이가 10인 정사각형의 두 대각선을 각각 5등분하는 점 중에서 대각선의 교점에 가까운 네 점을 네 꼭짓점으로 하는 정사각형을 그리고, 그 내부에 색칠하여 얻은 그림을 R_1이라고 하자.

그림 R_1에서 처음 정사각형의 각 꼭짓점으로부터 작은 정사각형의 각 꼭짓점까지의 선분을 각각 대각선으로 하는 정사각형 4개를 그리고, 새로 그린 4개의 정사각형에서 그림 R_1을 얻은 것과 같은 방법으로 만들어지는 4개의 정사각형의 내부를 색칠하여 얻은 그림을 R_2라고 하자.

이와 같은 과정을 계속하여 n번째 얻은 그림 R_n에서 색칠된 부분의 넓이를 S_n이라고 할 때, $\lim_{n\to\infty}S_n$의 값을 구하여라. 답 $\frac{100}{9}$

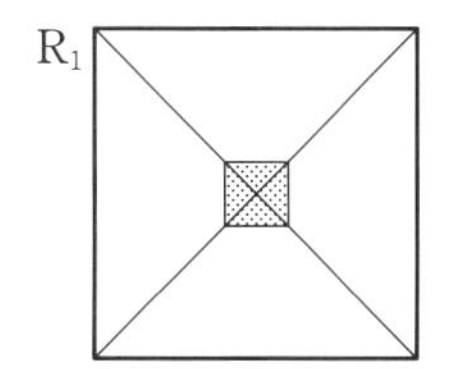

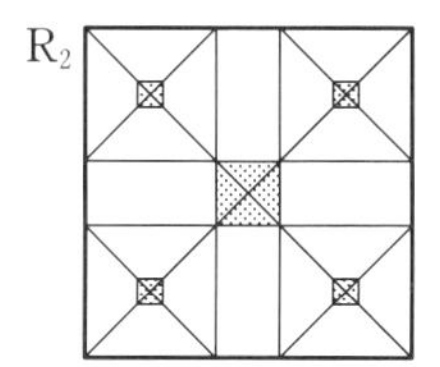

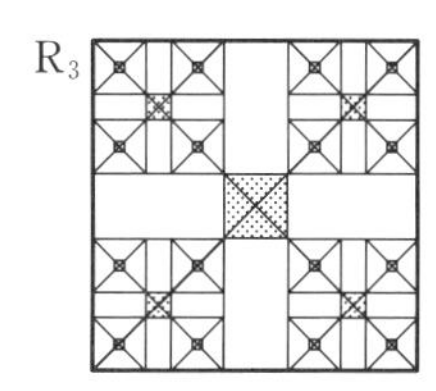

…

기본 문제 2-11 다음 물음에 답하여라.

(1) $x^3=0.\dot{0}3\dot{7}$ 을 만족시키는 실수 x 의 값을 구하여라.

(2) 연립방정식 $\begin{cases} 0.\dot{x}+0.\dot{y}=1.\dot{2} \\ 2\times0.\dot{x}-0.\dot{y}=1.\dot{1} \end{cases}$ 을 풀어라.

단, x, y 는 한 자리 자연수이다.

(3) 양수 x 에 1.25를 곱했더니 $1.2\dot{5}$ 를 곱했을 때보다 3.2가 작아졌다. 이때, x 의 값을 구하여라.

정석연구 (2)에서 $0.\dot{x}$, $0.\dot{y}$ 를 각각 한 문자로 보아 두 식을 $0.\dot{x}$, $0.\dot{y}$ 에 관하여 연립하여 푼 다음 x, y 의 값을 구해도 되고, 먼저 $0.\dot{x}$, $0.\dot{y}$ 를 분수로 나타낸 다음 연립방정식을 풀어도 된다.

정석 순환소수 문제 ⟹ 먼저 분수로 나타내어라.

모범답안 (1) $0.\dot{0}3\dot{7}=\dfrac{37}{999}=\dfrac{1}{27}=\left(\dfrac{1}{3}\right)^3$ 이므로 준 식은 $x^3=\left(\dfrac{1}{3}\right)^3$

x 는 실수이므로 $\boldsymbol{x=\dfrac{1}{3}}$ ← 답

(2) $0.\dot{x}=\dfrac{x}{9}$, $0.\dot{y}=\dfrac{y}{9}$, $1.\dot{2}=1+\dfrac{2}{9}=\dfrac{11}{9}$, $1.\dot{1}=1+\dfrac{1}{9}=\dfrac{10}{9}$ 이므로

첫 번째 식은 $\dfrac{x}{9}+\dfrac{y}{9}=\dfrac{11}{9}$, 두 번째 식은 $\dfrac{2}{9}x-\dfrac{y}{9}=\dfrac{10}{9}$

$\therefore x+y=11,\ 2x-y=10 \quad \therefore x=7,\ y=4$

이 x, y 의 값은 문제의 조건을 만족시킨다. 답 $\boldsymbol{x=7,\ y=4}$

(3) 조건에서 $x\times1.2\dot{5}-x\times1.25=3.2 \quad \therefore (1.2\dot{5}-1.25)x=3.2$

$\therefore 0.00\dot{5}\times x=3.2 \quad \therefore \dfrac{5}{900}x=3.2 \quad \therefore \boldsymbol{x=576}$ ← 답

*Note $1.2\dot{5}-1.25=(1.25555\cdots)-1.25=0.00555\cdots=0.00\dot{5}$

유제 **2**-17. 다음 등식을 만족시키는 양수 x 의 값을 순환소수로 나타내어라.

(1) $x^2=1.\dot{7}$ (2) $x^3=0.\dot{2}9\dot{6}$

답 (1) $\boldsymbol{x=1.\dot{3}}$ (2) $\boldsymbol{x=0.\dot{6}}$

유제 **2**-18. 연립방정식 $\begin{cases} 0.\dot{2}x+3y=1.\dot{1} \\ 2x+0.\dot{3}y=1.\dot{1} \end{cases}$ 의 해를 소수로 나타내어라.

답 $\boldsymbol{x=0.5,\ y=0.\dot{3}}$

유제 **2**-19. 양수 x 에 5.5를 곱했더니 $5.\dot{5}$ 를 곱했을 때보다 10이 작아졌다. 이때, x 의 값을 구하여라. 답 $\boldsymbol{x=180}$

연습문제 2

2-1 $\sum_{n=1}^{\infty}\left(a_n+\frac{n-1}{n+1}\right)=2$일 때, $\lim_{n\to\infty}a_n$의 값은?

① -2　② -1　③ 0　④ 1　⑤ 2

2-2 다음 급수의 수렴과 발산을 조사하고, 수렴하면 급수의 합을 구하여라.

(1) $1-\frac{1}{2}+\frac{1}{2}-\frac{1}{3}+\frac{1}{3}-\cdots+\frac{1}{n}-\frac{1}{n+1}+\frac{1}{n+1}-\cdots$

(2) $2-\frac{3}{2}+\frac{3}{2}-\frac{4}{3}+\frac{4}{3}-\cdots+\frac{n+1}{n}-\frac{n+2}{n+1}+\frac{n+2}{n+1}-\cdots$

2-3 $n!$의 일의 자리 숫자를 a_n이라고 할 때, $\sum_{n=1}^{\infty}\frac{a_n}{10^n}$의 값을 구하여라.

2-4 x에 관한 이차방정식 $x^2-(n+1)x-n^2=0$의 두 근을 α_n, β_n이라고 할 때, $\sum_{n=1}^{\infty}\frac{1}{(\alpha_n-1)(1-\beta_n)}$의 값은?

① -1　② 0　③ 1　④ 2　⑤ 3

2-5 다음 급수의 합을 구하여라.

(1) $\sum_{n=1}^{\infty}\frac{n+1}{n^2(n+2)^2}$　(2) $\sum_{n=1}^{\infty}\frac{1}{n(n+1)(n+2)}$

2-6 좌표평면에서 직선 $x-3y+3=0$ 위에 있는 점 중 x좌표와 y좌표가 자연수인 모든 점의 좌표를

$(a_1, b_1), (a_2, b_2), \cdots, (a_n, b_n), \cdots$　(단, $a_1<a_2<\cdots<a_n<\cdots$)

이라고 할 때, 급수 $\sum_{n=1}^{\infty}\frac{1}{a_nb_n}$의 합은?

① $\frac{1}{6}$　② $\frac{1}{3}$　③ $\frac{1}{2}$　④ $\frac{2}{3}$　⑤ $\frac{5}{6}$

2-7 첫째항이 1인 등비수열 $\{a_n\}$에 대하여 $\sum_{n=1}^{\infty}a_n=3$일 때, $\sum_{n=1}^{\infty}(a_{3n-2}-a_{3n-1})$의 값은?

① $\frac{7}{19}$　② $\frac{8}{19}$　③ $\frac{9}{19}$　④ $\frac{10}{19}$　⑤ $\frac{11}{19}$

2-8 급수 $\sum_{n=1}^{\infty}\left\{\frac{1+(-1)^n}{3}\right\}^n$의 합은?

① 0　② $\frac{1}{3}$　③ $\frac{1}{2}$　④ $\frac{2}{3}$　⑤ $\frac{4}{5}$

2-9 2보다 큰 자연수 n에 대하여 $(-3)^{n-1}$의 n제곱근 중 실수인 것의 개수를 a_n이라고 할 때, $\sum_{n=3}^{\infty}\frac{a_n}{2^n}$의 값은?

① $\frac{1}{6}$ ② $\frac{1}{4}$ ③ $\frac{1}{3}$ ④ $\frac{5}{12}$ ⑤ $\frac{1}{2}$

2-10 이차방정식 $4x^2-2x-1=0$의 두 근을 α, β라고 할 때, 급수 $\sum_{n=1}^{\infty}\frac{\alpha^n-\beta^n}{\alpha-\beta}$의 합은?

① 2 ② 3 ③ 4 ④ 5 ⑤ 6

2-11 등비급수 $\sum_{n=1}^{\infty}r^n$이 수렴할 때, 다음 중 반드시 수렴한다고 할 수 <u>없는</u> 것은?

① $\sum_{n=1}^{\infty}(r^n+r^{2n})$ ② $\sum_{n=1}^{\infty}(r^n-2r^{2n})$ ③ $\sum_{n=1}^{\infty}\frac{r^n+(-r)^n}{2}$

④ $\sum_{n=1}^{\infty}\left(\frac{r-1}{2}\right)^n$ ⑤ $\sum_{n=1}^{\infty}\left(\frac{r}{2}-1\right)^n$

2-12 다음 중 옳은 것만을 있는 대로 고르면?

① $\sum_{n=1}^{\infty}a_n$과 $\sum_{n=1}^{\infty}(2a_n+b_n)$이 수렴하면 $\sum_{n=1}^{\infty}b_n$도 수렴한다.

② $\sum_{n=1}^{\infty}(a_n+b_n)$이 수렴하면 $\sum_{n=1}^{\infty}a_n$ 또는 $\sum_{n=1}^{\infty}b_n$이 수렴한다.

③ $\sum_{n=1}^{\infty}a_n$이 수렴하면 $\sum_{n=1}^{\infty}a_{2n}$도 수렴한다.

④ 등비급수 $\sum_{n=1}^{\infty}a_n$이 수렴하면 $\sum_{n=1}^{\infty}a_{2n}$도 수렴한다.

⑤ 두 등비급수 $\sum_{n=1}^{\infty}a_n$과 $\sum_{n=1}^{\infty}b_n$이 발산하면 $\lim_{n\to\infty}(a_n+b_n)\neq0$이다.

2-13 등비수열 $\{a_n\}$에 대하여 $\sum_{n=1}^{\infty}a_n=\frac{3}{2}$, $\sum_{n=1}^{\infty}a_n{}^2=\frac{9}{8}$일 때, $\sum_{n=1}^{\infty}a_n{}^3$의 값을 구하여라.

2-14 급수 $\sum_{n=1}^{\infty}\left(\frac{2}{3}\right)^{n-1}$과 $\sum_{n=1}^{N}\left(\frac{2}{3}\right)^{n-1}$의 차가 0.01 이하가 되는 자연수 N의 최솟값을 구하여라. 단, $\log 2=0.3010$, $\log 3=0.4771$로 계산한다.

2-15 수열 $\{a_n\}$에 대하여 $\sum_{k=1}^{n}a_k=3\left\{1-\left(\frac{1}{3}\right)^n\right\}$일 때, $\sum_{n=1}^{\infty}a_{2n}$의 값을 구하여라.

2-16 수열 $\{a_n\}$에서 $a_1=1$, $a_n=\sum_{k=1}^{n-1}a_k$(단, $n=2, 3, 4, \cdots$)일 때, $\sum_{n=1}^{\infty}\frac{1}{a_n}$의 값을 구하여라.

2-17 다음과 같이 정의된 수열 $\{a_n\}$에 대하여 $\sum_{n=1}^{\infty} a_n$의 값을 구하여라.

$$a_1=\frac{1}{2},\quad \frac{1}{a_n}-\frac{1}{a_{n-1}}=2^{n-1}\ (\text{단, } n=2, 3, 4, \cdots)$$

2-18 $x_1=1,\ x_2=\frac{2}{3},\ x_3=\frac{4}{9},\ \cdots,\ x_n=\left(\frac{2}{3}\right)^{n-1},\ \cdots$이라고 하자. 이차함수 $f(x)=x^2$에 대하여 x_n-x_{n+1}을 밑변의 길이, $f(x_n)$을 높이로 하는 직사각형의 넓이를 A_n이라고 하자. 이때, $\sum_{n=1}^{\infty}\mathrm{A}_n$의 값을 구하여라.

2-19 공이 땅에 떨어지면 떨어진 거리의 $\frac{3}{5}$만큼 다시 튀어 오른다고 하자. 10 m의 높이에서 떨어진 공이 완전히 정지할 때까지 움직인 거리는?

① 35 m ② 40 m ③ 45 m ④ 50 m ⑤ 55 m

2-20 다음 그림과 같이 반지름의 길이가 2인 원에서 서로 수직인 두 지름 AB, CD를 그리고, 두 점 A, B를 각각 중심으로 하고 점 C를 지나는 두 원이 선분 AB와 만나는 점을 각각 E, F라고 하자. 이때, 두 호 CED, CFD로 둘러싸인 도형의 내부를 색칠하여 얻은 그림을 R_1이라고 하자.

그림 R_1에서 두 선분 AF, BE를 각각 지름으로 하는 원을 그리고, 새로 그린 2개의 원에서 그림 R_1을 얻은 것과 같은 방법으로 만들어지는 ⬯ 모양의 두 도형의 내부를 색칠하여 얻은 그림을 R_2라고 하자.

이와 같은 과정을 계속하여 n번째 얻은 그림 R_n에서 색칠된 부분의 넓이를 S_n이라고 할 때, $\lim_{n\to\infty}\mathrm{S}_n$의 값을 구하여라.

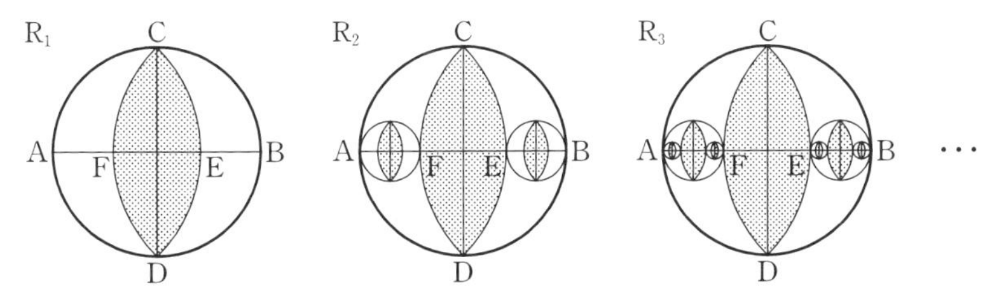

2-21 자연수 n에 대하여 7^n의 일의 자리 숫자를 a_n이라고 할 때, $\sum_{n=1}^{\infty}\frac{a_n}{10^n}$의 값을 기약분수로 나타내어라.

2-22 수열 $\{a_n\}$의 각 항이

$$a_1=0.\dot{1},\ a_2=0.\dot{1}\dot{0},\ a_3=0.\dot{1}0\dot{0},\ \cdots,\ a_n=0.\dot{1}\underbrace{00\cdots0\dot{0}}_{n-1\text{개}},\ \cdots$$

일 때, $\sum_{n=1}^{\infty}\left(\frac{1}{a_{n+1}}-\frac{1}{a_n}\right)$의 값을 구하여라.

3. 삼각함수의 덧셈정리

삼각함수의 정의/삼각함수의 덧셈정리
/삼각함수의 합성/배각 · 반각의 공식

§ 1. 삼각함수의 정의

1 삼각함수의 정의

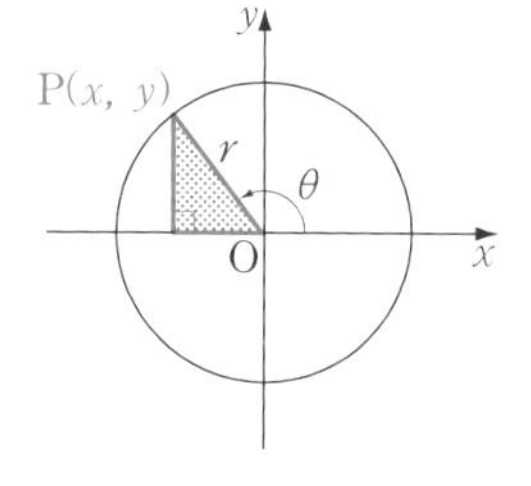

오른쪽 그림과 같이 동경 OP가 x축의 양의 방향과 이루는 각의 크기를 θ라고 할 때,

$$\sin\theta=\frac{y}{r},\quad \cos\theta=\frac{x}{r},\quad \tan\theta=\frac{y}{x}$$

로 나타내었다. ⇦ 기본 수학 I p. 91

나아가 이들의 역수에 대하여 다음과 같이 정의한다.

기본정석 — 삼각함수의 정의

오른쪽 위의 그림에서 동경 OP가 x축의 양의 방향과 이루는 각의 크기를 θ라고 할 때,

$$\sin\theta=\frac{y}{r},\quad \cos\theta=\frac{x}{r},\quad \tan\theta=\frac{y}{x},$$

$$\csc\theta=\frac{r}{y},\quad \sec\theta=\frac{r}{x},\quad \cot\theta=\frac{x}{y}$$

로 나타내고, 이들을 각각 θ의 사인함수, 코사인함수, 탄젠트함수, 코시컨트함수, 시컨트함수, 코탄젠트함수라고 하며, 이들을 통틀어 θ의 삼각함수라고 한다.

**Note* 1° $y=0$일 때 $\csc\theta$와 $\cot\theta$는 정의하지 않는다. 또, $x=0$일 때에는 $\sec\theta$와 $\tan\theta$를 정의하지 않는다.

2° $\csc\theta$를 $\operatorname{cosec}\theta$로 나타내기도 한다.

보기 1 원점 O와 점 P$(-4,\ 3)$을 지나는 동경이 나타내는 각의 크기를 θ라고 할 때, $\csc\theta$, $\sec\theta$, $\cot\theta$의 값을 구하여라.

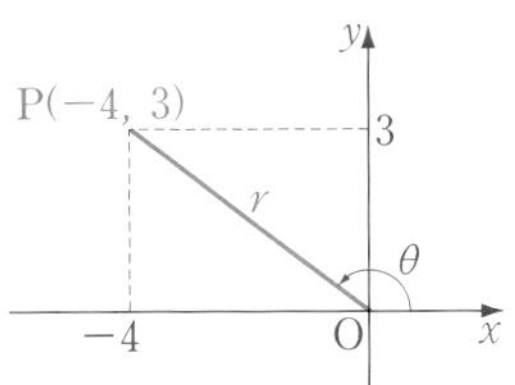

연구 $\overline{\mathrm{OP}}=\sqrt{(-4)^2+3^2}=5$

곧, $r=5$, $x=-4$, $y=3$이므로

$$\csc\theta=\frac{r}{y}=\mathbf{\frac{5}{3}},\quad \sec\theta=\frac{r}{x}=-\mathbf{\frac{5}{4}},$$

$$\cot\theta=\frac{x}{y}=-\mathbf{\frac{4}{3}}$$

2 삼각함수 사이의 관계

$\sin\theta$, $\cos\theta$, $\tan\theta$ 사이에는

$$\boldsymbol{\tan\theta=\frac{\sin\theta}{\cos\theta},\quad \sin^2\theta+\cos^2\theta=1}$$

인 관계가 성립한다는 것을 이미 공부하였다.

이로부터 다음 관계도 성립함을 알 수 있다.

(i) $\cot\theta$의 정의에서 $\cot\theta=\dfrac{1}{\tan\theta}$이므로

$$\cot\theta=\frac{\cos\theta}{\sin\theta}$$

(ii) $\sin^2\theta+\cos^2\theta=1$에서 양변을 $\cos^2\theta$로 나누면 $\dfrac{\sin^2\theta}{\cos^2\theta}+1=\dfrac{1}{\cos^2\theta}$

$$\therefore\ \tan^2\theta+1=\sec^2\theta$$

(iii) $\sin^2\theta+\cos^2\theta=1$에서 양변을 $\sin^2\theta$로 나누면 $1+\dfrac{\cos^2\theta}{\sin^2\theta}=\dfrac{1}{\sin^2\theta}$

$$\therefore\ 1+\cot^2\theta=\csc^2\theta$$

제곱 관계 암기 요령

서로 역수 관계인 삼각함수를 ①을 기준으로 마주 보게 놓는다.

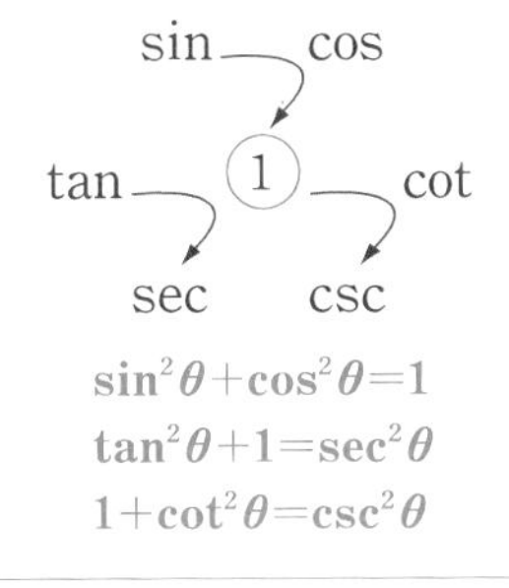

$\boldsymbol{\sin^2\theta+\cos^2\theta=1}$

$\boldsymbol{\tan^2\theta+1=\sec^2\theta}$

$\boldsymbol{1+\cot^2\theta=\csc^2\theta}$

기본정석 삼각함수 사이의 관계

(1) 역수 관계

$$\boldsymbol{\csc\theta=\frac{1}{\sin\theta},\quad \sec\theta=\frac{1}{\cos\theta},\quad \cot\theta=\frac{1}{\tan\theta}}$$

(2) 상제 관계

$$\boldsymbol{\tan\theta=\frac{\sin\theta}{\cos\theta},\quad \cot\theta=\frac{\cos\theta}{\sin\theta}}$$

(3) 제곱 관계

$$\boldsymbol{\sin^2\theta+\cos^2\theta=1,\quad \tan^2\theta+1=\sec^2\theta,\quad 1+\cot^2\theta=\csc^2\theta}$$

기본 문제 3-1 다음 물음에 답하여라.

(1) $\frac{\pi}{2}<\theta<\pi$ 이고 $\tan\theta=-\frac{4}{3}$ 일 때, $\sin\theta$, $\cos\theta$ 의 값을 구하여라.

(2) $\tan\theta+\cot\theta=8$ 일 때, $\frac{\csc\theta}{\sec\theta-\tan\theta}+\frac{\csc\theta}{\sec\theta+\tan\theta}$ 의 값을 구하여라.

정석연구 (1) $\sin\theta$, $\cos\theta$, $\tan\theta$ 의 값 중에서 어느 하나를 알고 나머지 값을 구하려고 할 때에는 다음 공식을 적절히 이용한다.

정석 $\boldsymbol{\tan\theta=\frac{\sin\theta}{\cos\theta},\quad \sin^2\theta+\cos^2\theta=1,\quad \tan^2\theta+1=\sec^2\theta}$

(2) 제곱 관계의 공식에서 다음과 같은 변형은 자주 이용된다.

정석 $\boldsymbol{\sin^2\theta+\cos^2\theta=1 \Longrightarrow \sin^2\theta=1-\cos^2\theta,\ \cos^2\theta=1-\sin^2\theta}$
$\boldsymbol{\tan^2\theta+1=\sec^2\theta \Longrightarrow \sec^2\theta-\tan^2\theta=1}$
$\boldsymbol{1+\cot^2\theta=\csc^2\theta \Longrightarrow \csc^2\theta-\cot^2\theta=1}$

모범답안 (1) $\sec^2\theta=\tan^2\theta+1=\left(-\frac{4}{3}\right)^2+1=\frac{25}{9}\qquad \therefore \cos^2\theta=\frac{9}{25}$

$\frac{\pi}{2}<\theta<\pi$ 이므로 $\cos\theta=-\frac{3}{5}$

$\therefore \sin\theta=\tan\theta\cos\theta=\left(-\frac{4}{3}\right)\times\left(-\frac{3}{5}\right)=\frac{4}{5}$

답 $\boldsymbol{\sin\theta=\frac{4}{5},\ \cos\theta=-\frac{3}{5}}$

(2) (준 식)$=\frac{\csc\theta(\sec\theta+\tan\theta)+\csc\theta(\sec\theta-\tan\theta)}{(\sec\theta-\tan\theta)(\sec\theta+\tan\theta)}=\frac{2\csc\theta\sec\theta}{\sec^2\theta-\tan^2\theta}$

$=2\csc\theta\sec\theta=\frac{2}{\sin\theta\cos\theta}$ ⇦ $\tan^2\theta+1=\sec^2\theta$

한편 $\tan\theta+\cot\theta=8$ 에서 $\frac{\sin\theta}{\cos\theta}+\frac{\cos\theta}{\sin\theta}=8\quad \therefore \frac{\sin^2\theta+\cos^2\theta}{\sin\theta\cos\theta}=8$

$\therefore \sin\theta\cos\theta=\frac{1}{8}\qquad \therefore$ (준 식)$=2\times8=$**16** ← 답

유제 **3**-1. $\pi<\theta<\frac{3}{2}\pi$ 이고 $\cot\theta=\frac{12}{5}$ 일 때, $\sin\theta$, $\cos\theta$ 의 값을 구하여라.

답 $\boldsymbol{\sin\theta=-\frac{5}{13},\ \cos\theta=-\frac{12}{13}}$

유제 **3**-2. $\sin\theta-\cos\theta=\frac{1}{2}$ 일 때, 다음 식의 값을 구하여라.

(1) $\tan\theta+\cot\theta$ (2) $\tan^3\theta+\cot^3\theta$

답 (1) $\boldsymbol{\frac{8}{3}}$ (2) $\boldsymbol{\frac{296}{27}}$

기본 문제 3-2 다음 물음에 답하여라.

(1) $\cot(90°-\theta)\sin(90°+\theta)-\cos(180°-\theta)\tan(90°-\theta)$를 간단히 하여라.

(2) $\sin 70°+\tan 100°+\cos 160°+\cot 190°$의 값을 구하여라.

정석연구 (1) $\cot(90°n\pm\theta)$, $\sec(90°n\pm\theta)$, $\csc(90°n\pm\theta)$는 각각 $\tan(90°n\pm\theta)$, $\cos(90°n\pm\theta)$, $\sin(90°n\pm\theta)$ (단, n은 정수) 의 역수인 것에 착안하면 이에 대한 변형을 쉽게 할 수 있다.

이를테면

$$\cot(90°-\theta)=\frac{1}{\tan(90°-\theta)}=\frac{1}{\cot\theta}=\tan\theta$$

이다.

정석 $\boldsymbol{\tan(90°-\theta)=\cot\theta,\quad \cot(90°-\theta)=\tan\theta}$

(2) $70°=90°-20°$, $100°=90°+10°$, $160°=180°-20°$, $190°=180°+10°$ 인 것에 착안한다. 곧, 모든 각을

$90°n\pm\theta$(n은 정수)의 꼴로 변형

한다. ⇦ 기본 수학 I p. 102

모범답안 (1) (준 식)$=\tan\theta\cos\theta-(-\cos\theta)\cot\theta$

$$=\frac{\sin\theta}{\cos\theta}\times\cos\theta+\cos\theta\times\frac{\cos\theta}{\sin\theta}=\sin\theta+\frac{\cos^2\theta}{\sin\theta}$$

$$=\frac{\sin^2\theta+\cos^2\theta}{\sin\theta}=\frac{1}{\sin\theta}=\boldsymbol{\csc\theta} \longleftarrow \boxed{답}$$

(2) (준 식)$=\sin(90°-20°)+\tan(90°+10°)+\cos(180°-20°)+\cot(180°+10°)$

$=\cos 20°-\cot 10°-\cos 20°+\cot 10°=\mathbf{0} \longleftarrow \boxed{답}$

유제 **3**-3. 다음 물음에 답하여라.

(1) $\sin\frac{5}{18}\pi=a$일 때, $\sin\frac{2}{9}\pi$를 a로 나타내어라.

(2) $\tan\frac{2}{9}\pi=a$일 때, $\cot\frac{5}{18}\pi$를 a로 나타내어라.

답 (1) $\boldsymbol{\sqrt{1-a^2}}$ (2) $\boldsymbol{a}$

유제 **3**-4. 다음 식의 값을 구하여라.

(1) $\cos\frac{8}{9}\pi-\cos\frac{11}{18}\pi+\sin\frac{7}{18}\pi-\sin\frac{\pi}{9}$

(2) $\cot\frac{\pi}{18}+\tan\frac{19}{18}\pi+\tan\frac{5}{9}\pi+\tan\frac{35}{18}\pi$

답 (1) **0** (2) **0**

§ 2. 삼각함수의 덧셈정리

1 삼각함수의 덧셈정리

이를테면

$$75^\circ=45^\circ+30^\circ$$

에 착안하여 $\cos 75^\circ$의 값을 구해 보자.

오른쪽 그림과 같이 단위원 위의 두 점

$$\mathrm{P}(\cos 75^\circ,\ \sin 75^\circ),\ \ \mathrm{Q}(1,\ 0)$$

을 원점을 중심으로 시계 방향으로 30° 만큼 회전시킨 점을 각각 P', Q'이라고 하면

$$\mathrm{P}'(\cos 45^\circ,\ \sin 45^\circ),$$

$$\mathrm{Q}'\big(\cos(-30^\circ),\ \sin(-30^\circ)\big)$$

곧, $\mathrm{P}'\left(\dfrac{1}{\sqrt{2}},\ \dfrac{1}{\sqrt{2}}\right)$, $\mathrm{Q}'\left(\dfrac{\sqrt{3}}{2},\ -\dfrac{1}{2}\right)$이고, $\overline{\mathrm{PQ}}^2=\overline{\mathrm{P'Q'}}^2$이므로

$$(1-\cos 75^\circ)^2+(0-\sin 75^\circ)^2=\left(\frac{\sqrt{3}}{2}-\frac{1}{\sqrt{2}}\right)^2+\left(-\frac{1}{2}-\frac{1}{\sqrt{2}}\right)^2$$

$$\therefore\ 1-2\cos 75^\circ+\cos^2 75^\circ+\sin^2 75^\circ=2-\frac{\sqrt{3}}{\sqrt{2}}+\frac{1}{\sqrt{2}}$$

이때, $\sin^2 75^\circ+\cos^2 75^\circ=1$이므로

$$2-2\cos 75^\circ=2-\frac{\sqrt{3}}{\sqrt{2}}+\frac{1}{\sqrt{2}}\qquad \therefore\ \cos 75^\circ=\frac{\sqrt{6}-\sqrt{2}}{4}$$

또,

정석 $\boldsymbol{\sin^2\theta+\cos^2\theta=1,\qquad \tan\theta=\dfrac{\sin\theta}{\cos\theta}}$

를 이용하여 $\sin 75^\circ$, $\tan 75^\circ$의 값도 구할 수 있다.

이제 이 방법을 일반화하여 두 각 α, β에 대한 삼각함수의 값을 알고 있을 때, $\alpha+\beta$, $\alpha-\beta$에 대한 삼각함수의 값을 구하는 공식을 알아보자.

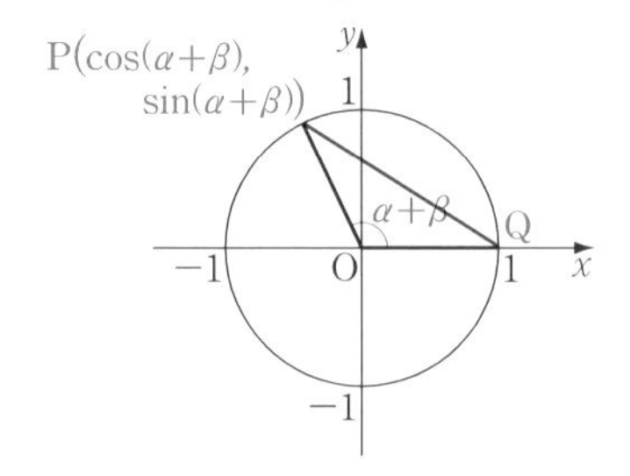

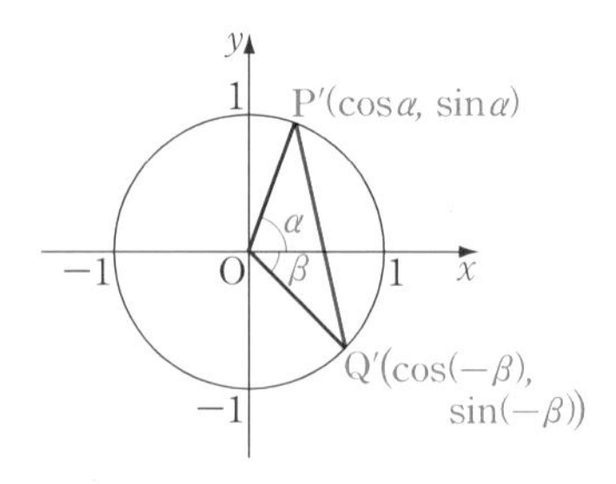

앞의 그림에서

$$\overline{\mathrm{PQ}}^2=\{1-\cos(\alpha+\beta)\}^2+\{0-\sin(\alpha+\beta)\}^2=2-2\cos(\alpha+\beta)$$

$$\begin{aligned}\overline{\mathrm{P'Q'}}^2&=\{\cos(-\beta)-\cos\alpha\}^2+\{\sin(-\beta)-\sin\alpha\}^2\\&=2-2\cos\alpha\cos(-\beta)-2\sin\alpha\sin(-\beta)\\&=2-2\cos\alpha\cos\beta+2\sin\alpha\sin\beta\end{aligned}$$

$\overline{\mathrm{PQ}}^2=\overline{\mathrm{P'Q'}}^2$이므로 $2-2\cos(\alpha+\beta)=2-2\cos\alpha\cos\beta+2\sin\alpha\sin\beta$

$$\therefore\ \boldsymbol{\cos(\alpha+\beta)=\cos\alpha\cos\beta-\sin\alpha\sin\beta}$$

이 식의 β에 $-\beta$를 대입하면 $\sin(-\beta)=-\sin\beta$, $\cos(-\beta)=\cos\beta$이므로

$$\boldsymbol{\cos(\alpha-\beta)=\cos\alpha\cos\beta+\sin\alpha\sin\beta}$$

또, 이 식의 α에 $\frac{\pi}{2}-\alpha$를 대입하면

$$\cos\left(\frac{\pi}{2}-\alpha-\beta\right)=\cos\left(\frac{\pi}{2}-\alpha\right)\cos\beta+\sin\left(\frac{\pi}{2}-\alpha\right)\sin\beta$$

$$\therefore\ \boldsymbol{\sin(\alpha+\beta)=\sin\alpha\cos\beta+\cos\alpha\sin\beta}$$

다시 이 식의 β에 $-\beta$를 대입하고 정리하면

$$\boldsymbol{\sin(\alpha-\beta)=\sin\alpha\cos\beta-\cos\alpha\sin\beta}$$

한편 $\tan(\alpha+\beta)=\dfrac{\sin(\alpha+\beta)}{\cos(\alpha+\beta)}=\dfrac{\sin\alpha\cos\beta+\cos\alpha\sin\beta}{\cos\alpha\cos\beta-\sin\alpha\sin\beta}$이므로 분모, 분자를 $\cos\alpha\cos\beta$로 나누고 정리하면

$$\boldsymbol{\tan(\alpha+\beta)=\frac{\tan\alpha+\tan\beta}{1-\tan\alpha\tan\beta}}$$

또, 이 식의 β에 $-\beta$를 대입하면 $\tan(-\beta)=-\tan\beta$이므로

$$\boldsymbol{\tan(\alpha-\beta)=\frac{\tan\alpha-\tan\beta}{1+\tan\alpha\tan\beta}}$$

이상의 관계를 삼각함수의 덧셈정리라고 한다.

기본정석 **삼각함수의 덧셈정리**

(1) $\begin{cases}\sin(\alpha+\beta)=\sin\alpha\cos\beta+\cos\alpha\sin\beta\\ \sin(\alpha-\beta)=\sin\alpha\cos\beta-\cos\alpha\sin\beta\end{cases}$

(2) $\begin{cases}\cos(\alpha+\beta)=\cos\alpha\cos\beta-\sin\alpha\sin\beta\\ \cos(\alpha-\beta)=\cos\alpha\cos\beta+\sin\alpha\sin\beta\end{cases}$

(3) $\tan(\alpha+\beta)=\dfrac{\tan\alpha+\tan\beta}{1-\tan\alpha\tan\beta}$, $\tan(\alpha-\beta)=\dfrac{\tan\alpha-\tan\beta}{1+\tan\alpha\tan\beta}$

Advice | 삼각함수의 덧셈정리는 수학 I 에서 공부한 코사인법칙을 이용하여 증명할 수도 있다.

오른쪽 그림과 같이 x축의 양의 방향과 이루는 각의 크기가 α, β인 두 동경이 단위원과 만나는 점을 각각 P, Q라고 하면

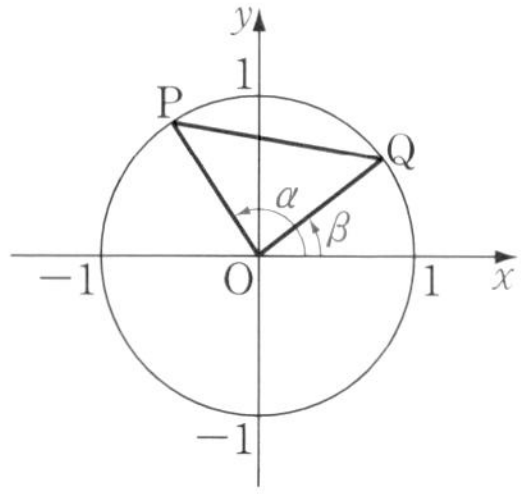

$$\mathrm{P}(\cos\alpha,\ \sin\alpha),\quad \mathrm{Q}(\cos\beta,\ \sin\beta)$$

이므로

$$\begin{aligned}\overline{\mathrm{PQ}}^2&=(\cos\beta-\cos\alpha)^2+(\sin\beta-\sin\alpha)^2\\&=(\cos^2\alpha+\sin^2\alpha)+(\cos^2\beta+\sin^2\beta)-2(\cos\beta\cos\alpha+\sin\beta\sin\alpha)\\&=2-2(\cos\alpha\cos\beta+\sin\alpha\sin\beta) &\cdots\cdots①\end{aligned}$$

△POQ에서 $\overline{\mathrm{OP}}=\overline{\mathrm{OQ}}=1$, $\angle\mathrm{POQ}=\alpha-\beta$이므로 코사인법칙으로부터

$$\overline{\mathrm{PQ}}^2=1^2+1^2-2\times1\times1\times\cos(\alpha-\beta)=2-2\cos(\alpha-\beta)\qquad\cdots\cdots②$$

따라서 ①, ②에서

$$\boldsymbol{\cos(\alpha-\beta)=\cos\alpha\cos\beta+\sin\alpha\sin\beta}$$

이로부터 다른 정리들도 증명할 수 있다.

보기 1 $\sin75°$, $\cos75°$, $\tan75°$, $\csc75°$, $\sec75°$, $\cot75°$의 값을 구하여라.

연구 $75°=45°+30°$에 착안하여 다음 삼각함수의 덧셈정리를 이용한다.

정석 $\boldsymbol{\sin(\alpha+\beta)=\sin\alpha\cos\beta+\cos\alpha\sin\beta}$

$\boldsymbol{\cos(\alpha+\beta)=\cos\alpha\cos\beta-\sin\alpha\sin\beta}$

$\boldsymbol{\tan(\alpha+\beta)=\dfrac{\tan\alpha+\tan\beta}{1-\tan\alpha\tan\beta}}$

$$\begin{aligned}\sin75°&=\sin(45°+30°)=\sin45°\cos30°+\cos45°\sin30°\\&=\frac{1}{\sqrt2}\times\frac{\sqrt3}{2}+\frac{1}{\sqrt2}\times\frac12=\frac{\sqrt3+1}{2\sqrt2}=\boldsymbol{\frac{\sqrt6+\sqrt2}{4}}\end{aligned}$$

$$\cos75°=\cos(45°+30°)=\cos45°\cos30°-\sin45°\sin30°=\boldsymbol{\frac{\sqrt6-\sqrt2}{4}}$$

$$\tan75°=\tan(45°+30°)=\frac{\tan45°+\tan30°}{1-\tan45°\tan30°}=\frac{1+(1/\sqrt3)}{1-1\times(1/\sqrt3)}=\boldsymbol{2+\sqrt3}$$

$$\csc75°=\frac{1}{\sin75°}=\frac{4}{\sqrt6+\sqrt2}=\boldsymbol{\sqrt6-\sqrt2}$$

$$\sec75°=\frac{1}{\cos75°}=\frac{4}{\sqrt6-\sqrt2}=\boldsymbol{\sqrt6+\sqrt2}$$

$$\cot75°=\frac{1}{\tan75°}=\frac{1}{2+\sqrt3}=\boldsymbol{2-\sqrt3}$$

보기 2 $\sin 15°$, $\cos 15°$, $\tan 15°$ 의 값을 구하여라.

연구 $15°=45°-30°$ 에 착안하여 다음 삼각함수의 덧셈정리를 이용한다.

정석 $\sin(\alpha-\beta)=\sin\alpha\cos\beta-\cos\alpha\sin\beta$
$\cos(\alpha-\beta)=\cos\alpha\cos\beta+\sin\alpha\sin\beta$
$\tan(\alpha-\beta)=\dfrac{\tan\alpha-\tan\beta}{1+\tan\alpha\tan\beta}$

$$\sin 15°=\sin(45°-30°)=\sin 45°\cos 30°-\cos 45°\sin 30°$$
$$=\frac{1}{\sqrt{2}}\times\frac{\sqrt{3}}{2}-\frac{1}{\sqrt{2}}\times\frac{1}{2}=\frac{\sqrt{3}-1}{2\sqrt{2}}=\frac{\sqrt{6}-\sqrt{2}}{4}$$
$$\cos 15°=\cos(45°-30°)=\cos 45°\cos 30°+\sin 45°\sin 30°=\frac{\sqrt{6}+\sqrt{2}}{4}$$
$$\tan 15°=\tan(45°-30°)=\frac{\tan 45°-\tan 30°}{1+\tan 45°\tan 30°}=2-\sqrt{3}$$

보기 3 $\sin 105°$, $\cos 105°$, $\tan 105°$ 의 값을 구하여라.

연구 $105°=60°+45°$ 에 착안하여 삼각함수의 덧셈정리를 이용한다.

$$\sin 105°=\sin(60°+45°)=\sin 60°\cos 45°+\cos 60°\sin 45°$$
$$=\frac{\sqrt{3}}{2}\times\frac{1}{\sqrt{2}}+\frac{1}{2}\times\frac{1}{\sqrt{2}}=\frac{\sqrt{3}+1}{2\sqrt{2}}=\frac{\sqrt{6}+\sqrt{2}}{4}$$
$$\cos 105°=\cos(60°+45°)=\cos 60°\cos 45°-\sin 60°\sin 45°=\frac{\sqrt{2}-\sqrt{6}}{4}$$
$$\tan 105°=\tan(60°+45°)=\frac{\tan 60°+\tan 45°}{1-\tan 60°\tan 45°}=-2-\sqrt{3}$$

보기 4 다음 값을 구하여라.

(1) $\sin 110°\cos 70°+\cos 110°\sin 70°$ (2) $\cos 140°\cos 50°+\sin 140°\sin 50°$

(3) $\dfrac{\tan 25°+\tan 20°}{1-\tan 25°\tan 20°}$ (4) $\dfrac{\tan 70°-\tan 10°}{1+\tan 70°\tan 10°}$

연구 (1) $110°$ 나 $70°$ 는 특수각도 아니고 특수각의 합이나 차로 나타낼 수 있는 각도 아니므로 $\sin 110°$, $\cos 70°$ 의 값을 구해서 푸는 문제는 아니다.

그러나 sin과 cos, $110°$ 와 $70°$ 가 번갈아 나타난다는 것을 주목하면 $\sin(110°+70°)$ 를 전개한 꼴이라는 것을 알 수 있다.

$$\therefore \text{(준 식)}=\sin(110°+70°)=\sin 180°=\mathbf{0}$$

(2) (준 식)$=\cos(140°-50°)=\cos 90°=\mathbf{0}$

(3) (준 식)$=\tan(25°+20°)=\tan 45°=\mathbf{1}$

(4) (준 식)$=\tan(70°-10°)=\tan 60°=\sqrt{3}$

기본 문제 **3**-3 다음 값을 구하여라.

$$4\sin\frac{11}{12}\pi+8\cos\frac{23}{12}\pi+3\sqrt{2}\tan\frac{19}{12}\pi$$

정석연구 호도법의 계산이 복잡하면

정석 $\boldsymbol{\pi=180^\circ}$

를 써서 60분법으로 고친 다음, 삼각함수의 덧셈정리를 이용해 보아라.

정석 $\boldsymbol{\sin(\alpha\pm\beta)=\sin\alpha\cos\beta\pm\cos\alpha\sin\beta}$ (복부호동순)

$\boldsymbol{\cos(\alpha\pm\beta)=\cos\alpha\cos\beta\mp\sin\alpha\sin\beta}$ (복부호동순)

$\boldsymbol{\tan(\alpha\pm\beta)=\dfrac{\tan\alpha\pm\tan\beta}{1\mp\tan\alpha\tan\beta}}$ (복부호동순)

모범답안 $\sin\frac{11}{12}\pi=\sin 165^\circ=\sin(180^\circ-15^\circ)=\sin 15^\circ=\sin(60^\circ-45^\circ)$

$=\sin 60^\circ\cos 45^\circ-\cos 60^\circ\sin 45^\circ$

$=\frac{\sqrt{3}}{2}\times\frac{1}{\sqrt{2}}-\frac{1}{2}\times\frac{1}{\sqrt{2}}=\frac{\sqrt{3}-1}{2\sqrt{2}}=\frac{\sqrt{6}-\sqrt{2}}{4}$

$\cos\frac{23}{12}\pi=\cos 345^\circ=\cos(360^\circ-15^\circ)=\cos 15^\circ=\cos(60^\circ-45^\circ)$

$=\cos 60^\circ\cos 45^\circ+\sin 60^\circ\sin 45^\circ$

$=\frac{1}{2}\times\frac{1}{\sqrt{2}}+\frac{\sqrt{3}}{2}\times\frac{1}{\sqrt{2}}=\frac{1+\sqrt{3}}{2\sqrt{2}}=\frac{\sqrt{2}+\sqrt{6}}{4}$

$\tan\frac{19}{12}\pi=\tan 285^\circ=\tan(180^\circ+105^\circ)=\tan 105^\circ=\tan(60^\circ+45^\circ)$

$=\frac{\tan 60^\circ+\tan 45^\circ}{1-\tan 60^\circ\tan 45^\circ}=\frac{\sqrt{3}+1}{1-\sqrt{3}\times 1}=-(2+\sqrt{3})$

$\therefore$ (준 식)$=4\times\frac{\sqrt{6}-\sqrt{2}}{4}+8\times\frac{\sqrt{2}+\sqrt{6}}{4}-3\sqrt{2}(2+\sqrt{3})$

$=\boldsymbol{-5\sqrt{2}}$ ← 답

Advice | 이를테면 $\frac{\pi}{6}+\frac{\pi}{4}=\frac{5}{12}\pi$, $\frac{\pi}{4}-\frac{\pi}{6}=\frac{\pi}{3}-\frac{\pi}{4}=\frac{\pi}{12}$, $\frac{\pi}{4}+\frac{\pi}{3}=\frac{7}{12}\pi$ 이다. 60분법으로 고치지 않고 이 결과를 이용하여 계산해도 된다.

유제 **3**-5. 다음 값을 구하여라.

(1) $\sin 255^\circ+\cos 465^\circ$

(2) $4\sin 165^\circ+\sqrt{2}\tan 195^\circ$

(3) $\tan\frac{\pi}{12}+\cot\frac{5}{12}\pi$

답 (1) $\boldsymbol{-\frac{\sqrt{6}}{2}}$ (2) $\boldsymbol{\sqrt{2}}$ (3) $\boldsymbol{4-2\sqrt{3}}$

기본 문제 3-4 $0<\alpha<\frac{\pi}{2}$, $0<\beta<\frac{\pi}{2}$인 α, β가 다음 조건을 만족시킬 때, $\alpha+\beta$의 값을 구하여라.

(1) $\tan\alpha=\frac{1}{2}$, $\tan\beta=\frac{1}{3}$ (2) $\sin\alpha=\frac{13}{14}$, $\sin\beta=\frac{11}{14}$

정석연구 (1) 먼저 $\tan(\alpha+\beta)$의 값을 구한다.

(2) 먼저 $\sin(\alpha+\beta)$ 또는 $\cos(\alpha+\beta)$의 값을 구한다.

정석 $\sin(\alpha+\beta)=\sin\alpha\cos\beta+\cos\alpha\sin\beta$

$\cos(\alpha+\beta)=\cos\alpha\cos\beta-\sin\alpha\sin\beta$

$$\tan(\alpha+\beta)=\frac{\tan\alpha+\tan\beta}{1-\tan\alpha\tan\beta}$$

를 이용하여라.

모범답안 (1) $\tan(\alpha+\beta)=\frac{\tan\alpha+\tan\beta}{1-\tan\alpha\tan\beta}=\frac{(1/2)+(1/3)}{1-(1/2)\times(1/3)}=1$

그런데 $0<\alpha+\beta<\pi$이므로 $\boldsymbol{\alpha+\beta=\frac{\pi}{4}}$ ← 답

(2) $0<\alpha<\frac{\pi}{2}$, $0<\beta<\frac{\pi}{2}$이므로

$\cos\alpha=\sqrt{1-\sin^2\alpha}=\frac{3\sqrt{3}}{14}$, $\cos\beta=\sqrt{1-\sin^2\beta}=\frac{5\sqrt{3}}{14}$

$\therefore \cos(\alpha+\beta)=\cos\alpha\cos\beta-\sin\alpha\sin\beta$

$=\frac{3\sqrt{3}}{14}\times\frac{5\sqrt{3}}{14}-\frac{13}{14}\times\frac{11}{14}=-\frac{1}{2}$

그런데 $0<\alpha+\beta<\pi$이므로 $\boldsymbol{\alpha+\beta=\frac{2}{3}\pi}$ ← 답

유제 **3**-6. $\sin\alpha=\frac{3}{5}$, $\cos\beta=\frac{2}{3}$일 때, 다음 삼각함수의 값을 구하여라.

단, $\frac{\pi}{2}<\alpha<\pi$, $0<\beta<\frac{\pi}{2}$이다.

(1) $\sin(\alpha+\beta)$ (2) $\cos(\alpha-\beta)$ (3) $\tan(\alpha+\beta)$

답 (1) $\frac{6-4\sqrt{5}}{15}$ (2) $\frac{3\sqrt{5}-8}{15}$ (3) $\frac{50\sqrt{5}-108}{19}$

유제 **3**-7. α, β는 예각이고 $\cos\alpha=0.8$, $\cot\beta=7$일 때, $\alpha+\beta$의 값을 구하여라. 답 $\frac{\pi}{4}$

유제 **3**-8. $\tan\alpha=\frac{1}{2\sqrt{2}}$, $\tan\beta=-\frac{3}{4}$일 때, $\cos(\alpha-\beta)$의 값을 구하여라.

단, $0°<\alpha<45°$, $135°<\beta<180°$이다. 답 $\frac{3-8\sqrt{2}}{15}$

기본 문제 3-5 두 직선 $y=-3x+7$, $y=2x$가 이루는 예각의 크기를 구하여라.

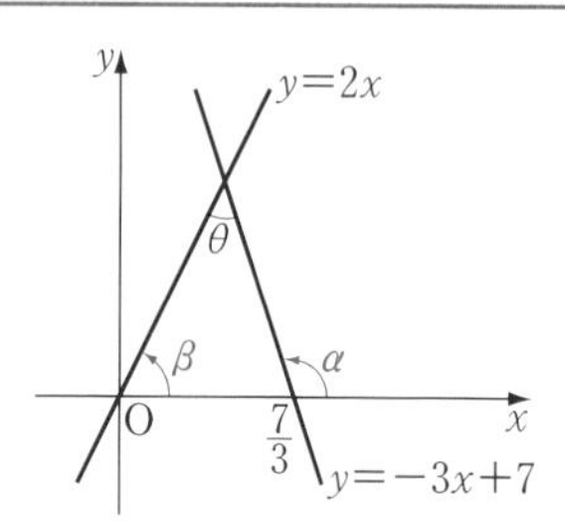

정석연구 두 직선이 이루는 예각의 크기를 θ라고 할 때, 오른쪽 그림에서

$$\boldsymbol{\theta=\alpha-\beta}$$

이다. 따라서

정석 $\displaystyle \boldsymbol{\tan(\alpha-\beta)=\frac{\tan\alpha-\tan\beta}{1+\tan\alpha\tan\beta}}$

를 이용하면 $\tan\theta$의 값을 구할 수 있다.

모범답안 직선 $y=-3x+7$이 x축의 양의 방향과 이루는 각의 크기를 α, 직선 $y=2x$가 x축의 양의 방향과 이루는 각의 크기를 β라고 하면

$$\tan\alpha=-3, \quad \tan\beta=2$$

따라서 두 직선이 이루는 예각의 크기를 θ라고 하면

$$\tan\theta=\tan(\alpha-\beta)=\frac{\tan\alpha-\tan\beta}{1+\tan\alpha\tan\beta}=\frac{-3-2}{1+(-3)\times2}=1$$

$$\therefore\ \theta=\frac{\pi}{4} \longleftarrow \text{답}$$

Advice | (i) 직선 $y=mx+b$가 x축의 양의 방향과 이루는 각의 크기를 α라고 하면

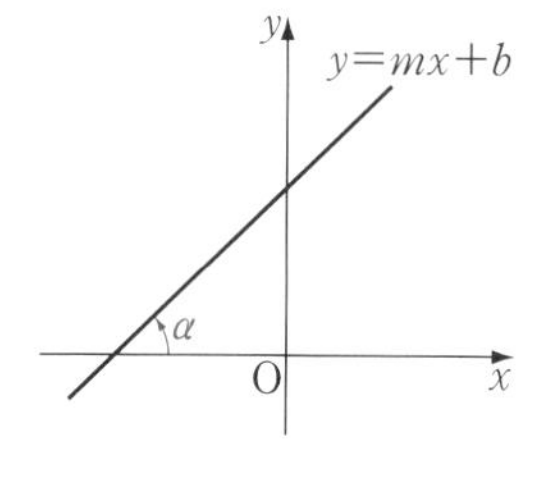

$$\boldsymbol{m=\tan\alpha}$$

이다. 이때, $90°<\alpha<180°$이면 $\tan\alpha<0$이므로 $m<0$이다.

(ii) 일반적으로 두 직선

$$y=mx+b, \quad y=m'x+b'$$

이 이루는 예각의 크기를 θ라고 하면 오른쪽 그림에서

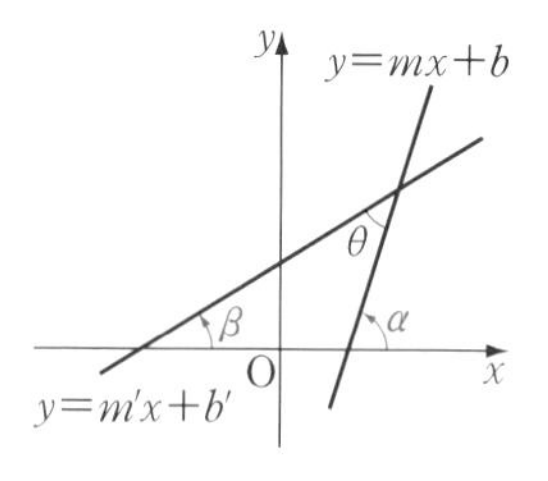

$$\tan\alpha=m, \quad \tan\beta=m'$$

이고, $\tan\theta=\left|\tan(\alpha-\beta)\right|$이므로

정석 $\displaystyle \boldsymbol{\tan\theta=\left|\frac{m-m'}{1+mm'}\right|}$

유제 **3**-9. 두 직선 $2x-y-1=0$, $x-3y+3=0$이 이루는 예각의 크기를 구하여라.

답 $\dfrac{\pi}{4}$

기본 문제 3-6 오른쪽 그림과 같이

$\overline{AB}=2,\ \overline{BC}=a,\ \angle B=90°$

인 직각삼각형 ABC에서 변 BA의 연장선 위에 $\overline{AD}=4$인 점 D를 잡는다.

$\tan(\angle DCA)=\dfrac{4}{7}$일 때, a의 값을 구하여라.

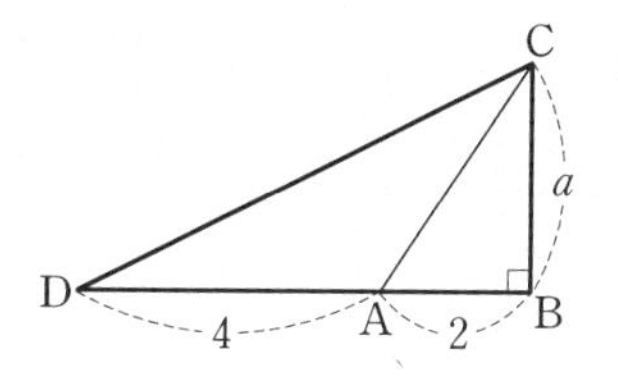

정석연구 $\tan(\angle DCB)=\dfrac{6}{a},\ \tan(\angle ACB)=\dfrac{2}{a}$이고,

$\angle DCA=\angle DCB-\angle ACB$이므로 다음 삼각함수의 덧셈정리를 이용하면 $\tan(\angle DCA)$를 a에 관한 식으로 나타낼 수 있다.

$$\textbf{정석}\quad \tan(\alpha-\beta)=\frac{\tan\alpha-\tan\beta}{1+\tan\alpha\tan\beta}$$

모범답안 $\angle DCB=\alpha,\ \angle ACB=\beta$라고 하면

$$\tan(\angle DCA)=\tan(\alpha-\beta)=\frac{\tan\alpha-\tan\beta}{1+\tan\alpha\tan\beta}$$

그런데 직각삼각형 DBC에서 $\tan\alpha=\dfrac{6}{a}$, 직각삼각형 ABC에서 $\tan\beta=\dfrac{2}{a}$이고, 문제의 조건에서 $\tan(\angle DCA)=\dfrac{4}{7}$이므로

$$\frac{\dfrac{6}{a}-\dfrac{2}{a}}{1+\dfrac{6}{a}\times\dfrac{2}{a}}=\frac{4}{7}\qquad \therefore\ \frac{4a}{a^2+12}=\frac{4}{7}$$

$$\therefore\ 28a=4(a^2+12)\qquad \therefore\ (a-3)(a-4)=0\qquad \therefore\ \boldsymbol{a=3,\ 4} \longleftarrow \text{답}$$

Advice ‖ 피타고라스 정리로부터 $\overline{DC}$, $\overline{AC}$를 a에 관한 식으로 나타내고, $\tan(\angle DCA)=\dfrac{4}{7}$에서 $\cos(\angle DCA)$를 구한 다음 $\triangle CDA$에 코사인법칙을 써서 a에 관한 방정식을 얻을 수도 있다.

유제 **3**-10. $\overline{AB}=a,\ \overline{BC}=3$인 직사각형 ABCD가 있다. 점 P가 변 BC를 $2:1$로 내분하고, $\tan(\angle APD)=3$일 때, a의 값을 구하여라.

답 $\boldsymbol{a=2}$

유제 **3**-11. 오른쪽 그림과 같이 세 개의 정사각형을 붙여 놓을 때, $\tan(\angle PQR)$의 값을 구하여라.

답 $\boldsymbol{\dfrac{3}{4}}$

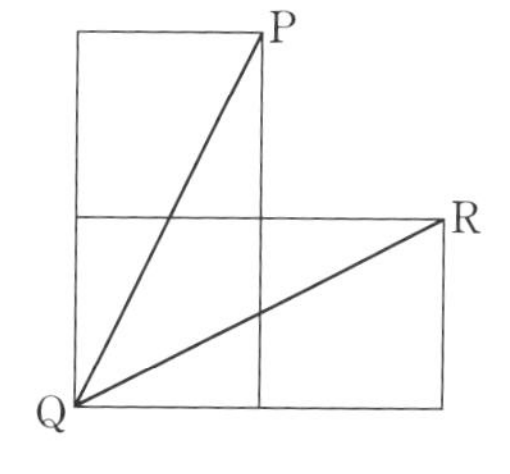

§ 3. 삼각함수의 합성

1 삼각함수의 합성

함수 $y=\sin x+\cos x$의 그래프는 오른쪽과 같이 두 함수

$$y=\sin x, \quad y=\cos x$$

의 그래프를 이용하여 그릴 수 있다. 이로부터 함수의 주기는 2π, 최댓값은 $\sqrt{2}$, 최솟값은 $-\sqrt{2}$임을 알 수 있다.

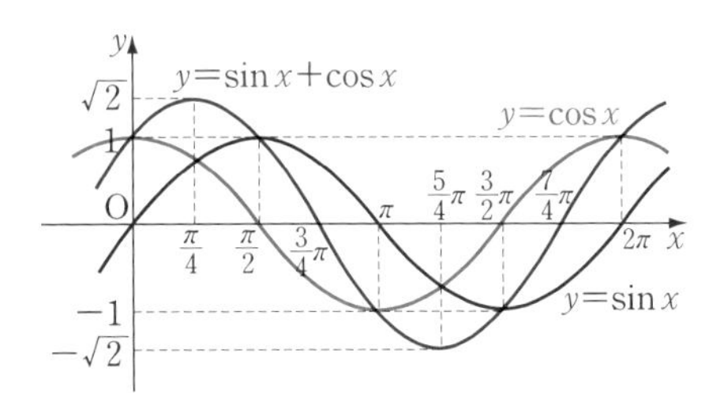

그러나 $y=\sin x+\sqrt{3}\cos x$와 같이 $\sin x$, $\cos x$의 계수가 1이 아닐 때에는 위의 방법으로는 주기, 최댓값, 최솟값 등을 알아보는 데 한계가 있다.

이와 같은 경우 $\sin\theta+\sqrt{3}\cos\theta$를

$$\boldsymbol{r\sin(\theta+\alpha)} \quad \text{또는} \quad \boldsymbol{r\cos(\theta-\beta)}$$

의 꼴로 변형하여 알아볼 수 있다. 이제 그 방법을 생각해 보자.

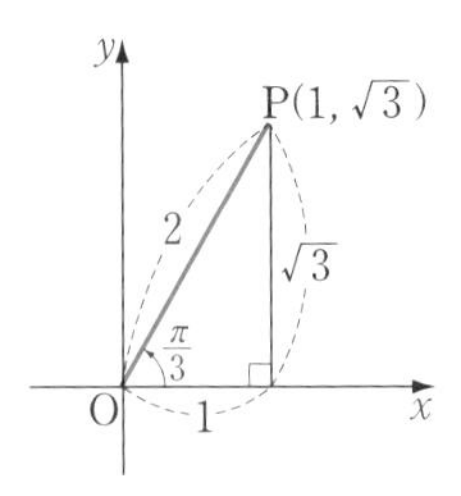

$\sin\theta$의 계수 1을 x좌표, $\cos\theta$의 계수 $\sqrt{3}$을 y좌표로 하는 점 $\mathrm{P}(1, \sqrt{3})$을 잡으면

$$\overline{\mathrm{OP}}=\sqrt{1^2+(\sqrt{3})^2}=2$$

이다. 이 값으로 준 식을 묶으면

$$\sin\theta+\sqrt{3}\cos\theta=2\left(\frac{1}{2}\sin\theta+\frac{\sqrt{3}}{2}\cos\theta\right)$$

그리고 선분 OP가 x축의 양의 방향과 이루는 각의 크기가 $\frac{\pi}{3}$이므로

$$\frac{1}{2}=\cos\frac{\pi}{3}, \quad \frac{\sqrt{3}}{2}=\sin\frac{\pi}{3}$$

$$\therefore \sin\theta+\sqrt{3}\cos\theta=2\left(\cos\frac{\pi}{3}\sin\theta+\sin\frac{\pi}{3}\cos\theta\right)=2\sin\left(\theta+\frac{\pi}{3}\right)$$

곧, $\boldsymbol{\sin\theta+\sqrt{3}\cos\theta=2\sin\left(\theta+\frac{\pi}{3}\right)}$

여기에서 선분 OP가 x축의 양의 방향과 이루는 각의 크기는 $\frac{\pi}{3}$뿐만 아니라

$$2\pi+\frac{\pi}{3}, \quad 2\pi\times(-1)+\frac{\pi}{3}, \quad 2\pi\times2+\frac{\pi}{3}, \quad \cdots$$

가 모두 가능하지만 이 중 가장 간단한 것을 택하여 나타내면 된다.

또, $\sin\theta+\sqrt{3}\cos\theta$에서 $\sin\theta$의 계수 1을 y좌표, $\cos\theta$의 계수 $\sqrt{3}$을 x좌표로 하는 점 $\mathrm{Q}(\sqrt{3}, 1)$을 잡자. 그리고

$$\overline{\mathrm{OQ}}=\sqrt{(\sqrt{3})^2+1^2}=2$$

로 준 식을 묶으면

$$\sin\theta+\sqrt{3}\cos\theta=2\left(\frac{1}{2}\sin\theta+\frac{\sqrt{3}}{2}\cos\theta\right)$$

이고, 선분 OQ가 x축의 양의 방향과 이루는 각의 크기가 $\frac{\pi}{6}$이므로

$$\sin\theta+\sqrt{3}\cos\theta=2\left(\sin\frac{\pi}{6}\sin\theta+\cos\frac{\pi}{6}\cos\theta\right)=2\cos\left(\theta-\frac{\pi}{6}\right)$$

곧, $\boldsymbol{\sin\theta+\sqrt{3}\cos\theta=2\cos\left(\theta-\frac{\pi}{6}\right)}$

이다. 이와 같이 $\sin\theta+\sqrt{3}\cos\theta$를 $2\sin\left(\theta+\frac{\pi}{3}\right)$ 또는 $2\cos\left(\theta-\frac{\pi}{6}\right)$의 꼴로 나타내는 것을 삼각함수의 합성이라고 한다.

이와 같은 합성에 의하여 함수 $y=\sin\theta+\sqrt{3}\cos\theta$의 그래프는 오른쪽과 같고, 최댓값이 2, 최솟값이 -2, 주기가 2π임을 알 수 있다.

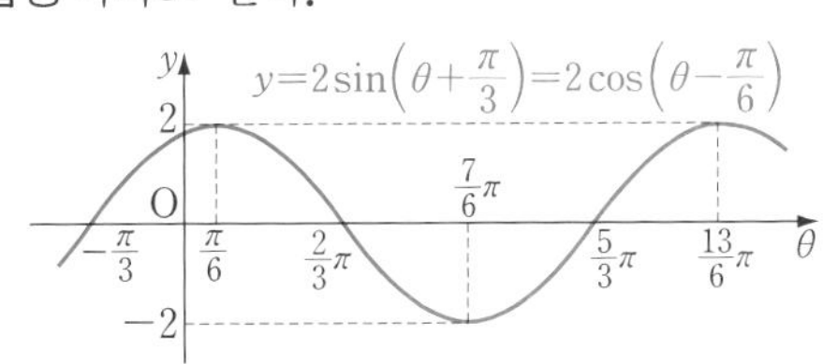

기본정석 — 삼각함수의 합성

(1) $\boldsymbol{a\sin\theta+b\cos\theta=\sqrt{a^2+b^2}\sin(\theta+\alpha)}$ ⇦ 아래 왼쪽 그림

단, $\boldsymbol{\cos\alpha=\frac{a}{\sqrt{a^2+b^2}},\ \sin\alpha=\frac{b}{\sqrt{a^2+b^2}}}$

(2) $\boldsymbol{a\sin\theta+b\cos\theta=\sqrt{a^2+b^2}\cos(\theta-\beta)}$ ⇦ 아래 오른쪽 그림

단, $\boldsymbol{\cos\beta=\frac{b}{\sqrt{a^2+b^2}},\ \sin\beta=\frac{a}{\sqrt{a^2+b^2}}}$

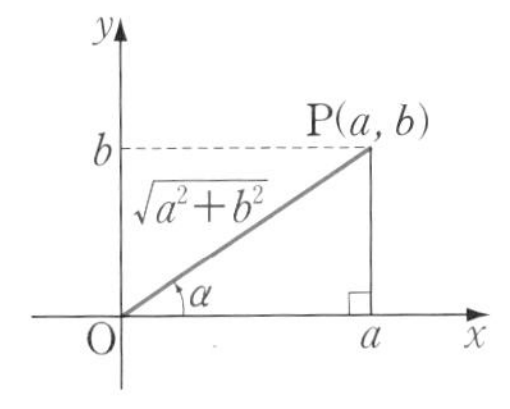

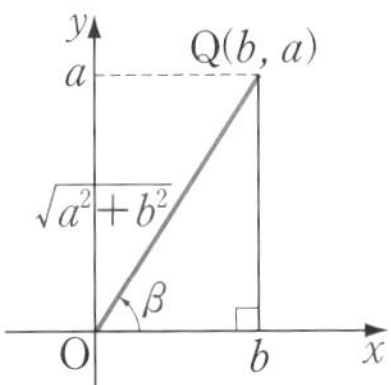

(3) $\boldsymbol{y=a\sin\theta+b\cos\theta}$의 최댓값, 최솟값, 주기

최댓값 $\boldsymbol{\sqrt{a^2+b^2}}$, 최솟값 $\boldsymbol{-\sqrt{a^2+b^2}}$, 주기 $\boldsymbol{2\pi}$

보기 1 $\sin\theta+\cos\theta$를 $r\sin(\theta+\alpha)$의 꼴로 나타내어라. 단, $r>0$이다.

연구 $\sin\theta$의 계수가 1, $\cos\theta$의 계수가 1이므로 P(1, 1)이라고 하면

$$\overline{OP}=\sqrt{1^2+1^2}=\sqrt{2}$$

$$\therefore \sin\theta+\cos\theta=\sqrt{2}\left(\frac{1}{\sqrt{2}}\sin\theta+\frac{1}{\sqrt{2}}\cos\theta\right)$$

선분 OP가 x축의 양의 방향과 이루는 각의 크기가 $\frac{\pi}{4}$이므로

$$\sin\theta+\cos\theta=\sqrt{2}\left(\cos\frac{\pi}{4}\sin\theta+\sin\frac{\pi}{4}\cos\theta\right)=\boldsymbol{\sqrt{2}\sin\left(\theta+\frac{\pi}{4}\right)}$$

보기 2 $\sin\theta-\cos\theta$를 $r\cos(\theta-\alpha)$의 꼴로 나타내어라. 단, $r>0$이다.

연구 $\sin\theta$의 계수가 1, $\cos\theta$의 계수가 -1이므로 P(-1, 1)이라고 하면

$$\overline{OP}=\sqrt{(-1)^2+1^2}=\sqrt{2}$$

$$\therefore \sin\theta-\cos\theta=\sqrt{2}\left(\frac{1}{\sqrt{2}}\sin\theta-\frac{1}{\sqrt{2}}\cos\theta\right)$$

선분 OP가 x축의 양의 방향과 이루는 각의 크기가 $\frac{3}{4}\pi$이므로

$$\sin\theta-\cos\theta=\sqrt{2}\left(\sin\frac{3}{4}\pi\sin\theta+\cos\frac{3}{4}\pi\cos\theta\right)=\boldsymbol{\sqrt{2}\cos\left(\theta-\frac{3}{4}\pi\right)}$$

보기 3 $4\sin\theta+3\cos\theta$를 $r\sin(\theta+\alpha)$와 $r\cos(\theta-\beta)$의 꼴로 나타내어라. 단, $r>0$이다.

연구 P(4, 3)이라고 하면

$$\overline{OP}=\sqrt{4^2+3^2}=5$$

이므로

$$4\sin\theta+3\cos\theta=5\left(\frac{4}{5}\sin\theta+\frac{3}{5}\cos\theta\right)$$
$$=5(\cos\alpha\sin\theta+\sin\alpha\cos\theta)$$
$$=\boldsymbol{5\sin(\theta+\alpha)}\ \ (\text{단, } \boldsymbol{\cos\alpha=4/5,\ \sin\alpha=3/5})$$

같은 방법으로 하면

$$4\sin\theta+3\cos\theta=\boldsymbol{5\cos(\theta-\beta)}\ \ (\text{단, } \boldsymbol{\cos\beta=3/5,\ \sin\beta=4/5})$$

Note* **보기 1, 2의 경우와는 달리 **보기 3**은 α가 특수각이 아닌 경우이다. 이런 경우에는 위와 같이 $5\sin(\theta+\alpha)$로 나타내되 α에 대하여

$$\boldsymbol{\cos\alpha=\frac{4}{5},\quad \sin\alpha=\frac{3}{5}}$$

임을 말해 주면 된다. $5\cos(\theta-\beta)$로 나타내는 경우도 마찬가지이다.

기본 문제 3-7 다음 함수의 그래프를 그리고, 최댓값, 최솟값과 주기를 구하여라.

$$y=2\sin\left(x+\frac{\pi}{6}\right)-2\cos x$$

정석연구 $2\sin\left(x+\frac{\pi}{6}\right)-2\cos x$ 와 같이 sin과 cos의 각이 다르면 삼각함수의 합성을 이용하여 식을 간단히 할 수 없다. 그러나 삼각함수의 덧셈정리를 써서 $\sin\left(x+\frac{\pi}{6}\right)$를 전개한 다음, 준 식을

$$\boldsymbol{y=a\sin x+b\cos x}$$

의 꼴로 나타내면 삼각함수의 합성을 이용할 수 있다.

정석 $\boldsymbol{f(\theta)=a\sin\theta+b\cos\theta}$의 최댓값, 최솟값, 주기를 구할 때에는

$\Longrightarrow$ $\boldsymbol{f(\theta)=\sqrt{a^2+b^2}\sin(\theta+\alpha)}$의 꼴로 합성한다.

모범답안 $y=2\left(\sin x\cos\frac{\pi}{6}+\cos x\sin\frac{\pi}{6}\right)-2\cos x$

$=2\left(\frac{\sqrt{3}}{2}\sin x+\frac{1}{2}\cos x\right)-2\cos x$

$=\sqrt{3}\sin x-\cos x$

여기서 $\mathrm{P}(\sqrt{3},\ -1)$이라고 하면

$\overline{\mathrm{OP}}=\sqrt{(\sqrt{3})^2+(-1)^2}=2$

$\therefore\ y=2\left(\frac{\sqrt{3}}{2}\sin x-\frac{1}{2}\cos x\right)$

$=2\left\{\cos\left(-\frac{\pi}{6}\right)\sin x+\sin\left(-\frac{\pi}{6}\right)\cos x\right\}=2\sin\left(x-\frac{\pi}{6}\right)$

따라서 $y=2\sin x$ 의 그래프를 x축의 방향으로 $\frac{\pi}{6}$ 만큼 평행이동하면 되므로 그래프는 오른쪽 그림과 같고,

최댓값 **2**, 최솟값 **−2**
주기 $\boldsymbol{2\pi}$ ← 답

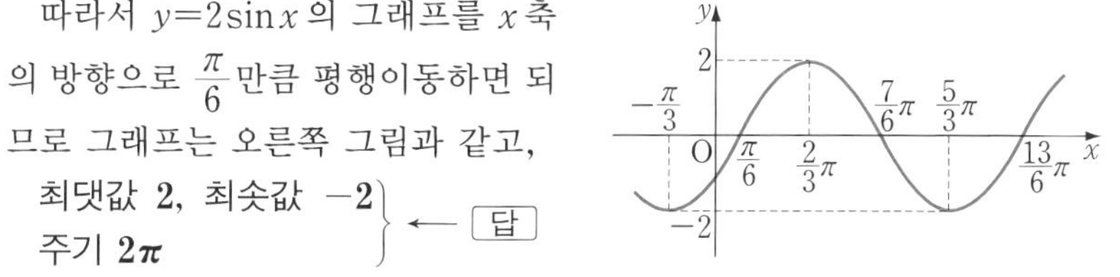

Advice | $\mathrm{Q}(-1,\ \sqrt{3})$이라 하여 $y=2\cos\left(x-\frac{2}{3}\pi\right)$로 합성할 수도 있다.

유제 **3**-12. 다음 함수의 최댓값과 최솟값을 구하여라.

(1) $y=\sqrt{2}\sin x-\cos x$ (2) $y=\sqrt{3}\cos x-\sin x$

(3) $y=2\sqrt{3}\sin x+3\cos\left(x+\frac{\pi}{3}\right)$ (4) $y=\sqrt{3}\sin\left(\pi x+\frac{\pi}{6}\right)+\cos\left(\pi x+\frac{\pi}{6}\right)$

답 (1) $\sqrt{3},\ -\sqrt{3}$ (2) $2,\ -2$ (3) $\sqrt{3},\ -\sqrt{3}$ (4) $2,\ -2$

기본 문제 3-8 다음 물음에 답하여라.

(1) $f(x)=3\sin x+\sqrt{7}\cos x$의 최댓값이 a, $g(x)=a\sin x+b\cos x$의 최솟값이 $-2\sqrt{5}$일 때, 양수 a, b의 값을 구하여라.

(2) 지름 AB의 길이가 l인 반원의 호 위에 한 점 P를 잡을 때, $3\overline{\mathrm{AP}}+4\overline{\mathrm{BP}}$의 최댓값을 구하여라.

정석연구 $a\sin x+b\cos x$의 최댓값과 최솟값을 구할 때에는 삼각함수의 합성을 이용한다.

정석 $\boldsymbol{f(\theta)=a\sin\theta+b\cos\theta}$의 최댓값, 최솟값을 구할 때에는

$\Longrightarrow$ $\boldsymbol{f(\theta)=\sqrt{a^2+b^2}\sin(\theta+\alpha)}$의 꼴로 합성한다.

모범답안 (1) $f(x)=4\sin(x+\alpha)$ (단, $\cos\alpha=3/4$, $\sin\alpha=\sqrt{7}/4$)

이므로 $f(x)$의 최댓값은 4이다. $\therefore a=4$ ……①

$$g(x)=\sqrt{a^2+b^2}\sin(x+\beta)$$

$$\left(\text{단, } \cos\beta=a/\sqrt{a^2+b^2},\ \sin\beta=b/\sqrt{a^2+b^2}\right)$$

이므로 $g(x)$의 최솟값은 $-\sqrt{a^2+b^2}$이다.

$\therefore -\sqrt{a^2+b^2}=-2\sqrt{5}$ $\therefore a^2+b^2=20$ ……②

①을 ②에 대입하면 $b^2=4$

$b>0$이므로 $b=2$ 답 $\boldsymbol{a=4,\ b=2}$

(2) $\angle\mathrm{PAB}=\theta\left(0<\theta<\frac{\pi}{2}\right)$라고 하면

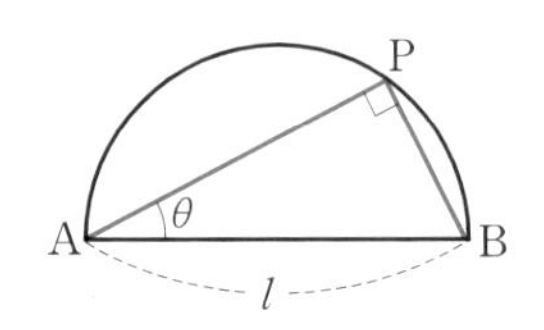

$\overline{\mathrm{AP}}=l\cos\theta$, $\overline{\mathrm{BP}}=l\sin\theta$

$\therefore 3\overline{\mathrm{AP}}+4\overline{\mathrm{BP}}=3l\cos\theta+4l\sin\theta$

$=5l\sin(\theta+\alpha)$

(단, $\cos\alpha=4/5$, $\sin\alpha=3/5$)

따라서 $\theta+\alpha=\frac{\pi}{2}$일 때 $3\overline{\mathrm{AP}}+4\overline{\mathrm{BP}}$의 최댓값은 $\boldsymbol{5l}$ ← 답

유제 **3**-13. $f(x)=a\sin x+b\cos x$의 최댓값은 $2\sqrt{3}$이다. $a=b\tan\frac{\pi}{3}$일 때, 양수 a, b의 값을 구하여라. 답 $\boldsymbol{a=3,\ b=\sqrt{3}}$

유제 **3**-14. 모든 실수 θ에 대하여 다음 등식이 성립하도록 상수 a, b의 값을 정하여라.

$$\sin 2\theta+a\cos 2\theta=b\sin\left(2\theta+\frac{\pi}{6}\right)$$

답 $\boldsymbol{a=\frac{\sqrt{3}}{3},\ b=\frac{2\sqrt{3}}{3}}$

유제 **3**-15. $\angle\mathrm{ABC}=\frac{\pi}{2}$, $\overline{\mathrm{AB}}=4$, $\overline{\mathrm{BC}}=5$, $\overline{\mathrm{BD}}=6$인 사각형 ABCD의 넓이의 최댓값을 구하여라. 답 $\boldsymbol{3\sqrt{41}}$

§4. 배각 · 반각의 공식

1 배각의 공식

삼각함수의 덧셈정리로부터 여러 가지 공식을 유도할 수 있다. 이를테면

$$\sin(\alpha+\beta)=\sin\alpha\cos\beta+\cos\alpha\sin\beta \qquad \cdots\cdots①$$

$$\cos(\alpha+\beta)=\cos\alpha\cos\beta-\sin\alpha\sin\beta \qquad \cdots\cdots②$$

$$\tan(\alpha+\beta)=\frac{\tan\alpha+\tan\beta}{1-\tan\alpha\tan\beta} \qquad \cdots\cdots③$$

의 β에 α를 대입하면

①은 $\sin(\alpha+\alpha)=\sin\alpha\cos\alpha+\cos\alpha\sin\alpha$ $\quad\therefore\ \sin2\alpha=2\sin\alpha\cos\alpha$

②는 $\cos(\alpha+\alpha)=\cos\alpha\cos\alpha-\sin\alpha\sin\alpha$ $\quad\therefore\ \cos2\alpha=\cos^2\alpha-\sin^2\alpha$

③은 $\tan(\alpha+\alpha)=\dfrac{\tan\alpha+\tan\alpha}{1-\tan\alpha\tan\alpha}=\dfrac{2\tan\alpha}{1-\tan^2\alpha}$

또, $\sin^2\alpha+\cos^2\alpha=1$이므로

$$\cos2\alpha=\cos^2\alpha-\sin^2\alpha=\cos^2\alpha-(1-\cos^2\alpha)=2\cos^2\alpha-1,$$

$$\cos2\alpha=\cos^2\alpha-\sin^2\alpha=(1-\sin^2\alpha)-\sin^2\alpha=1-2\sin^2\alpha$$

위의 결과를 배각의 공식이라고 한다.

기본정석 — 배각의 공식

(i) $\sin2\alpha=2\sin\alpha\cos\alpha$

(ii) $\cos2\alpha=\cos^2\alpha-\sin^2\alpha$
$=2\cos^2\alpha-1$
$=1-2\sin^2\alpha$

(iii) $\tan2\alpha=\dfrac{2\tan\alpha}{1-\tan^2\alpha}$

보기 1 $\sin\theta=\dfrac{1}{3}$일 때, $\cos2\theta$의 값을 구하여라.

연구 $\cos2\theta$의 값을 구하는 경우

정석 $\cos2\theta=\cos^2\theta-\sin^2\theta=2\cos^2\theta-1=1-2\sin^2\theta$

에서 필요한 꼴을 이용하면 된다. 곧,

$$\cos2\theta=1-2\sin^2\theta=1-2\times\left(\frac{1}{3}\right)^2=\mathbf{\frac{7}{9}}$$

보기 2 $\sin\theta+\cos\theta=-\dfrac{1}{2}$일 때, $\sin2\theta$의 값을 구하여라.

연구 $(\sin\theta+\cos\theta)^2=\sin^2\theta+2\sin\theta\cos\theta+\cos^2\theta=1+\sin2\theta$

이므로 $\dfrac{1}{4}=1+\sin2\theta$ $\quad\therefore\ \sin2\theta=\mathbf{-\dfrac{3}{4}}$

보기 3 $\sin\theta=\frac{4}{5}$ $\left(단,\ \frac{\pi}{2}<\theta<\pi\right)$일 때, $\tan 2\theta$의 값을 구하여라.

연구 $\cos^2\theta=1-\sin^2\theta=1-\left(\frac{4}{5}\right)^2=\frac{9}{25}$

$\frac{\pi}{2}<\theta<\pi$이므로 $\cos\theta=-\frac{3}{5}$ $\quad\therefore\ \tan\theta=\frac{\sin\theta}{\cos\theta}=\frac{4/5}{-3/5}=-\frac{4}{3}$

$$\therefore\ \tan 2\theta=\frac{2\tan\theta}{1-\tan^2\theta}=\frac{2\times(-4/3)}{1-(-4/3)^2}=\mathbf{\frac{24}{7}}$$

2 반각의 공식

배각의 공식 $\cos 2\alpha=1-2\sin^2\alpha$, $\cos 2\alpha=2\cos^2\alpha-1$에서

$$\sin^2\alpha=\frac{1-\cos 2\alpha}{2},\quad \cos^2\alpha=\frac{1+\cos 2\alpha}{2}$$

$$\therefore\ \tan^2\alpha=\frac{\sin^2\alpha}{\cos^2\alpha}=\frac{1-\cos 2\alpha}{1+\cos 2\alpha}$$

여기에서 α 대신 $\frac{\alpha}{2}$를 대입하면 다음과 같은 반각의 공식을 얻을 수 있다.

기본정석 **반각의 공식**

(i) $\sin^2\frac{\alpha}{2}=\frac{1-\cos\alpha}{2}$ (ii) $\cos^2\frac{\alpha}{2}=\frac{1+\cos\alpha}{2}$

(iii) $\tan^2\frac{\alpha}{2}=\frac{1-\cos\alpha}{1+\cos\alpha}$

Advice | $\tan\frac{\alpha}{2}$는 다음과 같이 나타낼 수도 있다.

$$\tan\frac{\alpha}{2}=\frac{\sin\frac{\alpha}{2}}{\cos\frac{\alpha}{2}}=\frac{2\sin\frac{\alpha}{2}\cos\frac{\alpha}{2}}{2\cos^2\frac{\alpha}{2}}=\frac{\sin\alpha}{1+\cos\alpha}$$

보기 4 $\sin 22.5°$, $\tan 22.5°$의 값을 구하여라.

연구 $\sin^2 22.5°=\sin^2\frac{45°}{2}=\frac{1-\cos 45°}{2}=\frac{2-\sqrt{2}}{4}$,

$\tan^2 22.5°=\tan^2\frac{45°}{2}=\frac{1-\cos 45°}{1+\cos 45°}=\frac{2-\sqrt{2}}{2+\sqrt{2}}$

그런데 $\sin 22.5°>0$, $\tan 22.5°>0$이므로

$\sin 22.5°=\mathbf{\frac{\sqrt{2-\sqrt{2}}}{2}}$,

$\tan 22.5°=\sqrt{\frac{2-\sqrt{2}}{2+\sqrt{2}}}=\sqrt{\frac{(2-\sqrt{2})^2}{2^2-(\sqrt{2})^2}}=\frac{2-\sqrt{2}}{\sqrt{2}}=\mathbf{\sqrt{2}-1}$

기본 문제 3-9 $\tan x=2$일 때, 다음 삼각함수의 값을 구하여라.

(1) $\sin 2x$ (2) $\cos 2x$ (3) $\tan 2x$

정석연구 먼저 제곱 관계를 이용하여 $\sin x$, $\cos x$의 값을 구한다.

정석 $\sin^2 x+\cos^2 x=1,\quad \tan^2 x+1=\sec^2 x$

그리고 배각의 공식을 이용하여 $\sin 2x$, $\cos 2x$, $\tan 2x$의 값을 구한다.

정석 $\sin 2x=2\sin x\cos x$

$\cos 2x=\cos^2 x-\sin^2 x=2\cos^2 x-1=1-2\sin^2 x$

$\tan 2x=\dfrac{2\tan x}{1-\tan^2 x}$

모범답안 $\sec^2 x=\tan^2 x+1=2^2+1=5$이므로 $\cos^2 x=\dfrac{1}{5}$

$\therefore\ \cos x=\pm\dfrac{1}{\sqrt{5}}$ $\quad\therefore\ \sin x=\cos x\tan x=\pm\dfrac{2}{\sqrt{5}}$ (복부호동순)

(1) $\sin 2x=2\sin x\cos x=2\times\left(\pm\dfrac{2}{\sqrt{5}}\right)\times\left(\pm\dfrac{1}{\sqrt{5}}\right)=\mathbf{\dfrac{4}{5}}$ ← 답

(2) $\cos 2x=2\cos^2 x-1=2\times\left(\pm\dfrac{1}{\sqrt{5}}\right)^2-1=-\mathbf{\dfrac{3}{5}}$ ← 답

(3) $\tan 2x=\dfrac{2\tan x}{1-\tan^2 x}=\dfrac{2\times2}{1-2^2}=-\mathbf{\dfrac{4}{3}}$ ← 답

Advice | 다음과 같이 $\tan 2x$와 $\cos 2x$는 $\tan x$만의 식으로 나타내어 구할 수 있다.

$\tan 2x=\dfrac{2\tan x}{1-\tan^2 x}=\dfrac{2\times2}{1-2^2}=-\dfrac{4}{3}$

$\cos 2x=2\cos^2 x-1=\dfrac{2}{\sec^2 x}-1=\dfrac{2}{\tan^2 x+1}-1=\dfrac{2}{2^2+1}-1=-\dfrac{3}{5}$

그리고 $\sin 2x$는 다음과 같이 구한다.

$\sin 2x=\cos 2x\tan 2x=\left(-\dfrac{3}{5}\right)\times\left(-\dfrac{4}{3}\right)=\dfrac{4}{5}$

이와 같이 하면 $\sin x$와 $\cos x$의 부호를 생각하지 않아도 풀 수 있다.

유제 **3**-16. $\sin x=-\dfrac{2}{3}$일 때, $\sin 2x$, $\cos 2x$, $\tan 2x$의 값을 구하여라.

답 $\sin 2x=\pm\dfrac{4\sqrt{5}}{9}$, $\cos 2x=\dfrac{1}{9}$, $\tan 2x=\pm4\sqrt{5}$ (복부호동순)

유제 **3**-17. $\tan\dfrac{x}{2}=\dfrac{1}{2}$일 때, $\sin x$, $\cos x$, $\tan x$의 값을 구하여라.

답 $\sin x=\dfrac{4}{5}$, $\cos x=\dfrac{3}{5}$, $\tan x=\dfrac{4}{3}$

기본 문제 **3**-10 $\tan\theta=\frac{4}{3}$ 일 때, $\sin\frac{\theta}{2}$, $\cos\frac{\theta}{2}$, $\tan\frac{\theta}{2}$ 의 값을 구하여라. 단, $\pi<\theta<\frac{3}{2}\pi$ 이다.

정석연구 먼저 $\cos\theta$ 의 값을 구한 다음

정석 반각의 공식

$$\sin^2\frac{\theta}{2}=\frac{1-\cos\theta}{2},\quad \cos^2\frac{\theta}{2}=\frac{1+\cos\theta}{2},\quad \tan^2\frac{\theta}{2}=\frac{1-\cos\theta}{1+\cos\theta}$$

를 이용한다.

모범답안 $\pi<\theta<\frac{3}{2}\pi$ 이고 $\tan\theta=\frac{4}{3}$ 이므로

오른쪽 그림에서 $\cos\theta=-\frac{3}{5}$

$$\therefore \sin^2\frac{\theta}{2}=\frac{1-\cos\theta}{2}=\frac{1-(-3/5)}{2}=\frac{4}{5},$$

$$\cos^2\frac{\theta}{2}=\frac{1+\cos\theta}{2}=\frac{1+(-3/5)}{2}=\frac{1}{5},$$

$$\tan^2\frac{\theta}{2}=\frac{1-\cos\theta}{1+\cos\theta}=\frac{1-(-3/5)}{1+(-3/5)}=4$$

y, θ, O, x, 5, P(−3, −4)

한편 $\frac{\pi}{2}<\frac{\theta}{2}<\frac{3}{4}\pi$ 이므로 $\sin\frac{\theta}{2}>0$, $\cos\frac{\theta}{2}<0$, $\tan\frac{\theta}{2}<0$

$$\therefore \sin\frac{\theta}{2}=\frac{2\sqrt{5}}{5},\ \cos\frac{\theta}{2}=-\frac{\sqrt{5}}{5},\ \tan\frac{\theta}{2}=-2 \leftarrow \text{답}$$

Advice | $\tan\theta$ 의 값을 알고 $\cos\theta$ 의 값을 구할 때에는

정석 $\tan^2\theta+1=\sec^2\theta$

를 이용할 수 있다. 곧,

$$\cos^2\theta=\frac{1}{\sec^2\theta}=\frac{1}{\tan^2\theta+1}=\frac{1}{(4/3)^2+1}=\frac{9}{25}$$

그런데 $\pi<\theta<\frac{3}{2}\pi$ 이므로 $\cos\theta=-\frac{3}{5}$ 이다.

유제 **3**-18. $\sin\theta=\frac{4}{5}$ 일 때, $\sin\frac{\theta}{2}$, $\cos\frac{\theta}{2}$, $\tan\frac{\theta}{2}$ 의 값을 구하여라. 단, $\frac{\pi}{2}<\theta<\pi$ 이다.

답 $\sin\frac{\theta}{2}=\frac{2\sqrt{5}}{5}$, $\cos\frac{\theta}{2}=\frac{\sqrt{5}}{5}$, $\tan\frac{\theta}{2}=2$

기본 문제 3-11 $0 \le x \le 2\pi$ 에서 정의된 함수

$$f(x)=\sin^2 x+2\sin x\cos x+3\cos^2 x$$

에 대하여 다음 물음에 답하여라.

(1) 함수 $f(x)$의 최댓값, 최솟값, 주기를 구하여라.

(2) 함수 $f(x)$가 최대일 때 x의 값과 최소일 때 x의 값을 구하여라.

정석연구 $\sin^2 x$와 $\cos^2 x$는 반각의 공식

정석 $\sin^2 x=\dfrac{1-\cos 2x}{2}$, $\cos^2 x=\dfrac{1+\cos 2x}{2}$

를 이용하여 $\cos 2x$의 꼴로 나타내고, $\sin x\cos x$는 배각의 공식

정석 $2\sin x\cos x=\sin 2x$

를 이용하여 $\sin 2x$의 꼴로 나타내면 다음 **정석**을 이용할 수 있다.

정석 $f(\theta)=a\sin\theta+b\cos\theta$의 최댓값, 최솟값을 구할 때에는
$\Longrightarrow f(\theta)=\sqrt{a^2+b^2}\sin(\theta+\alpha)$의 꼴로 합성한다.

모범답안 (1) $f(x)=\dfrac{1-\cos 2x}{2}+\sin 2x+3\times\dfrac{1+\cos 2x}{2}$

$=\sin 2x+\cos 2x+2=\sqrt{2}\sin\left(2x+\dfrac{\pi}{4}\right)+2$

그런데 $-\sqrt{2}\le\sqrt{2}\sin\left(2x+\dfrac{\pi}{4}\right)\le\sqrt{2}$ 이므로

최댓값 $2+\sqrt{2}$, 최솟값 $2-\sqrt{2}$, 주기 π ← 답

(2) $0\le x\le 2\pi$ 이므로 $0\le 2x\le 4\pi$ $\therefore \dfrac{\pi}{4}\le 2x+\dfrac{\pi}{4}\le\dfrac{17}{4}\pi$

$f(x)$가 최대일 때 $\sin\left(2x+\dfrac{\pi}{4}\right)=1$이므로

$2x+\dfrac{\pi}{4}=\dfrac{\pi}{2}, \dfrac{5}{2}\pi$ $\therefore x=\dfrac{\pi}{8}, \dfrac{9}{8}\pi$ ← 답

$f(x)$가 최소일 때 $\sin\left(2x+\dfrac{\pi}{4}\right)=-1$이므로

$2x+\dfrac{\pi}{4}=\dfrac{3}{2}\pi, \dfrac{7}{2}\pi$ $\therefore x=\dfrac{5}{8}\pi, \dfrac{13}{8}\pi$ ← 답

유제 **3**-19. 다음 함수의 최댓값과 최솟값을 구하여라.

(1) $y=\cos^2 x+\sin x\cos x$ (2) $y=3\sin^2 x+4\sin x\cos x-5\cos^2 x$

답 (1) $\dfrac{1}{2}+\dfrac{\sqrt{2}}{2}$, $\dfrac{1}{2}-\dfrac{\sqrt{2}}{2}$ (2) $2\sqrt{5}-1$, $-2\sqrt{5}-1$

기본 문제 3-12 실수 x, y가 $x^2+y^2=1$을 만족시킬 때, 다음 물음에 답하여라.

(1) $4x+3y$의 최댓값을 구하여라.

(2) $(x+2y)^2+(3x+2y)^2$의 최댓값과 최솟값을 구하여라.

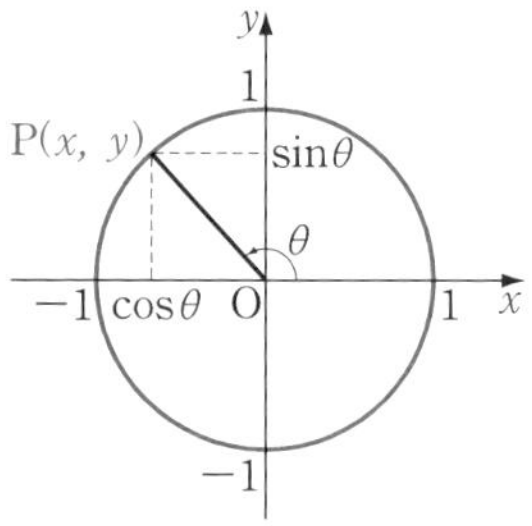

정석연구 점 $P(x, y)$가 원 $x^2+y^2=1$ 위의 점일 때, 동경 OP가 x축의 양의 방향과 이루는 각의 크기를 θ라고 하면

$$x=\cos\theta,\ y=\sin\theta\ (0\le\theta<2\pi)$$

로 나타낼 수 있다.

곧, $x^2+y^2=1$이면 $x=\cos\theta$, $y=\sin\theta$를 만족시키는 θ가 $0\le\theta<2\pi$에 반드시 하나 존재한다.

역으로 $x=\cos\theta$, $y=\sin\theta$이면

$$x^2+y^2=\cos^2\theta+\sin^2\theta=1$$

이다.

따라서 $x=\cos\theta$, $y=\sin\theta$로 놓은 다음 (1), (2)를 θ의 함수로 나타내어 해결한다.

정석 $x^2+y^2=1$이면 $x=\cos\theta$, $y=\sin\theta$로 놓아라.

모범답안 실수 x, y가 $x^2+y^2=1$을 만족시키므로

$$x=\cos\theta,\ y=\sin\theta\ (0\le\theta<2\pi)$$

로 놓을 수 있다.

(1) $4x+3y=4\cos\theta+3\sin\theta=5\sin(\theta+\alpha)$ $\left(\text{단, } \cos\alpha=\frac{3}{5},\ \sin\alpha=\frac{4}{5}\right)$

따라서 최댓값 **5** ← 답

(2) (준 식)$=10x^2+8y^2+16xy$

$=8(x^2+y^2)+2x^2+16xy=8+2\cos^2\theta+16\cos\theta\sin\theta$

$=8+(\cos2\theta+1)+8\sin2\theta=9+8\sin2\theta+\cos2\theta$

$=9+\sqrt{65}\sin(2\theta+\alpha)$ $\left(\text{단, } \cos\alpha=\frac{8}{\sqrt{65}},\ \sin\alpha=\frac{1}{\sqrt{65}}\right)$

따라서 최댓값 $\mathbf{9+\sqrt{65}}$, 최솟값 $\mathbf{9-\sqrt{65}}$ ← 답

유제 **3**-20. 실수 x, y가 $x^2+y^2=1$을 만족시킬 때, $x^2+3y^2+2\sqrt{3}xy$의 최댓값과 최솟값을 구하여라. 답 최댓값 **4**, 최솟값 **0**

기본 문제 3-13 반지름의 길이가 $2\sqrt{3}$이고 중심각 O의 크기가 $\frac{\pi}{3}$인 부채꼴 OAB가 있다. 오른쪽 그림과 같이 이 부채꼴의 반지름 또는 호 위의 네 점 P, Q, R, S를 꼭짓점으로 하는 직사각형 PQRS의 넓이의 최댓값을 구하여라.

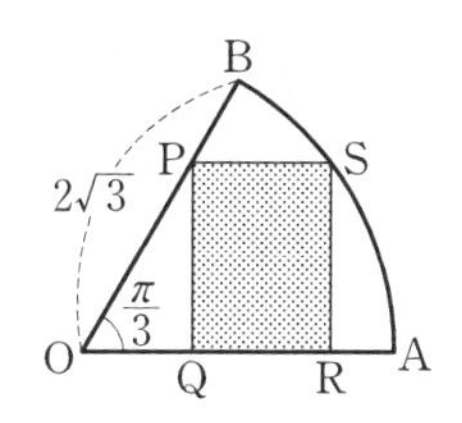

정석연구 먼저 점 S가 호 AB 위의 점임에 착안하여 오른쪽 그림과 같이 $\angle SOA=\theta$로 놓고, 삼각함수를 이용하여 직사각형 PQRS의 변의 길이와 넓이를 나타내어 보자.

그리고 앞서 공부한 삼각함수의 여러 공식을 이용하여 넓이의 최댓값을 구해 보자.

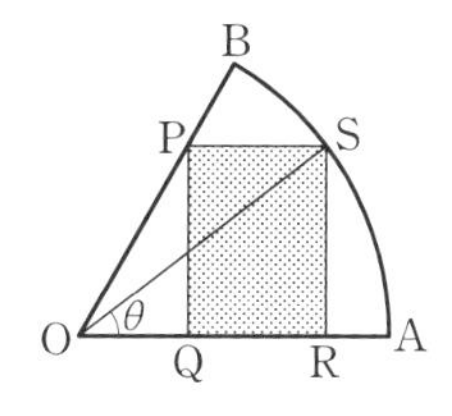

정석 원과 관련된 도형에서 변의 길이나 넓이는
$\Longrightarrow$ 적당한 각의 크기를 $\boldsymbol{\theta}$로 놓고 삼각함수를 이용한다.

모범답안 $\angle SOA=\theta\left(0<\theta<\frac{\pi}{3}\right)$라고 하면

$$\overline{PQ}=\overline{SR}=2\sqrt{3}\sin\theta,\quad \overline{OR}=2\sqrt{3}\cos\theta$$

또, $\dfrac{\overline{PQ}}{\overline{OQ}}=\tan\dfrac{\pi}{3}$에서 $\overline{OQ}=2\sin\theta$이므로

$$\overline{QR}=\overline{OR}-\overline{OQ}=2\sqrt{3}\cos\theta-2\sin\theta$$

따라서 직사각형 PQRS의 넓이는

$$\begin{aligned}\overline{PQ}\times\overline{QR}&=2\sqrt{3}\sin\theta(2\sqrt{3}\cos\theta-2\sin\theta)=12\sin\theta\cos\theta-4\sqrt{3}\sin^2\theta\\&=6\sin2\theta-2\sqrt{3}(1-\cos2\theta)=6\sin2\theta+2\sqrt{3}\cos2\theta-2\sqrt{3}\\&=4\sqrt{3}\sin\left(2\theta+\frac{\pi}{6}\right)-2\sqrt{3}\end{aligned}$$

$\dfrac{\pi}{6}<2\theta+\dfrac{\pi}{6}<\dfrac{5}{6}\pi$이므로 넓이의 최댓값은 $4\sqrt{3}-2\sqrt{3}=\boldsymbol{2\sqrt{3}}$ ← 답

유제 **3**-21. 지름 AB의 길이가 10인 원 위의 점 P, Q에 대하여 $\overline{AP}=8$, $\angle QAB=2\angle PAB$이다. 선분 AQ의 길이를 구하여라. 답 $\boldsymbol{\dfrac{14}{5}}$

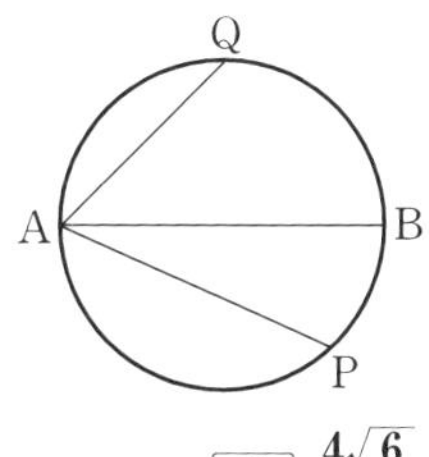

유제 **3**-22. 반지름의 길이가 각각 2, 3인 두 원이 외접하고 있다. 두 원의 두 공통외접선이 이루는 각의 크기를 θ라고 할 때, $\sin\theta$의 값을 구하여라. 답 $\boldsymbol{\dfrac{4\sqrt{6}}{25}}$

기본 문제 3-14 $0\le x<2\pi$일 때, 다음 삼각방정식의 해를 구하여라.

(1) $2\sqrt{2}\sin x\cos x=1$ (2) $\cos 2x+3\sin x+1=0$

(3) $\tan 2x=3\tan x$ (4) $\sqrt{3}\sin x+\cos x=1$

정석연구 (1), (2), (3) 다음 배각의 공식을 이용하여 간단히 한다.

정석 $\sin 2x=2\sin x\cos x$

$\cos 2x=2\cos^2 x-1=1-2\sin^2 x$

$\tan 2x=\dfrac{2\tan x}{1-\tan^2 x}$

(4) $\sqrt{3}\sin x+\cos x$를 합성하여 sin이나 cos만의 식으로 나타낸다.

정석 $a\sin x+b\cos x$ 꼴은 $\Longrightarrow$ $\sqrt{a^2+b^2}\sin(x+\alpha)$ 꼴로 합성한다.

모범답안 (1) $\sqrt{2}\sin 2x=1$ $\quad\therefore \sin 2x=\dfrac{1}{\sqrt{2}}$

$0\le 2x<4\pi$이므로 $2x=\dfrac{\pi}{4},\ \dfrac{3}{4}\pi,\ \dfrac{9}{4}\pi,\ \dfrac{11}{4}\pi$

$\therefore\ x=\dfrac{\pi}{8},\ \dfrac{3}{8}\pi,\ \dfrac{9}{8}\pi,\ \dfrac{11}{8}\pi$ ← 답

(2) $1-2\sin^2 x+3\sin x+1=0$ $\quad\therefore (2\sin x+1)(\sin x-2)=0$

$|\sin x|\le 1$이므로 $\sin x=-\dfrac{1}{2}$ $\quad\therefore\ x=\dfrac{7}{6}\pi,\ \dfrac{11}{6}\pi$ ← 답

(3) $\dfrac{2\tan x}{1-\tan^2 x}=3\tan x$ $\quad\therefore 2\tan x=3\tan x(1-\tan^2 x)$

$\therefore \tan x(3\tan^2 x-1)=0$ $\quad\therefore \tan x=0,\ \pm\dfrac{1}{\sqrt{3}}$

$\therefore\ x=0,\ \dfrac{\pi}{6},\ \dfrac{5}{6}\pi,\ \pi,\ \dfrac{7}{6}\pi,\ \dfrac{11}{6}\pi$ ← 답

(4) $2\sin\left(x+\dfrac{\pi}{6}\right)=1$ $\quad\therefore \sin\left(x+\dfrac{\pi}{6}\right)=\dfrac{1}{2}$

$\dfrac{\pi}{6}\le x+\dfrac{\pi}{6}<\dfrac{13}{6}\pi$이므로 $x+\dfrac{\pi}{6}=\dfrac{\pi}{6},\ \dfrac{5}{6}\pi$ $\quad\therefore\ x=0,\ \dfrac{2}{3}\pi$ ← 답

유제 **3**-23. $-\pi<x\le\pi$일 때, 다음 삼각방정식의 해를 구하여라.

(1) $\sin 2x=\cos x$ (2) $\cos 2x-5\cos x+3=0$

(3) $\tan\dfrac{x}{2}=\cot x$ (4) $\sin x-\cos x=1$

답 (1) $x=\dfrac{\pi}{6},\ \dfrac{5}{6}\pi,\ \pm\dfrac{\pi}{2}$ (2) $x=\pm\dfrac{\pi}{3}$ (3) $x=\pm\dfrac{\pi}{3}$ (4) $x=\dfrac{\pi}{2},\ \pi$

기본 문제 3-15 $0 \le x < 2\pi$일 때, 다음 삼각부등식의 해를 구하여라.

(1) $\sin x \ge \cos x$ (2) $\sin 2x - 2\sin x + \cos x - 1 < 0$

정석연구 (1) $\sin x - \cos x \ge 0$에서 좌변을 합성한다.

정석 $a\sin x + b\cos x$ 꼴은 $\Longrightarrow$ $\sqrt{a^2+b^2}\sin(x+\alpha)$ 꼴로 합성한다.

(2) 배각의 공식을 이용하여 좌변을 정리한다.

정석 $\sin 2x = 2\sin x\cos x$

모범답안 (1) $\sin x - \cos x \ge 0$에서

$$\sqrt{2}\sin\left(x - \frac{\pi}{4}\right) \ge 0$$

$x - \frac{\pi}{4} = t$로 놓으면

$$-\frac{\pi}{4} \le t < \frac{7}{4}\pi$$

이므로 $\sin t \ge 0$에서 $0 \le t \le \pi$

$$\therefore \ \frac{\pi}{4} \le x \le \frac{5}{4}\pi \leftarrow \text{답}$$

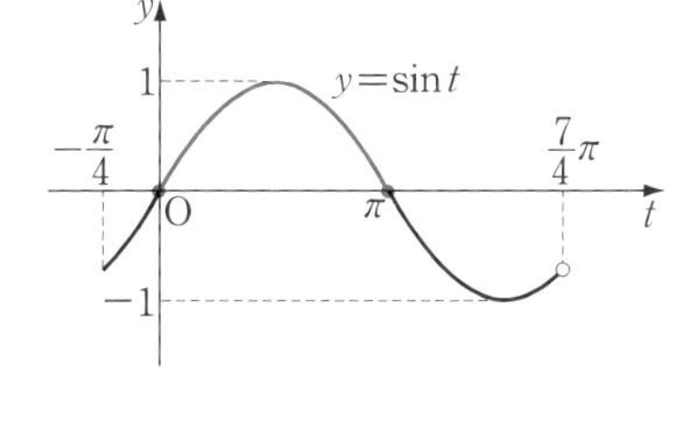

(2) $2\sin x\cos x - 2\sin x + \cos x - 1 < 0$ 에서

$$(2\sin x + 1)(\cos x - 1) < 0$$

$\cos x - 1 \le 0$이므로

$\cos x \ne 1$이고 $2\sin x + 1 > 0$

$$\therefore \ x \ne 0, \ \sin x > -\frac{1}{2}$$

따라서 오른쪽 위의 그래프에서

$$0 < x < \frac{7}{6}\pi, \ \frac{11}{6}\pi < x < 2\pi \leftarrow \text{답}$$

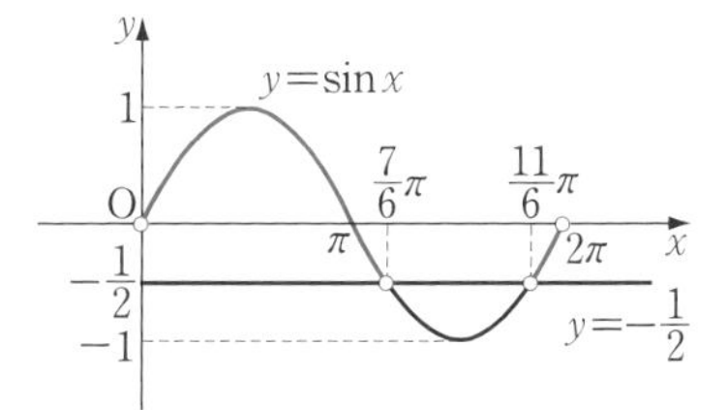

Advice (1)은 오른쪽과 같이 $y=\sin x$와 $y=\cos x$의 그래프를 그려서 해를 구할 수도 있다.

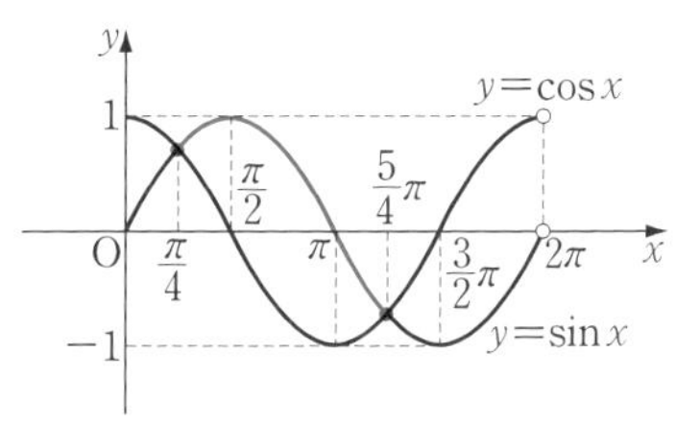

유제 **3-24.** $0 \le x < 2\pi$일 때, 다음 삼각부등식의 해를 구하여라.

(1) $\sin x + \cos x > 1$ (2) $4\sin x\cos x \le -1$ (3) $\cos 2x + \cos x \ge 0$

답 (1) $0 < x < \frac{\pi}{2}$ (2) $\frac{7}{12}\pi \le x \le \frac{11}{12}\pi$, $\frac{19}{12}\pi \le x \le \frac{23}{12}\pi$

(3) $0 \le x \le \frac{\pi}{3}$, $x = \pi$, $\frac{5}{3}\pi \le x < 2\pi$

연습문제 3

3-1 다음 중 θ가 제2사분면의 각인 것은?

① $\csc\theta<0$, $\sec\theta>0$ ② $\csc\theta>0$, $\cot\theta>0$ ③ $\csc\theta>0$, $\cot\theta<0$
④ $\sec\theta<0$, $\cot\theta>0$ ⑤ $\sec\theta>0$, $\cot\theta<0$

3-2 a, b가 다음과 같을 때, $(1-a^2)(1+b^2)$의 값을 구하여라.

(1) $a=\sin\theta$, $b=\tan\theta$ (2) $a=\cos\theta$, $b=\cot\theta$

3-3 $\sin(\alpha+\beta)=\dfrac{2}{3}$, $\sin(\alpha-\beta)=\dfrac{3}{4}$일 때, $\dfrac{\tan\alpha}{\tan\beta}$의 값을 구하여라.

3-4 다음 식의 값을 구하여라.

$$\cos^2\theta+\cos^2\left(\theta+\frac{2}{3}\pi\right)+\cos^2\left(\theta-\frac{2}{3}\pi\right)$$

3-5 $\alpha+\beta=45°$일 때, 다음 물음에 답하여라.

(1) $(1+\tan\alpha)(1+\tan\beta)$의 값을 구하여라.
(2) $\tan\alpha=a$, $\tan\beta=2-a$일 때, 상수 a의 값을 구하여라.

3-6 $\triangle$ABC에서 $b=2a$, $\mathrm{B}=\mathrm{A}+60°$일 때, A+B의 값은?

① 90° ② 105° ③ 120° ④ 135° ⑤ 150°

3-7 다음 등식을 만족시키는 $\triangle$ABC는 어떤 삼각형인가?

(1) $\tan\mathrm{A}\tan\mathrm{B}=1$ (2) $b^2\sin^2\mathrm{C}+c^2\sin^2\mathrm{B}=2bc\cos\mathrm{B}\cos\mathrm{C}$

3-8 이차방정식 $x^2-6x+7=0$의 두 근이 $\tan\alpha$, $\tan\beta$일 때, $\alpha+\beta$의 값을 구하여라. 단, $0<\alpha<\dfrac{\pi}{2}$, $0<\beta<\dfrac{\pi}{2}$이다.

3-9 함수 $f(x)=\tan x\left(\text{단, } 0<x<\dfrac{\pi}{2}\right)$에 대하여 $f(x)$의 역함수를 $g(x)$라고 할 때, $g\left(\dfrac{1}{2}\right)+g\left(\dfrac{1}{3}\right)$의 값을 구하여라.

3-10 오른쪽 그림과 같이 점 (4, 3)에서 원 $x^2+y^2=1$에 그은 두 접선이 x축과 이루는 예각의 크기를 각각 θ_1, θ_2라고 할 때, $\tan(\theta_1+\theta_2)$의 값은?

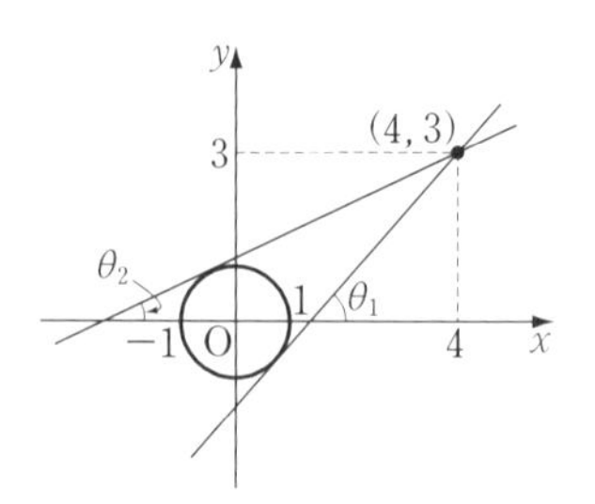

① $\dfrac{23}{7}$ ② $\dfrac{24}{7}$ ③ $\dfrac{25}{7}$
④ $\dfrac{26}{7}$ ⑤ $\dfrac{27}{7}$

3-11 오른쪽 그림과 같이 높이가 200 m 인 건물 꼭대기를 200 m, 300 m, 400 m 전방에서 올려본각의 크기를 각각 α, β, γ라고 할 때, $\tan(\alpha+\beta+\gamma)$의 값을 구하여라. 단, 눈높이는 무시한다.

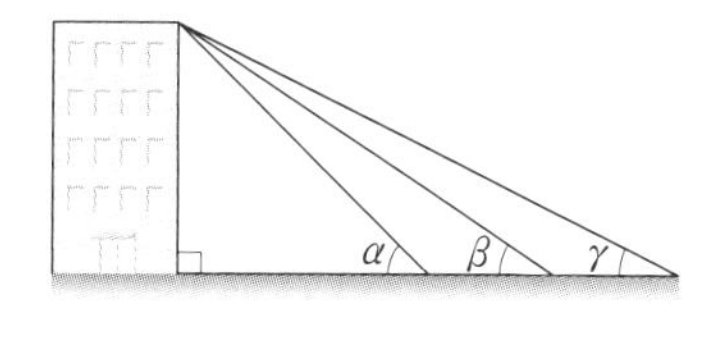

3-12 오른쪽 그림과 같이 한 변의 길이가 2인 정사각형 ABCD의 변 BC 위에 한 점 P를 잡아 $\angle \mathrm{APD}=\theta$, $\overline{\mathrm{BP}}=x$ (단, $0<x<2$)라고 하자.

(1) $\tan\theta$를 x로 나타내어라.

(2) $\tan\theta$의 최댓값을 구하여라.

3-13 다음 함수의 최댓값과 최솟값을 구하여라.

(1) $y=2^{\sin x}8^{\cos x}$ (2) $y=2\sin x\cos x-2(\sin x+\cos x)+3$

3-14 한 변의 길이가 1인 마름모 ABCD에서 $\angle \mathrm{ABC}=\theta$일 때, 사각형 ABCD의 넓이를 $f(\theta)$, 선분 BD의 길이의 제곱을 $g(\theta)$라고 하자.
$f(\theta)+g(\theta)$의 최댓값을 구하여라.

3-15 좌표평면에서 직선 $y=mx$ (단, $0<m<\sqrt{3}$)가 x축과 이루는 예각의 크기를 θ_1, 직선 $y=mx$가 직선 $y=\sqrt{3}x$와 이루는 예각의 크기를 θ_2라고 하자. $3\sin\theta_1+4\sin\theta_2$의 값이 최대가 되는 상수 m의 값을 구하여라.

3-16 $\sin\alpha+\sin\beta=1$, $\cos\alpha+\cos\beta=0$일 때, $\cos 2\alpha+\cos 2\beta$의 값은?

① 0 ② 0.2 ③ 0.4 ④ 0.6 ⑤ 1

3-17 다음 함수의 최댓값과 최솟값을 구하여라.

(1) $y=2\sin^3 x+\sin 2x\cos x+2\cos x$ (2) $y=\cos 2x+2\sin x+1$

(3) $y=-8\sin^4 x+8\sin^2 x-\sin x\cos x$

3-18 함수 $f(x)=\sin^2\dfrac{\pi}{2}x$에 대하여 x에 관한 항등식 $f(x+a)=f(x)$를 만족시키는 양수 a의 최솟값을 구하여라.

3-19 $\triangle\mathrm{ABC}$에서 $\sin 2\mathrm{A} : \sin 2\mathrm{B}=\cot\mathrm{B} : \cot\mathrm{A}$가 성립할 때, $\triangle\mathrm{ABC}$는 어떤 삼각형인가?

3-20 두 직선 $l_1 : y=mx$ (단, $m>0$), $l_2 : y=nx$ (단, $n>0$)에 대하여 l_1이 x축과 이루는 예각의 크기는 l_2가 x축과 이루는 예각의 크기의 2배이고, l_1의 기울기는 l_2의 기울기의 4배일 때, 상수 m의 값은?

① $\sqrt{2}$ ② 2 ③ $2\sqrt{2}$ ④ 4 ⑤ $4\sqrt{2}$

3-21 오른쪽 그림과 같이 $\overline{BC}=4$, $\angle BAC=90°$인 직각삼각형 ABC에서 선분 BC의 연장선 위에 $\angle ABC=\angle CAD$가 되도록 점 D를 잡는다.

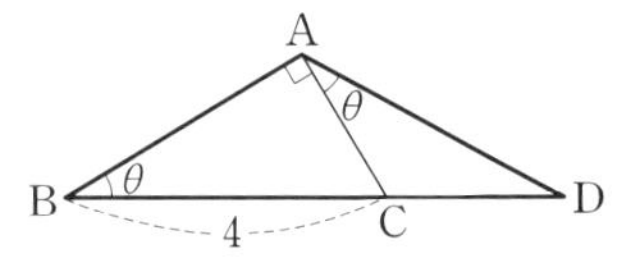

$\angle ABC=\theta$라고 할 때, 다음 중 선분 AD의 길이를 나타내는 것은?

① $2\tan\theta$ ② $2\tan 2\theta$ ③ $\cos 2\theta$ ④ $2\cos 2\theta$ ⑤ $4\sin\theta$

3-22 다음 등식을 증명하여라.

(1) $\sin 3x=3\sin x-4\sin^3 x$ (2) $\cos 3x=4\cos^3 x-3\cos x$

3-23 다음 삼각방정식을 풀어라. 단, $0\le x<2\pi$이다.

(1) $\sin\left(x+\frac{\pi}{3}\right)+2\sin\left(x-\frac{\pi}{3}\right)=0$ (2) $\cos^2\frac{x}{2}-\sin^2 x=0$

(3) $\cos^2 x-\sin^2 2x=0$ (4) $\sin^4 x+\cos^4 x=\cos 4x$

3-24 x에 관한 이차방정식 $8x^2+7x+a=0$의 두 근이 $\sin\theta$, $\cos 2\theta$일 때, 상수 a의 값은?

① $-\frac{3}{4}$ ② $-\frac{1}{8}$ ③ $\frac{1}{8}$ ④ $\frac{3}{4}$ ⑤ 1

3-25 $0\le x\le\pi$에서 함수 $f(x)=\cos^2 x+\sin x\cos x$의 그래프가 직선 $y=a$와 서로 다른 세 점에서 만날 때, 상수 a의 값을 구하여라.

3-26 좌표평면에서 원 $x^2+y^2=1$ 위의 두 점 P, Q가 점 $(1, 0)$을 동시에 출발하여 원 위를 시계 반대 방향으로 움직인다. 점 P는 매초 2의 속력으로, 점 Q는 매초 1의 속력으로 움직일 때, 점 P가 출발하고 원을 한 바퀴 도는 동안 점 P에서 y축까지의 거리와 점 Q에서 x축까지의 거리가 같아지는 것은 출발한 지 몇 초 후인가?

3-27 다음 삼각부등식을 풀어라. 단, $0\le x<2\pi$이다.

(1) $\sin x+\sqrt{3}\cos x\ge 1$ (2) $\sin 2x<\sin x$

3-28 x에 관한 이차방정식 $x^2-\sqrt{2}x+\sin^2\theta-\cos^2\theta=0$이 실근을 가지도록 θ의 값의 범위를 정하여라. 단, $0\le\theta\le\pi$이다.

3-29 다음 집합을 좌표평면 위에 나타내어라.

$$\{(x, y)\,|\,x=\sin\theta+\cos\theta,\ y=\sin\theta\cos\theta,\ 0\le\theta<2\pi\}$$

3-30 점 $P(x, y)$가 원 $x^2+y^2=4$ 위를 움직일 때, 점 $Q(x^2-y^2, 2xy)$가 나타내는 도형의 둘레의 길이를 구하여라.

4. 함수의 극한

함수의 극한／삼각 · 지수 ·
로그함수의 극한／연속함수

§ 1. 함수의 극한

1 학습상의 유의점

우리는 수학Ⅱ에서 다항함수를 중심으로 극한 · 미분 · 적분과 그 활용에 대하여 공부하였다. 이를 바탕으로 하여 이 책에서는 수학Ⅱ에서 공부하지 않은 삼각 · 지수 · 로그함수와 같은 초월함수의 극한, 몫의 미분법, 합성함수의 미분법, 음함수의 미분법, 역함수의 미분법, 매개변수로 나타낸 함수의 미분법, 초월함수의 미분법, 초월함수의 적분법, 치환적분법, 부분적분법과 그 활용에 대하여 공부한다.

그러자면 수학Ⅱ에서 공부한 함수의 극한 · 미분 · 적분에 대하여 여러 가지 기초 개념이 우선 확실하게 서 있어야 한다. 따라서 기초가 부족한 학생은 기본 수학Ⅱ와 함께 공부하길 바란다.

2 함수의 수렴

▶ $x \longrightarrow a$: 이를테면

x : 2.9, 2.99, 2.999, 2.9999, ⋯ ⋯⋯①

x : 3.1, 3.01, 3.001, 3.0001, ⋯ ⋯⋯②

와 같이 변수 x가 3과 다른 값을 가지면서 3에 한없이 가까워지는 것을 $x \longrightarrow 3$으로 나타낸다.

여기에서 ①과 같이 x가 3보다 작은 값을 가지면서 3에 한없이 가까워질 때에는 $x \longrightarrow 3-$로 나타내고, ②와 같이 x가 3보다 큰 값을 가지면서 3에 한없이 가까워질 때에는 $x \longrightarrow 3+$로 나타내며, $x \longrightarrow 3-$와 $x \longrightarrow 3+$를 통틀어 $x \longrightarrow 3$으로 나타낸다.

3
$x \to 3-$　$x \to 3+$　x

*$\textit{Note}$ x의 값이 한없이 커지는 것을 $x \longrightarrow \infty$ 로 나타내고, x의 값이 음수이면서 그 절댓값이 한없이 커지는 것을 $x \longrightarrow -\infty$로 나타낸다.

▶ 함수의 극한 : 이를테면 함수 $f(x)=x-1$에서 $x \longrightarrow 3$일 때의 $f(x)$의 값의 변화를 조사해 보면 다음과 같다.

x	2.9,	2.99,	2.999,	2.9999,	$\cdots \longrightarrow$ **3**
$f(x)$	1.9,	1.99,	1.999,	1.9999,	$\cdots \longrightarrow$ **2**

x	3.1,	3.01,	3.001,	3.0001,	$\cdots \longrightarrow$ **3**
$f(x)$	2.1,	2.01,	2.001,	2.0001,	$\cdots \longrightarrow$ **2**

따라서 $x \longrightarrow 3$일 때 $f(x)$의 값이 2에 한없이 가까워진다는 것을 알 수 있다.

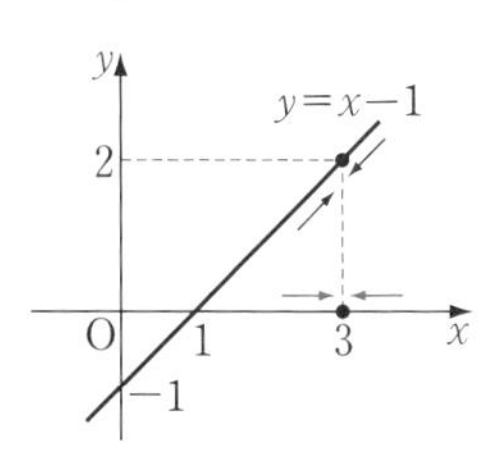

이것은 오른쪽 그림과 같이 $y=f(x)$의 그래프를 그려 보아도 쉽게 알 수 있다.

이런 경우 $x \longrightarrow 3$일 때 $f(x)$는 2에 **수렴한다**고 하고, 기호로 다음과 같이 나타낸다.

$$\boldsymbol{x \longrightarrow 3}\text{일 때}\quad \boldsymbol{f(x) \longrightarrow 2} \quad \text{또는} \quad \lim_{x\to3} \boldsymbol{f(x)=2}$$

이때, 2를 $x=3$에서의 $f(x)$의 **극한** 또는 **극한값**이라고 한다.

일반적으로 $x \longrightarrow a$일 때 $f(x)$가 상수 l에 수렴한다는 것을

$$\boldsymbol{x \longrightarrow a}\text{일 때}\quad \boldsymbol{f(x) \longrightarrow l} \quad \text{또는} \quad \lim_{x\to a} \boldsymbol{f(x)=l}$$

과 같이 나타낸다.

특히 상수함수 $f(x)=c$ (단, c는 상수)는 모든 실수 x에 대하여 함숫값이 c로 일정하므로 a의 값에 관계없이 다음이 성립한다.

$$\lim_{x\to a} \boldsymbol{f(x)}=\lim_{x\to a} \boldsymbol{c=c}$$

또, x의 값이 한없이 커지거나 음수이면서 그 절댓값이 한없이 커질 때에도 함수의 극한을 생각할 수 있다.

이를테면 $f(x)=\dfrac{1}{|x|}$의 그래프는 오른쪽과 같으므로 x의 값이 한없이 커지면 $f(x)$는 0에 수렴하고, x의 값이 음수이면서 그 절댓값이 한없이 커질 때에도 $f(x)$는 0에 수렴한다는 것을 알 수 있다. 곧,

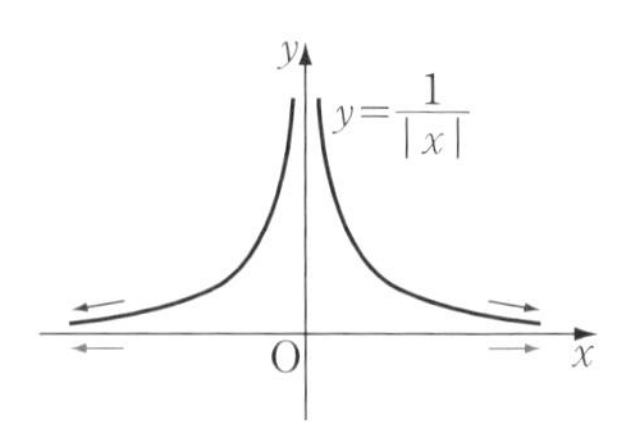

$$\lim_{x\to\infty} \frac{1}{|x|}=0, \quad \lim_{x\to-\infty} \frac{1}{|x|}=0$$

보기 1 다음 극한값을 구하여라.

(1) $\lim_{x\to2}(x^2-1)$　　(2) $\lim_{x\to-1}4$　　(3) $\lim_{x\to0}|x-1|$

연구 각 함수의 그래프를 그려 본다.

(1)

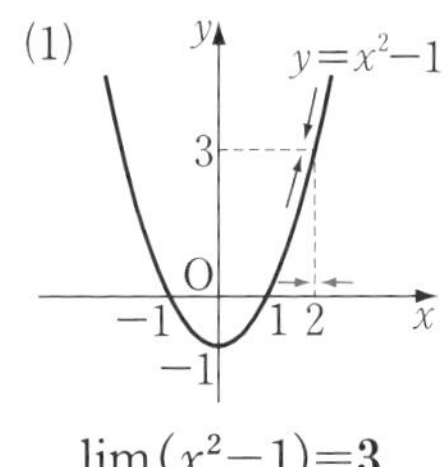

$\lim_{x\to2}(x^2-1)=\mathbf{3}$

(2)

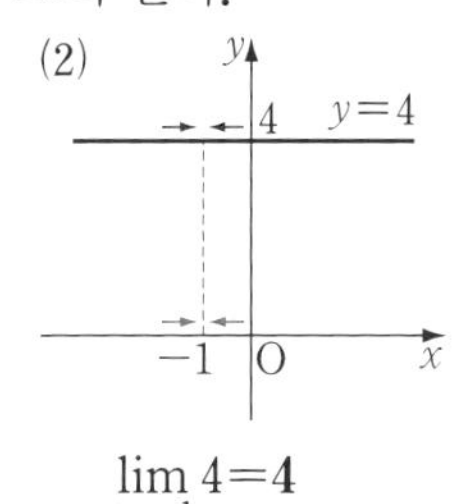

$\lim_{x\to-1}4=\mathbf{4}$

(3)

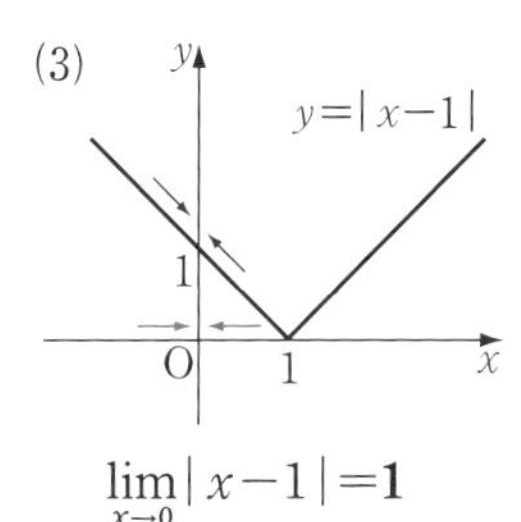

$\lim_{x\to0}|x-1|=\mathbf{1}$

3 좌극한과 우극한

이를테면 함수 $f(x)=x-1$에서

$$x \longrightarrow 3-\text{ 일 때 } f(x) \longrightarrow 2 \quad \text{곧, } \lim_{x\to3-}f(x)=2$$

이다. 이때, 2를 $x=3$에서의 $f(x)$의 좌극한 또는 좌극한값이라고 한다. 또,

$$x \longrightarrow 3+\text{ 일 때 } f(x) \longrightarrow 2 \quad \text{곧, } \lim_{x\to3+}f(x)=2$$

이다. 이때, 2를 $x=3$에서의 $f(x)$의 우극한 또는 우극한값이라고 한다.

이와 같이 일반적으로 $x=a$에서 함수 $f(x)$의 극한값이 존재하면 $x=a$에서의 $f(x)$의 좌극한과 우극한이 모두 존재하고 두 값은 같다. 역으로 $x=a$에서 함수 $f(x)$의 좌극한과 우극한이 모두 존재하고 두 값이 같으면 $x=a$에서의 $f(x)$의 극한값이 존재한다.

정석 $\lim_{x\to a}f(x)=l \iff \lim_{x\to a-}f(x)=\lim_{x\to a+}f(x)=l$

한편 $x=a$에서 함수 $f(x)$의 좌극한 또는 우극한이 존재하지 않거나, 좌극한과 우극한이 모두 존재하지만 두 값이 같지 않으면 $x=a$에서 $f(x)$의 극한값은 존재하지 않는다고 한다.

이를테면 $f(x)=\dfrac{|x|}{x}$에 대하여

(i) $x \longrightarrow 0-$ 일 때 $x<0$이므로

$$\lim_{x\to0-}\frac{|x|}{x}=\lim_{x\to0-}\frac{-x}{x}=-1$$

(ii) $x \longrightarrow 0+$ 일 때 $x>0$이므로

$$\lim_{x\to0+}\frac{|x|}{x}=\lim_{x\to0+}\frac{x}{x}=1$$

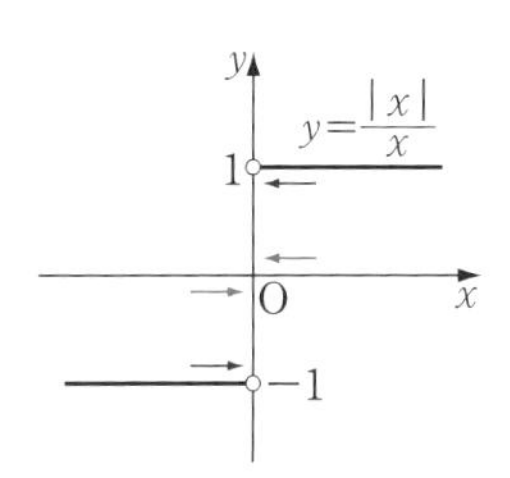

이때, $\lim_{x\to0-}f(x)\neq\lim_{x\to0+}f(x)$이므로 $\lim_{x\to0}f(x)$의 값은 존재하지 않는다.

4 함수의 발산

이를테면 $f(x)=\dfrac{1}{x^2}$의 그래프는 오른쪽과 같으므로 $x\longrightarrow0$일 때 $f(x)$의 값은 한없이 커짐을 알 수 있다.

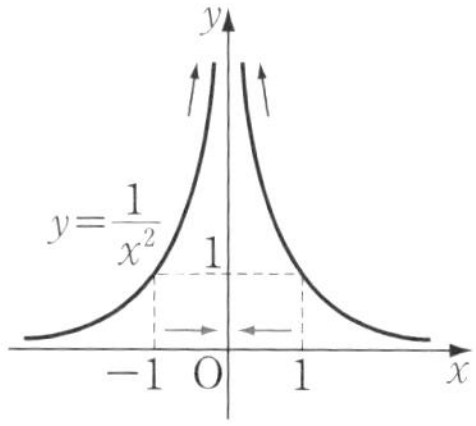

이런 경우 $x\longrightarrow0$일 때 $f(x)$는 양의 무한대로 발산한다고 하고, 다음과 같이 나타낸다.

$$\boldsymbol{x\longrightarrow0}\textbf{일 때}\quad\boldsymbol{f(x)\longrightarrow\infty}\quad\text{또는}\quad\boldsymbol{\lim_{x\to0}f(x)=\infty}$$

이와 마찬가지로 $f(x)=-\dfrac{1}{x^2}$에서와 같이 $x\longrightarrow0$일 때 $f(x)$의 값이 음수이면서 그 절댓값이 한없이 커지면, $x\longrightarrow0$일 때 $f(x)$는 음의 무한대로 발산한다고 하고, 다음과 같이 나타낸다.

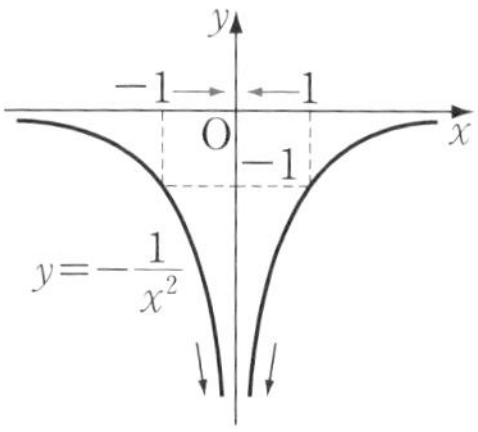

$$\boldsymbol{x\longrightarrow0}\textbf{일 때}\quad\boldsymbol{f(x)\longrightarrow-\infty}\quad\text{또는}\quad\boldsymbol{\lim_{x\to0}f(x)=-\infty}$$

일반적으로 $x\longrightarrow a$일 때 함수 $f(x)$가 ∞ 또는 $-\infty$로 발산하면

$$\boldsymbol{\lim_{x\to a}f(x)=\infty},\qquad\boldsymbol{\lim_{x\to a}f(x)=-\infty}\qquad\cdots\cdots ㉮$$

과 같이 나타낸다. 이것은 $x\longrightarrow\infty$ 또는 $x\longrightarrow-\infty$일 때도 마찬가지이다.

$f(x)$가 양의 무한대 또는 음의 무한대로 발산하는 경우를 포함하여 $f(x)$가 수렴하지 않는 경우, $f(x)$는 발산한다고 한다.

* ***Note*** ∞는 수가 아니므로 ㉮에서 극한값이 존재한다고 생각해서는 안 된다.

보기 2 다음 극한을 조사하여라.

(1) $\displaystyle\lim_{x\to0+}\frac{1}{x}$ (2) $\displaystyle\lim_{x\to0-}\frac{1}{x}$ (3) $\displaystyle\lim_{x\to\infty}\frac{1}{x}$ (4) $\displaystyle\lim_{x\to-\infty}\frac{1}{x}$

연구 $y=\dfrac{1}{x}$의 그래프를 그려 조사한다.

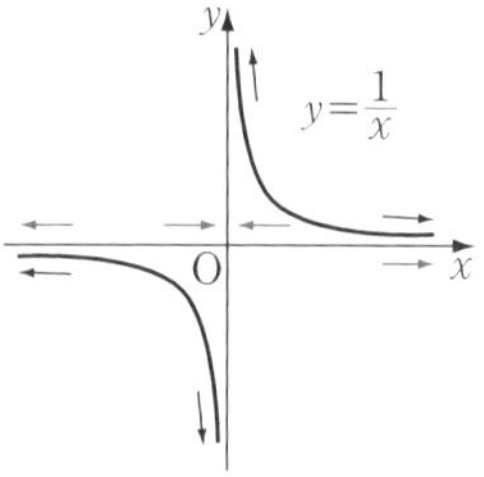

(1) $\displaystyle\lim_{x\to0+}\frac{1}{x}=\boldsymbol{\infty}$ (2) $\displaystyle\lim_{x\to0-}\frac{1}{x}=\boldsymbol{-\infty}$

(3) $\displaystyle\lim_{x\to\infty}\frac{1}{x}=\boldsymbol{0}$ (4) $\displaystyle\lim_{x\to-\infty}\frac{1}{x}=\boldsymbol{0}$

5 함수의 극한의 성질

함수 $f(x)$에 대하여 $\lim_{x\to a}f(x)$의 값은 a에 가까운 여러 값을 x에 대입하거나 $y=f(x)$의 그래프를 그려 구할 수 있다. 그러나 일반적으로는 다음 함수의 극한에 관한 성질을 이용하여 구한다.

기본정석 — 함수의 극한의 성질

(1) 함수의 극한에 관한 기본 성질

$\lim_{x\to a} f(x)=\alpha$, $\lim_{x\to a} g(x)=\beta$ (단, α, β는 실수)이면

① $\lim_{x\to a} kf(x)=k\alpha$ (k는 상수)

② $\lim_{x\to a}\{f(x)\pm g(x)\}=\alpha\pm\beta$ (복부호동순)

③ $\lim_{x\to a} f(x)g(x)=\alpha\beta$　　④ $\lim_{x\to a}\dfrac{f(x)}{g(x)}=\dfrac{\alpha}{\beta}$ (단, $\beta\neq0$)

(2) 함수의 극한의 대소 관계

$\lim_{x\to a} f(x)=\alpha$, $\lim_{x\to a} g(x)=\beta$ (단, α, β는 실수)일 때,

a에 가까운 모든 실수 x에 대하여

① $f(x)\le g(x)$이면 $\Longrightarrow$ $\alpha\le\beta$

② $f(x)\le h(x)\le g(x)$이고 $\alpha=\beta$이면 $\Longrightarrow$ $\lim_{x\to a} h(x)=\alpha$

Advice 1° 위의 성질은 $x \longrightarrow a+$, $x \longrightarrow a-$, $x \longrightarrow \infty$, $x \longrightarrow -\infty$일 때에도 성립한다.

2° 이 성질의 증명은 고등학교 교육과정의 수준을 넘으므로 여기에서는 증명 없이 인정하고 이용하기로 한다.

보기 3 다음 극한값을 구하여라.

(1) $\lim_{x\to2}3x^2$　　(2) $\lim_{x\to1}(x^3-x^2+2x)$

(3) $\lim_{x\to2}x(2x-1)$　　(4) $\lim_{x\to3}\dfrac{x^2}{x+2}$

연구 (1) $\lim_{x\to2}3x^2=3\lim_{x\to2}x^2=3\times2^2=\mathbf{12}$

(2) $\lim_{x\to1}(x^3-x^2+2x)=\lim_{x\to1}x^3-\lim_{x\to1}x^2+2\lim_{x\to1}x=1^3-1^2+2\times1=\mathbf{2}$

(3) $\lim_{x\to2}x(2x-1)=\lim_{x\to2}x\times\lim_{x\to2}(2x-1)=2\times(2\times2-1)=\mathbf{6}$

(4) $\lim_{x\to3}\dfrac{x^2}{x+2}=\dfrac{\lim_{x\to3}x^2}{\lim_{x\to3}(x+2)}=\dfrac{3^2}{3+2}=\mathbf{\dfrac{9}{5}}$

기본 문제 4-1 다음 극한값을 구하여라.

(1) $\displaystyle\lim_{x\to2}\frac{x^3-8}{x^2-3x+2}$ (2) $\displaystyle\lim_{x\to0}\frac{\sqrt{5+x}-\sqrt{5-x}}{\sqrt{5}\,x}$

정석연구 (1) $x \longrightarrow 2$일 때 (분모) $\longrightarrow 0$, (분자) $\longrightarrow 0$인 꼴이다.

이때에는 분모, 분자가 $x-2$를 인수로 가진다. 따라서 분모, 분자를 인수분해하여 $x-2$로 약분할 수 있다.

정석 $\dfrac{0}{0}$ 꼴의 유리함수의 극한은

$\Longrightarrow$ 분모, 분자를 인수분해한 다음 약분하여라.

(2) $x \longrightarrow 0$일 때 (분모) $\longrightarrow 0$, (분자) $\longrightarrow 0$인 꼴이다.

먼저 분모, 분자에 $\sqrt{5+x}+\sqrt{5-x}$를 곱하고 정리한 다음 분모, 분자를 약분해 보아라.

정석 $\dfrac{0}{0}$ 꼴의 무리함수의 극한은

$\Longrightarrow$ 분모, 분자 중 $\sqrt{}$가 있는 쪽을 유리화하여라.

모범답안 (1) (준 식)$\displaystyle=\lim_{x\to2}\frac{(x-2)(x^2+2x+4)}{(x-1)(x-2)}=\lim_{x\to2}\frac{x^2+2x+4}{x-1}=\mathbf{12}$ ← 답

(2) (준 식)$\displaystyle=\lim_{x\to0}\frac{\left(\sqrt{5+x}-\sqrt{5-x}\right)\left(\sqrt{5+x}+\sqrt{5-x}\right)}{\sqrt{5}\,x\left(\sqrt{5+x}+\sqrt{5-x}\right)}$

$\displaystyle=\lim_{x\to0}\frac{(5+x)-(5-x)}{\sqrt{5}\,x\left(\sqrt{5+x}+\sqrt{5-x}\right)}=\lim_{x\to0}\frac{2}{\sqrt{5}\left(\sqrt{5+x}+\sqrt{5-x}\right)}$

$\displaystyle=\frac{2}{\sqrt{5}\times2\sqrt{5}}=\mathbf{\frac{1}{5}}$ ← 답

유제 **4**-1. 다음 극한값을 구하여라.

(1) $\displaystyle\lim_{x\to2}\frac{x^3-2x^2+4x-8}{x-2}$ (2) $\displaystyle\lim_{x\to1}\frac{x^2-4x+3}{x^3-1}$

(3) $\displaystyle\lim_{x\to-\sqrt{3}}\frac{x^4-x^2-6}{x^2-3}$ (4) $\displaystyle\lim_{x\to0}\frac{x}{\sqrt{x+9}-3}$

(5) $\displaystyle\lim_{x\to2}\frac{\sqrt{x+2}-\sqrt{3x-2}}{\sqrt{5x-1}-\sqrt{4x+1}}$ (6) $\displaystyle\lim_{x\to1}\frac{\sqrt[3]{x}-1}{x-1}$

답 (1) **8** (2) $\mathbf{-\frac{2}{3}}$ (3) **5** (4) **6** (5) **−3** (6) $\mathbf{\frac{1}{3}}$

기본 문제 4-2 다음 극한값을 구하여라.

(1) $\displaystyle\lim_{x\to\infty}\frac{4x^2-5x+2}{3x^2+2x+1}$ (2) $\displaystyle\lim_{x\to\infty}\frac{x+2}{\sqrt{x^2+1}+3}$ (3) $\displaystyle\lim_{x\to-\infty}\frac{x+2}{\sqrt{x^2+1}+3}$

정석연구 $x\longrightarrow\infty$일 때 (분모) $\longrightarrow\infty$, (분자) $\longrightarrow\infty$인 꼴이다.

(1) 먼저 분모, 분자를 분모의 최고차항인 x^2으로 나누어라.

정석 $\dfrac{\infty}{\infty}$ 꼴의 유리함수의 극한은

$\Longrightarrow$ 분모의 최고차항으로 분모, 분자를 나누어라.

(2) 먼저 분모, 분자를 x로 나누어 본다.

분모의 $\sqrt{x^2+1}$을 $x(x>0)$로 나누면 다음과 같다.

$$\frac{\sqrt{x^2+1}}{x}=\frac{\sqrt{x^2+1}}{\sqrt{x^2}}=\sqrt{\frac{x^2+1}{x^2}}=\sqrt{1+\frac{1}{x^2}}$$

정석 $\dfrac{\infty}{\infty}$ 꼴의 무리함수의 극한은

$\Longrightarrow$ $\sqrt{}$ 안의 $\boldsymbol{x}$의 차수는 반으로 생각하고

분모의 최고차항으로 분모, 분자를 나누어라.

(3) 분모의 $\sqrt{x^2+1}$을 $x(x<0)$로 나눌 때에는 부호에 주의해야 한다.

모범답안 (1) (준 식)$=\displaystyle\lim_{x\to\infty}\frac{4-\frac{5}{x}+\frac{2}{x^2}}{3+\frac{2}{x}+\frac{1}{x^2}}=\mathbf{\frac{4}{3}}$ ← 답

(2) (준 식)$=\displaystyle\lim_{x\to\infty}\frac{1+\frac{2}{x}}{\sqrt{\frac{x^2+1}{x^2}}+\frac{3}{x}}=\lim_{x\to\infty}\frac{1+\frac{2}{x}}{\sqrt{1+\frac{1}{x^2}}+\frac{3}{x}}=\mathbf{1}$ ← 답

(3) (준 식)$=\displaystyle\lim_{x\to-\infty}\frac{1+\frac{2}{x}}{-\sqrt{\frac{x^2+1}{x^2}}+\frac{3}{x}}=\lim_{x\to-\infty}\frac{1+\frac{2}{x}}{-\sqrt{1+\frac{1}{x^2}}+\frac{3}{x}}=\mathbf{-1}$ ← 답

***Note** (3)에서 $x=-t$로 놓고 $\displaystyle\lim_{t\to\infty}\frac{-t+2}{\sqrt{t^2+1}+3}$를 계산해도 된다.

유제 **4**-2. 다음 극한값을 구하여라.

(1) $\displaystyle\lim_{x\to\infty}\frac{2x^2-1}{x^3+3x+2}$ (2) $\displaystyle\lim_{x\to\infty}\frac{\sqrt{x^2+2}+1}{3x}$ (3) $\displaystyle\lim_{x\to-\infty}\frac{\sqrt{x^2+2}+1}{3x}$

답 (1) **0** (2) $\mathbf{\frac{1}{3}}$ (3) $-\mathbf{\frac{1}{3}}$

기본 문제 **4**-3 다음 극한값을 구하여라.

(1) $\displaystyle\lim_{x\to\infty}\left(\sqrt{x^2+x+1}-\sqrt{x^2-x+1}\right)$ (2) $\displaystyle\lim_{x\to0}\frac{1}{x}\left(\frac{1}{\sqrt{x+1}}-1\right)$

정석연구 (1)은 $\infty-\infty$ 꼴이고, (2)는 $\infty\times0$ 꼴이다. 다음 **정석**을 이용해 보아라.

정석 $\boldsymbol{\infty-\infty}$ **꼴,** $\boldsymbol{\infty\times0}$ **꼴의 극한은**

$$\boldsymbol{\infty\times c,\quad \frac{c}{\infty},\quad \frac{\infty}{\infty},\quad \frac{0}{0}}$$

중의 한 형태로 변형한다.

모범답안 (1) 분모를 1로 보고, 분자를 유리화하면

$$(\text{준 식})=\lim_{x\to\infty}\frac{\left(\sqrt{x^2+x+1}-\sqrt{x^2-x+1}\right)\left(\sqrt{x^2+x+1}+\sqrt{x^2-x+1}\right)}{\sqrt{x^2+x+1}+\sqrt{x^2-x+1}}$$

$$=\lim_{x\to\infty}\frac{2x}{\sqrt{x^2+x+1}+\sqrt{x^2-x+1}}$$ ⇦ $\frac{\infty}{\infty}$ 꼴, x로 나눈다.

$$=\lim_{x\to\infty}\frac{2}{\sqrt{1+\frac{1}{x}+\frac{1}{x^2}}+\sqrt{1-\frac{1}{x}+\frac{1}{x^2}}}=\frac{2}{2}=\mathbf{1}$$ ← 답

(2) $$(\text{준 식})=\lim_{x\to0}\left(\frac{1}{x}\times\frac{1-\sqrt{x+1}}{\sqrt{x+1}}\right)$$ ⇦ $\frac{0}{0}$ 꼴, 분자를 유리화

$$=\lim_{x\to0}\frac{\left(1-\sqrt{x+1}\right)\left(1+\sqrt{x+1}\right)}{x\sqrt{x+1}\left(1+\sqrt{x+1}\right)}$$

$$=\lim_{x\to0}\frac{1-(x+1)}{x\sqrt{x+1}\left(1+\sqrt{x+1}\right)}$$ ⇦ x로 약분

$$=\lim_{x\to0}\frac{-1}{\sqrt{x+1}\left(1+\sqrt{x+1}\right)}=-\frac{\mathbf{1}}{\mathbf{2}}$$ ← 답

유제 **4**-3. 다음 극한값을 구하여라.

(1) $\displaystyle\lim_{x\to\infty}\left(\sqrt{x^2+x}-x\right)$ (2) $\displaystyle\lim_{x\to\infty}\left(\sqrt{x^2+2x+3}-\sqrt{x^2-2x+3}\right)$

(3) $\displaystyle\lim_{x\to0}\frac{1}{x}\left(1+\frac{1}{x-1}\right)$ (4) $\displaystyle\lim_{x\to0}\frac{1}{x}\left\{\frac{1}{(x+2)^2}-\frac{1}{4}\right\}$

답 (1) $\frac{\mathbf{1}}{\mathbf{2}}$ (2) $\mathbf{2}$ (3) $\mathbf{-1}$ (4) $-\frac{\mathbf{1}}{\mathbf{4}}$

기본 문제 4-4 다음을 만족시키는 상수 a, b의 값을 구하여라.

(1) $\displaystyle\lim_{x\to1}\frac{ax-2x^2}{x-1}=b$ (2) $\displaystyle\lim_{x\to1}\frac{x-1}{x^2+ax+b}=\frac{1}{4}$

정석연구 (1) $x \longrightarrow 1$일 때 (분모) $\longrightarrow 0$이므로 (분자) $\longrightarrow 0$이어야 한다.

이를테면 (분자) $\longrightarrow 2$라고 하면 ⇦「(분자) $\longrightarrow 0$」이 아니라고 하면

$$\lim_{x\to1+}\frac{ax-2x^2}{x-1}=\infty,\qquad \lim_{x\to1-}\frac{ax-2x^2}{x-1}=-\infty$$

가 되어 좌변의 극한이 상수 b라는 조건에 모순이기 때문이다.

(2) 같은 이유로 $x \longrightarrow 1$일 때 (분모) $\longrightarrow 0$이어야 한다.

정석 (i) $\displaystyle\lim_{x\to a}\frac{f(x)}{g(x)}=l$ (l은 실수)이고 $\displaystyle\lim_{x\to a}g(x)=0$이면

$\Longrightarrow \displaystyle\lim_{x\to a}f(x)=0$ ⇦ (분모) $\longrightarrow 0$이면 (분자) $\longrightarrow 0$

(ii) $\displaystyle\lim_{x\to a}\frac{f(x)}{g(x)}=l$ (l은 0이 아닌 실수)이고 $\displaystyle\lim_{x\to a}f(x)=0$이면

$\Longrightarrow \displaystyle\lim_{x\to a}g(x)=0$ ⇦ (분자) $\longrightarrow 0$이면 (분모) $\longrightarrow 0$

모범답안 (1) $x \longrightarrow 1$일 때 극한값이 존재하고 (분모) $\longrightarrow 0$이므로 (분자) $\longrightarrow 0$이어야 한다.

$$\therefore \lim_{x\to1}(ax-2x^2)=0 \qquad \therefore a-2=0 \qquad \therefore a=2$$

$$\therefore b=\lim_{x\to1}\frac{ax-2x^2}{x-1}=\lim_{x\to1}\frac{2x-2x^2}{x-1}=\lim_{x\to1}\frac{-2x(x-1)}{x-1}$$

$$=\lim_{x\to1}(-2x)=-2$$

답 $\boldsymbol{a=2,\ b=-2}$

(2) $x \longrightarrow 1$일 때 0이 아닌 극한값이 존재하고 (분자) $\longrightarrow 0$이므로 (분모) $\longrightarrow 0$이어야 한다.

$$\therefore \lim_{x\to1}(x^2+ax+b)=0 \qquad \therefore 1+a+b=0 \qquad \therefore b=-(a+1)$$

$$\therefore \lim_{x\to1}\frac{x-1}{x^2+ax+b}=\lim_{x\to1}\frac{x-1}{x^2+ax-(a+1)}=\lim_{x\to1}\frac{x-1}{(x-1)(x+a+1)}$$

$$=\lim_{x\to1}\frac{1}{x+a+1}=\frac{1}{a+2}$$

$$\therefore \frac{1}{a+2}=\frac{1}{4} \qquad \therefore \boldsymbol{a=2} \qquad \therefore \boldsymbol{b=-3} \longleftarrow \text{답}$$

유제 **4**-4. 다음을 만족시키는 상수 a, b의 값을 구하여라.

(1) $\displaystyle\lim_{x\to1}\frac{x^2+ax-3}{x-1}=b$ (2) $\displaystyle\lim_{x\to2}\frac{x-2}{x^2+ax+b}=\frac{1}{5}$

답 (1) $\boldsymbol{a=2,\ b=4}$ (2) $\boldsymbol{a=1,\ b=-6}$

§ 2. 삼각 · 지수 · 로그함수의 극한

1 삼각함수의 극한 (Ⅰ)

지금까지 공부한 함수의 극한에 관한 성질과 삼각함수의 여러 가지 공식을 이용하여 삼각함수의 극한을 구할 수 있다.

보기 1 다음 극한값을 구하여라.

(1) $\displaystyle\lim_{x\to 0}\frac{\sin 2x}{\sin x}$ (2) $\displaystyle\lim_{x\to 0}\frac{\cos 2x-1}{\sin 2x}$

연구 $x \longrightarrow 0$일 때 (분모) $\longrightarrow 0$, (분자) $\longrightarrow 0$인 꼴이다. 먼저 삼각함수의 성질과 배각의 공식 등을 이용하여 분모, 분자를 간단히 한다.

(1) $\sin 2x=2\sin x\cos x$ 이므로

$$\lim_{x\to 0}\frac{\sin 2x}{\sin x}=\lim_{x\to 0}\frac{2\sin x\cos x}{\sin x}=\lim_{x\to 0}2\cos x=\mathbf{2}$$

(2) $\cos 2x=1-2\sin^2 x$ 이므로

$$\lim_{x\to 0}\frac{\cos 2x-1}{\sin 2x}=\lim_{x\to 0}\frac{1-2\sin^2 x-1}{2\sin x\cos x}=\lim_{x\to 0}\frac{-\sin x}{\cos x}=\mathbf{0}$$

보기 2 다음 극한값을 구하여라.

(1) $\displaystyle\lim_{x\to 0}x\sin\frac{1}{x}$ (2) $\displaystyle\lim_{x\to 0}\sin x\cos\frac{1}{x}$

연구 (1) $\displaystyle\lim_{x\to 0}\sin\frac{1}{x}$의 값은 존재하지 않는다. 그러나 x의 값에 관계없이 $\left|\sin\frac{1}{x}\right|\le 1$이므로 다음 함수의 극한의 대소 관계를 이용한다.

정석 $\boldsymbol{a}$에 가까운 모든 실수 $\boldsymbol{x}$에 대하여 $\boldsymbol{f(x)\le h(x)\le g(x)}$이고
$\displaystyle\lim_{x\to a}\boldsymbol{f(x)}=\lim_{x\to a}\boldsymbol{g(x)}=\boldsymbol{l}$ ($\boldsymbol{l}$은 실수)이면 $\Longrightarrow$ $\displaystyle\lim_{x\to a}\boldsymbol{h(x)}=\boldsymbol{l}$

$\left|\sin\frac{1}{x}\right|\le 1$이므로 $0\le\left|x\sin\frac{1}{x}\right|=|x|\left|\sin\frac{1}{x}\right|\le|x|$

그런데 $\displaystyle\lim_{x\to 0}|x|=0$이므로

$$\lim_{x\to 0}\left|x\sin\frac{1}{x}\right|=0 \qquad \therefore \lim_{x\to 0}x\sin\frac{1}{x}=\mathbf{0}$$

(2) $\left|\cos\frac{1}{x}\right|\le 1$이므로 $0\le\left|\sin x\cos\frac{1}{x}\right|=|\sin x|\left|\cos\frac{1}{x}\right|\le|\sin x|$

그런데 $\displaystyle\lim_{x\to 0}|\sin x|=0$이므로 $\displaystyle\lim_{x\to 0}\sin x\cos\frac{1}{x}=\mathbf{0}$

2 삼각함수의 극한 (Ⅱ)

다음은 삼각함수의 극한을 구하거나 삼각함수의 미분법 공식을 유도하는 데 기초가 되는 중요한 공식이다.

기본정석 — 삼각함수의 극한의 기본

x의 단위가 라디안일 때,

$$\lim_{x\to 0}\frac{\sin x}{x}=1$$

Advice | 이 공식은 다음과 같이 증명할 수 있다.

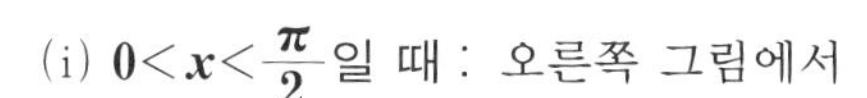

(i) $0<x<\dfrac{\pi}{2}$일 때 : 오른쪽 그림에서

$\triangle$OAB<(부채꼴 OAB의 넓이)<$\triangle$OAT

곧, $\dfrac{1}{2}r^2\sin x<\dfrac{1}{2}r^2x<\dfrac{1}{2}r^2\tan x$

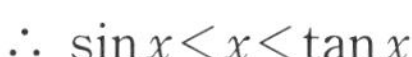

$\therefore\ \sin x<x<\tan x$

$\sin x>0$이므로 각 변을 $\sin x$로 나누면

$$1<\frac{x}{\sin x}<\frac{1}{\cos x}\qquad \therefore\ 1>\frac{\sin x}{x}>\cos x$$

여기에서 $x\longrightarrow 0+$일 때 $\cos x\longrightarrow 1$이므로 $\displaystyle\lim_{x\to 0+}\frac{\sin x}{x}=1$

(ii) $-\dfrac{\pi}{2}<x<0$일 때 : $x=-\theta$로 놓으면

$$\lim_{x\to 0-}\frac{\sin x}{x}=\lim_{\theta\to 0+}\frac{\sin(-\theta)}{-\theta}=\lim_{\theta\to 0+}\frac{\sin\theta}{\theta}=1$$

(i), (ii)에서 $\displaystyle\lim_{x\to 0}\frac{\sin x}{x}=1$

보기 3 다음 극한값을 구하여라.

(1) $\displaystyle\lim_{x\to 0}\frac{\sin 3x}{4x}$ (2) $\displaystyle\lim_{x\to 0}\frac{\tan x}{x}$

연구 주어진 식을 다음 **정석**을 이용할 수 있는 꼴로 변형한다.

정석 $\displaystyle\lim_{x\to 0}\frac{\sin x}{x}=1$

(1) $\displaystyle\lim_{x\to 0}\frac{\sin 3x}{4x}=\lim_{x\to 0}\left(\frac{\sin 3x}{3x}\times\frac{3}{4}\right)=1\times\frac{3}{4}=\frac{3}{4}$

(2) $\displaystyle\lim_{x\to 0}\frac{\tan x}{x}=\lim_{x\to 0}\frac{\sin x}{x\cos x}=\lim_{x\to 0}\left(\frac{\sin x}{x}\times\frac{1}{\cos x}\right)=1\times 1=1$

3 지수함수와 로그함수의 극한

함수의 그래프를 이용하면 함수의 극한을 직관적으로 쉽게 이해할 수 있다. 이는 지수함수와 로그함수의 극한에서도 마찬가지이다.

따라서 수학 I 에서 공부한 지수함수 $y=a^x$과 로그함수 $y=\log_a x$의 그래프의 개형과 함께 정리하면 다음과 같다.

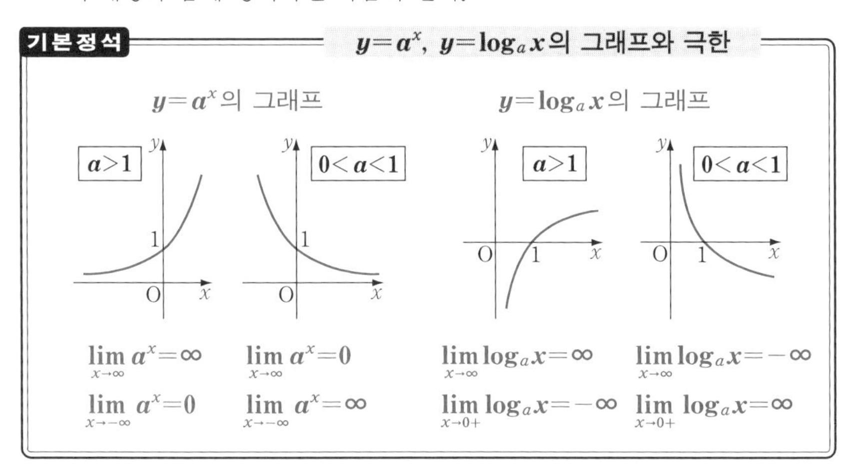

보기 4 다음 극한을 조사하여라.

(1) $\lim_{x\to\infty}\frac{\sqrt{3^x}}{2^x}$ (2) $\lim_{x\to\infty}\frac{4^x}{3^x}$ (3) $\lim_{x\to-\infty}\left(\frac{2}{3}\right)^x$

연구 지수함수의 극한은 위의 그래프의 개형을 이용하거나

정석 $a>1$일 때 $\lim_{x\to\infty} a^x=\infty$, $0<a<1$일 때 $\lim_{x\to\infty} a^x=0$

을 이용한다.

(1) $\lim_{x\to\infty}\frac{\sqrt{3^x}}{2^x}=\lim_{x\to\infty}\frac{(\sqrt{3})^x}{2^x}=\lim_{x\to\infty}\left(\frac{\sqrt{3}}{2}\right)^x=\mathbf{0}$

(2) $\lim_{x\to\infty}\frac{4^x}{3^x}=\lim_{x\to\infty}\left(\frac{4}{3}\right)^x=\boldsymbol{\infty}$

(3) $x=-t$로 놓으면 $x \longrightarrow -\infty$일 때 $t \longrightarrow \infty$이므로

$$\lim_{x\to-\infty}\left(\frac{2}{3}\right)^x=\lim_{t\to\infty}\left(\frac{2}{3}\right)^{-t}=\lim_{t\to\infty}\left(\frac{3}{2}\right)^t=\boldsymbol{\infty}$$

보기 5 다음 극한을 조사하여라.

(1) $\lim_{x\to1+}\log_2(x-1)$ (2) $\lim_{x\to2}\log_{\frac{1}{2}}|x-2|$

연구 (1) $-\infty$ (2) ∞

4 e의 정의

x가 0에 한없이 가까워질 때 함수 $y=(1+x)^{\frac{1}{x}}$의 극한을 알아보기 위하여 x에

$$\pm 0.1, \quad \pm 0.01, \quad \pm 0.001, \quad \pm 0.0001, \quad \pm 0.00001, \quad \cdots$$

을 차례로 대입하여 $(1+x)^{\frac{1}{x}}$의 값을 계산하면 다음과 같다.

x	$(1+x)^{\frac{1}{x}}$	x	$(1+x)^{\frac{1}{x}}$
0.1	2.59374···	−0.1	2.86797···
0.01	2.70481···	−0.01	2.73199···
0.001	2.71692···	−0.001	2.71964···
0.0001	2.71814···	−0.0001	2.71841···
0.00001	2.71826···	−0.00001	2.71829···
···	···	···	···

이 표에서 x가 0에 한없이 가까워짐에 따라 $(1+x)^{\frac{1}{x}}$의 값이 어떤 일정한 수에 수렴하고 있음을 알 수 있다.

실제로 $x \longrightarrow 0$일 때 $(1+x)^{\frac{1}{x}}$의 극한값이 존재한다는 것이 알려져 있으며, 이 극한값을 $\boldsymbol{e}$로 나타낸다.

이때, e를 소수로 나타내면

$$\boldsymbol{e=2.71828182845\cdots}$$

와 같이 순환하지 않는 무한소수, 곧 무리수임이 알려져 있다.

기본정석 — 극한 e의 정의

$$\lim_{x\to 0}(1+x)^{\frac{1}{x}}=e, \qquad \lim_{x\to\infty}\left(1+\frac{1}{x}\right)^{x}=e$$

Advice 1° $\displaystyle\lim_{x\to\infty}\left(1+\frac{1}{x}\right)^{x}$에서 $\dfrac{1}{x}=t$로 놓으면 $x=\dfrac{1}{t}$이고 $x \longrightarrow \infty$일 때 $t \longrightarrow 0+$이므로

$$\lim_{x\to\infty}\left(1+\frac{1}{x}\right)^{x}=\lim_{t\to 0+}(1+t)^{\frac{1}{t}}=e \qquad \Leftarrow \lim_{x\to 0}(1+x)^{\frac{1}{x}}=e$$

2° e를 밑으로 하는 로그 $\log_e x$를 x의 자연로그라고 한다. 자연로그에서는 e를 생략하여 $\boldsymbol{\log x}$로 나타내거나 $\boldsymbol{\ln x}$로 나타내기도 한다.

수학 I 에서 상용로그 $\log_{10}x$를 간단히 $\log x$로 나타내었으므로 이와 혼동을 피하기 위하여 앞으로 $\log_e x$를 $\ln x$로 나타내기로 한다.

보기 6 다음 값을 구하여라.

(1) $\ln e^3$ (2) $\ln\sqrt{e}$ (3) $\ln\frac{1}{\sqrt[3]{e}}$

연구 $\ln a$는 $\log_e a$를 뜻하므로 $\ln e=\log_e e=1$이다.

정석 $\ln e=1$

(1) $\ln e^3=3\ln e=\mathbf{3}$ (2) $\ln\sqrt{e}=\frac{1}{2}\ln e=\mathbf{\frac{1}{2}}$

(3) $\ln\frac{1}{\sqrt[3]{e}}=\ln e^{-\frac{1}{3}}=-\frac{1}{3}\ln e=-\mathbf{\frac{1}{3}}$

보기 7 다음 등식을 만족시키는 x의 값을 구하여라.

(1) $\ln x=3$ (2) $\ln(x+2)=1$ (3) $e^x=2$

연구 (1) $\ln x=3$에서 $\log_e x=3$ $\therefore$ $\boldsymbol{x=e^3}$

(2) $\ln(x+2)=1$에서 $\log_e(x+2)=1$ $\therefore$ $x+2=e^1$ $\therefore$ $\boldsymbol{x=e-2}$

(3) $e^x=2$에서 $x=\log_e 2$ 곧, $\boldsymbol{x=\ln 2}$

보기 8 다음 극한값을 구하여라.

(1) $\lim_{x\to0}(1+3x)^{\frac{1}{x}}$ (2) $\lim_{x\to0}(1+x)^{\frac{3}{x}}$ (3) $\lim_{x\to0}(1+3x)^{\frac{1}{2x}}$

(4) $\lim_{x\to\infty}\left(1+\frac{3}{x}\right)^x$ (5) $\lim_{x\to\infty}\left(1+\frac{1}{x}\right)^{3x}$ (6) $\lim_{x\to\infty}\left(1+\frac{3}{x}\right)^{2x}$

연구 다음 **정석**을 이용할 수 있는 꼴로 변형한다.

정석 $\boldsymbol{\lim_{x\to0}(1+x)^{\frac{1}{x}}=e,\quad \lim_{x\to\infty}\left(1+\frac{1}{x}\right)^x=e}$

여기에서 x와 $\frac{1}{x}$은 서로 역수라는 것에 주의한다.

(1) $\lim_{x\to0}(1+3x)^{\frac{1}{x}}=\lim_{x\to0}\left\{(1+3x)^{\frac{1}{3x}}\right\}^3=\boldsymbol{e^3}$ ⇦ $x\longrightarrow0$일 때 $3x\longrightarrow0$

(2) $\lim_{x\to0}(1+x)^{\frac{3}{x}}=\lim_{x\to0}\left\{(1+x)^{\frac{1}{x}}\right\}^3=\boldsymbol{e^3}$

(3) $\lim_{x\to0}(1+3x)^{\frac{1}{2x}}=\lim_{x\to0}\left\{(1+3x)^{\frac{1}{3x}}\right\}^{\frac{3}{2}}=\boldsymbol{e^{\frac{3}{2}}}$ ⇦ $x\longrightarrow0$일 때 $3x\longrightarrow0$

(4) $\lim_{x\to\infty}\left(1+\frac{3}{x}\right)^x=\lim_{x\to\infty}\left\{\left(1+\frac{3}{x}\right)^{\frac{x}{3}}\right\}^3=\boldsymbol{e^3}$

(5) $\lim_{x\to\infty}\left(1+\frac{1}{x}\right)^{3x}=\lim_{x\to\infty}\left\{\left(1+\frac{1}{x}\right)^x\right\}^3=\boldsymbol{e^3}$

(6) $\lim_{x\to\infty}\left(1+\frac{3}{x}\right)^{2x}=\lim_{x\to\infty}\left\{\left(1+\frac{3}{x}\right)^{\frac{x}{3}}\right\}^6=\boldsymbol{e^6}$

기본 문제 4-5 다음 극한값을 구하여라.

(1) $\lim_{x\to0}\frac{\sin 3x}{\sin 2x}$ (2) $\lim_{x\to0}\frac{\sin x^\circ}{x}$

(3) $\lim_{x\to0}\frac{\sin x-2\sin 2x}{x\cos x}$ (4) $\lim_{x\to0}\frac{\tan 4x}{\tan 3x}$

정석연구 $\lim_{x\to0}\frac{\sin x}{x}=1$이므로 $\lim_{x\to0}\frac{x}{\sin x}=\lim_{x\to0}\frac{1}{\frac{\sin x}{x}}=\frac{1}{1}=1$이다.

마찬가지로 $\lim_{x\to0}\frac{\tan x}{x}=1$이므로 $\lim_{x\to0}\frac{x}{\tan x}=1$이다.

여기에서 x의 단위가 라디안임에 주의한다.

정석 삼각함수의 극한의 기본

$$\lim_{x\to0}\frac{\sin x}{x}=1,\quad \lim_{x\to0}\frac{x}{\sin x}=1,\quad \lim_{x\to0}\frac{\tan x}{x}=1,\quad \lim_{x\to0}\frac{x}{\tan x}=1$$

모범답안 (1) $\lim_{x\to0}\frac{\sin 3x}{\sin 2x}=\lim_{x\to0}\left(\frac{\sin 3x}{3x}\times\frac{2x}{\sin 2x}\times\frac{3}{2}\right)=1\times1\times\frac{3}{2}=\mathbf{\frac{3}{2}}$ ← 답

(2) $180^\circ=\pi$에서 $1^\circ=\frac{\pi}{180}$이므로 $x^\circ=\frac{\pi}{180}x$

$$\therefore \lim_{x\to0}\frac{\sin x^\circ}{x}=\lim_{x\to0}\frac{\sin\frac{\pi}{180}x}{x}=\lim_{x\to0}\left(\frac{\sin\frac{\pi}{180}x}{\frac{\pi}{180}x}\times\frac{\pi}{180}\right)=\mathbf{\frac{\pi}{180}}$$ ← 답

(3) $\lim_{x\to0}\frac{\sin x-2\sin 2x}{x\cos x}=\lim_{x\to0}\frac{\sin x-4\sin x\cos x}{x\cos x}$

$=\lim_{x\to0}\left(\frac{\sin x}{x}\times\frac{1}{\cos x}-4\times\frac{\sin x}{x}\right)$

$=1\times\frac{1}{1}-4\times1=\mathbf{-3}$ ← 답

(4) $\lim_{x\to0}\frac{\tan 4x}{\tan 3x}=\lim_{x\to0}\left(\frac{\tan 4x}{4x}\times\frac{3x}{\tan 3x}\times\frac{4}{3}\right)=1\times1\times\frac{4}{3}=\mathbf{\frac{4}{3}}$ ← 답

유제 **4**-5. 다음 극한값을 구하여라.

(1) $\lim_{x\to0}\frac{\sin 4x}{\sin 3x}$ (2) $\lim_{x\to0}\frac{\tan x^\circ}{x}$ (3) $\lim_{x\to0}\frac{\tan 2x}{x\cos x}$

(4) $\lim_{x\to0}\frac{\tan 3x}{\tan 2x}$ (5) $\lim_{x\to0}\frac{\sin 3x}{\tan x}$ (6) $\lim_{x\to0}\sin 2x\cot 3x$

답 (1) $\mathbf{\frac{4}{3}}$ (2) $\mathbf{\frac{\pi}{180}}$ (3) **2** (4) $\mathbf{\frac{3}{2}}$ (5) **3** (6) $\mathbf{\frac{2}{3}}$

기본 문제 4-6 다음 극한값을 구하여라.

(1) $\lim_{x\to0}\frac{1-\cos 4x}{x^2}$ (2) $\lim_{x\to0}\frac{\sin(\sin x)}{x}$

(3) $\lim_{x\to3}\frac{x-3}{\sin \pi x}$ (4) $\lim_{x\to2\pi}\frac{\sin x}{x^2-4\pi^2}$

정석연구 모두 $\frac{0}{0}$ 꼴의 극한이다. 주어진 식을

$$\textbf{정석}\quad \lim_{\theta\to0}\frac{\sin\theta}{\theta}=1, \qquad \lim_{\theta\to0}\frac{\theta}{\sin\theta}=1$$

을 이용할 수 있는 꼴로 변형한다.

모범답안 (1) $\lim_{x\to0}\frac{1-\cos 4x}{x^2}=\lim_{x\to0}\frac{(1-\cos 4x)(1+\cos 4x)}{x^2(1+\cos 4x)}$

$=\lim_{x\to0}\frac{1-\cos^2 4x}{x^2(1+\cos 4x)}=\lim_{x\to0}\left(\frac{\sin^2 4x}{x^2}\times\frac{1}{1+\cos 4x}\right)$

$=\lim_{x\to0}\left\{\left(\frac{\sin 4x}{4x}\right)^2\times4^2\times\frac{1}{1+\cos 4x}\right\}=1^2\times4^2\times\frac{1}{2}=8$ ← 답

(2) $\lim_{x\to0}\frac{\sin(\sin x)}{x}=\lim_{x\to0}\left\{\frac{\sin(\sin x)}{\sin x}\times\frac{\sin x}{x}\right\}$

$\sin x=\theta$로 놓으면 $x\longrightarrow0$일 때 $\theta\longrightarrow0$이므로

$\lim_{x\to0}\frac{\sin(\sin x)}{\sin x}=\lim_{\theta\to0}\frac{\sin\theta}{\theta}=1$ $\therefore\ \lim_{x\to0}\frac{\sin(\sin x)}{x}=1\times1=\mathbf{1}$ ← 답

(3) $x-3=\theta$로 놓으면 $x=\theta+3$이고 $x\longrightarrow3$일 때 $\theta\longrightarrow0$이므로

$\lim_{x\to3}\frac{x-3}{\sin\pi x}=\lim_{\theta\to0}\frac{\theta}{\sin(3\pi+\pi\theta)}=\lim_{\theta\to0}\frac{\theta}{-\sin\pi\theta}=-\boldsymbol{\frac{1}{\pi}}$ ← 답

(4) $x-2\pi=\theta$로 놓으면 $x=2\pi+\theta$이고 $x\longrightarrow2\pi$일 때 $\theta\longrightarrow0$이므로

$\lim_{x\to2\pi}\frac{\sin x}{x^2-4\pi^2}=\lim_{\theta\to0}\frac{\sin(2\pi+\theta)}{(2\pi+\theta)^2-4\pi^2}=\lim_{\theta\to0}\frac{\sin\theta}{\theta(\theta+4\pi)}$

$=\lim_{\theta\to0}\left(\frac{\sin\theta}{\theta}\times\frac{1}{\theta+4\pi}\right)=\boldsymbol{\frac{1}{4\pi}}$ ← 답

유제 **4**-6. 다음 극한값을 구하여라.

(1) $\lim_{x\to0}\frac{1-\cos x}{x^2}$ (2) $\lim_{x\to0}\frac{\tan(\tan x)}{x}$ (3) $\lim_{x\to\pi}\frac{\sin x}{\pi-x}$

(4) $\lim_{x\to\frac{\pi}{2}}\frac{\cos x}{\frac{\pi}{2}-x}$ (5) $\lim_{x\to1}\frac{\cos\frac{\pi}{2}x}{x-1}$ (6) $\lim_{x\to1}\frac{\cos\frac{\pi}{2}x}{1-x^2}$

답 (1) $\boldsymbol{\frac{1}{2}}$ (2) **1** (3) **1** (4) **1** (5) $-\boldsymbol{\frac{\pi}{2}}$ (6) $\boldsymbol{\frac{\pi}{4}}$

기본 문제 4-7 다음 극한값을 구하여라.

(1) $\displaystyle\lim_{x\to\infty}\frac{3^x}{3^x-2^x}$ (2) $\displaystyle\lim_{x\to\infty}(3^x+2^x)^{\frac{1}{x}}$

(3) $\displaystyle\lim_{x\to\infty}\{\ln(2+3x)-\ln x\}$ (4) $\displaystyle\lim_{x\to3}(\ln|x^2-9|-\ln|x-3|)$

정석연구 (1) 분모, 분자를 3^x으로 나눈 다음

정석 $0<a<1$일 때 $\displaystyle\lim_{x\to\infty}a^x=0$

을 이용한다.

(2) $x\longrightarrow\infty$일 때 (밑) $\longrightarrow\infty$, (지수) $\longrightarrow0$ 꼴의 극한이므로 바로 계산할 수는 없다. 그러나

$$(3^x+2^x)^{\frac{1}{x}}=\left[3^x\left\{1+\left(\frac{2}{3}\right)^x\right\}\right]^{\frac{1}{x}}=3\left\{1+\left(\frac{2}{3}\right)^x\right\}^{\frac{1}{x}}$$

과 같이 3^x으로 묶으면 $x\longrightarrow\infty$일 때 (밑) $\longrightarrow$ 상수, (지수) $\longrightarrow0$ 꼴로 변형할 수 있다.

(3), (4) $\infty-\infty$ 꼴은

정석 $\ln x-\ln y=\ln\dfrac{x}{y}$

를 이용하여 $\dfrac{\infty}{\infty}$ 꼴의 극한으로 변형한다.

모범답안 (1) 분모, 분자를 3^x으로 나누면

$$(\text{준 식})=\lim_{x\to\infty}\frac{1}{1-\dfrac{2^x}{3^x}}=\lim_{x\to\infty}\frac{1}{1-\left(\dfrac{2}{3}\right)^x}=\mathbf{1}\longleftarrow \text{답}$$

(2) $$(\text{준 식})=\lim_{x\to\infty}\left[3^x\left\{1+\left(\frac{2}{3}\right)^x\right\}\right]^{\frac{1}{x}}=\lim_{x\to\infty}3\left\{1+\left(\frac{2}{3}\right)^x\right\}^{\frac{1}{x}}=\mathbf{3}\longleftarrow \text{답}$$

(3) $$(\text{준 식})=\lim_{x\to\infty}\ln\frac{2+3x}{x}=\lim_{x\to\infty}\ln\left(\frac{2}{x}+3\right)=\mathbf{\ln 3}\longleftarrow \text{답}$$

(4) $$(\text{준 식})=\lim_{x\to3}\ln\left|\frac{x^2-9}{x-3}\right|=\lim_{x\to3}\ln\left|\frac{(x+3)(x-3)}{x-3}\right|$$
$$=\lim_{x\to3}\ln|x+3|=\mathbf{\ln 6}\longleftarrow \text{답}$$

유제 **4**-7. 다음 극한을 조사하여라.

(1) $\displaystyle\lim_{x\to\infty}\frac{2^x}{3^x-1}$ (2) $\displaystyle\lim_{x\to\infty}(3^x-2^x)$ (3) $\displaystyle\lim_{x\to\infty}(3^x-2^{x+2})$

(4) $\displaystyle\lim_{x\to\infty}\{\ln(2x+1)-\ln(x-1)\}$ (5) $\displaystyle\lim_{x\to1}(\ln|x^3-1|-\ln|x^2-1|)$

답 (1) **0** (2) $\boldsymbol{\infty}$ (3) $\boldsymbol{\infty}$ (4) $\mathbf{\ln 2}$ (5) $\mathbf{\ln\frac{3}{2}}$

기본 문제 4-8 다음 극한값을 구하여라.

(1) $\displaystyle\lim_{x\to0}\frac{\ln(1+x)}{x}$ (2) $\displaystyle\lim_{x\to0}\frac{a^x-1}{x}$ (단, $a>0$, $a\neq1$)

(3) $\displaystyle\lim_{x\to0}\frac{\ln(1+x)}{\tan x}$ (4) $\displaystyle\lim_{x\to0}\frac{e^{2x}-1}{\sin x}$

정석연구 지수, 로그를 포함한 $\dfrac{0}{0}$ 꼴의 극한이다. 주어진 식을

$$\textbf{정석}\ \lim_{x\to0}(1+x)^{\frac{1}{x}}=e$$

를 이용할 수 있는 꼴로 변형한다.

모범답안 (1) $\displaystyle\lim_{x\to0}\frac{\ln(1+x)}{x}=\lim_{x\to0}\frac{1}{x}\ln(1+x)=\lim_{x\to0}\ln(1+x)^{\frac{1}{x}}$

$=\ln e=\mathbf{1}$ ← 답

(2) $a^x-1=t$로 놓으면 $a^x=1+t$ ∴ $x=\log_a(1+t)$

또, $x\longrightarrow0$일 때 $t\longrightarrow0$이므로

$$\lim_{x\to0}\frac{a^x-1}{x}=\lim_{t\to0}\frac{t}{\log_a(1+t)}=\lim_{t\to0}\frac{1}{\frac{1}{t}\log_a(1+t)}=\lim_{t\to0}\frac{1}{\log_a(1+t)^{\frac{1}{t}}}$$

$=\dfrac{1}{\log_a e}=\log_e a=\ln a$ ← 답

(3) $\displaystyle\lim_{x\to0}\frac{\ln(1+x)}{\tan x}=\lim_{x\to0}\left\{\frac{\ln(1+x)}{x}\times\frac{x}{\tan x}\right\}=1\times1=\mathbf{1}$ ← 답

(4) $\displaystyle\lim_{x\to0}\frac{e^{2x}-1}{\sin x}=\lim_{x\to0}\left(\frac{e^{2x}-1}{2x}\times\frac{x}{\sin x}\times2\right)=1\times1\times2=\mathbf{2}$ ← 답

Advice | (3), (4)는 (1), (2)의 결과를 이용하였다. 앞으로 다음 **정석**을 공식으로 기억해 두고서 이용해도 된다.

$$\textbf{정석}\ \lim_{x\to0}\frac{\ln(1+x)}{x}=1,\quad \lim_{x\to0}\frac{e^x-1}{x}=1,\quad \lim_{x\to0}\frac{a^x-1}{x}=\ln a$$

유제 **4**-8. 다음 극한값을 구하여라.

(1) $\displaystyle\lim_{x\to0}\frac{\log_a(1+x)}{x}$ (2) $\displaystyle\lim_{x\to0}\frac{\ln(1+x)}{2x}$ (3) $\displaystyle\lim_{x\to0}\frac{5^x-1}{x}$

(4) $\displaystyle\lim_{x\to1}\frac{\ln x}{x-1}$ (5) $\displaystyle\lim_{x\to0}\frac{e^x-1}{\sin x}$ (6) $\displaystyle\lim_{x\to\infty}x\{\ln(x+1)-\ln x\}$

답 (1) $\dfrac{1}{\ln a}$ (2) $\dfrac{1}{2}$ (3) $\ln 5$ (4) 1 (5) 1 (6) 1

기본 문제 4-9 다음을 만족시키는 상수 a, b의 값을 구하여라.

(1) $\displaystyle\lim_{x\to0}\frac{e^x+a}{\sin 3x}=b$　　(2) $\displaystyle\lim_{x\to0}\frac{1-\cos x}{ax\sin x+b}=1$

[정석연구] **기본 문제 4-4** (p. 83)에서와 같은 방법으로 푼다.

(1) $x \longrightarrow 0$일 때 극한값이 존재하고 (분모) $\longrightarrow 0$이므로
(분자) $\longrightarrow 0$이어야 한다.

(2) $x \longrightarrow 0$일 때 0이 아닌 극한값이 존재하고 (분자) $\longrightarrow 0$이므로
(분모) $\longrightarrow 0$이어야 한다.

정석 (분모) $\longrightarrow$ **0**이면 (분자) $\longrightarrow$ **0** ⇦ 극한값이 존재할 때
(분자) $\longrightarrow$ **0**이면 (분모) $\longrightarrow$ **0** ⇦ **0**이 아닌 극한값이 존재할 때

[모범답안] (1) $x \longrightarrow 0$일 때 극한값이 존재하고 (분모) $\longrightarrow 0$이므로
(분자) $\longrightarrow 0$이어야 한다.

$$\therefore\ \lim_{x\to0}(e^x+a)=0 \qquad \therefore\ e^0+a=0 \qquad \therefore\ a=-1$$

이때, 준 식의 좌변은

$$\lim_{x\to0}\frac{e^x+a}{\sin 3x}=\lim_{x\to0}\frac{e^x-1}{\sin 3x}=\lim_{x\to0}\left(\frac{e^x-1}{x}\times\frac{3x}{\sin 3x}\times\frac{1}{3}\right)$$
$$=1\times1\times\frac{1}{3}=\frac{1}{3} \qquad \therefore\ b=\frac{1}{3}$$

[답] $\boldsymbol{a=-1,\ b=\frac{1}{3}}$

(2) $x \longrightarrow 0$일 때 0이 아닌 극한값이 존재하고 (분자) $\longrightarrow 0$이므로
(분모) $\longrightarrow 0$이어야 한다.

$$\therefore\ \lim_{x\to0}(ax\sin x+b)=0 \qquad \therefore\ b=0$$

이때, 준 식의 좌변은

$$\lim_{x\to0}\frac{1-\cos x}{ax\sin x+b}=\lim_{x\to0}\frac{1-\cos x}{ax\sin x}=\lim_{x\to0}\frac{1-\cos^2 x}{ax\sin x(1+\cos x)}$$
$$=\lim_{x\to0}\left(\frac{1}{a}\times\frac{\sin x}{x}\times\frac{1}{1+\cos x}\right)=\frac{1}{a}\times1\times\frac{1}{2}=\frac{1}{2a}$$
$$\therefore\ \frac{1}{2a}=1 \qquad \therefore\ a=\frac{1}{2}$$

[답] $\boldsymbol{a=\frac{1}{2},\ b=0}$

[유제] **4**-9. 다음을 만족시키는 상수 a, b의 값을 구하여라.

(1) $\displaystyle\lim_{x\to0}\frac{\ln(a+x)}{\tan x}=b$　　(2) $\displaystyle\lim_{x\to0}\frac{\sin 2x}{\sqrt{ax+b}-1}=2$

[답] (1) $\boldsymbol{a=1,\ b=1}$ (2) $\boldsymbol{a=2,\ b=1}$

기본 문제 4-10 $\angle A=\frac{\pi}{2}$, $\overline{AB}=6$인 직각삼각형 ABC의 꼭짓점 A에서 빗변 BC에 내린 수선의 발을 H라고 하자. $\angle B=\theta$라고 할 때, 다음 극한값을 구하여라.

(1) $\displaystyle\lim_{\theta\to0+}\frac{\overline{CH}}{\theta^2}$ (2) $\displaystyle\lim_{\theta\to0+}\frac{\overline{AC}-\overline{AH}}{\theta^3}$

정석연구 오른쪽 그림에서

$\overline{BC}=6\sec\theta$, $\overline{AC}=6\tan\theta$,

$\overline{AH}=6\sin\theta$, $\overline{BH}=6\cos\theta$

이다. 이 식을 이용하여 $\overline{CH}$와 $\overline{AC}-\overline{AH}$를 θ로 나타낸 다음, 아래 **정석**을 이용할 수 있는 꼴로 변형해 보아라.

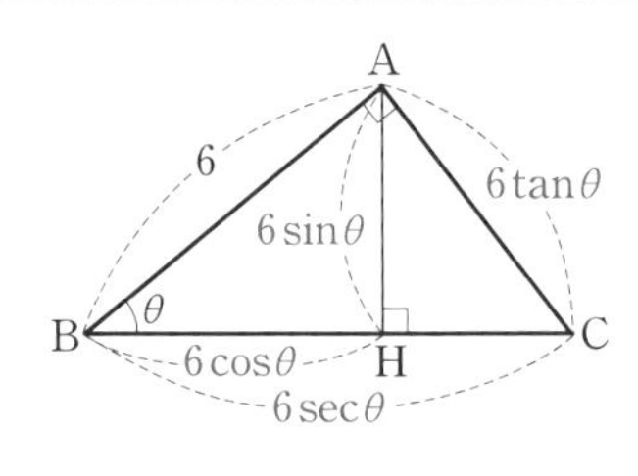

정석 삼각함수의 극한 $\Longrightarrow$ $\displaystyle\lim_{x\to0}\frac{\sin x}{x}=1$을 이용!

모범답안 (1) $\overline{CH}=\overline{BC}-\overline{BH}=6\sec\theta-6\cos\theta$

$$=6\times\frac{1}{\cos\theta}-6\cos\theta=6\times\frac{1-\cos^2\theta}{\cos\theta}=\frac{6\sin^2\theta}{\cos\theta}$$

$$\therefore \lim_{\theta\to0+}\frac{\overline{CH}}{\theta^2}=\lim_{\theta\to0+}\frac{6\sin^2\theta}{\theta^2\cos\theta}=\lim_{\theta\to0+}\left\{6\left(\frac{\sin\theta}{\theta}\right)^2\times\frac{1}{\cos\theta}\right\}=\mathbf{6} \longleftarrow \text{답}$$

(2) $\displaystyle\overline{AC}-\overline{AH}=6\tan\theta-6\sin\theta=6\times\frac{\sin\theta}{\cos\theta}-6\sin\theta=\frac{6\sin\theta(1-\cos\theta)}{\cos\theta}$

따라서

$$\lim_{\theta\to0+}\frac{\overline{AC}-\overline{AH}}{\theta^3}=\lim_{\theta\to0+}\frac{6\sin\theta(1-\cos\theta)}{\theta^3\cos\theta}=\lim_{\theta\to0+}\frac{6\sin\theta(1-\cos^2\theta)}{\theta^3\cos\theta(1+\cos\theta)}$$

$$=\lim_{\theta\to0+}\left\{6\left(\frac{\sin\theta}{\theta}\right)^3\times\frac{1}{\cos\theta}\times\frac{1}{1+\cos\theta}\right\}=\mathbf{3} \longleftarrow \text{답}$$

**Note* (1) $\overline{CH}$는 다음과 같이 구할 수도 있다.

$$\overline{CH}=\overline{AC}\cos\left(\frac{\pi}{2}-\theta\right)=6\tan\theta\sin\theta=\frac{6\sin^2\theta}{\cos\theta}$$

유제 **4**-10. $\angle B=\frac{\pi}{2}$, $\overline{AB}=4$인 직각삼각형 ABC의 변 AC 위에 $\overline{AB}=\overline{AD}$가 되는 점 D가 있다. 점 B에서 변 AC에, 점 D에서 변 BC에 내린 수선의 발을 각각 P, Q라고 하자. $\angle A=\theta$라고 할 때, 다음 극한값을 구하여라.

(1) $\displaystyle\lim_{\theta\to0+}\frac{\overline{BC}-\overline{BP}}{\theta^3}$ (2) $\displaystyle\lim_{\theta\to0+}\frac{\overline{DQ}}{\overline{BQ}^2}$ 답 (1) **2** (2) $\mathbf{\frac{1}{8}}$

§ 3. 연속함수

1 함수의 연속

이를테면 네 함수

$$f(x)=x+1,\quad g(x)=\frac{x^2+x}{x},\quad h(x)=[x],\quad k(x)=\begin{cases} x^2 & (x\neq0) \\ -1 & (x=0)\end{cases}$$

의 그래프는 다음과 같다. 단, $[x]$는 x보다 크지 않은 최대 정수이다.

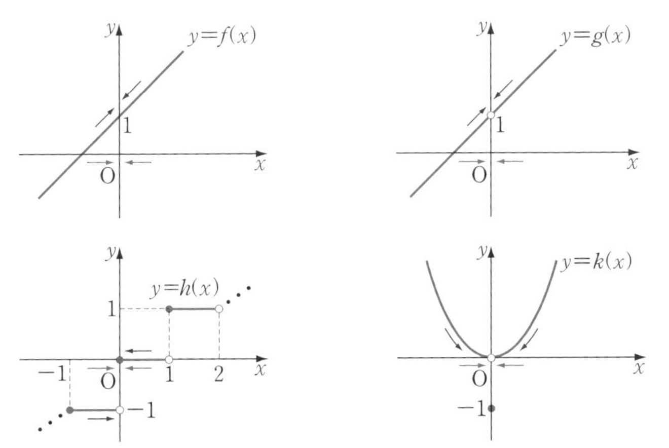

이 중 $y=f(x)$의 그래프는 $x=0$인 점에서 이어져 있지만, 나머지 세 함수의 그래프는 $x=0$인 점에서 끊어져 있다. 이때, 함수 $f(x)$는 $\boldsymbol{x=0}$에서 **연속**이라 하고, 함수 $g(x)$, $h(x)$, $k(x)$는 $\boldsymbol{x=0}$에서 **불연속**이라고 한다.

$x=0$에서 불연속인 함수 $g(x)$, $h(x)$, $k(x)$에는 다음과 같은 특징이 있다.

(i) 함수 $g(x)$는 $x=0$에서 정의되지 않는다.

(ii) $\displaystyle\lim_{x\to0-}h(x)=-1,\ \lim_{x\to0+}h(x)=0$이므로

함수 $h(x)$는 $x\longrightarrow0$일 때 극한값이 존재하지 않는다.

(iii) $\displaystyle\lim_{x\to0}k(x)=0,\ k(0)=-1$이므로 ⇦ $\displaystyle\lim_{x\to0}k(x)\neq k(0)$

함수 $k(x)$는 $x\longrightarrow0$일 때의 극한값과 $k(0)$이 같지 않다.

그러나 $x=0$에서 연속인 함수 $f(x)$에서는 다음이 성립한다.

(i) $x=0$에서 정의되어 있다. 곧, $f(0)=1$

(ii) $x\longrightarrow0$일 때 극한값이 존재한다. 곧, $\displaystyle\lim_{x\to0}f(x)=1$

(iii) (i)과 (ii)의 값이 같다. 곧, $\displaystyle\lim_{x\to0}f(x)=f(0)$

이상을 일반화하여 함수의 연속과 불연속을 다음과 같이 정의한다.

기본정석 — **함수의 연속과 불연속**

(1) $\boldsymbol{x=a}$에서 연속

함수 $f(x)$가

(i) $\boldsymbol{x=a}$에서 정의되어 있고,

(ii) $\displaystyle\lim_{x\to a}\boldsymbol{f(x)}$가 존재하며,

(iii) $\displaystyle\lim_{x\to a}\boldsymbol{f(x)=f(a)}$

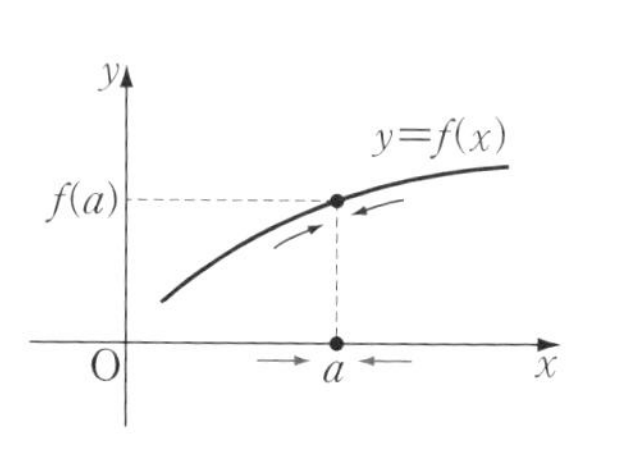

일 때, $f(x)$는 $\boldsymbol{x=a}$에서 연속이라고 한다.

이때, 함수 $y=f(x)$의 그래프는 $x=a$인 점에서 이어져 있다.

(2) $\boldsymbol{x=a}$에서 불연속

함수 $f(x)$가 $x=a$에서 연속이 아닐 때, $f(x)$는 $\boldsymbol{x=a}$에서 불연속이라고 한다.

이때, 함수 $y=f(x)$의 그래프는 $x=a$인 점에서 끊어져 있다.

Advice | 책에 따라서는 정의역의 원소에 대해서만 연속, 불연속을 생각한다. 이를테면 함수 $y=\dfrac{1}{x}$은 $x=0$에서 정의되지 않으므로 이 값에서 연속, 불연속을 생각하지 않는다.

하지만 이 책에서는 $y=\dfrac{1}{x}$은 $x=0$에서 불연속이라고 약속한다.

보기 1 함수 $f(x)=x$는 모든 실수에서 연속임을 증명하여라.

연구 임의의 실수 a에 대하여

$$\lim_{x\to a}f(x)=\lim_{x\to a}x=a,\quad f(a)=a \qquad \therefore \lim_{x\to a}f(x)=f(a)$$

곧, $f(x)$는 $x=a$에서 연속이다. 따라서 $f(x)$는 모든 실수에서 연속이다.

***Note** 같은 방법으로 상수함수 $f(x)=c$도 모든 실수에서 연속임을 보일 수 있다.

2 구간에서의 연속

함수 $f(x)$가 열린구간 (a, b)에 속하는 모든 x에서 연속이면 $f(x)$는 열린구간 $(\boldsymbol{a}, \boldsymbol{b})$에서 연속이라고 정의한다.

또, 함수 $f(x)$가

(i) 열린구간 $(\boldsymbol{a}, \boldsymbol{b})$에서 연속이고

(ii) $\displaystyle\lim_{x\to a+}\boldsymbol{f(x)=f(a)},\quad \lim_{x\to b-}\boldsymbol{f(x)=f(b)}$

이면 닫힌구간 $[\boldsymbol{a}, \boldsymbol{b}]$에서 연속이라고 정의한다.

이를테면 닫힌구간 $[0, 3]$에서 정의된 함수 $f(x)=x^2-4x+3$은 열린구간 $(0, 3)$에서 연속이고

$$\lim_{x\to0+}f(x)=3=f(0),\quad \lim_{x\to3-}f(x)=0=f(3)$$

이므로 $f(x)$는 닫힌구간 $[0, 3]$에서 연속이다.

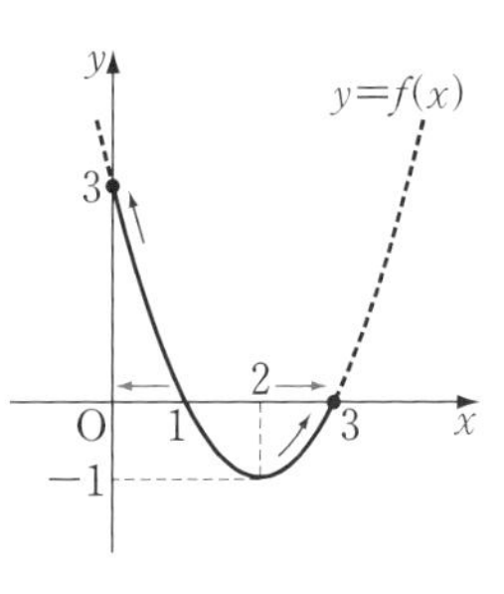

일반적으로 함수 $f(x)$가 어떤 구간에 속하는 모든 실수에서 연속이면 $f(x)$는 이 구간에서 연속 또는 이 구간에서 연속함수라고 한다.

3 연속함수의 성질

앞서 공부한 함수의 극한에 관한 기본 성질(p. 79)을 이용하면 다음 연속함수의 성질이 성립한다는 것을 설명할 수 있다. 직관적으로 이해하고, 연속함수를 공부하는 데 활용할 수 있도록 하자.

기본정석 — 연속함수의 성질

두 함수 $f(x)$, $g(x)$가 모두 $x=a$에서 연속이면 다음 함수도 $x=a$에서 연속이다.

(1) $kf(x)$ (단, k는 상수) (2) $f(x)\pm g(x)$

(3) $f(x)g(x)$ (4) $\dfrac{f(x)}{g(x)}$ $\left(\text{단, } g(a)\neq0\right)$

보기 2 두 함수 $f(x)$, $g(x)$가 모두 $x=a$에서 연속일 때, 다음 함수 중 $x=a$에서 반드시 연속이라고 할 수 없는 것은?

① $2f(x)+3g(x)$ ② $2f(x)-3g(x)$ ③ $2f(x)\times3g(x)$

④ $\{f(x)\}^2$ ⑤ $2f(x)+\dfrac{g(x)}{f(x)}$

연구 연속함수의 성질 (1)에 의하여 $2f(x)$와 $3g(x)$는 모두 연속이다.

따라서 성질 (2), (3)에 의하여

$$2f(x)+3g(x),\quad 2f(x)-3g(x),\quad 2f(x)\times3g(x)$$

도 모두 연속이다.

또, $\{f(x)\}^2=f(x)f(x)$이므로 성질 (3)에 의하여 연속이다.

그러나 $f(a)=0$일 수 있으므로 $\dfrac{g(x)}{f(x)}$는 반드시 연속이라고 할 수 없다.

따라서 $2f(x)+\dfrac{g(x)}{f(x)}$도 반드시 연속이라고 할 수 없다. 답 ⑤

Advice | p. 96의 **보기 1**에서 두 함수 $y=x$와 $y=c$ (c는 상수)는 구간 $(-\infty, \infty)$에서 연속이라고 하였다. 그런데 다항함수

$$f(x)=a_nx^n+a_{n-1}x^{n-1}+\cdots+a_1x+a_0$$

은 항등함수 $y=x$와 상수함수 $y=c$의 곱과 합으로 된 함수이다. 따라서 연속함수의 성질에 의하여 다항함수는 구간 $(-\infty, \infty)$에서 연속이다.

지금까지 공부한 기본적인 함수의 연속성을 정리하면 다음과 같다.

다항함수	$a_nx^n+a_{n-1}x^{n-1}+\cdots+a_1x+a_0$	…… 구간 $(-\infty, \infty)$에서 연속
유리함수	$\dfrac{f(x)}{g(x)}$ (f, g는 다항함수)	…… $g(x)\neq 0$인 x에서 연속
무리함수	$\sqrt{f(x)}$ (f는 다항함수)	…… $f(x)\geq 0$인 x에서 연속
지수함수	a^x ($a>0$, $a\neq 1$)	…… 구간 $(-\infty, \infty)$에서 연속
로그함수	$\log_a x$ ($a>0$, $a\neq 1$)	…… 구간 $(0, \infty)$에서 연속
삼각함수	$\sin x$, $\cos x$	…… 구간 $(-\infty, \infty)$에서 연속
	$\tan x$	…… $x\neq n\pi+\dfrac{\pi}{2}$ (n은 정수)에서 연속

***Note** 이 함수들은 모두 정의역에서 연속이라고 생각하면 된다.

4 최대·최소 정리와 사잇값의 정리

다음은 연속함수의 중요한 성질로 기본 수학 Ⅱ (p. 37, 38)에서 공부하였다. 특히 사잇값의 정리를 이용하면 어떤 구간에서 방정식의 실근이 존재한다는 것을 쉽게 보일 수 있었다.

기본정석 **최대·최소 정리와 사잇값의 정리**

(1) 최대·최소 정리 : 함수 $f(x)$가 닫힌구간 $[a, b]$에서 연속이면 $f(x)$는 이 구간에서 반드시 최댓값과 최솟값을 가진다.

(2) 사잇값의 정리 : 함수 $f(x)$가 닫힌구간 $[a, b]$에서 연속이고 $f(a)\neq f(b)$이면 $f(a)$와 $f(b)$ 사이의 임의의 실수 k에 대하여 $f(c)=k$인 c가 열린구간 (a, b)에 적어도 하나 존재한다.

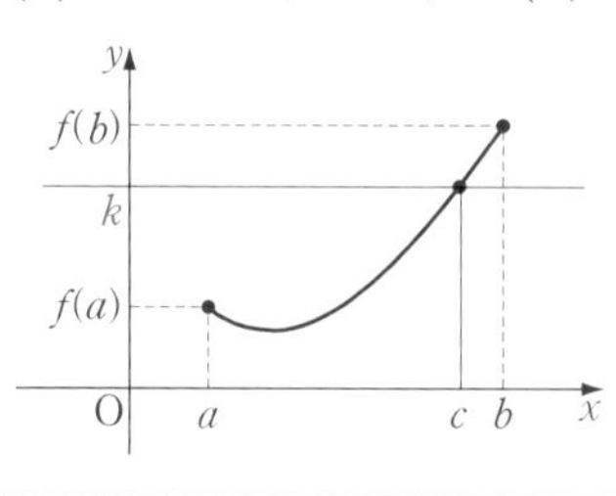

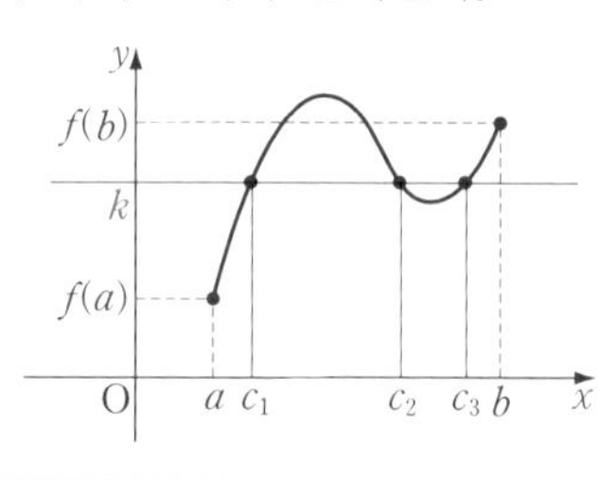

기본 문제 4-11 $\text{Max}\{a, b, c, \cdots\}$는 집합 $\{a, b, c, \cdots\}$의 원소 중 가장 큰 수를 나타낸다. 실수 x에 대하여

$$f(x)=\text{Max}\{m \mid m \le \sin x,\ m\text{은 정수}\}$$

라고 할 때, 구간 $(0, 2\pi)$에서 함수 $f(x)$가 불연속인 x의 값을 구하여라.

정석연구 기호 $\text{Max}\{a, b, c, \cdots\}$에 대해서는 이미 공부한 바 있다. 곧,

$$\text{Max}\{1, 2, 3\}=3, \qquad \text{Max}\{-1, 0, 2, 5\}=5$$

와 같이 집합의 원소 중에서 가장 큰 수를 나타낸다.

또, $\{m \mid m \le \sin x,\ m\text{은 정수}\}$는 $\sin x$의 값보다 크지 않은 정수들의 모임을 뜻한다. 따라서

$$\text{Max}\{m \mid m \le \sin x,\ m\text{은 정수}\}$$

는 $\sin x$보다 크지 않은 정수 중 가장 큰 수를 뜻한다는 것을 알 수 있다. 이를 이용하여 $y=f(x)$의 그래프를 그린 다음 $f(x)$의 연속성을 조사해 보자.

정석 기호의 정의를 확실하게 이해하자!

모범답안 $y=\sin x$의 그래프를 이용하여 $y=f(x)$의 그래프를 그리면 다음과 같다.

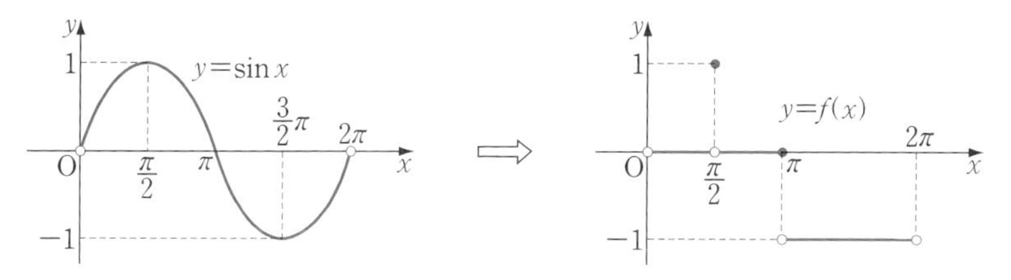

따라서 구간 $(0, 2\pi)$에서 $f(x)$는 $x=\dfrac{\pi}{2}$, π에서 불연속이다.

답 $x=\dfrac{\pi}{2}$, π

Advice | 함수 $f(x)$를 가우스 기호를 써서 $f(x)=[\sin x]$로 나타낼 수도 있다. 따라서 이 문제는 구간 $(0, 2\pi)$에서 $f(x)=[\sin x]$의 연속성을 조사하는 것과 같다.

유제 **4**-11. 구간 $[0, 2]$에서 함수 $f(x)=[\sin \pi x]$가 불연속인 x의 값을 구하여라. 단, $[x]$는 x보다 크지 않은 최대 정수이다. 답 $x=\dfrac{1}{2}$, 1, 2

유제 **4**-12. 구간 $(0, \pi)$에서 함수 $f(x)=[2\cos x]$가 불연속인 x의 값을 구하여라. 단, $[x]$는 x보다 크지 않은 최대 정수이다.

답 $x=\dfrac{\pi}{3}$, $\dfrac{\pi}{2}$, $\dfrac{2}{3}\pi$

기본 문제 4-12 다음 함수가 $x=0$에서 연속일 때, 상수 a의 값을 구하여라.

(1) $f(x)=\begin{cases} \dfrac{\ln(1+ax)}{x} & (x\neq0) \\ 3 & (x=0) \end{cases}$ (2) $f(x)=\begin{cases} \dfrac{\sin x}{e^x-1} & (x\neq0) \\ a & (x=0) \end{cases}$

정석연구 일반적으로 함수 $f(x)$가

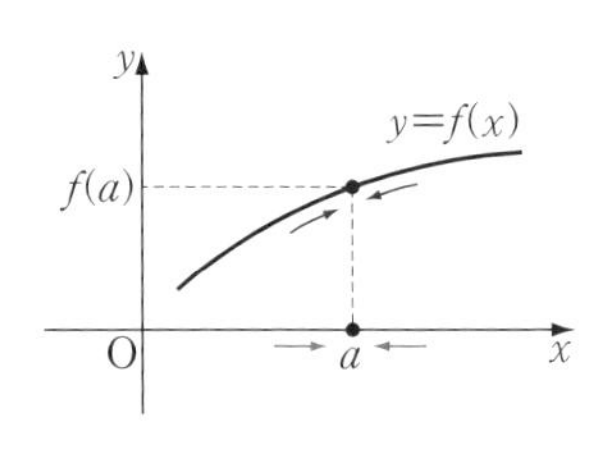

(i) $\boldsymbol{x=a}$에서 정의되어 있고,

(ii) $\displaystyle\lim_{x\to a} \boldsymbol{f(x)}$가 존재하며,

(iii) $\displaystyle\lim_{x\to a} \boldsymbol{f(x)=f(a)}$

일 때, $f(x)$는 $x=a$에서 연속이라고 한다.

또, 함수 $f(x)$가 이 중 어느 한 조건이라도 만족시키지 않으면 $f(x)$는 $x=a$에서 불연속이라고 한다.

따라서 $\displaystyle\lim_{x\to0} f(x)=f(0)$일 조건을 구하면 된다. 이때, 다음을 이용한다.

정석 $\displaystyle\lim_{x\to0}\frac{\sin x}{x}=1,\quad \lim_{x\to0}\frac{\ln(1+x)}{x}=1,\quad \lim_{x\to0}\frac{x}{e^x-1}=1$

모범답안 (1) $a=0$이면 $x\neq0$일 때 $f(x)=0$이고 $f(0)=3$이므로 $f(x)$는 $x=0$에서 연속이 아니다. $\therefore a\neq0$

$$\therefore \lim_{x\to0} f(x)=\lim_{x\to0}\frac{\ln(1+ax)}{x}=\lim_{x\to0}\left\{a\times\frac{\ln(1+ax)}{ax}\right\}=a$$

그런데 $f(x)$가 $x=0$에서 연속이면 $\displaystyle\lim_{x\to0} f(x)=f(0)$이므로

$\boldsymbol{a=3}$ ← 답

(2) $\displaystyle\lim_{x\to0} f(x)=\lim_{x\to0}\frac{\sin x}{e^x-1}=\lim_{x\to0}\left(\frac{\sin x}{x}\times\frac{x}{e^x-1}\right)=1\times1=1$

그런데 $f(x)$가 $x=0$에서 연속이면 $\displaystyle\lim_{x\to0} f(x)=f(0)$이므로

$\boldsymbol{a=1}$ ← 답

유제 **4**-13. 다음 함수가 $x=0$에서 연속일 때, 상수 a의 값을 구하여라.

(1) $f(x)=\begin{cases} \dfrac{e^{2x}-1}{x} & (x\neq0) \\ a & (x=0) \end{cases}$ (2) $f(x)=\begin{cases} \dfrac{\tan ax}{\ln(x+1)} & (x\neq0) \\ -1 & (x=0) \end{cases}$

답 (1) $\boldsymbol{a=2}$ (2) $\boldsymbol{a=-1}$

기본 문제 4-13 다음 방정식이 주어진 구간에서 적어도 하나의 실근을 가짐을 보여라.

(1) $x^4+x^3-9x+1=0$, $(1, 3)$ (2) $x\sin x=\cos x$, $(0, 1)$

정석연구 사잇값의 정리의 특수한 경우로 오른쪽 그림과 같이 함수 $f(x)$가 구간 $[a, b]$에서 연속이고 $f(a)<0$, $f(b)>0$이면

$$f(c)=0$$

인 c가 구간 (a, b)에 적어도 하나 존재한다.

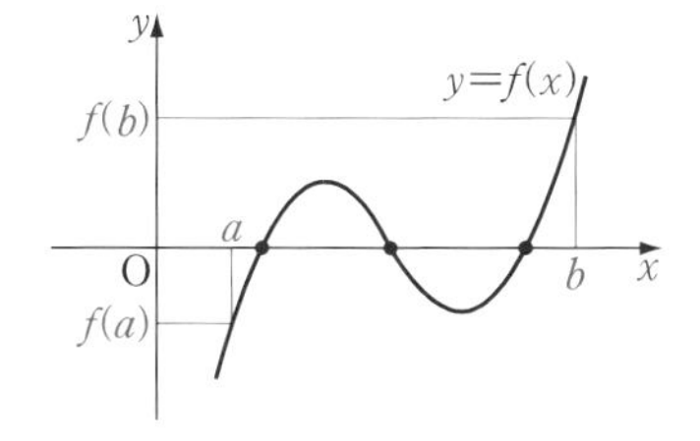

이 성질을 이용하면 이 문제를 쉽게 해결할 수 있다.

정석 함수 $\boldsymbol{f(x)}$가 구간 $[\boldsymbol{a}, \boldsymbol{b}]$에서 연속이고 $\boldsymbol{f(a)f(b)<0}$이면 방정식 $\boldsymbol{f(x)=0}$은 구간 $(\boldsymbol{a}, \boldsymbol{b})$에서 적어도 하나의 실근을 가진다.

모범답안 (1) $f(x)=x^4+x^3-9x+1$로 놓으면 $f(x)$는 실수 전체의 집합에서 연속이므로 구간 $[1, 3]$에서도 연속이고

$$f(1)=-6<0, \qquad f(3)=82>0$$

따라서 사잇값의 정리에 의하여 방정식 $f(x)=0$은 구간 $(1, 3)$에서 적어도 하나의 실근을 가진다.

(2) $f(x)=x\sin x-\cos x$로 놓으면 함수 $y=x\sin x$, $y=\cos x$는 모두 실수 전체의 집합에서 연속이므로 $f(x)$도 실수 전체의 집합에서 연속이다. 곧, $f(x)$는 구간 $[0, 1]$에서도 연속이다.

또, $f(0)=-\cos 0=-1<0$이고, $f(1)=\sin 1-\cos 1$에서 $\dfrac{\pi}{4}<1<\dfrac{\pi}{2}$이므로

$$\sin 1>\cos 1 \qquad \therefore\ f(1)>0$$

따라서 사잇값의 정리에 의하여 방정식 $f(x)=0$은 구간 $(0, 1)$에서 적어도 하나의 실근을 가진다.

유제 **4**-14. 다음 방정식이 주어진 구간에서 적어도 하나의 실근을 가짐을 보여라.

(1) $x^3+2x+2=0$, $(-1, 0)$ (2) $x\log_2 x=1$, $(1, 2)$

(3) $x-\cos x=0$, $\left(0, \dfrac{\pi}{2}\right)$ (4) $\sin x=x\cos x$, $\left(\pi, \dfrac{3}{2}\pi\right)$

연습문제 4

4-1 $f(x)=x^2+\dfrac{x^2}{1+x^2}+\dfrac{x^2}{(1+x^2)^2}+\dfrac{x^2}{(1+x^2)^3}+\cdots$일 때, 다음 중 옳은 것만을 있는 대로 고른 것은?

ㄱ. $\lim_{n\to\infty} f\left(\dfrac{1}{n}\right)=f(0)$

ㄴ. $\lim_{x\to 0} f(\cos x)=f\left(\lim_{x\to 0}\cos x\right)$

ㄷ. $\lim_{x\to 0} f(\sin x)=f\left(\lim_{x\to 0}\sin x\right)$

① ㄱ ② ㄴ ③ ㄷ ④ ㄱ, ㄴ ⑤ ㄱ, ㄴ, ㄷ

4-2 다음 극한값을 구하여라.

(1) $\lim_{x\to\frac{\pi}{2}}\left(\sec^2 x-\dfrac{\tan x}{\cos x}\right)$ (2) $\lim_{x\to 0}\dfrac{\sin^2 2x}{1-\cos x}$

4-3 $\lim_{x\to\frac{\pi}{4}-}\dfrac{1}{\tan 2x}(1+\tan x+\tan^2 x+\tan^3 x+\cdots)$의 값은?

① $\dfrac{1}{2}$ ② 1 ③ $\dfrac{3}{2}$ ④ 2 ⑤ $\dfrac{5}{2}$

4-4 $\lim_{x\to 0}\dfrac{e^{\frac{1}{x}}}{1+e^{\frac{1}{x}}}$의 값이 존재하면 그 값을 구하여라.

4-5 $a>0$, $a\neq 1$, $b>0$, $b\neq 1$일 때, 함수 $f(x)=\dfrac{b^x+\log_a x}{a^x+\log_b x}$에 대하여 다음 물음에 답하여라.

(1) $a<1$, $b<1$일 때, $\lim_{x\to\infty} f(x)$를 구하여라. (2) $\lim_{x\to 0+} f(x)$를 구하여라.

4-6 다음 극한값을 구하여라.

(1) $\lim_{x\to 0}\dfrac{\sin(x^3+2x)}{2x^3+5x}$ (2) $\lim_{x\to 0}\dfrac{\tan(\sin\pi x)}{x}$ (3) $\lim_{x\to 0}\dfrac{\sin(\tan x)}{\tan(\sin x)}$

(4) $\lim_{x\to 0}\dfrac{x^2}{1-\cos 2x}$ (5) $\lim_{x\to 0}\dfrac{1-\cos 2x}{1-\cos 3x}$ (6) $\lim_{x\to 0}\dfrac{1-\cos x}{x\sin x}$

4-7 다음 극한값을 구하여라.

(1) $\lim_{x\to 0}\dfrac{2\sin x-\sin 2x}{x^3}$ (2) $\lim_{x\to 0}\dfrac{\sin 5x-\sin 3x}{\sin 4x}$

4-8 다음 극한값을 구하여라.

(1) $\lim_{x\to\infty}\dfrac{x}{x+\sin x}$ (2) $\lim_{x\to 0}\dfrac{\sin x}{x+\tan x}$

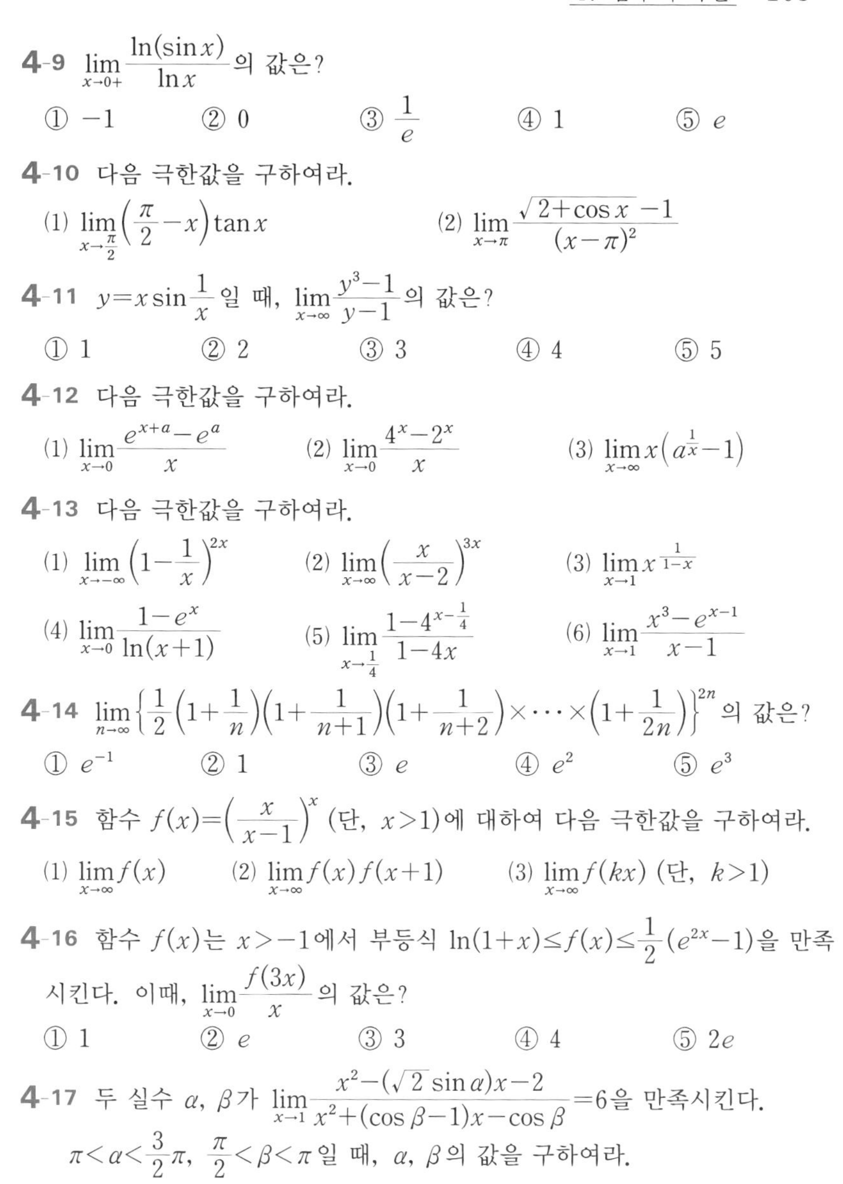

4-9 $\lim_{x \to 0+} \frac{\ln(\sin x)}{\ln x}$ 의 값은?

① -1 ② 0 ③ $\frac{1}{e}$ ④ 1 ⑤ e

4-10 다음 극한값을 구하여라.

(1) $\lim_{x \to \frac{\pi}{2}} \left(\frac{\pi}{2} - x\right) \tan x$ (2) $\lim_{x \to \pi} \frac{\sqrt{2 + \cos x} - 1}{(x - \pi)^2}$

4-11 $y = x \sin \frac{1}{x}$ 일 때, $\lim_{x \to \infty} \frac{y^3 - 1}{y - 1}$ 의 값은?

① 1 ② 2 ③ 3 ④ 4 ⑤ 5

4-12 다음 극한값을 구하여라.

(1) $\lim_{x \to 0} \frac{e^{x+a} - e^a}{x}$ (2) $\lim_{x \to 0} \frac{4^x - 2^x}{x}$ (3) $\lim_{x \to \infty} x\left(a^{\frac{1}{x}} - 1\right)$

4-13 다음 극한값을 구하여라.

(1) $\lim_{x \to -\infty} \left(1 - \frac{1}{x}\right)^{2x}$ (2) $\lim_{x \to \infty} \left(\frac{x}{x-2}\right)^{3x}$ (3) $\lim_{x \to 1} x^{\frac{1}{1-x}}$

(4) $\lim_{x \to 0} \frac{1 - e^x}{\ln(x+1)}$ (5) $\lim_{x \to \frac{1}{4}} \frac{1 - 4^{x - \frac{1}{4}}}{1 - 4x}$ (6) $\lim_{x \to 1} \frac{x^3 - e^{x-1}}{x - 1}$

4-14 $\lim_{n \to \infty} \left\{ \frac{1}{2} \left(1 + \frac{1}{n}\right)\left(1 + \frac{1}{n+1}\right)\left(1 + \frac{1}{n+2}\right) \times \cdots \times \left(1 + \frac{1}{2n}\right) \right\}^{2n}$ 의 값은?

① e^{-1} ② 1 ③ e ④ e^2 ⑤ e^3

4-15 함수 $f(x) = \left(\frac{x}{x-1}\right)^x$ (단, $x > 1$)에 대하여 다음 극한값을 구하여라.

(1) $\lim_{x \to \infty} f(x)$ (2) $\lim_{x \to \infty} f(x) f(x+1)$ (3) $\lim_{x \to \infty} f(kx)$ (단, $k > 1$)

4-16 함수 $f(x)$는 $x > -1$에서 부등식 $\ln(1+x) \le f(x) \le \frac{1}{2}(e^{2x} - 1)$을 만족시킨다. 이때, $\lim_{x \to 0} \frac{f(3x)}{x}$ 의 값은?

① 1 ② e ③ 3 ④ 4 ⑤ $2e$

4-17 두 실수 α, β가 $\lim_{x \to 1} \frac{x^2 - (\sqrt{2} \sin \alpha) x - 2}{x^2 + (\cos \beta - 1) x - \cos \beta} = 6$을 만족시킨다.

$\pi < \alpha < \frac{3}{2}\pi$, $\frac{\pi}{2} < \beta < \pi$ 일 때, α, β의 값을 구하여라.

4-18 다음을 만족시키는 상수 a, b의 값을 구하여라.

(1) $\lim_{x \to 0} \frac{x^2 + ax + b}{\sin x} = 1$ (2) $\lim_{x \to 1} \frac{\sin^2(x-1)}{x^2 + ax + b} = 1$

4-19 좌표평면 위에 두 함수 $f(x)=2^x$, $g(x)=\left(\frac{1}{3}\right)^x$의 그래프가 있다. 두 곡선 $y=f(x)$, $y=g(x)$가 직선 $x=t\,(t>0)$와 만나는 점을 각각 A, B라 하고, 점 A에서 y축에 내린 수선의 발을 C라고 할 때, $\lim_{t\to0+}\frac{\overline{\mathrm{AB}}}{\overline{\mathrm{AC}}}$의 값을 구하여라.

4-20 오른쪽 그림과 같이 한 변의 길이가 1인 마름모 ABCD가 있다. 점 D에서 직선 BC에 내린 수선의 발을 E, 점 E에서 직선 AC에 내린 수선의 발을 F라 하고, $\angle\mathrm{ABC}=\theta$일 때 삼각형 CFE의 넓이를 $\mathrm{S}(\theta)$라고 하자.

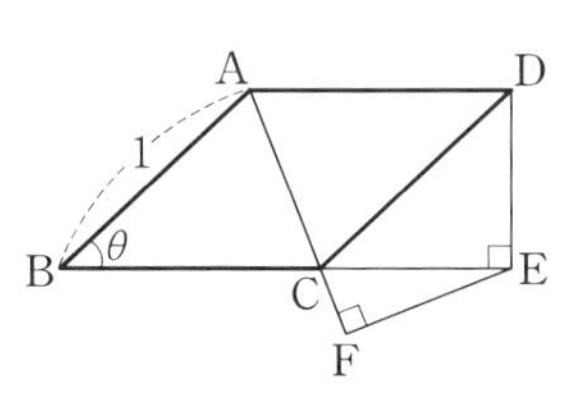

$\lim_{\theta\to0+}\frac{\mathrm{S}(\theta)}{\theta}$의 값을 구하여라. 단, $0<\theta<\frac{\pi}{2}$이다.

4-21 오른쪽 그림과 같이 길이가 2인 선분 AB를 지름으로 하는 반원이 있다. 이 반원의 호를 삼등분하는 점 중에서 A에 가까운 점을 C라 하고, 호 BC 위의 점 P에서 선분 AB에 내린 수선의 발을 H라고 하자. 또, 선분 PH와 선분 BC의 교점을 Q라 하고, $\angle\mathrm{PAB}=\theta$일 때 삼각형 BQH의 넓이를 $\mathrm{S}(\theta)$라고 하자.

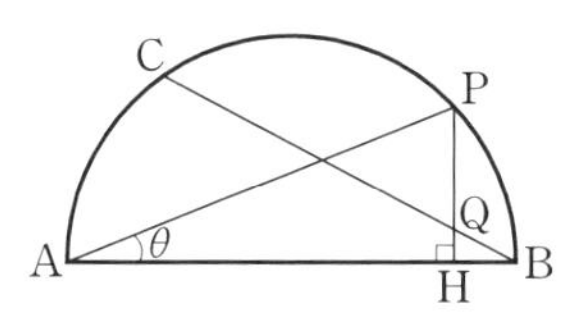

$\lim_{\theta\to0+}\frac{\mathrm{S}(\theta)}{\theta^4}$의 값을 구하여라. 단, $0<\theta<\frac{\pi}{3}$이다.

4-22 두 함수 $y=f(x)$와 $y=g(x)$의 그래프가 오른쪽과 같을 때, $-1\le x\le3$에서 함수 $g\big(f(x)\big)$가 불연속인 x의 값을 구하여라.

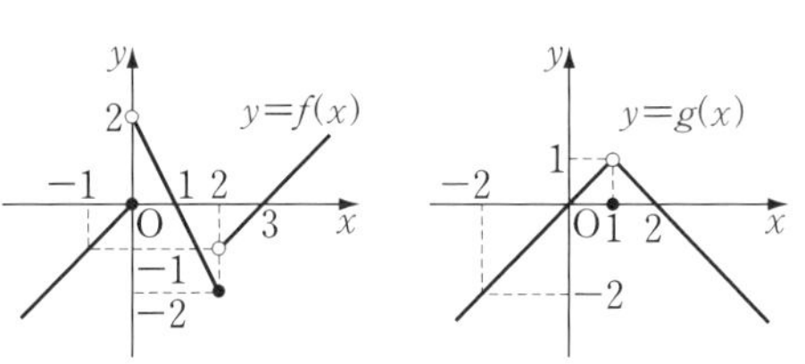

4-23 함수 $f(x)=\begin{cases}\dfrac{\sin(1-\cos x)}{x^2} & (x\neq0)\\ a & (x=0)\end{cases}$가 실수 전체의 집합에서 연속일 때, 상수 a의 값을 구하여라.

4-24 두 함수 $f(x)=\begin{cases}ax & (x<1)\\ 3-2x & (x\ge1)\end{cases}$, $g(x)=3^x+3^{-x}$에 대하여 합성함수 $(g\circ f)(x)$가 실수 전체의 집합에서 연속이 되도록 하는 상수 a의 값을 구하여라. 단, $a<0$이다.

5. 함수의 미분

미분계수와 도함수／미분법의 공식／합성 함수의 미분법／음함수와 역함수의 미분법 ／매개변수로 나타낸 함수의 미분법

§1. 미분계수와 도함수

1 평균변화율

이를테면 함수 $y=x^2$에서 (오른쪽 그림 참조) x의 값이 1부터 3까지 2만큼 변하면 이에 따라 y의 값은 1부터 9까지 8만큼 변한다.

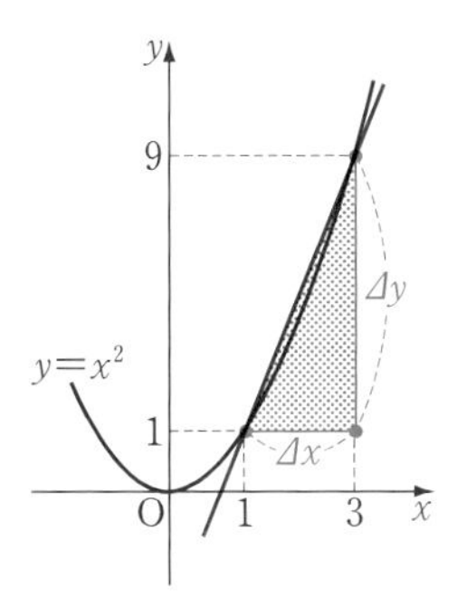

이때, x의 변화량 2를 **x의 증분**이라 하고, $\boldsymbol{\Delta x}$로 나타낸다. 곧,

$$\Delta x=3-1=2$$

또, y의 변화량 8을 Δx에 대한 **y의 증분**이라 하고, $\boldsymbol{\Delta y}$로 나타낸다. 곧,

$$\Delta y=9-1=8$$

여기에서 y의 증분 Δy를 x의 증분 Δx로 나눈

$$\frac{\Delta y}{\Delta x}=\frac{9-1}{3-1}=4$$

를 함수 $y=x^2$에서 x의 값이 1부터 3까지 변할 때의 y의 **평균변화율** 또는 구간 $[1, 3]$에서의 y의 평균변화율이라고 한다.

또, 이 평균변화율은 위의 그림에서 두 점 $(1, 1)$, $(3, 9)$를 지나는 직선의 기울기를 나타냄을 알 수 있다.

평균변화율 $\Longrightarrow$ 곡선 위의 두 점을 지나는 직선의 기울기

**Note* 함수 $y=f(x)$에서 y의 증분을 $\Delta f(x)$로 나타내기도 한다.

기본정석 **평균변화율**

(1) 평균변화율의 정의

함수 $y=f(x)$에서

$$\frac{\boldsymbol{\Delta y}}{\boldsymbol{\Delta x}}=\frac{\boldsymbol{f(a+\Delta x)-f(a)}}{\boldsymbol{\Delta x}}$$

를 x의 값이 a부터 $a+\Delta x$까지 변할 때의 y의 평균변화율이라고 한다.

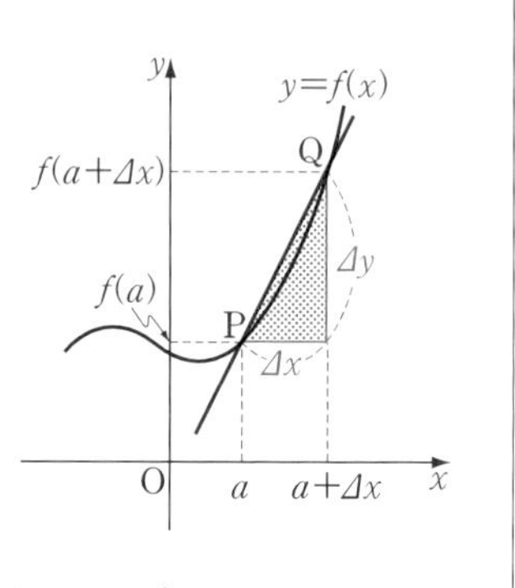

(2) 평균변화율의 기하적 의미

함수 $y=f(x)$의 평균변화율은 곡선 $y=f(x)$의 x좌표가 a인 점과 $a+\Delta x$인 점을 지나는 직선의 기울기(직선 PQ의 기울기)를 나타낸다.

Advice | $a+\Delta x=b$라고 하면 $\Delta x=b-a$이므로 위의 평균변화율의 정의를 다음과 같이 바꾸어 쓸 수도 있다.

정의 함수 $\boldsymbol{y=f(x)}$의 구간 $[\boldsymbol{a},\ \boldsymbol{b}]$에서의 평균변화율은

$$\frac{\boldsymbol{\Delta y}}{\boldsymbol{\Delta x}}=\frac{\boldsymbol{f(b)-f(a)}}{\boldsymbol{b-a}}$$

보기 1 x의 값이 1부터 4까지 변할 때, 다음 함수의 평균변화율을 구하여라.

(1) $y=2x+1$ (2) $y=x^2-4x+2$ (3) $y=\sqrt{x}$

연구 (1) $f(x)=2x+1$로 놓으면

$$\frac{\Delta y}{\Delta x}=\frac{f(4)-f(1)}{4-1}=\frac{(2\times4+1)-(2\times1+1)}{3}=\boldsymbol{2}$$

(2) $f(x)=x^2-4x+2$로 놓으면

$$\frac{\Delta y}{\Delta x}=\frac{f(4)-f(1)}{4-1}=\frac{(4^2-4\times4+2)-(1^2-4\times1+2)}{3}=\boldsymbol{1}$$

(3) $f(x)=\sqrt{x}$로 놓으면 $\dfrac{\Delta y}{\Delta x}=\dfrac{f(4)-f(1)}{4-1}=\dfrac{\sqrt{4}-\sqrt{1}}{3}=\boldsymbol{\dfrac{1}{3}}$

보기 2 함수 $y=x^2+2x$의 구간 $[a,\ a+2]$에서의 평균변화율이 6일 때, a의 값을 구하여라.

연구 $f(x)=x^2+2x$로 놓으면

$$\frac{\Delta y}{\Delta x}=\frac{f(a+2)-f(a)}{(a+2)-a}=\frac{\{(a+2)^2+2(a+2)\}-(a^2+2a)}{2}=2a+4$$

평균변화율이 6이므로 $2a+4=6$ $\therefore$ $\boldsymbol{a=1}$

2 미분계수(순간변화율)

이를테면 함수 $y=x^2$에서 x의 값이 1부터 $1+\Delta x$까지 변할 때의 평균변화율은

$$\frac{\Delta y}{\Delta x}=\frac{(1+\Delta x)^2-1^2}{(1+\Delta x)-1}=2+\Delta x$$

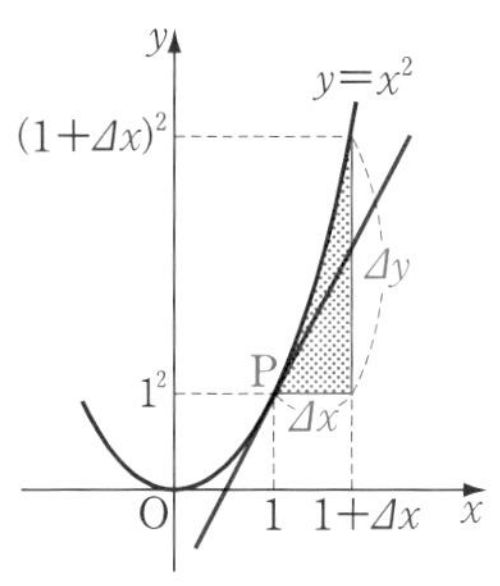

이다. 여기에서 x의 증분 Δx가

$\Delta x=0.1,\quad \Delta x=0.01,\quad \cdots$

과 같이 0에 가까운 값일 때의 평균변화율은

$\Delta x=0.1$일 때 $\dfrac{\Delta y}{\Delta x}=2+\Delta x=2+0.1=2.1$

$\Delta x=0.01$일 때 $\dfrac{\Delta y}{\Delta x}=2+\Delta x=2+0.01=2.01$

$\cdots\cdots$

이다. 따라서 Δx가 0에 한없이 가까워질 때의 평균변화율의 극한값은

$$\Delta x \longrightarrow 0\text{일 때}\quad \frac{\Delta y}{\Delta x}\longrightarrow 2 \qquad \text{곧,}\quad \lim_{\Delta x\to 0}\frac{\Delta y}{\Delta x}=2$$

인 것을 알 수 있다. 이때, 「함수 $y=x^2$의 $x=1$에서의 미분계수는 2이다 또는 순간변화율은 2이다」라고 한다.

또, 이 미분계수는 위의 그림에서 곡선 $y=x^2$ 위의 점 P에서의 접선의 기울기임을 알 수 있다.

기본정석 — **미분계수(순간변화율)**

(1) 미분계수(순간변화율)의 정의

함수 $y=f(x)$에서 x의 값이 a부터 $a+\Delta x$까지 변할 때의 평균변화율의 $\Delta x \longrightarrow 0$일 때의 극한값, 곧

$$\lim_{\Delta x\to 0}\frac{\Delta y}{\Delta x}=\lim_{\Delta x\to 0}\frac{f(a+\Delta x)-f(a)}{\Delta x}$$

가 존재할 때, 이 극한값을 함수 $f(x)$의 $x=a$에서의 미분계수 또는 순간변화율이라 하고,

$$f'(a),\quad y'_{x=a},\quad \left[\frac{dy}{dx}\right]_{x=a}$$

로 나타낸다.

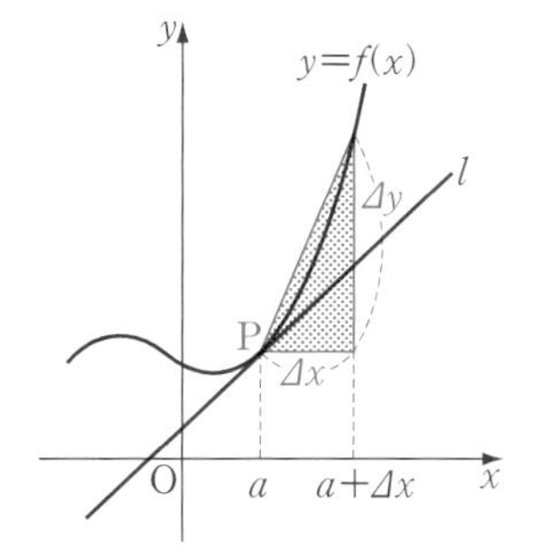

(2) 미분계수의 기하적 의미

함수 $y=f(x)$의 $x=a$에서의 미분계수 $f'(a)$는 x좌표가 a인 점에서의 접선의 기울기(그림에서 접선 l의 기울기)이다.

Advice 1° 앞면의 미분계수의 정의에서 $a+\Delta x=x$ 라고 하면 $\Delta x=x-a$ 이고 $\Delta x \longrightarrow 0$ 일 때 $x \longrightarrow a$ 이므로 다음과 같이 정의할 수도 있다.

정의 함수 $\boldsymbol{y=f(x)}$의 $\boldsymbol{x=a}$에서의 미분계수는

$$f'(a)=\lim_{\Delta x\to 0}\frac{\Delta y}{\Delta x}=\lim_{x\to a}\frac{f(x)-f(a)}{x-a}$$

2° 함수 $f(x)$에 대하여 $\displaystyle\lim_{\Delta x\to 0}\frac{f(a+\Delta x)-f(a)}{\Delta x}$의 값이 존재하면 $f(x)$는 $x=a$에서 미분가능하다고 하고, 이 값이 존재하지 않으면 $x=a$에서 미분가능하지 않다 또는 미분불가능하다고 한다. 또, 함수 $f(x)$가 $x=a$에서 미분가능하면 $x=a$에서 연속이다. 이에 관해서는 수학 Ⅱ에서 공부하였다.

3° 곡선 $y=f(x)$ 위의 두 점 P, Q에 대하여 점 P를 고정하고 점 Q가 이 곡선을 따라 점 P에 한없이 가까워질 때, 직선 PQ가 점 P를 지나는 일정한 직선 l에 한없이 가까워지면 직선 l을 점 P에서의 곡선 $y=f(x)$의 접선이라 하고, 점 P를 접점이라고 한다.

보기 3 다음 함수의 $x=1$에서의 미분계수를 구하여라.

(1) $f(x)=-x^2$ (2) $f(x)=\dfrac{1}{x}$ (3) $f(x)=\sqrt{x}$

연구 미분계수의 정의에 따라 구한다. 곧,

정의 함수 $\boldsymbol{y=f(x)}$의 $\boldsymbol{x=1}$에서의 미분계수는

$$f'(1)=\lim_{\Delta x\to 0}\frac{f(1+\Delta x)-f(1)}{\Delta x}$$

(1) $f'(1)=\displaystyle\lim_{\Delta x\to 0}\frac{-(1+\Delta x)^2+1^2}{\Delta x}=\lim_{\Delta x\to 0}\frac{-2\Delta x-(\Delta x)^2}{\Delta x}=\lim_{\Delta x\to 0}-(2+\Delta x)=\boldsymbol{-2}$

(2) $f'(1)=\displaystyle\lim_{\Delta x\to 0}\frac{\frac{1}{1+\Delta x}-\frac{1}{1}}{\Delta x}=\lim_{\Delta x\to 0}\frac{-1}{1+\Delta x}=\boldsymbol{-1}$

(3) $f'(1)=\displaystyle\lim_{\Delta x\to 0}\frac{\sqrt{1+\Delta x}-\sqrt{1}}{\Delta x}=\lim_{\Delta x\to 0}\frac{\Delta x}{\Delta x(\sqrt{1+\Delta x}+1)}=\boldsymbol{\frac{1}{2}}$

보기 4 함수 $f(x)=x^2-3x$의 $x=a$에서의 미분계수가 5일 때, 상수 a의 값을 구하여라.

연구 $f'(a)=\displaystyle\lim_{\Delta x\to 0}\frac{(a+\Delta x)^2-3(a+\Delta x)-(a^2-3a)}{\Delta x}$

$\displaystyle=\lim_{\Delta x\to 0}\frac{(2a-3+\Delta x)\Delta x}{\Delta x}=2a-3$

미분계수가 5이므로 $2a-3=5$ $\therefore$ $\boldsymbol{a=4}$

3 도함수

이를테면 함수 $f(x)=x^2$의 $x=a$에서의 미분계수는 정의에 의하여

$$f'(a)=\lim_{\Delta x\to 0}\frac{(a+\Delta x)^2-a^2}{\Delta x}=\lim_{\Delta x\to 0}(2a+\Delta x)=2a$$

이다.

따라서 함수 $f(x)$의 $x=1$, $x=2$, $x=3$, $\cdots$ 에서의 미분계수는

$$\boldsymbol{f'(1)=2,\quad f'(2)=4,\quad f'(3)=6,\quad \cdots}$$ ⇦ $f'(a)=2a$에 대입

이다. 이와 같이 a에 함수 $f(x)$의 $x=a$일 때의 미분계수 $2a$를 대응시키는 관계를 생각하면 이 대응 관계는 함수이다. 이 함수를 $f(x)$의 **도함수**라고 하며 f'을 써서 나타낸다. 곧,

$$f' : a \longrightarrow 2a \quad \text{또는} \quad f'(a)=2a$$

일반적으로 $f(x)$의 도함수는 위의 식에서 a 대신 x를 써서 $f'(x)=2x$와 같이 나타낸다.

기본정석 — 도함수

(1) 도함수의 정의

어떤 구간에서 미분가능한 함수 $y=f(x)$에 대하여

$$\lim_{\Delta x\to 0}\frac{\Delta y}{\Delta x}=\lim_{\Delta x\to 0}\frac{f(x+\Delta x)-f(x)}{\Delta x}$$

를 x에 관한 y의 도함수라 하고,

$$y',\quad f'(x),\quad \frac{dy}{dx},\quad \frac{df(x)}{dx},\quad \frac{d}{dx}f(x)$$

등의 기호를 써서 나타낸다.

(2) 도함수의 기하적 의미

함수 $f(x)$의 도함수 $f'(x)$는 함수 $y=f(x)$의 그래프 위의 x좌표가 x인 점에서의 접선의 기울기를 나타낸다.

보기 5 함수 $f(x)=x^3$의 도함수를 구하여라.

연구 $f'(x)=\lim_{\Delta x\to 0}\dfrac{f(x+\Delta x)-f(x)}{\Delta x}=\lim_{\Delta x\to 0}\dfrac{(x+\Delta x)^3-x^3}{\Delta x}$

$=\lim_{\Delta x\to 0}\dfrac{3x^2\Delta x+3x(\Delta x)^2+(\Delta x)^3}{\Delta x}=\lim_{\Delta x\to 0}\{3x^2+3x\Delta x+(\Delta x)^2\}$

$=\boldsymbol{3x^2}$

4 이계도함수

앞면의 **보기 5**에서 함수 $f(x)=x^3$의 도함수는 $f'(x)=3x^2$이다.

이제 이 $f'(x)$의 도함수를 구하면

$$\lim_{\Delta x \to 0}\frac{f'(x+\Delta x)-f'(x)}{\Delta x}=\lim_{\Delta x \to 0}\frac{3(x+\Delta x)^2-3x^2}{\Delta x}$$
$$=\lim_{\Delta x \to 0}(6x+3\Delta x)=6x$$

이다.

이때, $f'(x)$의 도함수를 $f''(x)$로 나타낸다.

$$\boldsymbol{f(x)=x^3 \xRightarrow{\text{도함수}} f'(x)=3x^2 \xRightarrow{\text{도함수}} f''(x)=6x}$$

일반적으로 함수 $y=f(x)$가 미분가능할 때, 도함수 $f'(x)$는 x의 함수이다. 이 $f'(x)$가 다시 미분가능할 때, $f'(x)$의 도함수를 함수 $f(x)$의 이계도함수라 하고,

$$\boldsymbol{y'',\quad f''(x),\quad \frac{d^2y}{dx^2},\quad \frac{d^2}{dx^2}f(x)}$$

등으로 나타낸다.

또, 이계도함수 $f''(x)$의 도함수를 함수 $f(x)$의 삼계도함수라 하고,

$$\boldsymbol{y''',\quad f'''(x),\quad \frac{d^3y}{dx^3},\quad \frac{d^3}{dx^3}f(x)}$$

등으로 나타낸다.

이와 같이 하여 일반적으로 $\boldsymbol{n}$계도함수 (n은 자연수)를 정의할 수 있으며, 다음과 같이 나타낸다.

$$\boldsymbol{y^{(n)},\quad f^{(n)}(x),\quad \frac{d^ny}{dx^n},\quad \frac{d^n}{dx^n}f(x)}$$

이에 대하여 $f'(x)$를 함수 $f(x)$의 일계도함수라고도 한다. 또한 이계 이상의 도함수를 통틀어 함수 $f(x)$의 고계도함수라고 한다.

보기 6 함수 $f(x)=x^2$의 이계도함수를 구하여라.

연구 $f'(x)=\lim_{\Delta x \to 0}\frac{f(x+\Delta x)-f(x)}{\Delta x}=\lim_{\Delta x \to 0}\frac{(x+\Delta x)^2-x^2}{\Delta x}$

$=\lim_{\Delta x \to 0}(2x+\Delta x)=2x$

이므로

$$f''(x)=\lim_{\Delta x \to 0}\frac{f'(x+\Delta x)-f'(x)}{\Delta x}=\lim_{\Delta x \to 0}\frac{2(x+\Delta x)-2x}{\Delta x}=\lim_{\Delta x \to 0}2=\mathbf{2}$$

기본 문제 5-1 도함수의 정의를 이용하여 다음 함수의 도함수를 구하고, $x=1$에서의 미분계수를 구하여라.

(1) $f(x)=\dfrac{1}{x+2}$ (2) $f(x)=\sqrt{x+2}$

정석연구 다음 도함수의 정의를 이용하여 $f'(x)$를 구한다.

정의 함수 $f(x)$에서 $\displaystyle f'(x)=\lim_{\Delta x\to 0}\frac{f(x+\Delta x)-f(x)}{\Delta x}$

그리고 $f'(x)$에 $x=1$을 대입하여 $x=1$에서의 미분계수를 구한다.

모범답안 (1) $\displaystyle f'(x)=\lim_{\Delta x\to 0}\frac{f(x+\Delta x)-f(x)}{\Delta x}$

$$=\lim_{\Delta x\to 0}\frac{\dfrac{1}{x+\Delta x+2}-\dfrac{1}{x+2}}{\Delta x}=\lim_{\Delta x\to 0}\frac{\dfrac{-\Delta x}{(x+\Delta x+2)(x+2)}}{\Delta x}$$

$$=\lim_{\Delta x\to 0}\left\{-\frac{1}{(x+\Delta x+2)(x+2)}\right\}=-\frac{1}{(x+2)^2} \longleftarrow \text{답}$$

$$\therefore\ f'(1)=-\frac{1}{(1+2)^2}=-\frac{1}{9} \longleftarrow \text{답}$$

(2) $\displaystyle f'(x)=\lim_{\Delta x\to 0}\frac{f(x+\Delta x)-f(x)}{\Delta x}$

$$=\lim_{\Delta x\to 0}\frac{\sqrt{x+\Delta x+2}-\sqrt{x+2}}{\Delta x}=\lim_{\Delta x\to 0}\frac{(x+\Delta x+2)-(x+2)}{\Delta x\left(\sqrt{x+\Delta x+2}+\sqrt{x+2}\right)}$$

$$=\lim_{\Delta x\to 0}\frac{1}{\sqrt{x+\Delta x+2}+\sqrt{x+2}}=\frac{1}{2\sqrt{x+2}} \longleftarrow \text{답}$$

$$\therefore\ f'(1)=\frac{1}{2\sqrt{1+2}}=\frac{\sqrt{3}}{6} \longleftarrow \text{답}$$

**Note* 1° Δx 대신 h, t 등의 문자를 사용해도 된다.

2° 뒤에서 공부할 미분법의 기본 공식(p. 113)을 이용하면 보다 쉽게 구할 수 있지만, 위와 같이 도함수의 정의를 이용해서 구할 수도 있어야 한다.

유제 **5**-1. 도함수의 정의를 이용하여 다음 함수의 도함수를 구하고, $x=1$에서의 미분계수를 구하여라.

(1) $f(x)=x^2+3x+2$ (2) $f(x)=\dfrac{1}{x}$ (3) $f(x)=\sqrt{x+1}+2$

답 (1) $f'(x)=2x+3$, $f'(1)=5$

(2) $f'(x)=-\dfrac{1}{x^2}$, $f'(1)=-1$ (3) $f'(x)=\dfrac{1}{2\sqrt{x+1}}$, $f'(1)=\dfrac{\sqrt{2}}{4}$

기본 문제 5-2 $f'(1)=3$인 연속함수 $f(x)$에 대하여 다음 극한값을 구하여라. 단, (2)에서 $f(1)=2$이다.

(1) $\displaystyle\lim_{h\to 0}\frac{f(1+2h)-f(1+h^2)}{h}$ (2) $\displaystyle\lim_{x\to 1}\frac{x^2f(1)-f(x^2)}{x-1}$

정석연구 (1) $\displaystyle\lim_{\Delta x\to 0}\frac{f(a+\Delta x)-f(a)}{\Delta x}$의 꼴로 만들어 다음 **정의**를 이용한다.

$$\textbf{정의}\quad \lim_{\Delta x\to 0}\frac{f(a+\Delta x)-f(a)}{\Delta x}=f'(a)$$

(2) $\displaystyle\lim_{t\to a}\frac{f(t)-f(a)}{t-a}$의 꼴로 만들어 다음 **정의**를 이용한다.

$$\textbf{정의}\quad \lim_{t\to a}\frac{f(t)-f(a)}{t-a}=f'(a)$$

모범답안 (1) (준 식)$\displaystyle=\lim_{h\to 0}\frac{f(1+2h)-f(1)+f(1)-f(1+h^2)}{h}$

$$=\lim_{h\to 0}\left\{\frac{f(1+2h)-f(1)}{h}-\frac{f(1+h^2)-f(1)}{h}\right\}$$

$$=\lim_{h\to 0}\left\{\frac{f(1+2h)-f(1)}{2h}\times 2-\frac{f(1+h^2)-f(1)}{h^2}\times h\right\}$$

$$=f'(1)\times 2-f'(1)\times 0=3\times 2=\mathbf{6}\longleftarrow \text{답}$$

(2) (준 식)$\displaystyle=\lim_{x\to 1}\frac{x^2f(1)-f(1)+f(1)-f(x^2)}{x-1}$

$$=\lim_{x\to 1}\left\{\frac{x^2f(1)-f(1)}{x-1}-\frac{f(x^2)-f(1)}{x-1}\right\}$$

$$=\lim_{x\to 1}\left\{\frac{(x^2-1)f(1)}{x-1}-\frac{f(x^2)-f(1)}{x-1}\right\}$$

$$=\lim_{x\to 1}\left\{(x+1)f(1)-\frac{f(x^2)-f(1)}{x^2-1}\times(x+1)\right\}$$

$$=2f(1)-f'(1)\times 2=2\times 2-3\times 2=\mathbf{-2}\longleftarrow \text{답}$$

유제 **5**-2. $f'(a)=1$인 연속함수 $f(x)$에 대하여 다음 극한값을 구하여라.

(1) $\displaystyle\lim_{h\to 0}\frac{f(a+h^2)-f(a)}{h}$ (2) $\displaystyle\lim_{h\to 0}\frac{f(a+3h)-f(a-2h)}{h}$

답 (1) **0** (2) **5**

유제 **5**-3. $f'(1)=2$인 연속함수 $f(x)$에 대하여 다음 극한값을 구하여라.

(1) $\displaystyle\lim_{x\to 1}\frac{f(x)-f(1)}{x^2-1}$ (2) $\displaystyle\lim_{x\to 1}\frac{x^3-1}{f(x)-f(1)}$ 답 (1) **1** (2) $\mathbf{\frac{3}{2}}$

§ 2. 미분법의 공식

1 미분법의 기본 공식

함수 $f(x)$의 도함수 $f'(x)$를 구하는 것을 함수 $f(x)$를 x에 관하여 미분한다고 하고, 이 계산법을 미분법이라고 한다.

이제 미분법의 기본 공식을 생각해 보자.

이를테면 $y=x,\ y=x^2,\ y=x^3,\ y=x^4,\ \cdots$의 도함수를

정의 $$y=f(x) \Longrightarrow y'=\lim_{\Delta x\to 0}\frac{f(x+\Delta x)-f(x)}{\Delta x}$$

에 의하여 일일이 구해 보면

$$y=x \Longrightarrow y'=1\times x^0, \quad y=x^2 \Longrightarrow y'=2x,$$
$$y=x^3 \Longrightarrow y'=3x^2, \quad y=x^4 \Longrightarrow y'=4x^3, \quad \cdots$$

이다. 이때, 원래 함수와 도함수의 계수와 지수를 각각 비교해 보면

$$y=x^n \Longrightarrow y'=nx^{n-1}$$

인 관계가 있음을 쉽게 발견할 수 있다.

따라서 이 식을 공식으로 기억해 두고 이용한다면 도함수의 정의를 이용하여 구하는 것보다 훨씬 능률적으로 계산할 수 있을 것이다.

다음은 위와 같은 미분법의 기본 공식을 정리한 것이다.

기본정석 — 미분법의 기본 공식

두 함수 $f(x)$, $g(x)$의 도함수가 존재할 때

(1) $y=c$ (상수)이면 $\Longrightarrow y'=0$

(2) $y=x^n$ (n은 정수)이면 $\Longrightarrow y'=nx^{n-1}$

(3) $y=cf(x)$ (c는 상수)이면 $\Longrightarrow y'=cf'(x)$

(4) $y=f(x)\pm g(x)$이면 $\Longrightarrow y'=f'(x)\pm g'(x)$ (복부호동순)

(5) $y=f(x)g(x)$이면 $\Longrightarrow y'=f'(x)g(x)+f(x)g'(x)$

(6) $y=\dfrac{f(x)}{g(x)}$ $\left(g(x)\neq 0\right)$이면 $\Longrightarrow y'=\dfrac{f'(x)g(x)-f(x)g'(x)}{\{g(x)\}^2}$

특히 $y=\dfrac{1}{g(x)}$이면 $\Longrightarrow y'=-\dfrac{g'(x)}{\{g(x)\}^2}$

Advice | 앞면의 미분법의 기본 공식의 증명은 교과서 또는 실력 수학 II (p. 53~54) 및 실력 미적분(p. 112~113)을 참조하여라.

보기 1 다음 함수의 도함수를 구하여라. ⇦ 공식 (1), (2)

(1) $y=3$ (2) $y=x^5$ (3) $y=\dfrac{1}{x}$ (4) $y=\dfrac{1}{x^2}$

연구 (1) $y'=\mathbf{0}$ (2) $y'=5x^{5-1}=\mathbf{5x^4}$

(3) $y=x^{-1}$이므로 $y'=-1\times x^{-1-1}=-\dfrac{\mathbf{1}}{\mathbf{x^2}}$

(4) $y=x^{-2}$이므로 $y'=-2\times x^{-2-1}=-\dfrac{\mathbf{2}}{\mathbf{x^3}}$

보기 2 다음 함수의 도함수를 구하여라. ⇦ 공식 (3)

(1) $y=4x$ (2) $y=-5x^4$

연구 (1) $y'=4(x)'=4\times x^{1-1}=\mathbf{4}$

(2) $y'=-5(x^4)'=-5\times 4x^{4-1}=\mathbf{-20x^3}$

보기 3 함수 $y=3x^4-5x^3-7$의 도함수를 구하여라. ⇦ 공식 (4)

연구 $y'=(3x^4)'-(5x^3)'-(7)'=\mathbf{12x^3-15x^2}$

보기 4 다음 함수의 도함수와 이계도함수를 구하여라. ⇦ 공식 (5)

(1) $y=(x-3)(2x-1)$ (2) $y=(x^2+2)(x-1)$

연구 (1) $y'=(x-3)'(2x-1)+(x-3)(2x-1)'$

$=1\times(2x-1)+(x-3)\times 2=\mathbf{4x-7}$

$y''=(4x)'-(7)'=\mathbf{4}$

(2) $y'=(x^2+2)'(x-1)+(x^2+2)(x-1)'$

$=2x(x-1)+(x^2+2)\times 1=\mathbf{3x^2-2x+2}$

$y''=(3x^2)'-(2x)'+(2)'=\mathbf{6x-2}$

보기 5 다음 함수의 도함수를 구하고, $x=2$에서의 미분계수를 구하여라.

(1) $f(x)=\dfrac{1}{2x-1}$ (2) $f(x)=\dfrac{x}{x^2+1}$ ⇦ 공식 (6)

연구 (1) $f'(x)=-\dfrac{(2x-1)'}{(2x-1)^2}=-\dfrac{\mathbf{2}}{\mathbf{(2x-1)^2}}$ $\therefore f'(2)=-\dfrac{2}{(2\times 2-1)^2}=-\dfrac{\mathbf{2}}{\mathbf{9}}$

(2) $f'(x)=\dfrac{(x)'(x^2+1)-x(x^2+1)'}{(x^2+1)^2}=\dfrac{x^2+1-2x^2}{(x^2+1)^2}=\dfrac{\mathbf{1-x^2}}{\mathbf{(x^2+1)^2}}$

$\therefore f'(2)=\dfrac{1-2^2}{(2^2+1)^2}=-\dfrac{\mathbf{3}}{\mathbf{25}}$

기본 문제 5-3 다음 함수의 도함수와 이계도함수를 구하고, $x=1$에서의 미분계수를 구하여라.

(1) $f(x)=(x^2+3)(x^3+2x^2+5)$ (2) $f(x)=(x^2+1)(2x+1)(3x+1)$

정석연구 (2) $y=uvw$ (u, v, w는 미분가능한 함수) 꼴의 도함수는

$y=uvw=(uv)w$에서

$$y'=(uv)'w+(uv)w'=(u'v+uv')w+uvw'$$

이므로 다음이 성립한다.

정석 $\boldsymbol{y=uvw \Longrightarrow y'=u'vw+uv'w+uvw'}$

모범답안 (1) $f'(x)=(x^2+3)'(x^3+2x^2+5)+(x^2+3)(x^3+2x^2+5)'$

$=2x(x^3+2x^2+5)+(x^2+3)(3x^2+4x)$

$=\boldsymbol{5x^4+8x^3+9x^2+22x}$ ← 답

$f''(x)=\boldsymbol{20x^3+24x^2+18x+22}$ ← 답

$f'(1)=5\times1^4+8\times1^3+9\times1^2+22\times1=\boldsymbol{44}$ ← 답

(2) $f'(x)=(x^2+1)'(2x+1)(3x+1)+(x^2+1)(2x+1)'(3x+1)$
$+(x^2+1)(2x+1)(3x+1)'$

$=2x(2x+1)(3x+1)+(x^2+1)\times2\times(3x+1)+(x^2+1)(2x+1)\times3$

$=\boldsymbol{24x^3+15x^2+14x+5}$ ← 답

$f''(x)=\boldsymbol{72x^2+30x+14}$ ← 답

$f'(1)=24\times1^3+15\times1^2+14\times1+5=\boldsymbol{58}$ ← 답

Advice | 함수 $f(x)$의 $x=a$에서의 미분계수를 구할 때에는 미분법을 이용하여 먼저 $f'(x)$를 구하고 여기에 $x=a$를 대입하는 것이 간편하다.

유제 **5**-4. 다음 함수의 도함수를 구하여라.

(1) $y=x^3(2x-3)+5$ (2) $y=(x^2-1)(x^2+3x+2)$

(3) $y=(x^2+\sqrt{2}x+1)(x^2-\sqrt{2}x+1)$ (4) $y=(x^2-1)(x+2)(x+3)$

(5) $y=(ax+1)(bx+1)(cx+1)$

답 (1) $\boldsymbol{y'=8x^3-9x^2}$ (2) $\boldsymbol{y'=4x^3+9x^2+2x-3}$
(3) $\boldsymbol{y'=4x^3}$ (4) $\boldsymbol{y'=4x^3+15x^2+10x-5}$
(5) $\boldsymbol{y'=3abcx^2+2(ab+bc+ca)x+a+b+c}$

유제 **5**-5. 다음 함수의 도함수와 이계도함수를 구하여라.

$$y=(x+1)(2x+1)(3x+1)$$

답 $\boldsymbol{y'=18x^2+22x+6}$, $\boldsymbol{y''=36x+22}$

기본 문제 5-4 다음 함수의 도함수를 구하여라.

(1) $y=\dfrac{4x^3+x-1}{x^2}$ (2) $y=\dfrac{1-x}{x^2+2}$ (3) $y=\dfrac{x+2}{x^2+2x+3}$

정석연구 일반적으로 분수함수의 미분은

$$\textbf{정석}\quad y=\frac{f(x)}{g(x)} \Longrightarrow y'=\frac{f'(x)g(x)-f(x)g'(x)}{\{g(x)\}^2}$$

$$y=\frac{1}{g(x)} \Longrightarrow y'=-\frac{g'(x)}{\{g(x)\}^2}$$

를 이용한다. 이를 몫의 미분법이라고 한다.

또, 분수 꼴이지만 (1)과 같이 x^n(n은 정수)의 합의 꼴로 변형할 수 있는 함수의 미분은

$$\textbf{정석}\quad y=x^n\ (n\text{은 정수}) \Longrightarrow y'=nx^{n-1}$$

을 이용하는 것이 간편하다.

모범답안 (1) $y=\dfrac{4x^3+x-1}{x^2}=4x+\dfrac{1}{x}-\dfrac{1}{x^2}=4x+x^{-1}-x^{-2}$이므로

$y'=4+(-1)\times x^{-1-1}-(-2)\times x^{-2-1}=4-\dfrac{1}{x^2}+\dfrac{2}{x^3}=\dfrac{\mathbf{4x^3-x+2}}{\mathbf{x^3}}$ ← 답

(2) $y'=\dfrac{(1-x)'(x^2+2)-(1-x)(x^2+2)'}{(x^2+2)^2}=\dfrac{-1\times(x^2+2)-(1-x)\times 2x}{(x^2+2)^2}$

$=\dfrac{\mathbf{x^2-2x-2}}{\mathbf{(x^2+2)^2}}$ ← 답

(3) $y'=\dfrac{(x+2)'(x^2+2x+3)-(x+2)(x^2+2x+3)'}{(x^2+2x+3)^2}$

$=\dfrac{1\times(x^2+2x+3)-(x+2)(2x+2)}{(x^2+2x+3)^2}=-\dfrac{\mathbf{x^2+4x+1}}{\mathbf{(x^2+2x+3)^2}}$ ← 답

유제 **5**-6. 다음 함수의 도함수를 구하여라.

(1) $y=\dfrac{5x^3-3x^2+4x+2}{x^2}$ (2) $y=\dfrac{1}{x^2-x+1}$ (3) $y=\dfrac{2x+5}{3x+1}$

답 (1) $y'=\dfrac{5x^3-4x-4}{x^3}$ (2) $y'=-\dfrac{2x-1}{(x^2-x+1)^2}$ (3) $y'=-\dfrac{13}{(3x+1)^2}$

유제 **5**-7. 함수 $y=\dfrac{2x-1}{x^4}$의 도함수와 이계도함수를 구하여라.

답 $y'=\dfrac{-6x+4}{x^5}$, $y''=\dfrac{24x-20}{x^6}$

§ 3. 합성함수의 미분법

1 합성함수의 미분법

이를테면 함수 $y=(3x+1)^2$의 우변을 전개하면 $y=9x^2+6x+1$이므로 그 도함수는 다음과 같이 구할 수 있다.

$$\frac{dy}{dx}=(9x^2+6x+1)'=18x+6=6(3x+1) \qquad \cdots\cdots ①$$

이제 주어진 식을 일일이 전개하지 않고 직접 도함수를 구하는 방법을 알아보자.

함수 $y=(3x+1)^2$에서 $u=3x+1$로 놓으면 $y=u^2$이므로 함수 $y=(3x+1)^2$은 두 함수

$$y=u^2, \qquad u=3x+1$$

의 합성함수로 볼 수 있다.

이때, $y=u^2$에서 y를 u에 관하여 미분하고, $u=3x+1$에서 u를 x에 관하여 미분하면

$$\frac{dy}{du}=2u, \qquad \frac{du}{dx}=3$$

$$\therefore \frac{dy}{du}\times\frac{du}{dx}=2u\times3=2(3x+1)\times3=6(3x+1) \qquad \cdots\cdots ②$$

①, ②에서 다음 등식이 성립함을 알 수 있다.

$$\boldsymbol{\frac{dy}{dx}=\frac{dy}{du}\times\frac{du}{dx}}$$

기본정석 — 합성함수의 미분법

$y=f(u)$, $u=g(x)$가 미분가능할 때, 합성함수 $y=f(g(x))$도 미분가능하고 다음이 성립한다.

정석 $\boldsymbol{y=f(u),\ u=g(x) \Longrightarrow \frac{dy}{dx}=\frac{dy}{du}\times\frac{du}{dx}}$

$\boldsymbol{y=f(g(x)) \Longrightarrow y'=f'(g(x))g'(x)}$

Advice | '함수 $y=(3x+1)^2$의 도함수를 구하여라'라고 할 때,

정석 $\boldsymbol{y=x^n \Longrightarrow y'=nx^{n-1}}$

을 써서 $y'=2(3x+1)$이라고 답하기 쉬우나 이것은 잘못된 계산이다.

왜냐하면 이것은 y를 $3x+1$에 관하여 미분한 것이지, y를 x에 관하여 미분한 것이 아니기 때문이다.

보기 1 다음 함수의 도함수를 구하여라.

(1) $y=(2x+1)^3$ (2) $y=(x^2+x+1)^5$

연구 (1) $u=2x+1$로 놓으면 $y=u^3$이므로

$$\frac{dy}{du}=3u^2, \qquad \frac{du}{dx}=2$$

$$\therefore \frac{dy}{dx}=\frac{dy}{du}\times\frac{du}{dx}=3u^2\times2=\mathbf{6(2x+1)^2}$$

(2) $u=x^2+x+1$로 놓으면 $y=u^5$이므로

$$\frac{dy}{du}=5u^4, \qquad \frac{du}{dx}=2x+1$$

$$\therefore \frac{dy}{dx}=\frac{dy}{du}\times\frac{du}{dx}=5u^4\times(2x+1)=\mathbf{5(x^2+x+1)^4(2x+1)}$$

2 $y=f(ax+b)$, $y=\{f(x)\}^n$의 도함수

(i) $y=f(ax+b)$에서 $u=ax+b$로 놓으면 $y=f(u)$이므로

$$\frac{dy}{du}=f'(u), \qquad \frac{du}{dx}=a$$

$$\therefore \frac{dy}{dx}=\frac{dy}{du}\times\frac{du}{dx}=f'(u)\times a=af'(ax+b)$$

(ii) $y=\{f(x)\}^n$ (n은 정수)에서 $u=f(x)$로 놓으면 $y=u^n$이므로

$$\frac{dy}{du}=nu^{n-1}, \qquad \frac{du}{dx}=f'(x)$$

$$\therefore \frac{dy}{dx}=\frac{dy}{du}\times\frac{du}{dx}=nu^{n-1}f'(x)=n\{f(x)\}^{n-1}f'(x)$$

이상을 공식으로 기억해 두고서 이용하길 바란다.

기본정석 **$y=f(ax+b)$, $y=\{f(x)\}^n$의 도함수**

$$y=f(ax+b) \Longrightarrow \frac{dy}{dx}=af'(ax+b)$$

$$y=\{f(x)\}^n \Longrightarrow \frac{dy}{dx}=n\{f(x)\}^{n-1}f'(x)$$

Advice | 이 공식을 이용하면 위의 **보기 1**은 다음과 같이 간단히 구할 수 있다.

(1) $y=(2x+1)^3$에서

$$\frac{dy}{dx}=3(2x+1)^2\times2$$
(미분)

(2) $y=(x^2+x+1)^5$에서

$$\frac{dy}{dx}=5(x^2+x+1)^4\times(2x+1)$$
(미분)

보기 2 다음 함수를 미분하여라.

(1) $y=f(2x+1)$ (2) $y=(2x^2-1)^4$

연구 (1) $y'=f'(2x+1)\times(2x+1)'=\boldsymbol{2f'(2x+1)}$

(2) $y'=4(2x^2-1)^3(2x^2-1)'=4(2x^2-1)^3\times4x=\boldsymbol{16x(2x^2-1)^3}$

3 n이 유리수일 때, $y=x^n$의 미분법

미분가능한 함수 $y=f(x)$에 대하여 n이 정수일 때,

$$\frac{d}{dx}y^n=\frac{d}{dx}\{f(x)\}^n=n\{f(x)\}^{n-1}f'(x)=ny^{n-1}\frac{dy}{dx}$$

임을 이용하면 n이 유리수일 때, $y=x^n$의 도함수를 구할 수 있다.

$n=\dfrac{q}{p}$ (p, q는 정수, $p\neq0$)라고 하면 $y=x^{\frac{q}{p}}$에서 $y^p=x^q$

양변을 x에 관하여 미분하면

$$py^{p-1}\frac{dy}{dx}=qx^{q-1} \qquad \therefore \frac{dy}{dx}=\frac{q}{p}x^{q-1}y^{-p+1}$$

$y=x^{\frac{q}{p}}$을 대입하고 정리하면 $\dfrac{dy}{dx}=\dfrac{q}{p}x^{q-1}\left(x^{\frac{q}{p}}\right)^{-p+1}=\dfrac{q}{p}x^{\frac{q}{p}-1}$

$$\therefore y'=nx^{n-1}$$

기본정석 — $y=x^n$ (n은 유리수)의 미분법

> n이 유리수일 때,
>
> $y=x^n \Longrightarrow y'=nx^{n-1}$

Advice | 이 공식은 n이 실수일 때에도 성립한다. ⇦ 연습문제 6-13의 (1)

마찬가지로 앞면의 $y=\{f(x)\}^n$의 도함수에 관한 공식도 n이 실수일 때 성립한다.

보기 3 다음 함수를 미분하여라.

(1) $y=\sqrt{x}$ (2) $y=\sqrt[3]{x^2}$ (3) $y=\sqrt{2x+1}$

연구 (1) $y=x^{\frac{1}{2}}$이므로 $y'=\dfrac{1}{2}x^{\frac{1}{2}-1}=\boldsymbol{\dfrac{1}{2\sqrt{x}}}$

(2) $y=x^{\frac{2}{3}}$이므로 $y'=\dfrac{2}{3}x^{\frac{2}{3}-1}=\boldsymbol{\dfrac{2}{3\sqrt[3]{x}}}$

(3) $y=(2x+1)^{\frac{1}{2}}$이므로 $y'=\dfrac{1}{2}(2x+1)^{\frac{1}{2}-1}(2x+1)'=(2x+1)^{-\frac{1}{2}}=\boldsymbol{\dfrac{1}{\sqrt{2x+1}}}$

**Note* $y=\sqrt{x}$의 도함수는 자주 구하므로 기억해 두는 것이 좋다.

정석 $y=\sqrt{x} \Longrightarrow y'=\dfrac{1}{2\sqrt{x}}$

기본 문제 5-5 다음 함수를 미분하여라.

(1) $y=(3x^2+2x+1)^5$ (2) $y=(x+1)^3(x^2-1)^2$

(3) $y=\dfrac{1}{(x^2+1)^3}$ (4) $y=\dfrac{x^3}{(x+1)^2}$ (5) $y=\left(\dfrac{x}{x^2+1}\right)^3$

정석연구 다음 합성함수의 미분법을 이용한다.

$$\textbf{정석}\quad y=\{f(x)\}^n \Longrightarrow y'=n\{f(x)\}^{n-1}f'(x)$$

모범답안 (1) $y'=5(3x^2+2x+1)^4(3x^2+2x+1)'=5(3x^2+2x+1)^4(6x+2)$

$=\mathbf{10(3x+1)(3x^2+2x+1)^4}$ ← 답

(2) $y'=\{(x+1)^3\}'(x^2-1)^2+(x+1)^3\{(x^2-1)^2\}'$

$=3(x+1)^2(x+1)'(x^2-1)^2+(x+1)^3\times 2(x^2-1)(x^2-1)'$

$=(x+1)^2(x^2-1)\{3(x^2-1)+(x+1)\times 4x\}$

$=\mathbf{(x+1)^3(x^2-1)(7x-3)}$ ← 답

(3) $y=(x^2+1)^{-3}$이므로

$y'=-3(x^2+1)^{-4}(x^2+1)'=-3(x^2+1)^{-4}\times 2x=-\dfrac{\mathbf{6x}}{\mathbf{(x^2+1)^4}}$ ← 답

(4) $y=x^3(x+1)^{-2}$이므로

$y'=(x^3)'(x+1)^{-2}+x^3\{(x+1)^{-2}\}'$

$=3x^2(x+1)^{-2}+x^3\times(-2)(x+1)^{-3}(x+1)'$

$=\dfrac{3x^2}{(x+1)^2}-\dfrac{2x^3}{(x+1)^3}=\dfrac{\mathbf{x^2(x+3)}}{\mathbf{(x+1)^3}}$ ← 답

(5) $y'=3\left(\dfrac{x}{x^2+1}\right)^2\left(\dfrac{x}{x^2+1}\right)'=3\left(\dfrac{x}{x^2+1}\right)^2\times\dfrac{(x)'(x^2+1)-x(x^2+1)'}{(x^2+1)^2}$

$=3\left(\dfrac{x}{x^2+1}\right)^2\times\dfrac{1-x^2}{(x^2+1)^2}=\dfrac{\mathbf{3x^2(1-x^2)}}{\mathbf{(x^2+1)^4}}$ ← 답

*Note (3), (4)는 몫의 미분법(p. 113)을 이용해도 된다.

유제 **5**-8. 다음 함수를 미분하여라.

(1) $y=6(3x-1)^3-2(3x-1)^2+3$ (2) $y=(x^2-1)^5(x+6)^7$

(3) $y=\dfrac{1}{(x^2-3x)^5}$ (4) $y=\dfrac{(x+1)^2}{(2x+1)^3}$ (5) $y=\left(x+\dfrac{1}{x}\right)^7$

답 (1) $\mathbf{y'=6(3x-1)(27x-11)}$ (2) $\mathbf{y'=(x^2-1)^4(x+6)^6(17x^2+60x-7)}$

(3) $\mathbf{y'=-\dfrac{5(2x-3)}{(x^2-3x)^6}}$ (4) $\mathbf{y'=-\dfrac{2(x+1)(x+2)}{(2x+1)^4}}$

(5) $\mathbf{y'=7\left(1-\dfrac{1}{x^2}\right)\left(x+\dfrac{1}{x}\right)^6}$

기본 문제 5-6 다음 함수를 미분하여라.

(1) $y=\sqrt[3]{x^2+1}$ (2) $y=\sqrt{\sqrt{x}+1}$

(3) $y=(x+2)\sqrt{x-2}$ (4) $y=\dfrac{3-2x}{\sqrt{x^2+1}}$

정석연구 $y=x^n$ (n은 유리수)의 미분법과 합성함수의 미분법을 이용한다.

또, $y=\sqrt{f(x)}=\{f(x)\}^{\frac{1}{2}}$에서 $y'=\dfrac{1}{2}\{f(x)\}^{\frac{1}{2}-1}f'(x)=\dfrac{f'(x)}{2\sqrt{f(x)}}$

이므로 이를 공식처럼 기억하고 이용해도 된다.

정석 $y=\sqrt{x} \Longrightarrow y'=\dfrac{1}{2\sqrt{x}}$, $\quad y=\sqrt{f(x)} \Longrightarrow y'=\dfrac{f'(x)}{2\sqrt{f(x)}}$

모범답안 (1) $y=\sqrt[3]{x^2+1}=(x^2+1)^{\frac{1}{3}}$이므로

$$y'=\frac{1}{3}(x^2+1)^{\frac{1}{3}-1}(x^2+1)'=\frac{2x}{3\sqrt[3]{(x^2+1)^2}} \longleftarrow \text{답}$$

(2) $y'=\dfrac{(\sqrt{x}+1)'}{2\sqrt{\sqrt{x}+1}}=\dfrac{1}{2\sqrt{\sqrt{x}+1}}\times\dfrac{1}{2\sqrt{x}}=\dfrac{1}{4\sqrt{x}\sqrt{\sqrt{x}+1}} \longleftarrow$ 답

(3) $y'=(x+2)'\sqrt{x-2}+(x+2)(\sqrt{x-2})'=\sqrt{x-2}+(x+2)\times\dfrac{(x-2)'}{2\sqrt{x-2}}$

$$=\frac{2(x-2)+(x+2)}{2\sqrt{x-2}}=\frac{3x-2}{2\sqrt{x-2}} \longleftarrow \text{답}$$

(4) $y'=\dfrac{(3-2x)'\sqrt{x^2+1}-(3-2x)(\sqrt{x^2+1})'}{(\sqrt{x^2+1})^2}$

$$=\frac{1}{x^2+1}\left\{-2\sqrt{x^2+1}-(3-2x)\times\frac{(x^2+1)'}{2\sqrt{x^2+1}}\right\}$$

$$=\frac{1}{x^2+1}\times\frac{-4(x^2+1)-(3-2x)\times 2x}{2\sqrt{x^2+1}}=-\frac{3x+2}{(x^2+1)\sqrt{x^2+1}} \longleftarrow \text{답}$$

유제 **5**-9. 다음 함수를 미분하여라.

(1) $y=\sqrt{x^2+x+1}$ (2) $y=\sqrt[3]{(x^2+2)^2}$ (3) $y=\sqrt{\sqrt{2x}+3}$

(4) $y=(x^2+1)\sqrt{1-x}$ (5) $y=\dfrac{2x+1}{\sqrt{4x-3}}$ (6) $y=\sqrt[3]{\dfrac{x^2}{1-x}}$

답 (1) $y'=\dfrac{2x+1}{2\sqrt{x^2+x+1}}$ (2) $y'=\dfrac{4x}{3\sqrt[3]{x^2+2}}$ (3) $y'=\dfrac{1}{2\sqrt{2x}\sqrt{\sqrt{2x}+3}}$

(4) $y'=-\dfrac{5x^2-4x+1}{2\sqrt{1-x}}$ (5) $y'=\dfrac{4(x-2)}{(4x-3)\sqrt{4x-3}}$ (6) $y'=\dfrac{2-x}{3(1-x)\sqrt[3]{x(1-x)}}$

§ 4. 음함수와 역함수의 미분법

1 음함수의 정의

이를테면 $x^2+y^2-1=0$ ……①

을 y에 관하여 풀면

$$y^2=1-x^2 \quad \therefore\ y=\pm\sqrt{1-x^2}$$

$y\geq 0$일 때 $y=\sqrt{1-x^2}$ ……②

$y\leq 0$일 때 $y=-\sqrt{1-x^2}$ ……③

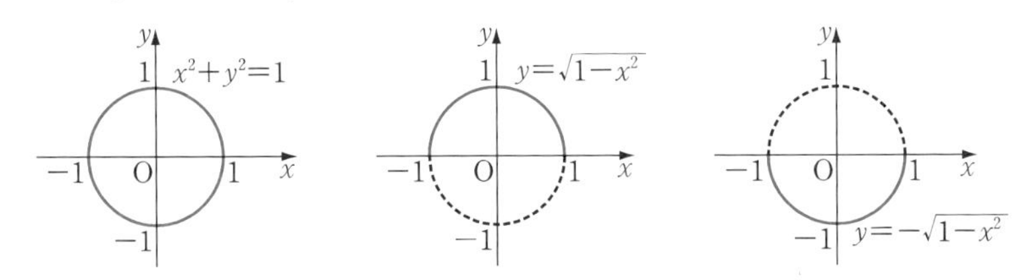

이때, ②는 정의역이 구간 $[-1, 1]$, 치역이 구간 $[0, 1]$인 함수이고, ③은 정의역이 구간 $[-1, 1]$, 치역이 구간 $[-1, 0]$인 함수이다. 따라서 방정식 ①은 두 함수 ②, ③을 함께 나타낸 것으로 볼 수 있다.

일반적으로 방정식 $\mathrm{F}(x, y)=0$이 주어졌을 때, x와 y의 값의 범위를 적당히 정하면 x의 함수 y를 얻을 수 있다.

이와 같은 의미에서 정의역의 원소 x와 공역의 원소 y 사이의 관계가

$$\mathrm{F}(x, y)=0$$

의 꼴로 주어졌을 때, y는 x의 음함수 꼴로 표현되었다고 한다.

2 음함수의 미분법

위의 ②와 ③은 $-1<x<1$에서 x에 관하여 미분가능한 함수이다.

$y=\sqrt{1-x^2}$에서 $\dfrac{dy}{dx}=\dfrac{-2x}{2\sqrt{1-x^2}}=\dfrac{-x}{\sqrt{1-x^2}}=\dfrac{-x}{y}=-\dfrac{x}{y}$

$y=-\sqrt{1-x^2}$에서 $\dfrac{dy}{dx}=-\dfrac{-2x}{2\sqrt{1-x^2}}=\dfrac{x}{\sqrt{1-x^2}}=\dfrac{x}{-y}=-\dfrac{x}{y}$

따라서 $x\neq\pm 1$, 곧 $y\neq 0$일 때 ①을 x에 관하여 미분하면

$$\boldsymbol{\frac{dy}{dx}=-\frac{x}{y}}$$

라고 할 수 있다.

이제 ①을 ② 또는 ③으로 고치지 않고 미분하는 방법을 알아보자.

y를 x의 함수라고 생각하면 합성함수의 미분법에서

$$\frac{d}{dx}y^2=\frac{d}{dy}y^2\frac{dy}{dx}=2y\frac{dy}{dx}$$

이므로 $x^2+y^2=1$의 양변을 x에 관하여 미분하면

$$\frac{d}{dx}(x^2)+\frac{d}{dx}(y^2)=\frac{d}{dx}(1) \qquad \therefore\ 2x+2y\frac{dy}{dx}=0 \qquad \cdots\cdots ④$$

따라서 $y\neq0$일 때 $\dfrac{dy}{dx}=-\dfrac{x}{y}$

일반적으로 음함수 꼴로 표현된 경우 다음과 같은 방법으로 미분한다.

기본정석 **음함수의 미분법**

음함수 $\mathrm{F}(x,\ y)=0$에서 y를 x의 함수로 생각하고, 각 항을 x에 관하여 미분하여 $\dfrac{dy}{dx}$를 구한다.

Advice 1° 음함수의 미분에서는 다음 합성함수의 미분법을 공식처럼 기억하고 이용하면 편리하다.

정석 $$\boldsymbol{\frac{d}{dx}y^n=\frac{d}{dy}y^n\frac{dy}{dx}=ny^{n-1}\frac{dy}{dx}}$$

2° ④에서 $y=0$일 때에는 $\dfrac{dy}{dx}$를 생각할 수 없다. 이와 같이 음함수를 미분하는 경우 모든 x, y에 대하여 $\dfrac{dy}{dx}$를 구할 수 있는 것은 아니다.

보기 1 다음에서 $\dfrac{dy}{dx}$를 구하여라.

(1) $2x^2+3y^2=x$ (2) $x^3-y^3+y^2-x=0$

연구 (1) 양변을 x에 관하여 미분하면 $\dfrac{d}{dx}(2x^2)+\dfrac{d}{dx}(3y^2)=\dfrac{d}{dx}(x)$

$$\therefore\ 4x+3\left(\frac{d}{dy}y^2\right)\frac{dy}{dx}=1 \qquad \therefore\ 4x+6y\frac{dy}{dx}=1$$

$$\therefore\ \boldsymbol{\frac{dy}{dx}=\frac{1-4x}{6y}\ (y\neq0)}$$

(2) 양변을 x에 관하여 미분하면 $\dfrac{d}{dx}(x^3)-\dfrac{d}{dx}(y^3)+\dfrac{d}{dx}(y^2)-\dfrac{d}{dx}(x)=0$

$$\therefore\ 3x^2-\frac{d}{dy}y^3\frac{dy}{dx}+\frac{d}{dy}y^2\frac{dy}{dx}-1=0$$

$$\therefore\ 3x^2-3y^2\frac{dy}{dx}+2y\frac{dy}{dx}-1=0 \qquad \therefore\ \boldsymbol{\frac{dy}{dx}=\frac{3x^2-1}{3y^2-2y}\ (3y^2-2y\neq0)}$$

3 역함수의 미분법

이를테면 $y=\sqrt{x}\ (x>0,\ y>0)$ ……①

을 x에 관하여 미분하면

$$\frac{dy}{dx}=\frac{1}{2}x^{\frac{1}{2}-1}=\frac{1}{2\sqrt{x}} \quad \cdots\cdots ②$$

한편 ①의 양변을 제곱하면 $x=y^2\ (y>0,\ x>0)$

이고, 이것을 y에 관하여 미분하면 다음과 같다.

$$\frac{dx}{dy}=2y=2\sqrt{x} \quad \cdots\cdots ③$$

여기에서 ②, ③을 비교하면 다음 관계가 성립함을 알 수 있다.

기본정석 — 역함수의 미분법

함수 g가 함수 f의 역함수이고, f와 g가 미분가능하면

정석 $\boldsymbol{b=f(a)}$일 때 $\boldsymbol{g'(b)=\dfrac{1}{f'(a)}}$

$\boldsymbol{y=f(x) \iff x=g(y)}$이고 $\boldsymbol{\dfrac{dx}{dy}=\dfrac{1}{\dfrac{dy}{dx}},\quad g'(y)=\dfrac{1}{f'(x)}}$

Advice 1° 기하적 의미

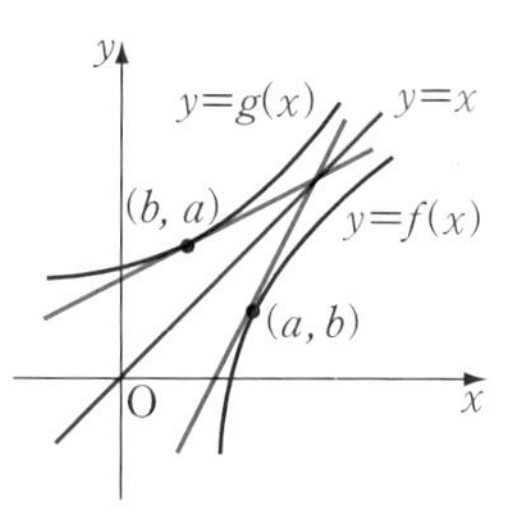

역함수 관계에 있는 두 함수 f, g의 그래프는 직선 $y=x$에 대하여 대칭이다.

따라서 곡선 $y=f(x)$ 위의 한 점 $(a,\ b)$에서의 접선과 곡선 $y=g(x)$ 위의 점 $(b,\ a)$에서의 접선도 직선 $y=x$에 대하여 대칭이다.

따라서 두 접선의 기울기의 곱은 1이다. 곧,

$$f'(a)g'(b)=1 \quad \therefore\ g'(b)=\frac{1}{f'(a)} \quad \left(f'(a)\neq 0\right)$$

2° g가 f의 역함수이고, f와 g가 미분가능할 때, $g\big(f(x)\big)=x$이므로 이 식의 양변을 x에 관하여 미분하면

$$g'\big(f(x)\big)f'(x)=1 \quad \therefore\ g'(y)=g'\big(f(x)\big)=\frac{1}{f'(x)}$$

보기 2 $y=x^2+1$일 때, $\dfrac{dx}{dy}$를 구하여라.

연구 $y=x^2+1$의 양변을 x에 관하여 미분하면

$$\frac{dy}{dx}=2x \quad \therefore\ \boldsymbol{\frac{dx}{dy}}=\frac{1}{dy/dx}=\boldsymbol{\frac{1}{2x}\ (x\neq 0)}$$

기본 문제 5-7 다음에서 $\dfrac{dy}{dx}$를 구하여라.

(1) $y^2=4x$ (2) $\sqrt{x}+\sqrt{y}=1$ (3) $x^3+y^3-3xy=0$

정석연구 양변을 x에 관하여 미분한다. 이때에는

$$\textbf{정석}\quad \frac{d}{dx}y^n=\frac{d}{dy}y^n\frac{dy}{dx}=ny^{n-1}\frac{dy}{dx}$$

를 이용한다.

특히 (3)에서 xy항의 미분은 곱의 미분법에 의하여

$$\frac{d}{dx}(xy)=\left(\frac{d}{dx}x\right)y+x\left(\frac{d}{dx}y\right)=y+x\frac{dy}{dx} \quad \Leftarrow (xy)'=x'y+xy'$$

임에 주의한다.

모범답안 (1) 양변을 x에 관하여 미분하면

$$\frac{d}{dx}(y^2)=\frac{d}{dx}(4x) \quad \therefore\ 2y\frac{dy}{dx}=4 \quad \therefore\ \frac{dy}{dx}=\frac{2}{y}\ (y\neq0) \longleftarrow \text{답}$$

(2) 양변을 x에 관하여 미분하면

$$\frac{d}{dx}(\sqrt{x})+\frac{d}{dx}(\sqrt{y})=\frac{d}{dx}(1)$$

$$\therefore\ \frac{1}{2\sqrt{x}}+\frac{1}{2\sqrt{y}}\times\frac{dy}{dx}=0 \quad \therefore\ \frac{dy}{dx}=-\frac{\sqrt{y}}{\sqrt{x}}\ (x\neq0,\ y\neq0) \longleftarrow \text{답}$$

(3) 양변을 x에 관하여 미분하면

$$\frac{d}{dx}(x^3)+\frac{d}{dx}(y^3)-\frac{d}{dx}(3xy)=0$$

$$\therefore\ 3x^2+3y^2\frac{dy}{dx}-3\left(1\times y+x\frac{dy}{dx}\right)=0$$

$$\therefore\ (y^2-x)\frac{dy}{dx}=y-x^2 \quad \therefore\ \frac{dy}{dx}=\frac{y-x^2}{y^2-x}\ (y^2\neq x) \longleftarrow \text{답}$$

유제 5-10. 다음에서 $\dfrac{dy}{dx}$를 구하여라.

(1) $3x-2y+1=0$ (2) $xy=2$ (3) $x^2-4y^2=1$

(4) $\sqrt[3]{x^2}+\sqrt[3]{y^2}=4$ (5) $y^3=x^2$ (6) $x^2+3y^2=4xy$

답 (1) $\dfrac{dy}{dx}=\dfrac{3}{2}$ (2) $\dfrac{dy}{dx}=-\dfrac{y}{x}$ (3) $\dfrac{dy}{dx}=\dfrac{x}{4y}\ (y\neq0)$

(4) $\dfrac{dy}{dx}=-\dfrac{\sqrt[3]{y}}{\sqrt[3]{x}}\ (x\neq0,\ y\neq0)$ (5) $\dfrac{dy}{dx}=\dfrac{2x}{3y^2}\ (y\neq0)$

(6) $\dfrac{dy}{dx}=\dfrac{x-2y}{2x-3y}\ (2x\neq3y)$

기본 문제 **5**-8 다음 물음에 답하여라.

(1) 미분가능한 함수 $f(x)$의 역함수 $g(x)$가 연속이고,

$\displaystyle\lim_{x\to1}\frac{g(x)-2}{x-1}=3$을 만족시킬 때, $f'(2)$의 값을 구하여라.

(2) $x=y\sqrt{1+y}$ 일 때, $\left[\dfrac{dy}{dx}\right]_{x=\sqrt{2}}$의 값을 구하여라.

정석연구 (1) 주어진 식이 g에 관한 극한이므로 아래 **정석**을 이용한다.

정석 f, g가 서로 역함수이고 $f(a)=b$이면 $\Longrightarrow$ $f'(a)=\dfrac{1}{g'(b)}$

(2) x가 y에 관한 식으로 주어져 있다. 이런 경우 $\dfrac{dy}{dx}$를 바로 구하는 것보다 먼저 양변을 y에 관하여 미분한 다음, 아래 **정석**을 이용한다.

정석 $\dfrac{dy}{dx}=\dfrac{1}{\dfrac{dx}{dy}}$ $\left(단,\ \dfrac{dx}{dy}\neq0\right)$ ⇦ $\dfrac{b}{a}=\dfrac{1}{\dfrac{a}{b}}$

모범답안 (1) $x\longrightarrow1$일 때 극한값이 존재하고 (분모) $\longrightarrow0$이므로 (분자) $\longrightarrow0$이어야 한다.

따라서 $\displaystyle\lim_{x\to1}\{g(x)-2\}=0$이고 $g(x)$는 연속이므로 $g(1)=2$

이때, $\displaystyle\lim_{x\to1}\frac{g(x)-2}{x-1}=\lim_{x\to1}\frac{g(x)-g(1)}{x-1}=3$이므로 $g'(1)=3$

$$\therefore\ f'(2)=\frac{1}{g'(1)}=\mathbf{\frac{1}{3}} \longleftarrow \text{답}$$

(2) $x=y\sqrt{1+y}$에서 $\dfrac{dx}{dy}=\sqrt{1+y}+y\times\dfrac{1}{2\sqrt{1+y}}=\dfrac{3y+2}{2\sqrt{1+y}}$

$\sqrt{2}=y\sqrt{1+y}$에서 $y^3+y^2=2$ $\therefore\ y=1$

$$\therefore\ \left[\frac{dy}{dx}\right]_{x=\sqrt{2}}=\frac{1}{\left[\dfrac{dx}{dy}\right]_{y=1}}=\mathbf{\frac{2\sqrt{2}}{5}} \longleftarrow \text{답}$$

유제 **5**-11. 미분가능한 함수 $f(x)$의 역함수 $g(x)$가 연속이고,

$f(-3)=0$, $f'(-3)=-4$일 때, $\displaystyle\lim_{x\to0}\frac{g(x)+3}{x^2+x}$의 값을 구하여라.

답 $-\dfrac{1}{4}$

유제 **5**-12. $y=\sqrt[3]{x+1}$일 때, $\dfrac{dx}{dy}$를 구하여라. 답 $\dfrac{dx}{dy}=3\sqrt[3]{(x+1)^2}$

§5. 매개변수로 나타낸 함수의 미분법

1 매개변수로 나타낸 함수

이를테면 좌표평면 위의 점 $P(x, y)$의 좌표가

$$x=-t, \quad y=-t+2 \qquad \cdots\cdots ㉮$$

이라고 하자.

t가 변할 때, 점 P의 좌표를 조사하면 다음과 같다.

t	$\cdots$	-1	0	1	2	$\cdots$
(x, y)	$\cdots$	$(1, 3)$	$(0, 2)$	$(-1, 1)$	$(-2, 0)$	$\cdots$

따라서 x, y 사이에

$$y=x+2$$

가 성립한다는 것을 알 수 있다. 그리고 ㉮은 정의역의 원소 x와 공역의 원소 y의 관계를 변수 t를 이용하여 나타낸 것이라는 것도 알 수 있다. 이때, t를 매개변수라 하고, ㉮을 매개변수로 나타낸 함수라고 한다.

기본정석 — 매개변수로 나타낸 함수

두 변수 x, y의 관계를 변수 t를 매개로 하여

$$x=f(t), \quad y=g(t)$$

의 꼴로 나타낸 것을 매개변수로 나타낸 함수라고 한다. 이때, t를 매개변수라고 한다.

Advice 1° 일반적으로 매개변수로 나타낸 함수에서 x, y의 관계식을 구할 때에는 매개변수를 소거한다.

이를테면 ㉮에서 $t=-x$이므로 $y=-(-x)+2$ 곧, $y=x+2$

2° 매개변수로 나타낸 함수의 그래프를 매개변수로 나타낸 곡선이라고도 한다.

보기 1 다음 매개변수 θ로 나타낸 함수에서 x, y의 관계식을 구하여라.

$$x=3\cos\theta, \ y=3\sin\theta \ (\text{단, } 0\le\theta\le\pi)$$

연구 $\cos^2\theta+\sin^2\theta=1$이고, $0\le\theta\le\pi$일 때 $y\ge0$이므로 $\boldsymbol{x^2+y^2=9\ (y\ge0)}$

Note $0\le\theta<2\pi$이면 중심이 원점이고 반지름의 길이가 3인 원의 방정식이다.

보기 2 원 $x^2+y^2=4$를 매개변수 t로 나타내어라.

연구 $x^2+y^2=4$에서 $\left(\frac{x}{2}\right)^2+\left(\frac{y}{2}\right)^2=1$

$\cos^2 t+\sin^2 t=1$이므로 $\frac{x}{2}=\cos t$, $\frac{y}{2}=\sin t$로 놓으면

$$\boldsymbol{x=2\cos t,\ y=2\sin t\ (0\le t<2\pi)}$$

***Note** $x=2\sin t$, $y=2\cos t\ (0\le t<2\pi)$도 답이 될 수 있다. 직선이나 곡선을 매개변수로 나타내는 방법은 여러 가지일 수 있다.

2 매개변수로 나타낸 함수의 미분법

이를테면 매개변수 t로 나타낸 함수 $x=t^2-2$, $y=t^4$을 미분하는 방법을 알아보자.

t를 소거하면 $y=(x+2)^2$이므로 이 식의 양변을 x에 관하여 미분하면

$$\frac{dy}{dx}=2(x+2)$$

한편 x와 y는 t에 관하여 미분가능한 함수이므로 합성함수의 미분법을 이용하면 t를 소거하지 않고도 미분할 수 있다. 곧,

$$\frac{dy}{dx}=\frac{dy}{dt}\times\frac{dt}{dx}=\frac{dy}{dt}\Big/\frac{dx}{dt}=\frac{4t^3}{2t}=2t^2=2(x+2) \qquad \cdots\cdots ⑦$$

일반적으로 매개변수로 나타낸 함수는 다음과 같이 미분한다.

기본정석 — **매개변수로 나타낸 함수의 미분법**

함수 $x=f(t)$, $y=g(t)$가 t에 관하여 미분가능할 때

정석 $\boldsymbol{\frac{dy}{dx}=\frac{dy}{dt}\Big/\frac{dx}{dt}=\frac{g'(t)}{f'(t)}}$ 단, $\boldsymbol{\frac{dx}{dt}=f'(t)\neq 0}$

Advice 1° ⑦에서는 앞에서 공부한 합성함수의 미분법과 역함수의 미분법을 이용하였다.

2° 위의 공식은 다음과 같이 유리식의 계산과 비교하여 기억해도 된다.

$$\frac{dy}{dx}=\frac{dy}{dt}\Big/\frac{dx}{dt} \iff \frac{b}{a}=\frac{b/c}{a/c}$$

보기 3 매개변수 t로 나타낸 함수 $x=1-2t$, $y=t^2$에서 $\frac{dy}{dx}$를 구하여라.

연구 $x=1-2t$에서 $\frac{dx}{dt}=-2$, $y=t^2$에서 $\frac{dy}{dt}=2t$이므로

$$\boldsymbol{\frac{dy}{dx}}=\frac{dy}{dt}\Big/\frac{dx}{dt}=\frac{2t}{-2}=\boldsymbol{-t}$$

***Note** 미분한 결과는 x로 나타내어도 되고, t로 나타내어도 된다.

기본 문제 5-9 다음 매개변수로 나타낸 함수에서 x, y의 관계식을 구하여라.

(1) $x=t^2+1$, $y=2t^2$ (2) $x=\sin\theta$, $y=\cos 2\theta$

정석연구 매개변수를 소거할 때에는 항상 매개변수에 의하여 생기는 제한 범위에 주의해야 한다.

정석 매개변수를 소거할 때에는 $\Longrightarrow$ 제한 범위에 주의하여라.

곧, (1)에서는 $t^2\ge0$을 이용하여 x 또는 y의 범위를 구하고, (2)에서는 $-1\le\sin\theta\le1$을 이용하여 x 또는 y의 범위를 구한다.

모범답안 (1) $x=t^2+1$ ……① $y=2t^2$ ……②

①에서 $t^2=x-1$ ……③

③을 ②에 대입하면 $y=2(x-1)$

그런데 ③에서 $t^2\ge0$이므로

$x-1\ge0$ $\therefore$ $x\ge1$

$\therefore$ $\boldsymbol{y=2x-2\ (x\ge1)}$ ← 답

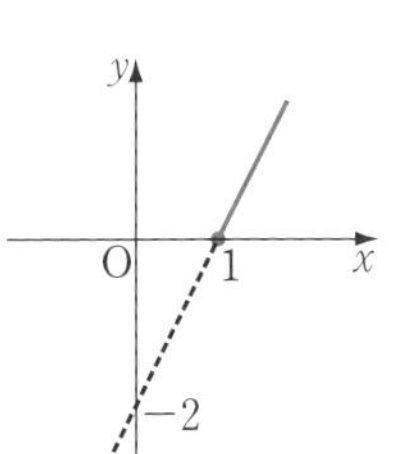

(2) $x=\sin\theta$ ……① $y=\cos 2\theta$ ……②

②에서 $y=1-2\sin^2\theta$ ……③

①을 ③에 대입하면 $y=1-2x^2$

그런데 ①에서 $-1\le\sin\theta\le1$이므로

$-1\le x\le1$

$\therefore$ $\boldsymbol{y=-2x^2+1\ (-1\le x\le1)}$ ← 답

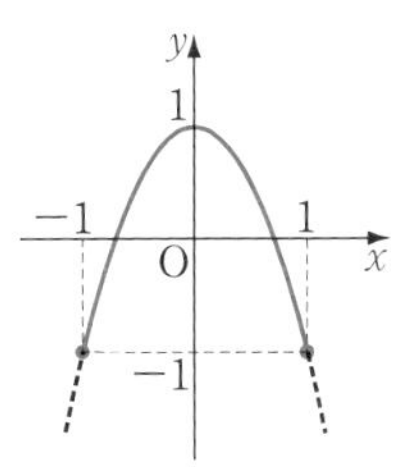

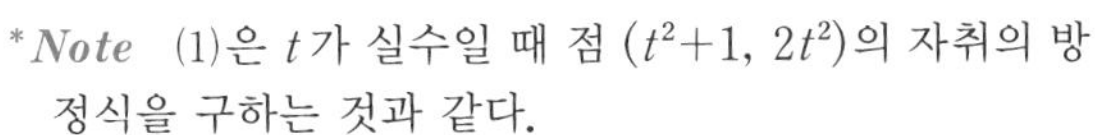

*Note (1)은 t가 실수일 때 점 $(t^2+1,\ 2t^2)$의 자취의 방정식을 구하는 것과 같다.

일반적으로 매개변수로 나타낸 점의 자취의 방정식은 다음 **정석**을 이용하여 구한다.

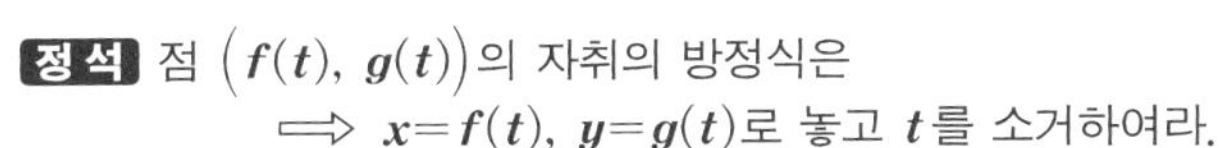

정석 점 $\big(f(t),\ g(t)\big)$의 자취의 방정식은

$\Longrightarrow$ $\boldsymbol{x=f(t)}$, $\boldsymbol{y=g(t)}$로 놓고 $\boldsymbol{t}$를 소거하여라.

유제 **5**-13. 다음 매개변수 t로 나타낸 함수에서 x, y의 관계식을 구하여라.

(1) $x=t-1$, $y=2t$ (단, $t>0$) (2) $x=t^2+4$, $y=t^2+2$

답 (1) $\boldsymbol{y=2x+2\ (x>-1)}$ (2) $\boldsymbol{y=x-2\ (x\ge4)}$

유제 **5**-14. θ가 실수일 때, 좌표평면 위를 움직이는 점 $(\cos 2\theta,\ 2\cos\theta)$의 자취의 방정식을 x, y로 나타내어라. 답 $\boldsymbol{y^2=2(x+1)\ (-1\le x\le1)}$

기본 문제 5-10 다음 매개변수 t로 나타낸 함수에서 $\dfrac{dy}{dx}$를 구하여라.

(1) $x=3t-2,\ y=1+2t^2$ (2) $x=\dfrac{1-t}{1+t},\ y=\dfrac{t}{1+t}$

정석연구 매개변수 t로 나타낸 함수에서 x, y의 관계식을 구하거나 그래프를 그리는 경우 보통 먼저 t를 소거해야 한다.

그러나 미분계수 또는 $\dfrac{dy}{dx}$를 구하는 경우에는 보통 t를 소거하지 않고 다음 **정석**을 이용하여 구한다.

$$\textbf{정석}\quad \frac{dy}{dx}=\frac{\frac{dy}{dt}}{\frac{dx}{dt}}\quad \left(\text{단, } \frac{dx}{dt}\neq 0\right) \qquad \Leftarrow \frac{b}{a}=\frac{\frac{b}{c}}{\frac{a}{c}}$$

모범답안 (1) $x=3t-2$에서 $\dfrac{dx}{dt}=3$, $y=1+2t^2$에서 $\dfrac{dy}{dt}=4t$

$$\therefore \frac{dy}{dx}=\frac{dy}{dt}\Big/\frac{dx}{dt}=\frac{4}{3}t \leftarrow \text{답}$$

(2) $x=\dfrac{1-t}{1+t}$에서 $\dfrac{dx}{dt}=\dfrac{-1\times(1+t)-(1-t)\times 1}{(1+t)^2}=\dfrac{-2}{(1+t)^2}$

$y=\dfrac{t}{1+t}$에서 $\dfrac{dy}{dt}=\dfrac{1\times(1+t)-t\times 1}{(1+t)^2}=\dfrac{1}{(1+t)^2}$

$$\therefore \frac{dy}{dx}=\frac{dy}{dt}\Big/\frac{dx}{dt}=-\frac{1}{2} \leftarrow \text{답}$$

Advice | (1)에서 x, y의 관계식을 구한 다음 $\dfrac{dy}{dx}$를 구해도 된다.

곧, $x=3t-2$에서 $t=\dfrac{1}{3}(x+2)$이므로 $y=1+2t^2$에 대입하면

$$y=1+\frac{2}{9}(x+2)^2 \qquad \therefore \frac{dy}{dx}=\frac{4}{9}(x+2)$$

이것은 $\dfrac{dy}{dx}=\dfrac{4}{3}t$에 $t=\dfrac{1}{3}(x+2)$를 대입한 것과 같다.

유제 **5**-15. 다음 매개변수 t로 나타낸 함수에서 $\dfrac{dy}{dx}$를 구하여라.

(1) $x=t-\dfrac{1}{t},\ y=t^2+\dfrac{1}{t^2}$ (2) $x=\dfrac{1-t^2}{1+t^2},\ y=\dfrac{2t}{1+t^2}$

답 (1) $\dfrac{dy}{dx}=2\left(t-\dfrac{1}{t}\right)$ (2) $\dfrac{dy}{dx}=\dfrac{t^2-1}{2t}\ (t\neq 0)$

유제 **5**-16. 매개변수 t로 나타낸 함수 $x=2t-3,\ y=t^2-4t$에서 $x=5$일 때 x에 대한 y의 순간변화율을 구하여라. 답 2

연습문제 5

5-1 다음과 같이 정의된 함수 $f(x)$에서 $f'(0)$의 값을 구하여라.

$$f(x)=\begin{cases} 3\sin x+x^3\cos\dfrac{1}{x^2} & (x\neq 0) \\ 0 & (x=0) \end{cases}$$

5-2 함수 $f(x)$에 대하여 $f'(0)=3$일 때, 다음 극한값을 구하여라.

(1) $\displaystyle\lim_{x\to 0}\frac{f(x)-f(e^x-1)}{x}$ (2) $\displaystyle\lim_{x\to 0}\frac{f(3x)-f(\sin x)}{x}$

5-3 함수 $f(x)$에 대하여 $f(1)=\dfrac{1}{2}$, $f'(1)=3$일 때, $\displaystyle\lim_{x\to 1}\frac{f(x)-x^2f(1)}{\sin(x-1)}$의 값을 구하여라.

5-4 미분가능한 함수 $f(x)$가 모든 실수 x, y에 대하여 $f(x+y)=f(x)+f(y)$를 만족시킨다. $f'(0)=2$일 때, $f'(x)$는?

① 2 ② 3 ③ $2x$ ④ $3x$ ⑤ $\sqrt{x}$

5-5 실수 전체의 집합에서 이계도함수를 가지는 함수 $f(x)$가

$$f(1)=2,\quad f'(1)=3,\quad \lim_{x\to 1}\frac{f'\big(f(x)\big)-1}{x-1}=3$$

을 만족시킬 때, $f''(2)$의 값을 구하여라.

5-6 $f(x)=\dfrac{1}{x}$일 때, $\displaystyle\lim_{x\to 1}\frac{f'(x)+1}{x-1}$의 값은?

① 2 ② 3 ③ 4 ④ 5 ⑤ 6

5-7 $f(x)=1+e^{-\ln x}+e^{-2\ln x}+\cdots+e^{-n\ln x}+\cdots$ (단, $x>1$, n은 자연수)일 때, $f(2)$와 $f'(2)$의 값을 구하여라.

5-8 함수 $f(x)=\dfrac{x^3}{x^2+1}$이 $\displaystyle\lim_{h\to 0}\frac{1}{h}\left\{\sum_{k=1}^{n}f(1+kh)-nf(1)\right\}=210$을 만족시킬 때, 자연수 n의 값은?

① 14 ② 15 ③ 18 ④ 20 ⑤ 21

5-9 $f(3)=1$, $f'(3)=3$, $f''(3)=4$를 만족시키는 사차 다항식 $f(x)$를 $(x-3)^3$으로 나눈 나머지를 구하여라.

5-10 $f(x)=\left(x+\sqrt{1+x^2}\right)^{10}$일 때, $f'(1)f'(-1)$의 값은?

① 20 ② 30 ③ 40 ④ 50 ⑤ 60

5-11 미분가능한 함수 $f(x)$에 대하여 $f(2)=4$, $f'(2)=3$일 때, 함수 $y=x^2\sqrt{f(x)}$ 의 $x=2$에서의 미분계수를 구하여라.

5-12 $\mathrm{G}(t)=f\big(g(t)\big)$이고 $f'(t)=\dfrac{1}{t^2+1}$, $g'(t)=\dfrac{10}{t^4+1}$, $g(0)=3$일 때, $\mathrm{G}'(0)$의 값은?

① 0 ② 1 ③ 2 ④ 3 ⑤ 4

5-13 실수 전체의 집합에서 미분가능한 두 함수 $f(x)$, $g(x)$가 모든 실수 x에 대하여 $f(3x-1)=g(x^2+1)$을 만족시킨다. $f'(2)=4$일 때, $g'(2)$의 값은?

① 2 ② 3 ③ 4 ④ 5 ⑤ 6

5-14 함수 $f(x)=x\sqrt{x+1}+\sqrt{x+1}$과 실수 전체의 집합에서 미분가능한 함수 $g(x)$에 대하여 함수 $h(x)$를 $h(x)=(g\circ f)(x)$라고 하자. $h'(0)=15$일 때, $g'(1)$의 값을 구하여라.

5-15 함수 $y=\sqrt[3]{(x+1)(x^2+1)}$의 $x=0$에서의 미분계수를 구하여라.

5-16 실수 전체의 집합에서 증가하고 미분가능한 함수 $f(x)$가 있다.
$f(2)=1$, $f'(2)=1$이고, $f(2x)$의 역함수를 $g(x)$라고 할 때, $g'(1)$의 값을 구하여라.

5-17 양수 t에 대하여 포물선 $y=x^2-4x+4$와 직선 $y=t$가 만나는 두 점 중에서 x좌표가 큰 점의 좌표를 $\big(f(t),\ t\big)$, x좌표가 작은 점의 좌표를 $\big(g(t),\ t\big)$라고 하자. $h(t)=t\big\{f(t)-g(t)\big\}$라고 할 때, $h'(1)$의 값을 구하여라.

5-18 다음 매개변수 t로 나타낸 함수에서 x, y의 관계식을 구하여라.

(1) $x=4\cos t+1$, $y=3\sin t$ (2) $x=2\tan t-1$, $y=\sec t$

5-19 실수 r와 θ가 다음을 만족시키며 변할 때, 점 $\mathrm{P}(r\cos\theta,\ r\sin\theta)$의 자취의 방정식을 구하여라.

$$r=\frac{2}{\sqrt{3}+\sin\theta},\quad 0\le\theta<2\pi$$

5-20 매개변수 t로 나타낸 함수 $x=t^4+t$, $y=t^3+at-7$에 대하여 $t=1$일 때 $\dfrac{dy}{dx}$의 값은 1이다. 이때, 상수 a의 값은?

① -2 ② -1 ③ 0 ④ 1 ⑤ 2

5-21 매개변수 t로 나타낸 함수 $x=\dfrac{1}{t}$, $y=\dfrac{3+t^2}{t}$에 대하여 $t=2$일 때 $\dfrac{dy}{dx}$, $\dfrac{d^2y}{dx^2}$의 값을 구하여라.

⑥. 여러 가지 함수의 도함수

삼각함수의 도함수／
지수함수와 로그함수의 도함수

§ 1. 삼각함수의 도함수

1 삼각함수의 도함수

삼각함수의 극한에서 공부한

정석 $\displaystyle\lim_{x\to 0}\frac{\sin x}{x}=1$ ⇦ p. 85

과 삼각함수의 성질, 삼각함수의 덧셈정리를 이용하여 삼각함수의 도함수를 구해 보자.

(1) $\boldsymbol{y=\sin x}$의 도함수

$$y'=\lim_{h\to 0}\frac{\sin(x+h)-\sin x}{h}=\lim_{h\to 0}\frac{\sin x\cos h+\cos x\sin h-\sin x}{h}$$

$$=\lim_{h\to 0}\left(\cos x\times\frac{\sin h}{h}-\sin x\times\frac{1-\cos h}{h}\right)$$

그런데 $\displaystyle\lim_{h\to 0}\frac{1-\cos h}{h}=\lim_{h\to 0}\frac{1-\cos^2 h}{h(1+\cos h)}=\lim_{h\to 0}\frac{\sin^2 h}{h(1+\cos h)}=0$이므로

$$\boldsymbol{y'=\cos x}$$

(2) $\boldsymbol{y=\cos x}$의 도함수

$y=\cos x=\sin\left(\frac{\pi}{2}+x\right)$이므로

$$y'=\cos\left(\frac{\pi}{2}+x\right)\times\left(\frac{\pi}{2}+x\right)'=\cos\left(\frac{\pi}{2}+x\right)=-\sin x \quad 곧,$$

$$\boldsymbol{y'=-\sin x}$$

*Note $y=\cos x$의 도함수 역시 도함수의 정의와 삼각함수의 덧셈정리를 이용하여 구할 수 있다.

기본정석 삼각함수의 도함수

(1) $y=\sin x \Longrightarrow y'=\cos x$
(2) $y=\cos x \Longrightarrow y'=-\sin x$
(3) $y=\tan x \Longrightarrow y'=\sec^2 x$
(4) $y=\cot x \Longrightarrow y'=-\csc^2 x$
(5) $y=\sec x \Longrightarrow y'=\sec x\tan x$
(6) $y=\csc x \Longrightarrow y'=-\csc x\cot x$

Advice | (3)~(6)은 $\sin x$, $\cos x$로 나타낸 다음, 몫의 미분법을 이용하여 다음과 같이 유도할 수 있다.

(3) $\boldsymbol{y=\tan x}$일 때 $y'=(\tan x)'=\left(\dfrac{\sin x}{\cos x}\right)'$

$$=\frac{\cos x\cos x-(\sin x)(-\sin x)}{\cos^2 x}=\frac{1}{\cos^2 x}=\boldsymbol{\sec^2 x}$$

(4) $\boldsymbol{y=\cot x}$일 때 $y'=(\cot x)'=\left(\dfrac{\cos x}{\sin x}\right)'$

$$=\frac{-\sin x\sin x-\cos x\cos x}{\sin^2 x}=\frac{-1}{\sin^2 x}=\boldsymbol{-\csc^2 x}$$

(5) $\boldsymbol{y=\sec x}$일 때 $y'=(\sec x)'=\left(\dfrac{1}{\cos x}\right)'$

$$=-\frac{(\cos x)'}{\cos^2 x}=\frac{\sin x}{\cos^2 x}=\boldsymbol{\sec x\tan x}$$

(6) $\boldsymbol{y=\csc x}$일 때 $y'=(\csc x)'=\left(\dfrac{1}{\sin x}\right)'$

$$=-\frac{(\sin x)'}{\sin^2 x}=-\frac{\cos x}{\sin^2 x}=\boldsymbol{-\csc x\cot x}$$

보기 1 다음 함수를 미분하여라.

(1) $y=\cos x+2\sin x$ (2) $y=\tan x-3\cot x$ (3) $y=\sin^2 x$
(4) $y=\cos^3 x$ (5) $y=\tan^3 x$ (6) $y=\sec^2 x$

연구 (1) $y'=\boldsymbol{-\sin x+2\cos x}$
(2) $y'=\sec^2 x-3(-\csc^2 x)=\boldsymbol{\sec^2 x+3\csc^2 x}$
(3) $y'=2(\sin x)(\sin x)'=\boldsymbol{2\sin x\cos x}$
(4) $y'=3(\cos^2 x)(\cos x)'=3(\cos^2 x)(-\sin x)=\boldsymbol{-3\sin x\cos^2 x}$
(5) $y'=3(\tan^2 x)(\tan x)'=\boldsymbol{3\tan^2 x\sec^2 x}$
(6) $y'=2(\sec x)(\sec x)'=2\sec x\sec x\tan x=\boldsymbol{2\sec^2 x\tan x}$

기본 문제 6-1 다음 함수를 미분하여라.

(1) $y=(\sin x+\cos x)^3$　　(2) $y=\sqrt{1+2\tan x}$

(3) $y=(\sin x)(1+\cos x)$　　(4) $y=\dfrac{1+\sin x}{\cos x}$

정석연구 앞 단원에서 공부한 미분법의 공식과

정석 $y=\sin x \Longrightarrow y'=\cos x$
$y=\cos x \Longrightarrow y'=-\sin x$
$y=\tan x \Longrightarrow y'=\sec^2 x$

를 이용한다.

모범답안 (1) $y'=3(\sin x+\cos x)^2(\sin x+\cos x)'$
$=\mathbf{3(\sin x+\cos x)^2(\cos x-\sin x)}$ ← 답

(2) $y'=\dfrac{(1+2\tan x)'}{2\sqrt{1+2\tan x}}=\dfrac{2\sec^2 x}{2\sqrt{1+2\tan x}}=\mathbf{\dfrac{\sec^2 x}{\sqrt{1+2\tan x}}}$ ← 답

(3) $y'=(\sin x)'(1+\cos x)+(\sin x)(1+\cos x)'$
$=(\cos x)(1+\cos x)+(\sin x)(-\sin x)$
$=\mathbf{\cos x+\cos^2 x-\sin^2 x}$ ← 답

(4) $y'=\dfrac{(1+\sin x)'\cos x-(1+\sin x)(\cos x)'}{\cos^2 x}$
$=\dfrac{\cos x\cos x-(1+\sin x)(-\sin x)}{\cos^2 x}$
$=\dfrac{\cos^2 x+\sin x+\sin^2 x}{\cos^2 x}=\dfrac{1+\sin x}{1-\sin^2 x}=\mathbf{\dfrac{1}{1-\sin x}}$ ← 답

유제 **6**-1. 다음 함수를 미분하여라.

(1) $y=(\sin x-\sqrt{3}\cos x)^2$　　(2) $y=\tan x+\dfrac{1}{3}\tan^3 x$

(3) $y=\sqrt{1+\sin x}$　　(4) $y=\sqrt{\cot x}$

(5) $y=x\sin x$　　(6) $y=\sin x\cos x$

(7) $y=\dfrac{1-\cos x}{1+\cos x}$　　(8) $y=\dfrac{\sin x}{\sin x+\cos x}$

답 (1) $y'=2(\sin x-\sqrt{3}\cos x)(\cos x+\sqrt{3}\sin x)$　(2) $y'=\sec^4 x$
(3) $y'=\dfrac{\cos x}{2\sqrt{1+\sin x}}$　(4) $y'=-\dfrac{\csc^2 x}{2\sqrt{\cot x}}$　(5) $y'=\sin x+x\cos x$
(6) $y'=\cos^2 x-\sin^2 x$　(7) $y'=\dfrac{2\sin x}{(1+\cos x)^2}$　(8) $y'=\dfrac{1}{(\sin x+\cos x)^2}$

기본 문제 6-2 다음 함수를 미분하여라.

(1) $y=\sin\sqrt{1-x^2}$ (2) $y=\cos(\sin x)$

(3) $y=(2x^2+1)\sin 2x$ (4) $y=\sin^3 x\cos 3x$

정석연구 일반적으로 함수 $y=\sin f(x)$의 도함수는 다음과 같이 구한다.

$u=f(x)$로 놓으면 $y=\sin u$이므로

$$\frac{dy}{du}=\cos u,\quad \frac{du}{dx}=f'(x)$$

$$\therefore\ \frac{dy}{dx}=\frac{dy}{du}\times\frac{du}{dx}=(\cos u)f'(x)=f'(x)\cos f(x)\quad \text{곧,}$$

정석 $\boldsymbol{y=\sin f(x) \Longrightarrow y'=\{\cos f(x)\}f'(x)}$ (미분)

함수 $y=\cos f(x)$, $y=\tan f(x)$, $y=\cot f(x)$, $\cdots$에 대해서도 같은 방법으로 미분하면 된다.

모범답안 (1) $y'=\left(\cos\sqrt{1-x^2}\right)\left(\sqrt{1-x^2}\right)'$

$$=\left(\cos\sqrt{1-x^2}\right)\times\frac{-2x}{2\sqrt{1-x^2}}=-\boldsymbol{\frac{x\cos\sqrt{1-x^2}}{\sqrt{1-x^2}}} \longleftarrow \text{답}$$

(2) $y'=\{-\sin(\sin x)\}(\sin x)'=\boldsymbol{-\cos x\sin(\sin x)} \longleftarrow$ 답

(3) $y'=(2x^2+1)'\sin 2x+(2x^2+1)(\sin 2x)'$

$=4x\sin 2x+(2x^2+1)\times 2\cos 2x$

$=\boldsymbol{4x\sin 2x+2(2x^2+1)\cos 2x} \longleftarrow$ 답

(4) $y'=(\sin^3 x)'\cos 3x+(\sin^3 x)(\cos 3x)'$

$=3(\sin^2 x)(\sin x)'\cos 3x+(\sin^3 x)(-\sin 3x)(3x)'$

$=3\sin^2 x\cos x\cos 3x-3\sin^3 x\sin 3x$

$=3(\sin^2 x)(\cos x\cos 3x-\sin x\sin 3x)$ ⇦ 삼각함수의 덧셈정리

$=\boldsymbol{3\sin^2 x\cos 4x} \longleftarrow$ 답

유제 **6**-2. 다음 함수를 미분하여라.

(1) $y=\sin(x^2+1)$ (2) $y=\cos\sqrt{1-x^2}$ (3) $y=\tan(1+x^2)$

(4) $y=\sin(\cos x)$ (5) $y=\sin 2x\cos 2x$ (6) $y=\sin 2x\cos^2 x$

답 (1) $\boldsymbol{y'=2x\cos(x^2+1)}$ (2) $\boldsymbol{y'=\frac{x\sin\sqrt{1-x^2}}{\sqrt{1-x^2}}}$ (3) $\boldsymbol{y'=2x\sec^2(1+x^2)}$

(4) $\boldsymbol{y'=-\sin x\cos(\cos x)}$ (5) $\boldsymbol{y'=2\cos 4x}$ (6) $\boldsymbol{y'=2\cos x\cos 3x}$

기본 문제 6-3 다음에서 $\dfrac{dy}{dx}$ 를 구하여라.

(1) $x=\sin y$ (2) $\sin x+\sin y=1$

(3) $x=2\cos^3\theta,\ y=2\sin^3\theta$

정석연구 (1) 양변을 x에 관하여 미분한다. 또는 양변을 y에 관하여 미분한 다음 역함수의 미분법을 이용한다.

$$\textbf{정석}\quad \frac{dy}{dx}=\frac{1}{\dfrac{dx}{dy}}\quad \left(\text{단, } \frac{dx}{dy}\neq 0\right)$$

(2) 양변을 x에 관하여 미분한다.

(3) 매개변수로 나타낸 함수의 미분법을 이용한다.

$$\textbf{정석}\quad \frac{dy}{dx}=\frac{dy}{dt}\Big/\frac{dx}{dt}\quad \left(\text{단, } \frac{dx}{dt}\neq 0\right)$$

모범답안 (1) 양변을 x에 관하여 미분하면

$$1=\cos y\frac{dy}{dx}\qquad \therefore\ \frac{dy}{dx}=\frac{1}{\cos y}\ (\cos y\neq 0)\longleftarrow \boxed{\text{답}}$$

(2) 양변을 x에 관하여 미분하면

$$\cos x+\cos y\frac{dy}{dx}=0\qquad \therefore\ \frac{dy}{dx}=-\frac{\cos x}{\cos y}\ (\cos y\neq 0)\longleftarrow \boxed{\text{답}}$$

(3) $\dfrac{dx}{d\theta}=2\times 3\cos^2\theta(-\sin\theta),\quad \dfrac{dy}{d\theta}=2\times 3\sin^2\theta\cos\theta$

$$\therefore\ \frac{dy}{dx}=\frac{dy}{d\theta}\Big/\frac{dx}{d\theta}=\frac{6\sin^2\theta\cos\theta}{-6\sin\theta\cos^2\theta}=-\tan\theta\ (\sin\theta\cos\theta\neq 0)\longleftarrow \boxed{\text{답}}$$

Advice | (1)에서 $\cos y=\pm\sqrt{1-\sin^2 y}=\pm\sqrt{1-x^2}$ 이므로 도함수를 x에 관한 식으로 나타내면 다음과 같다.

$$\frac{dy}{dx}=\frac{1}{\cos y}=\pm\frac{1}{\sqrt{1-x^2}}\ (x^2\neq 1)$$

유제 **6**-3. $x=\cos y$ (단, $0<y<\pi$)일 때, $\dfrac{dy}{dx}$ 를 x에 관한 식으로 나타내어라.

답 $\dfrac{dy}{dx}=-\dfrac{1}{\sqrt{1-x^2}}$

유제 **6**-4. 다음에서 $\dfrac{dy}{dx}$ 를 구하여라.

(1) $\sin x+\cos y=1$ (2) $x=3\cos t,\ y=2\sin t$

답 (1) $\dfrac{dy}{dx}=\dfrac{\cos x}{\sin y}\ (\sin y\neq 0)$ (2) $\dfrac{dy}{dx}=-\dfrac{2}{3}\cot t\ (\sin t\neq 0)$

§2. 지수함수와 로그함수의 도함수

1 지수함수의 도함수

지수함수의 극한에서 공부한

$$\text{정석 } \lim_{x\to 0}\frac{e^x-1}{x}=1, \quad \lim_{x\to 0}\frac{a^x-1}{x}=\ln a$$ ⇦ p. 92

를 이용하여 함수 $y=e^x$, $y=a^x$의 도함수를 구할 수 있다.

(1) $y=e^x$의 도함수

$$y'=\lim_{h\to 0}\frac{e^{x+h}-e^x}{h}=\lim_{h\to 0}\left(e^x\times\frac{e^h-1}{h}\right)=e^x$$

(2) $y=a^x$의 도함수

$$y'=\lim_{h\to 0}\frac{a^{x+h}-a^x}{h}=\lim_{h\to 0}\left(a^x\times\frac{a^h-1}{h}\right)=a^x\ln a$$

여기에 $a=e$를 대입하여 (1)을 얻을 수도 있다.

기본정석 ― 지수함수의 도함수

(1) $y=e^x \Longrightarrow y'=e^x$

(2) $y=a^x \Longrightarrow y'=a^x\ln a$

보기 1 다음 함수의 도함수를 구하여라.

(1) $y=3e^x$ (2) $y=2\times 3^x$ (3) $y=xe^x$ (4) $y=e^x\sin x$

(5) $y=\dfrac{e^x}{e^x+1}$ (6) $y=\dfrac{x}{4^x}$ (7) $y=(x^2+e^x)^3$

연구 (1) $y'=3(e^x)'=\mathbf{3e^x}$

(2) $y'=2\times(3^x)'=2\times 3^x\ln 3=\mathbf{2\ln 3\times 3^x}$

(3) $y'=(x)'e^x+x(e^x)'=e^x+xe^x=\mathbf{(1+x)e^x}$

(4) $y'=(e^x)'\sin x+e^x(\sin x)'=e^x\sin x+e^x\cos x=\mathbf{e^x(\sin x+\cos x)}$

(5) $y'=\dfrac{(e^x)'(e^x+1)-e^x(e^x+1)'}{(e^x+1)^2}=\dfrac{e^x(e^x+1)-e^x\times e^x}{(e^x+1)^2}=\mathbf{\dfrac{e^x}{(e^x+1)^2}}$

(6) $y'=\dfrac{(x)'4^x-x(4^x)'}{(4^x)^2}=\dfrac{4^x-x\times 4^x\ln 4}{(4^x)^2}=\mathbf{\dfrac{1-x\ln 4}{4^x}}$

(7) $y'=3(x^2+e^x)^2(x^2+e^x)'=\mathbf{3(x^2+e^x)^2(2x+e^x)}$

2 로그함수의 도함수

e의 정의에서 공부한

정의 $\lim_{x\to0}(1+x)^{\frac{1}{x}}=e$ ⇦ p. 87

를 이용하여 함수 $y=\ln x$, $y=\log_a x$의 도함수를 구할 수 있다.

(1) $y=\ln x$의 도함수

$$y'=\lim_{h\to0}\frac{\ln(x+h)-\ln x}{h}=\lim_{h\to0}\frac{1}{h}\ln\frac{x+h}{x}=\lim_{h\to0}\ln\left(1+\frac{h}{x}\right)^{\frac{1}{h}}$$
$$=\lim_{h\to0}\ln\left(1+\frac{h}{x}\right)^{\frac{x}{h}\times\frac{1}{x}}=\ln e^{\frac{1}{x}}=\frac{1}{x}\ln e=\frac{1}{x}$$

(2) $y=\log_a x$의 도함수

$\log_a x=\dfrac{\log_e x}{\log_e a}=\dfrac{\ln x}{\ln a}$이므로

$$y'=\left(\frac{\ln x}{\ln a}\right)'=\frac{1}{\ln a}(\ln x)'=\frac{1}{\ln a}\times\frac{1}{x}=\frac{1}{x\ln a}$$

기본정석 로그함수의 도함수

(1) $y=\ln x \implies y'=\dfrac{1}{x}$

(2) $y=\log_a x \implies y'=\dfrac{1}{x\ln a}$

보기 2 다음 함수의 도함수를 구하여라.

(1) $y=\ln x+x$ (2) $y=3\log_2 x-x^2$ (3) $y=x\ln x-x$

(4) $y=e^x\ln x$ (5) $y=\dfrac{\ln x}{e^x}$ (6) $y=(\log_2 x)^3$

연구 (1) $y'=\dfrac{1}{x}+1$

(2) $y'=3\times\dfrac{1}{x\ln 2}-2x=\dfrac{3}{x\ln 2}-2x$

(3) $y'=(x)'\ln x+x(\ln x)'-1=\ln x+x\times\dfrac{1}{x}-1=\ln x$

(4) $y'=(e^x)'\ln x+e^x(\ln x)'=e^x\ln x+e^x\times\dfrac{1}{x}=e^x\left(\ln x+\dfrac{1}{x}\right)$

(5) $y'=\dfrac{(\ln x)'e^x-\ln x\times(e^x)'}{(e^x)^2}=\dfrac{1}{e^x}\left(\dfrac{1}{x}-\ln x\right)$

(6) $y'=3(\log_2 x)^2(\log_2 x)'=\dfrac{3(\log_2 x)^2}{x\ln 2}$

보기 3 함수 $y=\ln|x|$를 미분하여라.

연구 (i) $x>0$일 때 $y=\ln x$ $\therefore y'=\frac{1}{x}$

(ii) $x<0$일 때 $y=\ln(-x)$ $\therefore y'=\frac{(-x)'}{-x}=\frac{1}{x}$

(i), (ii)에서 x의 부호에 관계없이 $\boldsymbol{y'=\frac{1}{x}}$

3 로그미분법

이를테면 함수 $y=x^x\,(x>0)$을 미분하는 방법을 알아보자.

$x^x>0$이므로 양변의 자연로그를 잡으면 $\ln y=x\ln x$ ……⑦

그런데 $u=\ln y$로 놓고 양변을 x에 관하여 미분하면

$$\frac{du}{dx}=\frac{d}{dy}\ln y\times\frac{dy}{dx}=\frac{1}{y}\times\frac{dy}{dx}$$ ⇦ 합성함수의 미분법

이므로 ⑦의 양변을 x에 관하여 미분하면

$$\frac{1}{y}\times\frac{dy}{dx}=(x)'\ln x+x(\ln x)'=\ln x+x\times\frac{1}{x}$$

$$\therefore \frac{dy}{dx}=y(\ln x+1)=\boldsymbol{x^x(\ln x+1)}$$

이와 같이 밑과 지수에 모두 변수를 포함하거나 형태가 복잡한 함수의 도함수를 구하기 위하여 기본 공식에만 의존하지 않고, 양변의 절댓값의 로그를 잡은 다음 양변을 x에 관하여 미분할 수 있다. 이와 같은 미분법을 로그미분법이라고 한다.

특히 위에서 함수 $y=x^x\,(x>0)$의 도함수를

정석 $\boldsymbol{y=a^x \Longrightarrow y'=a^x\ln a}$

를 적용하여 $y'=x^x\ln x$라고 해서는 안 된다. 왜냐하면 $y=a^x$에서는 밑 a가 상수이지만, $y=x^x\,(x>0)$에서는 밑 x가 변수이기 때문이다.

기본정석 — **로그미분법**

(i) 주어진 식의 양변의 절댓값의 로그를 잡는다.

(ii) 양변을 x에 관하여 미분한다. 이때, 다음 **정석**을 이용한다.

정석 $\boldsymbol{y=\ln|x| \Longrightarrow y'=\frac{1}{x}}$ ⇦ 보기 3

Advice | 로그의 진수는 양수이어야 하므로 양변의 절댓값의 로그를 잡는다. 양변이 양수일 때에는 바로 로그를 잡으면 된다.

기본 문제 6-4 다음 함수를 미분하여라.

(1) $y=a^{\sin x}$ (2) $y=\sin 2^x$ (3) $y=e^{x^2}\sin x$

(4) $y=\log_{10}(x^2+1)$ (5) $y=x\ln(x^2+1)$ (6) $y=e^x\ln(\sin x)$

정석연구 일반적으로 함수 $y=a^{f(x)}$의 도함수는 다음과 같이 구한다.

$u=f(x)$로 놓으면 $y=a^u$이므로

$$\frac{dy}{du}=a^u\ln a,\quad \frac{du}{dx}=f'(x)$$

$$\therefore\ \frac{dy}{dx}=\frac{dy}{du}\times\frac{du}{dx}=a^u\ln a\times f'(x)=f'(x)a^{f(x)}\ln a \quad \text{곧,}$$

정석 $\boldsymbol{y=a^{f(x)} \Longrightarrow y'=a^{f(x)}\ln a\times f'(x)}$ (미분)

함수 $y=e^{f(x)}$, $y=\log_a f(x)$, $y=\ln f(x)$에 대해서도 같은 방법으로 미분하면 된다.

모범답안 (1) $y'=a^{\sin x}(\ln a)(\sin x)'=\boldsymbol{(\ln a)a^{\sin x}\cos x}$ ← 답

(2) $y'=(\cos 2^x)(2^x)'=(\cos 2^x)2^x\ln 2=\boldsymbol{(\ln 2)2^x\cos 2^x}$ ← 답

(3) $y'=(e^{x^2})'\sin x+e^{x^2}(\sin x)'=e^{x^2}(x^2)'\sin x+e^{x^2}\cos x$

$=\boldsymbol{e^{x^2}(2x\sin x+\cos x)}$ ← 답

(4) $y'=\dfrac{1}{x^2+1}\times\dfrac{1}{\ln 10}\times(x^2+1)'=\boldsymbol{\dfrac{1}{\ln 10}\times\dfrac{2x}{x^2+1}}$ ← 답

(5) $y'=(x)'\ln(x^2+1)+x\{\ln(x^2+1)\}'$

$=\ln(x^2+1)+x\times\dfrac{(x^2+1)'}{x^2+1}=\boldsymbol{\ln(x^2+1)+\dfrac{2x^2}{x^2+1}}$ ← 답

(6) $y'=(e^x)'\ln(\sin x)+e^x\{\ln(\sin x)\}'$

$=e^x\ln(\sin x)+e^x\times\dfrac{(\sin x)'}{\sin x}=\boldsymbol{e^x\{\ln(\sin x)+\cot x\}}$ ← 답

유제 **6**-5. 다음 함수를 미분하여라.

(1) $y=e^{\cos x}$ (2) $y=2^{x^2-1}$ (3) $y=(x^2+1)e^{-x}$

(4) $y=\sin(e^x-e^{-x})$ (5) $y=\log_3(2x-3)^3$ (6) $y=\ln(\tan x)$

(7) $y=\ln(x\sin x)$ (8) $y=\ln(\ln x)$ (9) $y=x^2\ln 2x$

답 (1) $\boldsymbol{y'=-e^{\cos x}\sin x}$ (2) $\boldsymbol{y'=(\ln 2)x\times 2^{x^2}}$ (3) $\boldsymbol{y'=-(x-1)^2e^{-x}}$

(4) $\boldsymbol{y'=(e^x+e^{-x})\cos(e^x-e^{-x})}$ (5) $\boldsymbol{y'=\dfrac{6}{(\ln 3)(2x-3)}}$ (6) $\boldsymbol{y'=\dfrac{1}{\sin x\cos x}}$

(7) $\boldsymbol{y'=\dfrac{\sin x+x\cos x}{x\sin x}}$ (8) $\boldsymbol{y'=\dfrac{1}{x\ln x}}$ (9) $\boldsymbol{y'=x(2\ln 2x+1)}$

기본 문제 **6**-5 다음 함수를 미분하여라.

(1) $y=x^{\sin x}$ $(x>0)$　　(2) $y=\dfrac{x(x-1)^2}{(x+1)^3}$

정석연구 (1) $x^{\sin x}>0$이므로 양변의 로그를 잡을 수 있다.

(2) y가 양, 음의 값을 가지므로 양변의 절댓값의 로그를 잡는다.

정석 밑과 지수에 모두 변수를 포함하거나 형태가 복잡한 함수는
양변의 절댓값의 로그를 잡은 다음, 양변을 x에 관하여 미분한다.

모범답안 (1) 양변의 자연로그를 잡으면

$$\ln y=\ln x^{\sin x}\quad 곧,\ \ln y=\sin x\ln x$$

양변을 x에 관하여 미분하면

$$\frac{1}{y}\times\frac{dy}{dx}=(\sin x)'\ln x+(\sin x)(\ln x)'=\cos x\ln x+(\sin x)\times\frac{1}{x}$$

$$\therefore\ \frac{dy}{dx}=y\left(\cos x\ln x+\frac{\sin x}{x}\right)=\boldsymbol{x^{\sin x}\left(\cos x\ln x+\frac{\sin x}{x}\right)} \longleftarrow \text{답}$$

(2) 양변의 절댓값을 잡으면

$$|y|=\left|\frac{x(x-1)^2}{(x+1)^3}\right|\quad 곧,\ |y|=\frac{|x||x-1|^2}{|x+1|^3}$$

양변의 자연로그를 잡으면

$$\ln|y|=\ln|x|+2\ln|x-1|-3\ln|x+1|$$

양변을 x에 관하여 미분하면

$$\frac{1}{y}\times\frac{dy}{dx}=\frac{1}{x}+\frac{2}{x-1}-\frac{3}{x+1}=\frac{5x-1}{x(x-1)(x+1)}$$

$$\therefore\ \frac{dy}{dx}=y\times\frac{5x-1}{x(x-1)(x+1)}=\frac{x(x-1)^2}{(x+1)^3}\times\frac{5x-1}{x(x-1)(x+1)}$$

$$=\boldsymbol{\frac{(5x-1)(x-1)}{(x+1)^4}} \longleftarrow \text{답}$$

***Note** (2) 몫의 미분법을 이용하여 미분한 다음 비교해 보아라.

유제 **6**-6. 다음 함수를 미분하여라.

(1) $y=x^{\ln x}$ $(x>0)$　　(2) $y=(\ln x)^x$ $(x>1)$　　(3) $y=\dfrac{(x+2)(x+1)^3}{(x-1)^2}$

답 (1) $\boldsymbol{y'=2x^{\ln x-1}\ln x}$　(2) $\boldsymbol{y'=(\ln x)^x\ln(\ln x)+(\ln x)^{x-1}}$

(3) $\boldsymbol{y'=\dfrac{(x+1)^2(2x^2-3x-11)}{(x-1)^3}}$

기본 문제 6-6 함수 $f(x)=e^{ax}\sin x$에 대하여 다음 물음에 답하여라.

(1) $f'(\pi)$, $f''(\pi)$의 값을 구하여라.

(2) 모든 실수 x에 대하여 $f''(x)-2f'(x)+2f(x)=0$을 만족시키는 상수 a의 값을 구하여라.

정석연구 $f'(x)$, $f''(x)$를 차례로 구한다.

정석 $\boldsymbol{f(x) \overset{\text{미분}}{\Longrightarrow} f'(x) \overset{\text{미분}}{\Longrightarrow} f''(x)}$

모범답안 $f(x)=e^{ax}\sin x$에서

$$f'(x)=(e^{ax})'\sin x+e^{ax}(\sin x)'=ae^{ax}\sin x+e^{ax}\cos x$$
$$=e^{ax}(a\sin x+\cos x) \quad \cdots\cdots ①$$
$$f''(x)=(e^{ax})'(a\sin x+\cos x)+e^{ax}(a\sin x+\cos x)'$$
$$=ae^{ax}(a\sin x+\cos x)+e^{ax}(a\cos x-\sin x) \quad \cdots\cdots ②$$

(1) $f'(\pi)=e^{a\pi}(a\sin\pi+\cos\pi)=-\boldsymbol{e^{a\pi}}$ ← 답

$f''(\pi)=ae^{a\pi}(a\sin\pi+\cos\pi)+e^{a\pi}(a\cos\pi-\sin\pi)$

$=-ae^{a\pi}-ae^{a\pi}=-\boldsymbol{2ae^{a\pi}}$ ← 답

(2) $f(x)$와 ①, ②를 $f''(x)-2f'(x)+2f(x)=0$에 대입하면

$$ae^{ax}(a\sin x+\cos x)+e^{ax}(a\cos x-\sin x)$$
$$-2e^{ax}(a\sin x+\cos x)+2e^{ax}\sin x=0$$

$e^{ax}>0$이므로 양변을 e^{ax}으로 나누고 정리하면

$$(a-1)^2\sin x+2(a-1)\cos x=0$$

이 등식이 모든 실수 x에 대하여 성립하므로

$$a-1=0 \qquad \therefore \ \boldsymbol{a=1} \ \text{← 답}$$

유제 6-7. 다음 함수의 이계도함수를 구하여라.

(1) $y=e^{2x}$ (2) $y=\sin x$ (3) $y=x^3e^x$

(4) $y=e^x\cos x$ (5) $y=e^x\ln x$

답 (1) $\boldsymbol{y''=4e^{2x}}$ (2) $\boldsymbol{y''=-\sin x}$ (3) $\boldsymbol{y''=e^x(x^3+6x^2+6x)}$

(4) $\boldsymbol{y''=-2e^x\sin x}$ (5) $\boldsymbol{y''=e^x\left(\ln x+\dfrac{2}{x}-\dfrac{1}{x^2}\right)}$

유제 6-8. 함수 $f(x)=(ax+b)\sin x$가 모든 실수 x에 대하여 $f(x)+f''(x)=2\cos x$를 만족시키고 $f'(0)=0$일 때, 상수 a, b의 값을 구하여라.

답 $\boldsymbol{a=1}$, $\boldsymbol{b=0}$

연습문제 6

6-1 다음 함수를 미분하여라. 단, a는 상수이다.

(1) $y=\cos x^\circ$ (2) $y=(\sec x+\tan x)^5$ (3) $y=\sin^2(2\pi x-a)$

(4) $y=\sec^3(2x+5)$ (5) $y=\dfrac{\cos x}{\sqrt{1+\sin x}}$

6-2 다음 함수를 미분하여라.

(1) $y=e^x(\sin x+\cos x)$ (2) $y=(x^2+1)e^{-2x}$ (3) $y=\dfrac{e^x-e^{-x}}{e^x+e^{-x}}$

6-3 다음 함수를 미분하여라.

(1) $y=\ln(\tan x+\sec x)$ (2) $y=\ln\left(x+\sqrt{x^2+1}\right)$

(3) $y=\ln\dfrac{x-1}{x+1}$ (4) $y=\ln\dfrac{1+e^x}{e^x}$ (5) $y=\ln\dfrac{1+\sin x}{1-\sin x}$

6-4 $f: x \longrightarrow \ln x$, $g: x \longrightarrow \sqrt{x^2+1}$일 때, 함수 $(f^{-1}\circ g)(x)$의 $x=1$에서의 미분계수를 구하여라.

6-5 함수 $f(x)=a\sin x+\tan x$에 대하여 $\displaystyle\lim_{x\to\pi}\frac{f(x)}{x-\pi}=3$일 때, $f\left(\dfrac{\pi}{4}\right)$의 값은?

① $-\sqrt{2}-1$ ② $-\sqrt{2}+1$ ③ $\sqrt{2}-1$ ④ $\sqrt{2}$ ⑤ $\sqrt{2}+1$

6-6 $f(x)=\ln(\ln x)$일 때, $\displaystyle\lim_{h\to0}\frac{f(e+h)-f(e-h)}{h}$의 값은?

① $\dfrac{1}{e}$ ② $\dfrac{2}{e}$ ③ 1 ④ e ⑤ $2e$

6-7 $f(x)=\displaystyle\lim_{h\to0}\frac{e^{x+h}-e^x}{\sqrt{x+h}-\sqrt{x}}$일 때, $f'(1)$의 값은?

① 1 ② e ③ $2e$ ④ $3e$ ⑤ $4e$

6-8 다음 극한값을 구하여라. 단, n은 자연수이다.

(1) $\displaystyle\lim_{x\to a}\frac{x^2e^a-a^2e^x}{x-a}$ (2) $\displaystyle\lim_{x\to0}\frac{2}{x}\ln\frac{e^x+e^{2x}+e^{3x}+\cdots+e^{nx}}{n}$

(3) $\displaystyle\lim_{x\to0}\frac{1}{x}\ln\frac{a^x+b^x+c^x}{3}$

6-9 $\displaystyle\lim_{x\to a}\frac{b\ln x}{x^2-a^2}=1$일 때, $a+b$의 값은? 단, a, b는 상수이다.

① 0 ② 1 ③ 2 ④ 3 ⑤ 4

6-10 미분가능한 함수 $f(x)$와 $g(x)$가 모든 실수 x에 대하여

$$f(x)+(x+1)g(x)=\sin^2 x+2x$$

를 만족시킨다. $\lim_{x\to 0}\frac{g(x)}{x^2}=-2$일 때, $f(0)$과 $f'(0)$의 값을 구하여라.

6-11 함수 $f(x)=\cos x$ $\left(\text{단, } 0<x<\frac{\pi}{2}\right)$의 역함수를 $g(x)$라고 할 때, $g'\left(\frac{1}{2}\right)$의 값을 구하여라.

6-12 함수 $f(x)=\ln(e^x-1)$의 역함수를 $g(x)$라고 할 때, 양수 a에 대하여 $\frac{1}{f'(a)}+\frac{1}{g'(a)}$의 값은?

① 2　　② 4　　③ 6　　④ 8　　⑤ 10

6-13 다음 물음에 답하여라.

(1) r가 실수일 때, $y=x^r$의 도함수를 구하여라.

(2) 세 함수 $f(x)=x^{\sqrt{3}}$, $g(x)=(\sqrt{3})^x$, $h(x)=x^{\sqrt{x}}$의 $x=1$에서의 미분계수를 구하여라.

6-14 $f(x)=\frac{e^x\cos x}{1+\sin x}$일 때, $f'\left(\frac{\pi}{6}\right)$의 값을 구하여라.

6-15 다음 함수의 이계도함수를 구하여라.

(1) $y=\sqrt{x^2+1}$　　(2) $y=\cos^3 x$　　(3) $y=\ln(3x+4)$

(4) $y=e^{x^2}$　　(5) $y=x^3\ln x$　　(6) $y=\frac{x}{\ln x}$

6-16 함수 $f(x)=xe^{ax+b}$에 대하여 $f'(0)=5$, $f''(0)=10$일 때, 상수 a, b의 값을 구하여라.

6-17 $f(x)=x^2e^{-x}$, $y=e^xf'(x)$일 때, 모든 실수 x에 대하여

$$x^2y''-axy'+by=0$$

을 만족시키는 상수 a, b의 값을 구하여라.

6-18 두 함수 $f(x)$, $g(x)$가 모든 실수 x에 대하여

$$f''(x)+g''(x)+g(x)=e^x,\quad f''(x)-f(x)+g''(x)=e^{-x}$$

을 만족시킬 때, $f(x)$를 구하여라.

6-19 오른쪽 그림과 같이 다리를 펴고 구부릴 때, 엉덩이와 발 사이의 거리 l cm는 구부러진 각도 $\theta°$의 함수로 나타낼 수 있다.

$\theta=90$일 때, $\frac{dl}{d\theta}$의 값을 구하여라.

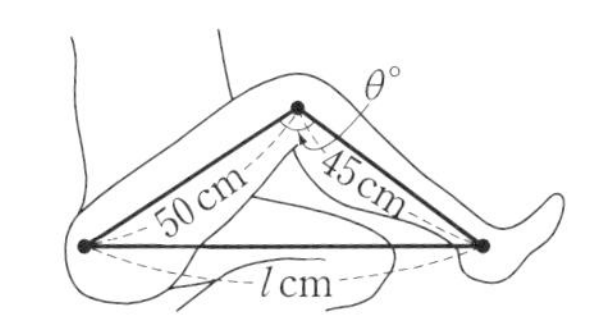

7. 곡선의 접선과 미분

미분계수의 기하적 의미
/접선의 방정식

§ 1. 미분계수의 기하적 의미

1 접선의 기울기

앞에서 공부한 미분계수의 기하적 의미를 다시 정리하면 다음과 같다.

기본정석 — 미분계수와 접선의 기울기

미분가능한 함수 $\boldsymbol{y=f(x)}$의 그래프에서
(i) $\boldsymbol{x}$좌표가 $\boldsymbol{a}$인 점에서의 접선의 기울기 $\Longrightarrow$ $\boldsymbol{f'(a)}$
(ii) 점 $\left(\boldsymbol{x},\ \boldsymbol{f(x)}\right)$에서의 접선의 기울기 $\Longrightarrow$ $\boldsymbol{f'(x)}$

Advice | 곡선 $y=f(x)$ 위의 점 P를 지나고, 점 P에서의 접선에 수직인 직선을 점 P에서의 법선이라고 한다. 따라서

정석 $\boldsymbol{x=a}$인 점에서의 법선의 기울기 $\Longrightarrow$ $-\dfrac{\boldsymbol{1}}{\boldsymbol{f'(a)}}$ $\left(\boldsymbol{f'(a)\neq 0}\right)$

보기 1 곡선 $y=x^2+1$ 위의 x좌표가 $x=-1$, $x=0$, $x=1$인 점에서의 접선의 기울기를 각각 구하여라.

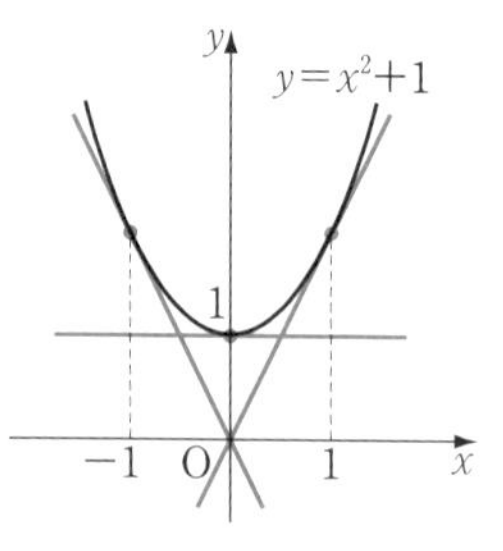

연구 $f(x)=x^2+1$로 놓으면 $f'(x)=2x$
$\therefore$ $f'(-1)=\boldsymbol{-2}$, $f'(0)=\boldsymbol{0}$, $f'(1)=\boldsymbol{2}$

보기 2 곡선 $y=x^2-2x$ 위의 점 중 그 점에서의 접선의 기울기가 4인 점의 좌표를 구하여라.

연구 $f(x)=x^2-2x$로 놓으면 $f'(x)=2x-2=4$ $\quad\therefore$ $x=3$
이때, $f(3)=3^2-2\times3=3$ $\quad\therefore$ $\boldsymbol{(3,\ 3)}$

기본 문제 7-1 다음 물음에 답하여라.

(1) 곡선 $y=ax+\cos x+b$ 위의 점 $(0, 1)$에서의 접선의 방정식이 $y=2x+c$일 때, 상수 a, b, c의 값을 구하여라.

(2) 곡선 $x^2+2ye^x+y^3=3$ 위의 점 $(0, 1)$에서의 접선의 기울기를 구하여라.

정석연구 (1) 점 $(0, 1)$에서의 접선의 방정식이 $y=2x+c$이므로 주어진 곡선은 점 $(0, 1)$을 지나고, 이 점에서의 접선의 기울기는 2이다.

정석 곡선 $y=f(x)$ 위의
$x=a$인 점에서의 접선의 기울기 $\Longrightarrow$ $f'(a)$

(2) 이 문제와 같이 곡선의 방정식이 음함수로 주어진 경우에는 $\dfrac{dy}{dx}$를 구한 다음 x좌표, y좌표를 대입하면 된다.

$f(x, y)=0$

(a, b)

(기울기)$=\left[\dfrac{dy}{dx}\right]_{\substack{x=a\\y=b}}$

모범답안 (1) $f(x)=ax+\cos x+b$,

$g(x)=2x+c$

로 놓으면 $f'(x)=a-\sin x$

문제의 조건으로부터 $f(0)=1$, $g(0)=1$, $f'(0)=2$이므로

$1+b=1$, $c=1$, $a=2$ 곧, $\boldsymbol{a=2,\ b=0,\ c=1}$ ← 답

(2) $x^2+2ye^x+y^3=3$의 양변을 x에 관하여 미분하면

$$2x+2\left(\frac{dy}{dx}\times e^x+ye^x\right)+3y^2\frac{dy}{dx}=0$$

$$\therefore \frac{dy}{dx}=-\frac{2x+2ye^x}{2e^x+3y^2} \qquad \therefore \left[\frac{dy}{dx}\right]_{\substack{x=0\\y=1}}=-\frac{2}{2+3}=-\boldsymbol{\frac{2}{5}}$$ ← 답

유제 **7**-1. 곡선 $y=x^2\ln x+4$ 위의 점 $(1, 4)$에서의 접선의 기울기를 구하여라.

답 **1**

유제 **7**-2. 곡선 $y=ax+b\sin x$ 위의 점 $(\pi, 2\pi)$에서의 접선의 방정식이 $y=x+c$일 때, 상수 a, b, c의 값을 구하여라. 답 $\boldsymbol{a=2,\ b=1,\ c=\pi}$

유제 **7**-3. 곡선 $x^3-xy^2=10$ 위의 점 $(-2, 3)$에서의 접선의 기울기를 구하여라.

답 $\boldsymbol{-\dfrac{1}{4}}$

유제 **7**-4. 곡선 $e^x\ln y=1$ 위의 $x=0$인 점에서의 접선의 기울기를 구하여라.

답 $\boldsymbol{-e}$

기본 문제 7-2 곡선 $y=ax^2$이 곡선 $y=\ln x$에 접하도록 상수 a의 값을 정하여라.

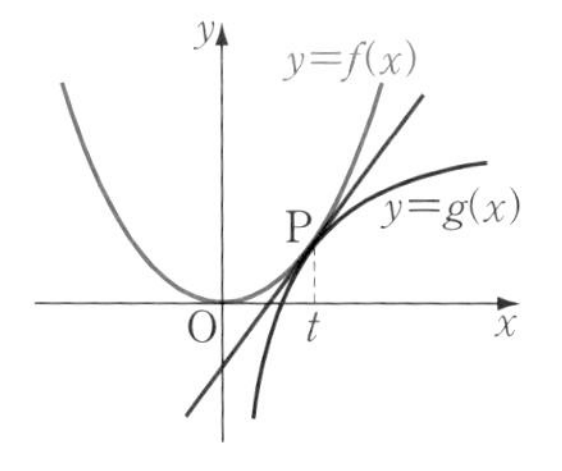

정석연구 일반적으로 두 곡선

$y=f(x)$ ……① $y=g(x)$ ……②

가 오른쪽 그림과 같이 점 P에서 만나고, 이 점에서 두 곡선의 접선이 일치할 때, 두 곡선은 점 P에서 접한다고 한다.

따라서 두 곡선의 접점의 x좌표를 t로 놓으면

(i) $x=t$에서 ①의 함숫값과 ②의 함숫값이 같다. 곧, $f(t)=g(t)$

(ii) $x=t$인 점에서 ①, ②의 접선의 기울기가 같다. 곧, $f'(t)=g'(t)$

정석 두 곡선 $\boldsymbol{y=f(x)}$, $\boldsymbol{y=g(x)}$가 $\boldsymbol{x=t}$인 점에서 접하면

$$\Longrightarrow \boldsymbol{f(t)=g(t),\quad f'(t)=g'(t)}$$

먼저 두 곡선의 접점의 x좌표를 t로 놓고, 위의 **정석**을 이용해 보아라.

모범답안 $f(x)=ax^2$, $g(x)=\ln x$로 놓으면 $f'(x)=2ax$, $g'(x)=\dfrac{1}{x}$

두 곡선이 $x=t$인 점에서 접한다고 하면

$f(t)=g(t)$에서 $at^2=\ln t$ ……①

$f'(t)=g'(t)$에서 $2at=\dfrac{1}{t}$ ……②

②에서 $2at^2=1$ $\therefore\ at^2=\dfrac{1}{2}$ ……③

③을 ①에 대입하면 $\dfrac{1}{2}=\ln t$ $\therefore\ t=e^{\frac{1}{2}}$ ……④

④를 ③에 대입하면 $ae=\dfrac{1}{2}$ $\therefore\ \boldsymbol{a=\dfrac{1}{2e}}$ ← 답

유제 **7**-5. 직선 $y=x+a$가 곡선 $y=x+\sin x$에 접하도록 상수 a의 값을 정하여라.
답 $\boldsymbol{a=-1,\ 1}$

유제 **7**-6. 두 곡선 $y=x^3+ax$, $y=bx^2+c$가 점 $(-1,\ 0)$에서 접하도록 상수 a, b, c의 값을 정하여라.
답 $\boldsymbol{a=-1,\ b=-1,\ c=1}$

유제 **7**-7. $0<x<\pi$에서 두 곡선 $y=a-\cos^3 x$, $y=3\sin x$가 접할 때, 상수 a의 값을 구하여라.
답 $\boldsymbol{a=3}$

§ 2. 접선의 방정식

1 접선의 방정식

이를테면 곡선 $y=x^2$ 위의 점 $(2, 4)$에서의 접선의 방정식을 구해 보자.

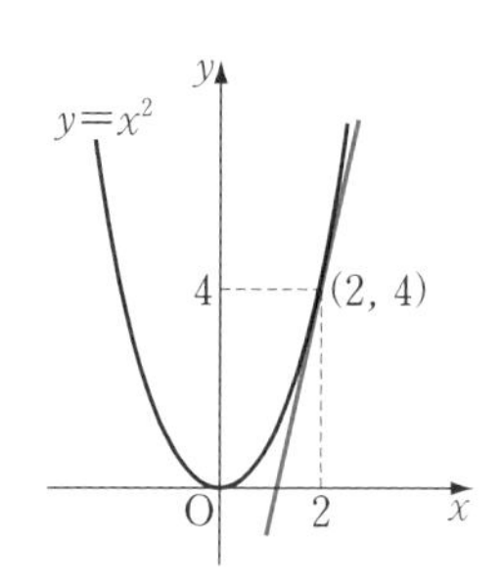

$f(x)=x^2$으로 놓으면 $f'(x)=2x$이므로 $x=2$인 점에서의 접선의 기울기는

$$f'(2)=2\times2=4$$

따라서 구하는 접선의 방정식은

$$y-4=4(x-2) \quad \therefore \boldsymbol{y=4x-4}$$

일반적으로 접선의 방정식은 미분계수를 이용하여 다음과 같이 구할 수 있다.

기본정석 — 접선의 방정식

미분가능한 함수 $\boldsymbol{y=f(x)}$의 그래프 위의 점 $\mathbf{P}(\boldsymbol{x_1}, \boldsymbol{y_1})$에서

(i) 접선의 기울기는 $\boldsymbol{f'(x_1)}$

(ii) 접선의 방정식은

$$\boldsymbol{y-y_1=f'(x_1)(x-x_1)}$$

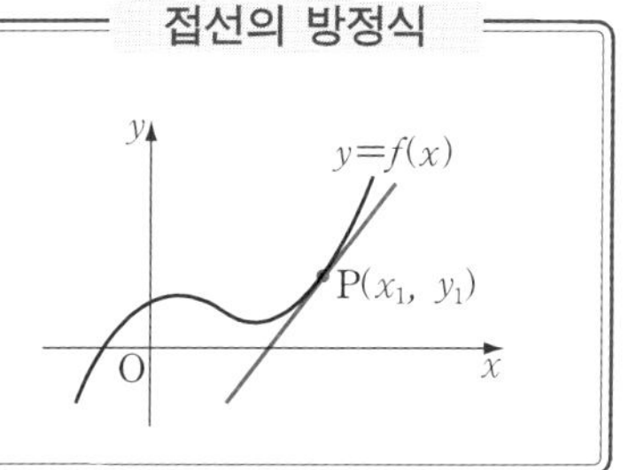

Advice | 기본 수학(상) (p. 153)에서와 같이 이차방정식의 판별식을 이용하여 접선의 방정식을 구할 수도 있다.

위의 예에서 점 $(2, 4)$를 지나는 접선의 기울기를 m이라고 하면

$$y-4=m(x-2) \quad \therefore y=mx-2m+4 \qquad \cdots\cdots㉮$$

㉮을 $y=x^2$에 대입하여 정리하면 $x^2-mx+2m-4=0$

$$\mathrm{D}=m^2-4(2m-4)=0\text{에서} \quad (m-4)^2=0 \quad \therefore m=4$$

이 값을 ㉮에 대입하면 $\boldsymbol{y=4x-4}$

이와 같이 판별식을 이용하는 방법은 대개의 경우 미분계수를 이용하는 것보다 계산이 복잡하다. 뿐만 아니라 삼차 이상의 다항함수, 지수·로그함수, 삼각함수 등에 대해서는 판별식을 이용할 수 없는 경우가 대부분이다.

따라서 특별한 경우가 아니면 접선의 기울기는 미분계수를 이용하여 구하도록 하자.

2 접선의 방정식을 구하는 방법

접선의 방정식을 구하는 문제는 크게

접점의 좌표, 접선의 기울기, 곡선 밖의 점

이 주어지는 경우로 나눌 수 있다. 접점의 좌표가 주어진 경우는 앞서 살펴보았다. 나머지 경우는 다음 **보기**에서 공부해 보자.

보기 1 곡선 $y=x^2$에 접하고 기울기가 2인 직선의 방정식을 구하여라.

연구 $y=x^2$에서 $y'=2x$이므로 접선의 기울기가 2인 접점의 x좌표는

$2x=2$에서 $x=1$ 이때, $y=1$

따라서 접점의 좌표는 $(1, 1)$이고, 구하는 접선의 방정식은

$y-1=2(x-1)$ $\therefore$ $\boldsymbol{y=2x-1}$

보기 2 점 $(0, 3)$에서 곡선 $y=x^2+4$에 그은 접선의 방정식을 구하여라.

연구 이 문제에서는 점 $(0, 3)$이 접점이 아니라 곡선 밖의 점이라는 것에 주의해야 한다. 이런 경우에는 접점의 x좌표를 a로 놓는다. 이때, 접점의 좌표는 (a, a^2+4)이다.

또, $f(x)=x^2+4$로 놓으면 $f'(x)=2x$이므로 이 점에서의 접선의 기울기는 $f'(a)=2a$

따라서 이 점에서의 접선의 방정식은

$y-(a^2+4)=2a(x-a)$ ……㉮

이 직선이 점 $(0, 3)$을 지나므로

$3-(a^2+4)=2a(0-a)$ $\therefore$ $a=\pm1$

이때, ㉮은 $\boldsymbol{y=2x+3}$, $\boldsymbol{y=-2x+3}$

기본정석 — 접선의 방정식을 구하는 방법

곡선 $\boldsymbol{y=f(x)}$의 접선의 방정식을 구하는 방법

(i) 접점 $\boldsymbol{(a, f(a))}$가 주어진 경우 : 접선의 기울기가 $f'(a)$이므로 접선의 방정식은 $\boldsymbol{y-f(a)=f'(a)(x-a)}$

(ii) 기울기 $\boldsymbol{m}$이 주어진 경우 : $f'(x)=m$을 만족시키는 x의 값이 접점의 x좌표이다. 이 값부터 구한다.

(iii) 곡선 밖의 점이 주어진 경우 : 접점의 좌표를 $(a, f(a))$로 놓고 이 점에서의 접선의 방정식을 구한 다음, 이 접선이 곡선 밖의 주어진 점을 지날 조건을 구한다.

기본 문제 7-3 다음 곡선 위의 주어진 점에서의 접선과 법선의 방정식을 구하여라.

(1) $y=e^{x-1}$, 점 $(2,\ e)$ (2) $y=x\ln x+4x$, 점 $(1,\ 4)$

(3) $y=\dfrac{x}{1-x}$, 점 $\left(\dfrac{1}{2},\ 1\right)$ (4) $y=\tan^2 x$, 점 $\left(\dfrac{\pi}{4},\ 1\right)$

정석연구 접점이 주어진 경우 접선과 법선의 방정식을 구하는 문제이다.

정석 곡선 $\boldsymbol{y=f(x)}$ 위의 점 $\boldsymbol{(a,\ b)}$에서의

접선의 방정식 ⟹ $\boldsymbol{y-b=f'(a)(x-a)}$

법선의 방정식 ⟹ $\boldsymbol{y-b=-\dfrac{1}{f'(a)}(x-a)\ \left(f'(a)\neq 0\right)}$

모범답안 (1) $y=e^{x-1}$에서 $y'=e^{x-1}$ $\therefore\ y'_{x=2}=e$

접선의 방정식 : $y-e=e(x-2)$ 곧, $\boldsymbol{y=ex-e}$

법선의 방정식 : $y-e=-\dfrac{1}{e}(x-2)$ 곧, $\boldsymbol{y=-\dfrac{1}{e}x+\dfrac{e^2+2}{e}}$

(2) $y=x\ln x+4x$에서 $y'=\ln x+x\times\dfrac{1}{x}+4=\ln x+5$ $\therefore\ y'_{x=1}=5$

접선의 방정식 : $y-4=5(x-1)$ 곧, $\boldsymbol{y=5x-1}$

법선의 방정식 : $y-4=-\dfrac{1}{5}(x-1)$ 곧, $\boldsymbol{y=-\dfrac{1}{5}x+\dfrac{21}{5}}$

(3) $y=\dfrac{x}{1-x}$에서 $y'=\dfrac{(1-x)+x}{(1-x)^2}=\dfrac{1}{(1-x)^2}$ $\therefore\ y'_{x=\frac{1}{2}}=4$

접선의 방정식 : $y-1=4\left(x-\dfrac{1}{2}\right)$ 곧, $\boldsymbol{y=4x-1}$

법선의 방정식 : $y-1=-\dfrac{1}{4}\left(x-\dfrac{1}{2}\right)$ 곧, $\boldsymbol{y=-\dfrac{1}{4}x+\dfrac{9}{8}}$

(4) $y=\tan^2 x$에서 $y'=2\tan x\sec^2 x$ $\therefore\ y'_{x=\frac{\pi}{4}}=2\times1\times2=4$

접선의 방정식 : $y-1=4\left(x-\dfrac{\pi}{4}\right)$ 곧, $\boldsymbol{y=4x-\pi+1}$

법선의 방정식 : $y-1=-\dfrac{1}{4}\left(x-\dfrac{\pi}{4}\right)$ 곧, $\boldsymbol{y=-\dfrac{1}{4}x+\dfrac{\pi}{16}+1}$

유제 7-8. 다음 곡선 위의 주어진 점에서의 접선의 방정식을 구하여라.

(1) $y=x+\sin x$, 점 $(0,\ 0)$ (2) $y=\cos\dfrac{x}{2}$, 점 $(\pi,\ 0)$

(3) $y=\ln x$, 점 $(e,\ 1)$ (4) $y=\sqrt{x-1}$, 점 $(5,\ 2)$

답 (1) $\boldsymbol{y=2x}$ (2) $\boldsymbol{y=-\dfrac{1}{2}x+\dfrac{\pi}{2}}$ (3) $\boldsymbol{y=\dfrac{1}{e}x}$ (4) $\boldsymbol{y=\dfrac{1}{4}x+\dfrac{3}{4}}$

기본 문제 7-4 다음 곡선 위의 점 (x_1, y_1)에서의 접선의 방정식을 구하여라.

(1) $x^2+y^2=r^2$ (2) $y^2=4px$ (3) $\dfrac{x^2}{a^2}+\dfrac{y^2}{b^2}=1$

정석연구 (2), (3)은 각각 기하에서 공부하는 포물선, 타원의 방정식이다.

음함수의 미분법을 이용하면 이와 같은 이차곡선의 접선의 방정식을 보다 쉽게 구할 수 있다.

정석 y가 x의 함수일 때 $\Longrightarrow$ $\boldsymbol{\dfrac{d}{dx}y^n=ny^{n-1}\dfrac{dy}{dx}}$

모범답안 (1) 양변을 x에 관하여 미분하면

$$2x+2y\frac{dy}{dx}=0 \quad \therefore \frac{dy}{dx}=-\frac{x}{y}\ (y\neq 0)$$

따라서 구하는 접선의 방정식은 $y-y_1=-\dfrac{x_1}{y_1}(x-x_1)$

$$\therefore x_1x+y_1y=x_1^2+y_1^2 \quad \therefore \boldsymbol{x_1x+y_1y=r^2} \longleftarrow \text{답}$$

(2) 양변을 x에 관하여 미분하면

$$2y\frac{dy}{dx}=4p \quad \therefore \frac{dy}{dx}=\frac{2p}{y}\ (y\neq 0)$$

따라서 구하는 접선의 방정식은 $y-y_1=\dfrac{2p}{y_1}(x-x_1)$

$$\therefore y_1y-y_1^2=2p(x-x_1) \quad \therefore y_1y-4px_1=2p(x-x_1)$$

$$\therefore \boldsymbol{y_1y=2p(x+x_1)} \longleftarrow \text{답}$$

(3) 양변을 x에 관하여 미분하면

$$\frac{2x}{a^2}+\frac{2y}{b^2}\times\frac{dy}{dx}=0 \quad \therefore \frac{dy}{dx}=-\frac{b^2x}{a^2y}\ (y\neq 0)$$

따라서 구하는 접선의 방정식은 $y-y_1=-\dfrac{b^2x_1}{a^2y_1}(x-x_1)$

$$\therefore \frac{x_1x}{a^2}+\frac{y_1y}{b^2}=\frac{x_1^2}{a^2}+\frac{y_1^2}{b^2} \quad \therefore \boldsymbol{\frac{x_1x}{a^2}+\frac{y_1y}{b^2}=1} \longleftarrow \text{답}$$

**Note* 완전한 답안을 위해서는 $y_1\neq 0$일 때와 $y_1=0$일 때로 구분해서 풀어야 한다.

⇦ 유제 7-9의 (4) 참조

유제 **7**-9. 다음 곡선 위의 주어진 점에서의 접선의 방정식을 구하여라.

(1) $x^2+y^2=25$, 점 $(4, 3)$ (2) $y^2=8x$, 점 $(2, 4)$

(3) $\dfrac{x^2}{4}+y^2=1$, 점 $\left(\sqrt{2}, \dfrac{1}{\sqrt{2}}\right)$ (4) $\dfrac{x^2}{a^2}-\dfrac{y^2}{b^2}=1$, 점 (x_1, y_1)

답 (1) $\boldsymbol{4x+3y=25}$ (2) $\boldsymbol{y=x+2}$ (3) $\boldsymbol{x+2y=2\sqrt{2}}$ (4) $\boldsymbol{\dfrac{x_1x}{a^2}-\dfrac{y_1y}{b^2}=1}$

기본 문제 7-5 매개변수 θ로 나타낸 곡선 $x=\cos^3\theta$, $y=\sin^3\theta$ 위의 $\theta=\dfrac{\pi}{3}$에 대응하는 점에서의 접선의 방정식을 구하여라.

정석연구 매개변수로 나타낸 함수의 미분법을 이용하여 $\dfrac{dy}{dx}$를 계산한 다음 $\theta=\dfrac{\pi}{3}$를 대입하면 접선의 기울기를 구할 수 있다.

$$\textbf{정석}\quad \frac{dy}{dx}=\frac{dy}{d\theta}\Big/\frac{dx}{d\theta}\quad\left(\frac{dx}{d\theta}\neq0\right)$$

모범답안 $x=\cos^3\theta$ ……① $y=\sin^3\theta$ ……②

①에서 $\dfrac{dx}{d\theta}=-3\cos^2\theta\sin\theta$ ②에서 $\dfrac{dy}{d\theta}=3\sin^2\theta\cos\theta$

$$\therefore\ \frac{dy}{dx}=\frac{dy}{d\theta}\Big/\frac{dx}{d\theta}=\frac{3\sin^2\theta\cos\theta}{-3\cos^2\theta\sin\theta}=-\tan\theta\ (\sin\theta\cos\theta\neq0)\ \cdots③$$

$\theta=\dfrac{\pi}{3}$를 ①, ②, ③에 대입하면 $x=\dfrac{1}{8},\ y=\dfrac{3\sqrt{3}}{8},\ \dfrac{dy}{dx}=-\sqrt{3}$

따라서 구하는 접선의 방정식은

$$y-\frac{3\sqrt{3}}{8}=-\sqrt{3}\left(x-\frac{1}{8}\right)\qquad\therefore\ \boldsymbol{y=-\sqrt{3}\,x+\frac{\sqrt{3}}{2}}\ \longleftarrow\ \text{답}$$

Advice | 준 식에서 $x>0,\ y>0$일 때

$$x^{\frac{2}{3}}=\cos^2\theta,\quad y^{\frac{2}{3}}=\sin^2\theta$$

변변 더하면 $x^{\frac{2}{3}}+y^{\frac{2}{3}}=1$ ……④

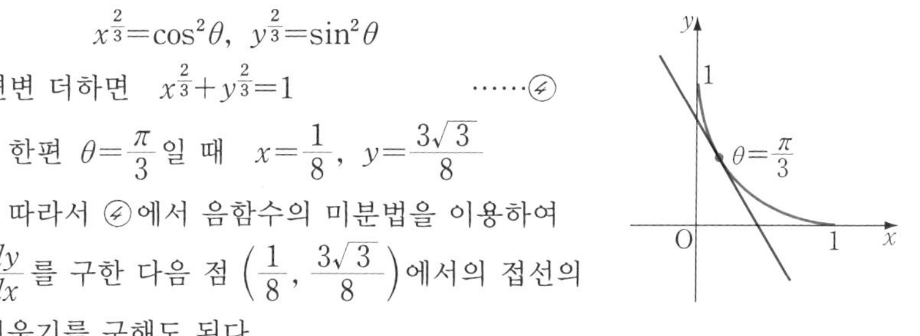

한편 $\theta=\dfrac{\pi}{3}$일 때 $x=\dfrac{1}{8},\ y=\dfrac{3\sqrt{3}}{8}$

따라서 ④에서 음함수의 미분법을 이용하여 $\dfrac{dy}{dx}$를 구한 다음 점 $\left(\dfrac{1}{8},\ \dfrac{3\sqrt{3}}{8}\right)$에서의 접선의 기울기를 구해도 된다.

유제 **7**-10. 매개변수 t로 나타낸 곡선 $x=t-\dfrac{1}{t},\ y=t+\dfrac{1}{t}$ 위의 $t=2$에 대응하는 점에서의 접선의 방정식을 구하여라. 답 $\boldsymbol{y=\dfrac{3}{5}x+\dfrac{8}{5}}$

유제 **7**-11. 매개변수 θ로 나타낸 곡선 $x=4(\theta-\sin\theta),\ y=4(1-\cos\theta)$ 위의 $\theta=\dfrac{\pi}{4}$에 대응하는 점에서의 접선의 방정식을 구하여라.

답 $\boldsymbol{y=(\sqrt{2}+1)x-(\sqrt{2}+1)\pi+8}$

기본 문제 7-6 다음 물음에 답하여라.

(1) 곡선 $y=e^x$에 접하고 기울기가 1인 직선의 방정식을 구하여라.

(2) 곡선 $y=x\ln x+2x$에 접하고 직선 $y=4x+3$에 평행한 직선의 방정식을 구하여라.

(3) $0<x<\pi$에서 곡선 $y=\sin 2x$에 접하고 직선 $x-2y+2=0$에 수직인 직선의 방정식을 구하여라.

정석연구 곡선 $y=f(x)$의 접선의 기울기가 주어지면 접점부터 구한다.

정석 기울기가 주어지면 $\Longrightarrow$ 먼저 접점을 구하여라.

모범답안 (1) $y'=e^x$이므로 접선의 기울기가 1인 접점의 x좌표는

$e^x=1$에서 $x=0$ 이때, $y=e^0=1$

따라서 구하는 직선은 점 $(0,\ 1)$을 지나고 기울기가 1이다.

$\therefore\ y-1=1\times(x-0)$ $\therefore$ $\boldsymbol{y=x+1}$ ← 답

(2) $y'=\ln x+x\times\dfrac{1}{x}+2=\ln x+3$

이므로 접선의 기울기가 4인 접점의 x좌표는

$\ln x+3=4$에서 $\ln x=1$ $\therefore\ x=e$ 이때, $y=3e$

따라서 구하는 직선은 점 $(e,\ 3e)$를 지나고 기울기가 4이다.

$\therefore\ y-3e=4(x-e)$ $\therefore$ $\boldsymbol{y=4x-e}$ ← 답

(3) 직선 $x-2y+2=0$에 수직인 직선의 기울기는 -2이고, $y=\sin 2x$에서 $y'=2\cos 2x$이므로 접선의 기울기가 -2인 접점의 x좌표는

$2\cos 2x=-2$에서 $\cos 2x=-1$

$0<x<\pi$이므로 $x=\dfrac{\pi}{2}$ 이때, $y=\sin\pi=0$

따라서 구하는 직선은 점 $\left(\dfrac{\pi}{2},\ 0\right)$을 지나고 기울기가 -2이다.

$\therefore\ y-0=-2\left(x-\dfrac{\pi}{2}\right)$ $\therefore$ $\boldsymbol{y=-2x+\pi}$ ← 답

유제 7-12. 곡선 $y=\ln x$에 접하고 기울기가 e인 직선의 방정식을 구하여라.

답 $\boldsymbol{y=ex-2}$

유제 7-13. $0<x<\dfrac{\pi}{2}$에서 곡선 $y=\sin 3x$에 접하고 직선 $3x+y=0$에 평행한 직선의 방정식을 구하여라.

답 $\boldsymbol{y=-3x+\pi}$

유제 7-14. 곡선 $y=x^3-11x+3$에 접하고 직선 $x-8y+16=0$에 수직인 직선의 방정식을 구하여라.

답 $\boldsymbol{y=-8x+1,\ y=-8x+5}$

기본 문제 7-7 점 $\mathrm{P}(a,\ 0)$에서 곡선 $y=xe^x$에 오직 하나의 접선을 그을 수 있을 때, 상수 a의 값과 접선의 방정식을 구하여라.
단, $a\neq0$이다.

정석연구 접점이 주어져 있지 않으므로 접점의 좌표를 $(t,\ te^t)$이라 하고, 이 점에서의 접선이 점 $\mathrm{P}(a,\ 0)$을 지날 조건을 구한다.

그리고 접선을 오직 하나 그을 수 있으므로 위에서 구한 조건에서 t의 값이 하나일 a의 값을 구해야 한다.

정석 접점이 주어지지 않으면 ⟹ 접점의 $\boldsymbol{x}$좌표를 $\boldsymbol{t}$로 놓아라.

모범답안 $y'=e^x+xe^x=(x+1)e^x$
이므로 곡선 위의 점 $(t,\ te^t)$에서의 접선의 방정식은

$$y-te^t=(t+1)e^t(x-t) \qquad \cdots\cdots①$$

이 직선이 점 $(a,\ 0)$을 지나므로

$$0-te^t=(t+1)e^t(a-t) \qquad \therefore\ -te^t=(t+1)e^t(a-t)$$

$e^t>0$이므로 양변을 e^t으로 나누면

$$-t=(t+1)(a-t) \qquad \therefore\ t^2-at-a=0 \qquad \cdots\cdots②$$

오직 하나의 접선을 그을 수 있으려면 ②가 중근을 가져야 하므로

$$\mathrm{D}=(-a)^2-4(-a)=0 \qquad \therefore\ a(a+4)=0$$

$a\neq0$이므로 $\boldsymbol{a=-4}$ ← 답

또, 이 값을 ②에 대입하면 $t^2+4t+4=0 \quad \therefore\ t=-2$

이 값을 ①에 대입하면

$$y+2e^{-2}=(-2+1)e^{-2}(x+2) \qquad \therefore\ \boldsymbol{y=-e^{-2}x-4e^{-2}} \leftarrow \text{답}$$

Advice | 두 개의 접선을 그을 수 있기 위한 조건은 ②에서

$$\mathrm{D}=(-a)^2-4(-a)>0 \quad \text{곧,}\ \boldsymbol{a<-4,\ a>0}$$

접선을 그을 수 없기 위한 조건은 ②에서

$$\mathrm{D}=(-a)^2-4(-a)<0 \quad \text{곧,}\ \boldsymbol{-4<a<0}$$

유제 **7**-15. 원점에서 다음 곡선에 그은 접선의 방정식을 구하여라.

(1) $y=\sqrt{x-1}$ (2) $y=e^{2x}$ (3) $y=\dfrac{e^x}{x}$ (4) $y=\ln x^2$

답 (1) $\boldsymbol{y=\frac{1}{2}x}$ (2) $\boldsymbol{y=2ex}$ (3) $\boldsymbol{y=\frac{e^2}{4}x}$ (4) $\boldsymbol{y=\pm\frac{2}{e}x}$

유제 **7**-16. 점 $\mathrm{P}(a,\ 0)$에서 곡선 $y=e^{-x^2}$에 오직 하나의 접선을 그을 수 있을 때, 상수 a의 값을 구하여라. 답 $\boldsymbol{a=\pm\sqrt{2}}$

연습문제 7

7-1 곡선 $y=\frac{1}{2}x+\sin x$ 위의 $x=\frac{\pi}{3}$ 인 점에서의 접선이 x축과 이루는 예각의 크기를 구하여라.

7-2 곡선 $y^3=\ln(5-x^2)+xy+4$ 위의 점 $(2, 2)$에서의 접선의 기울기는?

① $-\frac{3}{5}$ ② $-\frac{1}{2}$ ③ $-\frac{2}{5}$ ④ $-\frac{3}{10}$ ⑤ $-\frac{1}{5}$

7-3 매개변수 t로 나타낸 곡선 $x=t^3$, $y=t^2-at-2a^2$ 위의 $t=1$에 대응하는 점에서의 접선의 기울기가 1일 때, 상수 a의 값은?

① -2 ② -1 ③ 0 ④ 1 ⑤ 2

7-4 두 곡선 $y=\ln(2x+3)$과 $y=a-\ln x$가 직교할 때, 상수 a의 값은?

단, 두 곡선의 교점에서 각각의 접선이 서로 수직일 때 두 곡선은 직교한다고 한다.

① $\ln 2$ ② 1 ③ $\ln 3$ ④ 2 ⑤ 3

7-5 곡선 $y=x^3+2x^2+1$ 위의 두 점 $(1, 4)$, $(-2, 1)$에서의 접선이 이루는 예각의 크기를 θ라고 할 때, $\tan\theta$의 값을 구하여라.

7-6 곡선 $y=\frac{2}{3}\sin 2x+x^2$ 위의 점 $(0, 0)$에서의 접선과 x축이 이루는 예각을 이등분하는 직선의 기울기를 구하여라.

7-7 두 곡선 $y=a^x$과 $y=\log_a x$가 접할 때, 상수 a의 값을 구하여라.

단, $a>1$이다.

7-8 함수 $f(x)$가 $x=2$에서 연속이고 $\lim_{x\to2}\frac{f(x)-1}{x-2}=3$을 만족시킬 때, 곡선 $y=f(x)$ 위의 $x=2$인 점에서의 접선의 방정식을 구하여라.

7-9 곡선 $y=\cos x$ 위의 점 $P(t, \cos t)$에서의 법선의 y절편을 $f(t)$라고 할 때, $\lim_{t\to0}f(t)$의 값을 구하여라.

7-10 함수 $f(x)=\tan^2 x$ $\left(\text{단, } 0<x<\frac{\pi}{2}\right)$의 역함수를 $g(x)$라고 할 때, 곡선 $y=g(x)$ 위의 점 $\left(1, g(1)\right)$에서의 접선의 y절편을 구하여라.

7-11 오른쪽 그림과 같이 곡선 $y=\sqrt{x}$ 의 접선 l과 x축 및 두 직선 $x=0$, $x=8$로 둘러싸인 사다리꼴의 넓이의 최솟값을 구하여라.

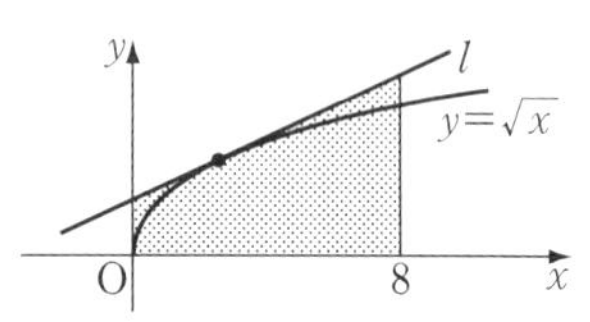

7-12 함수 $f(x)=2\sqrt{3}\sin\frac{\pi}{3}x$ 와 일차함수 $g(x)$ 가 다음 두 조건을 만족시킬 때, $g(4)$ 의 값을 구하여라.

(가) $g(1)=3$

(나) $0\le x\le 3$ 인 모든 실수 x 에 대하여 $f(x)\le g(x)$ 이다.

7-13 곡선 $y=e^{2x}$ 위의 점 $\mathrm{P}(a,\ e^{2a})$ 에서의 접선과 x 축의 교점을 Q라 하고, 점 P에서 x 축에 내린 수선의 발을 R라고 하자. 삼각형 PQR의 넓이가 4일 때, 상수 a 의 값을 구하여라.

7-14 2보다 큰 상수 a 에 대하여 두 곡선 $y=\log_2 x$ 와 $y=1+\log_a x$ 의 교점을 P라고 하자. 또, 두 곡선 위의 점 P에서의 접선이 y 축과 만나는 점을 각각 A, B라 하고, 점 P에서 y 축에 내린 수선의 발을 H라고 하자. $\overline{\mathrm{AH}}=3\overline{\mathrm{BH}}$ 일 때, a 의 값을 구하여라.

7-15 다음 곡선 위의 주어진 점에서의 접선의 방정식을 구하여라.

(1) $x\cos y+y\cos x=-2\pi$, 점 $(\pi,\ \pi)$ (2) $y=x^{2x}$ (단, $x>0$), 점 $(1,\ 1)$

7-16 매개변수 t 로 나타낸 곡선 $x=2\sec t$, $y=\tan t$ 에 접하고 기울기가 1인 직선의 방정식을 구하여라.

7-17 매개변수 t 로 나타낸 곡선 $x=\cos t$, $y=2\sin t$ (단, $0\le t<2\pi$)에 접하고 점 $(2,\ 0)$ 을 지나는 직선의 방정식을 구하여라.

7-18 매개변수 t 로 나타낸 곡선 $x=3\cos t$, $y=2\sin t$ $\left(\text{단, } 0<t<\frac{\pi}{2}\right)$ 위의 한 점에서의 접선이 x 축, y 축과 만나서 생기는 삼각형의 넓이의 최솟값은?

① 2 ② 3 ③ 5 ④ 6 ⑤ 13

7-19 곡선 $y=e^x$ 위의 점 $(1,\ e)$ 에서의 접선이 곡선 $y=2\sqrt{x-k}$ 에 접할 때, 실수 k 의 값은?

① $\frac{1}{e}$ ② $\frac{1}{1+e}$ ③ $\frac{1}{e^2}$ ④ $\frac{1}{1+e^2}$ ⑤ $\frac{1}{e^4}$

7-20 양수 a 에 대하여 곡선 $y=ae^{x-1}$ 위의 점 A에서의 접선이 원점 O를 지나고, 선분 OA의 길이가 $\sqrt{10}$ 이다. a 의 값은?

① 1 ② 2 ③ 3 ④ 4 ⑤ 5

7-21 직선 $y=mx$ 를 원점을 중심으로 시계 방향으로 $\frac{\pi}{4}$ 만큼 회전시켜서 얻은 직선이 곡선 $y=\ln x$ 에 접할 때, 상수 m 의 값을 구하여라.

7-22 $1\le x\le 2$ 인 모든 실수 x 에 대하여 부등식 $\alpha x\le e^x\le \beta x$ 가 성립하도록 상수 α, β 를 정할 때, $\beta-\alpha$ 의 최솟값을 구하여라.

8. 도함수의 성질

미분가능성과 연속성／평균값 정리

§ 1. 미분가능성과 연속성

1 미분가능성과 연속성

함수 $f(x)$에 대하여

$$\lim_{h\to 0}\frac{f(a+h)-f(a)}{h}$$

가 존재하면 이 극한값을 $f(x)$의 $x=a$에서의 미분계수라 하고, $f'(a)$로 나타낸다는 것은 앞서 공부하였다. $f(x)$의 $x=a$에서의 미분계수가 존재할 때, $f(x)$는 $x=a$에서 미분가능하다고 한다. 또, 미분계수가 존재하지 않을 때, $f(x)$는 $x=a$에서 미분가능하지 않다 또는 미분불가능하다고 한다.

그리고 함수 $f(x)$가 어떤 열린구간에 속하는 모든 x의 값에서 미분가능하면 $f(x)$는 이 구간에서 미분가능하다고 한다. 특히 함수 $f(x)$가 정의역에 속하는 모든 x의 값에서 미분가능하면 $f(x)$는 미분가능한 함수라고 한다.

함수 $f(x)$의 미분가능성과 연속성 사이에는 다음 관계가 성립한다.

기본정석 — **미분가능성과 연속성**

(i) 함수 $f(x)$가 $x=a$에서 미분가능하면 $f(x)$는 $x=a$에서 연속이다.

(ii) 함수 $f(x)$가 어떤 구간에서 미분가능하면 $f(x)$는 이 구간에서 연속이다.

(i), (ii)의 역은 성립하지 않는다.

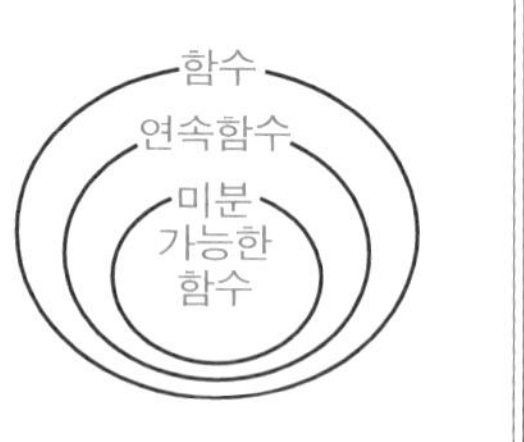

Advice | (i)의 증명은 기본 수학 Ⅱ(p. 46~47)를 참조하여라.

기본 문제 8-1 다음 함수의 $x=0$에서의 연속성과 미분가능성을 조사하여라.

(1) $f(x)=x|x|$

(2) $f(x)=\sqrt[3]{x}$

(3) $f(x)=\begin{cases} x\sin\frac{1}{x} & (x\neq 0) \\ 0 & (x=0) \end{cases}$

정석연구 함수 $f(x)$의 연속성과 미분가능성은 다음 **정의**를 이용하여 조사한다.

정의 $f(a)=\lim_{x\to a} f(x)$이면 $\Longrightarrow$ $x=a$에서 연속

$\lim_{h\to 0}\frac{f(a+h)-f(a)}{h}$가 존재하면 $\Longrightarrow$ $x=a$에서 미분가능

모범답안 (1) $f(0)=0,\ \lim_{x\to 0}f(x)=\lim_{x\to 0}x|x|=0$이므로 $f(0)=\lim_{x\to 0}f(x)$이다.

따라서 $f(x)$는 $x=0$에서 연속이다.

또, $\lim_{h\to 0}\frac{f(0+h)-f(0)}{h}=\lim_{h\to 0}\frac{h|h|-0}{h}=\lim_{h\to 0}|h|$에서

$\lim_{h\to 0+}|h|=\lim_{h\to 0+}h=0,\quad \lim_{h\to 0-}|h|=\lim_{h\to 0-}(-h)=0 \qquad \therefore\ f'(0)=0$

따라서 $f(x)$는 $x=0$에서 미분가능하다.

(2) $f(0)=0,\ \lim_{x\to 0}f(x)=\lim_{x\to 0}\sqrt[3]{x}=0$이므로 $f(0)=\lim_{x\to 0}f(x)$이다.

따라서 $f(x)$는 $x=0$에서 연속이다.

또, $\lim_{h\to 0}\frac{f(0+h)-f(0)}{h}=\lim_{h\to 0}\frac{\sqrt[3]{h}-0}{h}=\lim_{h\to 0}\frac{1}{\sqrt[3]{h^2}}=\infty$

따라서 $f(x)$는 $x=0$에서 미분가능하지 않다.

(3) $f(0)=0,\ \lim_{x\to 0}f(x)=\lim_{x\to 0}x\sin\frac{1}{x}=0$ ⇦ p.84 **보기 2**의 (1) 참조

따라서 $f(x)$는 $x=0$에서 연속이다.

또, $\lim_{h\to 0}\frac{f(0+h)-f(0)}{h}=\lim_{h\to 0}\frac{h\sin\frac{1}{h}-0}{h}=\lim_{h\to 0}\sin\frac{1}{h}$이고 이 극한값이 존재하지 않으므로 $f(x)$는 $x=0$에서 미분가능하지 않다.

답 (1) 연속, 미분가능 (2) 연속, 미분불가능 (3) 연속, 미분불가능

유제 **8**-1. 다음 함수의 $x=0$에서의 연속성과 미분가능성을 조사하여라.

(1) $f(x)=|x|\cos x$

(2) $f(x)=\sqrt[3]{x^2}$

(3) $f(x)=\begin{cases} 0 & (x\le 0) \\ x^3 & (x>0) \end{cases}$

답 (1) 연속, 미분불가능 (2) 연속, 미분불가능 (3) 연속, 미분가능

기본 문제 8-2 함수 $f(x)=\begin{cases} ax^2+1 & (x\le1) \\ \ln bx & (x>1) \end{cases}$ 가 $x=1$에서 미분가능할 때, 상수 a, b의 값을 구하여라.

정석연구 미분가능한 함수 $f_1(x)$, $f_2(x)$에 대하여

$$f(x)=\begin{cases} f_1(x) & (x\le1) \\ f_2(x) & (x>1) \end{cases}$$

와 같이 정의된 함수 $f(x)$가 $x=1$에서 미분가능하다고 하자.

$f(x)$는 $x=1$에서 연속이므로 $f(1)=f_1(1)=f_2(1)$ ⇦ $f_2(1)=\lim_{x\to1+}f(x)$

또, $f_1(x)$와 $f_2(x)$가 $x=1$에서 미분가능하므로

$$\lim_{h\to0-}\frac{f(1+h)-f(1)}{h}=\lim_{h\to0-}\frac{f_1(1+h)-f_1(1)}{h}=f_1'(1),$$

$$\lim_{h\to0+}\frac{f(1+h)-f(1)}{h}=\lim_{h\to0+}\frac{f_2(1+h)-f_2(1)}{h}=f_2'(1)$$

그런데 $f(x)$는 $x=1$에서 미분가능하므로 $f_1'(1)=f_2'(1)$

정석 미분가능한 함수 $\boldsymbol{f_1}$, $\boldsymbol{f_2}$에 대하여

$$\boldsymbol{f(x)=\begin{cases} f_1(x) & (x\le a) \\ f_2(x) & (x>a) \end{cases}}$$ 가 $\boldsymbol{x=a}$에서 미분가능하면

(i) $\boldsymbol{f_1(a)=f_2(a)}$ (ii) $\boldsymbol{f_1'(a)=f_2'(a)}$

모범답안 $f_1(x)=ax^2+1$, $f_2(x)=\ln bx$ 라고 하면

$$f_1'(x)=2ax,\quad f_2'(x)=\frac{1}{x}$$

(i) $f(x)$는 $x=1$에서 연속이므로

$f_1(1)=f_2(1)$ $\therefore$ $a+1=\ln b$ ……①

(ii) $f(x)$는 $x=1$에서 미분가능하므로

$f_1'(1)=f_2'(1)$ $\therefore$ $2a=1$ ……②

①, ②에서 $\boldsymbol{a=\frac{1}{2}}$, $\boldsymbol{b=e^{\frac{3}{2}}}$ ← 답

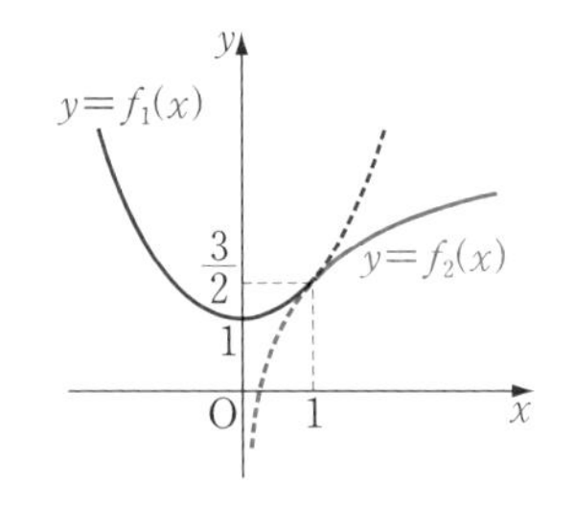

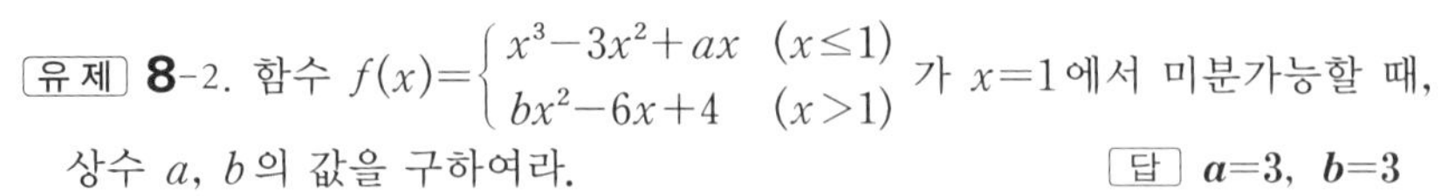
유제 **8**-2. 함수 $f(x)=\begin{cases} x^3-3x^2+ax & (x\le1) \\ bx^2-6x+4 & (x>1) \end{cases}$ 가 $x=1$에서 미분가능할 때, 상수 a, b의 값을 구하여라. 답 $\boldsymbol{a=3}$, $\boldsymbol{b=3}$

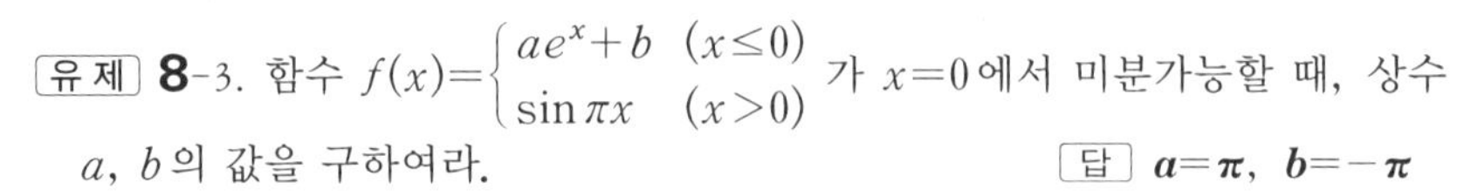
유제 **8**-3. 함수 $f(x)=\begin{cases} ae^x+b & (x\le0) \\ \sin\pi x & (x>0) \end{cases}$ 가 $x=0$에서 미분가능할 때, 상수 a, b의 값을 구하여라. 답 $\boldsymbol{a=\pi}$, $\boldsymbol{b=-\pi}$

§ 2. 평균값 정리

1 롤의 정리와 평균값 정리

미분가능한 함수에 대한 다음 롤의 정리와 평균값 정리는 수학 Ⅱ에서 공부하였다.

기본정석 — **롤의 정리, 평균값 정리**

(1) 롤의 정리

함수 $f(x)$가 닫힌구간 $[a, b]$에서 연속이고 열린구간 (a, b)에서 미분가능할 때, $f(a)=f(b)$이면

$$f'(c)=0 \quad (a<c<b)$$

인 c가 적어도 하나 존재한다.

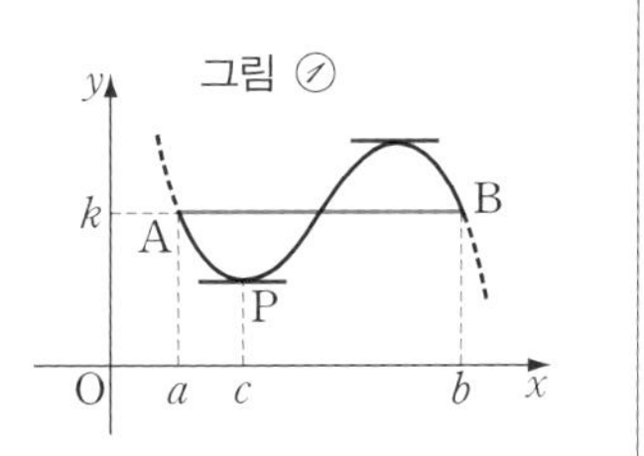

(2) 평균값 정리

함수 $f(x)$가 닫힌구간 $[a, b]$에서 연속이고 열린구간 (a, b)에서 미분가능하면

$$\frac{f(b)-f(a)}{b-a}=f'(c) \quad (a<c<b)$$

인 c가 적어도 하나 존재한다.

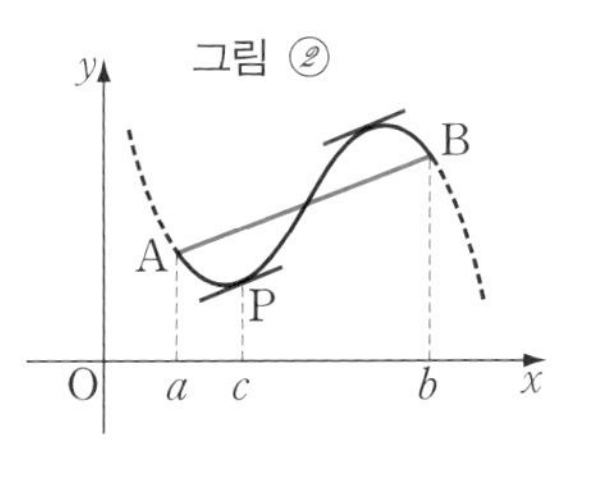

Advice 1° 이 두 정리의 증명은 실력 수학 Ⅱ (p. 74~76)를 참조하여라.

2° 이 두 정리는 위의 두 그림과 함께 기억해 두자.

롤의 정리는 위의 그림 ①과 같이 곡선 $y=f(x)$의 접선의 기울기가 0인 접점이 적어도 하나 존재한다는 정리이다. 또, 평균값 정리는 위의 그림 ②와 같이 곡선 $y=f(x)$의 양 끝 점을 연결하는 직선의 기울기와 접선의 기울기가 같은 접점이 적어도 하나 존재한다는 정리이다.

3° 롤의 정리는 $f(x)$가 구간 (a, b)에서 미분가능할 때 성립한다는 것에 특히 주의해야 한다. 이를테면 $f(x)=|x-1|$은 구간 $[0, 2]$에서 연속이고 $f(0)=f(2)=1$이지만, $f'(c)=0$인 c가 구간 $(0, 2)$에 존재하지 않는다.

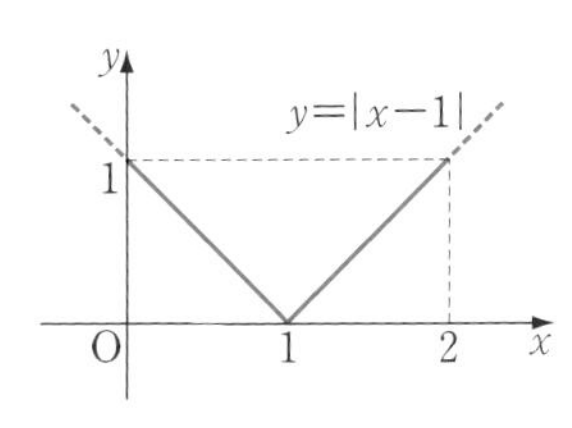

보기 1 $f(x)=\sin^2 x$일 때 $f'(c)=0$인 c가 구간 $(0,\ \pi)$에 존재함을 롤의 정리를 이용하여 보이고, 이때 c의 값을 구하여라.

연구 함수 $f(x)$는 구간 $[0,\ \pi]$에서 연속이고 구간 $(0,\ \pi)$에서 미분가능하며, $f(0)=f(\pi)=0$이므로 롤의 정리에 의하여

$$f'(c)=0 \quad (0<c<\pi)$$

인 c가 존재한다.

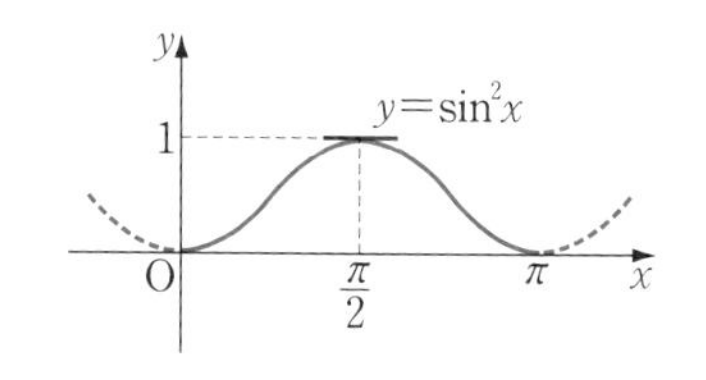

이때, $f'(x)=2\sin x\cos x$에서

$$2\sin c\cos c=0 \qquad \therefore\ \boldsymbol{c=\frac{\pi}{2}}$$

보기 2 함수 $f(x)=\ln x$에 대하여 구간 $[1,\ e]$에서 평균값 정리를 만족시키는 c의 값을 구하여라.

연구 구간 $[1,\ e]$에서의 평균변화율과 $x=c$에서의 순간변화율이 같아지는 c의 값을 구간 $(1,\ e)$에서 구하면 된다.

$f(x)=\ln x$에서 $f'(x)=\dfrac{1}{x}$이므로

$$\frac{f(e)-f(1)}{e-1}=f'(c) \quad (1<c<e)$$

$$\therefore\ \frac{\ln e-\ln 1}{e-1}=\frac{1}{c} \qquad \therefore\ \boldsymbol{c=e-1}$$

*Note 오른쪽 그림과 같이 구간 $(1,\ e)$에서 두 점 $\mathrm{A}(1,\ 0)$, $\mathrm{B}(e,\ 1)$을 지나는 직선과 평행하고 $y=\ln x$의 그래프에 접하는 직선에 대하여 접점의 x좌표를 구하는 것과 같다.

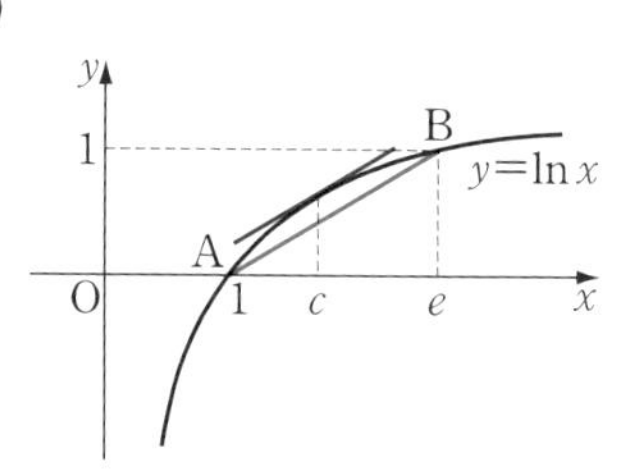

2 평균값 정리의 활용

평균값 정리를 이용하면 다음 성질이 성립한다는 것도 공부하였다. 앞으로 공부할 내용의 기본이 되는 성질이므로 같이 기억해 두어라.

기본정석 ── 평균값 정리의 활용

(1) 함수 $f(x)$가 닫힌구간 $[a,\ b]$에서 연속이고 열린구간 $(a,\ b)$에서 미분가능할 때, 구간 $(a,\ b)$에서 $f'(x)=0$이면 $f(x)$는 구간 $[a,\ b]$에서 상수함수이다.

(2) 두 함수 $f(x)$, $g(x)$가 닫힌구간 $[a,\ b]$에서 연속이고 열린구간 $(a,\ b)$에서 미분가능할 때, 구간 $(a,\ b)$에서 $f'(x)=g'(x)$이면 구간 $[a,\ b]$에서 $f(x)=g(x)+\mathrm{C}$를 만족시키는 상수 C가 존재한다.

기본 문제 8-3 $f(x)=\dfrac{1}{x}$ 일 때,

$$f(a+h)=f(a)+hf'(a+\theta h)\ (\text{단, } a>0,\ h>0,\ 0<\theta<1)$$

를 만족시키는 θ에 대하여 $\displaystyle\lim_{h\to0+}\theta$의 값을 구하여라.

[정석연구] 평균값 정리의 식

$$\frac{f(b)-f(a)}{b-a}=f'(c)\ (a<c<b) \qquad \cdots\cdots ㉠$$

에서 양변에 $b-a$를 곱하고 정리하면

$$f(b)=f(a)+(b-a)f'(c)\ (a<c<b)$$

여기서 $b-a=h$로 놓으면 $h>0$이고

$$c=a+\theta h\ (0<\theta<1)$$

인 θ가 존재한다.

따라서 ㉠은 다음과 같은 꼴로 쓸 수 있다.

$$f(a+h)=f(a)+hf'(a+\theta h)\ (0<\theta<1,\ h>0)$$

정석 평균값 정리의 식

(i) $\boldsymbol{\dfrac{f(b)-f(a)}{b-a}=f'(c)\ (a<c<b)}$

(ii) $\boldsymbol{f(a+h)=f(a)+hf'(a+\theta h)\ (0<\theta<1,\ h>0)}$

[모범답안] $f(x)=\dfrac{1}{x}$ 에서 $f'(x)=-\dfrac{1}{x^2}$

따라서 $f(a+h)=f(a)+hf'(a+\theta h)$에서

$$\frac{1}{a+h}=\frac{1}{a}+h\times\frac{-1}{(a+\theta h)^2} \qquad \therefore\ \frac{h}{(a+\theta h)^2}=\frac{1}{a}-\frac{1}{a+h}=\frac{h}{a(a+h)}$$

$$\therefore\ (a+\theta h)^2=a(a+h) \qquad \therefore\ h\theta^2+2a\theta-a=0$$

$\theta>0$이므로 $\theta=\dfrac{-a+\sqrt{a^2+ah}}{h}$

$$\therefore\ \lim_{h\to0+}\theta=\lim_{h\to0+}\frac{-a+\sqrt{a^2+ah}}{h}=\lim_{h\to0+}\frac{-ah}{h\left(-a-\sqrt{a^2+ah}\right)}=\frac{1}{2} \longleftarrow \text{[답]}$$

[유제] **8**-4. $f(x)=x^2+ax+b$(단, a, b는 상수)일 때, $h\neq0$인 상수 h에 대하여 $f(x+h)=f(x)+hf'(x+\theta h)$를 만족시키는 θ의 값을 구하여라.

[답] $\boldsymbol{\theta=\dfrac{1}{2}}$

[유제] **8**-5. $f(x)=\sqrt{x}$ 일 때, $f(a+h)=f(a)+hf'(a+\theta h)$를 만족시키는 θ에 대하여 $\displaystyle\lim_{h\to0+}\theta$의 값을 구하여라. 단, $a>0$, $h>0$, $0<\theta<1$이다. [답] $\dfrac{1}{2}$

기본 문제 8-4 오른쪽 그림은 직선 $y=x$와 미분가능한 함수 $y=f(x)$의 그래프이다.

모든 실수 x에 대하여 $f'(x)\geq 0$이고 $f(0)=\dfrac{1}{5}$, $f(1)=1$일 때,

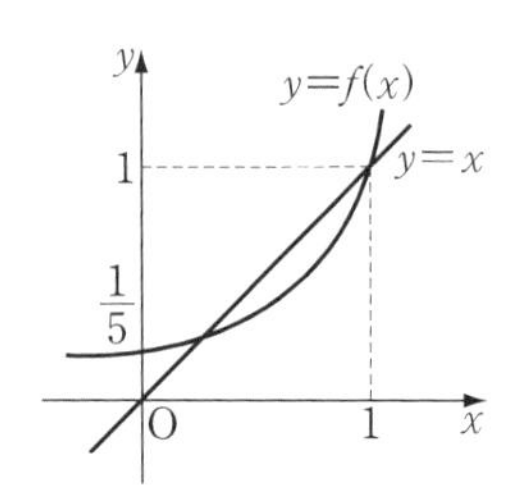

(1) $f'(x)=\dfrac{4}{5}$를 만족시키는 x가 구간 $(0,\ 1)$에 적어도 하나 존재함을 증명하여라.

(2) $g(x)=(f\circ f)(x)$일 때, $g'(x)=1$을 만족시키는 x가 구간 $(0,\ 1)$에 적어도 하나 존재함을 증명하여라.

정석연구 $f'(x)=k$를 만족시키는 실수 x가 어떤 구간에 존재하는지를 묻는 문제이다. 따라서 롤의 정리나 다음 평균값 정리를 생각해 보자.

정 석 평균값 정리

함수 $\boldsymbol{f(x)}$가 구간 $[\boldsymbol{a},\ \boldsymbol{b}]$에서 연속이고 구간 $(\boldsymbol{a},\ \boldsymbol{b})$에서 미분가능하면

$$\frac{f(b)-f(a)}{b-a}=f'(c), \quad a<c<b$$

인 $\boldsymbol{c}$가 적어도 하나 존재한다.

모범답안 (1) 함수 $f(x)$는 구간 $[0,\ 1]$에서 연속이고 구간 $(0,\ 1)$에서 미분가능하므로 평균값 정리에 의하여

$$\frac{f(1)-f(0)}{1-0}=f'(c) \quad \text{곧,}\ f'(c)=f(1)-f(0)=\frac{4}{5}$$

이고 $0<c<1$인 c가 적어도 하나 존재한다.

따라서 $f'(x)=\dfrac{4}{5}$를 만족시키는 x가 구간 $(0,\ 1)$에 적어도 하나 존재한다.

(2) $0<x<1$에서 직선 $y=x$와 곡선 $y=f(x)$의 교점을 점 $(a,\ a)$라고 하자.

함수 $g(x)$는 구간 $[a,\ 1]$에서 연속이고 구간 $(a,\ 1)$에서 미분가능하다.

그런데 $g(1)=f\big(f(1)\big)=f(1)=1$, $g(a)=f\big(f(a)\big)=f(a)=a$이므로

$$g'(c)=\frac{g(1)-g(a)}{1-a}=\frac{1-a}{1-a}=1$$

이고 $a<c<1$인 c가 적어도 하나 존재한다.

따라서 $g'(x)=1$을 만족시키는 x가 구간 $(0,\ 1)$에 적어도 하나 존재한다.

유제 **8**-6. 함수 $f(x)=x-1+\cos x$에 대하여 $g(x)=(f\circ f)(x)$일 때, $g'(x)=1$을 만족시키는 x가 구간 $(0,\ 2\pi)$에 적어도 하나 존재함을 증명하여라.

기본 문제 8-5 평균값 정리를 이용하여 다음 극한값을 구하여라.

$$\lim_{x\to0+}\frac{3^x-3^{\sin x}}{x-\sin x}$$

정석연구 평균값 정리의 식

$$\frac{f(b)-f(a)}{b-a}=f'(c),\quad a<c<b$$

와 문제의 식을 비교하면 미분가능한 함수 $f(x)$와 구간을 정할 수 있다.

그리고 $x>0$이므로 $\sin x<x$임에 주의해야 한다.

모범답안 $f(x)=3^x$이라고 하면 $f'(x)=3^x\ln3$이고, $x>0$일 때 함수 $f(x)$는 구간 $[\sin x,\ x]$에서 연속이고 구간 $(\sin x,\ x)$에서 미분가능하다.

따라서 평균값 정리에 의하여 다음을 만족시키는 c가 존재한다.

$$\frac{3^x-3^{\sin x}}{x-\sin x}=3^c\ln3,\quad \sin x<c<x$$

그런데 $x\longrightarrow0+$일 때 $c\longrightarrow0+$이므로

$$\lim_{x\to0+}\frac{3^x-3^{\sin x}}{x-\sin x}=\lim_{c\to0+}3^c\ln3=\mathbf{\ln3}\longleftarrow \boxed{답}$$

Advice 1° $x<0$일 때는 구간 $[x,\ \sin x]$에서 평균값 정리를 이용한다. 곧,

$$\lim_{x\to0-}\frac{3^{\sin x}-3^x}{\sin x-x}=\lim_{c\to0-}3^c\ln3=\ln3$$

2° $x\longrightarrow a$일 때 $\dfrac{0}{0}$ 꼴의 극한을 구하는 방법을 정리하면 다음과 같다.

(i) 분모, 분자를 인수분해한 다음 $x-a$로 약분한다. ⇦ p. 80

(ii) 삼각함수, 지수함수는 다음을 이용할 수 있는 꼴로 변형한다.

정석 $\displaystyle\lim_{\theta\to0}\frac{\sin\theta}{\theta}=1,\quad \lim_{h\to0}\frac{a^h-1}{h}=\ln a$ ⇦ p. 89, 90, 92

(iii) 다음 미분계수의 정의를 이용할 수 있는 꼴로 변형한다.

정의 $\displaystyle f'(a)=\lim_{x\to a}\frac{f(x)-f(a)}{x-a}$ ⇦ 기본 수학 Ⅱ p. 60

(iv) 평균값 정리를 이용할 수 있는 꼴로 변형한다. ⇦ 유제 8-7

유제 8-7. 평균값 정리를 이용하여 다음 극한값을 구하여라.

(1) $\displaystyle\lim_{x\to2}\frac{3^x-3^2}{x-2}$ (2) $\displaystyle\lim_{x\to2}\frac{\sin x-\sin2}{x-2}$ (3) $\displaystyle\lim_{x\to0+}\frac{\sin x-\sin(\sin x)}{x-\sin x}$

답 (1) **9ln3** (2) **cos2** (3) **1**

기본 문제 8-6 다음 물음에 답하여라.

(1) $a<b$일 때, $e^a(b-a)<e^b-e^a<e^b(b-a)$임을 증명하여라.

(2) $x>0$일 때, $\dfrac{1}{x+1}<\ln(x+1)-\ln x<\dfrac{1}{x}$임을 증명하여라.

정석연구 미분가능한 함수 $f(x)$와 적당한 구간 $[a,\ b]$를 정하고 나면

$$\boldsymbol{\frac{f(b)-f(a)}{b-a}=f'(c), \quad a<c<b}$$

인 c가 존재함을 이용하여 주어진 부등식을 증명할 수 있다.

모범답안 (1) $f(x)=e^x$이라고 하면 함수 $f(x)$는 모든 실수 x에서 미분가능하고 연속이므로 구간 $[a,\ b]$에서 연속이고 구간 $(a,\ b)$에서 미분가능하다.

따라서 평균값 정리에 의하여

$$\frac{f(b)-f(a)}{b-a}=f'(c) \quad \cdots\cdots① \qquad a<c<b \quad \cdots\cdots②$$

인 c가 존재한다.

그런데 $f'(x)=e^x$이므로 ①은 $\dfrac{e^b-e^a}{b-a}=e^c$

또, $e>1$이므로 ②에서 $e^a<e^c<e^b$

$$\therefore\ e^a<\frac{e^b-e^a}{b-a}<e^b \qquad \therefore\ e^a(b-a)<e^b-e^a<e^b(b-a)$$

(2) $f(x)=\ln x$라고 하면 함수 $f(x)$는 $x>0$에서 미분가능하고 연속이므로 $x>0$일 때 $f(x)$는 구간 $[x,\ x+1]$에서 연속이고 구간 $(x,\ x+1)$에서 미분가능하다.

따라서 평균값 정리에 의하여

$$\frac{f(x+1)-f(x)}{(x+1)-x}=f'(c) \quad \cdots\cdots① \qquad x<c<x+1 \quad \cdots\cdots②$$

인 c가 존재한다.

그런데 $f'(x)=\dfrac{1}{x}$이므로 ①은 $\ln(x+1)-\ln x=\dfrac{1}{c}$

또, $x>0$이므로 ②에서 $\dfrac{1}{x+1}<\dfrac{1}{c}<\dfrac{1}{x}$

$$\therefore\ \frac{1}{x+1}<\ln(x+1)-\ln x<\frac{1}{x}$$

유제 **8**-8. $x>1$일 때, 부등식 $x\ln x>x-1$을 증명하여라.

유제 **8**-9. $x>0$일 때, 부등식 $0<\dfrac{1}{x}\ln\dfrac{e^x-1}{x}<1$을 증명하여라.

Advice | (고등학교 교육과정 밖의 내용) 로피탈의 정리

롤의 정리로부터 다음 로피탈의 정리를 얻을 수 있다. 이 정리는 고등학교 교육과정 밖의 내용이지만 이를 이용하면

$$\frac{0}{0} \text{ 꼴}, \qquad \frac{\infty}{\infty} \text{ 꼴}$$

의 극한을 쉽게 구할 수 있으므로 여기에 소개한다.

기본정석 — 로피탈의 정리

$\displaystyle\lim_{x\to a}\frac{f(x)}{g(x)}$에서 두 함수 $f(x)$, $g(x)$가 a를 포함하는 열린구간에서 미분가능하고

$$\boldsymbol{f(a)=0, \quad g(a)=0, \quad g'(x)\neq 0}$$

이며, $\displaystyle\lim_{x\to a}\frac{f'(x)}{g'(x)}$가 존재하면 다음이 성립한다.

$$\boldsymbol{\lim_{x\to a}\frac{f(x)}{g(x)}=\lim_{x\to a}\frac{f'(x)}{g'(x)}}$$

Advice | 이를테면 $\displaystyle\lim_{x\to 1}\frac{x^2-1}{x-1}$의 값은 다음과 같이 계산하였다.

$$\lim_{x\to 1}\frac{x^2-1}{x-1}=\lim_{x\to 1}\frac{(x+1)(x-1)}{x-1}=\lim_{x\to 1}(x+1)=2$$

여기에서 $f(x)=x^2-1$, $g(x)=x-1$이라고 하면 $f(1)=0$, $g(1)=0$, $g'(x)=1\neq 0$이므로 위의 정리를 이용하여 다음과 같이 구할 수도 있다.

$$\lim_{x\to 1}\frac{x^2-1}{x-1}=\lim_{x\to 1}\frac{(x^2-1)'}{(x-1)'}=\lim_{x\to 1}\frac{2x}{1}=2$$

**Note* 로피탈의 정리는 $\displaystyle\lim_{x\to a}\frac{f'(x)}{g'(x)}=\pm\infty$인 경우에도 성립한다.

보기 1 다음 극한값을 구하여라.

(1) $\displaystyle\lim_{x\to a}\frac{a\sin x-x\sin a}{x-a}$ (2) $\displaystyle\lim_{x\to 1}\frac{\ln x}{x-1}$ (3) $\displaystyle\lim_{x\to 3}\frac{2^x-2^3}{x-3}$

연구 (1) $\displaystyle(\text{준 식})=\lim_{x\to a}\frac{(a\sin x-x\sin a)'}{(x-a)'}=\lim_{x\to a}\frac{a\cos x-\sin a}{1}$

$\boldsymbol{=a\cos a-\sin a}$

(2) $\displaystyle(\text{준 식})=\lim_{x\to 1}\frac{(\ln x)'}{(x-1)'}=\lim_{x\to 1}\frac{1/x}{1}=\mathbf{1}$

(3) $\displaystyle(\text{준 식})=\lim_{x\to 3}\frac{(2^x-2^3)'}{(x-3)'}=\lim_{x\to 3}\frac{2^x\ln 2}{1}=2^3\ln 2=\mathbf{8\ln 2}$

보기 2 다음 극한값을 구하여라.

(1) $\displaystyle\lim_{x\to0}\frac{1-\cos x}{x^2}$　　(2) $\displaystyle\lim_{x\to0}\frac{x-\sin x}{x^3}$　　(3) $\displaystyle\lim_{x\to0}\frac{x-\ln(1+x)}{x^2}$

연구 로피탈의 정리를 이용한 다음에도 $\dfrac{0}{0}$ 꼴 또는 $\dfrac{\infty}{\infty}$ 꼴이 되는 경우에는 로피탈의 정리를 다시 이용하면 된다.

(1) $\displaystyle(\text{준 식})=\lim_{x\to0}\frac{(1-\cos x)'}{(x^2)'}=\lim_{x\to0}\frac{\sin x}{2x}=\lim_{x\to0}\frac{(\sin x)'}{(2x)'}=\lim_{x\to0}\frac{\cos x}{2}=\mathbf{\frac{1}{2}}$

(2) $\displaystyle(\text{준 식})=\lim_{x\to0}\frac{(x-\sin x)'}{(x^3)'}=\lim_{x\to0}\frac{1-\cos x}{3x^2}=\mathbf{\frac{1}{6}}$　⇦ (1)

(3) $\displaystyle(\text{준 식})=\lim_{x\to0}\frac{\{x-\ln(1+x)\}'}{(x^2)'}=\lim_{x\to0}\frac{1-\frac{1}{1+x}}{2x}=\lim_{x\to0}\frac{1}{2(1+x)}=\mathbf{\frac{1}{2}}$

보기 3 다음 극한을 조사하여라.

(1) $\displaystyle\lim_{x\to0+}\frac{\ln(\sin x)}{\ln x}$　　(2) $\displaystyle\lim_{x\to\infty}\frac{e^{-x}}{x^{-2}}$　　(3) $\displaystyle\lim_{x\to\infty}\frac{\ln x}{x}$　　(4) $\displaystyle\lim_{x\to\infty}\frac{e^{2x}}{x^3}$

연구 로피탈의 정리는 조건 $f(a)=0,\ g(a)=0$이

$$\lim_{x\to a}f(x)=\infty,\ \lim_{x\to a}g(x)=\infty\quad\text{또는}\quad\lim_{x\to\infty}f(x)=0,\ \lim_{x\to\infty}g(x)=0$$
$$\text{또는}\quad\lim_{x\to\infty}f(x)=\infty,\ \lim_{x\to\infty}g(x)=\infty$$

로 바뀌는 경우에도 성립하고, 반복하여 적용할 수 있다.

(1) $\displaystyle(\text{준 식})=\lim_{x\to0+}\frac{\{\ln(\sin x)\}'}{(\ln x)'}=\lim_{x\to0+}\frac{\cos x/\sin x}{1/x}=\lim_{x\to0+}\left(\frac{x}{\sin x}\times\cos x\right)$

$=1\times1=\mathbf{1}$

(2) $\displaystyle(\text{준 식})=\lim_{x\to\infty}\frac{x^2}{e^x}=\lim_{x\to\infty}\frac{(x^2)'}{(e^x)'}=\lim_{x\to\infty}\frac{2x}{e^x}=\lim_{x\to\infty}\frac{(2x)'}{(e^x)'}=\lim_{x\to\infty}\frac{2}{e^x}=\mathbf{0}$

(3) $\displaystyle(\text{준 식})=\lim_{x\to\infty}\frac{(\ln x)'}{(x)'}=\lim_{x\to\infty}\frac{1}{x}=\mathbf{0}$

(4) $\displaystyle(\text{준 식})=\lim_{x\to\infty}\frac{(e^{2x})'}{(x^3)'}=\lim_{x\to\infty}\frac{2e^{2x}}{3x^2}=\lim_{x\to\infty}\frac{(2e^{2x})'}{(3x^2)'}=\lim_{x\to\infty}\frac{4e^{2x}}{6x}$

$\displaystyle=\lim_{x\to\infty}\frac{(4e^{2x})'}{(6x)'}=\lim_{x\to\infty}\frac{8e^{2x}}{6}=\mathbf{\infty}$

**Note* n이 자연수일 때, 다음이 성립한다.

$$\lim_{x\to\infty}\frac{(\ln x)^n}{x}=0,\qquad\lim_{x\to\infty}\frac{e^x}{x^n}=\infty$$

연습문제 8

8-1 함수 $f(x)=\begin{cases} \dfrac{1-\cos x}{x^2} & (x\neq 0) \\ 1 & (x=0) \end{cases}$ 에 대하여 함수 $g(x)=\dfrac{1}{1+xf(x)}$ 의 $x=0$에서의 미분가능성을 조사하여라.

8-2 $f(x)=\begin{cases} x^2\sin\dfrac{1}{x} & (x\neq 0) \\ 0 & (x=0) \end{cases}$ 일 때, $f(x)$의 $x=0$에서의 미분가능성과 $f'(x)$의 $x=0$에서의 연속성을 조사하여라.

8-3 함수 $f(x)=\begin{cases} ax+2 & (x\geq 0) \\ be^{3x} & (x<0) \end{cases}$ 이 $x=0$에서 미분가능할 때, $f(3)$의 값은? 단, a, b는 상수이다.

① 12 ② 14 ③ 16 ④ 18 ⑤ 20

8-4 함수 $f(x)$가 모든 실수 x에 대하여 $f(-x)=f(x)$를 만족시키고 $x=0$에서 미분가능할 때, $f'(0)$의 값은?

① -2 ② -1 ③ 0 ④ 1 ⑤ 2

8-5 함수 $f(x)$가 모든 실수 x에 대하여 $f(1+x)=f(1-x)$를 만족시키고, 구간 $(-\infty, 1)$에서 $f(x)=ae^{x+1}+bx+2$이다. 함수 $f(x)$가 $x=1$에서 미분가능하고 $f'(0)=-1$일 때, 상수 a, b의 값을 구하여라.

8-6 함수 $f(x)=a\sin x+b\cos x+x^2$에 대하여 함수 $g(x)$가 다음 두 조건을 만족시킨다.

(가) $0\leq x<\pi$일 때 $g(x)=f(x)$
(나) 모든 실수 x에 대하여 $g(x+\pi)=g(x)$

함수 $g(x)$가 실수 전체의 집합에서 미분가능하도록 상수 a, b의 값을 정하여라.

8-7 최고차항의 계수가 1인 삼차함수 $f(x)$와 함수

$$g(x)=\left|2\sin\frac{|x|}{6}+1\right|$$

에 대하여 함수 $h(x)=f\big(g(x)\big)$가 실수 전체의 집합에서 미분가능할 때, $f'(3)$의 값을 구하여라.

8-8 다음 함수 $f(x)$ 중 $f(1)-f(-1)=2f'(c)$를 만족시키는 c가 열린구간 $(-1,\ 1)$에 존재하는 것만을 있는 대로 고른 것은?

> ㄱ. $f(x)=|x|$ ㄴ. $f(x)=\sqrt[3]{x^2}$ ㄷ. $f(x)=x^2$
> ㄹ. $f(x)=|x|^3$ ㅁ. $f(x)=\log|x|$

① ㄱ, ㄴ ② ㄴ, ㄷ ③ ㄴ, ㄹ ④ ㄷ, ㄹ ⑤ ㄷ, ㅁ

8-9 구간 $(-\infty,\ \infty)$에서 미분가능한 함수 $f(x)$가 $\lim_{x\to\infty} f'(x)=2$를 만족시킬 때, $\lim_{x\to\infty}\{f(x+1)-f(x)\}=2$임을 증명하여라.

8-10 닫힌구간 $[0,\ 3]$에서 정의된 함수 $f(x)=2x+\ln(x+1)$이 있다.
구간 $[0,\ 3]$에 속하는 서로 다른 두 수 $x_1,\ x_2$에 대하여 평균변화율 $\dfrac{f(x_2)-f(x_1)}{x_2-x_1}$의 집합을 S라고 할 때, 다음 중 옳은 것은?

① $S\subset\left\{t\,\middle|\,\frac{9}{4}<t<3\right\}$ ② $S\subset\left\{t\,\middle|\,-3<t<-\frac{9}{4}\right\}$
③ $S\subset\left\{t\,\middle|\,1<t<\frac{9}{4}\right\}$ ④ $S\subset\left\{t\,\middle|\,-\frac{9}{4}<t<-1\right\}$
⑤ $S\subset\{t\,|\,-1<t<1\}$

8-11 실수 전체의 집합에서 정의된 함수 $f(x)$에 대하여

$$f(-1)=-1,\quad f(0)=1,\quad f(1)=0$$

이고, 함수 $f(x)$의 이계도함수가 존재할 때, 다음 중 옳은 것만을 있는 대로 고른 것은?

> ㄱ. $f(a)=\frac{1}{2}$인 a가 구간 $(-1,\ 1)$에 두 개 이상 존재한다.
> ㄴ. $f'(b)=-1$인 b가 구간 $(-1,\ 1)$에 적어도 하나 존재한다.
> ㄷ. $f''(c)=0$인 c가 구간 $(-1,\ 1)$에 적어도 하나 존재한다.

① ㄱ ② ㄱ, ㄴ ③ ㄱ, ㄷ ④ ㄴ, ㄷ ⑤ ㄱ, ㄴ, ㄷ

8-12 0이 아닌 실수 $a,\ b,\ c$가 $\frac{a}{3}+\frac{b}{2}+c=0$을 만족시킬 때, x에 관한 이차방정식 $ax^2+bx+c=0$은 0과 1 사이에서 실근을 적어도 하나 가짐을 증명하여라.

⑨. 극대 · 극소와 미분

함수의 증가와 감소／함수의 극대와 극소／그래프의 개형

§ 1. 함수의 증가와 감소

1 함수의 증가와 감소

이를테면 함수 $f(x)=x^2$의 그래프를 그려 보면

$x\geq0$일 때 $f(x)$는 증가하고,

$x\leq0$일 때 $f(x)$는 감소한다

는 것을 알 수 있다.

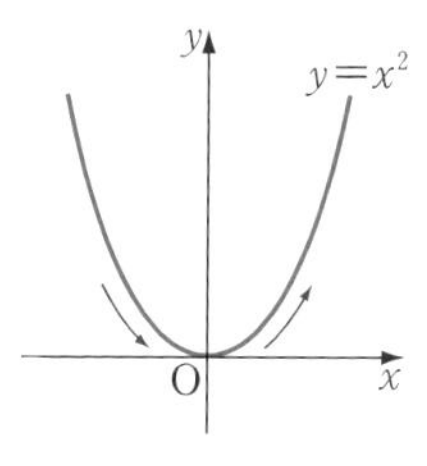

일반적으로 함수의 증감에 대하여 다음과 같이 정의한다.

기본정석 　 **함수의 증가, 감소의 정의**

함수 $f(x)$가 어떤 구간에 속하는 임의의 두 수 a, b에 대하여

$$a<b \Longrightarrow f(a)<f(b)$$

일 때, $f(x)$는 이 구간에서 증가한다고 한다. 또,

$$a<b \Longrightarrow f(a)>f(b)$$

일 때, $f(x)$는 이 구간에서 감소한다고 한다.

Advice | 함수 $f(x)$가 정의역 전체에서 증가하면 함수 $f(x)$를 증가함수라 하고, 정의역 전체에서 감소하면 함수 $f(x)$를 감소함수라고 한다.

2 $f'(x)$의 부호와 $f(x)$의 증감

함수 $f(x)$가 어떤 구간에서 미분가능하며 $f'(x)>0$이라고 하자. 이 구간에서 임의로 두 수 x_1, x_2 $(x_1<x_2)$를 잡으면 평균값 정리에 의하여 다음을 만족시키는 c가 존재한다.

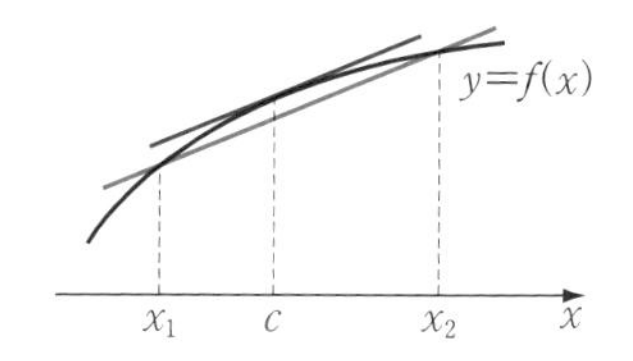

$$\frac{f(x_2)-f(x_1)}{x_2-x_1}=f'(c), \quad x_1<c<x_2$$

그런데 $f'(c)>0$, $x_2-x_1>0$이므로 $f(x_2)-f(x_1)>0$이다. 곧, $x_1<x_2$인 모든 x_1, x_2에 대하여 $f(x_1)<f(x_2)$이므로 $f(x)$는 증가한다.

같은 방법으로 어떤 구간에서 $f'(x)<0$일 때, $f(x)$는 이 구간에서 감소한다는 것도 설명할 수 있다.

기본정석 — **$f'(x)$의 부호와 $f(x)$의 증감**

함수 $f(x)$가 어떤 구간에서 미분가능하고, 이 구간에서

① $f'(x)>0$이면 $f(x)$는 이 구간에서 증가한다.

② $f'(x)<0$이면 $f(x)$는 이 구간에서 감소한다.

③ $f'(x)=0$이면 $f(x)$는 이 구간에서 상수함수이다.

$f'(x)>0 \Longrightarrow$ 증가 $f'(x)<0 \Longrightarrow$ 감소

Advice | 위의 **기본정석**에서 ①, ②의 역은 성립하지 않는다.

이를테면 함수 $f(x)=x^3$은 구간 $(-\infty, \infty)$에서 증가하지만 $f'(0)=0$이다. 또, 함수 $f(x)=-x^3$은 구간 $(-\infty, \infty)$에서 감소하지만 $f'(0)=0$이다.

일반적으로 다음과 같이 정리할 수 있다.

정석 함수 $f(x)$가 어떤 구간에서 미분가능하고, 이 구간에서

① $f(x)$가 증가하면 $\Longrightarrow$ 이 구간에서 $f'(x)\ge 0$

② $f(x)$가 감소하면 $\Longrightarrow$ 이 구간에서 $f'(x)\le 0$

보기 1 도함수 $f'(x)$가 다음과 같은 함수 $f(x)$ 중에서 구간 $(1, 3)$에서 감소하는 것은?

① $f'(x)=(x-1)(3-x)$ ② $f'(x)=x(3-x)^2$

③ $f'(x)=-x^2(1-x)$ ④ $f'(x)=x(1+x)(3-x)$

⑤ $f'(x)=x(x+2)(1-x)$

연구 $1<x<3$일 때 ①, ②, ③, ④는 $f'(x)>0$이고, ⑤는 $f'(x)<0$이므로 함수 $f(x)$가 구간 $(1, 3)$에서 감소하는 것은 ⑤이다.   답 ⑤

기본 문제 **9**-1 다음을 증명하여라.

(1) 함수 $y=e^x+x$는 증가함수이다.

(2) 함수 $y=x-\sin x$는 구간 $[-2\pi,\ 2\pi]$에서 증가한다.

(3) 함수 $y=x^{\frac{1}{x}}$은 구간 $[3,\ \infty)$에서 감소한다.

정석연구 $f'(x)>0$이면 함수 $f(x)$는 증가함수이지만, $f'(x)\ge 0$일 때 함수 $f(x)$가 반드시 증가함수라고 할 수는 없다.

그러나 $f'(x)=0$이 되는 경우가 어떤 구간이 아니고 유한개의 x의 값에서만이라면 함수 $f(x)$는 증가함수라고 할 수 있다.

정석 유한개의 $\boldsymbol{x}$의 값에서만 $\boldsymbol{f'(x)=0}$이고

$\boldsymbol{f'(x)\ge 0}$이면 $\Longrightarrow$ $\boldsymbol{f(x)}$는 증가함수이다.

$\boldsymbol{f'(x)\le 0}$이면 $\Longrightarrow$ $\boldsymbol{f(x)}$는 감소함수이다.

모범답안 (1) $y=e^x+x$에서 $y'=e^x+1>0$

따라서 $y=e^x+x$는 구간 $(-\infty,\ \infty)$에서 증가한다. 곧, 증가함수이다.

(2) $y=x-\sin x$에서 $y'=1-\cos x$

$x=-2\pi,\ 0,\ 2\pi$일 때 $y'=0$

$x\neq -2\pi,\ 0,\ 2\pi$일 때 $\cos x<1$이므로 $y'>0$

따라서 $y=x-\sin x$는 구간 $[-2\pi,\ 2\pi]$에서 증가한다.

(3) $y=x^{\frac{1}{x}}$에서 양변의 자연로그를 잡으면 $\ln y=\dfrac{1}{x}\ln x$

이 식의 양변을 x에 관하여 미분하면

$$\frac{y'}{y}=-\frac{1}{x^2}\ln x+\frac{1}{x}\times\frac{1}{x} \quad \text{곧,}\ \frac{y'}{y}=-\frac{1}{x^2}(\ln x-1)$$

$$\therefore\ y'=-\frac{1}{x^2}(\ln x-1)x^{\frac{1}{x}}$$

그런데 $x\ge 3$일 때

$$\frac{1}{x^2}>0,\quad \ln x-1>0,\quad x^{\frac{1}{x}}>0 \qquad \therefore\ y'<0$$

따라서 $y=x^{\frac{1}{x}}$은 구간 $[3,\ \infty)$에서 감소한다.

유제 **9**-1. 다음을 증명하여라.

(1) 함수 $y=3x-\sin x$는 증가함수이다.

(2) 함수 $y=e^x-x$는 구간 $[0,\ \infty)$에서 증가한다.

(3) 함수 $y=\ln(x^2+1)^2$은 구간 $(-\infty,\ 0]$에서 감소한다.

(4) 함수 $y=x-\dfrac{1}{2}x^2-\ln(1+x)$는 감소함수이다.

§ 2. 함수의 극대와 극소

1 함수의 극대와 극소

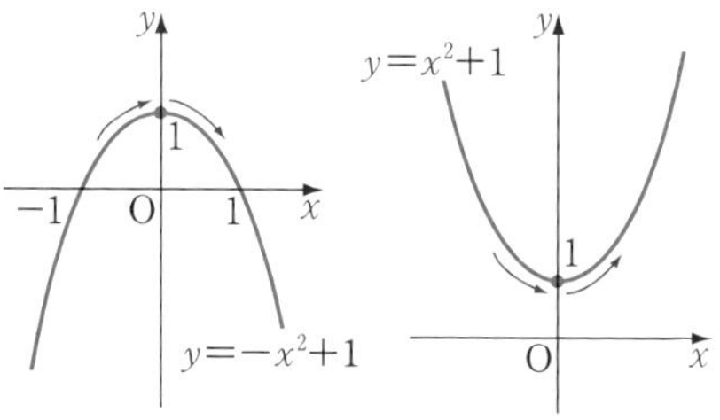

이를테면 위로 볼록한 이차함수 $f(x)=-x^2+1$의 그래프의 꼭짓점은 점 (0, 1)이고, 이 점의 주변에서

$$f(x) \le f(0)=1$$

이다. 이때, $f(x)$는 $x=0$에서 극대라 하고, $f(0)=1$을 극댓값이라고 한다. 그리고 점 (0, 1)을 극대점이라고 한다.

한편 아래로 볼록한 이차함수 $g(x)=x^2+1$의 그래프의 꼭짓점은 점 (0, 1)이고, 이 점의 주변에서

$$g(x) \ge g(0)=1$$

이다. 이때, $g(x)$는 $x=0$에서 극소라 하고, $g(0)=1$을 극솟값이라고 한다. 그리고 점 (0, 1)을 극소점이라고 한다.

극댓값과 극솟값을 통틀어 극값이라 하고, 극대점과 극소점을 통틀어 극점이라고 한다.

일반적으로 다음과 같이 정의한다.

기본정석 — 극대와 극소

(1) 극대 · 극댓값

함수 $f(x)$가 $x=a$를 포함하는 어떤 열린구간에서 $f(x) \le f(a)$이면 $f(x)$는 $x=a$에서 극대라 하고, $f(a)$를 극댓값이라고 한다.

(2) 극소 · 극솟값

함수 $f(x)$가 $x=b$를 포함하는 어떤 열린구간에서 $f(x) \ge f(b)$이면 $f(x)$는 $x=b$에서 극소라 하고, $f(b)$를 극솟값이라고 한다.

(3) 극값 · 극점

극댓값과 극솟값을 통틀어 극값이라고 한다. 또, 함수 $y=f(x)$의 그래프에서 극대인 점 $\big(a,\ f(a)\big)$를 극대점, 극소인 점 $\big(b,\ f(b)\big)$를 극소점이라 하고, 극대점과 극소점을 통틀어 극점이라고 한다.

Advice | 이를테면 함수 $y=f(x)$의 그래프가 오른쪽과 같다고 하자.

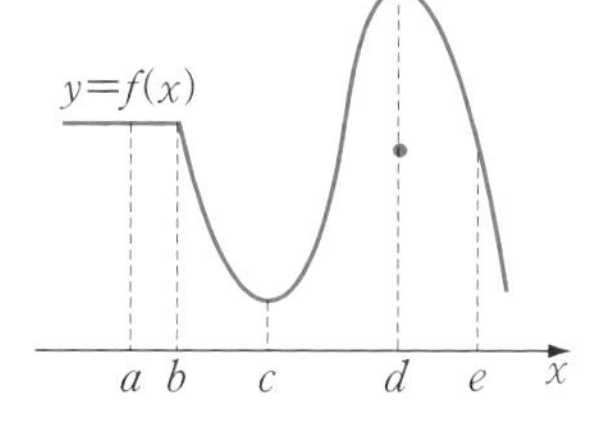

$x=a$의 주변에서 $f(x)\le f(a)$이고 동시에 $f(x)\ge f(a)$이므로 $x=a$에서 극대이면서 동시에 극소이다.

$x=b$의 주변에서 $f(x)\le f(b)$이므로 $x=b$에서 극대이다.

$x=c$의 주변에서 $f(x)\ge f(c)$이므로 $x=c$에서 극소이다.
또, $x=d$의 주변에서 $f(x)\ge f(d)$이므로 $x=d$에서 극소이다.

$x=e$의 주변에서는 $x<e$이면 $f(x)\ge f(e)$이고 $x>e$이면 $f(x)\le f(e)$이므로 $x=e$에서 극대도, 극소도 아니다.

2 미분계수와 극대 · 극소

미분가능한 함수 $f(x)$가 $x=a$에서 극대라고 하자.

절댓값이 충분히 작은 모든 h에 대하여 $f(a+h)\le f(a)$이므로

$$\lim_{h\to0+}\frac{f(a+h)-f(a)}{h}\le0,\quad \lim_{h\to0-}\frac{f(a+h)-f(a)}{h}\ge0$$

그런데 $f(x)$는 $x=a$에서 미분가능하므로 위의 우극한과 좌극한이 같다.

$$\therefore \lim_{h\to0}\frac{f(a+h)-f(a)}{h}=0 \quad \therefore f'(a)=0$$

같은 이유로 미분가능한 함수 $f(x)$가 $x=a$에서 극소이면 $f'(a)=0$이다.

기본정석 — **도함수와 극대 · 극소**

미분가능한 함수 $\boldsymbol{f(x)}$에 대하여

(1) $\boldsymbol{f(x)}$가 $\boldsymbol{x=a}$에서 극값을 가지면 $\Longrightarrow$ $\boldsymbol{f'(a)=0}$

(2) $\boldsymbol{f'(a)=0}$이고 $\boldsymbol{x=a}$의 좌우에서 $\boldsymbol{f'(x)}$의 부호가

(i) 양(+)에서 음(−)으로 바뀌면 $\boldsymbol{f(x)}$는 $\boldsymbol{x=a}$에서 극대이다.

(ii) 음(−)에서 양(+)으로 바뀌면 $\boldsymbol{f(x)}$는 $\boldsymbol{x=a}$에서 극소이다.

Advice | (1)의 역은 성립하지 않는다.

곧, $f'(a)=0$이라고 해서 항상 $f(x)$가 $x=a$에서 극값을 가지는 것은 아니다.

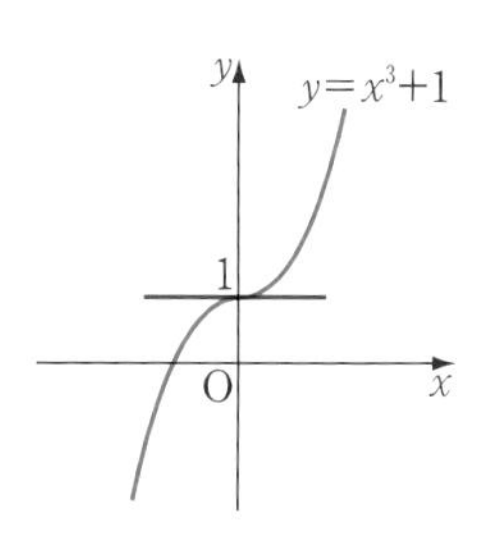

이를테면 함수 $f(x)=x^3+1$에서 $f'(x)=3x^2$이므로 $f'(0)=0$이지만 $f(x)$는 $x=0$에서 극대도, 극소도 아니다. 이 경우 $x=0$의 좌우에서 $f'(x)$의 부호가 바뀌지 않는다.

보기 1 함수 $f(x)=2x^3+3x^2-12x-9$의 극값을 구하여라.

연구 $f'(x)=0$인 x의 값을 찾은 다음, 이 값의 좌우에서 $f'(x)$의 부호를 조사한다. 곧,

$$f'(x)=6x^2+6x-12=6(x+2)(x-1)$$

이므로 $f'(x)=0$인 x의 값은 $x=-2,\ 1$

이때, $x=-2,\ 1$의 좌우에서 $f'(x)$의 부호와 $f(x)$의 증감을 조사하면

$x<-2$일 때 $f'(x)>0$ 따라서 $f(x)$는 증가

$-2<x<1$일 때 $f'(x)<0$ 따라서 $f(x)$는 감소

$x>1$일 때 $f'(x)>0$ 따라서 $f(x)$는 증가

이것을 표로 만들면 다음과 같다.

x	$\cdots$	-2	$\cdots$	1	$\cdots$
$f'(x)$	$+$	0	$-$	0	$+$
$f(x)$	↗	극대	↘	극소	↗

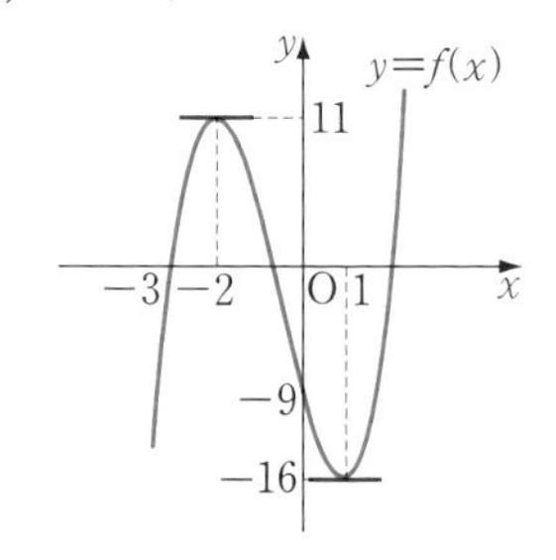

따라서 극댓값 $f(-2)=\mathbf{11}$,

극솟값 $f(1)=\mathbf{-16}$

*Note 1° 위에서 $f'(x)$의 부호와 $f(x)$의 증감을 기록한 표를 증감표라고 한다.

2° 삼차함수가 극값을 2개 가질 때, 그 그래프는 x^3의 계수가 양수이면 오른쪽 그림 ①과 같은 모양이 되고, x^3의 계수가 음수이면 오른쪽 그림 ②와 같은 모양이 된다.

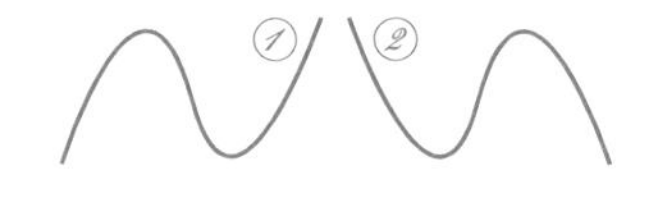

3° 함수의 그래프의 개형을 그리는 방법은 §3에서 자세히 공부한다.

보기 2 함수 $f(x)=-3x^4+4x^3+12x^2+2$의 극값을 구하여라.

연구 $f'(x)=-12x^3+12x^2+24x=-12x(x+1)(x-2)$

이므로 $f'(x)=0$인 x의 값은 $x=-1,\ 0,\ 2$

이때, $x=-1,\ 0,\ 2$의 좌우에서 $f'(x)$의 부호와 $f(x)$의 증감을 조사하여 증감표를 만들면 다음과 같다.

x	$\cdots$	-1	$\cdots$	0	$\cdots$	2	$\cdots$
$f'(x)$	$+$	0	$-$	0	$+$	0	$-$
$f(x)$	↗	극대	↘	극소	↗	극대	↘

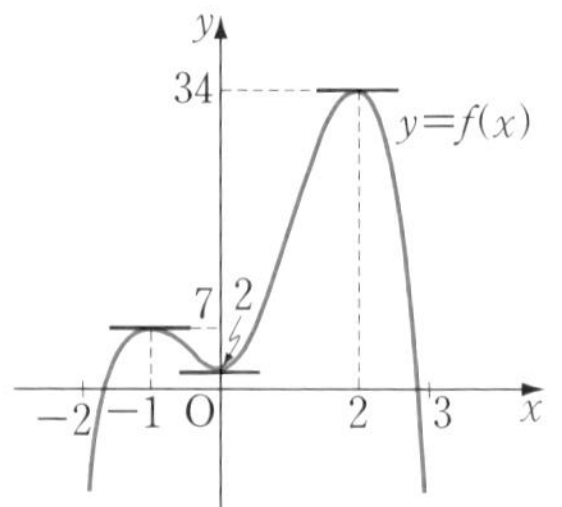

따라서 극댓값 $f(-1)=\mathbf{7}$, $f(2)=\mathbf{34}$,

극솟값 $f(0)=\mathbf{2}$

3 $f''(x)$의 부호와 극대 · 극소

오른쪽 그림은 $x=a$에서 극소이고 이 점의 주변에서 $f'(x)$와 $f''(x)$가 존재하는 함수 $y=f(x)$의 그래프이다.

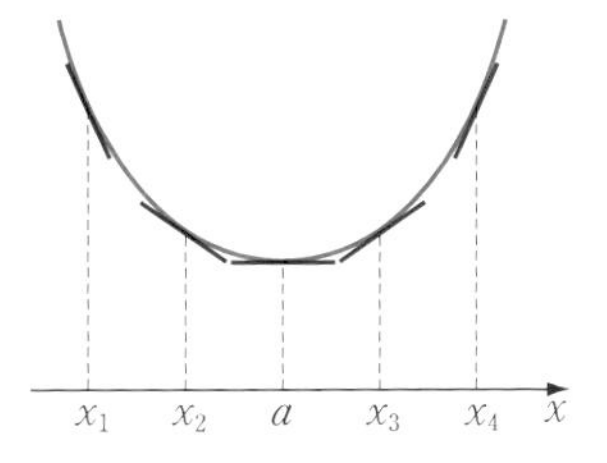

여기에서 $x=a$ 주변의 x좌표가 x_1, x_2, x_3, x_4인 네 점에서의 접선의 기울기의 크기를 비교하면

$$f'(x_1)<f'(x_2)<f'(a)=0<f'(x_3)<f'(x_4)$$

이다. 이와 같이 함수 $f'(x)$는 $x=a$를 포함하는 구간에서 증가하므로 $f'(x)$의 도함수인 $f''(x)$의 부호는 $x=a$에서 0 또는 양이다.

역으로 함수 $f(x)$가 $x=a$의 주변에서 두 번 미분가능한 함수이고

$$f'(a)=0, \quad f''(a)>0$$

이면 $f(x)$는 $x=a$에서 극소라는 것도 쉽게 알 수 있다.

또, 같은 이유로

$$f'(a)=0, \quad f''(a)<0$$

이면 $f(x)$는 $x=a$에서 극대이다.

기본정석 — **$f''(x)$에 의한 극값의 판정**

함수 $f(x)$에서 $f'(x)$, $f''(x)$가 존재할 때,

(1) $f'(a)=0$, $f''(a)<0 \Longrightarrow f(x)$는 $x=a$에서 극대이다.

(2) $f'(a)=0$, $f''(a)>0 \Longrightarrow f(x)$는 $x=a$에서 극소이다.

Advice | 이차함수 $y=px^2+qx+r$에서

$p<0$ 이면 (∩의 꼴) $\Longrightarrow$ 극댓값, $p>0$ 이면 (∪의 꼴) $\Longrightarrow$ 극솟값

을 가진다는 것은 이차함수의 그래프에서 잘 알고 있는 사실이다. 이를 이용하여 다음과 같이 기억해 두어라.

정석 $f''(a)<0$ 이면 (∩의 꼴) $\Longrightarrow$ 극대
$f''(a)>0$ 이면 (∪의 꼴) $\Longrightarrow$ 극소

보기 3 이계도함수를 이용하여 함수 $f(x)=x^3-3x^2+1$의 극값을 구하여라.

연구 $f'(x)=3x^2-6x=3x(x-2)$, $\quad f''(x)=6x-6$

$f'(x)=0$에서 $x=0$, 2이고, 이 값을 $f''(x)$에 대입하면

$f''(0)=-6<0$이므로 $x=0$에서 극대이고, 극댓값 $f(0)=\mathbf{1}$

$f''(2)=6>0$이므로 $x=2$에서 극소이고, 극솟값 $f(2)=\mathbf{-3}$

기본 문제 9-2 함수 $f(x)=x^3+3ax^2+bx+c$가 $x=-1, 3$에서 극값을 가질 때, 다음 물음에 답하여라.

(1) 상수 a, b의 값을 구하여라.

(2) 극댓값이 7일 때, 상수 c의 값과 극솟값을 구하여라.

정석연구 미분가능한 함수 $f(x)$가 $x=-1, 3$에서 극값을 가지면

$$f'(-1)=0, \quad f'(3)=0$$

이다. 일반적으로

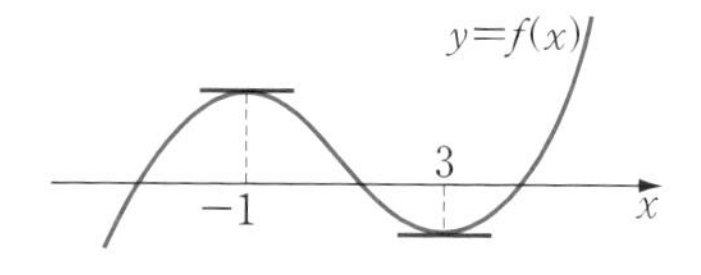

정석 미분가능한 함수 $\boldsymbol{f(x)}$가
$\boldsymbol{x=\alpha}$에서 극값을 가지면 $\Longrightarrow$ $\boldsymbol{f'(\alpha)=0}$

모범답안 (1) $f'(x)=3x^2+6ax+b$

$f(x)$가 $x=-1, 3$에서 극값을 가지므로

$$f'(-1)=3-6a+b=0, \quad f'(3)=27+18a+b=0$$

연립하여 풀면 $\boldsymbol{a=-1, \; b=-9}$ ← 답

*Note $f'(x)=3x^2+6ax+b=0$의 두 근이 $-1, 3$이므로 근과 계수의 관계를 이용하여 a, b의 값을 구해도 된다.

(2) $f'(x)=3(x+1)(x-3)$이므로 증감표를 만들면 오른쪽과 같다.

x	$\cdots$	-1	$\cdots$	3	$\cdots$
$f'(x)$	$+$	0	$-$	0	$+$
$f(x)$	↗	극대	↘	극소	↗

그런데 $f(x)=x^3-3x^2-9x+c$이고 극댓값이 7이므로

$$f(-1)=-1-3+9+c=7 \quad \therefore \; c=2$$

이때, 극솟값은 $f(3)=27-27-27+c=-25$

답 $\boldsymbol{c=2}$, 극솟값 $\boldsymbol{-25}$

유제 **9**-2. 함수 $f(x)=x^3-3x+a$의 극댓값이 12일 때, 상수 a의 값과 극솟값을 구하여라.

답 $\boldsymbol{a=10}$, 극솟값 **8**

유제 **9**-3. 함수 $f(x)=x^3+ax^2+bx+4$가 $x=3$에서 극값 4를 가질 때, 상수 a, b의 값을 구하여라.

답 $\boldsymbol{a=-6, \; b=9}$

유제 **9**-4. 함수 $f(x)=-x^3+3ax^2+3bx+c$가 $x=1, 2$에서 극값을 가질 때,

(1) 상수 a, b의 값을 구하여라. (2) 극댓값과 극솟값의 차를 구하여라.

(3) 극댓값이 2일 때, 상수 c의 값과 극솟값을 구하여라.

답 (1) $\boldsymbol{a=\frac{3}{2}, \; b=-2}$ (2) $\boldsymbol{\frac{1}{2}}$ (3) $\boldsymbol{c=4}$, 극솟값 $\boldsymbol{\frac{3}{2}}$

기본 문제 9-3 다음 물음에 답하여라.

(1) 함수 $f(x)=\dfrac{2x-1}{x^2+2}$의 극값을 구하여라.

(2) 함수 $f(x)=\dfrac{ax+b}{x^2+1}$가 $x=1$에서 극댓값 1을 가질 때, 상수 a, b의 값을 구하여라.

정석연구 (2) $x=1$에서 극댓값 1을 가지므로 먼저 $f(1)=1$, $f'(1)=0$을 만족시키는 a, b의 값부터 구한다.

모범답안 (1) $f'(x)=\dfrac{2(x^2+2)-(2x-1)\times 2x}{(x^2+2)^2}=\dfrac{-2(x+1)(x-2)}{(x^2+2)^2}$

$f'(x)=0$에서 $x=-1,\ 2$

따라서 $f(x)$의 증감표는 오른쪽과 같으므로

x	$\cdots$	-1	$\cdots$	2	$\cdots$
$f'(x)$	$-$	0	$+$	0	$-$
$f(x)$	↘	극소	↗	극대	↘

극솟값 $f(-1)=\mathbf{-1}$

극댓값 $f(2)=\mathbf{\dfrac{1}{2}}$ ← 답

(2) $f'(x)=\dfrac{a(x^2+1)-(ax+b)\times 2x}{(x^2+1)^2}=\dfrac{-ax^2-2bx+a}{(x^2+1)^2}$

$f(x)$가 $x=1$에서 극댓값 1을 가지므로 $f(1)=1$, $f'(1)=0$에서

$\dfrac{a+b}{2}=1,\quad \dfrac{-a-2b+a}{4}=0 \qquad \therefore\ a=2,\ b=0$

$\therefore\ f(x)=\dfrac{2x}{x^2+1}$,

$f'(x)=\dfrac{-2(x+1)(x-1)}{(x^2+1)^2}$

x	$\cdots$	-1	$\cdots$	1	$\cdots$
$f'(x)$	$-$	0	$+$	0	$-$
$f(x)$	↘	극소	↗	극대	↘

따라서 $f(x)$의 증감표는 오른쪽과 같고, $x=1$에서 극댓값을 가지므로 조건을 만족시킨다.

답 $\mathbf{a=2,\ b=0}$

***Note** $f(1)=1$, $f'(1)=0$이라고 해서 $f(x)$가 반드시 $x=1$에서 극댓값 1을 가진다고 말할 수는 없다. 따라서 위와 같이 $a=2$, $b=0$일 때 증감을 조사하여 $x=1$에서 극댓값을 가지는지 확인해야 한다.

유제 **9**-5. 함수 $f(x)=\dfrac{x}{x^2+1}$의 극값을 구하여라.

답 극댓값 $f(1)=\dfrac{1}{2}$, 극솟값 $f(-1)=-\dfrac{1}{2}$

유제 **9**-6. 함수 $f(x)=\dfrac{ax^2+2x+b}{x^2+1}$가 $x=1$에서 극댓값 5를 가질 때, 상수 a, b의 값을 구하여라.

답 $\mathbf{a=4,\ b=4}$

기본 문제 9-4 다음 함수의 극값을 구하여라.

(1) $f(x)=|x-1|$ (2) $f(x)=\sqrt[3]{x^2}$

정석연구 오른쪽 그림과 같이 $f(x)=|x|$는 $x=0$에서 미분가능하지는 않지만, $x=0$에서 극솟값 0을 가짐을 알 수 있다.

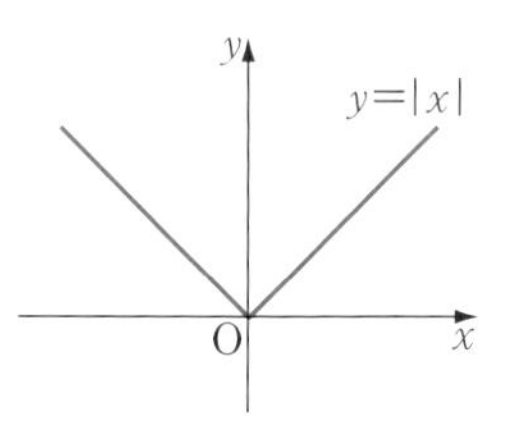

이와 같이 미분가능하지 않은 점에서도 극값을 가질 수 있으며, 이때에는 증감표를 만들거나 그래프를 그려 확인한다.

정석 극값은 ⟹ 미분가능하지 않은 점도 확인한다.

모범답안 (1) $f(x)=|x-1|$은 $x=1$에서 연속이고 미분가능하지 않다.

$x>1$일 때 $f(x)=x-1$ $\therefore f'(x)=1>0$

$x<1$일 때 $f(x)=-x+1$ $\therefore f'(x)=-1<0$

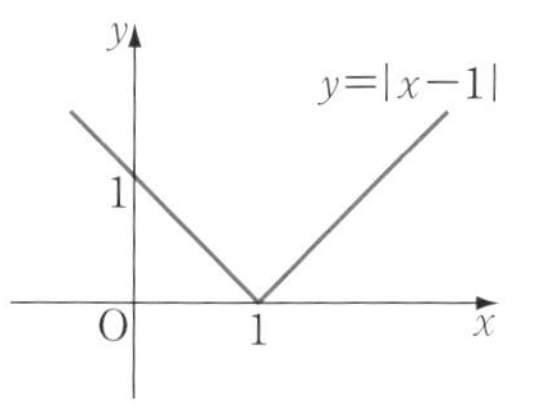

x	$-\infty$	$\cdots$	1	$\cdots$	∞
$f'(x)$		$-$	없다	$+$	
$f(x)$	∞	↘	극소	↗	∞

곧, $x=1$의 좌우에서 $f'(x)$의 부호가 음에서 양으로 바뀌므로 $x=1$에서 극소이고, 극솟값 $f(1)=\mathbf{0}$ ← 답

(2) $x>0$일 때 $f(x)=\sqrt[3]{x^2}=x^{\frac{2}{3}}$이므로 $f'(x)=\dfrac{2}{3}x^{-\frac{1}{3}}=\dfrac{2}{3\sqrt[3]{x}}>0$

곧, $f(x)$는 $x>0$에서 증가한다.

또, $f(0)=0$, $f(-x)=f(x)$이므로

$y=f(x)$의 그래프는 오른쪽과 같다.

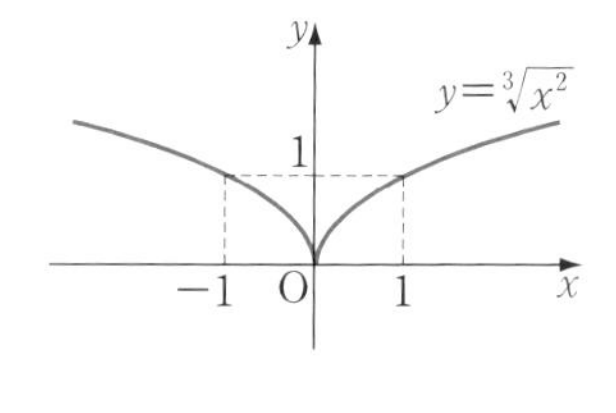

x	$-\infty$	$\cdots$	0	$\cdots$	∞
$f'(x)$		$-$	없다	$+$	
$f(x)$	∞	↘	극소	↗	∞

따라서 $x=0$에서 극소이고, 극솟값 $f(0)=\mathbf{0}$ ← 답

유제 **9**-7. 다음 함수의 극값을 구하여라.

(1) $f(x)=|x+2|$ (2) $f(x)=x\sqrt[3]{x}$

답 (1) 극솟값 $f(-2)=\mathbf{0}$ (2) 극솟값 $f(0)=\mathbf{0}$

기본 문제 9-5 이계도함수를 이용하여 다음 함수의 극값을 구하여라.

(1) $f(x)=\sqrt{3}\sin x+\cos x\ (0\le x\le 2\pi)$

(2) $f(x)=2x-\tan x\ \left(-\frac{\pi}{2}<x<\frac{\pi}{2}\right)$

정석연구 극값을 판정하는 방법으로는 다음 두 가지가 있다.

(i) $f'(x)$의 부호를 이용하여 $f(x)$의 증감을 조사하는 방법

(ii) $f''(x)$의 부호를 이용하는 방법

정석 함수 $f(x)$에서 $f'(x)$, $f''(x)$가 존재할 때,

$f'(a)=0,\ f''(a)<0 \Longrightarrow f(x)$는 $x=a$에서 극대

$f'(a)=0,\ f''(a)>0 \Longrightarrow f(x)$는 $x=a$에서 극소

모범답안 (1) $f'(x)=\sqrt{3}\cos x-\sin x,\quad f''(x)=-\sqrt{3}\sin x-\cos x$

$f'(x)=0$에서 $\frac{\sin x}{\cos x}=\sqrt{3}\quad \therefore \tan x=\sqrt{3}\quad \therefore x=\frac{\pi}{3},\ \frac{4}{3}\pi$

이 값을 $f''(x)$에 대입하면

$f''\left(\frac{\pi}{3}\right)=-2<0$이므로 $x=\frac{\pi}{3}$에서 극대이고,

$f''\left(\frac{4}{3}\pi\right)=2>0$이므로 $x=\frac{4}{3}\pi$에서 극소이다.

답 극댓값 $f\left(\frac{\pi}{3}\right)=2$, 극솟값 $f\left(\frac{4}{3}\pi\right)=-2$

(2) $f'(x)=2-\sec^2 x,\quad f''(x)=-2\sec^2 x\tan x$

$f'(x)=0$에서 $\sec^2 x=2\quad \therefore \cos x=\pm\frac{1}{\sqrt{2}}\quad \therefore x=\frac{\pi}{4},\ -\frac{\pi}{4}$

이 값을 $f''(x)$에 대입하면

$f''\left(\frac{\pi}{4}\right)=-4<0$이므로 $x=\frac{\pi}{4}$에서 극대이고,

$f''\left(-\frac{\pi}{4}\right)=4>0$이므로 $x=-\frac{\pi}{4}$에서 극소이다.

답 극댓값 $f\left(\frac{\pi}{4}\right)=\frac{\pi}{2}-1$, 극솟값 $f\left(-\frac{\pi}{4}\right)=1-\frac{\pi}{2}$

유제 **9**-8. 이계도함수를 이용하여 다음 함수의 극값을 구하여라.

(1) $f(x)=x-2\sin x\ (0\le x\le 2\pi)$ (2) $f(x)=\sin x+\cos x\ (0\le x\le \pi)$

(3) $f(x)=\cos x+x\sin x\ (-\pi\le x\le \pi)$

답 (1) 극댓값 $f\left(\frac{5}{3}\pi\right)=\frac{5}{3}\pi+\sqrt{3}$, 극솟값 $f\left(\frac{\pi}{3}\right)=\frac{\pi}{3}-\sqrt{3}$

(2) 극댓값 $f\left(\frac{\pi}{4}\right)=\sqrt{2}$ (3) 극댓값 $f\left(\pm\frac{\pi}{2}\right)=\frac{\pi}{2}$, 극솟값 $f(0)=1$

기본 문제 9-6 다음 함수의 극값을 구하여라.

(1) $f(x)=x\ln x$ (2) $f(x)=x^2e^{-x}$

정석연구 함수 $f(x)=x\ln x$는 정의역이 $\{x \mid x>0\}$인 것에 주의한다.

정석 미분가능한 함수 $\boldsymbol{f(x)}$의 극값은
⟹ $\boldsymbol{f(x)}$의 증감이나 $\boldsymbol{f''(x)}$의 부호를 조사한다.

모범답안 (1) $f'(x)=\ln x+x\times\dfrac{1}{x}=\ln x+1$

$f'(x)=0$에서 $\ln x+1=0$

$\therefore \ln x=-1 \quad \therefore x=e^{-1}$

따라서 $x>0$에서 $f(x)$의 증감을 조사하면 오른쪽과 같으므로 $f(x)$는 $x=e^{-1}$에서 극소이고, 극솟값 $f(e^{-1})=\boldsymbol{-e^{-1}}$ ← 답

x	(0)	$\cdots$	e^{-1}	$\cdots$
$f'(x)$		$-$	0	$+$
$f(x)$		↘	극소	↗

(2) $f'(x)=2xe^{-x}+x^2(-e^{-x})$
$=-x(x-2)e^{-x}$

$f'(x)=0$에서 $-x(x-2)e^{-x}=0$

$\therefore x=0,\ 2$

따라서 $f(x)$의 증감을 조사하면 오른쪽과 같으므로

x	$\cdots$	0	$\cdots$	2	$\cdots$
$f'(x)$	$-$	0	$+$	0	$-$
$f(x)$	↘	극소	↗	극대	↘

$f(x)$는 $x=0$에서 극소이고, 극솟값 $f(0)=\boldsymbol{0}$
$f(x)$는 $x=2$에서 극대이고, 극댓값 $f(2)=\boldsymbol{4e^{-2}}$ ← 답

Advice | $f''(x)$의 부호를 이용하여 극값을 판정해도 된다.

(1)의 $f(x)=x\ln x$에서 $f'(x)=\ln x+1,\ f''(x)=\dfrac{1}{x}$

$f'(x)=0$에서의 $x=e^{-1}$을 $f''(x)$에 대입하면 $f''(e^{-1})=e>0$

따라서 $x=e^{-1}$에서 극소이고, 극솟값 $f(e^{-1})=\boldsymbol{-e^{-1}}$

같은 방법으로 하여 (2)의 극값도 구할 수 있다.

유제 **9**-9. 다음 함수의 극값을 구하여라.

(1) $f(x)=\ln x-x$ (2) $f(x)=x+1-\ln x$

(3) $f(x)=x^2\ln x$ (4) $f(x)=xe^{-x}$

답 (1) 극댓값 $f(1)=\boldsymbol{-1}$ (2) 극솟값 $f(1)=\boldsymbol{2}$
(3) 극솟값 $f\left(\dfrac{1}{\sqrt{e}}\right)=\boldsymbol{-\dfrac{1}{2e}}$ (4) 극댓값 $f(1)=\boldsymbol{e^{-1}}$

기본 문제 **9**-7 다음 물음에 답하여라.

(1) 함수 $f(x)=(x^2+ax+a)e^{-x}$ (단, $a>2$)의 극솟값이 0일 때, 상수 a의 값을 구하여라.

(2) 함수 $f(x)=\ln x^3+\dfrac{a}{x}+bx$가 $x=1$에서 극솟값 1을 가질 때, 상수 a, b의 값과 $f(x)$의 극댓값을 구하여라.

정석연구 $f'(x)$의 부호를 조사하여 증감표를 만든다.

정석 극대 · 극소 문제 $\Longrightarrow$ 증감표를 만들어라.

모범답안 (1) $f'(x)=-x(x+a-2)e^{-x}$

$f'(x)=0$에서 $x=0,\ 2-a$

$a>2$이므로 오른쪽 증감표에 의하여 $f(x)$는 $x=2-a$에서 극소이고, 조건에서 극솟값이 0이므로

x	$\cdots$	$2-a$	$\cdots$	0	$\cdots$
$f'(x)$	$-$	0	$+$	0	$-$
$f(x)$	↘	극소	↗	극대	↘

$$f(2-a)=\left\{(2-a)^2+a(2-a)+a\right\}e^{-(2-a)}=0$$

$$\therefore\ (2-a)^2+a(2-a)+a=0 \qquad \therefore\ \boldsymbol{a=4} \longleftarrow \text{답}$$

(2) $f'(x)=\dfrac{3}{x}-\dfrac{a}{x^2}+b=\dfrac{bx^2+3x-a}{x^2}$

$f(x)$가 $x=1$에서 극솟값 1을 가지므로 $f(1)=1$, $f'(1)=0$에서

$$a+b=1,\ b+3-a=0 \qquad \therefore\ \boldsymbol{a=2,\ b=-1} \longleftarrow \text{답}$$

이때, $f(x)=\ln x^3+\dfrac{2}{x}-x$,

$$f'(x)=\frac{-(x-1)(x-2)}{x^2}$$

따라서 $f(x)$의 증감표는 오른쪽과 같고, $x=1$에서 극솟값을 가지므로 조건을 만족시킨다.

x	(0)	$\cdots$	1	$\cdots$	2	$\cdots$
$f'(x)$		$-$	0	$+$	0	$-$
$f(x)$		↘	극소	↗	극대	↘

이때, 극댓값은 $f(2)=\ln 2^3+1-2=\boldsymbol{3\ln 2-1} \longleftarrow$ 답

유제 **9**-10. 함수 $f(x)=e^x+2e^{-x}+a$의 극솟값이 0일 때, 상수 a의 값을 구하여라. 답 $\boldsymbol{a=-2\sqrt{2}}$

유제 **9**-11. 함수 $f(x)=x\ln x+ax$가 $x=e^2$에서 극솟값을 가질 때, 상수 a의 값과 $f(x)$의 극솟값을 구하여라. 답 $\boldsymbol{a=-3}$, 극솟값 $\boldsymbol{-e^2}$

유제 **9**-12. 함수 $f(x)=x^2+ax+b+4\ln(x+1)$이 $x=0$에서 극댓값 5를 가지도록 상수 a, b의 값을 정하여라. 답 $\boldsymbol{a=-4,\ b=5}$

기본 문제 9-8 함수 $f(x)=e^{-x}(\sin x+\cos x)$에 대하여

(1) $x>0$에서 $f(x)$의 극댓값과 이때 x의 값을 구하여라.

(2) 위에서 구한 극댓값을 x의 값이 작은 것부터 차례로 $a_1, a_2, a_3, \cdots$ 이라고 할 때, $\sum_{n=1}^{\infty} a_n$의 값을 구하여라.

정석연구 증감표를 만들어 보거나 $f''(x)$의 부호를 조사해 본다.

정석 극값을 판정하는 방법

(i) $\boldsymbol{f'(x)}$의 부호를 이용하여 $\boldsymbol{f(x)}$의 증감을 조사한다.

(ii) $\boldsymbol{f''(x)}$의 부호를 이용한다.

모범답안 (1) $f'(x)=-e^{-x}(\sin x+\cos x)+e^{-x}(\cos x-\sin x)$

$=-2e^{-x}\sin x$

$f'(x)=0$에서 $\sin x=0$ $\therefore$ $x=n\pi$ (n은 자연수)

x	(0)	$\cdots$	π	$\cdots$	2π	$\cdots$	3π	$\cdots$	4π	$\cdots$	5π	$\cdots$
$f'(x)$		$-$	0	$+$	0	$-$	0	$+$	0	$-$	0	$+$
$f(x)$	(1)	↘	극소	↗	극대	↘	극소	↗	극대	↘	극소	↗

위의 증감표에서 $f(x)$는 $x=2n\pi$ (n은 자연수)일 때 극대이고,

극댓값은 $f(2n\pi)=e^{-2n\pi}(\sin 2n\pi+\cos 2n\pi)=e^{-2n\pi}$

답 $\boldsymbol{x=2n\pi}$일 때 극댓값 $\boldsymbol{e^{-2n\pi}}$ ($\boldsymbol{n}$은 자연수)

(2) $a_n=e^{-2n\pi}$이므로 수열 $\{a_n\}$은 첫째항이 $a_1=e^{-2\pi}$, 공비가 $e^{-2\pi}$인 등비수열이다. 그런데 $0<e^{-2\pi}<e^0=1$이므로

$$\sum_{n=1}^{\infty} a_n=\frac{e^{-2\pi}}{1-e^{-2\pi}}=\boldsymbol{\frac{1}{e^{2\pi}-1}} \longleftarrow \text{답}$$

***Note** (1) $0\le x<2\pi$에서 $\sin x=0$의 해는 $x=0, \pi$이다. 그런데 $\sin x$의 주기는 2π이므로 $x>0$에서 $\sin x=0$의 해는 다음과 같다.

$x=2n\pi+0,\ 2n\pi-\pi$ 곧, $x=n\pi$ (n은 자연수)

$(0, \infty)$, $(-\infty, \infty)$와 같은 구간에서 삼각방정식의 해는 일반해를 이용하여 나타내는 것이 간단하다. ⇦ 기본 수학 I p. 128

유제 **9**-13. 다음 함수의 극댓값을 구하여라.

(1) $f(x)=e^x\sin x$ $(0\le x\le 2\pi)$ (2) $f(x)=e^{-x}\sin x$ $(0\le x\le 2\pi)$

답 (1) $\boldsymbol{\frac{\sqrt{2}}{2}e^{\frac{3}{4}\pi}}$ (2) $\boldsymbol{\frac{\sqrt{2}}{2}e^{-\frac{\pi}{4}}}$

§3. 그래프의 개형

1 곡선의 오목 · 볼록과 변곡점

어떤 구간에서 곡선 $y=f(x)$ 위의 임의의 두 점 A, B에 대하여 A, B 사이에 있는 곡선 부분이 항상 선분 AB보다 아래쪽에 있을 때, 곡선 $y=f(x)$는 이 구간에서 아래로 볼록(또는 위로 오목)하다고 한다.

반대로 임의의 두 점 A, B 사이에 있는 곡선 부분이 항상 선분 AB보다 위쪽에 있을 때, 곡선 $y=f(x)$는 이 구간에서 위로 볼록(또는 아래로 오목)하다고 한다.

또, 곡선 $y=f(x)$ 위의 한 점의 좌우에서 곡선의 오목 · 볼록이 바뀔 때, 이 점을 곡선 $y=f(x)$의 **변곡점**이라고 한다.

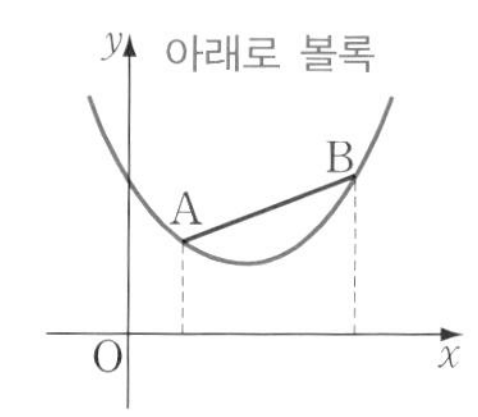

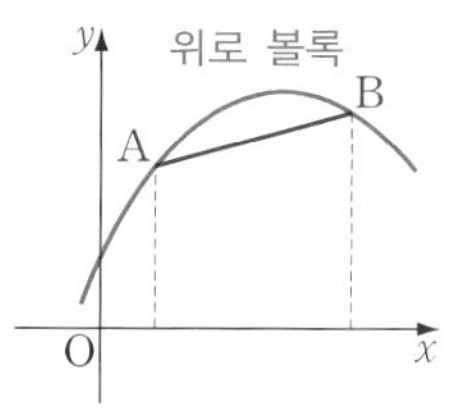

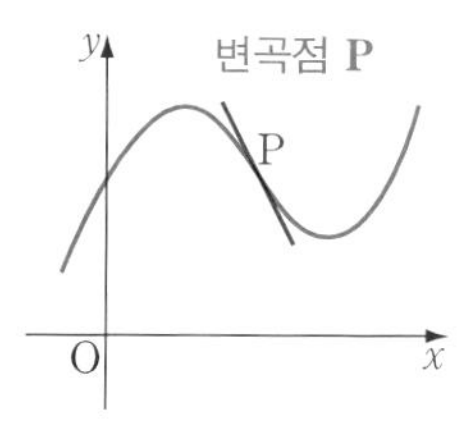

2 곡선의 오목 · 볼록과 도함수

일반적으로 곡선의 오목 · 볼록과 변곡점은 다음과 같이 판정한다.

기본정석 — 곡선의 오목 · 볼록과 변곡점의 판정

(1) $f''(x)>0$ 인 구간에서 곡선 $y=f(x)$는 아래로 볼록하다.
(2) $f''(x)<0$ 인 구간에서 곡선 $y=f(x)$는 위로 볼록하다.
(3) $f''(a)=0$ 이고 $x=a$ 의 좌우에서 $f''(x)$의 부호가 바뀌면 점 $\big(a,\ f(a)\big)$는 곡선 $y=f(x)$의 변곡점이다.

Advice 1° 함수 $f(x)$가 두 번 미분가능하고, 이 함수의 그래프가 아래로 볼록하다고 하자.

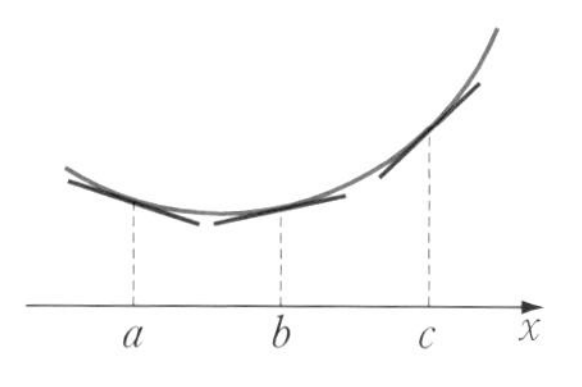

$x=a,\ b,\ c\ (a<b<c)$인 점에서의 접선의 기울기를 비교하면

$$f'(a)<f'(b)<f'(c)$$

임을 알 수 있다. 곧, $f'(x)$가 증가함수이므로 $f''(x)\ge 0$이다.

Advice 2° $f''(a)=0$이고 $x=a$의 좌우에서 $f''(x)$의 부호가 바뀌어야 점 $\big(a,\ f(a)\big)$가 변곡점이 된다.

이를테면 $f(x)=x^3$에서 $f''(0)=0$이고, 이때 점 $(0,\ 0)$은 변곡점이다.

그러나 $f(x)=x^4$에서는 $f''(0)=0$이지만, 이때 점 $(0,\ 0)$은 변곡점이 아니다.

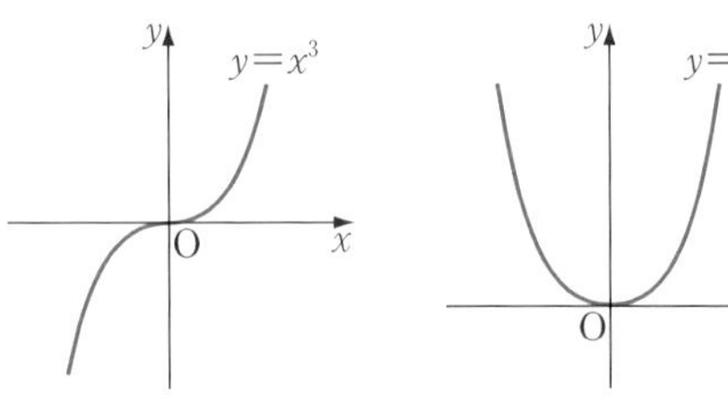

보기 1 주어진 구간에서 다음 함수의 그래프의 오목·볼록을 조사하여라.

(1) $f(x)=x^2+2x-5,\ (-\infty,\ \infty)$ (2) $f(x)=x^4-6x^2,\ (-1,\ 1)$

연구 $f''(x)$의 부호를 이용하여 곡선의 오목·볼록을 조사한다.

(1) $f'(x)=2x+2,\quad f''(x)=2$

구간 $(-\infty,\ \infty)$에서 $f''(x)>0$이므로 곡선 $y=f(x)$는 아래로 볼록하다.

(2) $f'(x)=4x^3-12x,\quad f''(x)=12x^2-12$

$-1<x<1$일 때 $f''(x)<0$이므로 곡선 $y=f(x)$는 위로 볼록하다.

보기 2 함수 $f(x)=x^3-x+1$의 그래프의 변곡점의 좌표를 구하여라.

연구 $f''(a)=0$이고 $x=a$의 좌우에서 $f''(x)$의 부호가 바뀌면 점 $\big(a,\ f(a)\big)$는 변곡점이다.

$f'(x)=3x^2-1,\ f''(x)=6x$이므로 $f''(x)=0$에서 $x=0$

그런데 $x=0$의 좌우에서 $f''(x)$의 부호가 음에서 양으로 바뀌고, $f(0)=1$이므로 변곡점의 좌표는 $\mathbf{(0,\ 1)}$

3 곡선의 개형

이계도함수를 이용하면 함수의 그래프를 보다 정확하게 그릴 수 있다. 다음 **기본 문제**에서 아래와 같은 방법으로 직접 그려 보아라.

기본정석 — 곡선의 개형을 그리는 방법

(1) 곡선이 존재하는 범위를 구한다(정의역과 치역을 구한다).
(2) x축, y축, 원점 등에 대한 대칭성이 있는지를 조사한다.
(3) 곡선과 좌표축의 교점이 쉽게 구해지면 그것을 구한다.
(4) 도함수를 구하여 함수의 증감, 극대·극소를 조사한다.
(5) 이계도함수를 구하여 곡선의 오목·볼록과 변곡점을 조사한다.
(6) 곡선의 점근선이 있는지를 조사한다.

기본 문제 9-9 함수 $f(x)=x^3-3x^2+4$에 대하여 다음 물음에 답하여라.

(1) 오목 · 볼록을 조사하여 $y=f(x)$의 그래프의 개형을 그려라.

(2) $y=f(x)$의 그래프가 변곡점에 대하여 대칭임을 보여라.

정석연구 (1) 함수 $f(x)$가 증가할 때, 곡선 $y=f(x)$는 위로 볼록하면서 증가하는 경우(↗)와 아래로 볼록하면서 증가하는 경우(↗)가 있다.

또, 함수 $f(x)$가 감소할 때, 곡선 $y=f(x)$는 위로 볼록하면서 감소하는 경우(↘)와 아래로 볼록하면서 감소하는 경우(↘)가 있다.

정석 함수 $f(x)$의 증감 ⟹ $f'(x)$의 부호를 조사한다.

곡선 $y=f(x)$의 오목 · 볼록 ⟹ $f''(x)$의 부호를 조사한다.

(2) 변곡점을 원점으로 옮기는 평행이동에 의하여 곡선 $y=f(x)$를 평행이동한 곡선이 원점에 대하여 대칭임을 보이는 것이 간단하다.

모범답안 (1) $f'(x)=3x^2-6x=3x(x-2)$, $f''(x)=6x-6=6(x-1)$

$f'(x)=0$에서 $x=0, 2$, $f''(x)=0$에서 $x=1$

이므로 증감과 오목 · 볼록은 다음과 같다.

x	$\cdots$	0	$\cdots$	1	$\cdots$	2	$\cdots$
$f'(x)$	+	0	−	−	−	0	+
$f''(x)$	−	−	−	0	+	+	+
$f(x)$	↗	4	↘	2	↘	0	↗

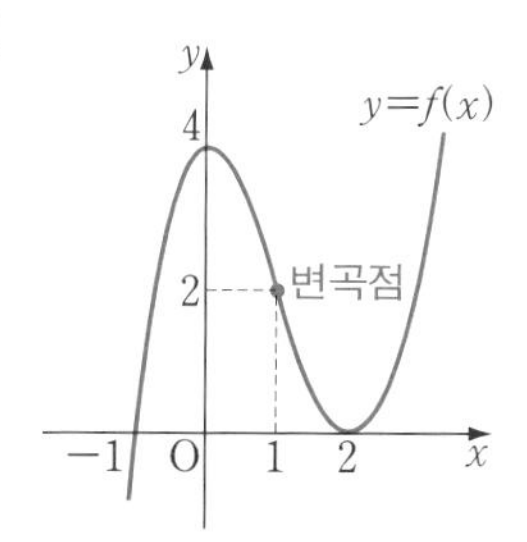

따라서 극대점은 점 (0, 4), 극소점은 점 (2, 0), 변곡점은 점 (1, 2)이고, 그래프의 개형은 위와 같다.

(2) 변곡점이 점 (1, 2)이므로 곡선 $y=f(x)$를 x축의 방향으로 -1만큼, y축의 방향으로 -2만큼 평행이동하면

$$y+2=(x+1)^3-3(x+1)^2+4 \quad \therefore\ y=x^3-3x$$

이 함수는 기함수이므로 그래프는 원점에 대하여 대칭이다.

따라서 $y=f(x)$의 그래프는 변곡점에 대하여 대칭이다.

Advice ∥ (2)의 결과는 모든 삼차함수에 대하여 성립한다.

정석 삼차함수의 그래프는 변곡점에 대하여 대칭이다.

유제 **9**-14. 삼차함수 $y=-x^3-3x^2+9x-2$의 그래프의 오목 · 볼록을 조사하여 그 개형을 그리고, 변곡점의 좌표를 구하여라. 답 **(−1, −13)**

기본 문제 9-10 다음 세 조건을 만족시키는 삼차함수 $f(x)$를 구하여라.

(가) 점 $(0, 1)$은 곡선 $y=f(x)$의 변곡점이다.

(나) 점 $(0, 1)$에서의 곡선 $y=f(x)$의 접선은 직선 $y=-3x$에 평행하다.

(다) $f(x)$는 $x=1$에서 극소이다.

정석연구 문제의 조건을 그래프 위에 나타내면 오른쪽과 같다. $f(x)$가 삼차함수이므로

$$f(x)=ax^3+bx^2+cx+d \ (a\neq0)$$

로 놓고, 다음 **정석**을 이용하여 문제의 조건을 식으로 나타내어 보아라.

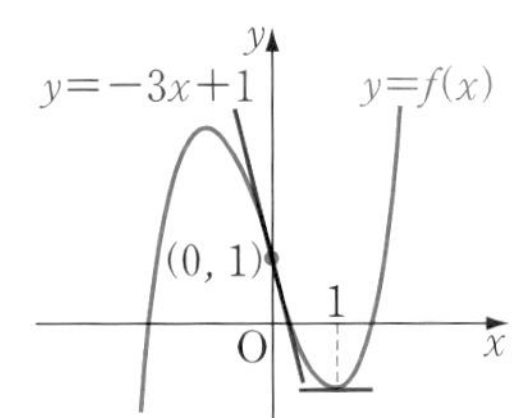

정석 (i) 점 (α, β)가 곡선 $y=f(x)$의 변곡점이면

$\Longrightarrow$ $f(\alpha)=\beta, \quad f''(\alpha)=0$

(ii) 곡선 $y=f(x)$ 위의 점 (α, β)에서의 접선의 기울기가 m이면

$\Longrightarrow$ $f(\alpha)=\beta, \quad f'(\alpha)=m$

(iii) $f(x)$가 $x=\alpha$에서 극값을 가지면 $\Longrightarrow$ $f'(\alpha)=0$

모범답안 $f(x)=ax^3+bx^2+cx+d \ (a\neq0)$로 놓으면

$$f'(x)=3ax^2+2bx+c, \quad f''(x)=6ax+2b$$

조건 (가)에 의하여 점 $(0, 1)$은 변곡점이므로 $f(0)=1, \ f''(0)=0$

$\therefore \ d=1, \ 2b=0$ 곧, $b=0, \ d=1$

조건 (나)에 의하여 $f'(0)=-3$ $\therefore \ c=-3$

조건 (다)에 의하여 $f'(1)=0$ $\therefore \ 3a+2b+c=0$

$\therefore \ a=1, \ b=0, \ c=-3, \ d=1$

이때, $f(x)=x^3-3x+1$이고, 증감을 조사하면 $x=1$에서 극소이다.

답 $f(x)=x^3-3x+1$

유제 **9**-15. 곡선 $y=ax^3+bx^2+cx$의 $x=2$인 점에서의 접선의 기울기가 4이고 점 $(1, 2)$가 변곡점일 때, 상수 a, b, c의 값을 구하여라.

답 $a=1, \ b=-3, \ c=4$

유제 **9**-16. 다음 세 조건을 만족시키는 삼차함수 $f(x)$를 구하여라.

(가) 점 $(0, 0)$은 곡선 $y=f(x)$의 변곡점이다.

(나) 점 $(0, 0)$에서의 곡선 $y=f(x)$의 접선의 기울기는 양수이고 접선이 x축과 이루는 예각의 크기는 $60°$이다.

(다) $f(x)$는 $x=1$에서 극값을 가진다.

답 $f(x)=-\dfrac{\sqrt{3}}{3}x^3+\sqrt{3}\,x$

기본 문제 9-11 다음 곡선의 극점과 변곡점의 좌표를 구하고, 오목 · 볼록을 조사하여 곡선의 개형을 그려라.

(1) $y=x^4-4x^3+3$ (2) $y=\dfrac{2x}{x^2+1}$

정석연구 y'을 구하여 증감을 조사하고, y''을 구하여 오목 · 볼록을 조사한다.

정석 $\boldsymbol{y'}$을 이용하여 증감을 조사, $\boldsymbol{y''}$을 이용하여 오목 · 볼록을 조사

모범답안 (1) $y'=4x^2(x-3)$, $y''=12x(x-2)$

$y'=0$에서 $x=0,\ 3$, $y''=0$에서 $x=0,\ 2$

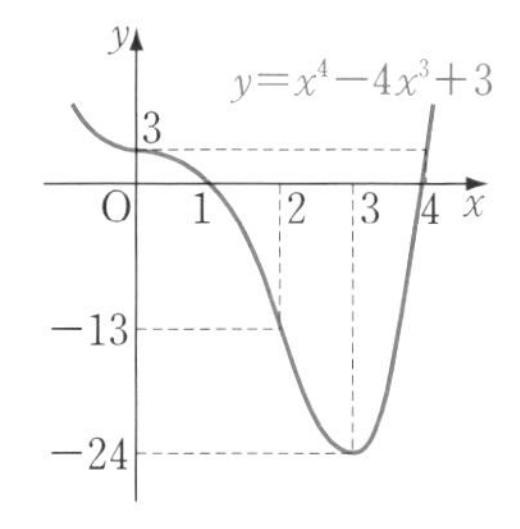

x	$\cdots$	0	$\cdots$	2	$\cdots$	3	$\cdots$
y'	$-$	0	$-$	$-$	$-$	0	$+$
y''	$+$	0	$-$	0	$+$	$+$	$+$
y	↘	3	↘	-13	↘	-24	↗

따라서 극소점 $\mathbf{(3,\ -24)}$, 변곡점 $\mathbf{(0,\ 3)}$, $\mathbf{(2,\ -13)}$ 이고, 곡선의 개형은 위와 같다.

(2) $y'=\dfrac{-2(x+1)(x-1)}{(x^2+1)^2}$, $y''=\dfrac{4x(x+\sqrt{3})(x-\sqrt{3})}{(x^2+1)^3}$

$y'=0$에서 $x=-1,\ 1$, $y''=0$에서 $x=0,\ -\sqrt{3},\ \sqrt{3}$

x	$\cdots$	$-\sqrt{3}$	$\cdots$	-1	$\cdots$	0	$\cdots$	1	$\cdots$	$\sqrt{3}$	$\cdots$
y'	$-$	$-$	$-$	0	$+$	$+$	$+$	0	$-$	$-$	$-$
y''	$-$	0	$+$	$+$	$+$	0	$-$	$-$	$-$	0	$+$
y	↘	$-\dfrac{\sqrt{3}}{2}$	↘	-1	↗	0	↗	1	↘	$\dfrac{\sqrt{3}}{2}$	↘

따라서 극대점 $\mathbf{(1,\ 1)}$, 극소점 $\mathbf{(-1,\ -1)}$,

변곡점 $\left(-\sqrt{3},\ -\dfrac{\sqrt{3}}{2}\right)$, $\mathbf{(0,\ 0)}$, $\left(\sqrt{3},\ \dfrac{\sqrt{3}}{2}\right)$

이고 $\lim\limits_{x\to\infty} y=0$, $\lim\limits_{x\to-\infty} y=0$이므로 곡선의 개형은 오른쪽과 같다.

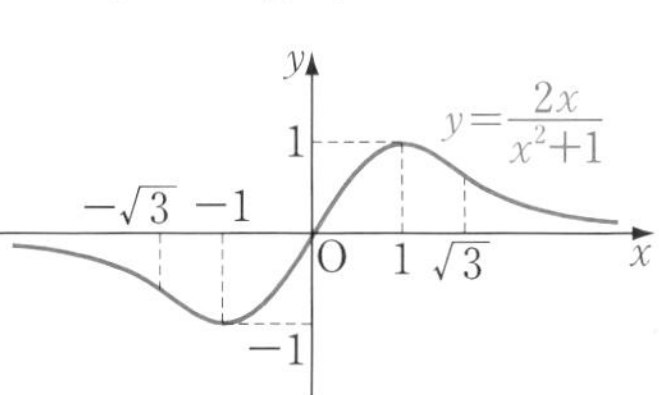

유제 **9**-17. 다음 곡선의 개형을 그려라.

(1) $y=3x^4-4x^3+1$

(2) $y=\dfrac{2}{x^2+1}$

기본 문제 9-12 함수 $y=\dfrac{x^2}{x-1}$의 그래프의 개형을 그려라.

정석연구 $x=1$일 때에는 분모가 0이므로 함수가 정의되지 않는다. 이와 같이 분모가 0인 x의 값이 있는 경우 다음 과정을 잊지 않도록 하자.

(i) 증감은 $x>1$일 때와 $x<1$일 때로 나누어 조사한다.

(ii) $x=1$에서의 좌극한과 우극한을 구한다. 이런 경우 직선 $x=1$이 곡선의 점근선이 되는 경우가 많다.

(iii) $x \longrightarrow \infty$, $x \longrightarrow -\infty$일 때의 극한도 조사한다. 이때에도 곡선의 점근선이 있는지 확인한다.

정석 유리함수에서는 ⟹ 분모가 **0**인 $\boldsymbol{x}$의 값과 점근선에 주의한다.

모범답안 $y=\dfrac{x^2}{x-1}=x+1+\dfrac{1}{x-1}$에서

$$y'=\frac{x(x-2)}{(x-1)^2},\quad y''=\frac{2}{(x-1)^3}$$

$y'=0$에서 $x=0,\ 2$

이므로 증감과 오목 · 볼록은 다음과 같다.

x	$\cdots$	0	$\cdots$	(1)	$\cdots$	2	$\cdots$
y'	+	0	−		−	0	+
y''	−	−	−		+	+	+
y	↗	0	↘		↘	4	↗

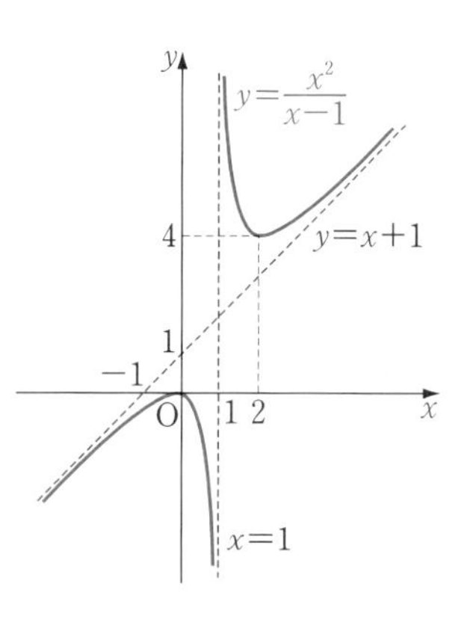

$\displaystyle\lim_{x\to1-}\frac{x^2}{x-1}=-\infty,\ \lim_{x\to1+}\frac{x^2}{x-1}=\infty$이므로 직선 $x=1$은 점근선이다.

또, $y=x+1+\dfrac{1}{x-1}$에서 $\displaystyle\lim_{x\to\infty}\frac{1}{x-1}=0,\ \lim_{x\to-\infty}\frac{1}{x-1}=0$

이므로 직선 $y=x+1$도 점근선이다.

따라서 주어진 함수의 그래프의 개형은 위와 같다.

Advice | 유리함수의 점근선은 다음과 같이 기억해 두어라.

정석 $\boldsymbol{y=ax+b+\dfrac{e}{cx+d}}$의 점근선 ⟹ $\boldsymbol{y=ax+b,\ cx+d=0}$

유제 **9**-18. 다음 함수의 그래프의 개형을 그려라.

(1) $y=x+\dfrac{1}{x}$ (2) $y=\dfrac{x^2}{x-2}$ (3) $y=\dfrac{x^2+x+2}{x-1}$

기본 문제 9-13 함수 $f(x)=x+2\sin x$(단, $0<x<2\pi$)에 대하여 다음 물음에 답하여라.

(1) 곡선 $y=f(x)$의 개형을 그려라.

(2) 곡선 $y=f(x)$의 변곡점에서의 접선의 방정식을 구하여라.

정석연구 y'을 구하여 증감을 조사하고, y''을 구하여 오목 · 볼록을 조사한다.

정석 곡선의 개형 ⟹ y'을 이용하여 증감을 조사한다.
y''을 이용하여 오목 · 볼록을 조사한다.

모범답안 (1) $f'(x)=1+2\cos x=2\left(\cos x+\dfrac{1}{2}\right)$, $f''(x)=-2\sin x$

$0<x<2\pi$일 때 $f'(x)=0$에서 $x=\dfrac{2}{3}\pi, \dfrac{4}{3}\pi$, $f''(x)=0$에서 $x=\pi$

이므로 증감과 오목 · 볼록을 조사하면 다음 표와 같다.

x	(0)	$\cdots$	$\frac{2}{3}\pi$	$\cdots$	π	$\cdots$	$\frac{4}{3}\pi$	$\cdots$	(2π)
$f'(x)$		$+$	0	$-$	$-$	$-$	0	$+$	
$f''(x)$		$-$	$-$	$-$	0	$+$	$+$	$+$	
$f(x)$	(0)	↗	$\frac{2}{3}\pi+\sqrt{3}$	↘	π	↘	$\frac{4}{3}\pi-\sqrt{3}$	↗	(2π)

따라서 극대점 $\left(\dfrac{2}{3}\pi, \dfrac{2}{3}\pi+\sqrt{3}\right)$,

극소점 $\left(\dfrac{4}{3}\pi, \dfrac{4}{3}\pi-\sqrt{3}\right)$,

변곡점 (π, π)

이고, 곡선의 개형은 오른쪽과 같다.

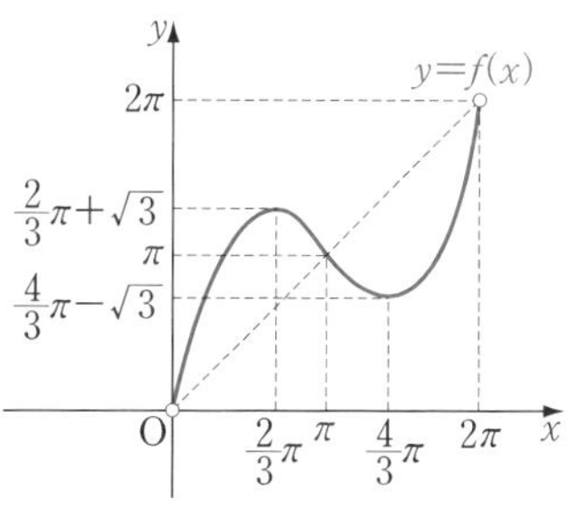

(2) 변곡점은 점 (π, π)이고

$$f'(\pi)=1+2\cos\pi=-1$$

이므로 변곡점에서의 접선의 방정식은

$$y-\pi=-1\times(x-\pi) \quad \therefore\ \boldsymbol{y=-x+2\pi} \longleftarrow \text{답}$$

유제 **9**-19. 다음 곡선의 변곡점의 좌표를 구하여라.

(1) $y=\sin x$ (2) $y=\tan x$

답 (1) $(n\pi, 0)$ (n은 정수) (2) $(n\pi, 0)$ (n은 정수)

유제 **9**-20. 곡선 $y=x-2\sin x$(단, $0<x<2\pi$)의 개형을 그리고, 이 곡선의 변곡점에서의 접선의 방정식을 구하여라. 답 $y=3x-2\pi$

기본 문제 9-14 다음 곡선의 개형을 그려라.

(1) $y=\ln(x^2+1)$ (2) $y=xe^{-x}$

모범답안 (1) $y'=\dfrac{2x}{x^2+1}$, $y''=\dfrac{2(x^2+1)-2x\times 2x}{(x^2+1)^2}=\dfrac{-2(x+1)(x-1)}{(x^2+1)^2}$

이므로 증감과 오목 · 볼록은 다음과 같다.

x	$\cdots$	-1	$\cdots$	0	$\cdots$	1	$\cdots$
y'	$-$	$-$	$-$	0	$+$	$+$	$+$
y''	$-$	0	$+$	$+$	$+$	0	$-$
y	↘	$\ln 2$	↘	0	↗	$\ln 2$	↗

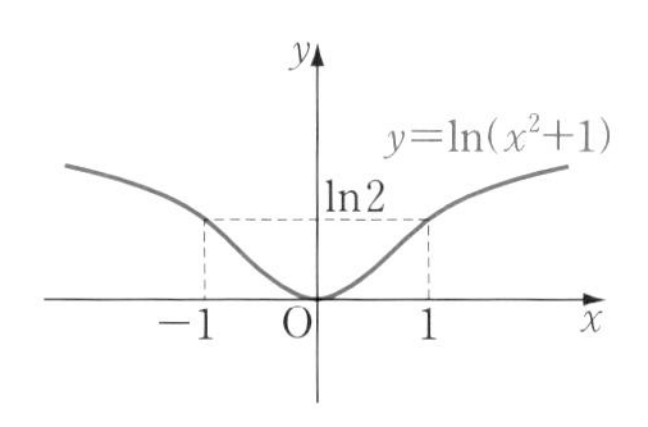

따라서 극소점 $(0,\ 0)$, 변곡점 $(-1,\ \ln 2)$, $(1,\ \ln 2)$이고

$$\lim_{x\to\infty} y=\lim_{x\to\infty}\ln(x^2+1)=\infty,\quad \lim_{x\to-\infty} y=\lim_{x\to-\infty}\ln(x^2+1)=\infty$$

이므로 곡선의 개형은 위와 같다.

*Note 주어진 함수는 우함수이므로 그래프는 y축에 대하여 대칭이다.

(2) $y'=e^{-x}-xe^{-x}=(1-x)e^{-x}$, $y''=-e^{-x}-(1-x)e^{-x}=(x-2)e^{-x}$

이므로 증감과 오목 · 볼록은 다음과 같다.

x	$\cdots$	1	$\cdots$	2	$\cdots$
y'	$+$	0	$-$	$-$	$-$
y''	$-$	$-$	$-$	0	$+$
y	↗	e^{-1}	↘	$2e^{-2}$	↘

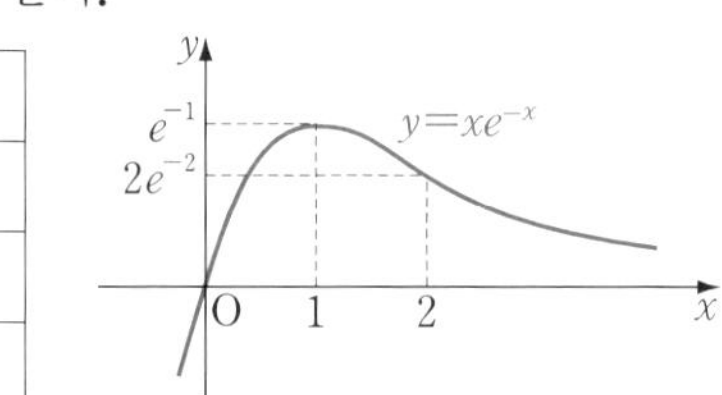

따라서 극대점 $(1,\ e^{-1})$, 변곡점 $(2,\ 2e^{-2})$이고

$$\lim_{x\to\infty} y=\lim_{x\to\infty} xe^{-x}=\lim_{x\to\infty}\frac{x}{e^x}=\lim_{x\to\infty}\frac{1}{e^x}=0,$$ ⇦ 로피탈의 정리 (p. 167)

$$\lim_{x\to-\infty} y=\lim_{x\to-\infty} xe^{-x}=-\infty$$

이므로 곡선의 개형은 위와 같다. ⇦ x축이 점근선

*Note 지수함수에서는 $x\longrightarrow\infty$, $x\longrightarrow-\infty$일 때의 함수의 극한을 조사하여 그래프의 점근선이 있는지 확인해야 한다.

유제 9-21. 다음 곡선의 개형을 그려라.

(1) $y=e^{-x^2}$ (2) $y=(\ln x)^2$

연습문제 9

9-1 다음 함수 중 감소함수인 것은?

① $y=x-\ln x\ (x\ge 1)$　② $y=2x+\cos x$　③ $y=e^x+2x-1$

④ $y=\dfrac{e^x}{x}\ (0<x<1)$　⑤ $y=\dfrac{x+1}{\sqrt{x^2+1}}\ (x<1)$

9-2 다음 함수가 증가함수일 때, 실수 a의 값의 범위를 구하여라.

(1) $f(x)=e^x-ax\ (x\ge 0)$　(2) $f(x)=(ax^2+1)e^x$

9-3 함수 $f(x)=ax+2\sin x$가 극값을 가질 때, 실수 a의 값의 범위는?

① $|a|>1$　② $|a|<1$　③ $|a|>2$　④ $|a|<2$　⑤ $|a|>3$

9-4 다음 함수의 극값을 구하여라.

(1) $f(x)=\sqrt{x}+\sqrt{4-x}$　(2) $f(x)=\sqrt[3]{x^2}\,(2x-5)$

9-5 다음 함수의 극값을 구하여라.

(1) $f(x)=\dfrac{2-\cos x}{\sin x}\ \left(0<x<\dfrac{\pi}{2}\right)$　(2) $f(x)=\dfrac{\ln x}{x^4}$　(3) $f(x)=x(\ln x)^2$

9-6 $0<\theta<\dfrac{\pi}{2}$인 상수 θ에 대하여 곡선 $y=x^3+3x^2\cos\theta-4\sin 2\theta$가 x축에 접할 때, $\sin\theta$의 값을 구하여라.

9-7 자연수 n에 대하여 함수

$$f(x)=n\ln x+\frac{n+1}{x}+n^2\sin^2\frac{1}{n}-n$$

의 극솟값을 a_n이라고 할 때, $\displaystyle\lim_{n\to\infty}a_n$의 값을 구하여라.

9-8 함수 $f(x)=a\sin x+b\cos x+x$가 $x=\dfrac{\pi}{3}$와 $x=\pi$에서 극값을 가질 때, $0\le x\le 2\pi$에서 $f(x)$의 극솟값을 구하여라.

9-9 상수 k에 대하여 함수 $f(x)=(x^2-k)e^{-x+1}$이 $x=-2$에서 극솟값 a를 가진다. $f(x)$의 극댓값을 b라고 할 때, $\dfrac{ab}{k}$의 값을 구하여라.

9-10 함수 $f(x)=x+1+\dfrac{a}{x}$의 극댓값이 -1일 때, 상수 a의 값과 $f(x)$의 극솟값을 구하여라.

9-11 함수 $f(x)=\ln x+\dfrac{a}{x}-x$가 극댓값과 극솟값을 모두 가질 때, 실수 a의 값의 범위를 구하여라.

9-12 두 번 미분가능한 함수 $y=f(x)$의 그래프 위에 점 A, B, C, D, E가 있다.

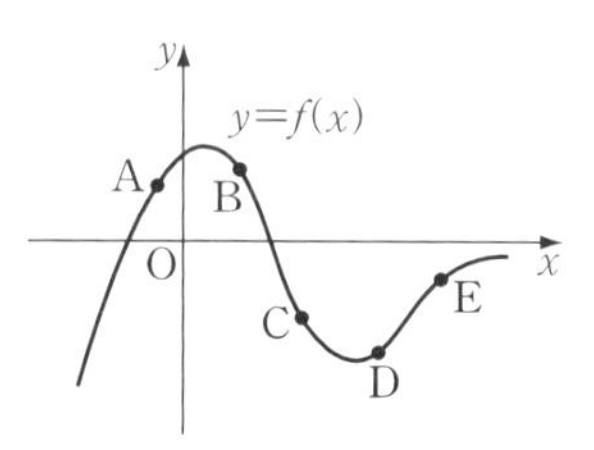

이 중 $\dfrac{dy}{dx}<0$, $\dfrac{d^2y}{dx^2}>0$을 동시에 만족시키는 점은?

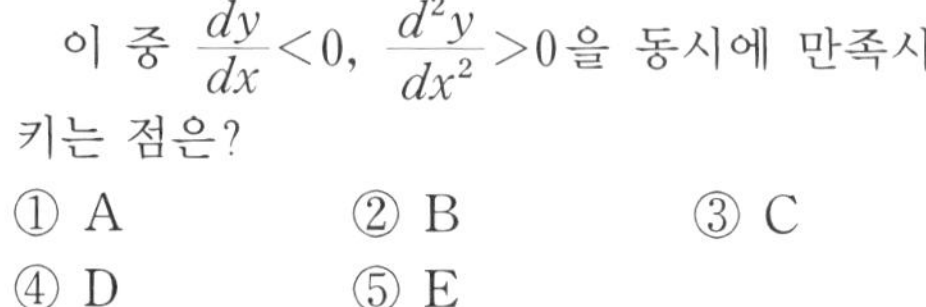

① A ② B ③ C ④ D ⑤ E

9-13 곡선 $y=\left(\ln\dfrac{1}{ax}\right)^2$의 변곡점이 직선 $y=2x$ 위에 있을 때, 양수 a의 값은?

① e ② $\dfrac{5}{4}e$ ③ $\dfrac{3}{2}e$ ④ $\dfrac{7}{4}e$ ⑤ $2e$

9-14 함수 $f(x)=x^ne^{-x}$에 대하여 곡선 $y=f(x)$의 변곡점의 개수가 3이 되도록 하는 3 이상 10 이하의 자연수 n의 값의 합을 구하여라.

9-15 곡선 $y=\cos^n x$의 변곡점의 y좌표를 a_n이라고 할 때, $\lim_{n\to\infty} a_n$의 값은?

단, $0<x<\dfrac{\pi}{2}$이고, n은 2 이상의 자연수이다.

① $\dfrac{1}{e^2}$ ② $\dfrac{1}{2e}$ ③ $\dfrac{1}{e}$ ④ $\dfrac{1}{\sqrt{2e}}$ ⑤ $\dfrac{1}{\sqrt{e}}$

9-16 함수 $f(x)=x+\sin x$에 대하여 $g(x)=(f\circ f)(x)$라고 할 때, 다음 중 옳은 것만을 있는 대로 고른 것은?

ㄱ. 함수 $y=f(x)$의 그래프는 구간 $(0, \pi)$에서 위로 볼록하다.
ㄴ. 함수 $g(x)$는 구간 $(0, \pi)$에서 증가한다.
ㄷ. $g'(x)=1$인 실수 x가 구간 $(0, \pi)$에 존재한다.

① ㄱ ② ㄷ ③ ㄱ, ㄴ ④ ㄴ, ㄷ ⑤ ㄱ, ㄴ, ㄷ

9-17 다음 곡선의 개형을 그려라.

(1) $y=|x^3-3x|$ (2) $y=2\sqrt{x}-x$ (3) $y=x\ln x-x$
(4) $y=\ln(x^2+1)^2$ (5) $y=x^{-1}e^x$ (6) $y=e^{-\frac{x^2}{2}}$

9-18 다음 곡선의 변곡점의 좌표를 구하고, 변곡점에서의 접선의 방정식을 구하여라.

(1) $y=\sin^2 x \left(0\le x\le\dfrac{\pi}{2}\right)$ (2) $y=xe^{-x}$ (3) $y=\dfrac{\ln x}{x}$

9-19 최고차항의 계수가 1인 삼차함수 $f(x)$와 그 역함수 $g(x)$가 다음 두 조건을 만족시킨다.

(가) $g(x)$는 실수 전체의 집합에서 미분가능하고 $g'(x)\leq\frac{1}{3}$이다.

(나) $\lim_{x\to3}\frac{f(x)-g(3)}{x-3}=3$

이때, $f(x)$를 구하고, 곡선 $y=f(x)$의 변곡점의 좌표를 구하여라.

9-20 함수 $f(x)=-2x^2+a\sin x$가 모든 실수 p, q에 대하여

$$f\left(\frac{p+q}{2}\right)\geq\frac{f(p)+f(q)}{2}$$

를 만족시킬 때, 실수 a의 값의 범위를 구하여라.

9-21 오른쪽 표는 다항함수 $f(x)$에 대하여 x의 값에 따른 $f(x)$, $f'(x)$, $f''(x)$의 변화 중에서 일부를 나타낸 것이다. 함수 $g(x)=\sin f(x)$에 대하여 다음 중 옳은 것만을 있는 대로 고른 것은?

x	$\cdots$	1	$\cdots$	3
$f'(x)$		0		1
$f''(x)$	$+$		$+$	0
$f(x)$		$\frac{\pi}{2}$		π

ㄱ. 함수 $f(x)$는 $x=1$에서 극값을 가진다.
ㄴ. $1<a<b<3$이면 $-1<\frac{g(b)-g(a)}{b-a}<0$이다.
ㄷ. 점 $\mathrm{P}(1,\ 1)$은 곡선 $y=g(x)$의 변곡점이다.

① ㄱ ② ㄴ ③ ㄱ, ㄴ ④ ㄴ, ㄷ ⑤ ㄱ, ㄴ, ㄷ

9-22 실수 전체의 집합에서 이계도함수를 가지는 함수 $f(x)$에 대하여 점 $\mathrm{A}\big(a,\ f(a)\big)$를 곡선 $y=f(x)$의 변곡점이라 하고, 곡선 $y=f(x)$ 위의 점 A에서의 접선의 방정식을 $y=g(x)$라고 하자. 직선 $y=g(x)$가 곡선 $y=f(x)$와 점 $\mathrm{B}\big(b,\ f(b)\big)$에서 접할 때, 함수 $h(x)$를 $h(x)=f(x)-g(x)$라고 하자. 다음 중 옳은 것만을 있는 대로 고른 것은? 단, $a\neq b$이다.

ㄱ. $h'(b)=0$
ㄴ. 방정식 $h'(x)=0$은 적어도 3개의 서로 다른 실근을 가진다.
ㄷ. 점 $\big(a,\ h(a)\big)$는 곡선 $y=h(x)$의 변곡점이다.

① ㄱ ② ㄴ ③ ㄱ, ㄴ ④ ㄱ, ㄷ ⑤ ㄱ, ㄴ, ㄷ

10. 최대 · 최소와 미분

함수의 최대와 최소／최대와 최소의 활용

§ 1. 함수의 최대와 최소

1 함수의 최댓값과 최솟값

이를테면 구간 $[-1, 3]$에서 이차함수 $f(x)=x^2-4x+6$의 최댓값과 최솟값은 함수의 그래프를 그려 구했다. 곧,

$$f(x)=(x-2)^2+2$$

이므로 함수의 그래프는 오른쪽과 같고,

최댓값 11,　　최솟값 2

이다.

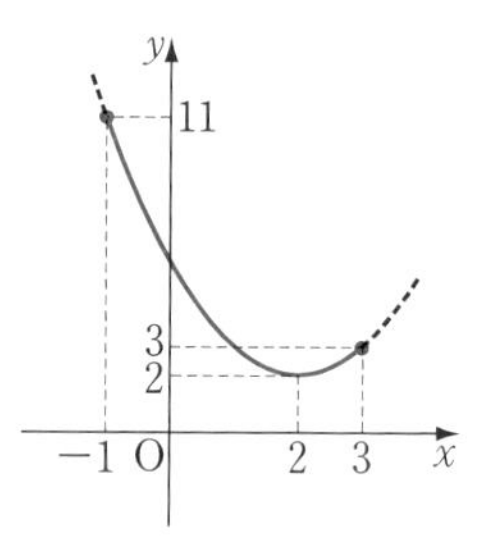

삼차함수, 사차함수와 같은 다항함수의 최댓값과 최솟값 역시 그래프를 이용하거나 증감표를 이용하여 구할 수 있다.

이를테면 구간 $[-3, 2]$에서 삼차함수

$$f(x)=x^3+3x^2 \qquad \Leftarrow f'(x)=3x(x+2)$$

의 증감표는 아래와 같고, 그래프의 개형은 오른쪽과 같다. 따라서

최댓값 20,　　최솟값 0

임을 알 수 있다.

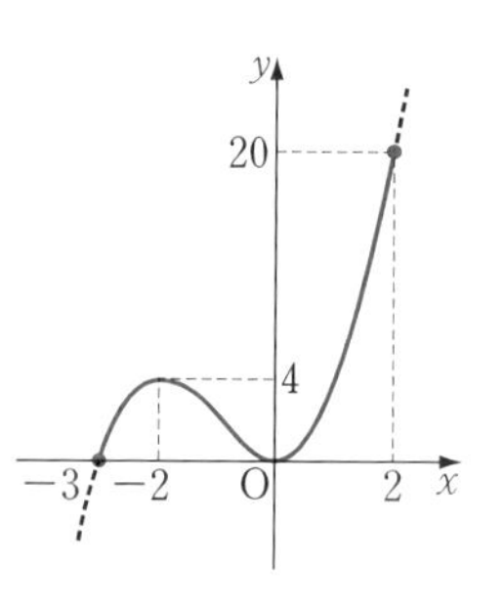

x	-3	$\cdots$	-2	$\cdots$	0	$\cdots$	2
$f'(x)$		$+$	0	$-$	0	$+$	
$f(x)$	0	↗	4	↘	0	↗	20

구간이 어떻게 주어지느냐에 따라 최댓값 또는 최솟값이 존재하지 않을 수도 있다.

이를테면 구간 $(-3, 2)$에서 함수

$$f(x)=x^3+3x^2$$

의 그래프는 오른쪽과 같으므로 최솟값은 0이지만, 최댓값은 존재하지 않는다.

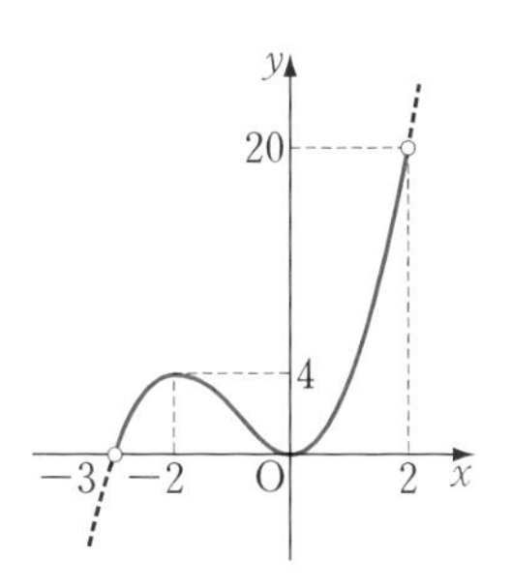

또, 구간 $(-\infty, \infty)$에서 함수

$$f(x)=x^3+3x^2$$

의 그래프는 오른쪽과 같으므로 최댓값과 최솟값은 모두 존재하지 않는다.

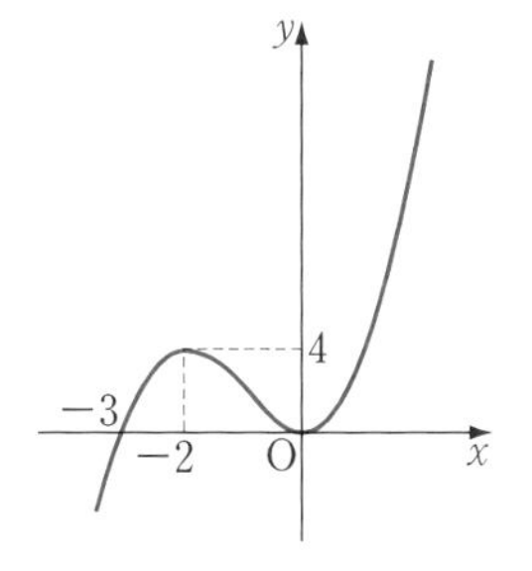

위의 예 이외에도 구간 $[-3, 2)$, $(-3, 2]$ 등에서 최댓값과 최솟값을 생각해야 하는 경우도 있다.

다음 그림은 어떤 구간에서의 삼차함수의 그래프와 이때의 최대와 최소를 나타낸 것이다.

$a \le x \le b$인 경우

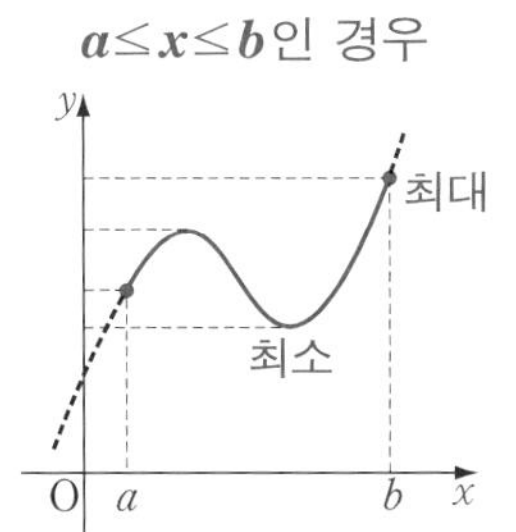

$a < x \le b$인 경우

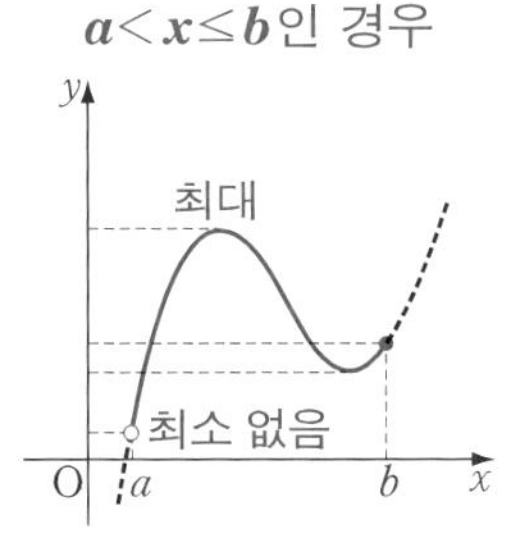

$a < x < b$인 경우

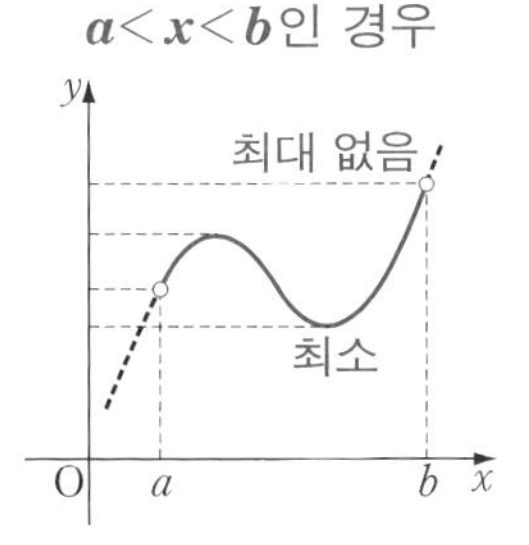

지금까지 예에서 알 수 있듯이 주어진 구간에 따라 연속함수의 최댓값 또는 최솟값은 존재할 수도 있고, 존재하지 않을 수도 있다. 그러나 최댓값과 최솟값이 존재하면 이 값은 극값 또는 경계에서의 함숫값임을 알 수 있다.

또, 최대 · 최소 정리에 의하면 연속함수는 닫힌구간 $[a, b]$에서 항상 최댓값과 최솟값을 가진다. 따라서 다음과 같이 정리해 두자.

기본정석 **연속함수의 최대와 최소**

구간 $[a, b]$에서 연속함수 $f(x)$의

최댓값은 $\Longrightarrow$ $f(x)$의 모든 극댓값, $f(a)$, $f(b)$ 중에서 최대인 것

최솟값은 $\Longrightarrow$ $f(x)$의 모든 극솟값, $f(a)$, $f(b)$ 중에서 최소인 것

기본 문제 10-1 다음 함수의 최댓값과 최솟값을 구하여라.

(1) $y=2x^3-9x^2+12x-2\ (0\le x\le 3)$

(2) $y=2\sin^3 x+3\cos^2 x$

정석연구 (1) 도함수를 이용하여 극값을 가지는 x의 값을 구한 다음, 증감표를 만들거나 함수의 그래프를 그려 최댓값과 최솟값을 찾는다.

정석 최대 · 최소 문제 $\Longrightarrow$ 증감표나 그래프를 이용한다.

(2) y를 바로 x에 관하여 미분해서 증감을 조사할 수도 있다. 또는

$$y=2\sin^3 x+3(1-\sin^2 x)=2\sin^3 x-3\sin^2 x+3$$

이므로 $\sin x=t$로 놓으면 $-1\le t\le 1$이고, 주어진 식은 t의 삼차함수가 된다. 이 식을 t에 관하여 미분한 다음 $-1\le t\le 1$에서 최대 · 최소를 구해도 된다. 이때에는 t의 범위에 주의한다.

정석 최대 · 최소 문제 $\Longrightarrow$ 항상 제한 범위에 주의하여라.

모범답안 (1) $y'=6x^2-18x+12$

$=6(x-1)(x-2)$

$y'=0$에서 $x=1,\ 2$

$0\le x\le 3$에서 증감을 조사하면 오른쪽과 같으므로

x	0	$\cdots$	1	$\cdots$	2	$\cdots$	3
y'		$+$	0	$-$	0	$+$	
y	-2	↗	3	↘	2	↗	7

$x=3$일 때 최댓값 **7**, $x=0$일 때 최솟값 **-2** ← 답

(2) $\sin x=t$로 놓으면 $-1\le t\le 1$이고

$$y=2\sin^3 x+3(1-\sin^2 x)=2t^3-3t^2+3$$

$f(t)=2t^3-3t^2+3$으로 놓으면

$f'(t)=6t^2-6t=6t(t-1)$

$f'(t)=0$에서 $t=0,\ 1$

$-1\le t\le 1$에서 증감을 조사하면 오른쪽과 같으므로

t	-1	$\cdots$	0	$\cdots$	1
$f'(t)$		$+$	0	$-$	0
$f(t)$	-2	↗	3	↘	2

$t=0$일 때 최댓값 **3**, $t=-1$일 때 최솟값 **-2** ← 답

유제 **10**-1. 다음 함수의 최댓값 또는 최솟값을 구하여라.

(1) $y=x^3-12x\ (-3\le x\le 3)$

(2) $y=2^{3x+1}-3\times 4^x-3\times 2^{x+2}+15$

(3) $y=3\tan^2 x-\tan^3 x+2$

(4) $y=\sin x\cos^2 x$

답 (1) 최댓값 **16**, 최솟값 **-16** (2) 최솟값 **-5**, 최댓값 없다.
(3) 최댓값 없다, 최솟값 없다. (4) 최댓값 $\dfrac{2\sqrt{3}}{9}$, 최솟값 $-\dfrac{2\sqrt{3}}{9}$

기본 문제 10-2 함수 $y=\dfrac{x}{x^2-x+1}$에 대하여 다음 물음에 답하여라.

(1) 이 함수의 최댓값과 최솟값을 구하여라.

(2) 구간 $[0,\ 2]$에서 이 함수의 최댓값과 최솟값을 구하여라.

정석연구 도함수를 이용하여 주어진 함수의 증감을 조사한다. 특히 유리함수에서는 x가 분모가 0이 되는 값에 한없이 가까워지는 경우와 $x \longrightarrow \infty$, $x \longrightarrow -\infty$인 경우의 함숫값의 변화에 주의해야 한다.

정석 함수의 최대와 최소 ⟹ 도함수를 이용하여 증감을 조사한다.

모범답안 (1) $y'=\dfrac{(x^2-x+1)-x(2x-1)}{(x^2-x+1)^2}=\dfrac{-(x+1)(x-1)}{(x^2-x+1)^2}$

$y'=0$에서 $x=-1,\ 1$

주어진 함수의 증감을 조사하면 다음 표와 같다.

x	$\cdots$	-1	$\cdots$	1	$\cdots$
y'	$-$	0	$+$	0	$-$
y	↘	$-\dfrac{1}{3}$	↗	1	↘

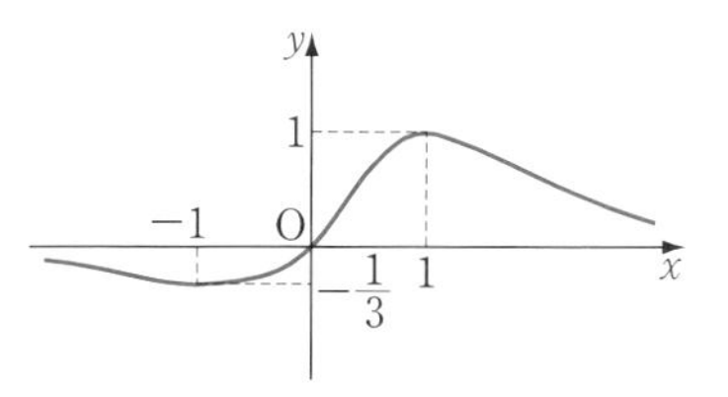

또, $\displaystyle\lim_{x\to\infty} y=0,\ \lim_{x\to-\infty} y=0$이므로 그래프의 개형은 오른쪽과 같다.

따라서 $x=1$일 때 최댓값 **1**, $x=-1$일 때 최솟값 $-\dfrac{\mathbf{1}}{\mathbf{3}}$ ← 답

(2) 구간 $[0,\ 2]$에서 주어진 함수의 증감을 조사하면 다음 표와 같다.

x	0	$\cdots$	1	$\cdots$	2
y'		$+$	0	$-$	
y	0	↗	1	↘	$\dfrac{2}{3}$

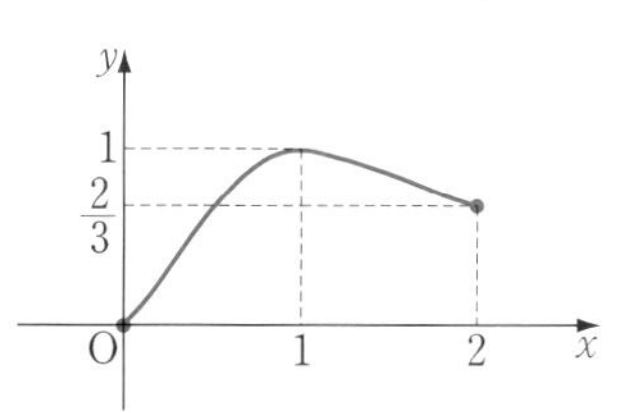

따라서 $x=1$일 때 최댓값 **1**
$x=0$일 때 최솟값 **0** ← 답

유제 **10**-2. 다음 주어진 구간에서 함수 $y=\dfrac{x^2-3x+1}{x-3}$의 최댓값 또는 최솟값을 구하여라.

(1) $[-2,\ 3)$ (2) $(3,\ \infty)$

답 (1) 최댓값 **1**, 최솟값 없다. (2) 최솟값 **5**, 최댓값 없다.

기본 문제 10-3 다음 함수의 최댓값과 최솟값을 구하여라.

(1) $f(x)=\sin x(1+\cos x)\ (0\le x\le 2\pi)$

(2) $f(x)=(x^2-3)e^x\ (-2\le x\le 2)$

정석연구 닫힌구간에서 삼각함수, 지수함수의 최댓값과 최솟값을 구하는 문제이다. 앞에서와 같이 먼저 함수의 증감을 조사한다.

정석 함수의 최대와 최소 $\Longrightarrow$ 도함수를 이용하여 증감을 조사한다.

모범답안 (1) $f'(x)=\cos x(1+\cos x)-\sin x\sin x$ ⇦ $\sin^2 x=1-\cos^2 x$

$=2\cos^2 x+\cos x-1=(\cos x+1)(2\cos x-1)$

$f'(x)=0$ 에서 $\cos x=-1,\ \dfrac{1}{2}$ $\therefore\ x=\dfrac{\pi}{3},\ \pi,\ \dfrac{5}{3}\pi\ (\because\ 0\le x\le 2\pi)$

x	0	$\cdots$	$\dfrac{\pi}{3}$	$\cdots$	π	$\cdots$	$\dfrac{5}{3}\pi$	$\cdots$	2π
$f'(x)$		$+$	0	$-$	0	$-$	0	$+$	
$f(x)$	0	↗	$\dfrac{3\sqrt{3}}{4}$	↘	0	↘	$-\dfrac{3\sqrt{3}}{4}$	↗	0

$0\le x\le 2\pi$ 에서 증감을 조사하면 위와 같으므로

$x=\dfrac{\pi}{3}$ 일 때 최댓값 $\boldsymbol{\dfrac{3\sqrt{3}}{4}}$, $x=\dfrac{5}{3}\pi$ 일 때 최솟값 $\boldsymbol{-\dfrac{3\sqrt{3}}{4}}$ ⟵ 답

(2) $f'(x)=2xe^x+(x^2-3)e^x$

$=(x+3)(x-1)e^x$

$f'(x)=0$ 에서 $x=-3,\ 1$

$-2\le x\le 2$ 에서 증감을 조사하면 오른쪽과 같으므로

x	-2	$\cdots$	1	$\cdots$	2
$f'(x)$		$-$	0	$+$	
$f(x)$	$\dfrac{1}{e^2}$	↘	$-2e$	↗	e^2

$x=2$ 일 때 최댓값 $\boldsymbol{e^2}$, $x=1$ 일 때 최솟값 $\boldsymbol{-2e}$ ⟵ 답

***Note** (1)은 **기본 문제 10-1**의 (2)와 같이 치환하여 다항함수로 나타낼 수 없다. 이런 경우에는 바로 x에 관하여 미분한 다음 증감을 조사하면 된다.

유제 **10**-3. 다음 함수의 최댓값 또는 최솟값을 구하여라.

(1) $f(x)=x+2\sin x\ (0\le x\le \pi)$

(2) $f(x)=e^x-ex$

(3) $f(x)=x^2e^{-x}\ (-1\le x\le 3)$

(4) $f(x)=x^{-1}e^x\ (x>0)$

(5) $f(x)=x\ln x$

(6) $f(x)=\dfrac{\ln x}{x}$

답 (1) 최댓값 $\boldsymbol{\dfrac{2}{3}\pi+\sqrt{3}}$, 최솟값 $\mathbf{0}$ (2) 최솟값 $\mathbf{0}$
(3) 최댓값 $\boldsymbol{e}$, 최솟값 $\mathbf{0}$ (4) 최솟값 $\boldsymbol{e}$ (5) 최솟값 $\boldsymbol{-\dfrac{1}{e}}$ (6) 최댓값 $\boldsymbol{\dfrac{1}{e}}$

§ 2. 최대와 최소의 활용

기본 문제 10-4 반지름의 길이가 1인 구에 외접하는 원뿔의 높이를 h, 밑면의 반지름의 길이를 r라고 할 때, 다음 물음에 답하여라.

(1) r를 h로 나타내어라.

(2) 원뿔의 부피 V가 최소가 되는 h의 값을 구하여라.

(3) 이때, 원뿔의 부피 V는 구의 부피의 몇 배인가?

정석연구 구의 중심과 원뿔의 꼭짓점을 지나는 단면도를 그리면 오른쪽 그림과 같다.

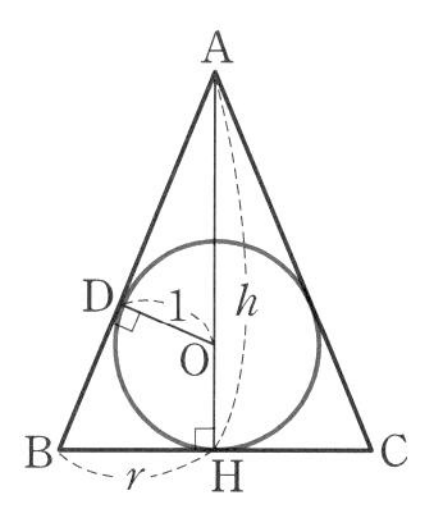

(1) △ABH∽△AOD임을 이용한다.

(2) 우선 V를 h로 나타낸다.

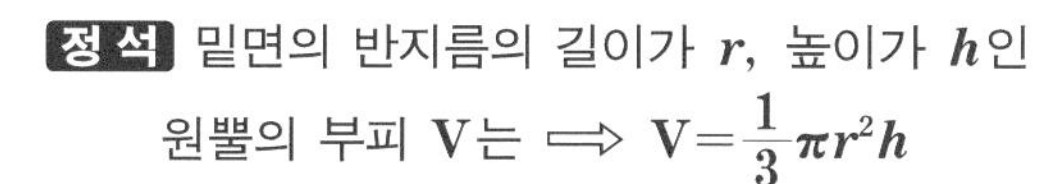

정석 밑면의 반지름의 길이가 $\boldsymbol{r}$, 높이가 $\boldsymbol{h}$인 원뿔의 부피 V는 $\Longrightarrow$ $\mathbf{V}=\dfrac{1}{3}\boldsymbol{\pi r^2 h}$

모범답안 (1) 구의 중심과 원뿔의 꼭짓점을 지나는 단면도를 그리면 위의 그림과 같다.

△ABH∽△AOD이므로 $\overline{\mathrm{BH}}:\overline{\mathrm{AH}}=\overline{\mathrm{OD}}:\overline{\mathrm{AD}}$

$\therefore\ r : h=1 : \sqrt{(h-1)^2-1^2}$ $\quad\therefore\ \boldsymbol{r=\sqrt{\dfrac{h}{h-2}}\ (h>2)}$ ⟵ 답

(2) $\mathrm{V}=\dfrac{1}{3}\pi r^2 h=\dfrac{\pi}{3}\times\dfrac{h^2}{h-2}\ (h>2)$

$\therefore\ \dfrac{d\mathrm{V}}{dh}=\dfrac{\pi}{3}\times\dfrac{2h(h-2)-h^2}{(h-2)^2}$

$=\dfrac{\pi}{3}\times\dfrac{h(h-4)}{(h-2)^2}$

h	(2)	$\cdots$	4	$\cdots$
V′		−	0	+
V		↘	최소	↗

$h>2$에서 증감을 조사하면 V는 $h=4$일 때 최소이다. 답 $\boldsymbol{h=4}$

(3) V의 최솟값을 V_1, 구의 부피를 V_2라고 하면

$\mathrm{V}_1=\dfrac{\pi}{3}\times\dfrac{4^2}{4-2}=\dfrac{8}{3}\pi,\ \mathrm{V}_2=\dfrac{4}{3}\pi\times1^3=\dfrac{4}{3}\pi$ $\quad\therefore\ \mathrm{V}_1=2\mathrm{V}_2$ 답 **2배**

유제 **10**-4. 반지름의 길이가 r인 구에 내접하는 원뿔 중에서 부피가 최대인 것의 밑면의 반지름의 길이와 높이의 비를 구하여라. 답 $\mathbf{1:\sqrt{2}}$

기본 문제 10-5 길이가 12 cm 인 선분 AB를 지름으로 하는 반원의 호 위의 A 또는 B가 아닌 점을 P라고 하자. 점 Q가 A부터 P까지는 선분 AP 위를 일정한 속력 v cm/s로, P부터 B까지는 원주를 따라 일정한 속력 $2v$ cm/s로 움직인다고 할 때, 점 Q가 A를 출발하여 B에 도착하기까지 걸린 시간의 최댓값을 구하여라.

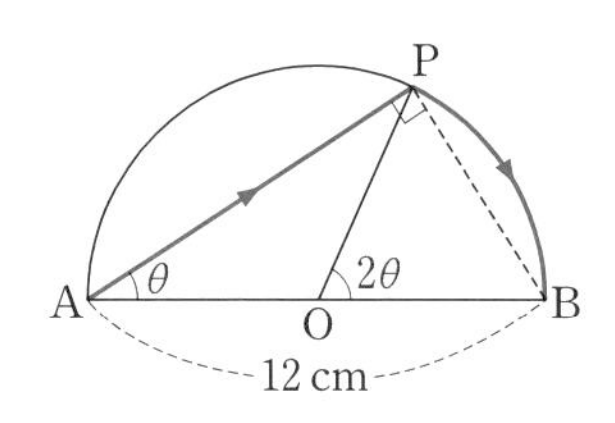

정석연구 점 Q가 오른쪽 그림의 초록 선을 따라 움직인다는 것이다.

점 Q가 A를 출발하여 P를 지나 B에 도착하는 데 걸리는 시간은

$$\frac{\overline{\mathrm{AP}}}{v}+\frac{\overset{\frown}{\mathrm{PB}}}{2v}\ (초) \qquad \cdots\cdots ⓐ$$

이고, 이 값은 점 P의 위치에 따라 변하므로 적당한 변수를 잡아 ⓐ을 하나의 변수로 나타내어 본다. ⇦ v는 상수

모범답안 위의 그림에서 $\angle\mathrm{BAP}=\theta$라고 하면 $\angle\mathrm{BOP}=2\theta$이므로

$$\overline{\mathrm{AP}}=12\cos\theta,\quad \overset{\frown}{\mathrm{PB}}=6\times2\theta=12\theta \qquad ⇦\ l=r\theta$$

따라서 걸린 시간을 $f(\theta)$라고 하면

$$f(\theta)=\frac{\overline{\mathrm{AP}}}{v}+\frac{\overset{\frown}{\mathrm{PB}}}{2v}$$
$$=\frac{6}{v}(2\cos\theta+\theta)\ \left(0<\theta<\frac{\pi}{2}\right)$$
$$\therefore\ f'(\theta)=-\frac{12}{v}\left(\sin\theta-\frac{1}{2}\right)$$

$f'(\theta)=0$에서 $\sin\theta=\frac{1}{2}$

$0<\theta<\frac{\pi}{2}$이므로 $\theta=\frac{\pi}{6}$

θ	(0)	$\cdots$	$\frac{\pi}{6}$	$\cdots$	$\left(\frac{\pi}{2}\right)$
$f'(\theta)$		$+$	0	$-$	
$f(\theta)$	$\left(\frac{12}{v}\right)$	↗	최대	↘	$\left(\frac{3\pi}{v}\right)$

$0<\theta<\frac{\pi}{2}$에서 증감을 조사하면 최댓값은 $f\left(\frac{\pi}{6}\right)=\boldsymbol{\frac{6\sqrt{3}+\pi}{v}}$ ← 답

유제 **10-5**. 오른쪽 그림은 섬 A와 직선 꼴의 해안 BC를 나타낸 것이다. 섬 A에 사는 사람이 2 km/h의 속력의 배를 타고 직선 방향으로 이동하여 해안의 P지점에 상륙한 다음, P부터 C까지는 4 km/h의 속력으로 걸어간다고 한다. A를 출발하여 최소 시간에 C에 도착하려면 그림의 θ를 얼마로 하면 되는가?

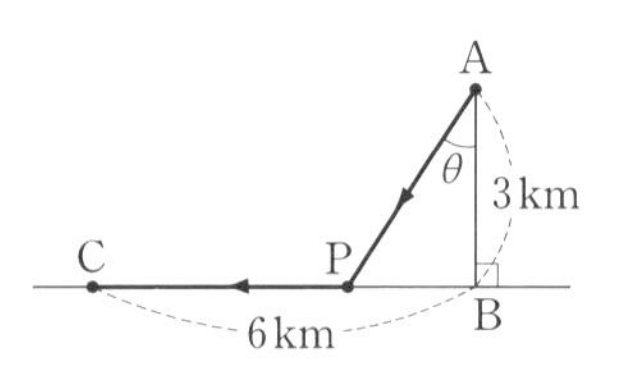

답 $\boldsymbol{\theta=\frac{\pi}{6}}$

기본 문제 10-6 곡선 $y=\ln x$ 위의 점 $(a, \ln a)$에서의 접선과 x축, y축으로 둘러싸인 삼각형의 넓이를 S라고 할 때, 다음 물음에 답하여라. 단, $0<a<e$이다.

(1) S를 a로 나타내어라.

(2) S의 최댓값과 이때 a의 값을 구하여라.

모범답안 (1) $y'=\dfrac{1}{x}$이므로 점 $(a, \ln a)$에서의 접선의 방정식은

$$y-\ln a=\frac{1}{a}(x-a)$$

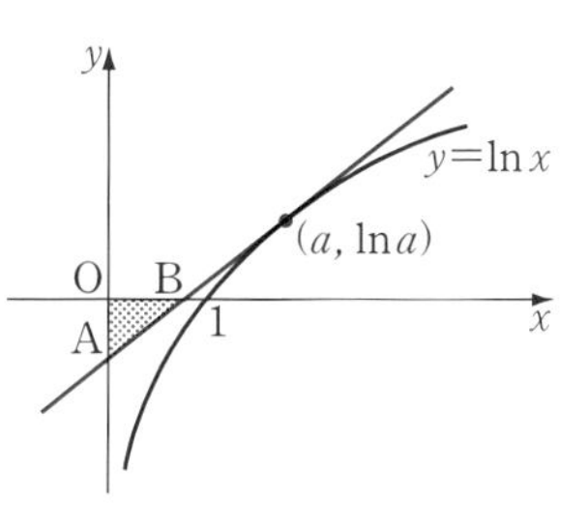

$x=0$을 대입하면 $y=\ln a-1$

$y=0$을 대입하면 $x=a(1-\ln a)$

접선이 y축, x축과 만나는 점을 각각 A, B라고 하면 $0<a<e$이므로

$$\overline{\mathrm{OA}}=|\ln a-1|=1-\ln a,\quad \overline{\mathrm{OB}}=|a(1-\ln a)|=a(1-\ln a)$$

$$\therefore \mathrm{S}=\triangle\mathrm{OAB}=\frac{1}{2}\times\overline{\mathrm{OA}}\times\overline{\mathrm{OB}}$$

$$=\boldsymbol{\frac{1}{2}a(\ln a-1)^2\ (0<a<e)} \longleftarrow \boxed{답}$$

(2) $\mathrm{S}=\dfrac{1}{2}a(\ln a-1)^2$에서

$$\frac{d\mathrm{S}}{da}=\frac{1}{2}\left\{(\ln a-1)^2+a\times2(\ln a-1)\times\frac{1}{a}\right\}=\frac{1}{2}(\ln a-1)(\ln a+1)$$

$\dfrac{d\mathrm{S}}{da}=0$에서 $\ln a=1, -1$

$0<a<e$이므로 $a=\dfrac{1}{e}$

$0<a<e$에서 증감을 조사하면 S는 $a=\dfrac{1}{e}$일 때 최대이고, 최댓값은

a	(0)	$\cdots$	$\frac{1}{e}$	$\cdots$	(e)
S′		+	0	−	
S	(0)	↗	최대	↘	(0)

$$\mathrm{S}=\frac{1}{2}\times\frac{1}{e}\left(\ln\frac{1}{e}-1\right)^2=\frac{2}{e}$$

답 최댓값 $\boldsymbol{\dfrac{2}{e}}$, $\boldsymbol{a=\dfrac{1}{e}}$

유제 **10**-6. 곡선 $y=e^x$ 위의 점 $\mathrm{P}(a, e^a)$ (단, $a<0$)에서의 접선이 x축, y축과 만나는 점을 각각 Q, R라고 할 때, $\triangle$QOR의 넓이의 최댓값과 이때 a의 값을 구하여라. 단, O는 원점이다.

답 최댓값 $\boldsymbol{\dfrac{2}{e}}$, $\boldsymbol{a=-1}$

연습문제 10

10-1 다음 함수의 최댓값 또는 최솟값을 구하여라.

(1) $f(x)=x-2+\sqrt{4-x^2}$ (2) $f(x)=\log_9(5-x)+\log_3(x+4)$

10-2 다음 함수의 최댓값과 최솟값을 구하여라.

(1) $y=\sin x+\sqrt{3}\cos x+x\ (0\le x\le \pi)$

(2) $y=4\sin x+4\sin 2x\cos x+3\cos 2x$

(3) $y=\sin x+|\cos x|-1$

(4) $y=(\sin x+\cos x)^3-6\sin x\cos x$

10-3 $0<x<\pi$에서 다음 함수의 최댓값 또는 최솟값을 구하여라.

(1) $f(x)=e^{\sqrt{3}x}\sin x$ (2) $f(x)=\dfrac{e^x}{\sin x}$

10-4 다음 함수의 최댓값을 구하여라.

(1) $f(x)=\sqrt{2-x^2}\,e^x$ (2) $f(x)=x\ln\dfrac{1}{x}+(1-x)\ln\dfrac{1}{1-x}$

10-5 $x^{\frac{1}{x}}$의 값이 최대가 되게 하는 양수 x의 값은?

① $\dfrac{1}{e}$ ② $\dfrac{1}{\sqrt{e}}$ ③ $\sqrt{e}$ ④ e ⑤ e^2

10-6 구간 $\left[-\dfrac{\pi}{2}, \dfrac{\pi}{2}\right]$에서 함수 $f(x)=a(x-\sin 2x)$의 최댓값이 π일 때, 양수 a의 값은?

① 1 ② 2 ③ 3 ④ 4 ⑤ 5

10-7 함수 $f(x)=x\ln x+2x+a$의 최솟값이 0일 때, 상수 a의 값은?

① e^2 ② e ③ $\dfrac{1}{e^2}$ ④ $\dfrac{1}{e^3}$ ⑤ $\dfrac{1}{e^4}$

10-8 함수 $y=\dfrac{x+1}{x^2+3}$(단, $0\le x\le a$)의 최댓값이 $\dfrac{1}{2}$, 최솟값이 $\dfrac{1}{3}$일 때, 양수 a의 최댓값은?

① 1 ② 2 ③ 3 ④ 4 ⑤ 5

10-9 함수 $f(x)=\ln(e^x+3)+2e^x$과 다항함수 $g(x)$에 대하여 함수

$$h(x)=|g(x)-f(x-k)|$$

가 $x=k$에서 최솟값 $g(k)$를 가질 때, $g(k)+g'(k)$의 값을 구하여라.

10-10 곡선 $y=\ln(2x^2+1)$ 위의 점에서의 접선 중에서 기울기가 최대인 접선의 y절편을 구하여라.

10-11 곡선 $y=\dfrac{\sqrt{3}}{x}$ (단, $x>0$) 위의 점 P에서의 접선과 법선이 x축과 만나는 점을 각각 A, B라고 할 때, 선분 AB의 길이의 최솟값은?

① $\dfrac{\sqrt{3}}{3}$ ② $\dfrac{2\sqrt{3}}{3}$ ③ $\sqrt{3}$ ④ $\dfrac{4\sqrt{3}}{3}$ ⑤ $\dfrac{5\sqrt{3}}{3}$

10-12 곡선 $y=e^x$과 $y=\ln x$ 위를 각각 움직이는 점 P, Q가 있다.
선분 PQ가 직선 $y=x$에 수직일 때, 선분 PQ의 길이의 최솟값은?

① 1 ② $\sqrt{2}$ ③ $\sqrt{3}$ ④ 2 ⑤ 3

10-13 제1사분면에서 곡선 $|y|=-\ln|x|$ 위를 움직이는 점 P가 있다.
점 P를 x축, y축, 원점에 대하여 대칭이동한 점을 각각 Q, R, S라고 할 때, 직사각형 PQSR의 넓이의 최댓값을 구하여라.

10-14 직사각형 모양의 철판 세 장을 구입하여 두 장은 원 모양으로 오려 아랫면과 윗면으로, 나머지 한 장은 옆면으로 하여 원기둥 모양의 통을 제작하려고 한다. 철판은 가로와 세로의 길이를 임의로 정해서 구입할 수 있고, 철판의 가격은 $1\,\text{m}^2$당 1만 원이다. 통의 부피가 $64\,\text{m}^3$가 되도록 만들기 위해 필요한 철판 구입비의 최솟값을 구하여라.

10-15 오른쪽 그림과 같이 길이가 4인 선분 AB를 지름으로 하는 반원에서 현 PQ는 지름 AB에 평행하다. 지름 AB의 중점을 O라 하고, $\angle\text{AOP}=\theta$라고 할 때, 사각형 ABQP의 넓이를 θ로 나타내고, 넓이의 최댓값을 구하여라.

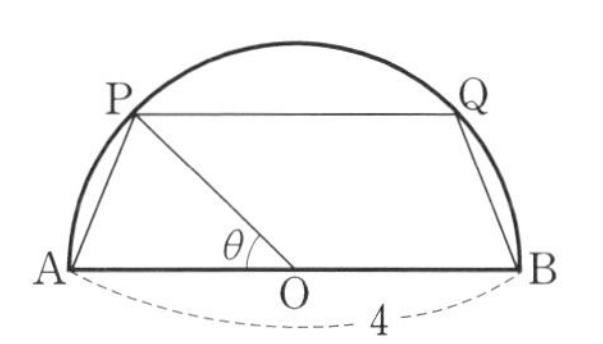

10-16 오른쪽 그림과 같이 중심각의 크기가 $\dfrac{\pi}{2}$이고 반지름의 길이가 1인 부채꼴 AOB와 선분 OA 위를 움직이는 점 P가 있다. 선분 OP를 한 변으로 하는 정사각형 OPQR가 호 AB와 서로 다른 두 점 S, T에서 만날 때, 정사각형 OPQR의 내부에서 점 Q를 중심으로 하고 반지름이 $\overline{\text{QS}}$인 부채꼴 SQT의 내부를 제외한 점 찍은 부분의 넓이를 D라고 하자. $\angle\text{SOT}=\theta$라고 할 때, D가 최대가 되게 하는 θ에 대하여 $\tan\theta$의 값을 구하여라.

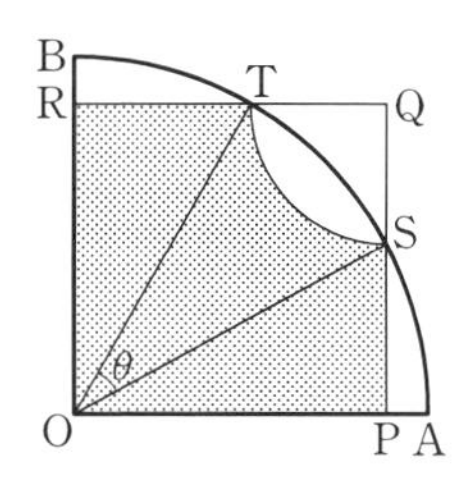

11. 방정식 · 부등식과 미분

방정식과 미분／부등식과 미분

§1. 방정식과 미분

1 방정식의 실근의 개수

방정식의 실근의 개수를 판별하는 방법으로

판별식을 이용하는 방법, 그래프를 이용하는 방법

을 공부하였다.

일반적으로 방정식의 실근의 개수를 판별할 때 이차방정식의 경우에는 판별식을 이용하는 것이 간단하지만, 삼차 이상의 고차방정식, 삼각방정식, 지수방정식, 로그방정식의 경우에는 그래프를 그려 판별한다.

기본정석 방정식의 실근의 개수

(1) 방정식의 실근과 함수의 그래프

(i) 방정식 $\boldsymbol{f(x)=0}$의 실근은
함수 $y=f(x)$의 그래프와 x축의 교점의 x좌표이다.

(ii) 방정식 $\boldsymbol{f(x)=g(x)}$의 실근은
함수 $y=f(x)$, $y=g(x)$의 그래프의 교점의 x좌표이다.

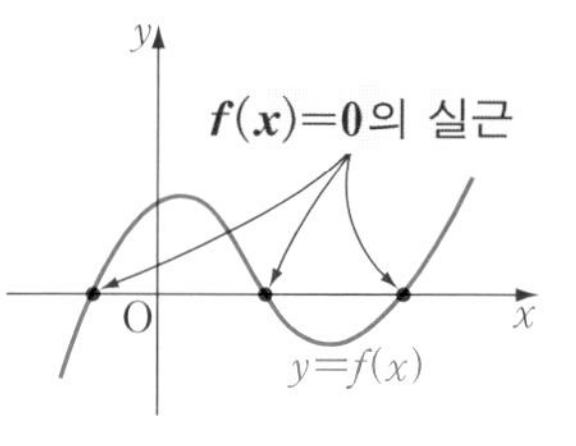

(2) 방정식 $\mathbf{F}(\boldsymbol{x})=\mathbf{0}$의 실근의 개수를 조사하는 방법

(i) 함수 $y=\mathrm{F}(x)$의 그래프와 x축의 교점의 개수를 조사한다.

(ii) 방정식 $\mathrm{F}(x)=0$을 $f(x)=g(x)$의 꼴로 변형한 다음, 두 함수 $y=f(x)$, $y=g(x)$의 그래프의 교점의 개수를 조사한다.

보기 1 다음 방정식의 근을 판별하여라.

(1) $2x^3+3x^2-12x-4=0$　　(2) $x^3-6x^2+9x+1=0$

(3) $x^3-6x^2+12x-8=0$　　(4) $x^4-2x^2-1=0$

연구 (1) $f(x)=2x^3+3x^2-12x-4$로 놓으면

$f'(x)=6x^2+6x-12=6(x+2)(x-1)$

증감을 조사하면

극댓값 $f(-2)=16$, 극솟값 $f(1)=-11$

따라서 $f(x)=0$은 서로 다른 세 실근을 가진다.

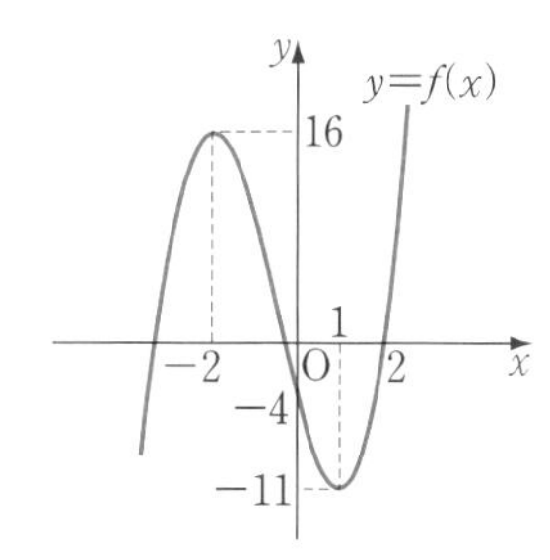

(2) $f(x)=x^3-6x^2+9x+1$로 놓으면

$f'(x)=3x^2-12x+9=3(x-1)(x-3)$

증감을 조사하면

극댓값 $f(1)=5$, 극솟값 $f(3)=1$

따라서 $f(x)=0$은 하나의 실근과 두 허근을 가진다.

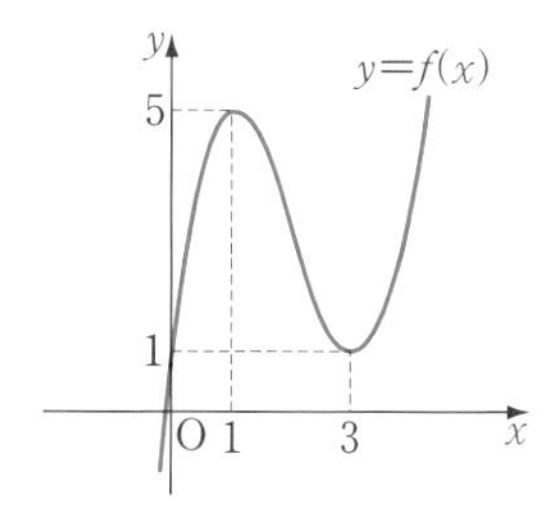

(3) $f(x)=x^3-6x^2+12x-8$로 놓으면

$f'(x)=3x^2-12x+12=3(x-2)^2\ge0$

따라서 함수 $f(x)$는 증가하고 $y=f(x)$의 그래프는 $x=2$에서 x축에 접한다.

따라서 $f(x)=0$은 삼중근을 가진다.

Note 삼차함수 $f(x)$가 구간 $(-\infty, \infty)$에서 증가 또는 감소하고 그래프가 x축에 접하면 삼차방정식 $f(x)=0$은 삼중근을 가진다.

(4) $f(x)=x^4-2x^2-1$로 놓으면

$f'(x)=4x^3-4x=4x(x+1)(x-1)$

증감을 조사하면

극댓값 $f(0)=-1$,

극솟값 $f(1)=f(-1)=-2$

따라서 $f(x)=0$은 서로 다른 두 실근과 두 허근을 가진다.

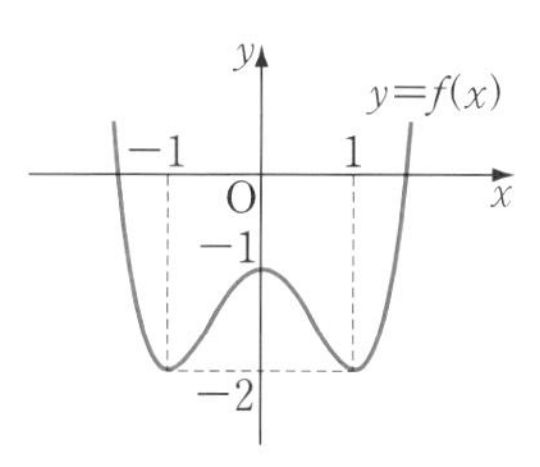

Note 실근으로 (1)은 음의 실근 2개, 양의 실근 1개, (2)는 음의 실근 1개, (3)은 양의 실근 1개(삼중근), (4)는 음의 실근 1개, 양의 실근 1개를 가진다는 것도 알 수 있다.

기본 문제 11-1 x에 관한 삼차방정식 $x^3-3x+a=0$에 대하여

(1) 서로 다른 세 실근을 가지도록 실수 a의 값의 범위를 정하여라.

(2) 이중근과 다른 하나의 실근을 가지도록 실수 a의 값을 정하여라.

(3) 하나의 실근과 두 허근을 가지도록 실수 a의 값의 범위를 정하여라.

정석연구 극값을 가지므로 다음과 같은 그래프의 개형을 생각한다.

모범답안 $f(x)=x^3-3x+a$로 놓으면

$f'(x)=3x^2-3=3(x+1)(x-1)$

따라서 극댓값 $f(-1)=a+2$,

극솟값 $f(1)=a-2$

x	$\cdots$	-1	$\cdots$	1	$\cdots$
$f'(x)$	$+$	0	$-$	0	$+$
$f(x)$	↗	극대	↘	극소	↗

(1) 극댓값이 양수, 극솟값이 음수이어야 하므로 ⇦ 그림 ①

$a+2>0,\ a-2<0 \quad \therefore\ \boldsymbol{-2<a<2}$ ← 답

(2) 극댓값 또는 극솟값이 0이어야 하므로 ⇦ 그림 ②

$a+2=0$ 또는 $a-2=0 \quad \therefore\ \boldsymbol{a=-2,\ 2}$ ← 답

(3) 극값이 모두 양수이거나 모두 음수이어야 하므로 ⇦ 그림 ③

$(a+2)(a-2)>0 \quad \therefore\ \boldsymbol{a<-2,\ a>2}$ ← 답

Advice | $x^3-3x+a=0 \iff x^3-3x=-a$이므로

$y=x^3-3x$ ……① $\quad y=-a$ ……②

로 놓고, 곡선 ①과 직선 ②의 교점의 개수를 조사해도 된다. 곧, 오른쪽 그림에서

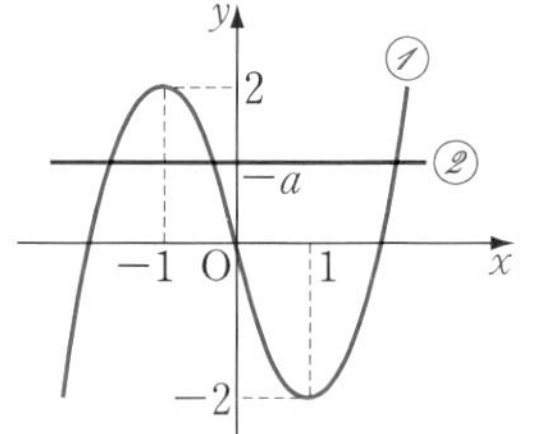

(1) $-2<-a<2$에서 $\quad \boldsymbol{-2<a<2}$

(2) $-a=2,\ -a=-2$에서 $\quad \boldsymbol{a=-2,\ 2}$

(3) $-a>2,\ -a<-2$에서 $\quad \boldsymbol{a<-2,\ a>2}$

유제 **11**-1. x에 관한 삼차방정식 $x^3+6x^2+9x+k=0$에 대하여

(1) 하나의 실근과 두 허근을 가지도록 실수 k의 값의 범위를 정하여라.

(2) $0<k<4$일 때, 이 방정식의 서로 다른 실근의 개수를 구하여라.

답 (1) $\boldsymbol{k<0,\ k>4}$ (2) **3**

유제 **11**-2. 삼차방정식 $x^3-3(\sin^2\theta)x-2=0$이 이중근과 다른 하나의 실근을 가지도록 θ의 값을 정하여라. 단, $0<\theta<\pi$이다. 답 $\boldsymbol{\theta=\pi/2}$

기본 문제 11-2 실수 m에 대하여 점 $(0, 2)$를 지나고 기울기가 m인 직선과 곡선 $y=x^3-3x^2+1$의 교점의 개수를 $f(m)$이라고 하자. 함수 $f(m)$이 구간 $(-\infty, a)$에서 연속이 되는 실수 a의 최댓값을 구하여라.

정석연구 직선의 방정식이 $y=mx+2$이므로 주어진 곡선과의 교점의 개수는

$$x^3-3x^2+1=mx+2 \quad \text{곧,} \quad x^3-3x^2-mx-1=0$$

의 서로 다른 실근의 개수와 같다.

이때, 위의 식을 $g(x)=m$의 꼴로 정리한 다음, 곡선 $y=g(x)$와 직선 $y=m$의 교점의 개수를 조사하는 것이 간편하다.

정석 실근의 개수 ⟹ 그래프를 이용한다.

모범답안 직선의 방정식이 $y=mx+2$이므로 주어진 곡선과의 교점의 개수는 방정식 $x^3-3x^2+1=mx+2$의 서로 다른 실근의 개수와 같다.

$x=0$은 해가 아니므로 양변을 x로 나누고 정리하면 $x^2-3x-\dfrac{1}{x}=m$

$g(x)=x^2-3x-\dfrac{1}{x}$로 놓으면

$$g'(x)=2x-3+\frac{1}{x^2}=\frac{(2x+1)(x-1)^2}{x^2}$$

$g'(x)=0$에서 $x=-\dfrac{1}{2},\ 1$

또, $\displaystyle\lim_{x\to0+}g(x)=-\infty,\ \lim_{x\to0-}g(x)=\infty,$

$\displaystyle\lim_{x\to\infty}g(x)=\infty,\ \lim_{x\to-\infty}g(x)=\infty$

이므로 $y=g(x)$의 그래프는 오른쪽과 같다.

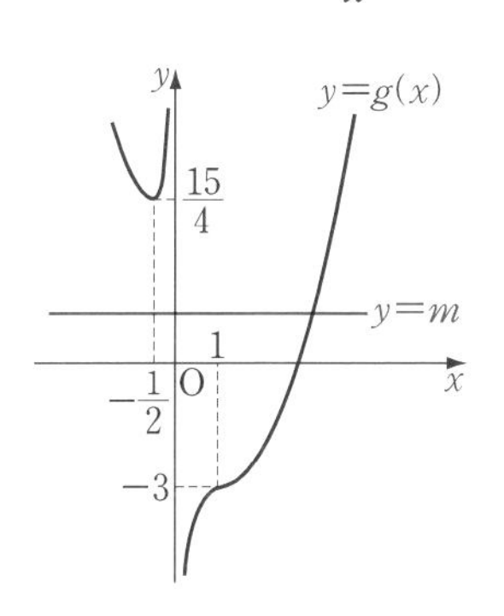

그런데 곡선 $y=g(x)$와 직선 $y=m$의 교점의 개수가 $f(m)$이므로

$$f(m)=\begin{cases}1 & (m<15/4)\\ 2 & (m=15/4)\\ 3 & (m>15/4)\end{cases}$$

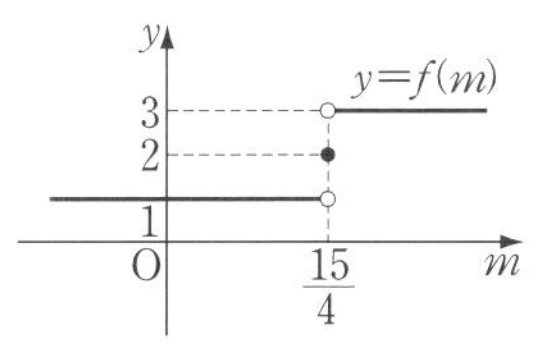

따라서 구하는 a의 최댓값은 $\dfrac{\mathbf{15}}{\mathbf{4}}$ ← 답

유제 **11**-3. 두 곡선 $y=-x^3+3x^2+ax-6$과 $y=3x^2+10$이 서로 다른 두 점에서 만날 때, 실수 a의 값을 구하여라. 답 $\boldsymbol{a=12}$

유제 **11**-4. 방정식 $\ln x-x+20-a=0$이 서로 다른 두 실근을 가질 때, 실수 a의 값의 범위를 구하여라. 단, $\displaystyle\lim_{x\to\infty}(\ln x-x)=-\infty$이다. 답 $\boldsymbol{a<19}$

기본 문제 11-3 다음 방정식의 서로 다른 실근의 개수를 조사하여라.

(1) $\cos x=2x\left(0<x<\dfrac{\pi}{2}\right)$ (2) $e^x-kx=0$ (단, k는 상수)

정석연구 (1) $f(x)=\cos x-2x$로 놓고 사잇값의 정리를 이용한다.

(2) 곡선 $y=e^x-kx$와 x축이 만나는 점의 개수를 조사하는 것보다 곡선 $y=e^x$과 직선 $y=kx$의 교점의 개수를 조사하는 것이 간편하다.

정석 교점의 개수 ⟹ 고정된 그래프와 움직이는 그래프로 나눈다.

모범답안 (1) $f(x)=\cos x-2x$로 놓으면 $f(x)$는 연속함수이고

$f(0)=1>0$, $f\left(\dfrac{\pi}{2}\right)=-\pi<0$이므로 사잇값의 정리에 의하여 방정식 $f(x)=0$은 $0<x<\dfrac{\pi}{2}$에서 적어도 하나의 실근을 가진다.

한편 $f'(x)=-\sin x-2<0$이므로 $f(x)$는 감소함수이다.

따라서 $f(x)=0$, 곧 $\cos x=2x$는 오직 하나의 실근을 가진다. 답 **1**

(2) 방정식 $e^x=kx$의 실근의 개수는

$y=e^x$ ……① $y=kx$ ……②

의 그래프의 교점의 개수와 같다.

①에서 $y'=e^x$이므로 곡선 ① 위의 점 (a, e^a)에서의 접선의 방정식은

$$y-e^a=e^a(x-a)$$

이 직선이 원점을 지나면

$$0-e^a=e^a(0-a) \quad \therefore a=1$$

따라서 원점을 지나는 ①의 접선의 방정식은 $y=ex$이므로 위의 그림에서 실근의 개수는 다음과 같다.

답 $0\le k<e$일 때 **0**, $k<0$, $k=e$일 때 **1**, $k>e$일 때 **2**

*Note (2) $x=0$은 해가 아니므로 $\dfrac{e^x}{x}=k$에서 곡선 $y=\dfrac{e^x}{x}$과 직선 $y=k$의 교점의 개수를 조사해도 된다.

유제 **11**-5. 다음 방정식의 서로 다른 실근의 개수를 구하여라.

(1) $\tan x=x\left(\pi<x<\dfrac{3}{2}\pi\right)$ (2) $\ln x=\dfrac{1}{x}$ 답 (1) **1** (2) **1**

유제 **11**-6. x에 관한 방정식 $\ln x=kx$의 서로 다른 실근의 개수를 조사하여라. 단, k는 실수이다.

답 $k>\dfrac{1}{e}$일 때 **0**, $k\le 0$, $k=\dfrac{1}{e}$일 때 **1**, $0<k<\dfrac{1}{e}$일 때 **2**

§ 2. 부등식과 미분

1 부등식의 증명

이를테면 $x \ge 0$ 일 때, 부등식

$$x^3-3x+3>0$$

이 성립한다는 것을 보이기 위하여 함수의 그래프를 이용할 수도 있다.

곧, $f(x)=x^3-3x+3$ 으로 놓으면

$$f'(x)=3x^2-3=3(x+1)(x-1)$$

이므로 $x \ge 0$ 에서 $f(x)$의 증감은 다음과 같다.

x	0	$\cdots$	1	$\cdots$
$f'(x)$		$-$	0	$+$
$f(x)$	3	↘	1	↗

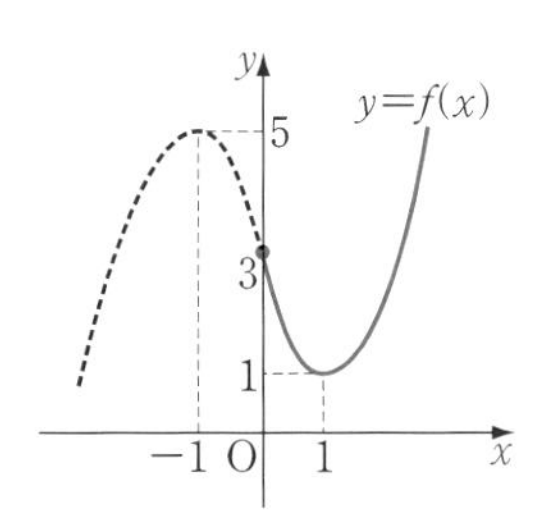

따라서 $x \ge 0$ 일 때 $f(x)$의 최솟값이 1이다.

$$\therefore\ f(x)=x^3-3x+3>0$$

일반적으로 부등식을 증명할 때에는 다음 성질을 이용한다.

기본정석 **미분을 이용한 부등식의 증명**

(1) 구간 $[a, b]$에서 함수 $f(x)$의 최솟값이 양수이면
⟹ 이 구간에서 부등식 $f(x)>0$이 성립한다.

(2) 구간 $[a, b]$에서 함수 $f(x)-g(x)$의 최솟값이 양수이면
⟹ 이 구간에서 부등식 $f(x)>g(x)$가 성립한다.

(3) 구간 (a, ∞)에서 함수 $f(x)$가 증가하고 $f(a)\ge 0$이면
⟹ 이 구간에서 부등식 $f(x)>0$이 성립한다.

보기 1 $x>2$ 일 때, $x^3-2x>x+2$ 임을 증명하여라.

연구 $f(x)=(x^3-2x)-(x+2)=x^3-3x-2$ 로 놓으면

$$f'(x)=3x^2-3=3(x+1)(x-1)$$

그런데 $x>2$ 일 때 $f'(x)>0$ 이므로 $f(x)$는 $x>2$ 에서 증가한다.

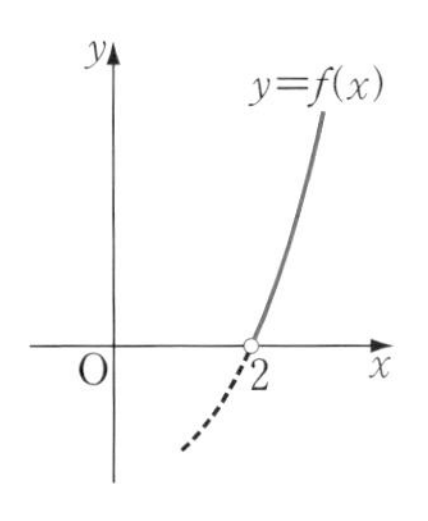

한편 $f(2)=0$ 이므로 $x>2$ 일 때 $f(x)>0$

$$\therefore\ x^3-2x>x+2$$

기본 문제 11-4 다음 물음에 답하여라.

(1) 모든 실수 x에 대하여 부등식 $x^4+4a^3x+3>0$이 성립하도록 실수 a의 값의 범위를 정하여라.

(2) $f(x)=5x^3-10x^2+k$, $g(x)=5x^2+2$일 때, $0<x<3$에서 부등식 $f(x)\ge g(x)$가 성립하는 실수 k의 최솟값을 구하여라.

정석연구 (1) $f(x)=x^4+4a^3x+3$으로 놓을 때, 구간 $(-\infty, \infty)$에서 $f(x)>0$이 성립할 조건을 구한다.

(2) $h(x)=f(x)-g(x)$로 놓을 때, $0<x<3$에서 $h(x)\ge 0$이 성립할 조건을 구한다.

정석 구간 (a, b)에서 $f(x)$의 최솟값이 0보다 크거나 같으면
$\Longrightarrow$ 구간 (a, b)에서 $f(x)\ge 0$

모범답안 (1) $f(x)=x^4+4a^3x+3$으로 놓으면

$f'(x)=4x^3+4a^3=4(x+a)(x^2-ax+a^2)$

여기에서 모든 실수 x에 대하여

$$x^2-ax+a^2=\left(x-\frac{a}{2}\right)^2+\frac{3}{4}a^2\ge 0$$

x	$\cdots$	$-a$	$\cdots$
$f'(x)$	$-$	0	$+$
$f(x)$	↘	최소	↗

이므로 오른쪽 증감표에 의하여 $f(x)$는 $x=-a$일 때 최소이다.

따라서 모든 실수 x에 대하여 $f(x)>0$이려면

$$f(-a)=-3a^4+3=-3(a-1)(a+1)(a^2+1)>0$$

$a^2+1>0$이므로 $(a-1)(a+1)<0$ $\quad\therefore$ $\boldsymbol{-1<a<1}$ ← 답

(2) $h(x)=f(x)-g(x)$로 놓으면

$h(x)=5x^3-15x^2+k-2,$

$h'(x)=15x^2-30x=15x(x-2)$

$0<x<3$에서 증감을 조사하면 $h(x)$는 $x=2$일 때 최소이다.

x	(0)	$\cdots$	2	$\cdots$	(3)
$h'(x)$		$-$	0	$+$	
$h(x)$		↘	최소	↗	

따라서 $h(x)\ge 0$이려면 $h(2)=k-22\ge 0$ $\quad\therefore$ $k\ge 22$ 답 **22**

유제 **11**-7. 모든 실수 x에 대하여 부등식 $x^4+6x^2+a\ge 4x^3+8x$가 성립하도록 실수 a의 값의 범위를 정하여라. 답 $\boldsymbol{a\ge 8}$

유제 **11**-8. $x>-1$인 모든 실수 x에 대하여 부등식

$$4x^3-3x^2-6x-a+3>0$$

이 성립할 때, 실수 a의 값의 범위를 구하여라. 답 $\boldsymbol{a<-2}$

기본 문제 11-5 $x>0$일 때, 다음 부등식이 성립함을 증명하여라.

(1) $\ln(1+x)>x-\frac{1}{2}x^2$ (2) $e^x>1+x+\frac{1}{2}x^2$

정석연구 (1) $f(x)=\ln(1+x)-\left(x-\frac{1}{2}x^2\right)$, (2) $f(x)=e^x-\left(1+x+\frac{1}{2}x^2\right)$

으로 놓고, $x>0$에서 $f(x)>0$임을 증명하면 된다.

일반적으로

정석 구간 $(\boldsymbol{a}, \infty)$에서 $\boldsymbol{f(x)>0}$임을 증명하려면
(i) $\boldsymbol{f(x)}$의 최솟값이 양수임을 보이거나
(ii) $\boldsymbol{f(x)}$가 증가하고 $\boldsymbol{f(a)\ge 0}$임을 보인다.

모범답안 (1) $f(x)=\ln(1+x)-\left(x-\frac{1}{2}x^2\right)$으로 놓으면

$$f'(x)=\frac{1}{1+x}-(1-x)=\frac{x^2}{1+x}>0 \quad (\because\ x>0)$$

따라서 $f(x)$는 $x>0$에서 증가한다. ……①

또, $f(0)=\ln 1-0=0$ ……②

①, ②로부터 $x>0$에서 $f(x)>0$

$$\therefore\ \ln(1+x)>x-\frac{1}{2}x^2$$

(2) $f(x)=e^x-\left(1+x+\frac{1}{2}x^2\right)$으로 놓으면

$f'(x)=e^x-1-x$, $f''(x)=e^x-1$

$x>0$일 때 $f''(x)>0$이므로 $f'(x)$는 구간 $(0, \infty)$에서 증가한다. ……①

또, $f'(0)=e^0-1-0=0$ ……②

①, ②로부터 $f'(x)>0$이므로 $f(x)$는 구간 $(0, \infty)$에서 증가한다. …③

또, $f(0)=e^0-(1+0+0)=0$ ……④

③, ④로부터 $x>0$에서 $f(x)>0$ $\therefore\ e^x>1+x+\frac{1}{2}x^2$

Advice | (2) $f'(x)=e^x-1-x>0$임을 직접 보이기가 곤란하기 때문에 $f''(x)$를 이용하여 $f'(x)>0$임을 보였다.

유제 **11**-9. $x>0$일 때, 다음 부등식이 성립함을 증명하여라.

(1) $x\ln x\ge x-1$ (2) $\frac{x}{1+x}<\ln(1+x)<x$

(3) $\cos x>1-\frac{1}{2}x^2$ (4) $x-\frac{1}{6}x^3<\sin x<x$

연습문제 11

11-1 주어진 구간에서 다음 방정식의 서로 다른 실근의 개수를 구하여라.

(1) $e^x+x=0$, $[-1, 0]$ (2) $e^x=3x$, $[0, 2]$ (3) $\cos x=x$, $[0, \pi]$

11-2 함수 $f(x)=2x\cos x$에 대하여 다음이 성립함을 보여라.

(1) 함수 $f(x)$는 구간 $\left(\frac{\pi}{4}, \frac{\pi}{3}\right)$에서 극댓값을 가진다.

(2) 방정식 $f(x)=1$은 구간 $\left(0, \frac{\pi}{2}\right)$에서 서로 다른 두 실근을 가진다.

11-3 x에 관한 방정식 $(a-1)e^x-x+2=0$이 서로 다른 두 실근을 가질 때, 실수 a의 값의 범위를 구하여라. 단, $\lim_{x\to\infty} xe^{-x}=0$이다.

11-4 곡선 $y=xe^{1-x}$의 접선 중에서 기울기가 1인 것의 개수를 구하여라. 단, $\lim_{x\to\infty} xe^{-x}=0$이다.

11-5 곡선 $y=e^{ax}$과 직선 $y=x$가 서로 다른 두 점에서 만날 때, 실수 a의 값의 범위를 구하여라.

11-6 다음 부등식이 성립하도록 양수 a의 값의 범위를 정하여라.

(1) $x-\ln ax\ge 0$ (2) $\sqrt{x}>a\ln x$

11-7 $0<x<\frac{\pi}{4}$에서 부등식 $\tan 2x>ax$가 성립하도록 하는 실수 a의 최댓값은?

① 1 ② 2 ③ 3 ④ 4 ⑤ 5

11-8 함수 $f(x)=e^{x+1}(x^2+4x-3)+ax$의 역함수가 존재하도록 하는 실수 a의 최솟값은?

① 1 ② 2 ③ 3 ④ 4 ⑤ 5

11-9 함수 $f(x)=x^{\frac{1}{x}}$을 이용하여 두 수 2020^{2021}과 2021^{2020}의 대소를 비교하여라.

11-10 다음 두 함수에 대하여 아래 물음에 답하여라.

$$f(x)=x\ln\left(1-\frac{1}{x}\right), \qquad g(x)=\ln\frac{x-1}{x}+\frac{1}{x-1}$$

(1) $g(x)$가 $x>1$에서 감소함을 증명하여라.

(2) $\lim_{x\to\infty} g(x)$의 값을 구하여라.

(3) 위의 (1), (2)를 이용하여 $f(x)$가 $x>1$에서 증가함을 증명하여라.

12. 속도 · 가속도와 미분

속도와 가속도／시각에 대한 함수의
순간변화율／평면 위의 운동

§1. 속도와 가속도

1 평균속도, 속도, 가속도

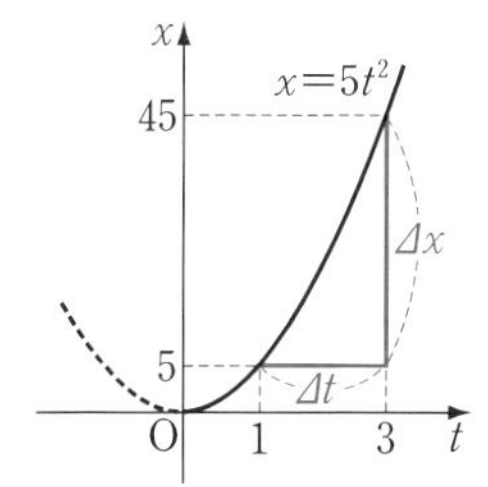

어떤 물체가 낙하할 때, 낙하 시간 t(초)와 낙하 거리 x(m) 사이에는

$$\boldsymbol{x=5t^2}$$

인 관계가 있다고 한다.

이제 이 물체가 낙하하기 시작해서 1초부터 3초까지의 평균속도를 구해 보면

$$(\text{평균속도})=\frac{\text{낙하 거리}(\boldsymbol{\Delta x})}{\text{낙하 시간}(\boldsymbol{\Delta t})}=\frac{\mathbf{5\times3^2-5\times1^2}}{\mathbf{3-1}}=\mathbf{20\,(m/s)}$$

이며, 이것은 구간 $[1,\ 3]$에서의 $x=5t^2$의 평균변화율과 같다.

마찬가지로 이 물체가 낙하하기 시작해서 1초부터 $1+\Delta t$초까지의 평균속도는

$$\boldsymbol{\frac{\Delta x}{\Delta t}=\frac{5(1+\Delta t)^2-5\times1^2}{\Delta t}=10+5\Delta t}$$

이다. 여기에서 시간의 증분 Δt가

$$\Delta t=0.1,\ \Delta t=0.01,\ \Delta t=0.001,\ \cdots$$

과 같이 $\Delta t \longrightarrow 0$일 때를 생각하면

$$\boldsymbol{\lim_{\Delta t\to0}\frac{\Delta x}{\Delta t}=\lim_{\Delta t\to0}(10+5\Delta t)=10}$$

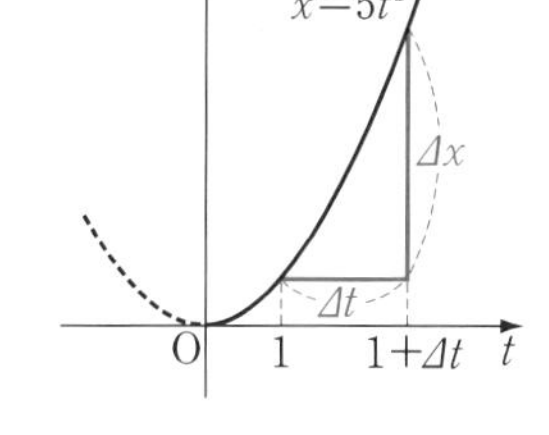

이며, 이것은 $t=1$인 순간의 속도를 뜻함을 알 수 있다.

또, 이 순간속도는 $t=1$에서의 $x=5t^2$의 순간변화율과 같다.

일반적으로 $x=5t^2$에서 $\dfrac{dx}{dt}=10t$는 시각 t에서의 속도를 뜻하며, 흔히 v로 나타낸다. 또, 시각 t에서의 속도 v의 도함수인 $v'=10$을 시각 t에서의 가속도라 하고, 흔히 a로 나타낸다.

기본정석 — **속도와 가속도**

수직선 위를 움직이는 점 P의 시각 t에서의 위치 x가 $x=f(t)$일 때

(1) 시각 t에서의 속도 v는

$$\boldsymbol{v=\lim_{\Delta t\to 0}\frac{\Delta x}{\Delta t}=\frac{dx}{dt}=f'(t)}$$

(2) 시각 t에서의 가속도 a는

$$\boldsymbol{a=\lim_{\Delta t\to 0}\frac{\Delta v}{\Delta t}=\frac{dv}{dt}=v'=f''(t)}$$

Advice 1° 속도 v의 절댓값 $|v|$를 **속력**이라고 한다. 또, 가속도 a의 절댓값 $|a|$를 **가속도의 크기** 또는 **가속력**이라고 한다.

2° 속도가 일정한 운동을 등속 운동, 가속도가 일정한 운동을 등가속도 운동이라고 한다. 등속 운동에서는 속도가 상수이므로 가속도는 0이다.

보기 1 속도 20 m/s로 지면에서 똑바로 위로 던진 돌의 t초 후의 높이를 $f(t)$(m)라고 하면 $f(t)=20t-5t^2$이라고 한다.

(1) 돌을 던진 후, 처음 2초 동안의 평균속도를 구하여라.

(2) 돌을 던진 지 1초 후, 2초 후, 3초 후의 속도를 구하여라.

(3) 돌을 던진 지 t초 후의 가속도를 구하여라.

연구 (1) $\dfrac{\Delta f(t)}{\Delta t}=\dfrac{f(2)-f(0)}{2-0}=\dfrac{(20\times2-5\times2^2)-(20\times0-5\times0^2)}{2}=\mathbf{10\,(m/s)}$

(2) 속도를 v(m/s)라고 하면 $v=f'(t)=20-10t$이므로

$f'(1)=\mathbf{10\,(m/s)},\quad f'(2)=\mathbf{0\,(m/s)},\quad f'(3)=\mathbf{-10\,(m/s)}$

(3) 가속도를 a(m/s²)라고 하면 $a=v'=(20-10t)'=\mathbf{-10\,(m/s^2)}$

보기 2 수직선 위를 움직이는 점 P의 시각 t에서의 위치 x가 $x=e^t+e^{-t}$이라고 한다. $t=1$일 때, 점 P의 속도와 가속도를 구하여라.

연구 시각 t에서의 속도를 v, 가속도를 a라고 하면

$$v=\frac{dx}{dt}=e^t-e^{-t},\qquad a=\frac{dv}{dt}=e^t+e^{-t}$$

따라서 $t=1$일 때 $v=\boldsymbol{e-e^{-1}}$, $a=\boldsymbol{e+e^{-1}}$

기본 문제 12-1 수직선 위를 움직이는 점 P의 시각 t에서의 위치 x가 $x=-\pi t+2\sin\pi t$라고 한다.

(1) $t=\dfrac{1}{2}$일 때, 점 P의 속도와 가속도를 구하여라.

(2) $0\le t\le 2$에서 점 P가 움직이는 방향이 바뀌는 시각 t를 구하여라.

(3) $0\le t\le 2$에서 점 P의 최대 속력을 구하여라.

정석연구 (1) 시각 t에서의 위치 x가 $x=f(t)$로 주어질 때, 속도를 v, 가속도를 a라고 하면

$$\textbf{정석}\quad \boldsymbol{v=f'(t),\quad a=v'=f''(t)}$$

(2) 점 P는

속도가 양수이면 ⟹ 양의 방향

속도가 음수이면 ⟹ 음의 방향

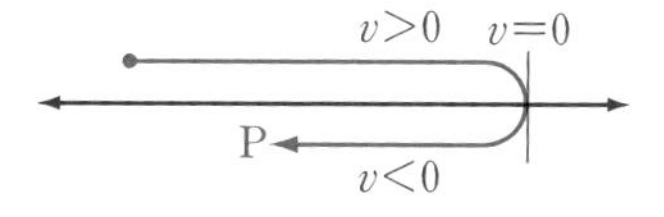

으로 움직인다. 또,

움직이는 방향이 바뀔 때 ⟹ 속도는 **0**이다.

(3) 속력은 속도의 절댓값이다.

모범답안 (1) $x=f(t)$로 놓으면 $f'(t)=-\pi+2\pi\cos\pi t$, $f''(t)=-2\pi^2\sin\pi t$

$\therefore\ f'\left(\dfrac{1}{2}\right)=-\pi$, $f''\left(\dfrac{1}{2}\right)=-2\pi^2$ 답 속도 $\boldsymbol{-\pi}$, 가속도 $\boldsymbol{-2\pi^2}$

(2) $f'(t)=-\pi+2\pi\cos\pi t=0$에서

$$\cos\pi t=\frac{1}{2}$$

$0\le t\le 2$이므로 $t=\dfrac{1}{3},\ \dfrac{5}{3}$

t	0	$\cdots$	$\frac{1}{3}$	$\cdots$	$\frac{5}{3}$	$\cdots$	2
$f'(t)$		+	0	−	0	+	

이 값의 좌우에서 $f'(t)$의 부호가 바뀌므로 $\boldsymbol{t=\dfrac{1}{3},\ \dfrac{5}{3}}$ ← 답

(3) $0\le t\le 2$에서 $v=f'(t)$의 그래프는 오른쪽과 같다. 따라서 $|f'(t)|$의 최댓값은

$|f'(1)|=|-3\pi|=\boldsymbol{3\pi}$ ← 답

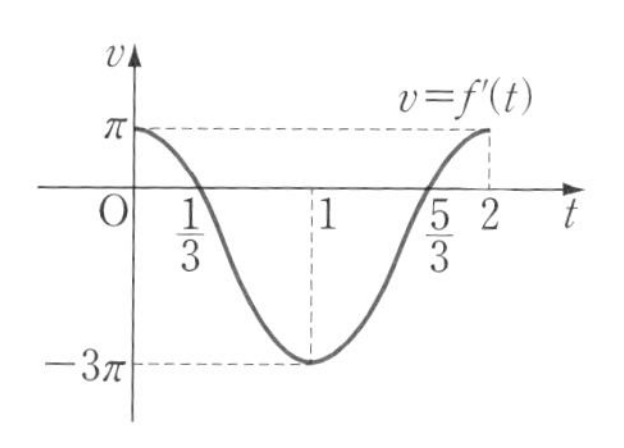

유제 **12**-1. 수직선 위를 움직이는 점 P의 시각 t에서의 위치 x가 $x=(t^2-6t+9)e^t$이라고 한다.

(1) 점 P가 원점을 지날 때의 속도와 가속도를 구하여라.

(2) 점 P가 움직이는 방향이 바뀌는 시각 t를 구하여라.

답 (1) 속도 **0**, 가속도 $\boldsymbol{2e^3}$ (2) $\boldsymbol{t=1,\ 3}$

§ 2. 시각에 대한 함수의 순간변화율

1 길이 · 넓이 · 부피의 순간변화율

▶ 길이의 순간변화율

시각 t일 때 길이가 l인 물체가 Δt 시간 동안 길이가 Δl만큼 변했다고 하면

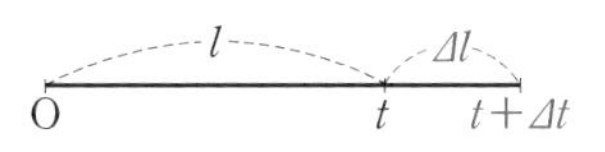

시각 t에서의 길이 l의 순간변화율은 $\Longrightarrow \displaystyle\lim_{\Delta t \to 0}\frac{\Delta l}{\Delta t}=\frac{dl}{dt}$

이다. 만일 이 물체의 한쪽 끝이 고정되어 있다면 길이의 순간변화율은 다른 쪽 끝이 이동하는 속도이다.

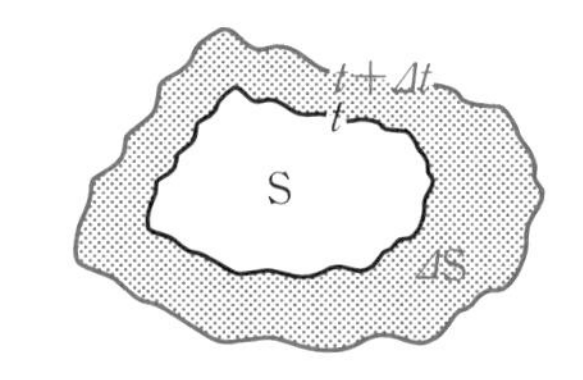

▶ 넓이 · 부피의 순간변화율

시각 t일 때 넓이가 S인 도형이 Δt 시간 동안 넓이가 ΔS만큼 변했다고 하면

시각 t에서의 넓이 S의 순간변화율은 $\Longrightarrow \displaystyle\lim_{\Delta t \to 0}\frac{\Delta \mathrm{S}}{\Delta t}=\frac{d\mathrm{S}}{dt}$

이다. 마찬가지로 생각하면

시각 t에서의 부피 V의 순간변화율은 $\Longrightarrow \displaystyle\lim_{\Delta t \to 0}\frac{\Delta \mathrm{V}}{\Delta t}=\frac{d\mathrm{V}}{dt}$

이다.

일반적으로 다음과 같이 정리할 수 있다.

기본정석 — 시각에 대한 함수의 순간변화율

시각 t의 함수 $y=f(t)$가 주어질 때,

시각 t에서의 y의 순간변화율은 $\Longrightarrow \displaystyle\lim_{\Delta t \to 0}\frac{\Delta y}{\Delta t}=\frac{dy}{dt}=f'(t)$

Advice | y가 길이를 나타낼 때는 길이의 순간변화율, 넓이를 나타낼 때는 넓이의 순간변화율, 부피를 나타낼 때는 부피의 순간변화율이 된다.

보기 1 t초일 때, 길이 l cm가 $l=t^2+2t+5$를 만족시키면서 변하는 물체가 있다. 3초일 때, 이 물체의 길이의 순간변화율을 구하여라.

연구 $l=t^2+2t+5$에서

$$\frac{dl}{dt}=2t+2 \quad \therefore \left[\frac{dl}{dt}\right]_{t=3}=2\times3+2=8\,(\mathrm{cm/s})$$

기본 문제 12-2 수면 위 30 m 높이의 암벽 위에서 길이 58 m의 줄에 끌려오는 배가 있다.

줄을 매초 4 m의 속력으로 끌 때, 2초 후의 배의 속력을 구하여라.

정석연구 조건에 맞게 그림을 그려 보면 다음과 같다.

t초 후 배에서 암벽 위까지의 거리를 x (m), 배에서 암벽 밑까지의 거리를 y (m)라고 하면

x와 y는 t의 함수

이고

$$x^2=y^2+30^2 \quad \cdots\cdots ①$$

을 만족시킨다.

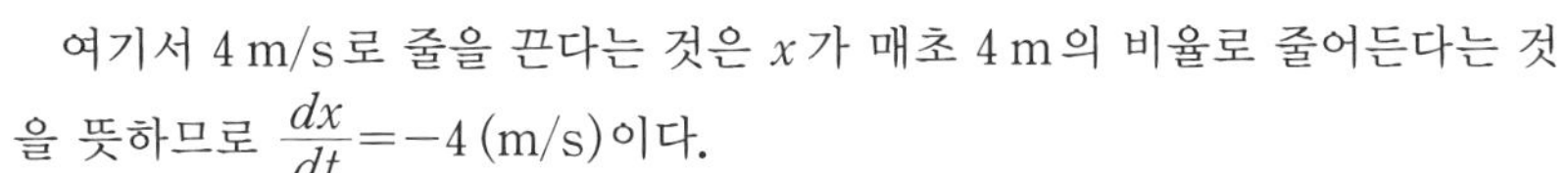

여기서 4 m/s로 줄을 끈다는 것은 x가 매초 4 m의 비율로 줄어든다는 것을 뜻하므로 $\dfrac{dx}{dt}=-4$ (m/s)이다.

또, y는 배의 위치를 나타내므로 배의 속력은 $\left|\dfrac{dy}{dt}\right|$이다.

따라서 ①의 양변을 t에 관하여 미분한 다음 필요한 값을 대입하면 된다.

정석 길이 l이 시각 t의 함수일 때, 길이 l의 순간변화율 $\Longrightarrow$ $\dfrac{dl}{dt}$

모범답안 t초 후 배에서 암벽 위까지의 거리를 x (m), 배에서 암벽 밑까지의 거리를 y (m)라고 하면 $x^2=y^2+30^2$ $\cdots\cdots ①$

양변을 t에 관하여 미분하면

$$2x\frac{dx}{dt}=2y\frac{dy}{dt} \qquad \therefore \frac{dy}{dt}=\frac{x}{y}\times\frac{dx}{dt} \quad \cdots\cdots ②$$

문제의 조건에서 $\dfrac{dx}{dt}=-4$ (m/s)

또, 2초 후의 x는 $x=58-4\times2=50$이므로 ①에 대입하면 $y=40$

②에서 $\dfrac{dy}{dt}=\dfrac{50}{40}\times(-4)=-5$ (m/s) $\quad\therefore \left|\dfrac{dy}{dt}\right|=$**5 (m/s)** ← 답

**Note* $\dfrac{dy}{dt}<0$이라는 것은 y의 값이 줄어든다는 것을 뜻한다. 여기서는 속력을 구해야 하므로 $\dfrac{dy}{dt}$의 절댓값이 답이다.

유제 **12**-2. 벽에 세워 놓은 길이 5 m의 사다리의 아래 끝을 매초 12 cm의 속력으로 벽에서 멀어지게 수평으로 당긴다. 아래 끝에서 벽까지의 거리가 3 m일 때, 위 끝이 내려오는 속력을 구하여라. 답 **9 cm/s**

기본 문제 12-3 반지름의 길이가 매초 2 mm의 비율로 증가하는 공이 있다. 단, 처음 공의 반지름의 길이는 0 cm로 생각한다.

(1) 반지름의 길이가 10 cm일 때, 겉넓이의 순간변화율을 구하여라.

(2) 반지름의 길이가 10 cm일 때, 부피의 순간변화율을 구하여라.

정석연구 t초 후의 반지름의 길이를 r, 겉넓이를 S, 부피를 V라고 하면

$$\text{정석}\quad \boldsymbol{S=4\pi r^2,\quad V=\frac{4}{3}\pi r^3}$$

이다.

여기에서 $r=10$, $\frac{dr}{dt}=0.2$일 때의 $\frac{dS}{dt}$, $\frac{dV}{dt}$를 구해야 하므로 양변을 t에 관하여 미분한다.

정석 겉넓이의 순간변화율 ⟹ $\boldsymbol{\frac{dS}{dt}}$, 부피의 순간변화율 ⟹ $\boldsymbol{\frac{dV}{dt}}$

모범답안 공의 반지름의 길이가 증가한 지 t초 후의 반지름의 길이를 r(cm), 겉넓이를 S(cm^2), 부피를 V(cm^3)라고 하면

$S=4\pi r^2$ ……① $V=\frac{4}{3}\pi r^3$ ……②

(1) ①의 양변을 t에 관하여 미분하면

$$\frac{dS}{dt}=8\pi r\frac{dr}{dt}\quad \therefore \left[\frac{dS}{dt}\right]_{r=10}=8\pi\times 10\times 0.2=\boldsymbol{16\pi\ (\text{cm}^2/\text{s})}$$ ← 답

(2) ②의 양변을 t에 관하여 미분하면

$$\frac{dV}{dt}=4\pi r^2\frac{dr}{dt}\quad \therefore \left[\frac{dV}{dt}\right]_{r=10}=4\pi\times 10^2\times 0.2=\boldsymbol{80\pi\ (\text{cm}^3/\text{s})}$$ ← 답

Advice | $r=0.2t$이므로 이것을 ①, ②에 대입하면

$S=0.16\pi t^2$ ……③ $V=\frac{1}{3}\times 0.032\pi t^3$ ……④

와 같이 S, V를 t로 나타낼 수 있다.

그리고 $r=0.2t$에서 $r=10$일 때에는 $t=50$이므로 ③, ④를 t에 관하여 미분한 다음 $t=50$을 대입해도 된다.

유제 **12**-3. 잔잔한 호수에 돌을 던지면 동심원의 파문이 생긴다. 파문의 맨 바깥 원의 반지름의 길이가 매초 20 cm의 비율로 커질 때, 3초 후의 이 원의 넓이의 순간변화율을 구하여라. 답 **2400π cm²/s**

유제 **12**-4. 각 모서리의 길이가 매분 0.002 cm씩 증가하는 정육면체가 있다. 모서리의 길이가 3 cm일 때, 부피의 순간변화율을 구하여라.
단, 처음 각 모서리의 길이는 0 cm로 생각한다. 답 **0.054 cm³/min**

기본 문제 12-4 반지름의 길이가 1 m인 원판에 기대어 있는 막대 OP의 한끝은 오른쪽 그림과 같이 평평한 지면 위의 한 점 O에 고정되어 있다. 원판이 지면과 접하는 점을 Q라고 하자. 또, 원판의 중심이 오른쪽으로 지면과 평행하게 등속도 1.5 m/s로 움직일 때, 막대 OP가 지면과 이루는 각의 크기를 θ(rad)라고 하자.

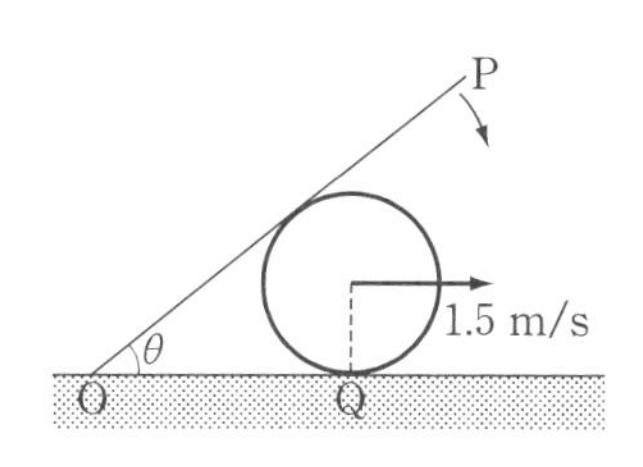

$\overline{OQ}=2$ m일 때, θ의 시간(초)에 대한 순간변화율을 구하여라.

정석연구 t초 후 선분 OQ의 길이를 이용하여 θ와 t 사이의 관계식을 구한 다음, t에 관하여 미분하면 된다.

정석 각의 크기 $\boldsymbol{\theta}$의 시각 $\boldsymbol{t}$에 대한 순간변화율은 $\Longrightarrow$ $\dfrac{d\theta}{dt}$

모범답안 $t=0$일 때 선분 OQ의 길이를 a라고 하면 t초 후 선분 OQ의 길이는

$$\overline{OQ}=a+1.5t \ (a<2)$$

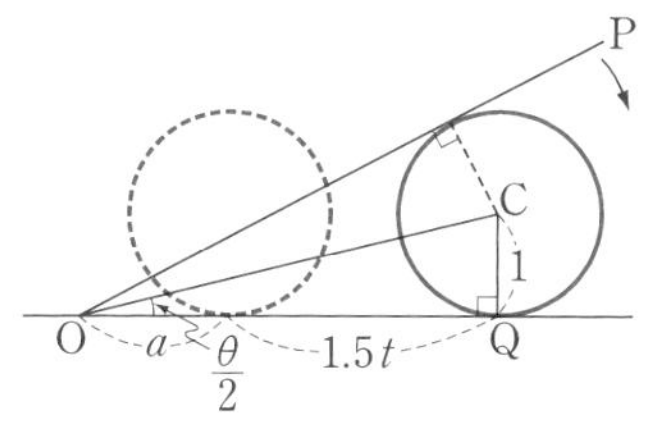

따라서 오른쪽 그림의 $\triangle$OCQ에서

$$\tan\frac{\theta}{2}=\frac{1}{a+1.5t}$$

양변을 t에 관하여 미분하면 $\left(\sec^2\dfrac{\theta}{2}\right)\times\dfrac{1}{2}\times\dfrac{d\theta}{dt}=\dfrac{-1.5}{(a+1.5t)^2}$

$$\therefore \ \frac{1}{2}\left(\tan^2\frac{\theta}{2}+1\right)\frac{d\theta}{dt}=\frac{-1.5}{(a+1.5t)^2}$$

$\overline{OQ}=2$일 때 $a+1.5t=2$, $\tan\dfrac{\theta}{2}=\dfrac{1}{2}$이므로

$$\frac{1}{2}\left(\frac{1}{4}+1\right)\frac{d\theta}{dt}=\frac{-1.5}{4} \qquad \therefore \ \frac{d\theta}{dt}=-\frac{3}{5}\ \textbf{(rad/s)} \longleftarrow \boxed{답}$$

유제 **12**-5. 오른쪽 그림과 같이 비행기가 3000 m의 고도에서 초속 600 m로 비행을 하고 있을 때, 지상에서 관찰자가 비행기를 바라보는 각의 크기를 θ(rad)라고 하자.

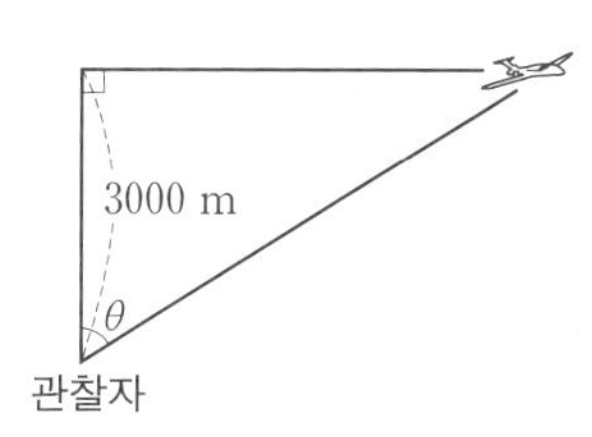

비행기가 관찰자 바로 위를 지난 지 2초 후 θ의 시간(초)에 대한 순간변화율을 구하여라.

답 $\dfrac{5}{29}$ **rad/s**

§ 3. 평면 위의 운동

1 평면 위를 움직이는 점의 속도

앞에서 수직선 위를 움직이는 점 P의 속도, 가속도에 대하여 공부하였다. 이제 좌표평면 위를 움직이는 점 P의 속도, 가속도에 대하여 공부해 보자.

좌표평면 위를 움직이는 점 P의 위치 (x, y)가 시각 t의 함수

$$\boldsymbol{x=f(t), \quad y=g(t)}$$

로 주어질 때, 점 P에서 x축에 내린 수선의 발 Q는 x축 위에서 $x=f(t)$로 주어지는 운동을 한다.

따라서 시각 t에서의 점 Q의 속도를 v_x라고 하면 v_x는 다음과 같다.

$$v_x=\frac{dx}{dt}=f'(t)$$

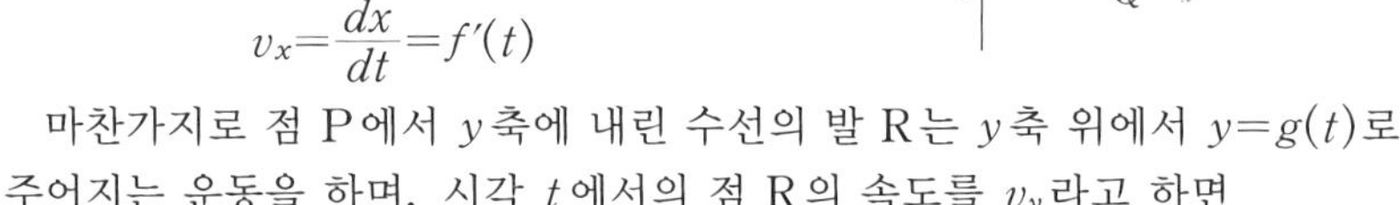

마찬가지로 점 P에서 y축에 내린 수선의 발 R는 y축 위에서 $y=g(t)$로 주어지는 운동을 하며, 시각 t에서의 점 R의 속도를 v_y라고 하면

$$v_y=\frac{dy}{dt}=g'(t)$$

이때, v_x와 v_y의 순서쌍

$$(\boldsymbol{v_x}, \boldsymbol{v_y}) \quad \text{곧,} \ \left(\boldsymbol{\frac{dx}{dt}}, \boldsymbol{\frac{dy}{dt}}\right)$$

를 시각 t에서의 점 P의 속도라 하고, 속도의 크기는

$$\sqrt{\boldsymbol{v_x}^2+\boldsymbol{v_y}^2}=\sqrt{\left(\boldsymbol{\frac{dx}{dt}}\right)^2+\left(\boldsymbol{\frac{dy}{dt}}\right)^2}$$

이며, 이것을 속력이라고 한다.

기본정석 — **평면 위를 움직이는 점의 속도**

좌표평면 위를 움직이는 점 P의 시각 t에서의 위치 (x, y)가

$$\boldsymbol{x=f(t), \quad y=g(t)}$$

로 주어질 때,

속도 $\Longrightarrow (\boldsymbol{v_x}, \boldsymbol{v_y})=\left(\boldsymbol{\frac{dx}{dt}}, \boldsymbol{\frac{dy}{dt}}\right)$

속력 $\Longrightarrow \sqrt{\boldsymbol{v_x}^2+\boldsymbol{v_y}^2}=\sqrt{\left(\boldsymbol{\frac{dx}{dt}}\right)^2+\left(\boldsymbol{\frac{dy}{dt}}\right)^2}$

Advice 1° 속도와 속력을 다음과 같이 나타내어 기억해도 좋다.

정석 속도 $\Longrightarrow$ $\big(f'(t),\ g'(t)\big)$

속력 $\Longrightarrow$ $\sqrt{\{f'(t)\}^2+\{g'(t)\}^2}$

2° 평면 위를 움직이는 점의 속도, 가속도는 기하(벡터)에서 공부하는 벡터의 개념과 성질을 알고 있으면 더 정확히 이해할 수 있다.

이때, 좌표평면 위를 움직이는 점 P$(x,\ y)$의 속도를 속도벡터라고도 하며, $\vec{v}=\left(\dfrac{dx}{dt},\ \dfrac{dy}{dt}\right)$와 같이 나타낸다. 또, 속력은 속도벡터의 크기이므로 $|\vec{v}|$와 같이 나타낸다.

한편 오른쪽 그림과 같이 점 P의 속도 $\vec{v}$가 x축의 양의 방향과 이루는 각의 크기를 θ라고 하면

$$\tan\theta=\frac{dy}{dt}\bigg/\frac{dx}{dt}=\frac{dy}{dx}\quad\left(\text{단, } \frac{dx}{dt}\neq 0\right)$$

이므로 속도 $\vec{v}$의 방향은 점 P가 움직이는 곡선의 접선 방향과 같다.

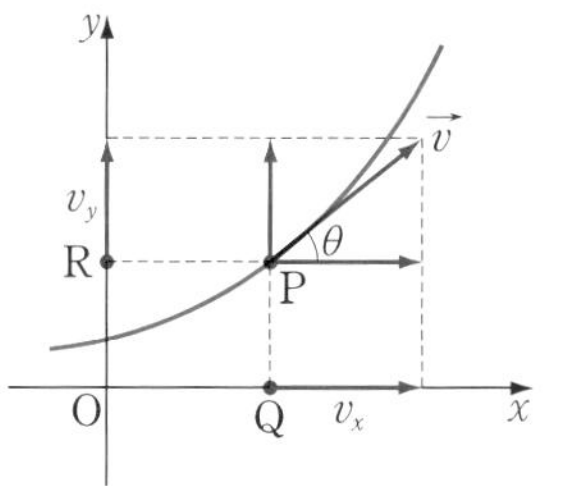

2 평면 위를 움직이는 점의 가속도

앞면의 그림에서 시각 t에서의 x축 위의 점 Q, y축 위의 점 R의 가속도를 각각 a_x, a_y라고 하면

$$a_x=\frac{dv_x}{dt}=\frac{d^2x}{dt^2}=f''(t),\quad a_y=\frac{dv_y}{dt}=\frac{d^2y}{dt^2}=g''(t)$$

이때, a_x와 a_y의 순서쌍

$$(a_x,\ a_y)\quad \text{곧,}\ \left(\frac{d^2x}{dt^2},\ \frac{d^2y}{dt^2}\right)$$

를 시각 t에서의 점 P의 가속도라 하고, 가속도의 크기는 다음과 같다.

$$\sqrt{a_x^2+a_y^2}=\sqrt{\left(\frac{d^2x}{dt^2}\right)^2+\left(\frac{d^2y}{dt^2}\right)^2}$$

기본정석 평면 위를 움직이는 점의 가속도

가속도 $\Longrightarrow$ $\left(\dfrac{dv_x}{dt},\ \dfrac{dv_y}{dt}\right)=\left(\dfrac{d^2x}{dt^2},\ \dfrac{d^2y}{dt^2}\right)$

가속도의 크기 $\Longrightarrow$ $\sqrt{\left(\dfrac{dv_x}{dt}\right)^2+\left(\dfrac{dv_y}{dt}\right)^2}=\sqrt{\left(\dfrac{d^2x}{dt^2}\right)^2+\left(\dfrac{d^2y}{dt^2}\right)^2}$

Advice 1° 가속도와 가속도의 크기를 다음과 같이 나타내어 기억해도 좋다.

정석 가속도 $\Longrightarrow$ $\left(\boldsymbol{f''(t), g''(t)}\right)$

가속도의 크기 $\Longrightarrow$ $\sqrt{\{\boldsymbol{f''(t)}\}^2+\{\boldsymbol{g''(t)}\}^2}$

2° 가속도를 가속도벡터라고도 하며, $\vec{\boldsymbol{a}}=\left(\dfrac{\boldsymbol{d^2x}}{\boldsymbol{dt^2}}, \dfrac{\boldsymbol{d^2y}}{\boldsymbol{dt^2}}\right)$와 같이 나타낸다. 또, 가속도의 크기는 $|\vec{\boldsymbol{a}}|$와 같이 나타낸다. ⇦ 기하(벡터)

보기 1 좌표평면 위를 움직이는 점 P의 시각 $t\,(t\ge0)$에서의 위치 (x, y)가 $x=4t$, $y=-2t^2+4t$로 주어질 때, 다음 물음에 답하여라.

(1) 점 P의 자취를 좌표평면 위에 나타내어라.

(2) $t=1$일 때, 점 P의 속도와 속력을 구하여라.

(3) $t=1$일 때, 점 P의 가속도와 가속도의 크기를 구하여라.

연구 다음 **정석**을 이용한다.

정석 $\boldsymbol{x=f(t)}$, $\boldsymbol{y=g(t)}$일 때,

속도 $\Longrightarrow$ $\left(\dfrac{\boldsymbol{dx}}{\boldsymbol{dt}}, \dfrac{\boldsymbol{dy}}{\boldsymbol{dt}}\right)$,　　속력 $\Longrightarrow$ $\sqrt{\left(\dfrac{\boldsymbol{dx}}{\boldsymbol{dt}}\right)^2+\left(\dfrac{\boldsymbol{dy}}{\boldsymbol{dt}}\right)^2}$

가속도 $\Longrightarrow$ $\left(\dfrac{\boldsymbol{d^2x}}{\boldsymbol{dt^2}}, \dfrac{\boldsymbol{d^2y}}{\boldsymbol{dt^2}}\right)$,　가속도의 크기 $\Longrightarrow$ $\sqrt{\left(\dfrac{\boldsymbol{d^2x}}{\boldsymbol{dt^2}}\right)^2+\left(\dfrac{\boldsymbol{d^2y}}{\boldsymbol{dt^2}}\right)^2}$

(1) $x=4t$에서 $t=\dfrac{1}{4}x\,(x\ge0)$이므로 이것을 $y=-2t^2+4t$에 대입하면

$$y=-2\times\left(\frac{1}{4}x\right)^2+4\times\frac{1}{4}x$$
$$=-\frac{1}{8}(x-4)^2+2\ (x\ge0)$$

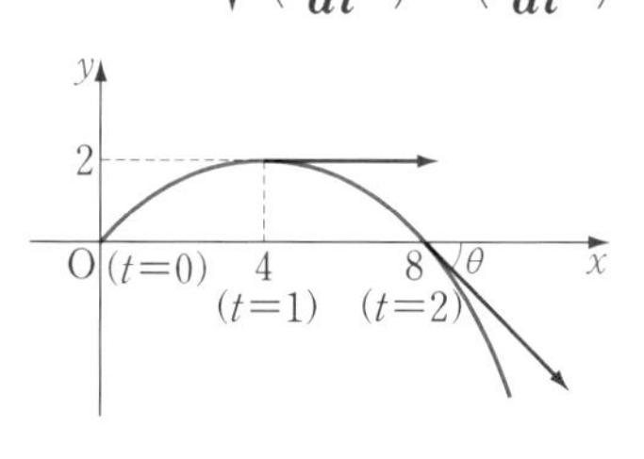

따라서 점 P의 자취는 오른쪽 그림의 포물선이다.

(2) $x=4t$에서 $\dfrac{dx}{dt}=4$,　　$y=-2t^2+4t$에서 $\dfrac{dy}{dt}=-4t+4$

따라서 $t=1$일 때 속도는 $(\mathbf{4}, \mathbf{0})$, 속력은 $\sqrt{4^2+0^2}=\mathbf{4}$

(3) $\dfrac{dx}{dt}=4$에서 $\dfrac{d^2x}{dt^2}=0$,　　$\dfrac{dy}{dt}=-4t+4$에서 $\dfrac{d^2y}{dt^2}=-4$

따라서 $t=1$일 때 가속도는 $(\mathbf{0}, \mathbf{-4})$, 가속도의 크기는 $\sqrt{0^2+(-4)^2}=\mathbf{4}$

***Note** $t=2$일 때, 점 P의 속도 $\vec{v}$가 x축의 양의 방향과 이루는 각의 크기를 $\theta\left(-\dfrac{\pi}{2}<\theta<\dfrac{\pi}{2}\right)$라고 하면 $\tan\theta=\dfrac{dy}{dt}\Big/\dfrac{dx}{dt}=\dfrac{-4}{4}=-1$　$\therefore\ \theta=-\dfrac{\pi}{4}$

기본 문제 12-5 지면과 45°의 각을 이루는 방향으로 초속 100 m로 발사한 물체의 t초 후의 위치 (x, y)가 다음과 같다고 한다.

$$x=50\sqrt{2}\,t, \quad y=50\sqrt{2}\,t-5t^2$$

(1) 시각 t에서의 속도를 구하여라.

(2) 시각 t에서의 가속도를 구하여라.

(3) 물체가 최고점에 도달하는 시각을 구하여라.

(4) 물체가 지면에 떨어지는 순간의 속력을 구하여라.

정석연구 (1) x, y를 각각 t에 관하여 미분하면 된다.

(2) (1)에서 구한 $\dfrac{dx}{dt}$, $\dfrac{dy}{dt}$를 각각 t에 관하여 미분하면 된다.

(3) 최고점을 지나면서 $\dfrac{dy}{dt}$의 값이 양수에서 음수로 바뀌므로 $\dfrac{dy}{dt}=0$인 시각 t를 찾으면 된다.

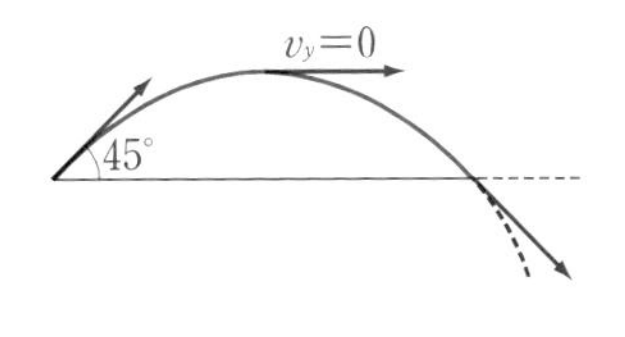

정석 속도 $\Longrightarrow$ $\left(\dfrac{dx}{dt}, \dfrac{dy}{dt}\right)$, 속력 $\Longrightarrow$ $\sqrt{\left(\dfrac{dx}{dt}\right)^2+\left(\dfrac{dy}{dt}\right)^2}$

모범답안 (1) $\left(\dfrac{dx}{dt}, \dfrac{dy}{dt}\right)=(\mathbf{50\sqrt{2},\ 50\sqrt{2}-10t})$ ← 답

(2) $\left(\dfrac{d^2x}{dt^2}, \dfrac{d^2y}{dt^2}\right)=(\mathbf{0,\ -10})$ ← 답

(3) 최고점에 도달할 때에는 $\dfrac{dy}{dt}=0$이므로

$50\sqrt{2}-10t=0 \quad \therefore\ t=\mathbf{5\sqrt{2}}$ **(초)** ← 답

(4) 지면에 떨어질 때의 시각을 t라고 하면 $y=0$에서 $0=50\sqrt{2}\,t-5t^2$

$\therefore\ 5t(10\sqrt{2}-t)=0 \quad \therefore\ t=10\sqrt{2}\ (\because\ t>0)$

(1)의 결과에 대입하면 속도는 $(50\sqrt{2},\ -50\sqrt{2})$

따라서 속력은 $\sqrt{(50\sqrt{2})^2+(-50\sqrt{2})^2}=\mathbf{100\ (m/s)}$ ← 답

유제 **12**-6. 좌표평면 위를 움직이는 점 P의 시각 t에서의 위치 (x, y)가 $x=e^t+e^{-t}-2$, $y=e^t-e^{-t}+1$로 주어질 때, 다음 물음에 답하여라.

(1) $t=1$일 때, 점 P의 속도와 가속도를 구하여라.

(2) 점 P의 속력의 최솟값과 이때 t의 값을 구하여라.

답 (1) 속도 $(\boldsymbol{e-e^{-1},\ e+e^{-1}})$, 가속도 $(\boldsymbol{e+e^{-1},\ e-e^{-1}})$

(2) $\boldsymbol{t=0}$일 때 최솟값 **2**

기본 문제 **12**-6 중심이 원점이고 반지름의 길이가 r인 원주 위를 시계 반대 방향으로 매초 ω(단, $\omega>0$) 라디안만큼 일정하게 회전하는 점 P가 있다. 점 $\mathrm{P}(x, y)$가 시각 $t=0$에서 점 $(r, 0)$에 있었다고 할 때, 다음 물음에 답하여라.

(1) 시각 t에서의 x, y를 t로 나타내어라.

(2) 점 P의 시각 t에서의 속도와 속력을 구하여라.

(3) 점 P의 시각 t에서의 가속도와 가속도의 크기를 구하여라.

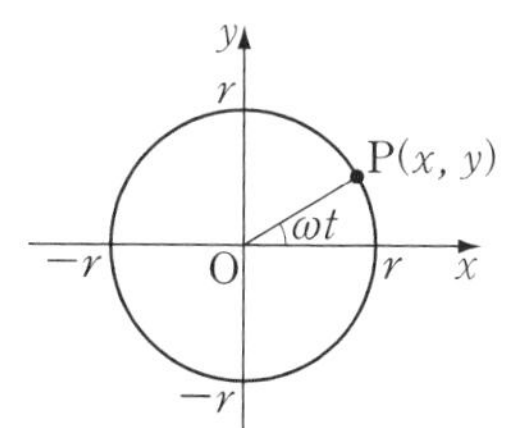

모범답안 (1) 시각 t에서 선분 OP가 x축의 양의 방향과 이루는 각의 크기는 ωt이므로 $\boldsymbol{x=r\cos\omega t,\ y=r\sin\omega t}$ ← 답

(2) $\dfrac{dx}{dt}=-r\omega\sin\omega t,\ \dfrac{dy}{dt}=r\omega\cos\omega t$이므로

시각 t에서의 속도는 $(\boldsymbol{-r\omega\sin\omega t,\ r\omega\cos\omega t})$ ← 답

따라서 속력은

$$\sqrt{(-r\omega\sin\omega t)^2+(r\omega\cos\omega t)^2}=r\omega\sqrt{\sin^2\omega t+\cos^2\omega t}$$
$$=\boldsymbol{r\omega} \leftarrow \text{답}$$

(3) $\dfrac{d^2x}{dt^2}=-r\omega^2\cos\omega t,\ \dfrac{d^2y}{dt^2}=-r\omega^2\sin\omega t$이므로

시각 t에서의 가속도는 $(\boldsymbol{-r\omega^2\cos\omega t,\ -r\omega^2\sin\omega t})$ ← 답

따라서 가속도의 크기는

$$\sqrt{(-r\omega^2\cos\omega t)^2+(-r\omega^2\sin\omega t)^2}=r\omega^2\sqrt{\cos^2\omega t+\sin^2\omega t}$$
$$=\boldsymbol{r\omega^2} \leftarrow \text{답}$$

Advice | 점 P의 속도와 가속도를 각각 벡터로 나타내면 ⇦ 기하(벡터)

$$\vec{v}=(-r\omega\sin\omega t,\ r\omega\cos\omega t)=(-\omega y,\ \omega x)$$
$$\vec{a}=(-r\omega^2\cos\omega t,\ -r\omega^2\sin\omega t)=(-\omega^2 x,\ -\omega^2 y)$$

이때, $\vec{v}\cdot\vec{a}=(-\omega y)(-\omega^2 x)+\omega x(-\omega^2 y)=0$이므로 $\vec{v}\perp\vec{a}$이다.

유제 **12**-7. 좌표평면 위를 움직이는 점 P의 시각 t에서의 위치 (x, y)가 $x=4\cos t$, $y=2\sin t$로 주어질 때, $t=\dfrac{\pi}{4}$에서의 점 P의 속도, 속력, 가속도, 가속도의 크기를 구하여라.

답 속도 $(-2\sqrt{2},\ \sqrt{2})$, 속력 $\sqrt{10}$,
가속도 $(-2\sqrt{2},\ -\sqrt{2})$, 가속도의 크기 $\sqrt{10}$

연습문제 12

12-1 수직선 위를 움직이는 점 P의 시각 t에서의 위치 x가 $x=3\sin\pi t+4\cos\pi t$라고 한다. $t=2$일 때, 점 P의 속도와 가속도를 구하여라.

12-2 수직선 위를 움직이는 두 점 P, Q의 시각 t에서의 위치가 각각

$$f(t)=2\cos t+1, \qquad g(t)=t-2\sin t$$

라고 한다. $0<t<\pi$에서 두 점 P, Q가 서로 반대 방향으로 움직이는 t의 값의 범위를 구하여라.

12-3 좌표평면 위에 오른쪽 그림과 같이 중심각의 크기가 $\dfrac{\pi}{2}$이고 반지름의 길이가 10인 부채꼴 OAB가 있다. 점 P가 점 A에서 출발하여 호 AB를 따라 매초 2의 일정한 속력으로 움직일 때, $\angle AOP=\theta$(rad)라고 하자. $\theta=\dfrac{\pi}{6}$일 때, 점 P의 y좌표의 시간(초)에 대한 순간변화율을 구하여라.

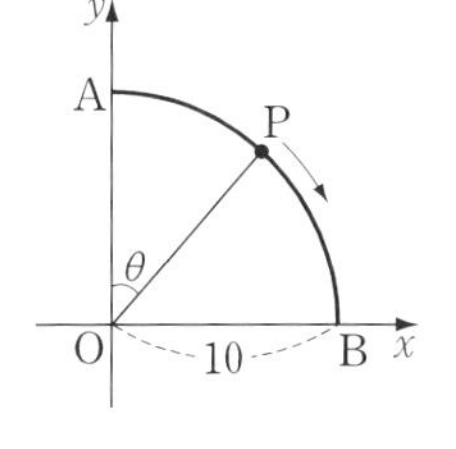

12-4 오른쪽 그림과 같이 윗면의 반지름의 길이가 5 cm이고 깊이가 15 cm인 원뿔 모양의 그릇이 있다. 이 그릇에 $9\,cm^3/s$의 속도로 물을 넣을 때,

(1) 수면의 높이가 3 cm일 때의 수면의 상승 속도를 구하여라.

(2) 수면의 높이가 3 cm일 때의 수면의 반지름의 길이의 시간(초)에 대한 순간변화율을 구하여라.

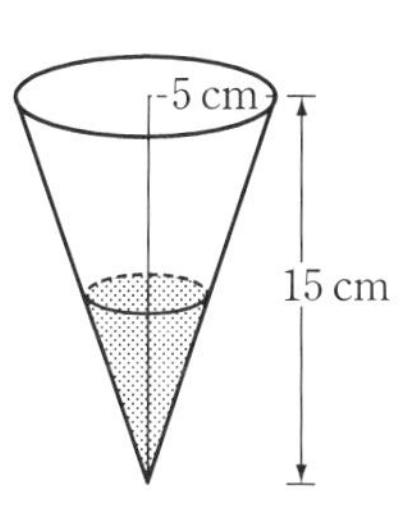

12-5 지점 O와 지점 E 사이의 거리는 40 m이다. 오른쪽 그림과 같이 갑은 지점 O에서 출발하여 선분 OE에 수직인 반직선 OS를 따라 3 m/s의 일정한 속력으로 달리고, 을은 갑이 출발한 지 10초가 되는 순간 지점 E에서 출발하여 선분 OE에 수직인 반직선 EN을 따라 4 m/s의 일정한 속력으로 달리고 있다. 갑과 을의 지점을 연결한 선분과 선분 OE가 만나서 이루는 예각의 크기를 θ(rad)라고 할 때, 갑이 출발한 지 20초 후 θ의 시간(초)에 대한 순간변화율을 구하여라.

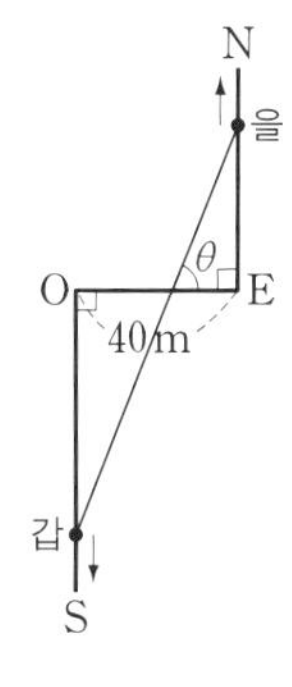

12-6 오른쪽 그림과 같이 원점을 출발하여 나선 모양의 경로를 따라 일정한 속력으로 움직이는 물체가 있다.

이 물체의 시각 t에서의 x좌표를 $x(t)$라고 할 때, 다음 중 t와 $x(t)$ 사이의 관계를 나타내는 그래프의 개형으로 가장 알맞은 것은?

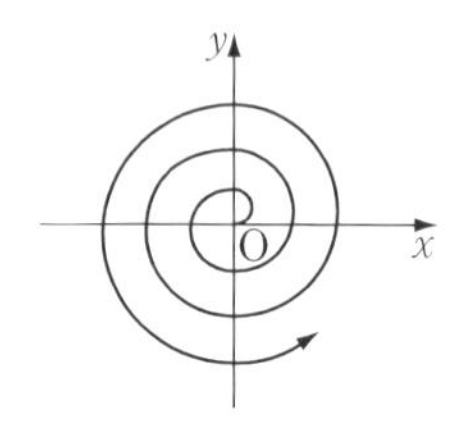

① 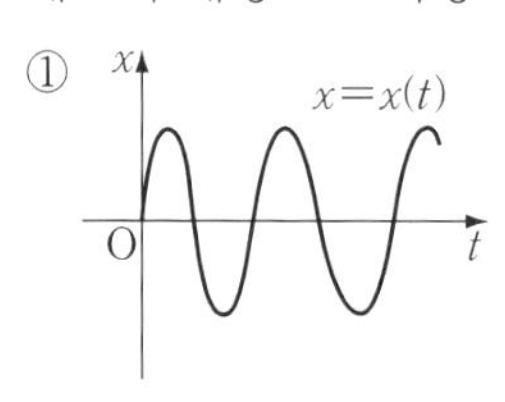

② 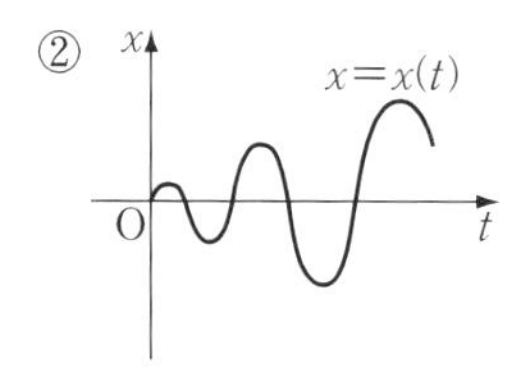

③ 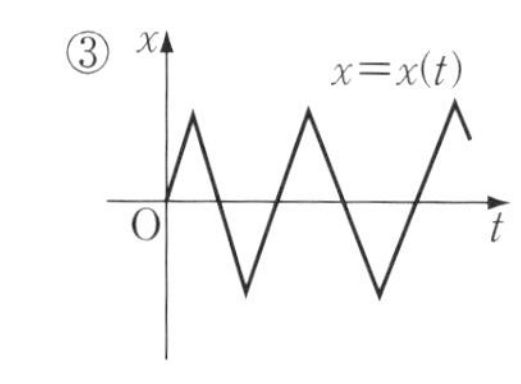

④ 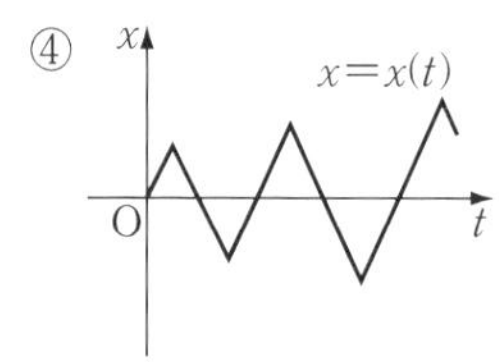

⑤ 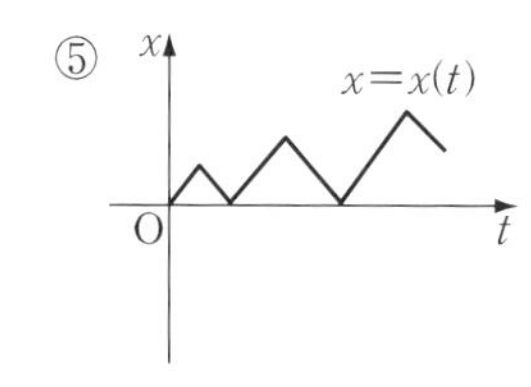

12-7 x축 위의 점 P에서 y축에 평행하게 그은 직선이 곡선 $y=\ln x$와 만나는 점을 Q라고 하자. 점 P가 원점을 출발하여 x축의 양의 방향으로 3 cm/s의 속력으로 움직일 때, 1초 후의 점 Q의 속력을 구하여라.

단, 좌표축의 눈금 단위는 1 cm이다.

12-8 좌표평면 위를 움직이는 점 P의 시각 t에서의 위치 $(x,\ y)$가

$$x=t-\sin t, \quad y=\cos t$$

로 주어질 때, 점 P의 속력의 최댓값은?

① 1 ② 2 ③ 3 ④ 4 ⑤ 5

12-9 좌표평면 위를 움직이는 점 P의 시각 t에서의 위치 $(x,\ y)$가

$$x=e^t\cos t, \quad y=e^t\sin t$$

로 주어질 때, 다음 물음에 답하여라. ⇦ 기하(벡터)

(1) 점 P의 시각 t에서의 속력을 구하여라.

(2) $t=\dfrac{\pi}{2}$일 때, 점 P의 속도 $\overrightarrow{v}$가 x축의 양의 방향과 이루는 각의 크기 α를 구하여라. 단, $0<\alpha<\pi$이다.

(3) 점 P의 속도 $\overrightarrow{v}$와 벡터 $\overrightarrow{\mathrm{OP}}$가 이루는 각의 크기 β를 구하여라.

단, O는 원점이다.

13. 부정적분

부정적분의 정의／부정적분의 계산
／여러 가지 함수의 부정적분

§ 1. 부정적분의 정의

1 부정적분과 적분상수

이를테면 x^3의 도함수를 구하면 $3x^2$이다. 이것을

x^3의 도함수는 $3x^2$이다,
x^3을 미분하면 $3x^2$이다

라 하고,

$$(x^3)'=3x^2, \qquad \frac{d}{dx}x^3=3x^2$$

과 같이 기호를 사용하여 나타내었다.

이와 같은 사실로부터

x^3은 도함수가 $3x^2$인 함수이다

라고 할 수 있다.

이것을 앞으로는 부정적분 또는 원시함수라는 용어를 사용하여

x^3은 $3x^2$의 부정적분이다,
x^3은 $3x^2$의 원시함수이다

라고 하기로 약속하자. 그런데

$$x^3-1, \quad x^3+1, \quad x^3+5, \quad x^3+100, \quad \cdots$$

과 같이 $x^3+\mathrm{C}$ (단, C는 상수) 꼴의 함수도 모두 도함수가 $3x^2$이므로 $x^3+\mathrm{C}$ 꼴의 함수는 모두 $3x^2$의 부정적분이 될 수 있다. 따라서

$3x^2$의 부정적분은 $x^3+\mathrm{C}$ (단, C는 상수)이다

라고 한다. 이때, C를 적분상수라고 한다.

또, 이것을 기호를 사용하여

$$\int 3x^2 dx = x^3 + C$$

로 나타내기로 한다.

$\int 3x^2\ dx = x^3 + C$ (부정적분: $3x^2 \to x^3+C$, 미분: $x^3+C \to 3x^2$, C: 적분상수)

기본정석 — **부정적분(원시함수)의 정의**

함수 $f(x)$가 주어져 있을 때, $F'(x)=f(x)$인 함수 $F(x)$를 $f(x)$의 **부정적분** 또는 **원시함수**라고 한다.

$F(x)$가 함수 $f(x)$의 부정적분의 하나일 때, $f(x)$의 모든 부정적분은 $F(x)+C$의 꼴로 나타내어지며, 이것을

$$\int f(x)dx = F(x) + C \quad (\text{단, C는 상수})$$

로 나타낸다. 곧,

$$F'(x) = f(x) \iff \int f(x)dx = F(x) + C$$

여기에서 C를 **적분상수**, 함수 $f(x)$를 **피적분함수**, x를 **적분변수**라 하고, $f(x)$의 부정적분을 구하는 것을 $f(x)$를 **적분한다**라고 한다.

Advice 1° 기호 $\int$은 Sum의 첫 글자 S를 길게 늘어뜨린 것으로 적분 또는 인테그랄(integral)이라고 읽는다. 그리고 dx는 x에 관하여 적분한다는 뜻이다.

2° 열린구간에서 $F(x)$, $G(x)$가 미분가능하고, $F'(x)=G'(x)$이면

$$G(x)=F(x)+C \quad (\text{단, C는 상수})$$

가 성립함은 평균값 정리에서 증명하였다. ⇦ 기본 수학 Ⅱ p. 77

따라서 $F(x)$가 $f(x)$의 부정적분 중 하나이면 $f(x)$의 모든 부정적분은 $F(x)+C$(단, C는 상수) 꼴임을 설명할 수 있다.

보기 1 다음 등식을 만족시키는 다항함수 $f(x)$를 구하여라. 단, C는 상수이다.

(1) $\int f(x)dx = x^3 + 4x^2 + C$ (2) $\int (x+1)f(x)dx = x^3 - 3x + C$

연구 부정적분의 정의를 확실하게 이해해 두어야 한다.

정석 $\int f(x)dx = F(x) + C \implies F'(x) = f(x)$

(1) $f(x) = (x^3 + 4x^2 + C)'$ $\quad \therefore$ $\boldsymbol{f(x) = 3x^2 + 8x}$

(2) $(x+1)f(x) = (x^3 - 3x + C)'$ $\quad \therefore$ $(x+1)f(x) = 3x^2 - 3$

$\therefore$ $(x+1)f(x) = 3(x+1)(x-1)$ $\quad \therefore$ $\boldsymbol{f(x) = 3(x-1)}$

기본 문제 13-1 다음 식을 간단히 하여라.

(1) $\dfrac{d}{dx}\left(\int x^3 dx\right)$ (2) $\int\left(\dfrac{d}{dx}x^3\right)dx$

[모범답안] (1) $(x^4)'=4x^3$이므로 $\left(\dfrac{1}{4}x^4\right)'=x^3$ $\therefore \int x^3dx=\dfrac{1}{4}x^4+C$

$\therefore \dfrac{d}{dx}\left(\int x^3dx\right)=\dfrac{d}{dx}\left(\dfrac{1}{4}x^4+C\right)=\boldsymbol{x^3}$ ← [답]

(2) $\dfrac{d}{dx}x^3=3x^2$이므로 $\int\left(\dfrac{d}{dx}x^3\right)dx=\int 3x^2\ dx=\boldsymbol{x^3+C}$ ← [답]

Advice 1° 이와 같이 미분과 적분은 서로 역연산이므로, x^3을 적분하고 다시 미분하든, 미분하고 다시 적분하든 결과는 역시 자기 자신인 x^3이 됨을 알 수 있다. 다만 미분한 다음 적분하면 적분상수 C가 생긴다는 것에 주의해야 한다.

2° 일반적으로 다음 관계가 성립한다.

(i) $\dfrac{d}{dx}\left(\int f(x)dx\right)=f(x)$ (ii) $\int\left(\dfrac{d}{dx}f(x)\right)dx=f(x)+C$

(증명) (i) $f(x)$의 부정적분의 하나를 $F(x)$라고 하면

$$\int f(x)dx=F(x)+C$$

$$\therefore \dfrac{d}{dx}\left(\int f(x)dx\right)=\dfrac{d}{dx}\left(F(x)+C\right)=F'(x)$$

$F(x)$가 $f(x)$의 부정적분 중 하나이므로 $F'(x)=f(x)$

$$\therefore \dfrac{d}{dx}\left(\int f(x)dx\right)=f(x)$$

(ii) $\int\left(\dfrac{d}{dx}f(x)\right)dx=G(x)$로 놓으면 $\dfrac{d}{dx}G(x)=\dfrac{d}{dx}f(x)$

$G(x)$와 $f(x)$의 도함수가 같으므로 $G(x)=f(x)+C$ (단, C는 상수)

$$\therefore \int\left(\dfrac{d}{dx}f(x)\right)dx=f(x)+C$$

**Note* 특별한 말이 없어도 부정적분에서 C는 적분상수를 의미하는 것으로 한다.

[유제] **13**-1. 다음 등식을 만족시키는 상수 a, b, c의 값을 구하여라.

$$\dfrac{d}{dx}\int(ax^2+3x+2)dx=9x^2+bx+c$$

[답] $\boldsymbol{a=9,\ b=3,\ c=2}$

[유제] **13**-2. 다음 등식을 만족시키는 상수 a, b, c의 값을 구하여라.

$$\int(a\sin x-3\cos x+2)dx=b\sin x+\cos x+cx+2$$

[답] $\boldsymbol{a=-1,\ b=-3,\ c=2}$

§ 2. 부정적분의 계산

1 부정적분의 기본 공식

적분은 미분의 역연산이므로 미분법에서 공부한 기본 공식의 역을 생각하면 다음 공식을 얻는다.

기본정석 — **부정적분의 기본 공식**

(1) $\int k\,dx = kx + C$ (단, k는 상수, C는 적분상수)

(2) $\int x^r dx = \dfrac{1}{r+1}x^{r+1} + C$ (단, $r \neq -1$, C는 적분상수)

$\int \dfrac{1}{x}dx = \ln|x| + C$ (단, C는 적분상수) ⇦ $r=-1$

(3) $\int kf(x)dx = k\int f(x)dx$ (단, k는 0이 아닌 상수)

(4) $\int \{f(x) \pm g(x)\}dx = \int f(x)dx \pm \int g(x)dx$ (복부호동순)

Advice ‖ 위의 공식을 증명할 때에는 각 식의 우변을 미분하면 좌변의 피적분함수가 된다는 것을 보이면 된다. ⇦ 기본 수학 Ⅱ p. 136

보기 1 다음 부정적분을 구하여라.

(1) $\int 3\,dx$　(2) $\int x^3 dx$　(3) $\int 3x\sqrt[3]{x}\,dx$

(4) $\int (3x^2+6x-5)dx$　(5) $\int \left(\dfrac{3}{x} - \dfrac{4}{x^2}\right)dx$

연구 (1) $\int 3\,dx = \mathbf{3x+C}$　(2) $\int x^3 dx = \dfrac{1}{3+1}x^{3+1} + C = \mathbf{\dfrac{1}{4}x^4 + C}$

(3) $\int 3x\sqrt[3]{x}\,dx = \int 3x^{\frac{4}{3}}dx = 3\times\dfrac{1}{\frac{4}{3}+1}x^{\frac{4}{3}+1} + C = \dfrac{9}{7}x^{\frac{7}{3}} + C = \mathbf{\dfrac{9}{7}\sqrt[3]{x^7} + C}$

(4) $\int (3x^2+6x-5)dx = 3\times\dfrac{1}{2+1}x^{2+1} + 6\times\dfrac{1}{1+1}x^{1+1} - 5x + C$

$= \mathbf{x^3 + 3x^2 - 5x + C}$

(5) $\int \left(\dfrac{3}{x} - \dfrac{4}{x^2}\right)dx = \int \left(\dfrac{3}{x} - 4x^{-2}\right)dx = \mathbf{3\ln|x| + \dfrac{4}{x} + C}$

**Note* 검산할 때는 부정적분을 미분한 것이 피적분함수가 되는지 확인해 본다.

기본 문제 13-2 다음 부정적분을 구하여라.

(1) $\int x(x-1)(x-2)dx$ (2) $\int (x^2+x+1)(x^2-x+1)dx$

(3) $\int \frac{x^4+x^2+1}{x^2-x+1}dx$ (4) $\int (\sin\theta+\cos\theta)^2 d\theta+\int(\sin\theta-\cos\theta)^2 d\theta$

정석연구 (1), (2) 적분에서는

$$\int \boldsymbol{f(x)g(x)dx} \neq \left(\int \boldsymbol{f(x)dx}\right)\left(\int \boldsymbol{g(x)dx}\right)$$

인 것에 주의한다. 먼저 피적분함수를 전개하여 정리하여라.

(3) 먼저 피적분함수를 약분하여 다항함수로 만들어라.

(4) $\int(\sin\theta+\cos\theta)^2 d\theta$, $\int(\sin\theta-\cos\theta)^2 d\theta$ 를 따로 계산하는 방법은 뒤에 나오는 치환적분법 (p. 242)에서 공부한다. 여기에서는

정석 $\int \boldsymbol{f(x)dx} \pm \int \boldsymbol{g(x)dx} = \int \{\boldsymbol{f(x)} \pm \boldsymbol{g(x)}\}\boldsymbol{dx}$ (복부호동순)

를 이용하여 피적분함수를 한데 모아 간단히 해 보아라.

모범답안 (1) (준 식)$=\int(x^3-3x^2+2x)dx=\boldsymbol{\frac{1}{4}x^4-x^3+x^2+C}$ ← 답

(2) (준 식)$=\int(x^4+x^2+1)dx=\boldsymbol{\frac{1}{5}x^5+\frac{1}{3}x^3+x+C}$ ← 답

(3) (준 식)$=\int\frac{(x^2+x+1)(x^2-x+1)}{x^2-x+1}dx=\int(x^2+x+1)dx$

$=\boldsymbol{\frac{1}{3}x^3+\frac{1}{2}x^2+x+C}$ ← 답

(4) (준 식)$=\int\{(\sin\theta+\cos\theta)^2+(\sin\theta-\cos\theta)^2\}d\theta=\int 2\,d\theta$

$=\boldsymbol{2\theta+C}$ ← 답

유제 **13**-3. 다음 부정적분을 구하여라.

(1) $\int t(t-2)dt$ (2) $\int \frac{x^3+8}{x+2}dx$

(3) $\int\left(\frac{1}{\cos^2 x}-\frac{\sin^2 x}{\cos^2 x}\right)dx$ (4) $\int\frac{y^3}{y+1}dy+\int\frac{1}{y+1}dy$

(5) $\int(x-1)^3dx-\int(x+1)^3dx$ (6) $\int\frac{1}{\sec^2\theta}d\theta+\int\frac{1}{\csc^2\theta}d\theta$

답 (1) $\boldsymbol{\frac{1}{3}t^3-t^2+C}$ (2) $\boldsymbol{\frac{1}{3}x^3-x^2+4x+C}$ (3) $\boldsymbol{x+C}$

(4) $\boldsymbol{\frac{1}{3}y^3-\frac{1}{2}y^2+y+C}$ (5) $\boldsymbol{-2x^3-2x+C}$ (6) $\boldsymbol{\theta+C}$

기본 문제 13-3 다음 부정적분을 구하여라.

(1) $\displaystyle\int \frac{x^2-3x+2}{\sqrt{x}}dx$ (2) $\displaystyle\int\left(x+\frac{1}{x}\right)^3 dx$ (3) $\displaystyle\int\frac{(2\sqrt{x}-1)^2}{x}dx$

정석연구 x^r 의 꼴로 변형한 다음

정석 $\displaystyle\int x^r dx=\frac{1}{r+1}x^{r+1}+C\ (r\neq-1)$

$\displaystyle\int\frac{1}{x}dx=\ln|x|+C$ ⇦ $r=-1$

를 이용한다.

모범답안 (1) (준 식)$\displaystyle=\int\frac{x^2-3x+2}{x^{\frac{1}{2}}}dx=\int\left(x^{\frac{3}{2}}-3x^{\frac{1}{2}}+2x^{-\frac{1}{2}}\right)dx$

$\displaystyle=\frac{1}{\frac{3}{2}+1}x^{\frac{3}{2}+1}-3\times\frac{1}{\frac{1}{2}+1}x^{\frac{1}{2}+1}+2\times\frac{1}{-\frac{1}{2}+1}x^{-\frac{1}{2}+1}+C$

$\displaystyle=\frac{2}{5}x^{\frac{5}{2}}-2x^{\frac{3}{2}}+4x^{\frac{1}{2}}+C=\boldsymbol{\frac{2}{5}\sqrt{x^5}-2\sqrt{x^3}+4\sqrt{x}+C}$

(2) (준 식)$\displaystyle=\int\left(x^3+3x+3\times\frac{1}{x}+\frac{1}{x^3}\right)dx=\int\left(x^3+3x+3\times\frac{1}{x}+x^{-3}\right)dx$

$\displaystyle=\frac{1}{3+1}x^{3+1}+3\times\frac{1}{1+1}x^{1+1}+3\ln|x|+\frac{1}{-3+1}x^{-3+1}+C$

$\displaystyle=\boldsymbol{\frac{1}{4}x^4+\frac{3}{2}x^2+3\ln|x|-\frac{1}{2x^2}+C}$

(3) (준 식)$\displaystyle=\int\frac{4x-4x^{\frac{1}{2}}+1}{x}dx=\int\left(4-4x^{-\frac{1}{2}}+\frac{1}{x}\right)dx$

$\displaystyle=4x-4\times\frac{1}{-\frac{1}{2}+1}x^{-\frac{1}{2}+1}+\ln|x|+C=\boldsymbol{4x-8\sqrt{x}+\ln x+C}$

유제 **13**-4. 다음 부정적분을 구하여라.

(1) $\displaystyle\int\sqrt{x}(x-2)dx$ (2) $\displaystyle\int\sqrt[3]{x}\left(\sqrt{x}+1\right)dx$

(3) $\displaystyle\int\frac{x+1}{\sqrt{x}}dx$ (4) $\displaystyle\int\frac{(x+1)^3}{x^2}dx$

답 (1) $\boldsymbol{\frac{2}{5}\sqrt{x^5}-\frac{4}{3}\sqrt{x^3}+C}$ (2) $\boldsymbol{\frac{6}{11}\sqrt[6]{x^{11}}+\frac{3}{4}\sqrt[3]{x^4}+C}$

(3) $\boldsymbol{\frac{2}{3}\sqrt{x^3}+2\sqrt{x}+C}$ (4) $\boldsymbol{\frac{1}{2}x^2+3x+3\ln|x|-\frac{1}{x}+C}$

기본 문제 **13**-4 다음 물음에 답하여라.

(1) $f'(x)=3x^2-4x+2$이고 $f(1)=3$인 함수 $f(x)$를 구하여라.

(2) 함수 $y=x^2\sqrt{x}-x+4$의 부정적분 중에서 $x=0$일 때 함숫값이 3인 것을 구하여라.

(3) 점 $(1, 2)$를 지나는 곡선 $y=f(x)$(단, $x>0$) 위의 점 (x, y)에서의 접선의 기울기가 $\dfrac{1}{x}$일 때, $f(x)$를 구하여라.

정석연구 $f'(x)$를 주고 $f(x)$를 구하는 문제이다. 다음을 이용하여라.

$$\textbf{정석}\quad \boldsymbol{f(x)=\int f'(x)dx} \qquad \cdots\cdots ⑦$$

모범답안 (1) $f(x)=\int f'(x)dx=\int(3x^2-4x+2)dx=x^3-2x^2+2x+C$

$f(1)=3$이므로 $1-2+2+C=3$ $\quad\therefore C=2$

$\therefore \boldsymbol{f(x)=x^3-2x^2+2x+2}$ ← 답

(2) 주어진 함수의 부정적분을 $f(x)$라고 하면

$$f(x)=\int\left(x^2\sqrt{x}-x+4\right)dx=\frac{2}{7}x^3\sqrt{x}-\frac{1}{2}x^2+4x+C$$

$f(0)=3$이므로 $C=3$ $\quad\therefore f(x)=\boldsymbol{\frac{2}{7}x^3\sqrt{x}-\frac{1}{2}x^2+4x+3}$ ← 답

(3) 문제의 조건으로부터 $f'(x)=\dfrac{1}{x}$

$$\therefore f(x)=\int f'(x)dx=\int\frac{1}{x}dx=\ln x+C$$

$f(1)=2$이므로 $C=2$ $\quad\therefore \boldsymbol{f(x)=\ln x+2}$ ← 답

*Note $f(x)$는 $f'(x)$의 부정적분 중 하나이므로 $\int f'(x)dx=f(x)+C$로 쓰는 것이 정확한 표현이다. 이 문제에서는 $\int f'(x)dx$를 계산하는 과정에서 적분상수가 나타나므로 ⑦에서는 적분상수를 따로 쓰지 않는 것이 편리하다.

유제 **13**-5. 함수 $f(x)$는 $x>0$에서 정의되고 $f'(x)=3x^2+4x+\dfrac{2}{x}$이다. $f(1)=3$일 때, $f(x)$를 구하여라. 답 $\boldsymbol{f(x)=x^3+2x^2+2\ln x}$

유제 **13**-6. 함수 $y=3x^2+2ax+1$의 부정적분 중에서 $x=0$일 때 함숫값이 1이고, $x=1$일 때 함숫값이 2인 것을 구하여라. 단, a는 상수이다.

답 $\boldsymbol{x^3-x^2+x+1}$

유제 **13**-7. 점 $(1, 2)$를 지나는 곡선 $y=f(x)$(단, $x>0$) 위의 점 (x, y)에서의 접선의 기울기가 $3x^2-3\sqrt{x}+1$일 때, $f(x)$를 구하여라.

답 $\boldsymbol{f(x)=x^3-2x\sqrt{x}+x+2}$

§ 3. 여러 가지 함수의 부정적분

1 삼각함수의 부정적분

삼각함수의 미분법에서

$$(-\cos x)'=\sin x,\qquad (\sin x)'=\cos x,$$
$$(\tan x)'=\sec^2 x,\qquad (-\cot x)'=\csc^2 x,$$
$$(\sec x)'=\sec x\tan x,\qquad (-\csc x)'=\csc x\cot x$$

임을 공부하였다.

이 미분법의 역연산을 생각하면 다음과 같이 삼각함수의 부정적분을 구할 수 있다.

기본정석 — 삼각함수의 부정적분

(1) $\displaystyle\int \sin x\,dx=-\cos x+C$ (2) $\displaystyle\int \cos x\,dx=\sin x+C$

(3) $\displaystyle\int \sec^2 x\,dx=\tan x+C$ (4) $\displaystyle\int \csc^2 x\,dx=-\cot x+C$

(5) $\displaystyle\int \sec x\tan x\,dx=\sec x+C$ (6) $\displaystyle\int \csc x\cot x\,dx=-\csc x+C$

Advice | 이 공식들은 삼각함수의 미분법과 연관지어 기억해 두는 것이 좋다. ⇦ p.134

보기 1 다음 부정적분을 구하여라.

(1) $\displaystyle\int (\sin x+2\cos x)dx$ (2) $\displaystyle\int \tan^2 x\,dx$ (3) $\displaystyle\int \cot^2 x\,dx$

(4) $\displaystyle\int \frac{1}{1-\sin^2 x}dx$ (5) $\displaystyle\int \frac{\sin^2 x}{1+\cos x}dx$

연구 (1) $\displaystyle\int (\sin x+2\cos x)dx=\boldsymbol{-\cos x+2\sin x+C}$

(2) $\displaystyle\int \tan^2 x\,dx=\int (\sec^2 x-1)dx=\boldsymbol{\tan x-x+C}$

(3) $\displaystyle\int \cot^2 x\,dx=\int (\csc^2 x-1)dx=\boldsymbol{-\cot x-x+C}$

(4) $\displaystyle\int \frac{1}{1-\sin^2 x}dx=\int \frac{1}{\cos^2 x}dx=\int \sec^2 x\,dx=\boldsymbol{\tan x+C}$

(5) $\displaystyle\int \frac{\sin^2 x}{1+\cos x}dx=\int \frac{1-\cos^2 x}{1+\cos x}dx=\int (1-\cos x)dx=\boldsymbol{x-\sin x+C}$

보기 2 다음 부정적분을 구하여라.

(1) $\displaystyle\int\frac{\sin x}{\cos^2 x}dx$ (2) $\displaystyle\int\frac{\cos x}{\sin^2 x}dx$

연구 (1) $\displaystyle\int\frac{\sin x}{\cos^2 x}dx=\int\frac{1}{\cos x}\times\frac{\sin x}{\cos x}dx=\int\sec x\tan x\,dx=\boldsymbol{\sec x+C}$

(2) $\displaystyle\int\frac{\cos x}{\sin^2 x}dx=\int\frac{1}{\sin x}\times\frac{\cos x}{\sin x}dx=\int\csc x\cot x\,dx=\boldsymbol{-\csc x+C}$

2 지수함수의 부정적분

지수함수의 미분법에서

$$(e^x)'=e^x,\qquad \left(\frac{a^x}{\ln a}\right)'=a^x$$

임을 공부하였다.

이 미분법의 역연산을 생각하면 다음과 같이 지수함수의 부정적분을 구할 수 있다.

기본정석 — 지수함수의 부정적분

(1) $\displaystyle\int e^x dx=e^x+C$ (2) $\displaystyle\int a^x dx=\frac{a^x}{\ln a}+C$

Advice 1° 이 공식들은 지수함수의 미분법과 연관지어 기억해 두는 것이 좋다. ⇦ p. 138

2° 별도의 언급이 없어도 지수함수 $y=a^x$ 에서 $a>0,\ a\neq1$ 이다.

보기 3 다음 부정적분을 구하여라.

(1) $\displaystyle\int(e^x-4x+2)dx$ (2) $\displaystyle\int e^{x+1}dx$

(3) $\displaystyle\int 10^{x+2}dx$ (4) $\displaystyle\int(2e^x-3^x)dx$

연구 (1) $\displaystyle\int(e^x-4x+2)dx=\boldsymbol{e^x-2x^2+2x+C}$

(2) $\displaystyle\int e^{x+1}dx=\int e\times e^x dx=e\times e^x+C=\boldsymbol{e^{x+1}+C}$

(3) $\displaystyle\int 10^{x+2}dx=\int 10^2\times10^x dx=10^2\times\frac{10^x}{\ln 10}+C=\boldsymbol{\frac{10^{x+2}}{\ln 10}+C}$

(4) $\displaystyle\int(2e^x-3^x)dx=\boldsymbol{2e^x-\frac{3^x}{\ln 3}+C}$

기본 문제 **13**-5 다음 부정적분을 구하여라.

(1) $\int \sin^2 \frac{x}{2} dx$ (2) $\int (\tan x + \cot x)^2 dx$

(3) $\int \frac{4e^x \cos^2 x - 3}{\cos^2 x} dx$ (4) $\int \frac{8^x + 1}{2^x + 1} dx$

정석연구 피적분함수를 공식을 적용할 수 있는 꼴로 변형한다. 곧,

정석 삼각함수의 경우 $\Longrightarrow$ $\boldsymbol{\sin x,\ \cos x,\ \sec^2 x,\ \csc^2 x,\ \cdots}$

지수함수의 경우 $\Longrightarrow$ $\boldsymbol{e^x,\ a^x}$

등을 포함한 식으로 변형한다.

모범답안 (1) $\sin^2 \frac{x}{2} = \frac{1 - \cos x}{2}$ 이므로

$$\int \sin^2 \frac{x}{2} dx = \int \frac{1}{2}(1 - \cos x) dx = \boldsymbol{\frac{1}{2}x - \frac{1}{2}\sin x + C} \longleftarrow \boxed{답}$$

(2) $(\tan x + \cot x)^2 = \tan^2 x + 2\tan x \cot x + \cot^2 x$

$= (\sec^2 x - 1) + 2 + (\csc^2 x - 1) = \sec^2 x + \csc^2 x$

이므로

$$\int (\tan x + \cot x)^2 dx = \int (\sec^2 x + \csc^2 x) dx = \boldsymbol{\tan x - \cot x + C} \longleftarrow \boxed{답}$$

(3) $\int \frac{4e^x \cos^2 x - 3}{\cos^2 x} dx = \int (4e^x - 3\sec^2 x) dx = \boldsymbol{4e^x - 3\tan x + C} \longleftarrow \boxed{답}$

(4) $\frac{8^x + 1}{2^x + 1} = \frac{(2^x)^3 + 1}{2^x + 1} = \frac{(2^x + 1)\{(2^x)^2 - 2^x + 1\}}{2^x + 1} = 4^x - 2^x + 1$

이므로

$$\int \frac{8^x + 1}{2^x + 1} dx = \int (4^x - 2^x + 1) dx = \boldsymbol{\frac{4^x}{\ln 4} - \frac{2^x}{\ln 2} + x + C} \longleftarrow \boxed{답}$$

유제 **13**-8. 다음 부정적분을 구하여라.

(1) $\int \cos^2 \frac{x}{2} dx$ (2) $\int \left(\cos x - \frac{1}{\cos^2 x}\right) dx$ (3) $\int \left(\sin \frac{x}{2} - \cos \frac{x}{2}\right)^2 dx$

(4) $\int \frac{xe^x - 2}{x} dx$ (5) $\int \frac{e^{2x} - \sin^2 x}{e^x + \sin x} dx$ (6) $\int 2^x (2^x + 1) dx$

답 (1) $\boldsymbol{\frac{1}{2}x + \frac{1}{2}\sin x + C}$ (2) $\boldsymbol{\sin x - \tan x + C}$ (3) $\boldsymbol{x + \cos x + C}$

(4) $\boldsymbol{e^x - 2\ln|x| + C}$ (5) $\boldsymbol{e^x + \cos x + C}$ (6) $\boldsymbol{\frac{4^x}{\ln 4} + \frac{2^x}{\ln 2} + C}$

기본 문제 **13**-6 다음 물음에 답하여라.

(1) $f'(x)=\dfrac{1}{\tan(x/2)+\cot(x/2)}$ 이고 $f\left(\dfrac{\pi}{2}\right)=1$인 함수 $f(x)$를 구하여라. 단, $0<x<\pi$이다.

(2) 곡선 $y=f(x)$ 위의 점 (x, y)에서의 접선의 기울기는 e^x+2x에 정비례한다. 또, 이 곡선 위의 x좌표가 0인 점에서의 접선의 방정식은 $y=x+2$이다. 이때, $f(1)$의 값을 구하여라.

정석연구 (1)에서는 $f'(x)$가 주어져 있고, (2)에서는 $f'(x)$에 관한 조건이 주어져 있으므로 $f'(x)$의 부정적분 $f(x)$를 구할 수 있다.

정석 $\boldsymbol{f(x)=\int f'(x)dx}$

모범답안 (1) $\tan\dfrac{x}{2}+\cot\dfrac{x}{2}=\dfrac{\sin(x/2)}{\cos(x/2)}+\dfrac{\cos(x/2)}{\sin(x/2)}$

$$=\frac{\sin^2(x/2)+\cos^2(x/2)}{\sin(x/2)\cos(x/2)}=\frac{1}{\frac{1}{2}\sin x}=\frac{2}{\sin x}$$

$$\therefore\ f(x)=\int f'(x)dx=\frac{1}{2}\int\sin x\,dx=-\frac{1}{2}\cos x+C$$

$f\left(\dfrac{\pi}{2}\right)=1$이므로 $-\dfrac{1}{2}\cos\dfrac{\pi}{2}+C=1$ $\quad\therefore\ C=1$

$$\therefore\ \boldsymbol{f(x)=-\frac{1}{2}\cos x+1} \longleftarrow \text{답}$$

(2) $f'(x)=k(e^x+2x)$ (단, $k\neq0$)로 놓을 수 있다.

$f'(0)=1$이므로 $k=1$

$$\therefore\ f(x)=\int f'(x)dx=\int(e^x+2x)dx=e^x+x^2+C$$

한편 직선 $y=x+2$는 점 $(0, 2)$에서 곡선 $y=f(x)$에 접하므로

$$f(0)=1+C=2 \qquad \therefore\ C=1 \qquad \therefore\ f(x)=e^x+x^2+1$$

$$\therefore\ f(1)=e+1+1=\boldsymbol{e+2} \longleftarrow \text{답}$$

유제 **13**-9. $f'(x)=2\cos x+e^x$이고 $f(0)=4$인 함수 $f(x)$를 구하여라.

답 $\boldsymbol{f(x)=2\sin x+e^x+3}$

유제 **13**-10. 함수 $f(x)$는 $x>0$에서 정의되고 $f'(x)=\dfrac{1}{x}-2e^x$이다. 곡선 $y=f(x)$ 위의 x좌표가 1인 점에서의 접선이 원점을 지날 때, $f(x)$를 구하여라.

답 $\boldsymbol{f(x)=\ln x-2e^x+1}$

기본 문제 13-7 다음 물음에 답하여라.

(1) 미분가능한 함수 $f(x)$, $g(x)$가 모든 실수 x에 대하여 $f'(x)g(x)=f(x)g'(x)$를 만족시킨다. $g(x)\neq 0$일 때, $f(x)=\mathrm{C}g(x)$가 성립함을 보여라. 단, C는 상수이다.

(2) 미분가능한 함수 $f(x)$, $g(x)$가 모든 실수 x에 대하여 $f'(x)=g(x)$, $f(x)=g'(x)$를 만족시킨다. $f(0)=1$, $g(0)=0$일 때, $\{f(x)\}^2-\{g(x)\}^2=1$임을 보여라.

정석연구 (1) 문제의 조건식에서 $f'(x)g(x)-f(x)g'(x)=0$이다.

$$\textbf{정석}\quad \left\{\frac{f(x)}{g(x)}\right\}'=\frac{f'(x)g(x)-f(x)g'(x)}{\{g(x)\}^2}$$

에서 분자에 주목한다.

(2) $\mathrm{F}(x)=\{f(x)\}^2-\{g(x)\}^2$이라 하고, 먼저 $\mathrm{F}'(x)$를 구한 다음

$$\textbf{정석}\quad \mathrm{F}'(x)=0 \iff \mathrm{F}(x)=\mathrm{C}\ (\mathrm{C}\text{는 상수})$$

를 이용한다.

모범답안 (1) $g(x)\neq 0$이므로 $\dfrac{f(x)}{g(x)}$는 미분가능한 함수이고

$$\left\{\frac{f(x)}{g(x)}\right\}'=\frac{f'(x)g(x)-f(x)g'(x)}{\{g(x)\}^2}=0 \qquad \therefore\ \frac{f(x)}{g(x)}=\mathrm{C}$$

$$\therefore\ f(x)=\mathrm{C}g(x)\ (\text{단, C는 상수})$$

(2) $\mathrm{F}(x)=\{f(x)\}^2-\{g(x)\}^2$이라고 하면

$$\mathrm{F}'(x)=2f(x)f'(x)-2g(x)g'(x) \qquad \Leftarrow f'(x)=g(x),\ g'(x)=f(x)$$

$$=2\{f(x)g(x)-g(x)f(x)\}=0 \qquad \therefore\ \mathrm{F}(x)=\mathrm{C}$$

한편 $f(0)=1$, $g(0)=0$이므로

$$\mathrm{F}(0)=\{f(0)\}^2-\{g(0)\}^2=1$$

$$\therefore\ \mathrm{C}=1 \qquad \therefore\ \mathrm{F}(x)=1 \qquad \text{곧, } \{f(x)\}^2-\{g(x)\}^2=1$$

유제 **13**-11. 미분가능한 함수 $f(x)$, $g(x)$에 대하여 $f'(x)=g'(x)$, $f(0)-g(0)=1$일 때, $f(1)-g(1)$의 값을 구하여라. 답 **1**

유제 **13**-12. 함수 $f(x)$가 모든 실수 x에 대하여 $f''(x)+f(x)=0$을 만족시킨다. $g(x)=\{f(x)\}^2+\{f'(x)\}^2$이고 $g(0)=1$일 때, $g(1)$의 값을 구하여라. 답 **1**

연습문제 13

13-1 $f(x)=\int(x\ln x+e^x+x+1)dx$ 일 때, 다음 극한값을 구하여라.

(1) $\lim_{h\to 0}\frac{f(1+2h)-f(1)}{h}$　　(2) $\lim_{h\to 0}\frac{f(2+h)-f(2-h)}{h}$

13-2 「$f(x)$를 적분하여라」라는 문제를 잘못 보아 $f(x)$를 미분하여 $\frac{1}{x\sqrt{x}}$ 을 얻었다. 옳은 답을 구하여라. 단, $f(1)=0$이다.

13-3 다음 부정적분을 구하여라.

(1) $\int\frac{x-\cos^2 x}{x\cos^2 x}dx$　　(2) $\int\frac{3\sin^3 x-3\sin x+\cos^3 x-2}{\cos^2 x}dx$

13-4 두 점 $(0,\ 2)$, $(1,\ 0)$을 지나는 곡선 $y=f(x)$가 있다.
$f''(x)=3e^x+2$일 때, $f(-1)$의 값을 구하여라.

13-5 원점을 지나는 곡선 $y=f(x)$ 위의 임의의 점 $\big(p,\ f(p)\big)$에서의 접선의 방정식이 $y=(\cos p+1)x+g(p)$일 때, $f(\pi)+g(\pi)$의 값은?

① -2π　② $-\pi$　③ 0　④ π　⑤ 2π

13-6 0이 아닌 모든 실수에서 미분가능하고 실수 전체의 집합에서 연속인 함수 $f(x)$가 있다. $f'(x)=\begin{cases}\sin x+1 & (x>0)\\ \cos x & (x<0)\end{cases}$ 이고 $f(\pi)=1$일 때, $f(-\pi)$의 값은?

① 0　② -1　③ $-\pi+1$　④ $-\pi$　⑤ $-\pi-1$

13-7 미분가능한 함수 $f(x)$가

$$f'(x)=2\sin x-a,\qquad \lim_{x\to\pi}\frac{f(x)}{x-\pi}=a-4$$

를 만족시킬 때, 상수 a의 값과 함수 $f(x)$를 구하여라.

13-8 양의 실수 전체의 집합에서 정의되고 미분가능한 함수 $f(x)$가 $f(x)+xf'(x)=\cos x$를 만족시킨다. $f(\pi)=0$일 때, $\lim_{x\to 0+}f(x)$의 값을 구하여라.

13-9 미분가능한 함수 $f(x)$가 모든 실수 x에 대하여
$f'(x)=-f(x)+e^{-x}\cos x$를 만족시킨다. $g(x)=e^x f(x)$일 때, 다음 물음에 답하여라.

(1) $g'(x)$를 구하여라.　　(2) $f(0)=1$일 때, $f(x)$를 구하여라.

14. 치환적분과 부분적분

치환적분법／부분적분법

§ 1. 치환적분법

1 치환적분법

이를테면 부정적분

$$\int(2x-1)^3dx \qquad \cdots\cdots ①$$

을 구할 때, x^r 꼴의 부정적분법인

정석 $\displaystyle\int x^r dx=\frac{1}{r+1}x^{r+1}+C\ (r\neq-1)$ ⇦ x^r의 x와 dx의 x가 서로 일치

를 이용하여

$$\int(2x-1)^3dx=\frac{1}{4}(2x-1)^4+C \qquad \cdots\cdots ②$$

로 나타내기 쉬우나 이와 같은 계산은 옳지 않다.

곧, ①에서 $2x-1=t$라고 하면

$$\int(2x-1)^3dx=\int t^3dx \qquad ⇦ \int x^3dx\text{의 꼴이 아님}$$

이지만 여기에서 t와 x가 서로 다른 변수이므로 위의 **정석**을 이용하여 직접 적분할 수 없기 때문이다.

실제로 ②의 우변을 x에 관하여 미분하면

$$\left\{\frac{1}{4}(2x-1)^4+C\right\}'=(2x-1)^3(2x-1)'=2(2x-1)^3$$

이고, 이것은 ①의 피적분함수인 $(2x-1)^3$과 같지 않다.

따라서 $2x-1=t$로 치환하면 dx도 dt를 써서 치환한 다음 적분해야만 한다. 이때, 다음 공식을 이용한다.

기본정석 **치환적분에 관한 공식**

미분가능한 함수 $\boldsymbol{g(t)}$에 대하여 $\boldsymbol{x=g(t)}$로 놓으면

$$\int f(x)dx=\int f\big(g(t)\big)g'(t)dt$$

Advice | 이 공식은 다음과 같이 증명할 수 있다.

$$y=\int f(x)dx,\quad x=g(t)\ \big(\text{단, } g(t)\text{는 미분가능한 함수}\big)$$

라고 하면

$$\frac{dy}{dx}=f(x),\qquad \frac{dx}{dt}=g'(t)$$

이므로 합성함수의 미분법에 의하여

$$\frac{dy}{dt}=\frac{dy}{dx}\times\frac{dx}{dt}=f(x)\frac{dx}{dt}=f\big(g(t)\big)g'(t)$$

이다. 따라서

$$y=\int f\big(g(t)\big)g'(t)dt\quad \text{곧, } \int f(x)dx=\int f\big(g(t)\big)g'(t)dt$$

가 성립한다. 이 공식을 이용하는 적분법을 치환적분법이라고 한다.

이제 앞면의 예로 돌아가서 부정적분 $\int(2x-1)^3dx$를 구해 보자.

$2x-1=t$라고 하면 $x=\frac{1}{2}(t+1)=g(t)\quad \therefore\ g'(t)=\frac{1}{2}$

$$\therefore\ \int(2x-1)^3dx=\int t^3g'(t)dt=\int\frac{1}{2}t^3dt$$
$$=\frac{1}{8}t^4+C=\frac{1}{8}(2x-1)^4+C$$

그런데 실제 계산에서는 위와 같이 공식에 맞추어 $x=g(t)$로부터 $g'(t)$를 구하여 대입하는 것보다 다음과 같은 방법으로 dx와 dt의 관계를 찾아서 치환한 다음 부정적분을 구하는 것이 편리하다.

$$2x-1=t \Longrightarrow 2\frac{dx}{dt}=1 \Longrightarrow dx=\frac{1}{2}dt$$

(첫 번째 ⟹: 양변을 t로 미분, 두 번째 ⟹: 양변에 dt를 곱함)

$$\therefore\ \int(2x-1)^3dx=\int t^3\times\frac{1}{2}dt=\frac{1}{8}t^4+C=\frac{1}{8}(2x-1)^4+C$$

치환하여 적분할 때에는 항상 다음에 주의해야 한다.

정석 $\boldsymbol{dx}$도 $\boldsymbol{dt}$를 써서 치환해야 한다.

2 함수 $f(ax+b)$의 부정적분

치환하는 꼴은 여러 가지가 있다. 그러나 자주 나오는 몇 가지를 유형별로 정리해 두면 보다 능률적으로 계산할 수 있다.

보기 1 다음 부정적분을 구하여라.

(1) $\int(2x+1)^5dx$ (2) $\int e^{2x+1}dx$

연구 $2x+1=t$라 하고, 양변을 t에 관하여 미분하면

$$2\frac{dx}{dt}=1 \quad \therefore\ dx=\frac{1}{2}dt$$

(1) $\int(2x+1)^5dx=\int t^5\times\frac{1}{2}dt=\frac{1}{2}\int t^5dt=\frac{1}{2}\times\frac{1}{6}t^6+C=\mathbf{\frac{1}{12}(2x+1)^6+C}$

(2) $\int e^{2x+1}dx=\int e^t\times\frac{1}{2}dt=\frac{1}{2}\int e^tdt=\frac{1}{2}e^t+C=\mathbf{\frac{1}{2}e^{2x+1}+C}$

*Note 위의 **보기 1**은 $2x+1$을 한 문자로 생각하고 적분하되, $2x+1$을 미분한 것의 역수를 곱하면 된다는 것을 보이고 있다. 곧,

$$\int(\mathbf{2}x+1)^5dx=\mathbf{\frac{1}{2}}\times\frac{1}{6}(2x+1)^6+C, \qquad \int e^{2x+1}dx=\mathbf{\frac{1}{2}}e^{2x+1}+C$$

도함수의 역수 도함수의 역수

기본정석 함수 $f(ax+b)$의 부정적분

$\int f(x)dx=F(x)+C$이면

$$\int f(ax+b)dx=\frac{1}{a}F(ax+b)+C \quad (a\neq0)$$

Advice | $ax+b=t$라 하고, 양변을 t에 관하여 미분하면

$$a\frac{dx}{dt}=1 \quad \therefore\ dx=\frac{1}{a}dt$$

$$\therefore\ \int f(ax+b)dx=\int f(t)\times\frac{1}{a}dt=\frac{1}{a}F(t)+C=\frac{1}{a}F(ax+b)+C$$

이 공식을 이용하면 다음과 같이 부정적분을 간편하게 구할 수 있다.

$$\int(ax+b)^rdx=\frac{1}{a}\times\frac{1}{r+1}(ax+b)^{r+1}+C \qquad \Leftarrow a\neq0,\ r\neq-1$$

$$\int\frac{1}{5x+1}dx=\frac{1}{5}\ln|5x+1|+C$$

$$\int\sin(x+2)dx=\frac{1}{1}\times\{-\cos(x+2)\}+C=-\cos(x+2)+C$$

3 함수 $f(g(x))g'(x)$의 부정적분

일차식이 아닌 식을 치환하는 꼴이다.

보기 2 다음 부정적분을 구하여라.

(1) $\int 3x^2(x^3+1)^2dx$ (2) $\int (e^x+1)^3e^xdx$

연구 (1) $x^3+1=t$ 라 하고, 양변을 t에 관하여 미분하면

$$3x^2\frac{dx}{dt}=1 \quad \therefore\ 3x^2dx=dt$$

$$\therefore\ \int 3x^2(x^3+1)^2dx=\int (x^3+1)^2\times 3x^2dx=\int t^2dt$$
$$=\frac{1}{3}t^3+C=\boldsymbol{\frac{1}{3}(x^3+1)^3+C}$$

(2) $e^x+1=t$라 하고, 양변을 t에 관하여 미분하면

$$e^x\frac{dx}{dt}=1 \quad \therefore\ e^xdx=dt$$

$$\therefore\ \int (e^x+1)^3e^xdx=\int t^3dt=\frac{1}{4}t^4+C=\boldsymbol{\frac{1}{4}(e^x+1)^4+C}$$

$ax+b=t$로 치환할 때에는 적당히 상수 a를 나누고 곱하여 치환적분법을 이용할 수 있지만, (1)과 같이 $x^3+1=t$로 치환하는 경우에는 x^3+1의 도함수인 $3x^2$ (또는 x^2)이 피적분함수의 인수이어야 한다. 곧,

$$\int f(g(x))g'(x)dx$$

미 분

의 꼴만 치환적분이 가능하다.

기본정석 함수 $f(g(x))g'(x)$의 부정적분

$g(x)=t$라고 하면

$$\int f(g(x))g'(x)dx=\int f(t)dt$$

Advice | 위의 공식을 이용할 때, 만일 상수배의 차이가 있을 때에는 위와 같은 모양으로 변형하여 구하면 된다. 이를테면

$$\int x(x^2+1)^3dx=\frac{1}{2}\int (x^2+1)^3(2x)dx=\frac{1}{2}\int (x^2+1)^3(x^2+1)'dx$$
$$=\frac{1}{2}\times\frac{1}{4}(x^2+1)^4+C=\boldsymbol{\frac{1}{8}(x^2+1)^4+C}$$

4 함수 $\dfrac{f'(x)}{f(x)}$의 부정적분

분모의 도함수가 분자에 있는 꼴이다.

보기 3 다음 부정적분을 구하여라.

(1) $\displaystyle\int\frac{2x}{x^2+1}dx$ (2) $\displaystyle\int\frac{e^x}{e^x+1}dx$

연구 (1) $x^2+1=t$ 라 하고, 양변을 t 에 관하여 미분하면

$$2x\frac{dx}{dt}=1 \quad \therefore\ 2x\,dx=dt$$

$$\therefore \int\frac{2x}{x^2+1}dx=\int\frac{1}{t}dt=\ln|t|+C$$

$$=\ln|x^2+1|+C=\mathbf{\ln(x^2+1)+C} \qquad \Leftarrow x^2+1>0$$

(2) $e^x+1=t$ 라 하고, 양변을 t 에 관하여 미분하면

$$e^x\frac{dx}{dt}=1 \quad \therefore\ e^x dx=dt$$

$$\therefore \int\frac{e^x}{e^x+1}dx=\int\frac{1}{t}dt=\ln|t|+C$$

$$=\ln|e^x+1|+C=\mathbf{\ln(e^x+1)+C} \qquad \Leftarrow e^x+1>0$$

일반적으로 다음 공식이 성립한다.

기본정석 — 함수 $\dfrac{f'(x)}{f(x)}$의 부정적분

$$\int\frac{f'(x)}{f(x)}dx=\ln|f(x)|+C$$

Advice | $\displaystyle\int\frac{x}{x^2+1}dx$ 와 같은 경우 $(x^2+1)'=2x$ 이므로 상수배의 차이가 있다. 이런 경우 $\displaystyle\int\frac{1}{2}\times\frac{2x}{x^2+1}dx$ 와 같이 위의 공식을 적용할 수 있는 꼴로 변형하여 풀 수도 있고, 다음과 같이 풀 수도 있다.

$x^2+1=t$ 라고 하면 $\quad 2x\dfrac{dx}{dt}=1 \quad \therefore\ x\,dx=\dfrac{1}{2}dt$

$$\therefore \int\frac{x}{x^2+1}dx=\int\frac{1}{t}\times\frac{1}{2}dt=\frac{1}{2}\int\frac{1}{t}dt$$

$$=\frac{1}{2}\ln|t|+C=\mathbf{\frac{1}{2}\ln(x^2+1)+C}$$

기본 문제 14-1 다음 부정적분을 구하여라.

(1) $\displaystyle\int\frac{x^2+1}{x-1}dx$ (2) $\displaystyle\int\frac{x+1}{(x-1)(x-2)}dx$

정석연구 피적분함수를 변형하여 다음 **정석**을 이용한다.

$$\text{정석}\quad \int\frac{1}{ax+b}dx=\frac{1}{a}\ln|ax+b|+C\ (a\neq0)$$

(1) x^2+1을 $x-1$로 나눈 몫은 $x+1$, 나머지는 2이므로

$$\frac{x^2+1}{x-1}=x+1+\frac{2}{x-1}$$

(2) $\dfrac{x+1}{(x-1)(x-2)}=\dfrac{a}{x-1}+\dfrac{b}{x-2}$로 놓고 우변을 통분하면

$$\frac{x+1}{(x-1)(x-2)}=\frac{(a+b)x-2a-b}{(x-1)(x-2)}$$

x에 관한 항등식이므로 분자의 동류항의 계수를 비교하면

$$a+b=1,\ -2a-b=1$$

연립하여 풀면 $a=-2,\ b=3$

$$\therefore\ \frac{x+1}{(x-1)(x-2)}=\frac{-2}{x-1}+\frac{3}{x-2}$$

이와 같이 유리식을 변형하는 방법은 다음 면을 참조하여라.

모범답안 (1) x^2+1을 $x-1$로 나눈 몫은 $x+1$, 나머지는 2이므로

$$\int\frac{x^2+1}{x-1}dx=\int\left(x+1+\frac{2}{x-1}\right)dx$$

$$=\frac{1}{2}x^2+x+2\ln|x-1|+C \leftarrow \boxed{답}$$

(2) $\dfrac{x+1}{(x-1)(x-2)}=\dfrac{-2}{x-1}+\dfrac{3}{x-2}$이므로

$$\int\frac{x+1}{(x-1)(x-2)}dx=\int\left(\frac{-2}{x-1}+\frac{3}{x-2}\right)dx$$

$$=-2\ln|x-1|+3\ln|x-2|+C \leftarrow \boxed{답}$$

유제 **14**-1. 다음 부정적분을 구하여라.

(1) $\displaystyle\int\frac{2x^2}{x+1}dx$ (2) $\displaystyle\int\frac{2}{x^2-1}dx$ (3) $\displaystyle\int\frac{3}{2x^2+x-1}dx$

답 (1) $x^2-2x+2\ln|x+1|+C$ (2) $\ln|x-1|-\ln|x+1|+C$
(3) $\ln|2x-1|-\ln|x+1|+C$

Advice | 유리식의 변형

유리식의 모양에 따라

$$\frac{(\text{일차식 이하})}{(x+a)(x+b)}=\frac{\mathrm{A}}{x+a}+\frac{\mathrm{B}}{x+b}$$

$$\frac{(\text{이차식 이하})}{(x+a)(x+b)(x+c)}=\frac{\mathrm{A}}{x+a}+\frac{\mathrm{B}}{x+b}+\frac{\mathrm{C}}{x+c}$$

$$\frac{(\text{이차식 이하})}{(x+a)^2(x+b)}=\frac{\mathrm{A}}{(x+a)^2}+\frac{\mathrm{B}}{x+a}+\frac{\mathrm{C}}{x+b}$$

$$\frac{(\text{삼차식 이하})}{(x+a)^3(x+b)}=\frac{\mathrm{A}}{(x+a)^3}+\frac{\mathrm{B}}{(x+a)^2}+\frac{\mathrm{C}}{x+a}+\frac{\mathrm{D}}{x+b}$$

$$\frac{(\text{삼차식 이하})}{(x+a)^2(x+b)^2}=\frac{\mathrm{A}}{(x+a)^2}+\frac{\mathrm{B}}{x+a}+\frac{\mathrm{C}}{(x+b)^2}+\frac{\mathrm{D}}{x+b}$$

와 같이 분해하여 나타낸 다음, 항등식의 성질을 이용하여 A, B, C, D의 값을 정하면 된다. ⇦ 기본 수학(상) p.50, 기본 수학(하)의 연습문제 **27**-2

이를테면 $\dfrac{1}{x(x+1)}$은

$$\frac{1}{x(x+1)}=\frac{\mathrm{A}}{x}+\frac{\mathrm{B}}{x+1}$$

로 놓고, 항등식의 성질을 이용하면 A=1, B=−1이므로

$$\frac{1}{x(x+1)}=\frac{1}{x}-\frac{1}{x+1}$$

과 같이 변형할 수 있다.

또, $\dfrac{1}{x(x+1)(x+2)}$은

$$\frac{1}{x(x+1)(x+2)}=\frac{\mathrm{A}}{x}+\frac{\mathrm{B}}{x+1}+\frac{\mathrm{C}}{x+2}$$

로 놓고, 항등식의 성질을 이용하면 $\mathrm{A}=\dfrac{1}{2}$, B=−1, $\mathrm{C}=\dfrac{1}{2}$이므로

$$\frac{1}{x(x+1)(x+2)}=\frac{1}{2}\left(\frac{1}{x}-\frac{2}{x+1}+\frac{1}{x+2}\right)$$

과 같이 변형할 수 있다.

그리고 $\dfrac{2x+1}{(x-1)(x+2)^2}$을 변형할 때에도

$$\frac{2x+1}{(x-1)(x+2)^2}=\frac{\mathrm{A}}{x-1}+\frac{\mathrm{B}}{x+2}+\frac{\mathrm{C}}{(x+2)^2}$$

로 놓고, 항등식의 성질을 이용하면 $\mathrm{A}=\dfrac{1}{3}$, $\mathrm{B}=-\dfrac{1}{3}$, C=1을 얻을 수 있다.

기본 문제 14-2 다음 부정적분을 구하여라.

(1) $\int x(1-x)^{20}dx$ (2) $\int \frac{1}{\sqrt[4]{2x+3}}dx$ (3) $\int \frac{1}{\sqrt{x+1}+\sqrt{x}}dx$

정석연구 (1), (2) 피적분함수를 $(ax+b)^r$ 의 꼴로 변형한 다음

정석 $\int (ax+b)^r dx=\frac{1}{a}\times\frac{1}{r+1}(ax+b)^{r+1}+C \ (a\neq 0,\ r\neq -1)$

를 이용한다.

(3) 이런 꼴의 피적분함수가 주어지면 먼저 분모를 유리화하여 피적분함수를 가장 간단한 형태로 만든다.

정석 분모에 무리식이 있는 경우 $\Longrightarrow$ 유리화한다.

모범답안 (1) $x(1-x)^{20}=\{1-(1-x)\}(1-x)^{20}=(1-x)^{20}-(1-x)^{21}$ 이므로

$$\int x(1-x)^{20}dx=\int (1-x)^{20}dx-\int (1-x)^{21}dx$$
$$=-\frac{1}{21}(1-x)^{21}+\frac{1}{22}(1-x)^{22}+C \leftarrow \boxed{답}$$

(2) $$\int \frac{1}{\sqrt[4]{2x+3}}dx=\int (2x+3)^{-\frac{1}{4}}dx=\frac{1}{2}\times\frac{4}{3}(2x+3)^{\frac{3}{4}}+C$$
$$=\frac{2}{3}\sqrt[4]{(2x+3)^3}+C \leftarrow \boxed{답}$$

(3) $$\frac{1}{\sqrt{x+1}+\sqrt{x}}=\frac{\sqrt{x+1}-\sqrt{x}}{(\sqrt{x+1}+\sqrt{x})(\sqrt{x+1}-\sqrt{x})}=\sqrt{x+1}-\sqrt{x}$$

이므로

$$\int \frac{1}{\sqrt{x+1}+\sqrt{x}}dx=\int (\sqrt{x+1}-\sqrt{x})dx=\int \left\{(x+1)^{\frac{1}{2}}-x^{\frac{1}{2}}\right\}dx$$
$$=\frac{2}{3}(x+1)^{\frac{3}{2}}-\frac{2}{3}x^{\frac{3}{2}}+C$$
$$=\frac{2}{3}(x+1)\sqrt{x+1}-\frac{2}{3}x\sqrt{x}+C \leftarrow \boxed{답}$$

유제 **14**-2. 다음 부정적분을 구하여라.

(1) $\int \frac{1}{(2x+1)^2}dx$ (2) $\int \frac{x}{\sqrt{x+1}-1}dx$ (3) $\int \frac{2x}{\sqrt{2x+1}-1}dx$

답 (1) $-\frac{1}{2(2x+1)}+C$ (2) $\frac{2}{3}(x+1)\sqrt{x+1}+x+C$

(3) $\frac{1}{3}(2x+1)\sqrt{2x+1}+x+C$

기본 문제 14-3 다음 부정적분을 구하여라.

(1) $\int(\sin x+\cos x)^2 dx$ (2) $\int\cos^2 x\,dx$ (3) $\int(e^{x+1}-2)^2 dx$

정석연구 (1), (2) $\sin x$나 $\cos x$를 치환하여 풀 수 있는 문제는 아니다.

앞에서 공부한 배각의 공식, 반각의 공식 등을 이용하여 피적분함수를

$$\sin(ax+b),\quad \cos(ax+b),\quad \cdots$$

의 꼴이나 이 식들의 합 또는 차로 나타낸 다음

정석 $$\int\sin(ax+b)dx=-\frac{1}{a}\cos(ax+b)+C\ (a\neq 0)$$

$$\int\cos(ax+b)dx=\frac{1}{a}\sin(ax+b)+C\ (a\neq 0)$$

를 이용한다.

(3) $(e^{x+1}-2)^2$을 전개한 다음 아래 **정석**을 이용한다.

정석 $$\int e^{ax+b}dx=\frac{1}{a}e^{ax+b}+C\ (a\neq 0)$$

모범답안 (1) $(\sin x+\cos x)^2=\sin^2 x+2\sin x\cos x+\cos^2 x=1+\sin 2x$

이므로

$$\int(\sin x+\cos x)^2 dx=\int(1+\sin 2x)dx=\boldsymbol{x-\frac{1}{2}\cos 2x+C} \longleftarrow \text{답}$$

(2) $\cos 2x=2\cos^2 x-1$에서 $\cos^2 x=\frac{1}{2}(1+\cos 2x)$

$$\therefore \int\cos^2 x\,dx=\int\frac{1}{2}(1+\cos 2x)dx=\frac{1}{2}x+\frac{1}{2}\times\frac{1}{2}\sin 2x+C$$

$$=\boldsymbol{\frac{1}{2}x+\frac{1}{4}\sin 2x+C} \longleftarrow \text{답}$$

(3) $(e^{x+1}-2)^2=(e^{x+1})^2-4e^{x+1}+4=e^{2x+2}-4e^{x+1}+4$

이므로

$$\int(e^{x+1}-2)^2 dx=\int(e^{2x+2}-4e^{x+1}+4)dx$$

$$=\boldsymbol{\frac{1}{2}e^{2x+2}-4e^{x+1}+4x+C} \longleftarrow \text{답}$$

유제 **14**-3. 다음 부정적분을 구하여라. 단, a는 1이 아닌 양의 상수이다.

(1) $\int\sin x\cos x\,dx$ (2) $\int\sin^2 x\,dx$ (3) $\int(a^{2x}+1)^2 dx$

답 (1) $-\frac{1}{4}\cos 2x+C$ (2) $\frac{1}{2}x-\frac{1}{4}\sin 2x+C$ (3) $\frac{a^{4x}}{4\ln a}+\frac{a^{2x}}{\ln a}+x+C$

기본 문제 **14**-4 다음 부정적분을 구하여라.

(1) $\int(x^2+2x+4)^3(x+1)dx$　　(2) $\int x\sqrt{x^2+1}\,dx$

(3) $\int(1+\cos x)^3\sin x\,dx$

정석연구 $g(x)=t$ 로 치환하여 적분할 때에는 피적분함수에 $g'(x)$가 곱해져 있는지 확인해야 한다.

정 석 $\displaystyle\int f(g(x))g'(x)dx=\int f(t)dt$

모범답안 (1) $x^2+2x+4=t$ 라고 하면 $(2x+2)\dfrac{dx}{dt}=1$ $\quad\therefore\ (x+1)dx=\dfrac{1}{2}dt$

$$\therefore\ \int(x^2+2x+4)^3(x+1)dx=\int t^3\times\frac{1}{2}dt=\frac{1}{8}t^4+C$$
$$=\frac{1}{8}(x^2+2x+4)^4+C \longleftarrow \text{답}$$

(2) $x^2+1=t$ 라고 하면 $2x\dfrac{dx}{dt}=1$ $\quad\therefore\ x\,dx=\dfrac{1}{2}dt$

$$\therefore\ \int x\sqrt{x^2+1}\,dx=\int\sqrt{t}\times\frac{1}{2}dt=\frac{1}{2}\int t^{\frac{1}{2}}dt=\frac{1}{2}\times\frac{2}{3}t^{\frac{3}{2}}+C$$
$$=\frac{1}{3}t\sqrt{t}+C=\frac{1}{3}(x^2+1)\sqrt{x^2+1}+C \longleftarrow \text{답}$$

(3) $1+\cos x=t$ 라고 하면 $-\sin x\dfrac{dx}{dt}=1$ $\quad\therefore\ \sin x\,dx=-dt$

$$\therefore\ \int(1+\cos x)^3\sin x\,dx=\int t^3(-dt)=-\frac{1}{4}t^4+C$$
$$=-\frac{1}{4}(1+\cos x)^4+C \longleftarrow \text{답}$$

Note* 이를테면 (3)은 다음과 같이 위의 **정석 모양으로 변형하여 풀 수도 있다.

$(1+\cos x)'=-\sin x$ 이므로

$$(\text{준 식})=-\int(1+\cos x)^3(1+\cos x)'dx=-\frac{1}{4}(1+\cos x)^4+C$$

유제 **14**-4. 다음 부정적분을 구하여라.

(1) $\int x^2(2x^3-5)^4dx$　　(2) $\int x\sqrt{3x^2+2}\,dx$

(3) $\int\sin^3x\cos x\,dx$　　(4) $\int(1+\sin x)^2\cos x\,dx$

답 (1) $\dfrac{1}{30}(2x^3-5)^5+C$　(2) $\dfrac{1}{9}(3x^2+2)\sqrt{3x^2+2}+C$

(3) $\dfrac{1}{4}\sin^4x+C$　(4) $\dfrac{1}{3}(1+\sin x)^3+C$

기본 문제 14-5 다음 부정적분을 구하여라.

(1) $\displaystyle\int \frac{2x+1}{x^2+x+1}dx$ (2) $\displaystyle\int \cot x\,dx$ (3) $\displaystyle\int \frac{1+\cos x}{x+\sin x}dx$

(4) $\displaystyle\int \frac{1}{x\ln x}dx$ (5) $\displaystyle\int \frac{e^x-1}{e^x+1}dx$

정석연구 분모를 미분한 식이 분자가 되는 유리식의 부정적분이다.

$$\textbf{정석}\quad \int \frac{f'(x)}{f(x)}dx=\ln|f(x)|+C$$

모범답안 (1) $x^2+x+1=t$ 라고 하면 $(2x+1)dx=dt$

$\displaystyle\therefore \int \frac{2x+1}{x^2+x+1}dx=\int \frac{1}{t}dt=\ln|t|+C=\mathbf{\ln(x^2+x+1)+C}$ ← 답

(2) $\displaystyle\int \cot x\,dx=\int \frac{\cos x}{\sin x}dx$ 에서 $\sin x=t$ 라고 하면 $\cos x\,dx=dt$

$\displaystyle\therefore \int \cot x\,dx=\int \frac{1}{t}dt=\ln|t|+C=\mathbf{\ln|\sin x|+C}$ ← 답

(3) $x+\sin x=t$ 라고 하면 $(1+\cos x)dx=dt$

$\displaystyle\therefore \int \frac{1+\cos x}{x+\sin x}dx=\int \frac{1}{t}dt=\ln|t|+C=\mathbf{\ln|x+\sin x|+C}$ ← 답

(4) $\ln x=t$ 라고 하면 $\displaystyle\frac{1}{x}dx=dt$

$\displaystyle\therefore \int \frac{1}{x\ln x}dx=\int \frac{1}{t}dt=\ln|t|+C=\mathbf{\ln|\ln x|+C}$ ← 답

(5) $e^x=t$ 라고 하면 $e^x dx=dt$ $\displaystyle\therefore dx=\frac{1}{e^x}dt=\frac{1}{t}dt$

$\displaystyle\therefore \int \frac{e^x-1}{e^x+1}dx=\int \frac{t-1}{t+1}\times\frac{1}{t}dt=\int\left(\frac{2}{t+1}-\frac{1}{t}\right)dt$

$=2\ln|t+1|-\ln|t|+C=\mathbf{2\ln(e^x+1)-x+C}$ ← 답

***Note** 이를테면 (1)은 다음과 같이 위의 **정석** 모양으로 변형하여 풀 수도 있다.

$$(\text{준 식})=\int \frac{(x^2+x+1)'}{x^2+x+1}dx=\mathbf{\ln(x^2+x+1)+C}$$

유제 **14**-5. 다음 부정적분을 구하여라.

(1) $\displaystyle\int \frac{x+1}{x^2+2x+3}dx$ (2) $\displaystyle\int \tan x\,dx$ (3) $\displaystyle\int \frac{\cos x}{5+2\sin x}dx$

(4) $\displaystyle\int \frac{1}{(\cos^2 x)(1+\tan x)}dx$ (5) $\displaystyle\int \frac{2^x\ln 2}{2^x+3}dx$ (6) $\displaystyle\int \frac{\cos(\ln x)}{x}dx$

답 (1) $\mathbf{\frac{1}{2}\ln(x^2+2x+3)+C}$ (2) $\mathbf{-\ln|\cos x|+C}$ (3) $\mathbf{\frac{1}{2}\ln(5+2\sin x)+C}$
(4) $\mathbf{\ln|1+\tan x|+C}$ (5) $\mathbf{\ln(2^x+3)+C}$ (6) $\mathbf{\sin(\ln x)+C}$

기본 문제 14-6 다음 부정적분을 구하여라.

(1) $\int \sin x \cos 2x\, dx$ (2) $\int x e^{x^2} dx$ (3) $\int \frac{x-1}{\sqrt{x+1}} dx$

정석연구 (1) 삼각함수의 배각의 공식에 의하여 준 식은

$$\int (\sin x)(2\cos^2 x-1)dx \quad \text{또는} \quad \int (\sin x)(1-2\sin^2 x)dx$$

와 같이 변형할 수 있다. 여기에서 $\sin x$에 주목하면 $\cos x=t$로 치환할 수 있는 꼴로 변형하여 풀어야 한다는 것을 알 수 있다.

(2) x에 주목하여 $x^2=t$로 치환해 보아라.

(3) $\sqrt{x+1}=t$라고 하면 $x+1=t^2$ $\therefore x=t^2-1$

이것을 이용해 보아라.

정석 치환적분법 ⟹ 그 모양을 익히자.

모범답안 (1) $\int \sin x \cos 2x\, dx=\int (\sin x)(2\cos^2 x-1)dx$

이므로 $\cos x=t$라고 하면 $-\sin x\, dx=dt$ $\therefore \sin x\, dx=-dt$

$$\therefore \int \sin x \cos 2x\, dx=\int (2t^2-1)(-dt)=-\frac{2}{3}t^3+t+C$$

$$=-\frac{2}{3}\cos^3 x+\cos x+C \longleftarrow \text{답}$$

(2) $x^2=t$라고 하면 $2x\, dx=dt$ $\therefore x\, dx=\frac{1}{2}dt$

$$\therefore \int x e^{x^2} dx=\int e^t \times \frac{1}{2}dt=\frac{1}{2}e^t+C=\frac{1}{2}e^{x^2}+C \longleftarrow \text{답}$$

(3) $\sqrt{x+1}=t$라고 하면 $x+1=t^2$이므로 $x=t^2-1$ $\therefore dx=2t\, dt$

$$\therefore \int \frac{x-1}{\sqrt{x+1}}dx=\int \frac{t^2-1-1}{t}\times 2t\, dt=2\int (t^2-2)dt=\frac{2}{3}t^3-4t+C$$

$$=\frac{2}{3}(\sqrt{x+1})^3-4\sqrt{x+1}+C$$

$$=\frac{2}{3}(x+1)\sqrt{x+1}-4\sqrt{x+1}+C$$

$$=\frac{2}{3}(x-5)\sqrt{x+1}+C \longleftarrow \text{답}$$

유제 **14**-6. 다음 부정적분을 구하여라.

(1) $\int \sin^3 x\, dx$ (2) $\int x^2 e^{x^3} dx$ (3) $\int \frac{3x-1}{\sqrt{x+1}} dx$

답 (1) $\frac{1}{3}\cos^3 x-\cos x+C$ (2) $\frac{1}{3}e^{x^3}+C$ (3) $2(x-3)\sqrt{x+1}+C$

§ 2. 부분적분법

1 부분적분법

이를테면 부정적분에서

$$\int f'(x)g'(x)dx=\left(\int f'(x)dx\right)\left(\int g'(x)dx\right)=f(x)g(x)$$

와 같은 등식은 성립하지 않는다. 왜냐하면 곱의 미분법에 의하여

$$\{f(x)g(x)\}'=f'(x)g(x)+f(x)g'(x) \qquad \cdots\cdots ⑦$$

이기 때문이다.

한편 ⑦의 양변의 부정적분을 구하면

$$\int\{f(x)g(x)\}'dx=\int\{f'(x)g(x)+f(x)g'(x)\}dx$$

$$\therefore\ f(x)g(x)=\int f'(x)g(x)dx+\int f(x)g'(x)dx$$

따라서 다음과 같은 공식이 성립하고, 이 공식을 이용하는 적분법을 부분적분법이라고 한다.

기본정석 **부분적분에 관한 공식**

$$\boldsymbol{\int f'(x)g(x)dx=f(x)g(x)-\int f(x)g'(x)dx}$$

$$\boldsymbol{\int u'v\,dx=uv-\int uv'dx} \quad \text{단, } \boldsymbol{u=f(x),\ v=g(x)}$$

Advice | 이를테면 부정적분

$$\int x\cos x\,dx$$

는 부정적분의 기본 공식에 의해서는 구할 수 없을 뿐만 아니라 $x=t$로 치환한다든가 $\cos x=t$로 치환하는 방법으로도 구할 수 없다. 이런 경우

정석 $\boldsymbol{\int u'v\,dx=uv-\int uv'dx}$

를 이용한다.

곧, $u'=\cos x$, $v=x$라고 하면 $u=\sin x$, $v'=1$이므로

$$\int(\underset{u'}{\cos x})\times \underset{v}{x}\,dx=(\underset{u}{\sin x})\times \underset{v}{x}-\int(\underset{u}{\sin x})\times \underset{v'}{1}\,dx=\boldsymbol{x\sin x+\cos x+C}$$

와 같이 구할 수 있다.

만일 $u'=x$, $v=\cos x$ 라고 하면 $u=\frac{1}{2}x^2$, $v'=-\sin x$ 이므로

$$\int \underset{u'}{x} \underset{v}{\cos x}\, dx=\underset{u}{\frac{1}{2}x^2} \underset{v}{\cos x}-\int \underset{u}{\frac{1}{2}x^2}\underset{v'}{(-\sin x)}dx$$

가 되어 우변의 부정적분은 좌변에 비하여 더욱 복잡해진다.

그런데 부분적분법을 이용하는 것은

$$\textbf{정석}\quad \int u'v\,dx=uv-\int uv'dx$$

에서 좌변의 부정적분을 이대로는 구할 수 없을 때, 이것을 우변의 꼴로 바꾸어서 부정적분을 구하고자 하는 것이므로 우변의 부정적분의 부분을 적분할 수 있는 꼴로 나타낼 수 있어야 한다.

따라서 두 함수 중 어느 것을 u'이라 하고, 어느 것을 v라고 할 것인가를 잘 판단해야 한다. 다음 **보기**를 풀면서 그 방법을 알아보자.

보기 1 다음 부정적분을 구하여라.

(1) $\int xe^x dx$ (2) $\int x\sin x\, dx$

연구 (1) $u'=e^x$, $v=x$ 라고 하면 $u=e^x$, $v'=1$ 이므로

$$\int \underset{u'}{e^x}\times \underset{v}{x}\, dx=\underset{u}{e^x}\times \underset{v}{x}-\int \underset{u}{e^x}\times \underset{v'}{1}\, dx=\boldsymbol{xe^x-e^x+C}$$

*Note $u'=e^x$에서 $u=e^x+C$ 이지만 적분상수 C는 생략하고, 마지막 적분 기호가 없어질 때 적분상수 C를 더하면 된다.

(2) $u'=\sin x$, $v=x$ 라고 하면 $u=-\cos x$, $v'=1$ 이므로

$$\int \underset{u'}{(\sin x)}\times \underset{v}{x}\, dx=\underset{u}{(-\cos x)}\times \underset{v}{x}-\int \underset{u}{(-\cos x)}\times \underset{v'}{1}\, dx$$

$$\therefore \int x\sin x\, dx=-x\cos x+\int \cos x\, dx=\boldsymbol{-x\cos x+\sin x+C}$$

*Note 피적분함수가 $x\sin x$, $x\cos x$, xe^x, $x^2\sin x$, $x^2\cos x$, x^2e^x, $\cdots$ 으로 주어질 때에는

$$\boldsymbol{\sin x,\ \cos x,\ e^x,\ \cdots}\text{은 } \boldsymbol{u'},\qquad \boldsymbol{x,\ x^2,\ \cdots}\text{은 } \boldsymbol{v}$$

라고 하면 된다.

일반적으로 $\int u'v\,dx$ 보다 $\int uv'dx$ 가 더 간단하도록 u'을 잡으면 된다.

기본 문제 14-7 다음 부정적분을 구하여라.

(1) $\int xe^{3x}dx$ (2) $\int x\cos 2x\,dx$ (3) $\int \ln(x+1)dx$

정석연구 (3) $\int \ln(x+1)dx=\int 1\times\ln(x+1)dx$ 로 생각한다.

$$\textbf{정석}\quad \int u'v\,dx=uv-\int uv'dx$$

모범답안 (1) $u'=e^{3x}$, $v=x$ 라고 하면 $u=\frac{1}{3}e^{3x}$, $v'=1$이므로

$$\int xe^{3x}dx=\frac{1}{3}e^{3x}\times x-\int\frac{1}{3}e^{3x}\times 1\,dx=\boldsymbol{\frac{1}{3}xe^{3x}-\frac{1}{9}e^{3x}+C} \leftarrow \text{답}$$

(2) $u'=\cos 2x$, $v=x$ 라고 하면 $u=\frac{1}{2}\sin 2x$, $v'=1$이므로

$$\int x\cos 2x\,dx=\frac{1}{2}(\sin 2x)\times x-\int\frac{1}{2}(\sin 2x)\times 1\,dx$$
$$=\boldsymbol{\frac{1}{2}x\sin 2x+\frac{1}{4}\cos 2x+C} \leftarrow \text{답}$$

(3) $u'=1$, $v=\ln(x+1)$이라고 하면 $u=x$, $v'=\frac{1}{x+1}$ 이므로

$$\int 1\times\ln(x+1)dx=x\ln(x+1)-\int x\times\frac{1}{x+1}dx$$
$$=x\ln(x+1)-\int\left(1-\frac{1}{x+1}\right)dx$$
$$=x\ln(x+1)-x+\ln(x+1)+C$$
$$=\boldsymbol{(x+1)\ln(x+1)-x+C} \leftarrow \text{답}$$

Advice 1° (3)은 $v=\ln(x+1)$에 착안하여 $u'=1$, $u=x+1$로 놓고 풀어도 된다.

2° 위의 **정석**에서 $u'=1$일 때 $u=x$이므로

$$\textbf{정석}\quad \int v\,dx=xv-\int xv'dx$$

를 얻는다. 이것도 공식으로 기억해 두고서 이용하면 편리하다.

이를테면 $\int \boldsymbol{\ln x\,dx}=x\ln x-\int x\times\frac{1}{x}dx=\boldsymbol{x\ln x-x+C}$이다.

유제 **14**-7. 다음 부정적분을 구하여라.

(1) $\int xe^{2x}dx$ (2) $\int xe^{-x}dx$ (3) $\int \ln(x+2)dx$

답 (1) $\boldsymbol{\frac{1}{4}(2x-1)e^{2x}+C}$ (2) $\boldsymbol{-(x+1)e^{-x}+C}$ (3) $\boldsymbol{(x+2)\ln(x+2)-x+C}$

기본 문제 **14**-8 다음 부정적분을 구하여라.

(1) $\int x^2 e^x dx$ (2) $\int x^2 \sin x\, dx$

정석연구 e^x이나 $\sin x$를 u', x^2을 v라 하고

$$\textbf{정석}\quad \int u'v\,dx = uv - \int uv'\,dx$$

를 이용한다.

이 문제와 같이 x^2을 포함한 경우 부분적분법을 한 번 이용해서는 구할 수 없을 때가 있다. 이런 경우에는 다시 한번 부분적분법을 이용한다.

모범답안 (1) $u'=e^x$, $v=x^2$이라고 하면 $u=e^x$, $v'=2x$이므로

$$\int x^2 e^x dx = e^x \times x^2 - \int e^x \times 2x\,dx = x^2 e^x - 2\int xe^x dx$$

$\int xe^x dx$에서 $u'=e^x$, $v=x$라고 하면 $u=e^x$, $v'=1$이므로

$$\int xe^x dx = e^x \times x - \int e^x \times 1\,dx = xe^x - e^x + C_1 = (x-1)e^x + C_1$$

$$\therefore \int x^2 e^x dx = x^2 e^x - 2\{(x-1)e^x + C_1\}$$
$$= x^2 e^x - 2(x-1)e^x - 2C_1 \qquad \Leftarrow -2C_1 = C$$
$$= \mathbf{(x^2-2x+2)e^x + C} \longleftarrow \boxed{답}$$

(2) $u'=\sin x$, $v=x^2$이라고 하면 $u=-\cos x$, $v'=2x$이므로

$$\int x^2 \sin x\,dx = (-\cos x)\times x^2 - \int(-\cos x)\times 2x\,dx$$
$$= -x^2\cos x + 2\int x\cos x\,dx$$

$\int x\cos x\,dx$에서 $u'=\cos x$, $v=x$라고 하면 $u=\sin x$, $v'=1$이므로

$$\int x\cos x\,dx = (\sin x)\times x - \int(\sin x)\times 1\,dx = x\sin x + \cos x + C_1$$

$$\therefore \int x^2\sin x\,dx = -x^2\cos x + 2(x\sin x + \cos x + C_1)$$
$$= -x^2\cos x + 2x\sin x + 2\cos x + 2C_1 \qquad \Leftarrow 2C_1 = C$$
$$= \mathbf{(2-x^2)\cos x + 2x\sin x + C} \longleftarrow \boxed{답}$$

유제 **14**-8. 다음 부정적분을 구하여라.

(1) $\int x^2 e^{-x} dx$ (2) $\int x^2 \cos x\,dx$ (3) $\int (\ln x)^2 dx$

답 (1) $\mathbf{-(x^2+2x+2)e^{-x}+C}$ (2) $\mathbf{(x^2-2)\sin x+2x\cos x+C}$
(3) $\mathbf{x(\ln x)^2-2x\ln x+2x+C}$

기본 문제 **14**-9 $f(x)=\int e^x\cos x\,dx$ 이고 $f(0)=\dfrac{1}{2}$ 일 때,

(1) $f(x)$를 구하여라.

(2) $0<x<2\pi$ 에서 $f(x)=\dfrac{1}{2}e^x$을 만족시키는 x의 값을 구하여라.

정석연구 $u'=e^x$이라 하고

$$\text{정석}\quad \int u'v\,dx=uv-\int uv'\,dx$$

를 거듭 적용하면 부정적분 $\int e^x\sin x\,dx$와 $\int e^x\cos x\,dx$가 반복하여 나타난다. 이것을 이용해 보아라.

모범답안 (1) $u'=e^x$, $v=\cos x$ 라고 하면 $u=e^x$, $v'=-\sin x$ 이므로

$$f(x)=\int e^x\cos x\,dx=e^x\cos x+\int e^x\sin x\,dx \quad \cdots\cdots ①$$

$\int e^x\sin x\,dx$ 에서 $u'=e^x$, $v=\sin x$ 라고 하면 $u=e^x$, $v'=\cos x$ 이므로

$$\int e^x\sin x\,dx=e^x\sin x-\int e^x\cos x\,dx=e^x\sin x-f(x) \quad \cdots\cdots ②$$

②를 ①에 대입하면

$$f(x)=e^x\cos x+e^x\sin x-f(x) \qquad \therefore\ 2f(x)=e^x(\cos x+\sin x)$$

$$\therefore\ f(x)=\frac{1}{2}e^x(\sin x+\cos x)+C \quad \cdots\cdots ③$$

그런데 $f(0)=\dfrac{1}{2}$ 이므로 $\dfrac{1}{2}+C=\dfrac{1}{2}$ $\quad\therefore\ C=0$

$$\therefore\ \boldsymbol{f(x)=\frac{1}{2}e^x(\sin x+\cos x)} \longleftarrow \text{답}$$

*Note ③과 같이 마지막에 적분상수 C를 더해 주면 된다.

(2) $f(x)=\dfrac{1}{2}e^x$ 에서 $\dfrac{1}{2}e^x(\sin x+\cos x)=\dfrac{1}{2}e^x$ $\quad \Leftarrow e^x>0$

$$\therefore\ \sin x+\cos x=1$$

$$\therefore\ \sqrt{2}\sin\left(x+\frac{\pi}{4}\right)=1 \qquad \therefore\ \sin\left(x+\frac{\pi}{4}\right)=\frac{1}{\sqrt{2}}$$

$0<x<2\pi$ 이므로 $x+\dfrac{\pi}{4}=\dfrac{3}{4}\pi$ $\quad\therefore\ \boldsymbol{x=\dfrac{\pi}{2}} \longleftarrow$ 답

유제 **14**-9. 다음 부정적분을 구하여라.

(1) $\int e^x\sin x\,dx$ (2) $\int e^{-x}\sin x\,dx$

답 (1) $\boldsymbol{\frac{1}{2}e^x(\sin x-\cos x)+C}$ (2) $\boldsymbol{-\frac{1}{2}e^{-x}(\sin x+\cos x)+C}$

기본 문제 **14**-10 함수 $f(x)$는 $x>0$에서 정의되고, 곡선 $y=f(x)$ 위의 점 (x, y)에서의 접선의 기울기는 $x\ln x$이다. 이 곡선이 점 $(1, 2)$를 지날 때, $f(x)$를 구하여라.

정석연구 점 (x, y)에서의 접선의 기울기는 $f'(x)$이므로

$$f'(x)=x\ln x,\quad f(1)=2$$

를 만족시키는 $f(x)$를 구하는 문제이다. 따라서

정석 $\boldsymbol{f(x)=\int f'(x)dx}$

를 이용하여 $f(x)$를 구하고, $f(1)=2$를 이용하여 적분상수를 정한다.

또, $\int x\ln x\,dx$를 구할 때에는 다음 부분적분법을 이용한다.

정석 $\boldsymbol{\int u'v\,dx=uv-\int uv'dx}$

모범답안 문제의 조건으로부터 $f'(x)=x\ln x$이므로

$$f(x)=\int f'(x)dx=\int x\ln x\,dx$$

$u'=x$, $v=\ln x$라고 하면 $u=\dfrac{1}{2}x^2$, $v'=\dfrac{1}{x}$이므로

$$f(x)=\frac{1}{2}x^2\ln x-\int\frac{1}{2}x^2\times\frac{1}{x}dx=\frac{1}{2}x^2\ln x-\frac{1}{4}x^2+C$$

한편 곡선 $y=f(x)$가 점 $(1, 2)$를 지나므로

$$f(1)=-\frac{1}{4}+C=2 \qquad \therefore\ C=\frac{9}{4}$$

$$\therefore\ \boldsymbol{f(x)=\frac{1}{2}x^2\ln x-\frac{1}{4}x^2+\frac{9}{4}} \longleftarrow \boxed{답}$$

Advice | 두 함수의 곱의 부정적분을 구하기 위하여 부분적분법을 적용할 때에는

$\ln x$, x^n, $\sin x$ (또는 $\cos x$), e^x

$v \Longleftarrow$ $\Longrightarrow u'$

과 같이 v와 u'을 정한다.

곧, 피적분함수가 $x\ln x$일 때에는 x를 u'으로, $x\sin x$일 때에는 $\sin x$를 u'으로, $e^x\sin x$일 때에는 e^x을 u'으로 하면 된다.

유제 **14**-10. $f(x)=\int x^2\ln x\,dx$에서 $f(1)=0$일 때, $f(e)$의 값을 구하여라.

답 $\boldsymbol{\frac{1}{9}(2e^3+1)}$

연습문제 14

14-1 다음 부정적분을 구하여라. 단, r는 실수이다.

(1) $\int \sqrt[3]{2x+1}\,dx$ (2) $\int \frac{3x^2}{\sqrt{1+x^3}}dx$ (3) $\int \frac{x}{\sqrt{1-x^2}}dx$

(4) $\int (2+3x)\sqrt{1+2x}\,dx$ (5) $\int \frac{x^3}{\sqrt{1-x^2}}dx$ (6) $\int \frac{\sqrt{x}}{\sqrt[4]{x^3}+1}dx$

(7) $\int \sin x^\circ\,dx$ (8) $\int \sec^2(2x+1)\,dx$ (9) $\int x\cos(x^2+2)\,dx$

(10) $\int \cos x\sqrt{\sin x}\,dx$ (11) $\int \sin^r x\cos x\,dx$ (12) $\int \cos^r x\sin x\,dx$

(13) $\int \frac{\cos x}{\sin^2 x}dx$ (14) $\int \frac{1}{1+\cos x}dx$ (15) $\int \frac{1}{\sin x}dx$

(16) $\int 5^{3x+2}dx$ (17) $\int (e^x-e^{-x})^2dx$ (18) $\int e^x\sqrt{e^x+1}\,dx$

(19) $\int \frac{x}{e^{x^2+1}}dx$ (20) $\int \frac{1}{e^x+1}dx$ (21) $\int \frac{1}{e^{2x}+1}dx$

(22) $\int \frac{e^x}{1+e^{-x}}dx$ (23) $\int \frac{\sqrt{\ln x+1}}{x}dx$ (24) $\int \frac{\ln x}{x(\ln x+1)^2}dx$

14-2 다음 부정적분을 구하여라.

(1) $\int \frac{\cos^3 x}{\sin^2 x}dx$ (2) $\int \frac{\sin x}{1-\sin x}dx$ (3) $\int \tan^3 x\,dx$

14-3 다음 물음에 답하여라.

(1) $x=\sin\theta\left(\text{단, } -\frac{\pi}{2}\le\theta\le\frac{\pi}{2}\right)$일 때, $\int\sqrt{1-x^2}\,dx$를 θ로 나타내어라.

(2) $x=\tan\theta\left(\text{단, } -\frac{\pi}{2}<\theta<\frac{\pi}{2}\right)$일 때, $\int\frac{1}{1+x^2}dx$를 θ로 나타내어라.

14-4 미분가능한 두 함수 $f(x)$, $g(x)$가 모든 실수 x에 대하여

$$f(x)\left\{g(x)+\frac{d}{dx}g(x)\right\}=\frac{d}{dx}\{f(x)g(x)\}$$

를 만족시키고, $f(x)>0$, $g(x)\ne0$이다. $f(0)=e$일 때, $f(1)$의 값은?

① 1 ② 2 ③ e ④ e^2 ⑤ e^3

14-5 실수 전체의 집합에서 정의된 함수 $f(x)$에 대하여

$$f'(x)=\frac{x}{x^2+1}, \qquad f(0)=\frac{1}{2}$$

일 때, $f\left(\sqrt{e-1}\right)$의 값은?

① 0 ② 1 ③ 2 ④ e ⑤ e^2

14-6 $0<x<\frac{3}{4}\pi$에서 정의된 함수 $f(x)$가 두 조건

(가) $f'(x)=\sin 2x-\cos x$ (나) $f(x)$의 극솟값은 0이다.

를 만족시킬 때, $f(x)$의 극댓값을 구하여라.

14-7 함수 $f(x)$가 모든 실수 x에 대하여 $f(x)f'(x)=e^{2x}-e^{-2x}$을 만족시킨다. $f(0)=2$일 때, $f(x)$를 구하여라.

14-8 다음 부정적분을 구하여라.

(1) $\int(2x+3)\cos 2x\,dx$ (2) $\int x\cos(2x+1)dx$ (3) $\int x\sec^2 x\,dx$

(4) $\int(x+1)e^x dx$ (5) $\int e^{\sqrt{x}}dx$ (6) $\int(x^2+1)\ln x\,dx$

14-9 구간 $(0, \infty)$에서 미분가능한 함수 $f(x)$가 모든 양수 x에 대하여 $f(x)+xf'(x)=x\sin x$를 만족시킨다. $f(\pi)=1$일 때, $f\left(\frac{\pi}{2}\right)$의 값은?

① $-\frac{2}{\pi}$ ② $-\frac{1}{\pi}$ ③ 0 ④ $\frac{1}{\pi}$ ⑤ $\frac{2}{\pi}$

14-10 $x>0$에서 정의된 미분가능한 함수 $f(x)$의 부정적분이 $\mathrm{F}(x)$이고

$$\mathrm{F}(x)=xf(x)-x^2\sin x, \qquad \mathrm{F}\left(\frac{\pi}{2}\right)=\frac{\pi}{2}$$

일 때, $f(\pi)$의 값을 구하여라.

14-11 $\mathrm{I}_n=\int x^n e^x dx$라고 할 때, $\mathrm{I}_{n+1}=x^{n+1}e^x-(n+1)\mathrm{I}_n$이 성립함을 증명하여라. 단, n은 음이 아닌 정수이다.

14-12 $\mathrm{I}_n=\int(\ln x)^n dx$라고 할 때, $\mathrm{I}_{n+1}=x(\ln x)^{n+1}-(n+1)\mathrm{I}_n$이 성립함을 증명하여라. 단, n은 음이 아닌 정수이다.

15. 정적분의 계산

정적분의 정의와 계산／
정적분의 치환적분법과 부분적분법

§ 1. 정적분의 정의와 계산

1 정적분의 정의 (Ⅰ)

이를테면 함수 $f(x)=3x^2$의 한 부정적분을 $\mathrm{F}(x)$라고 하면

$\mathrm{F}(x)=x^3+\mathrm{C}$ (단, C는 적분상수) ⇦ $\mathrm{F}(x)=\int 3x^2dx=x^3+\mathrm{C}$

이다. 이때, 임의의 두 실수 a, b에 대하여

$$\mathrm{F}(b)-\mathrm{F}(a)=(b^3+\mathrm{C})-(a^3+\mathrm{C})=b^3-a^3$$

이다. 곧, $\mathrm{F}(b)-\mathrm{F}(a)$의 값은 적분상수 C의 값에 관계없이 하나로 정해진다는 것을 알 수 있다.

일반적으로 닫힌구간 $[a, b]$에서 연속인 함수 $f(x)$의 한 부정적분을 $\mathrm{F}(x)$, 다른 한 부정적분을 $\mathrm{G}(x)$라고 하면

$\mathrm{F}(x)=\mathrm{G}(x)+\mathrm{C}$ (단, C는 상수)

이므로 두 실수 a, b에 대하여

$$\mathrm{F}(b)-\mathrm{F}(a)=\{\mathrm{G}(b)+\mathrm{C}\}-\{\mathrm{G}(a)+\mathrm{C}\}=\mathrm{G}(b)-\mathrm{G}(a)$$

이다. 곧, $\mathrm{F}(b)-\mathrm{F}(a)$의 값은 C의 값에 관계없이 하나로 정해진다.

이때, 일정한 값 $\mathrm{F}(b)-\mathrm{F}(a)$를 함수 $f(x)$의 a에서 b까지의 정적분이라 하고, 기호로

$$\boldsymbol{\int_a^b f(x)dx}$$

와 같이 나타낸다. 여기에서 $\mathrm{F}(b)-\mathrm{F}(a)$를 기호 $\Big[\mathrm{F}(x)\Big]_a^b$로 나타내면

$$\int_a^b f(x)dx=\Big[\mathrm{F}(x)\Big]_a^b=\mathrm{F}(b)-\mathrm{F}(a)$$

이다. 이때, a와 b를 각각 정적분의 아래끝, 위끝이라고 한다.

이상을 정리하면 다음과 같다.

기본정석 — **정적분의 정의 (I)**

닫힌구간 $[a, b]$에서 연속인 함수 $f(x)$의 한 부정적분을 $\mathrm{F}(x)$라고 할 때, 곧 $\int f(x)dx=\mathrm{F}(x)+\mathrm{C}$ (단, C는 적분상수)일 때, $\mathrm{F}(b)-\mathrm{F}(a)$를 $f(x)$의 a에서 b까지의 정적분이라 하고,

$$\int_a^b f(x)dx=\Big[\mathrm{F}(x)\Big]_a^b=\mathrm{F}(b)-\mathrm{F}(a)$$

와 같이 나타낸다.

이때, a와 b를 각각 정적분의 아래끝, 위끝이라고 한다.

Advice | $\int_a^b f(x)dx$의 값을 구하는 것을 $f(x)$를 a에서 b까지 적분한다고 한다.

보기 1 다음 정적분의 값을 구하여라.

(1) $\int_1^3 3x^2dx$ (2) $\int_2^3 (4x^3-6x)dx$

연구 (1) 먼저 부정적분 $\int 3x^2dx$를 구한다. 곧, $\int 3x^2dx=x^3+\mathrm{C}$

다음에 $x^3+\mathrm{C}$에 $x=3$을 대입한 값에서 $x=1$을 대입한 값을 뺀다. 그리고 이것을 다음과 같이 나타내어 계산한다.

$$\int_1^3 3x^2dx=\Big[x^3+\mathrm{C}\Big]_1^3=(3^3+\mathrm{C})-(1^3+\mathrm{C})=\mathbf{26}$$

이때, 적분상수 C의 값에 관계없이 정적분의 값은 일정하므로 C를 생략하고 다음과 같이 계산하는 것이 일반적이다.

$$\int_1^3 3x^2dx=\Big[x^3\Big]_1^3=3^3-1^3=\mathbf{26}$$

(2) $\int_2^3 (4x^3-6x)dx=\Big[x^4-3x^2\Big]_2^3=(3^4-3\times3^2)-(2^4-3\times2^2)=\mathbf{50}$

Advice | 일반적으로 $\Big[ax^3+bx^2+cx\Big]_\alpha^\beta$의 계산은

$$\Big[ax^3+bx^2+cx\Big]_\alpha^\beta= \begin{cases} (a\beta^3+b\beta^2+c\beta)-(a\alpha^3+b\alpha^2+c\alpha) \\ a(\beta^3-\alpha^3)+b(\beta^2-\alpha^2)+c(\beta-\alpha) \end{cases}$$

의 두 가지 방법을 생각할 수 있다.

(2)를 두 번째 방법으로 구하면

$$\Big[x^4-3x^2\Big]_2^3=(3^4-2^4)-3(3^2-2^2)=\mathbf{50}$$

2 정적분의 정의 (Ⅱ)

앞에서 정적분 $\int_a^b f(x)dx$는 닫힌구간 $[a, b]$에서, 곧 $a<b$일 때 정의하였다. $a=b$, $a>b$일 때에는 다음과 같이 정의한다.

기본정석 — 정적분의 정의 (Ⅱ)

(1) $\displaystyle\int_a^a \boldsymbol{f(x)dx=0}$

(2) $\boldsymbol{a>b}$일 때 $\displaystyle\int_a^b \boldsymbol{f(x)dx=-\int_b^a f(x)dx}$

Advice | 이를테면

$$\int_0^0 f(x)dx=0, \quad \int_1^1 f(x)dx=0, \quad \int_3^1 f(x)dx=-\int_1^3 f(x)dx$$

이다. 또한 위의 정의에 의하면 $a>b$일 때에도

$$\int_a^b f(x)dx=-\int_b^a f(x)dx=-\Big[\mathrm{F}(x)\Big]_b^a \qquad \Leftarrow \int f(x)dx=\mathrm{F}(x)+\mathrm{C}$$

$$=-\{\mathrm{F}(a)-\mathrm{F}(b)\}=\mathrm{F}(b)-\mathrm{F}(a)$$

가 성립한다.

따라서 a, b의 대소에 관계없이 다음 **정석**이 성립한다.

정석 $\boldsymbol{f(x)}$가 $\boldsymbol{a}$, $\boldsymbol{b}$를 포함한 구간에서 연속이고

$\displaystyle\int \boldsymbol{f(x)dx=\mathrm{F}(x)+\mathrm{C}}$이면 $\displaystyle\int_a^b \boldsymbol{f(x)dx=\mathrm{F}(b)-\mathrm{F}(a)}$

보기 2 다음 정적분의 값을 구하여라.

(1) $\displaystyle\int_0^1 \sqrt{x}\,dx$ (2) $\displaystyle\int_1^2 \frac{1}{x}dx$ (3) $\displaystyle\int_\pi^0 \cos x\,dx$ (4) $\displaystyle\int_3^0 e^{-x}dx$

연구 a, b의 대소에 관계없이 다음 **정석**을 이용한다.

정석 $\displaystyle\int \boldsymbol{f(x)dx=\mathrm{F}(x)+\mathrm{C}}$이면 $\displaystyle\int_a^b \boldsymbol{f(x)dx=\mathrm{F}(b)-\mathrm{F}(a)}$

(1) $\displaystyle\int_0^1 \sqrt{x}\,dx=\int_0^1 x^{\frac{1}{2}}dx=\left[\frac{2}{3}x^{\frac{3}{2}}\right]_0^1=\boldsymbol{\frac{2}{3}}$

(2) $\displaystyle\int_1^2 \frac{1}{x}dx=\Big[\ln|x|\Big]_1^2=\ln 2-\ln 1=\boldsymbol{\ln 2}$

(3) $\displaystyle\int_\pi^0 \cos x\,dx=\Big[\sin x\Big]_\pi^0=\sin 0-\sin\pi=\boldsymbol{0}$

(4) $\displaystyle\int_3^0 e^{-x}dx=\Big[-e^{-x}\Big]_3^0=-e^0-(-e^{-3})=\boldsymbol{-1+\frac{1}{e^3}}$

3 정적분과 넓이 사이의 관계

정적분과 넓이 사이에는 다음 관계가 있다. ⇦ 기본 수학 Ⅱ (p. 146~148)

기본정석 — 정적분과 넓이 사이의 관계

함수 $f(x)$가 닫힌구간 $[a, b]$에서 연속일 때, 곡선 $y=f(x)$와 x축 및 두 직선 $x=a$, $x=b$로 둘러싸인 도형의 넓이를 S라고 하면

(i) 구간 $[a, b]$에서 $f(x)\ge0$인 경우

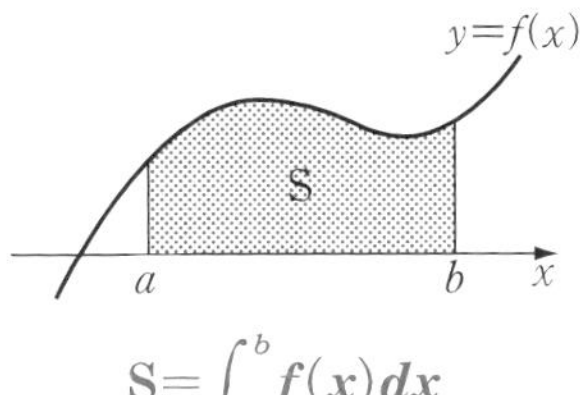

$$\mathbf{S=\int_a^b f(x)dx}$$

(ii) 구간 $[a, b]$에서 $f(x)\le0$인 경우

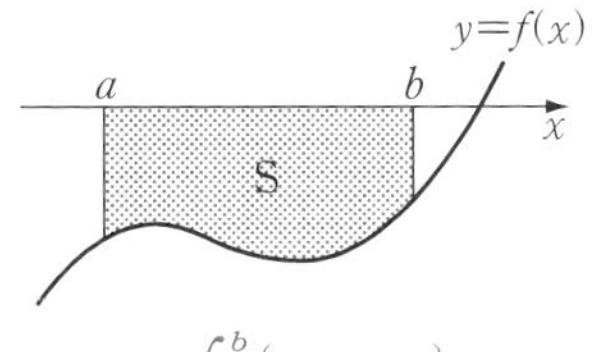

$$\mathbf{S=\int_a^b \{-f(x)\}dx}$$

Advice | 오른쪽 그림과 같이 구간 $[a, b]$에서 $f(x)$의 부호가 일정하지 않을 때의 넓이는 $f(x)$의 값이 양수인 구간과 음수인 구간으로 나누어 구하면 된다.

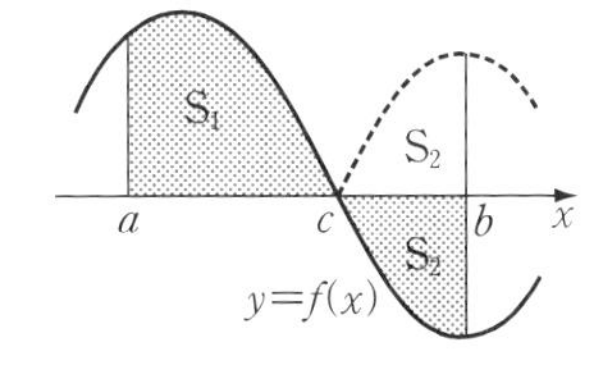

곧, 그림에서 점 찍은 부분의 넓이는

$$S_1+S_2=\int_a^c f(x)dx+\int_c^b\{-f(x)\}dx$$

이와 같은 정적분과 넓이 사이의 관계에 대해서는 17단원에서 다시 깊이 있게 다룬다.

보기 3 아래 그림의 점 찍은 부분의 넓이 S를 구하여라.

(1)

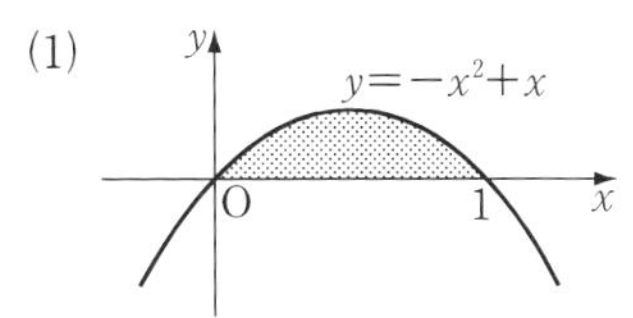

(2)

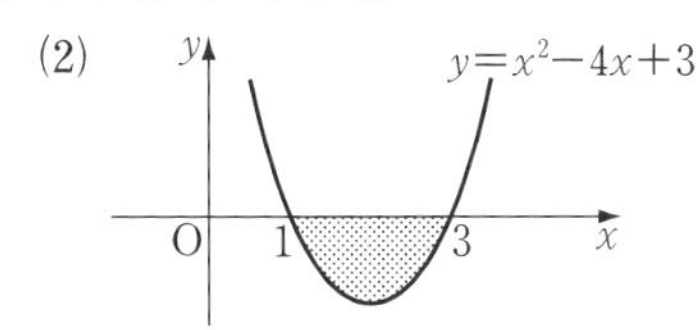

연구 (1) $S=\int_0^1(-x^2+x)dx=\left[-\frac{1}{3}x^3+\frac{1}{2}x^2\right]_0^1=-\frac{1}{3}+\frac{1}{2}=\mathbf{\frac{1}{6}}$

(2) $S=\int_1^3\{-(x^2-4x+3)\}dx=\int_1^3(-x^2+4x-3)dx$

$=\left[-\frac{1}{3}x^3+2x^2-3x\right]_1^3=(-9+18-9)-\left(-\frac{1}{3}+2-3\right)=\mathbf{\frac{4}{3}}$

4 정적분의 기본 공식

정적분을 계산하는 데 이용되는 기본 공식은 다음과 같다. 이들은 모두 a, b, c의 대소에 관계없이 성립한다.

기본정석 — 정적분의 기본 공식

(1) $\displaystyle\int_a^b kf(x)dx=k\int_a^b f(x)dx$ (단, k는 상수)

(2) $\displaystyle\int_a^b \{f(x)\pm g(x)\}dx=\int_a^b f(x)dx\pm\int_a^b g(x)dx$ (복부호동순)

(3) $\displaystyle\int_a^b f(x)dx=\int_a^c f(x)dx+\int_c^b f(x)dx$

Advice | 위의 공식의 증명은 기본 수학 Ⅱ(p. 151)에서 공부하였다. 아울러 다항함수를 중심으로 그 활용법도 공부하였다.

여기에서는 그 범위를 넓혀 유리함수, 무리함수, 삼각함수, 지수함수, 로그함수 등에 대한 정적분을 계산하는 데 이용해 보자.

보기 4 정적분 $\displaystyle\int_0^1 2e^x dx+\int_1^3 2e^x dx$의 값을 구하여라.

연구 $\displaystyle\int_0^1 2e^x dx+\int_1^3 2e^x dx=\int_0^3 2e^x dx=2\int_0^3 e^x dx=2\Big[e^x\Big]_0^3=\boldsymbol{2e^3-2}$

보기 5 $\displaystyle\int_a^b \sin x\,dx=p$, $\displaystyle\int_b^c \sin x\,dx=q$, $\displaystyle\int_a^c \sin\left(x+\frac{\pi}{4}\right)dx=r$일 때, 다음 정적분의 값을 p, q, r로 나타내어라.

(1) $\displaystyle\int_a^a \sin x\,dx$

(2) $\displaystyle\int_b^a \sin x\,dx$

(3) $\displaystyle\int_a^c \sin x\,dx$

(4) $\displaystyle\int_a^c \left\{\sin x+\sin\left(x+\frac{\pi}{4}\right)\right\}dx$

연구 (1) $\displaystyle\int_a^a \sin x\,dx=\boldsymbol{0}$

(2) $\displaystyle\int_b^a \sin x\,dx=-\int_a^b \sin x\,dx=\boldsymbol{-p}$

(3) $\displaystyle\int_a^c \sin x\,dx=\int_a^b \sin x\,dx+\int_b^c \sin x\,dx=\boldsymbol{p+q}$

(4) $\displaystyle\int_a^c \left\{\sin x+\sin\left(x+\frac{\pi}{4}\right)\right\}dx=\int_a^c \sin x\,dx+\int_a^c \sin\left(x+\frac{\pi}{4}\right)dx$
$=\boldsymbol{p+q+r}$

기본 문제 15-1 다음 정적분의 값을 구하여라.

(1) $\displaystyle\int_1^2 \frac{2x^2+1}{x}dx$ (2) $\displaystyle\int_0^3 \sqrt{x+1}\,dx$ (3) $\displaystyle\int_1^2 \frac{1}{x^2+x}dx$

(4) $\displaystyle\int_0^{\frac{\pi}{3}} \tan^2 x\,dx$ (5) $\displaystyle\int_0^{\pi}(e^{4x}-\sin^2 x)dx$

정석연구 부정적분을 구한 다음, 아래 정적분의 정의를 이용한다.

정 의 $f(x)$가 구간 $[a,\ b]$에서 연속이고 $\int f(x)dx=\mathrm{F}(x)+\mathrm{C}$이면

$$\int_a^b f(x)dx=\Big[\mathrm{F}(x)\Big]_a^b=\mathrm{F}(b)-\mathrm{F}(a)$$

모범답안 (1) (준 식)$\displaystyle=\int_1^2\left(2x+\frac{1}{x}\right)dx=\Big[x^2+\ln|x|\Big]_1^2=(2^2+\ln 2)-(1^2+\ln 1)$

$=\mathbf{3+\ln 2}$ ← 답

(2) (준 식)$\displaystyle=\int_0^3 (x+1)^{\frac{1}{2}}dx=\left[\frac{2}{3}(x+1)^{\frac{3}{2}}\right]_0^3=\frac{2}{3}\times 4^{\frac{3}{2}}-\frac{2}{3}\times 1^{\frac{3}{2}}$

$=\mathbf{\dfrac{14}{3}}$ ← 답

(3) (준 식)$\displaystyle=\int_1^2 \frac{1}{x(x+1)}dx=\int_1^2\left(\frac{1}{x}-\frac{1}{x+1}\right)dx=\Big[\ln|x|-\ln|x+1|\Big]_1^2$

$=(\ln 2-\ln 3)-(\ln 1-\ln 2)=\mathbf{2\ln 2-\ln 3}$ ← 답

(4) (준 식)$\displaystyle=\int_0^{\frac{\pi}{3}}(\sec^2 x-1)dx=\Big[\tan x-x\Big]_0^{\frac{\pi}{3}}=\left(\tan\frac{\pi}{3}-\frac{\pi}{3}\right)-(\tan 0-0)$

$=\mathbf{\sqrt{3}-\dfrac{\pi}{3}}$ ← 답

(5) (준 식)$\displaystyle=\int_0^{\pi}\left(e^{4x}-\frac{1-\cos 2x}{2}\right)dx=\left[\frac{1}{4}e^{4x}-\frac{1}{2}x+\frac{1}{4}\sin 2x\right]_0^{\pi}$

$\displaystyle=\left(\frac{1}{4}e^{4\pi}-\frac{\pi}{2}\right)-\frac{1}{4}e^0=\mathbf{\frac{1}{4}(e^{4\pi}-2\pi-1)}$ ← 답

유제 **15**-1. 다음 정적분의 값을 구하여라.

(1) $\displaystyle\int_1^9 \sqrt[3]{t-1}\,dt$ (2) $\displaystyle\int_1^4\left(\sqrt{x}-\frac{2}{x}\right)dx$ (3) $\displaystyle\int_{-4}^{-1}\left(\frac{2}{x^2}+\frac{1}{x}\right)dx$

(4) $\displaystyle\int_2^3 \frac{1}{x(x-1)}dx$ (5) $\displaystyle\int_0^{\pi}\cos^2 x\,dx$ (6) $\displaystyle\int_0^{\pi}(e^x-\sin x)dx$

답 (1) **12** (2) $\mathbf{\dfrac{14}{3}-4\ln 2}$ (3) $\mathbf{\dfrac{3}{2}-2\ln 2}$ (4) $\mathbf{2\ln 2-\ln 3}$ (5) $\mathbf{\dfrac{\pi}{2}}$ (6) $\mathbf{e^{\pi}-3}$

기본 문제 15-2 다음 정적분의 값을 구하여라.

(1) $\displaystyle\int_0^1 xe^{-x^2}dx$ (2) $\displaystyle\int_1^3 \frac{x}{x^2+1}dx$ (3) $\displaystyle\int_1^2 \ln x^3 dx$

정석연구 (1)에서 $(-x^2)'=-2x$, (2)에서 $(x^2+1)'=2x$ 이므로 다음 **정석**을 이용할 수 있도록 식을 변형하여 부정적분을 구한다.

$$\textbf{정석}\quad \int f(g(x))g'(x)dx=\int f(t)dt \ (\text{단, } g(x)=t)$$

$$\int \frac{f'(x)}{f(x)}dx=\ln|f(x)|+C$$

(3)은 부분적분법의 공식을 이용하면 된다. 특히 $\ln x$의 부정적분은 자주 이용되므로 다음과 같이 공식으로 기억해 두는 것이 좋다.

$$\textbf{정석}\quad \int \ln x\,dx = x\ln x - x + C$$

모범답안 (1) $\displaystyle\int xe^{-x^2}dx=-\frac{1}{2}\int(-2xe^{-x^2})dx=-\frac{1}{2}\int(-x^2)'e^{-x^2}dx=-\frac{1}{2}e^{-x^2}+C$

$\displaystyle\therefore \int_0^1 xe^{-x^2}dx=\left[-\frac{1}{2}e^{-x^2}\right]_0^1=-\frac{1}{2}e^{-1}-\left(-\frac{1}{2}\right)=\boldsymbol{\frac{1}{2}\left(1-\frac{1}{e}\right)}$ ← 답

(2) $\displaystyle\int \frac{x}{x^2+1}dx=\frac{1}{2}\int\frac{2x}{x^2+1}dx=\frac{1}{2}\int\frac{(x^2+1)'}{x^2+1}dx=\frac{1}{2}\ln(x^2+1)+C$

$\displaystyle\therefore \int_1^3 \frac{x}{x^2+1}dx=\left[\frac{1}{2}\ln(x^2+1)\right]_1^3=\frac{1}{2}\ln 10-\frac{1}{2}\ln 2=\boldsymbol{\frac{1}{2}\ln 5}$ ← 답

(3) $\displaystyle\int_1^2 \ln x^3 dx=\int_1^2 3\ln x\,dx=\Big[3(x\ln x-x)\Big]_1^2=3(2\ln 2-2)-3\times(-1)$

$=\boldsymbol{6\ln 2-3}$ ← 답

Advice | 이상과 같이 부정적분을 구하고 나면 간단한 수와 식의 계산으로 정적분의 값을 구할 수 있다.

정석 정적분의 기본은 ⟹ 부정적분

유제 **15**-2. 다음 정적분의 값을 구하여라.

(1) $\displaystyle\int_0^{\frac{\pi}{2}} \sin^2 x\cos x\,dx$ (2) $\displaystyle\int_0^{\frac{\pi}{4}} \tan x\,dx$ (3) $\displaystyle\int_0^{\pi} \frac{\sin x}{2+\cos x}dx$

(4) $\displaystyle\int_1^e \ln x\,dx$ (5) $\displaystyle\int_0^1 xe^x dx$ (6) $\displaystyle\int_0^1 xe^{-x}dx$

답 (1) $\boldsymbol{\frac{1}{3}}$ (2) $\boldsymbol{\frac{1}{2}\ln 2}$ (3) $\boldsymbol{\ln 3}$ (4) **1** (5) **1** (6) $\boldsymbol{1-\frac{2}{e}}$

기본 문제 15-3 다음 정적분의 값을 구하여라.

(1) $\displaystyle\int_0^1 \frac{x^3}{x+1}dx+\int_0^1 \frac{1}{t+1}dt$ (2) $\displaystyle\int_0^{\ln 3} \frac{e^{3x}}{e^x+1}dx-\int_{\ln 3}^0 \frac{1}{e^t+1}dt$

정석연구 두 정적분을 따로 계산하는 것보다

정석 $\boldsymbol{a}$, $\boldsymbol{b}$가 실수일 때

(i) $\displaystyle\int_a^b \boldsymbol{f(x)dx}=\int_a^b \boldsymbol{f(t)dt}$ ⇦ 적분변수에 관계없다.

(ii) $\displaystyle\int_a^b \boldsymbol{f(x)dx}=-\int_b^a \boldsymbol{f(x)dx}$

(iii) $\displaystyle\int_a^b \boldsymbol{f(x)dx}\pm\int_a^b \boldsymbol{g(x)dx}=\int_a^b \{\boldsymbol{f(x)\pm g(x)}\}\boldsymbol{dx}$ (복부호동순)

임을 이용하여 피적분함수를 하나로 묶어 계산하는 것이 편리하다.

모범답안 (1) (준 식)$\displaystyle=\int_0^1 \frac{x^3}{x+1}dx+\int_0^1 \frac{1}{x+1}dx$ ⇦ (i)

$$=\int_0^1 \frac{x^3+1}{x+1}dx \quad ⇦ \text{(iii)}$$

$$=\int_0^1 \frac{(x+1)(x^2-x+1)}{x+1}dx=\int_0^1 (x^2-x+1)dx$$

$$=\left[\frac{1}{3}x^3-\frac{1}{2}x^2+x\right]_0^1=\frac{1}{3}-\frac{1}{2}+1=\boldsymbol{\frac{5}{6}} \longleftarrow \text{답}$$

(2) (준 식)$\displaystyle=\int_0^{\ln 3} \frac{e^{3x}}{e^x+1}dx+\int_0^{\ln 3} \frac{1}{e^t+1}dt$ ⇦ (ii)

$$=\int_0^{\ln 3} \frac{e^{3x}}{e^x+1}dx+\int_0^{\ln 3} \frac{1}{e^x+1}dx \quad ⇦ \text{(i)}$$

$$=\int_0^{\ln 3} \frac{e^{3x}+1}{e^x+1}dx=\int_0^{\ln 3} \frac{(e^x+1)(e^{2x}-e^x+1)}{e^x+1}dx \quad ⇦ \text{(iii)}$$

$$=\int_0^{\ln 3} (e^{2x}-e^x+1)dx=\left[\frac{1}{2}e^{2x}-e^x+x\right]_0^{\ln 3}$$

$$=\left(\frac{1}{2}e^{2\ln 3}-e^{\ln 3}+\ln 3\right)-\left(\frac{1}{2}-1\right)=\boldsymbol{2+\ln 3} \longleftarrow \text{답}$$

유제 **15**-3. 다음 정적분의 값을 구하여라.

(1) $\displaystyle\int_0^2 \frac{x^3}{x-4}dx+\int_2^0 \frac{4y^2}{y-4}dy$

(2) $\displaystyle\int_0^1 (e^{2x}-\sin x)dx+\int_0^1 (e^{2x}+\sin x)dx$

(3) $\displaystyle\int_0^\pi (\sin x+\cos x)^2 dx-\int_\pi^0 (\sin y-\cos y)^2 dy$ 답 (1) $\boldsymbol{\frac{8}{3}}$ (2) $\boldsymbol{e^2-1}$ (3) $\boldsymbol{2\pi}$

기본 문제 15-4　함수 $f(x)=\begin{cases} \sin x & (x \le \pi) \\ \cos x+1 & (x \ge \pi) \end{cases}$ 에 대하여 다음 정적분의 값을 구하여라.

(1) $\displaystyle\int_0^{\pi} f(x)dx$　　(2) $\displaystyle\int_{\pi}^{3\pi} f(x)dx$　　(3) $\displaystyle\int_{-\pi}^{2\pi} f(x)dx$

정석연구　적분구간 안에서 함수가 다를 때에는 적분구간을 나누어서 적분한다. 곧,

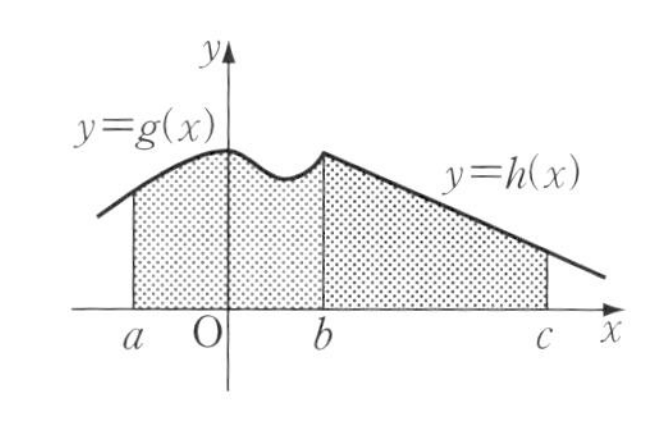

정석 $\boldsymbol{f(x)=\begin{cases} g(x) & (a \le x \le b) \\ h(x) & (b \le x \le c) \end{cases}}$ 일 때,

$$\int_a^c \boldsymbol{f(x)dx}=\int_a^b \boldsymbol{g(x)dx}+\int_b^c \boldsymbol{h(x)dx}$$

이 문제의 경우 아래 그림을 참조하여 다음과 같이 나눈다.

(1) 적분구간이 $[0,\ \pi]$이므로

$f(x)=\sin x$

(2) 적분구간이 $[\pi,\ 3\pi]$이므로

$f(x)=\cos x+1$

(3) 적분구간이 $[-\pi,\ 2\pi]$이므로

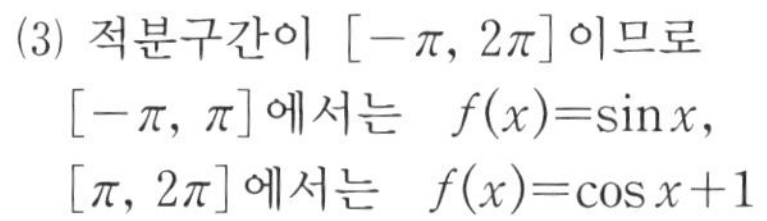

$[-\pi,\ \pi]$에서는　$f(x)=\sin x$,

$[\pi,\ 2\pi]$에서는　$f(x)=\cos x+1$

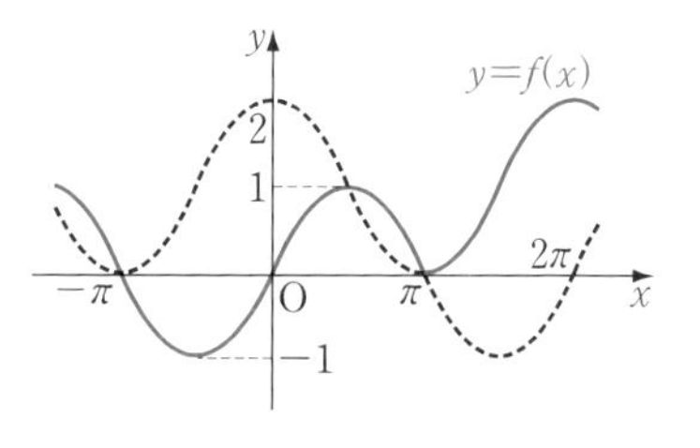

모범답안 (1) $\displaystyle\int_0^{\pi} f(x)dx=\int_0^{\pi} \sin x\,dx=\Big[-\cos x\Big]_0^{\pi}=1-(-1)=\mathbf{2}$ ← 답

(2) $\displaystyle\int_{\pi}^{3\pi} f(x)dx=\int_{\pi}^{3\pi} (\cos x+1)dx=\Big[\sin x+x\Big]_{\pi}^{3\pi}=3\pi-\pi=\boldsymbol{2\pi}$ ← 답

(3) $\displaystyle\int_{-\pi}^{2\pi} f(x)dx=\int_{-\pi}^{\pi} f(x)dx+\int_{\pi}^{2\pi} f(x)dx=\int_{-\pi}^{\pi} \sin x\,dx+\int_{\pi}^{2\pi} (\cos x+1)dx$

$\displaystyle=\Big[-\cos x\Big]_{-\pi}^{\pi}+\Big[\sin x+x\Big]_{\pi}^{2\pi}=(1-1)+(2\pi-\pi)$

$=\boldsymbol{\pi}$ ← 답

유제 **15**-4. 함수 $f(x)=\begin{cases} 2e^{x-1} & (x \le 1) \\ -x+3 & (x \ge 1) \end{cases}$ 에 대하여 다음 정적분의 값을 구하여라.

(1) $\displaystyle\int_0^{1} f(x)dx$　　(2) $\displaystyle\int_1^{3} f(x)dx$　　(3) $\displaystyle\int_0^{4} f(x)dx$

답 (1) $\mathbf{2-\dfrac{2}{e}}$　(2) $\mathbf{2}$　(3) $\mathbf{\dfrac{7}{2}-\dfrac{2}{e}}$

기본 문제 15-5 다음 정적분의 값을 구하여라.

(1) $\displaystyle\int_0^{\pi}|\sin 2x|\,dx$ (2) $\displaystyle\int_0^{1}|e^x-2|\,dx$

[정석연구] 구간을 나누어 절댓값 기호를 없앤다.

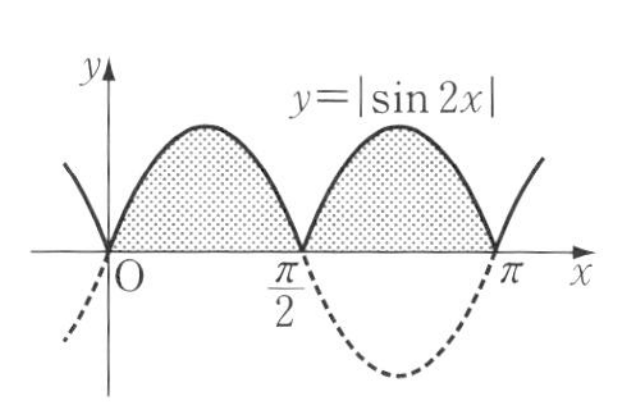

(1) $0\le x\le\dfrac{\pi}{2}$ 일 때 $\sin 2x\ge 0$

$\therefore\ |\sin 2x|=\sin 2x$

$\dfrac{\pi}{2}\le x\le\pi$ 일 때 $\sin 2x\le 0$

$\therefore\ |\sin 2x|=-\sin 2x$

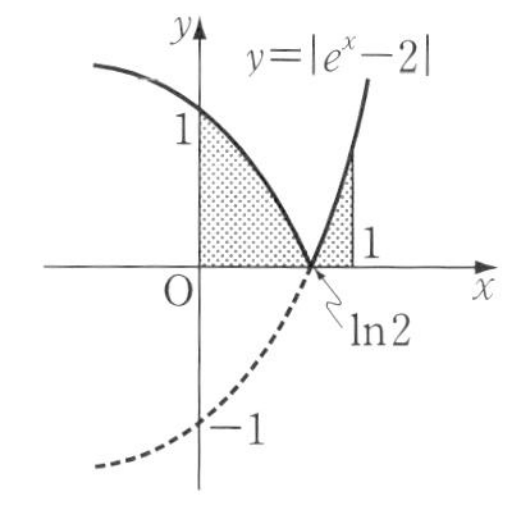

(2) $e^x-2\ge 0$ 인 x의 값의 범위는

$e^x\ge 2$ 곧, $e^x\ge e^{\ln 2}$ $\quad\therefore\ x\ge\ln 2$

따라서 구간 $[0,\ 1]$에서

$0\le x\le\ln 2$ 일 때 $e^x-2\le 0$

$\therefore\ |e^x-2|=-(e^x-2)$

$\ln 2\le x\le 1$ 일 때 $e^x-2\ge 0$

$\therefore\ |e^x-2|=e^x-2$

[모범답안] (1) $\displaystyle\int_0^{\pi}|\sin 2x|\,dx=\int_0^{\frac{\pi}{2}}\sin 2x\,dx+\int_{\frac{\pi}{2}}^{\pi}(-\sin 2x)dx$

$\displaystyle=\left[-\frac{1}{2}\cos 2x\right]_0^{\frac{\pi}{2}}+\left[\frac{1}{2}\cos 2x\right]_{\frac{\pi}{2}}^{\pi}$

$=1+1=\mathbf{2}$ ← [답]

(2) $\displaystyle\int_0^{1}|e^x-2|\,dx=\int_0^{\ln 2}\{-(e^x-2)\}dx+\int_{\ln 2}^{1}(e^x-2)dx$

$\displaystyle=\Big[-e^x+2x\Big]_0^{\ln 2}+\Big[e^x-2x\Big]_{\ln 2}^{1}$

$=\{(-e^{\ln 2}+2\ln 2)-(-1)\}+\{(e-2)-(e^{\ln 2}-2\ln 2)\}$

$=\mathbf{4\ln 2+e-5}$ ← [답]

*Note $e^{\ln 2}$의 계산에서는 다음 **정석**을 이용하였다.

정석 $\boldsymbol{a^{\log_a b}=b,\quad e^{\ln b}=b}$

[유제] **15**-5. 다음 정적분의 값을 구하여라.

(1) $\displaystyle\int_0^{\pi}|\cos x|\,dx$ (2) $\displaystyle\int_0^{\pi}|\sin x\cos x|\,dx$ (3) $\displaystyle\int_{-3}^{3}\sqrt{3+|x|}\,dx$

(4) $\displaystyle\int_{-1}^{1}|e^x-1|\,dx$

[답] (1) **2** (2) **1** (3) $\mathbf{4(2\sqrt{6}-\sqrt{3})}$ (4) $\boldsymbol{\dfrac{1}{e}+e-2}$

기본 문제 15-6 다음 등식을 만족시키는 연속함수 $f(x)$를 구하여라.

(1) $f(x)=e^{x^2}+\int_0^1 tf(t)dt$ (2) $f(x)=\sin x+3\int_0^{\frac{\pi}{2}} f(x)\cos x\,dx$

정석연구 위끝, 아래끝이 상수인 정적분의 값은 상수인 것에 착안한다.

정석 $p,\ q$가 상수일 때 $\int_p^q f(x)dx \Longrightarrow$ 일정(상수)

모범답안 (1) $\int_0^1 tf(t)dt=a$라고 하면 $f(x)=e^{x^2}+a$

$$\therefore\ a=\int_0^1 tf(t)dt=\int_0^1 t(e^{t^2}+a)dt=\int_0^1 (te^{t^2}+at)dt$$

$$=\left[\frac{1}{2}e^{t^2}+\frac{1}{2}at^2\right]_0^1=\frac{1}{2}e+\frac{1}{2}a-\frac{1}{2}$$

곧, $a=\frac{1}{2}e+\frac{1}{2}a-\frac{1}{2}$ $\quad\therefore\ a=e-1$

$$\therefore\ \boldsymbol{f(x)=e^{x^2}+e-1} \longleftarrow \text{답}$$

(2) $\int_0^{\frac{\pi}{2}} f(x)\cos x\,dx=a$라고 하면 $f(x)=\sin x+3a$

$$\therefore\ a=\int_0^{\frac{\pi}{2}} f(x)\cos x\,dx=\int_0^{\frac{\pi}{2}} (\sin x+3a)\cos x\,dx$$

$$=\int_0^{\frac{\pi}{2}} \sin x\cos x\,dx+3a\int_0^{\frac{\pi}{2}} \cos x\,dx$$

$$=\int_0^{\frac{\pi}{2}} \frac{1}{2}\sin 2x\,dx+3a\int_0^{\frac{\pi}{2}} \cos x\,dx$$

$$=\left[-\frac{1}{4}\cos 2x\right]_0^{\frac{\pi}{2}}+3a\Big[\sin x\Big]_0^{\frac{\pi}{2}}=\frac{1}{2}+3a$$

곧, $a=\frac{1}{2}+3a$ $\quad\therefore\ a=-\frac{1}{4}$ $\quad\therefore\ \boldsymbol{f(x)=\sin x-\frac{3}{4}} \longleftarrow$ 답

유제 **15**-6. 다음 등식을 만족시키는 연속함수 $f(x)$를 구하여라.

(1) $f(x)=x^2-x+\int_0^1 xf'(x)dx$ (2) $f(x)=1+2\int_0^1 e^{t-x}f(t)dt$

(3) $f(x)=\sin^2 x+\int_{-\pi}^{\pi} f(x)dx$ (4) $f(x)=\cos x+\int_0^{\frac{\pi}{3}} f(x)\sin x\,dx$

답 (1) $\boldsymbol{f(x)=x^2-x+\frac{1}{6}}$ (2) $\boldsymbol{f(x)=2(1-e)e^{-x}+1}$

(3) $\boldsymbol{f(x)=\sin^2 x-\frac{\pi}{2\pi-1}}$ (4) $\boldsymbol{f(x)=\cos x+\frac{3}{4}}$

유제 **15**-7. 다음 등식을 만족시키는 연속함수 $f(x)$를 구하여라.

$2e^x f(x)=x^3+x+\int_0^1 \left\{e^t f(t)-t^2\right\}dt$ 답 $\boldsymbol{f(x)=\frac{1}{2}e^{-x}\left(x^3+x+\frac{1}{12}\right)}$

§ 2. 정적분의 치환적분법과 부분적분법

1 정적분의 치환적분법

일반적으로 정적분의 값을 구할 때에는 먼저 부정적분을 구한 다음

정의 $f(x)$가 구간 $[a,\ b]$에서 연속이고 $\int f(x)dx = F(x) + C$이면

$$\int_a^b f(x)dx = \Big[F(x)\Big]_a^b = F(b) - F(a)$$

를 이용하였다.

이를테면 $\int_0^2 (2x+1)^3 dx$는 다음과 같이 계산할 수 있다.

$2x+1=t$라고 하면 $2\,dx=dt$, 곧 $dx=\dfrac{1}{2}dt$이므로

$$\int (2x+1)^3 dx = \int t^3 \times \frac{1}{2}dt = \frac{1}{8}t^4 + C = \frac{1}{8}(2x+1)^4 + C$$

$$\therefore \int_0^2 (2x+1)^3 dx = \left[\frac{1}{8}(2x+1)^4\right]_0^2 = \frac{625}{8} - \frac{1}{8} = 78$$

여기에서 아래끝 0과 위끝 2는 모두 x의 값이므로 t에 관한 식으로 나타내어진 부정적분을 x에 관한 식으로 나타낸 다음 대입하였다.

따라서 아래끝과 위끝의 값도 t의 값으로 치환할 수 있다면 굳이 부정적분을 x에 관한 식으로 나타내지 않고도 정적분의 값을 구할 수 있다.

곧, $2x+1=t$에서

$x=0$일 때 $t=1$, $x=2$일 때 $t=5$

이므로 다음과 같이 아래끝과 위끝도 치환하여 계산하는 방법을 생각할 수 있다.

x	0	2
t	1	5

$$\int_0^2 (2x+1)^3 dx = \int_1^5 t^3 \times \frac{1}{2}dt = \left[\frac{1}{8}t^4\right]_1^5 = \frac{1}{8}(5^4 - 1) = 78$$

이와 같이 미분가능한 함수를 다른 변수로 치환하여 계산하는 방법을 정적분의 치환적분법이라고 한다.

기본정석 — 정적분의 치환적분법

함수 $f(t)$가 구간 $[\alpha,\ \beta]$에서 연속이고, 미분가능한 함수 $t=g(x)$의 도함수 $g'(x)$가 구간 $[a,\ b]$에서 연속이며, $g(a)=\alpha$, $g(b)=\beta$이면

$$\int_a^b f\big(g(x)\big)g'(x)dx = \int_\alpha^\beta f(t)dt$$

보기 1 다음 정적분의 값을 구하여라.

(1) $\displaystyle\int_3^5 \sqrt{x-3}\,dx$　　(2) $\displaystyle\int_0^2 2xe^{x^2}dx$

연구 (1) $x-3=t$라고 하면 $dx=dt$이고

$x=3$일 때 $t=0$, $x=5$일 때 $t=2$이므로

x	3	5
t	0	2

$$\int_3^5 \sqrt{x-3}\,dx=\int_0^2 \sqrt{t}\,dt=\left[\frac{2}{3}t\sqrt{t}\right]_0^2=\boldsymbol{\frac{4\sqrt{2}}{3}}$$

(2) $x^2=t$라고 하면 $2x\,dx=dt$이고

$x=0$일 때 $t=0$, $x=2$일 때 $t=4$이므로

x	0	2
t	0	4

$$\int_0^2 2xe^{x^2}dx=\int_0^4 e^t dt=\left[e^t\right]_0^4=\boldsymbol{e^4-1}$$

2 정적분의 부분적분법

부정적분의 부분적분법과 마찬가지로 두 함수의 곱의 미분법의 공식

$$\{f(x)g(x)\}'=f'(x)g(x)+f(x)g'(x)$$

에서

$$\int_a^b \{f(x)g(x)\}'dx=\int_a^b f'(x)g(x)dx+\int_a^b f(x)g'(x)dx$$

$$\therefore\ \int_a^b f'(x)g(x)dx=\Big[f(x)g(x)\Big]_a^b-\int_a^b f(x)g'(x)dx$$

이와 같이 계산하는 방법을 정적분의 부분적분법이라고 한다.

기본정석 — **정적분의 부분적분법**

$$\int_a^b \boldsymbol{f'(x)g(x)dx}=\Big[\boldsymbol{f(x)g(x)}\Big]_a^b-\int_a^b \boldsymbol{f(x)g'(x)dx}$$

$$\int_a^b \boldsymbol{u'v\,dx}=\Big[\boldsymbol{uv}\Big]_a^b-\int_a^b \boldsymbol{uv'dx}$$　　단, $\boldsymbol{u=f(x),\ v=g(x)}$

보기 2 다음 정적분의 값을 구하여라.

(1) $\displaystyle\int_1^e xe^x dx$　　(2) $\displaystyle\int_0^\pi x\cos x\,dx$

연구 (1) $u'=e^x$, $v=x$라고 하면 $u=e^x$, $v'=1$이므로

$$\int_1^e xe^x dx=\Big[e^x\times x\Big]_1^e-\int_1^e e^x\times 1\,dx=e^e\times e-e-\Big[e^x\Big]_1^e=\boldsymbol{(e-1)e^e}$$

(2) $u'=\cos x$, $v=x$라고 하면 $u=\sin x$, $v'=1$이므로

$$\int_0^\pi x\cos x\,dx=\Big[(\sin x)\times x\Big]_0^\pi-\int_0^\pi (\sin x)\times 1\,dx=0-\Big[-\cos x\Big]_0^\pi=\boldsymbol{-2}$$

기본 문제 15-7 다음 정적분의 값을 구하여라.

(1) $\displaystyle\int_0^{\sqrt{3}} x\sqrt{x^2+1}\,dx$　　(2) $\displaystyle\int_0^{\frac{\pi}{2}}(1-\sin^2 x)\sin x\cos x\,dx$

(3) $\displaystyle\int_e^{e^2}\frac{3(\ln x)^2}{x}dx$　　(4) $\displaystyle\int_0^1\frac{x}{1+x^2}dx$

모범답안 (1) $x^2+1=t$라고 하면 $2x\,dx=dt$, 곧 $x\,dx=\frac{1}{2}dt$이고

$x=0$일 때 $t=1$, $x=\sqrt{3}$일 때 $t=4$

$$\therefore \int_0^{\sqrt{3}} x\sqrt{x^2+1}\,dx=\int_1^4\sqrt{t}\times\frac{1}{2}dt=\left[\frac{1}{3}t\sqrt{t}\right]_1^4$$

$$=\frac{1}{3}(8-1)=\mathbf{\frac{7}{3}} \longleftarrow \text{답}$$

(2) $\sin x=t$라고 하면 $\cos x\,dx=dt$이고

$x=0$일 때 $t=0$, $x=\frac{\pi}{2}$일 때 $t=1$

$$\therefore \int_0^{\frac{\pi}{2}}(1-\sin^2 x)\sin x\cos x\,dx=\int_0^1(1-t^2)t\,dt=\left[\frac{1}{2}t^2-\frac{1}{4}t^4\right]_0^1$$

$$=\frac{1}{2}-\frac{1}{4}=\mathbf{\frac{1}{4}} \longleftarrow \text{답}$$

(3) $\ln x=t$라고 하면 $\frac{1}{x}dx=dt$이고

$x=e$일 때 $t=1$, $x=e^2$일 때 $t=2$

$$\therefore \int_e^{e^2}\frac{3(\ln x)^2}{x}dx=\int_1^2 3t^2dt=\Big[t^3\Big]_1^2=8-1=\mathbf{7} \longleftarrow \text{답}$$

(4) $1+x^2=t$라고 하면 $2x\,dx=dt$, 곧 $x\,dx=\frac{1}{2}dt$이고

$x=0$일 때 $t=1$, $x=1$일 때 $t=2$

$$\therefore \int_0^1\frac{x}{1+x^2}dx=\int_1^2\frac{1}{t}\times\frac{1}{2}dt=\left[\frac{1}{2}\ln|t|\right]_1^2=\mathbf{\frac{1}{2}\ln 2} \longleftarrow \text{답}$$

***Note** 이와 같은 방법으로 **기본 문제 15-2**의 (1), (2)와 **유제 15-2**의 (1), (2), (3)을 구해 보아라.

유제 **15-8**. 다음 정적분의 값을 구하여라.

(1) $\displaystyle\int_1^2 x\sqrt{x^2-1}\,dx$　(2) $\displaystyle\int_0^{\frac{\pi}{2}}(\sin^3 x+1)\cos x\,dx$　(3) $\displaystyle\int_0^{\frac{\pi}{2}}\sin x\cos 2x\,dx$

(4) $\displaystyle\int_1^e\ln x^{\frac{1}{x}}dx$　(5) $\displaystyle\int_0^{\frac{\pi}{2}}\frac{\cos x}{1+2\sin x}dx$　(6) $\displaystyle\int_1^2\frac{x-1}{x^2-2x+3}dx$

답 (1) $\sqrt{3}$ (2) $\frac{5}{4}$ (3) $-\frac{1}{3}$ (4) $\frac{1}{2}$ (5) $\frac{1}{2}\ln 3$ (6) $\frac{1}{2}\ln\frac{3}{2}$

기본 문제 **15**-8 다음을 증명하여라.

(1) $f(x)$가 우함수이면 $\int_{-a}^{a} f(x)dx=2\int_{0}^{a} f(x)dx$ 이다.

(2) $f(x)$가 기함수이면 $\int_{-a}^{a} f(x)dx=0$ 이다.

정석연구 다음 우함수, 기함수의 정의를 이용한다. ⇦ 기본 수학(하) p. 220

정의 $\boldsymbol{f(x)}$가 우함수 $\Longleftrightarrow$ $\boldsymbol{f(-x)=f(x)}$

$\boldsymbol{f(x)}$가 기함수 $\Longleftrightarrow$ $\boldsymbol{f(-x)=-f(x)}$

모범답안 $\int_{-a}^{a} f(x)dx=\int_{-a}^{0} f(x)dx+\int_{0}^{a} f(x)dx$ ……①

$\int_{-a}^{0} f(x)dx$ 에서 $x=-t$ 라고 하면 $dx=-dt$ 이고

$x=-a$ 일 때 $t=a$, $x=0$ 일 때 $t=0$

$\therefore \int_{-a}^{0} f(x)dx=\int_{a}^{0} f(-t)(-dt)=\int_{0}^{a} f(-t)dt=\int_{0}^{a} f(-x)dx$ ……②

(1) $f(x)$가 우함수이면 $f(-x)=f(x)$이므로 ①, ②에서

$$\int_{-a}^{a} f(x)dx=\int_{0}^{a} f(x)dx+\int_{0}^{a} f(x)dx=2\int_{0}^{a} f(x)dx$$

(2) $f(x)$가 기함수이면 $f(-x)=-f(x)$이므로 ①, ②에서

$$\int_{-a}^{a} f(x)dx=-\int_{0}^{a} f(x)dx+\int_{0}^{a} f(x)dx=0$$

Advice | 이 성질은 위끝과 아래끝의 절댓값이 같고 부호가 다른 정적분을 계산할 때 이용하면 편리하다.

(i) $\int_{-\pi}^{\pi} \sin x\, dx=\mathbf{0}$ ⇦ $\sin x$는 기함수

(ii) $\int_{-\frac{\pi}{2}}^{\frac{\pi}{2}} \cos x\, dx=2\int_{0}^{\frac{\pi}{2}} \cos x\, dx=2\Big[\sin x\Big]_{0}^{\frac{\pi}{2}}=\mathbf{2}$ ⇦ $\cos x$는 우함수

(iii) $\int_{-1}^{1} (x^5+2x^3+3x^2+1)dx=\int_{-1}^{1} (x^5+2x^3)dx+\int_{-1}^{1} (3x^2+1)dx$

$=0+2\int_{0}^{1} (3x^2+1)dx=2\Big[x^3+x\Big]_{0}^{1}=\mathbf{4}$

유제 **15**-9. 다음 정적분의 값을 구하여라.

(1) $\int_{-2}^{2} (x^5-3x^2+5x)dx$ (2) $\int_{-1}^{0} (x^5+x^3)dx-\int_{1}^{0} (x^5+x^3)dx$

(3) $\int_{-\pi}^{\pi} (\sin x+\cos x)dx$

답 (1) **−16** (2) **0** (3) **0**

기본 문제 15-9 다음 정적분의 값을 구하여라.

(1) $\int_0^{\pi} x(\sin x+\cos x)dx$ (2) $\int_{-1}^{1}|x|e^x dx$ (3) $\int_0^1 x^2 e^x dx$

정석연구 다음 정적분의 부분적분법을 이용한다.

$$\text{정석}\quad \int_a^b u'v\,dx=\Big[uv\Big]_a^b-\int_a^b uv'\,dx$$

모범답안 (1) $u'=\sin x+\cos x$, $v=x$라고 하면 $u=-\cos x+\sin x$, $v'=1$이므로

$$\int_0^{\pi} x(\sin x+\cos x)dx=\Big[(-\cos x+\sin x)x\Big]_0^{\pi}-\int_0^{\pi}(-\cos x+\sin x)\times 1\,dx$$
$$=\pi-\Big[-\sin x-\cos x\Big]_0^{\pi}$$
$$=\pi-(1+1)=\boldsymbol{\pi-2} \longleftarrow \text{답}$$

(2) $\int_{-1}^{1}|x|e^x dx=\int_{-1}^{0}(-xe^x)dx+\int_0^1 xe^x dx=-\int_{-1}^{0}xe^x dx+\int_0^1 xe^x dx$

$u'=e^x$, $v=x$라고 하면 $u=e^x$, $v'=1$이므로

$$\int_{-1}^{1}|x|e^x dx=-\Big[e^x\times x\Big]_{-1}^{0}+\int_{-1}^{0}e^x\times 1\,dx+\Big[e^x\times x\Big]_0^1-\int_0^1 e^x\times 1\,dx$$
$$=-e^{-1}+(1-e^{-1})+e-(e-1)=\boldsymbol{2(1-e^{-1})} \longleftarrow \text{답}$$

(3) 정적분의 부분적분법을 거듭 적용하면

$$\int_0^1 x^2e^x dx=\Big[e^x\times x^2\Big]_0^1-\int_0^1 e^x\times 2x\,dx=e-2\int_0^1 e^x\times x\,dx$$
$$=e-2\left(\Big[e^x\times x\Big]_0^1-\int_0^1 e^x\times 1\,dx\right)=e-2\left(e-\Big[e^x\Big]_0^1\right)$$
$$=e-2\{e-(e-1)\}=\boldsymbol{e-2} \longleftarrow \text{답}$$

Note* 이와 같은 방법으로 **기본 문제 15-2의 (3)과 **유제 15-2**의 (4), (5), (6)을 구해 보아라.

유제 **15**-10. 다음 정적분의 값을 구하여라.

(1) $\int_0^{\frac{\pi}{2}} x\sin x\,dx$ (2) $\int_0^{\pi} x^2\cos x\,dx$ (3) $\int_0^{\pi} x^2\sin x\,dx$

(4) $\int_0^{\pi} 4x\sin x\cos x\,dx$ (5) $\int_0^1 (x-1)e^{-x}dx$ (6) $\int_0^1 x^2e^{2x}dx$

답 (1) $\mathbf{1}$ (2) $-2\boldsymbol{\pi}$ (3) $\boldsymbol{\pi}^2-4$ (4) $-\boldsymbol{\pi}$ (5) $-\dfrac{1}{e}$ (6) $\dfrac{1}{4}(e^2-1)$

기본 문제 15-10 함수 $f(x)=ax\ln x+b$가 다음 두 조건을 만족시킬 때, 상수 a, b의 값을 구하여라.

(가) $\displaystyle\lim_{x\to e}\frac{f(x)-f(e)}{x-e}=2$ (나) $\displaystyle\int_1^e f(x)dx=\frac{1}{4}e(e+1)$

정석연구 $\displaystyle\int_1^e x\ln x\,dx$의 값을 구할 때에는 다음 **정석**을 이용한다.

$$\textbf{정석}\quad \int_a^b u'v\,dx=\Big[uv\Big]_a^b-\int_a^b uv'\,dx$$

모범답안 $f(x)=ax\ln x+b$에서 $f'(x)=a(\ln x+1)$

조건 (가)에서 $f'(e)=2$이므로

$$a(\ln e+1)=2 \quad \therefore\ a=1 \quad \therefore\ f(x)=x\ln x+b$$

$$\therefore\ \int_1^e f(x)dx=\int_1^e(x\ln x+b)dx=\int_1^e x\ln x\,dx+\int_1^e b\,dx$$

$\displaystyle\int_1^e x\ln x\,dx$에서 $u'=x$, $v=\ln x$라고 하면 $u=\dfrac{1}{2}x^2$, $v'=\dfrac{1}{x}$이므로

$$\int_1^e f(x)dx=\left[\frac{1}{2}x^2\ln x\right]_1^e-\int_1^e\frac{1}{2}x^2\times\frac{1}{x}dx+\Big[bx\Big]_1^e$$

$$=\frac{1}{2}e^2-\left[\frac{1}{4}x^2\right]_1^e+b(e-1)=\frac{1}{4}e^2+\frac{1}{4}+b(e-1)$$

조건 (나)에서 $\displaystyle\frac{1}{4}e^2+\frac{1}{4}+b(e-1)=\frac{1}{4}e(e+1)$

$$\therefore\ b(e-1)=\frac{1}{4}(e-1) \quad \therefore\ b=\frac{1}{4}$$

답 $\boldsymbol{a=1,\ b=\dfrac{1}{4}}$

유제 **15**-11. 다음 정적분의 값을 구하여라.

(1) $\displaystyle\int_0^1\ln(x+1)dx$ (2) $\displaystyle\int_0^1 x\ln(2x+1)dx$

(3) $\displaystyle\int_2^4 x^2\ln x\,dx$ (4) $\displaystyle\int_1^e\frac{\ln x}{x^2}dx$

답 (1) $\mathbf{2\ln2-1}$ (2) $\mathbf{\dfrac{3}{8}\ln3}$ (3) $\mathbf{40\ln2-\dfrac{56}{9}}$ (4) $\mathbf{1-\dfrac{2}{e}}$

유제 **15**-12. 함수 $f(x)=a(\ln x)^2+b\ln x+c$가

$$\lim_{x\to1}\frac{f(x)}{\sin(x-1)}=1, \qquad \int_1^e f(x)dx=2e-3$$

을 만족시킨다. 이때, 상수 a, b, c의 값을 구하여라.

답 $\mathbf{a=2,\ b=1,\ c=0}$

연습문제 15

15-1 다음 정적분의 값을 구하여라.

(1) $\int_0^1 (e^x+e^{-x})^2 dx$ (2) $\int_{-\pi}^{\pi} (\sin x+\cos x)^2 dx$

15-2 다음 정적분의 값을 구하여라.

(1) $\int_0^3 |x-\sqrt{x}|dx$ (2) $\int_{-1}^4 \left|\frac{x-2}{x+2}\right|dx$

(3) $\int_0^{\pi} |\sin x+\cos x|dx$ (4) $\int_{-1}^1 |3^x-2^x|dx$

15-3 다음 정적분의 값을 구하여라.

(1) $\int_0^1 \frac{x}{(2x+1)^3}dx$ (2) $\int_3^6 \frac{x}{\sqrt{x-2}}dx$ (3) $\int_1^3 \sqrt{x^4+3x^2}\,dx$

(4) $\int_0^{\frac{1}{2}} \frac{x}{\sqrt{1-x^2}}dx$ (5) $\int_0^{\frac{\pi}{2}} \frac{\sin^3 x}{1+\cos x}dx$ (6) $\int_1^4 \frac{1}{\sqrt{x}}e^{\sqrt{x}}dx$

(7) $\int_{\ln 2}^1 \frac{1}{e^x-e^{-x}}dx$ (8) $\int_1^e \frac{\ln x}{x(\ln x+1)^2}dx$ (9) $\int_0^1 \frac{x\ln(1+x^2)}{1+x^2}dx$

15-4 다음 정적분의 값을 구하여라.

(1) $\int_0^a \sqrt{a^2-x^2}\,dx$ (단, $a>0$) (2) $\int_0^a \frac{1}{x^2+a^2}dx$ (단, $a\neq 0$)

15-5 다음 정적분의 값을 구하여라.

(1) $\int_1^2 x(2-x)^7 dx$ (2) $\int_0^{\sqrt{\pi}} x^3\cos x^2 dx$ (3) $\int_0^1 e^{\sqrt{x}}dx$

(4) $\int_{\frac{1}{e}}^e |\ln x|dx$ (5) $\int_0^{\frac{1}{2}} x^2\ln(1-x)dx$ (6) $\int_0^{\pi} e^x\cos x\,dx$

15-6 $f(x)=e^{-2x}$, $g(x)=\frac{1}{1+x}$ 일 때, $\int_0^{\ln 3} g\big(f(x)\big)dx$ 의 값은?

① $\ln\sqrt{2}$ ② $\ln 2$ ③ $\ln\sqrt{5}$ ④ 1 ⑤ $\ln 5$

15-7 곡선 $y=f(x)$ 위의 점 (x, y)에서의 접선의 기울기는 e^x+a이다. $f(0)=2$, $\int_0^1 f(x)dx=e+1$일 때, 상수 a의 값은?

① $\frac{1}{2}$ ② 1 ③ $\frac{3}{2}$ ④ 2 ⑤ $\frac{5}{2}$

15-8 다음 두 조건을 만족시키는 미분가능한 함수 $f(x)$를 구하여라.

(가) $f'(x)=\sin x+\int_{-\pi}^{\pi} f(t)dt$ (나) $f(0)=0$

15-9 다음 세 조건을 만족시키는 모든 미분가능한 함수 $f(x)$에 대하여 $\int_0^2 f(x)dx$의 최솟값을 구하여라.

(가) $f(0)=1,\quad f'(0)=1$

(나) $0<a<b<2$이면 $f'(a)\le f'(b)$이다.

(다) 구간 $(0,\ 1)$에서 $f''(x)=e^x$이다.

15-10 정의역이 $\{x\,|\,0\le x\le 5\}$이고 다음 세 조건을 만족시키는 모든 연속함수 $f(x)$에 대하여 $\int_0^5 f(x)dx$의 최솟값을 구하여라.

(가) $f(0)=1$

(나) $0\le k\le 4$인 각각의 정수 k에 대하여

$f(k+t)=f(k)\ (0<t\le 1)$ 또는 $f(k+t)=2^t\times f(k)\ (0<t\le 1)$

(다) 구간 $(0,\ 5)$에서 함수 $f(x)$가 미분가능하지 않은 점의 개수는 4이다.

15-11 자연수 n에 대하여 $S_n=\int_1^{e^n}\frac{\ln x}{x}dx$일 때, $\sum_{n=1}^{\infty}\frac{1}{\sqrt{S_nS_{n+1}}}$의 값은?

① 1 ② $\sqrt{2}$ ③ $\sqrt{3}$ ④ 2 ⑤ 3

15-12 다음 정적분의 값을 구하여라.

$$\int_0^{\frac{\pi}{4}}\tan x\,dx+\int_0^{-\frac{\pi}{4}}\tan^3 x\,dx$$

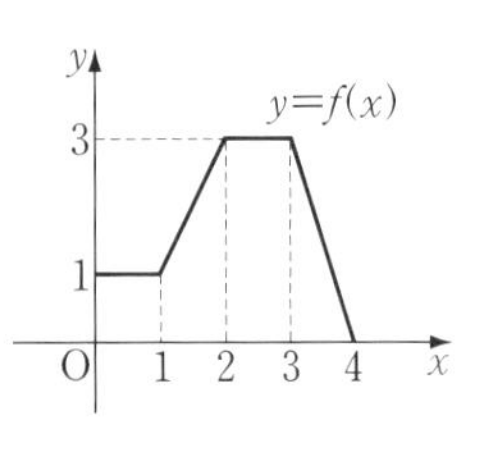

15-13 오른쪽 그림은 $0\le x\le 4$에서 정의된 함수 $y=f(x)$의 그래프이다.

정적분 $\int_0^1 f(2x+1)dx$의 값을 구하여라.

15-14 미분가능한 함수 $f(x)$에 대하여 $\int_0^1 f(x)dx=4$일 때, $\int_0^1 xf(x^2)dx$의 값을 구하여라.

15-15 연속함수 $f(x)$가 모든 실수 x에 대하여 $f(x)+f(-x)=x^2-1$을 만족시킬 때, $\int_{-1}^1 f(x)dx$의 값을 구하여라.

15-16 양의 실수 전체의 집합에서 연속인 함수 $f(x)$가 다음 두 조건을 만족시킬 때, $\int_4^5 \frac{f(x)}{x}dx$의 값을 구하여라.

(가) 임의의 양의 실수 x에 대하여 $(x+1)f(x)-xf(x+1)=\frac{x+1}{x}$이다.

(나) $\int_1^2 \frac{f(x)}{x}dx=3$

15-17 함수 $f(x)=2x\ln x+x^2-4x+3$에 대하여 다음 정적분의 값을 구하여라.

$$\int_2^4 f(x)dx-\int_3^4 f(x)dx+\int_1^2 f(x)dx$$

15-18 함수 $f(x)$가 모든 실수 x에 대하여 $f(x)=f(x+2)$를 만족시키고, $-1\leq x\leq 1$일 때 $f(x)=|x|$이다. 이때, $\int_0^2 e^x f(x)dx$의 값은?

① $e-1$　② $(e-1)^2$　③ $e+1$　④ e^2　⑤ $(e+1)^2$

15-19 다음 정적분의 값이 최소가 되는 상수 a의 값을 구하여라.

(1) $\int_0^1 (e^x-ax)^2 dx$　(2) $\int_0^\pi (a\sin x-\pi)^2 dx$

15-20 함수 $f(x)$가 $x>-1$에서 정의되고, $f'(x)=\dfrac{1}{(1+x^3)^2}$이다.

함수 $g(x)=x^2$에 대하여 $\int_0^1 f(x)g'(x)dx=\dfrac{1}{6}$일 때, $f(1)$의 값은?

① $\dfrac{1}{6}$　② $\dfrac{2}{9}$　③ $\dfrac{5}{18}$　④ $\dfrac{1}{3}$　⑤ $\dfrac{7}{18}$

15-21 미분가능한 함수 $f(x)$가 모든 실수 x에 대하여 $f(2x)=2f(x)f'(x)$를 만족시킨다. 또,

$$f(a)=0,\quad \int_{2a}^{4a}\frac{f(x)}{x}dx=k \quad (\text{단, } a>0,\ 0<k<1)$$

일 때, $\int_a^{2a}\dfrac{\{f(x)\}^2}{x^2}dx$의 값을 k로 나타내어라.

15-22 함수 $f(x)=ax^2+bx+1$ (단, $a\neq 0$)이 $\int_{-\pi}^{\pi} f(x)\sin x\, dx=0$을 만족시킨다. 곡선 $y=f(x)$가 직선 $y=x$에 접할 때, 상수 a, b의 값을 구하여라.

15-23 자연수 n에 대하여 함수 $f_n(x)$를

$$f_1(x)=e^x,\quad f_{n+1}(x)=e^x+\int_0^1 tf_n(t)dt$$

로 정의할 때, 다음 물음에 답하여라.

(1) $a_n=\int_0^1 tf_n(t)dt$라고 할 때, a_{n+1}을 a_n으로 나타내어라.

(2) a_n을 n으로 나타내어라.

(3) $\lim_{n\to\infty} f_n(x)$를 구하여라.

16. 여러 가지 정적분에 관한 문제

구분구적법／정적분과 급수
／정적분으로 정의된 함수

§ 1. 구분구적법

1 구분구적법

오른쪽 그림과 같은 직사각형의 넓이 S_1과 삼각형의 넓이 S_2는 각각

$$S_1 = ab, \quad S_2 = \frac{1}{2}ah$$

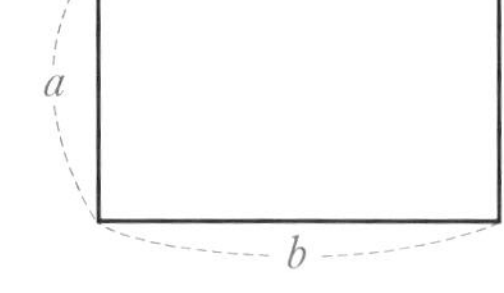

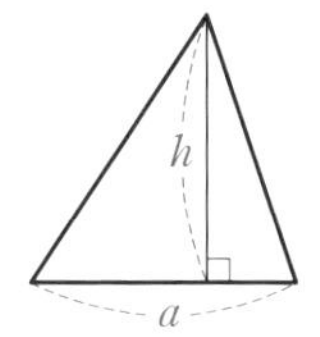

라는 것은 이미 알고 있다.

이와 같은 직사각형과 삼각형의 넓이를 구하는 공식은 다각형의 넓이를 구하는 기본이 된다.

이를테면 오른쪽 그림과 같은 다각형이 주어진 경우

(i) 이 다각형을 적당한 삼각형과 사각형으로 나눈다.

(ii) 각 도형의 넓이를 구한다.

(iii) 이 값을 더한다.

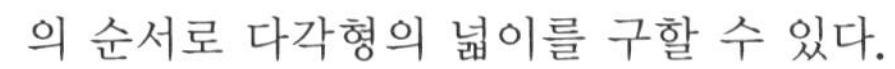

의 순서로 다각형의 넓이를 구할 수 있다.

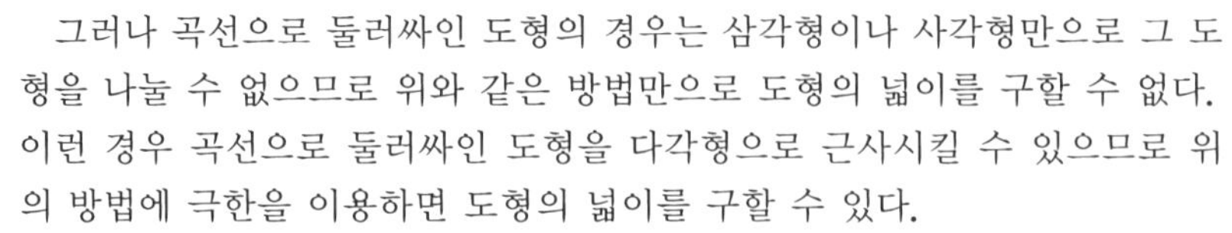

그러나 곡선으로 둘러싸인 도형의 경우는 삼각형이나 사각형만으로 그 도형을 나눌 수 없으므로 위와 같은 방법만으로 도형의 넓이를 구할 수 없다. 이런 경우 곡선으로 둘러싸인 도형을 다각형으로 근사시킬 수 있으므로 위의 방법에 극한을 이용하면 도형의 넓이를 구할 수 있다.

이를테면 반지름의 길이가 r인 원의 넓이가 πr^2이라는 것도 위의 방법을 이용하여 유도한 공식이다.

▶ 반지름의 길이가 r인 원의 넓이

오른쪽 그림과 같이 반지름의 길이가 r인 원에 내접하는 정사각형과 정팔각형을 그려 보면 정팔각형의 넓이가 정사각형의 넓이보다 원의 넓이에 더 가깝다는 것을 알 수 있다. 이와 같이 원에 내접하는 정n각형을 생각하면 그 넓이는 n의 값이 크면 클수록 원의 넓이에 가까워진다는 것을 알 수 있다.

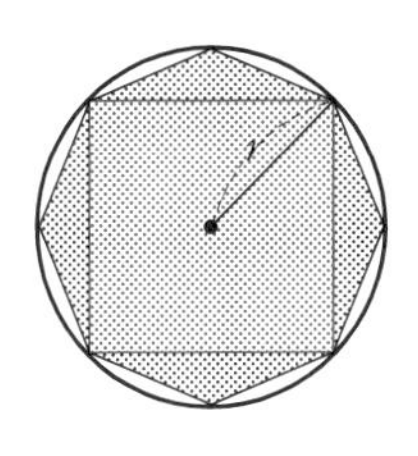

따라서 n의 값이 무한히 커질 때 원에 내접하는 정n각형의 넓이가 원의 넓이에 한없이 가까워진다고 할 수 있다. 이에 착안하면 다음과 같이 원의 넓이를 구할 수 있다.

오른쪽 그림에서 반지름의 길이가 r인 원에 내접하는 정n각형의 넓이를 S_n이라고 하면

$$S_n=\triangle OAB\times n$$
$$=\frac{1}{2}\overline{AB}\times h_n\times n=\frac{1}{2}h_n\times n\overline{AB}$$

이때, 정n각형의 둘레의 길이를 l_n이라고 하면

$$n\overline{AB}=l_n \quad \therefore\ S_n=\frac{1}{2}h_nl_n$$

여기에서

$$n \longrightarrow \infty\text{일 때}\quad h_n \longrightarrow r,\ l_n \longrightarrow 2\pi r$$

이므로 원의 넓이 S는 다음과 같다.

$$S=\lim_{n\to\infty}S_n=\lim_{n\to\infty}\frac{1}{2}h_nl_n=\frac{1}{2}\times r\times 2\pi r=\pi r^2$$

이와 같이 극한의 개념을 이용하면 입체도형의 부피도 구할 수 있다. 이를테면 구나 원뿔과 같은 입체도형을 원기둥 또는 직육면체의 합으로 나타낸 다음, 부피의 합의 극한을 구하면 된다.

기본정석 — **구분구적법**

다음과 같은 방법으로 평면도형의 넓이나 입체도형의 부피를 구하는 것을 구분구적법이라고 한다.

(i) 주어진 도형을 충분히 작은 n개의 기본 도형으로 나눈다.

(ii) 기본 도형들의 넓이의 합 S_n 또는 부피의 합 V_n을 구한다.

(iii) $\lim_{n\to\infty}S_n$ 또는 $\lim_{n\to\infty}V_n$을 구한다.

기본 문제 16-1 포물선 $y=x^2$과 x축 및 직선 $x=1$로 둘러싸인 도형의 넓이를 구분구적법으로 구하여라.

정석연구 먼저 아래 왼쪽 그림과 같이 구간 $[0, 1]$을 n등분하여 n개의 직사각형의 넓이의 합을 구한 다음 $n \longrightarrow \infty$를 생각한다.

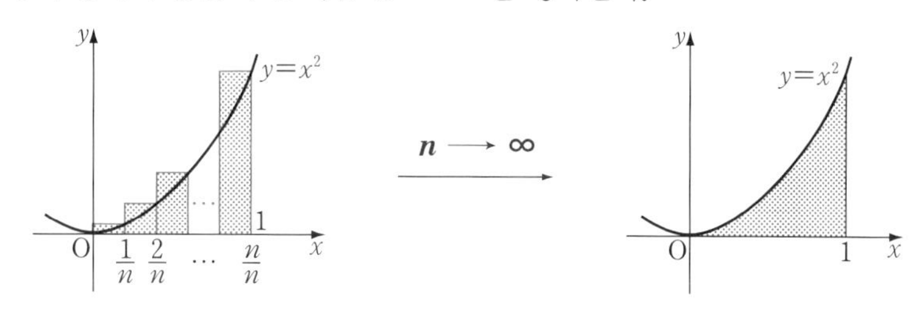

모범답안 구간 $[0, 1]$을 n등분하면 양 끝 점과 각 분점의 x좌표는 왼쪽부터

$$0,\ \frac{1}{n},\ \frac{2}{n},\ \frac{3}{n},\ \cdots,\ \frac{n}{n}$$ ⇦ 분점 사이의 거리는 $\frac{1}{n}$

n등분한 각 소구간의 오른쪽 끝 점의 함숫값을 세로의 길이로 하는 직사각형을 각각 만들고, 이들의 넓이의 합을 S_n이라고 하면

$$\mathrm{S}_n=\left(\frac{1}{n}\right)^2\frac{1}{n}+\left(\frac{2}{n}\right)^2\frac{1}{n}+\left(\frac{3}{n}\right)^2\frac{1}{n}+\cdots+\left(\frac{n}{n}\right)^2\frac{1}{n}=\frac{n(n+1)(2n+1)}{6n^3}$$

따라서 구하는 넓이를 S라고 하면

$$\mathrm{S}=\lim_{n\to\infty}\mathrm{S}_n=\lim_{n\to\infty}\frac{n(n+1)(2n+1)}{6n^3}=\frac{2}{6}=\mathbf{\frac{1}{3}} \longleftarrow \boxed{답}$$

Advice | 오른쪽 그림과 같이 n등분한 각 소구간의 왼쪽 끝 점의 함숫값을 세로의 길이로 하는 직사각형을 각각 만들고, 이들의 넓이의 합을 T_n이라고 하면

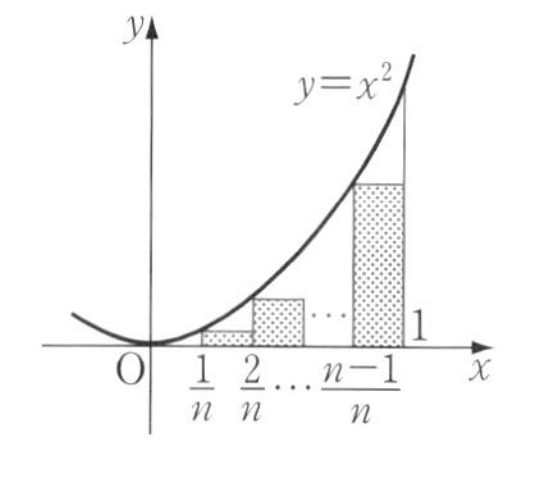

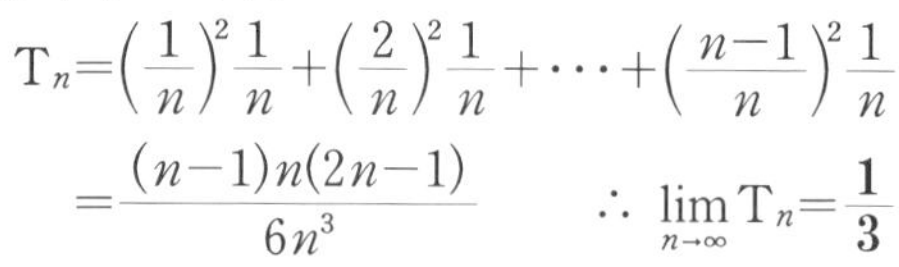

$$\mathrm{T}_n=\left(\frac{1}{n}\right)^2\frac{1}{n}+\left(\frac{2}{n}\right)^2\frac{1}{n}+\cdots+\left(\frac{n-1}{n}\right)^2\frac{1}{n}$$

$$=\frac{(n-1)n(2n-1)}{6n^3} \qquad \therefore \lim_{n\to\infty}\mathrm{T}_n=\mathbf{\frac{1}{3}}$$

곧, $y=x^2$과 같이 연속함수인 경우 $\mathrm{S}=\lim_{n\to\infty}\mathrm{S}_n=\lim_{n\to\infty}\mathrm{T}_n$이므로 $\mathrm{S}=\lim_{n\to\infty}\mathrm{S}_n$, $\mathrm{S}=\lim_{n\to\infty}\mathrm{T}_n$ 중 어느 한 경우만을 생각해도 된다.

유제 **16**-1. 포물선 $y=x^2$과 x축 및 직선 $x=2$로 둘러싸인 도형의 넓이를 구분구적법으로 구하여라.

답 $\frac{8}{3}$

기본 문제 16-2 밑면의 반지름의 길이가 r이고 높이가 h인 원뿔의 부피를 구분구적법으로 구하여라.

정석연구 먼저 아래 그림 ①과 같이 원뿔의 높이 h를 n등분하여 $(n-1)$개의 원기둥의 부피의 합을 생각한다.

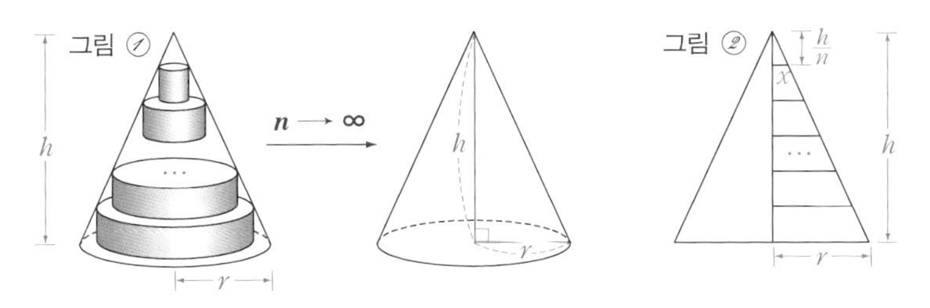

이때, 각 원기둥의 높이는 $\dfrac{h}{n}$이다. 또, 위의 그림 ②(단면도)에서

$$x : \frac{h}{n}=r : h \qquad \therefore\ hx=\frac{hr}{n} \qquad \therefore\ x=\frac{r}{n}$$

같은 방법으로 하면 각각의 원기둥의 밑면의 반지름의 길이는 위부터

$$\frac{r}{n},\ \frac{2r}{n},\ \frac{3r}{n},\ \cdots,\ \frac{(n-1)r}{n}$$

임을 알 수 있다.

모범답안 원뿔을 밑면에 평행한 같은 간격의 평면으로 n개의 부분으로 나누어 위의 그림 ①과 같이 $(n-1)$개의 원기둥을 만들고, 이들의 부피의 합을 V_n이라고 하면

$$\mathrm{V}_n=\pi\left(\frac{r}{n}\right)^2\frac{h}{n}+\pi\left(\frac{2r}{n}\right)^2\frac{h}{n}+\cdots+\pi\left\{\frac{(n-1)r}{n}\right\}^2\frac{h}{n}$$
$$=\pi\times\frac{r^2h}{n^3}\left\{1^2+2^2+\cdots+(n-1)^2\right\}=\pi r^2h\times\frac{(n-1)n(2n-1)}{6n^3}$$

따라서 구하는 부피를 V라고 하면

$$\mathrm{V}=\lim_{n\to\infty}\mathrm{V}_n=\pi r^2h\times\frac{2}{6}=\boldsymbol{\frac{1}{3}\pi r^2h} \longleftarrow \boxed{답}$$

***Note** 위의 그림 ①과 달리 원뿔의 밖으로 n개의 원기둥을 만들어도 같은 결과를 얻는다.

유제 **16**-2. 밑면은 한 변의 길이가 a인 정사각형이고 높이가 h인 정사각뿔의 부피를 구분구적법으로 구하여라. 답 $\boldsymbol{\frac{1}{3}a^2h}$

Advice | 구분구적법을 이용한 정적분의 정의

다음과 같이 구분구적법을 이용하여 정적분을 정의하기도 한다.

함수 $f(x)$가 닫힌구간 $[a,\ b]$에서 연속이고 $f(x)\ge0$일 때, 곡선 $y=f(x)$와 x축 및 두 직선 $x=a$, $x=b$로 둘러싸인 도형의 넓이 S를 구분구적법으로 구해 보자.

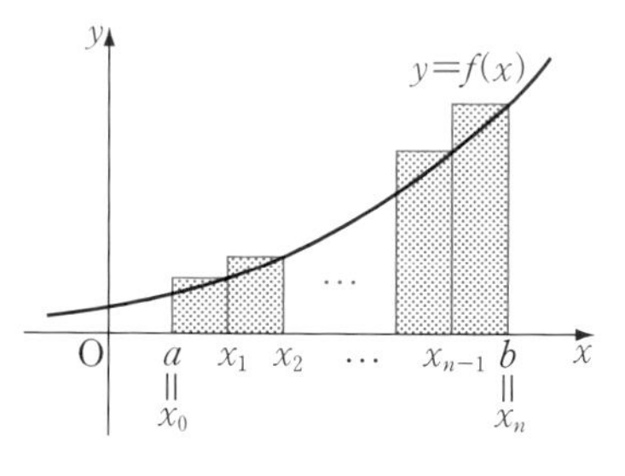

구간 $[a,\ b]$를 n등분하여 오른쪽 그림과 같이 양 끝 점과 각 분점의 x좌표를 왼쪽부터

$$x_0(=a),\quad x_1,\quad x_2,\quad \cdots,\quad x_{n-1},\quad x_n(=b)$$

이라고 하자. 이때, 각 소구간의 길이를 $\varDelta x$라고 하면 $\varDelta x$는 각각의 직사각형의 가로의 길이이고, 직사각형의 세로의 길이는 각각 다음과 같다.

$$f(x_1),\quad f(x_2),\quad \cdots,\quad f(x_{n-1}),\quad f(x_n)$$

따라서 이들 직사각형의 넓이의 합을 S_n이라고 하면

$$\mathrm{S}_n=f(x_1)\varDelta x+f(x_2)\varDelta x+\cdots+f(x_{n-1})\varDelta x+f(x_n)\varDelta x=\sum_{k=1}^{n}f(x_k)\varDelta x$$

이므로 구하는 넓이 S는 다음과 같다.

$$\mathbf{S}=\lim_{n\to\infty}\mathbf{S}_n=\lim_{n\to\infty}\sum_{k=1}^{n}\boldsymbol{f(x_k)\varDelta x}$$

일반적으로 함수 $f(x)$가 닫힌구간 $[a,\ b]$에서 연속이면

$$\lim_{n\to\infty}\mathbf{S}_n=\lim_{n\to\infty}\sum_{k=1}^{n}\boldsymbol{f(x_k)\varDelta x}$$

의 값이 존재한다. 이 극한값을 $f(x)$의 a에서 b까지의 정적분이라 하고, $\displaystyle\int_a^b \boldsymbol{f(x)dx}$로 나타낸다. 곧,

정의 $$\int_a^b \boldsymbol{f(x)dx}=\lim_{n\to\infty}\sum_{k=1}^{n}\boldsymbol{f(x_k)\varDelta x}\ \left(\boldsymbol{\varDelta x=\frac{b-a}{n},\ \ x_k=a+k\varDelta x}\right)$$

여기에서 $f(x)\ge0$이면 $f(x_k)\ge0$, $f(x)<0$이면 $f(x_k)<0$이므로

$$\sum_{k=1}^{n}\boldsymbol{f(x_k)\varDelta x}$$

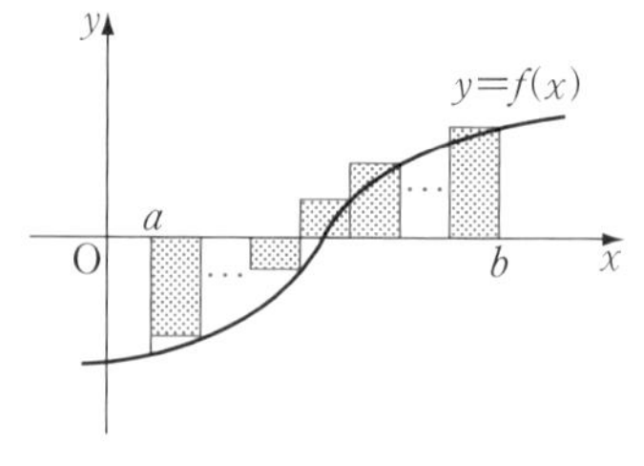

는 x축 위쪽에 있는 직사각형의 넓이의 합에서 x축 아래쪽에 있는 직사각형의 넓이의 합을 뺀 것과 같다.

이 값의 극한인 정적분도 같은 뜻을 가진다.

§2. 정적분과 급수

1 정적분과 급수의 관계 (Ⅰ)

이를테면 급수

$$\mathbf{S}=\lim_{n\to\infty}\sum_{k=1}^{n}\left(\frac{k}{n}\right)^2\frac{1}{n}$$

의 합을 구하는 방법을 생각해 보자.

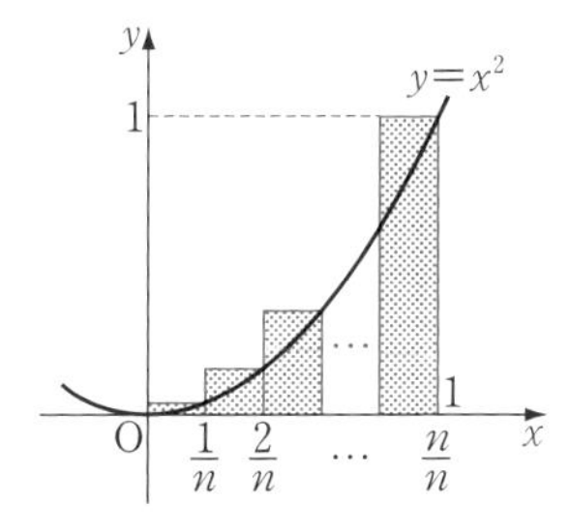

(i) 수열의 합의 공식을 이용하는 방법

$$\mathrm{S}=\lim_{n\to\infty}\frac{1}{n^3}\sum_{k=1}^{n}k^2$$

$$=\lim_{n\to\infty}\frac{n(n+1)(2n+1)}{6n^3}=\frac{1}{3}$$

(ii) 정적분을 이용하는 방법

$$\mathrm{S}=\lim_{n\to\infty}\left\{\left(\frac{1}{n}\right)^2\frac{1}{n}+\left(\frac{2}{n}\right)^2\frac{1}{n}+\left(\frac{3}{n}\right)^2\frac{1}{n}+\cdots+\left(\frac{n}{n}\right)^2\frac{1}{n}\right\}$$

이고, 이것은 위의 그림에서 포물선 $y=x^2$과 x축 및 직선 $x=1$로 둘러싸인 도형의 넓이와 같으므로 ⇦ p. 284

$$\mathrm{S}=\int_0^1 x^2dx=\left[\frac{1}{3}x^3\right]_0^1=\frac{1}{3}$$

위의 두 가지 방법을 비교해 보면 (ii)의 방법이 더 복잡해 보이지만, 부분합을 구하기가 복잡하거나 불가능할 때에는 (ii)의 방법을 이용한다.

일반적으로 함수 $f(x)$가 닫힌구간 $[a, b]$에서 연속이고 $f(x)\ge 0$일 때, 곡선 $y=f(x)$와 x축 및 두 직선 $x=a$, $x=b$로 둘러싸인 도형의 넓이 S를 급수의 합으로 나타내어 보자.

구간 $[a, b]$를 n등분하여 양 끝 점과 각 분점의 x좌표를 왼쪽부터

$$x_0(=a),\ x_1,\ x_2,\ \cdots,\ x_{n-1},\ x_n(=b)$$

이라 하고, n등분한 각 소구간의 오른쪽 끝 점의 함숫값을 세로의 길이로 하는 직사각형을 각각 만들어 그 넓이의 합을 S_n이라 하면

$$\mathrm{S}_n=\sum_{k=1}^{n}f(x_k)\frac{b-a}{n}$$

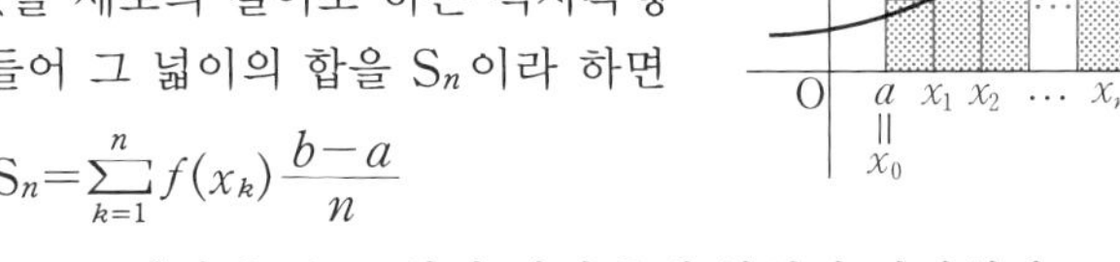

이때, $n\longrightarrow\infty$이면 S_n은 도형의 넓이 S에 한없이 가까워지므로

$$\mathrm{S}=\lim_{n\to\infty}\mathrm{S}_n=\lim_{n\to\infty}\sum_{k=1}^{n}f(x_k)\frac{b-a}{n}$$

한편 정적분과 넓이의 관계에 의하여 $\mathrm{S}=\int_a^b f(x)dx$ 이므로

$$\lim_{n\to\infty}\sum_{k=1}^{n}f(x_k)\frac{b-a}{n}=\int_a^b f(x)dx$$

이고, 이것은 $f(x)\ge 0$ 이 아닌 경우에도 성립함이 알려져 있다.

여기에서

$$x_1=a+\frac{b-a}{n},\ x_2=a+\frac{(b-a)\times 2}{n},\ \cdots,\ x_n=a+\frac{(b-a)n}{n}$$

이므로 다음이 성립한다.

$$\lim_{n\to\infty}\sum_{k=1}^{n}f\left(a+\frac{(b-a)k}{n}\right)\frac{b-a}{n}=\int_a^b f(x)dx$$

또, $b-a=p$ 라고 하면 $b=a+p$ 이므로 위의 식은 다음과도 같다.

$$\lim_{n\to\infty}\sum_{k=1}^{n}f\left(a+\frac{pk}{n}\right)\frac{p}{n}=\int_a^{a+p} f(x)dx$$

이상을 정리하면 다음과 같다.

기본정석 — **정적분과 급수의 관계 (I)**

연속함수 $f(x)$에 대하여

(i) $\displaystyle\lim_{n\to\infty}\sum_{k=1}^{n}f\left(a+\frac{(b-a)k}{n}\right)\frac{b-a}{n}=\int_a^b f(x)dx$

(ii) $\displaystyle\lim_{n\to\infty}\sum_{k=1}^{n}f\left(a+\frac{pk}{n}\right)\frac{p}{n}=\int_a^{a+p} f(x)dx$

Advice 1° 관계식 (ii)는 다음과 같은 방법으로 기억하면 된다.

$$\lim_{n\to\infty}\sum_{k=1}^{n}f\left(a+\frac{pk}{n}\right)\frac{p}{n}=\int_a^{a+p} f(x)dx$$

2° $a=0$ 일 때, 관계식 (ii)는 다음과 같다.

$$\lim_{n\to\infty}\sum_{k=1}^{n}f\left(\frac{pk}{n}\right)\frac{p}{n}=\int_0^{p} f(x)dx$$

3° 구분구적법에서 공부한 바와 같이 $f(x)$가 연속함수이면

$$\lim_{n\to\infty}\sum_{k=0}^{n-1}f(x_k)\frac{b-a}{n}=\lim_{n\to\infty}\sum_{k=1}^{n}f(x_k)\frac{b-a}{n}$$

이므로 위의 **기본정석**의 관계식에서 $\displaystyle\lim_{n\to\infty}\sum_{k=1}^{n}$을 $\displaystyle\lim_{n\to\infty}\sum_{k=0}^{n-1}$로 바꾸어도 된다.

보기 1 정적분을 이용하여 다음 급수의 합을 구하여라.

(1) $\lim_{n\to\infty}\sum_{k=1}^{n}\left\{1+\frac{(t-1)k}{n}\right\}^2\frac{t-1}{n}$　　(2) $\lim_{n\to\infty}\sum_{k=1}^{n}\left(\frac{3k}{n}\right)^3\frac{3}{n}$

(3) $\lim_{n\to\infty}\sum_{k=1}^{n}\left(1+\frac{2k}{n}\right)^3\frac{2}{n}$

연구 (1) **기본정석**의 (i)에서 $a=1$, $b=t$, $f(x)=x^2$인 경우이므로

$$(\text{준 식})=\int_1^t x^2dx=\left[\frac{1}{3}x^3\right]_1^t=\mathbf{\frac{1}{3}(t^3-1)}$$

(2) **기본정석**의 (ii)에서 $a=0$, $p=3$, $f(x)=x^3$인 경우이므로

$$(\text{준 식})=\int_0^3 x^3dx=\left[\frac{1}{4}x^4\right]_0^3=\mathbf{\frac{81}{4}}$$

(3) **기본정석**의 (ii)에서 $a=1$, $p=2$, $f(x)=x^3$인 경우이므로

$$(\text{준 식})=\int_1^{1+2} x^3dx=\left[\frac{1}{4}x^4\right]_1^3=\frac{1}{4}(3^4-1^4)=\mathbf{20}$$

2 정적분과 급수의 관계 (Ⅱ)

치환적분법에 의하여

$$\lim_{n\to\infty}\sum_{k=1}^{n}f\left(a+\frac{pk}{n}\right)\frac{p}{n}=\int_a^{a+p}f(x)dx$$

에서 우변의 정적분을 다음과 같이 변형할 수 있다.

x	a	$a+p$
t	0	1

$x=a+pt$라고 하면 $dx=p\,dt$이고

$x=a$일 때 $t=0$, $x=a+p$일 때 $t=1$이므로

$$\int_a^{a+p}f(x)dx=\int_0^1 f(a+pt)p\,dt=\int_0^1 pf(a+px)dx$$

기본정석 ── 정적분과 급수의 관계 (Ⅱ)

연속함수 $f(x)$에 대하여

$$\lim_{n\to\infty}\sum_{k=1}^{n}f\left(a+\frac{pk}{n}\right)\frac{1}{n}=\int_0^1 f(a+px)dx$$

Advice | 이와 같이 급수를 정적분으로 나타내는 방법은 여러 가지가 있다. 그중에서 적분구간이 가장 간단한 것은 위의 방법이다.

위의 관계식에서 좌변을 우변으로 나타내는 방법은 다음과 같다.

정석 $\lim_{n\to\infty}\sum_{k=1}^{n}$은 $\int_0^1$로,　$\frac{k}{n}$는 x로,　$\frac{1}{n}$은 dx로

보기 2 정적분을 이용하여 다음 급수의 합을 구하여라.

(1) $\displaystyle\lim_{n\to\infty}\sum_{k=1}^{n}\left(\frac{2k}{n}\right)^3\frac{1}{n}$ (2) $\displaystyle\lim_{n\to\infty}\sum_{k=1}^{n}\left(1+\frac{k}{n}\right)^2\frac{1}{n}$

(3) $\displaystyle\lim_{n\to\infty}\sum_{k=1}^{n}\left(1+\frac{3k}{n}\right)^3\frac{2}{n}$ (4) $\displaystyle\lim_{n\to\infty}\sum_{k=1}^{n}\left(1+\frac{2k}{n}\right)^3\frac{3}{n}$

연구 (1) (준 식)$\displaystyle=\int_0^1(2x)^3dx=\Big[2x^4\Big]_0^1=\mathbf{2}$

(2) (준 식)$\displaystyle=\int_0^1(1+x)^2dx=\left[\frac{1}{3}(1+x)^3\right]_0^1=\mathbf{\frac{7}{3}}$

(3) (준 식)$\displaystyle=\int_0^1(1+3x)^3\times2\,dx=2\left[\frac{1}{3}\times\frac{1}{4}(1+3x)^4\right]_0^1=\mathbf{\frac{85}{2}}$

(4) (준 식)$\displaystyle=\int_0^1(1+2x)^3\times3\,dx=3\left[\frac{1}{2}\times\frac{1}{4}(1+2x)^4\right]_0^1=\mathbf{30}$

보기 3 정적분을 이용하여 다음 급수의 합을 구하여라.

(1) $\displaystyle\lim_{n\to\infty}\frac{1^4+2^4+3^4+\cdots+n^4}{n^5}$

(2) $\displaystyle\lim_{n\to\infty}\frac{(n+1)^3+(n+2)^3+(n+3)^3+\cdots+(2n)^3}{n^4}$

연구 (1) (준 식)$\displaystyle=\lim_{n\to\infty}\left(\frac{1^4+2^4+3^4+\cdots+n^4}{n^4}\times\frac{1}{n}\right)$

$$=\lim_{n\to\infty}\left\{\left(\frac{1}{n}\right)^4+\left(\frac{2}{n}\right)^4+\left(\frac{3}{n}\right)^4+\cdots+\left(\frac{n}{n}\right)^4\right\}\frac{1}{n}$$

$$=\lim_{n\to\infty}\left\{\left(\frac{1}{n}\right)^4\frac{1}{n}+\left(\frac{2}{n}\right)^4\frac{1}{n}+\left(\frac{3}{n}\right)^4\frac{1}{n}+\cdots+\left(\frac{n}{n}\right)^4\frac{1}{n}\right\}$$

$$=\lim_{n\to\infty}\sum_{k=1}^{n}\left(\frac{k}{n}\right)^4\frac{1}{n}=\int_0^1x^4dx=\left[\frac{1}{5}x^5\right]_0^1=\mathbf{\frac{1}{5}}$$

(2) (준 식)$\displaystyle=\lim_{n\to\infty}\left\{\frac{(n+1)^3}{n^3}+\frac{(n+2)^3}{n^3}+\cdots+\frac{(n+n)^3}{n^3}\right\}\frac{1}{n}$

$$=\lim_{n\to\infty}\left\{\left(\frac{n+1}{n}\right)^3+\left(\frac{n+2}{n}\right)^3+\cdots+\left(\frac{n+n}{n}\right)^3\right\}\frac{1}{n}$$

$$=\lim_{n\to\infty}\left\{\left(1+\frac{1}{n}\right)^3\frac{1}{n}+\left(1+\frac{2}{n}\right)^3\frac{1}{n}+\cdots+\left(1+\frac{n}{n}\right)^3\frac{1}{n}\right\}$$

$$=\lim_{n\to\infty}\sum_{k=1}^{n}\left(1+\frac{k}{n}\right)^3\frac{1}{n}=\int_0^1(1+x)^3dx=\left[\frac{1}{4}(1+x)^4\right]_0^1=\mathbf{\frac{15}{4}}$$

Note $\displaystyle\lim_{n\to\infty}\sum_{k=1}^{n}\left(1+\frac{k}{n}\right)^3\frac{1}{n}=\int_1^2x^3dx$로 나타내어 풀어도 된다.

기본 문제 16-3 정적분을 이용하여 다음 급수의 합을 구하여라.

(1) $\displaystyle\lim_{n\to\infty}\frac{1}{n\sqrt{n}}\sum_{k=1}^{n}\left(\sqrt{n}+\sqrt{k}\right)$ (2) $\displaystyle\lim_{n\to\infty}\sum_{k=1}^{n}\frac{4}{n}\sin^2\frac{\pi k}{n}$

(3) $\displaystyle\lim_{n\to\infty}\sum_{k=1}^{n}\frac{k}{n^2}\cos\frac{\pi k^2}{2n^2}$ (4) $\displaystyle\lim_{n\to\infty}\frac{1}{n^2}\sum_{k=1}^{n}ke^{\frac{k}{n}}$

정석연구 급수를 정적분으로 나타내는 방법은 여러 가지가 있지만, 다음 **정석**을 이용하는 것이 가장 간단하다.

정석 $\displaystyle\lim_{n\to\infty}\sum_{k=1}^{n}f\left(a+\frac{pk}{n}\right)\frac{1}{n}=\int_0^1 f(a+px)dx$

$\dfrac{k}{n}$는 $\Longrightarrow$ x로, $\dfrac{1}{n}$은 $\Longrightarrow$ dx로

모범답안 (1) (준 식)$\displaystyle=\lim_{n\to\infty}\sum_{k=1}^{n}\left(1+\sqrt{\frac{k}{n}}\right)\frac{1}{n}=\int_0^1\left(1+\sqrt{x}\right)dx$

$\displaystyle=\left[x+\frac{2}{3}x\sqrt{x}\right]_0^1=\frac{5}{3}$ ← 답

(2) (준 식)$\displaystyle=\int_0^1 4\sin^2\pi x\,dx=\int_0^1 4\times\frac{1-\cos 2\pi x}{2}dx=\int_0^1(2-2\cos 2\pi x)dx$

$\displaystyle=\left[2x-\frac{1}{\pi}\sin 2\pi x\right]_0^1=2$ ← 답

(3) (준 식)$\displaystyle=\lim_{n\to\infty}\sum_{k=1}^{n}\left[\frac{k}{n}\cos\left\{\frac{\pi}{2}\left(\frac{k}{n}\right)^2\right\}\times\frac{1}{n}\right]=\int_0^1 x\cos\left(\frac{\pi}{2}x^2\right)dx$

$\displaystyle=\left[\frac{1}{\pi}\sin\left(\frac{\pi}{2}x^2\right)\right]_0^1=\frac{1}{\pi}$ ← 답

(4) (준 식)$\displaystyle=\lim_{n\to\infty}\sum_{k=1}^{n}\left(\frac{k}{n}e^{\frac{k}{n}}\times\frac{1}{n}\right)=\int_0^1 xe^x dx=\left[xe^x\right]_0^1-\int_0^1 e^x dx$

$\displaystyle=e-\left[e^x\right]_0^1=e-(e-1)=1$ ← 답

유제 **16-3**. 정적분을 이용하여 다음 급수의 합을 구하여라.

(1) $\displaystyle\lim_{n\to\infty}\sum_{k=1}^{n}\left(\sqrt{\frac{n}{n+k}}\times\frac{1}{n}\right)$ (2) $\displaystyle\lim_{n\to\infty}\frac{1}{n}\sum_{k=1}^{n}\sin\frac{\pi k}{n}$

(3) $\displaystyle\lim_{n\to\infty}\sum_{k=1}^{n}\left(e^{\frac{k}{n}}+1\right)\frac{1}{n}$

답 (1) $2\sqrt{2}-2$ (2) $\dfrac{2}{\pi}$ (3) e

유제 **16-4**. $f(x)=3x^2+2x$일 때, $\displaystyle\lim_{n\to\infty}\sum_{k=1}^{n}f\left(2+\frac{k}{n}\right)\frac{4}{n}$의 값을 구하여라.

답 96

기본 문제 16-4 정적분을 이용하여 다음 급수의 합을 구하여라.

(1) $\lim_{n\to\infty}\frac{1}{n^3}\left\{\sqrt{n^2-1^2}+2\sqrt{n^2-2^2}+\cdots+(n-1)\sqrt{n^2-(n-1)^2}\right\}$

(2) $\lim_{n\to\infty}\left(\frac{n}{1^2+3n^2}+\frac{n}{2^2+3n^2}+\frac{n}{3^2+3n^2}+\cdots+\frac{n}{n^2+3n^2}\right)$

정석연구 주어진 식을 $\lim_{n\to\infty}\sum_{k=1}^{n}f\left(a+\frac{pk}{n}\right)\frac{1}{n}$의 꼴로 정리한 다음, 정적분으로 나타내어 계산한다.

$$\text{정석}\quad \lim_{n\to\infty}\sum_{k=1}^{n}f\left(a+\frac{pk}{n}\right)\frac{1}{n}=\int_0^1 f(a+px)dx$$

모범답안 (1) (준 식)$=\lim_{n\to\infty}\sum_{k=1}^{n-1}\left(\frac{1}{n^3}\times k\sqrt{n^2-k^2}\right)=\lim_{n\to\infty}\sum_{k=1}^{n-1}\left\{\frac{k}{n}\sqrt{1-\left(\frac{k}{n}\right)^2}\times\frac{1}{n}\right\}$

$=\lim_{n\to\infty}\sum_{k=1}^{n}\left\{\frac{k}{n}\sqrt{1-\left(\frac{k}{n}\right)^2}\times\frac{1}{n}\right\}=\int_0^1 x\sqrt{1-x^2}\,dx$

$1-x^2=t$라고 하면 $-2x\,dx=dt$, 곧 $x\,dx=-\frac{1}{2}dt$이고

$x=0$일 때 $t=1$, $x=1$일 때 $t=0$이므로

(준 식)$=\int_1^0\sqrt{t}\left(-\frac{1}{2}dt\right)=\frac{1}{2}\int_0^1\sqrt{t}\,dt=\frac{1}{2}\left[\frac{2}{3}t\sqrt{t}\right]_0^1=\mathbf{\frac{1}{3}}$ ← 답

(2) (준 식)$=\lim_{n\to\infty}\sum_{k=1}^{n}\frac{n}{k^2+3n^2}=\lim_{n\to\infty}\sum_{k=1}^{n}\left\{\frac{1}{(k/n)^2+3}\times\frac{1}{n}\right\}=\int_0^1\frac{1}{x^2+3}dx$

$x=\sqrt{3}\tan\theta\left(-\frac{\pi}{2}<\theta<\frac{\pi}{2}\right)$라고 하면 $dx=\sqrt{3}\sec^2\theta\,d\theta$이고

$x=0$일 때 $\theta=0$, $x=1$일 때 $\theta=\frac{\pi}{6}$이므로

(준 식)$=\int_0^{\frac{\pi}{6}}\frac{\sqrt{3}\sec^2\theta}{3(\tan^2\theta+1)}d\theta=\int_0^{\frac{\pi}{6}}\frac{\sqrt{3}}{3}d\theta=\left[\frac{\sqrt{3}}{3}\theta\right]_0^{\frac{\pi}{6}}=\mathbf{\frac{\sqrt{3}}{18}\pi}$ ← 답

유제 **16**-5. 정적분을 이용하여 다음 급수의 합을 구하여라.

(1) $\lim_{n\to\infty}\frac{\sqrt{n}}{n^2}\left(\sqrt{2n+1}+\sqrt{2n+2}+\sqrt{2n+3}+\cdots+\sqrt{3n}\right)$

(2) $\lim_{n\to\infty}\left\{\left(\frac{\sqrt{n}}{n+1}\right)^2+\left(\frac{\sqrt{n}}{n+2}\right)^2+\left(\frac{\sqrt{n}}{n+3}\right)^2+\cdots+\left(\frac{\sqrt{n}}{n+n}\right)^2\right\}$

(3) $\lim_{n\to\infty}\left(\frac{1}{n^2+1^2}+\frac{2}{n^2+2^2}+\frac{3}{n^2+3^2}+\cdots+\frac{n}{n^2+n^2}\right)$

(4) $\lim_{n\to\infty}\left(\frac{n}{n^2+1^2}+\frac{n}{n^2+2^2}+\frac{n}{n^2+3^2}+\cdots+\frac{n}{n^2+n^2}\right)$

답 (1) $\frac{2}{3}(3\sqrt{3}-2\sqrt{2})$ (2) $\frac{1}{2}$ (3) $\frac{1}{2}\ln 2$ (4) $\frac{\pi}{4}$

기본 문제 16-5 정적분을 이용하여 다음 급수의 합을 구하여라.

(1) $\displaystyle\lim_{n\to\infty}\frac{1}{n}\left\{\ln\left(1+\frac{1}{n}\right)+\ln\left(1+\frac{2}{n}\right)+\cdots+\ln\left(1+\frac{n}{n}\right)\right\}$

(2) $\displaystyle\lim_{n\to\infty}\frac{\pi}{n^2}\left(\cos\frac{\pi}{n}+2\cos\frac{2\pi}{n}+3\cos\frac{3\pi}{n}+\cdots+n\cos\frac{n\pi}{n}\right)$

[정석연구] 주어진 식이 $\displaystyle\lim_{n\to\infty}\sum_{k=1}^{n}f\left(a+\frac{pk}{n}\right)\frac{p}{n}$ 의 꼴로 정리되면 다음 **정석**을 이용하여 정적분으로 나타내는 것이 편리하다.

$$\textbf{정석}\quad \lim_{n\to\infty}\sum_{k=1}^{n}\boldsymbol{f\left(a+\frac{pk}{n}\right)\frac{p}{n}=\int_a^{a+p}f(x)dx}$$

[모범답안] (1) (준 식)$\displaystyle=\lim_{n\to\infty}\sum_{k=1}^{n}\frac{1}{n}\ln\left(1+\frac{k}{n}\right)=\int_1^2\ln x\,dx$

$$=\Big[x\ln x-x\Big]_1^2=\mathbf{2\ln 2-1} \longleftarrow \text{[답]}$$

(2) (준 식)$\displaystyle=\lim_{n\to\infty}\sum_{k=1}^{n}\left(\frac{\pi}{n^2}\times k\cos\frac{\pi k}{n}\right)=\frac{1}{\pi}\lim_{n\to\infty}\sum_{k=1}^{n}\left(\frac{\pi k}{n}\cos\frac{\pi k}{n}\times\frac{\pi}{n}\right)$

$$=\frac{1}{\pi}\int_0^{\pi}x\cos x\,dx=\frac{1}{\pi}\left(\Big[x\sin x\Big]_0^{\pi}-\int_0^{\pi}\sin x\,dx\right)$$

$$=\frac{1}{\pi}\Big[\cos x\Big]_0^{\pi}=-\frac{\mathbf{2}}{\boldsymbol{\pi}} \longleftarrow \text{[답]}$$

**Note* $\displaystyle\lim_{n\to\infty}\sum_{k=1}^{n}f\left(a+\frac{pk}{n}\right)\frac{1}{n}=\int_0^1 f(a+px)dx$를 이용하여 다음과 같이 계산할 수도 있다.

(1) (준 식)$\displaystyle=\lim_{n\to\infty}\sum_{k=1}^{n}\frac{1}{n}\ln\left(1+\frac{k}{n}\right)=\int_0^1\ln(1+x)dx$

(2) (준 식)$\displaystyle=\pi\lim_{n\to\infty}\sum_{k=1}^{n}\left(\frac{k}{n}\cos\frac{\pi k}{n}\times\frac{1}{n}\right)=\pi\int_0^1 x\cos\pi x\,dx$

[유제] **16**-6. 정적분을 이용하여 다음 급수의 합을 구하여라.

(1) $\displaystyle\lim_{n\to\infty}\frac{1}{n}\left(\sqrt[n]{e}+\sqrt[n]{e^2}+\sqrt[n]{e^3}+\cdots+\sqrt[n]{e^n}\right)$

(2) $\displaystyle\lim_{n\to\infty}\frac{\pi^2}{n^2}\left(\sin\frac{\pi}{n}+2\sin\frac{2\pi}{n}+3\sin\frac{3\pi}{n}+\cdots+n\sin\frac{n\pi}{n}\right)$

[답] (1) $\boldsymbol{e-1}$ (2) $\boldsymbol{\pi}$

[유제] **16**-7. $f(x)=\ln x$일 때, 다음 급수의 합을 구하여라.

$$\lim_{n\to\infty}\frac{e}{n}\left\{f(1)+f\left(1+\frac{e}{n}\right)+f\left(1+\frac{2e}{n}\right)+\cdots+f\left(1+\frac{(n-1)e}{n}\right)\right\}$$

[답] $\mathbf{(1+e)\ln(1+e)-e}$

기본 문제 16-6 다음 값보다 크지 않은 최대 정수를 구하여라.

$$\frac{1}{\sqrt{1}}+\frac{1}{\sqrt{2}}+\frac{1}{\sqrt{3}}+\cdots+\frac{1}{\sqrt{99}}+\frac{1}{\sqrt{100}}$$

정석연구 주어진 수열의 합을 좌표평면 위의 도형의 넓이로 나타내어 본다.

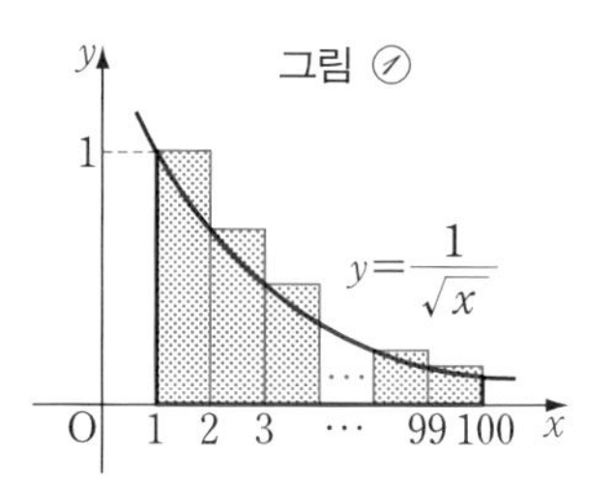

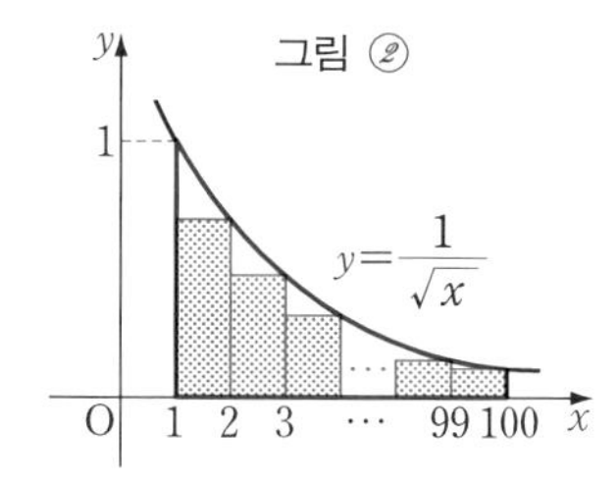

위의 그림에서 점 찍은 부분의 넓이와 붉은 선으로 둘러싸인 도형의 넓이를 비교하면 부등식

$$\frac{1}{\sqrt{1}}+\frac{1}{\sqrt{2}}+\frac{1}{\sqrt{3}}+\cdots+\frac{1}{\sqrt{99}}>\int_1^{100}\frac{1}{\sqrt{x}}dx>\frac{1}{\sqrt{2}}+\frac{1}{\sqrt{3}}+\frac{1}{\sqrt{4}}+\cdots+\frac{1}{\sqrt{100}}$$

이 성립함을 알 수 있다.

이를 이용하여 먼저 주어진 수열의 합이 가지는 값의 범위를 구한다.

정석 수열의 합의 어림값 $\Longrightarrow$ 넓이로 나타내어 정적분을 이용!

모범답안 $S=\frac{1}{\sqrt{1}}+\frac{1}{\sqrt{2}}+\frac{1}{\sqrt{3}}+\cdots+\frac{1}{\sqrt{99}}+\frac{1}{\sqrt{100}}$ 이라고 하자.

위의 그림 ①에서

$$S-\frac{1}{\sqrt{100}}>\int_1^{100}\frac{1}{\sqrt{x}}dx \qquad \therefore\ S>\frac{1}{10}+\Big[2\sqrt{x}\Big]_1^{100} \qquad \therefore\ S>18.1$$

위의 그림 ②에서

$$S-\frac{1}{\sqrt{1}}<\int_1^{100}\frac{1}{\sqrt{x}}dx \qquad \therefore\ S<1+\Big[2\sqrt{x}\Big]_1^{100} \qquad \therefore\ S<19$$

$$\therefore\ 18.1<S<19$$

따라서 S보다 크지 않은 최대 정수는 18이다. 답 **18**

유제 **16**-8. 정적분을 이용하여 다음 부등식을 증명하여라.

(1) $\frac{1}{6}n^6<1^5+2^5+3^5+\cdots+n^5<\frac{1}{6}(n+1)^6$ (단, n은 자연수)

(2) $\ln(n+1)<1+\frac{1}{2}+\frac{1}{3}+\cdots+\frac{1}{n}<1+\ln n$ (단, n은 2 이상의 자연수)

§3. 정적분으로 정의된 함수

1 정적분과 미분의 관계

이를테면 위끝이 변수 x이고 아래끝이 상수 1인 정적분

$$\int_1^x (t^3-t^2)dt \qquad \cdots\cdots①$$

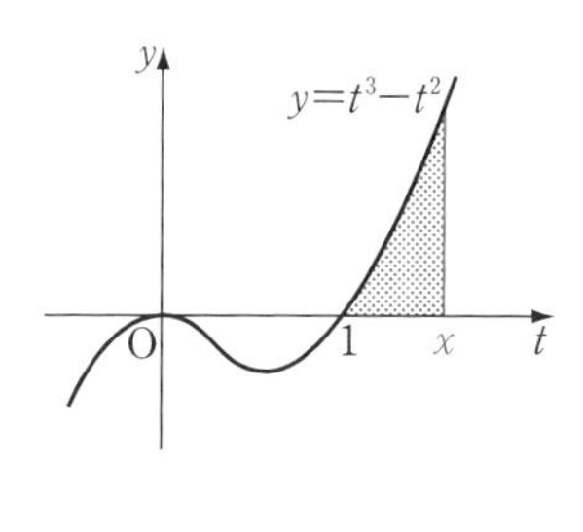

을 계산하면

$$\int_1^x (t^3-t^2)dt=\left[\frac{1}{4}t^4-\frac{1}{3}t^3\right]_1^x$$
$$=\frac{1}{4}(x^4-1)-\frac{1}{3}(x^3-1)$$
$$=\frac{1}{4}x^4-\frac{1}{3}x^3+\frac{1}{12}$$

이다. 따라서 ①은 위끝 x의 함수라는 것을 알 수 있다.

또, ①을 x에 관하여 미분하면

$$\frac{d}{dx}\int_1^x (t^3-t^2)dt=\frac{d}{dx}\left(\frac{1}{4}x^4-\frac{1}{3}x^3+\frac{1}{12}\right)=\boldsymbol{x^3-x^2}$$

이다. 따라서 이 식은 ①에서 피적분함수의 t에 x를 대입한 것과 같다.

일반적으로 $f(x)$가 연속함수이고 a가 상수일 때, $f(x)$의 한 부정적분을 $\mathrm{F}(x)$라고 하면

$$\int_a^x f(t)dt=\Big[\mathrm{F}(t)\Big]_a^x=\mathrm{F}(x)-\mathrm{F}(a) \qquad \cdots\cdots②$$

이므로 $\int_a^x f(t)dt$는 x의 함수이다.

②를 x에 관하여 미분하면

$$\frac{d}{dx}\int_a^x f(t)dt=\frac{d}{dx}\{\mathrm{F}(x)-\mathrm{F}(a)\}=\mathrm{F}'(x)=f(x)$$

이상을 정리하면 다음과 같다.

기본정석 — 정적분과 미분의 관계

$f(x)$가 연속함수일 때, 상수 a와 임의의 실수 x에 대하여

$$\boldsymbol{\frac{d}{dx}\int_a^x f(t)dt=f(x)}$$

Advice | 앞의 관계는 피적분함수에 변수 x가 포함된 경우에는 성립하지 않는다는 것에 주의해야 한다.

이를테면

$$\frac{d}{dx}\int_a^x xf(t)dt \neq xf(x)$$

이다. 이 경우 x가 적분변수 t에 대해서는 상수이므로 먼저

$\int_a^x xf(t)dt = x\int_a^x f(t)dt$로 변형한 다음, x에 관하여 미분해야 한다.

⇦ 다음 면의 **보기 1**의 (3)

2 정적분으로 정의된 함수의 미분

정적분으로 정의된 함수를 미분할 때에는 정적분과 미분의 관계에 따른 다음 **정석**을 이용한다.

정석 $\boldsymbol{f(x)}$가 연속함수일 때

$$\frac{d}{dx}\int_a^x f(t)dt = f(x) \text{ (단, } a\text{는 상수)}$$

한편 다음과 같이 위끝과 아래끝에 미분가능한 함수 $g(x)$, $h(x)$가 있는 경우, 연속함수 $f(x)$의 한 부정적분을 $\mathrm{F}(x)$라고 하면

$$\int_{h(x)}^{g(x)} f(t)dt = \Big[\mathrm{F}(t)\Big]_{h(x)}^{g(x)} = \mathrm{F}\big(g(x)\big) - \mathrm{F}\big(h(x)\big)$$

이고, $\frac{d}{dx}\mathrm{F}\big(g(x)\big) = f\big(g(x)\big)g'(x)$, $\frac{d}{dx}\mathrm{F}\big(h(x)\big) = f\big(h(x)\big)h'(x)$이므로

$$\frac{d}{dx}\int_{h(x)}^{g(x)} f(t)dt = f\big(g(x)\big)g'(x) - f\big(h(x)\big)h'(x)$$

특히 $g(x)=x+a$, $h(x)=x$이면 $g'(x)=1$, $h'(x)=1$이므로

$$\frac{d}{dx}\int_x^{x+a} f(t)dt = f(x+a) - f(x)$$

⇦ a는 상수

이상을 정리하면 다음과 같다.

기본정석 — **정적분으로 정의된 함수의 미분**

$\boldsymbol{f(x)}$가 연속이고, $\boldsymbol{g(x)}$와 $\boldsymbol{h(x)}$가 미분가능할 때

(i) $\displaystyle\frac{d}{dx}\int_a^x f(t)dt = f(x)$ (단, a는 상수)

(ii) $\displaystyle\frac{d}{dx}\int_{h(x)}^{g(x)} f(t)dt = f\big(g(x)\big)g'(x) - f\big(h(x)\big)h'(x)$

특히 $\displaystyle\frac{d}{dx}\int_x^{x+a} f(t)dt = f(x+a) - f(x)$ (단, a는 상수)

Advice | 부정적분을 미분하는 경우와 정적분을 미분하는 경우 미분하는 변수에 주의해야 한다. 곧,

부정적분의 경우 : $\dfrac{d}{dx}\displaystyle\int f(x)dx=f(x)$, $\dfrac{d}{dt}\displaystyle\int f(t)dt=f(t)$

정적분의 경우 : $\dfrac{d}{dx}\displaystyle\int_a^x f(t)dt=f(x)$, $\dfrac{d}{dt}\displaystyle\int_a^t f(x)dx=f(t)$

보기 1 다음 함수를 x에 관하여 미분하여라.

(1) $y=\displaystyle\int_2^x(4t^3+2t^2-5t+1)dt$ (2) $y=\displaystyle\int_0^x(\sin t+\cos t)dt$

(3) $y=\displaystyle\int_0^x(x-t)e^t dt$

연구 다음 **정석**을 이용한다.

$$\textbf{정석}\quad \frac{d}{dx}\int_a^x f(t)dt=f(x)\ (a\text{는 상수})$$

특히 (3)의 경우는 적분변수가 t이고 피적분함수가 x를 포함하고 있으므로 위의 **정석**을 바로 이용할 수 없는 꼴인 것에 주의한다.

(1) $y'=\dfrac{d}{dx}\displaystyle\int_2^x(4t^3+2t^2-5t+1)dt=\boldsymbol{4x^3+2x^2-5x+1}$

(2) $y'=\dfrac{d}{dx}\displaystyle\int_0^x(\sin t+\cos t)dt=\boldsymbol{\sin x+\cos x}$

(3) $y=\displaystyle\int_0^x(x-t)e^t dt=x\int_0^x e^t dt-\int_0^x te^t dt$ 이므로

$$y'=(x)'\int_0^x e^t dt+x\left(\int_0^x e^t dt\right)'-\left(\int_0^x te^t dt\right)'$$

$$=\int_0^x e^t dt+xe^x-xe^x=\Big[e^t\Big]_0^x=\boldsymbol{e^x-1}$$

보기 2 다음 함수를 x에 관하여 미분하여라.

(1) $y=\displaystyle\int_x^{x+1}(2t^2+t)dt$ (2) $y=\displaystyle\int_x^{x^2}\ln t\,dt$ (단, $x>1$)

연구 다음 **정석**을 이용한다.

$$\textbf{정석}\quad \frac{d}{dx}\int_x^{x+a} f(t)dt=f(x+a)-f(x)\ (a\text{는 상수})$$

$$\frac{d}{dx}\int_{h(x)}^{g(x)} f(t)dt=f\big(g(x)\big)g'(x)-f\big(h(x)\big)h'(x)$$

(1) $y'=\dfrac{d}{dx}\displaystyle\int_x^{x+1}(2t^2+t)dt=\{2(x+1)^2+(x+1)\}-(2x^2+x)=\boldsymbol{4x+3}$

(2) $y'=\dfrac{d}{dx}\displaystyle\int_x^{x^2}\ln t\,dt=\ln x^2\times(x^2)'-\ln x\times(x)'=\boldsymbol{(4x-1)\ln x}$

기본 문제 16-7 다음 극한값을 구하여라.

(1) $\displaystyle\lim_{x\to0}\frac{1}{x}\int_0^x\frac{\cos t}{1+\sin t}dt$　　(2) $\displaystyle\lim_{x\to1}\frac{1}{x-1}\int_1^{x^2}(2t-1)(t+3)dt$

정석연구 (1) $\displaystyle\int_0^x\frac{\cos t}{1+\sin t}dt$를 계산한 다음 극한값을 구할 수 있다.

또는 $\displaystyle\int\frac{\cos t}{1+\sin t}dt=\mathrm{F}(t)+\mathrm{C}$라고 하면

$$\int_0^x\frac{\cos t}{1+\sin t}dt=\Big[\mathrm{F}(t)\Big]_0^x=\mathrm{F}(x)-\mathrm{F}(0)$$

이므로 다음 미분계수의 정의를 이용할 수도 있다.

$$\textbf{정의}\quad \lim_{x\to a}\frac{\mathbf{F}(\boldsymbol{x})-\mathbf{F}(\boldsymbol{a})}{\boldsymbol{x}-\boldsymbol{a}}=\mathbf{F}'(\boldsymbol{a})$$

(2) $\displaystyle\int(2t-1)(t+3)dt=\mathrm{F}(t)+\mathrm{C}$라 하고 미분계수의 정의를 이용해 보자.

모범답안 (1) $\displaystyle\int\frac{\cos t}{1+\sin t}dt=\mathrm{F}(t)+\mathrm{C}$라고 하면 $\displaystyle\mathrm{F}'(t)=\frac{\cos t}{1+\sin t}$이고

$$\int_0^x\frac{\cos t}{1+\sin t}dt=\Big[\mathrm{F}(t)\Big]_0^x=\mathrm{F}(x)-\mathrm{F}(0)$$

$$\therefore\ (\text{준 식})=\lim_{x\to0}\frac{\mathrm{F}(x)-\mathrm{F}(0)}{x-0}=\mathrm{F}'(0)=\mathbf{1}\longleftarrow \boxed{\text{답}}$$

(2) $\displaystyle\int(2t-1)(t+3)dt=\mathrm{F}(t)+\mathrm{C}$라고 하면 $\mathrm{F}'(t)=(2t-1)(t+3)$이고

$$\int_1^{x^2}(2t-1)(t+3)dt=\Big[\mathrm{F}(t)\Big]_1^{x^2}=\mathrm{F}(x^2)-\mathrm{F}(1)$$

$$\therefore\ (\text{준 식})=\lim_{x\to1}\frac{\mathrm{F}(x^2)-\mathrm{F}(1)}{x-1}=\lim_{x\to1}\left\{\frac{\mathrm{F}(x^2)-\mathrm{F}(1)}{x^2-1}\times(x+1)\right\}$$

$$=\mathrm{F}'(1)\times2=4\times2=\mathbf{8}\longleftarrow \boxed{\text{답}}$$

Advice | 일반적으로 $\displaystyle\int f(t)dt=\mathrm{F}(t)+\mathrm{C}$라고 하면 $\mathrm{F}'(t)=f(t)$이므로

$$\lim_{x\to a}\frac{1}{x-a}\int_a^x f(t)dt=\lim_{x\to a}\frac{\mathrm{F}(x)-\mathrm{F}(a)}{x-a}=\mathrm{F}'(a)=f(a)\quad \text{곧,}$$

$$\textbf{정석}\quad \lim_{x\to a}\frac{1}{\boldsymbol{x}-\boldsymbol{a}}\int_a^x \boldsymbol{f}(\boldsymbol{t})\boldsymbol{dt}=\boldsymbol{f}(\boldsymbol{a})$$

유제 **16**-9. 다음 극한값을 구하여라.

(1) $\displaystyle\lim_{x\to0}\frac{1}{x}\int_0^x|t-2|\,dt$　　(2) $\displaystyle\lim_{x\to2}\frac{1}{x-2}\int_2^x t^3e^t\,dt$

(3) $\displaystyle\lim_{x\to0}\frac{1}{x}\int_0^{-x}\sqrt{2+3t^2}\,dt$　　(4) $\displaystyle\lim_{x\to1}\frac{1}{x^2-1}\int_1^{x^3}(3^t-t)dt$

답 (1) **2**　(2) $\boldsymbol{8e^2}$　(3) $-\sqrt{\mathbf{2}}$　(4) **3**

기본 문제 16-8 다음 극한값을 구하여라.

(1) $\displaystyle\lim_{h\to0}\frac{1}{h}\int_1^{1+2h}(x\ln x+xe^x)dx$ (2) $\displaystyle\lim_{h\to0}\frac{1}{h}\int_{3-h}^{3+h}\frac{4x-2}{x^2+1}dx$

정석연구 (1) $\displaystyle\int(x\ln x+xe^x)dx=\mathrm{F}(x)+\mathrm{C}$라고 하면

$$\int_1^{1+2h}(x\ln x+xe^x)dx=\Big[\mathrm{F}(x)\Big]_1^{1+2h}=\mathrm{F}(1+2h)-\mathrm{F}(1)$$

이므로 다음 미분계수의 정의를 이용할 수 있다.

$$\textbf{정 의}\quad \lim_{h\to0}\frac{\mathbf{F}(\boldsymbol{a}+\boldsymbol{h})-\mathbf{F}(\boldsymbol{a})}{\boldsymbol{h}}=\mathbf{F}'(\boldsymbol{a})$$

(2) $\displaystyle\int\frac{4x-2}{x^2+1}dx=\mathrm{F}(x)+\mathrm{C}$라 하고 미분계수의 정의를 이용해 보자.

모범답안 (1) $\displaystyle\int(x\ln x+xe^x)dx=\mathrm{F}(x)+\mathrm{C}$라고 하면 $\mathrm{F}'(x)=x\ln x+xe^x$이고

$$\int_1^{1+2h}(x\ln x+xe^x)dx=\Big[\mathrm{F}(x)\Big]_1^{1+2h}=\mathrm{F}(1+2h)-\mathrm{F}(1)$$

이므로

$$(\text{준 식})=\lim_{h\to0}\frac{\mathrm{F}(1+2h)-\mathrm{F}(1)}{h}=\lim_{h\to0}\left\{\frac{\mathrm{F}(1+2h)-\mathrm{F}(1)}{2h}\times2\right\}$$

$$=2\mathrm{F}'(1)=2\times e=\boldsymbol{2e}\longleftarrow \text{답}$$

(2) $\displaystyle\int\frac{4x-2}{x^2+1}dx=\mathrm{F}(x)+\mathrm{C}$라고 하면 $\mathrm{F}'(x)=\dfrac{4x-2}{x^2+1}$이고

$$\int_{3-h}^{3+h}\frac{4x-2}{x^2+1}dx=\Big[\mathrm{F}(x)\Big]_{3-h}^{3+h}=\mathrm{F}(3+h)-\mathrm{F}(3-h)$$

이므로

$$(\text{준 식})=\lim_{h\to0}\frac{\mathrm{F}(3+h)-\mathrm{F}(3-h)}{h}$$

$$=\lim_{h\to0}\left\{\frac{\mathrm{F}(3+h)-\mathrm{F}(3)}{h}+\frac{\mathrm{F}(3-h)-\mathrm{F}(3)}{-h}\right\}$$

$$=\mathrm{F}'(3)+\mathrm{F}'(3)=2\mathrm{F}'(3)=2\times1=\mathbf{2}\longleftarrow \text{답}$$

유제 **16**-10. 다음 극한값을 구하여라.

(1) $\displaystyle\lim_{h\to0}\frac{1}{h}\int_2^{2+2h}(e^{x-2}+3x)dx$ (2) $\displaystyle\lim_{h\to0}\frac{1}{h}\int_{\frac{\pi}{2}-h}^{\frac{\pi}{2}+h}x\sin x\,dx$

(3) $\displaystyle\lim_{t\to\infty}t\int_0^{\frac{2}{t}}\frac{|x-3|}{x^2+2}dx$

답 (1) **14** (2) $\boldsymbol{\pi}$ (3) **3**

기본 문제 16-9 연속함수 $f(x)$가 다음 등식을 만족시킬 때, 상수 a의 값과 $f(x)$를 구하여라.

(1) $\int_1^x f(t)dt=\sin\pi x+a\cos\pi x+1$ (2) $\int_a^{\ln x} f(t)dt=x^2-x$

정석연구 (1) a의 값은 다음 정적분의 정의를 이용하여 구한다.

$$\textbf{정의}\quad \int_k^k f(x)dx=0$$

또, $f(x)$가 연속함수이므로 다음 **정석**을 이용하여 $f(x)$를 구한다.

$$\textbf{정석}\quad \frac{d}{dx}\int_a^x f(t)dt=f(x)\ (a\text{는 상수})$$

(2) 위끝이 $\ln x$이므로 $\ln x=u$로 치환한 다음 위와 같은 방법으로 푼다.

모범답안 (1) 준 식에 $x=1$을 대입하면

$$0=\sin\pi+a\cos\pi+1 \qquad \therefore\ \boldsymbol{a=1} \leftarrow \text{답}$$

$$\therefore\ \int_1^x f(t)dt=\sin\pi x+\cos\pi x+1$$

양변을 x에 관하여 미분하면 $\boldsymbol{f(x)=\pi\cos\pi x-\pi\sin\pi x}$ ← 답

(2) $\ln x=u$라고 하면 $x=e^u$이므로 준 식은 $\int_a^u f(t)dt=e^{2u}-e^u$ ⋯㉮

u에 관하여 미분하면 $f(u)=2e^{2u}-e^u$ $\therefore\ \boldsymbol{f(x)=2e^{2x}-e^x}$ ← 답

또, ㉮에 $u=a$를 대입하면 $0=e^{2a}-e^a$ $\therefore\ e^a(e^a-1)=0$

$e^a>0$이므로 $e^a=1$ $\therefore\ \boldsymbol{a=0}$ ← 답

Advice | (2)는 다음 **정석**을 이용하여 미분할 수도 있다.

정석 $\boldsymbol{f(x)}$가 연속이고, $\boldsymbol{g(x)}$와 $\boldsymbol{h(x)}$가 미분가능하면

$$\Longrightarrow \frac{d}{dx}\int_{h(x)}^{g(x)} f(t)dt=f\big(g(x)\big)g'(x)-f\big(h(x)\big)h'(x)$$

$\int_a^{\ln x} f(t)dt=x^2-x$의 양변을 x에 관하여 미분하면

$$f(\ln x)\times(\ln x)'=2x-1 \qquad \therefore\ f(\ln x)=2x^2-x$$

$\ln x=t$라고 하면 $x=e^t$이므로 $f(t)=2e^{2t}-e^t$ $\therefore\ \boldsymbol{f(x)=2e^{2x}-e^x}$

유제 **16**-11. 연속함수 $f(x)$에 대하여 $\int_a^x f(t)dt=e^{2x}-3e^x+2$일 때, 상수 a의 값과 $f(x)$를 구하여라. 답 $\boldsymbol{a=0,\ \ln 2,\ f(x)=2e^{2x}-3e^x}$

유제 **16**-12. 연속함수 $f(x)$에 대하여 $\int_a^{2x-1} f(t)dt=x^2-2x$일 때, $f(a)$의 값을 구하여라. 단, $a>0$이다. 답 **1**

기본 문제 16-10 $-\frac{\pi}{2}<x<\frac{\pi}{2}$에서 정의된 함수 $f(x)$에 대하여 $f'(x)$가 연속함수이고

$$f(x)=\tan x-x-\int_0^x f'(u)\tan^2 u\,du$$

일 때, 다음 물음에 답하여라.

(1) $f'(x)$를 구하여라. (2) $f(x)$를 구하여라.

정석연구 정적분 $\int_0^x f'(u)\tan^2 u\,du$를 바로 계산할 수 없다. 따라서 먼저 주어진 식의 양변을 x에 관하여 미분한 다음 $f'(x)$부터 구해 보자.

정석 $\boldsymbol{\frac{d}{dx}\int_a^x f(t)dt=f(x)}$ (**a는 상수**)

모범답안 (1) $f(x)=\tan x-x-\int_0^x f'(u)\tan^2 u\,du$ ……①

양변을 x에 관하여 미분하면 $f'(x)=\sec^2 x-1-f'(x)\tan^2 x$

$\therefore\ (1+\tan^2 x)f'(x)=\sec^2 x-1$

$1+\tan^2 x=\sec^2 x$이므로 $\sec^2 x\,f'(x)=\tan^2 x$

$\therefore\ f'(x)=\tan^2 x\cos^2 x$ 곧, $\boldsymbol{f'(x)=\sin^2 x}$ ← 답

(2) $f(x)=\int f'(x)dx=\int \sin^2 x\,dx=\int \frac{1}{2}(1-\cos 2x)dx$

$=\frac{1}{2}\left(x-\frac{1}{2}\sin 2x\right)+C$ ……②

한편 ①에 $x=0$을 대입하면

$f(0)=\tan 0-0-\int_0^0 f'(u)\tan^2 u\,du=0$ ⇦ $\int_0^0 f'(u)\tan^2 u\,du=0$

따라서 ②에서 $f(0)=0+C$ $\therefore\ C=0$

$\therefore\ \boldsymbol{f(x)=\frac{1}{2}x-\frac{1}{4}\sin 2x}$ ← 답

유제 **16**-13. 함수 $f(x)$에 대하여 $f'(x)$가 연속함수이고

$$f(x)=e^x+x-\int_0^x f'(t)e^t dt$$

일 때, $f(x)$를 구하여라. 답 $\boldsymbol{f(x)=x+1}$

유제 **16**-14. 미분가능한 함수 $f(x)$가 $x>0$인 실수 x에 대하여

$$xf(x)=x^2e^{-x}+\int_0^x f(t)dt$$

를 만족시킨다. $f(x)$의 극값이 $\frac{1}{e^2}$일 때, $f(x)$를 구하여라.

답 $\boldsymbol{f(x)=xe^{-x}-e^{-x}}$

기본 문제 **16**-11 함수 $f(x)$에 대하여 $f'(x)$가 연속함수이고

$$f(x)=xe^x+x+\int_0^x (x-t)f'(t)dt$$

일 때, $f'(2)-f(2)$의 값을 구하여라.

정석연구 정적분으로 정의된 함수를 미분할 때, 피적분함수가 적분변수 t만의 함수이면 다음과 같이 미분하면 된다.

정석 $\dfrac{d}{dx}\displaystyle\int_a^x f(t)dt=f(x)$, $\dfrac{d}{dx}\displaystyle\int_a^x tf(t)dt=xf(x)$ ⇦ a는 상수

그러나 이 문제와 같이 피적분함수에 적분변수 t와는 다른 변수 x가 포함되어 있을 때에는

$$\int_a^x (x-t)f'(t)dt=\int_a^x \{xf'(t)-tf'(t)\}dt=\int_a^x xf'(t)dt-\int_a^x tf'(t)dt$$

$$=x\int_a^x f'(t)dt-\int_a^x tf'(t)dt$$ ⇦ 적분변수가 t이므로 x는 상수로 생각!

와 같이 변형한 다음 미분해야 한다.

모범답안 $f(x)=xe^x+x+x\displaystyle\int_0^x f'(t)dt-\int_0^x tf'(t)dt$

양변을 x에 관하여 미분하면

$$f'(x)=e^x+xe^x+1+(x)'\int_0^x f'(t)dt+x\left\{\int_0^x f'(t)dt\right\}'-\left\{\int_0^x tf'(t)dt\right\}'$$

$$=(x+1)e^x+1+\int_0^x f'(t)dt+xf'(x)-xf'(x)$$

$$=(x+1)e^x+1+\Big[f(t)\Big]_0^x=(x+1)e^x+1+f(x)-f(0)$$

한편 주어진 식에 $x=0$을 대입하면 $f(0)=0$이므로

$f'(x)-f(x)=(x+1)e^x+1$ ∴ $f'(2)-f(2)=\mathbf{3e^2+1}$ ← 답

유제 **16**-15. 연속함수 $f(x)$에 대하여 $\displaystyle\int_0^x (x-t)f(t)dt=\sin^3 x$일 때, $f(x)$를 구하여라. 답 $\mathbf{f(x)=3\sin x(2-3\sin^2 x)}$

유제 **16**-16. 함수 $f(x)$에 대하여 $f'(x)$가 연속함수이고 $f(0)=1$, $f(1)=2$이다. $g(x)=\displaystyle\int_0^x (x-t)f'(t)dt$일 때, $g'(1)$의 값을 구하여라. 답 **1**

유제 **16**-17. 함수 $f(x)=x\ln x-1$에 대하여 $g(x)=\displaystyle\int_1^x t\{f(x)-f(t)\}dt$일 때, $g'(e)$의 값을 구하여라. 답 $\mathbf{e^2-1}$

연습문제 16

16-1 정적분을 이용하여 다음 급수의 합을 구하여라.

(1) $\lim_{n\to\infty}\sum_{k=1}^{n}\frac{1}{n+k}$　　(2) $\lim_{n\to\infty}\sum_{k=1}^{2n}\frac{1}{2n+k}$　　(3) $\lim_{n\to\infty}\sum_{k=n+1}^{2n}\frac{1}{2n+k}$

16-2 정적분을 이용하여 $\lim_{n\to\infty}\frac{\sum_{k=1}^{n}(n+k)^3}{\sum_{k=1}^{n}k^3}$의 값을 구하여라.

16-3 정적분을 이용하여 다음 급수의 합을 구하여라.

(1) $\lim_{n\to\infty}\sum_{k=1}^{n}\frac{n+k}{3n^2+2nk+k^2}$　　(2) $\lim_{n\to\infty}\frac{1}{n}\sum_{k=1}^{n}\left(\sin\frac{\pi k}{2n}+\cos\frac{\pi k}{2n}\right)^2$

16-4 $a>0$일 때, 다음을 만족시키는 상수 a의 값을 구하여라.

$$\lim_{n\to\infty}\left(\frac{1}{n+a}+\frac{1}{n+2a}+\frac{1}{n+3a}+\cdots+\frac{1}{n+na}\right)=\frac{3\ln 2}{7}$$

16-5 곡선 $y=e^x$ 위의 점 $(a,\ e^a)$에서의 접선과 두 직선 $x=a,\ y=0$으로 둘러싸인 삼각형의 넓이를 $\mathrm{S}(a)$라고 할 때, $\lim_{n\to\infty}\sum_{k=1}^{n}\frac{1}{n}\mathrm{S}\left(\frac{n+2k}{n}\right)$의 값을 구하여라.

16-6 오른쪽 그림과 같이 선분 AB를 지름으로 하는 반원의 호 AB의 n등분점을 각각 C_1, C_2, $\cdots$, C_{n-1}이라고 하자. 삼각형 ABC_k(단, $k=1,\ 2,\ \cdots,\ n-1$)의 넓이를 S_k라고 할 때, $\lim_{n\to\infty}\frac{1}{n}\sum_{k=1}^{n-1}\mathrm{S}_k$의 값을 구하여라. 단, $\overline{\mathrm{AB}}=2a$이다.

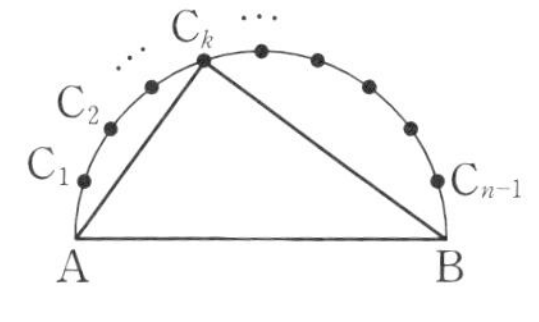

16-7 $f(x)=\int_0^x e^{t^2}dt$, $g(x)=\ln f'(x)$일 때, $\int_0^3 g(x)dx=3g(a)$를 만족시키는 양수 a의 값은?

① 1　　② $\sqrt{2}$　　③ $\sqrt{3}$　　④ 2　　⑤ 3

16-8 연속함수 $f(x)$가 모든 실수 x에 대하여 $\int_0^x f(t)dt=xe^{-x}$을 만족시킬 때, $\lim_{h\to 0}\frac{f(1+3h)-f(1)}{h}$의 값을 구하여라.

16-9 이계도함수를 가지는 함수 $f(x)$가 모든 실수 x에 대하여 $f(x)-2\int_0^x e^t f(t)dt=1$을 만족시킬 때, $f''(0)$의 값을 구하여라.

16-10 $f(x)=\int_{-x}^{x} \frac{\cos t}{1+e^{t}}dt$ 일 때, 다음 물음에 답하여라.

(1) $f'(x)$를 구하여라. (2) $f(x)$를 구하여라.

16-11 다음 방정식을 풀어라.

$$\log_{x^2}\left\{\frac{d}{dx}\int_{x}^{x+1}\frac{1}{2}(t^2-t)dt\right\}=x^2-3x+\frac{5}{2}$$

16-12 연속함수 $f(x)$가 모든 실수 x에 대하여

$$\int_{0}^{x}(x-t)f(t)dt=e^{x}-ax-b$$

를 만족시킬 때, 상수 a, b의 값과 $f(x)$를 구하여라.

16-13 함수 $f(x)=\int_{0}^{x}\frac{1}{1+t^6}dt$에 대하여 상수 a가 $f(a)=\frac{1}{2}$을 만족시킬 때, $\int_{0}^{a}\frac{e^{f(x)}}{1+x^6}dx$의 값은?

① $\sqrt{e}-1$ ② $\sqrt{e}$ ③ $e-1$ ④ $\sqrt{e}+1$ ⑤ e

16-14 연속함수 $f(x)$가 모든 실수 t에 대하여 $\int_{0}^{2}xf(tx)dx=4t^2$을 만족시킬 때, $f(2)$의 값은?

① 1 ② 2 ③ 3 ④ 4 ⑤ 5

16-15 함수 $f(x)=\int_{a}^{x}(2+\sin t^2)dt$에 대하여 $f''(a)=\sqrt{3}\,a$일 때, $(f^{-1})'(0)$의 값을 구하여라. 단, $0<a<\sqrt{\frac{\pi}{2}}$이다.

16-16 구간 $(-\infty, \infty)$에서 정의된 함수 $\mathrm{F}(x)=\int_{0}^{x}(1-t)e^{t}dt$의 최댓값은?

① $e-2$ ② $e-1$ ③ e ④ $2e-1$ ⑤ $2e$

16-17 함수 $\mathrm{F}(x)=\int_{x}^{x+1}e^{t^3-7t}dt$가 극대가 되는 x의 값은?

① -2 ② -1 ③ 0 ④ 1 ⑤ 2

16-18 구간 $[0, 1]$에서 감소하는 연속함수 $f(x)$가

$$\int_{0}^{1}f(x)dx=3, \qquad \int_{0}^{1}|f(x)|dx=5$$

를 만족시킨다. 함수 $\mathrm{F}(x)$가 $\mathrm{F}(x)=\int_{0}^{x}|f(t)|dt$ (단, $0\le x\le 1$)일 때, $\int_{0}^{1}f(x)\mathrm{F}(x)dx$의 값을 구하여라.

17. 넓이와 적분

곡선과 좌표축 사이의 넓이
/두 곡선 사이의 넓이

§ 1. 곡선과 좌표축 사이의 넓이

1 곡선과 x축 사이의 넓이

수학 Ⅱ에서 공부한 정적분과 넓이 사이의 관계를 다시 정리해 보자.

함수 $f(t)$가 구간 $[a, b]$에서 연속이고 $f(t) \geq 0$일 때, $a \leq x \leq b$인 x에 대하여 곡선 $y=f(t)$와 t축 및 두 직선 $t=a$, $t=x$로 둘러싸인 도형의 넓이를 $\mathrm{S}(x)$라고 하면

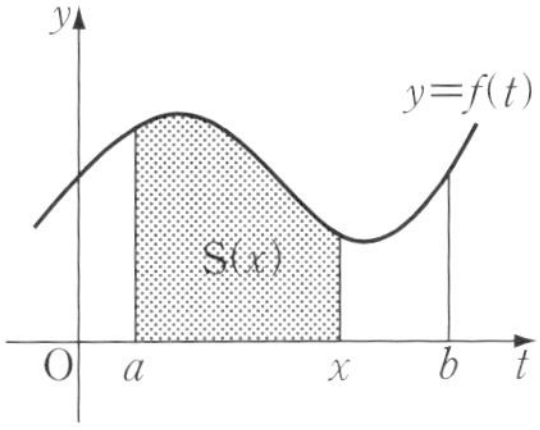

$$\mathrm{S}'(x)=f(x)$$

이므로 $\mathrm{S}(x)$는 $f(x)$의 부정적분 중 하나이다.

이때, $f(x)$의 다른 한 부정적분을 $\mathrm{F}(x)$라고 하면

$$\mathrm{S}(x)=\mathrm{F}(x)+\mathrm{C} \text{ (단, C는 상수)}$$

이고, $\mathrm{S}(a)=0$에서 $\mathrm{C}=-\mathrm{F}(a)$이므로

$$\mathrm{S}(b)=\mathrm{F}(b)+\mathrm{C}=\mathrm{F}(b)-\mathrm{F}(a)=\int_a^b f(t)dt$$

곧, 함수 $f(x)$가 구간 $[a, b]$에서 연속이고 $f(x) \geq 0$일 때, 곡선 $y=f(x)$와 x축 및 두 직선 $x=a$, $x=b$로 둘러싸인 도형의 넓이를 S라고 하면

$$\mathrm{S}=\int_a^b \boldsymbol{f(x)dx}$$

한편 구간 $[a, b]$에서 $f(x) \leq 0$일 때에는 곡선 $y=f(x)$가 곡선 $y=-f(x)$와 x축에 대하여 대칭이고 $-f(x) \geq 0$이므로 곡선 $y=f(x)$와 x축 및 두 직선 $x=a$, $x=b$로 둘러싸인 도형의 넓이를 S라고 하면

$$\mathrm{S}=\int_a^b \{-f(x)\}dx=-\int_a^b \boldsymbol{f(x)dx}$$

따라서 오른쪽 그림과 같이 구간 $[a, b]$에서 $f(x)$의 부호가 일정하지 않을 때의 넓이는 $f(x)$의 값이 양수인 구간과 음수인 구간으로 나누어서 다음과 같이 구하면 된다.

오른쪽 그림에서 점 찍은 두 부분의 넓이를 각각 S_1, S_2라고 하면

$$S_1=\int_a^c f(x)dx, \quad S_2=-\int_c^b f(x)dx$$

이므로 넓이의 합은

$$S_1+S_2=\int_a^c \boldsymbol{f(x)dx}-\int_c^b \boldsymbol{f(x)dx}$$

또한 이 식은 다음과 같이 절댓값 기호를 써서 나타낼 수 있다.

$$S_1+S_2=\int_a^c f(x)dx+\int_c^b \{-f(x)\}dx=\int_a^c |f(x)|dx+\int_c^b |f(x)|dx$$
$$=\int_a^b |\boldsymbol{f(x)}|\boldsymbol{dx}$$

기본정석 — **곡선과 x축 사이의 넓이**

(i) 구간 $[a, b]$에서 $f(x)\ge0$인 경우

$$S=\int_a^b \boldsymbol{f(x)dx}$$

(ii) 구간 $[a, b]$에서 $f(x)\le0$인 경우

$$S=-\int_a^b \boldsymbol{f(x)dx}$$

(iii) 구간 $[a, b]$에서 일반적인 경우

$S=S_1+S_2$

$$S=\int_a^b |\boldsymbol{f(x)}|\boldsymbol{dx}$$

보기 1 곡선 $y=x^2-4x+3$과 좌표축으로 둘러싸인 도형의 넓이를 구하여라.

연구 $x^2-4x+3=0$에서 $x=1, 3$

따라서 오른쪽 그림의 점 찍은 부분의 넓이를 구하는 것과 같다. 이 넓이를 S라고 하면

$$S=\int_0^3 |x^2-4x+3|dx$$
$$=\int_0^1 (x^2-4x+3)dx-\int_1^3 (x^2-4x+3)dx$$
$$=\left[\frac{1}{3}x^3-2x^2+3x\right]_0^1-\left[\frac{1}{3}x^3-2x^2+3x\right]_1^3=\frac{4}{3}-\left(-\frac{4}{3}\right)=\boldsymbol{\frac{8}{3}}$$

2 곡선과 y축 사이의 넓이

곡선과 y축 사이의 넓이는 곡선과 x축 사이의 넓이를 구할 때와 같은 방법으로 생각하여 구한다.

⇦ 기본 수학 Ⅱ p. 177 참조

기본정석 — 곡선과 y축 사이의 넓이

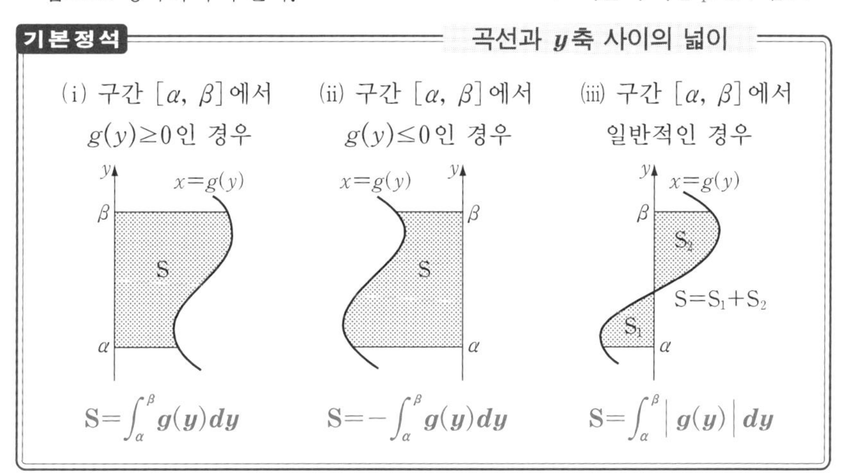

$$S=\int_\alpha^\beta g(y)dy \qquad S=-\int_\alpha^\beta g(y)dy \qquad S=\int_\alpha^\beta |g(y)|dy$$

Advice | 곡선과 x축 사이의 넓이를 구할 때에는 dx를 쓰고, 곡선과 y축 사이의 넓이를 구할 때에는 dy를 쓴다.

정석 dx를 쓸 것인가, dy를 쓸 것인가를 판단하고

dx를 쓸 때는 $\Longrightarrow \displaystyle\int_a^b |y|dx$, dy를 쓸 때는 $\Longrightarrow \displaystyle\int_\alpha^\beta |x|dy$

보기 2 다음 곡선과 직선으로 둘러싸인 도형의 넓이 S를 구하여라.

(1) $y^2=4-x,\ x=0$

(2) $y^2=x+1,\ y=2,\ x=0$

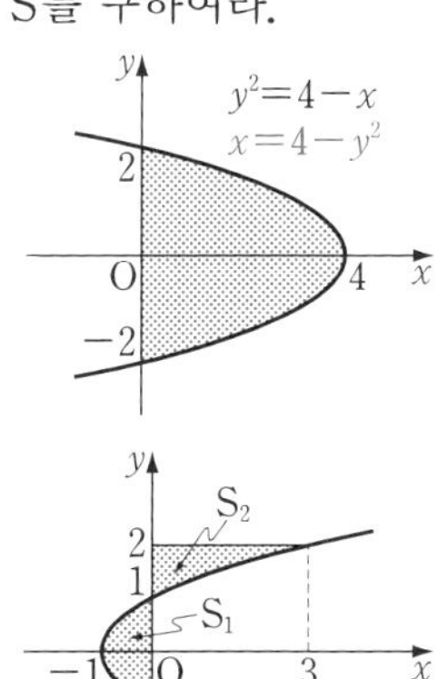

연구 (1) $y^2=4-x$에서 $x=4-y^2$이므로

$$S=\int_{-2}^2 x\,dy=\int_{-2}^2 (4-y^2)dy$$
$$=2\int_0^2 (4-y^2)dy=\frac{32}{3}$$

(2) $y^2=x+1$에서 $x=y^2-1$이므로

$$S_1=-\int_{-1}^1 x\,dy=-\int_{-1}^1 (y^2-1)dy=\frac{4}{3}$$
$$S_2=\int_1^2 x\,dy=\int_1^2 (y^2-1)dy=\frac{4}{3}$$
$$\therefore\ S=S_1+S_2=\frac{4}{3}+\frac{4}{3}=\frac{8}{3}$$

Advice | 구분구적법을 이용한 넓이와 정적분의 관계

도형의 넓이와 정적분의 관계를 앞에서 공부한 구분구적법을 이용하여 다음과 같이 생각할 수도 있다. ⇦ p. 282

함수 $f(x)$가 닫힌구간 $[a,\ b]$에서 연속이고 $f(x)\ge 0$일 때, 곡선 $y=f(x)$와 x축 및 두 직선 $x=a$, $x=b$로 둘러싸인 도형의 넓이를 S라고 하자.

구간 $[a,\ b]$를 n등분하여 양 끝 점과 각 분점의 x좌표를 왼쪽부터

$$x_0(=a),\ x_1,\ x_2,\ \cdots,\ x_{n-1},\ x_n(=b)$$

이라 하고, 각 소구간의 길이를 Δx라고 하면

$$\Delta x=\frac{b-a}{n},\quad x_k=a+k\Delta x$$

이때, 오른쪽 그림과 같이 x좌표가 x_k (단, $k=1,\ 2,\ \cdots,\ n$)인 점을 지나고 x축에 수직인 직선을 그어 가로의 길이가 Δx인 직사각형을 만들고 이들 n개의 직사각형의 넓이의 합을 S_n이라고 하면

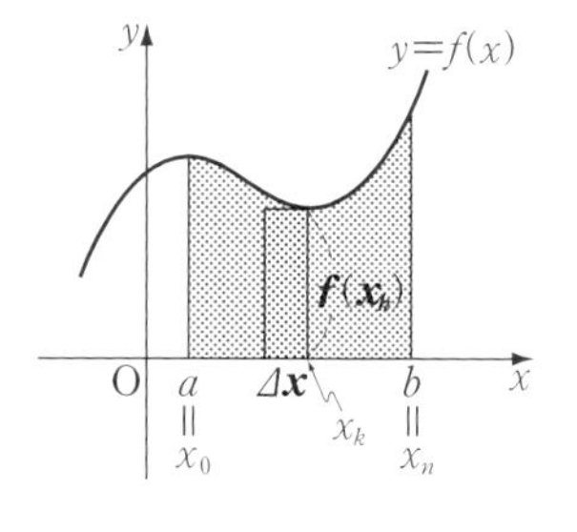

$$\mathrm{S}_n=\sum_{k=1}^{n} f(x_k)\Delta x$$

이고, 여기에서 $n\longrightarrow\infty$일 때 $\mathrm{S}_n\longrightarrow\mathrm{S}$이다.

따라서 정적분과 급수의 관계에 의하여

$$\mathrm{S}=\lim_{n\to\infty}\mathrm{S}_n=\lim_{n\to\infty}\sum_{k=1}^{n} f(x_k)\Delta x=\int_a^b f(x)\,dx$$

이와 같은 넓이와 정적분의 관계를 다음과 같이 나타낼 수 있다.

넓이 요소 ⟹ 넓이 요소의 합 ⟹ 한없이 세분한 극한 = 넓이

↓ ↓ ↓ ↓

$$\boldsymbol{f(x_k)\Delta x}\ \Longrightarrow\ \sum_{k=1}^{n}\boldsymbol{f(x_k)\Delta x}\ \Longrightarrow\ \lim_{n\to\infty}\sum_{k=1}^{n}\boldsymbol{f(x_k)\Delta x}=\int_a^b \boldsymbol{f(x)dx}$$

한편 오른쪽 그림과 같이 구간 $[a,\ b]$에서 $f(x)\le 0$일 때에는

$$\mathrm{S}_n=\sum_{k=1}^{n}\{-f(x_k)\Delta x\}$$

이므로

$$\mathrm{S}=\lim_{n\to\infty}\mathrm{S}_n=\lim_{n\to\infty}\sum_{k=1}^{n}\{-f(x_k)\Delta x\}$$

$$=-\lim_{n\to\infty}\sum_{k=1}^{n} f(x_k)\Delta x=-\int_a^b f(x)\,dx$$

*Note 곡선과 y축 사이의 넓이도 마찬가지 방법으로 생각할 수 있다.

기본 문제 17-1 다음 물음에 답하여라.

(1) 곡선 $y=x^3+2x^2+x$와 x축으로 둘러싸인 도형의 넓이를 구하여라.

(2) 곡선 $y=x(x-a)^2$ (단, $a<0$)과 x축으로 둘러싸인 도형의 넓이가 12일 때, 상수 a의 값을 구하여라.

정석연구 곡선 $y=f(x)$와 x축으로 둘러싸인 도형의 넓이를 구할 때에는

x축과 만나는 점, 적분구간에서 y의 값의 부호

에 주의하여 $y=f(x)$의 그래프를 그려 본다.

특히 y의 값이 음수인 구간에서는 정적분에 '$-$'를 붙여서 넓이를 계산해야 한다는 것에 주의한다.

모범답안 (1) $y=x^3+2x^2+x=x(x+1)^2$이므로 이 곡선은 x축과 $x=-1,\ 0$에서 만나고, 특히 $x=-1$에서는 x축에 접한다.

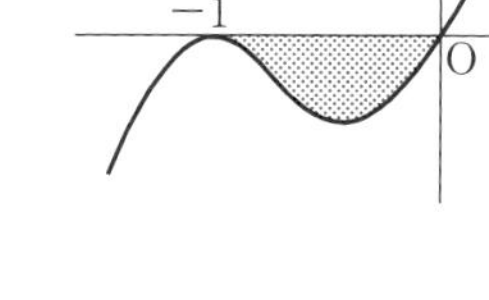

따라서 구하는 넓이를 S라고 하면

$$S=-\int_{-1}^{0} y\,dx=-\int_{-1}^{0}(x^3+2x^2+x)dx$$

$$=-\left[\frac{1}{4}x^4+\frac{2}{3}x^3+\frac{1}{2}x^2\right]_{-1}^{0}=\boldsymbol{\frac{1}{12}} \longleftarrow \text{답}$$

(2) $y=x(x-a)^2$이므로 이 곡선은 x축과 $x=0,\ a$에서 만난다. 특히 $x=a$에서는 x축에 접하고 $a<0$이므로 함수의 그래프는 오른쪽과 같다.

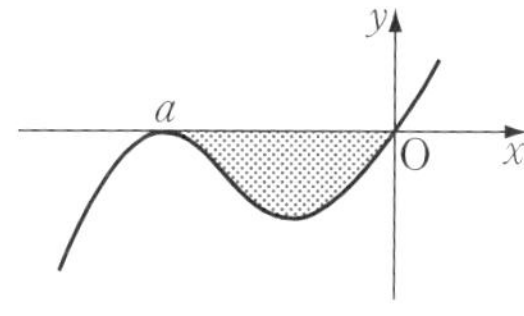

따라서 이 곡선과 x축으로 둘러싸인 도형의 넓이를 S라고 하면

$$S=-\int_{a}^{0} y\,dx=-\int_{a}^{0}(x^3-2ax^2+a^2x)dx$$

$$=-\left[\frac{1}{4}x^4-\frac{2}{3}ax^3+\frac{1}{2}a^2x^2\right]_{a}^{0}=\frac{1}{4}a^4-\frac{2}{3}a^4+\frac{1}{2}a^4=\frac{1}{12}a^4$$

S$=12$이므로 $\frac{1}{12}a^4=12 \quad \therefore\ a^2=12$

$a<0$이므로 $\boldsymbol{a=-2\sqrt{3}} \longleftarrow$ 답

유제 **17**-1. 다음 곡선과 x축으로 둘러싸인 도형의 넓이를 구하여라.

(1) $y=1-x^2$ (2) $y=x^3-x^2$

답 (1) $\boldsymbol{\frac{4}{3}}$ (2) $\boldsymbol{\frac{1}{12}}$

유제 **17**-2. 곡선 $y=x(a-x)$와 x축으로 둘러싸인 도형의 넓이가 $\frac{2}{3}$일 때, 양수 a의 값을 구하여라.

답 $\boldsymbol{a=\sqrt[3]{4}}$

기본 문제 **17**-2 다음 주어진 구간에서 곡선과 x축 사이의 넓이 S를 구하여라.

(1) $y=\dfrac{1}{x}$, $[1,\ e]$ (2) $y=-\ln x$, $[1,\ e]$

(3) $y=x\sin x$, $[0,\ 2\pi]$

정석연구 x축과 만나는 점, 적분구간에서 y의 값의 부호에 주의하여 곡선의 개형을 그려 본다.

정석 넓이 문제 ⟹ 먼저 곡선의 개형을 그린다.

모범답안 (1) $1\le x\le e$에서 $y=\dfrac{1}{x}>0$이므로

$$\mathrm{S}=\int_1^e \frac{1}{x}dx=\Big[\ln x\Big]_1^e=\mathbf{1} \longleftarrow \text{답}$$

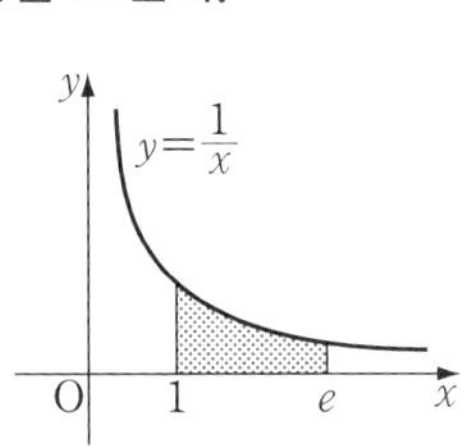

(2) $1\le x\le e$에서 $y=-\ln x\le 0$이므로

$$\mathrm{S}=-\int_1^e(-\ln x)dx=\int_1^e \ln x\,dx$$

$$=\Big[x\ln x-x\Big]_1^e=\mathbf{1} \longleftarrow \text{답}$$

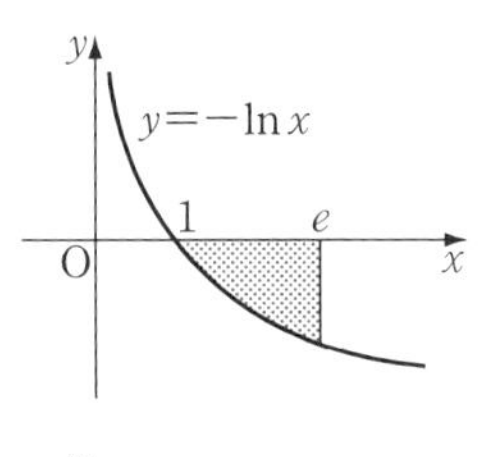

(3) $y=x\sin x\,(0\le x\le 2\pi)$에서

$y=0$의 해는 $x=0,\ \pi,\ 2\pi$이고

$0\le x\le \pi$일 때 $y\ge 0$,

$\pi\le x\le 2\pi$일 때 $y\le 0$

$$\therefore\ \mathrm{S}=\int_0^\pi x\sin x\,dx-\int_\pi^{2\pi}x\sin x\,dx$$

$$=\left\{\Big[x(-\cos x)\Big]_0^\pi-\int_0^\pi(-\cos x)dx\right\}$$

$$-\left\{\Big[x(-\cos x)\Big]_\pi^{2\pi}-\int_\pi^{2\pi}(-\cos x)dx\right\}$$

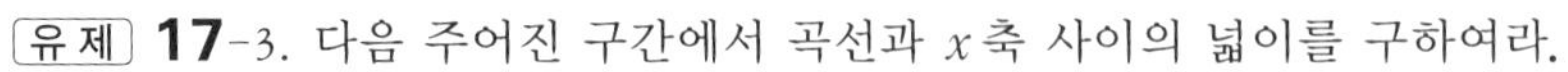

$$=\left(\pi+\Big[\sin x\Big]_0^\pi\right)-\left(-3\pi+\Big[\sin x\Big]_\pi^{2\pi}\right)=\boldsymbol{4\pi} \longleftarrow \text{답}$$

유제 **17**-3. 다음 주어진 구간에서 곡선과 x축 사이의 넓이를 구하여라.

(1) $y=\sqrt{x}$, $[0,\ 4]$ (2) $y=\ln(x-1)$, $[2,\ 4]$

(3) $y=\sin x$, $[0,\ 2\pi]$ (4) $y=\tan x$, $\left[0,\ \dfrac{\pi}{3}\right]$

답 (1) $\mathbf{\dfrac{16}{3}}$ (2) $\mathbf{3\ln 3-2}$ (3) $\mathbf{4}$ (4) $\mathbf{\ln 2}$

기본 문제 17-3 다음 곡선과 직선으로 둘러싸인 도형의 넓이 S를 구하여라.

(1) $y=\ln(2-x)$, $y=0$, $x=0$　　(2) $y^2=\dfrac{1-x}{x}$, $y=1$, $y=-1$, $x=0$

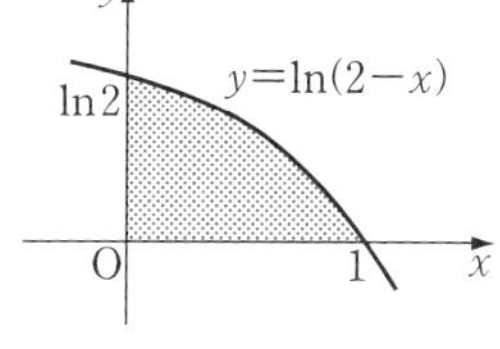

정석연구 (1) 오른쪽 그림에서 점 찍은 부분의 넓이를 구하는 것이므로

$$S=\int_0^1 \boldsymbol{y\,dx},\quad S=\int_0^{\ln 2}\boldsymbol{x\,dy}$$

중 간단한 쪽을 택하여 구한다.

(2) $y^2=\dfrac{1-x}{x}$ 에서　$xy^2=1-x$

$$\therefore\ x=\frac{1}{1+y^2}$$

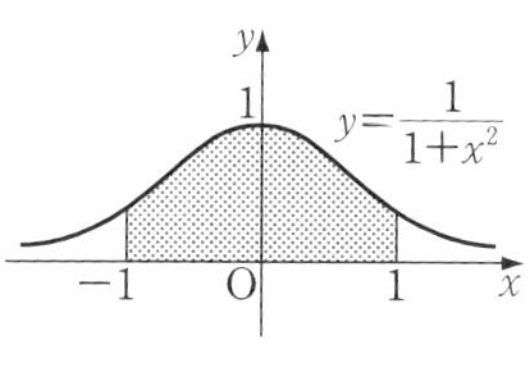

이 곡선은 곡선 $y=\dfrac{1}{1+x^2}$과 직선 $y=x$에 대하여 대칭이다.

모범답안 (1) $y=\ln(2-x)$에서　$e^y=2-x$　　$\therefore\ x=2-e^y$

$$\therefore\ S=\int_0^{\ln 2}x\,dy=\int_0^{\ln 2}(2-e^y)dy=\Big[2y-e^y\Big]_0^{\ln 2}=\mathbf{2\ln 2-1} \longleftarrow \text{답}$$

(2) $y^2=\dfrac{1-x}{x}$ 에서　$x=\dfrac{1}{1+y^2}$

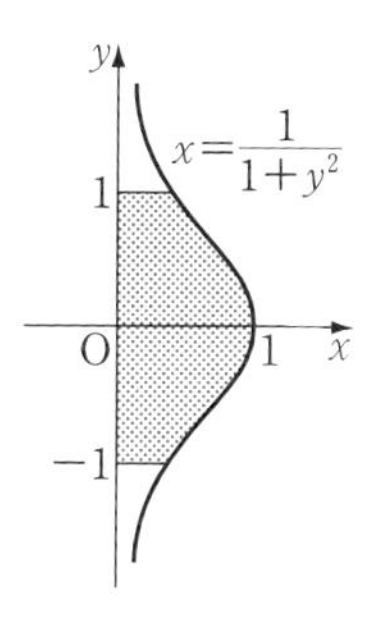

$$\therefore\ S=2\int_0^1 x\,dy=2\int_0^1\frac{1}{1+y^2}dy$$

$y=\tan\theta\left(-\dfrac{\pi}{2}<\theta<\dfrac{\pi}{2}\right)$라고 하면

$dy=\sec^2\theta\,d\theta$이므로

$$S=2\int_0^{\frac{\pi}{4}}\frac{1}{1+\tan^2\theta}\times\sec^2\theta\,d\theta=2\int_0^{\frac{\pi}{4}}1\,d\theta$$

$$=2\Big[\theta\Big]_0^{\frac{\pi}{4}}=\boldsymbol{\frac{\pi}{2}} \longleftarrow \text{답}$$

Advice | (1) dx를 이용하여 다음과 같이 구할 수도 있다.

$$S=\int_0^1 y\,dx=\int_0^1\ln(2-x)dx=\int_2^1\ln t\,(-dt)\qquad ⇦\ 2-x=t\text{로 치환}$$

$$=\int_1^2\ln t\,dt=\Big[t\ln t-t\Big]_1^2=\mathbf{2\ln 2-1}$$

유제 17-4. 다음 곡선과 직선으로 둘러싸인 도형의 넓이를 구하여라.

(1) $y=\ln x$, $y=1$, $y=0$, $x=0$　　(2) $x=\sin y$(단, $0\le y\le 2\pi$), $x=0$

(3) $y=\dfrac{1}{1+x^2}$, $y=0$, $x=0$, $x=\sqrt{3}$

답 (1) $\boldsymbol{e-1}$ (2) $\mathbf{4}$ (3) $\boldsymbol{\dfrac{\pi}{3}}$

기본 문제 17-4 함수 $f(x)=e^x+1$의 역함수를 $g(x)$라고 하자. a가 양의 상수일 때, 다음 정적분의 값을 구하여라.

$$\int_0^a f(x)dx+\int_2^{f(a)} g(x)dx$$

정석연구 정적분의 값은 좌표평면에서 영역의 넓이로 이해할 수 있다. 따라서 함수 $y=f(x)$와 $y=g(x)$의 그래프를 그린 다음, 어느 부분의 넓이가 정적분 $\int_0^a f(x)dx$, $\int_2^{f(a)} g(x)dx$의 값을 나타내는지 조사해 보아라.

정석 함수 $\boldsymbol{f}$와 $\boldsymbol{g}$가 서로 역함수이면

⟹ 곡선 $\boldsymbol{y=f(x)}$와 $\boldsymbol{y=g(x)}$는 직선 $\boldsymbol{y=x}$에 대하여 대칭!

모범답안 $y=g(x)$의 그래프는 $y=f(x)$의 그래프와 직선 $y=x$에 대하여 대칭이므로 $y=f(x)$, $y=g(x)$의 그래프는 오른쪽과 같다.

따라서 정적분

$$\int_0^a f(x)dx,\quad \int_2^{f(a)} g(x)dx$$

의 값은 각각 그림에서 점 찍은 부분 A, B의 넓이와 같으므로 두 부분의 넓이의 합은 네 점

$$(0,\ 0),\ (a,\ 0),\ \big(a,\ f(a)\big),\ \big(0,\ f(a)\big)$$

를 꼭짓점으로 하는 직사각형의 넓이와 같다.

$$\therefore \int_0^a f(x)dx+\int_2^{f(a)} g(x)dx=a\times f(a)=\boldsymbol{a(e^a+1)} \longleftarrow \text{답}$$

Advice | 역함수 $g(x)$를 직접 구해서 풀어도 된다. 곧,

$y=f(x)=e^x+1$로 놓으면 $e^x=y-1$ $\therefore x=\ln(y-1)$

x와 y를 바꾸면 $y=\ln(x-1)$ $\therefore g(x)=\ln(x-1)$

$$\therefore (\text{준 식})=\int_0^a (e^x+1)dx+\int_2^{f(a)} \ln(x-1)dx$$

$$=\Big[e^x+x\Big]_0^a+\Big[(x-1)\ln(x-1)-(x-1)\Big]_2^{e^a+1}=\boldsymbol{a(e^a+1)}$$

그러나 아래 **유제**와 같이 역함수를 구하기가 곤란한 경우에는 위의 **모범답안**과 같은 방법으로 풀어야 한다.

유제 **17**-5. 함수 $f(x)=x^3+x+2$의 역함수를 $g(x)$라고 할 때, $\int_0^2 f(x)dx+\int_2^{12} g(x)dx$의 값을 구하여라. 답 24

§ 2. 두 곡선 사이의 넓이

1 두 곡선 사이의 넓이

오른쪽 그림에서 도형 ACDB의 넓이 S는

S=(도형 AEFB)−(도형 CEFD)

$=\int_a^b f(x)dx-\int_a^b g(x)dx$

$=\int_a^b \{f(x)-g(x)\}dx$ ……㉠

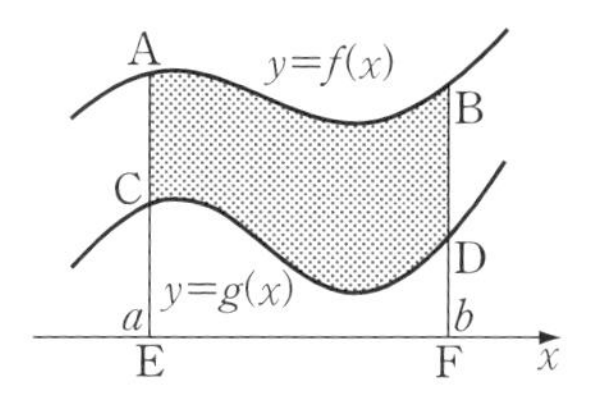

곧, 구간 $[a,\ b]$에서 $f(x)\ge g(x)$일 때, 두 곡선 $y=f(x)$, $y=g(x)$와 두 직선 $x=a$, $x=b$로 둘러싸인 도형의 넓이 S는 위에 있는 그래프의 식 $f(x)$에서 아래에 있는 그래프의 식 $g(x)$를 뺀 $f(x)-g(x)$를 $x=a$에서 $x=b$까지 적분한 값이 된다.

특히 아래 그림과 같이 구간 $[a,\ b]$에서 두 곡선이 모두 x축 아래에 있거나, x축을 사이에 두고 있는 경우에도 ㉠이 성립한다는 것에 주의하여라.

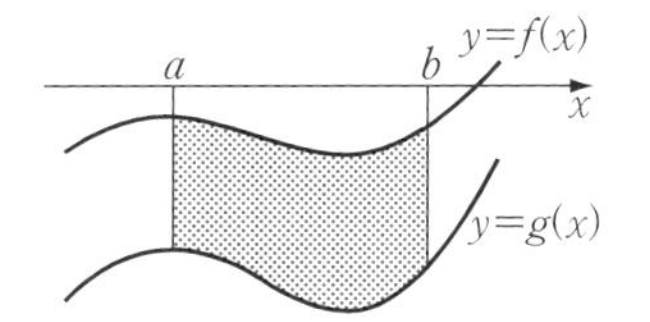

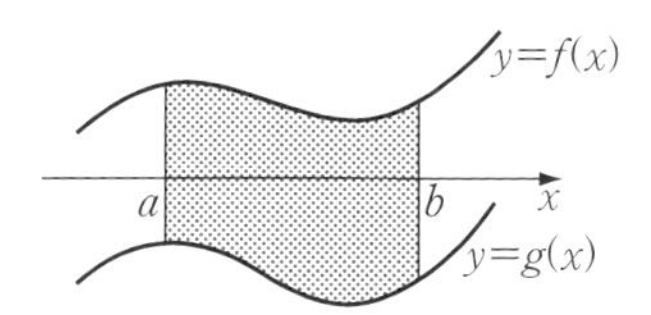

dy를 이용하여 적분할 때에도 같은 방법으로 생각할 수 있다.

기본정석 — 두 곡선 사이의 넓이

(i) 구간 $[a,\ b]$에서 $f(x)\ge g(x)$일 때

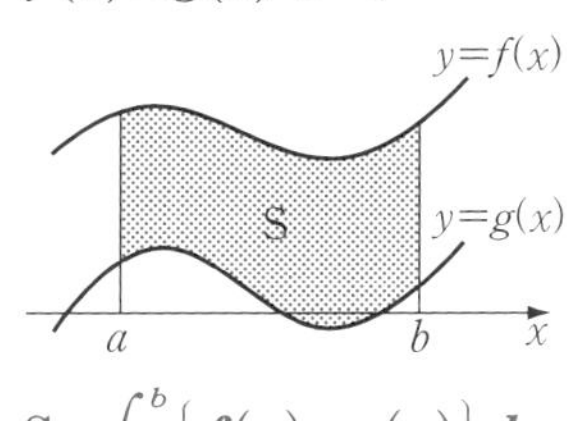

$$\mathrm{S}=\int_a^b \{\boldsymbol{f(x)-g(x)}\}\boldsymbol{dx}$$

(ii) 구간 $[\alpha,\ \beta]$에서 $f(y)\ge g(y)$일 때

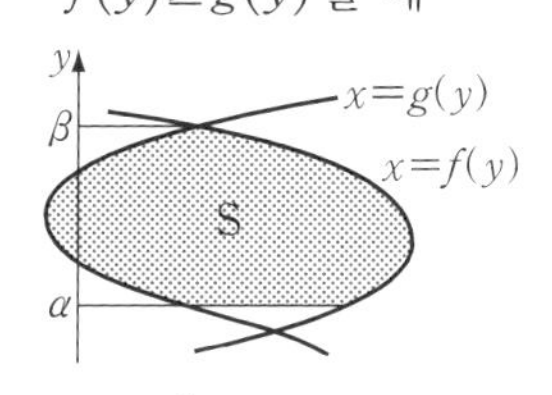

$$\mathrm{S}=\int_\alpha^\beta \{\boldsymbol{f(y)-g(y)}\}\boldsymbol{dy}$$

Advice | $f(x)$, $g(x)$ 또는 $f(y)$, $g(y)$의 대소에 관계없이

$\mathrm{S}=\int_a^b |f(x)-g(x)|dx$ 또는 $\mathrm{S}=\int_\alpha^\beta |f(y)-g(y)|dy$라고 해도 된다.

기본 문제 17-5 다음 직선과 곡선 또는 곡선과 곡선으로 둘러싸인 도형의 넓이를 구하여라.

(1) $y=-x,\ y=-x^2+2x$ (2) $y=x^2-1,\ y=-x^2+2x+3$

정석연구 먼저 주어진 직선 또는 곡선을 좌표평면 위에 나타내어 보아라. 이때, 이들의 교점의 x좌표도 같이 나타낼 수 있어야 한다.

모범답안 (1) 직선과 곡선의 교점의 x좌표는

$-x=-x^2+2x$ 에서 $x=0,\ 3$

이때, 구간 $[0,\ 3]$에서 $-x^2+2x\geq -x$

이므로 구하는 넓이를 S라고 하면

$$S=\int_0^3\{(-x^2+2x)-(-x)\}dx$$

$$=\int_0^3(-x^2+3x)dx \quad \cdots\cdots①$$

$$=\left[-\frac{1}{3}x^3+\frac{3}{2}x^2\right]_0^3=\frac{9}{2}$$ ← 답

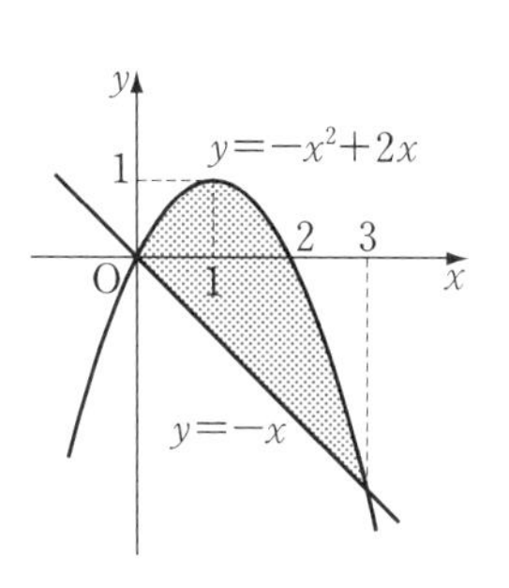

(2) 두 곡선의 교점의 x좌표는

$x^2-1=-x^2+2x+3$에서 $x=-1,\ 2$

이때, 구간 $[-1,\ 2]$에서

$-x^2+2x+3\geq x^2-1$

이므로 구하는 넓이를 S라고 하면

$$S=\int_{-1}^2\{(-x^2+2x+3)-(x^2-1)\}dx$$

$$=\int_{-1}^2(-2x^2+2x+4)dx \quad \cdots\cdots②$$

$$=\left[-\frac{2}{3}x^3+x^2+4x\right]_{-1}^2=9$$ ← 답

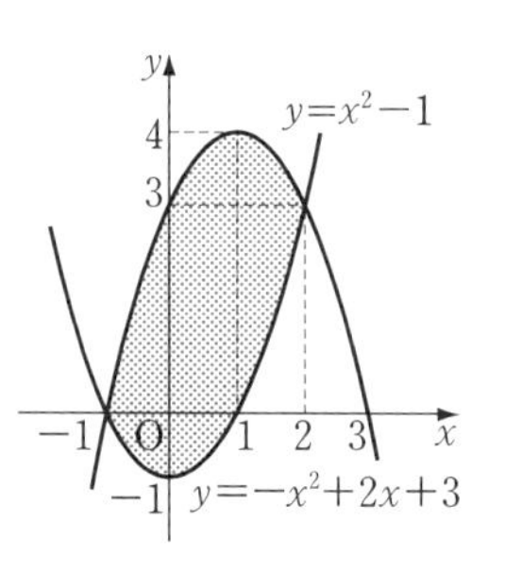

Advice | ①, ②에서 피적분함수는 이차함수이고, 위끝과 아래끝에서 피적분함수의 값은 0이다. 따라서 다음 **정석**을 이용할 수도 있다.

정석 $\displaystyle\int_\alpha^\beta a(x-\alpha)(x-\beta)dx=-\frac{a}{6}(\beta-\alpha)^3$ ⇦ 기본 수학 Ⅱ p. 153

유제 **17**-6. 다음 곡선과 직선 또는 곡선과 곡선으로 둘러싸인 도형의 넓이를 구하여라.

(1) $y=x^2,\ y=x$ (2) $y=(x-1)^2,\ y=5-x^2$

(3) $y=2x^2-7x+5,\ y=-x^2+5x-4$

답 (1) $\frac{1}{6}$ (2) **9** (3) **4**

기본 문제 17-6 다음 물음에 답하여라.

(1) 곡선 $y=xe^{-x}$과 직선 $y=e^{-2}x$로 둘러싸인 도형의 넓이를 구하여라.

(2) 구간 $[0, \pi]$에서 두 곡선 $y=\sin x$, $y=\sin 2x$로 둘러싸인 도형의 넓이를 구하여라.

모범답안 (1) 곡선과 직선의 교점의 x좌표는

$xe^{-x}=e^{-2}x$에서 $x(e^{-x}-e^{-2})=0$

$\therefore x=0, 2$

따라서 구하는 넓이를 S라고 하면

$$S=\int_0^2 (xe^{-x}-e^{-2}x)dx$$

$$=\Big[-e^{-x}x\Big]_0^2-\int_0^2(-e^{-x})dx-\Big[\frac{1}{2e^2}x^2\Big]_0^2=\mathbf{1-\frac{5}{e^2}} \longleftarrow \boxed{답}$$

(2) 두 곡선의 교점의 x좌표는

$\sin x=\sin 2x$에서 $\sin x=2\sin x\cos x$

$(\sin x)(2\cos x-1)=0$

$\therefore \sin x=0,\ \cos x=\dfrac{1}{2}$ $\quad\therefore x=0, \dfrac{\pi}{3}, \pi$

따라서 구하는 넓이를 S라고 하면

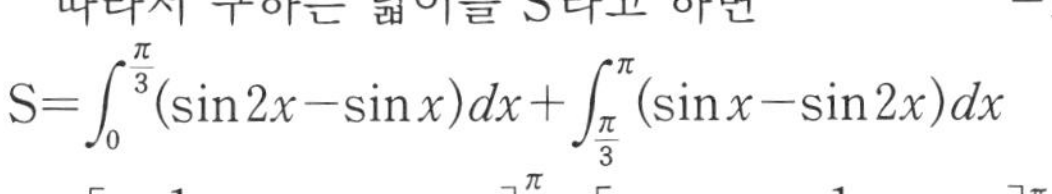

$$S=\int_0^{\frac{\pi}{3}}(\sin 2x-\sin x)dx+\int_{\frac{\pi}{3}}^{\pi}(\sin x-\sin 2x)dx$$

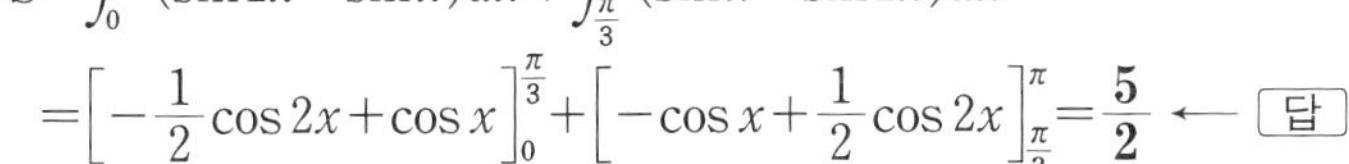

$$=\Big[-\frac{1}{2}\cos 2x+\cos x\Big]_0^{\frac{\pi}{3}}+\Big[-\cos x+\frac{1}{2}\cos 2x\Big]_{\frac{\pi}{3}}^{\pi}=\mathbf{\frac{5}{2}} \longleftarrow \boxed{답}$$

유제 **17**-7. 다음 곡선과 곡선 또는 곡선과 직선으로 둘러싸인 도형의 넓이를 구하여라.

(1) $y=\sqrt{x}$, $y=x^2$ (2) $xy=4$, $x+y=5$ (3) $y=e^x$, $y=xe^x$, $x=0$

(4) $y=xe^{1-x}$, $y=x$ (5) $y=1+\ln x$, $xy=1$, $x=2$

답 (1) $\mathbf{\frac{1}{3}}$ (2) $\mathbf{\frac{15}{2}-8\ln 2}$ (3) $\mathbf{e-2}$ (4) $\mathbf{e-\frac{5}{2}}$ (5) $\mathbf{\ln 2}$

유제 **17**-8. 다음 주어진 구간에서 곡선과 곡선 또는 곡선과 직선으로 둘러싸인 도형의 넓이를 구하여라.

(1) $y=\sin x$, $y=\cos x$, $\left[\dfrac{\pi}{4}, \dfrac{5}{4}\pi\right]$ (2) $y=\cos x$, $y=\cos 2x$, $\left[0, \dfrac{2}{3}\pi\right]$

(3) $y=x+2\sin x$, $y=x$, $[0, 2\pi]$

답 (1) $\mathbf{2\sqrt{2}}$ (2) $\mathbf{\frac{3\sqrt{3}}{4}}$ (3) $\mathbf{8}$

기본 문제 **17**-7 다음 곡선과 직선으로 둘러싸인 도형의 넓이 S를 구하여라.

(1) $y^2=x$, $y=-x+2$ (2) $y=e^x$, $y=x$, $y=1$, $y=2$

정석연구 먼저 그래프의 개형을 그려서 넓이를 구하고자 하는 도형이 어떤 것인가를 알아본 다음

정석 $\boldsymbol{dx}$를 쓸 것인가, $\boldsymbol{dy}$를 쓸 것인가를 판단하고

$$\boldsymbol{dx}\text{를 쓸 때는} \Longrightarrow \int_a^b |\boldsymbol{y}|\,\boldsymbol{dx}, \quad \boldsymbol{dy}\text{를 쓸 때는} \Longrightarrow \int_\alpha^\beta |\boldsymbol{x}|\,\boldsymbol{dy}$$

를 이용한다.

모범답안 (1) $y^2=x$에서 $x=y^2$,

$y=-x+2$에서 $x=2-y$

곡선과 직선의 교점의 y좌표는

$y^2=2-y$에서 $(y+2)(y-1)=0$

$\therefore\ y=-2,\ 1$

또, $-2\le y\le 1$에서 $2-y\ge y^2$이므로

$$S=\int_{-2}^{1}\{(2-y)-y^2\}\,dy$$

$$=\left[2y-\frac{1}{2}y^2-\frac{1}{3}y^3\right]_{-2}^{1}=\boldsymbol{\frac{9}{2}} \longleftarrow \boxed{\text{답}}$$

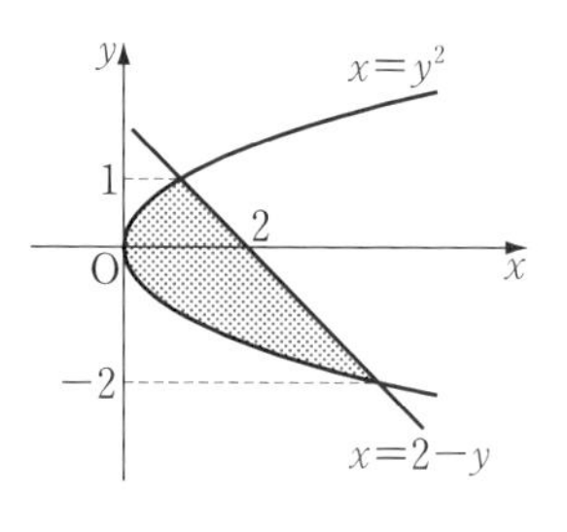

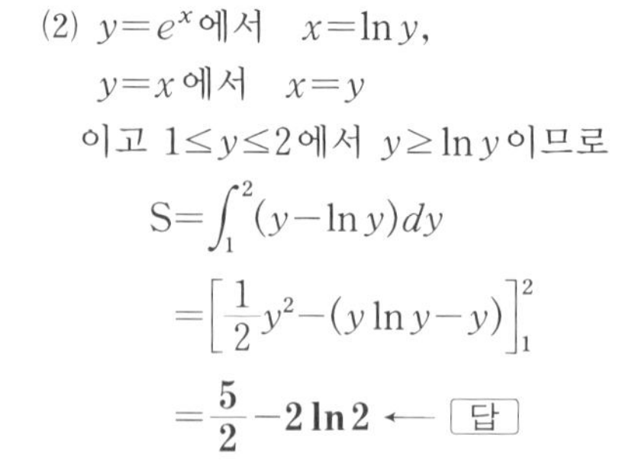

(2) $y=e^x$에서 $x=\ln y$,

$y=x$에서 $x=y$

이고 $1\le y\le 2$에서 $y\ge \ln y$이므로

$$S=\int_1^2 (y-\ln y)\,dy$$

$$=\left[\frac{1}{2}y^2-(y\ln y-y)\right]_1^2$$

$$=\boldsymbol{\frac{5}{2}-2\ln 2} \longleftarrow \boxed{\text{답}}$$

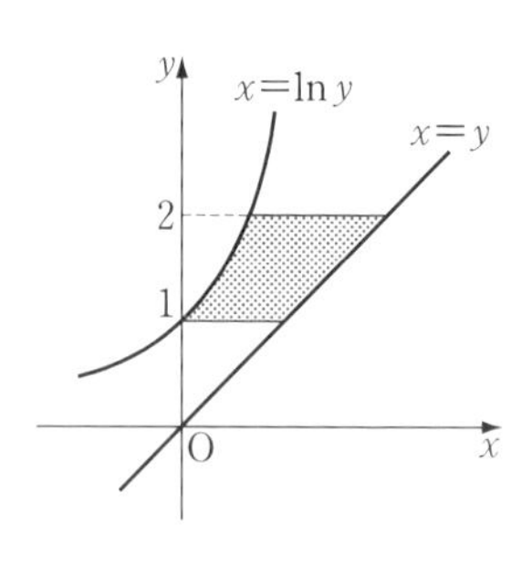

유제 **17**-9. 다음 곡선과 직선으로 둘러싸인 도형의 넓이를 구하여라.

(1) $y^2=x$ (단, $y\ge 0$), $y=0$, $x=4$

(2) $y=\sqrt{x}$, $y=x-2$, $y=0$

(3) $y^2=-x$, $x-3y+4=0$

답 (1) $\boldsymbol{\frac{16}{3}}$ (2) $\boldsymbol{\frac{10}{3}}$ (3) $\boldsymbol{\frac{125}{6}}$

기본 문제 17-8 곡선 $y=\ln x$와 원점에서 이 곡선에 그은 접선 및 x축으로 둘러싸인 도형의 넓이를 구하여라.

정석연구 오른쪽 그림에서 점 찍은 부분의 넓이를 구하는 문제이다.

구하는 넓이를 S라고 할 때, S는

S=△OPH−(도형 QPH) ⋯①

S=(도형 ORPQ)−△ORP ⋯②

의 두 가지 방법으로 구할 수 있다.

여기에서 ①의 경우는 dx를 쓰고, ②의 경우는 dy를 쓴다.

정석 $\boldsymbol{dx}$를 쓸 것인가, $\boldsymbol{dy}$를 쓸 것인가를 판단하고

$\boldsymbol{dx}$를 쓸 때는 ⟹ $\displaystyle\int_a^b |y|\,dx$, $\boldsymbol{dy}$를 쓸 때는 ⟹ $\displaystyle\int_\alpha^\beta |x|\,dy$

모범답안 $y'=\dfrac{1}{x}$이므로 곡선 위의 점 $(a, \ln a)$에서의 접선의 방정식은

$$y-\ln a=\frac{1}{a}(x-a) \quad \cdots\cdots③$$

이 직선이 원점 $(0, 0)$을 지나므로

$$0-\ln a=\frac{1}{a}(0-a) \qquad \therefore\ a=e$$

③에 대입하면 접선의 방정식은

$$y=\frac{1}{e}x \quad 곧,\ x=ey$$

또, $y=\ln x$에서 $x=e^y$

따라서 구하는 넓이를 S라고 하면

$$S=\int_0^1 (e^y-ey)\,dy=\left[e^y-\frac{1}{2}ey^2\right]_0^1=\frac{1}{2}(e-2) \longleftarrow \text{답}$$

**Note* 접점의 좌표가 $(e, 1)$이므로 dx를 써서 계산하면

$$S=\frac{1}{2}\times e\times 1-\int_1^e \ln x\,dx=\frac{1}{2}e-\Big[x\ln x-x\Big]_1^e=\frac{1}{2}(e-2)$$

유제 **17**-10. 곡선 $y=-\ln x$ 위의 점 $(e, -1)$에서의 접선과 이 곡선 및 x축으로 둘러싸인 도형의 넓이를 구하여라. 답 $\dfrac{1}{2}(e-2)$

유제 **17**-11. 곡선 $y=e^x$과 원점에서 이 곡선에 그은 접선 및 직선 $x=-a$ (단, $a>0$), $y=0$으로 둘러싸인 도형의 넓이를 S(a)라고 할 때, $\displaystyle\lim_{a\to\infty}S(a)$의 값을 구하여라. 답 $\dfrac{1}{2}e$

기본 문제 17-9 함수 $f(x)=e^{ax}$(단, $a\neq0$)의 역함수를 $g(x)$라고 하자. 두 곡선 $y=f(x)$와 $y=g(x)$가 $x=e$인 점에서 접할 때,

(1) 상수 a의 값을 구하여라.

(2) 이 두 곡선과 x축, y축으로 둘러싸인 도형의 넓이를 구하여라.

정석연구 (1) 두 곡선이 접한다는 것은 두 곡선이 교점에서 같은 접선을 가진다는 뜻이다. 따라서 다음 **정석**을 이용하여 a의 값을 구할 수 있다.

정석 두 곡선 $\boldsymbol{y=f(x)}$, $\boldsymbol{y=g(x)}$가 $\boldsymbol{x=t}$인 점에서 접하면
$$\Longrightarrow \boldsymbol{f(t)=g(t),\quad f'(t)=g'(t)}$$

(2) 두 곡선은 직선 $y=x$에 대하여 대칭임을 이용해 보자.

모범답안 (1) $y=e^{ax}$에서 $\ln y=ax$ $\quad\therefore x=\dfrac{1}{a}\ln y$

x와 y를 바꾸면 $y=\dfrac{1}{a}\ln x$ $\quad\therefore g(x)=\dfrac{1}{a}\ln x$

두 곡선이 $x=e$인 점에서 접하므로

$f(e)=g(e)$에서 $e^{ae}=\dfrac{1}{a}$ ……①

또, $f'(x)=ae^{ax}$, $g'(x)=\dfrac{1}{ax}$이므로

$f'(e)=g'(e)$에서 $ae^{ae}=\dfrac{1}{ae}$ ……②

①을 ②에 대입하면 $a\times\dfrac{1}{a}=\dfrac{1}{ae}$

$\therefore \boldsymbol{a=\dfrac{1}{e}}$ ← 답

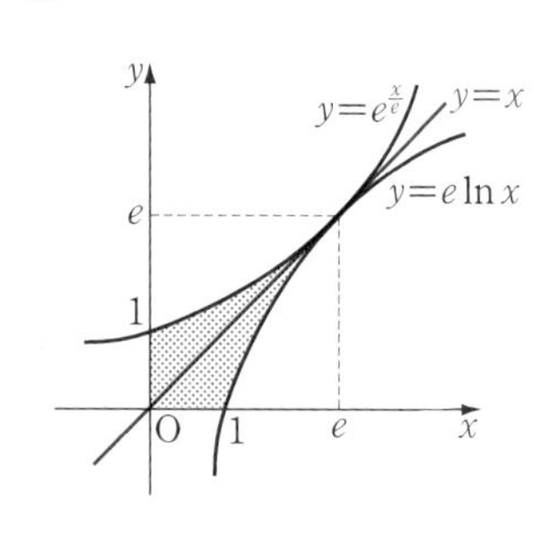

(2) $f(x)=e^{\frac{x}{e}}$, $g(x)=e\ln x$이고, 두 곡선 $y=f(x)$, $y=g(x)$는 직선 $y=x$에 대하여 대칭이므로 구하는 넓이를 S라고 하면

$$S=2\int_0^e\left(e^{\frac{x}{e}}-x\right)dx=2\left[e\times e^{\frac{x}{e}}-\frac{1}{2}x^2\right]_0^e=\boldsymbol{e^2-2e} \leftarrow \text{답}$$

유제 **17**-12. 함수 $f(x)=x^3+x^2+x$의 역함수를 $g(x)$라고 할 때, 두 곡선 $y=f(x)$와 $y=g(x)$로 둘러싸인 도형의 넓이를 구하여라. 답 $\dfrac{1}{6}$

유제 **17**-13. 곡선 $y=ax^2$과 곡선 $y=\ln x$가 접할 때,

(1) 상수 a의 값을 구하여라.

(2) 이 두 곡선과 x축으로 둘러싸인 도형의 넓이를 구하여라.

답 (1) $\boldsymbol{a=\dfrac{1}{2e}}$ (2) $\boldsymbol{\dfrac{2}{3}\sqrt{e}-1}$

연습문제 17

17-1 다음 곡선과 x축으로 둘러싸인 도형의 넓이를 구하여라.

(1) $y=e^{2x}-4e^{x}+3$ (2) $y=2\sin x-\sin 2x$ (단, $0\le x\le\pi$)

(3) $y=(\cos x)(1+\sin x)$ (단, $0<x<2\pi$)

17-2 다음 곡선과 직선으로 둘러싸인 도형의 넓이를 구하여라.

(1) $\sqrt{x}+\sqrt{y}=1$, $x=0$, $y=0$ (2) $y=e^{x}-1$, $y=4e^{-x}-1$, $y=0$

(3) $y=|e^{x}-1|$, $y=0$, $x=-1$, $x=1$

(4) $y=\ln(x+1)$, $x=0$, $y=-\ln 3$, $y=\ln 3$

17-3 연속함수 $f(x)$에 대하여 $x\ge0$일 때 $f(x)\ge0$이다. 곡선 $y=f(x)$와 x축, y축 및 직선 $x=t$(단, $t>0$)로 둘러싸인 도형의 넓이를 $\mathrm{F}(t)$라고 하면 $\mathrm{F}(t)=\sin^2 t+at$이다. $f(0)=2$일 때, $f\left(\dfrac{\pi}{4}\right)$의 값은?

① 1 ② 2 ③ 3 ④ 4 ⑤ 5

17-4 곡선 $y=x\ln x+2x+a$가 x축에 접할 때, 이 곡선과 직선 $x=1$ 및 x축으로 둘러싸인 도형의 넓이를 구하여라.

17-5 곡선 $y=(x-a)\sin x$ (단, $0\le x\le\pi$)와 x축으로 둘러싸인 두 부분의 넓이가 같을 때, 상수 a의 값을 구하여라. 단, $0<a<\pi$이다.

17-6 곡선 $y=x\sin x\left(\text{단, } 0\le x\le\dfrac{\pi}{2}\right)$와 x축 및 직선 $x=k$, $y=\dfrac{\pi}{2}$로 둘러싸인 두 부분의 넓이가 같을 때, 상수 k의 값을 구하여라. 단, $0<k<\dfrac{\pi}{2}$이다.

17-7 연속함수 $y=f(x)$의 그래프가 x축과 만나는 세 점의 x좌표는 0, 2, 8이다. 오른쪽 그림에서 곡선 $y=f(x)$와 x축으로 둘러싸인 두 부분 A, B의 넓이가 각각 1, 7일 때, $\displaystyle\int_0^2 xf(2x^2)dx$의 값은?

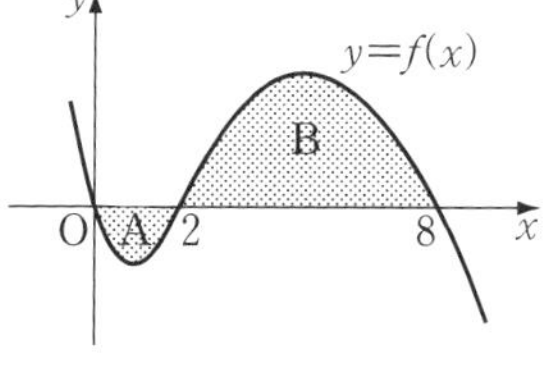

① $\dfrac{3}{2}$ ② $\dfrac{7}{4}$ ③ 2 ④ $\dfrac{9}{4}$ ⑤ $\dfrac{5}{2}$

17-8 미분가능한 함수 $f(x)$가 모든 실수 x에 대하여 $f(x)>0$, $f'(x)<0$을 만족시키고 $f(0)=6$이다. 곡선 $y=f(x)$ 위의 점 $\mathrm{A}(t, f(t))$ (단, $t>0$)에서 x축에 내린 수선의 발을 B라 하고, 점 A에서의 접선이 x축과 만나는 점을 C라고 하자. 삼각형 ABC의 넓이가 e^{-3t}일 때, 곡선 $y=f(x)$와 x축, y축 및 직선 $x=\ln 2$로 둘러싸인 도형의 넓이를 구하여라.

17-9 $0\le x\le\frac{\pi}{2}$에서 정의된 함수 $f(x)=\cos x$의 역함수를 $g(x)$라고 할 때, 곡선 $y=g(x)$와 x축, y축으로 둘러싸인 도형의 넓이는?

① $\frac{1}{3}$ ② $\frac{1}{2}$ ③ $\frac{2}{3}$ ④ 1 ⑤ $\frac{4}{3}$

17-10 함수 $f(x)=e^{-x}$과 자연수 n에 대하여 점 P_n, Q_n을 각각

$$\mathrm{P}_n\big(n,\ f(n)\big),\quad \mathrm{Q}_n\big(n+1,\ f(n)\big)$$

이라고 하자. 삼각형 $\mathrm{P}_n\mathrm{P}_{n+1}\mathrm{Q}_n$의 넓이를 A_n, 선분 $\mathrm{P}_n\mathrm{P}_{n+1}$과 함수 $y=f(x)$의 그래프로 둘러싸인 도형의 넓이를 B_n이라고 할 때, 다음을 증명하여라.

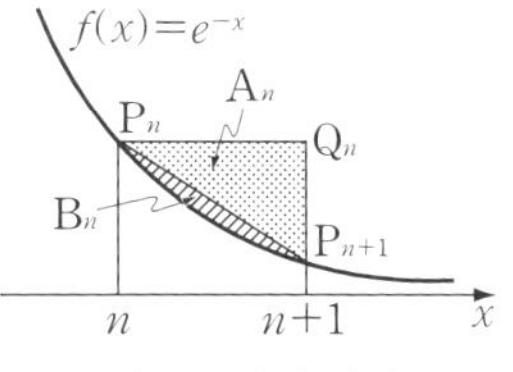

(1) $\int_n^{n+1} f(x)dx=f(n)-(\mathrm{A}_n+\mathrm{B}_n)$

(2) $\sum_{n=1}^{\infty}\mathrm{A}_n=\frac{1}{2e}$ (3) $\sum_{n=1}^{\infty}\mathrm{B}_n=\frac{3-e}{2e(e-1)}$

17-11 다음 곡선과 직선으로 둘러싸인 도형의 넓이를 구하여라.

(1) $y=\frac{1}{x}$ (단, $x>0$), $y=\frac{1}{4}x$, $y=x$

(2) $y=\frac{4}{x}$ (단, $x>0$), $y=\sqrt{x}-1$, $y=2x+2$, $x=0$

17-12 두 곡선 $y=e^x\cos x$, $y=e^x\sin x$와 두 직선 $x=0$, $x=\pi$로 둘러싸인 두 부분의 넓이의 합을 구하여라.

17-13 곡선 $y=\frac{xe^{x^2}}{e^{x^2}+1}$과 직선 $y=\frac{2}{3}x$로 둘러싸인 두 부분의 넓이의 합을 구하여라.

17-14 2 이상의 자연수 n에 대하여 두 곡선 $y=\sqrt[n+1]{x}$, $y=\sqrt[n]{x}$로 둘러싸인 도형의 넓이를 S_n이라고 할 때, $\sum_{n=2}^{\infty}\mathrm{S}_n$의 값은?

① $\frac{1}{4}$ ② $\frac{1}{3}$ ③ $\frac{1}{2}$ ④ $\frac{2}{3}$ ⑤ 1

17-15 곡선 $y=\sqrt{6}\cos\frac{x}{4}$ (단, $0\le x\le 2\pi$) 위의 점 $(\pi,\ \sqrt{3})$에서의 접선과 이 곡선 및 y축으로 둘러싸인 도형의 넓이를 구하여라.

17-16 함수 $f(x)$는 $f(0)=0$, $f(1)=1$이고, 구간 $[0,\ 1]$에서 연속이며, 구간 $(0,\ 1)$에서 이계도함수를 가진다. $f'(x)>0$, $f''(x)>0$일 때, 빈칸에 각각 알맞은 수나 식을 구하여라.

$$\int_0^1\{f^{-1}(x)-f(x)\}dx=\lim_{n\to\infty}\sum_{k=1}^{n}\left\{\frac{\square}{n}-f\left(\frac{k}{n}\right)\right\}\frac{\square}{n}$$

18. 부피와 적분

일반 입체의 부피／회전체의 부피

§ 1. 일반 입체의 부피

1 일반 입체의 부피

오른쪽 그림과 같이 주어진 입체에 대하여 한 직선을 x축으로 정하여 x좌표가 x(단, $a \leq x \leq b$)인 점을 지나고 x축에 수직인 평면으로 입체를 자른 단면의 넓이를 $S(x)$라고 할 때, x좌표가 a, b인 점을 각각 지나고 x축에 수직인 두 평면 사이에 있는 부분의 부피 V를 구하는 방법을 알아보자.

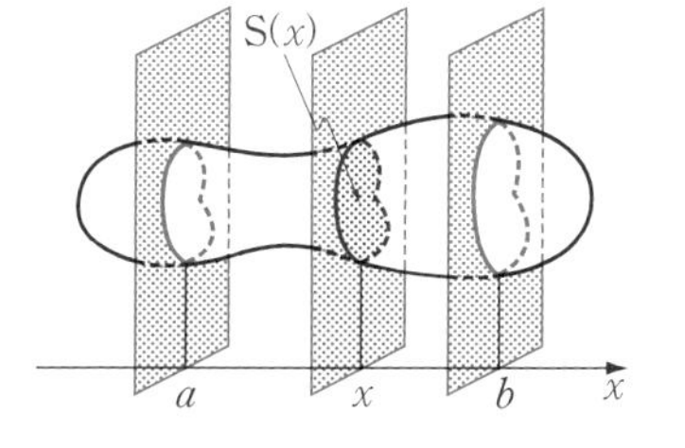

닫힌구간 $[a, b]$를 n등분하여 양 끝점과 각 분점의 x좌표를 왼쪽부터

$x_0(=a)$, x_1, x_2, $\cdots$, x_{n-1}, $x_n(=b)$

이라 하고, 각 소구간의 길이를 Δx라고 하면

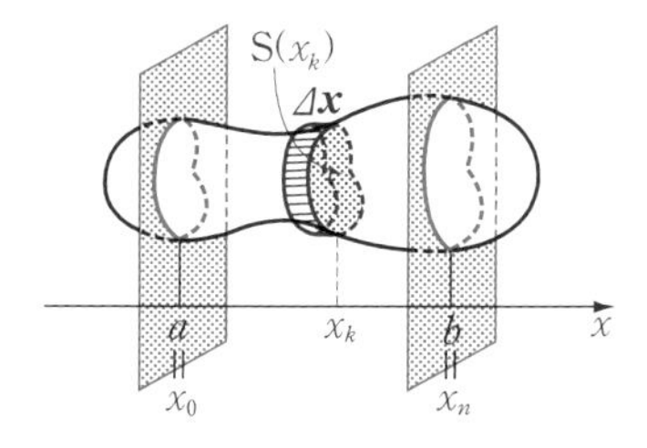

$$\Delta x=\frac{b-a}{n}, \quad x_k=a+k\Delta x$$

이때, x좌표가 x_k(단, $k=1, 2, \cdots, n$)인 점을 지나고 x축에 수직인 평면으로 입체를 자른 단면을 밑면으로 하고 높이가 Δx인 기둥의 부피는 $S(x_k)\Delta x$이므로 이들 n개의 기둥의 부피의 합을 V_n이라고 하면

$$V_n=\sum_{k=1}^{n} S(x_k)\Delta x$$

이고, 여기에서 $n \longrightarrow \infty$일 때 $V_n \longrightarrow V$이다.

따라서 정적분과 급수의 관계에 의하여 구하는 부피 V는

$$V=\lim_{n\to\infty}V_n=\lim_{n\to\infty}\sum_{k=1}^{n}S(x_k)\Delta x=\int_a^b S(x)dx$$

이상을 정리하면 다음과 같다.

기본정석 **일반 입체의 부피**

구간 $[\boldsymbol{a},\ \boldsymbol{b}]$에서 $\boldsymbol{x}$좌표가 $\boldsymbol{x}$인 점을 지나고 $\boldsymbol{x}$축에 수직인 평면으로 자른 단면의 넓이가 $\mathrm{S}(\boldsymbol{x})$인 입체의 부피 V는

$$\mathrm{V}=\int_a^b \mathrm{S}(\boldsymbol{x})\boldsymbol{dx}$$

Advice | 입체의 부피와 정적분의 관계를 다음과 같이 생각할 수도 있다.

부피 요소 ⟹ 부피 요소의 합 ⟹ 한없이 세분한 극한 = 부피

↓ ↓ ↓ ↓

$$S(x_k)\Delta x \Longrightarrow \sum_{k=1}^{n}S(x_k)\Delta x \Longrightarrow \lim_{n\to\infty}\sum_{k=1}^{n}S(x_k)\Delta x = \int_a^b S(x)dx$$

보기 1 밑면과의 거리가 x인 평면으로 자른 단면이 한 변의 길이가 $x+2$인 정삼각형인 입체가 있다. 이 입체의 높이가 0부터 6까지인 부분의 부피 V를 구하여라.

연구 밑면과의 거리가 x인 평면으로 자른 단면의 넓이를 $S(x)$라고 하면

$$S(x)=\frac{\sqrt{3}}{4}(x+2)^2$$

$$\therefore\ V=\int_0^6 S(x)dx=\int_0^6\frac{\sqrt{3}}{4}(x+2)^2dx=\frac{\sqrt{3}}{4}\left[\frac{1}{3}(x+2)^3\right]_0^6=\mathbf{42\sqrt{3}}$$

보기 2 포물선 $y=1-x^2$과 x축으로 둘러싸인 도형을 밑면으로 하는 입체를 x축에 수직인 평면으로 자른 단면이 모두 정사각형일 때, 이 입체의 부피 V를 구하여라.

연구 오른쪽 그림과 같이 x좌표가 x (단, $-1\le x\le 1$)인 점을 지나고 x축에 수직인 평면으로 자른 단면은 한 변의 길이가 $1-x^2$인 정사각형이므로 단면의 넓이를 $S(x)$라고 하면

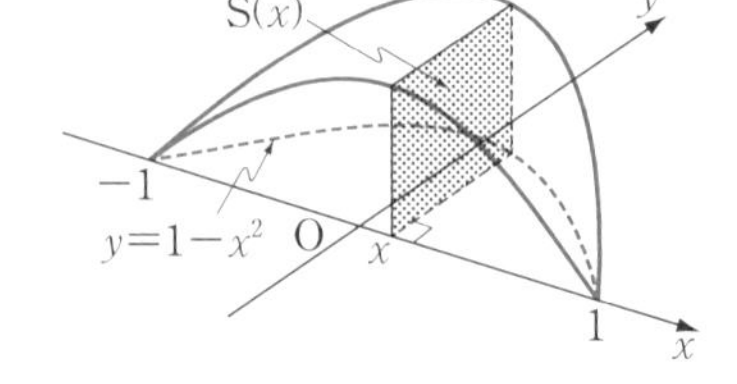

$$S(x)=(1-x^2)^2=x^4-2x^2+1$$

$$\therefore\ V=\int_{-1}^{1}S(x)dx=\int_{-1}^{1}(x^4-2x^2+1)dx=2\left[\frac{1}{5}x^5-\frac{2}{3}x^3+x\right]_0^1=\mathbf{\frac{16}{15}}$$

기본 문제 18-1 어떤 그릇에 수면의 높이가 x cm가 되도록 물을 넣을 때, 물의 부피 V cm^3는 다음과 같다고 한다.

$$V=x^3-3x^2+4x$$

(1) 수면의 높이가 5 cm일 때, 수면의 넓이를 구하여라.

(2) 수면의 넓이가 13 cm^2일 때, 수면의 높이를 구하여라.

정석연구 아래 그림과 같이 수면의 높이가 t일 때 수면의 넓이를 $S(t)$라고 하면, 높이가 x일 때 물의 부피 V는

$$V=\int_0^x S(t)\,dt$$

이다.

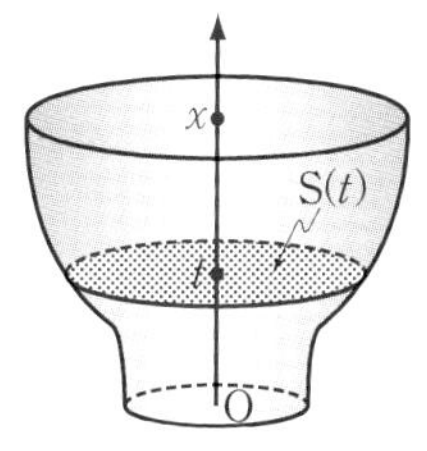

그런데 문제의 조건에서 높이가 x일 때 $V=x^3-3x^2+4x$이므로

$$\int_0^x S(t)\,dt=x^3-3x^2+4x$$

여기에서 이미 공부한 다음 **정석**을 이용하여 $S(x)$를 구한다.

정석 $\dfrac{d}{dx}\displaystyle\int_a^x S(t)\,dt=S(x)$ (a는 상수)

모범답안 수면의 높이가 t일 때 수면의 넓이를 $S(t)$라고 하면, 높이가 x일 때 물의 부피는 $\int_0^x S(t)\,dt$이다. 따라서 문제의 조건으로부터

$$\int_0^x S(t)\,dt=x^3-3x^2+4x$$

양변을 x에 관하여 미분하면 $S(x)=3x^2-6x+4$

(1) $x=5$일 때이므로 $S(5)=3\times5^2-6\times5+4=$**49 ($\text{cm}^2$)** ← 답

(2) $S(x)=13$일 때이므로 $3x^2-6x+4=13$ $\therefore (x-3)(x+1)=0$

$x>0$이므로 $x=$**3 (cm)** ← 답

유제 **18**-1. 어떤 그릇에 수면의 높이가 x cm가 되도록 물을 넣을 때, 물의 부피는 $(2x^3+4x)\,\text{cm}^3$라고 한다. 수면의 높이가 3 cm일 때, 수면의 넓이를 구하여라. 답 **58 cm^2**

유제 **18**-2. 어떤 그릇에 수면의 높이가 x가 되도록 물을 넣을 때, 물의 부피 V는 $V=x^3-2x^2+3x$라고 한다. 수면의 높이가 x일 때와 $\dfrac{1}{2}x$일 때의 수면의 넓이가 같게 되는 x(단, $x>0$)의 값을 구하여라. 답 $x=\dfrac{8}{9}$

기본 문제 18-2 밑면의 넓이가 a이고 높이가 h인 각뿔의 부피 V를 구하여라.

정석연구 오른쪽 그림과 같이 각뿔의 꼭짓점 O를 원점, 꼭짓점 O에서 밑면에 내린 수선을 x축으로 정해 보자.

x좌표가 x인 점을 지나고 x축에 수직인 평면으로 각뿔을 자를 때, 단면의 넓이를 $\mathrm{S}(x)$라고 하면 부피 V는

$$\mathrm{V}=\int_0^h \mathrm{S}(x)\,dx$$

로 나타내어진다.

따라서 단면의 넓이 $\mathrm{S}(x)$를 x에 관한 식으로 나타낼 수만 있다면 V를 구할 수 있다. 다음 **정석**을 이용하여 $\mathrm{S}(x)$를 x로 나타내어 보아라.

정석 닮은 도형의 넓이의 비는 ⟹ 닮음비의 제곱의 비와 같다.

모범답안 각뿔의 꼭짓점 O를 원점, O에서 밑면에 내린 수선을 x축으로 하여 x좌표가 x인 점을 지나고 x축에 수직인 평면으로 각뿔을 자를 때, 단면의 넓이를 $\mathrm{S}(x)$라고 하면

$$\mathrm{S}(x) : a=x^2 : h^2 \qquad \therefore\ \mathrm{S}(x)=\frac{a}{h^2}x^2$$

$$\therefore\ \mathrm{V}=\int_0^h \mathrm{S}(x)dx=\int_0^h \frac{a}{h^2}x^2dx=\frac{a}{h^2}\left[\frac{1}{3}x^3\right]_0^h=\frac{1}{3}ah \longleftarrow \text{답}$$

유제 **18**-3. 오른쪽 그림과 같이 밑면이 넓이가 a인 원이고 높이가 h인 비스듬한 원뿔 모양의 입체의 부피를 구하여라. 답 $\dfrac{1}{3}ah$

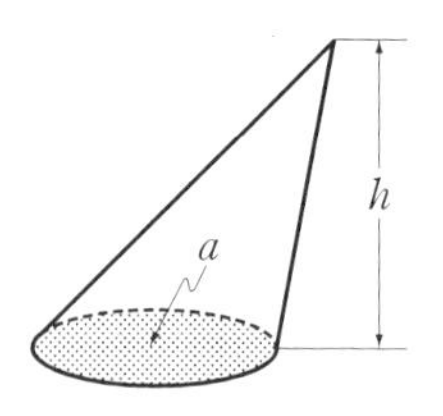

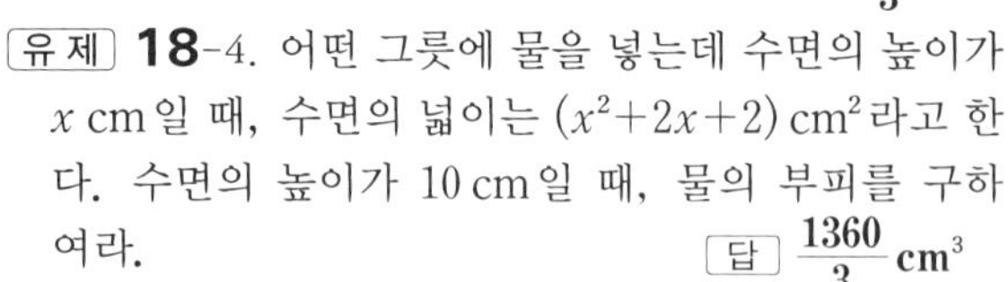

유제 **18**-4. 어떤 그릇에 물을 넣는데 수면의 높이가 x cm일 때, 수면의 넓이는 (x^2+2x+2) cm^{2}라고 한다. 수면의 높이가 10 cm일 때, 물의 부피를 구하여라. 답 $\dfrac{1360}{3}$ cm^3

유제 **18**-5. 오른쪽 그림과 같이 높이가 x인 곳에서 수평으로 자른 단면이 한 변의 길이가 $\sin x$인 정사각형인 입체가 있다. 이 입체의 높이가 π일 때, 입체의 부피를 구하여라. 답 $\dfrac{\pi}{2}$

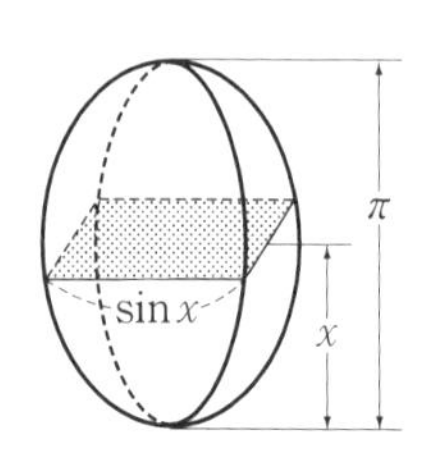

기본 문제 18-3 밑면의 반지름의 길이가 3이고 높이가 5인 원기둥이 있다.

밑면의 중심을 지나고 밑면과 이루는 각의 크기가 45°인 평면으로 이 원기둥을 자를 때 생기는 입체 중에서 작은 쪽의 부피를 구하여라.

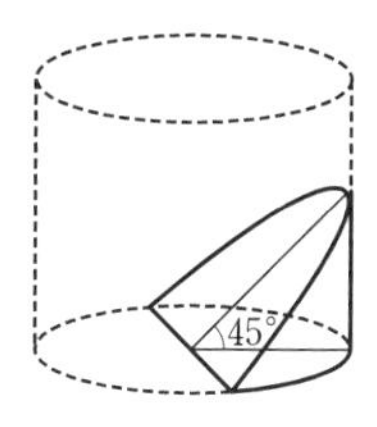

정석연구 주어진 문제와 같은 입체의 부피는 다음 순서로 구한다.

첫째 — x축과 원점을 정한다.

둘째 — x좌표가 x인 점을 지나고 x축에 수직인 평면으로 자른 입체의 단면의 넓이 $\mathrm{S}(x)$를 구한다.

셋째 — 필요한 구간에서 단면의 넓이 $\mathrm{S}(x)$를 적분한다.

곧, 입체의 부피를 V라고 하면

$$\textbf{정석}\quad \mathrm{V}=\int_a^b \mathrm{S}(x)\,dx$$

여기에서는 아래 그림과 같이 밑면의 지름을 x축으로 하고, 밑면의 중심을 원점으로 하여 구해 보아라.

모범답안 오른쪽 그림과 같이 밑면을 좌표평면으로 하여 밑면의 지름 AB를 x축, 밑면의 중심 O를 원점으로 하자.

x축 위에 점 $\mathrm{P}(x,\ 0)\,(-3\le x\le 3)$을 잡고, 점 P를 지나고 x축에 수직인 평면으로 자른 입체의 단면의 넓이를 $\mathrm{S}(x)$라고 하면

$$\overline{\mathrm{PQ}}^2=\overline{\mathrm{OQ}}^2-\overline{\mathrm{OP}}^2=3^2-x^2$$

$$\therefore\ \overline{\mathrm{PQ}}=\sqrt{9-x^2}$$

또, $\angle\mathrm{PQR}=90°$, $\angle\mathrm{RPQ}=45°$이므로 $\overline{\mathrm{QR}}=\overline{\mathrm{PQ}}=\sqrt{9-x^2}$

$$\therefore\ \mathrm{S}(x)=\triangle\mathrm{PQR}=\frac{1}{2}\times\overline{\mathrm{PQ}}\times\overline{\mathrm{QR}}=\frac{1}{2}(9-x^2)$$

따라서 구하는 부피를 V라고 하면

$$\mathrm{V}=\int_{-3}^{3}\mathrm{S}(x)\,dx=2\int_0^3\mathrm{S}(x)\,dx=2\int_0^3\frac{1}{2}(9-x^2)\,dx=\left[9x-\frac{1}{3}x^3\right]_0^3=\mathbf{18}$$

유제 **18**-6. 반지름의 길이가 1인 원을 밑면으로 하는 입체가 있다. 밑면의 한 고정된 지름에 수직인 임의의 평면으로 이 입체를 자른 단면이 정삼각형일 때, 이 입체의 부피를 구하여라.

답 $\dfrac{4\sqrt{3}}{3}$

기본 문제 18-4 곡선 $y=\sin x$ (단, $0\le x\le\pi$) 위의 점 $\mathrm{P}(x,\ \sin x)$에서 x축에 내린 수선의 발을 Q라 하고, 선분 PQ를 한 변으로 하는 정삼각형 PQR를 xy평면 위에 수직으로 세운다(단, 점 R는 xy평면에 대하여 항상 같은 쪽에 있다). 점 P가 곡선 위를 움직일 때, 정삼각형 PQR에 의하여 생기는 입체의 부피 V를 구하여라.

정석연구 오른쪽 그림과 같이 점 P가 곡선 $y=\sin x$ 위를 움직일 때, 정삼각형 PQR가 이동하여 생기는 입체의 부피를 구하는 문제이다.

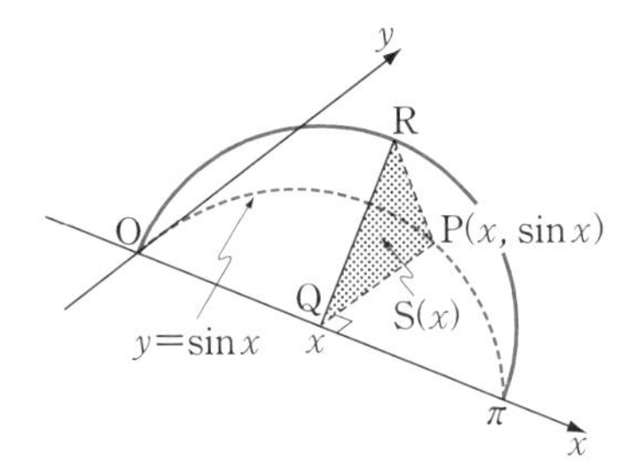

△PQR의 넓이를 S(x)라고 할 때,

$$\mathbf{V}=\int_0^{\pi}\mathbf{S}(\boldsymbol{x})\boldsymbol{dx}$$

임을 이용한다.

모범답안 △PQR의 넓이를 S(x)라고 하면 △PQR는 한 변의 길이가 $\sin x$인 정삼각형이므로 $\mathrm{S}(x)=\dfrac{\sqrt{3}}{4}\sin^2 x$

$$\therefore\ \mathrm{V}=\int_0^{\pi}\mathrm{S}(x)dx=\int_0^{\pi}\frac{\sqrt{3}}{4}\sin^2 x\,dx=\frac{\sqrt{3}}{8}\int_0^{\pi}(1-\cos 2x)dx$$

$$=\frac{\sqrt{3}}{8}\left[x-\frac{1}{2}\sin 2x\right]_0^{\pi}=\boldsymbol{\frac{\sqrt{3}}{8}\pi}\leftarrow \text{답}$$

유제 **18**-7. 곡선 $y=\sqrt{4-x}$와 x축, y축으로 둘러싸인 도형이 있다. 이 도형을 밑면으로 하는 입체를 x축에 수직인 평면으로 자른 단면이 모두 반원일 때, 이 입체의 부피를 구하여라. 답 $\boldsymbol{\pi}$

유제 **18**-8. 좌표평면 위의 두 점 $(x,\ 0)$, $(x,\ \sin x)$를 잇는 선분을 밑변으로 하고, 높이가 $\cos x$이며, 좌표평면에 수직인 이등변삼각형이 $x=0$부터 $x=\dfrac{\pi}{2}$까지 움직일 때 생기는 입체의 부피를 구하여라. 답 $\boldsymbol{\dfrac{1}{4}}$

유제 **18**-9. 원 $x^2+y^2=4$ 위의 점 $\mathrm{P}(x,\ y)$(단, $y\ge0$)에서 x축에 수직인 직선을 그어 원과 만나는 다른 점을 Q라 하고, 선분 PQ를 한 변으로 하는 정사각형 PQRS를 xy평면 위에 수직으로 세운다(단, 점 R, S는 xy평면에 대하여 항상 같은 쪽에 있다). 점 P가 점 $(-2,\ 0)$부터 점 $(2,\ 0)$까지 움직일 때, 이 정사각형에 의하여 생기는 입체의 부피를 구하여라. 답 $\boldsymbol{\dfrac{128}{3}}$

§2. 회전체의 부피

1 회전체의 부피

오른쪽 그림과 같이 곡선 $y=f(x)$와 x축 및 두 직선 $x=a$, $x=b$로 둘러싸인 도형을 x축 둘레로 회전시킨 입체의 부피 V를 생각해 보자.

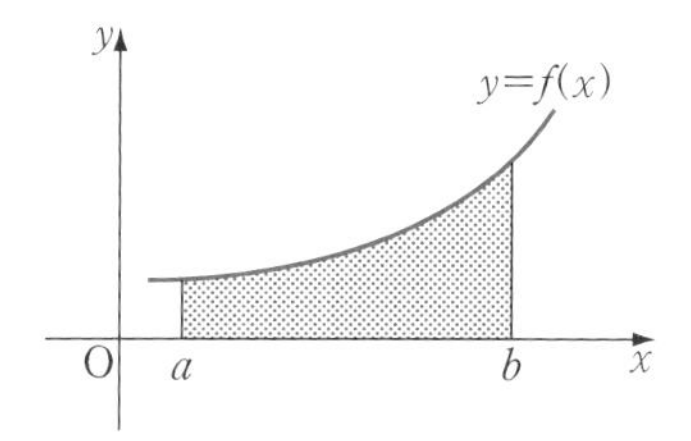

이때, 입체는 오른쪽 아래 그림과 같이 종 모양이며, x축에 수직인 평면으로 자를 때 그 단면은 원이다.

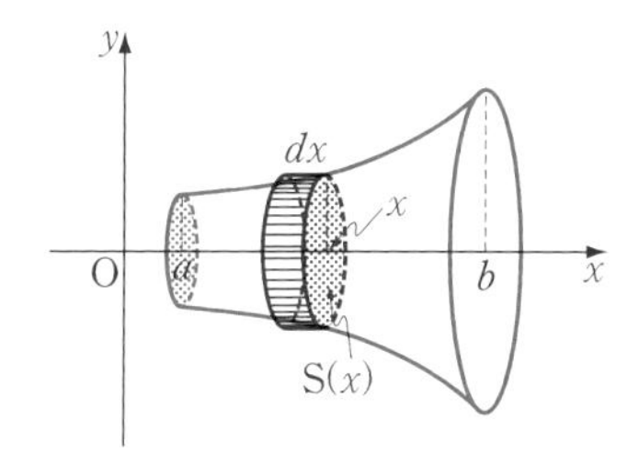

따라서 원의 넓이를 $\mathrm{S}(x)$라고 하면

$$\mathbf{V}=\int_a^b \mathbf{S}(\boldsymbol{x})\,\boldsymbol{dx}$$

로 나타낼 수 있고, 이때 $\mathrm{S}(x)$는 반지름의 길이가 y인 원의 넓이이므로

$$\mathrm{S}(x)=\pi y^2=\pi\{f(x)\}^2$$

이다. 따라서

$$\mathbf{V}=\int_a^b \boldsymbol{\pi y^2 dx}=\boldsymbol{\pi}\int_a^b \boldsymbol{y^2 dx}=\boldsymbol{\pi}\int_a^b \{\boldsymbol{f(x)}\}^2\boldsymbol{dx}$$

이와 같이 회전체는 일반 입체의 특수한 경우로서 단면이 원이라는 특징이 있다.

마찬가지로 오른쪽 그림과 같이 곡선 $x=g(y)$와 y축 및 두 직선 $y=\alpha$, $y=\beta$로 둘러싸인 도형을 y축 둘레로 회전시킨 입체일 때, 단면인 원의 넓이 $\mathrm{S}(y)$는

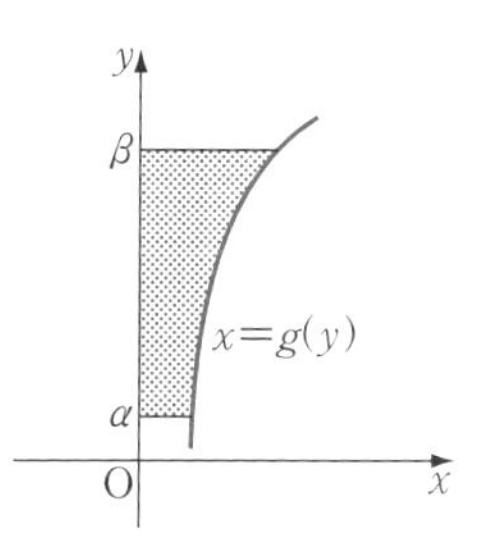

$$\mathrm{S}(y)=\pi x^2=\pi\{g(y)\}^2$$

이므로 입체의 부피 V는

$$\mathbf{V}=\int_\alpha^\beta \mathbf{S}(\boldsymbol{y})\,\boldsymbol{dy}$$

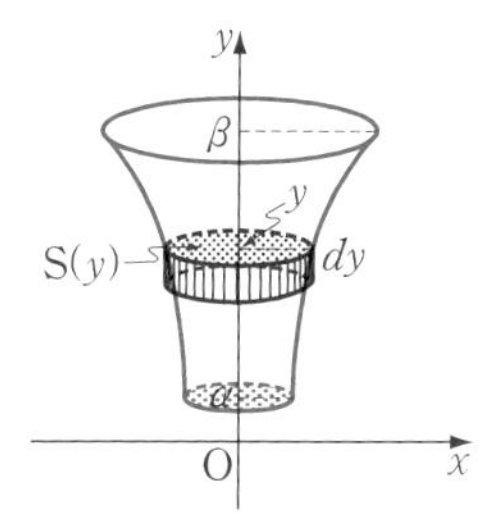

이다. 따라서

$$\mathbf{V}=\int_\alpha^\beta \boldsymbol{\pi x^2 dy}=\boldsymbol{\pi}\int_\alpha^\beta \boldsymbol{x^2 dy}=\boldsymbol{\pi}\int_\alpha^\beta \{\boldsymbol{g(y)}\}^2\boldsymbol{dy}$$

기본정석 — **회전체의 부피**

(1) **x축을 회전축으로 하는 회전체**

곡선 $y=f(x)$(단, $a\le x\le b$)를 x축 둘레로 회전시킨 회전체의 부피를 V라고 하면

$$\mathrm{V}=\int_a^b \pi y^2 dx=\pi\int_a^b \{f(x)\}^2 dx$$

이다.

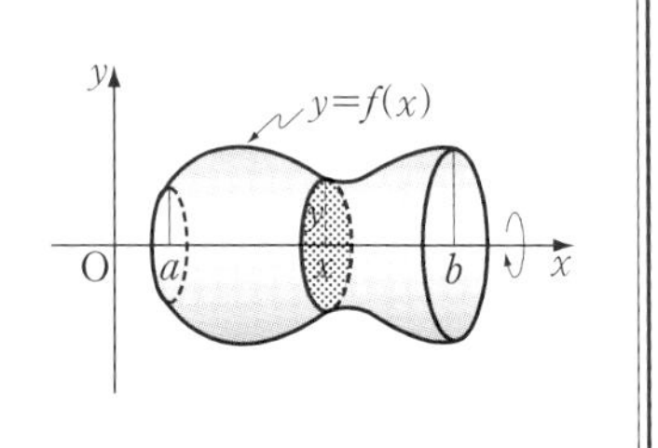

(2) **y축을 회전축으로 하는 회전체**

곡선 $x=g(y)$(단, $\alpha\le y\le\beta$)를 y축 둘레로 회전시킨 회전체의 부피를 V라고 하면

$$\mathrm{V}=\int_\alpha^\beta \pi x^2 dy=\pi\int_\alpha^\beta \{g(y)\}^2 dy$$

이다.

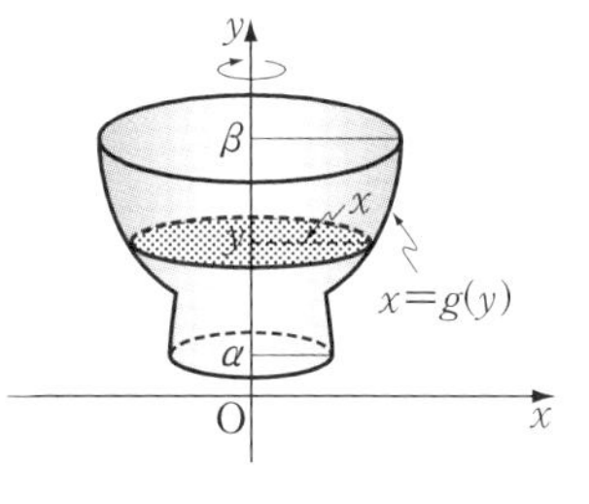

보기 1 포물선 $y=x^2$과 x축 및 두 직선 $x=1$, $x=2$로 둘러싸인 도형이 있다.

(1) 이 도형의 넓이 S를 구하여라.

(2) 이 도형을 x축 둘레로 회전시킨 입체의 부피 V를 구하여라.

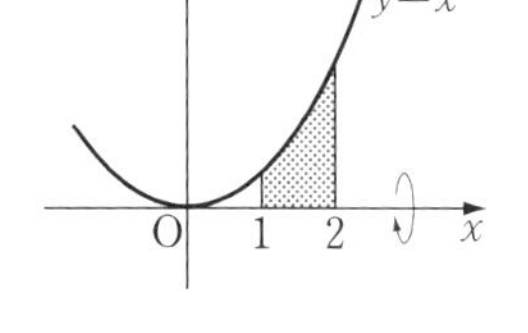

연구 $\mathrm{S}=\int_a^b |y|dx$, $\mathrm{V}=\pi\int_a^b y^2 dx$

(1) $\mathrm{S}=\int_1^2 y\,dx=\int_1^2 x^2 dx=\left[\frac{1}{3}x^3\right]_1^2=\frac{7}{3}$

(2) $\mathrm{V}=\pi\int_1^2 y^2 dx=\pi\int_1^2 (x^2)^2 dx=\pi\left[\frac{1}{5}x^5\right]_1^2=\frac{31}{5}\pi$

보기 2 직선 $y=x+1$과 y축 및 두 직선 $y=2$, $y=4$로 둘러싸인 도형이 있다.

(1) 이 도형의 넓이 S를 구하여라.

(2) 이 도형을 y축 둘레로 회전시킨 입체의 부피 V를 구하여라.

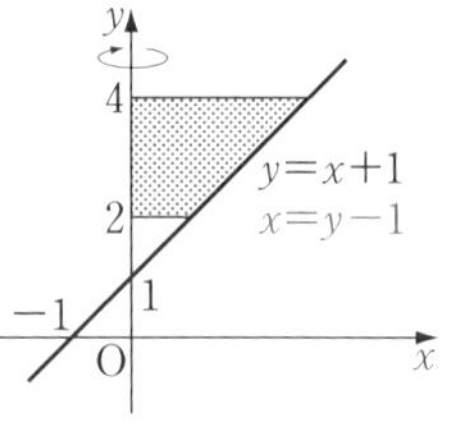

연구 $\mathrm{S}=\int_\alpha^\beta |x|dy$, $\mathrm{V}=\pi\int_\alpha^\beta x^2 dy$

(1) $\mathrm{S}=\int_2^4 x\,dy=\int_2^4 (y-1)dy=\left[\frac{1}{2}y^2-y\right]_2^4=4$

(2) $\mathrm{V}=\pi\int_2^4 x^2 dy=\pi\int_2^4 (y-1)^2 dy=\pi\left[\frac{1}{3}(y-1)^3\right]_2^4=\frac{26}{3}\pi$

기본 문제 18-5 포물선 $y=1-x^2$과 x축으로 둘러싸인 도형이 있다.
(1) 이 도형을 x축 둘레로 회전시킨 입체의 부피 V_x를 구하여라.
(2) 이 도형을 y축 둘레로 회전시킨 입체의 부피 V_y를 구하여라.

정석연구 회전체의 부피를 구할 때에는

정석 x축 둘레로 회전 $\Longrightarrow$ $\boldsymbol{V_x=\pi\int_a^b y^2dx}$

y축 둘레로 회전 $\Longrightarrow$ $\boldsymbol{V_y=\pi\int_\alpha^\beta x^2dy}$

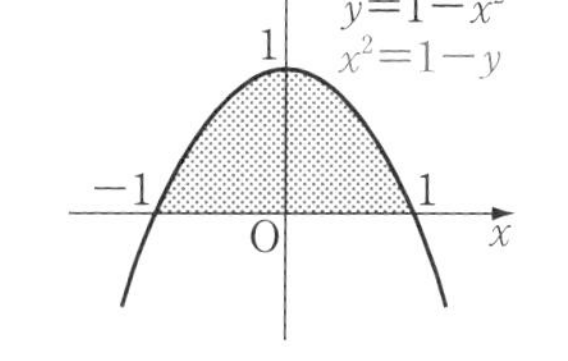

를 이용한다.

그리고 적분구간은 오른쪽과 같이 함수의 그래프를 이용하여 찾으면 된다.

모범답안 (1) $V_x=\pi\int_{-1}^1 y^2dx=\pi\int_{-1}^1(1-x^2)^2dx=2\pi\int_0^1(x^4-2x^2+1)dx$

$$=2\pi\left[\frac{1}{5}x^5-\frac{2}{3}x^3+x\right]_0^1=\boldsymbol{\frac{16}{15}\pi} \longleftarrow \text{답}$$

(2) $y=1-x^2$에서 $x^2=1-y$이므로

$$V_y=\pi\int_0^1 x^2dy=\pi\int_0^1(1-y)dy=\pi\left[y-\frac{1}{2}y^2\right]_0^1=\boldsymbol{\frac{\pi}{2}} \longleftarrow \text{답}$$

Advice | 이와 같은 회전체의 부피 공식은 다음의 넓이 공식과 혼동하지 않도록 비교하면서 기억해 두는 것이 좋다.

정석 곡선과 x축 사이의 넓이 $\Longrightarrow$ $\boldsymbol{S_x=\int_a^b |y|dx}$

곡선과 y축 사이의 넓이 $\Longrightarrow$ $\boldsymbol{S_y=\int_\alpha^\beta |x|dy}$

유제 **18**-10. 곡선 $y=\sqrt{x+1}$과 x축, y축으로 둘러싸인 도형이 있다.
(1) 이 도형을 x축 둘레로 회전시킨 입체의 부피 V_x를 구하여라.
(2) 이 도형을 y축 둘레로 회전시킨 입체의 부피 V_y를 구하여라.

답 (1) $\dfrac{\pi}{2}$ (2) $\dfrac{8}{15}\pi$

유제 **18**-11. 함수 $y=1-|x|$의 그래프와 x축으로 둘러싸인 도형이 있다.
(1) 이 도형을 x축 둘레로 회전시킨 입체의 부피 V_x를 구하여라.
(2) 이 도형을 y축 둘레로 회전시킨 입체의 부피 V_y를 구하여라.

답 (1) $\dfrac{2}{3}\pi$ (2) $\dfrac{\pi}{3}$

유제 **18**-12. 네 직선 $y=ax$, $y=0$, $x=1$, $x=2$로 둘러싸인 도형을 x축 둘레로 회전시킨 입체의 부피가 7π일 때, 양수 a의 값을 구하여라.

답 $a=\sqrt{3}$

기본 문제 18-6 다음 곡선 또는 곡선과 직선으로 둘러싸인 도형을 x축 둘레로 회전시킨 입체의 부피 V를 구하여라.

(1) $x^2+y^2=9$ (2) $y=x-2\sqrt{x}\ (0\le x\le 4),\ y=0$

(3) $y=1+\sin\dfrac{x}{2},\ y=0,\ x=0,\ x=2\pi$

정석연구 다음 점 찍은 부분을 x축 둘레로 회전시킬 때 생기는 입체의 부피를 구하는 문제이다.

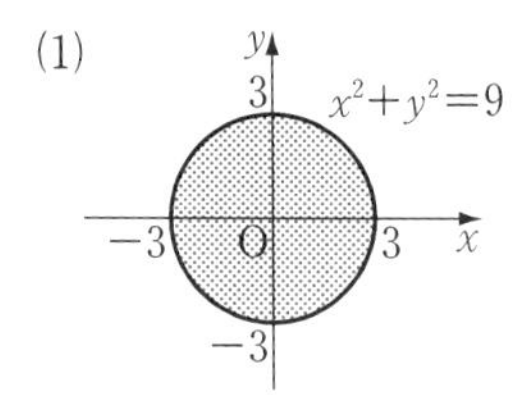

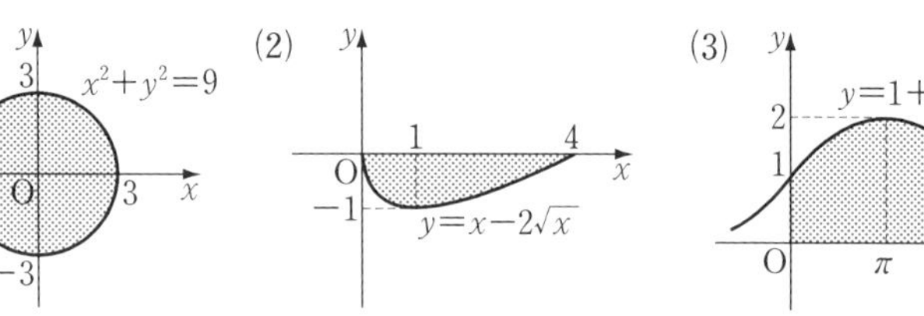

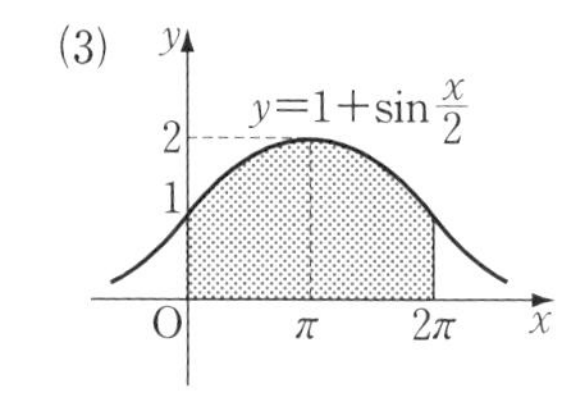

모범답안 (1) $\mathrm{V}=\pi\displaystyle\int_{-3}^{3}y^2dx=\pi\int_{-3}^{3}(9-x^2)dx=2\pi\int_{0}^{3}(9-x^2)dx$

$$=2\pi\left[9x-\frac{1}{3}x^3\right]_0^3=\boldsymbol{36\pi} \longleftarrow \text{답}$$

(2) $\mathrm{V}=\pi\displaystyle\int_{0}^{4}y^2dx=\pi\int_{0}^{4}\left(x-2\sqrt{x}\right)^2dx=\pi\int_{0}^{4}\left(x^2-4x^{\frac{3}{2}}+4x\right)dx$

$$=\pi\left[\frac{1}{3}x^3-\frac{8}{5}x^{\frac{5}{2}}+2x^2\right]_0^4=\boldsymbol{\frac{32}{15}\pi} \longleftarrow \text{답}$$

(3) $\mathrm{V}=\pi\displaystyle\int_{0}^{2\pi}y^2dx=\pi\int_{0}^{2\pi}\left(1+\sin\frac{x}{2}\right)^2dx=\pi\int_{0}^{2\pi}\left(1+2\sin\frac{x}{2}+\sin^2\frac{x}{2}\right)dx$

$$=\pi\int_{0}^{2\pi}\left(1+2\sin\frac{x}{2}+\frac{1-\cos x}{2}\right)dx=\pi\left[\frac{3}{2}x-4\cos\frac{x}{2}-\frac{1}{2}\sin x\right]_0^{2\pi}$$

$$=\boldsymbol{\pi(3\pi+8)} \longleftarrow \text{답}$$

***Note** (1)의 회전체는 반지름의 길이가 3인 구이다.

일반적으로 반지름의 길이가 r인 구의 부피를 구할 때에는 정적분을 이용하여 원 $x^2+y^2=r^2$을 x축 둘레로 회전시킨 입체의 부피를 구한다. 아래 **유제**에서 직접 계산해 보아라.

유제 **18**-13. 반지름의 길이가 r인 구의 부피를 구하여라. 답 $\boldsymbol{\dfrac{4}{3}\pi r^3}$

유제 **18**-14. 다음 곡선과 직선으로 둘러싸인 도형을 x축 둘레로 회전시킨 입체의 부피를 구하여라.

(1) $y=\sin x\ (0\le x\le\pi),\ y=0$ (2) $y=e^x-1,\ y=0,\ x=1$

답 (1) $\boldsymbol{\dfrac{\pi^2}{2}}$ (2) $\boldsymbol{\dfrac{\pi}{2}(e^2-4e+5)}$

기본 문제 18-7 다음 물음에 답하여라.

(1) 곡선 $y=\ln(x+1)$과 y축 및 직선 $y=1$로 둘러싸인 도형을 y축 둘레로 회전시킨 입체의 부피 V를 구하여라.

(2) 곡선 $y=e^x-x-1$ (단, $0\leq x\leq 1$)과 y축 및 직선 $y=e-2$로 둘러싸인 도형을 y축 둘레로 회전시킨 입체의 부피 V를 구하여라.

모범답안 (1) $y=\ln(x+1)$에서

$x+1=e^y$ 곧, $x=e^y-1$

$$\therefore \mathrm{V}=\pi\int_0^1 x^2dy=\pi\int_0^1(e^y-1)^2dy$$

$$=\pi\int_0^1(e^{2y}-2e^y+1)dy$$

$$=\pi\left[\frac{1}{2}e^{2y}-2e^y+y\right]_0^1=\boldsymbol{\frac{\pi}{2}(e^2-4e+5)} \longleftarrow \text{답}$$

(2) $y=e^x-x-1$ ……①

에서 $y'=e^x-1$이므로 $0\leq x\leq 1$에서 증가함수이고

$x=0$일 때 $y=0$, $x=1$일 때 $y=e-2$

이므로 점 $(0, 0)$, $(1, e-2)$를 지난다.

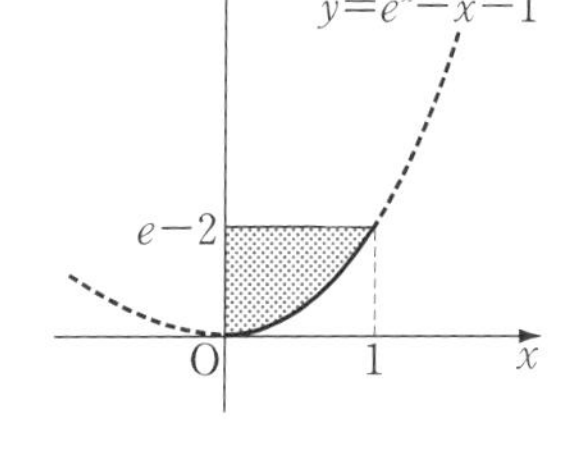

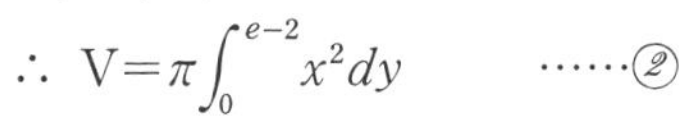

$$\therefore \mathrm{V}=\pi\int_0^{e-2}x^2dy \quad \cdots\cdots②$$

한편 ①에서 $dy=(e^x-1)dx$이므로 ②는

$$\mathrm{V}=\pi\int_0^1 x^2(e^x-1)dx=\pi\left(\int_0^1 x^2e^xdx-\int_0^1 x^2dx\right)$$

$$=\pi\left(\Big[e^xx^2\Big]_0^1-\int_0^1 e^x\times 2x\,dx-\left[\frac{1}{3}x^3\right]_0^1\right)$$

$$=\pi\left\{e-2\left(\Big[e^xx\Big]_0^1-\int_0^1 e^xdx\right)-\frac{1}{3}\right\}=\pi\left\{e-2\left(e-\Big[e^x\Big]_0^1\right)-\frac{1}{3}\right\}$$

$$=\boldsymbol{\pi\left(e-\frac{7}{3}\right)} \longleftarrow \text{답}$$

유제 **18-15**. 다음 곡선과 직선으로 둘러싸인 도형을 y축 둘레로 회전시킨 입체의 부피를 구하여라.

(1) $y=\sqrt[3]{x^2}$, $y=1$ (2) $y=e^x$, $x=0$, $y=e$

(3) $y=\sin x\left(0\leq x\leq\frac{\pi}{2}\right)$, $y=1$, $x=0$

답 (1) $\boldsymbol{\frac{\pi}{4}}$ (2) $\boldsymbol{\pi(e-2)}$ (3) $\boldsymbol{\frac{\pi^3}{4}-2\pi}$

기본 문제 18-8 다음 곡선과 직선 또는 곡선과 곡선으로 둘러싸인 도형을 x축 둘레로 회전시킨 입체의 부피 V를 구하여라.

(1) $y=4-x^2$, $y=2-x$ (2) $y=\sin x$, $y=\sin 2x\left(0\le x\le\dfrac{\pi}{3}\right)$

정석연구 오른쪽 그림에서 도형 ACDB를 x축 둘레로 회전시킨 입체의 부피 V는 도형 AEFB를 x축 둘레로 회전시킨 입체의 부피에서 도형 CEFD를 x축 둘레로 회전시킨 입체의 부피를 뺀 것과 같다.

따라서 V는 다음과 같다.

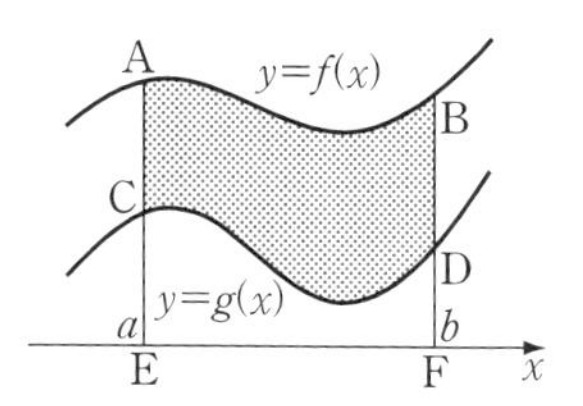

$$\mathbf{V}=\boldsymbol{\pi}\int_a^b\{\boldsymbol{f(x)}\}^2\boldsymbol{dx}-\boldsymbol{\pi}\int_a^b\{\boldsymbol{g(x)}\}^2\boldsymbol{dx}=\boldsymbol{\pi}\int_a^b\left[\{\boldsymbol{f(x)}\}^2-\{\boldsymbol{g(x)}\}^2\right]\boldsymbol{dx}$$

모범답안 (1) 곡선과 직선의 교점의 x좌표는

$4-x^2=2-x$에서

$(x+1)(x-2)=0$ $\therefore$ $x=-1,\ 2$

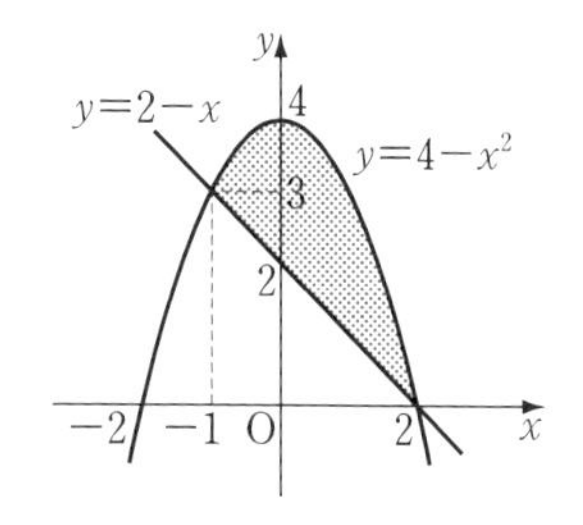

$$\therefore\ \mathrm{V}=\pi\int_{-1}^{2}(4-x^2)^2dx-\pi\int_{-1}^{2}(2-x)^2dx$$
$$=\pi\int_{-1}^{2}(x^4-9x^2+4x+12)dx$$
$$=\pi\left[\frac{1}{5}x^5-3x^3+2x^2+12x\right]_{-1}^{2}=\boldsymbol{\frac{108}{5}\pi}$$

(2) 두 곡선의 교점의 x좌표는 $\sin x=\sin 2x$

곧, $(\sin x)(2\cos x-1)=0$에서 $x=0,\ \dfrac{\pi}{3}$

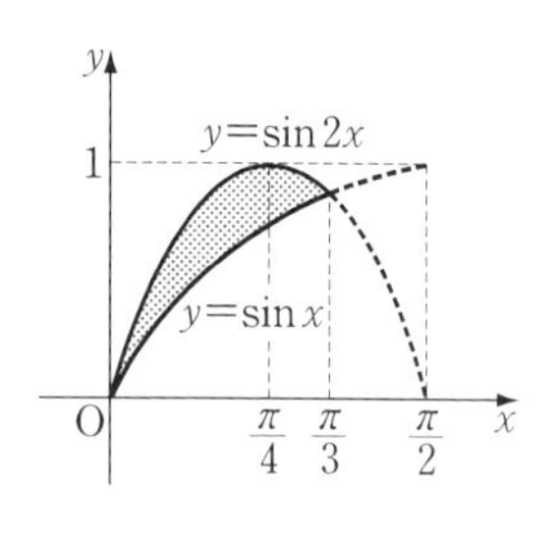

$$\therefore\ \mathrm{V}=\pi\int_0^{\frac{\pi}{3}}\sin^2 2x\,dx-\pi\int_0^{\frac{\pi}{3}}\sin^2 x\,dx$$
$$=\pi\int_0^{\frac{\pi}{3}}\left(\frac{1-\cos 4x}{2}-\frac{1-\cos 2x}{2}\right)dx$$
$$=\frac{\pi}{2}\left[-\frac{\sin 4x}{4}+\frac{\sin 2x}{2}\right]_0^{\frac{\pi}{3}}=\boldsymbol{\frac{3\sqrt{3}}{16}\pi}$$

유제 **18**-16. 다음 곡선과 직선 또는 곡선과 곡선으로 둘러싸인 도형을 x축 둘레로 회전시킨 입체의 부피를 구하여라.

(1) $y=\sqrt{x+2}$, $y=x$, $y=0$ (2) $y=x^2$, $y=2-x^2$

(3) $y=\sqrt{2}\cos x$, $y=\tan x\left(0\le x<\dfrac{\pi}{2}\right)$, $x=0$

답 (1) $\boldsymbol{\frac{16}{3}\pi}$ (2) $\boldsymbol{\frac{16}{3}\pi}$ (3) $\boldsymbol{\frac{\pi}{2}(\pi-1)}$

기본 문제 18-9 다음 곡선과 직선으로 둘러싸인 도형을 y축 둘레로 회전시킨 입체의 부피 V를 구하여라.

(1) $y^2=x$, $y=x$ (2) $y=x^2$, $y=x+2$

정석연구 오른쪽 그림에서 도형 ACDB를 y축 둘레로 회전시킨 입체의 부피 V는 도형 AEFB를 y축 둘레로 회전시킨 입체의 부피에서 도형 CEFD를 y축 둘레로 회전시킨 입체의 부피를 뺀 것과 같다.

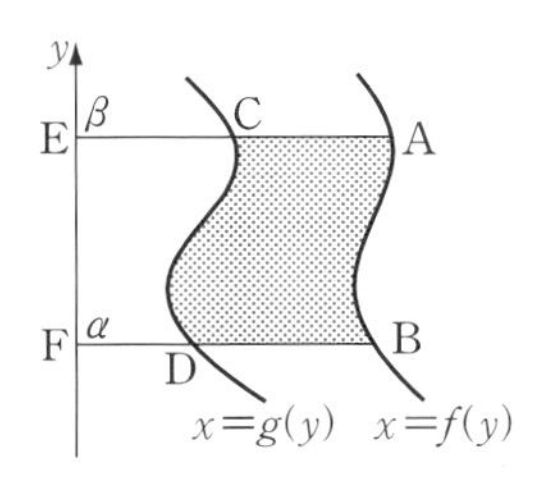

따라서 V는 다음과 같다.

$$\mathbf{V=\pi\int_{\alpha}^{\beta}\{f(y)\}^2dy-\pi\int_{\alpha}^{\beta}\{g(y)\}^2dy=\pi\int_{\alpha}^{\beta}\left[\{f(y)\}^2-\{g(y)\}^2\right]dy}$$

모범답안 (1) 곡선과 직선의 교점의 y좌표는

$y^2=y$에서 $y=0,\ 1$

$$\therefore\ V=\pi\int_0^1 y^2dy-\pi\int_0^1(y^2)^2dy$$

$$=\pi\int_0^1(y^2-y^4)dy$$

$$=\pi\left[\frac{1}{3}y^3-\frac{1}{5}y^5\right]_0^1=\mathbf{\frac{2}{15}\pi}$$ ← 답

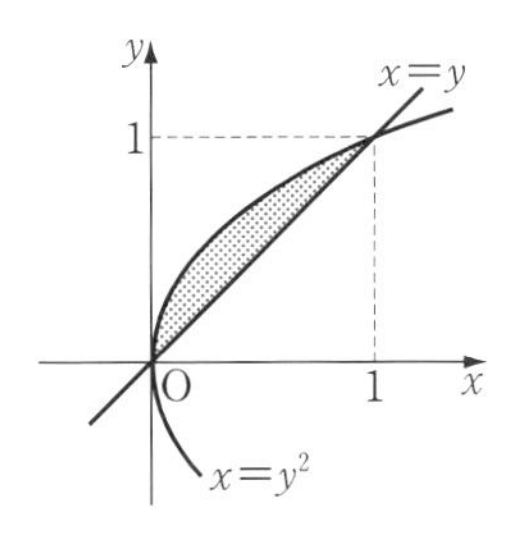

(2) 곡선과 직선의 교점의 y좌표는

$y=(y-2)^2$에서

$(y-1)(y-4)=0$ $\therefore\ y=1,\ 4$

$$\therefore\ V=\pi\int_0^4 y\,dy-\pi\int_2^4(y-2)^2dy$$

$$=\pi\left[\frac{1}{2}y^2\right]_0^4-\pi\left[\frac{1}{3}(y-2)^3\right]_2^4$$

$$=\mathbf{\frac{16}{3}\pi}$$ ← 답

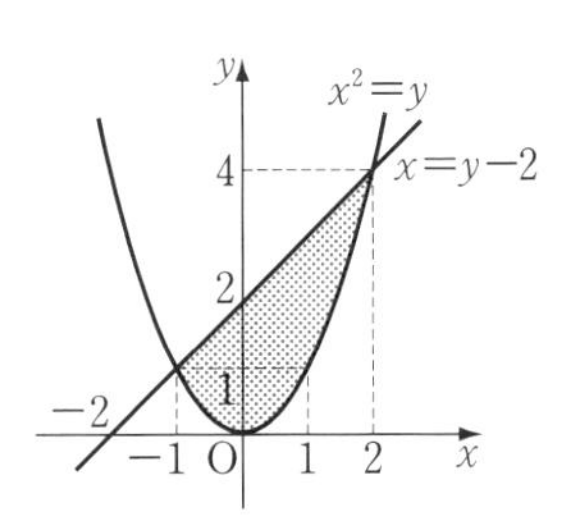

유제 18-17. 다음 곡선과 직선 또는 곡선과 곡선으로 둘러싸인 도형을 y축 둘레로 회전시킨 입체의 부피를 구하여라.

(1) $y=\sqrt{x+1}$, $y=x+1$ (2) $y=x^2$, $y^2=8x$ (3) $y=|x^2-1|$, $y=2$

(4) $y=x^2$, $y=\frac{1}{2}x^2+1$ (5) $x^2+y^2=3\ (y\ge0)$, $y=\frac{1}{2}x^2$

답 (1) $\mathbf{\frac{\pi}{5}}$ (2) $\mathbf{\frac{24}{5}\pi}$ (3) $\mathbf{\frac{7}{2}\pi}$ (4) $\mathbf{\pi}$ (5) $\mathbf{\frac{6\sqrt{3}-5}{3}\pi}$

기본 문제 18-10 다음 직선과 곡선으로 둘러싸인 도형을 x축 둘레로 회전시킨 입체의 부피 V를 구하여라.

$$y=x+1, \qquad y=x^2-1$$

[정석연구] 오른쪽 그림에서 점 찍은 부분을 x축 둘레로 회전시킨 입체의 부피를 구하는 문제이다.

그런데 그림과 같이 회전 부분이 회전축의 양쪽에 걸쳐 있을 경우, **기본 문제 18-8**에서와 같이

$$\pi\int_{-1}^{2}(x+1)^2dx-\pi\int_{-1}^{2}(x^2-1)^2dx$$

로 계산해서는 안 된다. 왜냐하면 회전에 의하여 겹치는 부분이 생기기 때문이다.

이와 같은 경우에는 오른쪽 아래 그림과 같이 x축의 아랫부분을 위쪽으로 접어서 점 찍은 부분의 회전을 생각하면 된다.

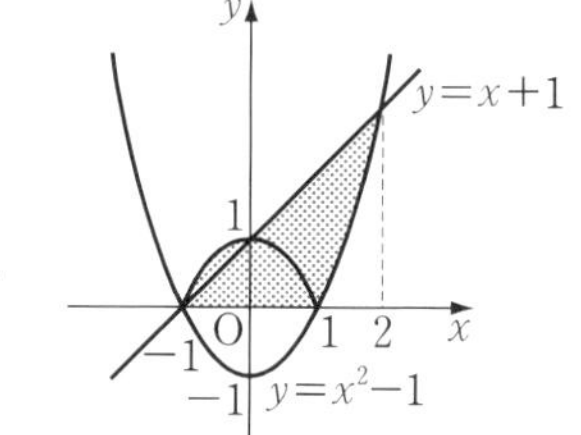

정석 회전 부분을 회전축의 한쪽으로 모아라.

[모범답안] 직선과 곡선의 교점의 x좌표는

$x+1=x^2-1$에서 $\quad x=-1,\ 2$

또, $x+1=-x^2+1$에서 $\quad x=-1,\ 0$

$$\therefore\ \mathrm{V}=\pi\int_{-1}^{0}(x^2-1)^2dx+\pi\int_{0}^{2}(x+1)^2dx-\pi\int_{1}^{2}(x^2-1)^2dx$$

$$=\pi\int_{-1}^{0}(x^4-2x^2+1)dx+\pi\int_{0}^{2}(x^2+2x+1)dx-\pi\int_{1}^{2}(x^4-2x^2+1)dx$$

$$=\pi\left[\frac{1}{5}x^5-\frac{2}{3}x^3+x\right]_{-1}^{0}+\pi\left[\frac{1}{3}x^3+x^2+x\right]_{0}^{2}-\pi\left[\frac{1}{5}x^5-\frac{2}{3}x^3+x\right]_{1}^{2}$$

$$=\frac{20}{3}\pi \longleftarrow \boxed{\text{답}}$$

[유제] **18**-18. 다음 곡선과 직선 또는 곡선과 곡선으로 둘러싸인 도형을 x축 둘레로 회전시킨 입체의 부피를 구하여라.

(1) $y=x^2+x,\ y=x+1$ (2) $y^2=x+2,\ y=x$

(3) $y=-x^2+2x,\ y=-x$ (4) $y=\sin x,\ y=\cos x\left(\dfrac{\pi}{4}\le x\le\dfrac{5}{4}\pi\right)$

[답] (1) $\dfrac{49}{30}\pi$ (2) $\dfrac{16}{3}\pi$ (3) $\dfrac{20}{3}\pi$ (4) $\dfrac{\pi}{4}(\pi+6)$

기본 문제 18-11 곡선 $y=e^x$과 원점에서 이 곡선에 그은 접선 및 y축으로 둘러싸인 도형을 F라고 할 때, 다음 물음에 답하여라.

(1) 도형 F를 x축 둘레로 회전시킨 입체의 부피 V_x를 구하여라.

(2) 도형 F를 y축 둘레로 회전시킨 입체의 부피 V_y를 구하여라.

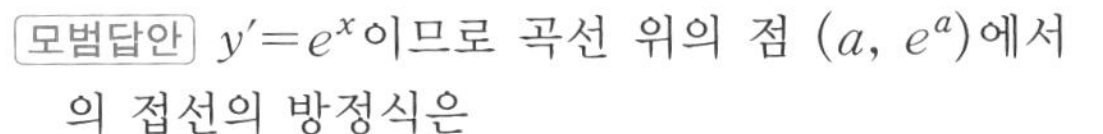

모범답안 $y'=e^x$이므로 곡선 위의 점 $(a,\ e^a)$에서의 접선의 방정식은

$$y-e^a=e^a(x-a) \qquad \cdots\cdots ㉠$$

이 직선이 원점 $(0,\ 0)$을 지나므로

$$0-e^a=e^a(0-a) \qquad \therefore\ a=1$$

㉠에 대입하면 접선의 방정식은 $y=ex$

(1) $V_x=\pi\int_0^1(e^x)^2dx-\pi\int_0^1(ex)^2dx$

$$=\pi\left[\frac{1}{2}e^{2x}\right]_0^1-\pi\left[\frac{1}{3}e^2x^3\right]_0^1=\boldsymbol{\frac{\pi}{6}(e^2-3)} \longleftarrow \text{답}$$

(2) $y=e^x$에서 $x=\ln y$, $y=ex$에서 $x=\frac{1}{e}y$이므로

$$V_y=\pi\int_0^e\left(\frac{1}{e}y\right)^2dy-\pi\int_1^e(\ln y)^2dy$$

$$=\pi\left[\frac{1}{e^2}\times\frac{1}{3}y^3\right]_0^e-\pi\left\{\left[y(\ln y)^2\right]_1^e-\int_1^e y\times2\ln y\times\frac{1}{y}dy\right\}$$

$$=\frac{1}{3}\pi e-\pi\left(e-2\left[y\ln y-y\right]_1^e\right)=\boldsymbol{\frac{2}{3}\pi(3-e)} \longleftarrow \text{답}$$

유제 **18-19.** 점 $(1,\ 0)$에서 곡선 $x^2=4y$에 그은 두 접선과 이 곡선으로 둘러싸인 도형이 있다. 이 도형을 x축 둘레로 회전시킨 입체의 부피 V_x와 y축 둘레로 회전시킨 입체의 부피 V_y를 구하여라. 답 $\boldsymbol{V_x=\frac{\pi}{15},\ V_y=\frac{\pi}{3}}$

유제 **18-20.** 직선 $y=x+a$가 포물선 $y^2=12x$에 접할 때, 이 포물선과 접선 및 y축으로 둘러싸인 도형을 x축 둘레로 회전시킨 입체의 부피 V를 구하여라. 답 $\boldsymbol{9\pi}$

유제 **18-21.** 곡선 $y=\ln x$와 원점에서 이 곡선에 그은 접선 및 x축으로 둘러싸인 도형이 있다. 이 도형을 x축 둘레로 회전시킨 입체의 부피 V_x와 y축 둘레로 회전시킨 입체의 부피 V_y를 구하여라.

답 $\boldsymbol{V_x=\frac{2}{3}\pi(3-e),\ V_y=\frac{\pi}{6}(e^2-3)}$

기본 문제 18-12 원 $x^2+(y-3)^2=1$을 x축 둘레로 회전시킨 입체의 부피를 구하여라.

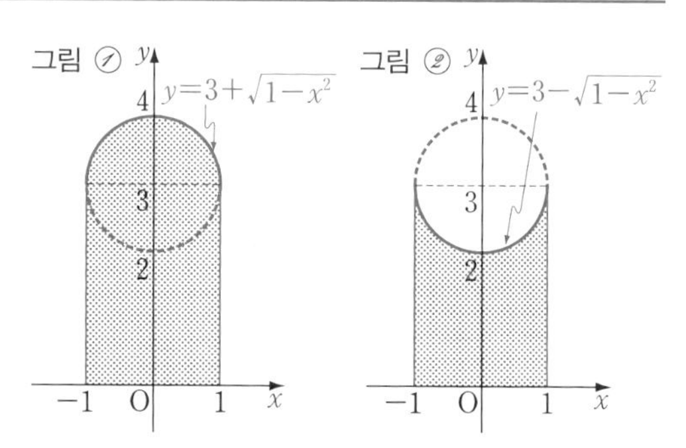

정석연구 주어진 원은 중심이 점 $(0,\ 3)$이고 반지름의 길이가 1인 원이다.

이와 같은 원을 x축 둘레로 회전시키면 튜브 모양의 곡면이 만들어지는데, 이런 곡면을 토러스(torus)라고 한다.

이 토러스 내부의 부피는 그림 ①의 점 찍은 부분을 x축 둘레로 회전시킨 입체의 부피에서 그림 ②의 점 찍은 부분을 x축 둘레로 회전시킨 입체의 부피를 뺀 것과 같다.

모범답안 $x^2+(y-3)^2=1$에서 $y-3=\pm\sqrt{1-x^2}$ $\therefore$ $y=3\pm\sqrt{1-x^2}$

직선 $y=3$의 위쪽 반원은 $y=3+\sqrt{1-x^2}$, 아래쪽 반원은 $y=3-\sqrt{1-x^2}$ 이므로 구하는 부피를 V라고 하면

$$\mathrm{V}=\pi\int_{-1}^{1}\left(3+\sqrt{1-x^2}\right)^2dx-\pi\int_{-1}^{1}\left(3-\sqrt{1-x^2}\right)^2dx$$

$$=\pi\int_{-1}^{1}\left\{\left(3+\sqrt{1-x^2}\right)^2-\left(3-\sqrt{1-x^2}\right)^2\right\}dx=12\pi\int_{-1}^{1}\sqrt{1-x^2}\,dx$$

$$=24\pi\int_{0}^{1}\sqrt{1-x^2}\,dx \quad \Leftarrow \int_{0}^{1}\sqrt{1-x^2}\,dx=\left(\text{반지름 1인 원의 넓이의 }\frac{1}{4}\right)$$

$x=\sin\theta\left(-\frac{\pi}{2}\le\theta\le\frac{\pi}{2}\right)$라고 하면 $dx=\cos\theta\,d\theta$이므로

$$\mathrm{V}=24\pi\int_{0}^{\frac{\pi}{2}}\sqrt{1-\sin^2\theta}\cos\theta\,d\theta=24\pi\int_{0}^{\frac{\pi}{2}}\cos^2\theta\,d\theta$$

$$=24\pi\int_{0}^{\frac{\pi}{2}}\frac{1+\cos2\theta}{2}d\theta=12\pi\left[\theta+\frac{1}{2}\sin2\theta\right]_{0}^{\frac{\pi}{2}}=\boldsymbol{6\pi^2} \longleftarrow \text{답}$$

유제 **18**-22. 원 $(x-4)^2+y^2=1$을 y축 둘레로 회전시킨 입체의 부피를 구하여라. 답 $\boldsymbol{8\pi^2}$

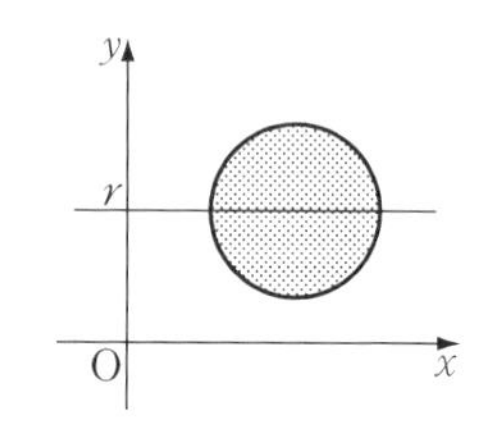

유제 **18**-23. 오른쪽 그림과 같이 직선 $y=r$에 대하여 대칭인 원이 있다. 이 원의 넓이를 S라고 할 때, 이 원을 x축 둘레로 회전시킨 입체의 부피를 r와 S로 나타내어라. 답 $\boldsymbol{2\pi r\mathrm{S}}$

연습문제 18

18-1 어떤 입체를 x좌표가 x인 점을 지나고 x축에 수직인 평면으로 자른 단면은 모두 높이가 $\sqrt{x}$인 정삼각형이다. 이 입체에서 x가 $x=1$부터 $x=3$까지 변할 때 생기는 입체의 부피를 구하여라.

18-2 포물선 $y^2=4x$와 직선 $x=4$로 둘러싸인 도형을 밑면으로 하는 입체를 x축에 수직인 평면으로 자른 단면은 모두 반원이다. x축에 수직인 한 평면이 이 입체의 부피를 이등분할 때, 원점과 이 평면 사이의 거리는?

① $\sqrt{2}$　　② $\sqrt{3}$　　③ $2\sqrt{2}$　　④ 3　　⑤ $2\sqrt{3}$

18-3 어떤 입체를 xy평면으로 자른 단면은 두 곡선 $y^2=a^2+x$와 $y^2=a^2-x$로 둘러싸인 도형이고, y축에 수직인 평면으로 자른 단면은 모두 중심이 y축 위에 있는 원이다. 이 입체의 부피가 $\dfrac{16}{15}\pi$일 때, 양수 a의 값은?

① 1　　② $\sqrt{2}$　　③ $\sqrt{3}$　　④ 2　　⑤ $\sqrt{5}$

18-4 곡선 $y=ax^4+bx^2+1$이 점 $(1,\ 0)$에서 x축에 접할 때,

(1) 상수 a, b의 값을 구하여라.

(2) 이 곡선과 x축으로 둘러싸인 도형을 밑면으로 하는 입체를 x축에 수직인 평면으로 자른 단면이 모두 정사각형일 때, 이 입체의 부피를 구하여라.

18-5 곡선 $y=e^{ax}-x$가 x축에 접할 때, 다음 물음에 답하여라.

(1) 이 곡선과 x축, y축으로 둘러싸인 도형의 넓이를 구하여라.

(2) (1)의 도형을 밑면으로 하는 입체를 x축에 수직인 평면으로 자른 단면이 모두 정삼각형일 때, 이 입체의 부피를 구하여라.

18-6 $0<a<1$일 때, 오른쪽 그림과 같이 곡선 $y=x^3-a$와 세 직선 $x=0$, $x=1$, $y=0$으로 둘러싸인 도형 (점 찍은 부분)을 밑면으로 하는 입체를 x축에 수직인 평면으로 자른 단면은 모두 정사각형이다. 이 입체의 부피가 최소가 되는 상수 a의 값을 구하여라.

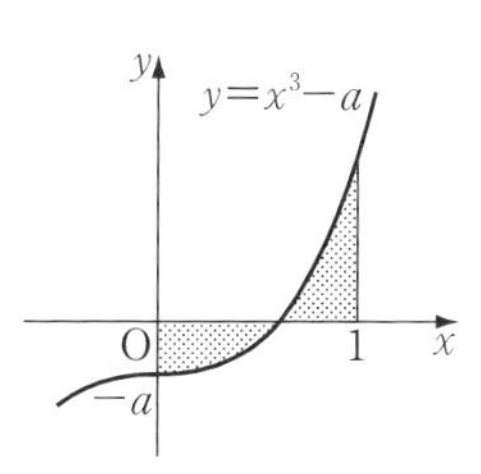

18-7 연속함수 $f(x)$가 모든 양수 x에 대하여

$$\int_0^x (x-t)\{f(t)\}^2 dt = 6\int_0^1 x^3(x-t)^2 dt$$

를 만족시킨다. 곡선 $y=f(x)$와 직선 $x=1$ 및 x축, y축으로 둘러싸인 도형을 밑면으로 하는 입체를 x축에 수직인 평면으로 자른 단면이 모두 정사각형일 때, 이 입체의 부피를 구하여라.

18-8 반지름의 길이가 2인 반구형의 그릇에 물이 가득 차 있다. 이 그릇을 30° 기울일 때, 흘러넘친 물의 양은?

① $\frac{5}{3}\pi$ ② $\frac{7}{3}\pi$ ③ 3π ④ $\frac{11}{3}\pi$ ⑤ $\frac{13}{3}\pi$

18-9 한 모서리의 길이가 2인 정육면체 ABCD-EFGH를 밑면의 대각선 AC 둘레로 회전시킬 때 생기는 입체의 부피를 구하여라.

18-10 다음 곡선과 직선으로 둘러싸인 도형을 x축 둘레로 회전시킨 입체의 부피를 구하여라.

(1) $y=\sqrt{x}$, $y=\sqrt{-x+10}$, $y=0$ (2) $y=e^{-x}$, $y=0$, $x=0$, $x=1$

(3) $y=\ln x$, $y=0$, $x=e$ (4) $y=\sin x+\cos x$, $y=0$, $x=0$, $x=\pi$

(5) $y=\sqrt{x}\sin x\ (0\le x\le \pi)$, $y=0$

18-11 다음 곡선과 직선으로 둘러싸인 도형을 y축 둘레로 회전시킨 입체의 부피를 구하여라.

(1) $y=e^{-x^2}$, $y=e^{-1}$ (2) $y=\ln(2-x)$, $y=0$, $x=0$

18-12 다음 곡선과 직선으로 둘러싸인 도형을 x축 둘레로 회전시킨 입체의 부피를 구하여라.

(1) $y=\cos x\left(0\le x\le \frac{\pi}{2}\right)$, $y=-\frac{2}{\pi}x+1$

(2) $y=\frac{1}{\sqrt{x}}$, $y=\sqrt{\frac{\ln x}{x}}$, $x=1$

18-13 포물선 $y=x^2$과 직선 $y=mx$(단, $m>0$)로 둘러싸인 도형을 x축 둘레로 회전시킨 입체의 부피를 V_x라 하고, y축 둘레로 회전시킨 입체의 부피를 V_y라고 할 때, 다음 물음에 답하여라.

(1) $V_x=\frac{162}{5}\pi$일 때, 상수 m의 값을 구하여라.

(2) $V_x=V_y$일 때, 상수 m의 값을 구하여라.

18-14 함수 $y=\frac{1}{2}x^2$(단, $x\ge 0$)의 그래프와 이 함수의 역함수의 그래프로 둘러싸인 도형을 x축 둘레로 회전시킨 입체의 부피를 구하여라.

18-15 함수 $f(x)=\frac{a}{3}x^3-ax+a$(단, $a>0$)와 $g(x)$가 모든 실수 x에 대하여 $f'(x)=g'(x)$를 만족시킨다. $g(0)=a+1$이고, 두 곡선 $y=f(x)$, $y=g(x)$와 두 직선 $x=-1$, $x=1$로 둘러싸인 도형을 x축 둘레로 회전시킨 입체의 부피가 50π일 때, 상수 a의 값은?

① 6 ② 8 ③ 10 ④ 12 ⑤ 14

19. 속도 · 거리와 적분

속도와 거리／평면 위의 운동

§ 1. 속도와 거리

1 속도와 거리

수직선 위를 움직이는 점 P의 시각 t에서의 위치 x가 $x=f(t)$일 때, 속도 $v(t)$는

$$v(t)=\frac{dx}{dt}=f'(t)$$

이므로

$$\int_{t_0}^{t} v(t)dt=f(t)-f(t_0)$$

이다. 이때, 시각 t_0에서의 점 P의 위치를 x_0이라고 하면 시각 t에서의 점 P의 위치 $f(t)$는

$$f(t)=f(t_0)+\int_{t_0}^{t} v(t)dt=\boldsymbol{x_0+\int_{t_0}^{t} v(t)dt}$$

이다.

따라서 $t=a$일 때부터 $t=b$일 때까지 점 P의 위치의 변화량은

$$f(b)-f(a)=\left\{x_0+\int_{t_0}^{b} v(t)dt\right\}-\left\{x_0+\int_{t_0}^{a} v(t)dt\right\}=\boldsymbol{\int_{a}^{b} v(t)dt}$$

이다.

이를테면 수직선 위를 움직이는 점 P가 원점을 출발한 지 t초 후의 속도가 $v(t)=t+1$일 때, 4초 후의 점 P의 위치를 x라고 하면

미 분 (위 치 → 속 도)
적 분 (속 도 → 위 치)

$$x=\int_{0}^{4} v(t)dt=\int_{0}^{4}(t+1)dt=\left[\frac{1}{2}t^2+t\right]_0^4=\mathbf{12}$$

이다. 그리고 $v(t)=t+1>0$이므로 이것은 점 P가 움직인 거리를 뜻한다.

이제 $t=0$일 때 원점을 출발한 점 P에 대하여 구간 $[a, b]$에서 $v(t)$의 부호가 바뀌는 경우 이를테면 $v(t)=4-t$로 주어질 때를 생각해 보자.

(i) $0\le t\le 4$일 때 $v(t)\ge 0$이므로 점 P는 양의 방향으로 움직이고, $t=4$일 때의 점 P의 위치는

$$\int_0^4 v(t)dt=\int_0^4(4-t)dt=\left[4t-\frac{1}{2}t^2\right]_0^4=8$$

따라서 점 P는 오른쪽 그림의 점 A의 위치에 있고, 또 점 P가 움직인 거리는 8이다.

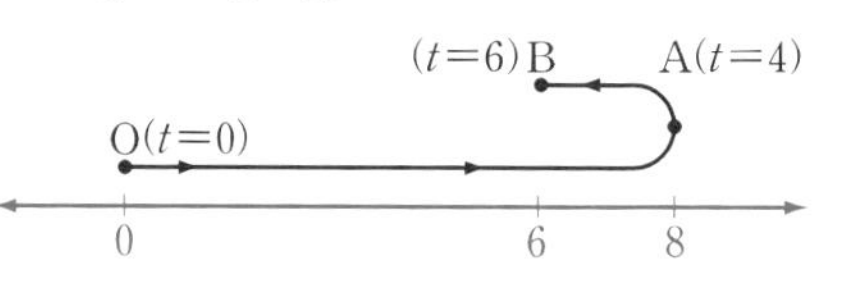

(ii) $t\ge 4$일 때 $v(t)\le 0$이므로 점 P는 음의 방향으로 움직이고, 이를테면 $t=4$일 때부터 $t=6$일 때까지 점 P의 위치의 변화량은

$$\int_4^6 v(t)dt=\int_4^6(4-t)dt=\left[4t-\frac{1}{2}t^2\right]_4^6=-2$$

따라서 점 P는 위의 그림의 점 B의 위치에 있게 된다. 곧, $t=0$일 때부터 $t=6$일 때까지 점 P의 위치의 변화량은 6이고, 움직인 거리는

$$\overline{\text{OA}}+\overline{\text{AB}}=8+2=10$$

한편 구간 $[0, 6]$에서 속도 $v(t)$의 정적분의 값은

$$\int_0^6 v(t)dt=\int_0^6(4-t)dt=\left[4t-\frac{1}{2}t^2\right]_0^6=6$$

이고, 이 값은 점 P의 위치의 변화량과 같다.

또, 구간 $[0, 6]$에서 속력 $|v(t)|$의 정적분의 값은

$$\int_0^6 |v(t)|dt=\int_0^6|4-t|dt=\int_0^4(4-t)dt+\int_4^6(-4+t)dt=10$$

이고, 이 값은 점 P가 움직인 거리와 같다.

기본정석 **속도와 거리**

수직선 위를 움직이는 점 P의 시각 t에서의 속도가 $v(t)$일 때, 점 P가 $t=a$일 때부터 $t=b$일 때까지 움직이면

점 **P**의 위치의 변화량 ⟹ $\displaystyle\int_a^b \boldsymbol{v(t)dt}$

점 **P**가 움직인 거리 ⟹ $\displaystyle\int_a^b \boldsymbol{|v(t)|dt}$

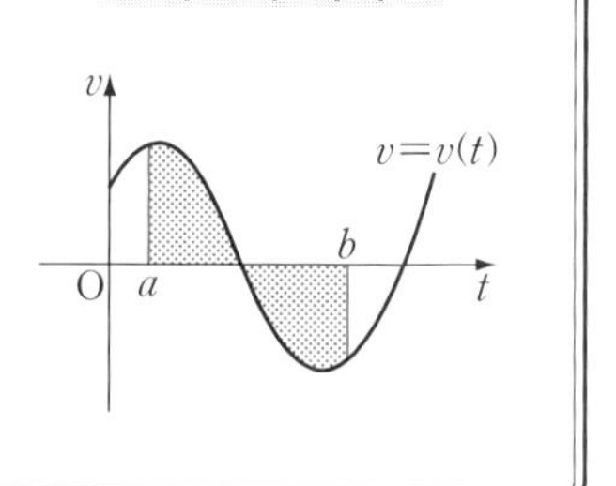

Advice | 위의 그림에서 점 P의 위치의 변화량은 구간 $[a, b]$에서 $v(t)$의 정적분의 값을, 점 P가 움직인 거리는 점 찍은 부분의 넓이의 합을 뜻한다.

보기 1 수직선 위를 움직이는 점 P의 시각 t에서의 속도 $v(t)$는 $v(t)=6t-3t^2$이고, $t=0$일 때 점 P는 원점에 있다.

(1) 시각 t에서의 점 P의 위치를 t로 나타내어라.

(2) $t=0$일 때부터 $t=1$일 때까지 점 P가 움직인 거리를 구하여라.

(3) $t=0$일 때부터 $t=3$일 때까지 점 P가 움직인 거리를 구하여라.

연구 (1) $\int_0^t v(t)dt=\int_0^t(6t-3t^2)dt=\Big[3t^2-t^3\Big]_0^t=\boldsymbol{3t^2-t^3}$

(2) $\int_0^1 \big|v(t)\big|dt=\int_0^1|6t-3t^2|dt=\int_0^1(6t-3t^2)dt=\mathbf{2}$

*Note $t=1$일 때 점 P의 위치는 $\int_0^1 v(t)dt=\int_0^1(6t-3t^2)dt=2$

(3) $\int_0^3 \big|v(t)\big|dt=\int_0^3|6t-3t^2|dt=\int_0^2(6t-3t^2)dt+\int_2^3(-6t+3t^2)dt=\mathbf{8}$

*Note $t=3$일 때 점 P의 위치는 $\int_0^3 v(t)dt=\int_0^3(6t-3t^2)dt=0$

보기 2 수직선 위를 움직이는 점 P의 시각 t에서의 속도 $v(t)$는 $v(t)=e^t$이고, $t=0$일 때 점 P는 좌표가 2인 점에 있다. $t=1$일 때, 점 P의 위치를 구하여라.

연구 시각 t에서의 점 P의 위치를 $x(t)$라고 하면

$$x(1)=2+\int_0^1 v(t)dt=2+\int_0^1 e^t dt=2+\Big[e^t\Big]_0^1=\boldsymbol{e+1}$$

Advice | 구분구적법을 이용한 속도와 거리의 관계

속도와 거리의 관계를 앞에서 공부한 구분구적법을 이용하여 다음과 같이 생각할 수도 있다. ⇦ p. 282

속도가 일정할 때

(속도)×(시간)=(거리)

이다.

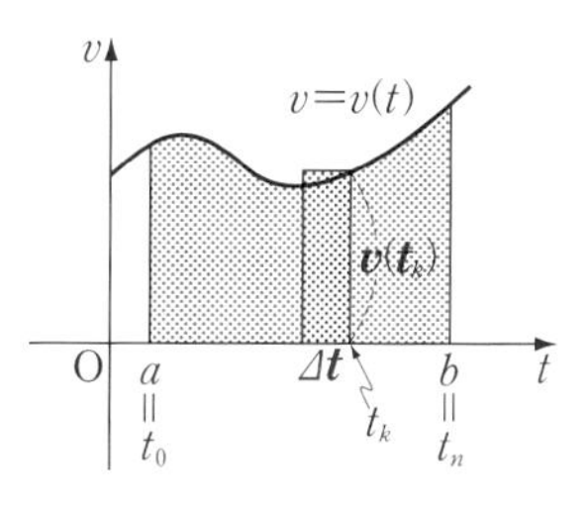

따라서 수직선 위를 움직이는 점 P의 시각 t에서의 속도가 $v(t)$일 때, $v(t)$가 연속이고 $v(t)\ge0$이면 점 P가 움직인 거리는 다음과 같이 나타낼 수 있다.

거리 요소 ⟹ 거리 요소의 합 ⟹ 한없이 세분한 극한 = 거리

↓ ↓ ↓ ↓

$$v(t_k)\Delta t \implies \sum_{k=1}^{n} v(t_k)\Delta t \implies \lim_{n\to\infty}\sum_{k=1}^{n} v(t_k)\Delta t = \int_a^b v(t)dt$$

기본 문제 19-1 수직선 위를 움직이는 점 P의 시각 t에서의 속도 $v(t)$는 $v(t)=2\sin\pi t$이고, $t=0$일 때 점 P는 원점에 있다.

(1) $t=1$, $t=2$일 때의 점 P의 위치를 구하여라.

(2) $t=0$일 때부터 $t=2$일 때까지 점 P가 움직인 거리를 구하여라.

정석연구 점 P의 위치의 변화량과 점 P가 움직인 거리를 구분해야 한다.

오른쪽 그림에서

점 **P**의 위치의 변화량 ⟹ $\overline{\textbf{AC}}$

점 **P**가 움직인 거리 ⟹ $\overline{\textbf{AB}}+\overline{\textbf{BC}}$

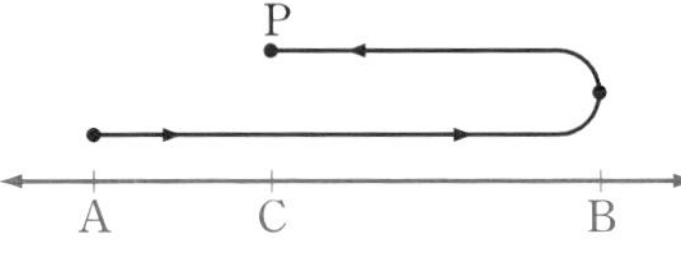

또, 점 P의 출발점 A가 원점일 때에는 점 P의 위치의 변화량이 점 P의 좌표이므로 점 P가 원점의 오른쪽에 있을 때에는 양수, 왼쪽에 있을 때에는 음수가 된다.

모범답안 (1) 시각 t에서의 점 P의 위치를 $x(t)$라고 하면

$$x(1)=0+\int_0^1 v(t)dt=\int_0^1 2\sin\pi t\,dt=\left[-\frac{2}{\pi}\cos\pi t\right]_0^1=\boldsymbol{\frac{4}{\pi}}$$
$$x(2)=0+\int_0^2 v(t)dt=\int_0^2 2\sin\pi t\,dt=\left[-\frac{2}{\pi}\cos\pi t\right]_0^2=\mathbf{0}$$
← 답

(2) 점 P가 움직인 거리를 l이라고 하면

$$l=\int_0^2 |v(t)|dt=\int_0^2 |2\sin\pi t|dt$$
$$=\int_0^1 2\sin\pi t\,dt+\int_1^2(-2\sin\pi t)dt$$
$$=\left[-\frac{2}{\pi}\cos\pi t\right]_0^1+\left[\frac{2}{\pi}\cos\pi t\right]_1^2$$
$$=\frac{4}{\pi}+\frac{4}{\pi}=\boldsymbol{\frac{8}{\pi}}$$ ← 답

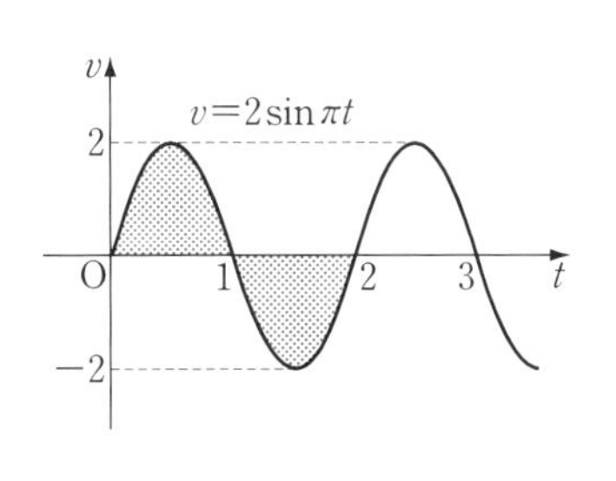

Advice | (1)은 함수 $v(t)=2\sin\pi t$의 구간 $[0, 1]$, $[0, 2]$에서의 정적분의 값을, (2)는 위의 그림에서 점 찍은 부분의 넓이의 합을 뜻한다.

유제 **19**-1. 수직선 위를 움직이는 점 P의 시각 t에서의 속도 $v(t)$는 $v(t)=\cos\frac{\pi}{2}t$이고, $t=0$일 때 점 P는 원점에 있다.

(1) $t=3$일 때의 점 P의 위치를 구하여라.

(2) $t=0$일 때부터 $t=2$일 때까지 점 P가 움직인 거리를 구하여라.

답 (1) $-\boldsymbol{\frac{2}{\pi}}$ (2) $\boldsymbol{\frac{4}{\pi}}$

기본 문제 **19**-2 수직선 위를 움직이는 점 P의 시각 t에서의 속도 $v(t)$는 $v(t)=\sin t-\sin 2t$이고, $t=0$일 때 점 P는 원점에 있다.

(1) $0\le t\le 2\pi$에서 점 P가 원점에서 가장 멀 때의 시각 t_0을 구하여라.

(2) (1)의 t_0에 대하여 $t=0$일 때부터 $t=t_0$일 때까지 점 P가 움직인 거리 l을 구하여라.

정석연구 점 P의 시각 t에서의 속도를 $v(t)$, 위치를 $x(t)$, 움직인 거리를 $l(t)$라 하고, $t=0$에서의 점 P의 위치를 x_0이라고 하면 $x(t)$와 $l(t)$는 다음과 같이 정적분으로 나타낼 수 있다.

정석 $$\boldsymbol{x(t)=x_0+\int_0^t v(t)dt,\quad l(t)=\int_0^t |v(t)|dt}$$

모범답안 (1) 시각 t에서의 점 P의 위치를 $x(t)$라고 하면

$$x(t)=0+\int_0^t v(t)dt=\int_0^t(\sin t-\sin 2t)dt$$

$$=\left[-\cos t+\frac{1}{2}\cos 2t\right]_0^t=-\cos t+\frac{1}{2}\cos 2t+\frac{1}{2}$$

한편 $v(t)=0$일 때 움직이는 방향이 바뀌므로

$v(t)=\sin t-\sin 2t=0$에서 $\sin t-2\sin t\cos t=0$

$\therefore \sin t(1-2\cos t)=0 \qquad \therefore t=0,\ \frac{\pi}{3},\ \pi,\ \frac{5}{3}\pi,\ 2\pi$ ……㉠

이때, $x(0)=0,\ x\left(\frac{\pi}{3}\right)=-\frac{1}{4},\ x(\pi)=2,\ x\left(\frac{5}{3}\pi\right)=-\frac{1}{4},\ x(2\pi)=0$

이므로 점 P가 원점에서 가장 멀 때의 시각은 π이다. 답 $\boldsymbol{t_0=\pi}$

(2) $0\le t\le\pi$에서 $v(t)=0$의 해는 $t=0,\ \frac{\pi}{3},\ \pi$이고 ⇦ ㉠

$0\le t\le\frac{\pi}{3}$일 때 $v(t)\le 0$, $\frac{\pi}{3}\le t\le\pi$일 때 $v(t)\ge 0$

$$\therefore\ l=\int_0^\pi |v(t)|dt=\int_0^\pi|\sin t-\sin 2t|dt$$

$$=\int_0^{\frac{\pi}{3}}(-\sin t+\sin 2t)dt+\int_{\frac{\pi}{3}}^{\pi}(\sin t-\sin 2t)dt$$

$$=\left[\cos t-\frac{1}{2}\cos 2t\right]_0^{\frac{\pi}{3}}+\left[-\cos t+\frac{1}{2}\cos 2t\right]_{\frac{\pi}{3}}^{\pi}=\boldsymbol{\frac{5}{2}} \leftarrow \text{답}$$

유제 **19**-2. 수직선 위를 움직이는 점 P의 시각 t에서의 속도 $v(t)$는 $v(t)=\cos t+\cos 2t$이고, $t=0$일 때 점 P는 원점에 있다.

(1) 시각 t에서의 점 P의 위치를 t로 나타내어라.

(2) $t=0$일 때부터 $t=\pi$일 때까지 점 P가 움직인 거리를 구하여라.

답 (1) $\boldsymbol{\sin t+\frac{1}{2}\sin 2t}$ (2) $\boldsymbol{\frac{3\sqrt{3}}{2}}$

§2. 평면 위의 운동

1 평면 위의 운동

앞에서 수직선 위를 움직이는 점 P가 움직인 거리에 대하여 공부하였다. 이제 좌표평면 위를 움직이는 점 P가 움직인 거리에 대하여 공부해 보자.

좌표평면 위를 움직이는 점 P의 시각 t에서의 위치가 다음과 같다고 하자.

$$x=f(t), \quad y=g(t)$$

시각 t의 증분 Δt에 대하여 x, y의 증분을 각각 Δx, Δy라고 하면 점 P가 움직인 거리 l에 대한 증분 Δl은 Δt가 충분히 작을 때

$$\sqrt{(\Delta x)^2+(\Delta y)^2}$$

에 한없이 가까운 값이 된다. 따라서

$$\lim_{\Delta t\to 0}\frac{\Delta l}{\Delta t}=\lim_{\Delta t\to 0}\frac{\sqrt{(\Delta x)^2+(\Delta y)^2}}{\Delta t}=\lim_{\Delta t\to 0}\sqrt{\left(\frac{\Delta x}{\Delta t}\right)^2+\left(\frac{\Delta y}{\Delta t}\right)^2}$$

$$\therefore \frac{dl}{dt}=\sqrt{\left(\frac{dx}{dt}\right)^2+\left(\frac{dy}{dt}\right)^2}=\sqrt{\{f'(t)\}^2+\{g'(t)\}^2}$$

따라서 $t=a$일 때부터 $t=b$일 때까지 점 P가 움직인 거리 l은

$$l=\int_a^b\sqrt{\left(\frac{dx}{dt}\right)^2+\left(\frac{dy}{dt}\right)^2}\,dt=\int_a^b\sqrt{\{f'(t)\}^2+\{g'(t)\}^2}\,dt$$

여기에서 $\sqrt{\left(\frac{dx}{dt}\right)^2+\left(\frac{dy}{dt}\right)^2}$ 은 점 P의 속력이다.

기본정석 — **평면 위의 점이 움직인 거리**

좌표평면 위를 움직이는 점 P의 시각 t에서의 위치 $(x,\ y)$가

$$x=f(t), \quad y=g(t)$$

일 때, $t=a$일 때부터 $t=b$일 때까지 점 P가 움직인 거리 l은

$$l=\int_a^b\sqrt{\left(\frac{dx}{dt}\right)^2+\left(\frac{dy}{dt}\right)^2}\,dt=\int_a^b\sqrt{\{f'(t)\}^2+\{g'(t)\}^2}\,dt$$

보기 1 좌표평면 위를 움직이는 점 P의 시각 t에서의 위치 $(x,\ y)$가

$$x=t+1, \quad y=2t+3$$

일 때, $t=0$일 때부터 $t=1$일 때까지 점 P가 움직인 거리 l을 구하여라.

연구 $l=\int_0^1\sqrt{\left(\frac{dx}{dt}\right)^2+\left(\frac{dy}{dt}\right)^2}\,dt=\int_0^1\sqrt{1^2+2^2}\,dt=\Big[\sqrt{5}\,t\Big]_0^1=\sqrt{5}$

2 곡선의 길이

매개변수 t로 나타낸 곡선

$$x=f(t),\quad y=g(t)\quad (a\le t\le b)$$

의 길이 l은 점 P의 시각 t에서의 위치가 $\big(f(t),\ g(t)\big)$로 주어질 때, $t=a$일 때부터 $t=b$일 때까지 점 P가 움직인 거리와 같다. 따라서

$$l=\int_a^b \sqrt{\left(\frac{dx}{dt}\right)^2+\left(\frac{dy}{dt}\right)^2}\,dt=\int_a^b \sqrt{\{f'(t)\}^2+\{g'(t)\}^2}\,dt$$

이다.

또, 곡선 $y=f(x)(a\le x\le b)$는 매개변수 t를 써서

$$x=t,\quad y=f(t)\quad (a\le t\le b)$$

로 나타낸 곡선이라고 생각할 수 있다.

따라서 곡선의 길이 l은

$$l=\int_a^b \sqrt{\left(\frac{dx}{dt}\right)^2+\left(\frac{dy}{dt}\right)^2}\,dt=\int_a^b \sqrt{1+\{f'(t)\}^2}\,dt$$

이다. 그런데 $\int_a^b \sqrt{1+\{f'(t)\}^2}\,dt=\int_a^b \sqrt{1+\{f'(x)\}^2}\,dx$ 이므로 다음과 같이 정리할 수 있다.

기본정석 — 곡선의 길이

(1) 곡선 $x=f(t),\ y=g(t)(a\le t\le b)$의 길이 l은

$$\boldsymbol{l=\int_a^b \sqrt{\left(\frac{dx}{dt}\right)^2+\left(\frac{dy}{dt}\right)^2}\,dt=\int_a^b \sqrt{\{f'(t)\}^2+\{g'(t)\}^2}\,dt}$$

(2) 곡선 $y=f(x)(a\le x\le b)$의 길이 l은

$$\boldsymbol{l=\int_a^b \sqrt{1+\left(\frac{dy}{dx}\right)^2}\,dx=\int_a^b \sqrt{1+\{f'(x)\}^2}\,dx}$$

보기 2 다음 매개변수 t로 나타낸 곡선의 길이 l을 구하여라.

$$x=6t^2,\quad y=t^3-12t\quad (0\le t\le 1)$$

연구 $l=\int_0^1 \sqrt{\left(\frac{dx}{dt}\right)^2+\left(\frac{dy}{dt}\right)^2}\,dt=\int_0^1 \sqrt{(12t)^2+(3t^2-12)^2}\,dt$

$=\int_0^1 \sqrt{9(t^2+4)^2}\,dt=\int_0^1 3(t^2+4)dt=3\left[\frac{1}{3}t^3+4t\right]_0^1=\mathbf{13}$

보기 3 $0\le x\le 1$에서 직선 $y=3x+1$의 길이 l을 구하여라.

연구 $l=\int_0^1 \sqrt{1+\left(\frac{dy}{dx}\right)^2}\,dx=\int_0^1 \sqrt{1+3^2}\,dx=\left[\sqrt{10}x\right]_0^1=\boldsymbol{\sqrt{10}}$

기본 문제 19-3 좌표평면 위를 움직이는 점 P의 시각 t에서의 위치 $(x,\ y)$가

$$x=t-\sin t, \quad y=1-\cos t$$

일 때, $t=0$일 때부터 $t=2\pi$일 때까지 점 P가 움직인 거리를 구하여라.

정석연구 점 $\mathrm{P}(x,\ y)$의 자취는 오른쪽 그림과 같은 초록 곡선이다.

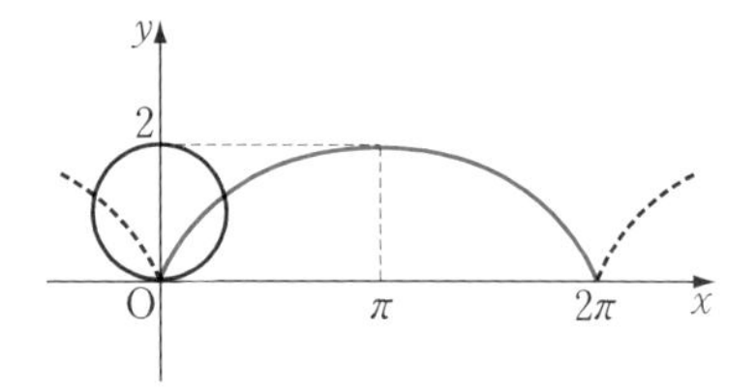

이는 반지름의 길이가 1인 원 위의 한 점 P를 원점 O에 놓고 x축 위에서 원을 굴릴 때, 점 P가 그리는 곡선으로서 이를 사이클로이드(cycloid)라고 한다.

이 곡선의 길이는 다음 **정석**을 이용하여 구할 수 있다.

$$\textbf{정석}\quad l=\int_a^b \sqrt{\left(\frac{dx}{dt}\right)^2+\left(\frac{dy}{dt}\right)^2}\,dt$$

모범답안 $\dfrac{dx}{dt}=1-\cos t,\ \dfrac{dy}{dt}=\sin t$이므로 점 P가 움직인 거리 l은

$$l=\int_0^{2\pi}\sqrt{\left(\frac{dx}{dt}\right)^2+\left(\frac{dy}{dt}\right)^2}\,dt=\int_0^{2\pi}\sqrt{(1-\cos t)^2+\sin^2 t}\,dt$$

$$=\int_0^{2\pi}\sqrt{2(1-\cos t)}\,dt=\int_0^{2\pi}\sqrt{4\sin^2\frac{t}{2}}\,dt=\int_0^{2\pi}2\sin\frac{t}{2}\,dt$$

$$=\left[-4\cos\frac{t}{2}\right]_0^{2\pi}=8 \longleftarrow \text{답}$$

*Note 위의 문제는 구간 $[0,\ 2\pi]$에서 곡선의 길이를 구하는 것과 같다.

유제 **19**-3. 좌표평면 위를 움직이는 점 P의 시각 t에서의 위치 $(x,\ y)$가 다음과 같을 때, 주어진 시간 동안 점 P가 움직인 거리를 구하여라.

(1) $x=2t^2+1,\ y=t^3$ ($t=0$부터 $t=1$까지)

(2) $x=r\cos t,\ y=r\sin t$ ($t=0$부터 $t=2\pi$까지) (단, $r>0$)

(3) $x=2\cos^3 t,\ y=2\sin^3 t$ $\left(t=0\text{부터 } t=\dfrac{\pi}{2}\text{까지}\right)$

(4) $x=\sin t+\sqrt{3}\cos t,\ y=\cos t-\sqrt{3}\sin t$ $\left(t=0\text{부터 } t=\dfrac{3}{2}\pi\text{까지}\right)$

(5) $x=2\cos t+\cos 2t,\ y=2\sin t-\sin 2t$ $\left(t=0\text{부터 } t=\dfrac{2}{3}\pi\text{까지}\right)$

답 (1) $\dfrac{61}{27}$ (2) $2\pi r$ (3) 3 (4) 3π (5) $\dfrac{16}{3}$

기본 문제 19-4 다음 주어진 구간에서 곡선의 길이 l을 구하여라.

(1) $y=x\sqrt{x}\ (0\le x\le 2)$　　　(2) $y=\dfrac{1}{2}(e^x+e^{-x})\ (-1\le x\le 1)$

[정석연구] 주어진 구간에서 곡선 $y=f(x)$의 길이는

정석 곡선 $\boldsymbol{y=f(x)(a\le x\le b)}$의 길이를 $\boldsymbol{l}$이라고 하면

$$\boldsymbol{l=\int_a^b\sqrt{1+\{f'(x)\}^2}\,dx}$$

임을 이용하여 구할 수 있다.

[모범답안] (1) $y=x^{\frac{3}{2}}$에서 $\dfrac{dy}{dx}=\dfrac{3}{2}x^{\frac{1}{2}}$이므로

$$l=\int_0^2\sqrt{1+\left(\frac{dy}{dx}\right)^2}\,dx=\int_0^2\sqrt{1+\left(\frac{3}{2}x^{\frac{1}{2}}\right)^2}\,dx=\frac{1}{2}\int_0^2\sqrt{4+9x}\,dx$$

$$=\frac{1}{2}\left[\frac{1}{9}\times\frac{2}{3}(4+9x)^{\frac{3}{2}}\right]_0^2=\boldsymbol{\frac{2}{27}(11\sqrt{22}-4)} \longleftarrow \text{답}$$

(2) $y=\dfrac{1}{2}(e^x+e^{-x})$에서 $\dfrac{dy}{dx}=\dfrac{1}{2}(e^x-e^{-x})$이므로

$$l=\int_{-1}^1\sqrt{1+\left(\frac{dy}{dx}\right)^2}\,dx=\int_{-1}^1\sqrt{1+\frac{1}{4}(e^x-e^{-x})^2}\,dx$$

$$=\int_{-1}^1\sqrt{\frac{1}{4}(4+e^{2x}-2+e^{-2x})}\,dx=\frac{1}{2}\int_{-1}^1\sqrt{(e^x+e^{-x})^2}\,dx \quad ⇦ \text{우함수}$$

$$=\int_0^1(e^x+e^{-x})dx=\Big[e^x-e^{-x}\Big]_0^1$$

$$=\boldsymbol{e-\frac{1}{e}} \longleftarrow \text{답}$$

Advice | $y=\dfrac{1}{2}(e^x+e^{-x})$의 그래프는 오른쪽 그림과 같다.

이 곡선을 현수선(catenary)이라고 한다.

[유제] **19**-4. 다음 주어진 구간에서 곡선의 길이를 구하여라.

(1) $y=\dfrac{1}{3}x\sqrt{x}-\sqrt{x}\ (0\le x\le 1)$　　　(2) $y=\dfrac{1}{3}x^3+\dfrac{1}{4x}\ (1\le x\le 2)$

(3) $y=\dfrac{1}{4}x^2-\dfrac{1}{2}\ln x\ (1\le x\le 3)$　　　(4) $y^2=x^3\ (0\le x\le 4,\ y\ge 0)$

[답] (1) $\boldsymbol{\dfrac{4}{3}}$　(2) $\boldsymbol{\dfrac{59}{24}}$　(3) $\boldsymbol{2+\dfrac{1}{2}\ln 3}$　(4) $\boldsymbol{\dfrac{8}{27}(10\sqrt{10}-1)}$

연습문제 19

19-1 수직선 위를 움직이는 점 P의 시각 t에서의 속도 $v(t)$는 $v(t)=30-3t-\sqrt{t}$ 라고 한다. $t=0$일 때부터 점 P의 속도가 0이 될 때까지 점 P가 움직인 거리는?

① $\frac{261}{2}$ ② $\frac{263}{2}$ ③ $\frac{265}{2}$ ④ $\frac{267}{2}$ ⑤ $\frac{269}{2}$

19-2 수직선 위를 움직이는 점 P의 시각 t에서의 속도 $v(t)$는 $v(t)=(t-1)e^{-t}$이라고 한다. 다음 물음에 답하여라.

(1) $t=0$일 때부터 $t=2$일 때까지 점 P가 움직인 거리를 구하여라.

(2) $t=1$일 때부터 $v(t)$가 최대가 될 때까지 점 P가 움직인 거리를 구하여라.

19-3 수직선 위를 움직이는 두 점 A, B의 시각 t에서의 속도가 각각 $\sin t$, $\cos 2t$이고, $t=0$일 때 점 A는 원점에서, 점 B는 좌표가 1인 점에서 동시에 출발한다. 다음 물음에 답하여라.

(1) $0<t\le 2\pi$에서 점 A와 B가 만나는 횟수를 구하여라.

(2) $0<t\le 2\pi$에서 점 A와 B가 가장 멀어질 때의 시각 t를 구하여라. 또, 이때 두 점 사이의 거리를 구하여라.

19-4 점 P가 좌표평면의 원점 O에서 x축의 양의 방향으로 출발하여 1초간 직선 운동을 하여 점 P_1에 와서 양의 방향으로 90° 회전하여 다시 1초간 직선 운동을 하여 점 P_2에 이른다. 이와 같이 매초마다 양의 방향으로 90° 회전하여 1초간 직선 운동을 계속한다. 점 P의 시각 t에서의 속력을 e^{-t}이라고 할 때, 점 P의 x좌표의 극한값을 구하여라.

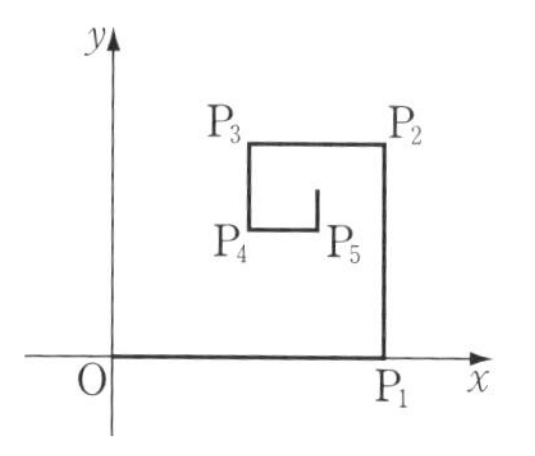

단, 회전하는 동안 걸리는 시간은 무시한다.

19-5 좌표평면 위를 움직이는 점 P(x, y)의 시각 t에서의 속도는 $(e^t+1,\ e^t-1)$이고, $t=0$일 때 점 P는 원점에 있다. $t=1$일 때, 점 P의 좌표를 구하여라.

19-6 좌표평면 위를 움직이는 점 P의 시각 t에서의 위치 (x, y)가

$$x=\ln t, \qquad y=\frac{1}{2}\left(t+\frac{1}{t}\right)$$

일 때, $t=e^{-1}$일 때부터 $t=e$일 때까지 점 P가 움직인 거리를 구하여라.

19-7 좌표평면 위를 움직이는 점 P의 시각 t에서의 위치 (x, y)가

$$x=e^{-t}\cos t, \quad y=e^{-t}\sin t$$

이다. $t=0$일 때부터 $t=a(a>0)$일 때까지 점 P가 움직인 거리를 l이라고 할 때, $\lim_{a\to\infty} l$의 값은?

① 1 ② $\sqrt{2}$ ③ $\sqrt{3}$ ④ 2 ⑤ $\sqrt{5}$

19-8 좌표평면 위를 움직이는 점 P의 시각 t에서의 위치 (x, y)가

$$x=\int_0^t \theta\cos\theta\, d\theta, \quad y=\int_0^t \theta\sin\theta\, d\theta$$

일 때, $t=0$일 때부터 $t=2\pi$일 때까지 점 P가 움직인 거리는?

① π^2 ② $2\pi^2-1$ ③ $2\pi^2$ ④ $3\pi^2-1$ ⑤ $3\pi^2$

19-9 실수 전체의 집합에서 이계도함수를 가지는 함수 $f(t)$에 대하여 좌표평면 위를 움직이는 점 P의 시각 t에서의 위치 (x, y)가

$$x=2e^t, \quad y=f(t)$$

이다. 점 P가 $t=0$일 때부터 $t=s(s>0)$일 때까지 움직인 거리는 $s+\frac{1}{2}e^{2s}-\frac{1}{2}$이고, $t=\ln 2$일 때 점 P의 속도는 $(4, 3)$이다. $t=\ln 3$일 때, 점 P의 가속도를 구하여라.

19-10 $f(x)=\int_0^x \frac{x-t}{\cos^2 t}dt$ $\left(단, -\frac{\pi}{2}<x<\frac{\pi}{2}\right)$일 때, 다음 물음에 답하여라.

(1) $f'(x)$를 구하여라.

(2) $0\le x\le\frac{\pi}{6}$에서 곡선 $y=f(x)$의 길이를 구하여라.

19-11 $0\le x\le 6$에서 곡선 $y=\frac{1}{3}(x^2+2)^{\frac{3}{2}}$의 길이는?

① 76 ② 78 ③ 80 ④ 82 ⑤ 84

19-12 실수 전체의 집합에서 이계도함수를 가지고 $f(0)=0$, $f(1)=\sqrt{3}$을 만족시키는 모든 함수 $f(x)$에 대하여 $\int_0^1 \sqrt{1+\{f'(x)\}^2}\,dx$의 최솟값은?

① $\sqrt{2}$ ② 2 ③ $\sqrt{5}$ ④ $1+\sqrt{2}$ ⑤ $1+\sqrt{3}$

19-13 곡선 $y=f(x)$ 위의 점 $(0, f(0))$부터 곡선 위의 임의의 점 (x, y)까지 곡선의 길이가 $e^{2x}+y-2$일 때, 이 곡선 위의 점 $(1, f(1))$에서의 접선의 기울기를 구하여라.

단, $f(x)$는 $x\ge 0$에서 정의되고, $x>0$에서 미분가능한 함수이다.

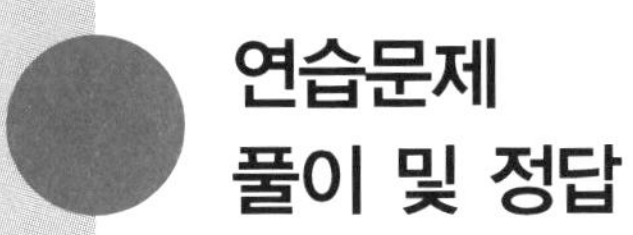

연습문제 풀이 및 정답

연습문제 풀이 및 정답

1-1. $\left(n+\dfrac{1}{n}\right)^{10}$을 전개하면 차수가 가장 큰 항은 n^{10}이므로 주어진 수열이 수렴하려면 $k \ge 10$이어야 한다.

따라서 자연수 k의 최솟값은 **10**

1-2. $a_n=\sum_{k=1}^{6n} k=3n(6n+1)$,

$$b_n=a_n-\sum_{k=1}^{2n} 3k$$
$$=3n(6n+1)-3n(2n+1)$$
$$=12n^2$$

$$\therefore \lim_{n\to\infty}\frac{a_n}{b_n}=\lim_{n\to\infty}\frac{3n(6n+1)}{12n^2}=\mathbf{\frac{3}{2}}$$

1-3. 자연수 n에 대하여

$$(n+1)^2<n^2+2n+2<(n+2)^2$$

이므로

$$n+1<\sqrt{n^2+2n+2}<n+2$$

$\therefore\ a_n=n+1$,

$$b_n=\sqrt{n^2+2n+2}-(n+1)$$

$\therefore\ \lim_{n\to\infty} a_nb_n$

$$=\lim_{n\to\infty}(n+1)\left\{\sqrt{n^2+2n+2}-(n+1)\right\}$$
$$=\lim_{n\to\infty}\frac{n+1}{\sqrt{n^2+2n+2}+(n+1)}$$
$$=\lim_{n\to\infty}\frac{1+\dfrac{1}{n}}{\sqrt{1+\dfrac{2}{n}+\dfrac{2}{n^2}}+1+\dfrac{1}{n}}=\mathbf{\frac{1}{2}}$$

1-4. $x^2-8x+16-n=0$의 두 근이 α_n, β_n이므로

$$\alpha_n+\beta_n=8,\quad \alpha_n\beta_n=16-n$$
$$\therefore\ (\alpha_n-\beta_n)^2=(\alpha_n+\beta_n)^2-4\alpha_n\beta_n$$
$$=64-4(16-n)=4n$$
$$\therefore\ f(n)=|\alpha_n-\beta_n|=2\sqrt{n}$$

$$\therefore\ \lim_{n\to\infty}\sqrt{n}\left\{f(n+1)-f(n)\right\}$$
$$=\lim_{n\to\infty}\sqrt{n}\,(2\sqrt{n+1}-2\sqrt{n})$$
$$=\lim_{n\to\infty}\frac{2\sqrt{n}}{\sqrt{n+1}+\sqrt{n}}$$
$$=\lim_{n\to\infty}\frac{2}{\sqrt{1+\dfrac{1}{n}}+1}=\mathbf{1}$$

1-5. (1) $\lim_{n\to\infty} a_n$

$$=\lim_{n\to\infty}\left\{(2n-1)a_n\times\frac{1}{2n-1}\right\}$$
$$=4\times 0=\mathbf{0}$$

(2) $\lim_{n\to\infty} na_n=\lim_{n\to\infty}\left\{(2n-1)a_n\times\dfrac{n}{2n-1}\right\}$

$$=4\times\frac{1}{2}=\mathbf{2}$$

(3) $\lim_{n\to\infty} n^2a_n=\lim_{n\to\infty}\left\{(2n-1)a_n\times\dfrac{n^2}{2n-1}\right\}$

$$=\boldsymbol{\infty}$$

1-6. $\lim_{n\to\infty}\left(\sqrt{an^2+6n}-bn\right)$

$$=\lim_{n\to\infty}\frac{(a-b^2)n^2+6n}{\sqrt{an^2+6n}+bn}$$
$$=\lim_{n\to\infty}\frac{(a-b^2)n+6}{\sqrt{a+\dfrac{6}{n}}+b}=\frac{3}{8}$$

이므로

$$a-b^2=0,\quad \frac{6}{\sqrt{a}+b}=\frac{3}{8}$$
$$\therefore\ \frac{6}{|b|+b}=\frac{3}{8}$$

$|b|+b\neq 0$에서 $b>0$이므로

$$\frac{6}{2b}=\frac{3}{8}\qquad \therefore\ \boldsymbol{b=8}$$
$$\therefore\ \boldsymbol{a=b^2=64}$$

1-7. $b_n=\dfrac{1^2+2^2+3^2+\cdots+n^2}{2n^3+1}$ 으로 놓으면 $b_n=\dfrac{n(n+1)(2n+1)}{6(2n^3+1)}$ 이므로

$$\lim_{n\to\infty} b_n=\frac{1}{6}$$

한편 $\dfrac{a_n-4}{a_n+3}=b_n$ 에서

$a_n-4=b_n(a_n+3)$ $\quad\therefore\ a_n=\dfrac{4+3b_n}{1-b_n}$

$$\therefore\ \lim_{n\to\infty} a_n=\lim_{n\to\infty}\frac{4+3b_n}{1-b_n}=\frac{4+3\times\frac{1}{6}}{1-\frac{1}{6}}=\mathbf{\frac{27}{5}}$$

1-8. 옳지 않은 것은 반례를 찾으면 된다. 특히 ∞는 수가 아닌 것에 주의한다.

① 거짓(반례) $a_n=n,\ b_n=n^2$

② 거짓(반례) $a_n=n+1,\ b_n=n$

③ 거짓(반례) $a_n=1-\dfrac{1}{n},\ b_n=1+\dfrac{1}{n}$

④ 참(증명) $a_n-b_n=p_n$ 으로 놓으면

$$\lim_{n\to\infty} p_n=0,\ b_n=a_n-p_n$$

$$\therefore\ \lim_{n\to\infty} b_n=\lim_{n\to\infty}(a_n-p_n)=\lim_{n\to\infty} a_n-\lim_{n\to\infty} p_n=\alpha-0=\alpha$$

⑤ 거짓(반례) $a_n=n^3,\ b_n=\dfrac{1}{n}$

답 ④

***Note** 수열 $\{a_n\}$, $\{b_n\}$의 수렴 여부를 알 수 없을 때에는

$$\lim_{n\to\infty}(a_n-b_n)=0 \Longrightarrow \lim_{n\to\infty} a_n-\lim_{n\to\infty} b_n=0$$

이라고 할 수 없다.

그러나 ④에서는

$\lim_{n\to\infty} a_n=\alpha$ (수렴), $\lim_{n\to\infty} p_n=0$ (수렴)

이므로

$$\lim_{n\to\infty}(a_n-p_n)=\lim_{n\to\infty} a_n-\lim_{n\to\infty} p_n$$

이라고 할 수 있다.

1-9. 제 n항을 a_n이라고 하면

$a_{n+1}=\sqrt{2+a_n}$ $\quad\therefore\ (a_{n+1})^2=2+a_n$

$\therefore\ \lim_{n\to\infty}(a_{n+1})^2=\lim_{n\to\infty}(2+a_n)$ ⋯㉠

$\lim_{n\to\infty} a_n=k$ (k는 실수)라고 하면

$$\lim_{n\to\infty} a_{n+1}=k$$

이므로 ㉠은 $k^2=2+k$

$\therefore\ (k+1)(k-2)=0$

$k>0$ 이므로 $k=2$ 답 ④

1-10. $\triangle P_nQ_nR$는 $\angle R=90°$인 직각삼각형이고 $\overline{P_nR}=4n$, $\overline{Q_nR}=\sqrt{\dfrac{1}{n}}$ 이므로

$S_n=\dfrac{1}{2}\times 4n\times\sqrt{\dfrac{1}{n}}=2\sqrt{n}$,

$l_n=\sqrt{(4n)^2+\left(\sqrt{\dfrac{1}{n}}\right)^2}=\sqrt{16n^2+\dfrac{1}{n}}$

$$\therefore\ \lim_{n\to\infty}\frac{S_n^{\ 2}}{l_n}=\lim_{n\to\infty}\frac{4n}{\sqrt{16n^2+\frac{1}{n}}}=\lim_{n\to\infty}\frac{4}{\sqrt{16+\frac{1}{n^3}}}=\mathbf{1}$$

1-11. (1) $-1<|x|\le 1$에서 $|x|\le 1$

$\therefore\ \mathbf{-1\le x\le 1}$

(2) $-1<x(x-2)\le 1$에서

$x(x-2)>-1$ ⋯⋯㉠

$x(x-2)\le 1$ ⋯⋯㉡

㉠에서 $x^2-2x+1>0$

$\therefore\ (x-1)^2>0$ $\quad\therefore\ x\ne 1$ ⋯⋯㉢

㉡에서 $x^2-2x-1\le 0$

$\therefore\ 1-\sqrt{2}\le x\le 1+\sqrt{2}$ ⋯⋯㉣

㉢, ㉣에서

$$\mathbf{1-\sqrt{2}\le x<1,\ 1<x\le 1+\sqrt{2}}$$

1-12. ㄱ. $a_n=n$일 때

$$a_1+a_2+\cdots+a_n=\frac{n(n+1)}{2}$$

$$\therefore\ (\text{준 식})=\lim_{n\to\infty}\frac{n(n+1)}{2n}$$

$$=\lim_{n\to\infty}\frac{n+1}{2}=\infty$$

ㄴ. $a_n=\frac{1}{2^n}$일 때

$$a_1+a_2+\cdots+a_n=\frac{\frac{1}{2}\left\{1-\left(\frac{1}{2}\right)^n\right\}}{1-\frac{1}{2}}$$

$$=1-\left(\frac{1}{2}\right)^n$$

$$\therefore\ (\text{준 식})=\lim_{n\to\infty}\frac{1}{n}\left\{1-\left(\frac{1}{2}\right)^n\right\}=0$$

ㄷ. $a_n=(-1)^n$일 때

$$a_1+a_2+\cdots+a_n=\frac{(-1)\{1-(-1)^n\}}{1-(-1)}$$

$$=\frac{(-1)^n-1}{2}$$

$$\therefore\ (\text{준 식})=\lim_{n\to\infty}\frac{(-1)^n-1}{2n}$$

그런데 $-1\le\frac{(-1)^n-1}{2}\le0$이므로

$$-\frac{1}{n}\le\frac{(-1)^n-1}{2n}\le0$$

$\lim_{n\to\infty}\left(-\frac{1}{n}\right)=\lim_{n\to\infty}0=0$이므로

$$(\text{준 식})=\lim_{n\to\infty}\frac{(-1)^n-1}{2n}=0$$

답 ④

1-13. $10^n=2^n\times5^n$이므로

$$T(n)=(1+2+2^2+\cdots+2^n)\times(1+5+5^2+\cdots+5^n)$$

$$=\frac{2^{n+1}-1}{2-1}\times\frac{5^{n+1}-1}{5-1}$$

$$=\frac{1}{2^2}(2^{n+1}-1)(5^{n+1}-1)$$

$$\therefore\ \lim_{n\to\infty}\frac{T(n)}{10^n}=\lim_{n\to\infty}\frac{(2^{n+1}-1)(5^{n+1}-1)}{2^2\times2^n\times5^n}$$

$$=\lim_{n\to\infty}\frac{1}{2^2}\left(2-\frac{1}{2^n}\right)\left(5-\frac{1}{5^n}\right)$$

$$=\frac{5}{2}$$

답 ⑤

1-14. $\frac{a_{n+1}}{a_n}\le\frac{2019}{2020}$의 n에 1, 2, 3, $\cdots$, $n-1$을 대입하고 변변 곱하면

$$\frac{a_2}{a_1}\times\frac{a_3}{a_2}\times\frac{a_4}{a_3}\times\cdots\times\frac{a_n}{a_{n-1}}\le\left(\frac{2019}{2020}\right)^{n-1}$$

$$\therefore\ a_n\le\left(\frac{2019}{2020}\right)^{n-1}a_1$$

$a_n>0$, $\lim_{n\to\infty}\left(\frac{2019}{2020}\right)^{n-1}=0$이므로

$$\lim_{n\to\infty}a_n=0$$

$$\therefore\ (\text{준 식})=\lim_{n\to\infty}\frac{\frac{3}{n}a_n+1-\frac{2}{n}}{\frac{4}{n}a_n+3+\frac{1}{n}}=\mathbf{\frac{1}{3}}$$

1-15. $n+1$회 시행 후 소금의 양은

$$150\times\frac{p_n}{100}+10=\frac{3}{2}p_n+10$$

이므로

$$p_{n+1}=\frac{\frac{3}{2}p_n+10}{200}\times100$$

$$\text{곧, }p_{n+1}=\frac{3}{4}p_n+5$$

$$\therefore\ p_{n+1}-20=\frac{3}{4}(p_n-20)$$

따라서 수열 $\{p_n-20\}$은 첫째항이 p_1-20, 공비가 $\frac{3}{4}$인 등비수열이다.

$$\therefore\ p_n-20=(p_1-20)\left(\frac{3}{4}\right)^{n-1}$$

$$\therefore\ p_n=(p_1-20)\left(\frac{3}{4}\right)^{n-1}+20$$

$$\therefore\ \lim_{n\to\infty}p_n=\mathbf{20}$$

**Note* 수열 $\{p_n\}$의 극한값은 최초 소금물의 농도와는 무관하다.

1-16. 기울기가 a_n이고 점 $P_n(-b_n,\ b_n^2)$을 지나는 직선의 방정식은

$$y-b_n^2=a_n(x+b_n)$$

이 직선과 포물선 $y=x^2$에서 y를 소거하면

$$a_nx+a_nb_n+b_n^2=x^2$$

$\therefore\ (x+b_n)(x-a_n-b_n)=0$

$x\neq -b_n$이므로 $\quad x=a_n+b_n$

$\therefore\ b_{n+1}=a_n+b_n$

이 식의 n에 $1, 2, \cdots, n-1$을 대입하고 변변 더하면

$b_n=b_1+a_1+a_2+\cdots+a_{n-1}$

이때, $a_n=12\times\left(\frac{1}{3}\right)^{n-1}$이므로

$$b_n=1+\frac{12\left\{1-\left(\frac{1}{3}\right)^{n-1}\right\}}{1-\frac{1}{3}}$$

$\therefore\ \lim_{n\to\infty} b_n=1+12\times\frac{3}{2}=$**19**

2-1. $a_n+\frac{n-1}{n+1}=b_n$이라고 하자.

$\sum_{n=1}^{\infty} b_n$이 수렴하므로 $\quad \lim_{n\to\infty} b_n=0$

$$\therefore\ \lim_{n\to\infty} a_n=\lim_{n\to\infty}\left(b_n-\frac{n-1}{n+1}\right)$$
$$=\lim_{n\to\infty} b_n-\lim_{n\to\infty}\frac{n-1}{n+1}$$
$$=0-1=-1$$

답 ②

2-2. 부분합을 S_n이라고 하자.

(1) 자연수 m에 대하여

$$S_{2m-1}=1-\frac{1}{2}+\frac{1}{2}-\frac{1}{3}+\frac{1}{3}-\cdots-\frac{1}{m}+\frac{1}{m}=1$$

$$S_{2m}=1-\frac{1}{2}+\frac{1}{2}-\frac{1}{3}+\frac{1}{3}-\cdots-\frac{1}{m}+\frac{1}{m}-\frac{1}{m+1}$$
$$=1-\frac{1}{m+1}$$

$\therefore\ \lim_{m\to\infty} S_{2m-1}=1,\ \lim_{m\to\infty} S_{2m}=1$

따라서 수렴하고, 그 합은 **1**

(2) 자연수 m에 대하여

$$S_{2m-1}=2-\frac{3}{2}+\frac{3}{2}-\frac{4}{3}+\frac{4}{3}-\cdots-\frac{m+1}{m}+\frac{m+1}{m}=2$$

$$S_{2m}=2-\frac{3}{2}+\frac{3}{2}-\frac{4}{3}+\frac{4}{3}-\cdots-\frac{m+1}{m}+\frac{m+1}{m}-\frac{m+2}{m+1}$$
$$=2-\frac{m+2}{m+1}$$

$\therefore\ \lim_{m\to\infty} S_{2m-1}=2,\ \lim_{m\to\infty} S_{2m}=1$

따라서 발산한다.

***Note** (2)로 주어진 급수와

$$\left(2-\frac{3}{2}\right)+\left(\frac{3}{2}-\frac{4}{3}\right)+\cdots+\left(\frac{n+1}{n}-\frac{n+2}{n+1}\right)+\cdots \quad \cdots ①$$

로 주어진 급수는 서로 다르다.

급수 ①에서는

$$S_n=\left(2-\frac{3}{2}\right)+\left(\frac{3}{2}-\frac{4}{3}\right)+\cdots+\left(\frac{n+1}{n}-\frac{n+2}{n+1}\right)$$

로 놓으면 $\quad S_n=2-\frac{n+2}{n+1}$

$\therefore\ \lim_{n\to\infty} S_n=1$

일반적으로 급수의 수렴과 발산을 조사할 때에는 특히 다음에 주의해야 한다.

(i) 적당히 괄호로 항을 묶어 풀면 안 된다. 곧, 결합법칙이 성립하지 않는 경우가 있다.

(예) p. 24 **보기 1**의 (2), (3)

(ii) 항을 서로 바꾸어 풀면 안 된다. 곧, 교환법칙이 성립하지 않는 경우가 있다.

2-3. $1!=1 \quad \therefore\ a_1=1$

$2!=2\times1=2 \quad \therefore\ a_2=2$

$3!=3\times2\times1=6 \quad \therefore\ a_3=6$

$4!=4\times3\times2\times1=24 \quad \therefore\ a_4=4$

$5!=5\times4\times3\times2\times1$

$=(4\times3\times1)\times(5\times2)$

$=120 \quad \therefore\ a_5=0$

같은 방법으로 생각하면 $n\ge5$일 때

$$n!=n(n-1)\times\cdots\times3\times2\times1$$

에는 2, 5가 반드시 들어 있으므로 $n!$은 10의 배수이다.

따라서 $n\ge5$일 때 $a_n=0$이다.

$$\therefore \sum_{n=1}^{\infty}\frac{a_n}{10^n}=\frac{1}{10}+\frac{2}{10^2}+\frac{6}{10^3}+\frac{4}{10^4}+\frac{0}{10^5}+\frac{0}{10^6}+\cdots$$

$$=\mathbf{0.1264}$$

2-4. 근과 계수의 관계로부터

$$\alpha_n+\beta_n=n+1,\ \alpha_n\beta_n=-n^2$$

이므로

$$(\alpha_n-1)(1-\beta_n)=\alpha_n+\beta_n-\alpha_n\beta_n-1$$
$$=(n+1)-(-n^2)-1$$
$$=n(n+1)$$

$$\therefore (\text{준 식})=\lim_{n\to\infty}\sum_{k=1}^{n}\frac{1}{k(k+1)}$$
$$=\lim_{n\to\infty}\sum_{k=1}^{n}\left(\frac{1}{k}-\frac{1}{k+1}\right)$$
$$=\lim_{n\to\infty}\left(1-\frac{1}{n+1}\right)=1$$

답 ③

2-5. 부분합을 S_n이라고 하자.

(1) $\dfrac{n+1}{n^2(n+2)^2}$

$$=\frac{n+1}{(n+2)^2-n^2}\left\{\frac{1}{n^2}-\frac{1}{(n+2)^2}\right\}$$
$$=\frac{1}{4}\left\{\frac{1}{n^2}-\frac{1}{(n+2)^2}\right\}$$

이므로

$$S_n=\sum_{k=1}^{n}\frac{k+1}{k^2(k+2)^2}$$
$$=\sum_{k=1}^{n}\frac{1}{4}\left\{\frac{1}{k^2}-\frac{1}{(k+2)^2}\right\}$$
$$=\frac{1}{4}\left\{\frac{1}{1^2}+\frac{1}{2^2}-\frac{1}{(n+1)^2}-\frac{1}{(n+2)^2}\right\}$$

$$\therefore \sum_{n=1}^{\infty}\frac{n+1}{n^2(n+2)^2}=\lim_{n\to\infty}S_n$$
$$=\frac{1}{4}\left(\frac{1}{1^2}+\frac{1}{2^2}\right)=\mathbf{\frac{5}{16}}$$

(2) $\dfrac{1}{n(n+1)(n+2)}$

$$=\frac{1}{(n+2)-n}\left\{\frac{1}{n(n+1)}-\frac{1}{(n+1)(n+2)}\right\}$$
$$=\frac{1}{2}\left\{\frac{1}{n(n+1)}-\frac{1}{(n+1)(n+2)}\right\}$$

이므로

$$S_n=\sum_{k=1}^{n}\frac{1}{k(k+1)(k+2)}$$
$$=\sum_{k=1}^{n}\frac{1}{2}\left\{\frac{1}{k(k+1)}-\frac{1}{(k+1)(k+2)}\right\}$$
$$=\frac{1}{2}\left\{\frac{1}{1\times2}-\frac{1}{(n+1)(n+2)}\right\}$$

$$\therefore \sum_{n=1}^{\infty}\frac{1}{n(n+1)(n+2)}=\lim_{n\to\infty}S_n$$
$$=\frac{1}{2}\times\frac{1}{1\times2}=\mathbf{\frac{1}{4}}$$

***Note** (1)에서는

$$\frac{1}{AB}=\frac{1}{B-A}\left(\frac{1}{A}-\frac{1}{B}\right),$$

(2)에서는

$$\frac{1}{ABC}=\frac{1}{C-A}\left(\frac{1}{AB}-\frac{1}{BC}\right)$$

임을 이용하였다.

2-6. 직선의 방정식은 $y=\dfrac{1}{3}x+1$이므로 x는 3의 배수이어야 한다. 곧, $x=3k$를 대입하면 $y=k+1$이므로 k가 자연수이면 x, y좌표가 모두 자연수이다.

따라서

$$a_n=3n,\ b_n=n+1\ (n=1, 2, 3, \cdots)$$

이므로

$$\frac{1}{a_nb_n}=\frac{1}{3n(n+1)}=\frac{1}{3}\left(\frac{1}{n}-\frac{1}{n+1}\right)$$

$$\therefore \sum_{n=1}^{\infty}\frac{1}{a_nb_n}=\lim_{n\to\infty}\sum_{k=1}^{n}\frac{1}{a_kb_k}$$
$$=\frac{1}{3}\lim_{n\to\infty}\left(1-\frac{1}{n+1}\right)$$
$$=\frac{1}{3}$$

답 ②

2-7. 등비수열 $\{a_n\}$의 공비를 r라고 하면 $\sum_{n=1}^{\infty}a_n$이 수렴하므로

$$-1<r<1$$

$\sum_{n=1}^{\infty}a_n=3$에서 $\frac{1}{1-r}=3 \quad \therefore r=\frac{2}{3}$

$$\therefore a_n=\left(\frac{2}{3}\right)^{n-1}$$

이때, 수열 $\{a_{3n-2}\}$, 곧 $\left\{\left(\frac{2}{3}\right)^{3n-3}\right\}$은 첫째항이 $a_1=1$, 공비가 $\left(\frac{2}{3}\right)^3$인 등비수열이고, 수열 $\{a_{3n-1}\}$, 곧 $\left\{\left(\frac{2}{3}\right)^{3n-2}\right\}$은 첫째항이 $a_2=\frac{2}{3}$, 공비가 $\left(\frac{2}{3}\right)^3$인 등비수열이다.

$$\therefore \sum_{n=1}^{\infty}(a_{3n-2}-a_{3n-1})$$
$$=\sum_{n=1}^{\infty}a_{3n-2}-\sum_{n=1}^{\infty}a_{3n-1}$$
$$=\frac{1}{1-(2/3)^3}-\frac{2/3}{1-(2/3)^3}$$
$$=\frac{9}{19}$$

답 ③

2-8. 수열 $\left\{\frac{1+(-1)^n}{3}\right\}$의 n에 1, 2, 3, $\cdots$을 대입하면

$$0,\ \frac{2}{3},\ 0,\ \frac{2}{3},\ 0,\ \cdots$$

$$\therefore (\text{준 식})=0^1+\left(\frac{2}{3}\right)^2+0^3+\left(\frac{2}{3}\right)^4+0^5+\cdots$$
$$=\left(\frac{2}{3}\right)^2+\left(\frac{2}{3}\right)^4+\left(\frac{2}{3}\right)^6+\cdots$$
$$=\frac{4/9}{1-(4/9)}=\frac{4}{5}$$

답 ⑤

2-9. (i) n이 홀수일 때 : $(-3)^{n-1}$의 n제곱근 중 실수는 1개이므로 $a_n=1$

(ii) n이 짝수일 때 : $(-3)^{n-1}<0$이므로 n제곱근 중 실수는 없다.

$$\therefore a_n=0$$

$$\therefore \sum_{n=3}^{\infty}\frac{a_n}{2^n}=\frac{1}{2^3}+\frac{1}{2^5}+\frac{1}{2^7}+\cdots$$
$$=\frac{1/2^3}{1-(1/2^2)}=\frac{1}{6}$$

답 ①

2-10. $4x^2-2x-1=0$의 두 근은 $\frac{1\pm\sqrt{5}}{4}$이므로

$$-1<\alpha<1,\quad -1<\beta<1$$

따라서 $\sum_{n=1}^{\infty}\alpha^n$과 $\sum_{n=1}^{\infty}\beta^n$은 수렴한다.

$$\therefore (\text{준 식})=\frac{1}{\alpha-\beta}\left(\sum_{n=1}^{\infty}\alpha^n-\sum_{n=1}^{\infty}\beta^n\right)$$
$$=\frac{1}{\alpha-\beta}\left(\frac{\alpha}{1-\alpha}-\frac{\beta}{1-\beta}\right)$$
$$=\frac{1}{\alpha-\beta}\times\frac{\alpha-\beta}{(1-\alpha)(1-\beta)}$$
$$=\frac{1}{1-(\alpha+\beta)+\alpha\beta}$$

이때, $\alpha+\beta=\frac{1}{2}$, $\alpha\beta=-\frac{1}{4}$이므로

$$(\text{준 식})=\frac{1}{1-\frac{1}{2}-\frac{1}{4}}=4$$

답 ③

2-11. $\sum_{n=1}^{\infty}r^n$이 수렴하므로 $|r|<1$이다.

이때, $|r^2|<1$, $|-r|<1$이므로 $\sum_{n=1}^{\infty}r^{2n}$, $\sum_{n=1}^{\infty}(-r)^n$은 모두 수렴한다.

① $\sum_{n=1}^{\infty}r^n$, $\sum_{n=1}^{\infty}r^{2n}$이 수렴하므로 $\sum_{n=1}^{\infty}(r^n+r^{2n})$도 수렴한다.

② $\sum_{n=1}^{\infty}r^n$, $\sum_{n=1}^{\infty}2r^{2n}$이 수렴하므로 $\sum_{n=1}^{\infty}(r^n-2r^{2n})$도 수렴한다.

③ $\sum_{n=1}^{\infty}\frac{r^n}{2}$, $\sum_{n=1}^{\infty}\frac{(-r)^n}{2}$이 수렴하므로

$\sum_{n=1}^{\infty}\frac{r^n+(-r)^n}{2}$도 수렴한다.

④ $-1<r<1$에서 $-1<\frac{r-1}{2}<0$

이므로 준 식은 수렴한다.

⑤ $-1<r<1$에서 $-\frac{3}{2}<\frac{r}{2}-1<-\frac{1}{2}$

이므로 준 식은 수렴하지 않을 때도 있다. 이를테면 $r=0$이면 준 식은 수렴하지 않는다. 답 ⑤

2-12. ① 참(증명) $b_n=(2a_n+b_n)-2a_n$

이고, $\sum_{n=1}^{\infty}a_n$과 $\sum_{n=1}^{\infty}(2a_n+b_n)$이 수렴하므로 $\sum_{n=1}^{\infty}b_n$도 수렴한다.

② 거짓(반례) $a_n=(-1)^n$, $b_n=(-1)^{n+1}$

이면 $a_n+b_n=0$이므로 $\sum_{n=1}^{\infty}(a_n+b_n)$은 수렴하지만, $\sum_{n=1}^{\infty}a_n$과 $\sum_{n=1}^{\infty}b_n$은 모두 발산한다.

③ 거짓(반례) 수열

$\{a_n\}$: $\sqrt{2}-1,\ 1-\sqrt{2},\ \sqrt{3}-\sqrt{2},$

$\sqrt{2}-\sqrt{3},\ 2-\sqrt{3},\ \sqrt{3}-2,\ \cdots$

이면 자연수 m에 대하여

$$\sum_{n=1}^{2m-1}a_n=\sqrt{m+1}-\sqrt{m},\quad \sum_{n=1}^{2m}a_n=0$$

이고

$$\lim_{m\to\infty}(\sqrt{m+1}-\sqrt{m})=\lim_{m\to\infty}\frac{1}{\sqrt{m+1}+\sqrt{m}}=0$$

이므로 $\sum_{n=1}^{\infty}a_n=0$ (수렴)

그러나

$$\sum_{n=1}^{\infty}a_{2n}=(1-\sqrt{2})+(\sqrt{2}-\sqrt{3})+(\sqrt{3}-2)+\cdots$$
$$=\lim_{n\to\infty}(1-\sqrt{n+1})$$
$$=-\infty\ (\text{발산})$$

④ 참(증명) 등비수열 $\{a_n\}$의 공비를 r라고 하면 $-1<r<1$

이때, 수열 $\{a_{2n}\}$의 공비는 r^2이고

$$0\le r^2<1$$

이므로 $\sum_{n=1}^{\infty}a_{2n}$도 수렴한다.

⑤ 거짓(반례) $a_n=(-1)^n$, $b_n=(-1)^{n+1}$

이면 $\sum_{n=1}^{\infty}a_n$, $\sum_{n=1}^{\infty}b_n$은 모두 발산하지만

$a_n+b_n=0$이므로 $\lim_{n\to\infty}(a_n+b_n)=0$

답 ①, ④

2-13. 등비수열 $\{a_n\}$의 첫째항을 a, 공비를 r라고 하면 $-1<r<1$이고

$$\frac{a}{1-r}=\frac{3}{2}\ \cdots ①\qquad \frac{a^2}{1-r^2}=\frac{9}{8}\ \cdots ②$$

①에서 $a=\frac{3}{2}(1-r)$이고, 이것을 ②에 대입하면

$$\frac{9}{4}(1-r)^2=\frac{9}{8}(1-r^2)$$
$$\therefore\ (3r-1)(r-1)=0$$

$-1<r<1$이므로 $r=\frac{1}{3}$

①에 대입하면 $a=1$

$$\therefore\ \sum_{n=1}^{\infty}{a_n}^3=\frac{a^3}{1-r^3}=\frac{1^3}{1-(1/3)^3}=\mathbf{\frac{27}{26}}$$

2-14. $\sum_{n=1}^{\infty}\left(\frac{2}{3}\right)^{n-1}=\frac{1}{1-(2/3)}=3,$

$$\sum_{n=1}^{N}\left(\frac{2}{3}\right)^{n-1}=\frac{1-(2/3)^N}{1-(2/3)}=3\left\{1-\left(\frac{2}{3}\right)^N\right\}$$

문제의 뜻으로부터

$$3-3\left\{1-\left(\frac{2}{3}\right)^N\right\}\le 0.01$$

$$\text{곧, } 3\times\left(\frac{2}{3}\right)^N\le\frac{1}{100}$$

양변의 상용로그를 잡으면

$$\log 3+N(\log 2-\log 3)\le -2$$

$$\therefore\ N\ge\frac{-2-\log 3}{\log 2-\log 3}=\frac{-2-0.4771}{0.3010-0.4771}$$
$$=14.06\times\times\times$$

따라서 자연수 N의 최솟값은 **15**

2-15. $\sum_{k=1}^{n} a_k = S_n$이라고 하면

$S_n = 3\left\{1-\left(\frac{1}{3}\right)^n\right\}$이므로 $n \geq 2$일 때

$$a_n = S_n - S_{n-1}$$
$$= 3\left\{1-\left(\frac{1}{3}\right)^n\right\} - 3\left\{1-\left(\frac{1}{3}\right)^{n-1}\right\}$$
$$= 2\left(\frac{1}{3}\right)^{n-1}$$

또, $a_1 = S_1 = 2$이고, 이것은 위의 식을 만족시키므로

$$a_n = 2\left(\frac{1}{3}\right)^{n-1} \ (n=1, 2, 3, \cdots)$$

$$\therefore \sum_{n=1}^{\infty} a_{2n} = \sum_{n=1}^{\infty} 2\left(\frac{1}{3}\right)^{2n-1}$$
$$= 2 \times \frac{1/3}{1-(1/9)} = \mathbf{\frac{3}{4}}$$

2-16. $\sum_{k=1}^{n} a_k = S_n$이라고 하면 조건식에서

$$S_{n-1} = a_n \ (n \geq 2)$$
$$\therefore S_n = a_{n+1} \ (n \geq 1) \quad \cdots\cdots ㉠$$

$n \geq 2$일 때 $a_n = S_n - S_{n-1} = a_{n+1} - a_n$

$$\therefore a_{n+1} = 2a_n$$

$n=1$일 때 ㉠에서

$$a_2 = S_1 = \sum_{k=1}^{1} a_k = a_1 = 1$$

$\therefore a_1 = 1, \ a_2 = 1, \ a_3 = 2, \ a_4 = 2^2, \ \cdots$

$$\therefore \sum_{n=1}^{\infty} \frac{1}{a_n} = 1 + \left(1 + \frac{1}{2} + \frac{1}{2^2} + \cdots\right)$$
$$= 1 + \frac{1}{1-(1/2)} = \mathbf{3}$$

2-17. 점화식의 n에 2, 3, 4, $\cdots$, n을 대입하고 변변 더하면

$$\frac{1}{a_n} - \frac{1}{a_1} = 2 + 2^2 + 2^3 + \cdots + 2^{n-1}$$
$$\therefore \frac{1}{a_n} = \frac{2(2^{n-1}-1)}{2-1} + 2$$
$$\therefore a_n = \left(\frac{1}{2}\right)^n \ (n \geq 2)$$

또, $a_1 = \frac{1}{2}$은 위의 식을 만족시킨다.

$$\therefore \sum_{n=1}^{\infty} a_n = \sum_{n=1}^{\infty} \left(\frac{1}{2}\right)^n = \frac{1/2}{1-(1/2)} = \mathbf{1}$$

2-18.

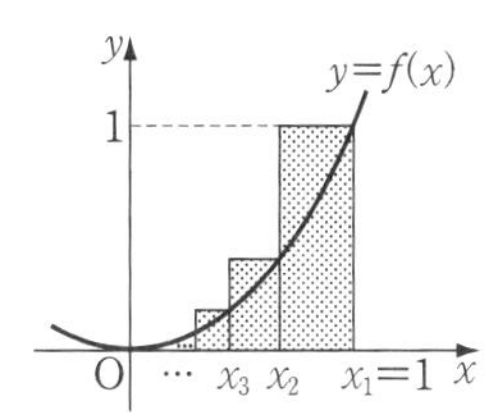

$$A_n = (x_n - x_{n+1}) f(x_n)$$
$$= \left\{\left(\frac{2}{3}\right)^{n-1} - \left(\frac{2}{3}\right)^n\right\}\left(\frac{2}{3}\right)^{2n-2}$$
$$= \left(1-\frac{2}{3}\right)\left(\frac{2}{3}\right)^{n-1}\left(\frac{2}{3}\right)^{2n-2}$$
$$= \frac{1}{3}\left(\frac{2}{3}\right)^{3n-3}$$

이므로

$$\sum_{n=1}^{\infty} A_n = \frac{1/3}{1-(2/3)^3} = \mathbf{\frac{9}{19}}$$

2-19. 처음 떨어진 거리는 10 m이고, n번째 튀었다가 떨어진 거리를 a_n이라고 하면

$$a_1 = 10 \times \frac{3}{5} \times 2 = 12, \quad a_{n+1} = \frac{3}{5} a_n$$

이므로 수열 $\{a_n\}$은 첫째항이 12, 공비가 $\frac{3}{5}$인 등비수열이다.

따라서 공이 움직인 거리를 l이라고 하면

$$l = 10 + \sum_{n=1}^{\infty} a_n = 10 + \frac{12}{1-\frac{3}{5}}$$
$$= 10 + 30 = 40 \text{ (m)}$$

답 ②

2-20.

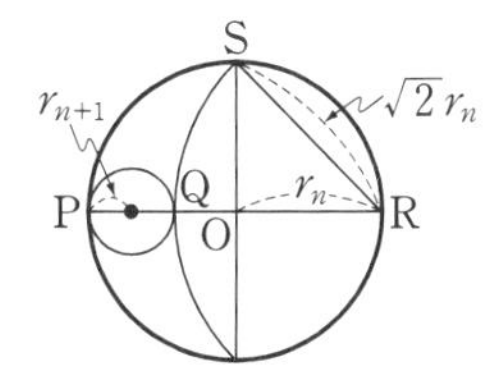

그림 R_n에서 새로 그린 원의 반지름의 길이를 r_n이라고 하면 위의 그림에서 $\overline{QR}=\overline{SR}=\sqrt{2}r_n$이고, $\overline{PQ}=\overline{PR}-\overline{QR}$에서 $2r_{n+1}=2r_n-\sqrt{2}r_n$

$$\therefore\ r_{n+1}=\frac{2-\sqrt{2}}{2}r_n$$

따라서 그림 R_n에서 새로 색칠하는 ◊ 모양의 도형과 그림 R_{n+1}에서 새로 색칠하는 ◊ 모양의 도형의 닮음비가 $1:\frac{2-\sqrt{2}}{2}$이므로 넓이의 비는 $1:\left(\frac{2-\sqrt{2}}{2}\right)^2$이다.

또한 색칠하는 ◊ 모양의 도형의 개수가 2배씩 늘어나므로 그림 R_n에서 새로 색칠하는 모든 도형의 넓이의 합을 a_n이라고 하면

$$a_{n+1}=2\times\left(\frac{2-\sqrt{2}}{2}\right)^2 a_n=(3-2\sqrt{2})a_n$$

이때,

$$a_1=2\left\{\frac{1}{4}\times(2\sqrt{2})^2\pi-\frac{1}{2}\times4\times2\right\}$$
$$=4\pi-8$$

이므로 수열 $\{a_n\}$은 첫째항이 $4\pi-8$, 공비가 $3-2\sqrt{2}$인 등비수열이다.

$$\therefore\ \lim_{n\to\infty}S_n=\sum_{n=1}^{\infty}a_n=\frac{4\pi-8}{1-(3-2\sqrt{2})}$$
$$=\mathbf{2(\pi-2)(\sqrt{2}+1)}$$

2-21. $a_1=7,\ a_2=9,\ a_3=3,\ a_4=1,$
$a_5=7,\ a_6=9,\ \cdots$

이므로 수열 $\{a_n\}$은 7, 9, 3, 1이 반복하여 나타난다.

$$\therefore\ \sum_{n=1}^{\infty}\frac{a_n}{10^n}=\frac{7}{10}+\frac{9}{10^2}+\frac{3}{10^3}+\frac{1}{10^4}$$
$$+\frac{7}{10^5}+\frac{9}{10^6}+\cdots$$
$$=0.79317931\cdots$$
$$=0.\dot{7}93\dot{1}=\frac{7931}{9999}=\mathbf{\frac{721}{909}}$$

2-22. $a_1=\frac{1}{9}=\frac{1}{10-1}$,

$a_2=\frac{10}{99}=\frac{10}{10^2-1}$,

$a_3=\frac{100}{999}=\frac{10^2}{10^3-1}$,

$\cdots$,

$a_n=\frac{10^{n-1}}{10^n-1}$

$$\therefore\ (\text{준 식})=\sum_{n=1}^{\infty}\left(\frac{10^{n+1}-1}{10^n}-\frac{10^n-1}{10^{n-1}}\right)$$
$$=\sum_{n=1}^{\infty}\frac{(10^{n+1}-1)-10(10^n-1)}{10^n}$$
$$=\sum_{n=1}^{\infty}\frac{9}{10^n}=\frac{9/10}{1-(1/10)}=\mathbf{1}$$

3-1. $\csc\theta$, $\sec\theta$, $\cot\theta$는 $\sin\theta$, $\cos\theta$, $\tan\theta$의 역수이므로 각각의 부호는 $\sin\theta$, $\cos\theta$, $\tan\theta$의 부호와 같다.

θ가 제 2 사분면의 각일 때,

$\csc\theta>0,\ \sec\theta<0,\ \cot\theta<0$

답 ③

3-2. (1) $(1-a^2)(1+b^2)$
$=(1-\sin^2\theta)(1+\tan^2\theta)$
$=\cos^2\theta\sec^2\theta=(\cos\theta\sec\theta)^2=\mathbf{1}$

(2) $(1-a^2)(1+b^2)$
$=(1-\cos^2\theta)(1+\cot^2\theta)$
$=\sin^2\theta\csc^2\theta=(\sin\theta\csc\theta)^2=\mathbf{1}$

3-3. $\sin(\alpha+\beta)=\sin\alpha\cos\beta+\cos\alpha\sin\beta$
$=\frac{2}{3}$ ……①

$\sin(\alpha-\beta)=\sin\alpha\cos\beta-\cos\alpha\sin\beta$
$=\frac{3}{4}$ ……②

(①+②)÷2하면 $\sin\alpha\cos\beta=\frac{17}{24}$

(①−②)÷2하면 $\cos\alpha\sin\beta=-\frac{1}{24}$

$$\therefore\ \frac{\tan\alpha}{\tan\beta}=\frac{\sin\alpha\cos\beta}{\cos\alpha\sin\beta}=\mathbf{-17}$$

3-4. $\cos\left(\theta+\frac{2}{3}\pi\right)$

$=\cos\theta\cos\frac{2}{3}\pi-\sin\theta\sin\frac{2}{3}\pi$

$=-\frac{1}{2}\cos\theta-\frac{\sqrt{3}}{2}\sin\theta$

$\therefore\ \cos^2\left(\theta+\frac{2}{3}\pi\right)=\frac{1}{4}\cos^2\theta+\frac{3}{4}\sin^2\theta+\frac{\sqrt{3}}{2}\cos\theta\sin\theta$

같은 방법으로 하면

$\cos\left(\theta-\frac{2}{3}\pi\right)=-\frac{1}{2}\cos\theta+\frac{\sqrt{3}}{2}\sin\theta$

$\therefore\ \cos^2\left(\theta-\frac{2}{3}\pi\right)=\frac{1}{4}\cos^2\theta+\frac{3}{4}\sin^2\theta-\frac{\sqrt{3}}{2}\cos\theta\sin\theta$

$\therefore$ (준 식)$=\frac{3}{2}(\cos^2\theta+\sin^2\theta)=\boldsymbol{\frac{3}{2}}$

3-5. (1) $\tan(\alpha+\beta)=\tan 45^\circ=1$이므로

$\frac{\tan\alpha+\tan\beta}{1-\tan\alpha\tan\beta}=1$ ……㉮

$\therefore\ \tan\alpha+\tan\beta=1-\tan\alpha\tan\beta$

$\therefore$ (준 식)$=1+(\tan\alpha+\tan\beta)+\tan\alpha\tan\beta$

$=1+(1-\tan\alpha\tan\beta)+\tan\alpha\tan\beta$

$=\mathbf{2}$

(2) $\tan\alpha=a$, $\tan\beta=2-a$를 ㉮에 대입하면

$\frac{a+(2-a)}{1-a(2-a)}=1\quad\therefore\ a^2-2a-1=0$

$\therefore\ \boldsymbol{a=1\pm\sqrt{2}}$

3-6. 사인법칙에서 $\frac{a}{\sin A}=\frac{b}{\sin B}$

여기에 주어진 조건을 대입하면

$\frac{a}{\sin A}=\frac{2a}{\sin(A+60^\circ)}$

$a\neq0$이므로

$2\sin A=\sin(A+60^\circ)$ ……㉮

이때,

$\sin(A+60^\circ)=\sin A\cos60^\circ+\cos A\sin60^\circ$

$=\frac{1}{2}\sin A+\frac{\sqrt{3}}{2}\cos A$

이므로 ㉮에 대입하여 정리하면

$3\sin A=\sqrt{3}\cos A$

$\therefore\ \tan A=\frac{1}{\sqrt{3}}\quad\therefore\ A=30^\circ$

$\therefore\ B=A+60^\circ=90^\circ$

$\therefore\ A+B=120^\circ$ 답 ③

**Note* △ABC의 세 각 A, B, C의 크기를 각각 A, B, C로 나타내고, 그 대변 BC, CA, AB의 길이를 각각 a, b, c로 나타낸다. ⇦ 수학 I

3-7. (1) $\frac{\sin A}{\cos A}\times\frac{\sin B}{\cos B}=1$

$\therefore\ \cos A\cos B-\sin A\sin B=0$

$\therefore\ \cos(A+B)=0$

$\therefore\ A+B=90^\circ\quad\therefore\ C=90^\circ$

따라서 **C=90°인 직각삼각형**

(2) △ABC의 외접원의 반지름의 길이를 R라고 하면 사인법칙으로부터

$b=2R\sin B,\ c=2R\sin C$

준 식에 대입하면

$4R^2\sin^2B\sin^2C+4R^2\sin^2C\sin^2B=2\times2R\sin B\times2R\sin C\cos B\cos C$

$R\neq0$, $\sin B\neq0$, $\sin C\neq0$이므로

$\sin B\sin C=\cos B\cos C$

$\therefore\ \cos B\cos C-\sin B\sin C=0$

$\therefore\ \cos(B+C)=0$

$\therefore\ B+C=90^\circ\quad\therefore\ A=90^\circ$

따라서 **A=90°인 직각삼각형**

3-8. 근과 계수의 관계로부터

$\tan\alpha+\tan\beta=6,\ \tan\alpha\tan\beta=7$

$\therefore\ \tan(\alpha+\beta)=\frac{\tan\alpha+\tan\beta}{1-\tan\alpha\tan\beta}=-1$

$0<\alpha+\beta<\pi$이므로 $\boldsymbol{\alpha+\beta=\frac{3}{4}\pi}$

3-9. $g\left(\frac{1}{2}\right)=\alpha,\ g\left(\frac{1}{3}\right)=\beta$로 놓으면

$$\tan\alpha=\frac{1}{2},\ \tan\beta=\frac{1}{3}$$

$$\therefore\ \tan(\alpha+\beta)=\frac{\tan\alpha+\tan\beta}{1-\tan\alpha\tan\beta}=\frac{\frac{1}{2}+\frac{1}{3}}{1-\frac{1}{2}\times\frac{1}{3}}=1$$

$0<\alpha<\frac{\pi}{2},\ 0<\beta<\frac{\pi}{2}$이므로

$$\alpha+\beta=\frac{\pi}{4}$$

$$\therefore\ g\left(\frac{1}{2}\right)+g\left(\frac{1}{3}\right)=\alpha+\beta=\boldsymbol{\frac{\pi}{4}}$$

3-10. 점 (4, 3)을 지나고 기울기가 m인 접선의 방정식은

$$y=m(x-4)+3$$

곧, $mx-y-4m+3=0$

이 직선과 원점 사이의 거리가 1이므로

$$\frac{|-4m+3|}{\sqrt{m^2+1}}=1$$

양변을 제곱하여 정리하면

$$15m^2-24m+8=0$$

이 이차방정식의 근이 접선의 기울기이므로 두 근은 $\tan\theta_1,\ \tan\theta_2$이다.

근과 계수의 관계로부터

$$\tan\theta_1+\tan\theta_2=\frac{24}{15},$$

$$\tan\theta_1\tan\theta_2=\frac{8}{15}$$

$$\therefore\ \tan(\theta_1+\theta_2)=\frac{\tan\theta_1+\tan\theta_2}{1-\tan\theta_1\tan\theta_2}=\frac{24/15}{1-(8/15)}=\frac{24}{7}$$

답 ②

3-11. $\tan\alpha=1,\ \tan\beta=\frac{2}{3},\ \tan\gamma=\frac{1}{2}$ 이므로

$$\tan(\alpha+\beta)=\frac{\tan\alpha+\tan\beta}{1-\tan\alpha\tan\beta}=\frac{1+(2/3)}{1-1\times(2/3)}=5$$

따라서

$$\tan(\alpha+\beta+\gamma)=\frac{\tan(\alpha+\beta)+\tan\gamma}{1-\tan(\alpha+\beta)\tan\gamma}=\frac{5+(1/2)}{1-5\times(1/2)}=-\boldsymbol{\frac{11}{3}}$$

3-12. (1)

A D 2 2 θ α β B P C x 2−x

$\angle\text{APB}=\alpha,\ \angle\text{DPC}=\beta$라고 하면 $\theta=\pi-(\alpha+\beta)$이고

$$\tan\alpha=\frac{2}{x},\ \tan\beta=\frac{2}{2-x}$$

$$\therefore\ \tan\theta=\tan\{\pi-(\alpha+\beta)\}=-\tan(\alpha+\beta)=-\frac{\tan\alpha+\tan\beta}{1-\tan\alpha\tan\beta}=-\frac{\frac{2}{x}+\frac{2}{2-x}}{1-\frac{2}{x}\times\frac{2}{2-x}}=\boldsymbol{\frac{4}{x^2-2x+4}}$$

***Note** $\angle\text{PAB}=\alpha,\ \angle\text{PDC}=\beta$라고 하면 $\theta=\alpha+\beta$이고

$$\tan\alpha=\frac{x}{2},\ \tan\beta=\frac{2-x}{2}$$

$$\therefore\ \tan\theta=\tan(\alpha+\beta)=\frac{\tan\alpha+\tan\beta}{1-\tan\alpha\tan\beta}=\frac{\frac{x}{2}+\frac{2-x}{2}}{1-\frac{x}{2}\times\frac{2-x}{2}}=\boldsymbol{\frac{4}{x^2-2x+4}}$$

(2) $x^2-2x+4=(x-1)^2+3$

의 최솟값은 3이고, 이때 $\tan\theta$가 최대이므로 최댓값은 $\mathbf{\frac{4}{3}}$

3-13. (1) $y=2^{\sin x}2^{3\cos x}=2^{\sin x+3\cos x}$

그런데

$\sin x+3\cos x=\sqrt{10}\sin(x+\alpha)$

$\left(단,\ \cos\alpha=\frac{1}{\sqrt{10}},\ \sin\alpha=\frac{3}{\sqrt{10}}\right)$

이므로

$-\sqrt{10}\le\sin x+3\cos x\le\sqrt{10}$

$\therefore$ **최댓값 $\mathbf{2^{\sqrt{10}}}$, 최솟값 $\mathbf{2^{-\sqrt{10}}}$**

(2) $\sin x+\cos x=t$ ⋯⋯①

로 놓으면 $t=\sqrt{2}\sin\left(x+\frac{\pi}{4}\right)$이므로

$-\sqrt{2}\le t\le\sqrt{2}$

또, ①의 양변을 제곱하면

$\sin^2x+2\sin x\cos x+\cos^2x=t^2$

$\therefore\ 2\sin x\cos x=t^2-1$

$\therefore\ y=t^2-1-2t+3=(t-1)^2+1$

따라서

$t=-\sqrt{2}$일 때 **최댓값 $\mathbf{2\sqrt{2}+4}$,**

$t=1$일 때 **최솟값 1**

3-14. $f(\theta)=2\times\frac{1}{2}\times1\times1\times\sin\theta$

$=\sin\theta$

$\angle BCD=\pi-\theta$이므로 코사인법칙으로부터

$g(\theta)=1^2+1^2-2\times1\times1\times\cos(\pi-\theta)$

$=2+2\cos\theta$

$\therefore\ f(\theta)+g(\theta)=\sin\theta+2\cos\theta+2$

$=\sqrt{5}\sin(\theta+\alpha)+2$

$\left(단,\ \cos\alpha=\frac{1}{\sqrt{5}},\ \sin\alpha=\frac{2}{\sqrt{5}}\right)$

그런데 $\alpha<\theta+\alpha<\pi+\alpha$이고

$0<\alpha<\frac{\pi}{2}$이므로 준 식은 $\theta+\alpha=\frac{\pi}{2}$일 때 최대이고, 최댓값은 $\mathbf{\sqrt{5}+2}$

3-15. 직선 $y=\sqrt{3}x$가 x축과 이루는 예각의 크기는 $\frac{\pi}{3}$이므로 $\theta_1+\theta_2=\frac{\pi}{3}$이고, $m=\tan\theta_1$이다.

$\therefore$ (준 식)$=3\sin\theta_1+4\sin\left(\frac{\pi}{3}-\theta_1\right)$

$=3\sin\theta_1+4\left(\frac{\sqrt{3}}{2}\cos\theta_1-\frac{1}{2}\sin\theta_1\right)$

$=\sin\theta_1+2\sqrt{3}\cos\theta_1$

$=\sqrt{13}\sin(\theta_1+\alpha)$

$\left(단,\ \cos\alpha=\frac{1}{\sqrt{13}},\ \sin\alpha=\frac{2\sqrt{3}}{\sqrt{13}}\right)$

그런데 $\alpha<\theta_1+\alpha<\frac{\pi}{3}+\alpha$이고

$\frac{\pi}{4}<\alpha<\frac{\pi}{2}$이므로 준 식은 $\theta_1+\alpha=\frac{\pi}{2}$일 때 최대이다. 이때,

$m=\tan\theta_1=\tan\left(\frac{\pi}{2}-\alpha\right)=\cot\alpha$

$=\frac{\cos\alpha}{\sin\alpha}=\frac{1}{2\sqrt{3}}=\mathbf{\frac{\sqrt{3}}{6}}$

3-16. $\sin\alpha+\sin\beta=1$에서

$\sin\alpha=1-\sin\beta$ ⋯⋯①

$\cos\alpha+\cos\beta=0$에서

$\cos\alpha=-\cos\beta$ ⋯⋯②

①^2+②^{2}하면

$\sin^2\alpha+\cos^2\alpha=1-2\sin\beta+\sin^2\beta+\cos^2\beta$

$\therefore\ \sin\beta=\frac{1}{2}$ $\quad\therefore\ \sin\alpha=\frac{1}{2}$ ($\because$ ①)

$\therefore$ (준 식)$=(1-2\sin^2\alpha)+(1-2\sin^2\beta)$

$=1-2\times\left(\frac{1}{2}\right)^2+1-2\times\left(\frac{1}{2}\right)^2$

$=1$

답 ⑤

3-17. (1) $y=2\sin^3x+(2\sin x\cos x)\cos x+2\cos x$

$=2\sin x(\sin^2x+\cos^2x)+2\cos x$

$=2(\sin x+\cos x)$

$=2\sqrt{2}\sin\left(x+\frac{\pi}{4}\right)$

$\therefore$ 최댓값 $\mathbf{2\sqrt{2}}$, 최솟값 $\mathbf{-2\sqrt{2}}$

(2) $y=1-2\sin^2 x+2\sin x+1$

$=-2\sin^2 x+2\sin x+2$

$\sin x=t$로 놓으면 $-1\le t\le 1$이고,

$y=-2t^2+2t+2$

$=-2\left(t-\frac{1}{2}\right)^2+\frac{5}{2}$

따라서

$t=\frac{1}{2}$일 때 최댓값 $\mathbf{\frac{5}{2}}$,

$t=-1$일 때 최솟값 $\mathbf{-2}$

(3) $y=8\sin^2 x(1-\sin^2 x)-\sin x\cos x$

$=8(\sin x\cos x)^2-\sin x\cos x$

$=2(\sin 2x)^2-\frac{1}{2}\sin 2x$

$\sin 2x=t$로 놓으면 $-1\le t\le 1$이고,

$y=2t^2-\frac{1}{2}t$

$=2\left(t-\frac{1}{8}\right)^2-\frac{1}{32}$

따라서

$t=-1$일 때 최댓값 $\mathbf{\frac{5}{2}}$,

$t=\frac{1}{8}$일 때 최솟값 $\mathbf{-\frac{1}{32}}$

3-18. $f(x)=\sin^2\frac{\pi}{2}x=\frac{1-\cos\pi x}{2}$

$=-\frac{1}{2}\cos\pi x+\frac{1}{2}$

이때, $\cos\pi x$의 주기가 $\frac{2\pi}{\pi}=2$이므로 $f(x)$의 주기도 2이다.

따라서 양수 a의 최솟값은 **2**

***Note** $a=2$를 대입하면

$f(x+2)=\frac{1-\cos\pi(x+2)}{2}$

$=\frac{1-\cos(2\pi+\pi x)}{2}$

$=\frac{1-\cos\pi x}{2}=f(x)$

3-19. 준 식에서

$\sin 2A\cot A=\sin 2B\cot B$

$\therefore 2\sin A\cos A\times\frac{\cos A}{\sin A}$

$=2\sin B\cos B\times\frac{\cos B}{\sin B}$

$\therefore \cos^2 A=\cos^2 B$ ……㉠

$\therefore \frac{1+\cos 2A}{2}=\frac{1+\cos 2B}{2}$

$\therefore \cos 2A=\cos 2B$

$A+B<\pi$이므로 $A=B$

따라서 $\mathbf{\overline{AC}=\overline{BC}}$인 이등변삼각형

***Note** ㉠에서 $\cos A=\pm\cos B$일 조건을 찾아도 된다.

3-20.

직선 $y=nx$가 x축과 이루는 예각의 크기를 α라고 하면

$\tan\alpha=n$, $\tan 2\alpha=m=4n$

$\tan 2\alpha=\frac{2\tan\alpha}{1-\tan^2\alpha}$에서

$4n=\frac{2n}{1-n^2}$ $\therefore 2n(1-n^2)=n$

$\therefore n(2n^2-1)=0$

$n>0$이므로 $n=\frac{1}{\sqrt{2}}=\frac{\sqrt{2}}{2}$

$\therefore m=4n=2\sqrt{2}$ 답 ③

3-21. 점 A에서 직선 BC에 내린 수선의 발을 H라고 하자.

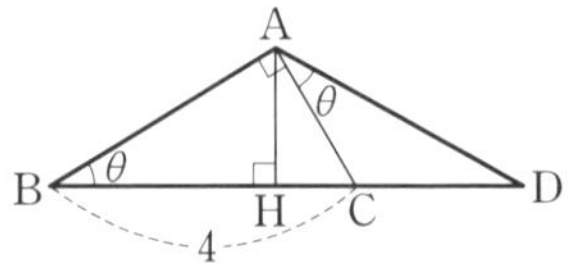

직각삼각형 ABC에서

$\overline{AB}=\overline{BC}\cos\theta=4\cos\theta$,

$\angle CAH = 90° - \angle BAH$
$= 90° - (90° - \theta) = \theta$

또, 직각삼각형 ABH에서

$\overline{AH} = \overline{AB}\sin\theta$
$= 4\cos\theta\sin\theta = 2\sin 2\theta$

직각삼각형 ADH에서

$$\cos 2\theta = \frac{\overline{AH}}{\overline{AD}}$$

$$\therefore \overline{AD} = \frac{\overline{AH}}{\cos 2\theta} = \frac{2\sin 2\theta}{\cos 2\theta} = 2\tan 2\theta$$

답 ②

3-22. (1) $\sin 3x = \sin(x+2x)$
$= \sin x\cos 2x + \cos x\sin 2x$
$= \sin x(1-2\sin^2 x) + \cos x(2\sin x\cos x)$
$= \sin x(1-2\sin^2 x) + 2\sin x(1-\sin^2 x)$
$= 3\sin x - 4\sin^3 x$

(2) $\cos 3x = \cos(x+2x)$
$= \cos x\cos 2x - \sin x\sin 2x$
$= \cos x(2\cos^2 x - 1) - \sin x(2\sin x\cos x)$
$= \cos x(2\cos^2 x - 1) - 2\cos x(1-\cos^2 x)$
$= 4\cos^3 x - 3\cos x$

3-23. (1) $\sin x\cos\frac{\pi}{3} + \cos x\sin\frac{\pi}{3} + 2\left(\sin x\cos\frac{\pi}{3} - \cos x\sin\frac{\pi}{3}\right) = 0$

$\therefore 3\sin x - \sqrt{3}\cos x = 0$

$\therefore \tan x = \frac{1}{\sqrt{3}}$ $\quad \therefore \boldsymbol{x = \frac{\pi}{6}, \frac{7}{6}\pi}$

(2) $\frac{1+\cos x}{2} - (1-\cos^2 x) = 0$

$\therefore (\cos x + 1)(2\cos x - 1) = 0$

$\therefore \cos x = -1, \frac{1}{2}$

$\therefore \boldsymbol{x = \pi, \frac{\pi}{3}, \frac{5}{3}\pi}$

(3) $\cos^2 x - 4\sin^2 x\cos^2 x = 0$

$\therefore \cos^2 x(1 - 4\sin^2 x) = 0$

$\therefore \cos x = 0$ 또는 $\sin x = \frac{1}{2}, -\frac{1}{2}$

$\therefore \boldsymbol{x = \frac{\pi}{2}, \frac{3}{2}\pi, \frac{\pi}{6}, \frac{5}{6}\pi, \frac{7}{6}\pi, \frac{11}{6}\pi}$

(4) $\sin^4 x + \cos^4 x = (\sin^2 x + \cos^2 x)^2 - 2\sin^2 x\cos^2 x$
$= 1 - \frac{1}{2}(2\sin x\cos x)^2$
$= 1 - \frac{1}{2}\sin^2 2x$

$\cos 4x = 1 - 2\sin^2 2x$ 이므로

$1 - \frac{1}{2}\sin^2 2x = 1 - 2\sin^2 2x$

$\therefore \sin^2 2x = 0$ $\quad \therefore \sin 2x = 0$

$0 \le 2x < 4\pi$ 이므로

$2x = 0, \pi, 2\pi, 3\pi$

$\therefore \boldsymbol{x = 0, \frac{\pi}{2}, \pi, \frac{3}{2}\pi}$

3-24. 근과 계수의 관계로부터

$\sin\theta + \cos 2\theta = -\frac{7}{8}$ $\quad \cdots\cdots ①$

$\sin\theta\cos 2\theta = \frac{a}{8}$ $\quad \cdots\cdots ②$

①에서

$8(\sin\theta + 1 - 2\sin^2\theta) + 7 = 0$

$\therefore (4\sin\theta + 3)(4\sin\theta - 5) = 0$

$\sin\theta \ne \frac{5}{4}$ 이므로 $\sin\theta = -\frac{3}{4}$

①에서 $-\frac{3}{4} + \cos 2\theta = -\frac{7}{8}$ 이므로

$\cos 2\theta = -\frac{1}{8}$

②에 대입하면

$a = 8 \times \left(-\frac{3}{4}\right) \times \left(-\frac{1}{8}\right) = \frac{3}{4}$

답 ④

3-25. $f(x) = \frac{1+\cos 2x}{2} + \frac{\sin 2x}{2}$
$= \frac{\sqrt{2}}{2}\sin\left(2x + \frac{\pi}{4}\right) + \frac{1}{2}$

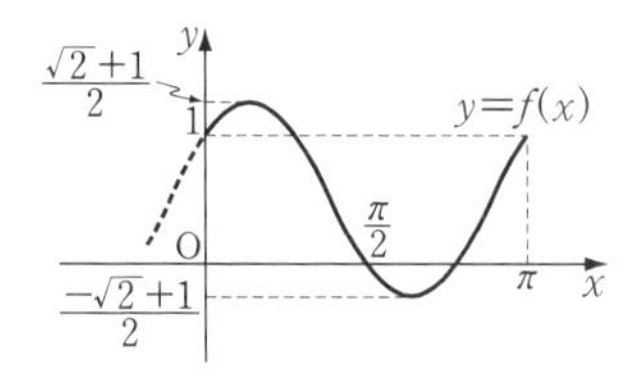

$0\le x\le\pi$에서 함수 $y=f(x)$의 그래프는 위와 같다. 따라서 $y=f(x)$의 그래프와 직선 $y=a$가 서로 다른 세 점에서 만나려면 $\boldsymbol{a=1}$

*Note $y=\frac{\sqrt{2}}{2}\sin\left(2x+\frac{\pi}{4}\right)$의 그래프와 직선 $y=a-\frac{1}{2}$이 서로 다른 세 점에서 만날 조건을 찾아도 된다.

3-26.

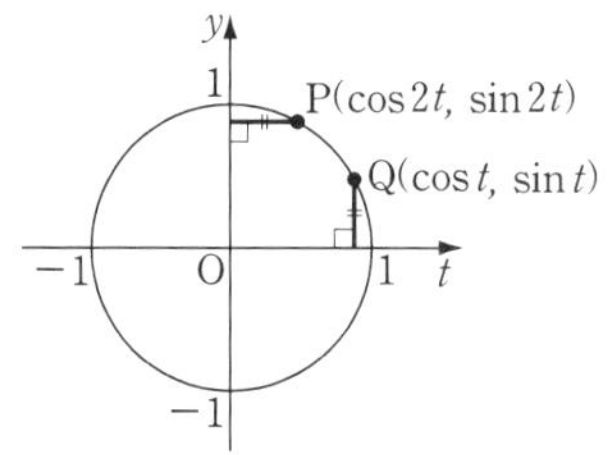

t초 후 점 P, Q의 좌표는

$\mathrm{P}(\cos 2t,\ \sin 2t),\ \mathrm{Q}(\cos t,\ \sin t)$

이므로 주어진 조건에서

$\cos 2t=\pm\sin t$

(i) $\cos 2t=\sin t$에서

$1-2\sin^2 t=\sin t$

$\therefore\ (2\sin t-1)(\sin t+1)=0$

$\therefore\ \sin t=\frac{1}{2},\ -1$

$0<t\le\pi$이므로 $t=\frac{\pi}{6},\ \frac{5}{6}\pi$

(ii) $\cos 2t=-\sin t$에서

$1-2\sin^2 t=-\sin t$

$\therefore\ (2\sin t+1)(\sin t-1)=0$

$\therefore\ \sin t=-\frac{1}{2},\ 1$

$0<t\le\pi$이므로 $t=\frac{\pi}{2}$

(i), (ii)에서 $\boldsymbol{t=\frac{\pi}{6},\ \frac{\pi}{2},\ \frac{5}{6}\pi}$ **(초)**

3-27. (1) $2\sin\left(x+\frac{\pi}{3}\right)\ge 1$

$\therefore\ \sin\left(x+\frac{\pi}{3}\right)\ge\frac{1}{2}$

$\frac{\pi}{3}\le x+\frac{\pi}{3}<\frac{7}{3}\pi$이므로

$\frac{\pi}{3}\le x+\frac{\pi}{3}\le\frac{5}{6}\pi,\ \frac{13}{6}\pi\le x+\frac{\pi}{3}<\frac{7}{3}\pi$

$\therefore\ \boldsymbol{0\le x\le\frac{\pi}{2},\ \frac{11}{6}\pi\le x<2\pi}$

(2) $2\sin x\cos x-\sin x<0$에서

$\sin x(2\cos x-1)<0$

(i) $\sin x>0$이고 $\cos x<\frac{1}{2}$일 때,

$0<x<\pi$이고 $\frac{\pi}{3}<x<\frac{5}{3}\pi$

$\therefore\ \frac{\pi}{3}<x<\pi$

(ii) $\sin x<0$이고 $\cos x>\frac{1}{2}$일 때,

$\pi<x<2\pi$이고

$\left(0\le x<\frac{\pi}{3}\text{ 또는 }\frac{5}{3}\pi<x<2\pi\right)$

$\therefore\ \frac{5}{3}\pi<x<2\pi$

(i), (ii)에서

$\boldsymbol{\frac{\pi}{3}<x<\pi,\ \frac{5}{3}\pi<x<2\pi}$

3-28. $D=(-\sqrt{2})^2-4(\sin^2\theta-\cos^2\theta)\ge 0$

$\therefore\ 2+4\cos 2\theta\ge 0\qquad\therefore\ \cos 2\theta\ge-\frac{1}{2}$

그런데 $0\le 2\theta\le 2\pi$이므로

$0\le 2\theta\le\frac{2}{3}\pi,\ \frac{4}{3}\pi\le 2\theta\le 2\pi$

$\therefore\ \boldsymbol{0\le\theta\le\frac{\pi}{3},\ \frac{2}{3}\pi\le\theta\le\pi}$

3-29. $x^2=\sin^2\theta+\cos^2\theta+2\sin\theta\cos\theta$

$=1+2y$

한편

$x=\sin\theta+\cos\theta=\sqrt{2}\sin\left(\theta+\frac{\pi}{4}\right)$

이므로 $-\sqrt{2}\le x\le\sqrt{2}$

따라서

$$y=\frac{1}{2}x^2-\frac{1}{2}\ \left(-\sqrt{2}\le x\le\sqrt{2}\right)$$

이고, 그래프는 아래 그림의 실선과 같다.

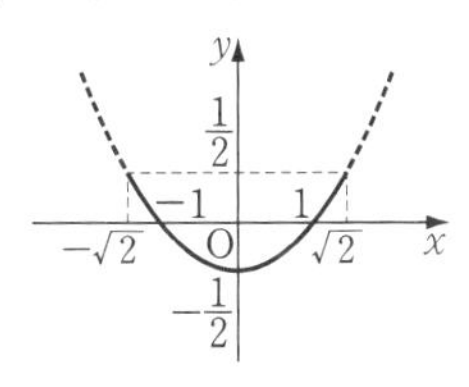

3-30. 점 $P(x,\ y)$가 원 $x^2+y^2=4$ 위의 점이므로

$$x=2\cos\theta,\ \ y=2\sin\theta\ \ (0\le\theta<2\pi)$$

로 놓을 수 있다.

이때, 점 Q의 좌표를 $(X,\ Y)$라고 하면

$$X=x^2-y^2=4\cos^2\theta-4\sin^2\theta$$
$$=4\cos 2\theta,$$
$$Y=2xy=8\cos\theta\sin\theta=4\sin 2\theta$$

θ를 소거하면

$$X^2+Y^2=4^2\cos^2 2\theta+4^2\sin^2 2\theta=4^2$$

곧, 점 Q가 나타내는 도형은 반지름의 길이가 4인 원이므로 둘레의 길이는

$$2\pi\times 4=\boldsymbol{8\pi}$$

4-1. $x=0$일 때 $f(x)=0$

$x\ne0$일 때 $0<\dfrac{1}{1+x^2}<1$이므로

$$f(x)=\frac{x^2}{1-\dfrac{1}{1+x^2}}=x^2+1$$

$$\therefore\ f(x)=\begin{cases}x^2+1 & (x\ne0)\\ 0 & (x=0)\end{cases}$$

ㄱ. (거짓) $\displaystyle\lim_{n\to\infty}f\left(\frac{1}{n}\right)=\lim_{n\to\infty}\left\{\left(\frac{1}{n}\right)^2+1\right\}$

$$=1\ne f(0)$$

ㄴ. (참) $\displaystyle\lim_{x\to0}f(\cos x)=\lim_{x\to0}(\cos^2 x+1)$

$$=2,$$
$$f\left(\lim_{x\to0}\cos x\right)=f(1)=1^2+1=2$$
$$\therefore\ \lim_{x\to0}f(\cos x)=f\left(\lim_{x\to0}\cos x\right)$$

ㄷ. (거짓) $\displaystyle\lim_{x\to0}f(\sin x)=\lim_{x\to0}(\sin^2 x+1)$

$$=1,$$
$$f\left(\lim_{x\to0}\sin x\right)=f(0)=0$$
$$\therefore\ \lim_{x\to0}f(\sin x)\ne f\left(\lim_{x\to0}\sin x\right)$$

답 ②

***Note** $f(x)$는 $x\ne0$일 때 연속이고 $x\longrightarrow0$일 때 $\cos x\ne0$이므로 $f(\cos x)$는 $x=0$에서 연속이다.

따라서 ㄴ은 참이다.

그러나 $f(x)$는 $x=0$에서 불연속이므로 ㄱ, ㄷ은 성립하지 않는다.

4-2. (1) $\displaystyle(\text{준 식})=\lim_{x\to\frac{\pi}{2}}\left(\frac{1}{\cos^2 x}-\frac{\sin x}{\cos^2 x}\right)$

$$=\lim_{x\to\frac{\pi}{2}}\frac{1-\sin x}{1-\sin^2 x}$$
$$=\lim_{x\to\frac{\pi}{2}}\frac{1}{1+\sin x}=\boldsymbol{\frac{1}{2}}$$

(2) $\displaystyle(\text{준 식})=\lim_{x\to0}\frac{(2\sin x\cos x)^2}{1-\cos x}$

$$=\lim_{x\to0}\frac{4\sin^2 x\cos^2 x}{1-\cos x}$$
$$=\lim_{x\to0}\frac{4(1-\cos^2 x)\cos^2 x}{1-\cos x}$$
$$=\lim_{x\to0}4(1+\cos x)\cos^2 x$$
$$=4\times2\times1=\boldsymbol{8}$$

4-3. $0<x<\dfrac{\pi}{4}$일 때 $0<\tan x<1$

따라서

$$1+\tan x+\tan^2 x+\cdots=\frac{1}{1-\tan x}$$

또, $\tan 2x=\dfrac{2\tan x}{1-\tan^2 x}$

$$\therefore\ (\text{준 식})=\lim_{x\to\frac{\pi}{4}-}\left(\frac{1-\tan^2 x}{2\tan x}\times\frac{1}{1-\tan x}\right)$$
$$=\lim_{x\to\frac{\pi}{4}-}\frac{1+\tan x}{2\tan x}=1$$

답 ②

4-4. $\dfrac{1}{x}=t$로 놓으면 $x\longrightarrow0+$일 때

$t \longrightarrow \infty$이므로

$$\lim_{x\to0+}\frac{e^{\frac{1}{x}}}{1+e^{\frac{1}{x}}}=\lim_{t\to\infty}\frac{e^t}{1+e^t}=\lim_{t\to\infty}\frac{1}{\frac{1}{e^t}+1}=1$$

또, $x \longrightarrow 0-$일 때 $t \longrightarrow -\infty$이므로

$$\lim_{x\to0-}\frac{e^{\frac{1}{x}}}{1+e^{\frac{1}{x}}}=\lim_{t\to-\infty}\frac{e^t}{1+e^t}=0$$

따라서 $\displaystyle\lim_{x\to0}\frac{e^{\frac{1}{x}}}{1+e^{\frac{1}{x}}}$의 값은 존재하지 않는다.

4-5. (1) $\displaystyle\lim_{x\to\infty}a^x=0,\ \lim_{x\to\infty}b^x=0$이고,

$\displaystyle\lim_{x\to\infty}\log_a x=-\infty,\ \lim_{x\to\infty}\log_b x=-\infty$

이므로

$$\lim_{x\to\infty}f(x)=\lim_{x\to\infty}\frac{\frac{b^x}{\log_b x}+\frac{\log_a x}{\log_b x}}{\frac{a^x}{\log_b x}+1}=\boldsymbol{\log_a b}$$

(2) $\displaystyle\lim_{x\to0+}a^x=1,\ \lim_{x\to0+}b^x=1$이고,

$0<a<1$일 때 $\displaystyle\lim_{x\to0+}\log_a x=\infty$,

$a>1$일 때 $\displaystyle\lim_{x\to0+}\log_a x=-\infty$

마찬가지로 b의 값에 따라

$\displaystyle\lim_{x\to0+}\log_b x=\infty$ 또는 $-\infty$

이므로

$$\lim_{x\to0+}f(x)=\lim_{x\to0+}\frac{\frac{b^x}{\log_b x}+\frac{\log_a x}{\log_b x}}{\frac{a^x}{\log_b x}+1}=\boldsymbol{\log_a b}$$

***Note** $\displaystyle\frac{\log_a x}{\log_b x}=\frac{\log_x b}{\log_x a}=\log_a b$

4-6. (1) (준 식)

$$=\lim_{x\to0}\left\{\frac{\sin(x^3+2x)}{x^3+2x}\times\frac{x^3+2x}{2x^3+5x}\right\}=1\times\frac{2}{5}=\boldsymbol{\frac{2}{5}}$$

(2) (준 식)

$$=\lim_{x\to0}\left\{\frac{\tan(\sin\pi x)}{\sin\pi x}\times\frac{\sin\pi x}{\pi x}\times\pi\right\}=1\times1\times\pi=\boldsymbol{\pi}$$

(3) (준 식)

$$=\lim_{x\to0}\left\{\frac{\sin(\tan x)}{\tan x}\times\frac{\sin x}{\tan(\sin x)}\times\frac{1}{\cos x}\right\}=1\times1\times1=\boldsymbol{1}$$

(4) $$(준\ 식)=\lim_{x\to0}\frac{x^2}{1-(1-2\sin^2x)}=\lim_{x\to0}\frac{x^2}{2\sin^2x}=\lim_{x\to0}\frac{1}{2}\left(\frac{x}{\sin x}\right)^2=\boldsymbol{\frac{1}{2}}$$

(5) $$(준\ 식)=\lim_{x\to0}\left\{\frac{\frac{1-\cos2x}{(2x)^2}}{\frac{1-\cos3x}{(3x)^2}}\times\frac{2^2}{3^2}\right\}=\frac{1/2}{1/2}\times\frac{4}{9}=\boldsymbol{\frac{4}{9}}$$

***Note** $\displaystyle\lim_{x\to0}\frac{1-\cos ax}{(ax)^2}\ (a\neq0)$

$$=\lim_{x\to0}\frac{\sin^2ax}{(ax)^2(1+\cos ax)}=\lim_{x\to0}\left(\frac{\sin ax}{ax}\right)^2\frac{1}{1+\cos ax}=\frac{1}{2}$$

(6) $$(준\ 식)=\lim_{x\to0}\frac{1-\cos^2x}{x\sin x(1+\cos x)}=\lim_{x\to0}\left(\frac{\sin x}{x}\times\frac{1}{1+\cos x}\right)=1\times\frac{1}{2}=\boldsymbol{\frac{1}{2}}$$

4-7. (1) $$(준\ 식)=\lim_{x\to0}\frac{2\sin x(1-\cos x)}{x^3}=\lim_{x\to0}\left(\frac{\sin x}{x}\times\frac{1-\cos x}{x^2}\times2\right)=1\times\frac{1}{2}\times2=\boldsymbol{1}$$

(2) (준 식)$=\lim_{x\to0}\left(\frac{\sin5x}{\sin4x}-\frac{\sin3x}{\sin4x}\right)$

$=\frac{5}{4}-\frac{3}{4}=\mathbf{\frac{1}{2}}$

4-8. (1) $\lim_{x\to\infty}\frac{x}{x+\sin x}=\lim_{x\to\infty}\frac{1}{1+\frac{\sin x}{x}}$

$|\sin x|\le1$이므로

$$0\le\left|\frac{\sin x}{x}\right|\le\left|\frac{1}{x}\right|$$

$\lim_{x\to\infty}\left|\frac{1}{x}\right|=0$이므로

$\lim_{x\to\infty}\left|\frac{\sin x}{x}\right|=0 \quad \therefore \lim_{x\to\infty}\frac{\sin x}{x}=0$

$\therefore \lim_{x\to\infty}\frac{x}{x+\sin x}=\mathbf{1}$

(2) (준 식)$=\lim_{x\to0}\left(\frac{\sin x}{x}\times\frac{x}{x+\tan x}\right)$

$=\lim_{x\to0}\left(\frac{\sin x}{x}\times\frac{1}{1+\frac{\tan x}{x}}\right)$

$=1\times\frac{1}{2}=\mathbf{\frac{1}{2}}$

4-9. (준 식)$=\lim_{x\to0+}\frac{\ln\left(\frac{\sin x}{x}\times x\right)}{\ln x}$

$=\lim_{x\to0+}\frac{\ln\frac{\sin x}{x}+\ln x}{\ln x}$

$=\lim_{x\to0+}\left(\frac{\ln\frac{\sin x}{x}}{\ln x}+1\right)$

$=0+1=1$ 답 ④

4-10. (1) $\frac{\pi}{2}-x=\theta$로 놓으면 $x\longrightarrow\frac{\pi}{2}$ 일 때 $\theta\longrightarrow0$이므로

(준 식)$=\lim_{\theta\to0}\theta\tan\left(\frac{\pi}{2}-\theta\right)$

$=\lim_{\theta\to0}\theta\cot\theta=\lim_{\theta\to0}\left(\theta\times\frac{\cos\theta}{\sin\theta}\right)$

$=\lim_{\theta\to0}\left(\frac{\theta}{\sin\theta}\times\cos\theta\right)$

$=1\times1=\mathbf{1}$

(2) $x-\pi=\theta$로 놓으면 $x\longrightarrow\pi$일 때 $\theta\longrightarrow0$이므로

(준 식)$=\lim_{\theta\to0}\frac{\sqrt{2+\cos(\pi+\theta)}-1}{\theta^2}$

$=\lim_{\theta\to0}\frac{\sqrt{2-\cos\theta}-1}{\theta^2}$

$=\lim_{\theta\to0}\frac{1-\cos\theta}{\theta^2\left(\sqrt{2-\cos\theta}+1\right)}$

$=\lim_{\theta\to0}\frac{\left(\frac{\sin\theta}{\theta}\right)^2}{\left(\sqrt{2-\cos\theta}+1\right)(1+\cos\theta)}$

$=\frac{1}{2\times2}=\mathbf{\frac{1}{4}}$

4-11. $\frac{1}{x}=t$로 놓으면 $x\longrightarrow\infty$일 때 $t\longrightarrow0+$이므로

$\lim_{x\to\infty}y=\lim_{t\to0+}\left(\frac{1}{t}\times\sin t\right)=\lim_{t\to0+}\frac{\sin t}{t}=1$

$\therefore \lim_{x\to\infty}\frac{y^3-1}{y-1}=\lim_{y\to1}\frac{y^3-1}{y-1}$

$=\lim_{y\to1}\frac{(y-1)(y^2+y+1)}{y-1}$

$=3$ 답 ③

4-12. (1) (준 식)$=\lim_{x\to0}\left(\frac{e^x-1}{x}\times e^a\right)$

$=1\times e^a=\boldsymbol{e^a}$

(2) (준 식)$=\lim_{x\to0}\left(2^x\times\frac{2^x-1}{x}\right)=1\times\ln2$

$=\mathbf{\ln2}$

(3) $\frac{1}{x}=t$로 놓으면 $x\longrightarrow\infty$일 때 $t\longrightarrow0+$이므로

(준 식)$=\lim_{t\to0+}\frac{a^t-1}{t}=\boldsymbol{\ln a}$

4-13. (1) $-x=t$로 놓으면 $x\longrightarrow-\infty$ 일 때 $t\longrightarrow\infty$이므로

(준 식)$=\lim_{t\to\infty}\left(1+\frac{1}{t}\right)^{-2t}$

$=\lim_{t\to\infty}\left\{\left(1+\frac{1}{t}\right)^t\right\}^{-2}=\boldsymbol{e^{-2}}$

(2) (준 식)$=\lim_{x\to\infty}\left(\frac{x-2}{x}\right)^{-3x}$

$=\lim_{x\to\infty}\left\{\left(1-\frac{2}{x}\right)^{-\frac{x}{2}}\right\}^{6}=\boldsymbol{e^6}$

(3) $x-1=t$로 놓으면 $x\longrightarrow 1$일 때 $t\longrightarrow 0$이므로

(준 식)$=\lim_{t\to 0}(1+t)^{-\frac{1}{t}}$

$=\lim_{t\to 0}\left\{(1+t)^{\frac{1}{t}}\right\}^{-1}=\boldsymbol{e^{-1}}$

(4) (준 식)$=\lim_{x\to 0}\left\{-\frac{e^x-1}{x}\times\frac{x}{\ln(x+1)}\right\}$

$=-1\times 1=\boldsymbol{-1}$

(5) $x-\frac{1}{4}=t$로 놓으면 $x\longrightarrow\frac{1}{4}$일 때 $t\longrightarrow 0$이므로

(준 식)$=\lim_{t\to 0}\frac{1-4^t}{1-4\left(\frac{1}{4}+t\right)}$

$=\lim_{t\to 0}\frac{1-4^t}{-4t}=\lim_{t\to 0}\frac{4^t-1}{4t}$

$=\frac{1}{4}\ln 4=\boldsymbol{\frac{1}{2}\ln 2}$

(6) $x-1=t$로 놓으면 $x\longrightarrow 1$일 때 $t\longrightarrow 0$이므로

(준 식)$=\lim_{t\to 0}\frac{(t+1)^3-e^t}{t}$

$=\lim_{t\to 0}\left(t^2+3t+3-\frac{e^t-1}{t}\right)$

$=3-1=\boldsymbol{2}$

4-14. (준 식)

$=\lim_{n\to\infty}\left(\frac{1}{2}\times\frac{n+1}{n}\times\frac{n+2}{n+1}\times\frac{n+3}{n+2}\times\cdots\times\frac{2n+1}{2n}\right)^{2n}$

$=\lim_{n\to\infty}\left(\frac{2n+1}{2n}\right)^{2n}=\lim_{n\to\infty}\left(1+\frac{1}{2n}\right)^{2n}$

$=e$ 답 ③

4-15. (1) $\lim_{x\to\infty}f(x)=\lim_{x\to\infty}\left(1+\frac{1}{x-1}\right)^{x}$

$=\lim_{x\to\infty}\left\{\left(1+\frac{1}{x-1}\right)^{x-1}\right\}^{\frac{x}{x-1}}$

$\lim_{x\to\infty}\left(1+\frac{1}{x-1}\right)^{x-1}=e$, $\lim_{x\to\infty}\frac{x}{x-1}=1$

이므로

$\lim_{x\to\infty}\left\{\left(1+\frac{1}{x-1}\right)^{x-1}\right\}^{\frac{x}{x-1}}=\boldsymbol{e}$

***Note** $x-1=t$로 놓고 풀어도 된다.

(2) $\lim_{x\to\infty}f(x)=e$이므로 $x+1=t$로 놓으면 $\lim_{x\to\infty}f(x+1)=\lim_{t\to\infty}f(t)=e$

$\therefore \lim_{x\to\infty}f(x)f(x+1)=e\times e=\boldsymbol{e^2}$

(3) $\lim_{x\to\infty}f(kx)=\lim_{x\to\infty}\left(\frac{kx}{kx-1}\right)^{kx}$

$=\lim_{x\to\infty}\left(1+\frac{1}{kx-1}\right)^{kx}$

$=\lim_{x\to\infty}\left\{\left(1+\frac{1}{kx-1}\right)^{kx-1}\right\}^{\frac{kx}{kx-1}}$

$\lim_{x\to\infty}\left(1+\frac{1}{kx-1}\right)^{kx-1}=e$,

$\lim_{x\to\infty}\frac{kx}{kx-1}=1$이므로

$\lim_{x\to\infty}\left\{\left(1+\frac{1}{kx-1}\right)^{kx-1}\right\}^{\frac{kx}{kx-1}}=\boldsymbol{e}$

***Note** $kx=t$로 놓으면 $x\longrightarrow\infty$일 때 $t\longrightarrow\infty$이므로

$\lim_{x\to\infty}f(kx)=\lim_{t\to\infty}f(t)=\boldsymbol{e}$

4-16. $\ln(1+3x)\le f(3x)\le\frac{1}{2}(e^{6x}-1)$

$x>0$일 때

$\frac{\ln(1+3x)}{x}\le\frac{f(3x)}{x}\le\frac{e^{6x}-1}{2x}$

그런데

$\lim_{x\to 0+}\frac{\ln(1+3x)}{x}=\lim_{x\to 0+}\left\{\frac{\ln(1+3x)}{3x}\times 3\right\}$

$=3$,

$\lim_{x\to 0+}\frac{e^{6x}-1}{2x}=\lim_{x\to 0+}\left(\frac{e^{6x}-1}{6x}\times 3\right)=3$

이므로 $\lim_{x\to 0+}\frac{f(3x)}{x}=3$

$-\frac{1}{3}<x<0$일 때

$$\frac{\ln(1+3x)}{x} \ge \frac{f(3x)}{x} \ge \frac{e^{6x}-1}{2x}$$

그런데

$$\lim_{x\to0-}\frac{\ln(1+3x)}{x}=\lim_{x\to0-}\left\{\frac{\ln(1+3x)}{3x}\times3\right\}=3,$$

$$\lim_{x\to0-}\frac{e^{6x}-1}{2x}=\lim_{x\to0-}\left(\frac{e^{6x}-1}{6x}\times3\right)=3$$

이므로 $\lim_{x\to0-}\frac{f(3x)}{x}=3$

$$\therefore \lim_{x\to0}\frac{f(3x)}{x}=3$$

답 ③

4-17. $x \longrightarrow 1$일 때 극한값이 존재하고 (분모) $\longrightarrow 0$이므로 (분자) $\longrightarrow 0$이어야 한다.

$$\therefore \lim_{x\to1}\{x^2-(\sqrt{2}\sin\alpha)x-2\}=0$$

$$\therefore \sin\alpha=-\frac{1}{\sqrt{2}} \quad \cdots\cdots①$$

$$\therefore (\text{좌변})=\lim_{x\to1}\frac{x^2+x-2}{(x-1)(x+\cos\beta)}=\lim_{x\to1}\frac{x+2}{x+\cos\beta}=\frac{3}{1+\cos\beta}$$

$$\therefore \frac{3}{1+\cos\beta}=6$$

$$\therefore \cos\beta=-\frac{1}{2} \quad \cdots\cdots②$$

$\pi<\alpha<\frac{3}{2}\pi$, $\frac{\pi}{2}<\beta<\pi$이므로 ①, ②에서 $\boldsymbol{\alpha=\frac{5}{4}\pi}$, $\boldsymbol{\beta=\frac{2}{3}\pi}$

4-18. (1) $x \longrightarrow 0$일 때 극한값이 존재하고 (분모) $\longrightarrow 0$이므로 (분자) $\longrightarrow 0$이어야 한다.

$$\therefore \lim_{x\to0}(x^2+ax+b)=0 \qquad \therefore \boldsymbol{b=0}$$

따라서

$$(\text{좌변})=\lim_{x\to0}\frac{x^2+ax}{\sin x}=\lim_{x\to0}\left\{\frac{x}{\sin x}\times(x+a)\right\}=a$$

$$\therefore \boldsymbol{a=1}$$

(2) $x \longrightarrow 1$일 때 0이 아닌 극한값이 존재하고 (분자) $\longrightarrow 0$이므로 (분모) $\longrightarrow 0$이어야 한다.

$$\therefore \lim_{x\to1}(x^2+ax+b)=0$$

$\therefore 1+a+b=0 \qquad \therefore b=-(a+1)$

따라서

$$(\text{좌변})=\lim_{x\to1}\frac{\sin^2(x-1)}{x^2+ax-(a+1)}=\lim_{x\to1}\left\{\frac{\sin(x-1)}{x-1}\times\frac{\sin(x-1)}{x+a+1}\right\}$$

여기에서 $\lim_{x\to1}\frac{\sin(x-1)}{x-1}=1$이므로

$$\lim_{x\to1}\frac{\sin(x-1)}{x+a+1}=1 \quad \cdots\cdots①$$

①에서 $x \longrightarrow 1$일 때 0이 아닌 극한값이 존재하고 (분자) $\longrightarrow 0$이므로 (분모) $\longrightarrow 0$이어야 한다.

$$\therefore \lim_{x\to1}(x+a+1)=0$$

$$\therefore 1+a+1=0$$

$\therefore \boldsymbol{a=-2} \qquad \therefore \boldsymbol{b=1}$

4-19. $\mathrm{A}(t,\ 2^t)$, $\mathrm{B}\left(t,\ \left(\frac{1}{3}\right)^t\right)$, $\mathrm{C}(0,\ 2^t)$ 이므로

$$\overline{\mathrm{AB}}=2^t-\left(\frac{1}{3}\right)^t, \quad \overline{\mathrm{AC}}=t$$

$$\therefore \lim_{t\to0+}\frac{\overline{\mathrm{AB}}}{\overline{\mathrm{AC}}}=\lim_{t\to0+}\frac{2^t-\left(\frac{1}{3}\right)^t}{t}=\lim_{t\to0+}\left\{\frac{2^t-1}{t}-\frac{\left(\frac{1}{3}\right)^t-1}{t}\right\}$$

$$=\ln2-\ln\frac{1}{3}=\ln2+\ln3$$

$$=\boldsymbol{\ln6}$$

4-20.

A D 1 θ B C E F θ/2 θ/2

직각삼각형 DCE에서 $\overline{CD}=1$, $\angle DCE=\theta$이므로

$$\overline{CE}=\overline{CD}\cos\theta=\cos\theta$$

$\overline{BD}\,/\!/\,\overline{EF}$이고 $\angle DBC=\dfrac{\theta}{2}$이므로

$$\angle CEF=\frac{\theta}{2}$$

따라서 직각삼각형 CFE에서

$$\overline{CF}=\overline{CE}\sin\frac{\theta}{2}=\cos\theta\sin\frac{\theta}{2},$$

$$\overline{EF}=\overline{CE}\cos\frac{\theta}{2}=\cos\theta\cos\frac{\theta}{2}$$

$$\therefore\ S(\theta)=\frac{1}{2}\times\overline{CF}\times\overline{EF}=\frac{1}{2}\cos^2\theta\sin\frac{\theta}{2}\cos\frac{\theta}{2}=\frac{1}{4}\cos^2\theta\sin\theta$$

$$\therefore\ \lim_{\theta\to0+}\frac{S(\theta)}{\theta}=\lim_{\theta\to0+}\frac{\cos^2\theta\sin\theta}{4\theta}=\lim_{\theta\to0+}\left(\frac{1}{4}\cos^2\theta\times\frac{\sin\theta}{\theta}\right)=\frac{1}{4}\times1\times1=\mathbf{\frac{1}{4}}$$

4-21.

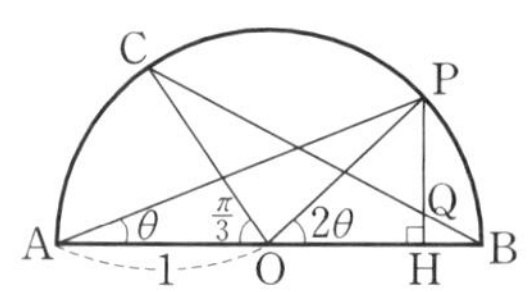

선분 AB의 중점을 O라고 하면 $\angle POH=2\theta$, $\overline{OP}=1$이므로

$$\overline{OH}=\cos2\theta\qquad\therefore\ \overline{BH}=1-\cos2\theta$$

또, $\angle COA=\dfrac{\pi}{3}$이므로

$$\angle QBH=\frac{1}{2}\angle COA=\frac{\pi}{6}$$

따라서 직각삼각형 BQH에서

$$\overline{QH}=\overline{BH}\tan\frac{\pi}{6}=\frac{\overline{BH}}{\sqrt{3}}=\frac{1-\cos2\theta}{\sqrt{3}}$$

$$\therefore\ S(\theta)=\frac{1}{2}\times\overline{BH}\times\overline{QH}=\frac{\sqrt{3}}{6}(1-\cos2\theta)^2\quad\cdots①$$

$$\therefore\ \lim_{\theta\to0+}\frac{S(\theta)}{\theta^4}=\lim_{\theta\to0+}\frac{\sqrt{3}(1-\cos2\theta)^2}{6\theta^4}$$

$$=\lim_{\theta\to0+}\left\{\frac{\sqrt{3}}{6}\times\frac{(1-\cos2\theta)^2(1+\cos2\theta)^2}{\theta^4(1+\cos2\theta)^2}\right\}$$

$$=\frac{\sqrt{3}}{6}\lim_{\theta\to0+}\frac{\sin^4 2\theta}{\theta^4(1+\cos2\theta)^2}$$

$$=\frac{\sqrt{3}}{6}\lim_{\theta\to0+}\left\{16\times\left(\frac{\sin2\theta}{2\theta}\right)^4\times\frac{1}{(1+\cos2\theta)^2}\right\}$$

$$=\frac{\sqrt{3}}{6}\times\left(16\times1\times\frac{1}{4}\right)=\mathbf{\frac{2\sqrt{3}}{3}}$$

****Note*** ①에서 반각의 공식

$\sin^2\dfrac{\alpha}{2}=\dfrac{1-\cos\alpha}{2}$를 이용하면

$$S(\theta)=\frac{\sqrt{3}}{6}(2\sin^2\theta)^2=\frac{2\sqrt{3}}{3}\sin^4\theta$$

$$\therefore\ \lim_{\theta\to0+}\frac{S(\theta)}{\theta^4}=\lim_{\theta\to0+}\left\{\frac{2\sqrt{3}}{3}\times\left(\frac{\sin\theta}{\theta}\right)^4\right\}=\mathbf{\frac{2\sqrt{3}}{3}}$$

4-22. $f(x)$는 $x=0,\ 2$에서 불연속이고, $g(x)$는 $x=1$에서 불연속이다.

그리고 $-1\le x\le3$에서 $f(x)=1$의 해는 $x=\dfrac{1}{2}$이다.

(i) $x=0$에서

$$\lim_{x\to0+}g\big(f(x)\big)=\lim_{t\to2-}g(t)=0,$$

$$\lim_{x\to0-}g\big(f(x)\big)=\lim_{t\to0-}g(t)=0$$

이고 $g\big(f(0)\big)=g(0)=0$이므로 $g\big(f(x)\big)$는 $x=0$에서 연속이다.

(ii) $x=2$에서

$$\lim_{x\to2+}g\big(f(x)\big)=\lim_{t\to-1+}g(t)=-1,$$

$$\lim_{x\to2-}g\big(f(x)\big)=\lim_{t\to-2+}g(t)=-2$$

이므로 $g\big(f(x)\big)$는 $x=2$에서 불연속이다.

(iii) $x=\frac{1}{2}$에서 $f(x)$는 연속이므로

$$\lim_{x\to\frac{1}{2}} g(f(x))=\lim_{t\to1} g(t)=1$$

그런데 $g\left(f\left(\frac{1}{2}\right)\right)=g(1)=0$이므로

$g(f(x))$는 $x=\frac{1}{2}$에서 불연속이다.

(i), (ii), (iii)에서 $\boldsymbol{x=\frac{1}{2},\ 2}$

4-23. 함수 $y=\frac{\sin(1-\cos x)}{x^2}$는 $x\neq0$인 모든 실수에서 연속이므로 함수 $f(x)$가 $x=0$에서 연속이면 실수 전체의 집합에서 연속이다.

이때,

$$\lim_{x\to0} f(x)=\lim_{x\to0}\left\{\frac{\sin(1-\cos x)}{1-\cos x}\times\frac{1-\cos x}{x^2}\right\}$$

$$=\lim_{x\to0}\left\{\frac{\sin(1-\cos x)}{1-\cos x}\times\frac{1-\cos^2 x}{x^2(1+\cos x)}\right\}$$

$$=\lim_{x\to0}\left\{\frac{\sin(1-\cos x)}{1-\cos x}\times\left(\frac{\sin x}{x}\right)^2\times\frac{1}{1+\cos x}\right\}$$

$$=1\times1\times\frac{1}{2}=\frac{1}{2}$$

이고, $f(0)=\lim_{x\to0} f(x)$이므로 $\boldsymbol{a=\frac{1}{2}}$

4-24. $f(x)$는 $x\neq1$인 모든 실수에서 연속이고 $g(x)$는 실수 전체의 집합에서 연속이므로 $(g\circ f)(x)$가 $x=1$에서 연속이면 실수 전체의 집합에서 연속이다.

이때,

$$(g\circ f)(1)=g(f(1))=g(1)=3+3^{-1}=\frac{10}{3},$$

$$\lim_{x\to1+}(g\circ f)(x)=\lim_{x\to1+} g(f(x))=\lim_{t\to1-} g(t)=3+3^{-1}=\frac{10}{3},$$

$$\lim_{x\to1-}(g\circ f)(x)=\lim_{x\to1-} g(f(x))=\lim_{t\to a+} g(t)=3^a+3^{-a}$$

이고, $\lim_{x\to1}(g\circ f)(x)=(g\circ f)(1)$이어야 하므로

$$3^a+3^{-a}=\frac{10}{3}$$

$3^a=\mathrm{X}(0<\mathrm{X}<1)$로 놓으면

$$\mathrm{X}+\frac{1}{\mathrm{X}}=\frac{10}{3} \quad \therefore\ 3\mathrm{X}^2-10\mathrm{X}+3=0$$

$$\therefore\ (3\mathrm{X}-1)(\mathrm{X}-3)=0$$

$0<\mathrm{X}<1$이므로 $\mathrm{X}=\frac{1}{3}$

$$\therefore\ 3^a=\frac{1}{3} \quad \therefore\ \boldsymbol{a=-1}$$

5-1. $f'(0)=\lim_{h\to0}\frac{f(h)-f(0)}{h}$

$$=\lim_{h\to0}\frac{3\sin h+h^3\cos\frac{1}{h^2}}{h}$$

$$=\lim_{h\to0}\left(3\times\frac{\sin h}{h}+h^2\cos\frac{1}{h^2}\right)$$

$$=3\times1+0=\mathbf{3}$$

5-2. (1) (준 식)$=\lim_{x\to0}\left\{\frac{f(x)-f(0)}{x}-\frac{f(e^x-1)-f(0)}{x}\right\}$

$$=\lim_{x\to0}\left\{\frac{f(x)-f(0)}{x}-\frac{e^x-1}{x}\times\frac{f(e^x-1)-f(0)}{e^x-1}\right\}$$

$$=f'(0)-1\times f'(0)=\mathbf{0}$$

(2) (준 식)$=\lim_{x\to0}\left\{\frac{f(3x)-f(0)}{x}-\frac{f(\sin x)-f(0)}{x}\right\}$

$$=\lim_{x\to0}\left\{\frac{f(3x)-f(0)}{3x}\times3-\frac{\sin x}{x}\times\frac{f(\sin x)-f(0)}{\sin x}\right\}$$

$$=3f'(0)-1\times f'(0)=2f'(0)=\mathbf{6}$$

5-3. (준 식)

$$=\lim_{x\to1}\frac{f(x)-f(1)+f(1)-x^2f(1)}{\sin(x-1)}$$

$$=\lim_{x\to1}\left\{\frac{x-1}{\sin(x-1)}\times\frac{f(x)-f(1)-(x^2-1)f(1)}{x-1}\right\}$$

$$=\lim_{x\to1}\frac{x-1}{\sin(x-1)}\left\{\frac{f(x)-f(1)}{x-1}-(x+1)f(1)\right\}$$

$$=1\times\{f'(1)-2f(1)\}=3-2\times\frac{1}{2}=\mathbf{2}$$

5-4. $f'(x)=\lim_{h\to0}\frac{f(x+h)-f(x)}{h}$

$$=\lim_{h\to0}\frac{f(x)+f(h)-f(x)}{h}$$

$$=\lim_{h\to0}\frac{f(h)}{h}$$

한편 $f(x+y)=f(x)+f(y)$에 $x=0$, $y=0$을 대입하면

$$f(0)=f(0)+f(0)\qquad\therefore\ f(0)=0$$

$$\therefore\ f'(x)=\lim_{h\to0}\frac{f(h)}{h}$$

$$=\lim_{h\to0}\frac{f(0+h)-f(0)}{h}$$

$$=f'(0)=2$$

답 ①

5-5. $\lim_{x\to1}\frac{f'(f(x))-1}{x-1}=3$에서 $x\longrightarrow1$일 때 (분모) $\longrightarrow0$이므로 (분자) $\longrightarrow0$이어야 한다.

$$\therefore\ \lim_{x\to1}\{f'(f(x))-1\}=0$$

$$\therefore\ f'(f(1))=1$$

$$\therefore\ (\text{좌변})=\lim_{x\to1}\frac{f'(f(x))-f'(f(1))}{x-1}$$

$$=\lim_{x\to1}\left\{\frac{f'(f(x))-f'(f(1))}{f(x)-f(1)}\times\frac{f(x)-f(1)}{x-1}\right\}$$

$$=f''(f(1))f'(1)=f''(2)\times3$$

곧, $f''(2)\times3=3$에서 $\boldsymbol{f''(2)=1}$

5-6. $f(x)=\frac{1}{x}$에서 $f'(x)=-\frac{1}{x^2}$

$$\therefore\ \lim_{x\to1}\frac{f'(x)+1}{x-1}=\lim_{x\to1}\frac{-\frac{1}{x^2}+1}{x-1}$$

$$=\lim_{x\to1}\frac{x^2-1}{x^2(x-1)}=\lim_{x\to1}\frac{x+1}{x^2}$$

$$=2$$

답 ①

***Note** $f'(x)=-\frac{1}{x^2}$에서 $f'(1)=-1$이므로

$$\lim_{x\to1}\frac{f'(x)+1}{x-1}=\lim_{x\to1}\frac{f'(x)-f'(1)}{x-1}=f''(1)$$

$f''(x)=\frac{2}{x^3}$이므로 $f''(1)=2$

5-7. $e^{-\ln x}=e^{\ln\frac{1}{x}}=\frac{1}{x}$,

$$e^{-2\ln x}=e^{\ln\frac{1}{x^2}}=\frac{1}{x^2},\ \cdots$$

이고 $0<\frac{1}{x}<1$이므로

$$f(x)=\frac{1}{1-(1/x)}=\frac{x}{x-1}$$

$$\therefore\ f'(x)=\frac{(x-1)-x}{(x-1)^2}=-\frac{1}{(x-1)^2}$$

$$\therefore\ \boldsymbol{f(2)=2,\ f'(2)=-1}$$

5-8. 조건식에서

$$(\text{좌변})=\lim_{h\to0}\frac{1}{h}\left\{\sum_{k=1}^{n}f(1+kh)-\sum_{k=1}^{n}f(1)\right\}$$

$$=\lim_{h\to0}\sum_{k=1}^{n}\frac{f(1+kh)-f(1)}{h}$$

$$=\lim_{h\to0}\sum_{k=1}^{n}\left\{\frac{f(1+kh)-f(1)}{kh}\times k\right\}$$

$$=f'(1)\sum_{k=1}^{n}k$$

그런데

$$f'(x)=\frac{3x^2(x^2+1)-x^3\times2x}{(x^2+1)^2}=\frac{x^4+3x^2}{(x^2+1)^2}$$

$\therefore\ f'(1)=1$

따라서 문제의 조건식은

$$\sum_{k=1}^{n} k=210 \quad \therefore\ \frac{n(n+1)}{2}=210$$

$$\therefore\ (n+21)(n-20)=0$$

n은 자연수이므로 $n=20$ 답 ④

5-9. $f(x)$를 $(x-3)^3$으로 나눈 몫을 $\mathrm{Q}(x)$, 나머지를 ax^2+bx+c라고 하면

$$f(x)=(x-3)^3\mathrm{Q}(x)+ax^2+bx+c$$

이므로

$$f'(x)=3(x-3)^2\mathrm{Q}(x)+(x-3)^3\mathrm{Q}'(x)+2ax+b$$

$$f''(x)=6(x-3)\mathrm{Q}(x)+3(x-3)^2\mathrm{Q}'(x)+3(x-3)^2\mathrm{Q}'(x)+(x-3)^3\mathrm{Q}''(x)+2a$$

$$\therefore\ f(3)=9a+3b+c=1,\quad f'(3)=6a+b=3,\quad f''(3)=2a=4$$

$$\therefore\ a=2,\ b=-9,\ c=10$$

따라서 나머지는 $\mathbf{2x^2-9x+10}$

5-10. $f'(x)=10\left(x+\sqrt{1+x^2}\right)^9\times\left(x+\sqrt{1+x^2}\right)'$

$$=10\left(x+\sqrt{1+x^2}\right)^9\left(1+\frac{2x}{2\sqrt{1+x^2}}\right)$$

$$=\frac{10}{\sqrt{1+x^2}}\left(x+\sqrt{1+x^2}\right)^{10}$$

$$\therefore\ f'(1)f'(-1)=\frac{10}{\sqrt{2}}\left(1+\sqrt{2}\right)^{10}\times\frac{10}{\sqrt{2}}\left(-1+\sqrt{2}\right)^{10}$$

$$=50\left\{(\sqrt{2}+1)(\sqrt{2}-1)\right\}^{10}$$

$$=50(2-1)^{10}=50$$ 답 ④

5-11. $g(x)=x^2\sqrt{f(x)}$라고 하면

$$g'(x)=2x\sqrt{f(x)}+x^2\times\frac{f'(x)}{2\sqrt{f(x)}}$$

$$\therefore\ g'(2)=2\times2\sqrt{f(2)}+2^2\times\frac{f'(2)}{2\sqrt{f(2)}}$$

$$=2\times2\sqrt{4}+2^2\times\frac{3}{2\sqrt{4}}=\mathbf{11}$$

5-12. $\mathrm{G}'(t)=f'\big(g(t)\big)g'(t)$이므로

$$\mathrm{G}'(0)=f'\big(g(0)\big)g'(0)=f'(3)g'(0)$$

$$=\frac{1}{10}\times10=1$$ 답 ②

5-13. 조건식의 양변을 x에 관하여 미분하면

$$f'(3x-1)\times3=g'(x^2+1)\times2x \quad \cdots ㉠$$

$3x-1=2$일 때 $x=1$이므로 ㉠의 양변에 $x=1$을 대입하면

$$f'(2)\times3=g'(2)\times2$$

$$\therefore\ g'(2)=\frac{4\times3}{2}=6$$ 답 ⑤

5-14. $h'(x)=g'\big(f(x)\big)f'(x)$이므로

$$h'(0)=g'\big(f(0)\big)f'(0)=g'(1)f'(0) \quad \cdots\cdots ㉠$$

$f(x)=(x+1)\sqrt{x+1}=(x+1)^{\frac{3}{2}}$에서

$f'(x)=\frac{3}{2}(x+1)^{\frac{1}{2}}$이므로 $f'(0)=\frac{3}{2}$

또, 조건에서 $h'(0)=15$이므로 ㉠에 대입하면

$$15=g'(1)\times\frac{3}{2} \quad \therefore\ \boldsymbol{g'(1)=10}$$

5-15. $y=\sqrt[3]{(x+1)(x^2+1)}$에서

$$y^3=(x+1)(x^2+1)$$

양변을 x에 관하여 미분하면

$$3y^2\frac{dy}{dx}=(x^2+1)+(x+1)\times2x=3x^2+2x+1$$

$y\neq0$일 때

$$\frac{dy}{dx}=\frac{3x^2+2x+1}{3y^2}=\frac{3x^2+2x+1}{3\sqrt[3]{(x+1)^2(x^2+1)^2}}$$

$$\therefore\ \left[\frac{dy}{dx}\right]_{x=0}=\mathbf{\frac{1}{3}}$$

***Note** $y=\left\{(x+1)(x^2+1)\right\}^{\frac{1}{3}}$으로 변형

하여 미분해도 된다.

5-16. 주어진 조건에서 $g(f(2x))=x$

양변을 x에 관하여 미분하면

$$g'(f(2x))\frac{d}{dx}f(2x)=1$$

$$\therefore\ g'(f(2x))f'(2x)\times 2=1$$

$x=1$을 대입하면

$$g'(f(2))f'(2)\times 2=1$$

$$\therefore\ g'(1)\times 1\times 2=1 \quad \therefore\ \boldsymbol{g'(1)=\frac{1}{2}}$$

***Note** $h(x)=f(2x)$라고 하면 h는 g의 역함수이다.

따라서 $g(1)=a$라고 하면 $h(a)=1$, 곧 $f(2a)=1$이므로 $a=1$

또, $h'(x)=2f'(2x)$이므로

$$g'(1)=\frac{1}{h'(1)}=\frac{1}{2f'(2)}=\boldsymbol{\frac{1}{2}}$$

5-17. $h(t)=t\{f(t)-g(t)\}$에서

$$h'(t)=\{f(t)-g(t)\}+t\{f'(t)-g'(t)\}$$

이므로

$$h'(1)=\{f(1)-g(1)\}+\{f'(1)-g'(1)\} \quad \cdots\cdots①$$

이때, 포물선 $y=x^2-4x+4$와 직선 $y=1$이 만나는 점의 x좌표는 $x^2-4x+4=1$에서 $x=1,\ 3$

$$\therefore\ f(1)=3,\ g(1)=1$$

한편 $p(x)=x^2-4x+4$라고 하면 $p'(x)=2x-4$이고 $p(f(t))=t$이므로 역함수의 미분법에 의하여

$$f'(1)=\frac{1}{p'(3)}=\frac{1}{2}$$

마찬가지로 $p(g(t))=t$이므로

$$g'(1)=\frac{1}{p'(1)}=-\frac{1}{2}$$

따라서 ①에서

$$h'(1)=(3-1)+\left\{\frac{1}{2}-\left(-\frac{1}{2}\right)\right\}=\boldsymbol{3}$$

***Note** $y=x^2-4x+4$와 $y=t$에서

$$x^2-4x+4=t$$

$$\therefore\ x^2-4x+4-t=0$$

이 방정식의 두 근이 $f(t)$, $g(t)$이므로 근과 계수의 관계로부터

$$f(t)+g(t)=4,\ f(t)g(t)=4-t$$

$$\therefore\ \{f(t)-g(t)\}^2=\{f(t)+g(t)\}^2-4f(t)g(t)=4^2-4(4-t)=4t$$

$f(t)>g(t)$이므로

$$f(t)-g(t)=2\sqrt{t}$$

$$\therefore\ h(t)=t\times 2\sqrt{t}=2t^{\frac{3}{2}}$$

$h'(t)=3t^{\frac{1}{2}}$이므로 $\boldsymbol{h'(1)=3}$

5-18. (1) 준 식에서

$$\cos t=\frac{1}{4}(x-1),\ \sin t=\frac{1}{3}y$$

그런데 $\cos^2 t+\sin^2 t=1$이므로

$$\left\{\frac{1}{4}(x-1)\right\}^2+\left(\frac{1}{3}y\right)^2=1$$

$$\therefore\ \boldsymbol{\frac{(x-1)^2}{16}+\frac{y^2}{9}=1} \quad \cdots\cdots①$$

(2) 준 식에서

$$\tan t=\frac{1}{2}(x+1),\ \sec t=y$$

그런데 $\sec^2 t-\tan^2 t=1$이므로

$$y^2-\left\{\frac{1}{2}(x+1)\right\}^2=1$$

$$\therefore\ \boldsymbol{\frac{(x+1)^2}{4}-y^2=-1} \quad \cdots\cdots②$$

***Note** ①은 타원의 방정식, ②는 쌍곡선의 방정식이다. ⇦ 기하

5-19. $x=r\cos\theta$, $y=r\sin\theta$로 놓으면

$$x^2+y^2=r^2(\cos^2\theta+\sin^2\theta)=r^2$$

$r>0$이므로 $r=\sqrt{x^2+y^2}$

또, 조건식에서 $\sqrt{3}\,r+r\sin\theta=2$

$$\therefore\ \sqrt{3}\sqrt{x^2+y^2}+y=2$$

$$\therefore\ \sqrt{3(x^2+y^2)}=2-y$$

양변을 제곱하여 정리하면

$$\mathbf{3x^2+2(y+1)^2=6}$$

5-20. $\dfrac{dx}{dt}=4t^3+1,\ \dfrac{dy}{dt}=3t^2+a$ 이므로

$$\frac{dy}{dx}=\frac{dy}{dt}\Big/\frac{dx}{dt}=\frac{3t^2+a}{4t^3+1}\ (4t^3+1\neq0)$$

$$\therefore\ \left[\frac{dy}{dx}\right]_{t=1}=\frac{3+a}{5}=1$$

$$\therefore\ a=2$$

답 ⑤

5-21. $\dfrac{dx}{dt}=-\dfrac{1}{t^2}$

$$\frac{dy}{dt}=-\frac{3}{t^2}+1=\frac{-3+t^2}{t^2}$$

$$\therefore\ \frac{dy}{dx}=\frac{dy}{dt}\Big/\frac{dx}{dt}=3-t^2$$

$$\therefore\ \left[\frac{dy}{dx}\right]_{t=2}=3-2^2=\mathbf{-1}$$

또,

$$\frac{d^2y}{dx^2}=\frac{d}{dx}\left(\frac{dy}{dx}\right)=\frac{d}{dt}\left(\frac{dy}{dx}\right)\frac{dt}{dx}$$

$$=\frac{d}{dt}\left(\frac{dy}{dx}\right)\Big/\frac{dx}{dt}$$

$$=\frac{-2t}{-\dfrac{1}{t^2}}=2t^3$$

$$\therefore\ \left[\frac{d^2y}{dx^2}\right]_{t=2}=2\times2^3=\mathbf{16}$$

***Note** 준 식에서 t를 소거하여 얻은 $y=\dfrac{3x^2+1}{x}$을 미분하여 구해도 된다.

6-1. (1) $y=\cos\dfrac{\pi}{180}x$ 이므로

$$y'=\left(-\sin\frac{\pi}{180}x\right)\left(\frac{\pi}{180}x\right)'$$

$$=-\frac{\pi}{180}\sin\frac{\pi}{180}x=-\boldsymbol{\frac{\pi}{180}\sin x^\circ}$$

(2) $y'=5(\sec x+\tan x)^4(\sec x+\tan x)'$

$$=5(\sec x+\tan x)^4\times(\sec x\tan x+\sec^2x)$$

$$=\mathbf{5(\sec x+\tan x)^5\sec x}$$

(3) $y'=2\sin(2\pi x-a)\{\sin(2\pi x-a)\}'$

$$=2\sin(2\pi x-a)\times\{\cos(2\pi x-a)\}\times2\pi$$

$$=\mathbf{2\pi\sin2(2\pi x-a)}$$

(4) $y'=3\sec^2(2x+5)\{\sec(2x+5)\}'$

$$=3\sec^2(2x+5)\sec(2x+5)\times\{\tan(2x+5)\}(2x+5)'$$

$$=\mathbf{6\sec^3(2x+5)\tan(2x+5)}$$

(5) $y'=\dfrac{1}{1+\sin x}\left(-\sin x\sqrt{1+\sin x}-\cos x\times\dfrac{\cos x}{2\sqrt{1+\sin x}}\right)$

$$=\frac{1}{1+\sin x}\times\frac{-(1+\sin x)^2}{2\sqrt{1+\sin x}}$$

$$=-\boldsymbol{\frac{\sqrt{1+\sin x}}{2}}$$

6-2. (1) $y'=e^x(\sin x+\cos x)+e^x(\cos x-\sin x)$

$$=\mathbf{2e^x\cos x}$$

(2) $y'=2xe^{-2x}-2(x^2+1)e^{-2x}$

$$=\mathbf{2(-x^2+x-1)e^{-2x}}$$

(3) $y'=\dfrac{1}{(e^x+e^{-x})^2}\{(e^x+e^{-x})(e^x+e^{-x})-(e^x-e^{-x})(e^x-e^{-x})\}$

$$=\boldsymbol{\frac{4}{(e^x+e^{-x})^2}}$$

6-3. (1) $y'=\dfrac{(\tan x+\sec x)'}{\tan x+\sec x}$

$$=\frac{\sec^2x+\sec x\tan x}{\tan x+\sec x}$$

$$=\frac{\sec x(\sec x+\tan x)}{\tan x+\sec x}$$

$$=\mathbf{\sec x}$$

(2) $y'=\dfrac{\left(x+\sqrt{x^2+1}\right)'}{x+\sqrt{x^2+1}}$

$$=\frac{1}{x+\sqrt{x^2+1}}\left(1+\frac{2x}{2\sqrt{x^2+1}}\right)$$

$$=\frac{1}{x+\sqrt{x^2+1}}\times\frac{\sqrt{x^2+1}+x}{\sqrt{x^2+1}}$$
$$=\frac{\mathbf{1}}{\sqrt{\boldsymbol{x}^2+\mathbf{1}}}$$

(3) $y=\ln|x-1|-\ln|x+1|$이므로
$$y'=\frac{(x-1)'}{x-1}-\frac{(x+1)'}{x+1}$$
$$=\frac{1}{x-1}-\frac{1}{x+1}=\frac{\mathbf{2}}{\boldsymbol{x}^2-\mathbf{1}}$$

(4) $y=\ln(1+e^x)-\ln e^x=\ln(1+e^x)-x$ 이므로
$$y'=\frac{(1+e^x)'}{1+e^x}-1=\frac{e^x}{1+e^x}-1$$
$$=-\frac{\mathbf{1}}{\mathbf{1}+\boldsymbol{e}^x}$$

(5) $y=\ln(1+\sin x)-\ln(1-\sin x)$ 이므로
$$y'=\frac{(1+\sin x)'}{1+\sin x}-\frac{(1-\sin x)'}{1-\sin x}$$
$$=\frac{\cos x}{1+\sin x}+\frac{\cos x}{1-\sin x}$$
$$=\frac{2\cos x}{1-\sin^2 x}=\frac{\mathbf{2}}{\mathbf{cos}\,\boldsymbol{x}}$$

6-4. $f(x)=\ln x$에서 $f^{-1}(x)=e^x$이고 $g(x)=\sqrt{x^2+1}$ 이므로
$$(f^{-1}\circ g)(x)=f^{-1}(g(x))$$
$$=f^{-1}\left(\sqrt{x^2+1}\right)=e^{\sqrt{x^2+1}}$$
$$\therefore\ (f^{-1}\circ g)'(x)=e^{\sqrt{x^2+1}}\left(\sqrt{x^2+1}\right)'$$
$$=e^{\sqrt{x^2+1}}\times\frac{x}{\sqrt{x^2+1}}$$
$$\therefore\ (f^{-1}\circ g)'(1)=e^{\sqrt{2}}\times\frac{1}{\sqrt{2}}=\frac{\sqrt{\mathbf{2}}}{\mathbf{2}}\boldsymbol{e}^{\sqrt{2}}$$

6-5. $f(\pi)=a\sin\pi+\tan\pi=0$이므로
$$\lim_{x\to\pi}\frac{f(x)}{x-\pi}=\lim_{x\to\pi}\frac{f(x)-f(\pi)}{x-\pi}=f'(\pi)$$
이때, $f'(x)=a\cos x+\sec^2 x$이고 $f'(\pi)=3$이므로
$$a\cos\pi+\sec^2\pi=3$$
$$\therefore\ -a+1=3\quad\therefore\ a=-2$$
따라서 $f(x)=-2\sin x+\tan x$이므로
$$f\left(\frac{\pi}{4}\right)=-2\sin\frac{\pi}{4}+\tan\frac{\pi}{4}$$
$$=-2\times\frac{\sqrt{2}}{2}+1=-\sqrt{2}+1$$
답 ②

6-6.
$$(\text{준 식})=\lim_{h\to0}\left\{\frac{f(e+h)-f(e)}{h}+\frac{f(e-h)-f(e)}{-h}\right\}$$
$$=f'(e)+f'(e)=2f'(e)$$
한편 $f'(x)=\dfrac{1}{\ln x}\times(\ln x)'=\dfrac{1}{x\ln x}$ 이므로
$$(\text{준 식})=2f'(e)=2\times\frac{1}{e\ln e}=\frac{2}{e}$$
답 ②

6-7.
$$f(x)=\lim_{h\to0}\frac{e^x(e^h-1)}{\sqrt{x+h}-\sqrt{x}}$$
$$=\lim_{h\to0}\frac{e^x(e^h-1)(\sqrt{x+h}+\sqrt{x})}{h}$$
$$=\lim_{h\to0}\left\{e^x\times\frac{e^h-1}{h}\times\left(\sqrt{x+h}+\sqrt{x}\right)\right\}$$
$$=e^x\times1\times2\sqrt{x}=2e^x\sqrt{x}$$
$$\therefore\ f'(x)=2\left(e^x\sqrt{x}+e^x\times\frac{1}{2\sqrt{x}}\right)$$
$$\therefore\ f'(1)=3e$$
답 ④

6-8. (1) $f(x)=x^2e^a-a^2e^x$으로 놓으면 $f(a)=0$이므로
$$(\text{준 식})=\lim_{x\to a}\frac{f(x)-f(a)}{x-a}=f'(a)$$
한편 $f'(x)=2xe^a-a^2e^x$이므로
$$(\text{준 식})=f'(a)=2ae^a-a^2e^a$$
$$=\boldsymbol{a}(\mathbf{2}-\boldsymbol{a})\boldsymbol{e}^a$$

(2) (준 식)
$$=2\lim_{x\to0}\frac{\ln(e^x+e^{2x}+\cdots+e^{nx})-\ln n}{x}$$

$f(x)=\ln(e^x+e^{2x}+\cdots+e^{nx})$으로 놓으면 $f(0)=\ln n$이므로

$$(\text{준 식})=2\lim_{x\to0}\frac{f(x)-f(0)}{x}=2f'(0)$$

한편

$$f'(x)=\frac{e^x+2e^{2x}+\cdots+ne^{nx}}{e^x+e^{2x}+\cdots+e^{nx}}$$

이므로

$$\begin{aligned}(\text{준 식})&=2f'(0)\\&=2\times\frac{1+2+\cdots+n}{n}\\&=2\times\frac{n(n+1)}{2}\times\frac{1}{n}\\&=\boldsymbol{n+1}\end{aligned}$$

(3) $f(x)=\ln\dfrac{a^x+b^x+c^x}{3}$으로 놓으면

$f(0)=\ln\dfrac{3}{3}=\ln1=0$이므로

$$\begin{aligned}(\text{준 식})&=\lim_{x\to0}\frac{f(x)}{x}\\&=\lim_{x\to0}\frac{f(x)-f(0)}{x}=f'(0)\end{aligned}$$

한편

$$f'(x)=\frac{a^x\ln a+b^x\ln b+c^x\ln c}{a^x+b^x+c^x}$$

이므로

$$(\text{준 식})=f'(0)=\boldsymbol{\frac{1}{3}\ln abc}$$

6-9. $x\longrightarrow a$일 때 극한값이 존재하고 (분모) $\longrightarrow 0$이므로 (분자) $\longrightarrow 0$이어야 한다.

$$\therefore\ \lim_{x\to a}b\ln x=0 \qquad \therefore\ b\ln a=0$$

한편 조건식에서 $b\neq0$이므로

$$\ln a=0 \qquad \therefore\ a=1$$

$$\begin{aligned}\therefore\ \lim_{x\to a}\frac{b\ln x}{x^2-a^2}&=\lim_{x\to1}\frac{b\ln x}{x^2-1}\\&=\lim_{x\to1}\left(\frac{\ln x-\ln1}{x-1}\times\frac{b}{x+1}\right)\end{aligned}$$

따라서 $f(x)=\ln x$로 놓으면

$f'(x)=\dfrac{1}{x}$이고

$$\lim_{x\to a}\frac{b\ln x}{x^2-a^2}=f'(1)\times\frac{b}{2}=1\times\frac{b}{2}=1$$

$\therefore\ b=2 \qquad \therefore\ a+b=3$ 답 ④

6-10. $f(x)+(x+1)g(x)=\sin^2x+2x$ ……㉠

$\displaystyle\lim_{x\to0}\frac{g(x)}{x^2}=-2$에서 $x\longrightarrow0$일 때 (분모) $\longrightarrow 0$이므로 (분자) $\longrightarrow 0$이어야 한다. $\therefore\ \displaystyle\lim_{x\to0}g(x)=0$

이때, $g(x)$는 $x=0$에서 미분가능하므로 $x=0$에서 연속이다.

$$\therefore\ g(0)=0$$

㉠에 $x=0$을 대입하면

$f(0)+g(0)=0 \qquad \therefore\ \boldsymbol{f(0)=-g(0)=0}$

㉠의 양변을 x에 관하여 미분하면

$$\begin{aligned}f'(x)+g(x)+(x+1)g'(x)\\=2\sin x\cos x+2\end{aligned}$$

$x=0$을 대입하면 $f'(0)+g'(0)=2$

한편

$$\begin{aligned}g'(0)&=\lim_{x\to0}\frac{g(x)-g(0)}{x}=\lim_{x\to0}\frac{g(x)}{x}\\&=\lim_{x\to0}\left\{\frac{g(x)}{x^2}\times x\right\}=-2\times0=0\end{aligned}$$

이므로 $\boldsymbol{f'(0)=2-g'(0)=2}$

6-11. $g\left(\dfrac{1}{2}\right)=a$로 놓으면 $\cos a=\dfrac{1}{2}$

$0<a<\dfrac{\pi}{2}$이므로 $a=\dfrac{\pi}{3}$

$f'(x)=-\sin x$이므로

$$g'\left(\frac{1}{2}\right)=\frac{1}{f'\left(\frac{\pi}{3}\right)}=\frac{1}{-\sin\frac{\pi}{3}}=\boldsymbol{-\frac{2\sqrt{3}}{3}}$$

*__Note__ $g(x)$가 $f(x)$의 역함수이므로

$$f\big(g(x)\big)=x \qquad \therefore\ \cos g(x)=x$$

양변을 x에 관하여 미분하면

$$\{-\sin g(x)\}g'(x)=1$$

$$\therefore\ g'(x)=-\frac{1}{\sin g(x)}$$

6-12. $f'(x)=\dfrac{e^x}{e^x-1}$이므로

$$f'(a)=\frac{e^a}{e^a-1}$$

또, $g(a)=b$라고 하면 $f(b)=a$에서

$\ln(e^b-1)=a \quad \therefore\ e^b=e^a+1$

$$\therefore\ g'(a)=\frac{1}{f'(b)}=\frac{e^b-1}{e^b}=\frac{e^a}{e^a+1}$$

$$\therefore\ (\text{준 식})=\frac{e^a-1}{e^a}+\frac{e^a+1}{e^a}=2$$

답 ①

***Note** $g(x)$를 직접 구해서 계산해도 된다.

6-13. (1) $y=x^r$에서 양변의 자연로그를 잡으면 $\ln y=r\ln x$

양변을 x에 관하여 미분하면

$$\frac{1}{y}\times\frac{dy}{dx}=r\times\frac{1}{x}$$

$$\therefore\ \frac{dy}{dx}=r\times\frac{1}{x}\times y=r\times\frac{1}{x}\times x^r$$

$$=\boldsymbol{rx^{r-1}}$$

(2) (i) $f'(x)=\sqrt{3}\,x^{\sqrt{3}-1}$

$$\therefore\ f'(1)=\sqrt{3}\times1^{\sqrt{3}-1}=\boldsymbol{\sqrt{3}}$$

(ii) $g'(x)=(\sqrt{3})^x\ln\sqrt{3}$

$$\therefore\ g'(1)=(\sqrt{3})^1\times\ln\sqrt{3}$$

$$=\boldsymbol{\frac{\sqrt{3}}{2}\ln 3}$$

(iii) $h(x)=x^{\sqrt{x}}$에서 양변의 자연로그를 잡으면 $\ln h(x)=\sqrt{x}\ln x$

양변을 x에 관하여 미분하면

$$\frac{h'(x)}{h(x)}=\frac{1}{2\sqrt{x}}\ln x+\frac{\sqrt{x}}{x}$$

$$\therefore\ h'(x)=x^{\sqrt{x}}\left(\frac{1}{2\sqrt{x}}\ln x+\frac{\sqrt{x}}{x}\right)$$

$$\therefore\ h'(1)=1^{\sqrt{1}}\left(\frac{1}{2\sqrt{1}}\ln 1+\frac{\sqrt{1}}{1}\right)$$

$$=\boldsymbol{1}$$

6-14. 양변의 절댓값의 자연로그를 잡으면

$$\ln|f(x)|=\ln e^x+\ln|\cos x|-\ln|1+\sin x|$$

양변을 x에 관하여 미분하면

$$\frac{f'(x)}{f(x)}=1+\frac{-\sin x}{\cos x}-\frac{\cos x}{1+\sin x}$$

$$=\frac{\cos x-1}{\cos x}$$

$$\therefore\ f'(x)=\frac{e^x\cos x}{1+\sin x}\times\frac{\cos x-1}{\cos x}$$

$$=\frac{e^x(\cos x-1)}{\sin x+1}$$

$$\therefore\ \boldsymbol{f'\left(\frac{\pi}{6}\right)=\frac{\sqrt{3}-2}{3}e^{\frac{\pi}{6}}}$$

6-15. (1) $y'=\dfrac{(x^2+1)'}{2\sqrt{x^2+1}}=\dfrac{x}{\sqrt{x^2+1}}$ 이므로

$$y''=\frac{(x)'\sqrt{x^2+1}-x\left(\sqrt{x^2+1}\right)'}{x^2+1}$$

$$=\frac{1}{x^2+1}\left(\sqrt{x^2+1}-x\times\frac{x}{\sqrt{x^2+1}}\right)$$

$$=\boldsymbol{\frac{1}{(x^2+1)\sqrt{x^2+1}}}$$

(2) $y'=3\cos^2x(-\sin x)$이므로

$$y''=3\{2\cos x(-\sin x)(-\sin x)+\cos^2x(-\cos x)\}$$

$$=\boldsymbol{3\cos x(2\sin^2x-\cos^2x)}$$

(3) $y'=\dfrac{3}{3x+4}$ 이므로

$$y''=\frac{-3\times3}{(3x+4)^2}=\boldsymbol{-\frac{9}{(3x+4)^2}}$$

(4) $y'=e^{x^2}(x^2)'=e^{x^2}\times2x$ 이므로

$$y''=e^{x^2}\times2x\times2x+e^{x^2}\times2$$

$$=\boldsymbol{2e^{x^2}(2x^2+1)}$$

(5) $y'=3x^2\ln x+x^3\times\dfrac{1}{x}=x^2(3\ln x+1)$ 이므로

$$y''=2x(3\ln x+1)+x^2\times\frac{3}{x}$$

$$=\boldsymbol{x(6\ln x+5)}$$

(6) $y'=\dfrac{\ln x-1}{(\ln x)^2}$ 이므로

$$y''=\frac{\frac{1}{x}\times(\ln x)^2-(\ln x-1)\times 2(\ln x)\times\frac{1}{x}}{(\ln x)^4}$$
$$=\boldsymbol{\frac{2-\ln x}{x(\ln x)^3}}$$

6-16. $f'(x)=(x)'e^{ax+b}+x(e^{ax+b})'$
$$=e^{ax+b}+x\times ae^{ax+b}$$
$$=e^{ax+b}(1+ax)$$
$$f''(x)=(e^{ax+b})'(1+ax)+e^{ax+b}(1+ax)'$$
$$=ae^{ax+b}(1+ax)+e^{ax+b}\times a$$
$$=e^{ax+b}(a^2x+2a)$$

$f'(0)=5$ 이므로

$e^b=5$ $\quad\therefore$ $\boldsymbol{b=\ln 5}$

또, $f''(0)=10$ 이므로 $\quad e^b\times 2a=10$

$e^b=5$ 이므로 $\quad 5\times 2a=10$ $\quad\therefore$ $\boldsymbol{a=1}$

6-17. $f'(x)=2xe^{-x}+x^2(-e^{-x})$
$$=e^{-x}(-x^2+2x)$$

이므로

$$y=e^xf'(x)=-x^2+2x,$$
$$y'=-2x+2,\quad y''=-2$$

이것을 조건식에 대입하고 정리하면

$$(2a-b-2)x^2+2(b-a)x=0$$

모든 실수 x에 대하여 성립하므로

$$2a-b-2=0,\ b-a=0$$
$$\therefore\ \boldsymbol{a=2,\ b=2}$$

6-18. 두 조건식을 변변 빼면

$$f(x)+g(x)=e^x-e^{-x}$$

양변을 x에 관하여 미분하면

$$f'(x)+g'(x)=e^x+e^{-x}$$

다시 양변을 x에 관하여 미분하면

$$f''(x)+g''(x)=e^x-e^{-x}$$

두 번째 조건식에 대입하면

$$e^x-e^{-x}-f(x)=e^{-x}$$
$$\therefore\ \boldsymbol{f(x)=e^x-2e^{-x}}$$

6-19. 코사인법칙으로부터

$$l^2=50^2+45^2-2\times 50\times 45\cos\theta°$$
$$=4525-4500\cos\theta°$$

$\theta°=\dfrac{\pi}{180}\theta$ 이므로 양변을 θ에 관하여 미분하면

$$2l\frac{dl}{d\theta}=4500\times\frac{\pi}{180}\sin\theta°$$
$$\therefore\ \frac{dl}{d\theta}=\frac{25}{2}\pi\times\frac{\sin\theta°}{\sqrt{4525-4500\cos\theta°}}$$
$$\therefore\ \left[\frac{dl}{d\theta}\right]_{\theta=90}=\frac{25}{2}\pi\times\frac{\sin 90°}{\sqrt{4525}}$$
$$=\boldsymbol{\frac{5\sqrt{181}}{362}\pi}$$

7-1. $f(x)=\dfrac{1}{2}x+\sin x$ 로 놓으면

$f'(x)=\dfrac{1}{2}+\cos x$ 이므로 $\quad f'\left(\dfrac{\pi}{3}\right)=1$

따라서 접선이 x축과 이루는 예각의 크기를 θ라고 하면

$$\tan\theta=1\quad\therefore\ \theta=\boldsymbol{\frac{\pi}{4}}$$

7-2. 양변을 x에 관하여 미분하면

$$3y^2\frac{dy}{dx}=\frac{-2x}{5-x^2}+y+x\frac{dy}{dx}$$
$$\therefore\ \frac{dy}{dx}=\frac{-2x+5y-x^2y}{(5-x^2)(3y^2-x)}$$
$$\therefore\ \left[\frac{dy}{dx}\right]_{\substack{x=2\\y=2}}=\frac{-2}{10}=-\frac{1}{5}$$

답 ⑤

7-3. $\dfrac{dx}{dt}=3t^2,\ \dfrac{dy}{dt}=2t-a$ 이므로

$$\frac{dy}{dx}=\frac{dy}{dt}\Big/\frac{dx}{dt}=\frac{2t-a}{3t^2}\ (t\neq 0)$$
$$\therefore\ \left[\frac{dy}{dx}\right]_{t=1}=\frac{2-a}{3}=1$$
$$\therefore\ a=-1$$

답 ②

7-4. $f(x)=\ln(2x+3),\ g(x)=a-\ln x$ 로 놓으면

$$f'(x)=\frac{2}{2x+3},\ g'(x)=-\frac{1}{x}$$

$x=t$ 인 점에서 직교한다고 하면

$f(t)=g(t),\ f'(t)g'(t)=-1$

이므로

$\ln(2t+3)=a-\ln t$ ……①

$\dfrac{2}{2t+3}\times\left(-\dfrac{1}{t}\right)=-1$ ……②

② 에서 $2t^2+3t-2=0$

$\therefore\ (2t-1)(t+2)=0$

$t>0$ 이므로 $t=\dfrac{1}{2}$

① 에 대입하면 $\ln 4=a-\ln\dfrac{1}{2}$

$\therefore\ a=\ln 2$ 답 ①

7-5. $y'=3x^2+4x$ 이므로 두 점 $(1, 4)$, $(-2, 1)$ 에서의 접선의 기울기를 각각 m, m' 이라고 하면

$m=3\times1^2+4\times1=7,$

$m'=3\times(-2)^2+4\times(-2)=4$

$\therefore\ \tan\theta=\left|\dfrac{m-m'}{1+mm'}\right|$ ⇦ p. 56

$=\left|\dfrac{7-4}{1+7\times4}\right|=\boldsymbol{\dfrac{3}{29}}$

7-6. $f(x)=\dfrac{2}{3}\sin 2x+x^2$ 으로 놓으면

$f'(x)=\dfrac{4}{3}\cos 2x+2x$ 이므로 $f'(0)=\dfrac{4}{3}$

한편 접선과 x 축이 이루는 예각의 크기를 2α 라고 하면

$\tan 2\alpha=\dfrac{4}{3}$ 곧, $\dfrac{2\tan\alpha}{1-\tan^2\alpha}=\dfrac{4}{3}$

$\therefore\ 2\tan^2\alpha+3\tan\alpha-2=0$

$\therefore\ (2\tan\alpha-1)(\tan\alpha+2)=0$

α 는 예각이므로 $\tan\alpha=\boldsymbol{\dfrac{1}{2}}$

7-7.

함수 $y=a^x$ 과 $y=\log_a x$ 는 서로 역함수이므로 두 함수의 그래프는 직선 $y=x$ 에 대하여 대칭이다.

따라서 두 함수의 그래프의 공통접선은 직선 $y=x$ 이다.

접점의 x 좌표를 t 라고 하면

$a^t=t$ ……①

$y=a^x$ 에서 $y'=a^x\ln a$ 이므로

$a^t\ln a=1$ ……②

①, ② 에서 a^t 을 소거하면

$t\ln a=1$ $\therefore\ \ln a=\dfrac{1}{t}$ $\therefore\ a=e^{\frac{1}{t}}$

이것을 ① 에 대입하면

$\left(e^{\frac{1}{t}}\right)^t=t$ $\therefore\ t=e$ $\therefore\ \boldsymbol{a=e^{\frac{1}{e}}}$

7-8. $x\longrightarrow 2$ 일 때 극한값이 존재하고 (분모) $\longrightarrow 0$ 이므로 (분자) $\longrightarrow 0$ 이어야 한다.

$\therefore\ \lim_{x\to2}\{f(x)-1\}=0$

$f(x)$ 는 $x=2$ 에서 연속이므로

$f(2)-1=0$ $\therefore\ f(2)=1$

이때,

$\lim_{x\to2}\dfrac{f(x)-1}{x-2}=\lim_{x\to2}\dfrac{f(x)-f(2)}{x-2}=3$

$\therefore\ f'(2)=3$

따라서 구하는 접선은 점 $(2, 1)$ 을 지나고 기울기가 3이다.

$\therefore\ y-1=3(x-2)$ $\therefore\ \boldsymbol{y=3x-5}$

7-9. $y'=-\sin x$ 이므로 점 $\mathrm{P}(t, \cos t)$ 에서의 접선의 기울기는 $-\sin t$ 이다.

따라서 점 P 에서의 법선의 방정식은

$y-\cos t=\dfrac{1}{\sin t}(x-t)$

곧, $y=\dfrac{1}{\sin t}x-\dfrac{t}{\sin t}+\cos t$

$\therefore\ f(t)=-\dfrac{t}{\sin t}+\cos t$

$\therefore\ \lim_{t\to0}f(t)=\lim_{t\to0}\left(-\dfrac{t}{\sin t}+\cos t\right)$

$=-1+1=\mathbf{0}$

7-10. $g(1)=t$ 라고 하면 $f(t)=1$ 에서

$$\tan^2 t=1$$

$0<t<\dfrac{\pi}{2}$ 이므로 $\quad t=\dfrac{\pi}{4}$

이때, $f'(x)=2\tan x\sec^2 x$ 이므로

$$g'(1)=\frac{1}{f'\big(g(1)\big)}=\frac{1}{f'\left(\frac{\pi}{4}\right)}$$

$$=\frac{1}{2\times1\times(\sqrt{2}\,)^2}=\frac{1}{4}$$

따라서 곡선 $y=g(x)$ 위의 점 $\left(1,\ \dfrac{\pi}{4}\right)$ 에서의 접선의 방정식은

$$y-\frac{\pi}{4}=\frac{1}{4}(x-1)$$

$$\therefore\ y=\frac{1}{4}x+\frac{\pi-1}{4}$$

따라서 구하는 y 절편은 $\boldsymbol{\dfrac{\pi-1}{4}}$

7-11. 접점의 좌표를 $(t,\ \sqrt{t}\,)(t>0)$ 라고 하자.

$y=\sqrt{x}$ 에서 $y'=\dfrac{1}{2\sqrt{x}}$ 이므로 접선 l 의 기울기는 $\dfrac{1}{2\sqrt{t}}$ 이다.

따라서 접선 l 의 방정식은

$$y-\sqrt{t}=\frac{1}{2\sqrt{t}}(x-t)$$

$x=0$ 일 때 $\quad y=\dfrac{\sqrt{t}}{2}$

$x=8$ 일 때 $\quad y=\dfrac{4}{\sqrt{t}}+\dfrac{\sqrt{t}}{2}$

사다리꼴의 넓이를 S라고 하면

$$S=\frac{1}{2}\times\left(\frac{\sqrt{t}}{2}+\frac{4}{\sqrt{t}}+\frac{\sqrt{t}}{2}\right)\times8$$

$$=4\left(\sqrt{t}+\frac{4}{\sqrt{t}}\right)\ge4\times2\sqrt{\sqrt{t}\times\frac{4}{\sqrt{t}}}$$

$$=16$$

$\left(\text{등호는 } \sqrt{t}=\dfrac{4}{\sqrt{t}} \text{ 일 때 성립}\right)$

따라서 구하는 최솟값은 **16**

7-12.

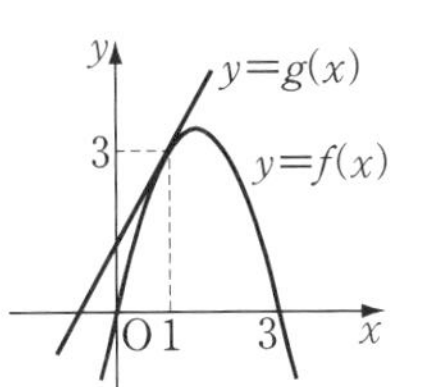

$f(1)=g(1)=3$ 이므로 조건 (나)를 만족시키려면 위의 그림과 같이 직선 $y=g(x)$ 가 점 $(1,\ 3)$ 에서 곡선 $y=f(x)$ 에 접해야 한다.

이때, $f'(x)=\dfrac{2\sqrt{3}}{3}\pi\cos\dfrac{\pi}{3}x$ 이므로

$$f'(1)=\frac{2\sqrt{3}}{3}\pi\cos\frac{\pi}{3}=\frac{\sqrt{3}}{3}\pi$$

따라서 곡선 $y=f(x)$ 위의 점 $(1,\ 3)$ 에서의 접선의 방정식은

$$y-3=\frac{\sqrt{3}}{3}\pi(x-1)$$

$$\therefore\ g(x)=\frac{\sqrt{3}}{3}\pi(x-1)+3$$

$$\therefore\ \boldsymbol{g(4)=\sqrt{3}\,\pi+3}$$

7-13. $y'=2e^{2x}$ 이므로 점 $\mathrm{P}(a,\ e^{2a})$ 에서의 접선의 방정식은

$$y-e^{2a}=2e^{2a}(x-a)$$

$y=0$ 을 대입하면

$$-e^{2a}=2e^{2a}(x-a)\qquad\therefore\ x=a-\frac{1}{2}$$

$$\therefore\ \mathrm{Q}\left(a-\frac{1}{2},\ 0\right),\ \mathrm{R}(a,\ 0)$$

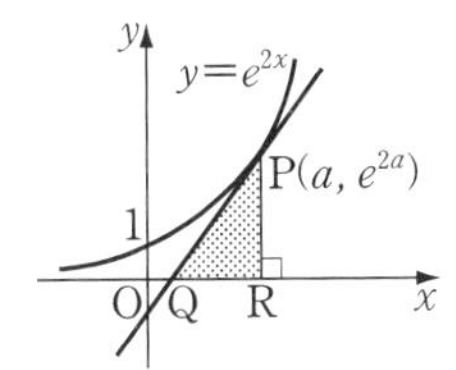

$$\therefore\ \triangle\mathrm{PQR}=\frac{1}{2}\times\frac{1}{2}\times e^{2a}=\frac{1}{4}e^{2a}=4$$

$$\therefore\ \boldsymbol{a=2\ln2}$$

7-14. 점 P의 좌표를 $\mathrm{P}(t,\ \log_2 t)$ 라고 하자.

$y=\log_2 x$ 에서 $y'=\dfrac{1}{x\ln 2}$ 이므로 직선 PA의 방정식은

$$y-\log_2 t=\frac{1}{t\ln 2}(x-t)$$

$$\therefore\ \mathrm{A}\left(0,\ \log_2 t-\frac{1}{\ln 2}\right)$$

또, $y=1+\log_a x$ 에서 $y'=\dfrac{1}{x\ln a}$ 이므로 직선 PB의 방정식은

$$y-\log_2 t=\frac{1}{t\ln a}(x-t)$$

$$\therefore\ \mathrm{B}\left(0,\ \log_2 t-\frac{1}{\ln a}\right)$$

한편 점 H의 좌표는 $\mathrm{H}(0,\ \log_2 t)$이므로

$\overline{\mathrm{AH}}=3\overline{\mathrm{BH}}$ 에서 $\dfrac{1}{\ln 2}=\dfrac{3}{\ln a}$

$\therefore\ \ln a=3\ln 2=\ln 8 \quad \therefore\ \boldsymbol{a=8}$

7-15. (1) 양변을 x에 관하여 미분하면

$$\cos y-x\sin y\frac{dy}{dx}+\frac{dy}{dx}\cos x-y\sin x=0$$

$$\therefore\ \frac{dy}{dx}=\frac{y\sin x-\cos y}{\cos x-x\sin y}$$
$(\cos x\neq x\sin y)$

$$\therefore\ \left[\frac{dy}{dx}\right]_{\substack{x=\pi\\y=\pi}}=\frac{\pi\sin\pi-\cos\pi}{\cos\pi-\pi\sin\pi}=-1$$

따라서 구하는 접선의 방정식은

$$y-\pi=-1\times(x-\pi)$$

$\therefore\ \boldsymbol{y=-x+2\pi}$

(2) $y=x^{2x}$에서 양변의 자연로그를 잡으면 $\ln y=2x\ln x$

양변을 x에 관하여 미분하면

$$\frac{1}{y}\times\frac{dy}{dx}=2\left(\ln x+x\times\frac{1}{x}\right)$$

$$\therefore\ \frac{dy}{dx}=2x^{2x}(\ln x+1)$$

$$\therefore\ \left[\frac{dy}{dx}\right]_{x=1}=2$$

따라서 구하는 접선의 방정식은

$y-1=2(x-1) \quad \therefore\ \boldsymbol{y=2x-1}$

7-16. $\dfrac{dx}{dt}=2\sec t\tan t,\ \dfrac{dy}{dt}=\sec^2 t$ 이므로

$$\frac{dy}{dx}=\frac{dy}{dt}\Big/\frac{dx}{dt}=\frac{\sec t}{2\tan t}\ (\tan t\neq 0)$$

$t=\alpha$인 점에서 접한다고 하면 접점의 좌표는 $(2\sec\alpha,\ \tan\alpha)$

접선의 기울기가 1이므로

$$\frac{\sec\alpha}{2\tan\alpha}=1 \quad \therefore\ \sec\alpha=2\tan\alpha$$

$\sec^2\alpha=\tan^2\alpha+1$이므로

$$4\tan^2\alpha=\tan^2\alpha+1$$

$$\therefore\ \tan\alpha=\pm\frac{1}{\sqrt{3}} \quad \therefore\ \sec\alpha=\pm\frac{2}{\sqrt{3}}$$

따라서 구하는 접선의 방정식은

$$y\pm\frac{1}{\sqrt{3}}=x\pm\frac{4}{\sqrt{3}}\ (\text{복부호동순})$$

$\therefore\ \boldsymbol{y=x\pm\sqrt{3}}$

7-17. $\dfrac{dx}{dt}=-\sin t,\ \dfrac{dy}{dt}=2\cos t$ 이므로

$$\frac{dy}{dx}=\frac{dy}{dt}\Big/\frac{dx}{dt}=-\frac{2\cos t}{\sin t}\ (\sin t\neq 0)$$

$t=\alpha$인 점에서 접한다고 하면 접점의 좌표는 $(\cos\alpha,\ 2\sin\alpha)$

따라서 접선의 방정식은

$$y-2\sin\alpha=-\frac{2\cos\alpha}{\sin\alpha}(x-\cos\alpha)$$

$$\therefore\ 2x\cos\alpha+y\sin\alpha=2\sin^2\alpha+2\cos^2\alpha$$

$$\therefore\ 2x\cos\alpha+y\sin\alpha=2 \quad \cdots\cdots ①$$

이 직선이 점 (2, 0)을 지나므로

$$4\cos\alpha=2 \quad \therefore\ \cos\alpha=\frac{1}{2}$$

이때,

$$\sin\alpha=\pm\sqrt{1-\cos^2\alpha}=\pm\frac{\sqrt{3}}{2}$$

①에 대입하여 정리하면

$\boldsymbol{2x\pm\sqrt{3}\,y=4}$

7-18. $\dfrac{dx}{dt}=-3\sin t,\ \dfrac{dy}{dt}=2\cos t$ 이므로

$$\frac{dy}{dx}=\frac{dy}{dt}\Big/\frac{dx}{dt}=-\frac{2\cos t}{3\sin t}$$

$t=\alpha$인 점에서 접한다고 하면 접점의 좌표는 $(3\cos\alpha,\ 2\sin\alpha)$

따라서 접선의 방정식은

$$y-2\sin\alpha=-\frac{2\cos\alpha}{3\sin\alpha}(x-3\cos\alpha)$$

$\therefore\ 2x\cos\alpha+3y\sin\alpha=6\sin^2\alpha+6\cos^2\alpha$

$$\therefore\ 2x\cos\alpha+3y\sin\alpha=6$$

여기에

$x=0$을 대입하면 $\quad y=\dfrac{2}{\sin\alpha}$,

$y=0$을 대입하면 $\quad x=\dfrac{3}{\cos\alpha}$

이므로 삼각형의 넓이는

$$\frac{1}{2}\times\frac{3}{\cos\alpha}\times\frac{2}{\sin\alpha}=\frac{6}{\sin2\alpha}$$

따라서 $\sin2\alpha$가 최대일 때 삼각형의 넓이는 최소이다. 곧, $2\alpha=\dfrac{\pi}{2}$일 때 삼각형의 넓이의 최솟값은 6이다. 답 ④

7-19. $y=e^x$에서 $\quad y'=e^x$

이므로 점 $(1,\ e)$에서의 접선의 방정식은

$$y-e=e(x-1) \qquad \therefore\ y=ex$$

$f(x)=ex,\ g(x)=2\sqrt{x-k}$로 놓고, 직선 $y=f(x)$와 곡선 $y=g(x)$가 $x=t$인 점에서 접한다고 하면

$f(t)=g(t)$에서 $\quad et=2\sqrt{t-k} \quad \cdots①$

또, $f'(x)=e,\ g'(x)=\dfrac{1}{\sqrt{x-k}}$이므로

$f'(t)=g'(t)$에서 $\quad e=\dfrac{1}{\sqrt{t-k}} \quad \cdots②$

②에서 $\sqrt{t-k}=\dfrac{1}{e}$을 ①에 대입하면

$$et=\frac{2}{e} \qquad \therefore\ t=\frac{2}{e^2}$$

②에서 $t-k=\dfrac{1}{e^2}$이므로

$$k=t-\frac{1}{e^2}=\frac{1}{e^2}$$ 답 ③

***Note** 직선 $y=ex$가 곡선 $y=2\sqrt{x-k}$에 접하므로

$ex=2\sqrt{x-k}$, 곧 $e^2x^2-4x+4k=0$

이 중근을 가질 조건을 구해도 된다.

7-20. 점 A의 좌표를 $\mathrm{A}(t,\ ae^{t-1})$이라고 하면 $y'=ae^{x-1}$이므로 접선의 방정식은

$$y-ae^{t-1}=ae^{t-1}(x-t)$$

이 직선이 원점을 지나므로

$$-ae^{t-1}=ae^{t-1}\times(-t)$$

$ae^{t-1}>0$이므로 $\quad t=1$

따라서 $\mathrm{A}(1,\ a)$이고 $\overline{\mathrm{OA}}=\sqrt{10}$이므로

$$\sqrt{1+a^2}=\sqrt{10} \qquad \therefore\ a^2=9$$

$a>0$이므로 $\quad a=3$ 답 ③

7-21.

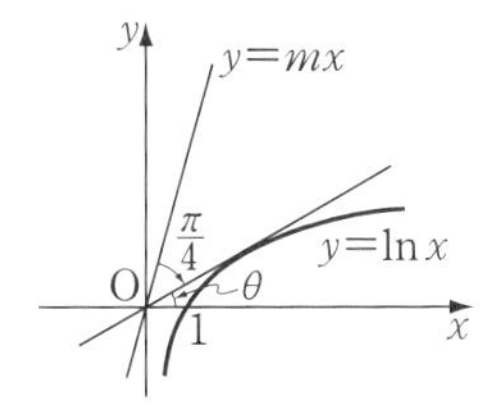

$y=\ln x$에서 $\quad y'=\dfrac{1}{x}$

이므로 원점을 지나는 접선의 접점의 좌표를 $(t,\ \ln t)$라고 하면 접선의 방정식은

$$y-\ln t=\frac{1}{t}(x-t)$$

이 직선이 원점을 지나므로

$$-\ln t=-1 \qquad \therefore\ t=e$$

따라서 접선의 방정식은 $\quad y=\dfrac{1}{e}x$

이 직선이 x축과 이루는 예각의 크기를 θ라고 하면 $\tan\theta=\dfrac{1}{e}$이므로

$$\boldsymbol{m}=\tan\left(\theta+\frac{\pi}{4}\right)=\frac{\tan\theta+\tan(\pi/4)}{1-\tan\theta\tan(\pi/4)}$$

$$=\frac{(1/e)+1}{1-(1/e)}=\boldsymbol{\frac{e+1}{e-1}}$$

7-22. $y=e^x\ (1\le x\le2) \quad \cdots\cdots①$

위의 점 $\mathrm{P}(1,\ e),\ \mathrm{Q}(2,\ e^2)$을 생각하자.

$y'=e^x$이므로 ① 위의 점 $(a,\ e^a)$ $(1\le a\le2)$에서의 접선의 방정식은

$$y-e^a=e^a(x-a)$$

이 직선이 원점을 지나면

$$-e^a=e^a\times(-a)$$

$e^a>0$이므로 $\quad a=1$

따라서 접점은 $\mathrm{P}(1,\ e)$이고, 직선 OP는 ㉮의 접선이다.

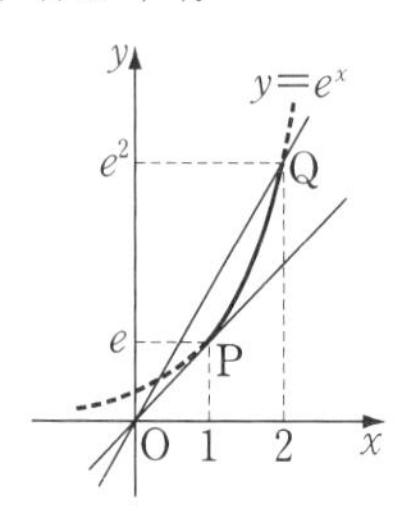

위의 그림에서 α는 직선 OP의 기울기 e보다 작거나 같아야 한다.

$$\therefore\ \alpha\le e$$

또, β는 직선 OQ의 기울기 $\dfrac{e^2}{2}$보다 크거나 같아야 한다.

$$\therefore\ \beta\ge\frac{1}{2}e^2$$

그런데 β가 최소이고 α가 최대일 때 $\beta-\alpha$가 최소이므로 최솟값은 $\boldsymbol{\dfrac{1}{2}e^2-e}$

8-1. $g(0)=\dfrac{1}{1+0\times1}=1$이므로

$$\lim_{x\to0}\frac{g(x)-g(0)}{x-0}=\lim_{x\to0}\frac{\dfrac{1}{1+xf(x)}-1}{x}$$

$$=\lim_{x\to0}\frac{-f(x)}{1+xf(x)}$$

여기에서

$$\lim_{x\to0}f(x)=\lim_{x\to0}\frac{(1-\cos x)(1+\cos x)}{x^2(1+\cos x)}$$

$$=\lim_{x\to0}\frac{\sin^2x}{x^2(1+\cos x)}=\frac{1}{2}$$

이므로

$$\lim_{x\to0}\frac{g(x)-g(0)}{x-0}=\frac{-(1/2)}{1+0\times(1/2)}=-\frac{1}{2}$$

따라서 $g(x)$는 $x=0$에서 미분가능하다.

⇦ $g'(0)=-\dfrac{1}{2}$

8-2. (i) $\displaystyle\lim_{h\to0}\frac{f(0+h)-f(0)}{h}$

$$=\lim_{h\to0}\frac{h^2\sin\dfrac{1}{h}}{h}=\lim_{h\to0}h\sin\frac{1}{h}=0$$

이므로 $f(x)$는 $x=0$에서 미분가능하다.

⇦ $f'(0)=0$

(ii) $x\neq0$일 때

$$f'(x)=2x\sin\frac{1}{x}+x^2\cos\frac{1}{x}\times\left(-\frac{1}{x^2}\right)$$

$$=2x\sin\frac{1}{x}-\cos\frac{1}{x}$$

그런데 $\displaystyle\lim_{x\to0}\cos\frac{1}{x}$이 존재하지 않으므로 $\displaystyle\lim_{x\to0}f'(x)$도 존재하지 않는다.

따라서 $f'(x)$는 $x=0$에서 불연속이다.

8-3. $f_1(x)=ax+2,\ f_2(x)=be^{3x}$ 이라고 하면

$$f_1'(x)=a,\ f_2'(x)=3be^{3x}$$

$f(x)$는 $x=0$에서 연속이므로

$$f_1(0)=f_2(0)\qquad\therefore\ 2=b$$

$f(x)$는 $x=0$에서 미분가능하므로

$$f_1'(0)=f_2'(0)\qquad\therefore\ a=3b=6$$

따라서 $x\ge0$일 때 $f(x)=6x+2$이므로

$$f(3)=20$$

답 ⑤

8-4. $f'(0)=\displaystyle\lim_{h\to0}\frac{f(0+h)-f(0)}{h}$

이때, $f(0+h)=f(0-h)$이므로

$$f'(0)=\lim_{h\to0}\frac{f(0-h)-f(0)}{h}$$

$$=\lim_{h\to0}\left\{\frac{f(0-h)-f(0)}{-h}\times(-1)\right\}$$

$$=f'(0)\times(-1)$$

곧, $f'(0)=-f'(0)$

$$\therefore\ f'(0)=0$$

답 ③

* ***Note*** $f(x)$가 우함수이고 $x=0$에서 미분가능하면 $f'(0)=0$이다.

8-5. $x<1$일 때 $f(x)=ae^{x+1}+bx+2$이고 $f(1+x)=f(1-x)$이므로

$x>1$일 때

$$f(x)=f(2-x) \quad \Leftarrow 2-x<1$$
$$=ae^{3-x}+b(2-x)+2$$

따라서

$$f'(x)=\begin{cases} ae^{x+1}+b & (x<1) \\ -ae^{3-x}-b & (x>1) \end{cases}$$

$f'(0)=-1$이므로

$$ae+b=-1 \quad \cdots\cdots ①$$

$f(x)$가 $x=1$에서 미분가능하므로

$$ae^2+b=-ae^2-b$$
$$\therefore\ ae^2+b=0 \quad \cdots\cdots ②$$

①, ②를 연립하여 풀면

$$\boldsymbol{a=\frac{1}{e^2-e},\ \ b=-\frac{e}{e-1}}$$

*Note 주어진 함수의 그래프는 직선 $x=1$에 대하여 대칭이다.

일반적으로 함수 $y=f(x)$의 그래프가 직선 $x=a$에 대하여 대칭이고 $f(x)$가 $x=a$에서 미분가능하면 $f'(a)=0$이다.

8-6. $0<x<\pi$에서 $g(x)$가 미분가능하므로 $x=0$에서 미분가능하면 된다.

그런데

$$\lim_{x\to0+}g(x)=f(0),$$
$$\lim_{x\to0-}g(x)=\lim_{x\to\pi-}g(x)=f(\pi)$$

이므로 $f(0)=f(\pi)$, $f'(0)=f'(\pi)$이어야 한다.

$f(0)=f(\pi)$에서

$$b=-b+\pi^2 \quad \therefore\ \boldsymbol{b=\frac{\pi^2}{2}}$$

또, $f'(x)=a\cos x-b\sin x+2x$이므로 $f'(0)=f'(\pi)$에서

$$a=-a+2\pi \quad \therefore\ \boldsymbol{a=\pi}$$

8-7. 삼차함수 $f(x)$는 실수 전체의 집합에서 연속이고 미분가능하다.

한편 $g_1(x)=2\sin\dfrac{x}{6}+1$,

$$g_2(x)=-2\sin\frac{x}{6}+1$$

이라고 하면 $y=g(x)$의 그래프는 아래와 같다.

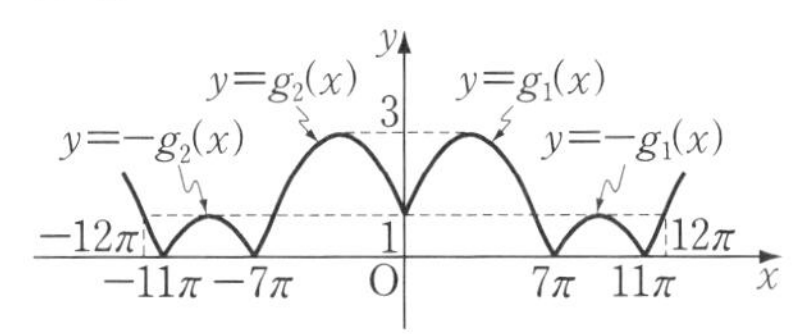

곧, $g(x)$가 실수 전체의 집합에서 연속이므로 $h(x)$는 실수 전체의 집합에서 연속이다.

또, $g(x)$가 $x=0$과 $g(x)=0$을 만족시키는 x의 값에서만 미분가능하지 않으므로 $h(x)$는 $x=0$과 $g(x)=0$을 만족시키는 x의 값에서 미분가능하면 실수 전체의 집합에서 미분가능하다.

이때, $g_1'(x)=\dfrac{1}{3}\cos\dfrac{x}{6}$,

$$g_2'(x)=-\frac{1}{3}\cos\frac{x}{6}$$

이므로 $h(x)=f\big(g(x)\big)$가 $x=0$에서 미분가능하려면

$$f'\big(g_1(0)\big)g_1'(0)=f'\big(g_2(0)\big)g_2'(0)$$
$$\therefore\ f'(1)\times\frac{1}{3}=f'(1)\times\left(-\frac{1}{3}\right)$$
$$\therefore\ f'(1)=0 \quad \cdots\cdots ①$$

한편 $x>0$에서 $g(x)=0$을 만족시키는 x의 값을 α라고 할 때, $h(x)$가 $x=\alpha$에서 미분가능하려면

$$f'\big(g_1(\alpha)\big)g_1'(\alpha)=f'\big(-g_1(\alpha)\big)\{-g_1'(\alpha)\}$$
$$\therefore\ f'(0)\times\frac{1}{3}\cos\frac{\alpha}{6}=f'(0)\times\left(-\frac{1}{3}\cos\frac{\alpha}{6}\right)$$

$\sin\dfrac{\alpha}{6}=-\dfrac{1}{2}$이므로 $\cos\dfrac{\alpha}{6}\neq0$

$$\therefore\ f'(0)=0 \quad \cdots\cdots ②$$

또, $x<0$에서 $g(x)=0$을 만족시키는 x의 값을 β라고 하면

$f'\left(g_2(\beta)\right)g_2'(\beta)=f'\left(-g_2(\beta)\right)\{-g_2'(\beta)\}$

에서 ②와 같은 결과를 얻는다.

$f(x)$는 최고차항의 계수가 1인 삼차함수이므로 ①, ②에서

$f'(x)=3x(x-1)$ $\quad\therefore$ $\boldsymbol{f'(3)=18}$

8-8. $f(1)-f(-1)=2f'(c)$에서

$$\frac{f(1)-f(-1)}{1-(-1)}=f'(c)$$

따라서 $f(x)$가 구간 $[-1, 1]$에서 연속이고 구간 $(-1, 1)$에서 미분가능한 함수이면 평균값 정리에 의하여 위와 같은 c가 구간 $(-1, 1)$에 존재한다.

ㄷ, ㄹ은 위의 조건을 만족시키므로 이러한 c가 존재한다.

ㄱ, ㄴ, ㅁ의 경우에 c가 존재하지 않음은 $y=f(x)$의 그래프를 그려 보면 알 수 있다. 답 ④

8-9. 함수 $f(x)$는 모든 실수 x에 대하여 구간 $[x, x+1]$에서 연속이고 구간 $(x, x+1)$에서 미분가능하다.

따라서 평균값 정리에 의하여

$$\frac{f(x+1)-f(x)}{(x+1)-x}=f'(c),\ x<c<x+1$$

곧,

$$f(x+1)-f(x)=f'(c),\ x<c<x+1$$

인 c가 존재한다.

그런데 $x \longrightarrow \infty$일 때 $x<c$에서 $c \longrightarrow \infty$이므로

$$\lim_{x\to\infty}\{f(x+1)-f(x)\}=\lim_{c\to\infty}f'(c)=2$$

8-10. 평균값 정리에 의하여

$$\frac{f(x_2)-f(x_1)}{x_2-x_1}=f'(c),$$
$$0\le x_1<c<x_2\le 3$$

인 c가 존재한다.

한편 $f'(x)=2+\dfrac{1}{x+1}$에서

$$f'(c)=2+\frac{1}{c+1}$$

$0<c<3$일 때 $\dfrac{9}{4}<f'(c)<3$

$$\therefore\ S\subset\left\{t\,\middle|\,\frac{9}{4}<t<3\right\}$$ 답 ①

***Note** 일반적으로

$$S=\{f'(c)\,|\,0<c<3\}$$

이라고 할 수 없다는 것에 주의하여라.

8-11. ㄱ. (참) 함수 $f(x)$는 미분가능하므로 연속이다.

$f(-1)=-1$, $f(0)=1$이므로 사잇값의 정리에 의하여 $f(c_1)=\dfrac{1}{2}$인 c_1이 구간 $(-1, 0)$에 적어도 하나 존재한다.

또, $f(0)=1$, $f(1)=0$이므로 $f(c_2)=\dfrac{1}{2}$인 c_2가 구간 $(0, 1)$에 적어도 하나 존재한다.

따라서 $f(a)=\dfrac{1}{2}$인 a가 구간 $(-1, 1)$에 두 개 이상 존재한다.

ㄴ. (참) 함수 $f(x)$가 미분가능하므로 평균값 정리에 의하여

$$\frac{f(1)-f(0)}{1-0}=f'(b)$$

인 b가 구간 $(0, 1)$에 적어도 하나 존재한다.

그런데 $f(1)=0$, $f(0)=1$이므로 $f'(b)=-1$인 b가 구간 $(0, 1)$에 적어도 하나 존재한다.

따라서 $f'(b)=-1$인 b가 구간 $(-1, 1)$에 적어도 하나 존재한다.

ㄷ. (거짓) $f(x)=-\dfrac{3}{2}x^2+\dfrac{1}{2}x+1$이면

$f(-1)=-1$, $f(0)=1$, $f(1)=0$이지만

$$f'(x)=-3x+\frac{1}{2},\ f''(x)=-3$$

이므로 $f''(c)=0$인 c는 존재하지 않는다. 답 ②

*$\boldsymbol{Note}$ ㄱ은 곡선 $y=f(x)$와 직선 $y=\dfrac{1}{2}$의 교점의 개수, ㄴ은 곡선 $y=f(x)$에서 기울기가 -1인 접선의 개수에 관한 조건이다. 아래 그림에서 생각해 보아라.

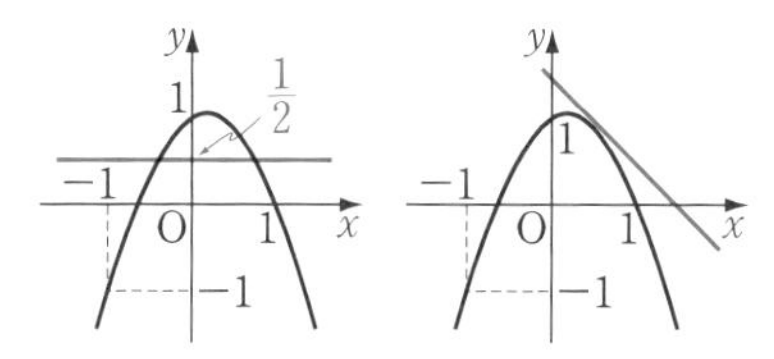

8-12. $f(x)=\dfrac{a}{3}x^3+\dfrac{b}{2}x^2+cx$라고 하면 $f(x)$는 다항함수이므로 모든 실수 x에서 연속이고 미분가능하다.

그런데

$$f(0)=0,\ f(1)=\frac{a}{3}+\frac{b}{2}+c=0$$

이므로 롤의 정리에 의하여

$$f'(x)=0,\ 0<x<1$$

인 x가 적어도 하나 존재한다.

이때, $f'(x)=ax^2+bx+c$이므로 이차방정식 $ax^2+bx+c=0$은 0과 1 사이에서 실근을 적어도 하나 가진다.

9-1. ① $x\ge1$이므로

$$y'=1-\frac{1}{x}=\frac{x-1}{x}\ge0$$

② $y'=2-\sin x>0$

③ $y'=e^x+2>0$

④ $0<x<1$이므로

$$y'=\frac{e^x x-e^x}{x^2}=\frac{e^x(x-1)}{x^2}<0$$

⑤ $x<1$이므로

$$y'=\frac{1}{x^2+1}\left\{\sqrt{x^2+1}-(x+1)\times\frac{2x}{2\sqrt{x^2+1}}\right\}$$

$$=\frac{1-x}{(x^2+1)\sqrt{x^2+1}}>0$$

답 ④

9-2. (1) $f'(x)=e^x-a$

$x\ge0$인 모든 실수 x에 대하여 $f'(x)\ge0$이어야 하므로

$$e^x-a\ge0 \quad \therefore\ a\le e^x$$

$x\ge0$일 때 $e^x\ge1$이므로 $\boldsymbol{a\le1}$

(2) $f'(x)=(ax^2+2ax+1)e^x$

모든 실수 x에 대하여 $f'(x)\ge0$이어야 하므로

$$(ax^2+2ax+1)e^x\ge0$$

$e^x>0$이므로 $ax^2+2ax+1\ge0$

$\therefore\ (a>0,\ \mathrm{D}/4=a^2-a\le0)$ 또는 $a=0$

$\therefore\ 0<a\le1$ 또는 $a=0$

$\therefore\ \boldsymbol{0\le a\le1}$

9-3. $f'(x)=a+2\cos x$

$f'(x)=0$에서 $\cos x=-\dfrac{a}{2}$

극값을 가지면 이 방정식이 해를 가지고, 해의 좌우에서 $f'(x)$의 부호가 바뀌어야 하므로

$$\left|\frac{a}{2}\right|<1 \quad 곧,\ |a|<2$$

답 ④

9-4. (1) 정의역은 $\{x\,|\,0\le x\le4\}$이고,

$$f'(x)=\frac{1}{2\sqrt{x}}+\frac{-1}{2\sqrt{4-x}}=\frac{\sqrt{4-x}-\sqrt{x}}{2\sqrt{x}\sqrt{4-x}}$$

$f'(x)=0$에서 $\sqrt{4-x}=\sqrt{x}$

$\therefore\ 4-x=x \quad \therefore\ x=2$

증감을 조사하면

극댓값 $f(2)=\boldsymbol{2\sqrt{2}}$

(2) $f(x)=x^{\frac{2}{3}}(2x-5)$에서

$$f'(x)=\frac{2}{3}x^{-\frac{1}{3}}(2x-5)+x^{\frac{2}{3}}\times2=\frac{10(x-1)}{3\sqrt[3]{x}}$$

$f'(x)=0$에서 $x=1$

또, $x=0$에서 미분가능하지 않지만 연속이고

$x<0$일 때 $f'(x)>0$,
$0<x<1$일 때 $f'(x)<0$,
$x>1$일 때 $f'(x)>0$

이므로

극댓값 $f(0)=\mathbf{0}$,
극솟값 $f(1)=\mathbf{-3}$

9-5. (1) $f'(x)=\dfrac{\sin^2 x-(2-\cos x)\cos x}{\sin^2 x}$

$=\dfrac{1-2\cos x}{\sin^2 x}$

$f'(x)=0$에서 $\cos x=\dfrac{1}{2}$

$0<x<\dfrac{\pi}{2}$이므로 $x=\dfrac{\pi}{3}$

증감을 조사하면

극솟값 $f\left(\dfrac{\pi}{3}\right)=\boldsymbol{\sqrt{3}}$

(2) $f'(x)=\dfrac{x^3-\ln x\times 4x^3}{x^8}=\dfrac{1-4\ln x}{x^5}$

$f'(x)=0$에서 $4\ln x=1$ $\therefore x=e^{\frac{1}{4}}$

증감을 조사하면

극댓값 $f\left(e^{\frac{1}{4}}\right)=\dfrac{\ln e^{\frac{1}{4}}}{(e^{\frac{1}{4}})^4}=\boldsymbol{\dfrac{1}{4e}}$

(3) $f'(x)=(\ln x)^2+x\times 2\ln x\times\dfrac{1}{x}$

$=\ln x(\ln x+2)$

$f'(x)=0$에서 $\ln x=0,\ -2$

$\therefore x=1,\ \dfrac{1}{e^2}$

증감을 조사하면

극댓값 $f\left(\dfrac{1}{e^2}\right)=\boldsymbol{\dfrac{4}{e^2}}$,

극솟값 $f(1)=\mathbf{0}$

9-6. $f(x)=x^3+3x^2\cos\theta-4\sin 2\theta$

로 놓자.

곡선 $y=f(x)$가 x축에 접하려면 $f(x)=0$, $f'(x)=0$을 동시에 만족시키는 x의 값이 존재해야 한다.

그런데 $f'(x)=3x(x+2\cos\theta)$이므로

$f'(x)=0$에서 $x=0,\ -2\cos\theta$

$0<\theta<\dfrac{\pi}{2}$일 때 $f(0)=-4\sin 2\theta\neq 0$

이므로 $f(-2\cos\theta)=0$

$\therefore (-2\cos\theta)^3+3(-2\cos\theta)^2\cos\theta-4\sin 2\theta=0$

$\therefore \cos\theta(\cos^2\theta-2\sin\theta)=0$

$0<\theta<\dfrac{\pi}{2}$에서 $\cos\theta\neq 0$이므로

$\cos^2\theta-2\sin\theta=0$

$\therefore \sin^2\theta+2\sin\theta-1=0$

$\therefore \sin\theta=-1\pm\sqrt{2}$

$0<\sin\theta<1$이므로 $\boldsymbol{\sin\theta=\sqrt{2}-1}$

9-7. $f'(x)=\dfrac{n}{x}-\dfrac{n+1}{x^2}=\dfrac{nx-(n+1)}{x^2}$

$f'(x)=0$에서 $x=\dfrac{n+1}{n}$

$x>0$에서 증감을 조사하면 이때 $f(x)$는 극소이고, 극솟값 a_n은

$a_n=f\left(\dfrac{n+1}{n}\right)$

$=n\ln\dfrac{n+1}{n}+n^2\sin^2\dfrac{1}{n}$

$\therefore \lim\limits_{n\to\infty}a_n=\lim\limits_{n\to\infty}\left[\ln\left(1+\dfrac{1}{n}\right)^n+\dfrac{\{\sin(1/n)\}^2}{(1/n)^2}\right]$

$=\ln e+1=\mathbf{2}$

9-8. $f'(x)=a\cos x-b\sin x+1$

$f(x)$가 $x=\dfrac{\pi}{3},\ \pi$에서 극값을 가지므로

$f'\left(\dfrac{\pi}{3}\right)=\dfrac{a}{2}-\dfrac{\sqrt{3}}{2}b+1=0$,

$f'(\pi)=-a+1=0$

$\therefore a=1,\ b=\sqrt{3}$

이때,

$f(x)=\sin x+\sqrt{3}\cos x+x$,

$f'(x)=\cos x-\sqrt{3}\sin x+1$

$=2\sin\left(x+\dfrac{5}{6}\pi\right)+1$

증감을 조사하면 $x=\pi$에서 극소이고,

극솟값은 $f(\pi)=-\sqrt{3}+\boldsymbol{\pi}$

Note $f''\left(\frac{\pi}{3}\right)$, $f''(\pi)$의 부호를 조사해도 된다.

9-9. $f'(x)=2xe^{-x+1}+(x^2-k)(-e^{-x+1})$
$=-(x^2-2x-k)e^{-x+1}$

$f(x)$가 $x=-2$에서 극솟값을 가지므로

$f'(-2)=-(8-k)e^3=0 \quad \therefore k=8$

이때,

$f(x)=(x^2-8)e^{-x+1}$

$f'(x)=-(x^2-2x-8)e^{-x+1}$
$=-(x+2)(x-4)e^{-x+1}$

증감을 조사하면 $x=-2$에서 극소, $x=4$에서 극대이므로

$a=f(-2)=-4e^3$,

$b=f(4)=8e^{-3}$

$$\therefore \frac{ab}{k}=\frac{-4e^3\times 8e^{-3}}{8}=-4$$

9-10. $f'(x)=1-\dfrac{a}{x^2}=\dfrac{x^2-a}{x^2}$

$a\leq 0$일 때 $f'(x)>0$이므로 극값을 가지지 않는다.

$a>0$일 때

$$f'(x)=\frac{(x+\sqrt{a})(x-\sqrt{a})}{x^2}$$

$f'(x)=0$에서 $x=-\sqrt{a}$, $\sqrt{a}$

증감을 조사하면

x	$\cdots$	$-\sqrt{a}$	$\cdots$	(0)
$f'(x)$	+	0	−	
$f(x)$	↗	극대	↘	

x	(0)	$\cdots$	$\sqrt{a}$	$\cdots$
$f'(x)$		−	0	+
$f(x)$		↘	극소	↗

따라서 $x=-\sqrt{a}$에서 극대이고, $x=\sqrt{a}$에서 극소이다.

$\therefore f(-\sqrt{a})=1-2\sqrt{a}=-1$

$\therefore \boldsymbol{a=1}$

이때, $f(x)=x+1+\dfrac{1}{x}$이므로 극솟값은 $f(1)=\mathbf{3}$

Note $f(x)$는 $x=0$에서 불연속이므로 $x<0$일 때와 $x>0$일 때로 나누어 생각해야 한다.

9-11. 진수 조건에서 정의역은 $\{x\,|\,x>0\}$이고,

$$f'(x)=\frac{1}{x}-\frac{a}{x^2}-1=\frac{-x^2+x-a}{x^2}$$

$f(x)$가 극댓값과 극솟값을 모두 가질 때, 방정식 $f'(x)=0$이 $x>0$에서 서로 다른 두 실근을 가진다.

곧, $x^2-x+a=0$이 서로 다른 두 양의 실근을 가지므로

$D=1-4a>0$,

(두 근의 합)$=1>0$,

(두 근의 곱)$=a>0$

$$\therefore \boldsymbol{0<a<\frac{1}{4}}$$

9-12. 조건을 만족시키는 점이 속하는 구간에서 $\dfrac{dy}{dx}<0$이므로 $f(x)$는 감소하고, $\dfrac{d^2y}{dx^2}>0$이므로 곡선 $y=f(x)$는 아래로 볼록하다. 답 ③

9-13. $f(x)=(-\ln ax)^2=(\ln ax)^2$으로 놓으면

$$f'(x)=\frac{2\ln ax}{x},$$

$$f''(x)=\frac{\frac{2}{x}\times x-2\ln ax}{x^2}=\frac{2(1-\ln ax)}{x^2}$$

$f''(x)=0$에서 $x=\frac{e}{a}$이고, $x=\frac{e}{a}$의 좌우에서 $f''(x)$의 부호가 바뀌므로 변곡점의 좌표는 $\left(\frac{e}{a},\ 1\right)$이다.

변곡점이 직선 $y=2x$ 위에 있으므로

$$1=\frac{2e}{a} \quad \therefore\ a=2e$$

답 ⑤

9-14. $f'(x)=nx^{n-1}e^{-x}+x^n(-e^{-x})$
$=(nx^{n-1}-x^n)e^{-x}$,

$$\begin{aligned} f''(x)&=\left\{n(n-1)x^{n-2}-nx^{n-1}\right\}e^{-x} \\ &\quad+(nx^{n-1}-x^n)(-e^{-x}) \\ &=e^{-x}x^{n-2}\left\{x^2-2nx+n(n-1)\right\} \\ &=e^{-x}x^{n-2}(x-n-\sqrt{n}\,) \\ &\qquad\times(x-n+\sqrt{n}\,) \end{aligned}$$

$f''(x)=0$에서

$$x=0,\ n+\sqrt{n},\ n-\sqrt{n}$$

그런데

$0<x<n-\sqrt{n}$일 때 $f''(x)>0$,
$n-\sqrt{n}<x<n+\sqrt{n}$일 때 $f''(x)<0$,
$x>n+\sqrt{n}$일 때 $f''(x)>0$

이므로 곡선 $y=f(x)$는 $x=n-\sqrt{n}$, $n+\sqrt{n}$일 때 변곡점을 가진다.

한편 n이 홀수이면 $x<0$일 때 $f''(x)<0$이지만 n이 짝수이면 $x<0$일 때 $f''(x)>0$이므로 n이 홀수일 때에만 점 $(0,\ 0)$이 변곡점이 된다.

따라서 n이 3 이상 10 이하의 홀수일 때 곡선 $y=f(x)$의 변곡점의 개수가 3이 되므로 구하는 n의 값의 합은

$$3+5+7+9=\mathbf{24}$$

9-15. $y'=n(\cos^{n-1}x)(-\sin x)$,

$$\begin{aligned} y''&=n(n-1)(\cos^{n-2}x)(-\sin x)^2 \\ &\qquad-n\cos^{n-1}x\cos x \\ &=n\cos^{n-2}x\left\{(n-1)\sin^2 x-\cos^2 x\right\} \end{aligned}$$

$0<x<\frac{\pi}{2}$이므로 $\cos x\neq 0$

따라서 $y''=0$에서

$$(n-1)\sin^2 x-\cos^2 x=0$$

$$\therefore\ \tan^2 x=\frac{1}{n-1}$$

이 방정식의 해를 $x=\alpha$라고 하면 $x=\alpha$의 좌우에서 y''의 부호가 바뀌므로 변곡점의 좌표는 $(\alpha,\ \cos^n\alpha)$이다.

한편 $\tan^2\alpha=\frac{1}{n-1}$이므로

$$\sec^2\alpha=\tan^2\alpha+1=\frac{n}{n-1}$$

$$\therefore\ \cos^2\alpha=1-\frac{1}{n}$$

$$\therefore\ a_n=\cos^n\alpha=(\cos^2\alpha)^{\frac{n}{2}}=\left(1-\frac{1}{n}\right)^{\frac{n}{2}}$$

$$\begin{aligned} \therefore\ \lim_{n\to\infty}a_n&=\lim_{n\to\infty}\left(1-\frac{1}{n}\right)^{\frac{n}{2}} \\ &=\lim_{n\to\infty}\left\{\left(1-\frac{1}{n}\right)^{-n}\right\}^{-\frac{1}{2}} \\ &=e^{-\frac{1}{2}}=\frac{1}{\sqrt{e}} \end{aligned}$$

답 ⑤

9-16. ㄱ. (참) $f'(x)=1+\cos x$,
$f''(x)=-\sin x$

구간 $(0,\ \pi)$에서 $f''(x)<0$이므로 $y=f(x)$의 그래프는 위로 볼록하다.

ㄴ. (참) $g'(x)=f'\big(f(x)\big)f'(x)$

구간 $(0,\ \pi)$에서 $f'(x)>0$ …①

곧, $f(x)$는 구간 $(0,\ \pi)$에서 증가하고 $f(0)=0$, $f(\pi)=\pi$이므로

$$0<f(x)<\pi$$

$$\therefore\ f'\big(f(x)\big)=1+\cos f(x)>0 \quad \cdots②$$

①, ②에서 $g'(x)>0$

따라서 $g(x)$는 구간 $(0,\ \pi)$에서 증가한다.

ㄷ. (참) $g(0)=f\big(f(0)\big)=f(0)=0$,
$g(\pi)=f\big(f(\pi)\big)=f(\pi)=\pi$

이므로 $\frac{g(\pi)-g(0)}{\pi-0}=1$

그런데 $g(x)$는 미분가능하므로 평균값 정리에 의하여 $g'(x)=1$인 x가

구간 $(0,\ \pi)$에 존재한다. 답 ⑤

9-17. (1) $y=x^3-3x$의 그래프를 그린 다음 x축 윗부분은 그대로 두고 x축 아랫부분은 x축을 대칭축으로 하여 x축 위로 꺾어 올린다.

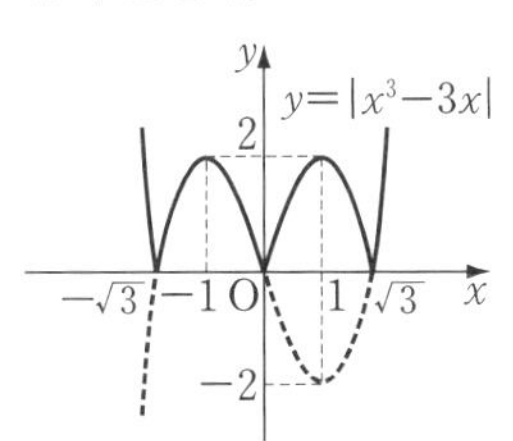

(2) $y'=\dfrac{1-\sqrt{x}}{\sqrt{x}},\quad y''=-\dfrac{1}{2\sqrt{x^3}}<0$

$y'=0$에서 $x=1$

x	0	$\cdots$	1	$\cdots$	∞
y'		$+$	0	$-$	
y''		$-$	$-$	$-$	
y	0	↗	1	↘	$-\infty$

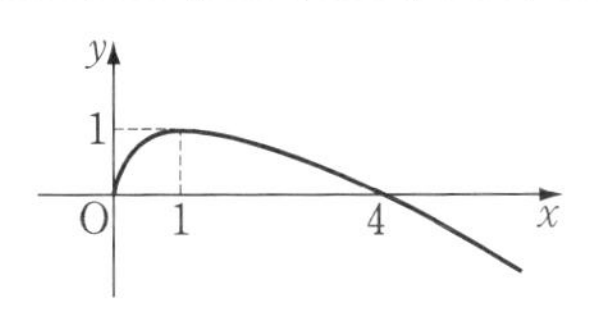

(3) $y'=\ln x,\quad y''=\dfrac{1}{x}>0$

$y'=0$에서 $x=1$

x	(0)	$\cdots$	1	$\cdots$	∞
y'		$-$	0	$+$	
y''		$+$	$+$	$+$	
y	(0)	↘	-1	↗	∞

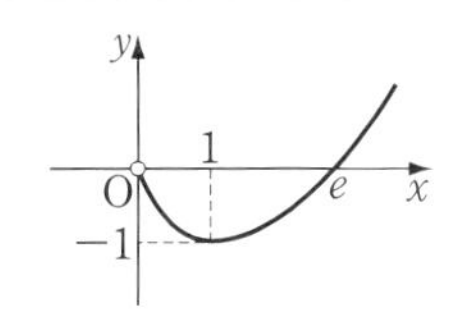

(4) $y=2\ln(x^2+1)$에서

$$y'=\frac{4x}{x^2+1},\quad y''=\frac{-4(x+1)(x-1)}{(x^2+1)^2}$$

$y'=0$에서 $x=0$

$y''=0$에서 $x=-1,\ 1$

x	$-\infty$	$\cdots$	-1	$\cdots$	0
y'		$-$	$-$	$-$	0
y''		$-$	0	$+$	$+$
y	∞	↘	$\ln 4$	↘	0

x	0	$\cdots$	1	$\cdots$	∞
y'	0	$+$	$+$	$+$	
y''	$+$	$+$	0	$-$	
y	0	↗	$\ln 4$	↗	∞

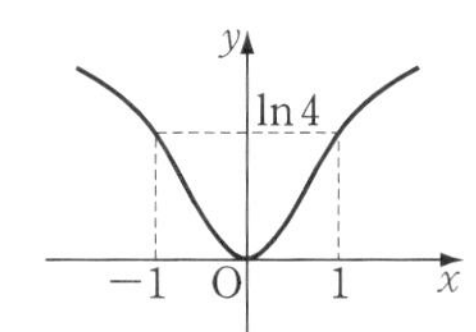

(5) $y'=\dfrac{(x-1)e^x}{x^2},\quad y''=\dfrac{(x^2-2x+2)e^x}{x^3}$

$y'=0$에서 $x=1$

x	$-\infty$	$\cdots$	(0)	$\cdots$	1	$\cdots$	∞
y'		$-$		$-$	0	$+$	
y''		$-$		$+$	$+$	$+$	
y	(0)	↘		↘	e	↗	∞

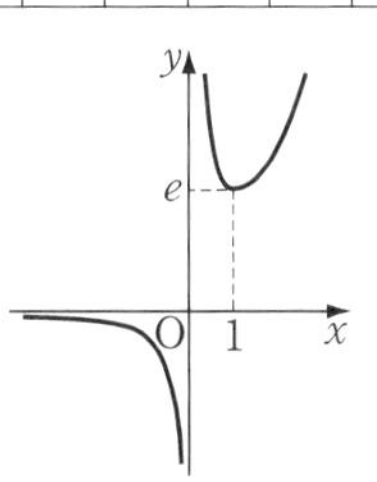

(6) $y'=-xe^{-\frac{x^2}{2}},\quad y''=(x^2-1)e^{-\frac{x^2}{2}}$

$y'=0$에서 $x=0$

$y''=0$에서 $x=-1, 1$

x	$-\infty$	$\cdots$	-1	$\cdots$	0
y'		$+$	$+$	$+$	0
y''		$+$	0	$-$	$-$
y	(0)	↗	$e^{-\frac{1}{2}}$	↗	1

x	0	$\cdots$	1	$\cdots$	∞
y'	0	$-$	$-$	$-$	
y''	$-$	$-$	0	$+$	
y	1	↘	$e^{-\frac{1}{2}}$	↘	(0)

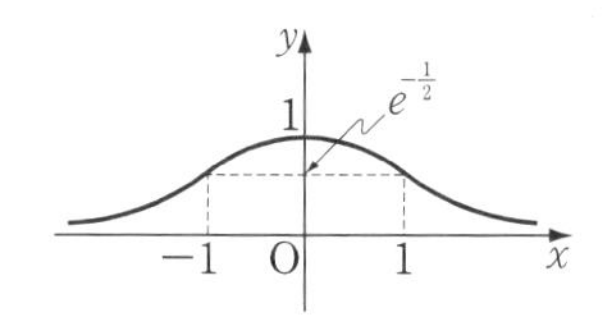

9-18. (1) $y'=2\sin x\cos x=\sin 2x$,

$y''=2\cos 2x$

$y''=0$에서 $\cos 2x=0$

$0\le x\le\frac{\pi}{2}$이므로 $x=\frac{\pi}{4}$

이때, $y=\frac{1}{2}$이므로 변곡점의 좌표는

$$\left(\boldsymbol{\frac{\pi}{4}}, \boldsymbol{\frac{1}{2}}\right)$$

또, 구하는 접선의 방정식은

$$y-\frac{1}{2}=\sin\left(2\times\frac{\pi}{4}\right)\left(x-\frac{\pi}{4}\right)$$

$$\therefore\ \boldsymbol{y=x-\frac{\pi}{4}+\frac{1}{2}}$$

(2) $y'=e^{-x}-xe^{-x}=(1-x)e^{-x}$,

$y''=-e^{-x}-(1-x)e^{-x}=(x-2)e^{-x}$

$y''=0$에서 $x=2$

이때, $y=2e^{-2}$이므로 변곡점의 좌표는 $(\boldsymbol{2, 2e^{-2}})$

또, 구하는 접선의 방정식은

$$y-2e^{-2}=(1-2)e^{-2}(x-2)$$

$$\therefore\ \boldsymbol{y=-\frac{1}{e^2}x+\frac{4}{e^2}}$$

(3) $y'=\dfrac{\frac{1}{x}\times x-\ln x}{x^2}=\dfrac{1-\ln x}{x^2}$,

$$y''=\frac{-\frac{1}{x}\times x^2-(1-\ln x)\times 2x}{x^4}=\frac{2\ln x-3}{x^3}$$

$y''=0$에서 $2\ln x=3$ $\quad\therefore\ x=e^{\frac{3}{2}}$

이때, $y=\frac{3}{2}e^{-\frac{3}{2}}$이므로 변곡점의 좌표는 $\left(\boldsymbol{e^{\frac{3}{2}}, \frac{3}{2}e^{-\frac{3}{2}}}\right)$

또, 구하는 접선의 방정식은

$$y-\frac{3}{2}e^{-\frac{3}{2}}=\frac{-\frac{1}{2}}{e^3}\left(x-e^{\frac{3}{2}}\right)$$

$$\therefore\ \boldsymbol{y=-\frac{1}{2e^3}x+\frac{2}{e^{\frac{3}{2}}}}$$

9-19. $f(x)$의 최고차항의 계수가 1이고, 역함수가 존재한다. 따라서 $f(x)$는 증가함수이고, $f'(x)\ge 0$이다.

또, $y=f(x)$일 때 $f'(x)=\frac{1}{g'(y)}$이므로 조건 (가)에서 $f'(x)\ge 3$

한편 조건 (나)에서 $x\longrightarrow 3$일 때 극한값이 존재하고 (분모) $\longrightarrow 0$이므로 (분자) $\longrightarrow 0$이어야 한다.

$$\therefore\ \lim_{x\to 3}\{f(x)-g(3)\}=0$$

$$\therefore\ f(3)=g(3)$$

$$\therefore\ \lim_{x\to 3}\frac{f(x)-g(3)}{x-3}=\lim_{x\to 3}\frac{f(x)-f(3)}{x-3}=f'(3)=3$$

따라서 $f'(x)$는 $x=3$일 때 최솟값이 3인 이차함수이다. 그리고 $f'(x)$의 x^2의 계수는 3이므로

$$f'(x)=3(x-3)^2+3=3x^2-18x+30$$

이때, $f(x)=x^3-9x^2+30x+k$로 놓을 수 있다.

$f(3)=g(3)$이고, $g(x)$는 $f(x)$의 역함수이므로 $f\big(f(3)\big)=f\big(g(3)\big)=3$이다.

$f(x)$는 증가함수이므로 두 곡선 $y=f(x)$와 $y=g(x)$의 교점은 직선 $y=x$ 위에 있다. $\quad\therefore\ f(3)=3$

$\therefore\ 36+k=3 \quad \therefore\ k=-33$

$\therefore\ \boldsymbol{f(x)=x^3-9x^2+30x-33}$

또, $f''(x)=6(x-3)$이므로 $f''(x)=0$에서 $\ x=3$

따라서 변곡점의 좌표는 **(3, 3)**

***Note** 그래프를 그려 보면 삼차함수가 증가함수일 때 변곡점에서의 미분계수가 최소임을 알 수 있다.

9-20.

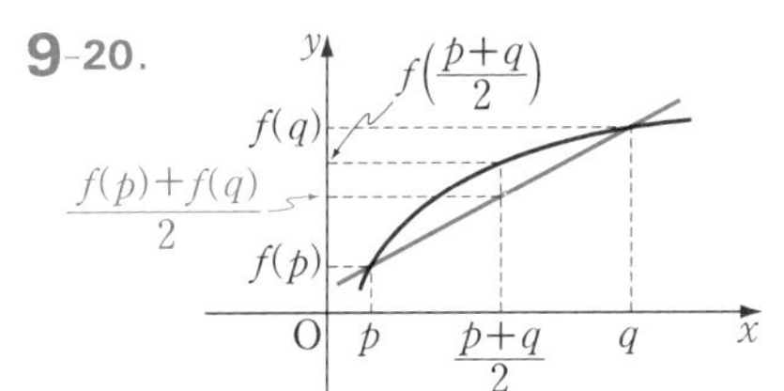

모든 실수 p, q에 대하여

$$f\left(\frac{p+q}{2}\right)\ge\frac{f(p)+f(q)}{2}$$

를 만족시키는 함수의 그래프는 위로 볼록한 곡선이거나 직선이므로 모든 실수 x에 대하여 $f''(x)\le0$이다.

$f(x)=-2x^2+a\sin x$에서

$$f'(x)=-4x+a\cos x,$$
$$f''(x)=-4-a\sin x$$

이므로 $f''(x)\le0$에서

$$-4-a\sin x\le0$$

모든 실수 x에 대하여 $|\sin x|\le1$이므로 $\ |a|\le4 \quad \therefore\ \boldsymbol{-4\le a\le4}$

9-21. ㄱ. (참) $x<1,\ 1<x<3$일 때, $f''(x)>0$이므로 $f'(x)$는 증가한다.

또, $f'(1)=0$이므로 $x=1$의 좌우에서 $f'(x)$의 부호가 음에서 양으로 바뀐다.

따라서 $f(x)$는 $x=1$에서 극소이다.

ㄴ. (참) $1<x<3$에서 $g(x)$는 미분가능하므로 평균값 정리에 의하여

$$\frac{g(b)-g(a)}{b-a}=g'(c),\ a<c<b$$

인 c가 존재한다.

그런데 $g'(c)=\{\cos f(c)\}f'(c)$에서 $1<c<3$이면 $\dfrac{\pi}{2}<f(c)<\pi$이므로

$$-1<\cos f(c)<0$$

또, $0<f'(c)<1$이므로

$$-1<g'(c)<0$$

곧, $-1<\dfrac{g(b)-g(a)}{b-a}<0$

ㄷ. (거짓) $g''(x)=-\{\sin f(x)\}\{f'(x)\}^2+\{\cos f(x)\}f''(x)$

이므로

$$g''(1)=-\sin\frac{\pi}{2}\times0^2+\cos\frac{\pi}{2}\times f''(1)=0$$

그러나 $x=1$의 좌우에서

$\sin f(x)>0,\ \{f'(x)\}^2>0,$

$\cos f(x)<0,\ f''(x)>0$

이므로 $g''(x)$의 부호 변화는 없다.

따라서 점 P는 변곡점이 아니다.

답 ③

9-22. 직선 $y=g(x)$가 곡선 $y=f(x)$ 위의 점 $\mathrm{A}\big(a, f(a)\big)$에서의 접선이므로

$$g(x)=f'(a)(x-a)+f(a) \quad \cdots ⑦$$

또, 직선 $y=g(x)$가 점 $\mathrm{B}\big(b, f(b)\big)$에서 곡선 $y=f(x)$에 접하므로

$$f'(b)=f'(a)$$

$h(x)=f(x)-g(x)$에서

$$h'(x)=f'(x)-g'(x)$$

㉠에서 $g'(x)=f'(a)$이므로

$$h'(x)=f'(x)-f'(a) \quad \cdots\cdots ㉡$$

$$\therefore\ h''(x)=f''(x)$$

ㄱ. (참) ㉡에서

$$h'(b)=f'(b)-f'(a)=0$$

ㄴ. (참) $f(a)=g(a)$이므로 $h(a)=0$, $f(b)=g(b)$이므로 $h(b)=0$이고 $h(x)$가 미분가능하므로 롤의 정리에 의하여 $h'(c)=0$인 c가 구간 $(a,\ b)$에 적어도 하나 존재한다.

따라서 $h'(a)=h'(b)=h'(c)=0$이므로 방정식 $h'(x)=0$은 적어도 3개의 서로 다른 실근을 가진다.

ㄷ. (참) 점 $\mathrm{A}\big(a,\ f(a)\big)$는 곡선 $y=f(x)$의 변곡점이므로 $f''(a)=0$이고 $x=a$의 좌우에서 $f''(x)$의 부호가 바뀐다.

$h''(x)=f''(x)$이므로 점 $\big(a,\ h(a)\big)$는 곡선 $y=h(x)$의 변곡점이다.

답 ⑤

10-1. (1) $4-x^2\ge0$에서 $\quad -2\le x\le2$

$$f'(x)=1+\frac{-2x}{2\sqrt{4-x^2}}=\frac{\sqrt{4-x^2}-x}{\sqrt{4-x^2}}$$

$f'(x)=0$에서 $\quad \sqrt{4-x^2}=x \quad \cdots\cdots ㉠$

$$\therefore\ 4-x^2=x^2 \qquad \therefore\ x=\pm\sqrt2$$

그런데 $x=-\sqrt2$는 ㉠을 만족시키지 않으므로 $\quad x=\sqrt2$

$-2\le x\le2$에서 증감을 조사하면

x	-2	$\cdots$	$\sqrt2$	$\cdots$	2
$f'(x)$		$+$	0	$-$	
$f(x)$	-4	↗	$2(\sqrt2-1)$	↘	0

∴ 최댓값 $f(\sqrt2)=\mathbf{2(\sqrt2-1)}$,
최솟값 $f(-2)=\mathbf{-4}$

(2) 진수 조건에서 $\quad 5-x>0,\ x+4>0$

$$\therefore\ -4<x<5$$

$$f(x)=\frac12\log_3(5-x)+\log_3(x+4)=\frac12\log_3(5-x)(x+4)^2$$

여기에서 $g(x)=(5-x)(x+4)^2$으로 놓으면

$$g'(x)=-3(x+4)(x-2)$$

$g'(x)=0$에서 $\quad x=2\ (\because\ -4<x<5)$

$-4<x<5$에서 증감을 조사하면 $g(x)$는 $x=2$일 때 최대이고, 최댓값은 $g(2)=108$이다.

따라서 $f(x)$의 최댓값은

$$\frac12\log_3108=\frac12\log_3(3^3\times2^2)=\frac32+\log_32$$

곧, $x=2$일 때 최댓값 $\mathbf{\dfrac32+\log_32}$,
최솟값 없다.

10-2. (1) $y'=\cos x-\sqrt3\sin x+1$

$$=-2\sin\left(x-\frac{\pi}{6}\right)+1$$

$y'=0$에서 $\quad \sin\left(x-\dfrac{\pi}{6}\right)=\dfrac12$

$0\le x\le\pi$이므로

$$x-\frac{\pi}{6}=\frac{\pi}{6},\ \frac56\pi \qquad \therefore\ x=\frac{\pi}{3},\ \pi$$

$0\le x\le\pi$에서 증감을 조사하면

$x=\dfrac{\pi}{3}$일 때 최댓값 $\boldsymbol{\dfrac{\pi}{3}+\sqrt3}$,

$x=\pi$일 때 최솟값 $\boldsymbol{\pi-\sqrt3}$

(2) $y=4\sin x+4\times2\sin x\cos x\cos x+3\cos2x$

$$=4\sin x+8\sin x(1-\sin^2x)+3(1-2\sin^2x)$$

$$=-8\sin^3x-6\sin^2x+12\sin x+3$$

$\sin x=t$로 놓으면 $-1\le t\le1$이고

$$y=-8t^3-6t^2+12t+3,$$

$$y'=-12(t+1)(2t-1)$$

$y'=0$에서 $\quad t=-1,\ \dfrac12$

$-1\le t\le 1$에서 증감을 조사하면

$t=\dfrac{1}{2}$일 때 최댓값 $\mathbf{\dfrac{13}{2}}$,

$t=-1$일 때 최솟값 $\mathbf{-7}$

(3) $|\cos x|=\sqrt{\cos^2 x}=\sqrt{1-\sin^2 x}$

이므로 $\sin x=t$로 놓으면 $-1\le t\le 1$ 이고

$y=t+\sqrt{1-t^2}-1$,

$y'=1+\dfrac{-2t}{2\sqrt{1-t^2}}=\dfrac{\sqrt{1-t^2}-t}{\sqrt{1-t^2}}$

$y'=0$에서 $\sqrt{1-t^2}=t$ ……㉠

$\therefore\ 1-t^2=t^2\quad \therefore\ t=\pm\dfrac{1}{\sqrt{2}}$

그런데 $t=-\dfrac{1}{\sqrt{2}}$은 ㉠을 만족시키지 않으므로 $t=\dfrac{1}{\sqrt{2}}$

$-1\le t\le 1$에서 증감을 조사하면

$t=\dfrac{1}{\sqrt{2}}$일 때 최댓값 $\mathbf{\sqrt{2}-1}$,

$t=-1$일 때 최솟값 $\mathbf{-2}$

(4) $\sin x+\cos x=t$ ……㉠

로 놓으면

$t=\sqrt{2}\sin\left(x+\dfrac{\pi}{4}\right)$

이므로 $-\sqrt{2}\le t\le\sqrt{2}$

㉠의 양변을 제곱하면

$\sin^2 x+2\sin x\cos x+\cos^2 x=t^2$

$\therefore\ \sin x\cos x=\dfrac{1}{2}(t^2-1)$

$\therefore\ y=t^3-6\times\dfrac{1}{2}(t^2-1)$

$=t^3-3t^2+3$,

$y'=3t(t-2)$

$y'=0$에서 $t=0$

$(\because\ -\sqrt{2}\le t\le\sqrt{2})$

$-\sqrt{2}\le t\le\sqrt{2}$에서 증감을 조사하면

$t=0$일 때 최댓값 $\mathbf{3}$,

$t=-\sqrt{2}$일 때 최솟값 $\mathbf{-2\sqrt{2}-3}$

10-3. (1) $f'(x)=\sqrt{3}\,e^{\sqrt{3}x}\sin x+e^{\sqrt{3}x}\cos x$

$=(\sqrt{3}\sin x+\cos x)e^{\sqrt{3}x}$

$=2\sin\left(x+\dfrac{\pi}{6}\right)e^{\sqrt{3}x}$

$f'(x)=0$에서 $\sin\left(x+\dfrac{\pi}{6}\right)=0$

$0<x<\pi$이므로 $x=\dfrac{5}{6}\pi$

$0<x<\pi$에서 증감을 조사하면

최댓값 $f\left(\dfrac{5}{6}\pi\right)=\mathbf{\dfrac{1}{2}e^{\frac{5\sqrt{3}}{6}\pi}}$,

최솟값 없다.

(2) $f'(x)=\dfrac{e^x\sin x-e^x\cos x}{\sin^2 x}$

$=\dfrac{e^x(\sin x-\cos x)}{\sin^2 x}$

$f'(x)=0$에서 $\sin x=\cos x$

$\therefore\ \tan x=1$

$0<x<\pi$이므로 $x=\dfrac{\pi}{4}$

$0<x<\pi$에서 증감을 조사하면

최솟값 $f\left(\dfrac{\pi}{4}\right)=\mathbf{\sqrt{2}\,e^{\frac{\pi}{4}}}$,

최댓값 없다.

10-4. (1) $2-x^2\ge 0$에서

$-\sqrt{2}\le x\le\sqrt{2}$

$f'(x)=\dfrac{-2x}{2\sqrt{2-x^2}}e^x+\sqrt{2-x^2}\,e^x$

$=\dfrac{-(x+2)(x-1)e^x}{\sqrt{2-x^2}}$

$f'(x)=0$에서 $x=1$

$(\because\ -\sqrt{2}\le x\le\sqrt{2})$

$-\sqrt{2}\le x\le\sqrt{2}$에서 증감을 조사하면 최댓값은 $f(1)=\boldsymbol{e}$

(2) 진수 조건에서 $x>0,\ 1-x>0$

$\therefore\ 0<x<1$

$f(x)=-x\ln x-(1-x)\ln(1-x)$

이므로

$f'(x)=-(\ln x+1)-\{-\ln(1-x)-1\}$

$=\ln(1-x)-\ln x$

$f'(x)=0$에서 $\ln(1-x)=\ln x$

$\therefore 1-x=x \quad \therefore x=\dfrac{1}{2}$

$0<x<1$에서 증감을 조사하면 최댓값은

$$f\left(\frac{1}{2}\right)=-\frac{1}{2}\ln\frac{1}{2}-\frac{1}{2}\ln\frac{1}{2}$$

$$=-\ln\frac{1}{2}=\mathbf{\ln 2}$$

10-5. $f(x)=\ln x^{\frac{1}{x}}$으로 놓으면

$f(x)=\dfrac{\ln x}{x}$이므로 $f'(x)=\dfrac{1-\ln x}{x^2}$

$f'(x)=0$에서 $\ln x=1 \quad \therefore x=e$

$x>0$에서 증감을 조사하면 $f(x)$는 $x=e$일 때 최대이고, 이때 $x^{\frac{1}{x}}$도 최대이다.

답 ④

10-6. $f'(x)=a(1-2\cos 2x)$

$f'(x)=0$에서 $\cos 2x=\dfrac{1}{2}$

$-\dfrac{\pi}{2}\le x\le\dfrac{\pi}{2}$이므로 $x=-\dfrac{\pi}{6},\ \dfrac{\pi}{6}$

$-\dfrac{\pi}{2}\le x\le\dfrac{\pi}{2}$에서 증감을 조사하면 $x=-\dfrac{\pi}{6}$에서 극대이고, 극댓값은

$$f\left(-\frac{\pi}{6}\right)=a\left(-\frac{\pi}{6}+\sin\frac{\pi}{3}\right)$$

$$=a\left(-\frac{\pi}{6}+\frac{\sqrt{3}}{2}\right)$$

한편

$$f\left(-\frac{\pi}{2}\right)=-\frac{1}{2}\pi a,\ f\left(\frac{\pi}{2}\right)=\frac{1}{2}\pi a$$

그런데

$$a\left(-\frac{\pi}{6}+\frac{\sqrt{3}}{2}\right)<\frac{1}{2}\pi a$$

이므로 최댓값은 $f\left(\dfrac{\pi}{2}\right)=\dfrac{1}{2}\pi a$이다.

조건에서 최댓값이 π이므로

$\dfrac{1}{2}\pi a=\pi \quad \therefore a=2$ 답 ②

10-7. $f'(x)=\ln x+3$

$f'(x)=0$에서 $\ln x=-3 \quad \therefore x=e^{-3}$

$x>0$에서 증감을 조사하면 최솟값은

$$f(e^{-3})=e^{-3}\ln e^{-3}+2e^{-3}+a$$

$$=-e^{-3}+a$$

조건에서 최솟값이 0이므로

$-e^{-3}+a=0 \quad \therefore a=\dfrac{1}{e^3}$ 답 ④

10-8. $y=\dfrac{x+1}{x^2+3}\ (x\ge 0)$에서

$$y'=\frac{x^2+3-(x+1)\times 2x}{(x^2+3)^2}$$

$$=\frac{-(x+3)(x-1)}{(x^2+3)^2}$$

$y'=0$에서 $x=1\ (\because x\ge 0)$

x	0	$\cdots$	1	$\cdots$
y'		$+$	0	$-$
y	$\frac{1}{3}$	↗	$\frac{1}{2}$	↘

위의 증감표에 의하여 주어진 함수의 그래프의 개형은 아래와 같다.

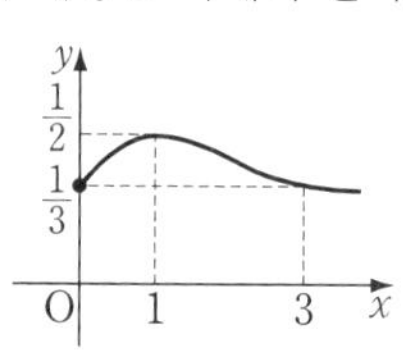

문제의 조건을 만족시키기 위해서는 $1\le a\le 3$이므로 a의 최댓값은 3이다.

답 ③

***Note** $\dfrac{x+1}{x^2+3}=\dfrac{1}{3}$에서

$3(x+1)=x^2+3 \quad \therefore x(x-3)=0$

$\therefore x=0,\ 3$

10-9. $h(k)=|g(k)-f(0)|=g(k)$에서

$g(k)-f(0)=g(k)$

또는 $g(k)-f(0)=-g(k)$

이때, $f(0)=\ln 4+2\neq 0$이므로

$$g(k)-f(0)=-g(k)$$

$$\therefore\ g(k)=\frac{1}{2}f(0)=\ln 2+1$$

한편 $g(c)-f(c-k)=0$인 c가 존재하면 $h(x)$의 최솟값이 0이 되므로 조건을 만족시키지 않는다. 곧, 모든 실수 x에 대하여 $g(x)-f(x-k)\neq 0$이다.

이때, $g(x)-f(x-k)$는 연속함수이고

$$\begin{aligned}g(k)-f(k-k)&=g(k)-f(0)\\&=(\ln 2+1)-(\ln 4+2)\\&=-\ln 2-1<0\end{aligned}$$

이므로 모든 실수 x에 대하여

$$g(x)-f(x-k)<0$$

$$\therefore\ h(x)=f(x-k)-g(x)$$

$$\therefore\ h'(x)=f'(x-k)-g'(x)$$

여기에서 $f'(x)=\dfrac{e^x}{e^x+3}+2e^x$이고 $h'(k)=0$이므로

$$h'(k)=f'(0)-g'(k)=0$$

$$\therefore\ g'(k)=f'(0)=\frac{1}{4}+2=\frac{9}{4}$$

$$\therefore\ g(k)+g'(k)=\ln 2+1+\frac{9}{4}$$

$$=\mathbf{\ln 2+\frac{13}{4}}$$

10-10. 곡선 $y=\ln(2x^2+1)$ 위의 점 $(x,\ y)$에서의 접선의 기울기는

$$y'=\frac{4x}{2x^2+1}$$

$f(x)=\dfrac{4x}{2x^2+1}$로 놓으면

$$\begin{aligned}f'(x)&=\frac{4(2x^2+1)-4x\times 4x}{(2x^2+1)^2}\\&=\frac{-4(\sqrt{2}\,x+1)(\sqrt{2}\,x-1)}{(2x^2+1)^2}\end{aligned}$$

$f'(x)=0$에서 $\quad x=-\dfrac{1}{\sqrt{2}},\ \dfrac{1}{\sqrt{2}}$

$f(x)$의 증감을 조사하면 $x=\dfrac{1}{\sqrt{2}}$일 때 극대이면서 최대이고, 최댓값은

$$f\left(\frac{1}{\sqrt{2}}\right)=\sqrt{2}$$

곡선 $y=\ln(2x^2+1)$에서 $x=\dfrac{1}{\sqrt{2}}$일 때 $y=\ln 2$이므로 기울기가 최대인 접선의 방정식은

$$y-\ln 2=\sqrt{2}\left(x-\frac{1}{\sqrt{2}}\right)$$

$$\therefore\ y=\sqrt{2}\,x+\ln 2-1$$

따라서 구하는 y절편은 $\mathbf{\ln 2-1}$

10-11.

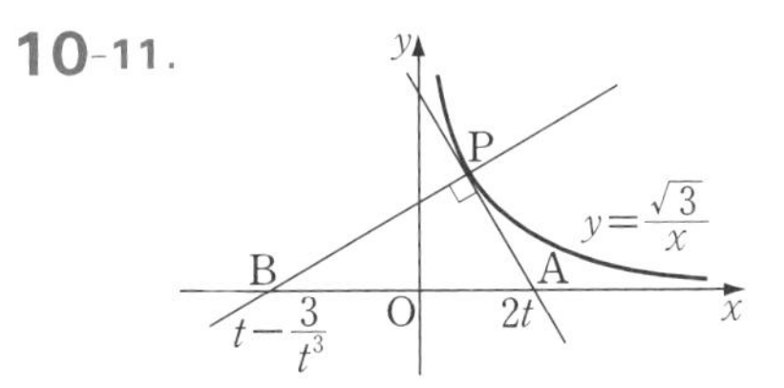

점 P의 좌표를 $\left(t,\ \dfrac{\sqrt{3}}{t}\right)(t>0)$이라고 하자.

$y'=-\dfrac{\sqrt{3}}{x^2}$이므로 점 P에서의 접선의 방정식은

$$y-\frac{\sqrt{3}}{t}=-\frac{\sqrt{3}}{t^2}(x-t)$$

$y=0$을 대입하면 $x=2t$이므로

$$\mathrm{A}(2t,\ 0)$$

점 P에서의 법선의 방정식은

$$y-\frac{\sqrt{3}}{t}=\frac{t^2}{\sqrt{3}}(x-t)$$

$y=0$을 대입하면 $x=t-\dfrac{3}{t^3}$이므로

$$\mathrm{B}\left(t-\frac{3}{t^3},\ 0\right)$$

선분 AB의 길이를 $f(t)$라고 하면

$$f(t)=2t-\left(t-\frac{3}{t^3}\right)=t+\frac{3}{t^3}\ \ (t>0)$$

$$\begin{aligned}\therefore\ f'(t)&=1-\frac{9}{t^4}\\&=\frac{(t^2+3)(t+\sqrt{3}\,)(t-\sqrt{3}\,)}{t^4}\end{aligned}$$

$f'(t)=0$에서 $t=\sqrt{3}$ ($\because t>0$)

$t>0$에서 증감을 조사하면 최솟값은

$$f(\sqrt{3})=\frac{4\sqrt{3}}{3}$$ 답 ④

10-12.

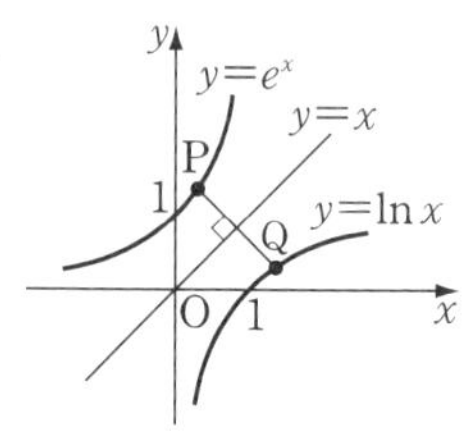

곡선 $y=e^x$과 $y=\ln x$는 직선 $y=x$에 대하여 대칭이고, 선분 PQ가 직선 $y=x$에 수직이므로 두 점 P, Q는 직선 $y=x$에 대하여 대칭이다.

따라서 $P(x, e^x)$으로 놓으면 $Q(e^x, x)$이므로

$$\overline{PQ}=\sqrt{(e^x-x)^2+(x-e^x)^2}$$

$e^x>x$이므로 $\overline{PQ}=\sqrt{2}(e^x-x)$

$f(x)=\sqrt{2}(e^x-x)$로 놓으면

$$f'(x)=\sqrt{2}(e^x-1)$$

$f'(x)=0$에서 $e^x=1$ $\therefore x=0$

증감을 조사하면 최솟값은

$$f(0)=\sqrt{2}(e^0-0)=\sqrt{2}$$ 답 ②

***Note** 이때, 두 점 P, Q의 좌표는 P(0, 1), Q(1, 0)이다.

10-13. $|y|=-\ln|x|$에서

$x>0$, $y\ge 0$일 때 $y=-\ln x$

이고 x축, y축, 원점에 대하여 대칭이므로 주어진 곡선은 아래 그림과 같다.

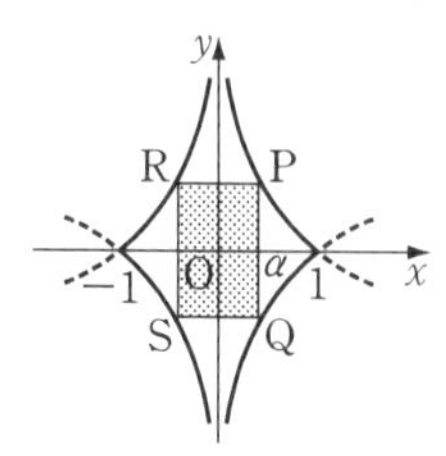

점 P의 x좌표를 α라 하고, 위의 그림에서 점 찍은 부분 중 제1사분면에 속하는 부분의 넓이를 $f(\alpha)$라고 하면

$$f(\alpha)=-\alpha\ln\alpha \ (0<\alpha<1)$$

$$\therefore f'(\alpha)=-\ln\alpha-1$$

$f'(\alpha)=0$에서 $\alpha=\frac{1}{e}$

$0<\alpha<1$에서 증감을 조사하면 최댓값은 $f\left(\frac{1}{e}\right)=\frac{1}{e}$

따라서 직사각형 PQSR의 넓이의 최댓값은 $\frac{1}{e}\times 4=\boldsymbol{\frac{4}{e}}$

10-14.

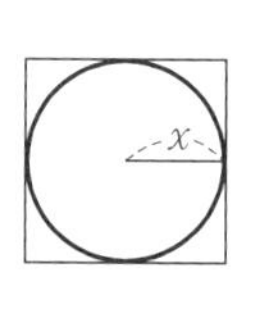

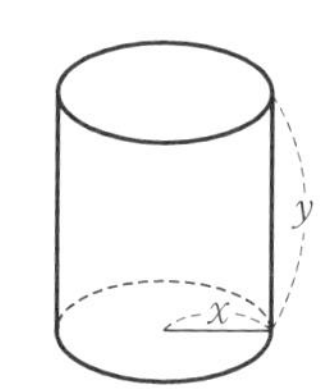

원기둥의 밑면의 반지름의 길이를 x, 높이를 y, 부피를 V라고 하면

$$V=\pi x^2y=64 \quad \therefore \pi y=\frac{64}{x^2} \quad \cdots ⑦$$

필요한 철판의 넓이를 $S(x)$라고 하면

$$S(x)=(2x)^2\times 2+2\pi xy \quad \Leftarrow ⑦$$
$$=8x^2+\frac{128}{x} \ (x>0)$$

$$\therefore S'(x)=16x-\frac{128}{x^2}$$
$$=\frac{16(x-2)(x^2+2x+4)}{x^2}$$

$S'(x)=0$에서 $x=2$

$x>0$에서 증감을 조사하면 최솟값은

$$S(2)=8\times 2^2+\frac{128}{2}=96\,(m^2)$$

따라서 구하는 최소 비용은 **96**만 원

10-15.

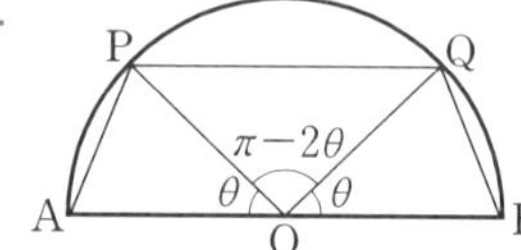

$\angle AOP=\angle BOQ=\theta$,
$\angle POQ=\pi-2\theta$,
$\overline{OA}=\overline{OB}=\overline{OP}=\overline{OQ}=2$
이므로 사각형 ABQP의 넓이를 $S(\theta)$라고 하면

$$S(\theta)=\triangle AOP+\triangle BOQ+\triangle POQ$$
$$=\frac{1}{2}\times 2^2\sin\theta+\frac{1}{2}\times 2^2\sin\theta+\frac{1}{2}\times 2^2\sin(\pi-2\theta)$$
$$=\mathbf{4\sin\theta+2\sin2\theta}\ \left(\mathbf{0<\theta<\frac{\pi}{2}}\right)$$

$$\therefore\ S'(\theta)=4\cos\theta+4\cos2\theta$$
$$=4\cos\theta+4(2\cos^2\theta-1)$$
$$=4(\cos\theta+1)(2\cos\theta-1)$$

$S'(\theta)=0$에서 $\cos\theta=-1,\ \frac{1}{2}$

$0<\theta<\frac{\pi}{2}$이므로 $\theta=\frac{\pi}{3}$

$0<\theta<\frac{\pi}{2}$에서 증감을 조사하면 최댓값은

$$S\left(\frac{\pi}{3}\right)=4\sin\frac{\pi}{3}+2\sin\frac{2}{3}\pi=\mathbf{3\sqrt{3}}$$

10-16. $\angle SOP=x$라고 하면 정사각형 OPQR가 호 AB와 서로 다른 두 점 S, T에서 만나므로

$$0<x<\frac{\pi}{4}$$

또, $\overline{OP}=\cos x$, $\overline{PS}=\sin x$이므로

$$\overline{QS}=\overline{PQ}-\overline{PS}=\cos x-\sin x$$

$$\therefore\ D=\cos^2x-\frac{\pi}{4}(\cos x-\sin x)^2\quad\left(0<x<\frac{\pi}{4}\right)$$

$$\therefore\ \frac{dD}{dx}=2(\cos x)(-\sin x)-\frac{\pi}{2}(\cos x-\sin x)(-\sin x-\cos x)$$
$$=-\sin2x+\frac{\pi}{2}\cos2x$$

$0<x<\frac{\pi}{4}$에서 $\frac{dD}{dx}=0$의 해를 $x=\alpha$라고 하면

$$\tan2\alpha=\frac{\pi}{2}$$

$0<x<\frac{\pi}{4}$에서 증감을 조사하면 D는 $x=\alpha$일 때 최대이다.

이때, $\theta=\frac{\pi}{2}-2\alpha$이므로

$$\tan\theta=\tan\left(\frac{\pi}{2}-2\alpha\right)=\cot2\alpha=\mathbf{\frac{2}{\pi}}$$

11-1. (1) $f(x)=e^x+x$로 놓으면

$$f'(x)=e^x+1>0$$

이므로 $f(x)$는 증가함수이다.

또, $f(x)$는 구간 $[-1,\ 0]$에서 연속이고

$$f(-1)=e^{-1}-1=\frac{1-e}{e}<0,$$
$$f(0)=e^0+0=1>0$$

이므로 방정식 $f(x)=0$은 오직 하나의 실근을 가진다. 답 **1**

(2) $f(x)=e^x-3x$로 놓으면

$f'(x)=e^x-3=0$에서 $x=\ln3$

증감을 조사하면 $f(x)$는 $x=\ln3$에서 극소이고 구간 $[0,\ \ln3]$에서 감소, 구간 $[\ln3,\ 2]$에서 증가한다.

또, $f(x)$는 구간 $[0,\ 2]$에서 연속이고

$$f(0)=1>0,$$
$$f(\ln3)=3-3\ln3<0,$$
$$f(2)=e^2-6>0$$

이므로 방정식 $f(x)=0$은 구간 $(0,\ \ln3)$에서 하나, 구간 $(\ln3,\ 2)$에서 하나의 실근을 가진다. 답 **2**

(3) $f(x)=x-\cos x$로 놓으면

$0\le x\le\pi$일 때 $f'(x)=1+\sin x>0$

이므로 $f(x)$는 구간 $[0,\ \pi]$에서 증가한다.

또, $f(x)$는 구간 $[0,\ \pi]$에서 연속이고

$$f(0)=-1<0,\ f(\pi)=\pi+1>0$$

이므로 방정식 $f(x)=0$은 오직 하나의 실근을 가진다. 답 **1**

11-2. (1) $f'(x)=2\cos x-2x\sin x$

$$=2x\cos x\left(\frac{1}{x}-\tan x\right)$$

이므로 $0<x<\frac{\pi}{2}$에서 방정식 $f'(x)=0$의 해는 $\frac{1}{x}=\tan x$의 해와 같다.

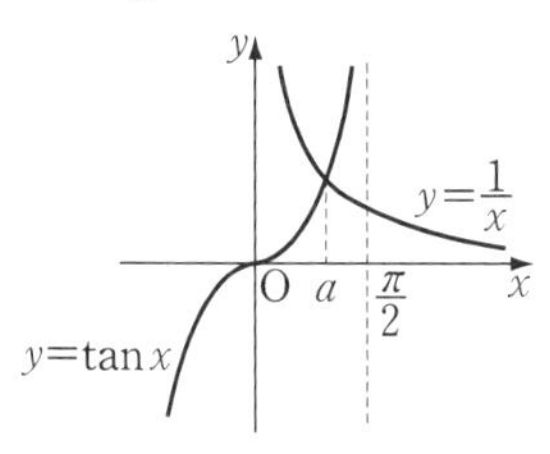

그런데 $0<x<\frac{\pi}{2}$에서 $y=\frac{1}{x}$과 $y=\tan x$의 그래프는 한 점에서 만난다. 이 점의 x좌표를 a,

$g(x)=\frac{1}{x}-\tan x$라고 하면 $g(x)$는 구간 $\left[\frac{\pi}{4},\ \frac{\pi}{3}\right]$에서 연속이고

$$g\left(\frac{\pi}{4}\right)=\frac{4}{\pi}-1>0,$$

$$g\left(\frac{\pi}{3}\right)=\frac{3}{\pi}-\sqrt{3}<0$$

따라서 $\frac{\pi}{4}<a<\frac{\pi}{3}$이고, $f(x)$는 $x=a$에서 극대이다.

(2)

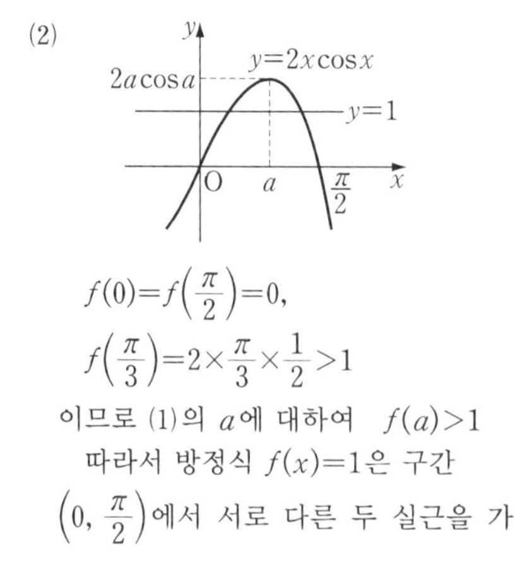

$$f(0)=f\left(\frac{\pi}{2}\right)=0,$$

$$f\left(\frac{\pi}{3}\right)=2\times\frac{\pi}{3}\times\frac{1}{2}>1$$

이므로 (1)의 a에 대하여 $f(a)>1$

따라서 방정식 $f(x)=1$은 구간 $\left(0,\ \frac{\pi}{2}\right)$에서 서로 다른 두 실근을 가진다.

11-3. $(a-1)e^x=x-2$ ……①

에서 $e^x\neq 0$이므로 양변을 e^x으로 나누면

$$a-1=\frac{x-2}{e^x}$$

$y=\frac{x-2}{e^x}$ …② $\qquad y=a-1$ …③

으로 놓으면 곡선 ②와 직선 ③이 서로 다른 두 점에서 만날 때, ①은 서로 다른 두 실근을 가진다.

②에서

$$y'=\frac{e^x-(x-2)e^x}{e^{2x}}=\frac{3-x}{e^x}$$

$y'=0$에서 $\quad x=3$

또, $\displaystyle\lim_{x\to\infty}\frac{x-2}{e^x}=\lim_{x\to\infty}\left(\frac{x}{e^x}-\frac{2}{e^x}\right)=0,$

$$\lim_{x\to-\infty}\frac{x-2}{e^x}=-\infty$$

따라서 곡선 ②의 개형은 아래와 같다.

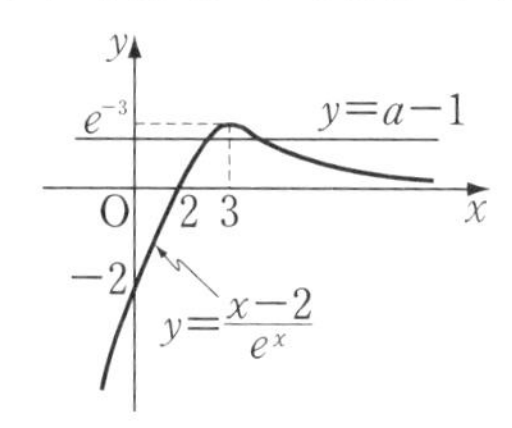

②, ③이 서로 다른 두 점에서 만나려면 $\quad 0<a-1<e^{-3}$

$$\therefore\ \mathbf{1<a<1+e^{-3}}$$

***Note** 로피탈의 정리를 이용하면

$$\lim_{x\to\infty}xe^{-x}=\lim_{x\to\infty}\frac{x}{e^x}=\lim_{x\to\infty}\frac{1}{e^x}=0$$

11-4. $y'=e^{1-x}+x\times(-e^{1-x})$

$$=(1-x)e^{1-x}$$

이므로 방정식

$$(1-x)e^{1-x}=1 \qquad \cdots\cdots①$$

의 실근의 개수를 구하는 것과 같다.

$f(x)=(1-x)e^{1-x}$으로 놓으면

$$f'(x)=(x-2)e^{1-x}$$

x	$-\infty$	$\cdots$	2	$\cdots$	∞
$f'(x)$		$-$	0	$+$	
$f(x)$	∞	$\searrow$	$-\dfrac{1}{e}$	$\nearrow$	(0)

증감표는 위와 같으므로 곡선 $y=f(x)$와 직선 $y=1$은 한 점에서 만난다.

따라서 ①의 실근의 개수는 1이므로 접선의 개수도 **1**

11-5. 곡선 $y=e^{ax}$과 직선 $y=x$의 교점의 개수는 방정식

$$e^{ax}=x \qquad \cdots\cdots ①$$

의 실근의 개수와 같다.

그런데 $e^{ax}>0$이므로 ①에서 양변의 자연로그를 잡으면

$$ax=\ln x$$

이고, 이 방정식이 서로 다른 두 실근을 가질 조건을 찾으면 된다.

따라서

$y=\ln x \quad \cdots ②$ $\qquad y=ax \quad \cdots ③$

으로 놓을 때, 두 그래프가 서로 다른 두 점에서 만날 조건을 구한다.

곡선 ② 위의 점 $(t,\ \ln t)$에서의 접선의 방정식은

$$y-\ln t=\frac{1}{t}(x-t)$$

이 직선이 원점을 지나면

$$0-\ln t=\frac{1}{t}(0-t) \qquad \therefore\ t=e$$

따라서 원점을 지나는 ②의 접선의 방정식은 $y=\dfrac{1}{e}x$이다.

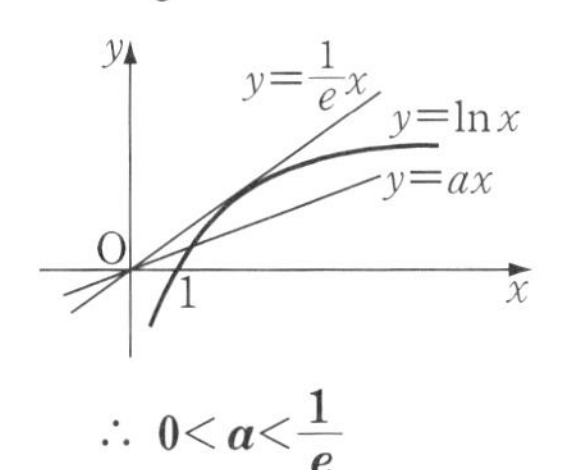

$$\therefore\ \boldsymbol{0<a<\frac{1}{e}}$$

11-6. (1) $x-\ln ax\geq 0$에서

$$x-\ln x\geq \ln a \qquad \cdots\cdots ①$$

$f(x)=x-\ln x$로 놓으면

$$f'(x)=1-\frac{1}{x}=\frac{x-1}{x}$$

$f'(x)=0$에서 $\quad x=1$

진수 조건에서 $x>0$이고, 이 범위에서 증감을 조사하면 $f(x)$는 $x=1$일 때 최소이므로 ①이 성립할 조건은

$$f(1)=1\geq \ln a \qquad \therefore\ \boldsymbol{0<a\leq e}$$

(2) $\sqrt{x}>a\ln x$에서

$$\sqrt{x}-a\ln x>0 \qquad \cdots\cdots ①$$

$f(x)=\sqrt{x}-a\ln x$로 놓으면

$$f'(x)=\frac{1}{2\sqrt{x}}-\frac{a}{x}=\frac{\sqrt{x}-2a}{2x}$$

$f'(x)=0$에서 $\quad x=4a^2$

진수 조건에서 $x>0$이고, 이 범위에서 증감을 조사하면 $f(x)$는 $x=4a^2$일 때 최소이다.

그런데

$$f(4a^2)=\sqrt{4a^2}-a\ln(4a^2)$$
$$=2a-a\ln(4a^2)$$

이므로 ①이 성립할 조건은

$$2a-a\ln(4a^2)>0 \qquad \therefore\ \ln(4a^2)<2$$

$$\therefore\ 0<4a^2<e^2 \qquad \therefore\ 0<2a<e$$

$$\therefore\ \boldsymbol{0<a<\frac{1}{2}e}$$

11-7. $f(x)=\tan 2x-ax$로 놓으면

$$f'(x)=2\sec^2 2x-a$$

(i) $a\leq 2$일 때 $0<x<\dfrac{\pi}{4}$이므로

$$\sec^2 2x=\left(\frac{1}{\cos 2x}\right)^2>1 \qquad \therefore\ f'(x)>0$$

따라서 $f(x)$는 $0<x<\dfrac{\pi}{4}$에서 증가하고 $f(0)=0$이므로 $\quad f(x)>0$

(ii) $a>2$일 때

$2\sec^2 2x=a$인 x의 값을 t라고 하면

$$f'(t)=0$$

이때, $f(x)$는 $x=t$에서 극소이면서 최소이다.

그런데 $f(0)=0$이므로 최솟값은 음수이다.

따라서 부등식은 성립하지 않는다.

(i), (ii)에서 $a\le 2$이므로 구하는 a의 최댓값은 2이다. 답 ②

11-8. $f(x)$의 역함수가 존재하려면 $f(x)$는 일대일대응이어야 한다.

그런데 $\lim_{x\to\infty} f(x)=\infty$이므로 $f(x)$는 증가함수이다. 곧,

$f'(x)=e^{x+1}(x^2+6x+1)+a\ge 0$ ⋯㉮

이때, $f''(x)=e^{x+1}(x^2+8x+7)$

$=e^{x+1}(x+1)(x+7)$

$f''(x)=0$에서 $x=-1,\ -7$

또, $\lim_{x\to\infty} f'(x)=\infty$, $\lim_{x\to-\infty} f'(x)=a$

따라서 $f'(x)$의 증감을 조사하면 $f'(x)$는 $x=-1$일 때 최소이다.

이때, 모든 실수 x에 대하여 ㉮이 성립하려면 $f'(-1)\ge 0$

$\therefore\ -4+a\ge 0 \quad \therefore\ a\ge 4$

곧, 구하는 a의 최솟값은 4이다.

답 ④

11-9. $f(x)=x^{\frac{1}{x}}$에서 $\ln f(x)=\ln x^{\frac{1}{x}}$

$$\therefore\ \ln f(x)=\frac{\ln x}{x}$$

양변을 x에 관하여 미분하면

$$\frac{f'(x)}{f(x)}=\frac{1-\ln x}{x^2}$$

$$\therefore\ f'(x)=\frac{1-\ln x}{x^2}\times x^{\frac{1}{x}}$$

따라서 $x>e$일 때 $f'(x)<0$이므로 $f(x)$는 $x>e$에서 감소한다.

$\therefore\ f(2020)>f(2021)$

$\therefore\ 2020^{\frac{1}{2020}}>2021^{\frac{1}{2021}}$

양변을 2020×2021 제곱하면

$$\mathbf{2020^{2021}>2021^{2020}}$$

11-10. (1) $g(x)=\ln(x-1)-\ln x+\dfrac{1}{x-1}$이므로 $x>1$일 때

$$g'(x)=\frac{1}{x-1}-\frac{1}{x}-\frac{1}{(x-1)^2}$$

$$=-\frac{1}{x(x-1)^2}<0$$

따라서 $g(x)$는 $x>1$에서 감소한다.

(2) $\lim_{x\to\infty} g(x)=\lim_{x\to\infty}\left\{\ln\left(1-\dfrac{1}{x}\right)+\dfrac{1}{x-1}\right\}$

$=\ln 1=\mathbf{0}$

(3) $f(x)=x\{\ln(x-1)-\ln x\}$이므로

$$f'(x)=\ln(x-1)-\ln x+x\left(\frac{1}{x-1}-\frac{1}{x}\right)$$

$$=\ln\frac{x-1}{x}+\frac{1}{x-1}=g(x)$$

(1), (2)에서 $x>1$일 때 $g(x)>0$이므로 $f'(x)>0$이다.

따라서 $f(x)$는 $x>1$에서 증가한다.

12-1. 점 P의 시각 t에서의 속도를 v, 가속도를 a라고 하면

$$v=\frac{dx}{dt}=3\pi\cos\pi t-4\pi\sin\pi t,$$

$$a=\frac{dv}{dt}=-3\pi^2\sin\pi t-4\pi^2\cos\pi t$$

따라서 $t=2$일 때

$$v=\boldsymbol{3\pi},\ a=\boldsymbol{-4\pi^2}$$

12-2. 두 점 P, Q가 서로 반대 방향으로 움직이면 속도의 부호가 서로 다르므로

$f'(t)g'(t)<0$

$\therefore\ -2\sin t(1-2\cos t)<0$

그런데 $0<t<\pi$이므로 $\sin t>0$

$\therefore\ 1-2\cos t>0 \quad \therefore\ \cos t<\dfrac{1}{2}$

$$\therefore\ \boldsymbol{\frac{\pi}{3}<t<\pi}$$

12-3. $\angle\mathrm{AOP}=\theta\,(\mathrm{rad})$이고 t초 후 호 AP의 길이는 $2t$이므로 $10\theta=2t$

$\therefore\ \theta=\frac{1}{5}t \quad \therefore\ \frac{d\theta}{dt}=\frac{1}{5}$

점 P의 y좌표는

$$y=\overline{\mathrm{OP}}\sin\left(\frac{\pi}{2}-\theta\right)=10\cos\theta$$

양변을 t에 관하여 미분하면

$$\frac{dy}{dt}=-10\sin\theta\frac{d\theta}{dt}$$

$$\therefore\ \left[\frac{dy}{dt}\right]_{\theta=\frac{\pi}{6}}=-10\sin\frac{\pi}{6}\times\frac{1}{5}=\mathbf{-1}$$

12-4. t초 후 수면의 높이를 h(cm), 반지름의 길이를 r(cm), 물의 부피를 V(cm^3)라고 하면 $0\le r\le5,\ 0\le h\le15$ 이고

$$\mathrm{V}=\frac{1}{3}\pi r^2h \qquad \cdots\cdots①$$

(1) $\frac{r}{h}=\frac{5}{15}$에서 $r=\frac{1}{3}h$이므로 ①에 대입하면 $\mathrm{V}=\frac{1}{27}\pi h^3$

양변을 t에 관하여 미분하면

$$\frac{d\mathrm{V}}{dt}=\frac{1}{9}\pi h^2\frac{dh}{dt}$$

$\frac{d\mathrm{V}}{dt}=9,\ h=3$이므로

$$\left[\frac{dh}{dt}\right]_{h=3}=\frac{\mathbf{9}}{\boldsymbol{\pi}}\ \textbf{(cm/s)}$$

(2) $\frac{r}{h}=\frac{5}{15}$에서 $h=3r$이므로 ①에 대입하면 $\mathrm{V}=\pi r^3$

양변을 t에 관하여 미분하면

$$\frac{d\mathrm{V}}{dt}=3\pi r^2\frac{dr}{dt}$$

$h=3$일 때 $r=1$이고 $\frac{d\mathrm{V}}{dt}=9$이므로 $\left[\frac{dr}{dt}\right]_{h=3}=\frac{\mathbf{3}}{\boldsymbol{\pi}}\ \textbf{(cm/s)}$

****Note*** $r=\frac{1}{3}h$이므로

$$\frac{dr}{dt}=\frac{1}{3}\times\frac{dh}{dt}$$

따라서 (1)의 결과를 이용하면

$$\left[\frac{dr}{dt}\right]_{h=3}=\frac{1}{3}\left[\frac{dh}{dt}\right]_{h=3}=\frac{1}{3}\times\frac{9}{\pi}=\frac{\mathbf{3}}{\boldsymbol{\pi}}\ \textbf{(cm/s)}$$

12-5. 갑이 출발한 지 t초 동안 갑이 움직인 거리는 $3t$이고, 을이 움직인 거리는

$4(t-10)\ (t\ge10)$

이다.

따라서 갑이 출발한 지 t초 후 갑과 을의 위치를 각각 A, B라고 하면

$$\overline{\mathrm{OA}}=3t,\ \overline{\mathrm{EB}}=4(t-10)$$

위의 그림에서

$$\angle\mathrm{BAC}=\angle\mathrm{BDE}=\theta$$

이므로

$$\tan\theta=\frac{\overline{\mathrm{BC}}}{\overline{\mathrm{AC}}}=\frac{4(t-10)+3t}{40}=\frac{7t-40}{40} \qquad \cdots\cdots①$$

양변을 t에 관하여 미분하면

$$\sec^2\theta\frac{d\theta}{dt}=\frac{7}{40} \qquad \cdots\cdots②$$

①에서 $t=20$일 때 $\tan\theta=\frac{5}{2}$이므로

$$\sec^2\theta=\tan^2\theta+1=\frac{29}{4}$$

②에 대입하면

$$\left[\frac{d\theta}{dt}\right]_{t=20}=\frac{\mathbf{7}}{\mathbf{290}}\ \textbf{(rad/s)}$$

12-6. 다음 그림과 같이 생각한다.

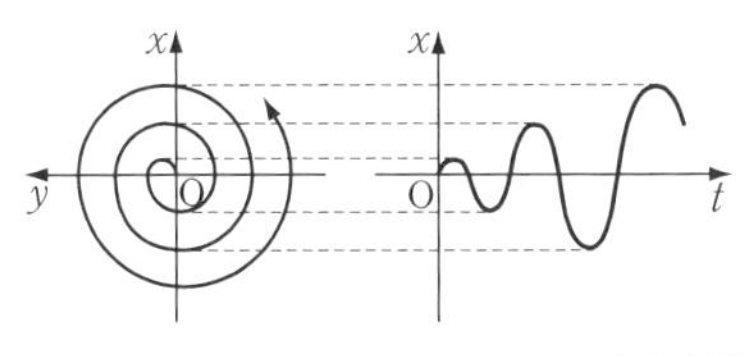

답 ②

**Note* 1° t가 증가할수록 나선의 크기가 증가하므로 x좌표의 변화량이 점점 커진다.

2° 물체가 x축을 통과할 때 x좌표의 증감이 바뀌므로 $\dfrac{dx}{dt}=0$이고, 이때 함수 $x=x(t)$는 극값을 가진다.

12-7.

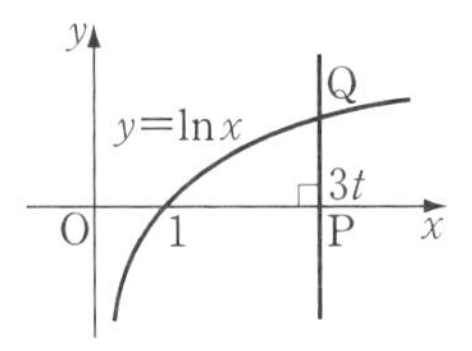

t초 후 점 Q의 위치 $(x,\ y)$는

$$x=3t,\ \ y=\ln 3t$$

$$\therefore\ \frac{dx}{dt}=3,\ \ \frac{dy}{dt}=\frac{3}{3t}=\frac{1}{t}$$

따라서 1초 후 점 Q의 속도는 $(3,\ 1)$이므로 속력은

$$\sqrt{3^2+1^2}=\boldsymbol{\sqrt{10}\ (\mathrm{cm/s})}$$

12-8. $\dfrac{dx}{dt}=1-\cos t,\ \ \dfrac{dy}{dt}=-\sin t$

이므로 점 P의 시각 t에서의 속도는

$$(1-\cos t,\ -\sin t)$$

따라서 속력은

$$\sqrt{(1-\cos t)^2+(-\sin t)^2}$$
$$=\sqrt{2(1-\cos t)}$$

이므로 속력의 최댓값은

$\cos t=-1$일 때 $\sqrt{2\times2}=2$

답 ②

12-9. (1) $\dfrac{dx}{dt}=e^t(\cos t-\sin t)$,

$$\frac{dy}{dt}=e^t(\sin t+\cos t)$$

이므로 점 P의 시각 t에서의 속도는

$$\big(e^t(\cos t-\sin t),\ e^t(\sin t+\cos t)\big)$$

따라서 속력은

$$\sqrt{e^{2t}(\cos t-\sin t)^2+e^{2t}(\sin t+\cos t)^2}$$
$$=\sqrt{e^{2t}(2\sin^2 t+2\cos^2 t)}=\boldsymbol{\sqrt{2}\,e^t}$$

(2) $t=\dfrac{\pi}{2}$일 때 $\dfrac{dx}{dt}=-e^{\frac{\pi}{2}},\ \ \dfrac{dy}{dt}=e^{\frac{\pi}{2}}$

$$\therefore\ \tan\alpha=\frac{dy}{dt}\Big/\frac{dx}{dt}=-1$$

⇦ p. 223 *Advice* 2°

$0<\alpha<\pi$이므로 $\boldsymbol{\alpha=\dfrac{3}{4}\pi}$

(3) $\overrightarrow{\mathrm{OP}}=(e^t\cos t,\ e^t\sin t)$이므로

$$\vec{v}\cdot\overrightarrow{\mathrm{OP}}=e^t(\cos t-\sin t)\times e^t\cos t$$
$$+e^t(\sin t+\cos t)\times e^t\sin t$$
$$=e^{2t}(\cos^2 t+\sin^2 t)=e^{2t}$$

$$\therefore\ \cos\beta=\frac{\vec{v}\cdot\overrightarrow{\mathrm{OP}}}{|\vec{v}||\overrightarrow{\mathrm{OP}}|}=\frac{e^{2t}}{\sqrt{2}\,e^t\times e^t}$$
$$=\frac{1}{\sqrt{2}}\qquad\therefore\ \boldsymbol{\beta=\frac{\pi}{4}}$$

**Note* (3)에서는 기하(벡터)에서 공부하는 벡터의 내적을 이용하였다.

13-1. $f'(x)=x\ln x+e^x+x+1$

(1) (준 식)$=\displaystyle\lim_{h\to0}\left\{\frac{f(1+2h)-f(1)}{2h}\times2\right\}$

$$=f'(1)\times2=(e+1+1)\times2$$
$$=\boldsymbol{2e+4}$$

(2) (준 식)

$$=\lim_{h\to0}\frac{f(2+h)-f(2)+f(2)-f(2-h)}{h}$$
$$=\lim_{h\to0}\left\{\frac{f(2+h)-f(2)}{h}+\frac{f(2-h)-f(2)}{-h}\right\}$$
$$=f'(2)+f'(2)=2f'(2)$$
$$=2(2\ln2+e^2+2+1)$$
$$=\boldsymbol{4\ln2+2e^2+6}$$

13-2. $f'(x)=\dfrac{1}{x\sqrt{x}}=x^{-\frac{3}{2}}$이므로

$$f(x)=\int x^{-\frac{3}{2}}dx=-2x^{-\frac{1}{2}}+C_1$$

$f(1)=0$이므로 $-2+C_1=0$

$$\therefore\ C_1=2\qquad\therefore\ f(x)=-2x^{-\frac{1}{2}}+2$$

$\therefore \int f(x)dx=\int\left(-2x^{-\frac{1}{2}}+2\right)dx$

$=-4\sqrt{x}+2x+C$

13-3. (1) (준 식) $=\int\left(\frac{1}{\cos^2 x}-\frac{1}{x}\right)dx$

$=\int\left(\sec^2 x-\frac{1}{x}\right)dx$

$=\tan x-\ln|x|+C$

(2) (준 식)

$=\int\frac{-3(\sin x)(1-\sin^2 x)+\cos^3 x-2}{\cos^2 x}dx$

$=\int(-3\sin x+\cos x-2\sec^2 x)dx$

$=3\cos x+\sin x-2\tan x+C$

13-4. $f''(x)=3e^x+2$ 이므로

$f'(x)=3e^x+2x+C_1$

따라서 $f(x)=3e^x+x^2+C_1x+C_2$로 놓을 수 있다.

곡선 $y=f(x)$가 두 점 $(0,\ 2)$, $(1,\ 0)$을 지나므로

$3+C_2=2,\ 3e+1+C_1+C_2=0$

$\therefore C_1=-3e,\ C_2=-1$

$\therefore f(x)=3e^x+x^2-3ex-1$

$\therefore f(-1)=3e^{-1}+3e$

13-5. 곡선 $y=f(x)$ 위의 점 $\left(p,\ f(p)\right)$에서의 접선의 방정식은

$y-f(p)=f'(p)(x-p)$

$\therefore y=f'(p)x+f(p)-pf'(p)$

주어진 식과 비교하면

$f'(p)=\cos p+1,\ g(p)=f(p)-pf'(p)$

$\therefore f(p)=\sin p+p+C,$

$g(p)=\sin p-p\cos p+C$

곡선 $y=f(x)$는 원점을 지나므로

$f(0)=C=0$

$\therefore f(x)=\sin x+x,$

$g(x)=\sin x-x\cos x$

$\therefore f(\pi)+g(\pi)=\pi+\pi=2\pi$

답 ⑤

13-6. $f(x)=\begin{cases} f_1(x) & (x>0) \\ f_2(x) & (x<0)\end{cases}$ 라고 하면

$f_1(x)=\int(\sin x+1)dx$

$=-\cos x+x+C_1,$

$f_2(x)=\int\cos x\,dx=\sin x+C_2$

$f(\pi)=1$이므로

$f_1(\pi)=1+\pi+C_1=1 \quad \therefore C_1=-\pi$

$f(x)$는 $x=0$에서 연속이므로

$f_1(0)=f_2(0) \quad \therefore -1+C_1=C_2$

$\therefore C_2=-\pi-1$

$\therefore f(-\pi)=f_2(-\pi)=C_2=-\pi-1$

답 ⑤

13-7. $f'(x)=2\sin x-a$이므로

$f(x)=\int(2\sin x-a)dx$

$=-2\cos x-ax+C$

$\lim_{x\to\pi}\frac{f(x)}{x-\pi}=a-4$에서 $f(\pi)=0$이므로 $2-a\pi+C=0$ ......㉠

또,

$\lim_{x\to\pi}\frac{f(x)}{x-\pi}=\lim_{x\to\pi}\frac{f(x)-f(\pi)}{x-\pi}$

$=f'(\pi)=-a$

이므로 $-a=a-4 \quad \therefore a=2$

㉠에 대입하면 $C=2\pi-2$

$\therefore f(x)=-2\cos x-2x+2\pi-2$

13-8. $\{xf(x)\}'=f(x)+xf'(x)$

이므로 조건식은 $\{xf(x)\}'=\cos x$

$\therefore xf(x)=\int\cos x\,dx=\sin x+C$

$x=\pi$를 대입하면 $\pi f(\pi)=C$

$f(\pi)=0$이므로 $C=0$

$\therefore xf(x)=\sin x$

$x>0$이므로 $f(x)=\frac{\sin x}{x}$

$\therefore \lim_{x\to0+}f(x)=\lim_{x\to0+}\frac{\sin x}{x}=1$

13-9. $f'(x)=-f(x)+e^{-x}\cos x$ …①

$g(x)=e^x f(x)$ ……②

(1) ②에서 $g'(x)=e^x f(x)+e^x f'(x)$

①을 대입하면

$g'(x)=e^x f(x)+e^x\{-f(x)+e^{-x}\cos x\}$

$=\boldsymbol{\cos x}$

(2) $g'(x)=\cos x$ 이므로

$g(x)=\int \cos x\,dx$

$=\sin x+C$ ……③

$f(0)=1$ 이므로 ②에서

$g(0)=e^0 f(0)=1$

따라서 ③에서 $g(0)=C=1$

$\therefore g(x)=\sin x+1$

②에 대입하여 정리하면

$\boldsymbol{f(x)=e^{-x}(\sin x+1)}$

* ***Note*** ①에서

$f'(x)+f(x)=e^{-x}\cos x$

$\therefore e^x\{f(x)+f'(x)\}=\cos x$

$\therefore \{e^x f(x)\}'=\cos x$

$\therefore e^x f(x)=\int \cos x\,dx=\sin x+C$

$f(0)=1$ 이므로 $1=C$

$\therefore \boldsymbol{f(x)=e^{-x}(\sin x+1)}$

14-1. (1) (준 식)$=\int (2x+1)^{\frac{1}{3}}dx$

$=\frac{1}{2}\times\frac{3}{4}(2x+1)^{\frac{4}{3}}+C$

$=\boldsymbol{\frac{3}{8}(2x+1)\sqrt[3]{2x+1}+C}$

(2) $1+x^3=t$ 라고 하면 $3x^2dx=dt$

$\therefore$ (준 식)$=\int \frac{1}{\sqrt{t}}dt=\int t^{-\frac{1}{2}}dt$

$=2t^{\frac{1}{2}}+C=\boldsymbol{2\sqrt{1+x^3}+C}$

(3) $1-x^2=t$ 라고 하면

$-2x\,dx=dt$ $\therefore x\,dx=-\frac{1}{2}dt$

$\therefore$ (준 식)$=\int \frac{1}{\sqrt{t}}\left(-\frac{1}{2}dt\right)$

$=-\frac{1}{2}\int t^{-\frac{1}{2}}dt=-\frac{1}{2}\times 2t^{\frac{1}{2}}+C$

$=\boldsymbol{-\sqrt{1-x^2}+C}$

(4) $\sqrt{1+2x}=t$ 라고 하면 $1+2x=t^2$

이므로 $x=\frac{1}{2}(t^2-1)$ 이고

$dx=t\,dt$, $2+3x=\frac{1}{2}(3t^2+1)$

$\therefore$ (준 식)$=\int \frac{1}{2}(3t^2+1)t\times t\,dt$

$=\frac{1}{2}\int (3t^4+t^2)dt=\frac{3}{10}t^5+\frac{1}{6}t^3+C$

$=\frac{1}{30}\left\{9\sqrt{(1+2x)^5}+5\sqrt{(1+2x)^3}\right\}+C$

$=\boldsymbol{\frac{1}{15}(9x+7)(2x+1)\sqrt{1+2x}+C}$

(5) $\sqrt{1-x^2}=t$ 라고 하면 $1-x^2=t^2$

$\therefore x^2=1-t^2$, $x\,dx=-t\,dt$

$\therefore$ (준 식)$=\int \frac{x^2}{\sqrt{1-x^2}}\times x\,dx$

$=\int \frac{1-t^2}{t}(-t\,dt)=\int (t^2-1)dt$

$=\frac{1}{3}t^3-t+C$

$=\frac{1}{3}\left\{\sqrt{(1-x^2)^3}-3\sqrt{1-x^2}\right\}+C$

$=\boldsymbol{-\frac{1}{3}(x^2+2)\sqrt{1-x^2}+C}$

(6) $\sqrt[4]{x}=t$ 라고 하면 $\sqrt{x}=t^2$, $x=t^4$

$\therefore dx=4t^3dt$

$\therefore$ (준 식)$=\int \frac{t^2}{t^3+1}\times 4t^3dt$

$=4\int \frac{t^5}{t^3+1}dt=4\int \left(t^2-\frac{t^2}{t^3+1}\right)dt$

$=4\left(\frac{1}{3}t^3-\frac{1}{3}\ln|t^3+1|\right)+C$

$=\boldsymbol{\frac{4}{3}\sqrt[4]{x^3}-\frac{4}{3}\ln(\sqrt[4]{x^3}+1)+C}$

(7) (준 식)$=\int \sin\frac{\pi}{180}x\,dx$

$=-\frac{180}{\pi}\cos\frac{\pi}{180}x+C$

$=-\dfrac{\mathbf{180}}{\boldsymbol{\pi}}\mathbf{\cos x^\circ+C}$

(8) (준 식)$=\dfrac{\mathbf{1}}{\mathbf{2}}\mathbf{\tan(2x+1)+C}$

(9) $x^2+2=t$라고 하면

$2x\,dx=dt \quad \therefore\ x\,dx=\dfrac{1}{2}dt$

$\therefore$ (준 식)$=\int\cos t\times\dfrac{1}{2}dt$

$=\dfrac{1}{2}\sin t+C$

$=\dfrac{\mathbf{1}}{\mathbf{2}}\mathbf{\sin(x^2+2)+C}$

(10) $\sin x=t$라고 하면 $\cos x\,dx=dt$

$\therefore$ (준 식)$=\int\sqrt{t}\,dt=\int t^{\frac{1}{2}}dt$

$=\dfrac{2}{3}t^{\frac{3}{2}}+C=\dfrac{2}{3}t\sqrt{t}+C$

$=\dfrac{\mathbf{2}}{\mathbf{3}}\mathbf{\sin x\sqrt{\sin x}+C}$

(11) $\sin x=t$라고 하면 $\cos x\,dx=dt$

$\therefore$ (준 식)$=\int t^r dt$

$r\neq-1$일 때

(준 식)$=\dfrac{1}{r+1}t^{r+1}+C$

$=\dfrac{\mathbf{1}}{\mathbf{r+1}}\mathbf{\sin^{r+1}x+C}$

$r=-1$일 때

(준 식)$=\ln|t|+C$

$=\mathbf{\ln|\sin x|+C}$

(12) $\cos x=t$라고 하면

$-\sin x\,dx=dt \quad \therefore\ \sin x\,dx=-dt$

$\therefore$ (준 식)$=\int t^r(-dt)=-\int t^r dt$

$r\neq-1$일 때

(준 식)$=-\dfrac{1}{r+1}t^{r+1}+C$

$=-\dfrac{\mathbf{1}}{\mathbf{r+1}}\mathbf{\cos^{r+1}x+C}$

$r=-1$일 때

(준 식)$=-\ln|t|+C$

$=\mathbf{-\ln|\cos x|+C}$

(13) $\sin x=t$라고 하면 $\cos x\,dx=dt$

$\therefore$ (준 식)$=\int\dfrac{1}{t^2}dt=\int t^{-2}dt$

$=-t^{-1}+C=-\dfrac{1}{\sin x}+C$

$=\mathbf{-\csc x+C}$

**Note* $\int\dfrac{\cos x}{\sin^2 x}dx=\int\csc x\cot x\,dx$

$=\mathbf{-\csc x+C}$

(14) (준 식)$=\int\dfrac{1}{2\cos^2\dfrac{x}{2}}dx$

$=\int\dfrac{1}{2}\sec^2\dfrac{x}{2}dx$

$=\dfrac{1}{2}\times2\tan\dfrac{x}{2}+C$

$=\mathbf{\tan\dfrac{x}{2}+C}$

(15) (준 식)$=\int\dfrac{1}{2\sin\dfrac{x}{2}\cos\dfrac{x}{2}}dx$

분모, 분자를 $\cos^2\dfrac{x}{2}$로 나누면

(준 식)$=\int\dfrac{\dfrac{1}{2}\sec^2\dfrac{x}{2}}{\tan\dfrac{x}{2}}dx$

$=\mathbf{\ln\left|\tan\dfrac{x}{2}\right|+C}$

**Note* $\int\dfrac{1}{\sin x}dx=\int\csc x\,dx$

$=\int\dfrac{\csc x(\csc x+\cot x)}{\csc x+\cot x}dx$

$=\int\dfrac{-(\csc x+\cot x)'}{\csc x+\cot x}dx$

$=\mathbf{-\ln|\csc x+\cot x|+C}$

이때, 반각의 공식을 이용하면 두 결과가 같음을 확인할 수 있다.

(16) (준 식)$=\dfrac{1}{3}\times\dfrac{5^{3x+2}}{\ln5}+C=\dfrac{\mathbf{5^{3x+2}}}{\mathbf{3\ln5}}\mathbf{+C}$

(17) (준 식)$=\int(e^{2x}-2+e^{-2x})dx$

$=\dfrac{\mathbf{1}}{\mathbf{2}}\mathbf{e^{2x}-2x-}\dfrac{\mathbf{1}}{\mathbf{2}}\mathbf{e^{-2x}+C}$

(18) $e^x+1=t$라고 하면 $e^x dx=dt$

$\therefore$ (준 식)$=\int\sqrt{t}\,dt=\int t^{\frac{1}{2}}dt$

$=\frac{2}{3}t^{\frac{3}{2}}+C=\frac{2}{3}t\sqrt{t}+C$

$=\mathbf{\frac{2}{3}(e^x+1)\sqrt{e^x+1}+C}$

(19) $x^2+1=t$라고 하면

$2x\,dx=dt \quad \therefore x\,dx=\frac{1}{2}dt$

$\therefore$ (준 식)$=\int\frac{1}{e^t}\times\frac{1}{2}dt=\frac{1}{2}\int e^{-t}dt$

$=-\frac{1}{2}e^{-t}+C$

$=\mathbf{-\frac{1}{2}e^{-(x^2+1)}+C}$

(20) $e^x=t$라고 하면 $e^x dx=dt$

$\therefore dx=\frac{1}{e^x}dt=\frac{1}{t}dt$

$\therefore$ (준 식)$=\int\frac{1}{t+1}\times\frac{1}{t}dt$

$=\int\left(\frac{1}{t}-\frac{1}{t+1}\right)dt$

$=\ln|t|-\ln|t+1|+C$

$=\mathbf{x-\ln(e^x+1)+C}$

(21) $e^{2x}=t$라고 하면 $2e^{2x}dx=dt$

$\therefore dx=\frac{1}{2e^{2x}}dt=\frac{1}{2t}dt$

$\therefore$ (준 식)$=\int\frac{1}{t+1}\times\frac{1}{2t}dt$

$=\frac{1}{2}\int\left(\frac{1}{t}-\frac{1}{t+1}\right)dt$

$=\frac{1}{2}\left(\ln|t|-\ln|t+1|\right)+C$

$=\frac{1}{2}\left\{\ln e^{2x}-\ln(e^{2x}+1)\right\}+C$

$=\mathbf{x-\frac{1}{2}\ln(e^{2x}+1)+C}$

(22) $e^x=t$라고 하면 $e^x dx=dt$

$\therefore$ (준 식)$=\int\frac{1}{1+t^{-1}}dt=\int\frac{t}{t+1}dt$

$=\int\left(1-\frac{1}{t+1}\right)dt$

$=t-\ln|t+1|+C$

$=\mathbf{e^x-\ln(e^x+1)+C}$

(23) $\ln x+1=t$라고 하면 $\frac{1}{x}dx=dt$

$\therefore$ (준 식)$=\int\sqrt{t}\,dt=\int t^{\frac{1}{2}}dt$

$=\frac{2}{3}t^{\frac{3}{2}}+C=\frac{2}{3}t\sqrt{t}+C$

$=\mathbf{\frac{2}{3}(\ln x+1)\sqrt{\ln x+1}+C}$

(24) $\ln x+1=t$라고 하면

$\ln x=t-1,\ \frac{1}{x}dx=dt$

$\therefore$ (준 식)$=\int\frac{t-1}{t^2}dt$

$=\int\left(\frac{1}{t}-t^{-2}\right)dt$

$=\ln|t|+\frac{1}{t}+C$

$=\mathbf{\ln|\ln x+1|+\frac{1}{\ln x+1}+C}$

14-2. (1) $\frac{\cos^3 x}{\sin^2 x}=\frac{(1-\sin^2 x)\cos x}{\sin^2 x}$

이므로 $\sin x=t$라고 하면

$\cos x\,dx=dt$

$\therefore$ (준 식)$=\int\frac{1-t^2}{t^2}dt$

$=\int(t^{-2}-1)dt$

$=-\frac{1}{t}-t+C$

$=-\frac{1}{\sin x}-\sin x+C$

$=\mathbf{-\csc x-\sin x+C}$

(2) $\frac{\sin x}{1-\sin x}=\frac{(\sin x)(1+\sin x)}{(1-\sin x)(1+\sin x)}$

$=\frac{\sin x+\sin^2 x}{\cos^2 x}$

$=\frac{\sin x}{\cos^2 x}+\tan^2 x$ ……㉮

$\cos x=t$라고 하면

$-\sin x\,dx=dt \quad \therefore \sin x\,dx=-dt$

$\therefore \int \frac{\sin x}{\cos^2 x}dx=\int \frac{1}{t^2}(-dt)$

$=-\int t^{-2}dt=\frac{1}{t}+C_1$

$=\frac{1}{\cos x}+C_1$

$=\sec x+C_1$

$\tan^2 x=\sec^2 x-1$이므로

$\int \tan^2 x\,dx=\int(\sec^2 x-1)dx$

$=\tan x-x+C_2$

$\therefore$ (준 식)$=\mathbf{\sec x+\tan x-x+C}$

*Note ㉮에서

$\frac{\sin x}{1-\sin x}=\sec x\tan x+\tan^2 x$

$\therefore$ (준 식)$=\int \sec x\tan x\,dx+\int \tan^2 x\,dx$

$=\sec x+\int(\sec^2 x-1)dx$

$=\mathbf{\sec x+\tan x-x+C}$

(3) $\tan^3 x=\tan^2 x\tan x$

$=(\sec^2 x-1)\tan x$

$\therefore$ (준 식)$=\int \sec^2 x\tan x\,dx-\int \tan x\,dx$

$=\int(\tan x)(\tan x)'dx+\int \frac{(\cos x)'}{\cos x}dx$

$=\mathbf{\frac{1}{2}\tan^2 x+\ln|\cos x|+C}$

14-3. (1) $x=\sin\theta$에서

$\sqrt{1-x^2}=\cos\theta$, $dx=\cos\theta\,d\theta$

$\therefore \int\sqrt{1-x^2}\,dx=\int\cos\theta\cos\theta\,d\theta$

$=\int\cos^2\theta\,d\theta=\int\frac{1+\cos 2\theta}{2}d\theta$

$=\frac{1}{2}\left(\theta+\frac{1}{2}\sin 2\theta\right)+C$

$=\mathbf{\frac{1}{2}\theta+\frac{1}{4}\sin 2\theta+C}$

(2) $x=\tan\theta$에서 $dx=\sec^2\theta\,d\theta$

$\therefore \int\frac{1}{1+x^2}dx=\int\frac{\sec^2\theta}{1+\tan^2\theta}d\theta$

$=\int 1\,d\theta=\boldsymbol{\theta}+\mathbf{C}$

14-4. 조건식에서

$f(x)\{g(x)+g'(x)\}$

$=f'(x)g(x)+f(x)g'(x)$

$\therefore f(x)g(x)=f'(x)g(x)$

$g(x)\neq 0$이므로 $f(x)=f'(x)$

$f(x)>0$이므로 $\frac{f'(x)}{f(x)}=1$

$\therefore \int\frac{f'(x)}{f(x)}dx=\int 1\,dx$

$\therefore \ln f(x)=x+C$

$x=0$을 대입하면 $\ln f(0)=C$

$f(0)=e$이므로 $C=1$

$\therefore f(x)=e^{x+1}$ $\therefore f(1)=e^2$

답 ④

14-5. $f(x)=\int f'(x)dx=\int\frac{x}{x^2+1}dx$

$=\frac{1}{2}\int\frac{2x}{x^2+1}dx$

$=\frac{1}{2}\ln(x^2+1)+C$

$f(0)=\frac{1}{2}$이므로 $C=\frac{1}{2}$

$\therefore f(x)=\frac{1}{2}\ln(x^2+1)+\frac{1}{2}$

$\therefore f\left(\sqrt{e-1}\right)=\frac{1}{2}\ln e+\frac{1}{2}=1$

답 ②

14-6. $f'(x)=\sin 2x-\cos x$

$=2\sin x\cos x-\cos x$

$=(\cos x)(2\sin x-1)$

$f'(x)=0$에서

$\cos x=0$ 또는 $\sin x=\frac{1}{2}$

$0<x<\frac{3}{4}\pi$이므로 $x=\frac{\pi}{6}, \frac{\pi}{2}$

증감을 조사하면 $f(x)$는 $x=\frac{\pi}{6}$에서 극소, $x=\frac{\pi}{2}$에서 극대이다.

또, $f(x)=\int f'(x)dx$

$=\int(\sin 2x-\cos x)dx$

$=-\frac{1}{2}\cos 2x-\sin x+C$

$f(x)$의 극솟값은 0이므로

$f\left(\frac{\pi}{6}\right)=-\frac{1}{4}-\frac{1}{2}+C=0 \quad \therefore C=\frac{3}{4}$

$\therefore f(x)=-\frac{1}{2}\cos 2x-\sin x+\frac{3}{4}$

따라서 극댓값은 $f\left(\frac{\pi}{2}\right)=\mathbf{\frac{1}{4}}$

***Note** $f''(x)$를 이용하여 극대 · 극소를 판정할 수도 있다.

14-7. 조건식에서

$\int f(x)f'(x)dx=\int(e^{2x}-e^{-2x})dx$

$f(x)=t$라고 하면 $f'(x)dx=dt$

곧, (좌변)$=\int t\,dt$이므로

$\frac{1}{2}t^2=\frac{1}{2}e^{2x}+\frac{1}{2}e^{-2x}+C \quad \cdots ㉠$

$\therefore \{f(x)\}^2=e^{2x}+e^{-2x}+2C$

$x=0$을 대입하면 $\{f(0)\}^2=1+1+2C$

$\therefore 2^2=2+2C \quad \therefore C=1$

$\therefore \{f(x)\}^2=e^{2x}+e^{-2x}+2$

$=(e^x+e^{-x})^2$

$f(x)$는 미분가능한 함수이므로 연속이고 $f(0)=2>0$이므로

$\boldsymbol{f(x)=e^x+e^{-x}}$

***Note** ㉠에서 적분상수 C는 좌변이나 우변에 한 번만 쓰면 된다.

14-8. (1) $u'=\cos 2x$, $v=2x+3$이라고 하면 $u=\frac{1}{2}\sin 2x$, $v'=2$이므로

(준 식)$=\frac{1}{2}(\sin 2x)(2x+3)$

$-\int\frac{1}{2}(\sin 2x)\times 2\,dx$

$=\boldsymbol{\frac{1}{2}(2x+3)\sin 2x}$

$\boldsymbol{+\frac{1}{2}\cos 2x+C}$

(2) $u'=\cos(2x+1)$, $v=x$라고 하면 $u=\frac{1}{2}\sin(2x+1)$, $v'=1$이므로

(준 식)$=\frac{1}{2}\sin(2x+1)\times x$

$-\int\frac{1}{2}\sin(2x+1)\times 1\,dx$

$=\boldsymbol{\frac{1}{2}x\sin(2x+1)}$

$\boldsymbol{+\frac{1}{4}\cos(2x+1)+C}$

(3) $u'=\sec^2 x$, $v=x$라고 하면 $u=\tan x$, $v'=1$이므로

(준 식)$=(\tan x)\times x-\int\tan x\times 1\,dx$

$=x\tan x-\int\frac{\sin x}{\cos x}dx$

$=\boldsymbol{x\tan x+\ln|\cos x|+C}$

(4) $u'=e^x$, $v=x+1$이라고 하면 $u=e^x$, $v'=1$이므로

(준 식)$=e^x(x+1)-\int e^x\times 1\,dx$

$=\boldsymbol{xe^x+C}$

(5) $\sqrt{x}=t$라고 하면 $\frac{1}{2\sqrt{x}}dx=dt$

$\therefore dx=2\sqrt{x}\,dt=2t\,dt$

$\therefore$ (준 식)$=\int e^t\times 2t\,dt$

$u'=e^t$, $v=2t$라고 하면 $u=e^t$, $v'=2$이므로

(준 식)$=e^t\times 2t-\int e^t\times 2\,dt$

$=2te^t-2e^t+C$

$=\boldsymbol{2(\sqrt{x}-1)e^{\sqrt{x}}+C}$

(6) $u'=x^2+1$, $v=\ln x$라고 하면 $u=\frac{1}{3}x^3+x$, $v'=\frac{1}{x}$이므로

$(\text{준 식})=\left(\frac{1}{3}x^3+x\right)\ln x$
$-\int\left(\frac{1}{3}x^3+x\right)\frac{1}{x}dx$
$=\left(\frac{1}{3}x^3+x\right)\ln x$
$-\frac{1}{9}x^3-x+C$

14-9. $\{xf(x)\}'=f(x)+xf'(x)$이므로
조건식에서
$\{xf(x)\}'=x\sin x$
$\therefore\ xf(x)=\int x\sin x\,dx$
$u'=\sin x,\ v=x$라고 하면
$u=-\cos x,\ v'=1$이므로
$xf(x)=(-\cos x)\times x$
$-\int(-\cos x)\times 1\,dx$
$=-x\cos x+\sin x+C$
$x=\pi$를 대입하면 $\pi f(\pi)=\pi+C$
$f(\pi)=1$이므로 $C=0$
$\therefore\ f(x)=\frac{\sin x-x\cos x}{x}\ (x>0)$
$\therefore\ f\left(\frac{\pi}{2}\right)=\frac{2}{\pi}$ 답 ⑤

14-10. $F(x)=xf(x)-x^2\sin x$ …①
양변을 x에 관하여 미분하면
$F'(x)=f(x)+xf'(x)$
$-2x\sin x-x^2\cos x$
그런데 $F'(x)=f(x)$이므로
$xf'(x)=x(2\sin x+x\cos x)$
$\therefore\ f'(x)=2\sin x+x\cos x$
$\therefore\ f(x)=\int f'(x)dx$
$=\int(2\sin x+x\cos x)dx$
$=-2\cos x+\int x\cos x\,dx$
$\int x\cos x\,dx$에서 $u'=\cos x,\ v=x$라고
하면 $u=\sin x,\ v'=1$이므로
$f(x)=-2\cos x+x\sin x-\int\sin x\,dx$
$=-2\cos x+x\sin x+\cos x+C$
$=x\sin x-\cos x+C$ ……②
한편 $F\left(\frac{\pi}{2}\right)=\frac{\pi}{2}$이므로 ①에서
$\frac{\pi}{2}f\left(\frac{\pi}{2}\right)-\left(\frac{\pi}{2}\right)^2\sin\frac{\pi}{2}=\frac{\pi}{2}$
$\therefore\ f\left(\frac{\pi}{2}\right)=\frac{\pi}{2}+1$
따라서 ②에서 $C=1$
$\therefore\ f(x)=x\sin x-\cos x+1$
$\therefore\ \boldsymbol{f(\pi)=2}$

***Note** 다음과 같이 풀 수도 있다.
$F(x)=xf(x)-x^2\sin x$에서
$f(x)=F'(x)$이므로
$\frac{xF'(x)-F(x)}{x^2}=\sin x$
곧, $\left\{\frac{F(x)}{x}\right\}'=\sin x$
$\therefore\ \frac{F(x)}{x}=\int\sin x\,dx=-\cos x+C$
$\therefore\ F(x)=-x\cos x+Cx$
이때, $F\left(\frac{\pi}{2}\right)=\frac{\pi}{2}$이므로
$C\times\frac{\pi}{2}=\frac{\pi}{2}\quad\therefore\ C=1$
$\therefore\ F(x)=-x\cos x+x=x(1-\cos x)$
$\therefore\ f(x)=1-\cos x+x\sin x$
$\therefore\ \boldsymbol{f(\pi)=2}$

14-11. $u'=e^x,\ v=x^{n+1}$이라고 하면
$u=e^x,\ v'=(n+1)x^n$이므로
$I_{n+1}=\int x^{n+1}e^x dx$
$=e^x\times x^{n+1}-\int e^x\times(n+1)x^n dx$
$=x^{n+1}e^x-(n+1)\int x^n e^x dx$
$=x^{n+1}e^x-(n+1)I_n$

***Note** $I_0=\int x^0e^x dx=\int e^x dx$
$=e^x+C_0$
이므로 $I_{n+1}=x^{n+1}e^x-(n+1)I_n$으로

부터 I_1, I_2를 다음과 같이 구할 수 있다.

$$I_1=xe^x-I_0=xe^x-e^x+C_1$$
$$=(x-1)e^x+C_1$$
$$I_2=x^2e^x-2I_1$$
$$=x^2e^x-2(x-1)e^x+C_2$$
$$=(x^2-2x+2)e^x+C_2$$

14-12. $u'=1,\ v=(\ln x)^{n+1}$이라고 하면

$$u=x,\quad v'=(n+1)(\ln x)^n\times\frac{1}{x}$$

따라서

$$I_{n+1}=\int(\ln x)^{n+1}dx$$
$$=x(\ln x)^{n+1}-\int x(n+1)(\ln x)^n\times\frac{1}{x}dx$$
$$=x(\ln x)^{n+1}-(n+1)\int(\ln x)^n dx$$
$$=x(\ln x)^{n+1}-(n+1)I_n$$

15-1. (1) (준 식)$=\int_0^1(e^{2x}+2+e^{-2x})dx$

$$=\left[\frac{1}{2}e^{2x}+2x-\frac{1}{2}e^{-2x}\right]_0^1$$
$$=\boldsymbol{\frac{1}{2}e^2+2-\frac{1}{2}e^{-2}}$$

(2) (준 식)$=\int_{-\pi}^{\pi}(\sin^2x+2\sin x\cos x+\cos^2x)dx$

$$=\int_{-\pi}^{\pi}(1+\sin 2x)dx$$
$$=\left[x-\frac{1}{2}\cos 2x\right]_{-\pi}^{\pi}=\boldsymbol{2\pi}$$

15-2. (1) (준 식)$=\int_0^1\{-(x-\sqrt{x})\}dx+\int_1^3(x-\sqrt{x})dx$

$$=\left[-\frac{1}{2}x^2+\frac{2}{3}x\sqrt{x}\right]_0^1+\left[\frac{1}{2}x^2-\frac{2}{3}x\sqrt{x}\right]_1^3$$
$$=\boldsymbol{\frac{29}{6}-2\sqrt{3}}$$

(2) (준 식)$=\int_{-1}^{2}\left(-\frac{x-2}{x+2}\right)dx+\int_2^4\frac{x-2}{x+2}dx$

$$=-\int_{-1}^{2}\left(1-\frac{4}{x+2}\right)dx+\int_2^4\left(1-\frac{4}{x+2}\right)dx$$
$$=-\Big[x-4\ln|x+2|\Big]_{-1}^{2}+\Big[x-4\ln|x+2|\Big]_2^4$$
$$=\boldsymbol{4\ln\frac{8}{3}-1}$$

(3) (준 식)$=\int_0^{\pi}\left|\sqrt{2}\sin\left(x+\frac{\pi}{4}\right)\right|dx$

$$=\sqrt{2}\left\{\int_0^{\frac{3}{4}\pi}\sin\left(x+\frac{\pi}{4}\right)dx-\int_{\frac{3}{4}\pi}^{\pi}\sin\left(x+\frac{\pi}{4}\right)dx\right\}$$
$$=\sqrt{2}\left\{\left[-\cos\left(x+\frac{\pi}{4}\right)\right]_0^{\frac{3}{4}\pi}-\left[-\cos\left(x+\frac{\pi}{4}\right)\right]_{\frac{3}{4}\pi}^{\pi}\right\}$$
$$=\boldsymbol{2\sqrt{2}}$$

***Note** (준 식)

$$=\int_0^{\frac{3}{4}\pi}(\sin x+\cos x)dx+\int_{\frac{3}{4}\pi}^{\pi}(-\sin x-\cos x)dx$$
$$=\Big[-\cos x+\sin x\Big]_0^{\frac{3}{4}\pi}+\Big[\cos x-\sin x\Big]_{\frac{3}{4}\pi}^{\pi}$$
$$=\boldsymbol{2\sqrt{2}}$$

(4) (준 식)$=\int_{-1}^{0}(-3^x+2^x)dx+\int_0^1(3^x-2^x)dx$

$$=\left[-\frac{3^x}{\ln 3}+\frac{2^x}{\ln 2}\right]_{-1}^{0}+\left[\frac{3^x}{\ln 3}-\frac{2^x}{\ln 2}\right]_0^1$$
$$=\boldsymbol{\frac{4}{3\ln 3}-\frac{1}{2\ln 2}}$$

15-3. (1) $2x+1=t$라고 하면

$x=\frac{1}{2}(t-1)$, $dx=\frac{1}{2}dt$이고

$x=0$일 때 $t=1$, $x=1$일 때 $t=3$

$$\therefore \text{(준 식)}=\int_1^3 \frac{t-1}{2t^3}\times\frac{1}{2}dt$$

$$=\frac{1}{4}\int_1^3(t^{-2}-t^{-3})dt$$

$$=\frac{1}{4}\left[-\frac{1}{t}+\frac{1}{2t^2}\right]_1^3=\mathbf{\frac{1}{18}}$$

(2) $\sqrt{x-2}=t$라고 하면

$x=t^2+2$, $dx=2t\,dt$이고

$x=3$일 때 $t=1$, $x=6$일 때 $t=2$

$$\therefore \text{(준 식)}=\int_1^2 \frac{t^2+2}{t}\times 2t\,dt$$

$$=2\left[\frac{1}{3}t^3+2t\right]_1^2=\mathbf{\frac{26}{3}}$$

(3) 구간 $[1, 3]$에서 $x>0$이므로

$$\text{(준 식)}=\int_1^3\sqrt{x^2(x^2+3)}\,dx$$

$$=\int_1^3 x\sqrt{x^2+3}\,dx$$

$x^2+3=t$라고 하면

$2x\,dx=dt$, 곧 $x\,dx=\frac{1}{2}dt$이고

$x=1$일 때 $t=4$, $x=3$일 때 $t=12$

$$\therefore \text{(준 식)}=\int_4^{12}\sqrt{t}\times\frac{1}{2}dt$$

$$=\left[\frac{1}{3}t\sqrt{t}\right]_4^{12}=\mathbf{8\sqrt{3}-\frac{8}{3}}$$

(4) $1-x^2=t$라고 하면

$-2x\,dx=dt$, 곧 $x\,dx=-\frac{1}{2}dt$이고

$x=0$일 때 $t=1$, $x=\frac{1}{2}$일 때 $t=\frac{3}{4}$

$$\therefore \text{(준 식)}=\int_1^{\frac{3}{4}}\frac{1}{\sqrt{t}}\left(-\frac{1}{2}dt\right)$$

$$=\int_{\frac{3}{4}}^1\frac{1}{2\sqrt{t}}dt=\left[\sqrt{t}\right]_{\frac{3}{4}}^1$$

$$=\mathbf{1-\frac{\sqrt{3}}{2}}$$

(5) $$\text{(준 식)}=\int_0^{\frac{\pi}{2}}\frac{\sin^2 x\sin x}{1+\cos x}dx$$

$$=\int_0^{\frac{\pi}{2}}(1-\cos x)\sin x\,dx$$

$1-\cos x=t$라고 하면

$\sin x\,dx=dt$이고

$x=0$일 때 $t=0$, $x=\frac{\pi}{2}$일 때 $t=1$

$$\therefore \text{(준 식)}=\int_0^1 t\,dt=\left[\frac{1}{2}t^2\right]_0^1=\mathbf{\frac{1}{2}}$$

(6) $\sqrt{x}=t$라고 하면

$\frac{1}{2\sqrt{x}}dx=dt$, 곧 $\frac{1}{\sqrt{x}}dx=2\,dt$이고

$x=1$일 때 $t=1$, $x=4$일 때 $t=2$

$$\therefore \text{(준 식)}=\int_1^2 e^t\times 2\,dt=\left[2e^t\right]_1^2$$

$$=\mathbf{2(e^2-e)}$$

(7) $e^x=t$라고 하면

$e^x dx=dt$, 곧 $dx=\frac{1}{t}dt$이고

$x=\ln 2$일 때 $t=2$, $x=1$일 때 $t=e$

$$\therefore \text{(준 식)}=\int_2^e\frac{1}{t-t^{-1}}\times\frac{1}{t}dt$$

$$=\int_2^e\frac{1}{t^2-1}dt$$

$$=\frac{1}{2}\int_2^e\left(\frac{1}{t-1}-\frac{1}{t+1}\right)dt$$

$$=\frac{1}{2}\left[\ln|t-1|-\ln|t+1|\right]_2^e$$

$$=\mathbf{\frac{1}{2}\ln\frac{3(e-1)}{e+1}}$$

(8) $\ln x+1=t$라고 하면 $\frac{1}{x}dx=dt$이고

$x=1$일 때 $t=1$, $x=e$일 때 $t=2$

$$\therefore \text{(준 식)}=\int_1^2\frac{t-1}{t^2}dt$$

$$=\int_1^2\left(\frac{1}{t}-\frac{1}{t^2}\right)dt$$

$$=\left[\ln|t|+\frac{1}{t}\right]_1^2$$

$$=\mathbf{\ln 2-\frac{1}{2}}$$

(9) $\ln(1+x^2)=t$라고 하면

$$\frac{2x}{1+x^2}dx=dt,\ \text{곧}\ \frac{x}{1+x^2}dx=\frac{1}{2}dt$$

이고

$x=0$일 때 $t=0$, $x=1$일 때 $t=\ln 2$

$$\therefore\ (\text{준 식})=\int_0^{\ln 2} t\times\frac{1}{2}dt=\left[\frac{1}{4}t^2\right]_0^{\ln 2}$$

$$=\mathbf{\frac{1}{4}(\ln 2)^2}$$

15-4. (1) $x=a\sin\theta\left(-\frac{\pi}{2}\le\theta\le\frac{\pi}{2}\right)$

라고 하면 $dx=a\cos\theta\,d\theta$이고

$x=0$일 때 $\theta=0$, $x=a$일 때 $\theta=\frac{\pi}{2}$

$$\therefore\ \int_0^a\sqrt{a^2-x^2}\,dx$$

$$=\int_0^{\frac{\pi}{2}}\sqrt{a^2-a^2\sin^2\theta}\ a\cos\theta\,d\theta$$

$$=a^2\int_0^{\frac{\pi}{2}}\cos^2\theta\,d\theta$$

$$=a^2\int_0^{\frac{\pi}{2}}\frac{1+\cos 2\theta}{2}d\theta$$

$$=a^2\left[\frac{1}{2}\theta+\frac{1}{4}\sin 2\theta\right]_0^{\frac{\pi}{2}}$$

$$=\boldsymbol{\frac{1}{4}\pi a^2}$$

**Note* 반지름의 길이가 a인 원의 넓이의 $\frac{1}{4}$과 같다.

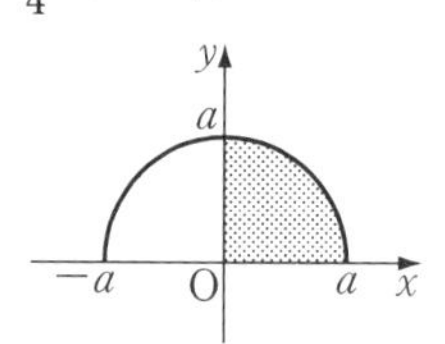

(2) $x=a\tan\theta\left(-\frac{\pi}{2}<\theta<\frac{\pi}{2}\right)$라고 하면

$dx=a\sec^2\theta\,d\theta$이고

$x=0$일 때 $\theta=0$, $x=a$일 때 $\theta=\frac{\pi}{4}$

$$\therefore\ \int_0^a\frac{1}{x^2+a^2}dx$$

$$=\int_0^{\frac{\pi}{4}}\frac{1}{a^2\tan^2\theta+a^2}\times a\sec^2\theta\,d\theta$$

$$=\int_0^{\frac{\pi}{4}}\frac{1}{a}d\theta=\left[\frac{1}{a}\theta\right]_0^{\frac{\pi}{4}}=\boldsymbol{\frac{\pi}{4a}}$$

15-5. (1) $u'=(2-x)^7$, $v=x$라고 하면

$u=-\frac{1}{8}(2-x)^8$, $v'=1$이므로

$$(\text{준 식})=\left[-\frac{1}{8}(2-x)^8\times x\right]_1^2+\int_1^2\frac{1}{8}(2-x)^8dx$$

$$=\frac{1}{8}+\frac{1}{8}\left[-\frac{1}{9}(2-x)^9\right]_1^2$$

$$=\mathbf{\frac{5}{36}}$$

**Note* $2-x=t$라고 하면

$-dx=dt$, 곧 $dx=-dt$이고

$x=1$일 때 $t=1$, $x=2$일 때 $t=0$

$$\therefore\ (\text{준 식})=\int_1^0(2-t)t^7(-dt)$$

$$=\int_0^1(2t^7-t^8)dt$$

$$=\left[\frac{1}{4}t^8-\frac{1}{9}t^9\right]_0^1=\mathbf{\frac{5}{36}}$$

(2) $x^2=t$라고 하면

$2x\,dx=dt$, 곧 $x\,dx=\frac{1}{2}dt$이고

$x=0$일 때 $t=0$, $x=\sqrt{\pi}$일 때 $t=\pi$

$$\therefore\ (\text{준 식})=\int_0^\pi t\cos t\times\frac{1}{2}dt$$

$$=\frac{1}{2}\int_0^\pi t\cos t\,dt$$

$$=\frac{1}{2}\left(\left[t\sin t\right]_0^\pi-\int_0^\pi\sin t\,dt\right)$$

$$=\frac{1}{2}\left(0-\left[-\cos t\right]_0^\pi\right)=\mathbf{-1}$$

(3) $\sqrt{x}=t$라고 하면

$x=t^2$, $dx=2t\,dt$이고

$x=0$일 때 $t=0$, $x=1$일 때 $t=1$

$$\therefore\ (\text{준 식})=\int_0^1 e^t\times 2t\,dt=2\int_0^1 te^t dt$$

$$=2\left(\left[te^t\right]_0^1-\int_0^1 e^t dt\right)$$

$=2\left(e-\left[e^{t}\right]_{0}^{1}\right)=\mathbf{2}$

(4) (준 식)$=\int_{\frac{1}{e}}^{1}(-\ln x)dx+\int_{1}^{e}\ln x\,dx$

$=\left[-(x\ln x-x)\right]_{\frac{1}{e}}^{1}+\left[x\ln x-x\right]_{1}^{e}$

$=\mathbf{2-\frac{2}{e}}$

***Note** 다음을 이용하였다.

$\int \ln x\,dx=x\ln x-x+C$ ⇦ p. 256

(5) $u'=x^2$, $v=\ln(1-x)$라고 하면

$u=\frac{1}{3}x^3$, $v'=\frac{-1}{1-x}$이므로

(준 식)$=\left[\frac{x^3}{3}\ln(1-x)\right]_{0}^{\frac{1}{2}}-\int_{0}^{\frac{1}{2}}\frac{x^3}{3}\times\frac{-1}{1-x}dx$

$=\frac{1}{24}\ln\frac{1}{2}-\frac{1}{3}\int_{0}^{\frac{1}{2}}\frac{x^3}{x-1}dx$

$=-\frac{1}{24}\ln 2-\frac{1}{3}\int_{0}^{\frac{1}{2}}\left(x^2+x+1+\frac{1}{x-1}\right)dx$

$=-\frac{1}{24}\ln 2-\frac{1}{3}\left[\frac{x^3}{3}+\frac{x^2}{2}+x+\ln|x-1|\right]_{0}^{\frac{1}{2}}$

$=\mathbf{\frac{7}{24}\ln 2-\frac{2}{9}}$

(6) 구하는 정적분의 값을 S라고 하면

$S=\int_{0}^{\pi}e^{x}\cos x\,dx$

$=\left[e^{x}\cos x\right]_{0}^{\pi}-\int_{0}^{\pi}e^{x}(-\sin x)dx$

$=-e^{\pi}-1+\left(\left[e^{x}\sin x\right]_{0}^{\pi}-\int_{0}^{\pi}e^{x}\cos x\,dx\right)$

$=-e^{\pi}-1-S$

$\therefore\ 2S=-(e^{\pi}+1)$

$\therefore\ S=\mathbf{-\frac{1}{2}(e^{\pi}+1)}$

15-6. $g(f(x))=\frac{1}{1+f(x)}=\frac{1}{1+e^{-2x}}$

$=\frac{e^{2x}}{e^{2x}+1}$

$\therefore$ (준 식)$=\int_{0}^{\ln 3}\frac{e^{2x}}{e^{2x}+1}dx$

$=\frac{1}{2}\int_{0}^{\ln 3}\frac{2e^{2x}}{e^{2x}+1}dx$

$=\frac{1}{2}\left[\ln(e^{2x}+1)\right]_{0}^{\ln 3}$

$=\ln\sqrt{5}$ 답 ③

***Note** $e^{2\ln 3}=e^{\ln 3^2}=3^2$

15-7. $f'(x)=e^{x}+a$이므로

$f(x)=\int f'(x)dx=\int(e^{x}+a)dx$

$=e^{x}+ax+C$

$f(0)=2$이므로 $1+C=2$ $\therefore\ C=1$

$\therefore\ f(x)=e^{x}+ax+1$

이때,

$\int_{0}^{1}f(x)dx=\int_{0}^{1}(e^{x}+ax+1)dx$

$=\left[e^{x}+\frac{1}{2}ax^2+x\right]_{0}^{1}$

$=e+\frac{1}{2}a$

문제의 조건으로부터

$e+\frac{1}{2}a=e+1$ $\therefore\ a=2$ 답 ④

15-8. 조건 (가)에서

$\int_{-\pi}^{\pi}f(t)dt=a$ ……㉮

이라고 하면 $f'(x)=\sin x+a$

$\therefore\ f(x)=\int f'(x)dx=\int(\sin x+a)dx$

$=-\cos x+ax+C$

조건 (나)에서

$f(0)=-1+C=0$ $\therefore\ C=1$

$\therefore\ f(x)=-\cos x+ax+1$

㉮에 대입하면

$a=\int_{-\pi}^{\pi}(-\cos t+at+1)dt$

$$=2\int_0^\pi(-\cos t+1)dt$$
$$=2\Big[-\sin t+t\Big]_0^\pi=2\pi$$
$\therefore$ $\boldsymbol{f(x)=-\cos x+2\pi x+1}$

15-9. 구간 $(0,\ 1)$에서 $f''(x)=e^x$이므로
$$f'(x)=\int e^x dx=e^x+C_1$$
$$\therefore\ f(x)=\int(e^x+C_1)dx=e^x+C_1x+C_2$$
$f(0)=1$이고 $f(x)$는 연속이므로
$$\lim_{x\to0+}f(x)=1+C_2=1 \quad \therefore\ C_2=0$$
$$\therefore\ f(x)=e^x+C_1x$$
$f'(0)=1$이므로
$$\lim_{h\to0+}\frac{f(0+h)-f(0)}{h}=\lim_{h\to0+}\frac{(e^h+C_1h)-1}{h}$$
$$=\lim_{h\to0+}\left(\frac{e^h-1}{h}+C_1\right)$$
$$=1+C_1=1$$
$$\therefore\ C_1=0 \quad \therefore\ f(x)=e^x\ (0\le x<1)$$
한편 $1\le x<2$일 때, 조건 (나)에서
$$f'(x)\ge\lim_{x\to1-}f'(x)=e$$
따라서 구간 $[1,\ x]$에서
$$\int_1^x f'(x)dx\ge\int_1^x e\,dx$$
$$\therefore\ f(x)-f(1)\ge ex-e$$
그런데 $f(x)$는 $x=1$에서 연속이므로
$$f(1)=e \quad \therefore\ f(x)\ge ex\ (1\le x\le2)$$
$$\therefore\ \int_0^2 f(x)dx=\int_0^1 f(x)dx+\int_1^2 f(x)dx$$
$$\ge\int_0^1 e^x dx+\int_1^2 ex\,dx$$
$$=\Big[e^x\Big]_0^1+\left[\frac{1}{2}ex^2\right]_1^2$$
$$=\frac{5}{2}e-1$$
따라서 $1\le x\le2$에서 $f(x)=ex$일 때 $\int_0^2 f(x)dx$는 최소이고, 최솟값은
$$\boldsymbol{\frac{5}{2}e-1}$$

15-10. 정수 k에 대하여
$f(k+t)=f(k)\ (0<t\le1)$이면 $f(x)$는 구간 $[k,\ k+1]$에서 상수함수이다.

또, 정수 k에 대하여
$f(k+t)=2^t\times f(k)\ (0<t\le1)$이면 구간 $[k,\ k+1]$에서 $f(x)=2^{x-k}\times f(k)$이므로 $f(x)$는 구간 $[k,\ k+1]$에서 밑이 2인 지수함수이다.

한편 구간 $(0,\ 5)$에서 $f(x)$가 미분가능하지 않은 점의 개수가 4이어야 하므로 $y=f(x)$의 그래프는 아래 (i) 또는 (ii)이다.

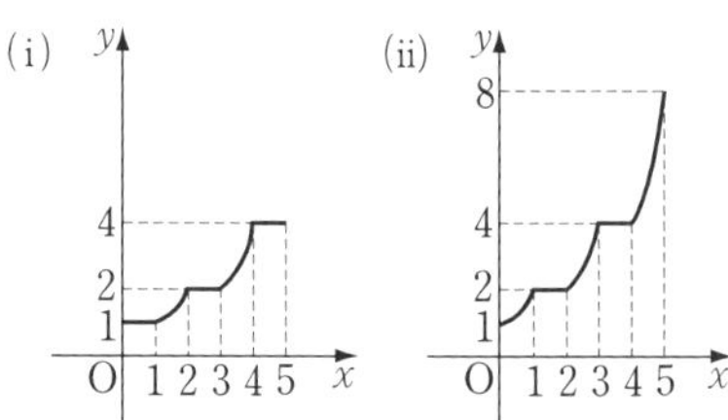

이 중에서 $\int_0^5 f(x)dx$의 값이 최소가 되는 경우는 (i)이고, 이때
$$f(x)=\begin{cases}1 & (0\le x\le1)\\ 2^{x-1} & (1\le x\le2)\\ 2 & (2\le x\le3)\\ 2^{x-2} & (3\le x\le4)\\ 4 & (4\le x\le5)\end{cases}$$
따라서 구하는 최솟값은
$$\int_0^1 1\,dx+\int_1^2 2^{x-1}dx+\int_2^3 2\,dx+\int_3^4 2^{x-2}dx+\int_4^5 4\,dx$$
$$=1+\left[\frac{2^{x-1}}{\ln2}\right]_1^2+2+\left[\frac{2^{x-2}}{\ln2}\right]_3^4+4$$
$$=7+\frac{1}{\ln2}+\frac{2}{\ln2}=\boldsymbol{7+\frac{3}{\ln2}}$$

15-11. $\ln x=t$라고 하면 $\frac{1}{x}dx=dt$이고 $x=1$일 때 $t=0$, $x=e^n$일 때 $t=n$이므로

$$S_n=\int_0^n t\,dt=\left[\frac{1}{2}t^2\right]_0^n=\frac{1}{2}n^2,$$

$$S_{n+1}=\frac{1}{2}(n+1)^2$$

$$\therefore\ (\text{준 식})=\sum_{n=1}^{\infty}\frac{2}{n(n+1)}$$

$$=\lim_{n\to\infty}\sum_{k=1}^{n}2\left(\frac{1}{k}-\frac{1}{k+1}\right)$$

$$=\lim_{n\to\infty}2\left(1-\frac{1}{n+1}\right)=2$$

답 ④

15-12. $\int_0^{-\frac{\pi}{4}}\tan^3 x\,dx$ 에서 $x=-t$ 라고 하면 $dx=-dt$ 이고 $x=0$ 일 때 $t=0$, $x=-\frac{\pi}{4}$ 일 때 $t=\frac{\pi}{4}$ 이므로

$$\int_0^{-\frac{\pi}{4}}\tan^3 x\,dx=\int_0^{\frac{\pi}{4}}\tan^3(-t)(-dt)$$

$$=\int_0^{\frac{\pi}{4}}\tan^3 t\,dt$$

$$=\int_0^{\frac{\pi}{4}}\tan^3 x\,dx$$

$$\therefore\ (\text{준 식})=\int_0^{\frac{\pi}{4}}\tan x\,dx+\int_0^{\frac{\pi}{4}}\tan^3 x\,dx$$

$$=\int_0^{\frac{\pi}{4}}\tan x(1+\tan^2 x)dx$$

$$=\int_0^{\frac{\pi}{4}}\tan x\sec^2 x\,dx$$

$\tan x=t$ 라고 하면 $\sec^2 x\,dx=dt$ 이고 $x=0$ 일 때 $t=0$, $x=\frac{\pi}{4}$ 일 때 $t=1$ 이므로

$$(\text{준 식})=\int_0^1 t\,dt=\left[\frac{1}{2}t^2\right]_0^1=\mathbf{\frac{1}{2}}$$

15-13. $2x+1=t$ 라고 하면 $2\,dx=dt$, 곧 $dx=\frac{1}{2}dt$ 이고 $x=0$ 일 때 $t=1$, $x=1$ 일 때 $t=3$ 이므로

$$\int_0^1 f(2x+1)dx=\int_1^3 f(t)\times\frac{1}{2}\,dt$$

$$=\frac{1}{2}\int_1^2(2t-1)dt+\frac{1}{2}\int_2^3 3\,dt$$

$$=\frac{1}{2}\Big[t^2-t\Big]_1^2+\frac{1}{2}\Big[3t\Big]_2^3=\mathbf{\frac{5}{2}}$$

*Note $y=f(x)$ 의 그래프와 직선 $x=1$, $x=3$ 및 x 축으로 둘러싸인 도형의 넓이에서

$$\frac{1}{2}\int_1^3 f(t)dt=\frac{1}{2}\times(6-1)=\mathbf{\frac{5}{2}}$$

15-14. $x^2=t$ 라고 하면 $2x\,dx=dt$, 곧 $x\,dx=\frac{1}{2}dt$ 이고 $x=0$ 일 때 $t=0$, $x=1$ 일 때 $t=1$ 이므로

$$\int_0^1 xf(x^2)dx=\int_0^1 f(t)\times\frac{1}{2}\,dt$$

$$=\frac{1}{2}\int_0^1 f(t)dt$$

$$=\frac{1}{2}\times4=\mathbf{2}$$

15-15. 조건식에서 $f(x)=x^2-1-f(-x)$ 이므로

$$\int_{-1}^1 f(x)dx=\int_{-1}^1\{x^2-1-f(-x)\}dx$$

$$=\int_{-1}^1(x^2-1)dx-\int_{-1}^1 f(-x)dx$$

그런데 $-x=t$ 라고 하면 $-dx=dt$, 곧 $dx=-dt$ 이고 $x=-1$ 일 때 $t=1$, $x=1$ 일 때 $t=-1$ 이므로

$$\int_{-1}^1 f(-x)dx=\int_1^{-1}f(t)(-dt)$$

$$=\int_{-1}^1 f(t)dt$$

$$\therefore\ \int_{-1}^1 f(x)dx=\left[\frac{1}{3}x^3-x\right]_{-1}^1-\int_{-1}^1 f(x)dx$$

$$\therefore\ 2\int_{-1}^1 f(x)dx=-\frac{4}{3}$$

$$\therefore\ \int_{-1}^1 f(x)dx=\mathbf{-\frac{2}{3}}$$

*Note $\int_{-1}^1 f(x)dx=\int_{-1}^0 f(x)dx+\int_0^1 f(x)dx$

$$=\int_1^0 f(-t)(-dt)+\int_0^1 f(x)dx$$

$$=\int_0^1\{f(-x)+f(x)\}dx$$

$=\int_0^1 (x^2-1)dx=\left[\frac{1}{3}x^3-x\right]_0^1$

$=-\frac{2}{3}$

15-16. 조건 ㈎에 주어진 식의 양변을 $x(x+1)$로 나누면

$$\frac{f(x)}{x}-\frac{f(x+1)}{x+1}=\frac{1}{x^2}$$

$\frac{f(x)}{x}=g(x)$로 놓으면

$$g(x)-g(x+1)=\frac{1}{x^2}$$

$$\therefore\ g(x+1)=g(x)-\frac{1}{x^2}\quad\cdots\cdots①$$

한편 2 이상의 자연수 n에 대하여 $\int_n^{n+1} g(x)dx$에서 $x=t+1$이라고 하면 $dx=dt$이고 $x=n$일 때 $t=n-1$, $x=n+1$일 때 $t=n$이므로

$\int_n^{n+1} g(x)dx=\int_{n-1}^n g(t+1)dt$

$=\int_{n-1}^n g(x+1)dx \quad \Leftarrow ①$

$=\int_{n-1}^n \left\{g(x)-\frac{1}{x^2}\right\}dx$

$=\int_{n-1}^n g(x)dx-\int_{n-1}^n \frac{1}{x^2}dx$

$\therefore\ \int_4^5 \frac{f(x)}{x}dx=\int_4^5 g(x)dx$

$=\int_3^4 g(x)dx-\int_3^4 \frac{1}{x^2}dx$

$=\int_2^3 g(x)dx-\int_2^3 \frac{1}{x^2}dx-\int_3^4 \frac{1}{x^2}dx$

$=\int_1^2 g(x)dx-\int_1^2 \frac{1}{x^2}dx-\int_2^3 \frac{1}{x^2}dx-\int_3^4 \frac{1}{x^2}dx$

$=\int_1^2 \frac{f(x)}{x}dx-\int_1^4 \frac{1}{x^2}dx$

$=3-\left[-\frac{1}{x}\right]_1^4=\frac{9}{4}$

15-17. (준 식)$=\int_2^3 f(x)dx+\int_1^2 f(x)dx$

$=\int_1^3 f(x)dx$

$=\int_1^3 (2x\ln x+x^2-4x+3)dx$

$=2\int_1^3 x\ln x\,dx+\int_1^3 (x-1)(x-3)dx$

$=2\left(\left[\frac{1}{2}x^2\ln x\right]_1^3-\int_1^3 \frac{1}{2}x^2\times\frac{1}{x}dx\right)+\left(-\frac{1}{6}\right)(3-1)^3$

$=2\left(\frac{9}{2}\ln 3-\left[\frac{1}{4}x^2\right]_1^3\right)-\frac{4}{3}$

$=\mathbf{9\ln 3-\frac{16}{3}}$

***Note** 위에서 다음 공식을 이용하였다.

$$\int_\alpha^\beta a(x-\alpha)(x-\beta)dx=-\frac{a}{6}(\beta-\alpha)^3$$

15-18. 주어진 조건에서 $f(x)$는 주기가 2인 주기함수이므로 함수 $y=f(x)$의 그래프는 아래와 같다.

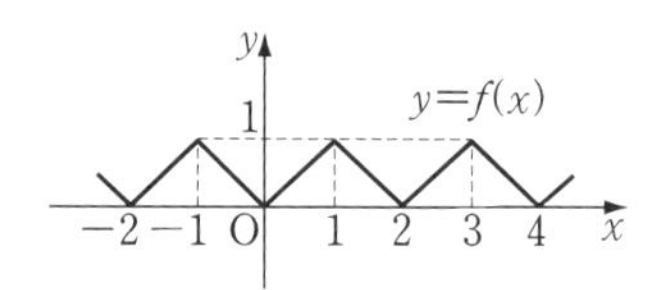

$0\le x\le 1$일 때 $f(x)=x$,

$1\le x\le 2$일 때 $f(x)=-x+2$

$\therefore\ \int_0^2 e^x f(x)dx=\int_0^1 xe^x dx+\int_1^2 (-x+2)e^x dx$

$=\left[xe^x\right]_0^1-\int_0^1 e^x dx+\left[(-x+2)e^x\right]_1^2-\int_1^2 (-e^x)dx$

$=e-(e-1)-e+(e^2-e)$

$=(e-1)^2$ 답 ②

15-19. (1) $f(a)=\int_0^1 (e^x-ax)^2 dx$라고 하면

$$f(a)=\int_0^1(e^{2x}-2axe^x+a^2x^2)dx$$
$$=\int_0^1 e^{2x}dx-2a\int_0^1 xe^x dx+a^2\int_0^1 x^2dx$$
$$=\left[\frac{1}{2}e^{2x}\right]_0^1-2a\left[xe^x-e^x\right]_0^1+a^2\left[\frac{1}{3}x^3\right]_0^1$$
$$=\frac{1}{2}e^2-\frac{1}{2}-2a+\frac{1}{3}a^2$$
$$=\frac{1}{3}(a-3)^2+\frac{1}{2}e^2-\frac{7}{2}$$

따라서 $\boldsymbol{a=3}$일 때 최소이다.

(2) $f(a)=\int_0^\pi(a\sin x-\pi)^2dx$라고 하면

$$f(a)=\int_0^\pi(a^2\sin^2x-2a\pi\sin x+\pi^2)dx$$
$$=\int_0^\pi\left(a^2\times\frac{1-\cos 2x}{2}-2a\pi\sin x+\pi^2\right)dx$$
$$=a^2\left[\frac{1}{2}x-\frac{1}{4}\sin 2x\right]_0^\pi+2a\pi\left[\cos x\right]_0^\pi+\left[\pi^2x\right]_0^\pi$$
$$=\frac{1}{2}\pi a^2-4a\pi+\pi^3$$
$$=\frac{\pi}{2}(a-4)^2+\pi^3-8\pi$$

따라서 $\boldsymbol{a=4}$일 때 최소이다.

15-20. $\int_0^1 f'(x)g(x)dx$

$$=\left[f(x)g(x)\right]_0^1-\int_0^1 f(x)g'(x)dx$$

이므로

$$\int_0^1\frac{x^2}{(1+x^3)^2}dx=f(1)g(1)-f(0)g(0)-\frac{1}{6}$$

$1+x^3=t$라고 하면

$3x^2dx=dt$, 곧 $x^2dx=\frac{1}{3}dt$이고

$x=0$일 때 $t=1$, $x=1$일 때 $t=2$이므로

$$\int_0^1\frac{x^2}{(1+x^3)^2}dx=\int_1^2\frac{1}{t^2}\times\frac{1}{3}dt$$
$$=\left[-\frac{1}{3t}\right]_1^2=\frac{1}{6}$$

또, $g(1)=1$, $g(0)=0$이므로

$\frac{1}{6}=f(1)-\frac{1}{6}$ $\quad\therefore\ f(1)=\frac{1}{3}$ 답 ④

15-21. $u'=\frac{1}{x^2}$, $v=\{f(x)\}^2$이라 하면

$u=-\frac{1}{x}$, $v'=2f(x)f'(x)=f(2x)$

$$\therefore\ \int_a^{2a}\frac{\{f(x)\}^2}{x^2}dx=\left[-\frac{\{f(x)\}^2}{x}\right]_a^{2a}+\int_a^{2a}\frac{f(2x)}{x}dx$$

그런데

$f(a)=0$, $f(2a)=2f(a)f'(a)=0$

이므로 $\left[-\frac{\{f(x)\}^2}{x}\right]_a^{2a}=0$

또, $2x=t$라고 하면 $2dx=dt$, 곧

$dx=\frac{1}{2}dt$이고 $x=a$일 때 $t=2a$,

$x=2a$일 때 $t=4a$이므로

$$\int_a^{2a}\frac{f(2x)}{x}dx=\int_{2a}^{4a}\frac{f(t)}{\frac{t}{2}}\times\frac{1}{2}dt$$
$$=\int_{2a}^{4a}\frac{f(t)}{t}dt=k$$
$$\therefore\ \int_a^{2a}\frac{\{f(x)\}^2}{x^2}dx=\boldsymbol{k}$$

15-22. $\int_{-\pi}^{\pi}f(x)\sin x\,dx=0$에서

$$\int_{-\pi}^{\pi}(ax^2\sin x+bx\sin x+\sin x)dx=0$$

그런데 $y=ax^2\sin x$, $y=\sin x$는 기함수이므로

$$\int_{-\pi}^{\pi}ax^2\sin x\,dx=0,\ \int_{-\pi}^{\pi}\sin x\,dx=0$$
$$\therefore\ \int_{-\pi}^{\pi}bx\sin x\,dx=0$$

한편 $y=bx\sin x$는 우함수이므로

$$2\int_0^{\pi} bx\sin x\,dx=0$$

$$\therefore\ b\left\{\left[-x\cos x\right]_0^{\pi}-\int_0^{\pi}(-\cos x)dx\right\}=0$$

$$\therefore\ b\pi=0 \quad \therefore\ \boldsymbol{b=0}$$

$$\therefore\ f(x)=ax^2+1$$

또, 곡선 $y=ax^2+1$과 직선 $y=x$가 접하므로 $ax^2+1=x$

곧, $ax^2-x+1=0$에서

$$\mathrm{D}=1-4a=0 \quad \therefore\ \boldsymbol{a=\frac{1}{4}}$$

15-23. (1) $a_{n+1}=\int_0^1 tf_{n+1}(t)dt$

$$=\int_0^1 t(e^t+a_n)dt$$

$$=\int_0^1 te^t dt+a_n\int_0^1 t\,dt$$

$$=\left[te^t\right]_0^1-\int_0^1 e^t dt+a_n\left[\frac{1}{2}t^2\right]_0^1$$

$$=\boldsymbol{\frac{1}{2}a_n+1}$$

(2) $a_1=\int_0^1 tf_1(t)dt=\int_0^1 te^t dt=1$

이고 $a_{n+1}=\frac{1}{2}a_n+1$에서

$$a_{n+1}-2=\frac{1}{2}(a_n-2)$$

따라서 수열 $\{a_n-2\}$는 첫째항이 $a_1-2=1-2=-1$이고 공비가 $\frac{1}{2}$인 등비수열이다.

$$\therefore\ a_n-2=-1\times\left(\frac{1}{2}\right)^{n-1}$$

$$\therefore\ \boldsymbol{a_n=-\left(\frac{1}{2}\right)^{n-1}+2}$$

(3) $\lim_{n\to\infty}a_n=2,\ f_n(x)=e^x+a_{n-1}\,(n\ge 2)$

이므로 $\lim_{n\to\infty}f_n(x)=\boldsymbol{e^x+2}$

16-1. (1) (준 식) $=\lim_{n\to\infty}\sum_{k=1}^{n}\left(\frac{1}{1+\frac{k}{n}}\times\frac{1}{n}\right)$

$$=\int_0^1\frac{1}{1+x}dx=\left[\ln|1+x|\right]_0^1$$

$$=\boldsymbol{\ln 2}$$

(2) (준 식) $=\lim_{n\to\infty}\sum_{k=1}^{2n}\left(\frac{1}{1+\frac{k}{2n}}\times\frac{1}{2n}\right)$

$$=\int_0^1\frac{1}{1+x}dx=\left[\ln|1+x|\right]_0^1$$

$$=\boldsymbol{\ln 2}$$

(3) (준 식) $=\lim_{n\to\infty}\sum_{k=1}^{2n}\frac{1}{2n+k}$

$$-\lim_{n\to\infty}\sum_{k=1}^{n}\frac{1}{2n+k}$$

$$=\lim_{n\to\infty}\sum_{k=1}^{2n}\left(\frac{1}{1+\frac{k}{2n}}\times\frac{1}{2n}\right)$$

$$-\lim_{n\to\infty}\sum_{k=1}^{n}\left(\frac{1}{2+\frac{k}{n}}\times\frac{1}{n}\right)$$

$$=\int_0^1\frac{1}{1+x}dx-\int_0^1\frac{1}{2+x}dx$$

$$=\left[\ln|1+x|\right]_0^1-\left[\ln|2+x|\right]_0^1$$

$$=\ln 2-(\ln 3-\ln 2)$$

$$=\boldsymbol{\ln\frac{4}{3}}$$

16-2. 분모, 분자를 n^4으로 나누면

$$(\text{준 식})=\lim_{n\to\infty}\frac{\frac{1}{n}\sum_{k=1}^{n}\frac{(n+k)^3}{n^3}}{\frac{1}{n}\sum_{k=1}^{n}\frac{k^3}{n^3}}$$

$$=\lim_{n\to\infty}\frac{\frac{1}{n}\sum_{k=1}^{n}\left(1+\frac{k}{n}\right)^3}{\frac{1}{n}\sum_{k=1}^{n}\left(\frac{k}{n}\right)^3}$$

$$=\frac{\int_0^1(1+x)^3dx}{\int_0^1 x^3dx}=\frac{\frac{15}{4}}{\frac{1}{4}}=\boldsymbol{15}$$

16-3. (1) (준 식)

$$=\lim_{n\to\infty}\sum_{k=1}^{n}\left\{\frac{1+\frac{k}{n}}{3+2\times\frac{k}{n}+\left(\frac{k}{n}\right)^2}\times\frac{1}{n}\right\}$$

$$=\int_0^1\frac{1+x}{3+2x+x^2}dx$$

$$=\int_0^1 \frac{(3+2x+x^2)'}{3+2x+x^2}\times\frac{1}{2}dx$$

$$=\frac{1}{2}\Big[\ln(3+2x+x^2)\Big]_0^1=\mathbf{\frac{1}{2}\ln 2}$$

(2) $\left(\sin\frac{\pi k}{2n}+\cos\frac{\pi k}{2n}\right)^2$

$$=1+2\sin\frac{\pi k}{2n}\cos\frac{\pi k}{2n}$$

$$=1+\sin\frac{\pi k}{n}$$

이므로

$$(\text{준 식})=\lim_{n\to\infty}\frac{1}{n}\sum_{k=1}^{n}\left(1+\sin\frac{\pi k}{n}\right)$$

$$=\int_0^1(1+\sin\pi x)dx$$

$$=\left[x-\frac{1}{\pi}\cos\pi x\right]_0^1=\mathbf{1+\frac{2}{\pi}}$$

16-4. $(\text{좌변})=\lim_{n\to\infty}\sum_{k=1}^{n}\frac{1}{n+ka}$

$$=\lim_{n\to\infty}\sum_{k=1}^{n}\left(\frac{1}{1+a\times\frac{k}{n}}\times\frac{1}{n}\right)$$

$$=\int_0^1\frac{1}{1+ax}dx$$

$$=\left[\frac{1}{a}\ln|1+ax|\right]_0^1=\frac{1}{a}\ln(1+a)$$

$$\therefore\ \frac{1}{a}\ln(1+a)=\frac{3\ln 2}{7}=\frac{\ln 8}{7}$$

$$\therefore\ \mathbf{a=7}$$

16-5. $y'=e^x$이므로 점 $(a,\ e^a)$에서의 접선의 방정식은

$$y-e^a=e^a(x-a)$$

이 직선과 x축의 교점의 x좌표는 $0-e^a=e^a(x-a)$에서 $x=a-1$

따라서 세 직선으로 둘러싸인 삼각형은 밑변의 길이가 1, 높이가 e^a이므로

$$S(a)=\frac{1}{2}\times1\times e^a=\frac{1}{2}e^a$$

$$\therefore\ (\text{준 식})=\lim_{n\to\infty}\sum_{k=1}^{n}\left(\frac{1}{n}\times\frac{1}{2}e^{1+\frac{2k}{n}}\right)$$

$$=\frac{1}{2}\int_0^1 e^{1+2x}dx$$

$$=\frac{1}{2}\left[\frac{1}{2}e^{1+2x}\right]_0^1=\mathbf{\frac{1}{4}(e^3-e)}$$

16-6.

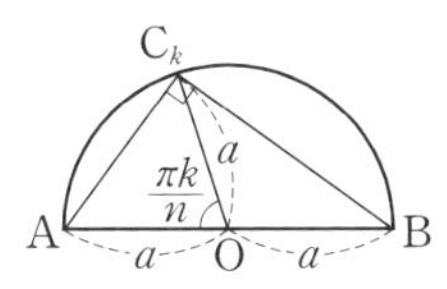

선분 AB의 중점을 O라고 하면

$$\triangle ABC_k=2\triangle AOC_k$$

$$=2\times\frac{1}{2}\times a\times a\sin\frac{\pi k}{n}$$

$$=a^2\sin\frac{\pi k}{n}$$

$$\therefore\ (\text{준 식})=\lim_{n\to\infty}\frac{1}{n}\sum_{k=1}^{n-1}a^2\sin\frac{\pi k}{n}$$

$$=\lim_{n\to\infty}\frac{1}{n}\sum_{k=1}^{n}a^2\sin\frac{\pi k}{n}$$

$$=a^2\int_0^1\sin\pi x\,dx$$

$$=a^2\left[-\frac{1}{\pi}\cos\pi x\right]_0^1=\mathbf{\frac{2a^2}{\pi}}$$

16-7. $f(x)=\int_0^x e^{t^2}dt$에서 $f'(x)=e^{x^2}$

$$\therefore\ g(x)=\ln f'(x)=\ln e^{x^2}=x^2$$

따라서 $\int_0^3 g(x)dx=3g(a)$에서

$$\int_0^3 x^2dx=3a^2\quad\therefore\ \left[\frac{1}{3}x^3\right]_0^3=3a^2$$

$$\therefore\ a^2=3$$

$a>0$이므로 $a=\sqrt{3}$ 답 ③

16-8. $\int_0^x f(t)dt=xe^{-x}$의 양변을 x에 관하여 미분하면

$$f(x)=e^{-x}-xe^{-x}=(1-x)e^{-x}$$

$$\therefore\ f'(x)=-e^{-x}-(1-x)e^{-x}$$

$$=(-2+x)e^{-x}$$

$$\therefore\ \lim_{h\to0}\frac{f(1+3h)-f(1)}{h}$$

$$=\lim_{h\to0}\left\{\frac{f(1+3h)-f(1)}{3h}\times3\right\}$$

$$=3f'(1)=3\times(-e^{-1})=-\mathbf{\frac{3}{e}}$$

16-9. $f(x)-2\int_0^x e^t f(t)dt=1$ ⋯①

양변을 x에 관하여 미분하면

$f'(x)-2e^x f(x)=0$ ⋯⋯②

다시 양변을 x에 관하여 미분하면

$f''(x)-2e^x f(x)-2e^x f'(x)=0$ ⋯③

한편 ①에 $x=0$을 대입하면

$f(0)=1$

②에 $x=0$을 대입하면

$f'(0)-2f(0)=0 \quad \therefore f'(0)=2$

③에 $x=0$을 대입하면

$f''(0)-2f(0)-2f'(0)=0$

$\therefore f''(0)=2\times1+2\times2=\mathbf{6}$

16-10. (1) $f(x)=\int_{-x}^x \frac{\cos t}{1+e^t}dt$ ⋯①

양변을 x에 관하여 미분하면

$$f'(x)=\frac{\cos x}{1+e^x}-\frac{\cos(-x)}{1+e^{-x}}\times(-x)'$$

$$=\frac{\cos x}{1+e^x}+\frac{\cos x}{1+e^{-x}}$$

$$=\frac{\cos x}{1+e^x}+\frac{e^x\cos x}{1+e^x}=\mathbf{\cos x}$$

(2) $f(x)=\int f'(x)dx=\int \cos x\,dx$

$=\sin x+C$

한편 ①에 $x=0$을 대입하면

$f(0)=0 \quad \therefore C=0$

$\therefore \boldsymbol{f(x)=\sin x}$

16-11. $\frac{d}{dx}\int_x^{x+1}\frac{1}{2}(t^2-t)dt$

$=\frac{1}{2}\{(x+1)^2-(x+1)-(x^2-x)\}=x$

$\therefore \log_{x^2}\left\{\frac{d}{dx}\int_x^{x+1}\frac{1}{2}(t^2-t)dt\right\}$

$=\log_{x^2}x=\frac{1}{2}$

따라서 주어진 방정식은

$\frac{1}{2}=x^2-3x+\frac{5}{2} \quad \therefore x=1,\ 2$

그런데 $x=1$이면 로그의 밑이 1이 되므로 적합하지 않다. $\quad \therefore \boldsymbol{x=2}$

16-12. $\int_0^x (x-t)f(t)dt=e^x-ax-b$ ⋯⋯①

에서

$x\int_0^x f(t)dt-\int_0^x tf(t)dt=e^x-ax-b$

양변을 x에 관하여 미분하면

$\int_0^x f(t)dt+xf(x)-xf(x)=e^x-a$

$\therefore \int_0^x f(t)dt=e^x-a$ ⋯⋯②

①, ②에 $x=0$을 대입하면

$0=1-b,\ 0=1-a \quad \therefore \boldsymbol{a=1,\ b=1}$

②의 양변을 x에 관하여 미분하면

$\boldsymbol{f(x)=e^x}$

16-13. $f(x)=\int_0^x \frac{1}{1+t^6}dt$에서

$f'(x)=\frac{1}{1+x^6}$

따라서 $f(x)=t$라고 하면

$f'(x)dx=dt$, 곧 $\frac{1}{1+x^6}dx=dt$이고

$x=0$일 때 $t=f(0)=0$,

$x=a$일 때 $t=f(a)=\frac{1}{2}$

$\therefore \int_0^a \frac{e^{f(x)}}{1+x^6}dx=\int_0^{\frac{1}{2}}e^t dt=\Big[e^t\Big]_0^{\frac{1}{2}}$

$=\sqrt{e}-1$ 답 ①

16-14. $\int_0^2 xf(tx)dx=4t^2$에서 $tx=y$라고 하면 $t\,dx=dy$

$t\neq0$이면 $dx=\frac{1}{t}dy$이고

$x=0$일 때 $y=0$, $x=2$일 때 $y=2t$

$\therefore \int_0^2 xf(tx)dx=\int_0^{2t}\frac{y}{t}f(y)\times\frac{1}{t}dy$

$=\frac{1}{t^2}\int_0^{2t}yf(y)dy=4t^2$

$\therefore \int_0^{2t}yf(y)dy=4t^4$

양변을 t에 관하여 미분하면

$2tf(2t)\times(2t)'=16t^3$

$\therefore\ f(2t)=4t^2 \quad \therefore\ f(2)=4$ 답 ④

***Note** $f(2t)=4t^2\,(t\neq0)$이므로

$f(x)=x^2\,(x\neq0)$이다.

또, 준 식에 $t=0$을 대입하면

$$\int_0^2 xf(0)dx=0 \quad \therefore\ f(0)=0$$

따라서 모든 실수 x에 대하여

$f(x)=x^2$이다.

16-15. $f(x)=\int_a^x (2+\sin t^2)dt$에서

$f'(x)=2+\sin x^2$이고 $f(a)=0$

역함수의 미분법에 의하여

$$(f^{-1})'(0)=\frac{1}{f'(a)}=\frac{1}{2+\sin a^2} \quad \cdots\cdots ㉮$$

한편 $f''(x)=2x\cos x^2$이고

$f''(a)=\sqrt{3}a$이므로

$$2a\cos a^2=\sqrt{3}a \quad \therefore\ \cos a^2=\frac{\sqrt{3}}{2}$$

$0<a^2<\frac{\pi}{2}$이므로

$$\sin a^2=\sqrt{1-\cos^2(a^2)}=\sqrt{1-\left(\frac{\sqrt{3}}{2}\right)^2}=\frac{1}{2}$$

㉮에 대입하면 $(f^{-1})'(0)=\mathbf{\frac{2}{5}}$

16-16. $F(x)=\int_0^x (1-t)e^t dt$에서

$$F'(x)=(1-x)e^x$$

$F'(x)=0$에서 $x=1$

증감을 조사하면 $F(x)$는 $x=1$에서 극대이고 최대이다.

따라서 최댓값은

$$F(1)=\int_0^1 (1-t)e^t dt=\Big[(1-t)e^t\Big]_0^1+\int_0^1 e^t dt=-1+\Big[e^t\Big]_0^1=e-2$$ 답 ①

16-17. $F(x)=\int_x^{x+1} e^{t^3-7t}dt$에서

$$F'(x)=e^{(x+1)^3-7(x+1)}-e^{x^3-7x}=e^{x^3-7x+3x^2+3x-6}-e^{x^3-7x}=e^{x^3-7x}(e^{3x^2+3x-6}-1)$$

$e^{x^3-7x}>0$이므로 $F'(x)=0$에서

$3x^2+3x-6=0 \quad \therefore\ x=-2,\ 1$

증감을 조사하면 $F(x)$는 $x=-2$에서 극대이다. 답 ①

16-18. 구간 $[0,\ 1]$에서 주어진 조건을 만족시키는 함수 $y=f(x)$의 그래프의 개형은 아래와 같다.

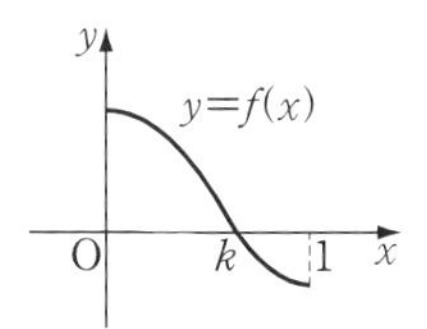

$y=f(x)$의 그래프가 구간 $[0,\ 1]$에서 x축과 만나는 점의 x좌표를 k라고 하면

$0\le x\le k$일 때 $f(x)\ge0$,

$k\le x\le1$일 때 $f(x)\le0$

또,

$$\int_0^k |f(x)|dx=S_1,\ \int_k^1 |f(x)|dx=S_2$$

라고 하면

$$\int_0^1 f(x)dx=S_1-S_2=3,$$

$$\int_0^1 |f(x)|dx=S_1+S_2=5$$

이므로 $S_1=4,\ S_2=1$

(i) $0\le x\le k$일 때

$F(x)=\int_0^x f(t)dt$이므로

$$F'(x)=f(x)$$

$\int_0^k f(x)F(x)dx$에서 $F(x)=u$라 하면 $F'(x)dx=du$, 곧 $f(x)dx=du$이고

$x=0$일 때 $u=F(0)=0$,

$x=k$일 때 $u=F(k)=S_1=4$

$\therefore \displaystyle\int_0^k f(x)\mathrm{F}(x)dx=\int_0^4 u\,du$

$\displaystyle=\left[\frac{1}{2}u^2\right]_0^4=8$

(ii) $k\le x\le 1$일 때

$\mathrm{F}(x)=\displaystyle\int_0^k f(t)dt+\int_k^x\{-f(t)\}dt$

이므로 $\mathrm{F}'(x)=-f(x)$

$\displaystyle\int_k^1 f(x)\mathrm{F}(x)dx$에서 $\mathrm{F}(x)=u$라고 하면 $\mathrm{F}'(x)dx=du$, 곧 $f(x)dx=-du$ 이고

$x=k$일 때 $u=\mathrm{F}(k)=4$,

$x=1$일 때 $u=\mathrm{F}(1)=5$

$\therefore \displaystyle\int_k^1 f(x)\mathrm{F}(x)dx=\int_4^5 u(-du)$

$\displaystyle=\left[-\frac{1}{2}u^2\right]_4^5=-\frac{9}{2}$

(i), (ii)에서

$\displaystyle\int_0^1 f(x)\mathrm{F}(x)dx=\int_0^k f(x)\mathrm{F}(x)dx+\int_k^1 f(x)\mathrm{F}(x)dx$

$\displaystyle=8-\frac{9}{2}=\boldsymbol{\frac{7}{2}}$

17-1. 구하는 넓이를 S라고 하자.

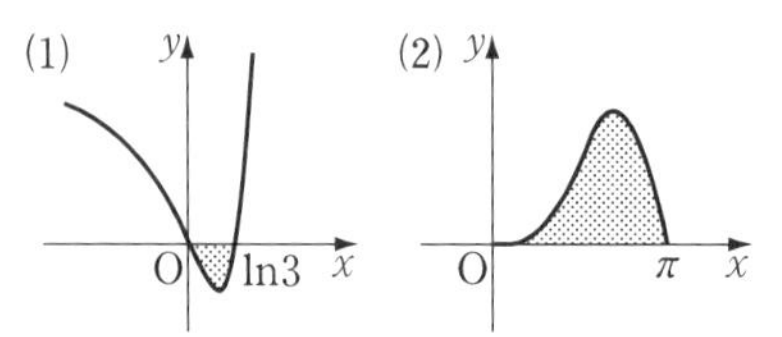

(1) $y=e^{2x}-4e^x+3=(e^x-1)(e^x-3)$

x축과의 교점의 x좌표는 $y=0$에서

$e^x=1,\ 3 \quad \therefore x=0,\ \ln 3$

그런데 $0\le x\le \ln 3$에서 $y\le 0$이므로

$\displaystyle \mathrm{S}=-\int_0^{\ln 3}(e^{2x}-4e^x+3)dx$

$\displaystyle=-\left[\frac{1}{2}e^{2x}-4e^x+3x\right]_0^{\ln 3}$

$=\mathbf{4-3\ln 3}$

(2) $y=2\sin x-\sin 2x$

$=2\sin x-2\sin x\cos x$

$=2(1-\cos x)\sin x$

x축과의 교점의 x좌표는 $y=0$에서

$\cos x=1,\ \sin x=0 \quad \therefore x=0,\ \pi$

그런데 $0\le x\le \pi$에서 $y\ge 0$이므로

$\displaystyle \mathrm{S}=\int_0^{\pi}(2\sin x-\sin 2x)dx$

$\displaystyle=\left[-2\cos x+\frac{1}{2}\cos 2x\right]_0^{\pi}=\mathbf{4}$

(3) x축과의 교점의 x좌표는 $y=0$에서

$\cos x=0,\ \sin x=-1$

$\therefore x=\dfrac{\pi}{2},\ \dfrac{3}{2}\pi$

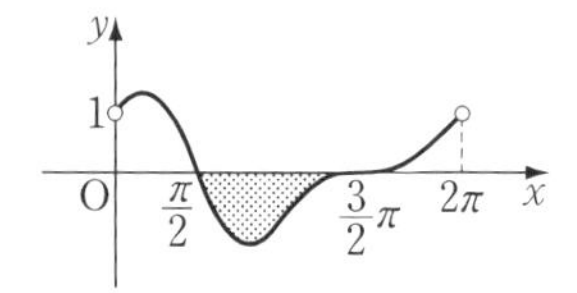

그런데 $\dfrac{\pi}{2}\le x\le \dfrac{3}{2}\pi$에서 $y\le 0$이므로

$\displaystyle \mathrm{S}=-\int_{\frac{\pi}{2}}^{\frac{3}{2}\pi}(\cos x)(1+\sin x)dx$

$\displaystyle=-\int_{\frac{\pi}{2}}^{\frac{3}{2}\pi}\left(\cos x+\frac{1}{2}\sin 2x\right)dx$

$\displaystyle=-\left[\sin x-\frac{1}{4}\cos 2x\right]_{\frac{\pi}{2}}^{\frac{3}{2}\pi}=\mathbf{2}$

17-2. 구하는 넓이를 S라고 하자.

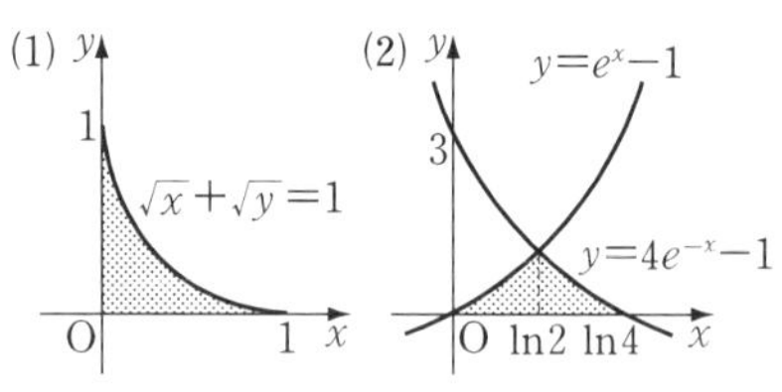

(1) $x\ge 0,\ y\ge 0$이고 $1-\sqrt{x}=\sqrt{y}\ge 0$ 이므로 $0\le x\le 1$

또, $y=(1-\sqrt{x})^2$이므로

$\displaystyle \mathrm{S}=\int_0^1(1-\sqrt{x})^2dx$

$\displaystyle=\int_0^1(1-2\sqrt{x}+x)dx$

$$=\left[x-\frac{4}{3}x\sqrt{x}+\frac{1}{2}x^2\right]_0^1=\mathbf{\frac{1}{6}}$$

(2) 두 곡선의 교점의 x좌표는

$e^x-1=4e^{-x}-1$에서 $e^{2x}=4$

$\therefore\ e^x=2\quad \therefore\ x=\ln 2$

또, $4e^{-x}-1=0$에서 $x=\ln 4$

$$\therefore\ S=\int_0^{\ln 2}(e^x-1)dx+\int_{\ln 2}^{\ln 4}(4e^{-x}-1)dx$$

$$=\Big[e^x-x\Big]_0^{\ln 2}+\Big[-4e^{-x}-x\Big]_{\ln 2}^{\ln 4}$$

$$=\mathbf{2-2\ln 2}$$

(3)

$$S=\int_{-1}^0(-e^x+1)dx+\int_0^1(e^x-1)dx$$

$$=\Big[-e^x+x\Big]_{-1}^0+\Big[e^x-x\Big]_0^1$$

$$=\boldsymbol{e+\frac{1}{e}-2}$$

(4)

$y=\ln(x+1)$에서 $x+1=e^y$

$\therefore\ x=e^y-1$

$$\therefore\ S=-\int_{-\ln 3}^0(e^y-1)dy+\int_0^{\ln 3}(e^y-1)dy$$

$$=-\Big[e^y-y\Big]_{-\ln 3}^0+\Big[e^y-y\Big]_0^{\ln 3}=\mathbf{\frac{4}{3}}$$

17-3. $F(t)=\int_0^t f(x)dx$이므로

$$\int_0^t f(x)dx=\sin^2 t+at$$

양변을 t에 관하여 미분하면

$f(t)=2\sin t\cos t+a=\sin 2t+a$

$f(0)=2$이므로 $a=2$

$\therefore\ f(t)=\sin 2t+2$

$\therefore\ f\left(\frac{\pi}{4}\right)=\sin\frac{\pi}{2}+2=3$ 답 ③

17-4. $y'=\ln x+3$이므로 $y'=0$에서

$\ln x=-3\quad \therefore\ x=e^{-3}$

증감을 조사하면 $x=e^{-3}$에서 극소이다.

따라서 x축에 접하려면 $x=e^{-3}$일 때 $y=0$이어야 하므로

$e^{-3}\ln e^{-3}+2e^{-3}+a=0\quad \therefore\ a=e^{-3}$

구하는 넓이를 S라고 하면

$$S=\int_{e^{-3}}^1(x\ln x+2x+e^{-3})dx$$

$$=\left[\frac{1}{2}x^2\ln x\right]_{e^{-3}}^1-\int_{e^{-3}}^1\frac{1}{2}x\,dx+\Big[x^2+e^{-3}x\Big]_{e^{-3}}^1$$

$$=\boldsymbol{\frac{3}{4}+e^{-3}-\frac{1}{4}e^{-6}}$$

****Note*** $\lim_{x\to 0+}x\ln x=0$이므로

$$\lim_{x\to 0+}(x\ln x+2x+e^{-3})=e^{-3}$$

17-5. 곡선과 x축의 교점의 x좌표는

$(x-a)\sin x=0$에서 $x=0,\ a,\ \pi$

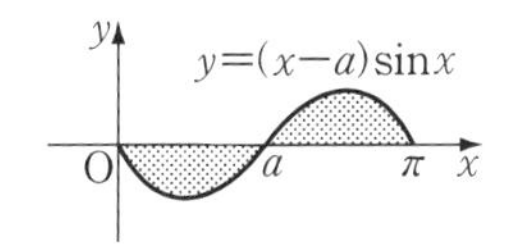

위의 그림에서 점 찍은 두 부분의 넓이가 같으므로

$$\int_0^\pi (x-a)\sin x\,dx=0$$

$$\therefore\ \Big[(x-a)(-\cos x)\Big]_0^\pi-\int_0^\pi(-\cos x)dx=0$$

$$\therefore\ (\pi-a)-a+\Big[\sin x\Big]_0^\pi=0$$

$$\therefore\ \pi-2a=0 \qquad \therefore\ \boldsymbol{a=\frac{\pi}{2}}$$

17-6. $y=x\sin x$ 에서

$$y'=\sin x+x\cos x$$

곧, $0\le x\le\frac{\pi}{2}$ 에서 $y'\ge0$ 이므로

$y=x\sin x$ 의 그래프는 아래와 같다.

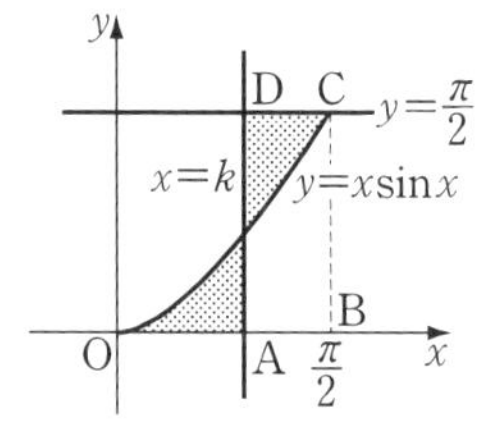

위의 그림에서 점 찍은 두 부분의 넓이가 같으므로 $\int_0^{\frac{\pi}{2}}x\sin x\,dx$ 의 값은 직사각형 ABCD의 넓이와 같다.

$$\therefore\ \int_0^{\frac{\pi}{2}}x\sin x\,dx=\frac{\pi}{2}\left(\frac{\pi}{2}-k\right)$$

이때,

$$(\text{좌변})=\Big[-x\cos x\Big]_0^{\frac{\pi}{2}}-\int_0^{\frac{\pi}{2}}(-\cos x)dx$$

$$=\int_0^{\frac{\pi}{2}}\cos x\,dx=\Big[\sin x\Big]_0^{\frac{\pi}{2}}=1$$

$$\therefore\ 1=\frac{\pi}{2}\left(\frac{\pi}{2}-k\right) \qquad \therefore\ \boldsymbol{k=\frac{\pi}{2}-\frac{2}{\pi}}$$

* ***Note*** 위의 그림에서 점 찍은 두 부분의 넓이가 같으므로

$$\int_0^k x\sin x\,dx=\int_k^{\frac{\pi}{2}}\left(\frac{\pi}{2}-x\sin x\right)dx$$

$$\therefore\ \int_0^k x\sin x\,dx+\int_k^{\frac{\pi}{2}}x\sin x\,dx=\int_k^{\frac{\pi}{2}}\frac{\pi}{2}dx$$

$$\therefore\ \int_0^{\frac{\pi}{2}}x\sin x\,dx=\frac{\pi}{2}\left(\frac{\pi}{2}-k\right)$$

17-7. 주어진 조건에서

$$\int_0^2 f(x)dx=-1,\ \int_2^8 f(x)dx=7$$

$\int_0^2 xf(2x^2)dx$ 에서 $2x^2=t$ 라고 하면

$4x\,dx=dt$, 곧 $x\,dx=\frac{1}{4}dt$ 이고

$x=0$ 일 때 $t=0$, $x=2$ 일 때 $t=8$

$$\therefore\ \int_0^2 xf(2x^2)dx=\int_0^8 f(t)\times\frac{1}{4}dt$$

$$=\frac{1}{4}\left\{\int_0^2 f(t)dt+\int_2^8 f(t)dt\right\}$$

$$=\frac{1}{4}(-1+7)=\frac{3}{2}$$

답 ①

17-8.

점 $A(t,\ f(t))$ 에서의 접선의 방정식은

$$y-f(t)=f'(t)(x-t)$$

이므로 점 C의 x 좌표는

$-f(t)=f'(t)(x-t)$ 에서 $\quad x=t-\dfrac{f(t)}{f'(t)}$

이때, 점 B의 좌표는 $(t,\ 0)$ 이고

$-\dfrac{f(t)}{f'(t)}>0$ 이므로

$$\triangle ABC=\frac{1}{2}\times\overline{AB}\times\overline{BC}$$

$$=\frac{1}{2}\times f(t)\times\left\{-\frac{f(t)}{f'(t)}\right\}$$

$$=-\frac{\{f(t)\}^2}{2f'(t)}$$

곧, $-\dfrac{\{f(t)\}^2}{2f'(t)}=e^{-3t}$ 이므로

$$\frac{f'(t)}{\{f(t)\}^2}=-\frac{1}{2}e^{3t}$$

$$\therefore \int \frac{f'(t)}{\{f(t)\}^2}dt=\int\left(-\frac{1}{2}e^{3t}\right)dt$$

$$\therefore -\frac{1}{f(t)}=-\frac{1}{6}e^{3t}+C$$

$t=0$을 대입하면 $f(0)=6$이므로

$$-\frac{1}{6}=-\frac{1}{6}+C \quad \therefore C=0$$

$$\therefore f(t)=6e^{-3t}$$

따라서 구하는 넓이를 S라고 하면

$$S=\int_0^{\ln 2} f(x)dx=\int_0^{\ln 2} 6e^{-3x}dx$$

$$=\left[-2e^{-3x}\right]_0^{\ln 2}=\mathbf{\frac{7}{4}}$$

17-9. 곡선 $y=f(x)$와 $y=g(x)$는 직선 $y=x$에 대하여 대칭이다.

따라서 곡선 $y=g(x)$와 x축, y축으로 둘러싸인 도형은 아래 왼쪽 그림에서 점 찍은 부분과 같고, 이 부분의 넓이는 아래 오른쪽 그림에서 점 찍은 부분의 넓이와 같다.

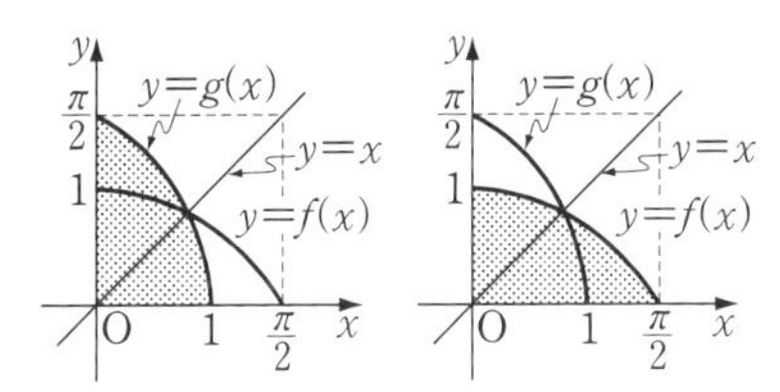

따라서 구하는 넓이를 S라고 하면

$$S=\int_0^1 g(x)dx=\int_0^{\frac{\pi}{2}}\cos x\,dx$$

$$=\left[\sin x\right]_0^{\frac{\pi}{2}}=1$$

답 ④

17-10.

(1) 점 P_n, Q_n에서 x축에 내린 수선의 발을 각각 C_n, D_n이라고 하자.

$f(x)>0$이므로 $\int_n^{n+1} f(x)dx$는 구간 $[n,\ n+1]$에서 x축과 곡선 $y=f(x)$ 사이의 넓이이고, 직사각형 $C_nD_nQ_nP_n$의 넓이는 $\overline{C_nD_n}\times\overline{C_nP_n}=f(n)$이므로

$$\int_n^{n+1} f(x)dx=f(n)-(A_n+B_n)$$

(2) $A_n=\frac{1}{2}\times\overline{P_nQ_n}\times\overline{Q_nP_{n+1}}$

$$=\frac{1}{2}\times 1\times\{f(n)-f(n+1)\}$$

$$=\frac{1}{2}(e^{-n}-e^{-n-1})$$

$$=\frac{e-1}{2}\times e^{-n-1}=\frac{e-1}{2e^2}\left(\frac{1}{e}\right)^{n-1}$$

따라서 수열 $\{A_n\}$은 첫째항이 $\frac{e-1}{2e^2}$, 공비가 $\frac{1}{e}$인 등비수열이다.

$$\therefore \sum_{n=1}^{\infty}A_n=\frac{\frac{e-1}{2e^2}}{1-\frac{1}{e}}=\frac{1}{2e}$$

(3) (1)에서

$$B_n=f(n)-A_n-\int_n^{n+1} f(x)dx$$

그런데

$$\int_n^{n+1} f(x)dx=\int_n^{n+1} e^{-x}dx$$

$$=\left[-e^{-x}\right]_n^{n+1}$$

$$=-e^{-n-1}+e^{-n}$$

$$\therefore B_n=e^{-n}-\frac{e-1}{2}e^{-n-1}+e^{-n-1}-e^{-n}$$

$$=\frac{3-e}{2}e^{-n-1}=\frac{3-e}{2e^2}\left(\frac{1}{e}\right)^{n-1}$$

따라서 수열 $\{B_n\}$은 첫째항이 $\frac{3-e}{2e^2}$, 공비가 $\frac{1}{e}$인 등비수열이다.

$$\therefore \sum_{n=1}^{\infty}B_n=\frac{\frac{3-e}{2e^2}}{1-\frac{1}{e}}=\frac{3-e}{2e(e-1)}$$

17-11. (1) $y=\frac{1}{x}\ (x>0)$ ……①

$y=\frac{1}{4}x \quad \cdots②$ $\qquad y=x \quad \cdots③$

①, ②의 교점의 x좌표는

$\frac{1}{x}=\frac{1}{4}x\,(x>0)$에서 $\quad x=2$

①, ③의 교점의 x좌표는

$\frac{1}{x}=x\,(x>0)$에서 $\quad x=1$

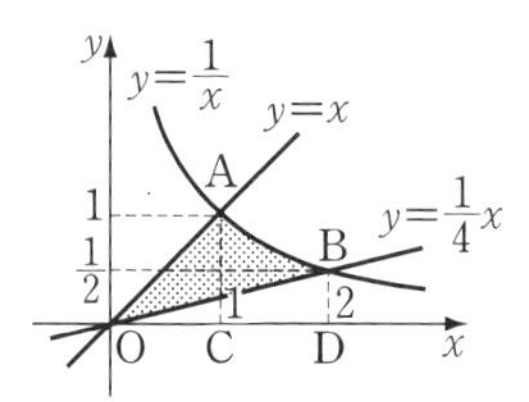

구하는 넓이를 S라고 하면

$S=\triangle OAC+(\text{도형 ACDB})-\triangle OBD$

$=\frac{1}{2}+\int_1^2\frac{1}{x}dx-\frac{1}{2}=\Big[\ln|x|\Big]_1^2$

$=\mathbf{ln2}$

(2) $y=\frac{4}{x}\ (x>0) \quad \cdots\cdots①$

$y=\sqrt{x}-1 \quad \cdots\cdots②$

$y=2x+2 \quad \cdots\cdots③$

①, ②의 교점의 x좌표는

$\frac{4}{x}=\sqrt{x}-1$에서 $\quad x=4$

①, ③의 교점의 x좌표는

$\frac{4}{x}=2x+2\,(x>0)$에서 $\quad x=1$

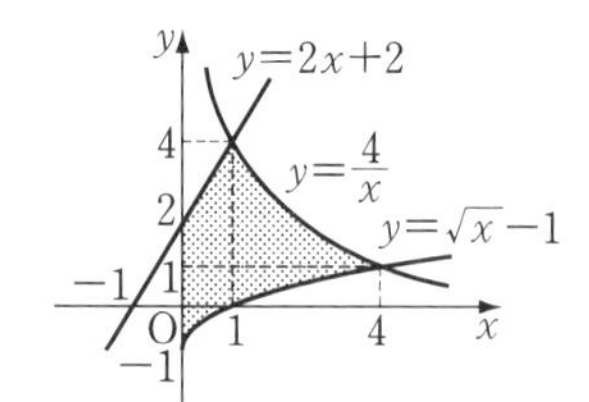

구하는 넓이를 S라고 하면

$S=\int_0^1\Big\{(2x+2)-(\sqrt{x}-1)\Big\}dx$

$\qquad+\int_1^4\Big\{\frac{4}{x}-(\sqrt{x}-1)\Big\}dx$

$=\Big[x^2+3x-\frac{2}{3}x\sqrt{x}\Big]_0^1$

$\qquad+\Big[4\ln|x|-\frac{2}{3}x\sqrt{x}+x\Big]_1^4$

$=\mathbf{\frac{5}{3}+8\ln2}$

17-**12**. 두 곡선의 교점의 x좌표는

$e^x\cos x=e^x\sin x$에서 $\quad \tan x=1$

$\therefore\ x=\frac{\pi}{4}\ (\because\ 0\le x\le\pi)$

$0\le x\le\frac{\pi}{4}$일 때 $\quad e^x\sin x\le e^x\cos x$

$\frac{\pi}{4}\le x\le\pi$일 때 $\quad e^x\sin x\ge e^x\cos x$

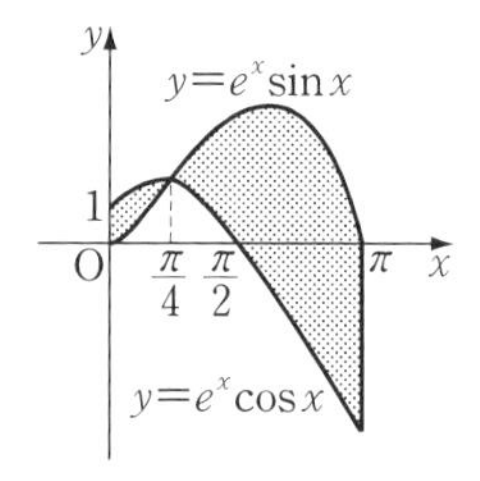

구하는 넓이의 합을 S라고 하면

$S=\int_0^{\frac{\pi}{4}}(e^x\cos x-e^x\sin x)dx$

$\qquad+\int_{\frac{\pi}{4}}^{\pi}(e^x\sin x-e^x\cos x)dx$

그런데 $(e^x\cos x)'=e^x\cos x-e^x\sin x$ 이므로

$S=\Big[e^x\cos x\Big]_0^{\frac{\pi}{4}}-\Big[e^x\cos x\Big]_{\frac{\pi}{4}}^{\pi}$

$=\boldsymbol{\sqrt{2}e^{\frac{\pi}{4}}+e^{\pi}-1}$

*__Note__ $\int_a^b e^x\cos x\,dx,\ \int_a^b e^x\sin x\,dx$ 의 값을 구할 때에는 부분적분법을 반복하여 이용한다.

17-**13**. 곡선과 직선의 교점의 x좌표는

$\frac{xe^{x^2}}{e^{x^2}+1}=\frac{2}{3}x$에서 $\quad 3xe^{x^2}=2xe^{x^2}+2x$

$\therefore\ x(e^{x^2}-2)=0 \qquad \therefore\ x=0,\ x^2=\ln2$

$\therefore\ x=0,\ \pm\sqrt{\ln2}$

두 함수는 모두 기함수이므로 그래프는 각각 원점에 대하여 대칭이다.

한편 $0<x<\sqrt{\ln 2}$ 에서

$$\frac{xe^{x^2}}{e^{x^2}+1}-\frac{2}{3}x=\frac{x(e^{x^2}-2)}{3(e^{x^2}+1)}<0$$

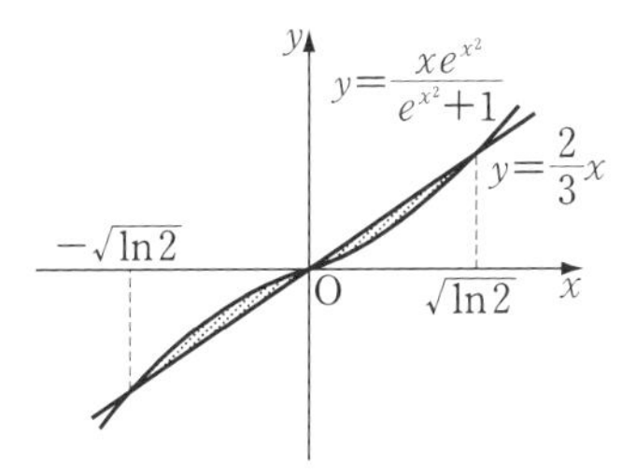

구하는 넓이의 합을 S라고 하면

$$S=2\int_0^{\sqrt{\ln 2}}\left(\frac{2}{3}x-\frac{xe^{x^2}}{e^{x^2}+1}\right)dx$$

$$=2\left[\frac{1}{3}x^2-\frac{1}{2}\ln(e^{x^2}+1)\right]_0^{\sqrt{\ln 2}}$$

$$=\mathbf{\frac{5}{3}\ln 2-\ln 3}$$

17-14. 두 곡선의 교점의 x좌표는

$\sqrt[n+1]{x}=\sqrt[n]{x}$ 에서 $x^n=x^{n+1}$

$\therefore\ x^n(x-1)=0 \quad \therefore\ x=0,\ 1$

$0\le x\le 1$일 때 $\sqrt[n+1]{x}\ge\sqrt[n]{x}$ 이므로

$$S_n=\int_0^1\left(\sqrt[n+1]{x}-\sqrt[n]{x}\right)dx$$

$$=\int_0^1\left(x^{\frac{1}{n+1}}-x^{\frac{1}{n}}\right)dx$$

$$=\left[\frac{n+1}{n+2}x^{\frac{n+2}{n+1}}-\frac{n}{n+1}x^{\frac{n+1}{n}}\right]_0^1$$

$$=\frac{n+1}{n+2}-\frac{n}{n+1}$$

$$\therefore\ \sum_{k=2}^{n}S_k=\left(\frac{3}{4}-\frac{2}{3}\right)+\left(\frac{4}{5}-\frac{3}{4}\right)+\cdots+\left(\frac{n+1}{n+2}-\frac{n}{n+1}\right)$$

$$=\frac{n+1}{n+2}-\frac{2}{3}$$

$$\therefore\ \sum_{n=2}^{\infty}S_n=\lim_{n\to\infty}\sum_{k=2}^{n}S_k$$

$$=\lim_{n\to\infty}\left(\frac{n+1}{n+2}-\frac{2}{3}\right)=\frac{1}{3}$$ 답 ②

17-15. $y'=-\frac{\sqrt{6}}{4}\sin\frac{x}{4}$ 이므로 곡선 위의 점 $(\pi,\ \sqrt{3})$에서의 접선의 방정식은

$$y-\sqrt{3}=-\frac{\sqrt{3}}{4}(x-\pi)$$

$$\therefore\ y=-\frac{\sqrt{3}}{4}x+\frac{\sqrt{3}}{4}\pi+\sqrt{3}$$

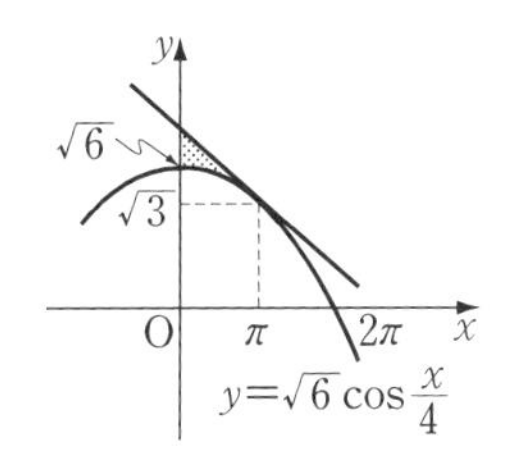

구하는 넓이를 S라고 하면

$$S=\int_0^{\pi}\left(-\frac{\sqrt{3}}{4}x+\frac{\sqrt{3}}{4}\pi+\sqrt{3}-\sqrt{6}\cos\frac{x}{4}\right)dx$$

$$=\left[-\frac{\sqrt{3}}{8}x^2+\left(\frac{\sqrt{3}}{4}\pi+\sqrt{3}\right)x-4\sqrt{6}\sin\frac{x}{4}\right]_0^{\pi}$$

$$=\mathbf{\frac{\sqrt{3}}{8}(\pi^2+8\pi-32)}$$

17-16. $f'(x)>0,\ f''(x)>0$이므로 구간 $[0,\ 1]$에서 $y=f(x),\ y=f^{-1}(x)$의 그래프는 아래와 같다.

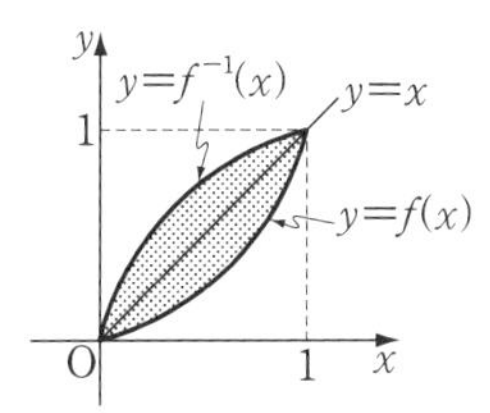

따라서 $\int_0^1\left\{f^{-1}(x)-f(x)\right\}dx$의 값은 위의 그림에서 점 찍은 부분의 넓이이고, 이것은 직선 $y=x$와 곡선 $y=f(x)$로 둘

러싸인 부분의 넓이의 2배이다.

$$\therefore \int_0^1 \{f^{-1}(x)-f(x)\}dx$$

$$=2\int_0^1 \{x-f(x)\}dx$$

$$=2\lim_{n\to\infty}\sum_{k=1}^{n}\left\{\frac{k}{n}-f\left(\frac{k}{n}\right)\right\}\frac{1}{n}$$

$$=\lim_{n\to\infty}\sum_{k=1}^{n}\left\{\boldsymbol{\frac{k}{n}}-f\left(\frac{k}{n}\right)\right\}\boldsymbol{\frac{2}{n}}$$

18-1.

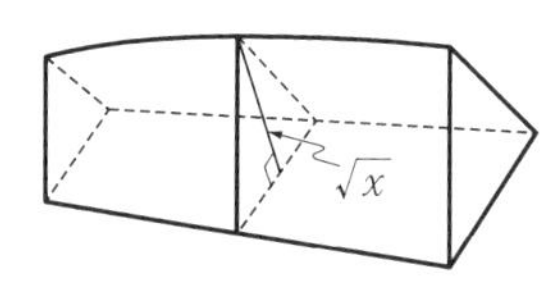

높이가 $\sqrt{x}$ 인 정삼각형의 한 변의 길이를 a라고 하면

$$a\sin 60°=\sqrt{x} \qquad \therefore\ a=\frac{2}{\sqrt{3}}\sqrt{x}$$

단면의 넓이를 $S(x)$라고 하면

$$S(x)=\frac{1}{2}\times\frac{2}{\sqrt{3}}\sqrt{x}\times\sqrt{x}=\frac{\sqrt{3}}{3}x$$

따라서 구하는 부피를 V라고 하면

$$V=\int_1^3 S(x)dx=\int_1^3\frac{\sqrt{3}}{3}x\,dx=\boldsymbol{\frac{4\sqrt{3}}{3}}$$

18-2.

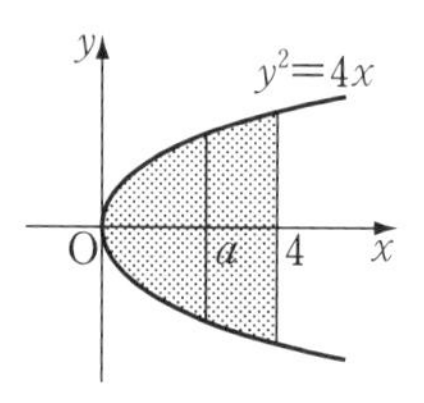

x축에 수직인 평면으로 자른 단면의 넓이를 $S(x)$라고 하면

$$S(x)=\frac{1}{2}\times\pi y^2=\frac{1}{2}\times\pi\times 4x=2\pi x$$

원점과 평면 사이의 거리를 $a(a>0)$라고 하면 문제의 조건으로부터

$$\int_0^a 2\pi x\,dx=\frac{1}{2}\int_0^4 2\pi x\,dx$$

$$\therefore\ a^2=8$$

$a>0$이므로 $a=2\sqrt{2}$ 답 ③

18-3.

$y^2=a^2-x$ $y^2=a^2+x$

y축에 수직인 평면으로 자른 단면의 넓이를 $S(y)$라고 하면

$$S(y)=\pi x^2=\pi(a^2-y^2)^2$$

이므로 입체의 부피를 V라고 하면

$$V=\int_{-a}^{a}S(y)dy=\int_{-a}^{a}\pi(a^2-y^2)^2dy$$

$$=2\pi\int_0^a(a^4-2a^2y^2+y^4)dy=\frac{16}{15}\pi a^5$$

$$\therefore\ \frac{16}{15}\pi a^5=\frac{16}{15}\pi \qquad \therefore\ a^5=1$$

a는 양수이므로 $a=1$ 답 ①

18-4. (1) $y'=4ax^3+2bx$

$x=1$일 때 $y=0$, $y'=0$이므로

$a+b+1=0$, $4a+2b=0$

$\therefore$ $\boldsymbol{a=1,\ b=-2}$

(2) $y=x^4-2x^2+1=(x+1)^2(x-1)^2$,

$y'=4x(x+1)(x-1)$

이므로 곡선의 개형은 아래와 같다.

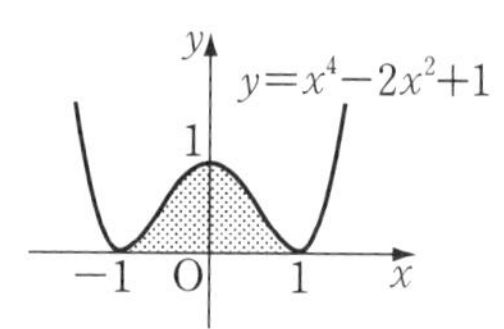

x축에 수직인 평면으로 자른 단면의 넓이를 $S(x)$라고 하면

$$S(x)=y^2=(x^4-2x^2+1)^2$$

따라서 구하는 부피를 V라고 하면

$$V=\int_{-1}^{1}S(x)dx=\int_{-1}^{1}(x^4-2x^2+1)^2dx$$

$$=2\int_0^1(x^8-4x^6+6x^4-4x^2+1)dx$$

$$=\boldsymbol{\frac{256}{315}}$$

18-5. (1) $f(x)=e^{ax}-x$ 라고 하면

$$f'(x)=ae^{ax}-1$$

곡선 $y=f(x)$가 x축에 접하므로 $f'(x)=0$에서 $a>0$이고

$$e^{ax}=\frac{1}{a} \quad \therefore\ x=\frac{1}{a}\ln\frac{1}{a}$$

이때, $f\left(\frac{1}{a}\ln\frac{1}{a}\right)=0$이므로

$$\frac{1}{a}-\frac{1}{a}\ln\frac{1}{a}=0 \quad \therefore\ a=\frac{1}{e}$$

따라서 $f(x)=e^{\frac{x}{e}}-x$이고 접점의 x좌표는 e이다.

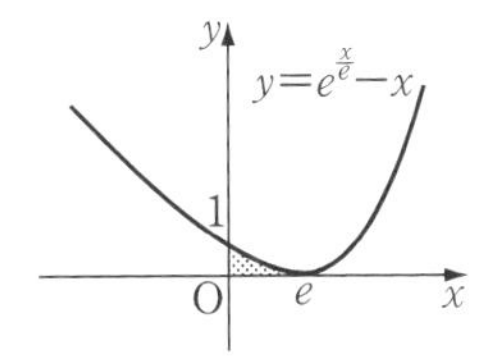

구하는 넓이를 S라고 하면

$$S=\int_0^e\left(e^{\frac{x}{e}}-x\right)dx$$

$$=\left[e\times e^{\frac{x}{e}}-\frac{1}{2}x^2\right]_0^e=\boldsymbol{\frac{1}{2}e^2-e}$$

(2) x축에 수직인 평면으로 자른 단면의 넓이를 $S(x)$라고 하면

$$S(x)=\frac{\sqrt{3}}{4}y^2=\frac{\sqrt{3}}{4}\left(e^{\frac{x}{e}}-x\right)^2$$

따라서 구하는 부피를 V라고 하면

$$V=\int_0^e S(x)dx=\int_0^e\frac{\sqrt{3}}{4}\left(e^{\frac{x}{e}}-x\right)^2dx$$

$$=\frac{\sqrt{3}}{4}\int_0^e\left(e^{\frac{2x}{e}}-2xe^{\frac{x}{e}}+x^2\right)dx$$

$$=\frac{\sqrt{3}}{4}\left(\left[\frac{e}{2}e^{\frac{2x}{e}}+\frac{1}{3}x^3\right]_0^e\right.$$

$$\left.-2\left[e\times e^{\frac{x}{e}}\times x\right]_0^e+2\int_0^e e\times e^{\frac{x}{e}}dx\right)$$

$$=\boldsymbol{\frac{\sqrt{3}}{4}\left(\frac{5}{6}e^3-2e^2-\frac{e}{2}\right)}$$

18-6. x축에 수직인 평면으로 자른 단면의 넓이를 $S(x)$라고 하면

$$S(x)=y^2=(x^3-a)^2$$

이므로 입체의 부피를 V라고 하면

$$V=\int_0^1 S(x)dx=\int_0^1(x^3-a)^2dx$$

$$=\int_0^1(x^6-2ax^3+a^2)dx$$

$$=a^2-\frac{1}{2}a+\frac{1}{7}$$

$$=\left(a-\frac{1}{4}\right)^2+\frac{9}{112}\ (0<a<1)$$

따라서 V는 $\boldsymbol{a=\frac{1}{4}}$일 때 최소이다.

18-7. 조건식에서

$$x\int_0^x\{f(t)\}^2dt-\int_0^x t\{f(t)\}^2dt$$

$$=6x^5\int_0^1 1\,dt-12x^4\int_0^1 t\,dt+6x^3\int_0^1 t^2dt$$

$$\therefore\ x\int_0^x\{f(t)\}^2dt-\int_0^x t\{f(t)\}^2dt=6x^5-6x^4+2x^3$$

양변을 x에 관하여 미분하면

$$\int_0^x\{f(t)\}^2dt+x\{f(x)\}^2-x\{f(x)\}^2=30x^4-24x^3+6x^2$$

$$\therefore\ \int_0^x\{f(t)\}^2dt=30x^4-24x^3+6x^2$$

x좌표가 t인 점을 지나고 x축에 수직인 평면으로 자른 단면의 넓이가 $\{f(t)\}^2$이므로 구하는 부피를 V라고 하면

$$V=\int_0^1\{f(t)\}^2dt$$

$$=30\times1^4-24\times1^3+6\times1^2=\mathbf{12}$$

18-8. 그림 ㉮ 그림 ㉯

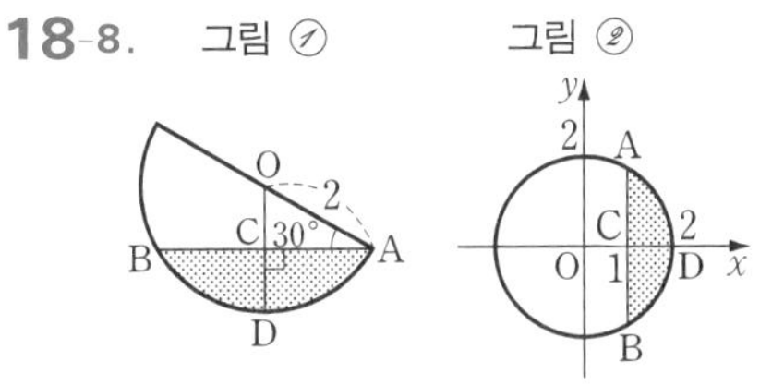

그림 ㉮에서

$\overline{OC}=\overline{OA}\sin30°=1$,

$\overline{CD}=\overline{OD}-\overline{OC}=1$

이므로 남아 있는 물의 양은 그림 ②에서 점 찍은 부분을 x축 둘레로 회전시킨 입체 P의 부피와 같다.

그림 ②에서 원의 방정식은

$$x^2+y^2=2^2$$

입체 P를 x축에 수직인 평면으로 자른 단면의 넓이를 $\mathrm{S}(x)$라고 하면

$$\mathrm{S}(x)=\pi y^2=\pi(4-x^2)$$

이므로 이 입체의 부피를 V라고 하면

$$\mathrm{V}=\int_1^2 \mathrm{S}(x)dx=\int_1^2 \pi(4-x^2)dx=\frac{5}{3}\pi$$

따라서 흘러넘친 물의 양은

$$\frac{1}{2}\times\frac{4}{3}\pi\times2^3-\frac{5}{3}\pi=\frac{11}{3}\pi$$ 답 ④

18-9.

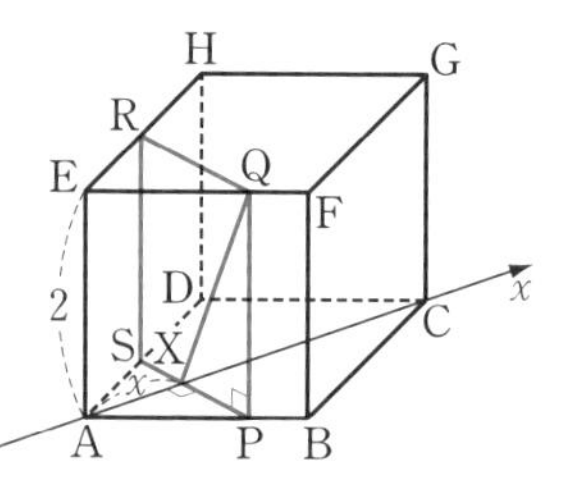

밑면의 대각선 AC를 x축, 점 A를 원점으로 하자. 또, x축 위의 점 $\mathrm{X}(x,\ 0)$ $(0\le x\le\sqrt{2}\,)$을 지나고 x축에 수직인 평면이 정육면체의 모서리와 만나는 점을 위의 그림과 같이 각각 P, Q, R, S라고 하자.

이때, 정육면체를 회전시켜 얻은 입체와 이 평면이 만나서 생기는 단면은 중심이 X이고 반지름이 선분 XQ인 원이다.

한편 $\overline{\mathrm{PX}}=\overline{\mathrm{AX}}=x,\ \overline{\mathrm{PQ}}=2$이므로

$$\overline{\mathrm{XQ}}^2=x^2+2^2$$

따라서 구하는 부피를 V라고 하면

$$\mathrm{V}=2\int_0^{\sqrt{2}}\pi\,\overline{\mathrm{XQ}}^2dx=2\int_0^{\sqrt{2}}\pi(x^2+4)dx$$

$$=\boldsymbol{\frac{28\sqrt{2}}{3}\pi}$$

18-10. 구하는 부피를 V라고 하자.

(1) 두 곡선의 교점의 x좌표는

$\sqrt{x}=\sqrt{-x+10}$ 에서

$$x=-x+10 \qquad \therefore\ x=5$$

$$\therefore\ \mathrm{V}=\pi\int_0^5\left(\sqrt{x}\,\right)^2dx+\pi\int_5^{10}\left(\sqrt{-x+10}\,\right)^2dx$$

$$=\boldsymbol{25\pi}$$

(2)

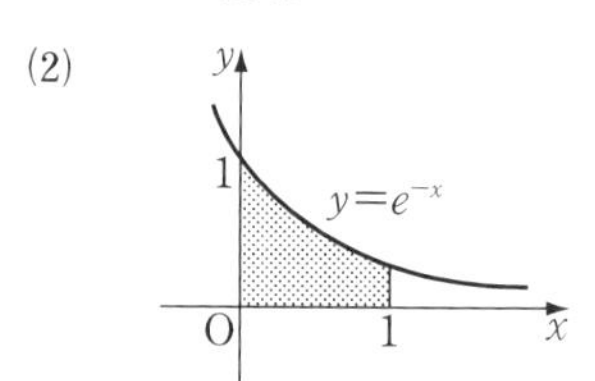

$$\mathrm{V}=\pi\int_0^1 y^2dx=\pi\int_0^1 e^{-2x}dx$$

$$=\pi\left[-\frac{1}{2}e^{-2x}\right]_0^1=\boldsymbol{\frac{\pi}{2}\left(1-\frac{1}{e^2}\right)}$$

(3)

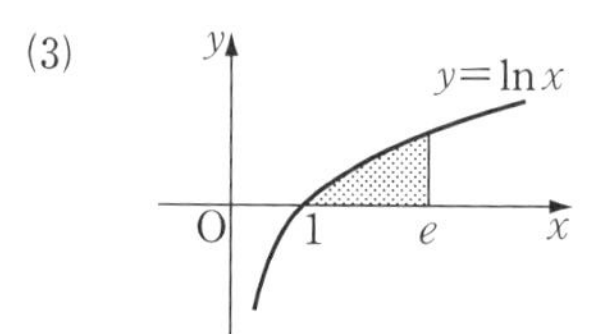

$$\mathrm{V}=\pi\int_1^e y^2dx=\pi\int_1^e(\ln x)^2dx$$

$$=\pi\left\{\left[x(\ln x)^2\right]_1^e-\int_1^e x\times2\ln x\times\frac{1}{x}dx\right\}$$

$$=\pi\left(e-2\int_1^e\ln x\,dx\right)$$

$$=\pi\left(e-2\left[x\ln x-x\right]_1^e\right)$$

$$=\boldsymbol{\pi(e-2)}$$

(4) $y=\sin x+\cos x=\sqrt{2}\sin\left(x+\dfrac{\pi}{4}\right)$

이므로 그래프는 다음과 같다.

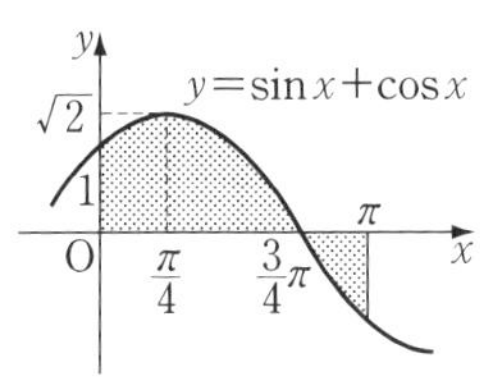

$$\therefore\ V=\pi\int_0^{\pi} y^2dx$$
$$=\pi\int_0^{\pi}(\sin x+\cos x)^2dx$$
$$=\pi\int_0^{\pi}(1+\sin 2x)dx$$
$$=\pi\left[x-\frac{1}{2}\cos 2x\right]_0^{\pi}=\boldsymbol{\pi^2}$$

(5)

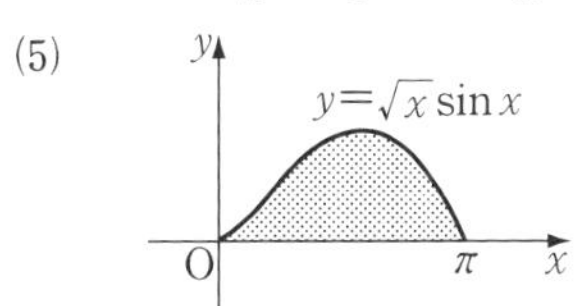

$$V=\pi\int_0^{\pi} y^2dx=\pi\int_0^{\pi} x\sin^2x\,dx$$
$$=\frac{\pi}{2}\int_0^{\pi}x(1-\cos 2x)dx$$
$$=\frac{\pi}{2}\left(\left[\frac{1}{2}x^2\right]_0^{\pi}-\left[\frac{\sin 2x}{2}\times x\right]_0^{\pi}+\int_0^{\pi}\frac{\sin 2x}{2}dx\right)$$
$$=\frac{\pi^3}{4}+\frac{\pi}{2}\left[-\frac{\cos 2x}{4}\right]_0^{\pi}=\boldsymbol{\frac{\pi^3}{4}}$$

18-11. 구하는 부피를 V라고 하자.

(1)

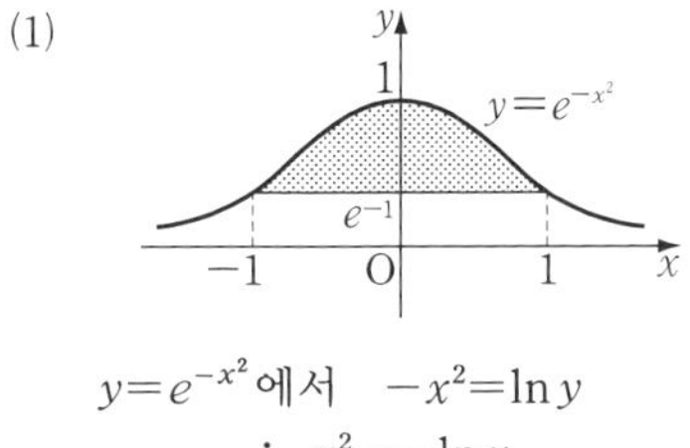

$y=e^{-x^2}$에서 $\quad -x^2=\ln y$

$$\therefore\ x^2=-\ln y$$
$$\therefore\ V=\pi\int_{e^{-1}}^{1}x^2dy=\pi\int_{e^{-1}}^{1}(-\ln y)dy$$
$$=-\pi\Big[y\ln y-y\Big]_{e^{-1}}^{1}$$
$$=\boldsymbol{\pi\left(1-\frac{2}{e}\right)}$$

(2)

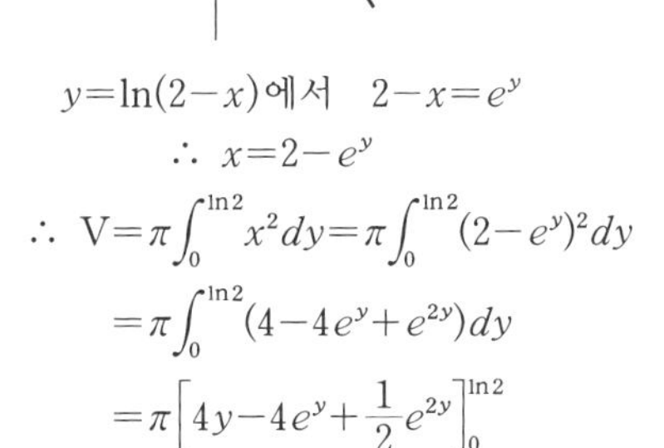

$y=\ln(2-x)$에서 $\quad 2-x=e^y$

$$\therefore\ x=2-e^y$$
$$\therefore\ V=\pi\int_0^{\ln 2}x^2dy=\pi\int_0^{\ln 2}(2-e^y)^2dy$$
$$=\pi\int_0^{\ln 2}(4-4e^y+e^{2y})dy$$
$$=\pi\left[4y-4e^y+\frac{1}{2}e^{2y}\right]_0^{\ln 2}$$
$$=\boldsymbol{\pi\left(4\ln 2-\frac{5}{2}\right)}$$

18-12. 구하는 부피를 V라고 하자.

(1)

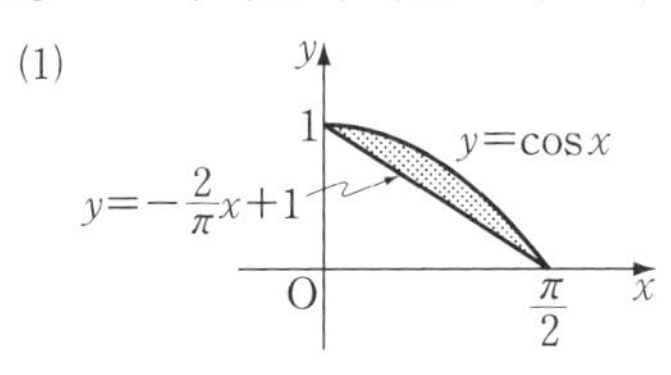

$0\le x\le\frac{\pi}{2}$에서

$$\cos x\ge-\frac{2}{\pi}x+1\ge 0$$
$$\therefore\ V=\pi\int_0^{\frac{\pi}{2}}\cos^2x\,dx-\frac{1}{3}\times\pi\times 1^2\times\frac{\pi}{2}$$
$$=\pi\int_0^{\frac{\pi}{2}}\frac{1+\cos 2x}{2}dx-\frac{\pi^2}{6}$$
$$=\frac{\pi}{2}\left[x+\frac{1}{2}\sin 2x\right]_0^{\frac{\pi}{2}}-\frac{\pi^2}{6}$$
$$=\boldsymbol{\frac{\pi^2}{12}}$$

(2) 두 곡선의 교점의 x좌표는

$\dfrac{1}{\sqrt{x}}=\sqrt{\dfrac{\ln x}{x}}$ 에서

$$\ln x=1 \quad \therefore\ x=e$$

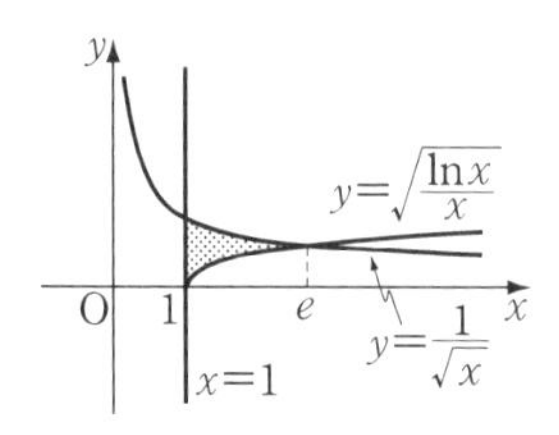

$$\therefore\ V=\pi\int_1^e\left(\frac{1}{\sqrt{x}}\right)^2dx-\pi\int_1^e\left(\sqrt{\frac{\ln x}{x}}\right)^2dx$$
$$=\pi\int_1^e\frac{1}{x}dx-\pi\int_1^e\frac{\ln x}{x}dx$$

여기서 $\ln x=t$라고 하면 $\dfrac{1}{x}dx=dt$ 이므로

$$V=\pi\Big[\ln x\Big]_1^e-\pi\int_0^1 t\,dt=\boldsymbol{\frac{\pi}{2}}$$

18-13.

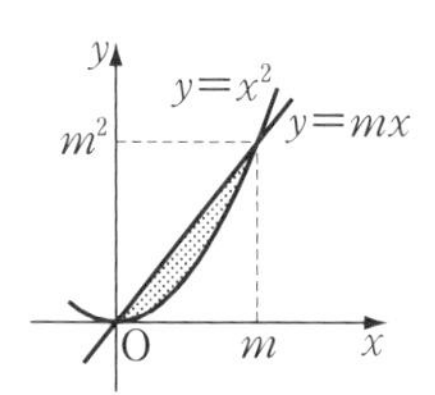

포물선 $y=x^2$과 직선 $y=mx$의 교점의 좌표는 $(0,\ 0)$, $(m,\ m^2)$이므로

$$V_x=\pi\int_0^m(mx)^2dx-\pi\int_0^m(x^2)^2dx=\frac{2\pi}{15}m^5,$$
$$V_y=\pi\int_0^{m^2}y\,dy-\pi\int_0^{m^2}\left(\frac{1}{m}y\right)^2dy=\frac{\pi}{6}m^4$$

(1) $\dfrac{2\pi}{15}m^5=\dfrac{162}{5}\pi$ $\quad\therefore\ m^5=3^5$

$m>0$이므로 $\boldsymbol{m=3}$

(2) $\dfrac{2\pi}{15}m^5=\dfrac{\pi}{6}m^4$ $\quad\therefore\ 12m^5=15m^4$

$m>0$이므로 $\boldsymbol{m=\dfrac{5}{4}}$

18-14. $y=\dfrac{1}{2}x^2\ (x\ge0)$의 역함수는

$$y=\sqrt{2x}$$

두 그래프의 교점의 x좌표는

$\dfrac{1}{2}x^2=\sqrt{2x}$ 에서 $\quad\dfrac{1}{4}x^4=2x$

$$\therefore\ x(x-2)(x^2+2x+4)=0$$
$$\therefore\ x=0,\ 2$$

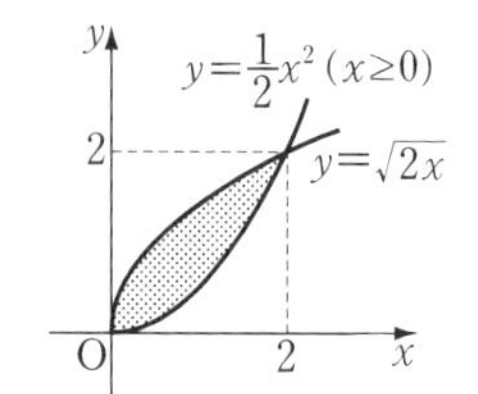

구하는 부피를 V라고 하면

$$V=\pi\int_0^2(\sqrt{2x})^2dx-\pi\int_0^2\left(\frac{1}{2}x^2\right)^2dx=\boldsymbol{\frac{12}{5}\pi}$$

18-15. $g'(x)=f'(x)$이고 $f(0)=a$, $g(0)=a+1$이므로

$$g(x)=f(x)+1$$

한편

$$f'(x)=ax^2-a=a(x+1)(x-1)$$

이고 $a>0$이므로 $-1\le x\le1$에서 $y=f(x)$와 $y=g(x)$의 그래프는 아래와 같다.

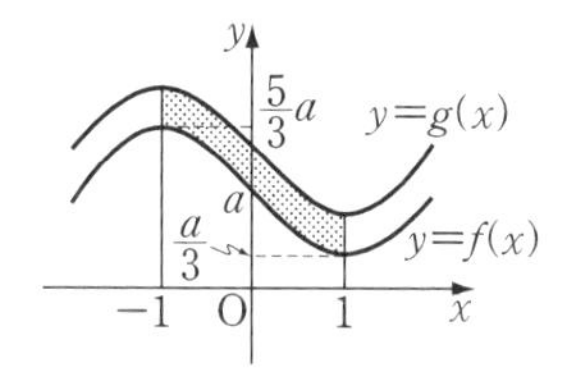

위의 그림에서 점 찍은 부분을 x축 둘레로 회전시킨 입체의 부피가 50π이므로

$$\pi\int_{-1}^1\{g(x)\}^2dx-\pi\int_{-1}^1\{f(x)\}^2dx=50\pi$$

이때,

$$(\text{좌변})=\pi\int_{-1}^1\{g(x)+f(x)\}\times\{g(x)-f(x)\}dx$$

$$=\pi\int_{-1}^{1}\{2f(x)+1\}dx$$

$$=\pi\int_{-1}^{1}\left(\frac{2}{3}ax^3-2ax+2a+1\right)dx$$

$$=2\pi\int_{0}^{1}(2a+1)dx=2(2a+1)\pi$$

이므로 $2(2a+1)\pi=50\pi$

$\therefore\ a=12$ 답 ④

19-1. $v(t)=30-3t-\sqrt{t}=0$에서

$\sqrt{t}=X$로 놓으면 $3X^2+X-30=0$

$\therefore\ (3X+10)(X-3)=0$

$X\ge0$이므로 $X=3$

$\therefore\ \sqrt{t}=3 \quad \therefore\ t=9$

따라서 점 P가 움직인 거리를 l이라고 하면

$$l=\int_0^9|v(t)|dt=\int_0^9|30-3t-\sqrt{t}|dt$$

$$=\int_0^9(30-3t-\sqrt{t})dt$$

$$=\left[30t-\frac{3}{2}t^2-\frac{2}{3}t\sqrt{t}\right]_0^9=\frac{261}{2}$$

답 ①

19-2. (1) $\displaystyle\int_0^2|v(t)|dt=\int_0^2|t-1|e^{-t}dt$

$$=\int_0^1(1-t)e^{-t}dt+\int_1^2(t-1)e^{-t}dt$$

$$=\left[-e^{-t}(1-t)\right]_0^1-\int_0^1e^{-t}dt$$

$$+\left[-e^{-t}(t-1)\right]_1^2-\int_1^2(-e^{-t})dt$$

$$=1-\left[-e^{-t}\right]_0^1-e^{-2}-\left[e^{-t}\right]_1^2$$

$$=\mathbf{2\left(\frac{1}{e}-\frac{1}{e^2}\right)}$$

(2) $v'(t)=-(t-2)e^{-t}$이므로

$v'(t)=0$에서 $t=2$

증감을 조사하면 $v(t)$는 $t=2$일 때 최대이므로 이때까지 점 P가 움직인 거리를 l이라고 하면

$$l=\int_1^2|v(t)|dt=\int_1^2(t-1)e^{-t}dt$$

$$=\left[-e^{-t}(t-1)\right]_1^2-\int_1^2(-e^{-t})dt$$

$$=-e^{-2}-\left[e^{-t}\right]_1^2=\mathbf{-\frac{2}{e^2}+\frac{1}{e}}$$

19-3. (1) 시각 t에서의 두 점 A, B의 위치를 각각 x_A, x_B라고 하면

$$x_A=\int_0^t\sin t\,dt=\left[-\cos t\right]_0^t$$

$$=1-\cos t,$$

$$x_B=1+\int_0^t\cos 2t\,dt=1+\left[\frac{1}{2}\sin 2t\right]_0^t$$

$$=1+\frac{1}{2}\sin 2t$$

$x_A=x_B$에서

$$1-\cos t=1+\frac{1}{2}\sin 2t$$

$\therefore\ 1-\cos t=1+\sin t\cos t$

$\therefore\ \cos t(\sin t+1)=0$

$0<t\le2\pi$에서 $t=\dfrac{\pi}{2}$, $\dfrac{3}{2}\pi$이므로

만나는 횟수는 **2**

(2) $x_B-x_A=f(t)$라고 하면

$$f(t)=\frac{1}{2}\sin 2t+\cos t$$

$\therefore\ f'(t)=\cos 2t-\sin t$

$=(1-2\sin^2 t)-\sin t$

$=-(2\sin t-1)(\sin t+1)$

$f'(t)=0$에서 $t=\dfrac{\pi}{6}$, $\dfrac{5}{6}\pi$, $\dfrac{3}{2}\pi$

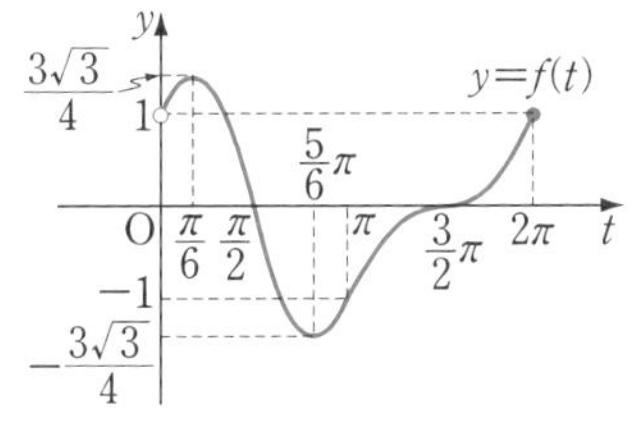

$0<t\le2\pi$에서 $|f(t)|$가 최대인 경우이므로 위의 그래프에서

$\boldsymbol{t=\dfrac{\pi}{6}}$, $\boldsymbol{\dfrac{5}{6}\pi}$일 때, 두 점 사이의 거리는 $\boldsymbol{\dfrac{3\sqrt{3}}{4}}$

19-4. n초 후의 점 P의 위치를 P_n(n은 음이 아닌 정수, $P_0=O$)이라 하고, x좌표의 극한값을 a라고 하면

$$a=\overline{OP_1}-\overline{P_2P_3}+\overline{P_4P_5}-\cdots,$$

$$\overline{P_nP_{n+1}}=\int_n^{n+1} e^{-t}dt=\Big[-e^{-t}\Big]_n^{n+1}=\frac{1}{e^n}-\frac{1}{e^{n+1}}$$

$$\therefore\ a=\left(1-\frac{1}{e}\right)-\left(\frac{1}{e^2}-\frac{1}{e^3}\right)+\left(\frac{1}{e^4}-\frac{1}{e^5}\right)-\cdots$$

$$=\left(1-\frac{1}{e}\right)-\frac{1}{e^2}\left(1-\frac{1}{e}\right)+\frac{1}{e^4}\left(1-\frac{1}{e}\right)-\cdots$$

$$=\frac{1-\frac{1}{e}}{1+\frac{1}{e^2}}=\boldsymbol{\frac{e^2-e}{e^2+1}}$$

19-5. $\dfrac{dx}{dt}=e^t+1,\quad \dfrac{dy}{dt}=e^t-1$

이므로 $t=1$일 때

$$x=\int_0^1(e^t+1)dt=\Big[e^t+t\Big]_0^1=e,$$

$$y=\int_0^1(e^t-1)dt=\Big[e^t-t\Big]_0^1=e-2$$

따라서 점 P의 좌표는 $(\boldsymbol{e},\ \boldsymbol{e-2})$

19-6. 점 P가 움직인 거리를 l이라 하면

$$l=\int_{e^{-1}}^{e}\sqrt{\left(\frac{dx}{dt}\right)^2+\left(\frac{dy}{dt}\right)^2}\,dt$$

$$=\int_{e^{-1}}^{e}\sqrt{\left(\frac{1}{t}\right)^2+\left\{\frac{1}{2}\left(1-\frac{1}{t^2}\right)\right\}^2}\,dt$$

$$=\int_{e^{-1}}^{e}\sqrt{\left\{\frac{1}{2}\left(1+\frac{1}{t^2}\right)\right\}^2}\,dt$$

$$=\int_{e^{-1}}^{e}\frac{1}{2}\left(1+\frac{1}{t^2}\right)dt=\frac{1}{2}\left[t-\frac{1}{t}\right]_{e^{-1}}^{e}$$

$$=\boldsymbol{e-e^{-1}}$$

19-7. $\dfrac{dx}{dt}=-e^{-t}(\sin t+\cos t),$

$$\frac{dy}{dt}=-e^{-t}(\sin t-\cos t)$$

$$\therefore\ l=\int_0^a\sqrt{\left(\frac{dx}{dt}\right)^2+\left(\frac{dy}{dt}\right)^2}\,dt$$

$$=\int_0^a\sqrt{2(e^{-t})^2}\,dt=\int_0^a\sqrt{2}\,e^{-t}dt$$

$$=\sqrt{2}\Big[-e^{-t}\Big]_0^a=\sqrt{2}(1-e^{-a})$$

$$\therefore\ \lim_{a\to\infty}l=\lim_{a\to\infty}\sqrt{2}\left(1-\frac{1}{e^a}\right)=\sqrt{2}$$

답 ②

*Note

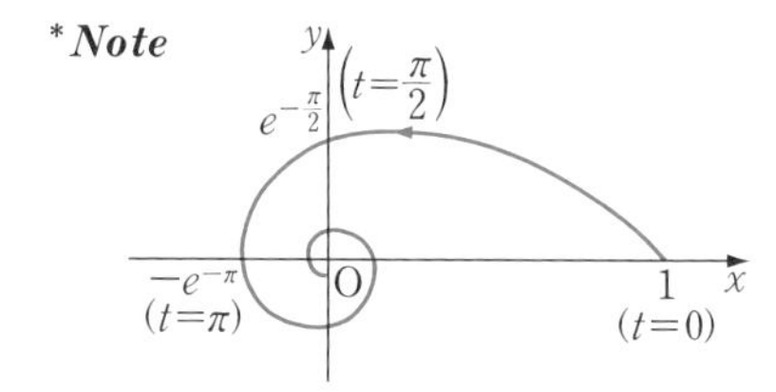

19-8. 양변을 t에 관하여 미분하면

$$\frac{dx}{dt}=t\cos t,\quad \frac{dy}{dt}=t\sin t$$

따라서 점 P가 움직인 거리를 l이라고 하면

$$l=\int_0^{2\pi}\sqrt{\left(\frac{dx}{dt}\right)^2+\left(\frac{dy}{dt}\right)^2}\,dt$$

$$=\int_0^{2\pi}\sqrt{t^2}\,dt=\int_0^{2\pi}t\,dt$$

$$=2\pi^2$$

답 ③

19-9. $\dfrac{dx}{dt}=2e^t,\ \dfrac{dy}{dt}=f'(t)$이므로

$$\int_0^s\sqrt{(2e^t)^2+\{f'(t)\}^2}\,dt=s+\frac{1}{2}e^{2s}-\frac{1}{2}$$

양변을 s에 관하여 미분하면

$$\sqrt{4e^{2s}+\{f'(s)\}^2}=1+e^{2s}$$

양변을 제곱하면

$$4e^{2s}+\{f'(s)\}^2=(1+e^{2s})^2$$

$$\therefore\ \{f'(s)\}^2=(1-e^{2s})^2$$

주어진 조건에서 $f'(\ln 2)=3$이므로

$$f'(s)=e^{2s}-1$$

따라서

$$\frac{d^2x}{dt^2}=\frac{d}{dt}(2e^t)=2e^t,$$

$$\frac{d^2y}{dt^2}=\frac{d}{dt}f'(t)=\frac{d}{dt}(e^{2t}-1)=2e^{2t}$$

이므로 $t=\ln 3$일 때의 점 P의 가속도는

$$(2e^{\ln 3},\ 2e^{2\ln 3})=\mathbf{(6,\ 18)}$$

19-10. $f(x)=x\int_0^x \frac{1}{\cos^2 t}dt-\int_0^x \frac{t}{\cos^2 t}dt$

(1) $f'(x)=\int_0^x \frac{1}{\cos^2 t}dt+\frac{x}{\cos^2 x}-\frac{x}{\cos^2 x}$

$$=\int_0^x \frac{1}{\cos^2 t}dt=\int_0^x \sec^2 t\,dt$$

$$=\Big[\tan t\Big]_0^x=\mathbf{\tan x}$$

(2) 곡선의 길이를 l이라고 하면

$$l=\int_0^{\frac{\pi}{6}}\sqrt{1+\{f'(x)\}^2}\,dx$$

$$=\int_0^{\frac{\pi}{6}}\sqrt{1+\tan^2 x}\,dx=\int_0^{\frac{\pi}{6}}\sec x\,dx$$

$$=\int_0^{\frac{\pi}{6}}\frac{1}{\cos x}dx=\int_0^{\frac{\pi}{6}}\frac{\cos x}{1-\sin^2 x}dx$$

$\sin x=t$라고 하면 $\cos x\,dx=dt$

$$\therefore\ l=\int_0^{\frac{1}{2}}\frac{1}{1-t^2}dt$$

$$=\frac{1}{2}\int_0^{\frac{1}{2}}\left(\frac{1}{t+1}-\frac{1}{t-1}\right)dt$$

$$=\frac{1}{2}\Big[\ln|t+1|-\ln|t-1|\Big]_0^{\frac{1}{2}}$$

$$=\mathbf{\frac{1}{2}\ln 3}$$

19-11. $\frac{dy}{dx}=\frac{1}{2}(x^2+2)^{\frac{1}{2}}\times 2x$

$$=x\sqrt{x^2+2}$$

$$\therefore\ 1+\left(\frac{dy}{dx}\right)^2=1+x^2(x^2+2)$$

$$=x^4+2x^2+1$$

$$=(x^2+1)^2$$

따라서 곡선의 길이를 l이라고 하면

$$l=\int_0^6\sqrt{1+\left(\frac{dy}{dx}\right)^2}\,dx$$

$$=\int_0^6(x^2+1)dx=78$$

답 ②

19-12. $\int_0^1\sqrt{1+\{f'(x)\}^2}\,dx$는 $0\le x\le 1$에서 곡선 $y=f(x)$의 길이이므로 최소인 경우는 $y=f(x)$의 그래프가 두 점 $(0,\ 0)$과 $(1,\ \sqrt{3})$을 지나는 직선일 때이다. 따라서 최솟값은

$$\sqrt{1^2+(\sqrt{3})^2}=2$$

답 ②

19-13. 주어진 조건에서

$$\int_0^x\sqrt{1+\{f'(t)\}^2}\,dt=e^{2x}+y-2$$

양변을 x에 관하여 미분하면

$$\sqrt{1+\{f'(x)\}^2}=2e^{2x}+f'(x)$$

양변을 제곱하면

$$1+\{f'(x)\}^2=4e^{4x}+4e^{2x}f'(x)+\{f'(x)\}^2$$

$$\therefore\ f'(x)=\frac{1}{4e^{2x}}-e^{2x}$$

$$\therefore\ f'(1)=\mathbf{\frac{1}{4e^2}-e^2}$$

유제
풀이 및 정답

유제 풀이 및 정답

1-1. (1) $(\text{준 식})=\lim_{n\to\infty}\frac{3n^2-4n+1}{2n^2+3n+1}$

$=\lim_{n\to\infty}\frac{3-\frac{4}{n}+\frac{1}{n^2}}{2+\frac{3}{n}+\frac{1}{n^2}}=\mathbf{\frac{3}{2}}$

(2) $(\text{준 식})=\lim_{n\to\infty}\frac{-3n-\frac{1}{n}}{1+\frac{1}{n}}=\mathbf{-\infty}$

(3) $(\text{준 식})=\lim_{n\to\infty}\frac{\frac{2}{n}+\frac{1}{n^3}}{1-\frac{2}{n^2}}=\mathbf{0}$

(4) $(\text{준 식})=\lim_{n\to\infty}\log\frac{10n^2-2n}{n^2+1}$

$=\lim_{n\to\infty}\log\frac{10-\frac{2}{n}}{1+\frac{1}{n^2}}$

$=\log 10=\mathbf{1}$

1-2. (1) $(\text{분자})=\frac{1}{2}n(n+1)$이므로

$(\text{준 식})=\lim_{n\to\infty}\frac{n(n+1)}{2n^2}=\lim_{n\to\infty}\frac{n+1}{2n}$

$=\lim_{n\to\infty}\left(\frac{1}{2}+\frac{1}{2n}\right)=\mathbf{\frac{1}{2}}$

(2) $(\text{준 식})=\lim_{n\to\infty}\frac{1}{n^3}\sum_{k=1}^{n}k^2$

$=\lim_{n\to\infty}\frac{1}{n^3}\left\{\frac{1}{6}n(n+1)(2n+1)\right\}$

$=\lim_{n\to\infty}\frac{2n^2+3n+1}{6n^2}$

$=\lim_{n\to\infty}\left(\frac{1}{3}+\frac{1}{2n}+\frac{1}{6n^2}\right)=\mathbf{\frac{1}{3}}$

(3) $1-\frac{1}{n^2}=\frac{n^2-1}{n^2}=\frac{(n-1)(n+1)}{n^2}$

이므로

$(\text{준 식})=\lim_{n\to\infty}\left\{\frac{1\times3}{2^2}\times\frac{2\times4}{3^2}\times\frac{3\times5}{4^2}\times\cdots\times\frac{(n-2)n}{(n-1)^2}\times\frac{(n-1)(n+1)}{n^2}\right\}$

$=\lim_{n\to\infty}\left(\frac{1}{2}\times\frac{n+1}{n}\right)$

$=\lim_{n\to\infty}\frac{1}{2}\left(1+\frac{1}{n}\right)=\mathbf{\frac{1}{2}}$

(4) $(\text{준 식})=\lim_{n\to\infty}\left\{\left(\frac{1}{2}\times\frac{2}{3}\times\cdots\times\frac{n-1}{n}\right)^2\times\frac{n(n+1)}{2}\right\}$

$=\lim_{n\to\infty}\left\{\left(\frac{1}{n}\right)^2\times\frac{n(n+1)}{2}\right\}$

$=\lim_{n\to\infty}\frac{n+1}{2n}=\lim_{n\to\infty}\left(\frac{1}{2}+\frac{1}{2n}\right)$

$=\mathbf{\frac{1}{2}}$

(5) $(\text{분자})=\sum_{k=1}^{n-1}k(n-k)$

$=n\sum_{k=1}^{n-1}k-\sum_{k=1}^{n-1}k^2$

$=n\times\frac{(n-1)n}{2}-\frac{(n-1)n(2n-1)}{6}$

$=\frac{n(n-1)(n+1)}{6}$

이므로

$(\text{준 식})=\lim_{n\to\infty}\frac{n(n-1)(n+1)}{6n^2(n-1)}$

$=\lim_{n\to\infty}\frac{n+1}{6n}=\lim_{n\to\infty}\left(\frac{1}{6}+\frac{1}{6n}\right)$

$=\mathbf{\frac{1}{6}}$

1-3. (1) (준 식)

$$=\lim_{n\to\infty}\frac{(\sqrt{n+2})^2-(\sqrt{n-2})^2}{\sqrt{n+2}+\sqrt{n-2}}$$

$$=\lim_{n\to\infty}\frac{4}{\sqrt{n+2}+\sqrt{n-2}}=\mathbf{0}$$

(2) (준 식)$=\lim_{n\to\infty}\frac{\sqrt{n+1}+\sqrt{n}}{(\sqrt{n+1})^2-(\sqrt{n})^2}$

$$=\lim_{n\to\infty}(\sqrt{n+1}+\sqrt{n})=\boldsymbol{\infty}$$

(3) (준 식)$=\lim_{n\to\infty}\frac{4}{\sqrt{\frac{2}{n^2}+1}-\frac{5}{n}}=\mathbf{4}$

(4) (준 식)$=\lim_{n\to\infty}\frac{(\sqrt{n^2+3n})^2-n^2}{\sqrt{n^2+3n}+n}$

$$=\lim_{n\to\infty}\frac{3n}{\sqrt{n^2+3n}+n}$$

$$=\lim_{n\to\infty}\frac{3}{\sqrt{1+\frac{3}{n}}+1}=\mathbf{\frac{3}{2}}$$

(5) (준 식)$=\lim_{n\to\infty}n^3\left(2-\frac{2}{n}-\frac{3}{n^2}+\frac{1}{n^3}\right)$

$$=\boldsymbol{\infty}$$

1-4. $\sum_{k=1}^{n}(3k^2-k)<\mathrm{S}_n<\sum_{k=1}^{n}(3k^2+k)$

이고

$$\sum_{k=1}^{n}(3k^2-k)=3\times\frac{n(n+1)(2n+1)}{6}-\frac{n(n+1)}{2}$$

$$=n^2(n+1),$$

$$\sum_{k=1}^{n}(3k^2+k)=3\times\frac{n(n+1)(2n+1)}{6}+\frac{n(n+1)}{2}$$

$$=n(n+1)^2$$

이므로

$$n^2(n+1)<\mathrm{S}_n<n(n+1)^2$$

$$\therefore\ \frac{n+1}{n}<\frac{\mathrm{S}_n}{n^3}<\frac{(n+1)^2}{n^2}$$

이때,

$$\lim_{n\to\infty}\frac{n+1}{n}=\lim_{n\to\infty}\left(1+\frac{1}{n}\right)=1,$$

$$\lim_{n\to\infty}\frac{(n+1)^2}{n^2}=\lim_{n\to\infty}\left(1+\frac{1}{n}\right)^2=1$$

이므로 $\lim_{n\to\infty}\frac{\mathrm{S}_n}{n^3}=\mathbf{1}$

1-5. (1) (준 식)$=\lim_{n\to\infty}\frac{\left(\frac{4}{5}\right)^n}{1+\left(\frac{3}{5}\right)^n}=\mathbf{0}$

(2) (준 식)$=\lim_{n\to\infty}\frac{\left(\frac{3}{5}\right)^n+1}{\left(\frac{4}{5}\right)^n+1}=\mathbf{1}$

(3) (준 식)$=\lim_{n\to\infty}\frac{\left(-\frac{2}{3}\right)^n}{1-\left(\frac{1}{3}\right)^n}=\mathbf{0}$

(4) 수열 $\left\{\left(\frac{1}{2}\right)^n+(-2)^n\right\}$은

$$\frac{1}{2}-2,\ \frac{1}{4}+4,\ \frac{1}{8}-8,\ \frac{1}{16}+16,\ \cdots$$

이므로 **진동(발산)**

(5) (준 식)$=\lim_{n\to\infty}3^n\left\{1-\left(\frac{2}{3}\right)^n\right\}=\boldsymbol{\infty}$

(6) (준 식)$=\lim_{n\to\infty}(8^n-9^n)$

$$=\lim_{n\to\infty}9^n\left\{\left(\frac{8}{9}\right)^n-1\right\}=\boldsymbol{-\infty}$$

1-6. (1) $|r|<1$일 때 $\lim_{n\to\infty}r^n=0$

$$\therefore\ \lim_{n\to\infty}\frac{r^n}{1+r^n}=0$$

$r=1$일 때 $\lim_{n\to\infty}r^n=1$

$$\therefore\ \lim_{n\to\infty}\frac{r^n}{1+r^n}=\frac{1}{2}$$

$|r|>1$일 때 $\lim_{n\to\infty}\frac{1}{r^n}=0$

$$\therefore\ \lim_{n\to\infty}\frac{r^n}{1+r^n}=\lim_{n\to\infty}\frac{1}{\frac{1}{r^n}+1}=1$$

$\therefore$ **$|r|<1$일 때 0, $r=1$일 때 $\frac{1}{2}$,**

$|r|>1$일 때 1

(2) $|r|<1$일 때 $\lim_{n\to\infty} r^n=0$

$$\therefore \lim_{n\to\infty}\frac{1-r^n}{1+r^n}=1$$

$r=1$일 때 $\lim_{n\to\infty} r^n=1$

$$\therefore \lim_{n\to\infty}\frac{1-r^n}{1+r^n}=0$$

$|r|>1$일 때 $\lim_{n\to\infty}\frac{1}{r^n}=0$

$$\therefore \lim_{n\to\infty}\frac{1-r^n}{1+r^n}=\lim_{n\to\infty}\frac{\frac{1}{r^n}-1}{\frac{1}{r^n}+1}=-1$$

$\therefore$ **$|r|<1$일 때 1, $r=1$일 때 0, $|r|>1$일 때 -1**

1-7. 선분 P_nQ_n이 선분 AC와 만나는 점을 H_n이라고 하면

$$\triangle AP_nH_n \equiv \triangle AQ_nH_n$$

$\overline{AP_n}=\left(\frac{1}{2}\right)^{n-2}$이고 $\angle P_nAH_n=60°$이므로 직각삼각형 AP_nH_n에서

$$\overline{P_nH_n}=\left(\frac{1}{2}\right)^{n-2}\sin 60°=\sqrt{3}\left(\frac{1}{2}\right)^{n-1},$$

$$\overline{AH_n}=\left(\frac{1}{2}\right)^{n-2}\cos 60°=\left(\frac{1}{2}\right)^{n-1}$$

이때,

$$\overline{CH_n}=\overline{AC}-\overline{AH_n}=2-\left(\frac{1}{2}\right)^{n-1}$$

$$\therefore a_n=\triangle CP_nQ_n=\frac{1}{2}\times\overline{P_nQ_n}\times\overline{CH_n}$$
$$=\frac{1}{2}\times 2\sqrt{3}\left(\frac{1}{2}\right)^{n-1}\times\left\{2-\left(\frac{1}{2}\right)^{n-1}\right\}$$
$$=\sqrt{3}\left(\frac{1}{2}\right)^{n-1}\left\{2-\left(\frac{1}{2}\right)^{n-1}\right\}$$

$$\therefore \lim_{n\to\infty}2^n a_n=\lim_{n\to\infty}2\sqrt{3}\left\{2-\left(\frac{1}{2}\right)^{n-1}\right\}$$
$$=\mathbf{4\sqrt{3}}$$

1-8. (1) $2a_{n+1}-a_n=2$에서

$$a_{n+1}=\frac{1}{2}a_n+1$$

$$\therefore a_{n+1}-2=\frac{1}{2}(a_n-2)$$

따라서 수열 $\{a_n-2\}$는 첫째항이 $a_1-2=-1$이고 공비가 $\frac{1}{2}$인 등비수열이다.

$$\therefore a_n-2=(-1)\times\left(\frac{1}{2}\right)^{n-1}=-\left(\frac{1}{2}\right)^{n-1}$$

$$\therefore \mathbf{a_n=2-\left(\frac{1}{2}\right)^{n-1}}$$

(2) $\lim_{n\to\infty}a_n=\lim_{n\to\infty}\left\{2-\left(\frac{1}{2}\right)^{n-1}\right\}=\mathbf{2}$

1-9. (1) $2a_{n+2}-3a_{n+1}+a_n=0$에서

$$2(a_{n+2}-a_{n+1})=a_{n+1}-a_n$$

$$\therefore a_{n+2}-a_{n+1}=\frac{1}{2}(a_{n+1}-a_n)$$

따라서 수열 $\{a_{n+1}-a_n\}$은 첫째항이 $a_2-a_1=2$이고 공비가 $\frac{1}{2}$인 등비수열이다.

$$\therefore a_{n+1}-a_n=2\times\left(\frac{1}{2}\right)^{n-1}=\mathbf{\left(\frac{1}{2}\right)^{n-2}}$$

(2) 수열 $\{a_n\}$의 계차수열이 $\left\{\left(\frac{1}{2}\right)^{n-2}\right\}$이므로

$$a_n=a_1+\sum_{k=1}^{n-1}\left(\frac{1}{2}\right)^{k-2}$$
$$=1+\frac{2\left\{1-\left(\frac{1}{2}\right)^{n-1}\right\}}{1-\frac{1}{2}}=\mathbf{5-\left(\frac{1}{2}\right)^{n-3}}$$

(3) $\lim_{n\to\infty}a_n=\lim_{n\to\infty}\left\{5-\left(\frac{1}{2}\right)^{n-3}\right\}=\mathbf{5}$

2-1. 부분합을 S_n이라고 하자.

(1) $S_n=\sum_{k=1}^{n}\left(\sqrt{k+2}-\sqrt{k+1}\right)$
$$=\left(\sqrt{3}-\sqrt{2}\right)+\left(\sqrt{4}-\sqrt{3}\right)+\cdots+\left(\sqrt{n+2}-\sqrt{n+1}\right)$$
$$=-\sqrt{2}+\sqrt{n+2}$$

$\therefore$ (준 식)$=\lim_{n\to\infty}S_n$
$$=\lim_{n\to\infty}\left(-\sqrt{2}+\sqrt{n+2}\right)$$
$$=\infty \text{ (발산)}$$

(2) $S_n=\sum_{k=1}^{n}\frac{1}{k\sqrt{k+1}+(k+1)\sqrt{k}}$

$=\sum_{k=1}^{n}\frac{k\sqrt{k+1}-(k+1)\sqrt{k}}{(k\sqrt{k+1})^2-\{(k+1)\sqrt{k}\}^2}$

$=\sum_{k=1}^{n}\frac{k\sqrt{k+1}-(k+1)\sqrt{k}}{-k(k+1)}$

$=\sum_{k=1}^{n}\left(\frac{1}{\sqrt{k}}-\frac{1}{\sqrt{k+1}}\right)$

$=\left(1-\frac{1}{\sqrt{2}}\right)+\left(\frac{1}{\sqrt{2}}-\frac{1}{\sqrt{3}}\right)+\cdots+\left(\frac{1}{\sqrt{n}}-\frac{1}{\sqrt{n+1}}\right)$

$=1-\frac{1}{\sqrt{n+1}}$

$\therefore$ (준 식)$=\lim_{n\to\infty}S_n$

$=\lim_{n\to\infty}\left(1-\frac{1}{\sqrt{n+1}}\right)$

$=\mathbf{1}$ (수렴)

2-2. 부분합을 S_n이라고 하면

$S_n=\sum_{k=1}^{n}\log\left\{1-\frac{1}{(k+1)^2}\right\}$

$=\sum_{k=1}^{n}\log\frac{(k+1)^2-1}{(k+1)^2}$

$=\sum_{k=1}^{n}\log\frac{k(k+2)}{(k+1)^2}$

$=\log\frac{1\times3}{2^2}+\log\frac{2\times4}{3^2}+\log\frac{3\times5}{4^2}+\cdots+\log\frac{n(n+2)}{(n+1)^2}$

$=\log\left\{\frac{1\times3}{2^2}\times\frac{2\times4}{3^2}\times\frac{3\times5}{4^2}\times\cdots\times\frac{n(n+2)}{(n+1)^2}\right\}$

$=\log\frac{n+2}{2(n+1)}$

$\therefore$ (준 식)$=\lim_{n\to\infty}S_n=\lim_{n\to\infty}\log\frac{n+2}{2(n+1)}$

$=\log\frac{1}{2}=\mathbf{-\log 2}$

2-3. 부분합을 S_n이라고 하자.

(1) $S_n=\sum_{k=1}^{n}\frac{1}{k(k+1)}=\sum_{k=1}^{n}\left(\frac{1}{k}-\frac{1}{k+1}\right)$

$=\left(1-\frac{1}{2}\right)+\left(\frac{1}{2}-\frac{1}{3}\right)+\cdots+\left(\frac{1}{n}-\frac{1}{n+1}\right)$

$=1-\frac{1}{n+1}$

$\therefore$ (준 식)$=\lim_{n\to\infty}S_n$

$=\lim_{n\to\infty}\left(1-\frac{1}{n+1}\right)=\mathbf{1}$

(2) $S_n=\sum_{k=1}^{n}\frac{1}{1+2+\cdots+k}$

$=\sum_{k=1}^{n}\frac{2}{k(k+1)}$

$=\sum_{k=1}^{n}2\left(\frac{1}{k}-\frac{1}{k+1}\right)$

$=2\left(1-\frac{1}{n+1}\right)$

$\therefore$ (준 식)$=\lim_{n\to\infty}S_n$

$=\lim_{n\to\infty}2\left(1-\frac{1}{n+1}\right)=\mathbf{2}$

(3) $S_n=\sum_{k=1}^{n}\frac{1}{k^2+4k+3}$

$=\sum_{k=1}^{n}\frac{1}{(k+1)(k+3)}$

$=\sum_{k=1}^{n}\frac{1}{2}\left(\frac{1}{k+1}-\frac{1}{k+3}\right)$

$=\frac{1}{2}\left(\frac{1}{2}+\frac{1}{3}-\frac{1}{n+2}-\frac{1}{n+3}\right)$

$\therefore$ (준 식)$=\lim_{n\to\infty}S_n$

$=\lim_{n\to\infty}\frac{1}{2}\left(\frac{1}{2}+\frac{1}{3}-\frac{1}{n+2}-\frac{1}{n+3}\right)$

$=\frac{1}{2}\left(\frac{1}{2}+\frac{1}{3}\right)=\mathbf{\frac{5}{12}}$

2-4. $n\ge2$일 때

$a_n=S_n-S_{n-1}=n^2-(n-1)^2=2n-1$

또, $a_1=S_1=1$이고, 이것은 위의 식을 만족시키므로

$a_n=2n-1\ (n=1,\ 2,\ 3,\ \cdots)$

$$\therefore \sum_{k=1}^{n}\frac{1}{a_k a_{k+1}}=\sum_{k=1}^{n}\frac{1}{(2k-1)(2k+1)}$$
$$=\sum_{k=1}^{n}\frac{1}{2}\left(\frac{1}{2k-1}-\frac{1}{2k+1}\right)$$
$$=\frac{1}{2}\left(1-\frac{1}{2n+1}\right)$$
$$\therefore \sum_{k=1}^{\infty}\frac{1}{a_k a_{k+1}}=\lim_{n\to\infty}\sum_{k=1}^{n}\frac{1}{a_k a_{k+1}}$$
$$=\lim_{n\to\infty}\frac{1}{2}\left(1-\frac{1}{2n+1}\right)=\mathbf{\frac{1}{2}}$$

2-5. (1) (준 식) $=\dfrac{1}{1-\dfrac{x^2}{1+x^2}}=\boldsymbol{x^2+1}$

(2) (준 식) $=\displaystyle\sum_{n=1}^{\infty}\left(\frac{1}{2}\right)^n\left(\frac{16}{9}\right)^n=\sum_{n=1}^{\infty}\left(\frac{8}{9}\right)^n$
$$=\frac{8/9}{1-(8/9)}=\mathbf{8}$$

(3) (준 식) $=ar^n+ar^{n+1}+ar^{n+2}+\cdots$

이것은 첫째항이 ar^n, 공비가 r인 등비급수이므로

(준 식) $=\boldsymbol{\dfrac{ar^n}{1-r}}$

(4) $\displaystyle\sum_{n=1}^{\infty}\tan^{2n}30^\circ=\sum_{n=1}^{\infty}\left(\frac{1}{\sqrt{3}}\right)^{2n}=\sum_{n=1}^{\infty}\left(\frac{1}{3}\right)^n$
$$=\frac{1/3}{1-(1/3)}=\frac{1}{2}$$
$$\therefore \text{(준 식)}=\sum_{m=1}^{\infty}\left(\frac{1}{2}\right)^{m-1}$$
$$=\frac{1}{1-(1/2)}=\mathbf{2}$$

2-6. (1) (준 식) $=\dfrac{1}{2}\sin\dfrac{\pi}{2}$
$$+\left(\frac{1}{2}\right)^2\sin\frac{3}{2}\pi$$
$$+\left(\frac{1}{2}\right)^3\sin\frac{5}{2}\pi+\cdots$$
$$=\frac{1}{2}-\left(\frac{1}{2}\right)^2+\left(\frac{1}{2}\right)^3-\cdots$$
$$=\frac{1/2}{1-(-1/2)}=\mathbf{\frac{1}{3}}$$

****Note*** $\sin\dfrac{2n-1}{2}\pi$의 n에 1, 2, 3, $\cdots$을 대입하면 1, -1, 1, -1, $\cdots$ 이므로
$$\sin\frac{2n-1}{2}\pi=(-1)^{n-1}$$
$$\therefore \text{(준 식)}=\sum_{n=1}^{\infty}\left(\frac{1}{2}\right)^n(-1)^{n-1}$$
$$=\sum_{n=1}^{\infty}\frac{1}{2}\left(-\frac{1}{2}\right)^{n-1}$$
$$=\frac{1/2}{1-(-1/2)}=\mathbf{\frac{1}{3}}$$

(2) (준 식) $=\dfrac{1}{2}\sin\dfrac{\pi}{2}+\left(\dfrac{1}{2}\right)^2\sin\pi$
$$+\left(\frac{1}{2}\right)^3\sin\frac{3}{2}\pi$$
$$+\left(\frac{1}{2}\right)^4\sin 2\pi+\cdots$$
$$=\frac{1}{2}-\left(\frac{1}{2}\right)^3+\left(\frac{1}{2}\right)^5-\cdots$$
$$=\frac{1/2}{1-(-1/4)}=\mathbf{\frac{2}{5}}$$

(3) (준 식) $=\dfrac{1}{2}\cos\dfrac{\pi}{2}+\left(\dfrac{1}{2}\right)^2\cos\pi$
$$+\left(\frac{1}{2}\right)^3\cos\frac{3}{2}\pi$$
$$+\left(\frac{1}{2}\right)^4\cos 2\pi+\cdots$$
$$=-\left(\frac{1}{2}\right)^2+\left(\frac{1}{2}\right)^4-\left(\frac{1}{2}\right)^6+\cdots$$
$$=\frac{-1/4}{1-(-1/4)}=\mathbf{-\frac{1}{5}}$$

(4) (준 식) $=-\dfrac{1}{\sqrt{2}}\cos\left(\pi+\dfrac{\pi}{4}\right)$
$$+\frac{1}{2}\cos\left(2\pi+\frac{\pi}{4}\right)$$
$$-\frac{1}{2\sqrt{2}}\cos\left(3\pi+\frac{\pi}{4}\right)+\cdots$$
$$=\frac{1}{\sqrt{2}}\cos\frac{\pi}{4}+\frac{1}{2}\cos\frac{\pi}{4}$$
$$+\frac{1}{2\sqrt{2}}\cos\frac{\pi}{4}+\cdots$$

$$=\frac{(1/\sqrt{2})\times(1/\sqrt{2})}{1-(1/\sqrt{2})}=\mathbf{\frac{2+\sqrt{2}}{2}}$$

2-7. (1) (준 식)$=\sum_{n=1}^{\infty}\left(\frac{1}{3}\right)^n+\sum_{n=1}^{\infty}\left(\frac{1}{5}\right)^n$

$$=\frac{\frac{1}{3}}{1-\frac{1}{3}}+\frac{\frac{1}{5}}{1-\frac{1}{5}}=\mathbf{\frac{3}{4}}$$

(2) (준 식)$=2\sum_{n=1}^{\infty}\left(\frac{1}{5}\right)^n-\sum_{n=1}^{\infty}\left(\frac{1}{4}\right)^n$

$$=2\times\frac{\frac{1}{5}}{1-\frac{1}{5}}-\frac{\frac{1}{4}}{1-\frac{1}{4}}=\mathbf{\frac{1}{6}}$$

(3) (준 식)$=\sum_{n=1}^{\infty}\left\{\left(\frac{2}{3}\right)^n+\left(-\frac{1}{3}\right)^n\right\}$

$$=\sum_{n=1}^{\infty}\left(\frac{2}{3}\right)^n+\sum_{n=1}^{\infty}\left(-\frac{1}{3}\right)^n$$

$$=\frac{\frac{2}{3}}{1-\frac{2}{3}}+\frac{-\frac{1}{3}}{1-\left(-\frac{1}{3}\right)}=\mathbf{\frac{7}{4}}$$

(4) (준 식)$=11\sum_{n=1}^{\infty}\left(\frac{1}{100}\right)^n+8\sum_{n=1}^{\infty}\left(\frac{1}{10}\right)^n$

$$=11\times\frac{\frac{1}{100}}{1-\frac{1}{100}}+8\times\frac{\frac{1}{10}}{1-\frac{1}{10}}$$

$$=\mathbf{1}$$

(5) (준 식)$=\sum_{n=1}^{\infty}\frac{2^n+3^n}{4^n}$

$$=\sum_{n=1}^{\infty}\left(\frac{1}{2}\right)^n+\sum_{n=1}^{\infty}\left(\frac{3}{4}\right)^n$$

$$=\frac{\frac{1}{2}}{1-\frac{1}{2}}+\frac{\frac{3}{4}}{1-\frac{3}{4}}=\mathbf{4}$$

2-8. (1) 첫째항이 x, 공비가 $x(x-2)$이므로 수렴할 조건은

$x=0$ 또는 $-1<x(x-2)<1$

$x(x-2)>-1$에서 $\quad x\neq1$

$x(x-2)<1$에서 $\quad 1-\sqrt{2}<x<1+\sqrt{2}$

$\therefore\ \mathbf{1-\sqrt{2}<x<1,\ 1<x<1+\sqrt{2}}$

(2) 급수의 합이 $\frac{1}{4}$이므로

$\frac{x}{1-x(x-2)}=\frac{1}{4} \qquad \therefore\ x^2+2x-1=0$

(1)에서 $\quad \mathbf{x=\sqrt{2}-1}$

2-9. 점 A_n의 좌표를 $(x_n,\ y_n)$이라고 하자.

$x_1=\overline{OA_1}=1,\ x_2=x_1,$

$x_3=x_2-\overline{A_2A_3}=1-\left(\frac{2}{3}\right)^2,\ x_4=x_3,$

$x_5=x_4+\overline{A_4A_5}=1-\left(\frac{2}{3}\right)^2+\left(\frac{2}{3}\right)^4,$

$\cdots$

$\therefore\ \lim_{n\to\infty}x_n=1-\left(\frac{2}{3}\right)^2+\left(\frac{2}{3}\right)^4-\cdots$

$$=\frac{1}{1-(-4/9)}=\frac{9}{13}$$

또, $y_1=0,\ y_2=\overline{A_1A_2}=\frac{2}{3},$

$y_3=y_2,\ y_4=y_3-\overline{A_3A_4}=\frac{2}{3}-\left(\frac{2}{3}\right)^3,$

$y_5=y_4,\ \cdots$

$\therefore\ \lim_{n\to\infty}y_n=\frac{2}{3}-\left(\frac{2}{3}\right)^3+\left(\frac{2}{3}\right)^5-\cdots$

$$=\frac{2/3}{1-(-4/9)}=\frac{6}{13}$$

$\therefore\ \mathbf{\left(\frac{9}{13},\ \frac{6}{13}\right)}$

2-10. $\triangle OP_1P_2$에서 $\quad \frac{\overline{P_1P_2}}{\overline{OP_1}}=\sin45^\circ$

$\therefore\ \overline{P_1P_2}=\frac{1}{\sqrt{2}} \qquad ⇦\ \overline{OP_1}=1$

$\triangle OP_2P_3$에서 $\quad \frac{\overline{P_2P_3}}{\overline{OP_2}}=\sin45^\circ$

$\therefore\ \overline{P_2P_3}=\frac{1}{\sqrt{2}}\times\frac{1}{\sqrt{2}}=\left(\frac{1}{\sqrt{2}}\right)^2$

$\triangle OP_3P_4$에서 $\quad \frac{\overline{P_3P_4}}{\overline{OP_3}}=\sin45^\circ$

$\therefore\ \overline{P_3P_4}=\left(\frac{1}{\sqrt{2}}\right)^2\times\frac{1}{\sqrt{2}}=\left(\frac{1}{\sqrt{2}}\right)^3$

$\cdots$

$\therefore \overline{P_1P_2}+\overline{P_2P_3}+\overline{P_3P_4}+\cdots$

$$=\frac{1}{\sqrt{2}}+\left(\frac{1}{\sqrt{2}}\right)^2+\left(\frac{1}{\sqrt{2}}\right)^3+\cdots$$

$$=\frac{1/\sqrt{2}}{1-(1/\sqrt{2})}=\mathbf{\sqrt{2}+1}$$

2-11. $\triangle A_{n+1}B_{n+1}C_{n+1}$의 넓이는 $\triangle A_nB_nC_n$의 넓이의 $\frac{1}{4}$이므로

$$S_{n+1}=\frac{1}{4}S_n$$

또, $S_1=\frac{1}{4}\triangle ABC=\frac{9}{4}$이므로 수열 $\{S_n\}$은 첫째항이 $\frac{9}{4}$, 공비가 $\frac{1}{4}$인 등비수열이다.

$$\therefore \sum_{n=1}^{\infty}S_n=\frac{9/4}{1-(1/4)}=\mathbf{3}$$

2-12.

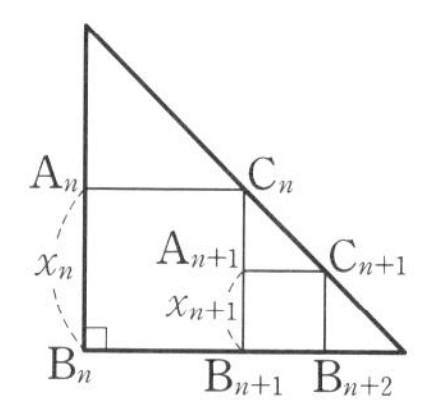

정사각형 $A_nB_nB_{n+1}C_n$의 한 변의 길이를 x_n이라고 하자.

$$\overline{A_{n+1}B_{n+1}}=\frac{1}{2}\overline{C_nB_{n+1}}=\frac{1}{2}\overline{A_nB_n}$$

이므로

$$x_{n+1}=\frac{1}{2}x_n$$

또, $x_1=\frac{1}{2}\overline{AB_1}=\frac{3}{2}$

$l_n=4x_n$이므로

$$l_1=6,\ l_{n+1}=\frac{1}{2}l_n$$

$$\therefore \sum_{n=1}^{\infty}l_n=\frac{6}{1-(1/2)}=\mathbf{12}$$

$S_n={x_n}^2$이므로

$$S_1=\frac{9}{4},\ S_{n+1}=\frac{1}{4}S_n$$

$$\therefore \sum_{n=1}^{\infty}S_n=\frac{9/4}{1-(1/4)}=\mathbf{3}$$

2-13. 정사각형의 한 변의 길이는 각각 2, $\sqrt{2}$, 1, $\cdots$이므로

$$\sum_{n=1}^{\infty}S_n=4+2+1+\cdots$$

$$=\frac{4}{1-(1/2)}=8$$

직각이등변삼각형의 직각을 낀 한 변의 길이는 각각 $\sqrt{2}$, 1, $\frac{1}{\sqrt{2}}$, $\cdots$이므로

$$\sum_{n=1}^{\infty}T_n=1+\frac{1}{2}+\frac{1}{4}+\cdots$$

$$=\frac{1}{1-(1/2)}=2$$

$$\therefore \sum_{n=1}^{\infty}(S_n+T_n)=\sum_{n=1}^{\infty}S_n+\sum_{n=1}^{\infty}T_n$$

$$=8+2=\mathbf{10}$$

****Note*** $T_n=\frac{1}{4}S_n$임을 이용해도 된다.

2-14. 부채꼴 $A_nB_nP_n$의 반지름의 길이를 r_n이라고 하자.

$r_1=3$이므로 $\quad S_1=\frac{1}{4}\times 9\pi=\frac{9}{4}\pi$

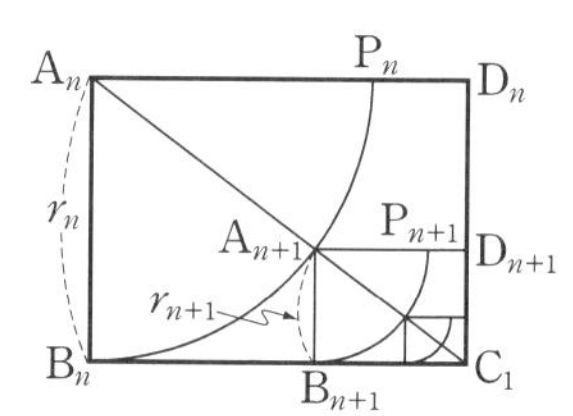

직사각형 $A_nB_nC_1D_n$은 모두 닮음이고, $\overline{A_nB_n}=r_n$이므로

$$\overline{A_nD_n}=\frac{4}{3}r_n,\ \overline{A_nC_1}=\frac{5}{3}r_n$$

이때, $\overline{A_nA_{n+1}}=r_n$이므로

$$\overline{A_{n+1}C_1}=\frac{5}{3}r_n-r_n=\frac{2}{3}r_n$$

$$\therefore \overline{A_{n+1}B_{n+1}}=\frac{3}{5}\overline{A_{n+1}C_1}$$

$$=\frac{3}{5}\times\frac{2}{3}r_n=\frac{2}{5}r_n$$

곧, $r_{n+1}=\frac{2}{5}r_n$이므로 $\quad S_{n+1}=\frac{4}{25}S_n$

$$\therefore \sum_{n=1}^{\infty} S_n = \frac{\frac{9}{4}\pi}{1-\frac{4}{25}} = \mathbf{\frac{75}{28}\pi}$$

2-15. 그림 R_n에서 새로 그린 직각이등변 삼각형의 빗변의 길이를 x_n이라고 하면

$$x_{n+1} = \frac{1}{3}x_n$$

따라서 그림 R_n에서 새로 색칠하는 삼각형과 그림 R_{n+1}에서 새로 색칠하는 삼각형의 닮음비가 $1 : \frac{1}{3}$이므로 넓이의 비는 $1 : \frac{1}{9}$이다.

또한 색칠하는 삼각형의 개수가 2배씩 늘어나므로 그림 R_n에서 새로 색칠하는 모든 삼각형의 넓이의 합을 a_n이라고 하면

$$a_{n+1} = 2\times\frac{1}{9}a_n = \frac{2}{9}a_n$$

이때, $\overline{AB}=\overline{AC}=3\sqrt{2}$ 이므로

$$a_1 = \triangle ADE = \frac{1}{3}\triangle ABC$$
$$= \frac{1}{3}\times\frac{1}{2}\times 3\sqrt{2}\times 3\sqrt{2} = 3$$

따라서 수열 $\{a_n\}$은 첫째항이 3, 공비가 $\frac{2}{9}$인 등비수열이다.

$$\therefore \lim_{n\to\infty} S_n = \sum_{n=1}^{\infty} a_n = \frac{3}{1-(2/9)} = \mathbf{\frac{27}{7}}$$

2-16.

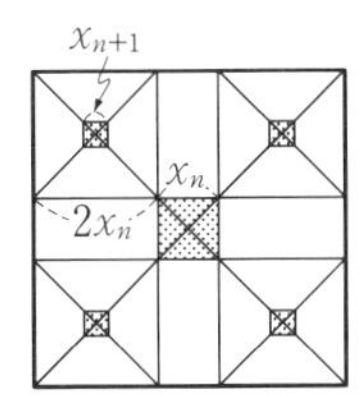

그림 R_n에서 새로 그려 색칠한 정사각형의 한 변의 길이를 x_n이라고 하면 위의 그림에서

$$x_{n+1} = 2x_n\times\frac{1}{5} = \frac{2}{5}x_n$$

따라서 그림 R_n에서 새로 색칠하는 정사각형과 그림 R_{n+1}에서 새로 색칠하는 정사각형의 닮음비가 $1 : \frac{2}{5}$이므로 넓이의 비는 $1 : \frac{4}{25}$이다.

또한 색칠하는 정사각형의 개수가 4배씩 늘어나므로 그림 R_n에서 새로 색칠하는 모든 정사각형의 넓이의 합을 a_n이라고 하면

$$a_{n+1} = 4\times\frac{4}{25}a_n = \frac{16}{25}a_n$$

이때, $a_1 = \left(10\times\frac{1}{5}\right)^2 = 4$이므로 수열 $\{a_n\}$은 첫째항이 4, 공비가 $\frac{16}{25}$인 등비수열이다.

$$\therefore \lim_{n\to\infty} S_n = \sum_{n=1}^{\infty} a_n$$
$$= \frac{4}{1-(16/25)} = \mathbf{\frac{100}{9}}$$

2-17. (1) $x^2 = 1.\dot{7}$에서 $x^2 = \frac{16}{9}$

$x>0$이므로 $x = \frac{4}{3} = \mathbf{1.\dot{3}}$

(2) $0.\dot{2}9\dot{6} = \frac{296}{999} = \frac{8}{27} = \left(\frac{2}{3}\right)^3$

이므로 준 식은 $x^3 = \left(\frac{2}{3}\right)^3$

x는 실수이므로 $x = \frac{2}{3} = \mathbf{0.\dot{6}}$

2-18. $0.\dot{2} = \frac{2}{9}$, $1.\dot{1} = \frac{10}{9}$, $0.\dot{3} = \frac{1}{3}$ 이므로

첫 번째 식은 $\frac{2}{9}x + 3y = \frac{10}{9}$,

두 번째 식은 $2x + \frac{1}{3}y = \frac{10}{9}$

$\therefore 2x+27y=10,$
$18x+3y=10$

연립하여 풀면 $x = \frac{1}{2}$, $y = \frac{1}{3}$

$\therefore \boldsymbol{x=0.5,\ y=0.\dot{3}}$

2-19. 문제의 조건에서

$x\times5.\dot{5}-x\times5.5=10$

$\therefore\ (5.\dot{5}-5.5)x=10 \quad \therefore\ 0.0\dot{5}x=10$

$\therefore\ \frac{5}{90}x=10 \quad \therefore\ \boldsymbol{x=180}$

3-1. $\csc^2\theta=1+\cot^2\theta=1+\left(\frac{12}{5}\right)^2=\frac{169}{25}$

$\therefore\ \sin^2\theta=\frac{25}{169}$

$\pi<\theta<\frac{3}{2}\pi$이므로 $\boldsymbol{\sin\theta=-\frac{5}{13}}$

또, $\cos^2\theta=1-\sin^2\theta$

$=1-\frac{25}{169}=\frac{144}{169}$

$\pi<\theta<\frac{3}{2}\pi$이므로 $\boldsymbol{\cos\theta=-\frac{12}{13}}$

***Note** $\cot\theta=\frac{\cos\theta}{\sin\theta}$이므로

$\cos\theta=\cot\theta\sin\theta$

$=\frac{12}{5}\times\left(-\frac{5}{13}\right)=\boldsymbol{-\frac{12}{13}}$

3-2. 조건식의 양변을 제곱하면

$\sin^2\theta-2\sin\theta\cos\theta+\cos^2\theta=\frac{1}{4}$

$\therefore\ \sin\theta\cos\theta=\frac{3}{8}$

(1) $\tan\theta+\cot\theta=\frac{\sin\theta}{\cos\theta}+\frac{\cos\theta}{\sin\theta}$

$=\frac{\sin^2\theta+\cos^2\theta}{\sin\theta\cos\theta}=\boldsymbol{\frac{8}{3}}$

(2) $\tan^3\theta+\cot^3\theta=(\tan\theta+\cot\theta)^3$

$-3\tan\theta\cot\theta(\tan\theta+\cot\theta)$

$=\left(\frac{8}{3}\right)^3-3\times1\times\frac{8}{3}=\boldsymbol{\frac{296}{27}}$

3-3. (1) $\sin\frac{2}{9}\pi=\sin\left(\frac{\pi}{2}-\frac{5}{18}\pi\right)$

$=\cos\frac{5}{18}\pi=\sqrt{1-\sin^2\frac{5}{18}\pi}$

$=\boldsymbol{\sqrt{1-a^2}}$

(2) $\cot\frac{5}{18}\pi=\cot\left(\frac{\pi}{2}-\frac{2}{9}\pi\right)=\tan\frac{2}{9}\pi$

$=\boldsymbol{a}$

3-4. (1) (준 식)$=\cos\left(\pi-\frac{\pi}{9}\right)$

$-\cos\left(\frac{\pi}{2}+\frac{\pi}{9}\right)+\sin\left(\frac{\pi}{2}-\frac{\pi}{9}\right)-\sin\frac{\pi}{9}$

$=-\cos\frac{\pi}{9}+\sin\frac{\pi}{9}+\cos\frac{\pi}{9}-\sin\frac{\pi}{9}$

$=\boldsymbol{0}$

(2) (준 식)$=\cot\frac{\pi}{18}+\tan\left(\pi+\frac{\pi}{18}\right)$

$+\tan\left(\frac{\pi}{2}+\frac{\pi}{18}\right)+\tan\left(2\pi-\frac{\pi}{18}\right)$

$=\cot\frac{\pi}{18}+\tan\frac{\pi}{18}-\cot\frac{\pi}{18}-\tan\frac{\pi}{18}$

$=\boldsymbol{0}$

3-5. (1) $\sin255^\circ=\sin(180^\circ+75^\circ)$

$=-\sin75^\circ=-\sin(45^\circ+30^\circ)$

$=-(\sin45^\circ\cos30^\circ+\cos45^\circ\sin30^\circ)$

$=-\left(\frac{1}{\sqrt{2}}\times\frac{\sqrt{3}}{2}+\frac{1}{\sqrt{2}}\times\frac{1}{2}\right)$

$=-\frac{\sqrt{3}+1}{2\sqrt{2}}=-\frac{\sqrt{6}+\sqrt{2}}{4}$

$\cos465^\circ=\cos(360^\circ+105^\circ)$

$=\cos105^\circ=\cos(60^\circ+45^\circ)$

$=\cos60^\circ\cos45^\circ-\sin60^\circ\sin45^\circ$

$=\frac{1}{2}\times\frac{1}{\sqrt{2}}-\frac{\sqrt{3}}{2}\times\frac{1}{\sqrt{2}}$

$=\frac{1-\sqrt{3}}{2\sqrt{2}}=\frac{\sqrt{2}-\sqrt{6}}{4}$

$\therefore$ (준 식)$=-\frac{\sqrt{6}+\sqrt{2}}{4}+\frac{\sqrt{2}-\sqrt{6}}{4}$

$=\boldsymbol{-\frac{\sqrt{6}}{2}}$

(2) $\sin165^\circ=\sin(180^\circ-15^\circ)=\sin15^\circ$

$=\sin(45^\circ-30^\circ)$

$=\sin45^\circ\cos30^\circ-\cos45^\circ\sin30^\circ$

$=\frac{1}{\sqrt{2}}\times\frac{\sqrt{3}}{2}-\frac{1}{\sqrt{2}}\times\frac{1}{2}$

$=\frac{\sqrt{3}-1}{2\sqrt{2}}=\frac{\sqrt{6}-\sqrt{2}}{4}$

$\tan195^\circ=\tan(180^\circ+15^\circ)=\tan15^\circ$

$=\tan(45^\circ-30^\circ)$

$$=\frac{\tan 45^\circ-\tan 30^\circ}{1+\tan 45^\circ \tan 30^\circ}$$

$$=\frac{1-\frac{1}{\sqrt{3}}}{1+1\times\frac{1}{\sqrt{3}}}=\frac{\sqrt{3}-1}{\sqrt{3}+1}$$

$$=2-\sqrt{3}$$

$\therefore$ (준 식)$=4\times\frac{\sqrt{6}-\sqrt{2}}{4}+\sqrt{2}(2-\sqrt{3})$

$=\boldsymbol{\sqrt{2}}$

(3) $\tan\frac{\pi}{12}=\tan\left(\frac{\pi}{3}-\frac{\pi}{4}\right)$

$$=\frac{\tan\frac{\pi}{3}-\tan\frac{\pi}{4}}{1+\tan\frac{\pi}{3}\tan\frac{\pi}{4}}$$

$$=\frac{\sqrt{3}-1}{1+\sqrt{3}\times 1}=2-\sqrt{3}$$

$$\cot\frac{5}{12}\pi=\frac{1}{\tan\left(\frac{\pi}{6}+\frac{\pi}{4}\right)}$$

$$=\frac{1-\tan\frac{\pi}{6}\tan\frac{\pi}{4}}{\tan\frac{\pi}{6}+\tan\frac{\pi}{4}}$$

$$=\frac{1-\frac{1}{\sqrt{3}}\times 1}{\frac{1}{\sqrt{3}}+1}=2-\sqrt{3}$$

$\therefore$ (준 식)$=(2-\sqrt{3})+(2-\sqrt{3})$

$=\boldsymbol{4-2\sqrt{3}}$

* ***Note*** $\cot\frac{5}{12}\pi=\cot\left(\frac{\pi}{2}-\frac{\pi}{12}\right)$

$=\tan\frac{\pi}{12}=2-\sqrt{3}$

3-6. $\cos^2\alpha=1-\sin^2\alpha=1-\left(\frac{3}{5}\right)^2=\frac{16}{25}$

$\frac{\pi}{2}<\alpha<\pi$ 이므로 $\cos\alpha=-\frac{4}{5}$

$\sin^2\beta=1-\cos^2\beta=1-\left(\frac{2}{3}\right)^2=\frac{5}{9}$

$0<\beta<\frac{\pi}{2}$ 이므로 $\sin\beta=\frac{\sqrt{5}}{3}$

(1) $\sin(\alpha+\beta)=\sin\alpha\cos\beta+\cos\alpha\sin\beta$

$$=\frac{3}{5}\times\frac{2}{3}+\left(-\frac{4}{5}\right)\times\frac{\sqrt{5}}{3}$$

$$=\boldsymbol{\frac{6-4\sqrt{5}}{15}}$$

(2) $\cos(\alpha-\beta)=\cos\alpha\cos\beta+\sin\alpha\sin\beta$

$$=\left(-\frac{4}{5}\right)\times\frac{2}{3}+\frac{3}{5}\times\frac{\sqrt{5}}{3}$$

$$=\boldsymbol{\frac{3\sqrt{5}-8}{15}}$$

(3) $\tan\alpha=\frac{\sin\alpha}{\cos\alpha}=\frac{3/5}{-4/5}=-\frac{3}{4}$,

$\tan\beta=\frac{\sin\beta}{\cos\beta}=\frac{\sqrt{5}/3}{2/3}=\frac{\sqrt{5}}{2}$

이므로

$$\tan(\alpha+\beta)=\frac{\tan\alpha+\tan\beta}{1-\tan\alpha\tan\beta}$$

$$=\frac{(-3/4)+(\sqrt{5}/2)}{1-(-3/4)\times(\sqrt{5}/2)}$$

$$=\frac{-6+4\sqrt{5}}{8+3\sqrt{5}}=\boldsymbol{\frac{50\sqrt{5}-108}{19}}$$

3-7. $\tan^2\alpha+1=\sec^2\alpha$ 에서

$\tan^2\alpha=\sec^2\alpha-1$

$$=\left(\frac{1}{0.8}\right)^2-1=\frac{9}{16}$$

$0<\alpha<\frac{\pi}{2}$ 이므로 $\tan\alpha=\frac{3}{4}$

또, $\tan\beta=\frac{1}{\cot\beta}=\frac{1}{7}$

$$\therefore \tan(\alpha+\beta)=\frac{\tan\alpha+\tan\beta}{1-\tan\alpha\tan\beta}$$

$$=\frac{(3/4)+(1/7)}{1-(3/4)\times(1/7)}=1$$

$0<\alpha+\beta<\pi$ 이므로 $\boldsymbol{\alpha+\beta=\frac{\pi}{4}}$

3-8. $\tan(\alpha-\beta)=\frac{\tan\alpha-\tan\beta}{1+\tan\alpha\tan\beta}$

$$=\frac{(1/2\sqrt{2})-(-3/4)}{1+(1/2\sqrt{2})\times(-3/4)}$$

$$=\frac{4+6\sqrt{2}}{8\sqrt{2}-3}$$

$\therefore\ \sec^2(\alpha-\beta)=\tan^2(\alpha-\beta)+1$

$$=\left(\frac{4+6\sqrt{2}}{8\sqrt{2}-3}\right)^2+1$$

$$=\frac{225}{(8\sqrt{2}-3)^2}$$

$\therefore\ \cos^2(\alpha-\beta)=\left(\dfrac{3-8\sqrt{2}}{15}\right)^2$

$-180°<\alpha-\beta<-90°$ 이므로

$$\boldsymbol{\cos(\alpha-\beta)=\frac{3-8\sqrt{2}}{15}}$$

***Note** $\tan\alpha$의 값으로부터 $\cos\alpha$, $\sin\alpha$의 값을, $\tan\beta$의 값으로부터 $\cos\beta$, $\sin\beta$의 값을 구한 다음, $\cos(\alpha-\beta)=\cos\alpha\cos\beta+\sin\alpha\sin\beta$ 를 이용할 수도 있다.

3-9. 직선 $2x-y-1=0$이 x축의 양의 방향과 이루는 각의 크기를 α라 하고, 직선 $x-3y+3=0$이 x축의 양의 방향과 이루는 각의 크기를 β라고 하면

$$\tan\alpha=2,\ \tan\beta=\frac{1}{3}$$

따라서 두 직선이 이루는 예각의 크기를 θ라고 하면

$$\tan\theta=\tan(\alpha-\beta)=\frac{\tan\alpha-\tan\beta}{1+\tan\alpha\tan\beta}$$

$$=\frac{2-(1/3)}{1+2\times(1/3)}=1$$

$$\therefore\ \theta=\boldsymbol{\frac{\pi}{4}}$$

3-10.

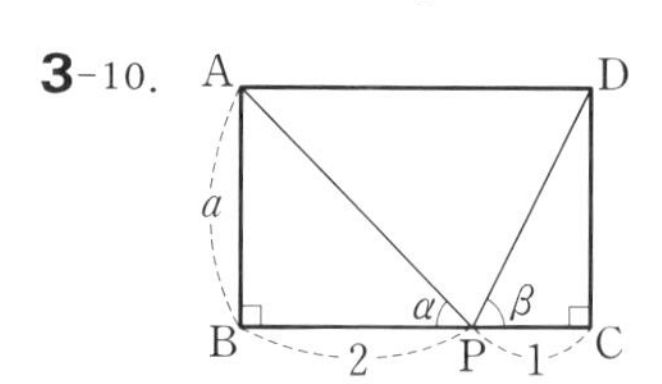

$\angle APB=\alpha$, $\angle DPC=\beta$라고 하면 직각삼각형 APB, DPC에서

$$\tan\alpha=\frac{a}{2},\ \tan\beta=a$$

한편 $\angle APD=\pi-(\alpha+\beta)$이므로

$\tan(\angle APD)=-\tan(\alpha+\beta)$

$$=-\frac{\tan\alpha+\tan\beta}{1-\tan\alpha\tan\beta}$$

$$=-\frac{(a/2)+a}{1-(a/2)\times a}$$

$$=-\frac{3a}{2-a^2}=3$$

$\therefore\ a^2-a-2=0 \quad \therefore\ (a+1)(a-2)=0$

$a>0$이므로 $\boldsymbol{a=2}$

3-11. (그림: 정사각형 세 개, 꼭짓점 P, R, Q, A, 변의 길이 a, 각 α, β)

정사각형의 한 변의 길이를 a라 하고, 위의 그림과 같이 $\angle PQA=\alpha$, $\angle RQA=\beta$라고 하면

$$\tan\alpha=\frac{2a}{a}=2,\ \tan\beta=\frac{a}{2a}=\frac{1}{2}$$

$\therefore\ \tan(\angle PQR)=\tan(\alpha-\beta)$

$$=\frac{\tan\alpha-\tan\beta}{1+\tan\alpha\tan\beta}$$

$$=\frac{2-(1/2)}{1+2\times(1/2)}=\boldsymbol{\frac{3}{4}}$$

3-12. (1) $P(\sqrt{2},\ -1)$이라고 하면

$$\overline{OP}=\sqrt{(\sqrt{2})^2+(-1)^2}=\sqrt{3}$$

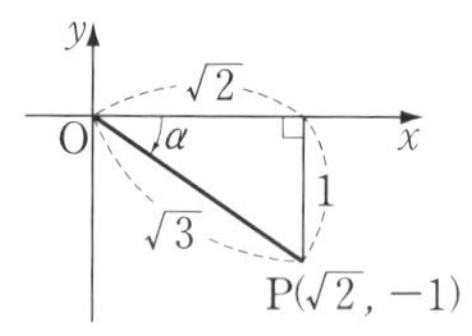

$$\therefore\ y=\sqrt{3}\left(\frac{\sqrt{2}}{\sqrt{3}}\sin x-\frac{1}{\sqrt{3}}\cos x\right)$$

$$=\sqrt{3}\,(\cos\alpha\sin x+\sin\alpha\cos x)$$

$$=\sqrt{3}\,\sin(x+\alpha)$$

$\left(\text{단, } \sin\alpha=-\dfrac{1}{\sqrt{3}},\ \cos\alpha=\dfrac{\sqrt{2}}{\sqrt{3}}\right)$

$\therefore$ 최댓값 $\sqrt{3}$, 최솟값 $-\sqrt{3}$

(2) $y=-\sin x+\sqrt{3}\cos x$

이므로 $\mathrm{P}(-1, \sqrt{3})$이라고 하면

$$\overline{\mathrm{OP}}=\sqrt{(-1)^2+(\sqrt{3})^2}=2$$

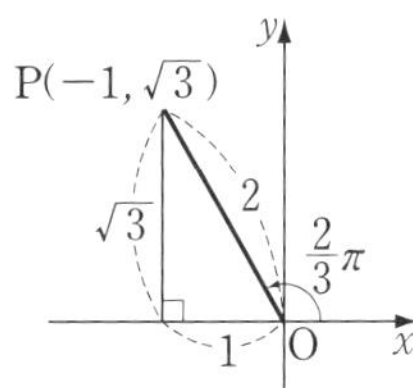

$$\therefore\ y=2\left(-\frac{1}{2}\sin x+\frac{\sqrt{3}}{2}\cos x\right)$$
$$=2\left(\cos\frac{2}{3}\pi\sin x+\sin\frac{2}{3}\pi\cos x\right)$$
$$=2\sin\left(x+\frac{2}{3}\pi\right)$$

$\therefore$ 최댓값 **2**, 최솟값 **−2**

(3) $y=2\sqrt{3}\sin x+3\left(\cos x\cos\frac{\pi}{3}-\sin x\sin\frac{\pi}{3}\right)$

$$=\frac{\sqrt{3}}{2}\sin x+\frac{3}{2}\cos x$$

따라서 $\mathrm{P}\left(\frac{\sqrt{3}}{2}, \frac{3}{2}\right)$이라고 하면

$$\overline{\mathrm{OP}}=\sqrt{\left(\frac{\sqrt{3}}{2}\right)^2+\left(\frac{3}{2}\right)^2}=\sqrt{3}$$

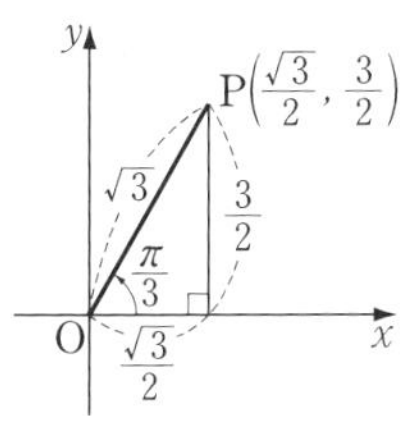

$$\therefore\ y=\sqrt{3}\left(\frac{1}{2}\sin x+\frac{\sqrt{3}}{2}\cos x\right)$$
$$=\sqrt{3}\left(\cos\frac{\pi}{3}\sin x+\sin\frac{\pi}{3}\cos x\right)$$
$$=\sqrt{3}\sin\left(x+\frac{\pi}{3}\right)$$

$\therefore$ 최댓값 $\sqrt{3}$, 최솟값 $-\sqrt{3}$

(4) $\mathrm{P}(\sqrt{3}, 1)$이라고 하면

$$\overline{\mathrm{OP}}=\sqrt{(\sqrt{3})^2+1^2}=2$$

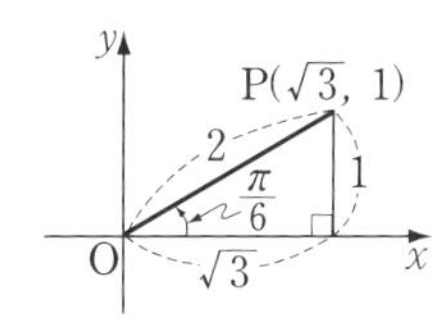

$$\therefore\ y=2\left\{\frac{\sqrt{3}}{2}\sin\left(\pi x+\frac{\pi}{6}\right)+\frac{1}{2}\cos\left(\pi x+\frac{\pi}{6}\right)\right\}$$
$$=2\left\{\cos\frac{\pi}{6}\sin\left(\pi x+\frac{\pi}{6}\right)+\sin\frac{\pi}{6}\cos\left(\pi x+\frac{\pi}{6}\right)\right\}$$
$$=2\sin\left(\pi x+\frac{\pi}{3}\right)$$

$\therefore$ 최댓값 **2**, 최솟값 **−2**

3-13. $f(x)=a\sin x+b\cos x$

$$=\sqrt{a^2+b^2}\sin(x+\alpha)$$

$\left(\text{단, } \cos\alpha=\frac{a}{\sqrt{a^2+b^2}}, \sin\alpha=\frac{b}{\sqrt{a^2+b^2}}\right)$

이므로 $f(x)$의 최댓값은 $\sqrt{a^2+b^2}$

$\therefore\ \sqrt{a^2+b^2}=2\sqrt{3}$

$\therefore\ a^2+b^2=12$ ⋯⋯①

또, $a=b\tan\frac{\pi}{3}$에서

$a=\sqrt{3}\,b$ ⋯⋯②

②를 ①에 대입하면 $4b^2=12$

$b>0$이므로 $\boldsymbol{b=\sqrt{3}}$

②에 대입하면 $\boldsymbol{a=3}$

3-14. $b\sin\left(2\theta+\frac{\pi}{6}\right)$

$$=b\left(\sin2\theta\cos\frac{\pi}{6}+\cos2\theta\sin\frac{\pi}{6}\right)$$
$$=\frac{\sqrt{3}}{2}b\sin2\theta+\frac{1}{2}b\cos2\theta$$

이므로 준 식은

$$\sin 2\theta + a\cos 2\theta$$
$$= \frac{\sqrt{3}}{2} b\sin 2\theta + \frac{1}{2} b\cos 2\theta$$

모든 θ에 대하여 성립하므로

$$1 = \frac{\sqrt{3}}{2} b, \quad a = \frac{1}{2} b$$

$$\therefore\ \boldsymbol{b = \frac{2\sqrt{3}}{3}},\ \boldsymbol{a = \frac{\sqrt{3}}{3}}$$

****Note*** 오른쪽 그림에서

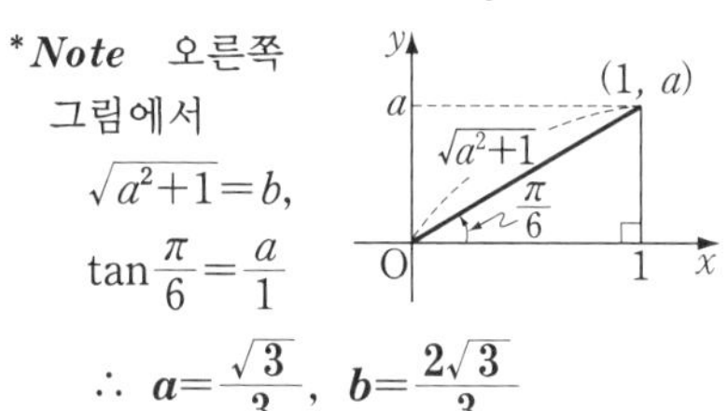

$$\sqrt{a^2+1} = b,$$
$$\tan\frac{\pi}{6} = \frac{a}{1}$$

$$\therefore\ \boldsymbol{a = \frac{\sqrt{3}}{3}},\ \boldsymbol{b = \frac{2\sqrt{3}}{3}}$$

3-15.

$\angle DBC = \theta$라 하고, □ABCD의 넓이를 S라고 하면

$$S = \frac{1}{2} \times 5 \times 6 \times \sin\theta$$
$$+ \frac{1}{2} \times 4 \times 6 \times \sin\left(\frac{\pi}{2} - \theta\right)$$
$$= 15\sin\theta + 12\cos\theta$$
$$= 3\sqrt{41}\sin(\theta + \alpha)$$
$$\left(\text{단, } \cos\alpha = \frac{5}{\sqrt{41}},\ \sin\alpha = \frac{4}{\sqrt{41}}\right)$$

따라서 $\theta + \alpha = \frac{\pi}{2}$일 때 최댓값 $\boldsymbol{3\sqrt{41}}$

3-16. $\cos^2 x = 1 - \sin^2 x = 1 - \left(-\frac{2}{3}\right)^2 = \frac{5}{9}$

$$\therefore\ \cos x = \pm\frac{\sqrt{5}}{3}$$

따라서

$$\sin 2x = 2\sin x\cos x$$
$$= 2 \times \left(-\frac{2}{3}\right) \times \left(\pm\frac{\sqrt{5}}{3}\right) = \mp\frac{4\sqrt{5}}{9}$$

$$\cos 2x = 1 - 2\sin^2 x = 1 - 2 \times \left(-\frac{2}{3}\right)^2 = \frac{1}{9}$$

$$\tan 2x = \frac{\sin 2x}{\cos 2x} = \frac{\mp\frac{4\sqrt{5}}{9}}{\frac{1}{9}} = \mp 4\sqrt{5}$$

$$\therefore\ \boldsymbol{\sin 2x = \pm\frac{4\sqrt{5}}{9}},\ \boldsymbol{\cos 2x = \frac{1}{9}},$$
$$\boldsymbol{\tan 2x = \pm 4\sqrt{5}}\ \text{(복부호동순)}$$

3-17. $\tan x = \dfrac{2\tan\frac{x}{2}}{1 - \tan^2\frac{x}{2}} = \dfrac{2 \times \frac{1}{2}}{1 - \left(\frac{1}{2}\right)^2} = \boldsymbol{\dfrac{4}{3}}$

$$\cos x = 2\cos^2\frac{x}{2} - 1 = \frac{2}{\sec^2\frac{x}{2}} - 1$$
$$= \frac{2}{1 + \tan^2\frac{x}{2}} - 1 = \frac{2}{1 + \left(\frac{1}{2}\right)^2} - 1$$
$$= \boldsymbol{\frac{3}{5}}$$

$$\sin x = \tan x\cos x = \frac{4}{3} \times \frac{3}{5} = \boldsymbol{\frac{4}{5}}$$

****Note*** $\sin\frac{x}{2} = \pm\frac{1}{\sqrt{5}},\ \cos\frac{x}{2} = \pm\frac{2}{\sqrt{5}}$ (복부호동순)임을 이용해도 된다.

3-18. $\cos^2\theta = 1 - \sin^2\theta = 1 - \left(\frac{4}{5}\right)^2 = \frac{9}{25}$

$\frac{\pi}{2} < \theta < \pi$이므로 $\cos\theta = -\frac{3}{5}$

$$\therefore\ \sin^2\frac{\theta}{2} = \frac{1 - \cos\theta}{2}$$
$$= \frac{1 - (-3/5)}{2} = \frac{4}{5},$$
$$\cos^2\frac{\theta}{2} = \frac{1 + \cos\theta}{2}$$
$$= \frac{1 + (-3/5)}{2} = \frac{1}{5},$$
$$\tan^2\frac{\theta}{2} = \frac{1 - \cos\theta}{1 + \cos\theta}$$
$$= \frac{1 - (-3/5)}{1 + (-3/5)} = 4$$

한편 $\frac{\pi}{4} < \frac{\theta}{2} < \frac{\pi}{2}$이므로

$$\sin\frac{\theta}{2}>0,\ \cos\frac{\theta}{2}>0,\ \tan\frac{\theta}{2}>0$$

$$\therefore\ \boldsymbol{\sin\frac{\theta}{2}=\frac{2\sqrt{5}}{5},\ \cos\frac{\theta}{2}=\frac{\sqrt{5}}{5},}$$

$$\boldsymbol{\tan\frac{\theta}{2}=2}$$

****Note*** $\sin\theta=\frac{4}{5}\ \left(\frac{\pi}{2}<\theta<\pi\right)$ 일 때, $\cos\theta$의 값은 오른쪽 그림에서 구할 수도 있다.

$\therefore\ \cos\theta=-\frac{3}{5}$

3-19. (1) $y=\frac{1+\cos 2x}{2}+\frac{1}{2}\sin 2x$

$$=\frac{1}{2}(\sin 2x+\cos 2x)+\frac{1}{2}$$

$$=\frac{\sqrt{2}}{2}\sin\left(2x+\frac{\pi}{4}\right)+\frac{1}{2}$$

그런데

$$-\frac{\sqrt{2}}{2}\le\frac{\sqrt{2}}{2}\sin\left(2x+\frac{\pi}{4}\right)\le\frac{\sqrt{2}}{2}$$

따라서

최댓값 $\boldsymbol{\frac{1}{2}+\frac{\sqrt{2}}{2}}$, **최솟값** $\boldsymbol{\frac{1}{2}-\frac{\sqrt{2}}{2}}$

(2) $y=3\times\frac{1-\cos 2x}{2}+2\sin 2x-5\times\frac{1+\cos 2x}{2}$

$$=2\sin 2x-4\cos 2x-1$$

$$=2\sqrt{5}\sin(2x+\alpha)-1$$

$$\left(\text{단, }\cos\alpha=\frac{1}{\sqrt{5}},\ \sin\alpha=-\frac{2}{\sqrt{5}}\right)$$

그런데

$$-2\sqrt{5}\le 2\sqrt{5}\sin(2x+\alpha)\le 2\sqrt{5}$$

따라서

최댓값 $\boldsymbol{2\sqrt{5}-1}$, **최솟값** $\boldsymbol{-2\sqrt{5}-1}$

3-20. $x^2+y^2=1$이므로

$x=\cos\theta,\ y=\sin\theta\ (0\le\theta<2\pi)$

로 놓을 수 있다. 따라서

$$(\text{준 식})=\cos^2\theta+3\sin^2\theta+2\sqrt{3}\cos\theta\sin\theta$$

$$=\frac{1+\cos 2\theta}{2}+3\times\frac{1-\cos 2\theta}{2}+\sqrt{3}\sin 2\theta$$

$$=-\cos 2\theta+\sqrt{3}\sin 2\theta+2$$

$$=2\sin\left(2\theta-\frac{\pi}{6}\right)+2$$

$\therefore$ **최댓값 4, 최솟값 0**

3-21.

$\angle\text{PAB}=\theta$로 놓으면

$\angle\text{QAB}=2\theta$

$\angle\text{APB}=90^\circ$이므로 $\triangle\text{APB}$에서

$$\cos\theta=\frac{\overline{\text{AP}}}{\overline{\text{AB}}}=\frac{8}{10}=\frac{4}{5}$$

$\angle\text{AQB}=90^\circ$이므로 $\triangle\text{AQB}$에서

$$\cos 2\theta=\frac{\overline{\text{AQ}}}{\overline{\text{AB}}}=\frac{\overline{\text{AQ}}}{10}$$

$$\therefore\ \overline{\text{AQ}}=10\cos 2\theta=10(2\cos^2\theta-1)$$

$$=10\left\{2\times\left(\frac{4}{5}\right)^2-1\right\}=\boldsymbol{\frac{14}{5}}$$

3-22.

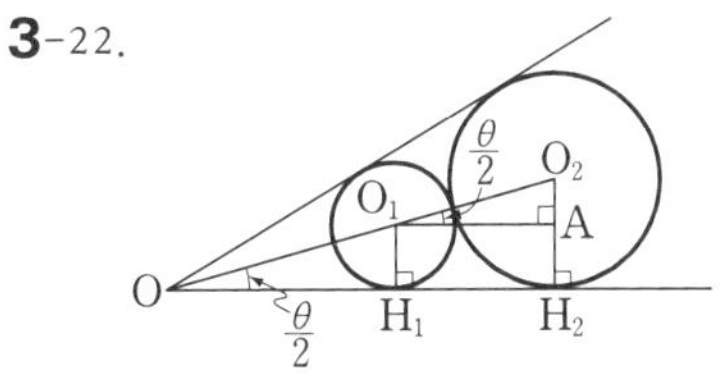

반지름의 길이가 2, 3인 원의 중심을 각각 O_1, O_2라고 하면 위의 그림에서

$$\angle O_1OH_1=\angle O_2O_1A=\frac{\theta}{2},$$

$$\overline{O_1O_2}=2+3=5,$$

$$\overline{O_2A}=\overline{O_2H_2}-\overline{AH_2}=3-2=1$$

$\therefore\ \overline{O_1A}=\sqrt{5^2-1^2}=2\sqrt{6}$

$\therefore\ \sin\frac{\theta}{2}=\frac{1}{5},\ \cos\frac{\theta}{2}=\frac{2\sqrt{6}}{5}$

$\therefore\ \sin\theta=2\sin\frac{\theta}{2}\cos\frac{\theta}{2}=\boldsymbol{\frac{4\sqrt{6}}{25}}$

3-23. (1) $2\sin x\cos x=\cos x$

$\therefore\ (2\sin x-1)\cos x=0$

$\therefore\ \sin x=\frac{1}{2}$ 또는 $\cos x=0$

$\therefore\ \boldsymbol{x=\frac{\pi}{6},\ \frac{5}{6}\pi,\ \pm\frac{\pi}{2}}$

(2) $(2\cos^2x-1)-5\cos x+3=0$

$\therefore\ (2\cos x-1)(\cos x-2)=0$

$\cos x\neq2$이므로 $\cos x=\frac{1}{2}$

$\therefore\ \boldsymbol{x=\pm\frac{\pi}{3}}$

(3) $\cot x=\frac{1}{\tan x}=\frac{1-\tan^2\frac{x}{2}}{2\tan\frac{x}{2}}$

이므로

$$\tan\frac{x}{2}=\frac{1-\tan^2\frac{x}{2}}{2\tan\frac{x}{2}}$$

$\therefore\ 2\tan^2\frac{x}{2}=1-\tan^2\frac{x}{2}$

$\therefore\ \tan^2\frac{x}{2}=\frac{1}{3}$ $\quad\therefore\ \tan\frac{x}{2}=\pm\frac{1}{\sqrt{3}}$

$-\frac{\pi}{2}<\frac{x}{2}\le\frac{\pi}{2}$이므로 $\frac{x}{2}=\pm\frac{\pi}{6}$

$\therefore\ \boldsymbol{x=\pm\frac{\pi}{3}}$

(4) $\sqrt{2}\sin\left(x-\frac{\pi}{4}\right)=1$

$\therefore\ \sin\left(x-\frac{\pi}{4}\right)=\frac{1}{\sqrt{2}}$

$-\frac{5}{4}\pi<x-\frac{\pi}{4}\le\frac{3}{4}\pi$이므로

$x-\frac{\pi}{4}=\frac{\pi}{4},\ \frac{3}{4}\pi$ $\quad\therefore\ \boldsymbol{x=\frac{\pi}{2},\ \pi}$

3-24. (1) $\sqrt{2}\sin\left(x+\frac{\pi}{4}\right)>1$

$\therefore\ \sin\left(x+\frac{\pi}{4}\right)>\frac{1}{\sqrt{2}}$

$x+\frac{\pi}{4}=t$로 놓으면 $\frac{\pi}{4}\le t<\frac{9}{4}\pi$이고 $\sin t>\frac{1}{\sqrt{2}}$

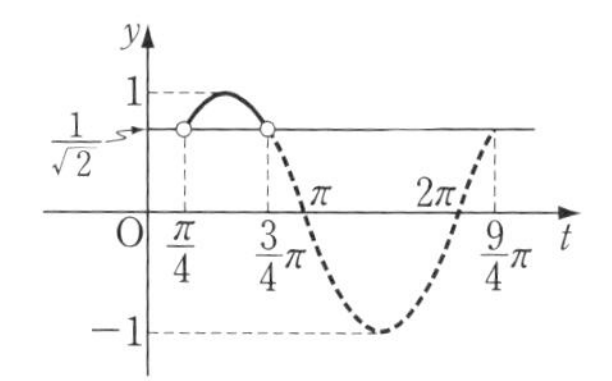

$\therefore\ \frac{\pi}{4}<t<\frac{3}{4}\pi$ $\quad\therefore\ \boldsymbol{0<x<\frac{\pi}{2}}$

(2) $2\sin2x\le-1$에서 $\sin2x\le-\frac{1}{2}$

$2x=t$로 놓으면 $0\le t<4\pi$이고

$\sin t\le-\frac{1}{2}$

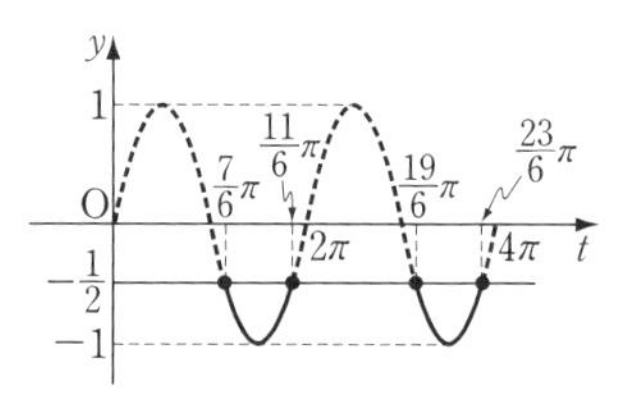

$\therefore\ \frac{7}{6}\pi\le t\le\frac{11}{6}\pi,\ \frac{19}{6}\pi\le t\le\frac{23}{6}\pi$

$\therefore\ \boldsymbol{\frac{7}{12}\pi\le x\le\frac{11}{12}\pi,\ \frac{19}{12}\pi\le x\le\frac{23}{12}\pi}$

(3) $2\cos^2x-1+\cos x\ge0$에서

$(\cos x+1)(2\cos x-1)\ge0$

$\therefore\ \cos x\le-1,\ \cos x\ge\frac{1}{2}$

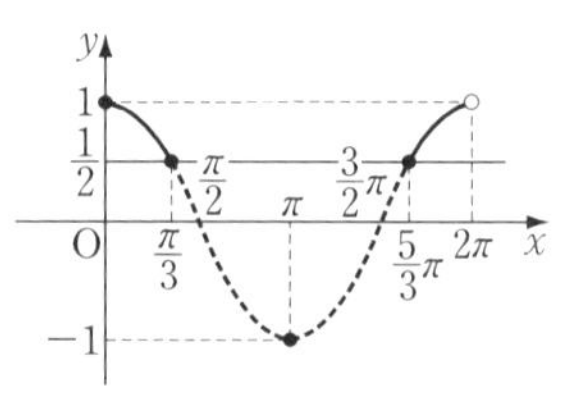

$\therefore\ \boldsymbol{0\le x\le\frac{\pi}{3},\ x=\pi,\ \frac{5}{3}\pi\le x<2\pi}$

4-1. (1) (준 식)$=\lim_{x\to2}\frac{(x-2)(x^2+4)}{x-2}$
$=\lim_{x\to2}(x^2+4)=\mathbf{8}$

(2) (준 식)$=\lim_{x\to1}\frac{(x-1)(x-3)}{(x-1)(x^2+x+1)}$
$=\lim_{x\to1}\frac{x-3}{x^2+x+1}=-\mathbf{\frac{2}{3}}$

(3) (준 식)$=\lim_{x\to-\sqrt3}\frac{(x^2+2)(x^2-3)}{x^2-3}$
$=\lim_{x\to-\sqrt3}(x^2+2)=\mathbf{5}$

(4) (준 식)
$=\lim_{x\to0}\frac{x(\sqrt{x+9}+3)}{(\sqrt{x+9}-3)(\sqrt{x+9}+3)}$
$=\lim_{x\to0}\frac{x(\sqrt{x+9}+3)}{(x+9)-9}$
$=\lim_{x\to0}(\sqrt{x+9}+3)=\mathbf{6}$

(5) (준 식)
$=\lim_{x\to2}\frac{(\sqrt{x+2}-\sqrt{3x-2})(\sqrt{5x-1}+\sqrt{4x+1})}{(5x-1)-(4x+1)}$
$=\lim_{x\to2}\frac{\{(x+2)-(3x-2)\}(\sqrt{5x-1}+\sqrt{4x+1})}{(x-2)(\sqrt{x+2}+\sqrt{3x-2})}$
$=\lim_{x\to2}\frac{-2(\sqrt{5x-1}+\sqrt{4x+1})}{\sqrt{x+2}+\sqrt{3x-2}}$
$=\frac{-2\times6}{4}=\mathbf{-3}$

(6) (준 식)$=\lim_{x\to1}\frac{(\sqrt[3]{x}-1)(\sqrt[3]{x^2}+\sqrt[3]{x}+1)}{(x-1)(\sqrt[3]{x^2}+\sqrt[3]{x}+1)}$
$=\lim_{x\to1}\frac{x-1}{(x-1)(\sqrt[3]{x^2}+\sqrt[3]{x}+1)}$
$=\lim_{x\to1}\frac{1}{\sqrt[3]{x^2}+\sqrt[3]{x}+1}=\mathbf{\frac{1}{3}}$

4-2. (1) (준 식)$=\lim_{x\to\infty}\frac{\frac{2}{x}-\frac{1}{x^3}}{1+\frac{3}{x^2}+\frac{2}{x^3}}=\mathbf{0}$

(2) (준 식)$=\lim_{x\to\infty}\frac{\sqrt{\frac{x^2+2}{x^2}}+\frac{1}{x}}{3}$
$=\lim_{x\to\infty}\frac{\sqrt{1+\frac{2}{x^2}}+\frac{1}{x}}{3}=\mathbf{\frac{1}{3}}$

(3) (준 식)$=\lim_{x\to-\infty}\frac{-\sqrt{\frac{x^2+2}{x^2}}+\frac{1}{x}}{3}$
$=\lim_{x\to-\infty}\frac{-\sqrt{1+\frac{2}{x^2}}+\frac{1}{x}}{3}$
$=-\mathbf{\frac{1}{3}}$

***Note** (3) $x=-t$로 놓으면

(준 식)$=\lim_{t\to\infty}\frac{\sqrt{t^2+2}+1}{-3t}$
$=\lim_{t\to\infty}\frac{\sqrt{1+\frac{2}{t^2}}+\frac{1}{t}}{-3}=-\mathbf{\frac{1}{3}}$

4-3. (1) 분모를 1로 보고, 분자를 유리화하면

(준 식)
$=\lim_{x\to\infty}\frac{(\sqrt{x^2+x}-x)(\sqrt{x^2+x}+x)}{\sqrt{x^2+x}+x}$
$=\lim_{x\to\infty}\frac{x}{\sqrt{x^2+x}+x}$
$=\lim_{x\to\infty}\frac{1}{\sqrt{1+\frac{1}{x}}+1}=\mathbf{\frac{1}{2}}$

(2) 분모를 1로 보고, 분자를 유리화하면

(준 식)
$=\lim_{x\to\infty}\frac{(x^2+2x+3)-(x^2-2x+3)}{\sqrt{x^2+2x+3}+\sqrt{x^2-2x+3}}$
$=\lim_{x\to\infty}\frac{4x}{\sqrt{x^2+2x+3}+\sqrt{x^2-2x+3}}$
$=\lim_{x\to\infty}\frac{4}{\sqrt{1+\frac{2}{x}+\frac{3}{x^2}}+\sqrt{1-\frac{2}{x}+\frac{3}{x^2}}}$
$=\frac{4}{2}=\mathbf{2}$

(3) (준 식)$=\lim_{x\to0}\left(\frac{1}{x}\times\frac{x}{x-1}\right)$

$=\lim_{x\to0}\frac{1}{x-1}=\mathbf{-1}$

(4) (준 식)$=\lim_{x\to0}\left\{\frac{1}{x}\times\frac{-x(x+4)}{4(x+2)^2}\right\}$

$=\lim_{x\to0}\frac{-(x+4)}{4(x+2)^2}=\frac{-4}{16}$

$=\mathbf{-\frac{1}{4}}$

4-4. (1) $x\longrightarrow1$일 때 극한값이 존재하고 (분모) $\longrightarrow0$이므로 (분자) $\longrightarrow0$이어야 한다.

$\therefore \lim_{x\to1}(x^2+ax-3)=0$

$\therefore a-2=0 \quad \therefore \boldsymbol{a=2}$

$\therefore \boldsymbol{b}=\lim_{x\to1}\frac{x^2+2x-3}{x-1}$

$=\lim_{x\to1}\frac{(x-1)(x+3)}{x-1}$

$=\lim_{x\to1}(x+3)=\mathbf{4}$

(2) $x\longrightarrow2$일 때 0이 아닌 극한값이 존재하고 (분자) $\longrightarrow0$이므로 (분모) $\longrightarrow0$이어야 한다.

$\therefore \lim_{x\to2}(x^2+ax+b)=0$

$\therefore 4+2a+b=0 \quad \therefore b=-2a-4$

$\therefore$ (좌변)$=\lim_{x\to2}\frac{x-2}{x^2+ax-2a-4}$

$=\lim_{x\to2}\frac{x-2}{(x-2)(x+a+2)}$

$=\lim_{x\to2}\frac{1}{x+a+2}=\frac{1}{a+4}$

$\therefore \frac{1}{a+4}=\frac{1}{5}$

$\therefore \boldsymbol{a=1} \quad \therefore \boldsymbol{b=-6}$

4-5. (1) (준 식)

$=\lim_{x\to0}\left(\frac{\sin4x}{4x}\times\frac{3x}{\sin3x}\times\frac{4}{3}\right)=\mathbf{\frac{4}{3}}$

(2) $180°=\pi$에서 $x°=\frac{\pi}{180}x$

$\therefore$ (준 식)$=\lim_{x\to0}\frac{\tan\frac{\pi}{180}x}{x}$

$=\lim_{x\to0}\left(\frac{\tan\frac{\pi}{180}x}{\frac{\pi}{180}x}\times\frac{\pi}{180}\right)$

$=\boldsymbol{\frac{\pi}{180}}$

(3) (준 식)$=\lim_{x\to0}\left(\frac{\tan2x}{2x}\times\frac{2}{\cos x}\right)=\mathbf{2}$

(4) (준 식)$=\lim_{x\to0}\left(\frac{\tan3x}{3x}\times\frac{2x}{\tan2x}\times\frac{3}{2}\right)$

$=\mathbf{\frac{3}{2}}$

(5) (준 식)$=\lim_{x\to0}\left(\frac{\sin3x}{3x}\times\frac{x}{\tan x}\times3\right)$

$=\mathbf{3}$

(6) (준 식)$=\lim_{x\to0}\left(\sin2x\times\frac{1}{\tan3x}\right)$

$=\lim_{x\to0}\left(\frac{\sin2x}{2x}\times\frac{3x}{\tan3x}\times\frac{2}{3}\right)$

$=\mathbf{\frac{2}{3}}$

4-6. (1) (준 식)

$=\lim_{x\to0}\frac{(1-\cos x)(1+\cos x)}{x^2(1+\cos x)}$

$=\lim_{x\to0}\frac{\sin^2x}{x^2(1+\cos x)}$

$=\lim_{x\to0}\left\{\left(\frac{\sin x}{x}\right)^2\times\frac{1}{1+\cos x}\right\}$

$=\mathbf{\frac{1}{2}}$

(2) $\lim_{x\to0}\frac{\tan(\tan x)}{x}$

$=\lim_{x\to0}\left\{\frac{\tan(\tan x)}{\tan x}\times\frac{\tan x}{x}\right\}$

$\tan x=\theta$로 놓으면 $x\longrightarrow0$일 때 $\theta\longrightarrow0$이므로

$\lim_{x\to0}\frac{\tan(\tan x)}{\tan x}=\lim_{\theta\to0}\frac{\tan\theta}{\theta}=1$

$\therefore \lim_{x\to0}\frac{\tan(\tan x)}{x}=1\times1=\mathbf{1}$

(3) $x-\pi=\theta$로 놓으면 $x=\pi+\theta$이고

$x \longrightarrow \pi$일 때 $\theta \longrightarrow 0$이므로

$$(\text{준 식})=\lim_{\theta\to0}\frac{\sin(\pi+\theta)}{-\theta}$$

$$=\lim_{\theta\to0}\frac{-\sin\theta}{-\theta}=\mathbf{1}$$

(4) $x-\frac{\pi}{2}=\theta$로 놓으면 $x=\frac{\pi}{2}+\theta$이고

$x \longrightarrow \frac{\pi}{2}$일 때 $\theta \longrightarrow 0$이므로

$$(\text{준 식})=\lim_{\theta\to0}\frac{\cos\left(\frac{\pi}{2}+\theta\right)}{-\theta}$$

$$=\lim_{\theta\to0}\frac{-\sin\theta}{-\theta}=\mathbf{1}$$

(5) $x-1=\theta$로 놓으면 $x=\theta+1$이고

$x \longrightarrow 1$일 때 $\theta \longrightarrow 0$이므로

$$(\text{준 식})=\lim_{\theta\to0}\frac{\cos\left(\frac{\pi}{2}\theta+\frac{\pi}{2}\right)}{\theta}$$

$$=\lim_{\theta\to0}\frac{-\sin\frac{\pi}{2}\theta}{\theta}=-\boldsymbol{\frac{\pi}{2}}$$

(6) $x-1=\theta$로 놓으면 $x=\theta+1$이고

$x \longrightarrow 1$일 때 $\theta \longrightarrow 0$이므로

$$(\text{준 식})=\lim_{\theta\to0}\frac{\cos\left(\frac{\pi}{2}\theta+\frac{\pi}{2}\right)}{1-(\theta+1)^2}$$

$$=\lim_{\theta\to0}\frac{-\sin\frac{\pi}{2}\theta}{-\theta(\theta+2)}$$

$$=\lim_{\theta\to0}\left(\frac{\sin\frac{\pi}{2}\theta}{\frac{\pi}{2}\theta}\times\frac{\pi}{2}\times\frac{1}{\theta+2}\right)$$

$$=\boldsymbol{\frac{\pi}{4}}$$

4-7. (1) 분모, 분자를 3^x으로 나누면

$$(\text{준 식})=\lim_{x\to\infty}\frac{\left(\frac{2}{3}\right)^x}{1-\left(\frac{1}{3}\right)^x}=\mathbf{0}$$

(2) $(\text{준 식})=\lim_{x\to\infty}3^x\left\{1-\left(\frac{2}{3}\right)^x\right\}=\boldsymbol{\infty}$

(3) $(\text{준 식})=\lim_{x\to\infty}3^x\left\{1-4\times\left(\frac{2}{3}\right)^x\right\}=\boldsymbol{\infty}$

(4) $(\text{준 식})=\lim_{x\to\infty}\ln\frac{2x+1}{x-1}$

$$=\lim_{x\to\infty}\ln\frac{2+(1/x)}{1-(1/x)}=\mathbf{ln\,2}$$

(5) $(\text{준 식})=\lim_{x\to1}\ln\left|\frac{x^3-1}{x^2-1}\right|$

$$=\lim_{x\to1}\ln\left|\frac{(x-1)(x^2+x+1)}{(x-1)(x+1)}\right|$$

$$=\lim_{x\to1}\ln\left|\frac{x^2+x+1}{x+1}\right|=\mathbf{ln}\,\boldsymbol{\frac{3}{2}}$$

4-8. (1) $(\text{준 식})=\lim_{x\to0}\frac{\ln(1+x)}{x\ln a}$

$$=\lim_{x\to0}\frac{\ln(1+x)^{\frac{1}{x}}}{\ln a}$$

$$=\frac{\ln e}{\ln a}=\boldsymbol{\frac{1}{\ln a}}$$

(2) $(\text{준 식})=\frac{1}{2}\lim_{x\to0}\ln(1+x)^{\frac{1}{x}}$

$$=\frac{1}{2}\ln e=\boldsymbol{\frac{1}{2}}$$

(3) $5^x-1=t$로 놓으면 $5^x=1+t$

$\therefore\ x=\log_5(1+t)$

또, $x \longrightarrow 0$일 때 $t \longrightarrow 0$이므로

$$(\text{준 식})=\lim_{t\to0}\frac{t}{\log_5(1+t)}$$

$$=\lim_{t\to0}\frac{t\ln5}{\ln(1+t)}$$

$$=\lim_{t\to0}\frac{\ln5}{\frac{1}{t}\ln(1+t)}$$

$$=\lim_{t\to0}\frac{\ln5}{\ln(1+t)^{\frac{1}{t}}}$$

$$=\frac{\ln5}{\ln e}=\mathbf{ln\,5}$$

(4) $x-1=t$로 놓으면 $x=1+t$이고

$x \longrightarrow 1$일 때 $t \longrightarrow 0$이므로

$$(\text{준 식})=\lim_{t\to0}\frac{\ln(1+t)}{t}$$

$=\lim_{t\to0}\ln(1+t)^{\frac{1}{t}}=\ln e=\mathbf{1}$

(5) (준 식)$=\lim_{x\to0}\left(\frac{e^x-1}{x}\times\frac{x}{\sin x}\right)$

$=1\times1=\mathbf{1}$

(6) (준 식)$=\lim_{x\to\infty}x\ln\frac{x+1}{x}$

$=\lim_{x\to\infty}\ln\left(1+\frac{1}{x}\right)^x=\ln e=\mathbf{1}$

4-9. (1) $x\longrightarrow0$일 때 극한값이 존재하고 (분모) $\longrightarrow0$이므로 (분자) $\longrightarrow0$이어야 한다.

$\therefore\ \lim_{x\to0}\ln(a+x)=0$

$\therefore\ \ln a=0\quad\therefore\ \boldsymbol{a=1}$

$\therefore$ (좌변)$=\lim_{x\to0}\frac{\ln(1+x)}{\tan x}$

$=\lim_{x\to0}\left\{\frac{\ln(1+x)}{x}\times\frac{x}{\tan x}\right\}$

$=\lim_{x\to0}\left\{\ln(1+x)^{\frac{1}{x}}\times\frac{x}{\tan x}\right\}$

$=1\times1=1$

$\therefore\ \boldsymbol{b=1}$

(2) $x\longrightarrow0$일 때 0이 아닌 극한값이 존재하고 (분자) $\longrightarrow0$이므로 (분모) $\longrightarrow0$이어야 한다.

$\therefore\ \lim_{x\to0}\left(\sqrt{ax+b}-1\right)=0$

$\therefore\ \sqrt{b}-1=0\quad\therefore\ \boldsymbol{b=1}$

$\therefore$ (좌변)$=\lim_{x\to0}\frac{\sin2x}{\sqrt{ax+1}-1}$

$=\lim_{x\to0}\frac{\sin2x\left(\sqrt{ax+1}+1\right)}{\left(\sqrt{ax+1}-1\right)\left(\sqrt{ax+1}+1\right)}$

$=\lim_{x\to0}\frac{\sin2x\left(\sqrt{ax+1}+1\right)}{ax}$

$=\lim_{x\to0}\left\{\frac{1}{a}\times\frac{\sin2x}{2x}\times2\left(\sqrt{ax+1}+1\right)\right\}$

$=\frac{1}{a}\times1\times2\times2=\frac{4}{a}$

$\therefore\ \frac{4}{a}=2\quad\therefore\ \boldsymbol{a=2}$

4-10.

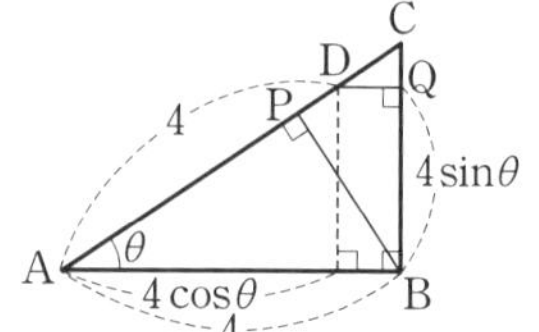

(1) $\overline{BC}=4\tan\theta$, $\overline{BP}=4\sin\theta$이므로

$\lim_{\theta\to0+}\frac{\overline{BC}-\overline{BP}}{\theta^3}=\lim_{\theta\to0+}\frac{4(\tan\theta-\sin\theta)}{\theta^3}$

$=\lim_{\theta\to0+}\frac{4\tan\theta(1-\cos\theta)}{\theta^3}$

$=\lim_{\theta\to0+}\frac{4\tan\theta(1-\cos^2\theta)}{\theta^3(1+\cos\theta)}$

$=\lim_{\theta\to0+}\left(4\times\frac{\tan\theta}{\theta}\times\frac{\sin^2\theta}{\theta^2}\times\frac{1}{1+\cos\theta}\right)$

$=4\times1\times1\times\frac{1}{2}=\mathbf{2}$

(2) $\overline{DQ}=\overline{AB}-4\cos\theta=4(1-\cos\theta)$, $\overline{BQ}=4\sin\theta$이므로

$\lim_{\theta\to0+}\frac{\overline{DQ}}{\overline{BQ}^2}=\lim_{\theta\to0+}\frac{4(1-\cos\theta)}{(4\sin\theta)^2}$

$=\lim_{\theta\to0+}\left(\frac{1}{4}\times\frac{1-\cos\theta}{1-\cos^2\theta}\right)$

$=\lim_{\theta\to0+}\left(\frac{1}{4}\times\frac{1}{1+\cos\theta}\right)$

$=\frac{1}{4}\times\frac{1}{2}=\boldsymbol{\frac{1}{8}}$

4-11.

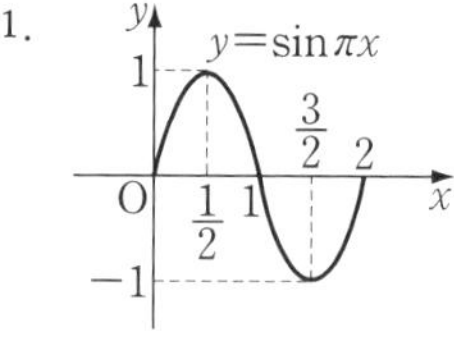

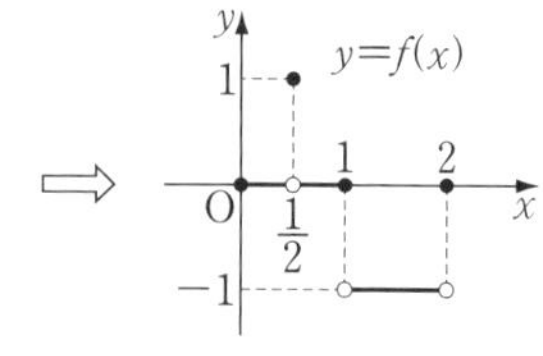

따라서 구간 $[0, 2]$에서 $f(x)$는

$x=\dfrac{1}{2}$, **1, 2에서 불연속이다.**

4-12.

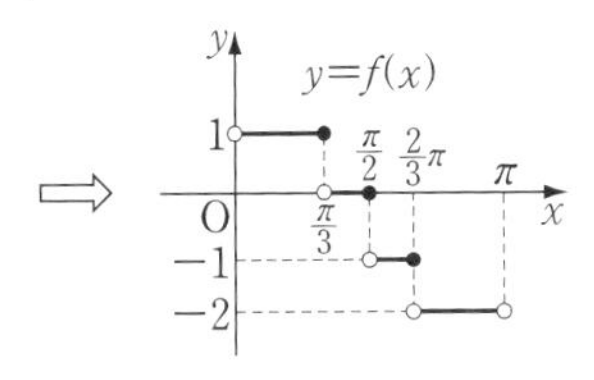

따라서 구간 $(0,\ \pi)$에서 $f(x)$는

$x=\dfrac{\pi}{3},\ \dfrac{\pi}{2},\ \dfrac{2}{3}\pi$**에서 불연속이다.**

4-13. (1) $\displaystyle\lim_{x\to0}f(x)=\lim_{x\to0}\frac{e^{2x}-1}{x}$

$\displaystyle=\lim_{x\to0}\left(2\times\frac{e^{2x}-1}{2x}\right)=2$

그런데 $f(x)$가 $x=0$에서 연속이면

$\displaystyle\lim_{x\to0}f(x)=f(0)$이므로 $\boldsymbol{a=2}$

(2) $a=0$이면 $x\neq0$일 때 $f(x)=0$이고 $f(0)=-1$이므로 $f(x)$는 $x=0$에서 연속이 아니다 $\quad\therefore\ a\neq0$

$\displaystyle\therefore\ \lim_{x\to0}f(x)=\lim_{x\to0}\frac{\tan ax}{\ln(x+1)}$

$\displaystyle=\lim_{x\to0}\left\{\frac{\tan ax}{ax}\times\frac{x}{\ln(x+1)}\times a\right\}$

$=a$

그런데 $f(x)$가 $x=0$에서 연속이면

$\displaystyle\lim_{x\to0}f(x)=f(0)$이므로 $\boldsymbol{a=-1}$

4-14. (1) $f(x)=x^3+2x+2$로 놓으면 $f(x)$는 구간 $[-1,\ 0]$에서 연속이고

$f(-1)=-1<0,\ f(0)=2>0$

따라서 사잇값의 정리에 의하여 방정식 $f(x)=0$은 구간 $(-1,\ 0)$에서 적어도 하나의 실근을 가진다.

(2) $f(x)=x\log_2 x-1$로 놓으면 $f(x)$는 구간 $[1,\ 2]$에서 연속이고

$f(1)=-1<0,\ f(2)=1>0$

따라서 사잇값의 정리에 의하여 방정식 $f(x)=0$은 구간 $(1,\ 2)$에서 적어도 하나의 실근을 가진다.

(3) $f(x)=x-\cos x$로 놓으면 $f(x)$는 구간 $\left[0,\ \dfrac{\pi}{2}\right]$에서 연속이고

$f(0)=-1<0,\ f\left(\dfrac{\pi}{2}\right)=\dfrac{\pi}{2}>0$

따라서 사잇값의 정리에 의하여 방정식 $f(x)=0$은 구간 $\left(0,\ \dfrac{\pi}{2}\right)$에서 적어도 하나의 실근을 가진다.

(4) $f(x)=\sin x-x\cos x$로 놓으면 $f(x)$는 구간 $\left[\pi,\ \dfrac{3}{2}\pi\right]$에서 연속이고

$f(\pi)=\pi>0,\ f\left(\dfrac{3}{2}\pi\right)=-1<0$

따라서 사잇값의 정리에 의하여 방정식 $f(x)=0$은 구간 $\left(\pi,\ \dfrac{3}{2}\pi\right)$에서 적어도 하나의 실근을 가진다.

5-1. (1) $f(x+\Delta x)-f(x)$

$=\{(x+\Delta x)^2+3(x+\Delta x)+2\}-(x^2+3x+2)$

$=2x\Delta x+(\Delta x)^2+3\Delta x$

이므로

$\displaystyle f'(x)=\lim_{\Delta x\to0}\frac{f(x+\Delta x)-f(x)}{\Delta x}$

$\displaystyle=\lim_{\Delta x\to0}(2x+\Delta x+3)$

$=\boldsymbol{2x+3}$

$\therefore\ f'(1)=2\times1+3=\mathbf{5}$

(2) $f(x+\Delta x)-f(x)=\dfrac{1}{x+\Delta x}-\dfrac{1}{x}$

$=\dfrac{-\Delta x}{(x+\Delta x)x}$

이므로

$$f'(x)=\lim_{\Delta x\to 0}\frac{f(x+\Delta x)-f(x)}{\Delta x}$$
$$=\lim_{\Delta x\to 0}\frac{-1}{(x+\Delta x)x}=-\frac{1}{x^2}$$
$$\therefore\ f'(1)=-\frac{1}{1^2}=-1$$

(3) $f(x+\Delta x)-f(x)=\left(\sqrt{x+\Delta x+1}+2\right)-\left(\sqrt{x+1}+2\right)$
$$=\sqrt{x+\Delta x+1}-\sqrt{x+1}$$
$$=\frac{\Delta x}{\sqrt{x+\Delta x+1}+\sqrt{x+1}}$$

이므로

$$f'(x)=\lim_{\Delta x\to 0}\frac{f(x+\Delta x)-f(x)}{\Delta x}$$
$$=\lim_{\Delta x\to 0}\frac{1}{\sqrt{x+\Delta x+1}+\sqrt{x+1}}$$
$$=\frac{1}{2\sqrt{x+1}}$$
$$\therefore\ f'(1)=\frac{1}{2\sqrt{1+1}}=\frac{\sqrt{2}}{4}$$

5-2. (1) (준 식)
$$=\lim_{h\to 0}\left\{\frac{f(a+h^2)-f(a)}{h^2}\times h\right\}$$
$$=f'(a)\times 0=0$$

(2) (준 식)
$$=\lim_{h\to 0}\frac{f(a+3h)-f(a)+f(a)-f(a-2h)}{h}$$
$$=\lim_{h\to 0}\left\{\frac{f(a+3h)-f(a)}{h}-\frac{f(a-2h)-f(a)}{h}\right\}$$
$$=\lim_{h\to 0}\left\{\frac{f(a+3h)-f(a)}{3h}\times 3-\frac{f(a-2h)-f(a)}{-2h}\times(-2)\right\}$$
$$=f'(a)\times 3-f'(a)\times(-2)$$
$$=5f'(a)=5$$

5-3. (1) (준 식)
$$=\lim_{x\to 1}\left\{\frac{f(x)-f(1)}{x-1}\times\frac{1}{x+1}\right\}$$
$$=f'(1)\times\frac{1}{2}=1$$

(2) (준 식)
$$=\lim_{x\to 1}\left\{\frac{x-1}{f(x)-f(1)}\times(x^2+x+1)\right\}$$
$$=\lim_{x\to 1}\left\{\frac{1}{\dfrac{f(x)-f(1)}{x-1}}\times(x^2+x+1)\right\}$$
$$=\frac{1}{f'(1)}\times 3=\frac{3}{2}$$

5-4. (1) $y'=(x^3)'(2x-3)+x^3(2x-3)'+(5)'$
$$=3x^2(2x-3)+x^3\times 2$$
$$=8x^3-9x^2$$

(2) $y'=(x^2-1)'(x^2+3x+2)+(x^2-1)(x^2+3x+2)'$
$$=2x(x^2+3x+2)+(x^2-1)(2x+3)$$
$$=4x^3+9x^2+2x-3$$

(3) $y'=(x^2+\sqrt{2}x+1)'(x^2-\sqrt{2}x+1)+(x^2+\sqrt{2}x+1)(x^2-\sqrt{2}x+1)'$
$$=(2x+\sqrt{2})(x^2-\sqrt{2}x+1)+(x^2+\sqrt{2}x+1)(2x-\sqrt{2})$$
$$=4x^3$$

****Note*** $y=(x^2+1+\sqrt{2}x)\times(x^2+1-\sqrt{2}x)$
$$=(x^2+1)^2-(\sqrt{2}x)^2=x^4+1$$
$$\therefore\ y'=4x^3$$

(4) $y'=(x^2-1)'(x+2)(x+3)+(x^2-1)(x+2)'(x+3)+(x^2-1)(x+2)(x+3)'$
$$=2x(x+2)(x+3)+(x^2-1)\times 1\times(x+3)+(x^2-1)(x+2)\times 1$$
$$=4x^3+15x^2+10x-5$$

(5) $y'=(ax+1)'(bx+1)(cx+1)+(ax+1)(bx+1)'(cx+1)+(ax+1)(bx+1)(cx+1)'$

$=a(bx+1)(cx+1)$
$\quad+(ax+1)\times b\times(cx+1)$
$\quad+(ax+1)(bx+1)\times c$
$=\boldsymbol{3abcx^2+2(ab+bc+ca)x}$
$\quad\boldsymbol{+a+b+c}$

5-5. $y'=(x+1)'(2x+1)(3x+1)$
$\quad+(x+1)(2x+1)'(3x+1)$
$\quad+(x+1)(2x+1)(3x+1)'$
$=1\times(2x+1)(3x+1)$
$\quad+(x+1)\times2\times(3x+1)$
$\quad+(x+1)(2x+1)\times3$
$=\boldsymbol{18x^2+22x+6}$
$y''=\boldsymbol{36x+22}$

5-6. (1) $y=\dfrac{5x^3-3x^2+4x+2}{x^2}$
$=5x-3+4x^{-1}+2x^{-2}$
이므로
$y'=5+4\times(-1)\times x^{-2}+2\times(-2)\times x^{-3}$
$=\boldsymbol{\dfrac{5x^3-4x-4}{x^3}}$

(2) $y'=-\dfrac{(x^2-x+1)'}{(x^2-x+1)^2}$
$=\boldsymbol{-\dfrac{2x-1}{(x^2-x+1)^2}}$

(3) $y'=\dfrac{(2x+5)'(3x+1)-(2x+5)(3x+1)'}{(3x+1)^2}$
$=\boldsymbol{-\dfrac{13}{(3x+1)^2}}$

5-7. $y=\dfrac{2x-1}{x^4}=\dfrac{2}{x^3}-\dfrac{1}{x^4}=2x^{-3}-x^{-4}$
이므로
$y'=2\times(-3)\times x^{-4}-(-4)\times x^{-5}$
$=\boldsymbol{\dfrac{-6x+4}{x^5}}$
$y'=-6x^{-4}+4x^{-5}$이므로
$y''=-6\times(-4)\times x^{-5}+4\times(-5)\times x^{-6}$
$=\boldsymbol{\dfrac{24x-20}{x^6}}$

5-8. (1) $y'=6\times3(3x-1)^2(3x-1)'$
$\quad-2\times2(3x-1)(3x-1)'+(3)'$
$=18(3x-1)^2\times3-4(3x-1)\times3$
$=\boldsymbol{6(3x-1)(27x-11)}$

(2) $y'=\{(x^2-1)^5\}'(x+6)^7$
$\quad+(x^2-1)^5\{(x+6)^7\}'$
$=5(x^2-1)^4\times2x\times(x+6)^7$
$\quad+(x^2-1)^5\times7(x+6)^6$
$=\boldsymbol{(x^2-1)^4(x+6)^6(17x^2+60x-7)}$

(3) $y=(x^2-3x)^{-5}$이므로
$y'=-5(x^2-3x)^{-6}(x^2-3x)'$
$=-5(x^2-3x)^{-6}(2x-3)$
$=\boldsymbol{-\dfrac{5(2x-3)}{(x^2-3x)^6}}$

(4) $y=(x+1)^2(2x+1)^{-3}$이므로
$y'=\{(x+1)^2\}'(2x+1)^{-3}$
$\quad+(x+1)^2\{(2x+1)^{-3}\}'$
$=2(x+1)(x+1)'(2x+1)^{-3}$
$\quad+(x+1)^2\times(-3)(2x+1)^{-4}(2x+1)'$
$=\dfrac{2(x+1)}{(2x+1)^3}-\dfrac{6(x+1)^2}{(2x+1)^4}$
$=\boldsymbol{-\dfrac{2(x+1)(x+2)}{(2x+1)^4}}$

(5) $y'=7\left(x+\dfrac{1}{x}\right)^6\left(x+\dfrac{1}{x}\right)'$
$=\boldsymbol{7\left(1-\dfrac{1}{x^2}\right)\left(x+\dfrac{1}{x}\right)^6}$

5-9. (1) $y'=\dfrac{(x^2+x+1)'}{2\sqrt{x^2+x+1}}$
$=\boldsymbol{\dfrac{2x+1}{2\sqrt{x^2+x+1}}}$

(2) $y=(x^2+2)^{\frac{2}{3}}$이므로
$y'=\dfrac{2}{3}(x^2+2)^{\frac{2}{3}-1}(x^2+2)'$
$=\boldsymbol{\dfrac{4x}{3\sqrt[3]{x^2+2}}}$

(3) $y'=\dfrac{(\sqrt{2x}+3)'}{2\sqrt{\sqrt{2x}+3}}$

$=\dfrac{1}{2\sqrt{\sqrt{2x}+3}}\times\dfrac{(2x)'}{2\sqrt{2x}}$

$=\boldsymbol{\dfrac{1}{2\sqrt{2x}\sqrt{\sqrt{2x}+3}}}$

(4) $y'=(x^2+1)'\sqrt{1-x}+(x^2+1)(\sqrt{1-x})'$

$=2x\sqrt{1-x}+(x^2+1)\times\dfrac{-1}{2\sqrt{1-x}}$

$=\boldsymbol{-\dfrac{5x^2-4x+1}{2\sqrt{1-x}}}$

(5) $y'=\dfrac{(2x+1)'\sqrt{4x-3}-(2x+1)(\sqrt{4x-3})'}{(\sqrt{4x-3})^2}$

$=\dfrac{2\sqrt{4x-3}-(2x+1)\times\dfrac{4}{2\sqrt{4x-3}}}{(\sqrt{4x-3})^2}$

$=\boldsymbol{\dfrac{4(x-2)}{(4x-3)\sqrt{4x-3}}}$

(6) $y=\left(\dfrac{x^2}{1-x}\right)^{\frac{1}{3}}$이므로

$y'=\dfrac{1}{3}\left(\dfrac{x^2}{1-x}\right)^{\frac{1}{3}-1}\left(\dfrac{x^2}{1-x}\right)'$

$=\dfrac{1}{3}\left(\dfrac{x^2}{1-x}\right)^{-\frac{2}{3}}\times\dfrac{(x^2)'(1-x)-x^2(1-x)'}{(1-x)^2}$

$=\dfrac{1}{3}\times\dfrac{\sqrt[3]{(1-x)^2}}{\sqrt[3]{x^4}}\times\dfrac{2x-x^2}{(1-x)^2}$

$=\dfrac{2-x}{3\sqrt[3]{x}\sqrt[3]{(1-x)^4}}$

$=\boldsymbol{\dfrac{2-x}{3(1-x)\sqrt[3]{x(1-x)}}}$

5-10. (1) 양변을 x에 관하여 미분하면

$\dfrac{d}{dx}(3x)-\dfrac{d}{dx}(2y)+\dfrac{d}{dx}(1)=0$

$\therefore\ 3-2\dfrac{dy}{dx}=0 \quad \therefore\ \boldsymbol{\dfrac{dy}{dx}=\dfrac{3}{2}}$

(2) 양변을 x에 관하여 미분하면

$\dfrac{d}{dx}(xy)=\dfrac{d}{dx}(2)$

$\therefore\ 1\times y+x\dfrac{dy}{dx}=0 \quad \therefore\ \boldsymbol{\dfrac{dy}{dx}=-\dfrac{y}{x}}$

(3) 양변을 x에 관하여 미분하면

$\dfrac{d}{dx}(x^2)-\dfrac{d}{dx}(4y^2)=\dfrac{d}{dx}(1)$

$\therefore\ 2x-8y\dfrac{dy}{dx}=0$

$\therefore\ \boldsymbol{\dfrac{dy}{dx}=\dfrac{x}{4y}\ (y\neq0)}$

(4) 양변을 x에 관하여 미분하면

$\dfrac{d}{dx}(\sqrt[3]{x^2})+\dfrac{d}{dx}(\sqrt[3]{y^2})=\dfrac{d}{dx}(4)$

$\therefore\ \dfrac{2}{3}x^{-\frac{1}{3}}+\dfrac{2}{3}y^{-\frac{1}{3}}\dfrac{dy}{dx}=0$

$\therefore\ \boldsymbol{\dfrac{dy}{dx}}=-\dfrac{x^{-\frac{1}{3}}}{y^{-\frac{1}{3}}}=\boldsymbol{-\dfrac{\sqrt[3]{y}}{\sqrt[3]{x}}}$

$\boldsymbol{(x\neq0,\ y\neq0)}$

(5) 양변을 x에 관하여 미분하면

$\dfrac{d}{dx}(y^3)=\dfrac{d}{dx}(x^2) \quad \therefore\ 3y^2\dfrac{dy}{dx}=2x$

$\therefore\ \boldsymbol{\dfrac{dy}{dx}=\dfrac{2x}{3y^2}\ (y\neq0)}$

(6) 양변을 x에 관하여 미분하면

$\dfrac{d}{dx}(x^2)+\dfrac{d}{dx}(3y^2)=\dfrac{d}{dx}(4xy)$

$\therefore\ 2x+6y\dfrac{dy}{dx}=4y+4x\dfrac{dy}{dx}$

$\therefore\ (4x-6y)\dfrac{dy}{dx}=2x-4y$

$\therefore\ \boldsymbol{\dfrac{dy}{dx}=\dfrac{x-2y}{2x-3y}\ (2x\neq3y)}$

5-11. $f(-3)=0$에서 $g(0)=-3$이므로

$\displaystyle\lim_{x\to0}\frac{g(x)+3}{x^2+x}=\lim_{x\to0}\left\{\frac{g(x)-g(0)}{x}\times\frac{1}{x+1}\right\}$

$=g'(0)\times1=\dfrac{1}{f'(-3)}$

$=\boldsymbol{-\dfrac{1}{4}}$

5-12. $y=\sqrt[3]{x+1}=(x+1)^{\frac{1}{3}}$에서

$\dfrac{dy}{dx}=\dfrac{1}{3}(x+1)^{-\frac{2}{3}}=\dfrac{1}{3\sqrt[3]{(x+1)^2}}$

$\therefore \dfrac{dx}{dy}=\dfrac{1}{\dfrac{dy}{dx}}=\mathbf{3\sqrt[3]{(x+1)^2}}$

*Note $y=\sqrt[3]{x+1}$에서 $x=y^3-1$

양변을 y에 관하여 미분하면

$\dfrac{dx}{dy}=3y^2=\mathbf{3\sqrt[3]{(x+1)^2}}$

5-13. (1) $x=t-1$ ……①

$y=2t$ ……②

①에서 $t=x+1$ ……③

③을 ②에 대입하면

$y=2(x+1)$

그런데 $t>0$이므로 ③에서

$x+1>0 \quad \therefore x>-1$

$\therefore \boldsymbol{y=2x+2\ (x>-1)}$

(2) $x=t^2+4$ ……①

$y=t^2+2$ ……②

①에서 $t^2=x-4$ ……③

③을 ②에 대입하면

$y=(x-4)+2 \quad \therefore y=x-2$

그런데 ③에서 $t^2\geq 0$이므로

$x-4\geq 0 \quad \therefore x\geq 4$

$\therefore \boldsymbol{y=x-2\ (x\geq 4)}$

5-14. $x=\cos 2\theta$ ……①

$y=2\cos\theta$ ……②

①에서 $x=2\cos^2\theta-1$ ……③

②에서 $\cos\theta=\dfrac{y}{2}$ ……④

④를 ③에 대입하면

$x=2\times\left(\dfrac{y}{2}\right)^2-1 \quad \therefore y^2=2(x+1)$

그런데 ①에서 $-1\leq\cos 2\theta\leq 1$이므로

$-1\leq x\leq 1$

$\therefore \boldsymbol{y^2=2(x+1)\ (-1\leq x\leq 1)}$

5-15. (1) $\dfrac{dx}{dt}=1+\dfrac{1}{t^2}=\dfrac{t^2+1}{t^2}$

$\dfrac{dy}{dt}=2t-\dfrac{2}{t^3}=\dfrac{2(t^4-1)}{t^3}$

$\therefore \dfrac{dy}{dx}=\dfrac{dy}{dt}\Big/\dfrac{dx}{dt}=\dfrac{2(t^4-1)\times t^2}{t^3(t^2+1)}$

$=\mathbf{2\left(t-\dfrac{1}{t}\right)}$

*Note $\dfrac{dy}{dx}=2x$라고 해도 된다.

(2) $\dfrac{dx}{dt}=\dfrac{-2t(1+t^2)-(1-t^2)\times 2t}{(1+t^2)^2}$

$=\dfrac{-4t}{(1+t^2)^2}$

$\dfrac{dy}{dt}=\dfrac{2(1+t^2)-2t\times 2t}{(1+t^2)^2}=\dfrac{2(1-t^2)}{(1+t^2)^2}$

$\therefore \dfrac{dy}{dx}=\dfrac{dy}{dt}\Big/\dfrac{dx}{dt}=\dfrac{2(1-t^2)}{-4t}$

$=\boldsymbol{\dfrac{t^2-1}{2t}\ (t\neq 0)}$

5-16. $\dfrac{dx}{dt}=2,\ \dfrac{dy}{dt}=2t-4$

$\therefore \dfrac{dy}{dx}=\dfrac{dy}{dt}\Big/\dfrac{dx}{dt}=\dfrac{2t-4}{2}=t-2$

한편 $x=2t-3$에서 $x=5$일 때 $t=4$이므로

$\left[\dfrac{dy}{dx}\right]_{x=5}=\left[\dfrac{dy}{dx}\right]_{t=4}=4-2=\mathbf{2}$

6-1. (1) $y'=2(\sin x-\sqrt{3}\cos x)\times(\sin x-\sqrt{3}\cos x)'$

$=\mathbf{2(\sin x-\sqrt{3}\cos x)\times(\cos x+\sqrt{3}\sin x)}$

(2) $y'=\sec^2 x+\dfrac{1}{3}\times 3(\tan^2 x)(\tan x)'$

$=\sec^2 x+\tan^2 x\sec^2 x$

$=(\sec^2 x)(1+\tan^2 x)$

$=\sec^2 x\sec^2 x=\mathbf{\sec^4 x}$

(3) $y'=\dfrac{(1+\sin x)'}{2\sqrt{1+\sin x}}=\mathbf{\dfrac{\cos x}{2\sqrt{1+\sin x}}}$

(4) $y'=\dfrac{(\cot x)'}{2\sqrt{\cot x}}=\mathbf{-\dfrac{\csc^2 x}{2\sqrt{\cot x}}}$

(5) $y'=(x)'\sin x+x(\sin x)'$

$=\mathbf{\sin x+x\cos x}$

(6) $y'=(\sin x)'\cos x+(\sin x)(\cos x)'$
$=\cos x\cos x+(\sin x)(-\sin x)$
$=\boldsymbol{\cos^2 x-\sin^2 x}$

(7) $y'=\dfrac{1}{(1+\cos x)^2}\{(1-\cos x)'(1+\cos x)$
$-(1-\cos x)(1+\cos x)'\}$
$=\dfrac{1}{(1+\cos x)^2}\{(\sin x)(1+\cos x)$
$-(1-\cos x)(-\sin x)\}$
$=\boldsymbol{\dfrac{2\sin x}{(1+\cos x)^2}}$

(8) $y'=\dfrac{1}{(\sin x+\cos x)^2}$
$\times\{(\sin x)'(\sin x+\cos x)$
$-(\sin x)(\sin x+\cos x)'\}$
$=\dfrac{1}{(\sin x+\cos x)^2}$
$\times\{(\cos x)(\sin x+\cos x)$
$-(\sin x)(\cos x-\sin x)\}$
$=\boldsymbol{\dfrac{1}{(\sin x+\cos x)^2}}$

6-2. (1) $y'=\{\cos(x^2+1)\}(x^2+1)'$
$=\boldsymbol{2x\cos(x^2+1)}$

(2) $y'=\left(-\sin\sqrt{1-x^2}\right)\left(\sqrt{1-x^2}\right)'$
$=\left(-\sin\sqrt{1-x^2}\right)\times\dfrac{-2x}{2\sqrt{1-x^2}}$
$=\boldsymbol{\dfrac{x\sin\sqrt{1-x^2}}{\sqrt{1-x^2}}}$

(3) $y'=\{\sec^2(1+x^2)\}(1+x^2)'$
$=\boldsymbol{2x\sec^2(1+x^2)}$

(4) $y'=\{\cos(\cos x)\}(\cos x)'$
$=\boldsymbol{-\sin x\cos(\cos x)}$

(5) $y'=(\sin 2x)'\cos 2x+(\sin 2x)(\cos 2x)'$
$=(\cos 2x)(2x)'\cos 2x$
$+(\sin 2x)(-\sin 2x)(2x)'$
$=2(\cos 2x\cos 2x-\sin 2x\sin 2x)$
$=\boldsymbol{2\cos 4x}$

***Note** $y=\dfrac{1}{2}\sin 4x$ 에서
$y'=\dfrac{1}{2}(\cos 4x)(4x)'=\boldsymbol{2\cos 4x}$

(6) $y'=(\sin 2x)'\cos^2 x+(\sin 2x)(\cos^2 x)'$
$=(\cos 2x)(2x)'\cos^2 x$
$+(\sin 2x)(2\cos x)(\cos x)'$
$=2(\cos x)(\cos 2x\cos x-\sin 2x\sin x)$
$=\boldsymbol{2\cos x\cos 3x}$

6-3. 양변을 y에 관하여 미분하면
$\dfrac{dx}{dy}=-\sin y \quad \therefore \dfrac{dy}{dx}=-\dfrac{1}{\sin y}$
그런데 $0<y<\pi$에서 $\sin y>0$이므로
$\sin y=\sqrt{1-\cos^2 y}=\sqrt{1-x^2}$
$\therefore \boldsymbol{\dfrac{dy}{dx}=-\dfrac{1}{\sqrt{1-x^2}}}$

***Note** $x=\cos y$에서 양변을 x에 관하여 미분하면
$1=-\sin y\dfrac{dy}{dx} \quad \therefore \dfrac{dy}{dx}=-\dfrac{1}{\sin y}$

6-4. (1) 양변을 x에 관하여 미분하면
$\cos x-\sin y\dfrac{dy}{dx}=0$
$\therefore \boldsymbol{\dfrac{dy}{dx}=\dfrac{\cos x}{\sin y}\ (\sin y\neq 0)}$

(2) $\dfrac{dx}{dt}=-3\sin t,\ \dfrac{dy}{dt}=2\cos t$
$\therefore \dfrac{dy}{dx}=\dfrac{dy}{dt}\Big/\dfrac{dx}{dt}=\dfrac{2\cos t}{-3\sin t}$ …㉠
$=\boldsymbol{-\dfrac{2}{3}\cot t\ (\sin t\neq 0)}$

***Note** $\cos t=\dfrac{x}{3},\ \sin t=\dfrac{y}{2}$ 이므로
㉠에 대입하면
$\dfrac{dy}{dx}=\dfrac{2\times(x/3)}{-3\times(y/2)}=\boldsymbol{-\dfrac{4x}{9y}\ (y\neq 0)}$

6-5. (1) $y'=e^{\cos x}(\cos x)'=\boldsymbol{-e^{\cos x}\sin x}$

(2) $y'=2^{x^2-1}\times\ln 2\times(x^2-1)'$
$=\boldsymbol{(\ln 2)x\times 2^{x^2}}$

(3) $y'=(x^2+1)'e^{-x}+(x^2+1)(e^{-x})'$
$=2xe^{-x}+(x^2+1)e^{-x}(-x)'$
$=-(x^2-2x+1)e^{-x}$
$=-(\boldsymbol{x}-\mathbf{1})^2\boldsymbol{e}^{-x}$

(4) $y'=\{\cos(e^x-e^{-x})\}(e^x-e^{-x})'$
$=(\boldsymbol{e}^x+\boldsymbol{e}^{-x})\mathbf{cos}(\boldsymbol{e}^x-\boldsymbol{e}^{-x})$

(5) $y'=\dfrac{1}{(2x-3)^3}\times\dfrac{1}{\ln 3}\times\{(2x-3)^3\}'$
$=\dfrac{3(2x-3)^2(2x-3)'}{(\ln 3)(2x-3)^3}$
$=\dfrac{\mathbf{6}}{(\mathbf{ln\,3})(\mathbf{2}\boldsymbol{x}-\mathbf{3})}$

***Note** $y=3\log_3(2x-3)$을 미분해도 된다.

(6) $y'=\dfrac{1}{\tan x}\times(\tan x)'=\dfrac{\cos x}{\sin x}\times\sec^2 x$
$=\dfrac{\mathbf{1}}{\mathbf{sin}\,\boldsymbol{x}\,\mathbf{cos}\,\boldsymbol{x}}$

(7) $y'=\dfrac{(x\sin x)'}{x\sin x}$
$=\dfrac{(x)'\sin x+x(\sin x)'}{x\sin x}$
$=\dfrac{\mathbf{sin}\,\boldsymbol{x}+\boldsymbol{x}\,\mathbf{cos}\,\boldsymbol{x}}{\boldsymbol{x}\,\mathbf{sin}\,\boldsymbol{x}}$

(8) $y'=\dfrac{(\ln x)'}{\ln x}=\dfrac{1/x}{\ln x}=\dfrac{\mathbf{1}}{\boldsymbol{x}\,\mathbf{ln}\,\boldsymbol{x}}$

(9) $y'=(x^2)'\ln 2x+x^2(\ln 2x)'$
$=2x\times\ln 2x+x^2\times\dfrac{(2x)'}{2x}$
$=\boldsymbol{x}(\mathbf{2\,ln\,2}\boldsymbol{x}+\mathbf{1})$

6-6. (1) 양변의 자연로그를 잡으면
$\ln y=\ln x^{\ln x}$ 곧, $\ln y=(\ln x)^2$
양변을 x에 관하여 미분하면
$\dfrac{1}{y}\times\dfrac{dy}{dx}=2\ln x(\ln x)'=\dfrac{2\ln x}{x}$
$\therefore\ \dfrac{dy}{dx}=y\times\dfrac{2\ln x}{x}=\mathbf{2}\boldsymbol{x}^{\ln x-1}\,\mathbf{ln}\,\boldsymbol{x}$

(2) 양변의 자연로그를 잡으면
$\ln y=\ln(\ln x)^x$
곧, $\ln y=x\ln(\ln x)$
양변을 x에 관하여 미분하면
$\dfrac{1}{y}\times\dfrac{dy}{dx}=\ln(\ln x)+x\times\dfrac{(\ln x)'}{\ln x}$
$=\ln(\ln x)+\dfrac{1}{\ln x}$
$\therefore\ \dfrac{dy}{dx}=y\left\{\ln(\ln x)+\dfrac{1}{\ln x}\right\}$
$=(\mathbf{ln}\,\boldsymbol{x})^{x}\,\mathbf{ln}(\mathbf{ln}\,\boldsymbol{x})+(\mathbf{ln}\,\boldsymbol{x})^{x-1}$

(3) 양변의 절댓값을 잡으면
$|y|=\left|\dfrac{(x+2)(x+1)^3}{(x-1)^2}\right|$
곧, $|y|=\dfrac{|x+2||x+1|^3}{|x-1|^2}$
양변의 자연로그를 잡으면
$\ln|y|=\ln|x+2|+3\ln|x+1|-2\ln|x-1|$
양변을 x에 관하여 미분하면
$\dfrac{1}{y}\times\dfrac{dy}{dx}=\dfrac{1}{x+2}+\dfrac{3}{x+1}-\dfrac{2}{x-1}$
$=\dfrac{2x^2-3x-11}{(x+2)(x+1)(x-1)}$
$\therefore\ \dfrac{dy}{dx}=y\times\dfrac{2x^2-3x-11}{(x+2)(x+1)(x-1)}$
$=\dfrac{(\boldsymbol{x}+\mathbf{1})^2(\mathbf{2}\boldsymbol{x}^2-\mathbf{3}\boldsymbol{x}-\mathbf{11})}{(\boldsymbol{x}-\mathbf{1})^3}$

6-7. (1) $y'=e^{2x}(2x)'=2e^{2x}$이므로
$y''=2e^{2x}(2x)'=2e^{2x}\times2=\mathbf{4}\boldsymbol{e}^{2x}$

(2) $y'=\cos x$이므로 $\boldsymbol{y}''=-\mathbf{sin}\,\boldsymbol{x}$

(3) $y'=(x^3)'e^x+x^3(e^x)'$
$=3x^2e^x+x^3e^x=e^x(x^3+3x^2)$
$\therefore\ y''=(e^x)'(x^3+3x^2)+e^x(x^3+3x^2)'$
$=e^x(x^3+3x^2)+e^x(3x^2+6x)$
$=\boldsymbol{e}^x(\boldsymbol{x}^3+\mathbf{6}\boldsymbol{x}^2+\mathbf{6}\boldsymbol{x})$

(4) $y'=(e^x)'\cos x+e^x(\cos x)'$
$=e^x\cos x+e^x(-\sin x)$
$=e^x(\cos x-\sin x)$

$\therefore\ y''=(e^x)'(\cos x-\sin x)$
$\qquad+e^x(\cos x-\sin x)'$
$\quad=e^x(\cos x-\sin x)$
$\qquad+e^x(-\sin x-\cos x)$
$\quad=\boldsymbol{-2e^x\sin x}$

(5) $y'=(e^x)'\ln x+e^x(\ln x)'$
$\quad=e^x\ln x+e^x\times\dfrac{1}{x}=e^x\left(\ln x+\dfrac{1}{x}\right)$
$\therefore\ y''=(e^x)'\left(\ln x+\dfrac{1}{x}\right)+e^x\left(\ln x+\dfrac{1}{x}\right)'$
$\quad=e^x\left(\ln x+\dfrac{1}{x}\right)+e^x\left(\dfrac{1}{x}-\dfrac{1}{x^2}\right)$
$\quad=\boldsymbol{e^x\left(\ln x+\dfrac{2}{x}-\dfrac{1}{x^2}\right)}$

6-8. $f'(x)=(ax+b)'\sin x$
$\qquad+(ax+b)(\sin x)'$
$\quad=a\sin x+(ax+b)\cos x$
$f'(0)=0$이므로 $\boldsymbol{b=0}$
$\therefore\ f(x)=ax\sin x$
$\therefore\ f'(x)=a\sin x+ax\cos x,$
$f''(x)=a\cos x+a(\cos x-x\sin x)$
$f(x)+f''(x)=2\cos x$에 대입하고 정리하면
$2a\cos x=2\cos x$
모든 실수 x에 대하여 성립하므로
$\boldsymbol{a=1}$

7-1. $f(x)=x^2\ln x+4$로 놓으면
$f'(x)=2x\ln x+x^2\times\dfrac{1}{x}=2x\ln x+x$
따라서 구하는 접선의 기울기는
$f'(1)=\boldsymbol{1}$

7-2. $f(x)=ax+b\sin x,\ g(x)=x+c$로 놓으면
$f'(x)=a+b\cos x$
문제의 조건으로부터
$f(\pi)=2\pi,\ f'(\pi)=1,\ g(\pi)=2\pi$
$\therefore\ a\pi+b\sin\pi=2\pi,$
$a+b\cos\pi=1,$
$\pi+c=2\pi$
$\therefore\ \boldsymbol{a=2,\ b=1,\ c=\pi}$

7-3. $x^3-xy^2=10$의 양변을 x에 관하여 미분하면
$3x^2-\left(y^2+2xy\dfrac{dy}{dx}\right)=0$
$\therefore\ \dfrac{dy}{dx}=\dfrac{3x^2-y^2}{2xy}\ (y\neq0)$
$\therefore\ \left[\dfrac{dy}{dx}\right]_{\substack{x=-2\\y=3}}=\dfrac{3\times(-2)^2-3^2}{2\times(-2)\times3}=\boldsymbol{-\dfrac{1}{4}}$

7-4. $e^x\ln y=1$에서 $\ln y=e^{-x}$
양변을 x에 관하여 미분하면
$\dfrac{1}{y}\times\dfrac{dy}{dx}=-e^{-x}\quad\therefore\ \dfrac{dy}{dx}=-ye^{-x}$
$e^x\ln y=1$에 $x=0$을 대입하면
$\ln y=1\quad\therefore\ y=e$
따라서 구하는 접선의 기울기는
$\left[\dfrac{dy}{dx}\right]_{\substack{x=0\\y=e}}=\boldsymbol{-e}$

7-5. $y=x+a$에서 $y'=1$
$y=x+\sin x$에서 $y'=1+\cos x$
직선과 곡선이 $x=t$인 점에서 접한다고 하면
$t+a=t+\sin t$ ⋯⋯①
$1=1+\cos t$ ⋯⋯②
①에서 $\sin t=a$, ②에서 $\cos t=0$이므로 $\sin^2 t+\cos^2 t=a^2$에서
$a^2=1\quad\therefore\ \boldsymbol{a=-1,\ 1}$

7-6. $y=x^3+ax$에서 $y'=3x^2+a$
$y=bx^2+c$에서 $y'=2bx$
두 곡선이 점 $(-1,\ 0)$을 지나므로
$0=-1-a,\ 0=b+c$
$\therefore\ a=-1,\ c=-b$ ⋯⋯①
또, 두 곡선이 $x=-1$인 점에서 접하므로
$3+a=-2b$ ⋯⋯②
①, ②를 연립하여 풀면
$\boldsymbol{a=-1,\ b=-1,\ c=1}$

7-7. $y=a-\cos^3 x$에서

$y'=3\cos^2 x\sin x$

$y=3\sin x$에서 $y'=3\cos x$

두 곡선이 $x=t\,(0<t<\pi)$인 점에서 접한다고 하면

$a-\cos^3 t=3\sin t$ ……①

$3\cos^2 t\sin t=3\cos t$ ……②

②에서 $\cos t(\cos t\sin t-1)=0$

$\therefore \cos t\left(\dfrac{\sin 2t}{2}-1\right)=0$

$\sin 2t\neq 2$이므로

$\cos t=0$ $\therefore t=\dfrac{\pi}{2}$ ……③

③을 ①에 대입하면 $\boldsymbol{a=3}$

7-8. (1) $y'=1+\cos x$에서 $y'_{x=0}=2$

따라서 구하는 접선의 방정식은

$y-0=2(x-0)$ $\therefore \boldsymbol{y=2x}$

(2) $y'=-\dfrac{1}{2}\sin\dfrac{x}{2}$에서 $y'_{x=\pi}=-\dfrac{1}{2}$

따라서 구하는 접선의 방정식은

$y-0=-\dfrac{1}{2}(x-\pi)$

$\therefore \boldsymbol{y=-\dfrac{1}{2}x+\dfrac{\pi}{2}}$

(3) $y'=\dfrac{1}{x}$에서 $y'_{x=e}=\dfrac{1}{e}$

따라서 구하는 접선의 방정식은

$y-1=\dfrac{1}{e}(x-e)$ $\therefore \boldsymbol{y=\dfrac{1}{e}x}$

(4) $y'=\dfrac{1}{2\sqrt{x-1}}$에서 $y'_{x=5}=\dfrac{1}{4}$

따라서 구하는 접선의 방정식은

$y-2=\dfrac{1}{4}(x-5)$ $\therefore \boldsymbol{y=\dfrac{1}{4}x+\dfrac{3}{4}}$

7-9. (1) 양변을 x에 관하여 미분하면

$2x+2y\dfrac{dy}{dx}=0$

$\therefore \dfrac{dy}{dx}=-\dfrac{x}{y}\ (y\neq 0)$

$\therefore \left[\dfrac{dy}{dx}\right]_{\substack{x=4\\y=3}}=-\dfrac{4}{3}$

따라서 구하는 접선의 방정식은

$y-3=-\dfrac{4}{3}(x-4)$ $\therefore \boldsymbol{4x+3y=25}$

(2) 양변을 x에 관하여 미분하면

$2y\dfrac{dy}{dx}=8$ $\therefore \dfrac{dy}{dx}=\dfrac{4}{y}\ (y\neq 0)$

$\therefore \left[\dfrac{dy}{dx}\right]_{\substack{x=2\\y=4}}=1$

따라서 구하는 접선의 방정식은

$y-4=1\times(x-2)$ $\therefore \boldsymbol{y=x+2}$

(3) 양변을 x에 관하여 미분하면

$\dfrac{1}{2}x+2y\dfrac{dy}{dx}=0$

$\therefore \dfrac{dy}{dx}=-\dfrac{x}{4y}\ (y\neq 0)$

$\therefore \left[\dfrac{dy}{dx}\right]_{\substack{x=\sqrt{2}\\y=\frac{1}{\sqrt{2}}}}=-\dfrac{\sqrt{2}}{4\times\dfrac{1}{\sqrt{2}}}=-\dfrac{1}{2}$

따라서 구하는 접선의 방정식은

$y-\dfrac{1}{\sqrt{2}}=-\dfrac{1}{2}(x-\sqrt{2})$

$\therefore \boldsymbol{x+2y=2\sqrt{2}}$

(4) (i) $y_1=0$일 때 $x_1=\pm a$이므로 접선의 방정식은 $x=\pm a$

(ii) $y_1\neq 0$일 때

양변을 x에 관하여 미분하면

$\dfrac{2x}{a^2}-\dfrac{2y}{b^2}\times\dfrac{dy}{dx}=0$

$\therefore \dfrac{dy}{dx}=\dfrac{b^2x}{a^2y}\ (y\neq 0)$

따라서 구하는 접선의 방정식은

$y-y_1=\dfrac{b^2x_1}{a^2y_1}(x-x_1)$

$\therefore \dfrac{x_1x}{a^2}-\dfrac{y_1y}{b^2}=\dfrac{x_1^2}{a^2}-\dfrac{y_1^2}{b^2}$

$\therefore \dfrac{x_1x}{a^2}-\dfrac{y_1y}{b^2}=1$

(i), (ii)에서 $\boldsymbol{\dfrac{x_1x}{a^2}-\dfrac{y_1y}{b^2}=1}$

***Note** (4)의 $\dfrac{x^2}{a^2}-\dfrac{y^2}{b^2}=1$은 쌍곡선의

방정식으로 그래프의 개형은 아래와 같다. ⇦ 기하

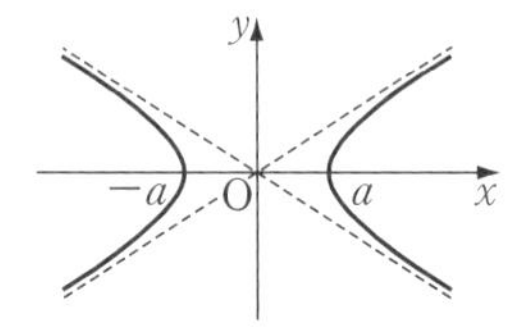

7-10. $x=t-\dfrac{1}{t}$ …① $y=t+\dfrac{1}{t}$ …②

①에서 $\dfrac{dx}{dt}=1+\dfrac{1}{t^2}$

②에서 $\dfrac{dy}{dt}=1-\dfrac{1}{t^2}$

$\therefore \dfrac{dy}{dx}=\dfrac{dy}{dt}\Big/\dfrac{dx}{dt}$

$=\left(1-\dfrac{1}{t^2}\right)\Big/\left(1+\dfrac{1}{t^2}\right)$

$=\dfrac{t^2-1}{t^2+1}$ ……③

$t=2$를 ①, ②, ③에 대입하면

$x=\dfrac{3}{2},\ y=\dfrac{5}{2},\ \dfrac{dy}{dx}=\dfrac{3}{5}$

따라서 구하는 접선의 방정식은

$y-\dfrac{5}{2}=\dfrac{3}{5}\left(x-\dfrac{3}{2}\right)$ $\therefore$ $\boldsymbol{y=\dfrac{3}{5}x+\dfrac{8}{5}}$

7-11. $x=4(\theta-\sin\theta)$ ……①

$y=4(1-\cos\theta)$ ……②

①에서 $\dfrac{dx}{d\theta}=4(1-\cos\theta)$

②에서 $\dfrac{dy}{d\theta}=4\sin\theta$

$\therefore \dfrac{dy}{dx}=\dfrac{dy}{d\theta}\Big/\dfrac{dx}{d\theta}=\dfrac{4\sin\theta}{4(1-\cos\theta)}$

$=\dfrac{\sin\theta}{1-\cos\theta}\ (\cos\theta\neq1)$ …③

$\theta=\dfrac{\pi}{4}$를 ①, ②, ③에 대입하면

$x=\pi-2\sqrt{2},\ y=4-2\sqrt{2},$

$\dfrac{dy}{dx}=\dfrac{1/\sqrt{2}}{1-(1/\sqrt{2})}=\sqrt{2}+1$

따라서 구하는 접선의 방정식은

$y-(4-2\sqrt{2})=(\sqrt{2}+1)\{x-(\pi-2\sqrt{2})\}$

$\therefore$ $\boldsymbol{y=(\sqrt{2}+1)x-(\sqrt{2}+1)\pi+8}$

7-12. $y'=\dfrac{1}{x}$이므로 접선의 기울기가 e인 접점의 x좌표는

$\dfrac{1}{x}=e$에서 $x=\dfrac{1}{e}$

이때, $y=\ln\dfrac{1}{e}=-1$

따라서 구하는 직선은 점 $\left(\dfrac{1}{e},\ -1\right)$을 지나고 기울기가 e이다.

$\therefore y+1=e\left(x-\dfrac{1}{e}\right)$ $\therefore$ $\boldsymbol{y=ex-2}$

7-13. $y'=3\cos 3x$이므로 접선의 기울기가 -3인 접점의 x좌표는

$3\cos 3x=-3$에서 $\cos 3x=-1$

$0<x<\dfrac{\pi}{2}$이므로 $x=\dfrac{\pi}{3}$

이때, $y=\sin\pi=0$

따라서 구하는 직선은 점 $\left(\dfrac{\pi}{3},\ 0\right)$을 지나고 기울기가 -3이다.

$\therefore y-0=-3\left(x-\dfrac{\pi}{3}\right)$

$\therefore$ $\boldsymbol{y=-3x+\pi}$

7-14. 직선 $x-8y+16=0$에 수직인 직선의 기울기는 -8이다.

한편 $y=x^3-11x+3$에서 $y'=3x^2-11$이므로 접선의 기울기가 -8인 접점의 x좌표는

$3x^2-11=-8$에서 $x=\pm1$

$x=1$일 때 $y=-7$,

$x=-1$일 때 $y=13$

따라서 접점의 좌표는 $(1,\ -7)$ 또는 $(-1,\ 13)$이고 기울기는 -8이므로 구하는 직선의 방정식은

$y+7=-8(x-1),\ y-13=-8(x+1)$

$\therefore$ $\boldsymbol{y=-8x+1,\ y=-8x+5}$

7-15. (1) $y'=\dfrac{1}{2\sqrt{x-1}}$이므로 곡선 위의 점 $(t, \sqrt{t-1})$에서의 접선의 방정식은

$$y-\sqrt{t-1}=\frac{1}{2\sqrt{t-1}}(x-t) \quad \cdots ①$$

이 직선이 점 (0, 0)을 지나므로

$$0-\sqrt{t-1}=\frac{1}{2\sqrt{t-1}}(0-t)$$

곧, $2(t-1)=t$ $\quad \therefore\ t=2$

이 값을 ①에 대입하면

$$y-1=\frac{1}{2}(x-2) \quad \therefore\ \boldsymbol{y=\frac{1}{2}x}$$

(2) $y'=2e^{2x}$이므로 곡선 위의 점 (t, e^{2t})에서의 접선의 방정식은

$$y-e^{2t}=2e^{2t}(x-t) \quad \cdots\cdots ②$$

이 직선이 점 (0, 0)을 지나므로

$$0-e^{2t}=2e^{2t}(0-t)$$

곧, $e^{2t}=2te^{2t}$ $\quad \therefore\ t=\dfrac{1}{2}$

이 값을 ②에 대입하면

$$y-e=2e\left(x-\frac{1}{2}\right) \quad \therefore\ \boldsymbol{y=2ex}$$

(3) $y'=\dfrac{e^x\times x-e^x}{x^2}=\dfrac{e^x(x-1)}{x^2}$

이므로 곡선 위의 점 $\left(t, \dfrac{e^t}{t}\right)$에서의 접선의 방정식은

$$y-\frac{e^t}{t}=\frac{e^t(t-1)}{t^2}(x-t) \quad \cdots ③$$

이 직선이 점 (0, 0)을 지나므로

$$0-\frac{e^t}{t}=\frac{e^t(t-1)}{t^2}(0-t)$$

곧, $\dfrac{e^t}{t}=\dfrac{e^t(t-1)}{t}$ $\quad \therefore\ t=2$

이 값을 ③에 대입하면

$$y-\frac{e^2}{2}=\frac{e^2}{4}(x-2) \quad \therefore\ \boldsymbol{y=\frac{e^2}{4}x}$$

(4) $y'=\dfrac{2}{x}$이므로 곡선 위의 점 $(t, \ln t^2)$에서의 접선의 방정식은

$$y-\ln t^2=\frac{2}{t}(x-t) \quad \cdots\cdots ④$$

이 직선이 점 (0, 0)을 지나므로

$$0-\ln t^2=\frac{2}{t}(0-t)$$

곧, $\ln t^2=2$ $\quad \therefore\ t=\pm e$

이 값을 ④에 대입하면

$$y-2=\frac{2}{\pm e}\{x-(\pm e)\} \text{ (복부호동순)}$$

$$\therefore\ \boldsymbol{y=\pm\frac{2}{e}x}$$

7-16. $y'=-2xe^{-x^2}$이므로 곡선 위의 점 (t, e^{-t^2})에서의 접선의 방정식은

$$y-e^{-t^2}=-2te^{-t^2}(x-t)$$

이 직선이 점 $(a, 0)$을 지나므로

$$0-e^{-t^2}=-2te^{-t^2}(a-t)$$

$e^{-t^2}>0$이므로 양변을 e^{-t^2}으로 나누면

$$-1=-2t(a-t)$$

$$\therefore\ 2t^2-2at+1=0 \quad \cdots\cdots ①$$

오직 하나의 접선을 그을 수 있으려면 ①이 중근을 가져야 하므로

$$D/4=a^2-2=0 \quad \therefore\ \boldsymbol{a=\pm\sqrt{2}}$$

8-1. (1) $f(0)=0$,

$$\lim_{x\to0}f(x)=\lim_{x\to0}|x|\cos x=0$$

이므로 $f(0)=\lim\limits_{x\to0}f(x)$이다.

따라서 $f(x)$는 $x=0$에서 연속이다.

또,

$$\lim_{h\to0}\frac{f(0+h)-f(0)}{h}$$

$$=\lim_{h\to0}\frac{|h|\cos h-0}{h}=\lim_{h\to0}\frac{|h|\cos h}{h}$$

그런데

$$\lim_{h\to0+}\frac{|h|\cos h}{h}=\lim_{h\to0+}\cos h=1,$$

$$\lim_{h\to0-}\frac{|h|\cos h}{h}=\lim_{h\to0-}(-\cos h)=-1$$

이므로 극한값이 존재하지 않는다.

따라서 $f(x)$는 $x=0$에서 미분가능하지 않다.

(2) $f(0)=0$, $\lim\limits_{x\to0}f(x)=\lim\limits_{x\to0}\sqrt[3]{x^2}=0$이므

로 $f(0)=\lim_{x\to0}f(x)$이다.

따라서 $f(x)$는 $x=0$에서 연속이다.

또,

$$\lim_{h\to0}\frac{f(0+h)-f(0)}{h}=\lim_{h\to0}\frac{\sqrt[3]{h^2}-0}{h}=\lim_{h\to0}\frac{1}{\sqrt[3]{h}}$$

그런데

$$\lim_{h\to0+}\frac{1}{\sqrt[3]{h}}=\infty,\ \lim_{h\to0-}\frac{1}{\sqrt[3]{h}}=-\infty$$

이므로 극한값이 존재하지 않는다.

따라서 $f(x)$는 $x=0$에서 미분가능하지 않다.

(3) $f(0)=0,\ \lim_{x\to0+}f(x)=\lim_{x\to0+}x^3=0$이고

$\lim_{x\to0-}f(x)=\lim_{x\to0-}0=0$이므로

$f(0)=\lim_{x\to0}f(x)$이다.

따라서 $f(x)$는 $x=0$에서 연속이다.

또,

$$\lim_{h\to0+}\frac{f(0+h)-f(0)}{h}=\lim_{h\to0+}\frac{h^3-0}{h}=0,$$

$$\lim_{h\to0-}\frac{f(0+h)-f(0)}{h}=\lim_{h\to0-}\frac{0-0}{h}=0$$

$$\therefore\ f'(0)=0$$

따라서 $f(x)$는 $x=0$에서 미분가능하다.

8-2. $f_1(x)=x^3-3x^2+ax,$

$f_2(x)=bx^2-6x+4$

라고 하면

$f_1'(x)=3x^2-6x+a,$

$f_2'(x)=2bx-6$

(i) $f(x)$는 $x=1$에서 연속이므로

$f_1(1)=f_2(1)\quad \therefore\ 1-3+a=b-6+4$

$\therefore\ a=b \qquad \cdots\cdots$①

(ii) $f(x)$는 $x=1$에서 미분가능하므로

$f_1'(1)=f_2'(1)\quad \therefore\ 3-6+a=2b-6$

$\therefore\ a=2b-3 \qquad \cdots\cdots$②

①, ②에서 $\boldsymbol{a=3,\ b=3}$

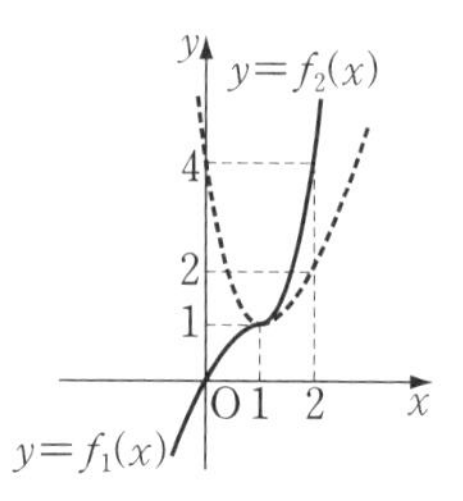

8-3. $f_1(x)=ae^x+b,\ f_2(x)=\sin\pi x$

라고 하면

$f_1'(x)=ae^x,\ f_2'(x)=\pi\cos\pi x$

(i) $f(x)$는 $x=0$에서 연속이므로

$f_1(0)=f_2(0)$

$\therefore\ a+b=0 \qquad \cdots\cdots$①

(ii) $f(x)$는 $x=0$에서 미분가능하므로

$f_1'(0)=f_2'(0)\quad \therefore\ \boldsymbol{a=\pi}$

①에 대입하면 $\boldsymbol{b=-\pi}$

8-4. $f'(x)=2x+a$이므로

$f(x+h)=f(x)+hf'(x+\theta h)$에서

$(x+h)^2+a(x+h)+b$

$=x^2+ax+b+h\{2(x+\theta h)+a\}$

$\therefore\ h^2=2\theta h^2$

$h\neq0$이므로 $\boldsymbol{\theta=\frac{1}{2}}$

8-5. $f'(x)=\frac{1}{2\sqrt{x}}$이므로

$f(a+h)=f(a)+hf'(a+\theta h)$에서

$$\sqrt{a+h}=\sqrt{a}+\frac{h}{2\sqrt{a+\theta h}}$$

$$\therefore\ \sqrt{a+\theta h}=\frac{\sqrt{a+h}+\sqrt{a}}{2}$$

양변을 제곱하여 정리하면

$$\theta=\frac{2\sqrt{a(a+h)}-2a+h}{4h}$$

$$\therefore\ \lim_{h\to0+}\theta=\lim_{h\to0+}\frac{2\sqrt{a(a+h)}-2a+h}{4h}$$

$$=\lim_{h\to0+}\frac{4(a^2+ah)-(2a-h)^2}{4h\{2\sqrt{a(a+h)}+2a-h\}}$$

$$=\lim_{h\to 0+}\frac{8a-h}{4\left(2\sqrt{a^2+ah}+2a-h\right)}$$
$$=\frac{8a}{16a}=\mathbf{\frac{1}{2}}$$

8-6. $g(x)$는 구간 $[0,\ 2\pi]$에서 연속이고 구간 $(0,\ 2\pi)$에서 미분가능하므로 평균값 정리에 의하여

$$\frac{g(2\pi)-g(0)}{2\pi-0}=g'(c),\ \ 0<c<2\pi$$

인 c가 적어도 하나 존재한다.

그런데

$$g(2\pi)=f\big(f(2\pi)\big)=f(2\pi)=2\pi,$$
$$g(0)=f\big(f(0)\big)=f(0)=0$$

이므로 $g'(c)=1$

따라서 $g'(x)=1$을 만족시키는 x가 구간 $(0,\ 2\pi)$에 적어도 하나 존재한다.

8-7. (1) $f(x)=3^x$이라고 하면

$$f'(x)=3^x\ln 3$$

(i) $x>2$일 때, $f(x)$는 구간 $[2,\ x]$에서 연속이고 구간 $(2,\ x)$에서 미분가능하므로 평균값 정리에 의하여

$$\frac{3^x-3^2}{x-2}=3^c\ln 3,\ \ 2<c<x$$

인 c가 존재한다.

그런데 $x\longrightarrow 2+$ 일 때 $c\longrightarrow 2+$ 이므로

$$\lim_{x\to 2+}\frac{3^x-3^2}{x-2}=\lim_{c\to 2+}3^c\ln 3=9\ln 3$$

(ii) $x<2$일 때, $f(x)$는 구간 $[x,\ 2]$에서 연속이고 구간 $(x,\ 2)$에서 미분가능하므로 평균값 정리에 의하여

$$\frac{3^2-3^x}{2-x}=3^c\ln 3,\ \ x<c<2$$

인 c가 존재한다.

그런데 $x\longrightarrow 2-$ 일 때 $c\longrightarrow 2-$ 이므로

$$\lim_{x\to 2-}\frac{3^x-3^2}{x-2}=\lim_{c\to 2-}3^c\ln 3=9\ln 3$$

(i), (ii)에서 $\displaystyle\lim_{x\to 2}\frac{3^x-3^2}{x-2}=\mathbf{9\ln 3}$

*_**Note**_ 평균값 정리를 이용하지 않고 다음 방법으로 구할 수도 있다.

(i) $x-2=h$로 놓으면 $x=h+2$이고 $x\longrightarrow 2$일 때 $h\longrightarrow 0$이므로

$$(\text{준 식})=\lim_{h\to 0}\frac{3^{h+2}-3^2}{h}$$
$$=\lim_{h\to 0}\left(9\times\frac{3^h-1}{h}\right)$$
$$=\mathbf{9\ln 3}$$

(ii) $f(x)=3^x$이라고 하면 $f'(x)=3^x\ln 3$이므로

$$(\text{준 식})=\lim_{x\to 2}\frac{f(x)-f(2)}{x-2}=f'(2)$$
$$=3^2\ln 3=\mathbf{9\ln 3}$$

(iii) 로피탈의 정리에 의하여 ⇦ p. 167

$$(\text{준 식})=\lim_{x\to 2}\frac{(3^x-3^2)'}{(x-2)'}$$
$$=\lim_{x\to 2}3^x\ln 3=\mathbf{9\ln 3}$$

(2) $f(x)=\sin x$라고 하면

$$f'(x)=\cos x$$

(i) $x>2$일 때, $f(x)$는 구간 $[2,\ x]$에서 연속이고 구간 $(2,\ x)$에서 미분가능하므로 평균값 정리에 의하여

$$\frac{\sin x-\sin 2}{x-2}=\cos\theta,\ \ 2<\theta<x$$

인 θ가 존재한다.

그런데 $x\longrightarrow 2+$ 일 때 $\theta\longrightarrow 2+$ 이므로

$$\lim_{x\to 2+}\frac{\sin x-\sin 2}{x-2}=\lim_{\theta\to 2+}\cos\theta$$
$$=\cos 2$$

(ii) $x<2$일 때에도 같은 방법으로 생각하면

$$\lim_{x\to 2-}\frac{\sin x-\sin 2}{x-2}=\lim_{\theta\to 2-}\cos\theta$$
$$=\cos 2$$

(i), (ii)에서

$$\lim_{x\to2}\frac{\sin x-\sin 2}{x-2}=\mathbf{\cos 2}$$

(3) $f(x)=\sin x$라고 하면

$$f'(x)=\cos x$$

$x>0$일 때 $f(x)$는 구간 $[\sin x, x]$에서 연속이고 구간 $(\sin x, x)$에서 미분가능하므로 평균값 정리에 의하여

$$\frac{\sin x-\sin(\sin x)}{x-\sin x}=\cos\theta,$$

$$\sin x<\theta<x$$

인 θ가 존재한다.

그런데 $x\longrightarrow 0+$일 때 $\theta\longrightarrow 0+$이므로

$$\lim_{x\to0+}\frac{\sin x-\sin(\sin x)}{x-\sin x}=\lim_{\theta\to0+}\cos\theta=\mathbf{1}$$

8-8. $f(x)=\ln x$라고 하면 $x>1$일 때 $f(x)$는 구간 $[1, x]$에서 연속이고 구간 $(1, x)$에서 미분가능하다.

따라서 평균값 정리에 의하여

$$\frac{\ln x-\ln 1}{x-1}=f'(c) \quad \cdots\cdots①$$

$$1<c<x \quad \cdots\cdots②$$

인 c가 존재한다.

그런데 $f'(x)=\dfrac{1}{x}$이므로 ①은

$$\frac{\ln x}{x-1}=\frac{1}{c}$$

또, ②에서 $\dfrac{1}{x}<\dfrac{1}{c}<1$이므로

$$\frac{1}{x}<\frac{\ln x}{x-1}<1$$

$x>1$이므로 $x\ln x>x-1$

8-9. $f(x)=e^x$이라고 하면 $x>0$일 때 $f(x)$는 구간 $[0, x]$에서 연속이고 구간 $(0, x)$에서 미분가능하다.

따라서 평균값 정리에 의하여

$$\frac{e^x-e^0}{x-0}=f'(c) \quad \cdots\cdots①$$

$$0<c<x \quad \cdots\cdots②$$

인 c가 존재한다.

그런데 $f'(x)=e^x$이므로 ①은

$$\frac{e^x-1}{x}=e^c \quad \therefore \ln\frac{e^x-1}{x}=c$$

이때, ②에서

$$0<\ln\frac{e^x-1}{x}<x$$

$x>0$이므로 각 변을 x로 나누면

$$0<\frac{1}{x}\ln\frac{e^x-1}{x}<1$$

9-1. (1) $y'=3-\cos x>0$이므로 $y=3x-\sin x$는 구간 $(-\infty, \infty)$에서 증가한다. 곧, 증가함수이다.

(2) $y=e^x-x$에서 $y'=e^x-1$

$x=0$일 때 $y'=0$,

$x>0$일 때 $y'>0$

이므로 $y=e^x-x$는 구간 $[0, \infty)$에서 증가한다.

(3) $y=2\ln(x^2+1)$에서 $y'=\dfrac{2\times2x}{x^2+1}$

$x=0$일 때 $y'=0$,

$x<0$일 때 $y'<0$

이므로 $y=\ln(x^2+1)^2$은 구간 $(-\infty, 0]$에서 감소한다.

(4) $y'=1-x-\dfrac{1}{1+x}=-\dfrac{x^2}{1+x}$

$x=0$일 때 $y'=0$,

$x>-1$, $x\neq0$일 때 $y'<0$

이므로 $y=x-\dfrac{1}{2}x^2-\ln(1+x)$는 구간 $(-1, \infty)$에서 감소한다. 곧, 감소함수이다.

**Note* 진수 조건에서 $x>-1$이므로 주어진 함수의 정의역은 $\{x\,|\,x>-1\}$이다.

9-2. $f'(x)=3x^2-3=3(x+1)(x-1)$

$f'(x)=0$에서 $x=-1, 1$

증감을 조사하면 $x=-1$에서 극대이고, 극댓값은

$f(-1)=-1+3+a=12 \quad \therefore \ \boldsymbol{a=10}$

이때, 극솟값은 $f(1)=1-3+a=8$

9-3. $f'(x)=3x^2+2ax+b$

$f(x)$가 $x=3$에서 극값 4를 가지므로

$f(3)=4, \ f'(3)=0$

$\therefore \ 27+9a+3b+4=4, \ 27+6a+b=0$

$\therefore \ \boldsymbol{a=-6, \ b=9}$

9-4. (1) $f'(x)=-3x^2+6ax+3b$

$f(x)$가 $x=1, 2$에서 극값을 가지므로

$f'(1)=-3+6a+3b=0,$

$f'(2)=-12+12a+3b=0$

$\therefore \ \boldsymbol{a=\dfrac{3}{2}, \ b=-2}$

(2) $f'(x)=-3(x-1)(x-2)$

증감을 조사하면 $x=2$에서 극대, $x=1$에서 극소이고

$f(x)=-x^3+\dfrac{9}{2}x^2-6x+c$이므로

$f(2)=-8+18-12+c=c-2,$

$f(1)=-1+\dfrac{9}{2}-6+c=c-\dfrac{5}{2}$

따라서 극댓값과 극솟값의 차는

$f(2)-f(1)=(c-2)-\left(c-\dfrac{5}{2}\right)=\boldsymbol{\dfrac{1}{2}}$

(3) 극댓값이 2이므로

$f(2)=c-2=2 \quad \therefore \ \boldsymbol{c=4}$

이때, 극솟값은

$f(1)=c-\dfrac{5}{2}=\boldsymbol{\dfrac{3}{2}}$

9-5. $f'(x)=\dfrac{1\times(x^2+1)-x\times 2x}{(x^2+1)^2}$

$=\dfrac{-(x+1)(x-1)}{(x^2+1)^2}$

$f'(x)=0$에서 $x=-1, 1$

증감을 조사하면

극댓값 $f(1)=\boldsymbol{\dfrac{1}{2}}$,

극솟값 $f(-1)=\boldsymbol{-\dfrac{1}{2}}$

9-6. $f(x)=\dfrac{ax^2+2x+b}{x^2+1}$에서

$f'(x)=\dfrac{(2ax+2)(x^2+1)-(ax^2+2x+b)\times 2x}{(x^2+1)^2}$

$=\dfrac{-2x^2+(2a-2b)x+2}{(x^2+1)^2}$

$f(x)$가 $x=1$에서 극댓값 5를 가지므로 $f(1)=5, \ f'(1)=0$

$\therefore \ \dfrac{a+2+b}{2}=5, \ \dfrac{2a-2b}{4}=0$

$\therefore \ \boldsymbol{a=4, \ b=4}$

이때,

$f(x)=\dfrac{4x^2+2x+4}{x^2+1},$

$f'(x)=\dfrac{-2(x+1)(x-1)}{(x^2+1)^2}$

증감을 조사하면 $f(x)$는 $x=1$에서 극대이므로 조건을 만족시킨다.

9-7. (1) $f(x)$는 $x=-2$에서 연속이고 미분가능하지 않다.

$x>-2$일 때 $f(x)=x+2$

$\therefore \ f'(x)=1>0$

$x<-2$일 때 $f(x)=-x-2$

$\therefore \ f'(x)=-1<0$

x	$-\infty$	$\cdots$	-2	$\cdots$	∞
$f'(x)$		$-$	없다	$+$	
$f(x)$	∞	↘	극소	↗	∞

곧, $x=-2$의 좌우에서 $f'(x)$의 부호가 음에서 양으로 바뀌므로 $x=-2$에서 극소이고,

극솟값 $f(-2)=\boldsymbol{0}$

(2) $x>0$일 때 $f(x)=x^{\frac{4}{3}}$이므로

$f'(x)=\dfrac{4}{3}x^{\frac{1}{3}}=\dfrac{4}{3}\sqrt[3]{x}>0$

곧, $f(x)$는 $x>0$에서 증가한다.

또, $f(0)=0, \ f(-x)=f(x)$이므로 $y=f(x)$의 그래프는 다음과 같다.

$y=x\sqrt[3]{x}$

따라서 $x=0$에서 극소이고,
극솟값 $f(0)=\mathbf{0}$

9-8. (1) $f'(x)=1-2\cos x$,
$f''(x)=2\sin x$
$f'(x)=0$에서 $\cos x=\dfrac{1}{2}$
$0\le x\le 2\pi$이므로 $x=\dfrac{\pi}{3}$, $\dfrac{5}{3}\pi$
이 값을 $f''(x)$에 대입하면
$f''\left(\dfrac{\pi}{3}\right)=\sqrt{3}>0$이므로 $x=\dfrac{\pi}{3}$에서 극소이고, $f''\left(\dfrac{5}{3}\pi\right)=-\sqrt{3}<0$이므로 $x=\dfrac{5}{3}\pi$에서 극대이다.
따라서
극댓값 $f\left(\dfrac{5}{3}\pi\right)=\boldsymbol{\dfrac{5}{3}\pi+\sqrt{3}}$,
극솟값 $f\left(\dfrac{\pi}{3}\right)=\boldsymbol{\dfrac{\pi}{3}-\sqrt{3}}$

(2) $f'(x)=\cos x-\sin x$,
$f''(x)=-\sin x-\cos x$
$f'(x)=0$에서 $\sin x=\cos x$
$0\le x\le \pi$이므로 $x=\dfrac{\pi}{4}$
이 값을 $f''(x)$에 대입하면
$f''\left(\dfrac{\pi}{4}\right)=-\sqrt{2}<0$이므로 $x=\dfrac{\pi}{4}$에서 극대이다.
따라서 극댓값 $f\left(\dfrac{\pi}{4}\right)=\boldsymbol{\sqrt{2}}$

(3) $f'(x)=x\cos x$,
$f''(x)=\cos x-x\sin x$
$f'(x)=0$에서 $x\cos x=0$
$-\pi\le x\le \pi$이므로 $x=0$, $\pm\dfrac{\pi}{2}$
이 값을 $f''(x)$에 대입하면
$f''(0)=1>0$이므로 $x=0$에서 극소이고, $f''\left(\pm\dfrac{\pi}{2}\right)=-\dfrac{\pi}{2}<0$이므로 $x=\pm\dfrac{\pi}{2}$에서 극대이다.
따라서 극댓값 $f\left(\pm\dfrac{\pi}{2}\right)=\boldsymbol{\dfrac{\pi}{2}}$,
극솟값 $f(0)=\mathbf{1}$

9-9. (1) $f'(x)=\dfrac{1}{x}-1=\dfrac{1-x}{x}$
$f'(x)=0$에서 $x=1$
따라서 $x>0$에서 $f(x)$의 증감을 조사하면 $f(x)$는 $x=1$에서 극대이고,
극댓값 $f(1)=\mathbf{-1}$

(2) $f'(x)=1-\dfrac{1}{x}=\dfrac{x-1}{x}$
$f'(x)=0$에서 $x=1$
따라서 $x>0$에서 $f(x)$의 증감을 조사하면 $f(x)$는 $x=1$에서 극소이고,
극솟값 $f(1)=\mathbf{2}$

(3) $f'(x)=2x\ln x+x=x(2\ln x+1)$
$f'(x)=0$에서 $x=\dfrac{1}{\sqrt{e}}$ $(\because x>0)$
따라서 $x>0$에서 $f(x)$의 증감을 조사하면 $f(x)$는 $x=\dfrac{1}{\sqrt{e}}$에서 극소이고,
극솟값 $f\left(\dfrac{1}{\sqrt{e}}\right)=\boldsymbol{-\dfrac{1}{2e}}$

(4) $f'(x)=e^{-x}-xe^{-x}=e^{-x}(1-x)$
$f'(x)=0$에서 $x=1$
따라서 $f(x)$의 증감을 조사하면 $f(x)$는 $x=1$에서 극대이고,
극댓값 $f(1)=\boldsymbol{e^{-1}}$

9-10. $f'(x)=e^x-2e^{-x}=\dfrac{e^{2x}-2}{e^x}$
$f'(x)=0$에서 $e^{2x}=2$ $\therefore x=\ln\sqrt{2}$
증감을 조사하면 $f(x)$는 $x=\ln\sqrt{2}$에서 극소이고, 조건에서 극솟값이 0이므로
$f(\ln\sqrt{2})=e^{\ln\sqrt{2}}+2e^{-\ln\sqrt{2}}+a=0$

$\therefore\ \sqrt{2}+2\times\dfrac{1}{\sqrt{2}}+a=0$

$\therefore\ \boldsymbol{a=-2\sqrt{2}}$

9-11. $f'(x)=\ln x+x\times\dfrac{1}{x}+a$
$=\ln x+1+a$

$f(x)$가 $x=e^2$에서 극솟값을 가지므로

$f'(e^2)=\ln e^2+1+a=0$

$\therefore\ \boldsymbol{a=-3}$

따라서 $f(x)=x\ln x-3x$ 이고, 증감을 조사하면 $x=e^2$에서 극소이므로 조건을 만족시킨다.

이때, 극솟값은

$f(e^2)=e^2\ln e^2-3e^2=\boldsymbol{-e^2}$

9-12. $f'(x)=2x+a+\dfrac{4}{x+1}$

$f(x)$가 $x=0$에서 극댓값 5를 가지므로 $f(0)=5,\ f'(0)=0$

$\therefore\ b=5,\ a+4=0$

$\therefore\ \boldsymbol{a=-4,\ b=5}$

이때,

$f(x)=x^2-4x+5+4\ln(x+1)$,

$f'(x)=2x-4+\dfrac{4}{x+1}=\dfrac{2x(x-1)}{x+1}$

$x>-1$에서 $f(x)$의 증감을 조사하면 $x=0$에서 극대, $x=1$에서 극소이므로 조건을 만족시킨다.

9-13. (1) $f'(x)=e^x\sin x+e^x\cos x$
$=e^x(\sin x+\cos x)$

$f'(x)=0$에서 $\sin x=-\cos x$

$\therefore\ \tan x=-1\quad \therefore\ x=\dfrac{3}{4}\pi,\ \dfrac{7}{4}\pi$

따라서 증감을 조사하면 $f(x)$는 $x=\dfrac{3}{4}\pi$에서 극대이고, 극댓값은

$f\left(\dfrac{3}{4}\pi\right)=\boldsymbol{\dfrac{\sqrt{2}}{2}e^{\frac{3}{4}\pi}}$

(2) $f'(x)=-e^{-x}\sin x+e^{-x}\cos x$
$=e^{-x}(-\sin x+\cos x)$

$f'(x)=0$에서 $\sin x=\cos x$

$\therefore\ \tan x=1\quad \therefore\ x=\dfrac{\pi}{4},\ \dfrac{5}{4}\pi$

따라서 증감을 조사하면 $f(x)$는 $x=\dfrac{\pi}{4}$에서 극대이고, 극댓값은

$f\left(\dfrac{\pi}{4}\right)=\boldsymbol{\dfrac{\sqrt{2}}{2}e^{-\frac{\pi}{4}}}$

9-14. $y'=-3x^2-6x+9$
$=-3(x+3)(x-1)$,

$y''=-6x-6=-6(x+1)$

$y'=0$에서 $x=-3,\ 1$

$y''=0$에서 $x=-1$

x	$\cdots$	-3	$\cdots$	-1	$\cdots$	1	$\cdots$
y'	$-$	0	$+$	$+$	$+$	0	$-$
y''	$+$	$+$	$+$	0	$-$	$-$	$-$
y	↘	-29	↗	-13	↗	3	↘

따라서 그래프의 개형은 아래와 같고, 변곡점의 좌표는 $\boldsymbol{(-1,\ -13)}$

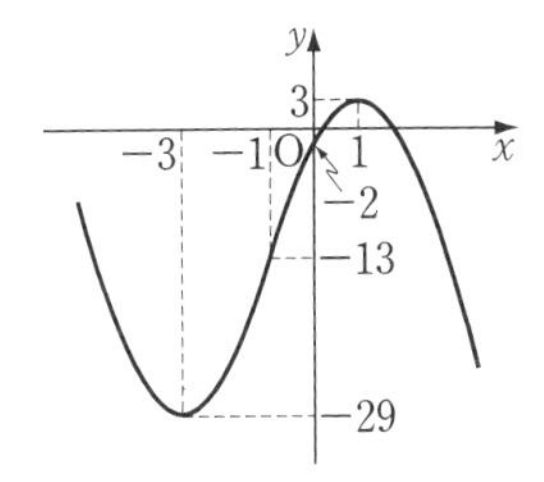

9-15. $f(x)=ax^3+bx^2+cx$로 놓으면

$f'(x)=3ax^2+2bx+c$,

$f''(x)=6ax+2b$

(i) $x=2$인 점에서의 접선의 기울기가 4이므로

$f'(2)=12a+4b+c=4$

(ii) 점 $(1,\ 2)$가 변곡점이므로

$f(1)=2,\ f''(1)=0$

$\therefore\ a+b+c=2,\ 6a+2b=0$

위의 세 식을 연립하여 풀면

$\boldsymbol{a=1,\ b=-3,\ c=4}$

9-16. $f(x)=ax^3+bx^2+cx+d\ (a\neq0)$
로 놓으면

$$f'(x)=3ax^2+2bx+c,$$
$$f''(x)=6ax+2b$$

조건 ㈎에 의하여

$f(0)=0,\ f''(0)=0 \qquad \therefore\ d=0,\ 2b=0$

조건 ㈏에 의하여

$f'(0)=\sqrt{3} \qquad \therefore\ c=\sqrt{3}$

조건 ㈐에 의하여

$f'(1)=0 \qquad \therefore\ 3a+2b+c=0$

$\therefore\ a=-\dfrac{\sqrt{3}}{3},\ b=0,\ c=\sqrt{3},\ d=0$

$$\therefore\ \boldsymbol{f(x)=-\frac{\sqrt{3}}{3}x^3+\sqrt{3}\,x}$$

****Note*** $f(x)$의 증감을 조사하면 $x=1$ 에서 극대이다.

9-17. (1) $y'=12x^2(x-1)$,
$y''=12x(3x-2)$

$y'=0$에서 $x=0,\ 1$,

$y''=0$에서 $x=0,\ \dfrac{2}{3}$

이므로 함수의 증감과 곡선의 오목 · 볼록을 조사하면

극소점 $(1,\ 0)$,

변곡점 $(0,\ 1)$, $\left(\dfrac{2}{3},\ \dfrac{11}{27}\right)$

이고, 곡선의 개형은 아래와 같다.

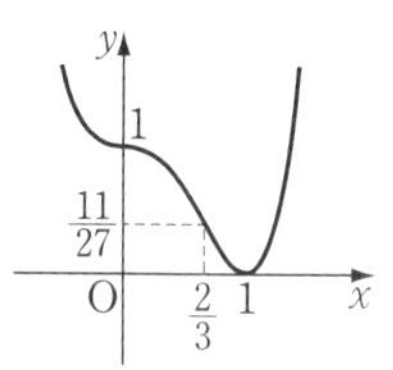

(2) $y'=\dfrac{-4x}{(x^2+1)^2}$, $\quad y''=\dfrac{12x^2-4}{(x^2+1)^3}$

$y'=0$에서 $x=0$,

$y''=0$에서 $x=\pm\dfrac{1}{\sqrt{3}}$

이므로 함수의 증감과 곡선의 오목 · 볼록을 조사하면

극대점 $(0,\ 2)$,

변곡점 $\left(-\dfrac{1}{\sqrt{3}},\ \dfrac{3}{2}\right)$, $\left(\dfrac{1}{\sqrt{3}},\ \dfrac{3}{2}\right)$

또, $\displaystyle\lim_{x\to\infty}y=\lim_{x\to\infty}\frac{2}{x^2+1}=0$,

$\displaystyle\lim_{x\to-\infty}y=\lim_{x\to-\infty}\frac{2}{x^2+1}=0$

(곧, x축이 점근선)

이므로 곡선의 개형은 아래와 같다.

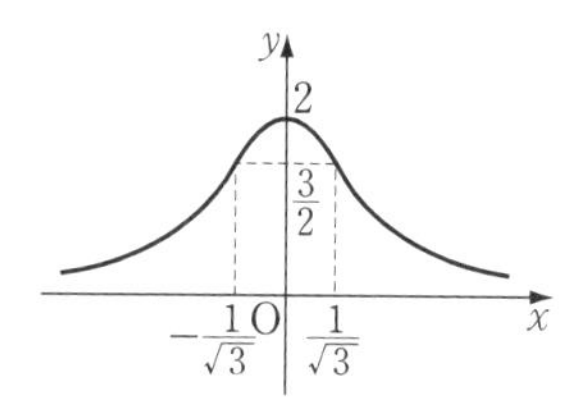

9-18. (1) $y'=1-\dfrac{1}{x^2}=\dfrac{x^2-1}{x^2}$,

$y''=\dfrac{2}{x^3}$

$y'=0$에서 $x=-1,\ 1$

x	$\cdots$	-1	$\cdots$	(0)	$\cdots$	1	$\cdots$
y'	$+$	0	$-$		$-$	0	$+$
y''	$-$	$-$	$-$		$+$	$+$	$+$
y	↗	-2	↘		↘	2	↗

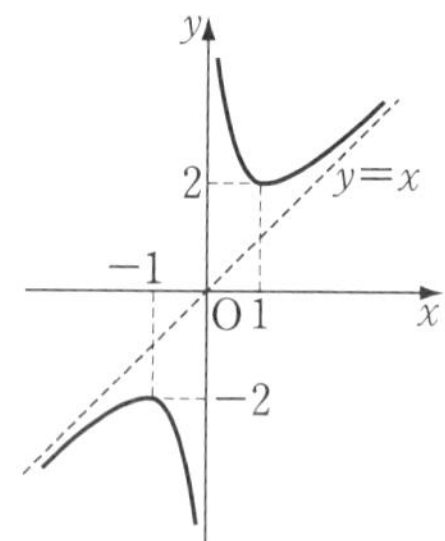

(2) $y=\dfrac{x^2}{x-2}=x+2+\dfrac{4}{x-2}$에서

$y'=\dfrac{x(x-4)}{(x-2)^2}$, $\quad y''=\dfrac{8}{(x-2)^3}$

$y'=0$에서　$x=0,\ 4$

x	$\cdots$	0	$\cdots$	(2)	$\cdots$	4	$\cdots$
y'	$+$	0	$-$		$-$	0	$+$
y''	$-$	$-$	$-$		$+$	$+$	$+$
y	↗	0	↘		↘	8	↗

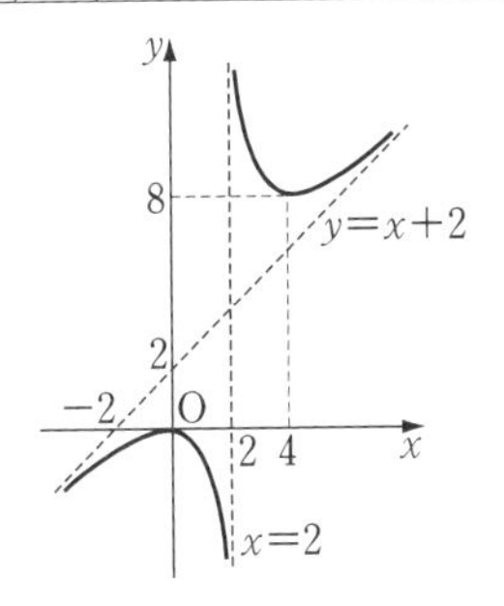

(3) $y=\dfrac{x^2+x+2}{x-1}=x+2+\dfrac{4}{x-1}$에서

$$y'=\frac{(x+1)(x-3)}{(x-1)^2},\quad y''=\frac{8}{(x-1)^3}$$

$y'=0$에서　$x=-1,\ 3$

x	$\cdots$	-1	$\cdots$	(1)	$\cdots$	3	$\cdots$
y'	$+$	0	$-$		$-$	0	$+$
y''	$-$	$-$	$-$		$+$	$+$	$+$
y	↗	-1	↘		↘	7	↗

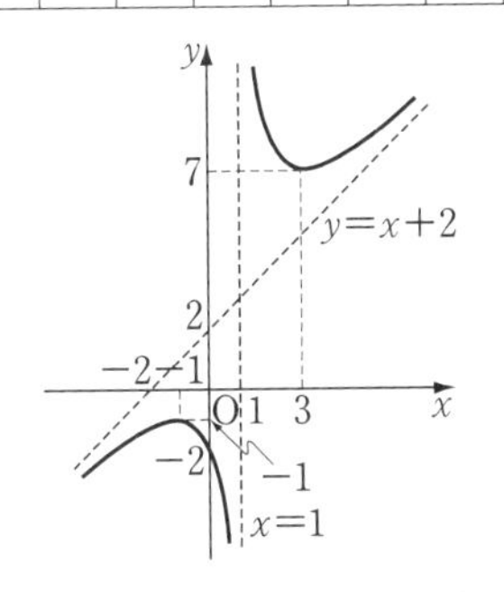

***Note**　주어진 함수의 그래프의 점근선의 방정식은

(1) $x=0,\ y=x$

(2) $x=2,\ y=x+2$

(3) $x=1,\ y=x+2$

9-19. (1) $y'=\cos x,\quad y''=-\sin x$

$y''=0$에서　$\sin x=0$

$\therefore\ x=n\pi$ (n은 정수)

따라서 곡선의 오목 · 볼록을 조사하면 변곡점의 좌표는

$(n\pi,\ 0)$ (n은 정수)

(2) $y'=\sec^2 x,\quad y''=2\sec^2 x\tan x$

$\sec^2 x>0$이므로 $y''=0$에서

$\tan x=0$　$\therefore\ x=n\pi$ (n은 정수)

따라서 곡선의 오목 · 볼록을 조사하면 변곡점의 좌표는

$(n\pi,\ 0)$ (n은 정수)

9-20. $y'=1-2\cos x,\quad y''=2\sin x$

$0<x<2\pi$일 때

$y'=0$에서　$x=\dfrac{\pi}{3},\ \dfrac{5}{3}\pi$

$y''=0$에서　$x=\pi$

x	(0)	$\cdots$	$\frac{\pi}{3}$	$\cdots$	π	$\cdots$	$\frac{5}{3}\pi$	$\cdots$	(2π)
y'		$-$	0	$+$	$+$	$+$	0	$-$	
y''		$+$	$+$	$+$	0	$-$	$-$	$-$	
y	(0)	↘	극소	↗	π	↗	극대	↘	(2π)

따라서

극소점 $\left(\dfrac{\pi}{3},\ \dfrac{\pi}{3}-\sqrt{3}\right)$,

극대점 $\left(\dfrac{5}{3}\pi,\ \dfrac{5}{3}\pi+\sqrt{3}\right)$,

변곡점 $(\pi,\ \pi)$

이고, 곡선의 개형은 아래와 같다.

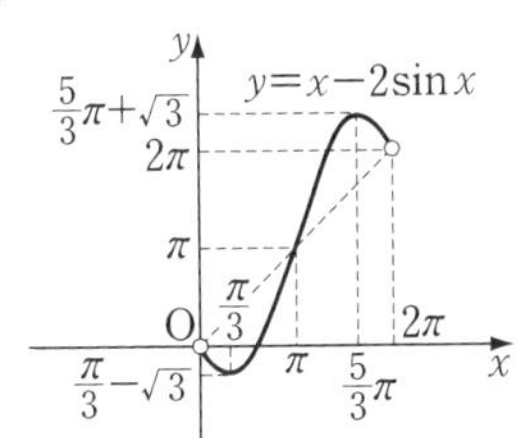

또, 변곡점 (π, π)에서의 접선의 기울기는 $y'_{x=\pi}=3$이므로 접선의 방정식은

$y-\pi=3(x-\pi)$ ∴ $\boldsymbol{y=3x-2\pi}$

9-21. (1) $y'=-2xe^{-x^2}$,

$y''=2e^{-x^2}(2x^2-1)$

$y'=0$에서 $x=0$

$y''=0$에서 $x=\pm\dfrac{1}{\sqrt{2}}$

x	$\cdots$	$-\dfrac{1}{\sqrt{2}}$	$\cdots$	0	$\cdots$	$\dfrac{1}{\sqrt{2}}$	$\cdots$
y'	$+$	$+$	$+$	0	$-$	$-$	$-$
y''	$+$	0	$-$	$-$	$-$	0	$+$
y	↗	$\dfrac{1}{\sqrt{e}}$	↗	1	↘	$\dfrac{1}{\sqrt{e}}$	↘

따라서 극대점 $(0, 1)$,

변곡점 $\left(-\dfrac{1}{\sqrt{2}}, \dfrac{1}{\sqrt{e}}\right)$, $\left(\dfrac{1}{\sqrt{2}}, \dfrac{1}{\sqrt{e}}\right)$

이고

$$\lim_{x\to\infty} y=\lim_{x\to\infty} e^{-x^2}=\lim_{x\to\infty}\frac{1}{e^{x^2}}=0,$$

$$\lim_{x\to-\infty} y=\lim_{x\to-\infty} e^{-x^2}=\lim_{x\to-\infty}\frac{1}{e^{x^2}}=0$$

(곧, x축이 점근선)

이므로 곡선의 개형은 아래와 같다.

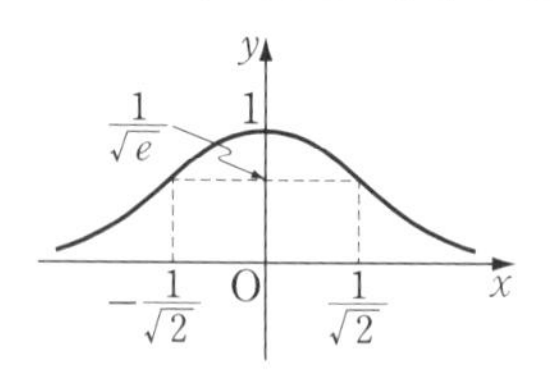

*$\boldsymbol{Note}$ $y=e^{-x^2}$은 우함수이므로 그래프는 y축에 대하여 대칭이다.

(2) $y'=\dfrac{2\ln x}{x}$, $y''=\dfrac{2(1-\ln x)}{x^2}$

$y'=0$에서 $x=1$

$y''=0$에서 $x=e$

x	(0)	$\cdots$	1	$\cdots$	e	$\cdots$
y'		$-$	0	$+$	$+$	$+$
y''		$+$	$+$	$+$	0	$-$
y		↘	0	↗	1	↗

따라서 극소점 $(1, 0)$,

변곡점 $(e, 1)$

이고

$$\lim_{x\to\infty} y=\lim_{x\to\infty}(\ln x)^2=\infty,$$

$$\lim_{x\to0+} y=\lim_{x\to0+}(\ln x)^2=\infty$$

(곧, y축이 점근선)

이므로 곡선의 개형은 아래와 같다.

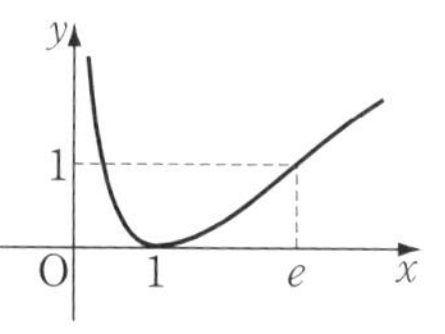

10-1. (1) $y'=3x^2-12=3(x+2)(x-2)$

$y'=0$에서 $x=-2, 2$

$-3\le x\le 3$에서 증감을 조사하면

x	-3	$\cdots$	-2	$\cdots$	2	$\cdots$	3
y'		$+$	0	$-$	0	$+$	
y	9	↗	16	↘	-16	↗	-9

∴ $x=-2$일 때 **최댓값 16,**

$x=2$일 때 **최솟값 $\boldsymbol{-16}$**

(2) $y=2\times(2^x)^3-3\times(2^x)^2-12\times2^x+15$

이므로 $2^x=t$로 놓으면 $t>0$이고

$y=2t^3-3t^2-12t+15$,

$y'=6t^2-6t-12=6(t+1)(t-2)$

$y'=0$에서 $t=2$ ($\because$ $t>0$)

$t>0$에서 증감을 조사하면

t	(0)	$\cdots$	2	$\cdots$
y'		$-$	0	$+$
y	(15)	↘	-5	↗

$\therefore$ $t=2$일 때 최솟값 $\mathbf{-5}$,
최댓값 없다.

(3) $\tan x=t$로 놓으면 $-\infty<t<\infty$이고

$$y=3\tan^2 x-\tan^3 x+2$$
$$=3t^2-t^3+2$$

$f(t)=3t^2-t^3+2$로 놓으면

$$f'(t)=6t-3t^2=-3t(t-2)$$

$f'(t)=0$에서 $t=0, 2$

증감을 조사하면

t	$\cdots$	0	$\cdots$	2	$\cdots$
$f'(t)$	$-$	0	$+$	0	$-$
$f(t)$	↘	2	↗	6	↘

$\therefore$ 최댓값 없다, 최솟값 없다.

(4) $\sin x=t$로 놓으면 $-1\le t\le 1$이고

$$y=\sin x\cos^2 x=\sin x(1-\sin^2 x)$$
$$=t(1-t^2)=t-t^3$$

$f(t)=t-t^3$으로 놓으면

$$f'(t)=1-3t^2$$
$$=-3\left(t+\frac{1}{\sqrt{3}}\right)\left(t-\frac{1}{\sqrt{3}}\right)$$

$f'(t)=0$에서 $t=-\dfrac{1}{\sqrt{3}}, \dfrac{1}{\sqrt{3}}$

$-1\le t\le 1$에서 증감을 조사하면

t	-1	$\cdots$	$-\dfrac{1}{\sqrt{3}}$	$\cdots$	$\dfrac{1}{\sqrt{3}}$	$\cdots$	1
$f'(t)$		$-$	0	$+$	0	$-$	
$f(t)$	0	↘	$-\dfrac{2\sqrt{3}}{9}$	↗	$\dfrac{2\sqrt{3}}{9}$	↘	0

$\therefore$ $t=\dfrac{1}{\sqrt{3}}$일 때 최댓값 $\mathbf{\dfrac{2\sqrt{3}}{9}}$,

$t=-\dfrac{1}{\sqrt{3}}$일 때 최솟값 $\mathbf{-\dfrac{2\sqrt{3}}{9}}$

10-2. $y=x+\dfrac{1}{x-3}$에서

$$y'=1-\frac{1}{(x-3)^2}=\frac{(x-2)(x-4)}{(x-3)^2}$$

$y'=0$에서 $x=2, 4$

(1) $-2\le x<3$에서 증감을 조사하면

x	-2	$\cdots$	2	$\cdots$	(3)
y'		$+$	0	$-$	
y	$-\dfrac{11}{5}$	↗	1	↘	$(-\infty)$

$\therefore$ $x=2$일 때 최댓값 $\mathbf{1}$, 최솟값 없다.

(2) $x>3$에서 증감을 조사하면

x	(3)	$\cdots$	4	$\cdots$	∞
y'		$-$	0	$+$	
y	(∞)	↘	5	↗	∞

$\therefore$ $x=4$일 때 최솟값 $\mathbf{5}$, 최댓값 없다.

10-3. (1) $f'(x)=1+2\cos x$

$f'(x)=0$에서 $x=\dfrac{2}{3}\pi$ ($\because$ $0\le x\le\pi$)

$0\le x\le\pi$에서 증감을 조사하면

x	0	$\cdots$	$\dfrac{2}{3}\pi$	$\cdots$	π
$f'(x)$		$+$	0	$-$	
$f(x)$	0	↗	$\dfrac{2}{3}\pi+\sqrt{3}$	↘	π

$\therefore$ $x=\dfrac{2}{3}\pi$일 때 최댓값 $\mathbf{\dfrac{2}{3}\pi+\sqrt{3}}$,

$x=0$일 때 최솟값 $\mathbf{0}$

(2) $f'(x)=e^x-e$

$f'(x)=0$에서 $x=1$

증감을 조사하면

x	$\cdots$	1	$\cdots$
$f'(x)$	$-$	0	$+$
$f(x)$	↘	0	↗

$\therefore$ $x=1$일 때 최솟값 $\mathbf{0}$, 최댓값 없다.

(3) $f'(x)=2xe^{-x}-x^2e^{-x}$

$$=-x(x-2)e^{-x}$$

$f'(x)=0$에서 $x=0, 2$

$-1\le x\le 3$에서 증감을 조사하면

x	-1	$\cdots$	0	$\cdots$	2	$\cdots$	3
$f'(x)$		$-$	0	$+$	0	$-$	
$f(x)$	e	↘	0	↗	$4e^{-2}$	↘	$9e^{-3}$

$\therefore$ $x=-1$일 때 최댓값 $\boldsymbol{e}$,
$x=0$일 때 최솟값 **0**

(4) $f'(x)=\dfrac{e^x x-e^x}{x^2}=\dfrac{e^x(x-1)}{x^2}$

$f'(x)=0$에서 $x=1$

$x>0$에서 증감을 조사하면

x	(0)	$\cdots$	1	$\cdots$
$f'(x)$		$-$	0	$+$
$f(x)$	(∞)	↘	e	↗

$\therefore$ $x=1$일 때 최솟값 $\boldsymbol{e}$, 최댓값 없다.

(5) $f'(x)=\ln x+1$

$f'(x)=0$에서 $x=\dfrac{1}{e}$

$x>0$에서 증감을 조사하면

x	(0)	$\cdots$	$\frac{1}{e}$	$\cdots$
$f'(x)$		$-$	0	$+$
$f(x)$	(0)	↘	$-\frac{1}{e}$	↗

$\therefore$ $x=\dfrac{1}{e}$일 때 최솟값 $\boldsymbol{-\dfrac{1}{e}}$,
최댓값 없다.

(6) $f'(x)=\dfrac{1-\ln x}{x^2}$

$f'(x)=0$에서 $x=e$

$x>0$에서 증감을 조사하면

x	(0)	$\cdots$	e	$\cdots$
$f'(x)$		$+$	0	$-$
$f(x)$	$(-\infty)$	↗	$\frac{1}{e}$	↘

$\therefore$ $x=e$일 때 최댓값 $\boldsymbol{\dfrac{1}{e}}$,
최솟값 없다.

10-4. 원뿔의 밑면의 반지름의 길이를 a, 높이를 h, 부피를 V라고 하면

$$\mathrm{V}=\frac{1}{3}\pi a^2 h \quad \cdots\cdots ㉠$$

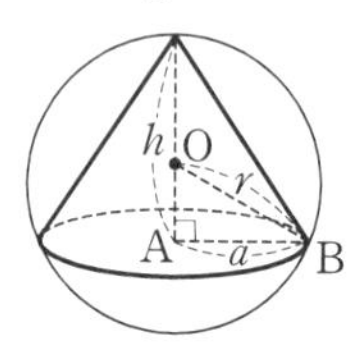

위의 그림의 $\triangle$OAB에서

$$\overline{\mathrm{OA}}^2+\overline{\mathrm{AB}}^2=\overline{\mathrm{OB}}^2$$

$\therefore$ $(h-r)^2+a^2=r^2$ $\therefore$ $a^2=2rh-h^2$

㉠에 대입하면

$$\mathrm{V}=\frac{1}{3}\pi(2rh-h^2)h$$
$$=\frac{1}{3}\pi(2rh^2-h^3)\ (0<h<2r)$$

$$\therefore\ \frac{d\mathrm{V}}{dh}=\frac{1}{3}\pi(4rh-3h^2)$$
$$=-\frac{1}{3}\pi h(3h-4r)$$

$\dfrac{d\mathrm{V}}{dh}=0$에서 $h=\dfrac{4}{3}r$ ($\because$ $0<h<2r$)

$0<h<2r$에서 증감을 조사하면 V는 $h=\dfrac{4}{3}r$일 때 최대이고, 이때

$$a^2=2r\times\frac{4}{3}r-\left(\frac{4}{3}r\right)^2=\frac{8}{9}r^2$$

$$\therefore\ a=\frac{2\sqrt{2}}{3}r$$

$$\therefore\ a : h=\frac{2\sqrt{2}}{3}r : \frac{4}{3}r=\mathbf{1 : \sqrt{2}}$$

10-5. 주어진 그림에서 $\overline{\mathrm{AP}}=\dfrac{3}{\cos\theta}$

또, $\overline{\mathrm{BP}}=3\tan\theta$이므로

$$\overline{\mathrm{PC}}=6-3\tan\theta$$

A를 출발하여 P를 지나 C까지 가는 데 걸리는 시간을 $f(\theta)$라고 하면

$$f(\theta)=\frac{\overline{\mathrm{AP}}}{2}+\frac{\overline{\mathrm{PC}}}{4}$$
$$=\frac{3}{2\cos\theta}+\frac{6-3\tan\theta}{4}\ \left(0\le\theta<\frac{\pi}{2}\right)$$

$\therefore\ f'(\theta)=\dfrac{3\sin\theta}{2\cos^2\theta}+\dfrac{-3\sec^2\theta}{4}$

$=\dfrac{3(2\sin\theta-1)}{4\cos^2\theta}$

$f'(\theta)=0$에서 $\theta=\dfrac{\pi}{6}\ \left(\because\ 0\le\theta<\dfrac{\pi}{2}\right)$

$0\le\theta<\dfrac{\pi}{2}$에서 증감을 조사하면 $f(\theta)$는 $\boldsymbol{\theta=\dfrac{\pi}{6}}$일 때 최소이다.

10-6.

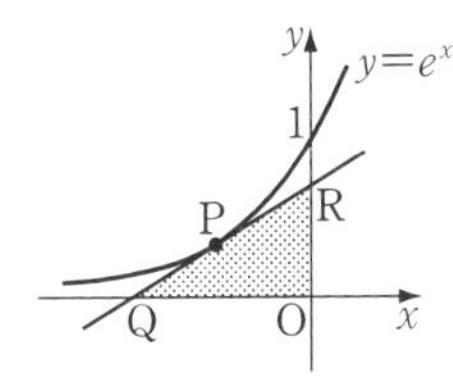

$y'=e^x$이므로 점 $P(a,\ e^a)$에서의 접선의 방정식은 $y-e^a=e^a(x-a)$

$y=0$을 대입하면 $x=a-1$

$\therefore\ Q(a-1,\ 0)$

$x=0$을 대입하면 $y=-(a-1)e^a$

$\therefore\ R\big(0,\ -(a-1)e^a\big)$

$\triangle QOR$의 넓이를 $S(a)$라고 하면

$S(a)=\dfrac{1}{2}\{-(a-1)\}\{-(a-1)e^a\}$

$=\dfrac{1}{2}e^a(a-1)^2\ (a<0)$

$\therefore\ S'(a)=\dfrac{1}{2}\{e^a(a-1)^2+e^a\times2(a-1)\}$

$=\dfrac{1}{2}e^a(a-1)(a+1)$

$S'(a)=0$에서 $a=-1\ (\because\ a<0)$

$a<0$에서 증감을 조사하면

a	$\cdots$	-1	$\cdots$	(0)
$S'(a)$	$+$	0	$-$	
$S(a)$	↗	최대	↘	$\left(\dfrac{1}{2}\right)$

$\boldsymbol{a=-1}$일 때 최대이고, 최댓값은

$S(-1)=\dfrac{1}{2}e^{-1}(-1-1)^2=\boldsymbol{\dfrac{2}{e}}$

11-1. $f(x)=x^3+6x^2+9x+k$로 놓으면

$f'(x)=3x^2+12x+9=3(x+3)(x+1)$

증감을 조사하면

극댓값 $f(-3)=k$,

극솟값 $f(-1)=k-4$

(1) 극값이 모두 양수이거나 모두 음수이어야 하므로

$k(k-4)>0\quad \therefore\ \boldsymbol{k<0,\ k>4}$

(2) $0<k<4$이므로 극댓값 $k>0$이고, 극솟값 $k-4<0$이다.

따라서 방정식 $f(x)=0$의 서로 다른 실근의 개수는 **3**

11-2. $f(x)=x^3-3(\sin^2\theta)x-2$로 놓으면

$f'(x)=3x^2-3\sin^2\theta$

$=3(x+\sin\theta)(x-\sin\theta)$

$0<\theta<\pi$에서 $\sin\theta>0$이므로 증감을 조사하면

극댓값 $f(-\sin\theta)=2\sin^3\theta-2$,

극솟값 $f(\sin\theta)=-2\sin^3\theta-2$

극댓값 또는 극솟값이 0이어야 하므로

$2\sin^3\theta-2=0$ 또는 $-2\sin^3\theta-2=0$

$\therefore\ \sin\theta=1\ (\because\ \sin\theta>0)$

$0<\theta<\pi$이므로 $\boldsymbol{\theta=\dfrac{\pi}{2}}$

11-3. 두 곡선의 교점의 x좌표는 방정식

$-x^3+3x^2+ax-6=3x^2+10$

의 실근이다.

$x=0$은 이 방정식의 해가 아니므로 양변을 x로 나누고 정리하면

$$a=x^2+\frac{16}{x}$$

$f(x)=x^2+\dfrac{16}{x}$으로 놓으면

$f'(x)=2x-\dfrac{16}{x^2}$

$=\dfrac{2(x-2)(x^2+2x+4)}{x^2}$

$f'(x)=0$에서 $x=2$

또,

$\lim_{x\to0+} f(x)=\infty$,

$\lim_{x\to0-} f(x)=-\infty$

이므로 $y=f(x)$의 그래프는 오른쪽과 같다.

따라서 곡선 $y=f(x)$와 직선 $y=a$가 서로 다른 두 점에서 만나는 경우는 $\boldsymbol{a=12}$

11-4. $f(x)=\ln x-x+20-a$로 놓으면

$$f'(x)=\frac{1}{x}-1=-\frac{x-1}{x}$$

$f'(x)=0$에서 $x=1$

$x>0$에서 증감을 조사하면

x	(0)	$\cdots$	1	$\cdots$	∞
$f'(x)$		$+$	0	$-$	
$f(x)$	$(-\infty)$	↗	극대	↘	$-\infty$

따라서 방정식 $f(x)=0$이 서로 다른 두 실근을 가지려면

$$f(1)=19-a>0 \qquad \therefore\ \boldsymbol{a<19}$$

***Note** 1° $\ln x-x+20=a$에서 곡선 $y=\ln x-x+20$과 직선 $y=a$의 교점의 개수를 조사해도 된다.

2° 로피탈의 정리를 이용하면

$$\lim_{x\to\infty}\frac{\ln x}{x}=\lim_{x\to\infty}\frac{1}{x}=0$$

$$\therefore\ \lim_{x\to\infty}(\ln x-x)=\lim_{x\to\infty}x\left(\frac{\ln x}{x}-1\right)=-\infty$$

11-5. (1) $f(x)=\tan x-x$로 놓으면 $f(x)$는 $\pi<x<\frac{3}{2}\pi$에서 연속함수이고

$$f(\pi)=-\pi<0,\quad \lim_{x\to\frac{3}{2}\pi-} f(x)=\infty$$

따라서 방정식 $f(x)=0$은 $\pi<x<\frac{3}{2}\pi$에서 적어도 하나의 실근을 가진다.

한편 $\pi<x<\frac{3}{2}\pi$에서

$$f'(x)=\sec^2 x-1=\tan^2 x>0$$

이므로 $f(x)$는 증가한다.

따라서 $f(x)=0$, 곧 $\tan x=x$는 오직 하나의 실근을 가진다. 답 **1**

(2) $f(x)=\ln x-\frac{1}{x}$로 놓으면 $f(x)$는 $x>0$에서 연속함수이고

$$\lim_{x\to\infty} f(x)=\infty,\quad \lim_{x\to0+} f(x)=-\infty$$

따라서 방정식 $f(x)=0$은 $x>0$에서 적어도 하나의 실근을 가진다.

한편 $x>0$에서

$$f'(x)=\frac{1}{x}+\frac{1}{x^2}>0$$

이므로 $f(x)$는 증가함수이다.

따라서 $f(x)=0$, 곧 $\ln x=\frac{1}{x}$은 오직 하나의 실근을 가진다. 답 **1**

11-6. 방정식 $\ln x=kx$의 실근의 개수는

$y=\ln x$ ⋯① $\qquad y=kx$ ⋯②

의 그래프의 교점의 개수와 같다.

①에서 $y'=\frac{1}{x}$이므로 곡선 ① 위의 점 $(a, \ln a)$에서의 접선의 방정식은

$$y-\ln a=\frac{1}{a}(x-a)$$

이 직선이 원점을 지나면

$$0-\ln a=\frac{1}{a}(0-a) \qquad \therefore\ a=e$$

따라서 원점을 지나는 ①의 접선의 방정식은 $y=\frac{1}{e}x$이다.

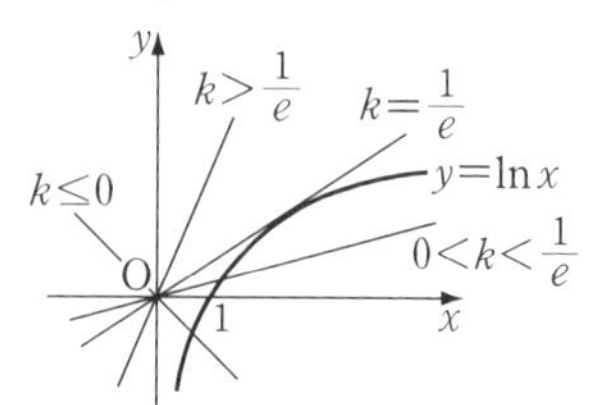

위의 그림에서 교점의 개수를 조사하면 방정식 $\ln x=kx$의 실근의 개수는 다음과 같다.

$\boldsymbol{k>\frac{1}{e}}$ **일 때 0,**

$\boldsymbol{k\le 0,\ k=\frac{1}{e}}$ **일 때 1,**

$\boldsymbol{0<k<\frac{1}{e}}$ **일 때 2**

11-7. $f(x)=(x^4+6x^2+a)-(4x^3+8x)$
$=x^4-4x^3+6x^2-8x+a$
로 놓으면

$$f'(x)=4x^3-12x^2+12x-8=4(x-2)(x^2-x+1)$$

$x^2-x+1>0$이므로 증감을 조사하면 $f(x)$는 $x=2$일 때 최소이다.

따라서 $f(x)\ge 0$이기 위해서는

$$f(2)=a-8\ge 0 \quad \therefore\ \boldsymbol{a\ge 8}$$

11-8. $f(x)=4x^3-3x^2-6x-a+3$
으로 놓으면

$$f'(x)=12x^2-6x-6=6(2x+1)(x-1)$$

증감을 조사하면 $f(x)$는
$x=-\frac{1}{2}$에서 극대, $x=1$에서 극소

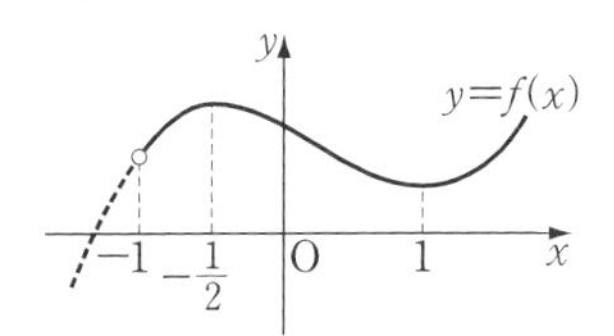

$x>-1$에서 $y=f(x)$의 그래프가 x축보다 위쪽에 존재해야 하므로

$$f(-1)=2-a\ge 0,\ f(1)=-2-a>0$$

$$\therefore\ \boldsymbol{a<-2}$$

11-9. (1) $f(x)=x\ln x-(x-1)$로 놓으면

$$f'(x)=\ln x+1-1=\ln x$$

$f'(x)=0$에서 $x=1$

증감을 조사하면 $x=1$일 때 최소이고 $f(1)=0$이므로 $x>0$에서

$$f(x)\ge 0 \quad \therefore\ x\ln x\ge x-1$$

(2) $f(x)=x-\ln(1+x)$로 놓으면
$x>0$일 때

$$f'(x)=1-\frac{1}{1+x}=\frac{x}{1+x}>0$$

따라서 $f(x)$는 $x>0$에서 증가하고
$f(0)=0$이므로 $f(x)>0$

$$\therefore\ \ln(1+x)<x \quad \cdots\cdots ①$$

또, $g(x)=\ln(1+x)-\frac{x}{1+x}$로 놓으면 $x>0$일 때

$$g'(x)=\frac{1}{1+x}-\frac{1+x-x}{(1+x)^2}=\frac{x}{(1+x)^2}>0$$

따라서 $g(x)$는 $x>0$에서 증가하고
$g(0)=0$이므로 $g(x)>0$

$$\therefore\ \frac{x}{1+x}<\ln(1+x) \quad \cdots\cdots ②$$

①, ②에서 $\frac{x}{1+x}<\ln(1+x)<x$

(3) $f(x)=\cos x-\left(1-\frac{1}{2}x^2\right)$으로 놓으면

$$f'(x)=-\sin x+x,$$
$$f''(x)=-\cos x+1$$

$f''(x)\ge 0$이고 $x=2n\pi$(n은 자연수)일 때만 $f''(x)=0$이다.

따라서 $f'(x)$는 증가함수이고
$f'(0)=0$이므로 $x>0$에서 $f'(x)>0$이다.

또, $x>0$에서 $f'(x)>0$이므로 $f(x)$는 $x>0$에서 증가하고 $f(0)=0$이므로 $f(x)>0$이다.

$$\therefore\ \cos x>1-\frac{1}{2}x^2$$

(4) $f(x)=x-\sin x$로 놓으면

$$f'(x)=1-\cos x\ge 0$$

이고 $x=2n\pi$(n은 자연수)일 때만
$f'(x)=0$이다.

따라서 $f(x)$는 증가함수이고

$f(0)=0$이므로 $x>0$에서 $f(x)>0$

$\therefore \sin x<x$ ……①

또, $g(x)=\sin x-\left(x-\dfrac{1}{6}x^3\right)$으로 놓으면 $x>0$일 때

$g'(x)=\cos x-1+\dfrac{1}{2}x^2>0$ ⇦ (3)

따라서 $g(x)$는 $x>0$에서 증가하고 $g(0)=0$이므로 $g(x)>0$

$\therefore x-\dfrac{1}{6}x^3<\sin x$ ……②

①, ②에서 $x-\dfrac{1}{6}x^3<\sin x<x$

12-1. $x=f(t)=(t^2-6t+9)e^t$ 으로 놓으면

$f'(t)=(t^2-4t+3)e^t$,

$f''(t)=(t^2-2t-1)e^t$

(1) 원점을 지날 때 $x=f(t)=0$이므로

$(t-3)^2e^t=0 \quad \therefore t=3$

따라서 원점을 지날 때의 속도와 가속도는

$f'(3)=(3^2-4\times3+3)e^3=\mathbf{0}$,

$f''(3)=(3^2-2\times3-1)e^3=\mathbf{2e^3}$

(2) $f'(t)=(t-1)(t-3)e^t=0$

에서 $t=1, 3$이고, 이 값의 좌우에서 $f'(t)$의 부호가 바뀌므로 점 P가 움직이는 방향이 바뀌는 시각은

$\boldsymbol{t=1, 3}$

12-2.

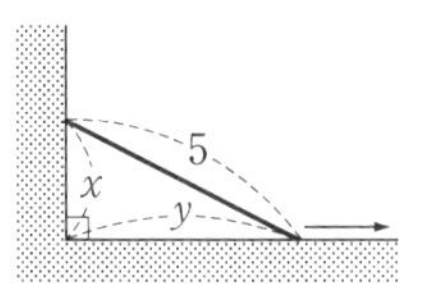

t초 후 벽 밑에서 사다리 위 끝까지의 거리를 x(m), 아래 끝까지의 거리를 y(m)라고 하면

$x^2+y^2=5^2$ ……①

양변을 t에 관하여 미분하면

$2x\dfrac{dx}{dt}+2y\dfrac{dy}{dt}=0$

$\therefore \dfrac{dx}{dt}=-\dfrac{y}{x}\times\dfrac{dy}{dt}$ ……②

문제의 조건에서 $\dfrac{dy}{dt}=0.12$ (m/s)

또, $y=3$일 때 ①에서 $x=4$

따라서 ②에서

$\dfrac{dx}{dt}=-\dfrac{3}{4}\times0.12=-0.09$ (m/s)

이므로 구하는 속력은 **9 cm/s**

12-3. 파문이 생기고 t초 후의 맨 바깥 원의 반지름의 길이를 r(cm), 이 원의 넓이를 S(cm²)라고 하면 $S=\pi r^2$

양변을 t에 관하여 미분하면

$\dfrac{dS}{dt}=2\pi r\dfrac{dr}{dt}$

$r=20t$에서 $t=3$일 때 $r=60$이고 $\dfrac{dr}{dt}=20$이므로

$\left[\dfrac{dS}{dt}\right]_{t=3}=2\pi\times60\times20$

$=\mathbf{2400\pi}$ **(cm²/s)**

* ***Note*** $r=20t$를 $S=\pi r^2$에 대입한 다음 t에 관하여 미분해서 풀 수도 있다.

12-4. 정육면체의 모서리의 길이가 증가한 지 t분 후의 모서리의 길이를 x(cm), 부피를 V(cm³)라고 하면

$V=x^3$

양변을 t에 관하여 미분하면

$\dfrac{dV}{dt}=3x^2\dfrac{dx}{dt}$

$x=3$, $\dfrac{dx}{dt}=0.002$이므로

$\left[\dfrac{dV}{dt}\right]_{x=3}=3\times3^2\times0.002$

$=\mathbf{0.054}$ **(cm³/min)**

12-5.

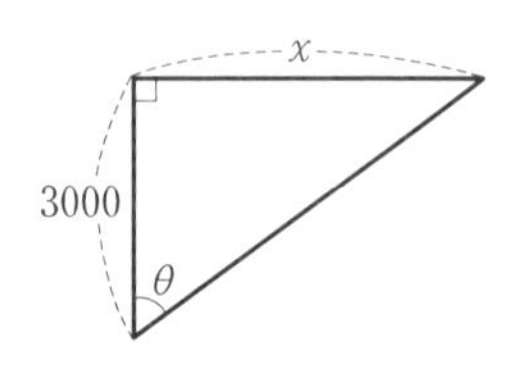

t초 후 비행기의 이동 거리를 x(m)라고 하면 위의 그림에서

$$\tan\theta=\frac{x}{3000}$$

양변을 t에 관하여 미분하면

$$\sec^2\theta\frac{d\theta}{dt}=\frac{1}{3000}\times\frac{dx}{dt}\quad\cdots\cdots ㉠$$

한편 $x=600t$에서 $t=2$일 때 $x=1200$이므로 $\tan\theta=\frac{2}{5}$

$$\therefore\ \sec^2\theta=\tan^2\theta+1=\frac{29}{25}$$

또, $\frac{dx}{dt}=600$이므로 ㉠에서

$$\frac{29}{25}\times\frac{d\theta}{dt}=\frac{1}{3000}\times600$$

$$\therefore\ \frac{d\theta}{dt}=\mathbf{\frac{5}{29}\,(rad/s)}$$

12-6. (1) $\frac{dx}{dt}=e^t-e^{-t},\ \frac{dy}{dt}=e^t+e^{-t}$

이므로 $t=1$일 때의 속도는

$$(\boldsymbol{e-e^{-1},\ e+e^{-1}})$$

또,

$$\frac{d^2x}{dt^2}=e^t+e^{-t},\ \frac{d^2y}{dt^2}=e^t-e^{-t}$$

이므로 $t=1$일 때의 가속도는

$$(\boldsymbol{e+e^{-1},\ e-e^{-1}})$$

(2) 시각 t에서의 속도가

$$(e^t-e^{-t},\ e^t+e^{-t})$$

이므로 속력은

$$\sqrt{(e^t-e^{-t})^2+(e^t+e^{-t})^2}$$
$$=\sqrt{2e^{2t}+2e^{-2t}}$$

산술평균과 기하평균의 관계에서

$$2e^{2t}+2e^{-2t}\ge2\sqrt{2e^{2t}\times2e^{-2t}}=4$$

(등호는 $t=0$일 때 성립)

따라서 점 P의 속력은 $\boldsymbol{t=0}$일 때 최소이고, 최솟값은 $\sqrt{4}=\mathbf{2}$

12-7. $\frac{dx}{dt}=-4\sin t,\ \frac{dy}{dt}=2\cos t$

이므로 $t=\frac{\pi}{4}$일 때의 속도는

$$(\boldsymbol{-2\sqrt{2},\ \sqrt{2}})$$

따라서 속력은

$$\sqrt{(-2\sqrt{2})^2+(\sqrt{2})^2}=\boldsymbol{\sqrt{10}}$$

또,

$$\frac{d^2x}{dt^2}=-4\cos t,\ \frac{d^2y}{dt^2}=-2\sin t$$

이므로 $t=\frac{\pi}{4}$일 때의 가속도는

$$(\boldsymbol{-2\sqrt{2},\ -\sqrt{2}})$$

따라서 가속도의 크기는

$$\sqrt{(-2\sqrt{2})^2+(-\sqrt{2})^2}=\boldsymbol{\sqrt{10}}$$

13-1. $\frac{d}{dx}\int(ax^2+3x+2)dx=ax^2+3x+2$

이므로 준 식은

$$ax^2+3x+2=9x^2+bx+c$$

$$\therefore\ \boldsymbol{a=9,\ b=3,\ c=2}$$

13-2. $\frac{d}{dx}\int(a\sin x-3\cos x+2)dx$

$$=a\sin x-3\cos x+2$$

이므로 준 식의 양변을 x에 관하여 미분하면

$$a\sin x-3\cos x+2=b\cos x-\sin x+c$$

$$\therefore\ \boldsymbol{a=-1,\ b=-3,\ c=2}$$

13-3. (1) (준 식)$=\int(t^2-2t)dt$

$$=\boldsymbol{\frac{1}{3}t^3-t^2+C}$$

(2) (준 식)$=\int\frac{(x+2)(x^2-2x+4)}{x+2}dx$

$$=\int(x^2-2x+4)dx$$
$$=\boldsymbol{\frac{1}{3}x^3-x^2+4x+C}$$

(3) (준 식)$=\int\frac{1-\sin^2x}{\cos^2x}dx$

$$=\int\frac{\cos^2x}{\cos^2x}dx=\int1\,dx$$
$$=\boldsymbol{x+C}$$

(4) (준 식)$=\int \frac{y^3+1}{y+1}dy$

$=\int \frac{(y+1)(y^2-y+1)}{y+1}dy$

$=\int (y^2-y+1)dy$

$=\mathbf{\frac{1}{3}y^3-\frac{1}{2}y^2+y+C}$

(5) (준 식)$=\int \{(x-1)^3-(x+1)^3\}dx$

$=\int (-6x^2-2)dx$

$=\mathbf{-2x^3-2x+C}$

(6) (준 식)$=\int \cos^2\theta\, d\theta+\int \sin^2\theta\, d\theta$

$=\int (\cos^2\theta+\sin^2\theta)d\theta$

$=\int 1\, d\theta=\boldsymbol{\theta}+\mathbf{C}$

13-4. (1) (준 식)$=\int \left(x\sqrt{x}-2\sqrt{x}\right)dx$

$=\int \left(x^{\frac{3}{2}}-2x^{\frac{1}{2}}\right)dx$

$=\frac{2}{5}x^{\frac{5}{2}}-2\times\frac{2}{3}x^{\frac{3}{2}}+C$

$=\mathbf{\frac{2}{5}\sqrt{x^5}-\frac{4}{3}\sqrt{x^3}+C}$

(2) (준 식)$=\int \left(\sqrt[3]{x}\sqrt{x}+\sqrt[3]{x}\right)dx$

$=\int \left(x^{\frac{5}{6}}+x^{\frac{1}{3}}\right)dx$

$=\frac{6}{11}x^{\frac{11}{6}}+\frac{3}{4}x^{\frac{4}{3}}+C$

$=\mathbf{\frac{6}{11}\sqrt[6]{x^{11}}+\frac{3}{4}\sqrt[3]{x^4}+C}$

(3) (준 식)$=\int \left(\sqrt{x}+\frac{1}{\sqrt{x}}\right)dx$

$=\int \left(x^{\frac{1}{2}}+x^{-\frac{1}{2}}\right)dx$

$=\frac{2}{3}x^{\frac{3}{2}}+2x^{\frac{1}{2}}+C$

$=\mathbf{\frac{2}{3}\sqrt{x^3}+2\sqrt{x}+C}$

(4) (준 식)$=\int \frac{x^3+3x^2+3x+1}{x^2}dx$

$=\int \left(x+3+\frac{3}{x}+\frac{1}{x^2}\right)dx$

$=\mathbf{\frac{1}{2}x^2+3x+3\ln|x|-\frac{1}{x}+C}$

13-5. $f(x)=\int f'(x)dx$

$=\int \left(3x^2+4x+\frac{2}{x}\right)dx$

$=x^3+2x^2+2\ln x+C$

$f(1)=3$이므로 $1+2+C=3$

$\therefore\ C=0$

$\therefore\ \mathbf{f(x)=x^3+2x^2+2\ln x}$

13-6. $f(x)=\int (3x^2+2ax+1)dx$

라고 하면

$f(x)=x^3+ax^2+x+C$

$f(0)=1,\ f(1)=2$이므로

$C=1,\ 1+a+1+C=2 \quad \therefore\ a=-1$

$\therefore\ f(x)=\mathbf{x^3-x^2+x+1}$

13-7. $f'(x)=3x^2-3\sqrt{x}+1$이므로

$f(x)=\int f'(x)dx$

$=\int (3x^2-3\sqrt{x}+1)dx$

$=x^3-2x\sqrt{x}+x+C$

$f(1)=2$이므로 $1-2+1+C=2$

$\therefore\ C=2$

$\therefore\ \mathbf{f(x)=x^3-2x\sqrt{x}+x+2}$

13-8. (1) (준 식)$=\int \frac{1}{2}(1+\cos x)dx$

$=\mathbf{\frac{1}{2}x+\frac{1}{2}\sin x+C}$

(2) (준 식)$=\int (\cos x-\sec^2 x)dx$

$=\mathbf{\sin x-\tan x+C}$

(3) $\left(\sin\frac{x}{2}-\cos\frac{x}{2}\right)^2$

$=\sin^2\frac{x}{2}-2\sin\frac{x}{2}\cos\frac{x}{2}+\cos^2\frac{x}{2}$

$=1-\sin x$

$\therefore$ (준 식)$=\int(1-\sin x)dx$
$=\boldsymbol{x+\cos x+C}$

(4) (준 식)$=\int\left(e^x-2\times\frac{1}{x}\right)dx$
$=\boldsymbol{e^x-2\ln|x|+C}$

(5) $\dfrac{e^{2x}-\sin^2x}{e^x+\sin x}=\dfrac{(e^x)^2-\sin^2x}{e^x+\sin x}$
$=\dfrac{(e^x+\sin x)(e^x-\sin x)}{e^x+\sin x}$
$=e^x-\sin x$

$\therefore$ (준 식)$=\int(e^x-\sin x)dx$
$=\boldsymbol{e^x+\cos x+C}$

(6) (준 식)$=\int(4^x+2^x)dx$
$=\boldsymbol{\dfrac{4^x}{\ln 4}+\dfrac{2^x}{\ln 2}+C}$

13-9. $f(x)=\int f'(x)dx$
$=\int(2\cos x+e^x)dx$
$=2\sin x+e^x+C$
$f(0)=4$이므로 $1+C=4$
$\therefore C=3$
$\therefore \boldsymbol{f(x)=2\sin x+e^x+3}$

13-10. $f(x)=\int f'(x)dx=\int\left(\frac{1}{x}-2e^x\right)dx$
$=\ln x-2e^x+C$
$f'(1)=1-2e$, $f(1)=-2e+C$이므로
x좌표가 1인 점에서의 접선의 방정식은
$y-(-2e+C)=(1-2e)(x-1)$
이 직선이 원점을 지나므로
$2e-C=-1+2e$ $\therefore C=1$
$\therefore \boldsymbol{f(x)=\ln x-2e^x+1}$

13-11. $f'(x)=g'(x)$이므로
$f(x)=g(x)+C$ $\therefore f(x)-g(x)=C$
$f(0)-g(0)=1$이므로 $C=1$
$\therefore f(x)-g(x)=1$
$\therefore \boldsymbol{f(1)-g(1)=1}$

13-12. $g(x)=\{f(x)\}^2+\{f'(x)\}^2$
의 양변을 x에 관하여 미분하면
$g'(x)=2f(x)f'(x)+2f'(x)f''(x)$
$=2f'(x)\{f(x)+f''(x)\}$
$=0$ $\Leftarrow f''(x)+f(x)=0$
$\therefore g(x)=C$
$g(0)=1$이므로 $C=1$
$\therefore g(x)=1$ $\therefore \boldsymbol{g(1)=1}$

14-1. (1) (준 식)$=\int\left(2x-2+\frac{2}{x+1}\right)dx$
$=\boldsymbol{x^2-2x+2\ln|x+1|+C}$

(2) (준 식)$=\int\left(\frac{1}{x-1}-\frac{1}{x+1}\right)dx$
$=\boldsymbol{\ln|x-1|-\ln|x+1|+C}$

(3) (준 식)$=\int\left(\frac{2}{2x-1}-\frac{1}{x+1}\right)dx$
$=\boldsymbol{\ln|2x-1|-\ln|x+1|+C}$

***Note** (1) $2x^2$을 $x+1$로 나눈 몫은 $2x-2$, 나머지는 2이므로
$\dfrac{2x^2}{x+1}=2x-2+\dfrac{2}{x+1}$

(2) $\dfrac{2}{x^2-1}=\dfrac{a}{x-1}+\dfrac{b}{x+1}$
로 놓고 우변을 통분한 다음 분자의 동류항의 계수를 비교하면
$a=1,\ b=-1$

(3) $2x^2+x-1=(2x-1)(x+1)$이므로
$\dfrac{3}{2x^2+x-1}=\dfrac{a}{2x-1}+\dfrac{b}{x+1}$
로 놓고 우변을 통분한 다음 분자의 동류항의 계수를 비교하면
$a=2,\ b=-1$

14-2. (1) (준 식)$=\int(2x+1)^{-2}dx$
$=\dfrac{1}{2}\times\dfrac{1}{-1}(2x+1)^{-1}+C$
$=\boldsymbol{-\dfrac{1}{2(2x+1)}+C}$

(2) $\dfrac{x}{\sqrt{x+1}-1}=\dfrac{x(\sqrt{x+1}+1)}{(\sqrt{x+1}-1)(\sqrt{x+1}+1)}$

$=\sqrt{x+1}+1=(x+1)^{\frac{1}{2}}+1$

$\therefore$ (준 식)$=\int\left\{(x+1)^{\frac{1}{2}}+1\right\}dx$

$=\dfrac{2}{3}(x+1)^{\frac{3}{2}}+x+C$

$=\boldsymbol{\dfrac{2}{3}(x+1)\sqrt{x+1}+x+C}$

(3) $\dfrac{2x}{\sqrt{2x+1}-1}$

$=\dfrac{2x(\sqrt{2x+1}+1)}{(\sqrt{2x+1}-1)(\sqrt{2x+1}+1)}$

$=\sqrt{2x+1}+1=(2x+1)^{\frac{1}{2}}+1$

$\therefore$ (준 식)$=\int\left\{(2x+1)^{\frac{1}{2}}+1\right\}dx$

$=\dfrac{1}{2}\times\dfrac{2}{3}(2x+1)^{\frac{3}{2}}+x+C$

$=\boldsymbol{\dfrac{1}{3}(2x+1)\sqrt{2x+1}+x+C}$

14-3. (1) (준 식)$=\int\dfrac{1}{2}\sin 2x\,dx$

$=\dfrac{1}{2}\times\left(-\dfrac{1}{2}\cos 2x\right)+C$

$=\boldsymbol{-\dfrac{1}{4}\cos 2x+C}$

**Note* $\sin x=t$ 또는 $\cos x=t$로 놓고 치환적분법을 이용하여 풀 수도 있다.

(2) $\cos 2x=1-2\sin^2 x$에서

$\sin^2 x=\dfrac{1}{2}(1-\cos 2x)$

$\therefore$ (준 식)$=\int\dfrac{1}{2}(1-\cos 2x)dx$

$=\dfrac{1}{2}x-\dfrac{1}{2}\times\dfrac{1}{2}\sin 2x+C$

$=\boldsymbol{\dfrac{1}{2}x-\dfrac{1}{4}\sin 2x+C}$

(3) (준 식)$=\int(a^{4x}+2a^{2x}+1)dx$

$=\boldsymbol{\dfrac{a^{4x}}{4\ln a}+\dfrac{a^{2x}}{\ln a}+x+C}$

14-4. (1) $2x^3-5=t$라고 하면

$6x^2\dfrac{dx}{dt}=1 \quad \therefore\ x^2dx=\dfrac{1}{6}dt$

$\therefore$ (준 식)$=\int t^4\times\dfrac{1}{6}dt=\dfrac{1}{30}t^5+C$

$=\boldsymbol{\dfrac{1}{30}(2x^3-5)^5+C}$

(2) $3x^2+2=t$라고 하면

$6x\dfrac{dx}{dt}=1 \quad \therefore\ x\,dx=\dfrac{1}{6}dt$

$\therefore$ (준 식)$=\int\sqrt{t}\times\dfrac{1}{6}dt=\dfrac{1}{6}\int t^{\frac{1}{2}}dt$

$=\dfrac{1}{6}\times\dfrac{2}{3}t^{\frac{3}{2}}+C$

$=\boldsymbol{\dfrac{1}{9}(3x^2+2)\sqrt{3x^2+2}+C}$

(3) $\sin x=t$라고 하면

$\cos x\dfrac{dx}{dt}=1 \quad \therefore\ \cos x\,dx=dt$

$\therefore$ (준 식)$=\int t^3dt=\dfrac{1}{4}t^4+C$

$=\boldsymbol{\dfrac{1}{4}\sin^4 x+C}$

(4) $1+\sin x=t$라고 하면

$\cos x\dfrac{dx}{dt}=1 \quad \therefore\ \cos x\,dx=dt$

$\therefore$ (준 식)$=\int t^2dt=\dfrac{1}{3}t^3+C$

$=\boldsymbol{\dfrac{1}{3}(1+\sin x)^3+C}$

**Note* 이를테면 (1)은 다음과 같이 풀 수도 있다.

$(2x^3-5)'=6x^2$이므로

(준 식)$=\dfrac{1}{6}\int(2x^3-5)^4(2x^3-5)'dx$

$=\dfrac{1}{6}\times\dfrac{1}{5}(2x^3-5)^5+C$

$=\boldsymbol{\dfrac{1}{30}(2x^3-5)^5+C}$

14-5. (1) $x^2+2x+3=t$라고 하면

$(2x+2)dx=dt$

$\therefore\ (x+1)dx=\dfrac{1}{2}dt$

$\therefore$ (준 식)$=\int \frac{1}{t}\times\frac{1}{2}dt$

$=\frac{1}{2}\ln|t|+C$

$=\mathbf{\frac{1}{2}\ln(x^2+2x+3)+C}$

(2) $\int \tan x\,dx=\int \frac{\sin x}{\cos x}dx$ 에서

$\cos x=t$라고 하면

$-\sin x\,dx=dt \quad \therefore \sin x\,dx=-dt$

$\therefore$ (준 식)$=\int \frac{1}{t}(-dt)$

$=-\ln|t|+C$

$=\mathbf{-\ln|\cos x|+C}$

(3) $5+2\sin x=t$라고 하면

$2\cos x\,dx=dt \quad \therefore \cos x\,dx=\frac{1}{2}dt$

$\therefore$ (준 식)$=\int \frac{1}{t}\times\frac{1}{2}dt$

$=\frac{1}{2}\ln|t|+C$

$=\mathbf{\frac{1}{2}\ln(5+2\sin x)+C}$

(4) $1+\tan x=t$라고 하면

$\sec^2 x\,dx=dt$

$\therefore$ (준 식)$=\int \frac{\sec^2 x}{1+\tan x}dx=\int \frac{1}{t}dt$

$=\ln|t|+C$

$=\mathbf{\ln|1+\tan x|+C}$

(5) $2^x+3=t$라고 하면

$2^x\ln 2\,dx=dt$

$\therefore$ (준 식)$=\int \frac{1}{t}dt=\ln|t|+C$

$=\mathbf{\ln(2^x+3)+C}$

(6) $\ln x=t$라고 하면 $\frac{1}{x}dx=dt$

$\therefore$ (준 식)$=\int \cos t\,dt=\sin t+C$

$=\mathbf{\sin(\ln x)+C}$

* ***Note*** 이를테면 (3)은 다음과 같이 풀 수도 있다.

$(5+2\sin x)'=2\cos x$이므로

(준 식)$=\frac{1}{2}\int \frac{(5+2\sin x)'}{5+2\sin x}dx$

$=\mathbf{\frac{1}{2}\ln(5+2\sin x)+C}$

14-6. (1) (준 식)$=\int \sin^2 x\sin x\,dx$

$=\int (1-\cos^2 x)\sin x\,dx$

$\cos x=t$라고 하면

$-\sin x\,dx=dt \quad \therefore \sin x\,dx=-dt$

$\therefore$ (준 식)$=\int (1-t^2)(-dt)$

$=\frac{1}{3}t^3-t+C$

$=\mathbf{\frac{1}{3}\cos^3 x-\cos x+C}$

(2) $x^3=t$라고 하면

$3x^2dx=dt \quad \therefore x^2dx=\frac{1}{3}dt$

$\therefore$ (준 식)$=\int e^t\times\frac{1}{3}dt=\frac{1}{3}e^t+C$

$=\mathbf{\frac{1}{3}e^{x^3}+C}$

(3) $\sqrt{x+1}=t$라고 하면 $x+1=t^2$

$\therefore x=t^2-1 \quad \therefore dx=2t\,dt$

$\therefore$ (준 식)$=\int \frac{3(t^2-1)-1}{t}\times 2t\,dt$

$=\int (6t^2-8)dt$

$=2t^3-8t+C$

$=2(t^2-4)t+C$

$=\mathbf{2(x-3)\sqrt{x+1}+C}$

14-7. (1) $u'=e^{2x}$, $v=x$라고 하면

$u=\frac{1}{2}e^{2x}$, $v'=1$이므로

(준 식)$=\frac{1}{2}e^{2x}\times x-\int \frac{1}{2}e^{2x}\times 1\,dx$

$=\frac{1}{2}xe^{2x}-\frac{1}{4}e^{2x}+C$

$=\mathbf{\frac{1}{4}(2x-1)e^{2x}+C}$

(2) $u'=e^{-x}$, $v=x$라고 하면

$u=-e^{-x}$, $v'=1$이므로

(준 식)$=-e^{-x}\times x-\int(-e^{-x})\times 1\,dx$

$=-xe^{-x}-e^{-x}+C$

$=\boldsymbol{-(x+1)e^{-x}+C}$

(3) $u'=1$, $v=\ln(x+2)$라고 하면

$u=x+2$, $v'=\dfrac{1}{x+2}$이므로

(준 식)$=(x+2)\ln(x+2)$

$-\int(x+2)\times\dfrac{1}{x+2}dx$

$=(x+2)\ln(x+2)-\int 1\,dx$

$=\boldsymbol{(x+2)\ln(x+2)-x+C}$

***Note** $u'=1$, $u=x$로 놓고 풀어도 된다.

14-8. (1) $u'=e^{-x}$, $v=x^2$이라고 하면

$u=-e^{-x}$, $v'=2x$이므로

(준 식)$=-e^{-x}\times x^2$

$-\int(-e^{-x})\times 2x\,dx$

$=-x^2e^{-x}+2\int xe^{-x}dx$

$\int xe^{-x}dx$에서 $u'=e^{-x}$, $v=x$라고 하면 $u=-e^{-x}$, $v'=1$이므로

$\int xe^{-x}dx=-e^{-x}\times x$

$-\int(-e^{-x})\times 1\,dx$

$=-xe^{-x}-e^{-x}+C_1$

∴ (준 식)$=-x^2e^{-x}$

$+2(-xe^{-x}-e^{-x}+C_1)$

$=\boldsymbol{-(x^2+2x+2)e^{-x}+C}$

(2) $u'=\cos x$, $v=x^2$이라고 하면

$u=\sin x$, $v'=2x$이므로

(준 식)$=(\sin x)\times x^2$

$-\int(\sin x)\times 2x\,dx$

$=x^2\sin x-2\int x\sin x\,dx$

$\int x\sin x\,dx$에서 $u'=\sin x$, $v=x$라고 하면 $u=-\cos x$, $v'=1$이므로

$\int x\sin x\,dx=(-\cos x)\times x$

$-\int(-\cos x)\times 1\,dx$

$=-x\cos x+\sin x+C_1$

∴ (준 식)$=x^2\sin x$

$-2(-x\cos x+\sin x+C_1)$

$=\boldsymbol{(x^2-2)\sin x+2x\cos x+C}$

(3) $u'=1$, $v=(\ln x)^2$이라고 하면

$u=x$, $v'=2(\ln x)\dfrac{1}{x}$이므로

(준 식)$=x(\ln x)^2-\int x\times 2(\ln x)\dfrac{1}{x}dx$

$=x(\ln x)^2-2\int\ln x\,dx$

$=x(\ln x)^2-2(x\ln x-x)+C$

$=\boldsymbol{x(\ln x)^2-2x\ln x+2x+C}$

14-9. (1) $f(x)=\int e^x\sin x\,dx$라고 하자.

$u'=e^x$, $v=\sin x$라고 하면

$u=e^x$, $v'=\cos x$이므로

$f(x)=e^x\sin x-\int e^x\cos x\,dx$ ……①

한편 $\int e^x\cos x\,dx$에서

$u'=e^x$, $v=\cos x$라고 하면

$u=e^x$, $v'=-\sin x$이므로

$\int e^x\cos x\,dx=e^x\cos x+\int e^x\sin x\,dx$ ……②

②를 ①에 대입하면

$f(x)=e^x\sin x-e^x\cos x-f(x)$

∴ $f(x)=\boldsymbol{\dfrac{1}{2}e^x(\sin x-\cos x)+C}$

(2) $f(x)=\int e^{-x}\sin x\,dx$라고 하자.

$u'=e^{-x}$, $v=\sin x$라고 하면

$u=-e^{-x}$, $v'=\cos x$이므로

$f(x)=-e^{-x}\sin x+\int e^{-x}\cos x\,dx$ ……①

한편 $\int e^{-x}\cos x\,dx$에서

$u'=e^{-x}$, $v=\cos x$라고 하면

$u=-e^{-x}$, $v'=-\sin x$ 이므로

$$\int e^{-x}\cos x\,dx=-e^{-x}\cos x-\int e^{-x}\sin x\,dx \quad \cdots ②$$

②를 ①에 대입하면

$$f(x)=-e^{-x}\sin x-e^{-x}\cos x-f(x)$$

$$\therefore\ f(x)=-\frac{1}{2}e^{-x}(\sin x+\cos x)+C$$

14-10. $u'=x^2$, $v=\ln x$ 라고 하면

$u=\frac{1}{3}x^3$, $v'=\frac{1}{x}$ 이므로

$$f(x)=\frac{1}{3}x^3\ln x-\int\frac{1}{3}x^3\times\frac{1}{x}dx=\frac{1}{3}x^3\ln x-\frac{1}{9}x^3+C$$

$f(1)=0$ 이므로

$$f(1)=-\frac{1}{9}+C=0 \qquad \therefore\ C=\frac{1}{9}$$

$$\therefore\ f(x)=\frac{1}{3}x^3\ln x-\frac{1}{9}x^3+\frac{1}{9}$$

$$\therefore\ f(e)=\frac{1}{3}e^3-\frac{1}{9}e^3+\frac{1}{9}=\frac{1}{9}(2e^3+1)$$

15-1. (1) (준 식) $=\int_1^9(t-1)^{\frac{1}{3}}dt=\left[\frac{3}{4}(t-1)^{\frac{4}{3}}\right]_1^9=\mathbf{12}$

(2) (준 식) $=\int_1^4\left(x^{\frac{1}{2}}-\frac{2}{x}\right)dx=\left[\frac{2}{3}x^{\frac{3}{2}}-2\ln|x|\right]_1^4=\frac{14}{3}-4\ln 2$

(3) (준 식) $=\left[-\frac{2}{x}+\ln|x|\right]_{-4}^{-1}=\frac{3}{2}-2\ln 2$

(4) (준 식) $=\int_2^3\left(\frac{1}{x-1}-\frac{1}{x}\right)dx=\Big[\ln|x-1|-\ln|x|\Big]_2^3=2\ln 2-\ln 3$

(5) (준 식) $=\int_0^\pi\frac{1+\cos 2x}{2}dx=\left[\frac{1}{2}x+\frac{1}{4}\sin 2x\right]_0^\pi=\frac{\pi}{2}$

(6) (준 식) $=\Big[e^x+\cos x\Big]_0^\pi=e^\pi-3$

15-2. (1) (준 식) $=\left[\frac{1}{3}\sin^3 x\right]_0^{\frac{\pi}{2}}=\frac{1}{3}$

(2) (준 식) $=\int_0^{\frac{\pi}{4}}\frac{\sin x}{\cos x}dx=\Big[-\ln|\cos x|\Big]_0^{\frac{\pi}{4}}=-\ln\frac{1}{\sqrt{2}}=\frac{1}{2}\ln 2$

(3) (준 식) $=\Big[-\ln(2+\cos x)\Big]_0^\pi=\ln 3$

(4) (준 식) $=\Big[x\ln x-x\Big]_1^e=1$

(5) (준 식) $=\Big[xe^x-e^x\Big]_0^1=1$

(6) (준 식) $=\Big[-xe^{-x}-e^{-x}\Big]_0^1=1-\frac{2}{e}$

15-3. (1) (준 식)

$$=\int_0^2\frac{x^3}{x-4}dx-\int_0^2\frac{4x^2}{x-4}dx=\int_0^2\frac{x^3-4x^2}{x-4}dx=\int_0^2\frac{x^2(x-4)}{x-4}dx$$

$$=\int_0^2 x^2dx=\left[\frac{1}{3}x^3\right]_0^2=\frac{8}{3}$$

(2) (준 식) $=\int_0^1\{(e^{2x}-\sin x)+(e^{2x}+\sin x)\}dx$

$$=\int_0^1 2e^{2x}dx=\Big[e^{2x}\Big]_0^1=e^2-1$$

(3) (준 식) $=\int_0^\pi(\sin x+\cos x)^2dx+\int_0^\pi(\sin x-\cos x)^2dx$

$$=\int_0^{\pi}\{(\sin x+\cos x)^2+(\sin x-\cos x)^2\}dx$$
$$=\int_0^{\pi}2(\sin^2 x+\cos^2 x)dx$$
$$=\int_0^{\pi}2\,dx=\Big[2x\Big]_0^{\pi}=\mathbf{2\pi}$$

15-4. (1) $\int_0^1 f(x)dx=\int_0^1 2e^{x-1}dx$
$$=\Big[2e^{x-1}\Big]_0^1=\mathbf{2-\frac{2}{e}}$$

(2) $\int_1^3 f(x)dx=\int_1^3(-x+3)dx$
$$=\Big[-\frac{1}{2}x^2+3x\Big]_1^3=\mathbf{2}$$

(3) $\int_0^4 f(x)dx=\int_0^1 2e^{x-1}dx+\int_1^4(-x+3)dx$
$$=\Big[2e^{x-1}\Big]_0^1+\Big[-\frac{1}{2}x^2+3x\Big]_1^4$$
$$=\Big(2-\frac{2}{e}\Big)+\frac{3}{2}=\mathbf{\frac{7}{2}-\frac{2}{e}}$$

15-5. (1) (준 식)$=\int_0^{\frac{\pi}{2}}\cos x\,dx+\int_{\frac{\pi}{2}}^{\pi}(-\cos x)dx$
$$=\Big[\sin x\Big]_0^{\frac{\pi}{2}}+\Big[-\sin x\Big]_{\frac{\pi}{2}}^{\pi}$$
$$=1+1=\mathbf{2}$$

(2) (준 식)$=\int_0^{\pi}\left|\frac{1}{2}\sin 2x\right|dx$
$$=\frac{1}{2}\Big\{\int_0^{\frac{\pi}{2}}\sin 2x\,dx+\int_{\frac{\pi}{2}}^{\pi}(-\sin 2x)dx\Big\}$$
$$=\frac{1}{2}\Big(\Big[-\frac{1}{2}\cos 2x\Big]_0^{\frac{\pi}{2}}+\Big[\frac{1}{2}\cos 2x\Big]_{\frac{\pi}{2}}^{\pi}\Big)$$
$$=\frac{1}{2}(1+1)=\mathbf{1}$$

(3) (준 식)$=\int_{-3}^0\sqrt{3-x}\,dx+\int_0^3\sqrt{3+x}\,dx$
$$=\Big[-\frac{2}{3}(3-x)\sqrt{3-x}\Big]_{-3}^0+\Big[\frac{2}{3}(3+x)\sqrt{3+x}\Big]_0^3$$
$$=-\frac{2}{3}(3\sqrt{3}-6\sqrt{6})+\frac{2}{3}(6\sqrt{6}-3\sqrt{3})$$
$$=\mathbf{4(2\sqrt{6}-\sqrt{3})}$$

(4) $e^x-1=0$에서 $x=0$

$\therefore$ (준 식)$=\int_{-1}^0\{-(e^x-1)\}dx+\int_0^1(e^x-1)dx$
$$=\Big[-e^x+x\Big]_{-1}^0+\Big[e^x-x\Big]_0^1$$
$$=-1-(-e^{-1}-1)+(e-1)-1$$
$$=\mathbf{\frac{1}{e}+e-2}$$

15-6. (1) $\int_0^1 xf'(x)dx=a$라고 하면

$$f(x)=x^2-x+a$$

$\therefore\ a=\int_0^1 xf'(x)dx=\int_0^1 x(2x-1)dx$
$$=\int_0^1(2x^2-x)dx$$
$$=\Big[\frac{2}{3}x^3-\frac{1}{2}x^2\Big]_0^1=\frac{1}{6}$$

$\therefore\ \mathbf{f(x)=x^2-x+\frac{1}{6}}$

(2) $\int_0^1 e^{t-x}f(t)dt=e^{-x}\int_0^1 e^t f(t)dt$

이므로 $\int_0^1 e^t f(t)dt=a$라고 하면

$$f(x)=1+2ae^{-x}$$

$\therefore\ a=\int_0^1 e^t(1+2ae^{-t})dt$
$$=\int_0^1(e^t+2a)dt$$
$$=\Big[e^t+2at\Big]_0^1=e+2a-1$$

곧, $a=e+2a-1$ $\quad\therefore\ a=1-e$

$\therefore\ \mathbf{f(x)=2(1-e)e^{-x}+1}$

(3) $\int_{-\pi}^{\pi} f(x)dx=a$라고 하면

$$f(x)=\sin^2 x+a$$

$$\therefore\ a=\int_{-\pi}^{\pi}(\sin^2 x+a)dx$$

$$=\int_{-\pi}^{\pi}\left(\frac{1-\cos 2x}{2}+a\right)dx$$

$$=\left[\frac{1}{2}x-\frac{1}{4}\sin 2x+ax\right]_{-\pi}^{\pi}$$

$$=\pi+2a\pi$$

곧, $a=\pi+2a\pi \qquad \therefore\ a=-\dfrac{\pi}{2\pi-1}$

$$\therefore\ \boldsymbol{f(x)=\sin^2 x-\frac{\pi}{2\pi-1}}$$

(4) $\int_0^{\frac{\pi}{3}} f(x)\sin x\,dx=a$라고 하면

$$f(x)=\cos x+a$$

$$\therefore\ a=\int_0^{\frac{\pi}{3}}(\cos x+a)\sin x\,dx$$

$$=\int_0^{\frac{\pi}{3}}\left(\frac{1}{2}\sin 2x+a\sin x\right)dx$$

$$=\left[-\frac{1}{4}\cos 2x-a\cos x\right]_0^{\frac{\pi}{3}}$$

$$=\frac{3}{8}+\frac{1}{2}a$$

곧, $a=\dfrac{3}{8}+\dfrac{1}{2}a \qquad \therefore\ a=\dfrac{3}{4}$

$$\therefore\ \boldsymbol{f(x)=\cos x+\frac{3}{4}}$$

15-7. $\int_0^1\{e^t f(t)-t^2\}dt=a$라고 하면

$$2e^x f(x)=x^3+x+a \qquad \cdots\cdots ㉮$$

$$\therefore\ a=\int_0^1\{e^t f(t)-t^2\}dt$$

$$=\int_0^1\left\{\left(\frac{1}{2}t^3+\frac{1}{2}t+\frac{1}{2}a\right)-t^2\right\}dt$$

$$=\left[\frac{1}{8}t^4+\frac{1}{4}t^2+\frac{1}{2}at-\frac{1}{3}t^3\right]_0^1$$

$$=\frac{1}{24}+\frac{1}{2}a$$

곧, $a=\dfrac{1}{24}+\dfrac{1}{2}a \qquad \therefore\ a=\dfrac{1}{12}$

㉮에 대입하고 정리하면

$$\boldsymbol{f(x)=\frac{1}{2}e^{-x}\left(x^3+x+\frac{1}{12}\right)}$$

15-8. (1) $x^2-1=t$라고 하면

$2x\,dx=dt$, 곧 $x\,dx=\dfrac{1}{2}dt$이고

$x=1$일 때 $t=0$, $x=2$일 때 $t=3$

$$\therefore\ (\text{준 식})=\int_0^3\sqrt{t}\times\frac{1}{2}dt$$

$$=\left[\frac{1}{3}t\sqrt{t}\right]_0^3=\boldsymbol{\sqrt{3}}$$

(2) $\sin x=t$라고 하면 $\cos x\,dx=dt$ 이고

$x=0$일 때 $t=0$, $x=\dfrac{\pi}{2}$일 때 $t=1$

$$\therefore\ (\text{준 식})=\int_0^1(t^3+1)dt$$

$$=\left[\frac{1}{4}t^4+t\right]_0^1=\boldsymbol{\frac{5}{4}}$$

(3) $(\text{준 식})=\int_0^{\frac{\pi}{2}}(2\cos^2 x-1)\sin x\,dx$

$\cos x=t$라고 하면

$-\sin x\,dx=dt$, 곧 $\sin x\,dx=-dt$ 이고

$x=0$일 때 $t=1$, $x=\dfrac{\pi}{2}$일 때 $t=0$

$$\therefore\ (\text{준 식})=\int_1^0(2t^2-1)(-dt)$$

$$=\int_0^1(2t^2-1)dt$$

$$=\left[\frac{2}{3}t^3-t\right]_0^1=\boldsymbol{-\frac{1}{3}}$$

(4) $(\text{준 식})=\int_1^e\dfrac{1}{x}\ln x\,dx$

$\ln x=t$라고 하면 $\dfrac{1}{x}dx=dt$이고

$x=1$일 때 $t=0$, $x=e$일 때 $t=1$

$$\therefore\ (\text{준 식})=\int_0^1 t\,dt$$

$$=\left[\frac{1}{2}t^2\right]_0^1=\boldsymbol{\frac{1}{2}}$$

(5) $1+2\sin x=t$라고 하면

$2\cos x\,dx=dt$, 곧 $\cos x\,dx=\dfrac{1}{2}dt$ 이고

$x=0$일 때 $t=1$, $x=\dfrac{\pi}{2}$일 때 $t=3$

$\therefore$ (준 식)$=\int_1^3 \frac{1}{t}\times\frac{1}{2}dt$

$=\left[\frac{1}{2}\ln|t|\right]_1^3=\mathbf{\frac{1}{2}\ln 3}$

(6) $x^2-2x+3=t$라고 하면

$(2x-2)dx=dt$, 곧 $(x-1)dx=\frac{1}{2}dt$

이고

$x=1$일 때 $t=2$, $x=2$일 때 $t=3$

$\therefore$ (준 식)$=\int_2^3 \frac{1}{t}\times\frac{1}{2}dt$

$=\left[\frac{1}{2}\ln|t|\right]_2^3=\mathbf{\frac{1}{2}\ln\frac{3}{2}}$

15-9. (1) (준 식)$=\int_{-2}^{2}(x^5+5x)dx$

$+\int_{-2}^{2}(-3x^2)dx$

$=0+2\int_0^2(-3x^2)dx$

$=2\left[-x^3\right]_0^2=\mathbf{-16}$

(2) (준 식)$=\int_{-1}^{0}(x^5+x^3)dx$

$+\int_0^1(x^5+x^3)dx$

$=\int_{-1}^{1}(x^5+x^3)dx=\mathbf{0}$

(3) (준 식)$=\int_{-\pi}^{\pi}\sin x\,dx+\int_{-\pi}^{\pi}\cos x\,dx$

$=0+2\int_0^{\pi}\cos x\,dx$

$=2\left[\sin x\right]_0^{\pi}=\mathbf{0}$

15-10. (1) $u'=\sin x$, $v=x$라고 하면

$u=-\cos x$, $v'=1$이므로

(준 식)$=\left[-x\cos x\right]_0^{\frac{\pi}{2}}$

$-\int_0^{\frac{\pi}{2}}(-\cos x)dx$

$=\left[\sin x\right]_0^{\frac{\pi}{2}}=\mathbf{1}$

(2) $u'=\cos x$, $v=x^2$이라고 하면

$u=\sin x$, $v'=2x$이므로

(준 식)$=\left[x^2\sin x\right]_0^{\pi}-\int_0^{\pi}2x\sin x\,dx$

$=-2\int_0^{\pi}x\sin x\,dx$

다시 $u'=\sin x$, $v=x$라고 하면

$u=-\cos x$, $v'=1$이므로

(준 식)$=-2\int_0^{\pi}x\sin x\,dx$

$=-2\left\{\left[-x\cos x\right]_0^{\pi}\right.$

$\left.-\int_0^{\pi}(-\cos x)dx\right\}$

$=-2\left(\pi+\left[\sin x\right]_0^{\pi}\right)=\mathbf{-2\pi}$

(3) $u'=\sin x$, $v=x^2$이라고 하면

$u=-\cos x$, $v'=2x$이므로

(준 식)$=\left[-x^2\cos x\right]_0^{\pi}$

$-\int_0^{\pi}(-2x\cos x)dx$

$=\pi^2+2\int_0^{\pi}x\cos x\,dx$

다시 $u'=\cos x$, $v=x$라고 하면

$u=\sin x$, $v'=1$이므로

(준 식)$=\pi^2+2\int_0^{\pi}x\cos x\,dx$

$=\pi^2+2\left(\left[x\sin x\right]_0^{\pi}-\int_0^{\pi}\sin x\,dx\right)$

$=\pi^2+2\left[\cos x\right]_0^{\pi}=\mathbf{\pi^2-4}$

(4) $4x\sin x\cos x=2x\sin 2x$이므로

$u'=\sin 2x$, $v=x$라고 하면

$u=-\frac{1}{2}\cos 2x$, $v'=1$

$\therefore$ (준 식)$=2\int_0^{\pi}x\sin 2x\,dx$

$=2\left\{\left[-\frac{1}{2}x\cos 2x\right]_0^{\pi}\right.$

$\left.-\int_0^{\pi}\left(-\frac{1}{2}\cos 2x\right)dx\right\}$

$=-\pi+\left[\frac{1}{2}\sin 2x\right]_0^{\pi}$

$=\mathbf{-\pi}$

(5) $u'=e^{-x}$, $v=x-1$이라고 하면
$u=-e^{-x}$, $v'=1$이므로

$$(\text{준 식})=\left[-(x-1)e^{-x}\right]_0^1-\int_0^1(-e^{-x})dx$$
$$=-1+\left[-e^{-x}\right]_0^1=-\frac{1}{e}$$

(6) $u'=e^{2x}$, $v=x^2$이라고 하면
$u=\frac{1}{2}e^{2x}$, $v'=2x$이므로

$$(\text{준 식})=\left[\frac{1}{2}x^2e^{2x}\right]_0^1-\int_0^1 xe^{2x}dx$$
$$=\frac{1}{2}e^2-\int_0^1 xe^{2x}dx$$

다시 $u'=e^{2x}$, $v=x$라고 하면
$u=\frac{1}{2}e^{2x}$, $v'=1$이므로

$$(\text{준 식})=\frac{1}{2}e^2-\int_0^1 xe^{2x}dx$$
$$=\frac{1}{2}e^2-\left(\left[\frac{1}{2}xe^{2x}\right]_0^1-\int_0^1\frac{1}{2}e^{2x}dx\right)$$
$$=\frac{1}{2}e^2-\frac{1}{2}e^2+\left[\frac{1}{4}e^{2x}\right]_0^1$$
$$=\frac{1}{4}(e^2-1)$$

15-11. (1) $u'=1$, $v=\ln(x+1)$이라고 하면 $u=x$, $v'=\frac{1}{x+1}$이므로

$$(\text{준 식})=\left[x\ln(x+1)\right]_0^1-\int_0^1\frac{x}{x+1}dx$$
$$=\ln 2-\int_0^1\left(1-\frac{1}{x+1}\right)dx$$
$$=\ln 2-\left[x-\ln(x+1)\right]_0^1$$
$$=2\ln 2-1$$

***Note** $x+1=t$라고 하면 $dx=dt$이고 $x=0$일 때 $t=1$, $x=1$일 때 $t=2$이므로

$$\int_0^1\ln(x+1)\,dx=\int_1^2\ln t\,dt$$
$$=\left[t\ln t-t\right]_1^2$$
$$=2\ln 2-1$$

(2) $u'=x$, $v=\ln(2x+1)$이라고 하면
$u=\frac{1}{2}x^2$, $v'=\frac{2}{2x+1}$이므로

$$(\text{준 식})=\left[\frac{1}{2}x^2\ln(2x+1)\right]_0^1-\int_0^1\frac{x^2}{2x+1}dx$$
$$=\frac{1}{2}\ln 3-\frac{1}{4}\int_0^1\left(2x-1+\frac{1}{2x+1}\right)dx$$
$$=\frac{1}{2}\ln 3-\frac{1}{4}\left[x^2-x+\frac{1}{2}\ln(2x+1)\right]_0^1$$
$$=\frac{3}{8}\ln 3$$

(3) $u'=x^2$, $v=\ln x$라고 하면
$u=\frac{1}{3}x^3$, $v'=\frac{1}{x}$이므로

$$(\text{준 식})=\left[\frac{1}{3}x^3\ln x\right]_2^4-\int_2^4\frac{1}{3}x^3\times\frac{1}{x}dx$$
$$=\frac{64}{3}\ln 4-\frac{8}{3}\ln 2-\left[\frac{1}{9}x^3\right]_2^4$$
$$=40\ln 2-\frac{56}{9}$$

(4) $u'=\frac{1}{x^2}$, $v=\ln x$라고 하면
$u=-\frac{1}{x}$, $v'=\frac{1}{x}$이므로

$$(\text{준 식})=\left[-\frac{1}{x}\ln x\right]_1^e-\int_1^e\left(-\frac{1}{x}\right)\times\frac{1}{x}dx$$
$$=-\frac{1}{e}+\left[-\frac{1}{x}\right]_1^e=1-\frac{2}{e}$$

15-12. $\lim_{x\to1}\frac{f(x)}{\sin(x-1)}=1$에서
$f(1)=0\quad\therefore\ c=0$

또, $f(1)=0$이므로

$$\lim_{x\to1}\frac{f(x)}{\sin(x-1)}$$
$$=\lim_{x\to1}\left\{\frac{x-1}{\sin(x-1)}\times\frac{f(x)-f(1)}{x-1}\right\}$$
$$=1\times f'(1)=f'(1)$$
$$\therefore\ f'(1)=1$$

$f'(x)=2a\ln x\times\frac{1}{x}+b\times\frac{1}{x}$이므로

$$f'(1)=b \quad \therefore\ \boldsymbol{b=1}$$

따라서 $f(x)=a(\ln x)^2+\ln x$이므로

$$\int_1^e f(x)dx=\int_1^e\{a(\ln x)^2+\ln x\}dx$$
$$=a\int_1^e(\ln x)^2dx+\int_1^e\ln x\,dx$$
$$=a\Big[x(\ln x)^2\Big]_1^e-a\int_1^e 2\ln x\,dx+\int_1^e\ln x\,dx$$
$$=ae+(1-2a)\int_1^e\ln x\,dx$$
$$=ae+(1-2a)\Big[x\ln x-x\Big]_1^e$$
$$=ae+1-2a$$
$$=2e-3$$
$$\therefore\ a(e-2)=2(e-2) \quad \therefore\ \boldsymbol{a=2}$$

16-1. 구간 $[0, 2]$를 n등분하면 분점 사이의 거리가 $\frac{2}{n}$이므로 양 끝 점과 각 분점의 x좌표는 왼쪽부터

$$0,\ \frac{2}{n},\ \frac{4}{n},\ \frac{6}{n},\ \cdots,\ \frac{2n}{n}$$

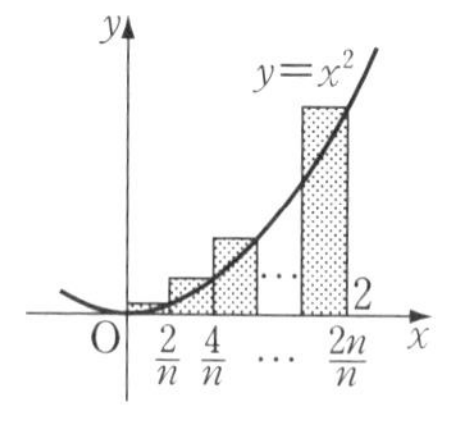

n등분한 각 소구간의 오른쪽 끝 점의 함숫값을 세로의 길이로 하는 직사각형을 각각 만들고, 이들의 넓이의 합을 S_n이라고 하면

$$S_n=\left(\frac{2}{n}\right)^2\frac{2}{n}+\left(\frac{4}{n}\right)^2\frac{2}{n}+\cdots+\left(\frac{2n}{n}\right)^2\frac{2}{n}$$
$$=\frac{2}{n^3}\{2^2+4^2+\cdots+(2n)^2\}$$
$$=\frac{2}{n^3}\times4(1^2+2^2+\cdots+n^2)$$
$$=\frac{2}{n^3}\times4\times\frac{n(n+1)(2n+1)}{6}$$
$$=\frac{4n(n+1)(2n+1)}{3n^3}$$

따라서 구하는 넓이는

$$\lim_{n\to\infty}S_n=\lim_{n\to\infty}\frac{4n(n+1)(2n+1)}{3n^3}=\boldsymbol{\frac{8}{3}}$$

16-2.

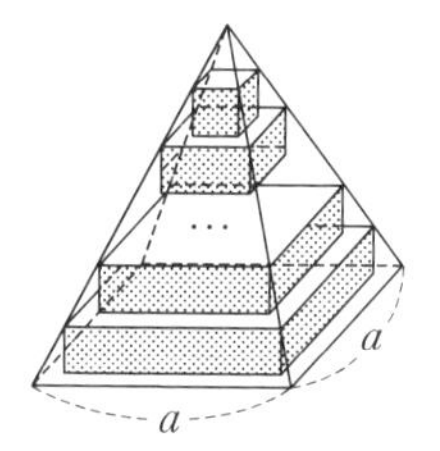

정사각뿔을 밑면에 평행한 같은 간격의 평면으로 n개의 부분으로 나누어 위의 그림과 같이 $(n-1)$개의 사각기둥을 만들고, 이들의 부피의 합을 V_n이라고 하면

$$V_n=\left(\frac{a}{n}\right)^2\frac{h}{n}+\left(\frac{2a}{n}\right)^2\frac{h}{n}+\cdots+\left\{\frac{(n-1)a}{n}\right\}^2\frac{h}{n}$$
$$=\frac{a^2h}{n^3}\{1^2+2^2+\cdots+(n-1)^2\}$$
$$=a^2h\times\frac{(n-1)n(2n-1)}{6n^3}$$

따라서 구하는 부피는

$$\lim_{n\to\infty}V_n=\lim_{n\to\infty}\left\{a^2h\times\frac{(n-1)n(2n-1)}{6n^3}\right\}$$
$$=\boldsymbol{\frac{1}{3}a^2h}$$

16-3. (1) (준 식)

$$=\lim_{n\to\infty}\sum_{k=1}^{n}\left\{\sqrt{\frac{1}{1+(k/n)}}\times\frac{1}{n}\right\}$$

$$=\int_0^1\frac{1}{\sqrt{1+x}}dx$$

$$=\Big[2\sqrt{1+x}\Big]_0^1=\mathbf{2\sqrt{2}-2}$$

(2) (준 식)$=\int_0^1\sin\pi x\,dx$

$$=\Big[-\frac{1}{\pi}\cos\pi x\Big]_0^1=\boldsymbol{\frac{2}{\pi}}$$

(3) (준 식)$=\int_0^1(e^x+1)dx=\Big[e^x+x\Big]_0^1$

$$=\boldsymbol{e}$$

16-4. (준 식)$=\int_0^1 f(2+x)\times 4\,dx$

$$=4\int_0^1\{3(2+x)^2+2(2+x)\}dx$$

$$=4\int_0^1(3x^2+14x+16)dx$$

$$=4\Big[x^3+7x^2+16x\Big]_0^1=\mathbf{96}$$

******Note*** 다음과 같이 풀 수도 있다.

(준 식)$=\int_2^3 f(x)\times 4\,dx$

$$=4\int_2^3(3x^2+2x)dx$$

$$=4\Big[x^3+x^2\Big]_2^3=\mathbf{96}$$

16-5. (1) (준 식)

$$=\lim_{n\to\infty}\sum_{k=1}^{n}\left(\frac{\sqrt{n}}{n^2}\times\sqrt{2n+k}\right)$$

$$=\lim_{n\to\infty}\sum_{k=1}^{n}\left(\sqrt{2+\frac{k}{n}}\times\frac{1}{n}\right)$$

$$=\int_0^1\sqrt{2+x}\,dx$$

$$=\Big[\frac{2}{3}(2+x)\sqrt{2+x}\Big]_0^1$$

$$=\boldsymbol{\frac{2}{3}(3\sqrt{3}-2\sqrt{2})}$$

(2) (준 식)$=\lim_{n\to\infty}\sum_{k=1}^{n}\left(\frac{\sqrt{n}}{n+k}\right)^2$

$$=\lim_{n\to\infty}\sum_{k=1}^{n}\left(\frac{1}{1+\frac{k}{n}}\right)^2\frac{1}{n}$$

$$=\int_0^1\left(\frac{1}{1+x}\right)^2dx$$

$$=\Big[-\frac{1}{1+x}\Big]_0^1=\boldsymbol{\frac{1}{2}}$$

(3) (준 식)$=\lim_{n\to\infty}\sum_{k=1}^{n}\frac{k}{n^2+k^2}$

$$=\lim_{n\to\infty}\sum_{k=1}^{n}\left\{\frac{\frac{k}{n}}{1+\left(\frac{k}{n}\right)^2}\times\frac{1}{n}\right\}$$

$$=\int_0^1\frac{x}{1+x^2}dx$$

$$=\Big[\frac{1}{2}\ln(1+x^2)\Big]_0^1=\boldsymbol{\frac{1}{2}\ln 2}$$

(4) (준 식)$=\lim_{n\to\infty}\sum_{k=1}^{n}\frac{n}{n^2+k^2}$

$$=\lim_{n\to\infty}\sum_{k=1}^{n}\left\{\frac{1}{1+\left(\frac{k}{n}\right)^2}\times\frac{1}{n}\right\}$$

$$=\int_0^1\frac{1}{1+x^2}dx$$

$x=\tan\theta\left(-\frac{\pi}{2}<\theta<\frac{\pi}{2}\right)$라고 하면 $dx=\sec^2\theta\,d\theta$이고 $x=0$일 때 $\theta=0$, $x=1$일 때 $\theta=\frac{\pi}{4}$이므로

(준 식)$=\int_0^{\frac{\pi}{4}}\frac{\sec^2\theta}{1+\tan^2\theta}d\theta=\int_0^{\frac{\pi}{4}}1\,d\theta$

$$=\Big[\theta\Big]_0^{\frac{\pi}{4}}=\boldsymbol{\frac{\pi}{4}}$$

16-6. (1) (준 식)$=\lim_{n\to\infty}\sum_{k=1}^{n}\frac{1}{n}e^{\frac{k}{n}}$

$$=\int_0^1 e^x dx=\Big[e^x\Big]_0^1$$

$$=\boldsymbol{e-1}$$

(2) (준 식)$=\lim_{n\to\infty}\sum_{k=1}^{n}\left(\frac{\pi^2}{n^2}\times k\sin\frac{\pi k}{n}\right)$

$$=\lim_{n\to\infty}\sum_{k=1}^{n}\left(\frac{\pi k}{n}\sin\frac{\pi k}{n}\times\frac{\pi}{n}\right)$$

$$=\int_0^{\pi}x\sin x\,dx$$

$$=\Big[-x\cos x\Big]_0^{\pi}+\int_0^{\pi}\cos x\,dx$$
$$=\pi+\Big[\sin x\Big]_0^{\pi}=\boldsymbol{\pi}$$

16-7. (준 식)$=\lim_{n\to\infty}\sum_{k=0}^{n-1} f\left(1+\frac{ek}{n}\right)\frac{e}{n}$

$$=\int_1^{1+e} f(x)dx$$
$$=\int_1^{1+e}\ln x\,dx$$
$$=\Big[x\ln x-x\Big]_1^{1+e}$$
$$=\boldsymbol{(1+e)\ln(1+e)-e}$$

16-8. (1) $S=1^5+2^5+3^5+\cdots+n^5$이라고 하자.

그림 ① 그림 ②

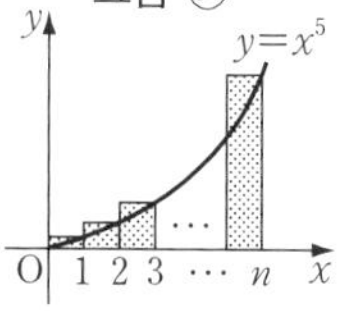

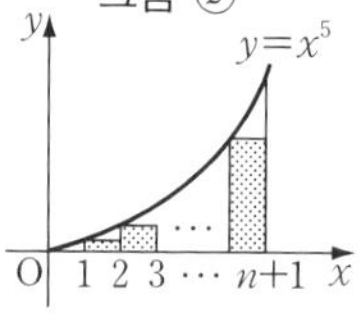

그림 ①에서

$$S>\int_0^n x^5dx=\left[\frac{1}{6}x^6\right]_0^n=\frac{1}{6}n^6$$

그림 ②에서

$$S<\int_0^{n+1} x^5dx=\left[\frac{1}{6}x^6\right]_0^{n+1}=\frac{1}{6}(n+1)^6$$

$$\therefore\ \frac{1}{6}n^6<S<\frac{1}{6}(n+1)^6$$

(2) $S=1+\frac{1}{2}+\frac{1}{3}+\cdots+\frac{1}{n}$이라고 하자.

그림 ① 그림 ②

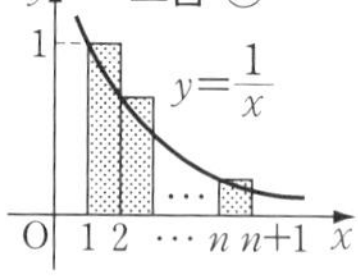

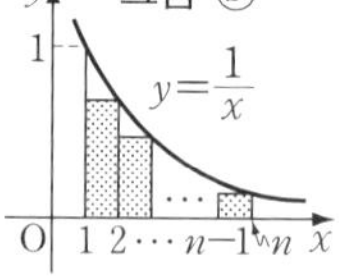

그림 ①에서

$$S>\int_1^{n+1}\frac{1}{x}dx=\Big[\ln|x|\Big]_1^{n+1}=\ln(n+1)$$

그림 ②에서

$$S-1<\int_1^n\frac{1}{x}dx=\Big[\ln|x|\Big]_1^n=\ln n$$

$$\therefore\ S<1+\ln n$$

$$\therefore\ \ln(n+1)<S<1+\ln n$$

* ***Note*** 그림 ②에서

$$\frac{1}{2}+\frac{1}{3}+\cdots+\frac{1}{n}<\int_1^n\frac{1}{x}dx$$

양변에 1을 더하면

$$1+\frac{1}{2}+\frac{1}{3}+\cdots+\frac{1}{n}<1+\int_1^n\frac{1}{x}dx$$

16-9. (1) $\int|t-2|\,dt=F(t)+C$라고 하면

$$F'(t)=|t-2|$$

$$\therefore\ (\text{준 식})=\lim_{x\to0}\frac{F(x)-F(0)}{x-0}=F'(0)$$
$$=|-2|=\boldsymbol{2}$$

(2) $\int t^3e^tdt=F(t)+C$라고 하면

$$F'(t)=t^3e^t$$

$$\therefore\ (\text{준 식})=\lim_{x\to2}\frac{F(x)-F(2)}{x-2}=F'(2)$$
$$=\boldsymbol{8e^2}$$

(3) $\int\sqrt{2+3t^2}\,dt=F(t)+C$라고 하면

$$F'(t)=\sqrt{2+3t^2}$$

$$\therefore\ (\text{준 식})=\lim_{x\to0}\frac{F(-x)-F(0)}{x-0}$$
$$=\lim_{x\to0}\left\{\frac{F(-x)-F(0)}{-x-0}\times(-1)\right\}$$
$$=-F'(0)=\boldsymbol{-\sqrt{2}}$$

(4) $\int(3^t-t)dt=F(t)+C$라고 하면

$$F'(t)=3^t-t$$

$$\therefore\ (\text{준 식})=\lim_{x\to1}\frac{F(x^3)-F(1)}{x^2-1}$$
$$=\lim_{x\to1}\left\{\frac{F(x^3)-F(1)}{x^3-1}\times\frac{x^3-1}{x^2-1}\right\}$$
$$=\lim_{x\to1}\left\{\frac{F(x^3)-F(1)}{x^3-1}\times\frac{(x-1)(x^2+x+1)}{(x-1)(x+1)}\right\}$$

$=F'(1)\times\frac{3}{2}=2\times\frac{3}{2}=\mathbf{3}$

16-10. (1) $\int(e^{x-2}+3x)dx=F(x)+C$ 라고 하면

$$F'(x)=e^{x-2}+3x$$

$$\therefore (\text{준 식})=\lim_{h\to0}\frac{F(2+2h)-F(2)}{h}$$

$$=\lim_{h\to0}\left\{\frac{F(2+2h)-F(2)}{2h}\times2\right\}$$

$$=2F'(2)=2\times7=\mathbf{14}$$

(2) $\int x\sin x\,dx=F(x)+C$ 라고 하면

$$F'(x)=x\sin x$$

$$\therefore (\text{준 식})=\lim_{h\to0}\frac{F\left(\frac{\pi}{2}+h\right)-F\left(\frac{\pi}{2}-h\right)}{h}$$

$$=\lim_{h\to0}\left\{\frac{F\left(\frac{\pi}{2}+h\right)-F\left(\frac{\pi}{2}\right)}{h}+\frac{F\left(\frac{\pi}{2}-h\right)-F\left(\frac{\pi}{2}\right)}{-h}\right\}$$

$$=F'\left(\frac{\pi}{2}\right)+F'\left(\frac{\pi}{2}\right)=2F'\left(\frac{\pi}{2}\right)$$

$$=2\times\frac{\pi}{2}=\boldsymbol{\pi}$$

(3) $\int\frac{|x-3|}{x^2+2}dx=F(x)+C$ 라고 하면

$$F'(x)=\frac{|x-3|}{x^2+2}$$

$\frac{1}{t}=h$로 치환하면 $t\longrightarrow\infty$일 때 $h\longrightarrow0+$ 이므로

$$(\text{준 식})=\lim_{h\to0+}\frac{1}{h}\int_0^{2h}\frac{|x-3|}{x^2+2}dx$$

$$=\lim_{h\to0+}\frac{F(2h)-F(0)}{h}$$

$$=\lim_{h\to0+}\left\{\frac{F(2h)-F(0)}{2h}\times2\right\}$$

$$=2F'(0)=2\times\frac{3}{2}=\mathbf{3}$$

16-11. 준 식에 $x=a$를 대입하면

$$0=e^{2a}-3e^a+2$$

곧, $(e^a)^2-3e^a+2=0$

$\therefore (e^a-1)(e^a-2)=0 \quad \therefore e^a=1, 2$

$$\therefore \boldsymbol{a=0,\ \ln2}$$

또, 준 식의 양변을 x에 관하여 미분하면 $\boldsymbol{f(x)=2e^{2x}-3e^x}$

16-12. $2x-1=z$라고 하면 $x=\frac{1}{2}(z+1)$ 이므로 준 식은

$$\int_a^z f(t)dt=\frac{1}{4}(z^2-2z-3)\quad\cdots ㉮$$

$z=a$를 대입하면

$$0=\frac{1}{4}(a^2-2a-3)$$

$$\therefore (a+1)(a-3)=0$$

$a>0$이므로 $a=3$

또, ㉮의 양변을 z에 관하여 미분하면

$$f(z)=\frac{1}{2}z-\frac{1}{2}$$

$$\therefore f(a)=f(3)=\frac{3}{2}-\frac{1}{2}=\mathbf{1}$$

**Note* 준 식의 양변을 x에 관하여 미분하면

$$f(2x-1)\times(2x-1)'=2x-2$$

$$\therefore f(2x-1)=x-1$$

$2x-1=t$라고 하면 $x=\frac{1}{2}(t+1)$

$$\therefore f(t)=\frac{1}{2}(t+1)-1=\frac{1}{2}t-\frac{1}{2}$$

$$\therefore f(x)=\frac{1}{2}x-\frac{1}{2}$$

16-13. $f(x)=e^x+x-\int_0^x f'(t)e^t dt$ ……㉮

양변을 x에 관하여 미분하면

$$f'(x)=e^x+1-f'(x)e^x$$

$$\therefore (e^x+1)f'(x)=e^x+1$$

$\therefore f'(x)=1 \quad \therefore f(x)=x+C$

한편 ㉮에 $x=0$을 대입하면

$f(0)=1 \quad \therefore f(0)=0+C=1$

$\therefore$ C=1 $\quad\therefore$ $\boldsymbol{f(x)=x+1}$

16-14. 준 식의 양변을 x에 관하여 미분하면

$$f(x)+xf'(x)=2xe^{-x}-x^2e^{-x}+f(x)$$

$$\therefore\ xf'(x)=2xe^{-x}-x^2e^{-x}$$

$x>0$이므로 $\quad f'(x)=2e^{-x}-xe^{-x}$

$$\therefore\ f(x)=\int f'(x)dx$$
$$=\int(2e^{-x}-xe^{-x})dx$$
$$=-2e^{-x}-\left(-xe^{-x}+\int e^{-x}dx\right)$$
$$=-2e^{-x}+xe^{-x}+e^{-x}+C$$
$$=xe^{-x}-e^{-x}+C$$

한편 $f'(x)=0$에서 $x=2$이고 $f(x)$의 극값이 $\dfrac{1}{e^2}$이므로

$$f(2)=\frac{2}{e^2}-\frac{1}{e^2}+C=\frac{1}{e^2}\quad\therefore\ C=0$$

$$\therefore\ \boldsymbol{f(x)=xe^{-x}-e^{-x}}$$

16-15. $\displaystyle\int_0^x(x-t)f(t)dt=\sin^3x$ 에서

$$x\int_0^x f(t)dt-\int_0^x tf(t)dt=\sin^3x$$

양변을 x에 관하여 미분하면

$$\int_0^x f(t)dt+xf(x)-xf(x)=3\sin^2x\cos x$$

$$\therefore\ \int_0^x f(t)dt=3\sin^2x\cos x$$

다시 양변을 x에 관하여 미분하면

$$f(x)=6\sin x\cos x\cos x+3\sin^2x(-\sin x)$$
$$=3\sin x(2\cos^2x-\sin^2x)$$
$$=\boldsymbol{3\sin x(2-3\sin^2x)}$$

16-16. $\displaystyle g(x)=\int_0^x(x-t)f'(t)dt$

$$=x\int_0^x f'(t)dt-\int_0^x tf'(t)dt$$

따라서

$$g'(x)=\int_0^x f'(t)dt+xf'(x)-xf'(x)$$
$$=\int_0^x f'(t)dt=\Big[f(t)\Big]_0^x$$
$$=f(x)-f(0)$$

$$\therefore\ g'(1)=f(1)-f(0)=2-1=\mathbf{1}$$

16-17. $\displaystyle g(x)=\int_1^x t\{f(x)-f(t)\}dt$

$$=f(x)\int_1^x t\,dt-\int_1^x tf(t)dt$$

따라서

$$g'(x)=f'(x)\int_1^x t\,dt+f(x)\times x-xf(x)$$
$$=f'(x)\left[\frac{1}{2}t^2\right]_1^x=\frac{1}{2}(x^2-1)f'(x)$$

$f'(x)=\ln x+1$이므로

$$g'(e)=\frac{1}{2}(e^2-1)f'(e)$$
$$=\frac{1}{2}(e^2-1)\times2=\boldsymbol{e^2-1}$$

17-1. 구하는 넓이를 S라고 하자.

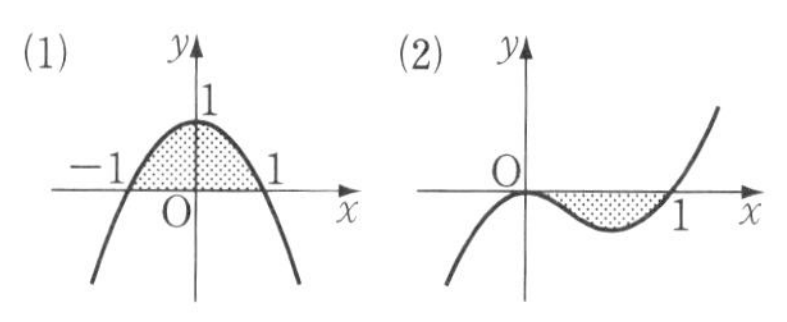

(1) $\displaystyle S=\int_{-1}^1 y\,dx=\int_{-1}^1(1-x^2)dx=\frac{\mathbf{4}}{\mathbf{3}}$

(2) $\displaystyle S=-\int_0^1 y\,dx=-\int_0^1(x^3-x^2)dx$

$$=\frac{\mathbf{1}}{\mathbf{12}}$$

17-2.

곡선 $y=x(a-x)$와 x축으로 둘러싸인 도형의 넓이를 S라고 하면

$$S=\int_0^a y\,dx=\int_0^a x(a-x)dx=\frac{1}{6}a^3$$

$$\therefore\ \frac{1}{6}a^3=\frac{2}{3}\quad\therefore\ a^3=4$$

a는 실수이므로 $\quad\boldsymbol{a=\sqrt[3]{4}}$

17-3. 구하는 넓이를 S라고 하자.

(1)

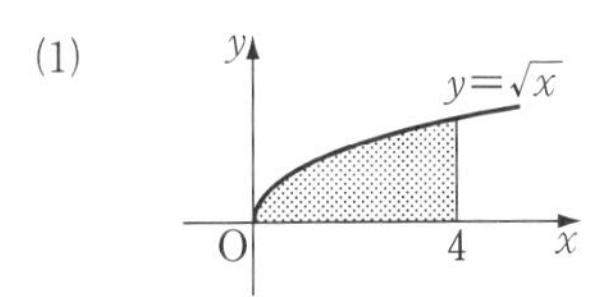

$0\le x\le 4$ 에서 $\quad y=\sqrt{x}\ge 0$

$\therefore\ \mathrm{S}=\int_0^4 \sqrt{x}\,dx=\left[\frac{2}{3}x\sqrt{x}\right]_0^4=\boldsymbol{\frac{16}{3}}$

(2)

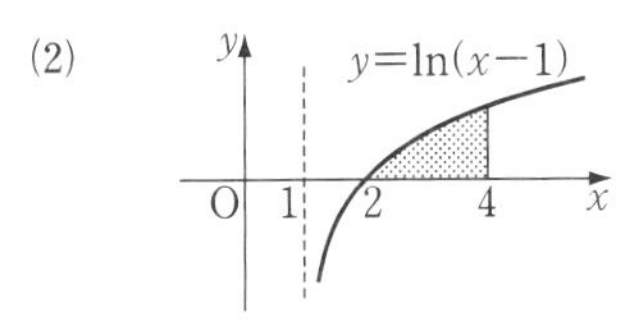

$2\le x\le 4$ 에서 $\quad y=\ln(x-1)\ge 0$

$\therefore\ \mathrm{S}=\int_2^4 \ln(x-1)dx \quad \Leftarrow x-1=t$

$=\int_1^3 \ln t\,dt=\left[t\ln t-t\right]_1^3$

$=\boldsymbol{3\ln 3-2}$

(3)

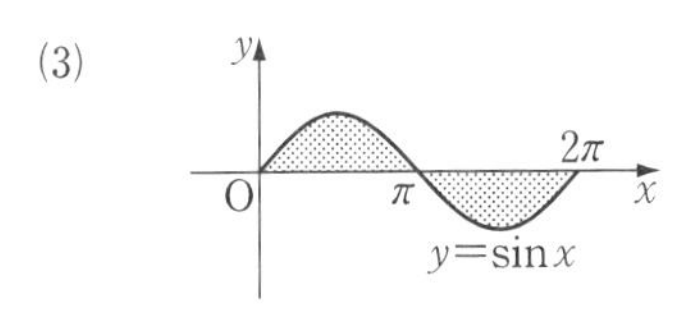

$y=\sin x\,(0\le x\le 2\pi)$ 에서

$0\le x\le \pi$ 일 때 $\quad y\ge 0,$

$\pi\le x\le 2\pi$ 일 때 $\quad y\le 0$

$\therefore\ \mathrm{S}=\int_0^{\pi}\sin x\,dx-\int_{\pi}^{2\pi}\sin x\,dx$

$=\left[-\cos x\right]_0^{\pi}-\left[-\cos x\right]_{\pi}^{2\pi}$

$=\boldsymbol{4}$

(4) $0\le x\le \frac{\pi}{3}$ 에서 $\quad y=\tan x\ge 0$

$\therefore\ \mathrm{S}=\int_0^{\frac{\pi}{3}}\tan x\,dx=\int_0^{\frac{\pi}{3}}\frac{\sin x}{\cos x}dx$

$=\left[-\ln|\cos x|\right]_0^{\frac{\pi}{3}}=\boldsymbol{\ln 2}$

17-4. 구하는 넓이를 S라고 하자.

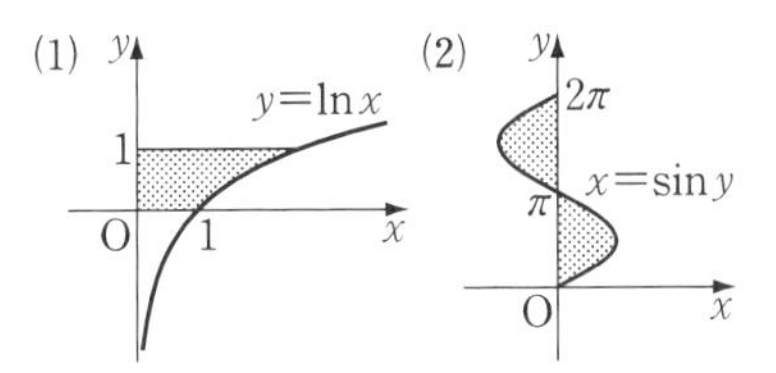

(1) $y=\ln x$ 에서 $\quad x=e^y$

$\therefore\ \mathrm{S}=\int_0^1 x\,dy=\int_0^1 e^y dy=\left[e^y\right]_0^1$

$=\boldsymbol{e-1}$

(2) $0\le y\le \pi$ 에서 $\sin y\ge 0$ 이고,

$\pi\le y\le 2\pi$ 에서 $\sin y\le 0$ 이므로

$\mathrm{S}=\int_0^{\pi}x\,dy-\int_{\pi}^{2\pi}x\,dy$

$=\int_0^{\pi}\sin y\,dy-\int_{\pi}^{2\pi}\sin y\,dy$

$=\left[-\cos y\right]_0^{\pi}-\left[-\cos y\right]_{\pi}^{2\pi}$

$=\boldsymbol{4}$

(3)

$y=\frac{1}{1+x^2}$

$\therefore\ \mathrm{S}=\int_0^{\sqrt{3}}y\,dx=\int_0^{\sqrt{3}}\frac{1}{1+x^2}dx$

$x=\tan\theta\left(-\frac{\pi}{2}<\theta<\frac{\pi}{2}\right)$ 라고 하면

$dx=\sec^2\theta\,d\theta$ 이고 $x=0$ 일 때 $\theta=0,$

$x=\sqrt{3}$ 일 때 $\theta=\frac{\pi}{3}$ 이므로

$\mathrm{S}=\int_0^{\frac{\pi}{3}}\frac{1}{1+\tan^2\theta}\times\sec^2\theta\,d\theta$

$=\int_0^{\frac{\pi}{3}}1\,d\theta=\left[\theta\right]_0^{\frac{\pi}{3}}=\boldsymbol{\frac{\pi}{3}}$

17-5. $f'(x)=3x^2+1>0$ 이므로 $y=f(x)$ 의 그래프는 점 (0, 2)를 지나고 증가하는 곡선이다.

또, $y=g(x)$ 의 그래프는 $y=f(x)$ 의 그래프와 직선 $y=x$ 에 대하여 대칭이므로 $y=f(x)$, $y=g(x)$의 그래프는 아래와 같다.

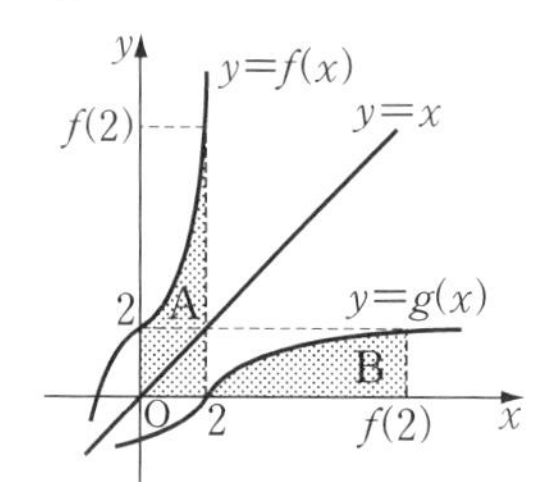

따라서 정적분

$\int_0^2 f(x)dx$, $\int_2^{f(2)} g(x)dx$ ⇦ $f(2)=12$

의 값은 각각 위의 그림에서 점 찍은 부분 A, B의 넓이와 같으므로 두 부분의 넓이의 합은 네 점 (0, 0), (2, 0), (2, 12), (0, 12)를 꼭짓점으로 하는 직사각형의 넓이와 같다.

$$\therefore \text{(준 식)}=\int_0^2 f(x)dx+\int_2^{f(2)} g(x)dx$$
$$=2\times12=\mathbf{24}$$

17-6. 구하는 넓이를 S라고 하자.

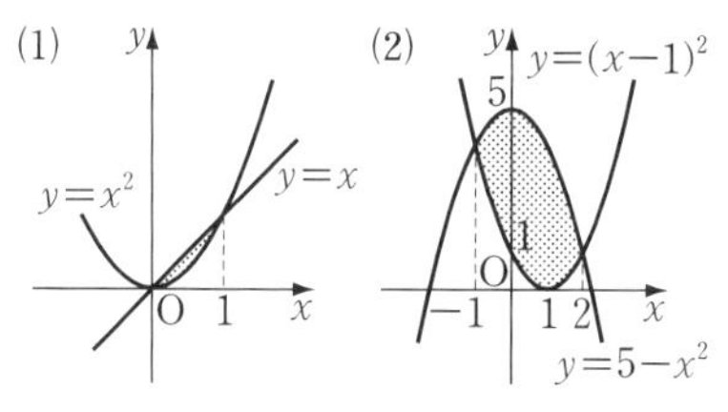

(1) 곡선과 직선의 교점의 x좌표는

$x^2=x$에서 $x=0,\ 1$

$$\therefore \text{S}=\int_0^1 (x-x^2)dx=\mathbf{\frac{1}{6}}$$

(2) 두 곡선의 교점의 x좌표는

$(x-1)^2=5-x^2$에서 $x=-1,\ 2$

$$\therefore \text{S}=\int_{-1}^2 \{(5-x^2)-(x-1)^2\}dx$$
$$=\int_{-1}^2 (-2x^2+2x+4)dx=\mathbf{9}$$

(3) 두 곡선의 교점의 x좌표는

$2x^2-7x+5=-x^2+5x-4$

에서 $x=1,\ 3$

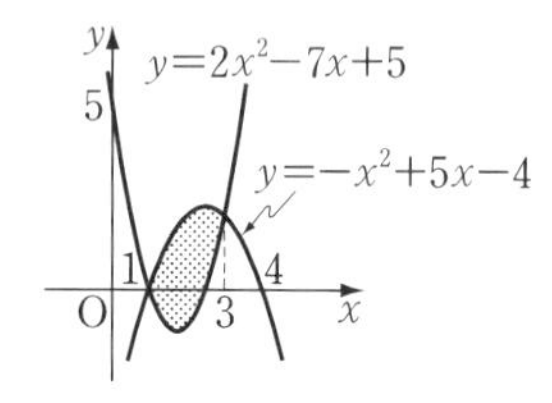

$$\therefore \text{S}=\int_1^3 \{(-x^2+5x-4)-(2x^2-7x+5)\}dx$$
$$=\int_1^3 (-3x^2+12x-9)dx$$
$$=\mathbf{4}$$

17-7. 구하는 넓이를 S라고 하자.

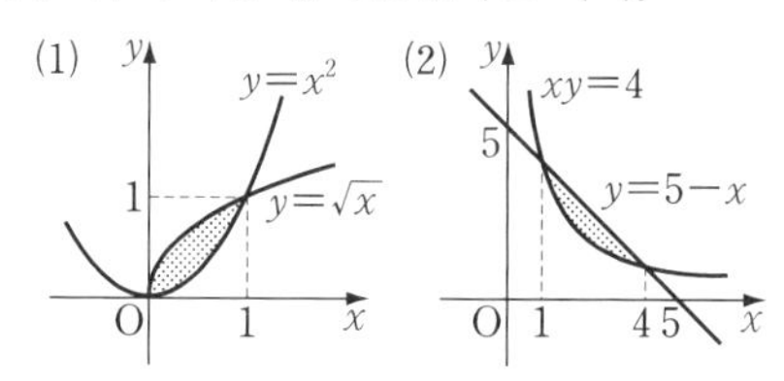

(1) 두 곡선의 교점의 x좌표는

$\sqrt{x}=x^2$에서 $x=x^4$

$\therefore x(x^3-1)=0 \quad \therefore x=0,\ 1$

$$\therefore \text{S}=\int_0^1 (\sqrt{x}-x^2)dx$$
$$=\left[\frac{2}{3}x\sqrt{x}-\frac{1}{3}x^3\right]_0^1=\mathbf{\frac{1}{3}}$$

(2) 곡선과 직선의 교점의 x좌표는

$\frac{4}{x}=5-x$에서 $4=5x-x^2$

$\therefore x=1,\ 4$

$$\therefore \text{S}=\int_1^4 \left(5-x-\frac{4}{x}\right)dx$$
$$=\left[5x-\frac{1}{2}x^2-4\ln|x|\right]_1^4$$
$$=\mathbf{\frac{15}{2}-8\ln 2}$$

(3) 두 곡선의 교점의 x좌표는

$e^x=xe^x$에서 $x=1$

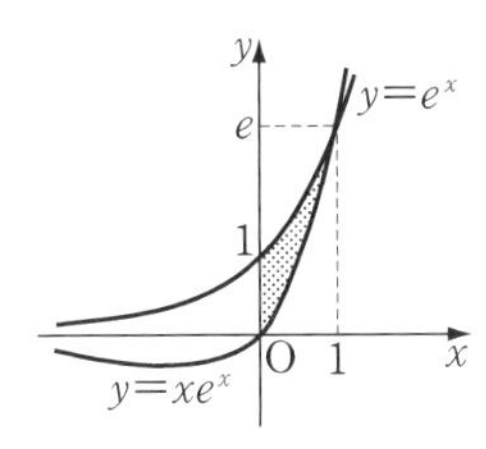

$$\therefore\ S=\int_0^1(e^x-xe^x)dx$$
$$=\Big[e^x\Big]_0^1-\Big[xe^x\Big]_0^1+\int_0^1 e^x dx$$
$$=e-1-e+\Big[e^x\Big]_0^1=\mathbf{e-2}$$

(4) 곡선과 직선의 교점의 x좌표는
$xe^{1-x}=x$에서 $x(e^{1-x}-1)=0$
$\therefore\ x=0,\ 1$

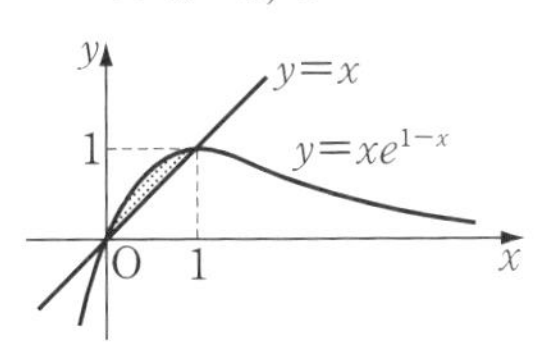

$$\therefore\ S=\int_0^1(xe^{1-x}-x)dx$$
$$=\Big[-xe^{1-x}-e^{1-x}-\frac{1}{2}x^2\Big]_0^1$$
$$=\boldsymbol{e-\frac{5}{2}}$$

(5) 두 곡선의 교점의 x좌표는
$1+\ln x=\dfrac{1}{x}$에서 $x=1$

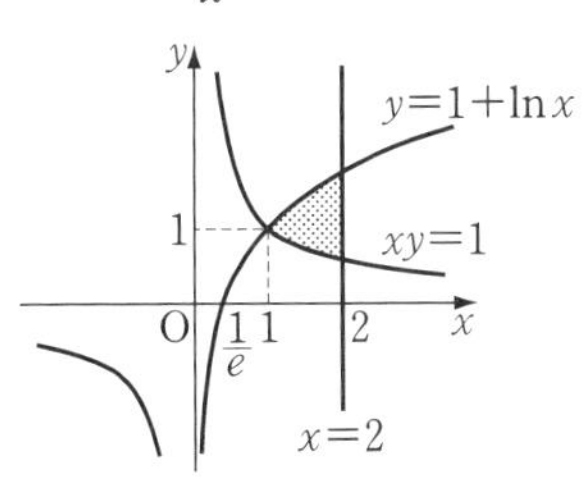

$$\therefore\ S=\int_1^2\Big(1+\ln x-\frac{1}{x}\Big)dx$$
$$=\Big[x\ln x-\ln|x|\Big]_1^2=\mathbf{\ln 2}$$

17-8. 구하는 넓이를 S라고 하자.

(1) 두 곡선의 교점의 x좌표는
$\sin x=\cos x$에서 $x=\dfrac{\pi}{4},\ \dfrac{5}{4}\pi$

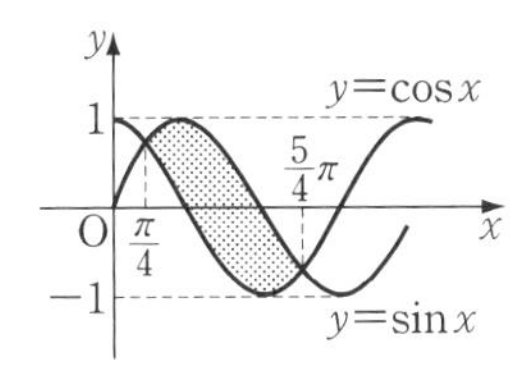

$$\therefore\ S=\int_{\frac{\pi}{4}}^{\frac{5}{4}\pi}(\sin x-\cos x)dx$$
$$=\Big[-\cos x-\sin x\Big]_{\frac{\pi}{4}}^{\frac{5}{4}\pi}=\mathbf{2\sqrt{2}}$$

(2) 두 곡선의 교점의 x좌표는
$\cos x=\cos 2x$에서
$\cos x=2\cos^2 x-1$
$\therefore\ (2\cos x+1)(\cos x-1)=0$
$\therefore\ \cos x=-\dfrac{1}{2},\ 1$ $\therefore\ x=0,\ \dfrac{2}{3}\pi$

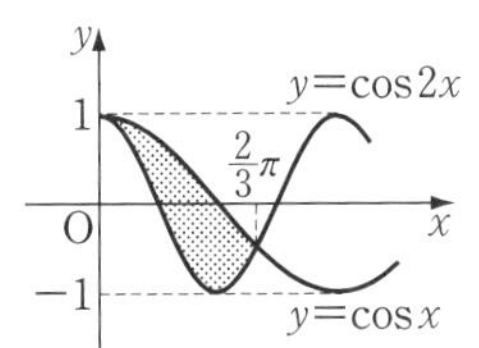

$$\therefore\ S=\int_0^{\frac{2}{3}\pi}(\cos x-\cos 2x)dx$$
$$=\Big[\sin x-\frac{1}{2}\sin 2x\Big]_0^{\frac{2}{3}\pi}=\boldsymbol{\frac{3\sqrt{3}}{4}}$$

(3) 곡선과 직선의 교점의 x좌표는
$x+2\sin x=x$에서 $\sin x=0$
$\therefore\ x=0,\ \pi,\ 2\pi$

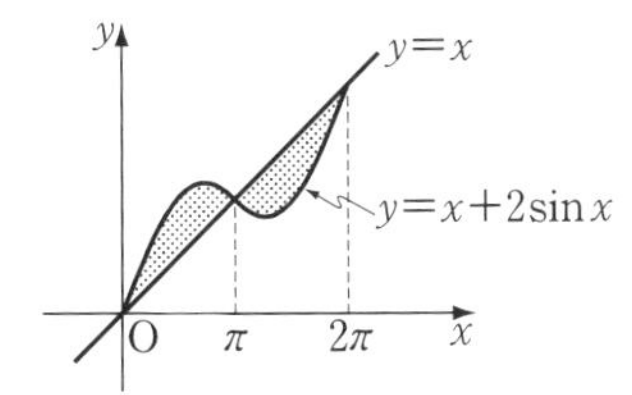

$$\therefore\ S=\int_0^{\pi}(x+2\sin x-x)dx$$
$$+\int_{\pi}^{2\pi}(x-x-2\sin x)dx$$
$$=\Big[-2\cos x\Big]_0^{\pi}+\Big[2\cos x\Big]_{\pi}^{2\pi}=8$$

17-9. 구하는 넓이를 S라고 하자.

(1) 곡선과 직선의 교점의 y좌표는
$y^2=4$에서 $y=2$ ($\because$ $y\geq0$)

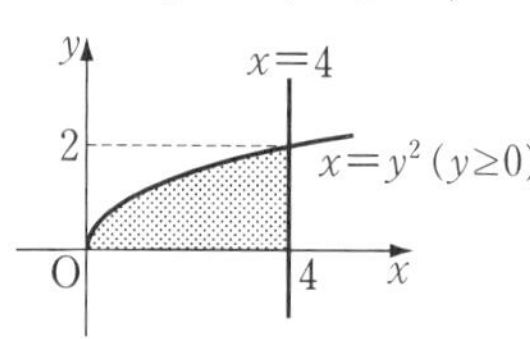

$$\therefore\ S=\int_0^2(4-y^2)dy=\mathbf{\frac{16}{3}}$$

***Note** $\int_0^4\sqrt{x}\,dx$를 계산해도 된다.

⇦ 유제 **17**-3의 (1)

(2) $y=\sqrt{x}$ 에서 $x=y^2$ ($y\geq0$)
곡선과 직선의 교점의 y좌표는
$y^2=y+2$에서 $y=2$ ($\because$ $y\geq0$)

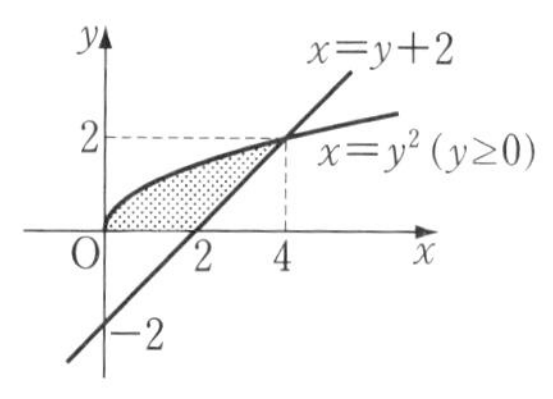

$$\therefore\ S=\int_0^2(y+2-y^2)dy=\mathbf{\frac{10}{3}}$$

(3) 곡선과 직선의 교점의 y좌표는
$-y^2=3y-4$에서 $y=-4,\ 1$

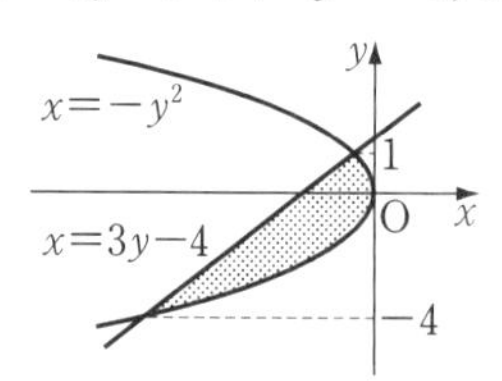

$$\therefore\ S=\int_{-4}^1\left\{-y^2-(3y-4)\right\}dy=\mathbf{\frac{125}{6}}$$

17-10. $y'=-\dfrac{1}{x}$이므로 곡선 위의 점 $(e,\ -1)$에서의 접선의 방정식은
$$y+1=-\frac{1}{e}(x-e)\qquad\therefore\ x=-ey$$
또, $y=-\ln x$에서 $x=e^{-y}$

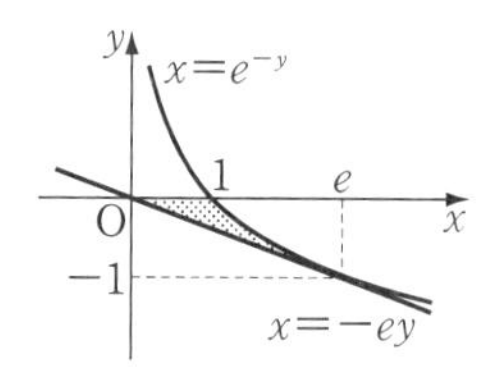

구하는 넓이를 S라고 하면
$$S=\int_{-1}^0\left\{e^{-y}-(-ey)\right\}dy$$
$$=\Big[-e^{-y}+\frac{1}{2}ey^2\Big]_{-1}^0=\mathbf{\frac{1}{2}(e-2)}$$

17-11. $y'=e^x$이므로 곡선 위의 점 $(t,\ e^t)$에서의 접선의 방정식은
$$y-e^t=e^t(x-t)$$
이 직선이 원점 (0, 0)을 지나므로
$$0-e^t=e^t(0-t)\qquad\therefore\ t=1$$
따라서 접선의 방정식은 $y=ex$이고, 접점의 좌표는 $(1,\ e)$이다.

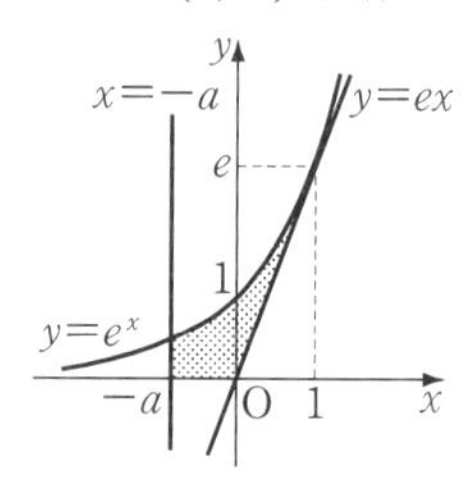

$$\therefore\ S(a)=\int_{-a}^1e^xdx-\frac{1}{2}\times1\times e$$
$$=\Big[e^x\Big]_{-a}^1-\frac{1}{2}e=\frac{1}{2}e-\frac{1}{e^a}$$
$$\therefore\ \lim_{a\to\infty}S(a)=\lim_{a\to\infty}\left(\frac{1}{2}e-\frac{1}{e^a}\right)=\mathbf{\frac{1}{2}e}$$

17-12. $f'(x)=3x^2+2x+1>0$에서 $f(x)$는 증가함수이고, 두 곡선 $y=f(x)$와

$y=g(x)$는 직선 $y=x$에 대하여 대칭이므로 두 곡선의 교점의 x좌표는 곡선 $y=f(x)$와 직선 $y=x$의 교점의 x좌표와 같다.

따라서 $x^3+x^2+x=x$에서

$x^2(x+1)=0 \quad \therefore \ x=0$(중근), -1

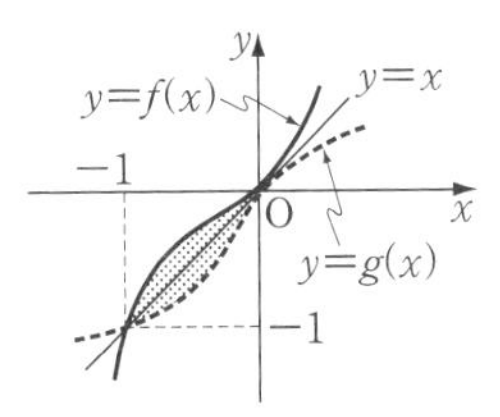

구하는 넓이를 S라고 하면

$$S=2\int_{-1}^{0}\{(x^3+x^2+x)-x\}\,dx=\mathbf{\frac{1}{6}}$$

17-13. (1) $f(x)=ax^2$, $g(x)=\ln x$라고 하면 $f'(x)=2ax$, $g'(x)=\dfrac{1}{x}$

따라서 접점의 x좌표를 t라고 하면

$f(t)=g(t)$, $f'(t)=g'(t)$

이므로

$at^2=\ln t \quad \cdots ① \qquad 2at=\dfrac{1}{t} \quad \cdots ②$

②에서 $at^2=\dfrac{1}{2}$을 ①에 대입하면

$t=\sqrt{e} \quad \therefore \ \boldsymbol{a=\dfrac{1}{2e}}$ ($\because$ ②)

(2)

구하는 넓이를 S라고 하면

$$S=\int_{0}^{\sqrt{e}}\frac{1}{2e}x^2dx-\int_{1}^{\sqrt{e}}\ln x\,dx$$
$$=\left[\frac{1}{6e}x^3\right]_{0}^{\sqrt{e}}-\Big[x\ln x-x\Big]_{1}^{\sqrt{e}}$$
$$=\mathbf{\frac{2}{3}\sqrt{e}-1}$$

18-1. 수면의 높이가 t일 때 수면의 넓이를 $S(t)$라고 하면, 높이가 x일 때 물의 부피는 $\int_{0}^{x}S(t)dt$이므로

$$\int_{0}^{x}S(t)dt=2x^3+4x$$

양변을 x에 관하여 미분하면

$$S(x)=6x^2+4$$

$\therefore \ S(3)=6\times3^2+4=\mathbf{58}$ $(\mathbf{cm^2})$

18-2. 수면의 높이가 t일 때 수면의 넓이를 $S(t)$라고 하면, 높이가 x일 때 물의 부피는 $\int_{0}^{x}S(t)dt$이므로

$$\int_{0}^{x}S(t)dt=x^3-2x^2+3x$$

양변을 x에 관하여 미분하면

$$S(x)=3x^2-4x+3$$

$S(x)=S\left(\dfrac{1}{2}x\right)$이므로

$$3x^2-4x+3=3\left(\frac{1}{2}x\right)^2-4\left(\frac{1}{2}x\right)+3$$

$\therefore \ 9x^2-8x=0$

$x>0$이므로 $\quad \boldsymbol{x=\dfrac{8}{9}}$

18-3. 뿔의 꼭짓점 O를 원점, O에서 밑면을 포함하는 면에 내린 수선을 x축으로 하여 x좌표가 x인 점을 지나고 x축에 수직인 평면으로 뿔을 자른 단면의 넓이를 $S(x)$라고 하면

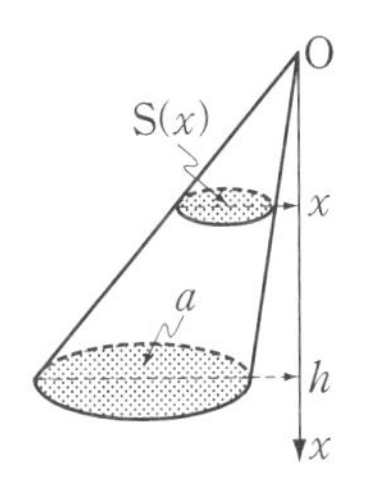

$S(x) : a=x^2 : h^2 \quad \therefore \ S(x)=\dfrac{a}{h^2}x^2$

따라서 구하는 부피를 V라고 하면

$$V=\int_{0}^{h}S(x)dx=\int_{0}^{h}\frac{a}{h^2}x^2dx=\mathbf{\frac{1}{3}ah}$$

18-4. 물의 부피를 V라고 하면

$$V=\int_{0}^{10}(x^2+2x+2)dx=\mathbf{\frac{1360}{3}}\ (\mathbf{cm^3})$$

18-5. 높이가 x일 때 단면의 넓이가 $\sin^2 x$이므로 구하는 부피를 V라고 하면

$$V=\int_0^{\pi}\sin^2 x\,dx=\int_0^{\pi}\frac{1-\cos 2x}{2}dx$$
$$=\frac{1}{2}\left[x-\frac{1}{2}\sin 2x\right]_0^{\pi}=\boldsymbol{\frac{\pi}{2}}$$

18-6. 아래 그림과 같이 밑면을 좌표평면으로 하여 밑면의 지름 AB를 x축, 밑면의 중심 O를 원점으로 하자.

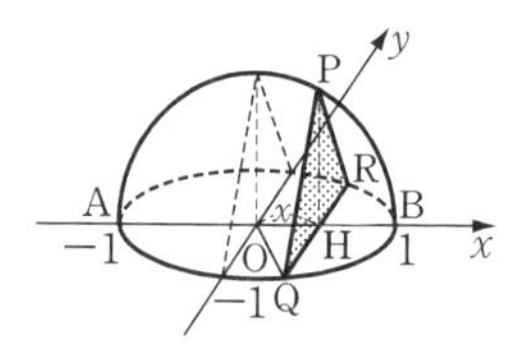

x축 위에 점 $\mathrm{H}(x,\ 0)\,(-1\le x\le 1)$을 잡고, 점 H를 지나고 x축에 수직인 평면으로 자른 입체의 단면의 넓이를 $\mathrm{S}(x)$라고 하면

$$\overline{\mathrm{QH}}^2=\overline{\mathrm{OQ}}^2-\overline{\mathrm{OH}}^2=1-x^2$$

$\therefore\ \overline{\mathrm{QH}}=\sqrt{1-x^2}\qquad\therefore\ \overline{\mathrm{QR}}=2\sqrt{1-x^2}$

$$\therefore\ \mathrm{S}(x)=\triangle\mathrm{PQR}=\frac{\sqrt{3}}{4}\left(2\sqrt{1-x^2}\right)^2$$
$$=\sqrt{3}\,(1-x^2)$$

따라서 구하는 부피를 V라고 하면

$$V=\int_{-1}^{1}\mathrm{S}(x)dx=2\int_0^1\mathrm{S}(x)dx$$
$$=2\int_0^1\sqrt{3}\,(1-x^2)dx=\boldsymbol{\frac{4\sqrt{3}}{3}}$$

18-7.

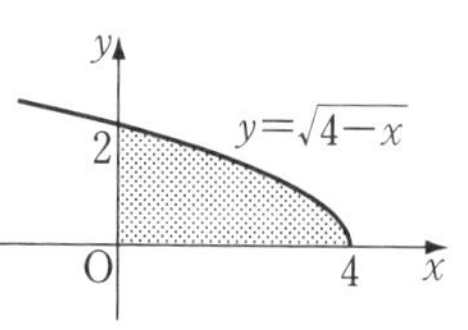

x축에 수직인 평면으로 자른 단면인 반원의 넓이를 $\mathrm{S}(x)$라고 하면

$$\mathrm{S}(x)=\frac{1}{2}\times\pi\left(\frac{y}{2}\right)^2=\frac{\pi}{2}\left(\frac{\sqrt{4-x}}{2}\right)^2$$
$$=\frac{\pi}{8}(4-x)$$

따라서 구하는 부피를 V라고 하면

$$V=\int_0^4\mathrm{S}(x)dx=\int_0^4\frac{\pi}{8}(4-x)dx$$
$$=\boldsymbol{\pi}$$

18-8. 이등변삼각형의 넓이를 $\mathrm{S}(x)$라고 하면

$$\mathrm{S}(x)=\frac{1}{2}\sin x\cos x=\frac{1}{4}\sin 2x$$

따라서 구하는 부피를 V라고 하면

$$V=\int_0^{\frac{\pi}{2}}\mathrm{S}(x)dx=\int_0^{\frac{\pi}{2}}\frac{1}{4}\sin 2x\,dx$$
$$=\left[-\frac{1}{8}\cos 2x\right]_0^{\frac{\pi}{2}}=\boldsymbol{\frac{1}{4}}$$

18-9.

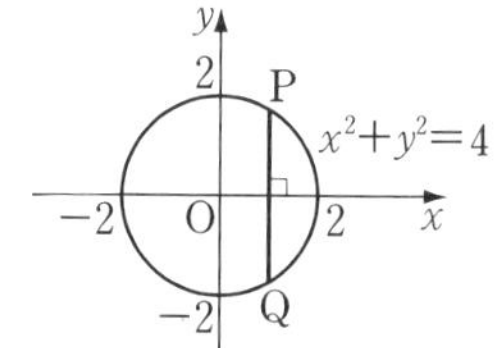

정사각형 PQRS의 넓이를 $\mathrm{S}(x)$라고 하면 한 변의 길이가 $2y$이므로

$$\mathrm{S}(x)=(2y)^2=4y^2=16-4x^2$$

따라서 구하는 부피를 V라고 하면

$$V=\int_{-2}^{2}\mathrm{S}(x)dx=\int_{-2}^{2}(16-4x^2)dx$$
$$=2\int_0^2(16-4x^2)dx=\boldsymbol{\frac{128}{3}}$$

18-10.

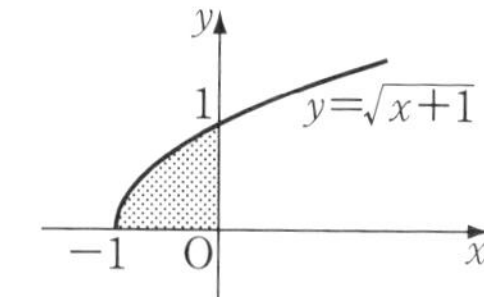

(1) $V_x=\pi\int_{-1}^{0}y^2dx=\pi\int_{-1}^{0}(x+1)dx=\boldsymbol{\frac{\pi}{2}}$

(2) $y=\sqrt{x+1}$ 에서 $\quad x=y^2-1\ (y\ge 0)$

$$\therefore\ V_y=\pi\int_0^1 x^2dy$$
$$=\pi\int_0^1(y^4-2y^2+1)dy=\boldsymbol{\frac{8}{15}\pi}$$

18-11.

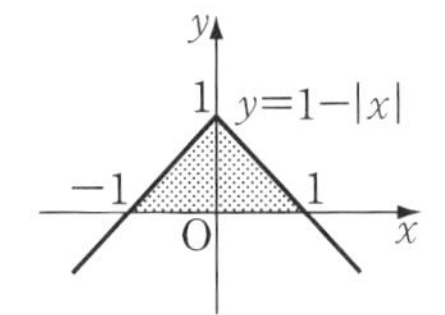

(1) $V_x=\pi\int_{-1}^{1} y^2dx=2\pi\int_0^1 y^2dx$

$=2\pi\int_0^1(1-x)^2dx=\boldsymbol{\frac{2}{3}\pi}$

(2) $V_y=\pi\int_0^1 x^2dy=\pi\int_0^1(1-y)^2dy$

$=\boldsymbol{\frac{\pi}{3}}$

***Note** 밑면의 반지름의 길이가 1이고 높이가 1인 원뿔의 부피를 생각해도 된다.

18-12. $\pi\int_1^2 y^2dx=7\pi$에서

(좌변)$=\pi\int_1^2 a^2x^2dx=\frac{7}{3}\pi a^2$

이므로 $\frac{7}{3}\pi a^2=7\pi$ $\therefore\ a^2=3$

$a>0$이므로 $\boldsymbol{a=\sqrt{3}}$

18-13. 반지름의 길이가 r인 구의 부피는 원 $x^2+y^2=r^2$을 x축 둘레로 회전시킨 입체의 부피와 같으므로, 구의 부피를 V라고 하면

$V=\pi\int_{-r}^{r} y^2dx=\pi\int_{-r}^{r}(r^2-x^2)dx$

$=2\pi\int_0^r(r^2-x^2)dx=\boldsymbol{\frac{4}{3}\pi r^3}$

18-14. 구하는 부피를 V라고 하자.

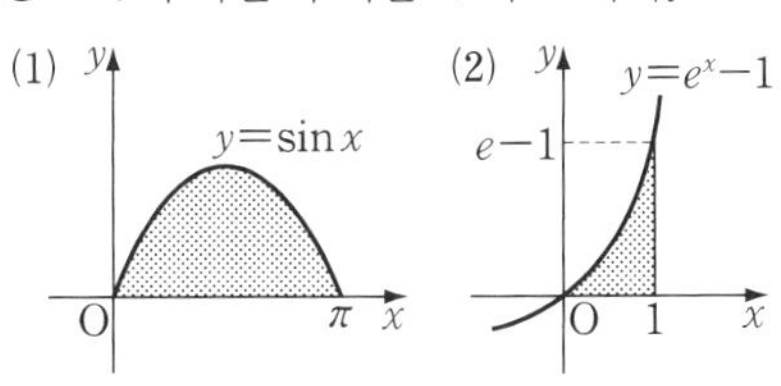

(1) $V=\pi\int_0^{\pi} y^2dx=\pi\int_0^{\pi}\sin^2 x\,dx$

$=\pi\int_0^{\pi}\frac{1-\cos 2x}{2}dx$

$=\pi\Big[\frac{1}{2}x-\frac{1}{4}\sin 2x\Big]_0^{\pi}=\boldsymbol{\frac{\pi^2}{2}}$

(2) $V=\pi\int_0^1 y^2dx=\pi\int_0^1(e^x-1)^2dx$

$=\pi\int_0^1(e^{2x}-2e^x+1)dx$

$=\pi\Big[\frac{1}{2}e^{2x}-2e^x+x\Big]_0^1$

$=\boldsymbol{\frac{\pi}{2}(e^2-4e+5)}$

18-15. 구하는 부피를 V라고 하자.

(1)

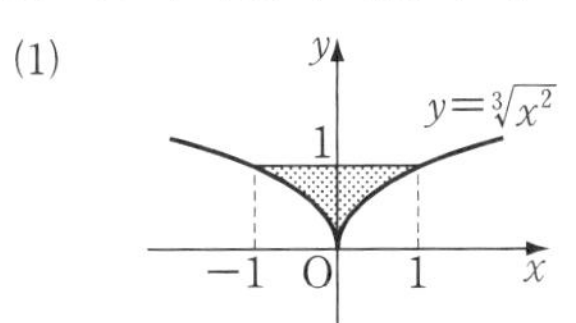

$y=\sqrt[3]{x^2}$에서 $x^2=y^3$

$\therefore\ V=\pi\int_0^1 x^2dy=\pi\int_0^1 y^3dy=\boldsymbol{\frac{\pi}{4}}$

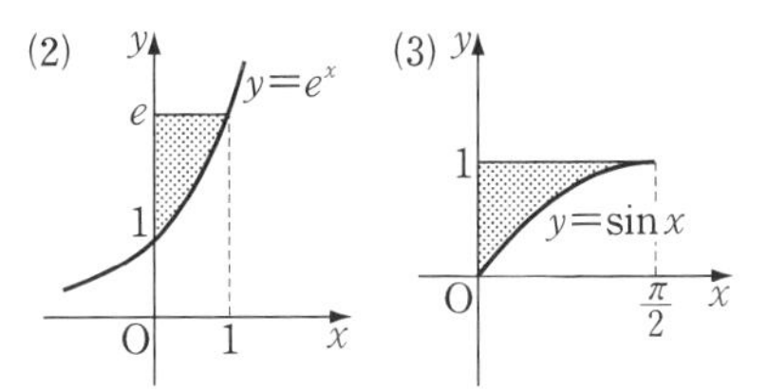

(2) $y=e^x$에서 $x=\ln y$

$\therefore\ V=\pi\int_1^e x^2dy=\pi\int_1^e(\ln y)^2dy$

$=\pi\Big\{\Big[y(\ln y)^2\Big]_1^e$

$-\int_1^e y\times 2\ln y\times\frac{1}{y}dy\Big\}$

$=\pi\Big(e-2\int_1^e \ln y\,dy\Big)$

$=\pi\Big(e-2\Big[y\ln y-y\Big]_1^e\Big)$

$=\boldsymbol{\pi(e-2)}$

***Note** $y=e^x$에서 $dy=e^xdx$이므로

$$\mathrm{V}=\pi\int_1^e x^2dy=\pi\int_0^1 x^2e^xdx$$

를 계산해도 된다.

(3) $y=\sin x$ 에서 $dy=\cos x\,dx$

$$\therefore\ \mathrm{V}=\pi\int_0^1 x^2dy=\pi\int_0^{\frac{\pi}{2}}x^2\cos x\,dx$$

$$=\pi\left(\left[x^2\sin x\right]_0^{\frac{\pi}{2}}-\int_0^{\frac{\pi}{2}}2x\sin x\,dx\right)$$

$$=\pi\left(\frac{\pi^2}{4}-2\left[-x\cos x\right]_0^{\frac{\pi}{2}}-2\int_0^{\frac{\pi}{2}}\cos x\,dx\right)$$

$$=\pi\left(\frac{\pi^2}{4}-2\left[\sin x\right]_0^{\frac{\pi}{2}}\right)$$

$$=\boldsymbol{\frac{\pi^3}{4}-2\pi}$$

18-16. 구하는 부피를 V라고 하자.

(1) 곡선과 직선의 교점의 x좌표는

$\sqrt{x+2}=x$ 에서 $x+2=x^2$

$\therefore\ (x-2)(x+1)=0 \quad \therefore\ x=2$

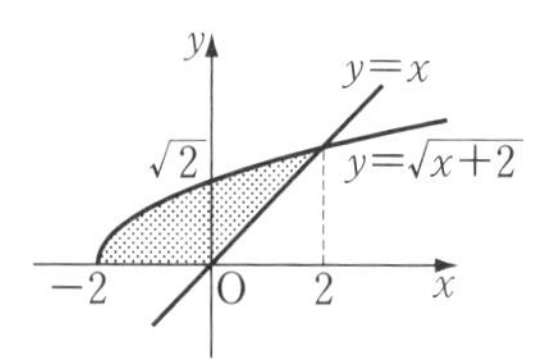

$$\therefore\ \mathrm{V}=\pi\int_{-2}^2\left(\sqrt{x+2}\right)^2dx-\pi\int_0^2 x^2dx$$

$$=\boldsymbol{\frac{16}{3}\pi}$$

(2) 두 곡선의 교점의 x좌표는

$x^2=2-x^2$ 에서 $x^2=1$

$\therefore\ x=-1,\ 1$

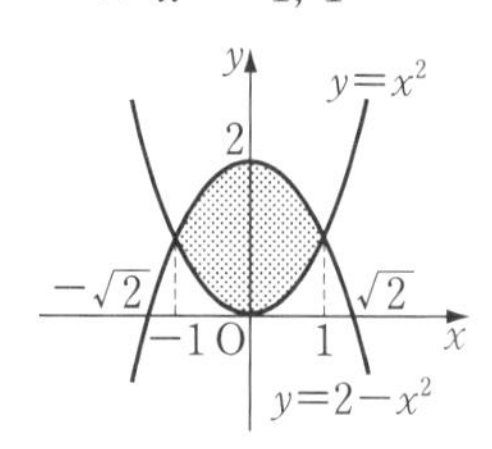

$$\therefore\ \mathrm{V}=2\pi\int_0^1(2-x^2)^2dx-2\pi\int_0^1(x^2)^2dx$$

$$=2\pi\int_0^1(4-4x^2)dx$$

$$=\boldsymbol{\frac{16}{3}\pi}$$

(3) 두 곡선의 교점의 x좌표는

$\sqrt{2}\cos x=\tan x$ 에서

$$\sqrt{2}\cos x=\frac{\sin x}{\cos x}$$

$\therefore\ \sqrt{2}\cos^2x=\sin x$

$\therefore\ \sqrt{2}(1-\sin^2x)=\sin x$

$\therefore\ (\sqrt{2}\sin x-1)(\sin x+\sqrt{2})=0$

$\therefore\ \sin x=\dfrac{1}{\sqrt{2}} \quad \therefore\ x=\dfrac{\pi}{4}$

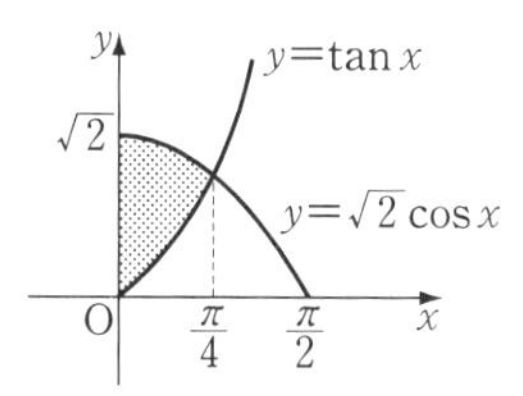

$$\therefore\ \mathrm{V}=\pi\int_0^{\frac{\pi}{4}}(\sqrt{2}\cos x)^2dx-\pi\int_0^{\frac{\pi}{4}}\tan^2x\,dx$$

$$=\pi\int_0^{\frac{\pi}{4}}(1+\cos 2x)dx-\pi\int_0^{\frac{\pi}{4}}(\sec^2x-1)dx$$

$$=\pi\left[x+\frac{1}{2}\sin 2x\right]_0^{\frac{\pi}{4}}-\pi\left[\tan x-x\right]_0^{\frac{\pi}{4}}$$

$$=\boldsymbol{\frac{\pi}{2}(\pi-1)}$$

18-17. 구하는 부피를 V라고 하자.

(1) $y=\sqrt{x+1}$ 에서

$x=y^2-1\ (y\ge 0)$

곡선과 직선의 교점의 y좌표는

$y^2-1=y-1$ 에서 $y=0,\ 1$

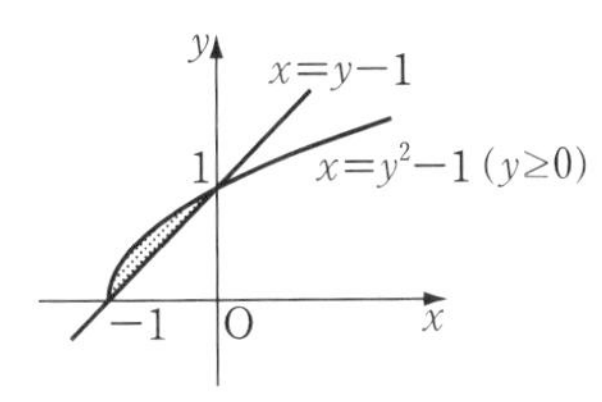

$$\therefore\ V=\pi\int_0^1 (y^2-1)^2dy-\pi\int_0^1 (y-1)^2dy=\frac{\pi}{5}$$

(2) 두 곡선의 교점의 y좌표는

$y=\left(\frac{y^2}{8}\right)^2$에서 $y^4=64y$

$\therefore\ y(y-4)(y^2+4y+16)=0$

$\therefore\ y=0,\ 4$

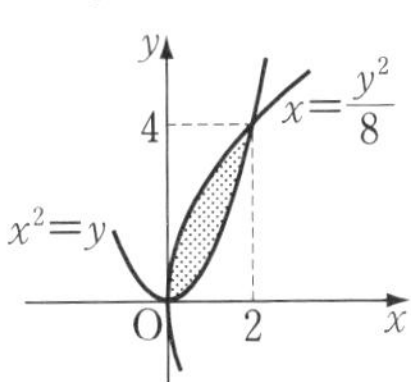

$$\therefore\ V=\pi\int_0^4 y\,dy-\pi\int_0^4\left(\frac{y^2}{8}\right)^2dy=\frac{24}{5}\pi$$

(3) $x\le-1,\ x\ge1$일 때,

$y=x^2-1$에서 $x^2=y+1$

$-1\le x\le1$일 때,

$y=-x^2+1$에서 $x^2=-y+1$

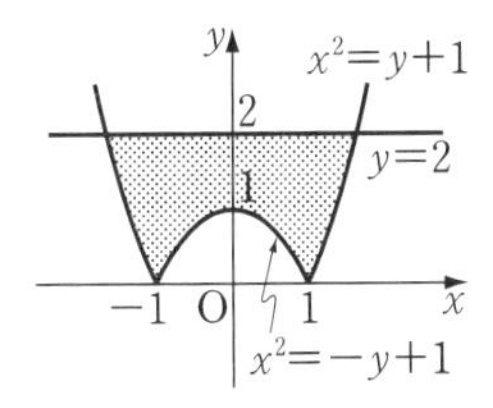

$$\therefore\ V=\pi\int_0^2 (y+1)dy-\pi\int_0^1(-y+1)dy=\frac{7}{2}\pi$$

(4) 두 곡선의 교점의 y좌표는

$y=\frac{1}{2}y+1$에서 $y=2$

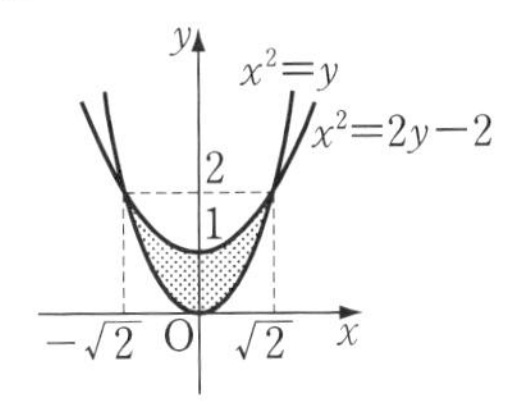

$$\therefore\ V=\pi\int_0^2 y\,dy-\pi\int_1^2(2y-2)dy=\pi$$

(5) 두 곡선의 교점의 y좌표는

$2y+y^2=3$에서 $y=1$ ($\because$ $y\ge0$)

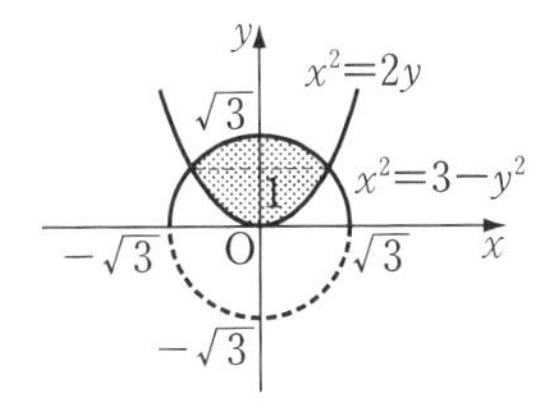

$$\therefore\ V=\pi\int_0^1 2y\,dy+\pi\int_1^{\sqrt{3}}(3-y^2)dy=\frac{6\sqrt{3}-5}{3}\pi$$

18-18. 구하는 부피를 V라고 하자.

(1) 곡선과 직선의 교점의 x좌표는

$x^2+x=x+1$에서 $x=-1,\ 1$

또, $-x^2-x=x+1$에서

$x=-1$ (중근)

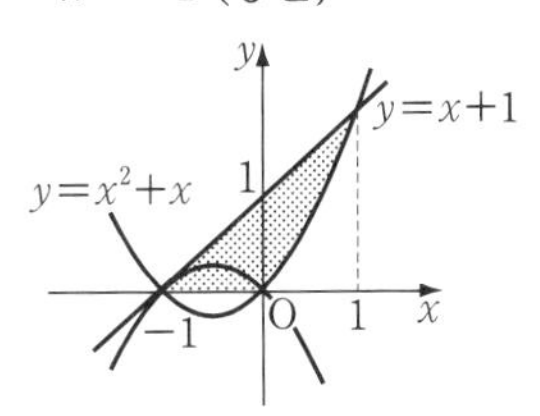

$$\therefore\ V=\pi\int_{-1}^1 (x+1)^2dx-\pi\int_0^1(x^2+x)^2dx$$

$$=2\pi\int_0^1(x^2+1)dx-\pi\int_0^1(x^4+2x^3+x^2)dx$$

$$=\mathbf{\frac{49}{30}\pi}$$

(2) 곡선과 직선의 교점의 x좌표는

$x^2=x+2$에서 $x=-1,\ 2$

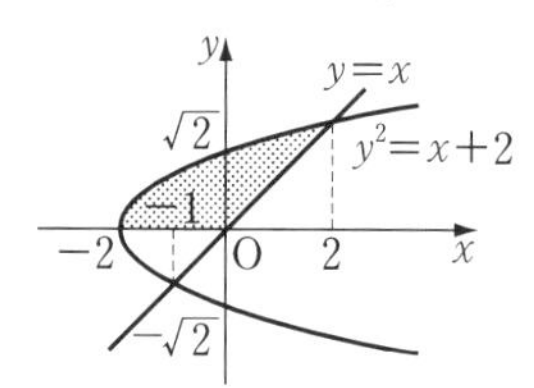

$$\therefore\ \mathrm{V}=\pi\int_{-2}^{2}(x+2)dx-\pi\int_0^2 x^2dx$$

$$=2\pi\int_0^2 2\,dx-\pi\int_0^2 x^2dx$$

$$=\mathbf{\frac{16}{3}\pi}$$

(3) 곡선과 직선의 교점의 x좌표는

$-x^2+2x=-x$에서 $x=0,\ 3$

또, $x^2-2x=-x$에서 $x=0,\ 1$

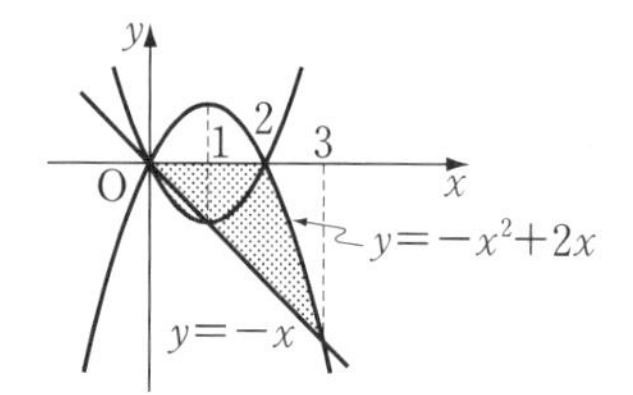

$$\therefore\ \mathrm{V}=\pi\int_0^1(-x^2+2x)^2dx+\pi\int_1^3(-x)^2dx-\pi\int_2^3(-x^2+2x)^2dx$$

$$=\mathbf{\frac{20}{3}\pi}$$

(4) 두 곡선의 교점의 x좌표는

$\sin x=\cos x$에서 $x=\frac{\pi}{4},\ \frac{5}{4}\pi$

또, $\sin x=-\cos x$에서 $x=\frac{3}{4}\pi$

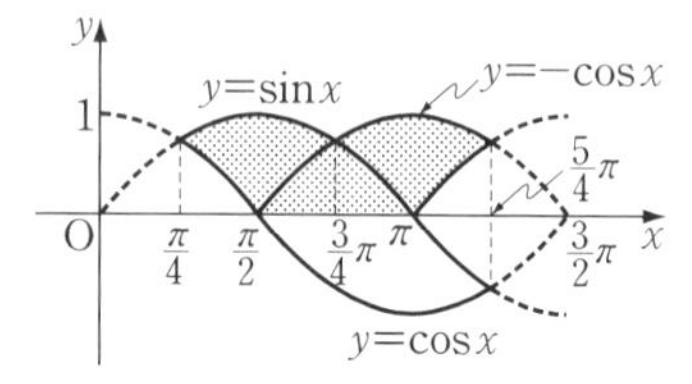

$$\therefore\ \mathrm{V}=2\pi\left(\int_{\frac{\pi}{4}}^{\frac{3}{4}\pi}\sin^2x\,dx-\int_{\frac{\pi}{4}}^{\frac{\pi}{2}}\cos^2x\,dx\right)$$

$$=2\pi\left(\int_{\frac{\pi}{4}}^{\frac{3}{4}\pi}\frac{1-\cos 2x}{2}dx-\int_{\frac{\pi}{4}}^{\frac{\pi}{2}}\frac{1+\cos 2x}{2}dx\right)$$

$$=2\pi\left(\left[\frac{x}{2}-\frac{\sin 2x}{4}\right]_{\frac{\pi}{4}}^{\frac{3}{4}\pi}-\left[\frac{x}{2}+\frac{\sin 2x}{4}\right]_{\frac{\pi}{4}}^{\frac{\pi}{2}}\right)$$

$$=\mathbf{\frac{\pi}{4}(\pi+6)}$$

18-19. $y=\frac{1}{4}x^2$에서 $y'=\frac{1}{2}x$이므로 곡선 위의 점 $\left(a,\ \frac{1}{4}a^2\right)$에서의 접선의 방정식은

$$y-\frac{1}{4}a^2=\frac{1}{2}a(x-a)\quad\cdots\cdots ㉠$$

이 직선이 점 (1, 0)을 지나므로

$$0-\frac{1}{4}a^2=\frac{1}{2}a(1-a)\quad\therefore\ a=0,\ 2$$

㉠에 대입하면 접선의 방정식은

$$y=0,\ y=x-1$$

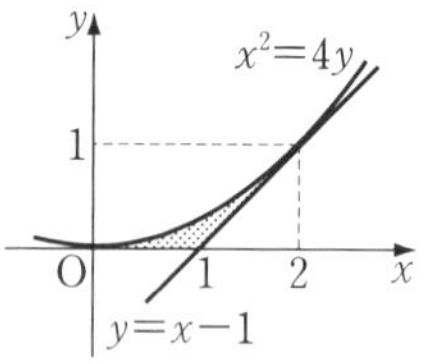

따라서

$$\mathrm{V}_x=\pi\int_0^2\left(\frac{1}{4}x^2\right)^2dx-\pi\int_1^2(x-1)^2dx$$

$$=\mathbf{\frac{\pi}{15}},$$

$$V_y=\pi\int_0^1(y+1)^2dy-\pi\int_0^1 4y\,dy=\boldsymbol{\frac{\pi}{3}}$$

18-20. 직선 $y=x+a$와 포물선 $y^2=12x$가 접하므로

$$(x+a)^2=12x$$

곧, $x^2+2(a-6)x+a^2=0$ ……㉠

이 중근을 가진다.

$\therefore$ $D/4=(a-6)^2-a^2=0$ $\therefore$ $a=3$

이 값을 ㉠에 대입하면

$$x^2-6x+9=0 \quad \therefore\ x=3$$

따라서 접점의 x좌표는 3이다.

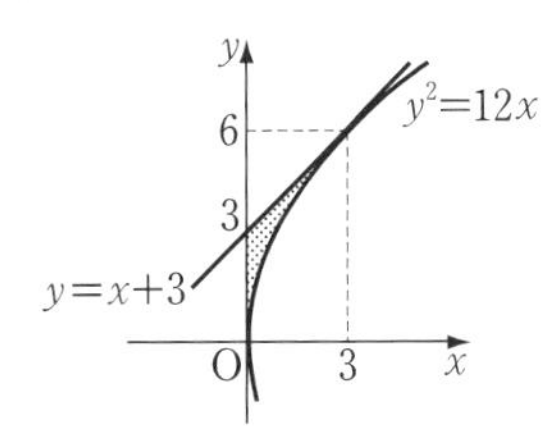

$$\therefore\ V=\pi\int_0^3(x+3)^2dx-\pi\int_0^3 12x\,dx$$
$$=\boldsymbol{9\pi}$$

18-21. $y'=\dfrac{1}{x}$이므로 곡선 위의 점 $(a,\ \ln a)$에서의 접선의 방정식은

$$y-\ln a=\frac{1}{a}(x-a) \quad \cdots\cdots㉠$$

이 직선이 원점 $(0,\ 0)$을 지나므로

$$0-\ln a=\frac{1}{a}(0-a) \quad \therefore\ a=e$$

㉠에 대입하면 접선의 방정식은

$$y=\frac{1}{e}x$$

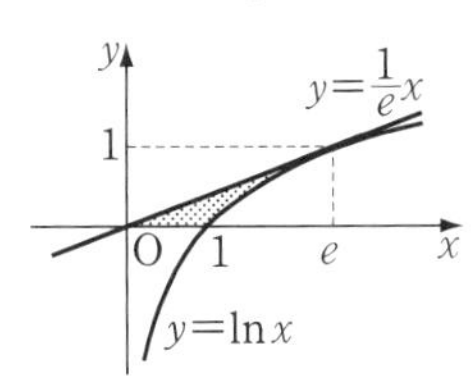

$$\therefore\ V_x=\pi\int_0^e\left(\frac{1}{e}x\right)^2dx-\pi\int_1^e(\ln x)^2dx$$

$$=\pi\left[\frac{1}{3e^2}x^3\right]_0^e-\pi\left\{\left[x(\ln x)^2\right]_1^e-\int_1^e x\times 2\ln x\times\frac{1}{x}dx\right\}$$

$$=\frac{1}{3}\pi e-\pi\left(e-2\left[x\ln x-x\right]_1^e\right)$$

$$=\boldsymbol{\frac{2}{3}\pi(3-e)}$$

또, $y=\ln x$에서 $x=e^y$, $y=\dfrac{1}{e}x$에서 $x=ey$이므로

$$V_y=\pi\int_0^1(e^y)^2dy-\pi\int_0^1(ey)^2dy$$

$$=\pi\left[\frac{1}{2}e^{2y}\right]_0^1-\pi\left[\frac{1}{3}e^2y^3\right]_0^1$$

$$=\boldsymbol{\frac{\pi}{6}(e^2-3)}$$

18-22.

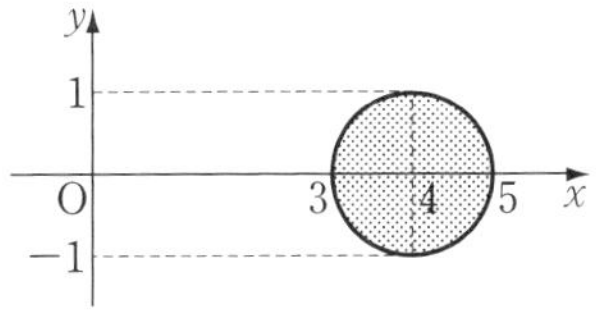

$(x-4)^2+y^2=1$에서

$x-4=\pm\sqrt{1-y^2}$ $\therefore$ $x=4\pm\sqrt{1-y^2}$

이때, 직선 $x=4$의 왼쪽 반원은

$$x=4-\sqrt{1-y^2}$$

또, 직선 $x=4$의 오른쪽 반원은

$$x=4+\sqrt{1-y^2}$$

따라서 구하는 부피를 V라고 하면

$$V=\pi\int_{-1}^1\left(4+\sqrt{1-y^2}\right)^2dy-\pi\int_{-1}^1\left(4-\sqrt{1-y^2}\right)^2dy$$

$$=16\pi\int_{-1}^1\sqrt{1-y^2}\,dy$$

$$=32\pi\int_0^1\sqrt{1-y^2}\,dy$$

$$=32\pi\times\frac{1}{4}\pi\times 1^2=\boldsymbol{8\pi^2}$$

***Note** $\int_0^1\sqrt{1-y^2}\,dy$의 값은 $y=\sin\theta$로 치환하여 구하거나, 반지름의 길이

가 1인 원의 넓이의 $\frac{1}{4}$ 임을 이용하여 구한다.

18-23.

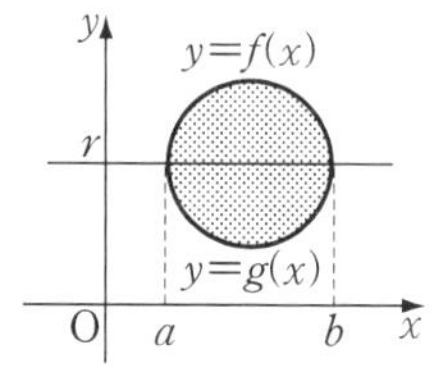

직선 $y=r$ 의 위쪽 그래프를 나타내는 함수를 $y=f(x)$, 아래쪽 그래프를 나타내는 함수를 $y=g(x)$라 하고, 구하는 부피를 V라고 하면

$$\mathrm{V}=\pi\int_a^b \{f(x)\}^2 dx-\pi\int_a^b \{g(x)\}^2 dx$$
$$=\pi\int_a^b \left[\{f(x)\}^2-\{g(x)\}^2\right]dx$$
$$=\pi\int_a^b \{f(x)+g(x)\}\{f(x)-g(x)\}dx$$

그런데 $\frac{f(x)+g(x)}{2}=r$ 에서

$$f(x)+g(x)=2r$$

또, $\int_a^b \{f(x)-g(x)\}dx=\mathrm{S}$

$$\therefore\ \mathrm{V}=\pi\int_a^b 2r\{f(x)-g(x)\}dx$$
$$=\mathbf{2\pi r S}$$

19-1. (1) 시각 t 에서의 점 P의 위치를 $x(t)$라고 하면

$$x(3)=0+\int_0^3 v(t)dt=\int_0^3 \cos\frac{\pi}{2}t\,dt$$
$$=\left[\frac{2}{\pi}\sin\frac{\pi}{2}t\right]_0^3=-\frac{\mathbf{2}}{\boldsymbol{\pi}}$$

(2) 점 P가 움직인 거리를 l 이라고 하면

$$l=\int_0^2 |v(t)|dt=\int_0^2 \left|\cos\frac{\pi}{2}t\right|dt$$
$$=\int_0^1 \cos\frac{\pi}{2}t\,dt+\int_1^2 \left(-\cos\frac{\pi}{2}t\right)dt$$
$$=\left[\frac{2}{\pi}\sin\frac{\pi}{2}t\right]_0^1+\left[-\frac{2}{\pi}\sin\frac{\pi}{2}t\right]_1^2$$
$$=\frac{\mathbf{4}}{\boldsymbol{\pi}}$$

19-2. (1) 시각 t 에서의 점 P의 위치를 $x(t)$라고 하면

$$x(t)=0+\int_0^t v(t)dt$$
$$=\int_0^t(\cos t+\cos 2t)dt$$
$$=\left[\sin t+\frac{1}{2}\sin 2t\right]_0^t$$
$$=\mathbf{\sin t+\frac{1}{2}\sin 2t}$$

(2) $v(t)=\cos t+\cos 2t=0$ 에서

$$\cos t+2\cos^2 t-1=0$$
$$\therefore\ (2\cos t-1)(\cos t+1)=0$$

$0\le t\le\pi$ 에서 $t=\frac{\pi}{3}$, π 이고

$0\le t\le\frac{\pi}{3}$ 일 때 $\quad v(t)\ge 0$,

$\frac{\pi}{3}\le t\le\pi$ 일 때 $\quad v(t)\le 0$

따라서 점 P가 움직인 거리를 l 이라고 하면

$$l=\int_0^\pi |v(t)|dt$$
$$=\int_0^\pi |\cos t+\cos 2t|dt$$
$$=\int_0^{\frac{\pi}{3}}(\cos t+\cos 2t)dt+\int_{\frac{\pi}{3}}^\pi(-\cos t-\cos 2t)dt$$
$$=\left[\sin t+\frac{1}{2}\sin 2t\right]_0^{\frac{\pi}{3}}+\left[-\sin t-\frac{1}{2}\sin 2t\right]_{\frac{\pi}{3}}^\pi$$
$$=\mathbf{\frac{3\sqrt{3}}{2}}$$

19-3. 점 P가 움직인 거리를 l 이라고 하자.

(1) $\frac{dx}{dt}=4t$, $\frac{dy}{dt}=3t^2$ 이므로

$$\left(\frac{dx}{dt}\right)^2+\left(\frac{dy}{dt}\right)^2=t^2(16+9t^2)$$
$$\therefore\ l=\int_0^1 t\sqrt{16+9t^2}\,dt$$

$16+9t^2=u$ 라고 하면

$18t\,dt=du$, 곧 $t\,dt=\dfrac{1}{18}du$ 이므로

$$l=\int_{16}^{25}\sqrt{u}\times\frac{1}{18}du$$

$$=\frac{1}{18}\left[\frac{2}{3}u\sqrt{u}\right]_{16}^{25}=\mathbf{\frac{61}{27}}$$

(2) $\dfrac{dx}{dt}=-r\sin t,\ \dfrac{dy}{dt}=r\cos t$ 이므로

$$\left(\frac{dx}{dt}\right)^2+\left(\frac{dy}{dt}\right)^2=r^2$$

$$\therefore\ l=\int_0^{2\pi}r\,dt=\mathbf{2\pi r}$$

(3) $\dfrac{dx}{dt}=-6\cos^2t\sin t,$

$\dfrac{dy}{dt}=6\sin^2t\cos t$ 이므로

$$\left(\frac{dx}{dt}\right)^2+\left(\frac{dy}{dt}\right)^2=(6\sin t\cos t)^2$$

$$\therefore\ l=\int_0^{\frac{\pi}{2}}6\sin t\cos t\,dt$$

$$=\int_0^{\frac{\pi}{2}}3\sin 2t\,dt$$

$$=\left[-\frac{3}{2}\cos 2t\right]_0^{\frac{\pi}{2}}=\mathbf{3}$$

(4) $\dfrac{dx}{dt}=\cos t-\sqrt{3}\sin t,$

$\dfrac{dy}{dt}=-\sin t-\sqrt{3}\cos t$ 이므로

$$\left(\frac{dx}{dt}\right)^2+\left(\frac{dy}{dt}\right)^2=2^2$$

$$\therefore\ l=\int_0^{\frac{3}{2}\pi}2\,dt=\mathbf{3\pi}$$

(5) $\left(\dfrac{dx}{dt}\right)^2+\left(\dfrac{dy}{dt}\right)^2$

$$=(-2\sin t-2\sin 2t)^2+(2\cos t-2\cos 2t)^2$$

$$=4(\sin^2t+\cos^2t)+4(\sin^2 2t+\cos^2 2t)-8(\cos 2t\cos t-\sin 2t\sin t)$$

$$=8(1-\cos 3t)=8\times 2\sin^2\frac{3t}{2}$$

$$=\left(4\sin\frac{3t}{2}\right)^2$$

$$\therefore\ l=\int_0^{\frac{2}{3}\pi}4\sin\frac{3t}{2}dt$$

$$=4\left[-\frac{2}{3}\cos\frac{3t}{2}\right]_0^{\frac{2}{3}\pi}=\mathbf{\frac{16}{3}}$$

***Note**

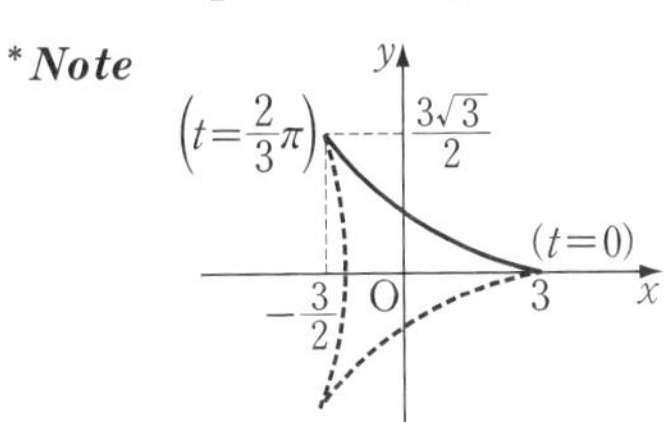

19-4. 곡선의 길이를 l 이라고 하자.

(1) $\dfrac{dy}{dx}=\dfrac{1}{2}x^{\frac{1}{2}}-\dfrac{1}{2}x^{-\frac{1}{2}}$ 이므로

$$l=\int_0^1\sqrt{1+\left(\frac{1}{2}x^{\frac{1}{2}}-\frac{1}{2}x^{-\frac{1}{2}}\right)^2}\,dx$$

$$=\int_0^1\sqrt{\left(\frac{1}{2}x^{\frac{1}{2}}+\frac{1}{2}x^{-\frac{1}{2}}\right)^2}\,dx$$

$$=\int_0^1\left(\frac{1}{2}x^{\frac{1}{2}}+\frac{1}{2}x^{-\frac{1}{2}}\right)dx$$

$$=\left[\frac{1}{3}x^{\frac{3}{2}}+x^{\frac{1}{2}}\right]_0^1=\mathbf{\frac{4}{3}}$$

(2) $\dfrac{dy}{dx}=x^2-\dfrac{1}{4x^2}$ 이므로

$$l=\int_1^2\sqrt{1+\left(x^2-\frac{1}{4x^2}\right)^2}\,dx$$

$$=\int_1^2\sqrt{\left(x^2+\frac{1}{4x^2}\right)^2}\,dx$$

$$=\int_1^2\left(x^2+\frac{1}{4x^2}\right)dx$$

$$=\left[\frac{1}{3}x^3-\frac{1}{4x}\right]_1^2=\mathbf{\frac{59}{24}}$$

(3) $\dfrac{dy}{dx}=\dfrac{1}{2}x-\dfrac{1}{2x}$ 이므로

$$l=\int_1^3\sqrt{1+\left(\frac{1}{2}x-\frac{1}{2x}\right)^2}\,dx$$

$$=\int_1^3\sqrt{\left(\frac{1}{2}x+\frac{1}{2x}\right)^2}\,dx$$

$$=\int_1^3\left(\frac{1}{2}x+\frac{1}{2x}\right)dx$$

$=\left[\frac{1}{4}x^2+\frac{1}{2}\ln x\right]_1^3$

$=\mathbf{2+\frac{1}{2}\ln 3}$

(4) $y^2=x^3$에서 $y\geq 0$이므로 $y=\sqrt{x^3}$

$\therefore \frac{dy}{dx}=\frac{3}{2}\sqrt{x}$

$\therefore l=\int_0^4\sqrt{1+\left(\frac{3}{2}\sqrt{x}\right)^2}\,dx$

$=\int_0^4\sqrt{1+\frac{9}{4}x}\,dx$

$=\left[\frac{4}{9}\times\frac{2}{3}\left(1+\frac{9}{4}x\right)\sqrt{1+\frac{9}{4}x}\right]_0^4$

$=\mathbf{\frac{8}{27}(10\sqrt{10}-1)}$

찾 아 보 기

기본 수학의 정석

미적분

1966년 초판 발행
총개정 제12판 발행

지 은 이 홍 성 대 (洪 性 大)

도 운 이 남 진 영
박 재 희

발 행 인 홍 상 욱

발 행 소 **성지출판(주)**

06743 서울특별시 서초구 강남대로 202
등록 1997.6.2. 제22-1152호
전화 02-574-6700(영업부), 6400(편집부)
Fax 02-574-1400, 1358

인쇄 : 삼신문화사 · 제본 : 국일문화사

ISBN 979-11-5620-035-2 53410

수학의 정석 시리즈

홍성대 지음

개정 교육과정에 따른

수학의 정석 시리즈 안내

기본 수학의 정석 수학(상)
기본 수학의 정석 수학(하)
기본 수학의 정석 수학 I
기본 수학의 정석 수학 II
기본 수학의 정석 미적분
기본 수학의 정석 확률과 통계
기본 수학의 정석 기하

실력 수학의 정석 수학(상)
실력 수학의 정석 수학(하)
실력 수학의 정석 수학 I
실력 수학의 정석 수학 II
실력 수학의 정석 미적분
실력 수학의 정석 확률과 통계
실력 수학의 정석 기하